中国茶叶

机械化技术与装备

ZHONGGUO CHAYE
JIXIEHUA JISHU YU ZHUANGBEI

权启爱 编著

中国农业出版社
北京

历史证明，茶产业的发展、茶叶产品结构的变革，总是会促进茶叶机具的转型升级和创新，从而又进一步推进茶产业的创新和发展。远在唐代，陆羽在《茶经》中就系统介绍了 19 种饼茶采制工具。此后，由于先辈们的长期艰苦开拓，中国茶叶机具对国内乃至世界茶叶生产作出重要贡献。中华人民共和国成立后，国家对茶叶机械发展更为重视，历经 60 多年的努力，我国茶叶加工基本上实现了机械化，茶园作业机械化发展也在加速，中国茶叶机械还出口到不少国家。

权启爱研究员大学就读于农机专业，在中国农业科学院茶叶研究所从事茶叶机械专业研究 50 余年，理论基础深厚，热情好学、刻苦钻研，善于资料积累与总结，科研和生产实践成果颇丰，是我国资深的茶叶机械专家。

权启爱研究员历经多年苦心构思，呕心笔耕，终于写成《中国茶叶机械化技术与装备》一书。本书内容涵盖了中国茶叶机械发展史、茶园作业机械、茶叶加工机械和茶叶深加工机械等内容。详细论述了各类茶机的工作原理、参数计算，重点介绍了机器结构、操作使用和维修保养技术，理论与实践相结合，是国内首部学术和应用价值较高的茶叶机械专著。它不仅全面论述和总结了我国的茶叶机械和技术，并较完整地介绍了近年茶机研发的最新成果，资料翔实、论证有据，文字简洁流畅。本书的出版，将为茶机工作者开展茶机研制与创新，对茶农进行茶机选择与应用，提供指导和参考，促进我国茶机和茶产业发展。

在《中国茶叶机械化技术与装备》即将交由中国农业出版社出版之际，特表示祝贺。

是为序。

中国工程院院士 陈宗懋

2017 年 3 月 18 日

中国是茶的故乡，远在唐、宋时期就创造出众多的制茶工具和诸如水碓带动的团茶研磨机械，但茶叶生产仍长期停留在手工作业状态。

中华人民共和国成立后，政府十分重视茶叶机械化事业发展，在茶叶生产迅速恢复和发展的形势促进下，茶叶机械化事业获得快速发展。20 世纪末，我国各类茶叶加工特别是名优茶实现了机械化加工，成为世界上茶园面积最大、茶叶产量最多、国内消费量最多、出口量居世界第二的产茶大国。跨入 21 世纪，茶叶机械化事业发展进一步加速，茶叶加工从一家一户用小型机械，向高产能、低能耗、省人工、清洁化、连续化、自动化生产线快速过渡和转化，茶叶深加工机械和茶园作业机械研制也提上日程并逐步推广应用。

为总结我国茶产业发展的科技成就，促进产业持续发展，茶业界近年来编撰和出版了大量茶叶科技专著，如《中国茶经》（上海文化出版社）、《中国茶业大辞典》（中国轻工业出版社）、《中国茶树栽培学》（上海科学技术出版社）、《中国茶产品加工》（上海科学技术出版社）等。但至今仍缺少一本包含中国茶叶机械历史渊源、茶园作业机械和茶叶加工机械，特别是反映我国近年来最新研发成果和成就等内容系统全面的专著型茶叶机械书籍。《中国茶叶机械化技术与装备》一书的编撰，目的就是要弥补此类专著的空白，为业界提供一本内容新颖、理论与实践相结合、学术和实用价值较高的茶叶机械专著。

《中国茶叶机械化技术与装备》将包括中国茶叶机械化技术与装备发展简史、茶园作业机械与装备、茶叶加工机械与装备三篇计 18 章。为便于读者和机器使用者查询与购置机械方便，最后附有"茶叶机械主要生产企业名录"。

本书与以往同类著作相比，具有以下特点：①内容系统全面。本书将涵盖茶园作业和茶叶加工的各类机械，包含了从茶树种植到茶叶加工、包装、贮藏即茶叶产前、产中和产后应用的各类机械装备；并专门介绍了中国茶叶机械的发展简史，让读者了

1

解中国茶叶机械的来龙去脉。②兼顾学术性和实用性。在作机械装备介绍时，除阐述其工作原理、相关参数计算和基本结构外，并重点介绍各类机械装备的操作使用和保养维修技术。③观点新颖，充分反映中国茶叶机械发展的最新成果和成就。由于作者50多年来一直工作在茶叶机械科学研究战线，积累的文献资料丰富翔实。本书将对近年来出现的茶园作业机械、名优茶加工机械、新型茶加工机械和茶叶深加工机械等最新研发成果和成就作了重点论述和介绍，从全局出发，提出对中国茶叶机械化持续发展的看法和建议。④力求文字简洁，通俗易懂。在农机和茶叶学科领域中茶机学科相对独立和特殊，专业性较强，机械种类、型号较多，结构也相对复杂，故本书将力争从茶叶机械发展简史开始，用讲故事的方式，把中国茶机的来龙去脉说清楚。在对每类机械作具体论述时，力求文字简洁，通俗易懂，以增强可读性和实用性。

茶叶机械种类和型号甚多，与农业和食品机械装备学科相比，茶叶机械事业发展相对年轻，部分机械装备尚属完善成熟阶段。撰写中疏漏甚至错误之处在所难免，衷心祈望业界朋友和读者，不吝批评指正。

权启爱

2016 年 2 月 8 日于杭州滨江新苑

一、本书分为中国茶叶机械化技术与装备发展简史、茶园作业机械与装备、茶叶加工机械与装备 3 篇、18 章、74 节、插图 310 余幅和附录"茶叶机械主要生产企业名录"。分别论述了中国茶叶机械与装备的发展简史、茶园作业机械与装备、茶叶初制加工机械与装备、茶叶精制（筛分整理）机械与设备、茶叶深加工机械与装备和茶叶加工厂的规划与设计等。

二、本书所介绍的中国茶叶机械与装备的发展简史和茶叶机械与装备的科学理论与技术，大多采纳主流或论据较为充分的观点，部分系作者个人的理解和认识，但这不意味着否定和排斥其他认识和观点。

三、本书是介绍中国茶叶机械与装备的发展简史和茶叶机械与装备的科学理论与技术，但因为部分国外进口茶叶机械与装备在国内应用普遍或可为我国茶机研发提供较为重要的借鉴，故书中也做了简要介绍。

四、本书力求完整，对我国各种类型的茶叶机械与装备已尽可能收录，但由于近来茶叶机械化事业发展速度迅猛，不可能全部收齐，只能有待今后增补。

CONTENTS 目 录

序
前言
编写说明

第 一 篇
中国茶叶机械化技术与装备发展简史 ··· 1

第 二 篇
茶园作业机械与装备 ··· 49

1

第一篇 PASSAGE 1

中国茶叶机械化技术与装备发展简史

第一章 CHAPTER 1
中国茶叶机械化技术与装备
茶园作业机械与装备的发展

茶园作业机械与装备包括茶园开垦种植、耕作管理、病虫害防治、灌溉和采茶等全程茶园作业所使用的机械与设备。茶园中的不少作业均十分繁重和费工，长期以来一直依赖人工进行，直至近年机械化研究才受到重视。

第一节　茶园垦殖与耕作机械的发展

中国茶园的垦殖和耕作以往多以人工进行，费力费工。20世纪60年代，茶区各地特别是平地及坡度小于15°的缓坡茶园，开始使用机械化开垦，茶园耕作机械化技术的研究和普及也被提上日程。

一、茶园垦殖机械化技术的发展

茶园开垦一般分初垦和复垦两个阶段，初垦深翻要求50cm以上，复垦在茶树种植前进行，深度30～40cm，茶园垦殖机械化需求迫切。

1. 中华人民共和国成立后茶园垦殖机械化起步　20世纪50年代初，抗日战争期间落户于贵州湄潭的"中央试验茶场"改称为"贵州省湄潭茶场"，用第二次世界大战遗留的退役老坦克，改装成拖拉机后面牵引深耕犁进行茶园开垦，并且用牛拉农具进行茶园耕作。50年代后期，国产拖拉机投产，湄潭茶场以及茶区各地的成片茶园开垦，开始使用东方红履带拖拉机配套有关农具进行茶园垦殖（图1-1）。

在一些大、中型茶场的茶园开垦中，深耕一般采用东方红-75型履带拖拉机牵引LS-30型三铧犁进行。三铧犁犁体后装有松土铲，犁铧先将上层土壤翻起，松土铲则随后把犁沟底部的土壤翻松，做到"上翻下松"，不乱土层。但是，LS-30型三铧犁一次耕翻深度有限，需往复耕翻两次，才能使翻土深度达到45cm左右。浙江省金华市九峰山茶场和兰溪上华茶场茶园在20世纪80年代初期大面积开垦时，采用东方红-75型履带式拖拉机牵引改装的双铧犁进行，其做法是在东方红-75型拖拉机原配套的四铧犁基础上，拆除第一、第四铧犁和限深轮，保留第二、第三铧犁，对犁架、犁柱、悬挂等部位焊接处加固，改装成可深翻50cm的双铧犁。作业时，为克服拆除铧犁拖拉机所产生的偏牵引，以右履带紧靠犁沟或越过犁沟1/3方式行进，这样既不漏耕，又深浅一致，8h可开垦1hm²（15亩*）左右。广东省的茶园开垦，是先用推土机将土地整平，然后用东方红-75型履带式拖拉机悬挂双壁单铧（中分）犁开出种茶沟，再施肥、回土和种茶苗。

---

* 亩为非法定计量单位，1亩＝1/15公顷。——编者注

a.用老坦克改装的拖拉机在开垦茶园

b.茶园开垦用的国产拖拉机

c.茶园开垦用的农具

图 1-1　20 世纪 50 年代贵州省湄潭茶场使用的茶园作业机械

2. 茶园垦殖机械化的最新进展　近年来，大型挖掘机等工程机械获得广泛应用，茶区通过试验已普遍应用推土机和挖掘机等进行茶园开垦，开垦效率大为提高，劳动强度大幅降低。平地茶园作业时，先用东方红-75 型拖拉机配套推土铲，清除地面杂树或老茶树，然后将表土推至集中处，再用大型挖掘机进行土壤深翻，挖掘深度能随意掌握，可达 1m 或更深，每斗挖土可达 $0.8m^3$，挖出的石块等随时清除，一边挖土一边把挖好的地面整平，再用推土机覆上表土，开垦即告完成。往往在一周之内就能完成 $10hm^2$（150 亩）的茶园开垦。若系缓坡茶园，则可按等高线上下规划成区块，每一区块可用平地茶园开垦方法进行开垦，形成标高虽不同，但在同一标高区块内仍是一块平地茶园。若系陡坡茶园，亦可用挖掘机开垦，即沿着等高线，先从最下行进行挖掘开垦，当第一行开垦完毕，接着进行第二行开垦，即先将第二行表土挖起，铺在第一行表面，随后将第二行挖至规定深度；然后进行第三行的开垦，同样将表土铺在下一行即第二行表面；就这样一直完成陡坡茶园最高茶行的开垦。

茶园开垦后就是播种或植苗。20 世纪 50 年代大多采用种子种植，浙江省农业厅1958 年研制成功一种茶籽穴播机，可比人工播种提高工效 3～4 倍。后来茶树种植大多使用扦插苗。60 年代浙江研制出一种人力茶苗起苗器，作业时将茶苗套入机管，双手握住操作手柄，脚踏月形舌板，机管入土，拔起机管，踏下圆环框架横档，一株营养钵式的带土茶苗便离管而出，用稻草扎捆后，便可运出栽种。

二、 茶园耕作机械的发展

茶园耕作作业，系茶叶生产中最繁重和最费工的作业项目，因缺乏耕作机械，加之劳力缺乏，长期以来特别是近年来不少茶区的茶园采取不耕作方式，肥料也多采用地面撒施，严重制约着茶园产量和茶叶品质的提高。

1. 中华人民共和国成立后茶园耕作机械化的探索　有史以来中国的茶园耕作一直依赖手工进行，20 世纪 60 年代中国援助非洲几内亚种茶，出口的耕作工具还是杭州茶区常用的大铁耙，1996 年作者访问我国援建的几内亚玛桑达茶场，看见黑人兄弟还在使用这种铁耙在茶园中劳作。

20 世纪 50 年代，茶区各地在茶园作业中开始尝试使用半机械化畜力农具。如闽、苏、皖、浙等省茶区，所推广的铁木结构的畜力三齿中耕器，用于成龄茶园中耕除草，一人一牛，每天可耕 $1\sim1.3hm^2$（15～20 亩）；五齿中耕器，适用于幼龄茶园，耕深 5cm 左右，耕幅 1m，一人一牛每小时可耕茶园 $0.2\sim0.3hm^2$（3～5 亩）。并研制出畜力双行茶园施肥器等，用于幼龄茶园中施化肥和粉碎后的饼肥、土杂肥，两人一牛，一天可施肥 $2.7hm^2$（40 亩）左右，比人工提高工效约 10 倍（图 1-2）。

a.用铁耙进行茶园耕作　　b.20世纪50年代湄潭茶场用牛拉农具进行茶园耕作

图 1-2　中国茶园的传统耕作

2. 中国茶园耕作机械化的起步　20 世纪 50—70 年代，手扶拖拉机在农业生产中普遍应用，一些国有茶场，开始尝试将大田用手扶拖拉机及配套农具，引入茶园进行中耕除草、开沟施肥和喷药等。1956 年，杭州茶叶试验场将手扶拖拉机加防护罩，进行中耕除草和施化肥试验，工效可达 $0.13\sim0.20hm^2$（2～3 亩）/h。因茶园多分布于山区，茶园中有茶枝阻碍，加之手扶拖拉机机型单一，机体过宽，重心高，茶园中高低不平，手扶拖拉机行走稳定性差，操作起来十分费力，对茶树枝条损伤也大，苗期使用尚可，成龄茶园应用不理想。

20世纪80年代，我国2.2～3.7kW（3～5PS*）小型手扶拖拉机的研制提上日程，80年代中期开始在茶园耕中试用。后来此类小型手扶拖拉机被称为微耕机，生产企业众多，仅列入国家支持推广和购机补贴目录的型号就达数十种之多，在茶园中的应用推广速度加快，如浙江彩云间茶业有限公司3 000多亩茶园的中耕除草，就完全依赖微耕机配套旋耕机完成。微耕机体形小，宽度可控制在60cm以内，重量轻、重心低，转弯灵活，操作方便，简单加装甚至不加防护罩即可进入茶园作业，在茶园的中耕除草、开沟施肥等作业中发挥了较好作用，但要求使用的茶园土质较疏松，或使用较大型茶园耕作机进行耕作后，茶园土质较疏松后，再用微耕机进行耕作。

1977年，第一机械工业部向浙江省机械科学研究所（现浙江省机电研究院）等单位下达"茶园耕作机的研究"课题，确定实力较强的浙江省嘉善拖拉机厂为试制单位。在洛阳拖拉机研究所和中国农业科学院茶叶研究所等单位的技术支持下，通过大量调研和资料搜集，经过几年的设计、研制和改进，20世纪80年代初研制成功C-12型茶园耕作机，实际上是一种配带耕作农机具等的小型履带式茶园拖拉机。1982年9月通过鉴定，投入批量生产，是一种茶园耕作较为理想的专用动力机型。该机使用S195型12PS柴油机为动力，采用行间作业和履带行走机构形式。机器下部最大宽度80cm，上部宽度50cm，机器横断面设计成"凸"字形，以充分利用茶行空间，防护罩为流线型，减少了茶树枝条损坏，能顺利"钻"入茶行，配套有关农具进行作业。整台机器重心低、稳定性好，在坡度15°的茶园下可稳定作业，在坡度30°状态下顺坡行进或短距离通过田埂及坡道性能良好，一般有1.0～1.5m空地即可转向调头，适宜在行距1.5m以上条植茶园中使用。该机采用液压农具提升系统，并具提升、中立和浮动三个工位，耕作时农具处于"浮动"状态，以适应地面高低不平，保证耕深一致，升降迅速可靠。可配套多种农具，中耕除草使用旋耕机，耕宽60cm，中耕深度8～10cm，每小时可耕0.33hm²（5亩）左右，耕后土壤膨松度在30％左右。深耕用由回转曲柄带动的挖掘式耕作机，工作原理似人工铁耙，三组挖掘锹互成120°配置在曲轴上。作业时，耕作机动力输出轴通过传动机构带动曲轴旋转，驱动三组挖掘锹交错入土，像人工掘地那样，一锹一锹不断把土块翻起，耕深可达20cm，台时工效0.10～0.13hm²/h（1.5～2.0亩/时），耕后土块大小适中，地表平整，并且对茶根损伤较小，很受茶区欢迎。20世纪80年代，年销售量曾达万台以上，部分还出口到英国等。20世纪80年代后期，随着茶园的承包到户，茶园经营规模的变小，C-12型茶园耕作机销售遇到困难，加之国有嘉善拖拉机厂倒闭，该机停止生产。

3. 茶园作业机械化的最新进展　2010年后，在农业部和国家现代农业茶叶产业技术体系组织下，农业部南京农业机械化研究所肖宏儒研究员出任国家茶叶产业技术体系茶园机械岗位专家，开始研制可在茶园中进行作业的茶园耕作动力机械及其配套农机具。借鉴于南京农业机械化研究所的科技实力和日本茶园作业机械的考察，在该所原有高地隙拖拉机自走底盘基础上，肖宏儒团队很快研制出了可在茶园中跨行作业的高地隙自走式多功能茶园管理机，实际上是一种茶园作业自走通用底盘，配套了旋耕、肥料深

---

* 马力（PS）为非法定计量单位，1马力＝0.735千瓦。——编者注

施、喷药等机具，在茶园中获得较好的应用效果，后由江苏省盐城市云马农业机械有限公司投入小批量生产。

与此同时，南京农业机械化研究所还与江苏省无锡华源凯马发动机有限公司联合研制了一种可在茶行内进行中耕除草的小型茶园管理机，动力为 2.94kW（4PS）柴油机，挖掘式耕作部件，耕深 8～10cm，工效为 0.1hm²/h（1.5 亩/时）。

2011 年初，肖宏儒研究员团队聘请中国农业科学院茶叶研究所权启爱研究员指导高地隙自走式多功能茶园管理机的研制，并为其团队讲授茶园作业机械。在讲解中权启爱研究员反复指出，自 20 世纪 80 年代以来，业界认为用于茶园耕作动力设备的发展方向，一个是研制跨行作业使用的高架底盘，这种机型可在中国占茶园总面积 5%～10% 的平地或缓坡茶园作业中应用；第二也是更重要的是要研发一种能够钻入茶行行间、动力足够、行走稳定的茶园拖拉机（耕作机），以适应于中国约 70% 茶园的耕作。现行开发的小型茶园管理机虽可顺利钻入茶行，因动力过小，中国茶园长期不耕，土壤坚硬，还很难适应当前多数茶园耕作，需要一种动力更大机型实施数次耕作后，这种小型机械方可进入顺利作业，为此建议开发一种类似 20 世纪 80 年代浙江生产的 C-12 型茶园拖拉机（耕作机）机型，此观点获肖宏儒团队赞同。为加快研发速度，肖宏儒委托权启爱设法在浙江尽力找寻一台 C-12 型茶园耕作机作参考，权启爱回杭后经多处打听均无结果。是年 7 月初，权启爱出差到金华浙江省彩云间茶业有限公司联系工作时，在彩云间茶业有限公司院内一煤堆旁的荒草丛处偶然看到了一台已经废弃的 C-12 型茶园耕作机，如获至宝，立即电话告知肖宏儒，肖宏儒随即带领团队成员赶到彩云间公司，在与机器所有人联系后，南京农机化研究所当即将废弃机器买走作为样机（图 1-3）。

图 1-3　废弃的 C-12 型茶园耕作机样机

在肖宏儒研究员的带领下，团队参考 C-12 型茶园耕作机，开始进行可钻入茶园行间作业的履带型茶园拖拉机及配套农机具研发设计。历经两年多的努力，完成了金马 3SL-150D 型拖拉机及其部分配套农具的试制，后经试验鉴定而开始推广应用。金马 3SL-150D 型拖拉机外形结构尺寸虽与 C-12 型基本相似，但是通过全新系统设计使该机机械结构更为合理，机器制造质量和操作性能显著提高，整机呈流线性，外形更加美观。加之特殊设计和制造的罩壳，可保证顺利进入茶园作业，不会损伤茶树枝条。该机还特意加大了动力机功率，将柴油机功率提高到11～13kW（15～18PS），可保证在较坚硬的茶园土壤中，仍有足够功率保证耕作性能良好。金马 3SL-150D 型拖拉机由盐城市盐海拖拉机制造有限公司试制和生产，现已陆续研制配套有旋耕机，挖掘式深耕机，盘式、链式和旋耕刀式开沟机，喷杆式和吹雾式喷雾机，吸虫机等机具，并且还可配套茶树修剪机和采茶机等，在茶区中均取得较好的应用效果。

21 世纪 90 年代中期，浙江省新昌县曾研制成功一种可钻入茶行作业种茶园专用 ZGJ-150 型小型茶园耕作施肥机，使用 2.9kW（4PS）柴油机为动力，锹式挖掘机构，耕作深度可达 10～12cm，耕作质量较好。2011 年，新昌县捷马机械有限公司对该机进行了全面改进设计，重新命名为 ZGJ-120 型茶园耕作机，改用 3.7kW（5PS）柴油机为动力，仍使用锹式挖掘部件，最大耕深 12cm，使用效果良好，已逐步推广应用。

第二节　茶树植保和茶园排灌等机械的发展

茶树在生长过程中，常常会受到病虫害、干旱等侵袭，需要及时进行防治，为此促进了茶树植保和茶园排灌等机械的发展。

一、　茶树植保机械与装备的发展

长期以来，中国茶树病虫害或是根本不治，或是手工捕捉，直至 20 世纪 50 年代，才逐渐使用机械进行防治。

1. 单管式和压缩式喷雾器的应用　20 世纪 50 年代，单管式和压缩式喷雾器应用逐步普及，茶园中也开始使用此类机具进行茶树病虫害防治。这类喷雾器是雾滴直径为 150～300μm 的高容量（常量）喷雾，每亩茶园药液用量 450L 以上，雾滴在树冠上的沉积率不到 50%，防治效果不理想，每天防治面积仅为 0.20～0.33hm^2（3～5 亩），劳动强度大，易引起环境污染。但毕竟是中国茶园机械防治的起步，还是受到了茶区茶农的普遍欢迎。

进入 20 世纪 60 年代，背负式手动喷雾器、担架式机动喷雾器和工农-36 型等背负式机动喷雾器，陆续被应用于茶树病虫害防治。这些喷雾器系雾滴直径 100～150μm 的中容量喷雾，每亩茶园药液用量 40～450L，树冠上雾滴沉积率可比高容量喷雾提高 8%～16%，喷雾对茶树丛面、丛内害虫均有效，被认为是茶区茶树植保机械技术的一大进步。

20 世纪 80 年代初期，为提高农药使用水平，植保、农药、药械等有关科研、生产单位联合攻关，在对传统施药技术和喷药机械进行测试与评价基础上，深入研究了在农药喷洒时，药液雾滴在作物丛中及田间的运动、沉积、分布规律，使农药喷洒技术、喷药机械及农药本身向着精细（精密）、低量、高浓度、对靶性高等方向发展。在总结低容量喷雾技术基础上，根据手动喷雾器用量多、使用面广等特点，茶区各地开展了手动喷雾器低容量喷雾技术研究和推广，应用"小喷孔片喷雾""高速旋水片"等技术，对手动喷雾器性能进行改进与完善，使其施液量降至低容量喷雾水平。这种技术简单易行，不需要更换农药剂型和施药器械，显著提高了病虫草害防治效果。此后通过进一步研究，又将"吹雾技术"应用在手动背负喷雾器上，开发出介于低容量和超低容量之间的手动吹雾器，即手动弥雾机等喷药机械。后来又将弥雾技术进一步推广应用到机动喷雾机上，研制开发出机动弥雾机，扩大了雾滴直径更细的低容量喷雾在施药机械上的应用，使雾滴喷洒更均匀，在茶树枝叶上的附着性能和雾滴穿透植株内部能力更强，可充分保护施药人员人身安全。

由于茶园多分布在山区，并且多为农户经营，故直至目前背负式手动喷雾器仍然是茶园中所普遍使用的主要植保机械。近年来，多数厂家生产的背负式手动喷雾器，均由手动改成了电动，它是在背负式手动喷雾器基础上，取消了手动抽吸式吸筒，将手动液压泵改用抽吸器（小型电动泵），无须操作者用手压动液压泵，并有效消除了农药外漏伤害操作者的弊病。同时，电动泵压力也比手动吸筒的压力大，有效增大了喷洒距离和范围，雾化效果好，省时、省力、省药。

2. 背负式机动喷雾机和静电式手持超低容量喷雾器的应用　20世纪80年代，随着喷雾技术的研究和发展，工农-36型背负式机动喷雾器被东方红-18型等背负式机动喷雾机所替代。东方红-18型等背负式机动喷雾机，喷头有低容量和超低容量两种。若使用低容量喷头即可实现雾滴直径100～150μm的低容量喷雾，每亩茶园药液用量4.5～45L，对树冠芽叶害虫中靶率近80%，系当前茶园中推荐普及的病虫害防治药械形式。若使用超低容量喷头，可实现雾滴直径10～90μm超低容量喷雾，每亩茶园药液用量0.45～4.5L，工效高、效果好，但药液浓度高、安全性差，尚处在试用中。

20世纪90年代，茶区少量推广过一种静电式手持超低容量喷雾器。作业时打开电源开关，微电机驱动叶轮作7 000～8 000r/min的高速旋转，药液由药液瓶经过药液输送导管缓慢地滴在旋转的叶轮上，被叶片击碎为极细小雾滴喷出，并使雾滴带电，可直接使用油剂农药而不兑水，雾滴直径小于20μm，能随气流飘到较远处，对茶树枝叶喷洒覆盖较均匀，碰到枝叶可立即黏附上去，且喷洒后因风吹雨淋而流失现象很少，适于茶园中病虫草害防治，以治虫效果最佳。但这种形式的喷雾器不能使用乳剂农药，作业时受风力、风向影响较大，使用药液浓度高，稍有不慎易引起药害，故应用不多。

3. 拖拉机或自走底盘悬挂式喷雾机和飞机喷药技术的使用　20世纪80年代以来，随着茶园中专用拖拉机（耕作机）和自走专用底盘的出现，所配套使用的喷雾机即横杆式喷雾机开始在茶园中应用，显著提高了茶树病虫害防治的作业效率。

此外，1967年杭州茶叶试验场与杭州、上海民航局合作，曾应用运五型飞机，进行过大面积的茶树病虫害防治试验。试验喷洒茶园7 000余亩次，防治茶尺蠖、茶橙瘿螨效果良好。只是作业条件要求高，对周围作物、鱼塘等易引起污染。进入21世纪，微型直升机出现，一些大型茶叶生产企业开始尝试引入茶园用于病虫害防治中的喷药作业，浙江等一些茶区已获得较好的试验结果。

4. 茶树病虫害绿色防治技术的应用　为提高茶树种植中的清洁化水平，非化学类农药如植物性、矿物性和生物性等绿色农药防治措施，已逐步在茶树病虫害防治中推广应用，通常称之为茶树病虫害的绿色防治。这种防治方式，除强调尽可能减少化学农药使用外，还提倡保护天敌。绿色防治普及使用物理和生物防治如灯光、气味、信息素和色板诱杀等技术，并逐步开展和实施农业综合防治和群防群治，这样将会对降低茶叶中的化学农药残留和保护茶园生态环境，发挥重要的作用。

二、茶园灌溉机械和设施栽培装备等技术的发展

茶树多种植在山地，易受干旱，在湿害和旱害防除上，对灌溉防旱技术需求更为迫切。为促进茶芽早发和科学实验需要，设施栽培在茶园中也获得较快发展。

1. 茶园灌溉机械的发展　传统茶园的灌溉方式以流灌为主，在有水源的地方，将水直接引入茶园进行灌溉，用水量大，可实现灌溉的茶园比例小，山区不易实现，已逐步少用。20世纪70年代，浙江新昌县喷灌机厂等生产的喷灌设备，在全国茶园中推广应用。茶园喷灌的特点是水雾喷洒均匀，用水量少，不易引起土壤板结，在茶区特别是

一些大型茶叶企业已逐步普遍推广应用。杭州茶叶试验场 20 世纪 70 年代末期，曾对建成的 1 041 亩喷灌茶园喷灌效果进行测定，结果表明，秋茶干旱时灌溉区可比非灌溉区茶叶增产 50％以上，同时正常芽叶比例和内含有效生化物质明显提高。截至目前，茶园灌溉推广的主要方式仍然是喷灌，只是随着技术研发的深入，雾滴细小、均匀、特别节水显著的微喷或雾喷灌溉技术，开始在茶区推广普及。2010 年，中国农业科学院茶叶研究所茶园中，普遍安装了杭州雄伟科技开发有限公司研制开发的 JPD4 微喷灌系统，在干旱季节使用，统计表明比普通喷灌节水 20％以上。

此外，因滴灌、渗灌等茶园灌溉技术更为节水先进，在茶区使用已较普遍，并且在滴灌、渗灌系统中，设置液肥罐，在灌溉中同时施肥，效果良好。

2. 茶树冻害防除技术的发展 茶叶生产中，春季冻害时有发生，故茶树冻害防除设备与措施愈来愈引起人们的重视。用于冻害防除的措施除茶园铺草、茶蓬覆盖和一般农业技术防除措施外，21 世纪初防霜冻风扇在部分茶园中开始推广应用。防霜冻风扇是一只安装在高 6.0～6.5m 钢管杆上的电风扇，风扇直径 60cm。中国农业科学院茶叶研究所的测定表明，寒冷季节茶园上空温度较高，接近茶蓬处温度较低，一般 6m 高空较茶蓬上 1m 处空气温度高 3℃左右，故当防霜冻风扇转动时，能将高空空气吹至下方茶蓬上，使茶蓬周围气温提高 1～2℃，防止和减轻茶树霜冻害的发生。2010 年春，早芽品种龙井 43 等茶树已发芽，3 月 9 日晚突遭−8℃低温，防霜冻风扇当时设定启动气温为 3℃，此后调查表明，装置防霜冻风扇的茶园，冻害较严重茶芽仅为 10％，未装置防霜冻风扇茶园较严重冻害茶芽占 90％以上。

3. 茶树设施栽培技术与装备的发展 茶树设施栽培主要是塑料大棚栽培技术。20 世纪 90 年代，随着名优绿茶生产的发展和春茶早期易受冻害，塑料大棚被广泛应用到茶叶生产中。初期试验和推广的主要是简易竹木结构大棚，取材方便，茶区应用较多。此后钢结构架大棚和镀锌钢管装配式大棚在茶园中推广应用，特点是大棚材料可反复使用，保温性能也较好。进入 21 世纪，中国农业科学院茶叶研究所和一些大型茶叶企业，开始试验装备钢结构和镀锌钢管装配式的连体塑料大棚或玻璃温室，这种装配式连体大棚和温室，可实现自动控温、控湿以及 CO_2 浓度控制与补充，并在棚顶加装光伏电板发电，用以补充和解决大棚加热用电，在棚内加装补光灯，增加棚内照度，增强茶树的光合作用强度，部分温室还在土壤内装置地热管，提高地温，促进茶树生长，随着这些新技术的研究和应用，为茶树试验栽培和防冻等领域创造了更为良好的环境条件。

第三节 茶树修剪和采茶机械的发展

采茶是茶叶生产中消耗劳动力最多的作业项目。近年来茶叶生产劳动力日趋紧张，采茶机械化成为茶叶生产中需求最迫切的项目。采茶机械化应用的设备主要是茶树修剪机和采茶机。

一、 原理研究阶段的中国采茶机

早在 1947 年，浙江省农业改进所就开始进行过"茶叶采摘器研究"，后因效果低下而作罢。

1958 年，早年留学日本时任杭州茶叶试验场场长的葛敬应先生，研制出一种茶叶采割剪，在大剪刀上装上网兜，用于收集剪下的芽叶。1987 年，浙江省农业厅王家斌研究员在此基础上，研制出一种 4ZCJ-A 型采茶铗，在杭州市余杭镇试用，比手工采茶提高功效 2.0～3.5 倍。

20 世纪 50 年代后期，中国的采茶机械研究正式展开。开始阶段的研究重点是进行机械化采摘原理的探讨。在群众性技术革新运动中，全国各地在较短时间内提出剪切式、折断式、滚折式、卷折式、夹采式、打击式等机械采摘原理，并根据上述原理制造出机构简易的采摘器或采茶机。为总结群众性采茶机研制的经验，1959 年中国农业科学院茶叶研究所在杭州召开采茶机现场评比会，全国 40 多种采茶机参加评比，通过评比向全国推荐了中国农业科学院茶叶研究所和农业部南京农业机械化所研制的手动南茶-702 型采茶机、浙江农学院研制的浙农 4 号采茶机等两种形式的往复切割式采茶机。会上所展示的采茶机，虽然大多结构简陋，用材也以竹木等为主，仅达到原理表达水平，但它是中国采茶机研究的一个良好开端。

二、 高峰时期中国采茶机与茶树修剪机的研究

20 世纪 60 年代，全国各主要产茶省，对采茶机研制仍然保持着很高的热情，并且采茶机的研制由一机部等作为国家重点项目，下达给中国农业科学院茶叶研究所等科研单位进行协作研究。在此期间，中国农业科学院茶叶研究所殷鸿范研究员等所研制的电动往复切割式 N1C 型手提采茶机，达到了较为完善的水平，通过了一机部组织的鉴定，在浙江、广东、湖南等省茶区进行过较大面积的试用。同时，国内相继出现了切割式、折断式、拉断式等采摘原理的小型手动、机动、电动和拖拉机悬挂等采茶机形式，通过这一阶段的试验和实践总结得出结论，切割式原理是当前最简单、最有效、最有应用前途的采茶机采摘原理。

20 世纪 70 年代，采茶机械的研制进一步展开，全国几乎所有主要产茶省份都开展了采茶机研制与试用。国家和地方政府也开始关注国外采茶机械化技术的发展，开始引进吸收国外技术，促进国内采茶机械化事业的发展。1973 年，机械部、农业部等安排外汇从日本引进采茶机 3 台、修剪机 15 台，分配给中国农业科学院茶叶研究所等相关科研单位，在 12 个产茶省进行试验研究。同年 8 月，中国农业科学院茶叶研究所再次在江苏无锡召开全国采茶机现场交流会，15 个省份近百名代表出席，会上 9 台国产采茶机和 4 台日本采茶机参加表演和交流，表演和交流的采茶机均系采用切割式采摘原理的机型。后来机械部和农业部又组织这些国内外机型，在贵州省都匀茶场进行了对比试验，通过试验肯定了可在中国茶区使用的部分机型，这是中国采茶机研制和引进国外技术的又一次大规模展示。

在此期间，中国农业科学院茶叶研究所还研制出一种小型发电机组和中频电机为动力的手提式茶树修剪机，并投入小面积试用。

然而，因当时国内缺乏理想的小型汽油机和微电机，加之机械制造水平普遍较低，可靠性无法保证，故国内当时研制的包括采茶机和茶树修剪机在内的机型，均未能在生产中普遍推广应用。

三、 中国采茶机和茶树修剪机技术的最新发展

1978 年，中国举办了"北京 12 国农业机械展览会"，会后留购了日本参展的大部分采茶机和修剪机样机，由当时的国务院农业机械化办公室下达给中国农业科学院茶叶研究所等单位，由权启爱、舒南炳等主持，组织安徽、江苏等产茶省进行试验研究。试验研究表明，日本产采茶机和茶树修剪机，虽与中国机型一样采用切割式原理，但机器总体制造水平明显优于中国。日本机型用材考究，大多零部件用合金铝材铸造或制成，机械制造工艺精细，重量轻，外形美观。配套汽油机、软轴和刀片等质量优良可靠。部分机型配套使用的汽油机，采用了当时在中国国内还很少看到的膜片式汽化器、电子点火等先进技术，适应性强，运转稳定可靠。试验结论表明，留购的日本往复切割式单人、双人采茶机和茶树修剪机，作业性能良好，特别是双人采茶机和茶树修剪机性能更为优越，只要按我国茶园实际状况进行技术消化吸收和设计改进，完全可以为中国茶区所应用。为此，20 世纪 80 年代初，在浙江专门筹建了杭州采茶机械厂，后来又建成了南昌采茶机厂和无锡采茶机厂等。在中国农业科学院茶叶研究所主持下，设计和试制出单人、双人采茶机和茶树修剪机，试用表明均可达到生产应用水平。但当时面临的问题，仍然是国内汽油机和软轴不过关，所生产的机型运行和作业可靠性较差。为克服上述之不足，经中国农业科学院茶叶研究所的多方联系和努力，杭州采茶机械厂还曾成批进口日本小型汽油机，配套进行采茶机和修剪机的生产。然而，终因进口数量有限，采茶机和茶树修剪机在进行小批量生产后不久停产。

20 世纪 90 年代初，日本川崎和落合两家采茶机生产公司，开始独资或与中国企业合资，先后在杭州成立杭州落合机械制造有限公司和浙江川崎茶业机械有限公司，直接从日本引进散件，在杭州组装成整机，向中国茶区出售，国内大部分采茶机和茶树修剪机市场被这两家公司所占有，现中国茶区所使用的以双人和单人机型为主的采茶机和茶树修剪机 90％以上为日本机型。

随着中国机械制造能力的不断加强，近几年国内不少企业开始尝试试制、生产采茶机和茶树修剪机，据不完全统计，国内现已有 30 余家采茶机和茶树修剪机生产企业，但规模均较小，并且多数仅生产小型单人采茶机和茶树修剪机，仅有个别企业开始生产双人采茶机，国产机型在市场上所占销售份额不大，亟待引起业界重视。

据《中国农业机械工业年鉴》提供，2014 年中国茶区拥有的茶树修剪机为 36.22 万台，在茶区已较普遍推广应用。2014 年全国茶区拥有采茶机 10.19 万台，采茶机已较普遍用于紧压茶、乌龙茶原料鲜叶的采摘，大宗红、绿茶原料鲜叶机采也在逐步普及，而采摘用工消耗最多的名优茶，机械化采摘还在研究试验之中。

近年来，浙江省设立"浙江省十县 50 万亩茶产业升级转化工程"专项，把机械、农艺和制茶工艺相融合的采茶机械化技术推广作为重点，推动了全省采茶机械化技术的进展。项目成功研制的茶鲜叶分级机，提高了机采叶分级效果。项目用分级获得的高档鲜叶加工名茶，稍大形状鲜叶加工香茶，其余加工香片，获得了良好的试验结果和经济效益。

江苏省也设立专题进行茶园作业机械化技术的全面推广，项目要求所有参加试验的缓坡茶园，除进行规范性修剪和肥培管理外，对茶园中沟渠进行全面改造，填平或覆盖

园中沟渠，并挖去茶行地头部分茶树，形成 1.5～3.0m 机器回转地带，从而保证机器的回转和调头。江苏无锡金鑫茶业有限公司，在全面施行上述技术措施基础上，还创造性地推行了茶鲜叶两段机采法。在规范、无性良种机采试验茶园内，茶芽适当养大至 6cm 左右开采，先用采茶机第一刀采下上部细嫩芽叶，稍作分筛后用于加工名茶；然后再机采第二刀，加工出口绿片茶，亩年总产值达万元，获得业界称赞。

第四节　中国茶园作业机械化的发展趋势

茶园作业机械的推广应用，是一项茶园作业机械、茶园环境条件和茶树生长状况相配合的系统工程，为此机械与农艺技术的紧密融合，决定了茶园作业机械发展的趋势。

一、　茶园耕作机械的发展趋势

目前中国的茶园耕作机械，尚处于发展初期阶段，在国家重视下，已有部分茶园专用拖拉机、小型茶园耕作机甚至茶园跨行专用底盘配套相关农具，在茶园中实施耕作等作业，但这些机型因出现不久，机器质量和性能尚需进一步改进和完善，以保证稳定作业。再者，中国的大部分茶园为传统型栽培茶园，土地欠平整、种植的顶头到边，不留机器回转地带，沟渠横穿茶园，阻断茶行连续等，给茶园耕作机械的使用造成极大障碍。为此，加快茶园耕作机械化的发展，一方面要强化现有茶园耕作机械的完善，提高机器质量和性能，继续加大茶园作业机械的开发力度，为茶园耕作提供更多更好的机种和机型；另一方面是强化现有茶园的技术改造，特别是强调留足机械地头回转地带和减少茶园中与茶行垂直的明沟明渠，使之适应茶园机械化作业的需要，加快茶园作业机械化的进程。

二、　采茶机和茶树修剪机的发展趋势

茶园作业机械化最急需和实现难度最大的是采茶机械化。目前机械化采茶存在的困难在于采茶机对茶芽缺乏选择性，采摘鲜叶易老嫩混杂，需要成套机械化栽培技术相配合。

为此，在今后较长时间内，茶叶界和茶机界要大力协同，开展具有选择性能采茶机的研究，现农业农村部已下达选择性采茶机的研究专项，有关单位已协作进行研究和开发。然而，面对现实，选择性采茶机在生产中应用，近期还很难实现。为此，目前世界上所有产茶国所应用的仍然是切割式原理型采茶机。故中国业界也只能在目前推广的切割式原理采茶机基础上，从系统工程技术出发，强化机械使用技术和机采茶园栽培技术的研究和推广，并且重视茶叶产品结构改革，减少高档名优茶的生产比例，把茶叶产品生产的重点放在大宗消费的中档优质茶产品生产上，从而减少机械化采茶的技术难度。与此同时，支持和加强国产机型的研发和推广，降低机器售价。重视机械、农艺和茶叶加工技术融合，强化茶树品种、茶树修剪、肥培管理、机采叶分级和加工等方面的技术配合。

第二章 CHAPTER 2
中国茶叶机械化技术与装备

茶叶加工机械与装备的发展

中国是茶叶的祖国，远在 1 000 多年前的唐代，陆羽在世界上第一部茶叶著作《茶经》中就详细记述蒸青团茶的采制器具。然而，中国茶叶虽然长期居世界统治地位，但在生产和加工过程中，却长期保持着以手工为主的作业状态，茶叶加工机械发展缓慢。直至中华人民共和国成立后，茶叶加工机械化才获得快速的发展。

第一节　中国古代茶叶机具的发展

中国古代茶叶机具的发展，从唐代开始，历经宋、元、明、清代，创制出蒸青团茶、炒青茶、花茶等众多炒制器具。

一、　唐代的茶叶采制机具

唐代陆羽在 8 世纪末写成《茶经》中，《二之具》中详细记述了 5 类 19 种蒸青团茶的采制器具。其中第一类阐述采茶器具"籝"，就是采茶时用于盛放鲜叶的篮子。茶区多盛产竹，就地取材，用竹编篮，"负以采茶"（背）或"腰间配轻篓"（系在腰间）采茶。竹篮使用方便，通风透气，可避免盛放的鲜叶温度升高而变质。直至现在，各种类型的竹篮仍被茶区采茶所广泛使用。

《二之具》中介绍了当时的蒸茶工具有 5 种，即灶、釜、甑、箄和叉。所谓灶，实际上是一种无突（没有烟囱）的土灶，唐陆龟蒙《茶灶》诗中说"无突抱青岚"，皮日休《茶灶》诗中说"薪燃松脂香"，就是说当时用松柴，土灶进口大，易于燃烧，不需要设烟囱，否则灶内进风过多，会降低灶内温度不利于煮水。釜，就是锅，当时使用有唇口的锅，锅内与甑的下口衔接处用泥封住，防止漏气和移动，并便于蒸茶水干时向锅内加水，避免加水时打开蒸笼盖，降低锅内温度。直至近代，制茶机械所配用的炒茶锅，仍然沿用了有唇口的铁锅，但不是为了加水，而是便于与上面炒茶锅腔的安装和衔接。甑，是一种没有底、盖的木桶，下与锅口相接，上置锅盖，内置箄（蒸隔），用于摊茶蒸茶，并连箄取出所蒸芽叶。箄（蒸隔）采用篮子状，取出所蒸芽叶，较平板蒸隔方便。叉，就是用于翻动蒸叶的木叉（图 2-1）。

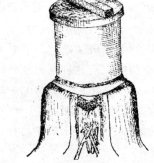

图 2-1　饼茶蒸茶器具灶、釜、甑

《二之具》中介绍了 6 种饼茶压制工具。即捣茶用的杵、臼（碓）；拍茶用的规（模或棬）、承（台或砧）、襜（衣）；列茶用的芘莉（籯子或筹篗）。饼茶是一种压制茶，压制前有一道"捣"茶工序，以使原料破碎。所使用的杵、臼，即民间用以脱粟的木杵和石臼。"捣"后即"拍"，就是"装模"和"紧压"，所使用的工具为规、承、檐。规即模，系造型工具，铁制，有圆形、方形和花形三种。承是放置模具的砧磴。檐是普通的油绢或干净的旧衣，用时放在砧磴上，是一种清洁用具。拍茶时，将檐铺在承上，再将规放在檐上，把蒸过捣好的芽叶装入规内，压紧后取出即出模，放在列茶工具芘莉上进行自然干燥（图2-2）。

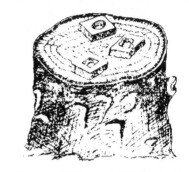

图2-2　饼茶加工拍茶用的规、承

《二之具》中介绍的饼茶干燥工具，除上述的芘莉外，尚有如下5种：穿茶用的棨（锥刀），穿茶和解茶用的朴（鞭），烘茶用的焙、贯、棚（栈）。饼茶压制出模后，为降低含水率，即采用"棨"（锥刀）穿孔，用"朴"（鞭）穿起来，穿成串避免黏结便于运输。"贯"，削竹制成，用来串茶放在"焙"的"棚"上烘焙，至干燥适度为止。烘茶工具主要是"焙"，"凿地深二尺，阔二尺五寸，长一丈，上作短墙，高二尺，泥之"而成。焙上置木制的棚，棚的长宽与焙相同，两层，高一尺。把穿在贯上的饼茶，搁在棚上分层烘焙。贯长二尺五寸，与焙宽度

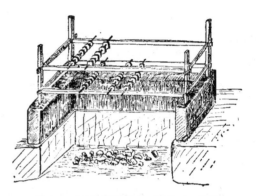

图2-3　饼茶烘制器具"焙"与"棚"

相同，以硬性大竹削而为之。烘焙方法是："茶之半干，升下棚；全干，升上棚"（图2-3）。

在《茶经》"七经目"中，还介绍了饼茶加工的最后两道工序是"穿"和"封"，就是计数后封藏。这里的"穿"，不同于穿茶工具的"穿"，系量词，与"串"同，读去声。用竹篾结成的篾索或其他材料做成的绳索，将饼茶穿成"穿"（"串"），用作计数单位。封茶的工具为"育"，育是一种成品茶复烘的工具，除用于饼茶封藏外，也被用作烘焙干燥。似一只烘箱，木作框，竹编墙，外裱纸，旁开一门，内分两层，下层放火盆，上层放饼茶，用无焰微弱火烘茶。"焙"和"育"实际上与现代使用的简易茶叶烘干箱或烘干机原理和结构已近似（图2-4）。

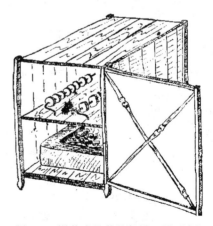

图2-4　饼茶成品茶的复烘工具"育"

二、宋、元、明、清代的茶叶加工机具

陆羽在《茶经》中所介绍的制茶工具，分别以竹、木、泥、石、纸、铁等作为材料，

15

就地取材，制作简便，用于饼茶制作，基本合乎科学原理，一直沿用到元代。自北宋起，一些有条件的地方，在研磨饼茶时，使用了《宋史·食货志》中所载的水转磨，它类似于现代的水力揉捻机，可称为世界上最早的制茶机具。王桢《农书》卷十九载，到了元代，作为制茶机具的水转磨规模更大，有的水碓，可同时互拨九磨。直至 20 世纪 50 年代，类似水转磨的机械，还被应用在浙江、安徽和江西等不少茶区所使用的水力揉捻机上。

明代起，炒青制法已极为普遍，为此出现了各种炒茶用的茶灶和釜锅。关于炒茶锅的大小，程用宾在《茶录》中说"锅广径一尺八九寸"，而陈师在《茶考》中说"锅广二尺四寸"。当时花茶窨制技术已经出现，朱权在《茶谱》中就记载了一种用竹作框，以纸糊，分上下两隔，上层置茶，下层置花，用作窨制花茶的竹笼式工具。

清代后期，随着茶叶外销的增加，机械制茶被提上日程。温州茶商在浙江最早试行机械制茶，光绪二十三年（1897）程雨亭在《洪商查复购办碾茶机器节略》中说："查制茶碾压机器，福州旧前年有人偶办，……温州今试办者，系乾丰栈朱六琴兄，向公信洋行购得机器，如法试行……"光绪二十五年（1899）张之洞在《饬商务局劝茶商购机器制茶札》中说："近年温州机器制茶，味美价善，洋报盛称。"光绪三十一年（1905），清政府洋务大臣、两江总督周馥，指派浙江人郑世璜，率茶叶考察团一行 7 人，首次赴印度和锡兰（今斯里兰卡）考察茶叶产制技术，购回部分制茶机械，回国后宣传机械制茶技术与方法，郑世璜并写专摺给周馥，报告印度和锡兰机械制茶优点并提出开设机械制茶公司建议，未获准。但前辈茶人所形成的机械化制茶梦想，引领着后代茶人去实践并实现。

第二节　民国时期茶叶加工机具的发展

进入 20 世纪，中国茶叶生产和出口走向衰落，而印度和日本等国茶叶生产却蒸蒸日上，中国茶界开始反思中国茶业的衰落根由，期望用机械制茶扭转中国茶落后之局面。

一、 民国时期茶叶加工机械的艰难起步

民国初年，在业界一批有识之士促进下，民国政府开始派出茶叶技术人员去国外考察茶叶。1914—1924 年先后派出朱文精、葛敬应、胡浩川、陈鉴鹏、陈序鹏等茶业界人士赴日留学并考察茶业发展。通过学习和考察，这些前辈们感悟到，中国茶叶之所以落后，主要是茶叶加工未能采用机器，长期沿袭手工制茶。20 世纪 30 年代初，被誉为中国当代茶圣的吴觉农先生，就在其《改良中国茶业刍议》一文中指出："查近来东西各国，制造茶叶均利用新式机械，其规模宏大，方法精巧，较之我国，实不啻霄壤之隔"，"我国制茶，以全用手工关系，故速度甚为迟缓。据俞海清君之调查，浙江杭湖两区之茶业，除粗制滥造者外，每担干茶之制工，须 20 至 30 工，制造费需 30 元左右。而查日本纯用机械制造者，每担费用不过 10 元 7、8 角，半机械化者亦仅有 18 元余，故机械茶不但制品优良，且速度甚快成本减低，得操商业上价廉物美之胜利。我国则反之，无怪其推销之不易也。"由于深感机械化制茶技术发展之紧迫，吴觉农又在其《世界主要产茶国之茶业》一文中疾呼："我国尚不积极着手改良（茶机），将来难免受他国之驱逐，殆无疑义者也。"1935 年，中国又派出吴觉农、柯仲正赴爪哇、锡兰、印度、日本等国考察茶叶，寻求国茶产、制等发展途径。正是由于这批有识人士的推动，国内

一些茶场、茶厂和茶业改良场开始引进德国、日本等国揉捻机、烘干机和筛分机等，并根据中国茶叶加工特点进行仿制，开始研制茶叶加工机械及手工制茶工具等，用于红、绿茶加工，中国茶叶机械发展开始艰难起步。

二、 民国时期茶叶加工机械的研制和发展

民国初年，中国茶叶炒制仍然依赖手工，甚至连炒茶用的锅灶也与炊事烧饭锅通用，如龙井茶就是采用口径为 60cm 的农家常用铁锅炒制。到了 20 世纪 20 年代，专用的龙井茶炒制用抬灶出现，外壳系采用木料制成的上大下小四方形木框，一面留门，内砌砖灶，上置炒茶锅，可以抬而移动，故名龙井茶抬灶。30年代，龙井茶的炒制开始使用连灶，它是在抬灶基础上，用砖砌成，5～7 灶相连，形似弯月，位置固定。每灶上置一锅，五灶称五星灶，七灶称七星灶。作业时，一人烧火，每灶一人炒茶。这种形式的连灶，直至 20 世纪 60 年代中期，在杭州西湖龙井茶区甚至在中国农业科学院茶叶研究所的龙井茶加工中还普遍使用。民国时期，黑茶加工也开始在一种特别砌成的七星灶上进行干燥。而一般绿茶杀青使用斜灶，手持木叉翻叶。红茶萎凋多使用篾垫进行日光萎凋，或与发酵一样使用木质框架和竹筐在室内进行萎凋。红、绿茶等加工中的揉捻，则是在铺有篾片或竹匾的揉捻台面上用手揉或将茶叶灌入袋中用脚踩揉（图 2-5）。

图 2-5　中国茶区古老的茶叶手工揉捻

1915 年，北洋政府农商部在安徽省祁门县南乡平里村筹建创建祁门模范种茶场，自行制造了小型揉捻机，用于红茶加工。1917 年，湖南省在安化筹办试验茶场，开始使用机械制茶，绿茶产品的色、香、味都有所改进。实业部国际贸易局与中央农业实验所汉口商检局租赁宁州种植公司旧址合办茶叶改良场，利用机械，仿制印度红茶，使红茶的色、香、味都有所提高。1925 年，浙江省余杭林牧公司首次引进日本茶叶揉捻机和粗揉机，用于绿茶的加工。1932 年，湖南省安化茶场场长冯绍裘设计出木质揉捻机和 A 型烘干机，试制 20 余台，工效较人工提高6～7 倍。1933 年，吴觉农等人参考中外技术资料，改革设计出蒸、炒、揉和干燥四种机械图样，交由上海环球铁工厂制造，发往部分省茶业试验（改良）场使用。同年，安徽省祁门茶业改良场引进德国克虏伯式大型揉捻机、日本大成式揉捻机和印度烘干机，用于制造红茶，对提高品质、节省劳力和提高工效效果均佳。1936 年，吴觉农在浙江嵊县（今嵊州市）三界镇筹建浙江省农林改良场茶场（后改称为浙江省茶业改良场）并任场长，购置引进一套日本蒸青茶机械，用于改良绿茶杀青工艺技术等，加工高档绿茶，并根据中国绿茶加工特点，进行了制茶机械和手制茶具的试制。同年，福建省福安茶业改良场引进红茶加工机械，从事红茶加工，对福建机制红茶加工技术提高有深刻影响。1942 年，时任福安茶业改良场场长的张天福，自行设计制造出 918 型木质揉捻机，为当地茶农所采用。抗日战争爆发后，以茶界知名人士范和钧先生为首的一批技术人员，经香港、印度、缅甸进入云南省勐海，在佛海（今勐海）筹建勐海实验茶厂，范和钧先生任厂长，引进克虏伯式揉捻机、杰克逊

式烘干机和茶叶精制设备，加工滇红工夫茶，金毫显露，条索紧结，味鲜浓醇，品质极佳。湖南省安化茶厂黄本鸿先后研制成功茶叶筛分机、捞筛机、轧茶机、抖筛机、脚踏撞筛机及拼堆机，用于红茶精制加工。1945年日本战败，抗日战争胜利，民国上海市政府对日本经营的茶叶精制厂进行接收，并对茶叶精制机械进行标卖，杭州春茂协记茶行郑志新等闻讯赴沪向中央信托局投标，购得铁木结构的大小圆筛机、抖筛机、吸风式风力选别机、单动炒锅机、八角滚筒机等茶叶精制机械，用于该行的茶叶精制加工。与此同时，上海汪裕泰茶庄在杭州四宜路开设茶叶加工厂，向上海祥泰机器厂定制了仿制台湾省的茶叶精制机械，并聘请上海江西帮技工，来杭执掌和指导使用。据吴觉农所著《茶经述评》一书载，民国35年（1946）他在杭州创办杭州之江制茶厂，从台湾省购置一套茶叶精制机械，包括单动炒锅机、八角滚筒机、斜式抖筛机、平面圆筛机、吸风式风力选别机、细胞式切茶机等，还对上述机械进行了仿制，用于红、绿茶的精制加工。1947年，上海兴华茶叶公司购置台湾省制造的茶叶园筛机、抖筛机、拣梗机、风力选别机和切茶机等茶叶精制加工机械，并配套使用当时上海试制生产的双锅炒茶机，在浙江杭州长明寺巷开办之江茶厂，开展制茶机械的配套试用，精制加工绿茶，显示机械制茶之优越。这说明当时大陆茶界对机械制茶已相当重视，同时也说明台湾省的茶叶机械、特别是茶叶精制机械的发展已达到相当水平。正是上述机械的引进和使用，使木质人力畜力茶叶揉捻机、手摇茶叶杀青机、脚踏木质茶叶筛分机、滚筒炒茶机等简易制茶机具在浙江等茶区相继出现，并应用于红、绿茶加工。特别是浙江省农业改进所研制的手推揉捻机、发酵器、干燥器、烘笼等机具，在红茶加工中推广试用更是获得茶区认可，该所《二十八年（1939）度工作报告》中称："温州茶区各茶厂与合作社制茶用具，经本所平阳推广区指导改良，收效颇宏，其在本年新成立者，及大多由本所人员直接指导制就。"

综上所述，在大批茶业界有识之士的推动下，民国时期的中国茶叶机械已开始起步，然而就整个茶叶加工而言，仍基本处于手工作业状态。

三、 民国中央试验茶场的贡献

抗日战争爆发，中国东南沿海被日军占领，国民政府西迁重庆，茶叶、丝绸的传统出口受阻。1940年2月，民国政府在湄潭筹建了中央实验茶场，意在通过科研和建立基地生产茶叶，经西南史迪威公路国际通道出口，换取枪支弹药支援对日寇的抗击。民国中央实验茶场，聚集了刘淦芝、张天福、李联标、徐国桢等一大批茶界前辈，开茶园、建茶厂，在极为艰难的条件下，收集和创制机器，开展机器制茶。随后，国立浙江大学全校教职员工和学子，在校长竺可桢带领下，开始文化西征，辗转数千里，西迁至湄潭，更为抗日战争期间的湄潭茶叶生产增加了活力。当时的浙大员工，不仅经常参与中央试验茶场的茶叶加工，教师还带领学生到实验茶场进行茶叶加工实习，有多名浙大毕业生分配到中央试验茶场工作。1941年秋，中央试验茶场还和浙江大学联合创办了"贵州省立实用职业学校"，先后为贵州培养了100余名茶叶专业技术人员。

民国中央试验茶场的茶叶加工厂，当时就设在破旧狭小的万寿宫内，每到茶叶加工季节，场内一派繁忙和热闹景象（图2-6）。采用日光萎凋或室内竹筐萎凋、应用竹筐发酵、自制木质揉捻机揉捻，自制干燥箱干燥，竹编烘笼足干，制作工夫红茶"湄红"，当时经中国评茶大师、云南顺宁（今凤庆）实验茶厂厂长冯绍裘先生，用中国最优之安徽祁门红茶对照审评后认为："品质似不若祁红之优异，制造得法或可胜于祁红。"应用斜锅杀青、木质揉捻机揉捻、干燥箱烘干和斜锅炒干，而制成的绿茶产品"湄绿"，亦品质优异。在极为困难的条件下，"湄红"和"湄绿"还应用竹筛和木质风车等进行毛茶筛分整理，从而形成可出口换回枪炮子弹用于支持抗日的"商品茶产品"（图2-7）。

图 2-6　民国中央试验茶场茶厂厂址万寿宫（现保留完好）

a.木质茶叶揉捻机　　　　　　　　　　　b.实验用茶叶研磨石磨

c.茶叶烘笼　　　　　　　　　　　　　　d.实验用摇青筛

图 2-7　民国中央试验茶场所使用的茶叶加工机具

与此同时，民国中央试验茶场，还使用烧柴的炒茶锅按杭州龙井茶加工工艺，仿制加工出龙井茶，受到当时竺可桢、蔡邦华、李四光、苏步青、王淦昌、贝时璋、吴有训、吴庚民、刘淦芝、李联标等教授的高度肯定，当他们品饮到清香味美的龙井茶时，谈笑风生，极度表扬和赞颂，在很大程度上慰藉了他们远离杭州的离乡之愁。当时的中央试验茶场，虽制茶场所破旧、机械设备简陋，但在那战火纷飞的年代，其实已是代表当时全国茶叶加工装备最先进的水平了（图2-8）。

a.木质茶叶干燥箱

b.用湄江水带动木制水碓而驱动茶机所使用的木制齿轮

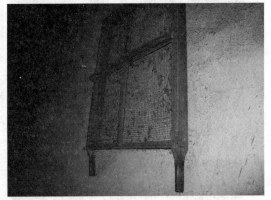

c.茶叶筛分整理用木制风车和手工筛

图2-8　民国中央试验茶场所使用的茶叶加工机械

正是中央试验茶场的茶业科技前辈和员工，用他们的心血和坚强意志、用创制出的简陋机械设备，创制出了品质优良的"湄红""湄绿"、仿制龙井茶、桂花茶等，对抗战提供了强有力的支持，在中华民族抗战史上留下了光辉的一页。民国时期中央试验茶场以及新中国成立初期贵州省湄潭茶场所使用的成套木质加工设备，至今还保留在湄潭，近几年湄潭县有关部门邀请国内有关专家进行研究论证，并进行保护性修复，使其尽可能保持机械原有结构形式，修旧如旧，茶厂厂房和机械通过系统性修复和整理，现已建成"民国中央试验茶场博物馆"，民国期间和新中国成立初期的整套茶叶加工设备整齐地摆放在展厅中,对每一环节配写了解说词,并已作为爱国主义教育基地向广大群众开放。

第三节　新中国成立后茶叶加工机械与装备的发展

1949 年中华人民共和国成立后,政府十分重视茶叶和茶叶机械化事业的发展,中国的茶叶加工从此走上了从半机械化到机械化的发展历程。

一、 茶叶初制加工机械与装备的发展

中华人民共和国成立到 20 世纪 80 年代,中国茶叶是以大宗红、绿茶生产为主。为此,红、绿茶加工机械是这一阶段茶叶机械研发的重点。

(一)绿茶加工机械的研制和发展

中华人民共和国成立后,百废待兴,为了促进茶产业的恢复和发展,国家对茶叶机械的研制和发展给予了有力支持,绿茶机械研制取得了可喜进展。

1. 土法上马,绿茶机械初步成型　中华人民共和国成立初期,浙江茶区在国内率先展开轰轰烈烈的绿茶机械研制,20 世纪 60 年代研制成功并在国内首次定型的 58 型绿茶加工机械和珠茶炒干机就是这一阶段绿茶机械的典型代表,为全国的绿茶生产发展作出了显著贡献。

(1)浙江 58 型绿茶初制机械的研制和定型。中华人民共和国成立后,筹建不久的中国茶业公司,根据中央恢复经济、扶持城市工业生产方针,为适应茶叶生产恢复和发展,提出了"利用机械,提高制茶生产能力,降低成本,以产定销,促进茶叶生产和贸易恢复和发展"的设想。1949 年 11 月,时任实业部副部长、中国茶业公司总经理的吴觉农先生提出"由国家拨给一定资金订制制茶机械、支持茶叶生产恢复发展"的建议,这就是当时所说的"压资订机"。订机由中国茶业公司委托上海华东区公司实施,组织专门技术人员,以仿制为主,测绘和设计出克虏伯茶叶揉捻机、51 型茶叶烘干机、茶叶平面圆筛机、抖筛机、风力选别机、圆片切茶机、阶梯拣梗机、平锅炒茶机和八角滚筒车色机等 10 余种茶叶初、精制机械。由华东工业部有计划地安排上海农药药械厂、杭州力余铁工厂及景兴、大冶、熔瑞等私营机械工厂制造。至 1951 年 6 月,共制造出制茶机械 2 577 台,动力机 134 台,分发至华东和中南等重点产茶区使用,筹备兴建了一批初、精制机械茶厂,为我国制茶机械化事业的发展作出了最初示范,但仍然杯水车薪,无法满足蓬勃发展的茶叶生产的需要。为此,茶叶界大批技术人员和茶区能工巧匠,掀起了群众性的茶叶机械技术革新运动。

中华人民共和国成立初期,制造茶叶机械的原材料极度缺乏,为加速茶叶生产复兴和茶叶机械事业的发展,茶区群众土法上马,克服重重困难,创制出大量以人力、畜力、水力、机电为动力,诸如铁木结构,甚至部分采用水泥、石头等结构的红、绿茶加工机具。1953 年,浙江省能工巧匠洪涛就和余姚县陈茂强互助组成员一起,共同创制了手摇双锅茶叶杀青机,以后又创制出四锅手摇杀青机和桶径 40cm、投叶量 6kg 的手推木质揉捻机,并仿制出日本臼井式揉捻机和双桶木质揉捻机等。同时,一些以木质、陶瓷、石头等为原料,采用手动、畜力拖动或水利驱动、桶径为 20、40、45cm 的揉捻机和手拉百叶式茶叶烘干机,应绿茶加工需要而纷纷出现。1955 年,浙江省三界茶厂研制成功用于茶叶精制

的伞式珠茶匀堆机，这是中国最早研制成功的茶叶匀堆机。上述制茶机具虽均系非机械专业人士所创制，但凭借着他们拥有的茶叶生产丰富经验与技艺，所创制的机具实用，显著减轻了广大茶区的制茶劳动强度，大大提高了茶叶生产效率。1957 年出现了如余杭县联增、红旗和建德群力等农业合作社使用以水力为动力、铁木结构杀青、揉捻、解块、炒干等机具装备比较完整的半机械化茶叶初制厂（图 2-9）。

a.水泥（左）和石头揉盘（右）

b.木质单桶（左）和四桶揉捻机（右）

图 2-9　20 世纪 50 年代茶区使用的揉盘和木质茶叶揉捻机

1958 年，由浙江省农、商部门组织，并由浙江省特产公司、浙江农学院（后称浙江农业大学，现已并入浙江大学）、中国农业科学院茶叶研究所等单位先后参加，组成试制组，共同努力，研制、设计出全铁结构的双锅杀青机、铁木结构的双动揉捻机和解块筛分机、全铁结构的斜锅炒干机和瓶式炒干机 5 种机械，1960 年正式定型为"浙江 58 型绿茶初制机械"，这是国内首套定型茶叶机械。仅 1960 年浙江省就组织生产并供应浙江使用 954 套、6 499 台，其中浙江 58 型茶叶杀青机 1 446 台、茶叶揉捻机 2 869 台、解块筛分机 695 台、瓶式炒干机 492 台、斜锅炒干机 997 台。据统计，浙江省

1961年筹建绿茶初制厂2 000余座，全部使用了58型绿茶初制机械。后来不少产茶省引进浙江58型绿茶初制机械图纸，扩大了58型绿茶初制机械的生产量，使58型机械在全国茶区获得普遍应用。浙江58型绿茶初制机械的定型和推广应用，为全国绿茶初制从半机械化向机械化过渡奠定了基础（图2-10）。

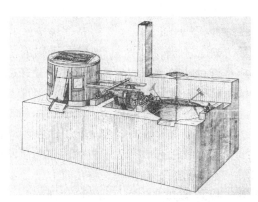

a.58型茶叶双锅式杀青机

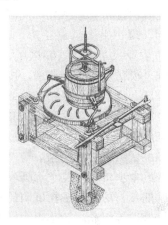

b.58型双动式茶叶揉捻机

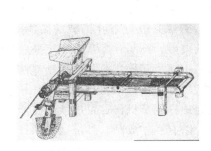

c.58型茶叶解块分筛机

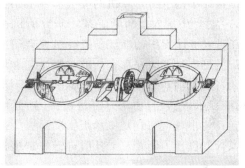

d.58型双锅茶叶炒干机

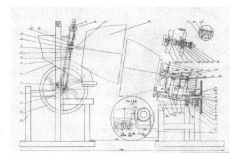

e.58型瓶式茶叶炒干机

图2-10　浙江58型绿茶初制机械

1967年，浙江省农、商部门再次协作，对浙江58型绿茶初制机械做了研究和改进，特别是将机器零部件改作金属结构，增强了机器使用的可靠性，研制设计成功"浙

23

江 67 型绿茶初制成套设备",为一些农村茶厂所应用。

（2）珠茶炒干机的研制。珠茶是我国特有的绿茶类型，原产于浙江，自古以来依赖手工炒制，工艺技术复杂，劳动强度大，工效低，一个熟练技工，一天作业 10h 以上，挥汗如雨，仅能完成 6～7kg 干茶的炒制，加工机械化需求迫切。1958 年，中国农业科学院茶叶研究所在杭州成立不久，机械研究室主任陈尊诗，便在嵊县北山区开始进行珠茶炒干机研制，模仿手工炒制手法，研制出揿压式大锅机，勉强可用于珠茶的炒制。1963 年，浙江农业大学茶叶系薛运凤、方辉遂两位老师，在嵊县三界茶场继续开展珠茶炒干机研究。模仿手工炒制原理，按照炒二青、小锅（三青）、对锅和大锅的工艺路线进行机械设计。大锅作业采用了类似于陈尊诗设计的揿压式大锅机，并且设计试制出小锅（三青）机、对锅机与大锅机配套。试用结果表明，可完成珠茶炒制，但珠茶圆紧度达不到手工炒制水平。同时，由于过分注重人工炒制动作的模仿，机械结构和零部件不断增加，使机械结构过于复杂，生产中推广应用困难。1964 年，浙江省农业厅再次下达任务并拨给专项费用，要求嵊县农林水利局继续进行珠茶炒干机的改进与研制。确定由大跃进时期参与珠茶炒干机试制的农村技术革新能手张德兴、马传进和浙江农业大学薛运凤、方辉遂等组成试验小组，在嵊县三界茶场和北山电厂分别开展研制。不久，嵊县三界茶场的张德兴在薛运凤、方辉遂等帮助下，完成了小锅（三青）机研制，突出的特点是将原小锅（三青）机的关键部件主轴由直改弯，装置其上的炒板也改成弯板。1968 年 10 月，中国农业科学院茶叶研究所机械研究室权启爱、舒南炳、陈宝根等人，参加浙江省农业厅组织的浙江省茶叶机械调研组，到嵊县进行茶叶机械发展情况调研，在三界茶场见到张德兴保存完好的小锅（三青）机直形、不同弯度弯形、定型后弯形的木制、金属制主轴和炒板部件，张德兴详细介绍了小锅（三青）机关键炒制部件主轴和炒板由直变弯以及整台小锅（三青）机的研制过程。此后到嵊县北山又见到了马传进等，看到其将小锅（三青）机炒板摆动的连杆改为螺杆调节机构，可按炒制需求调节炒板的摆幅，并设置了锅盖，必要时进行炒制覆盖，以有利于成圆。炒板摆动螺杆调节机构由方辉遂绘成图纸，交由嵊县甘霖农机厂生产。以后张德兴、马传进等所创制的珠茶炒制小锅（三青）机，被统称为珠茶炒干机，结构极为简单，可完成珠茶从小锅（三青）、对锅到大锅的炒制全过程，彻底摆脱了手工炒制繁琐的炒制工序和繁重的体力劳动，而原来由薛运凤、方辉遂、陈尊诗等所设计的对锅机和大锅机功能也被小锅（三青）机所替代。研制设计成功的珠茶炒干机，在珠茶炒制过程中，茶叶颗粒成圆性能优越，加工叶在炒制中一边受热蒸发水分，一边逐步成圆，炒制出的珠茶成品茶，特别是成圆和光洁程度明显好于人工炒制，并显著提高了劳动生产率。故自 1967 年秋茶到 1968 年春夏茶，该机在嵊县等珠茶产区不推自广，供不应求，1968 年 10 月由浙江省茶叶公司组织，在嵊县北山正式组织通过鉴定。当时通过鉴定的包括两种机型，结构相同，只是分别使用 84cm 和 64cm 两种锅口直径的铸铁锅，故被正式定名为"工农 84 型珠茶炒干机"和"工农 64 型珠茶炒干机"。由于 84 型机型生产率高，从 1969 年开始，在当时的嵊县、新昌、上虞、诸暨、余姚、鄞县、奉化、象山、东阳等珠茶产区普遍推广应用，并在 1984 年获国家发明四等奖。这是我国第一台获得国家发明奖的茶叶机械，也是茶叶机械产品研制，从简单到复杂、又从复杂到简单，达到完美创新的典范。被认为是中国茶机研制中杰出的成果，截至目前，仍可被认作为国内制茶品质唯一全面超过手工制茶的机械，现仍被全国茶区珠茶加工所广泛使用。

2. 茶叶机械产品的正规研制和设计　1964 年，经国务院对外经济联络委员会批准，决定援建几内亚包括茶树种植和茶叶加工在内的玛桑达茶场，农业部承建，中国农业科学院茶叶研究所筹建。为保证茶厂援建任务的完成，决定由中国农业科学院茶叶研究所负责，杭州市机械科学研究所等单位参加，组成援几茶叶机械设计试制组，承担援几茶叶机械的研制、设计。并在杭州成立中国第一家农机部定点茶机专业生产厂——杭州农业机械厂（后改称杭州茶叶机械总厂），承担援几茶叶机械的试制和生产。面对当时国内缺乏正规成套茶叶加工机械和援外任务紧迫的实际情况，在陈尊诗、赵志伟、夏荫农等老专家带领下，设计试制组和机械厂技术人员密切协作，日夜奋战，在不到两年的时间内，完成了 24 种机械组成的红、绿茶初、精制成套设备的设计和试制。其中包括 6 种绿茶初制机械，即 CAG-84 型双锅杀青机、CT-50 型转筒式杀青机、CR-55 型揉捻机、CJ-62 型解块筛分机、CC-84 型往复锅式炒干机、CCT-80 型圆筒式炒干机；7 种红茶初制机械，即 CWC-15 型萎凋槽、CRT-90 型盘式揉条机、CR-90 型盘式揉切机、CR-65 型盘式揉切机、CR-55 型盘式揉切机、CJ-100 型解块分筛机、CH-513 型烘干机；11 种精制机械，即 CSY-66 型平面圆筛机、CSP-67 型抖筛机、CGJ-65 型阶梯拣梗机、CXX-40 型圆片切茶机、CCF-84 型复炒机、CW-910 型匀堆装箱机、CQL-80 型风力选别机、CGP-28 型切抖联合机、CXX-50 型螺旋切茶机、CXX-61 型齿辊切茶机、CF-80 型滚筒车色机。1965 年 5 月由第八机械工业部、农业部委托浙江省农业厅、重工业厅在浙江绍兴主持"援助几内亚茶厂成套茶叶机械新产品鉴定会"，24 种机械组成的红、绿茶初、精制成套设备通过鉴定投产。1968 年，223 台机械成套全部提供几方，并由中国派出专家安装调试，投入运行。这是我国首套正规设计制造、通过鉴定并提供国外援助用的红、绿茶初、精制成套茶机设备，至此我国茶叶机械真正配套并达到较高级阶段。

1996 年，应几内亚方邀请，中国农业科学院茶叶研究所权启爱、吴询研究员等受农业部派遣，对中国援几马桑达茶厂实施技术改造考察，发现当年我国所提供的设备，虽历经 30 余年茶叶加工运行，大多尚属完好状态，少数机械虽因故障停用，但因当年备用配件充足，取出配件稍加更换，又可投入正常运转，几方对中国提供的机械质量，再一次给予很高的评价。

此后，上述援几茶机又先后成套或部分出口马里、摩洛哥、斯里兰卡、越南、柬埔寨等国，并在国内获得普遍推广应用，产品供不应求。截至目前，多数机种仍为国内各类茶叶生产所使用的主要机型，特别是绿茶加工机械和茶叶精制机械，应用更为普遍，为我国茶叶机械的研制和发展奠定了良好基础。

3. 茶叶加工机械的快速发展　随着茶叶生产的快速发展，自 20 世纪 70 年代以来，茶叶机械获得了更快发展，茶机行业逐步形成。

(1) 中国茶机行业的形成。20 世纪 70 年代，是中国茶产业迅速发展的时代，不仅原有落后铁木结构的制茶机械需要更新，而且不断增加的茶叶产量对茶叶机械需求迫切，生茶中需要大量质量良好、符合中国茶叶加工需求的机械充实到茶叶加工第一线。然而，此时仅靠为援外茶叶机械生产而筹建起的杭州农机厂，生产能力无法满足国内逐渐高涨的机械需求。为此，茶区各地的部分农机、轻工机械修造企业，开始转产茶叶机械。在 70 年代前后，先后催生出如浙江富阳受降和胥口、临安、绍兴、嵊县、武义，江西婺源，安徽祁门，福建福鼎、松溪、屏南，四川江津、夹江，广东英红等茶叶机械厂，我国茶机行业的形成，开始了茶机生产企业和科研院所及院校紧密结合和全方位茶叶机械研发，茶叶机械向着系列化方向发展。

（2）滚筒杀青机和蒸青机的研制。作为绿茶等茶类杀青使用的滚筒杀青机，自 1958 年以来一直受到茶叶机械生产企业和用户的重视。该机 1958 年由中国农业科学院茶叶研究所陈尊诗所创制，系受到浙江嵊县一台饲料炒干机的启发，改进移植到茶叶杀青作业中试用，效果尚好，完成滚筒式茶叶杀青机雏形创制。最初的滚筒杀青机，主要工作部件为一直径 50cm、长 3m 的薄钢板卷制滚筒、内壁焊有螺旋导叶板，滚筒筒体包裹在炉灶中。电动机通过设在滚筒中心的传动主轴，带动滚筒旋转。主轴装在机架两端的轴承上以两组撑杆与滚筒壁连接。作业时，炉灶对滚筒加热，鲜叶由上叶输送带从进口端投入滚筒，在螺旋导叶板作用下，一边前进、一边失水，从出口端排出机外，完成杀青作业，作业连续。但因主轴采用撑杆传动滚筒，加之对转速和导叶板螺旋倾角等参数的匹配规律研究欠深入，故往往造成杀青不足，未能在生产中投入使用。进入 20 世纪 60 年代，毕业于南京农学院农机分院农机专业的陈少弼，分配到中国农业科学院茶叶研究所机械研究室，着手进行滚筒杀青机的改进设计。他首先去除了筒体中心的主轴及撑杆，改用装在筒体前端的铸铁齿圈并通过新设计的传动机构带动滚筒旋转，简化了机械机构，使传动更有效。后来在滚筒出口端又加装了类似于现在鲜叶分级机使用的锥形转动竹笼，以筛除杀青叶中的焦末，形成了援几通过鉴定的 CT-50 型转筒式杀青机。按照陈尊诗等人意图，该机应与锅式杀青机同时，甚至替代锅式杀青机作为援几机械。然而当时业界部分人士认为，滚筒杀青机杀青，杀青时间过短，蒸汽排除不畅，杀青欠匀透，成茶色泽偏绿翠，成茶显青气和水闷气，难以达到当时所要求的绿茶传统风格，未能出国。现在回过头来看，该机未能出国的原因，除当时部分人士的保守因素外，性能确实存在不足也是重要原因。1965 年，与陈少弼毕业于同一院校和专业的权启爱分配到中国农业科学院茶叶研究所工作，1969 年他与该所技工陈宝根一起，再次着手对滚筒杀青机开展研究和改进。考虑到原滚筒杀青机的绿茶杀青欠匀透，研究确定将筒体直径扩大到 70cm，长度加长至 4m，并将滚筒内的螺旋导叶板分为三段，进口段 0.4m 螺旋角 45°，使鲜叶快速通过进口处低温区，并快速进入高温杀青段；此后 3.0m 螺旋角 15°，为关键杀青区段。由于炉灶的特殊设计和布置，此段滚筒温度高，适当减小螺旋角，使鲜叶前进较慢，实现杀青充分匀透；出口段 0.60m 螺旋角 30°，同样由于炉灶的设计和布置，此段滚筒温度已稍低，作用是使杀青叶进一步杀青匀透，较快出叶，符合"高温杀青、先高后低"的工艺要求。当时在筒体出口端装置了古代打铁老君炉上排烟罩似的排湿装置，以排除杀青产生的蒸汽。改进后的滚筒杀青机由杭州农机厂试制，并提供金华七一（石门）农场茶厂试用，杀青质量良好。1972 年 8 月商业部、农林部、一机部在浙江省绍兴县东方红茶场（后称绍兴县茶场，现绍兴御茶村茶业有限公司）召开全国小型茶机选型会议，该机作展示制茶表演，引起业界普遍好评。会后杭州农业机械厂进一步进行改进设计，装置由风机和风管组成的排湿系统，批量投产，在国内供不应求，不推而广。此后，中国农业科学院茶叶研究所黄钟瑜与杭州农机厂技术人员，又共同研制成功以燃柴油为热源的滚筒杀青机机型，并出口斯里兰卡国等。20

世纪 70 年代后期，在国内茶机厂数量不断增加的情况下，全国多数茶机厂均开始生产滚筒杀青机，通过 1980 年成立的浙江省茶叶机械工业公司和机械部的组织协调，确定按滚筒直径厘米标定，形成了 6CS-50、60、70、80 等型号系列产品，该系列产品的标定形式并且被此后的滚筒式杀青机国家行业标准所采纳。滚筒杀青机的研制成功，为绿茶加工提供了一种主要杀青机型，截至目前仍在广泛应用。不仅如此，滚筒式茶叶杀青机还被广泛应用于其他需要杀青茶类的杀青作业。

20 世纪 90 年代后期，浙江上洋机械有限公司率先研制成功了一种以热风为杀青介质的热风杀青机，后浙江不少茶机生产企业也开始生产此种机型。热风杀青机实质上仍是一种滚筒式茶叶杀青机，主要工作部件仍然是一直旋转的滚筒，只是通过风机和中心风管管壁上的冲孔，向滚筒中送入高温热风，对滚筒中的鲜叶杀青。该机杀青匀透，成品茶香气良好，并且杀青叶含水率较一般滚筒杀青机杀青叶低，利于后续工序的加工和处理，为一些大型茶叶企业所广泛使用。

（3）蒸青绿茶生产线的引进与茶叶蒸汽杀青机的研制。为了扩大茶叶产品出口，浙江从 20 世纪 80 年代开始引进日本蒸青绿茶生产线，至 20 世纪末仅当时的余杭市（现杭州市余杭区）就引进近 100 条，据统计全国引进量有 150 余条生产线。所生产的蒸青绿茶产品全部销往日本。此后，浙江绍兴茶叶机械总厂和浙江春江茶叶机械有限公司还对日本蒸青茶生产线进行仿制，在国内少量推广应用。2005 年后，因日本显著减少中国蒸青绿茶进口，蒸青茶生产设备大部分闲置。但由于蒸汽杀青穿透能力强，杀青匀透，浙江上洋机械有限公司和浙江春江茶叶机械有限公司先后于 90 年代中期研制出一种与日本网筒式蒸青机结构不同的网带式蒸青机。作业时，鲜叶就摊放在运行的蒸青网带上，蒸汽发生炉产生的无压蒸汽，从网带下部送入，穿透叶层，约 50 秒钟完成杀青，从前部排出。接着蒸青叶被送至下部通热风的网带上实施脱水，脱水叶再按中国绿茶后续工艺，进行揉捻、干燥，获得的蒸炒青绿茶，风格独特。

（4）茶叶揉捻机和烘干机的研制。援助几内亚所研制的全金属结构的揉捻机，20 世纪 70 年代后，国内大部分茶机厂也在陆续投入生产，80 年代初同样由浙江省茶叶机械工业公司和机械部组织协调、后被茶叶揉捻机国家行业标准所采纳，按揉桶外径厘米标定，形成了 6CR-25、30、35、45、55、65、90 等型号的茶叶揉捻机产品系列，满足了各类茶叶加工需求。1981 年浙江省机械科学研究所（现浙江省机电设计研究院）夏狄刚等与富阳茶叶机械总厂（现浙江春江茶叶机械有限公司）合作，研制成功 6CR-55A 型电动加压式茶叶揉捻机，此后又与嵊县茶叶机械厂合作研制成功 6CRK-55 型可编程序控制加压式茶叶揉捻机。

同样，在援助几内亚茶叶烘干机基础上，20 世纪 80 年代浙江省杭州茶叶机械总厂、绍兴茶叶机械总厂，福建省松溪茶机厂、屏南茶机厂等，开始进行链板式自动茶叶烘干机系列新产品的研制工作。80 年代中期完成了以茶叶摊叶面积平方米标定的 6CH-6、8、10、16、20、25、50 型手拉百叶式和自动链板式茶叶烘干机系列产品。

与此同时，四川省农业机械研究所研制开发成功 WR 无管式三回程整体结构金属热风炉，武义茶叶机械厂等也引进改进设计和生产，与烘干机等配套使用。杭州茶叶机械总厂则研制开发出 PR 型喷流热管式全金属热风炉，配套在 6CH-16 型茶叶烘干机上使用，使茶叶烘干的煤耗从 0.5kg 煤/kg 茶降低到 0.38kg 煤/kg 茶，热效率达到 70%

以上。1987 年，杭州茶叶机械研究所胡景川等又研制开发成功结构简单的 RFL 型单回程直流式金属热风炉，金属耗材比 WR 无管式金属热风炉减少三分之一，热效率达 65％以上。后来 PR 型热风炉仅保留了喷流换热形式，称之为 PR 型喷流式全金属热风炉。90 年代初 PR 型喷流式全金属热风炉与 RFL 型单回程直流式金属热风炉，在绍兴茶叶机械总厂、富阳茶叶机械总厂、武义茶叶机械厂等烘干机生产企业投入生产，并形成系列产品，几乎用作各种型号茶叶烘干机的配套，结束了自茶叶烘干机在中国应用至 70 年代一直使用的砖砌横管式（截至目前印度等国的茶叶烘干机还在使用）或拱背式热风炉的历史。PR 型全金属热风炉的应用，使茶叶烘干机有效摊叶面积的作业效率达到 5～6kg/（m² · h），耗热量小于 11 000kJ/kg 水，达到国外同类产品先进水平。80 年代，杭州和绍兴等茶叶机械总厂，又通过研究实现了茶叶烘干机的分层进风，热风分布均匀，显著提高了烘干机热效率，使烘干机干燥强度由 70 年代的 7kg 水/（m² · h）左右提高到 80 年代的 10kg 水/（m² · h）左右，以后被所有茶叶烘干机产品所应用。同时，杭州茶叶机械总厂还研制开发出与茶叶烘干机配套使用的蒸汽热交换器，统一设置锅炉供应蒸汽，通过换热器加热冷空气形成热风，鼓入烘干机对茶叶进行干燥，在大型如 6CH-50 型烘干机上应用，获得良好效果。

20 世纪 80 年代中国农业科学院茶叶研究所、杭州茶叶机械总厂、浙江省计算技术研究所合作完成"计算机控制茶叶烘干机"的课题研究，针对低含水率茶叶等条形或颗粒物料含水率值在线监测传感器的缺乏，提出了出茶温度与茶叶含水率的相关函数曲线方程，对烘干机投叶量和链板运行线速度实施控制和调整，使茶叶在烘干机上的干燥过程实现闭环控制。

（5）茶叶微波杀青干燥机的研制。20 世纪 80 年代中期的一天，在中国农业科学院茶叶研究所从事茶机研究的权启爱，正在办公室内整理项目验收资料，突然一位客人来访，风尘仆仆，满头大汗，经叙谈原系大学校友，即后来成为农业部南京农业机械化研究所特色经济作物生产装备工程技术中心主任、国家现代农业茶叶产业技术体系茶园机械岗位专家的肖宏儒研究员。当时他正在浙江桐乡从事饮料菊花的微波烘干试验，因为饮料菊花加工时，花蕊因含蜜糖量较高，用一般干燥设备进行干燥，花蕊干了，常常花瓣已焦变，若保持花瓣不焦，则成品菊花常常因水分含量过高而霉变。肖宏儒等将微波干燥用于菊花烘干，解决了花蕊和花瓣同时干燥，而不会产生花瓣焦变和产品霉变的难题。此次来到茶叶研究所的主要目的是探讨微波干燥是否可用于茶叶的干燥。权启爱听后表示完全肯定，原因是权启爱 1978 年曾参加过中华全国供销合作总社在南京组织的南京电子管厂与南京茶厂合作研制成功的微波烘干机鉴定会，对微波烘干机的结构、性能和应用情况有较深入了解。微波烘干机用于茶叶精制加工复火烘干，台时产量可达 1 250～2 250kg，复火干燥品质良好。为此对于微波用于茶叶初制特别是名优茶加工中的杀青和干燥给予了充分肯定，认为微波技术用于绿茶杀青作业，可保证杀青更为匀透；用于茶叶干燥作业，则可使茶叶干燥均匀，彻底消除茶叶传统干燥易产生外干内不干的弊病。一番研讨，使肖宏儒对微波应用于名优茶加工中的前景充满信心。回到南京后，便带领他的团队夜以继日展开了微波茶叶杀青干燥机的研制，此举是他们团队从事茶叶机械研究的开端，在通过一两年的努力，完成了样机试制，并邀请权启爱等到现场参与制茶试验，试验结果超出预期，杀青均匀，杀青叶柔软、绿翠，同时用于名优茶干燥也很成功。此后又对机器结构等进行完善，于 20 世纪 80 年代末期投入市场，茶叶加工企业应用后反应极为良好，很快在生产中推广应用，为中国绿茶的杀青、干燥作业增添了一种清洁卫生、使用方便的新能源和作业性能良好的新机种。

20 世纪 90 年代，宜兴市鼎新微波设备有限公司等也开发出微波制茶设备投放市场，同样销售形势良好。与此同时，四川省名山县茶叶公司，还在军工单位合作下，使用自制设备微波杀青机和微波烘干机建成了一条名优绿茶生产线，并且作业时还向微波杀青机筒体内鼓入部分热风，从而较显著提高了杀青叶的香气。进入 21 世纪，微波用于茶叶加工中的杀青和干燥甚至摊放回潮等，均被广泛推广应用。

4. 茶叶加工连续化生产线的研制起步和发展　20 世纪 70 年代后期，国内茶叶机械的大宗茶单机研制和应用已基本配套，大宗茶加工连续化生产线和继电器为主的程序控制技术研制提上日程。

1972—1980 年，中国农业科学院茶叶研究所完成日产 1t 干茶的 6CKL-20 型颗粒绿茶连续化生产线研制。连续化生产线由贮青、杀青、初揉、揉切、解块、烘干、精制和输送设备等组成。贮青采用鲜叶贮青槽，每条槽面摊叶 2 400kg，可使鲜叶保持 24h 不变质，并且具有摊放功能，使鲜叶适度失水，完成摊放工序。杀青使用燃油滚筒式杀青机，以柴油为燃料。揉切工序采用自行研制的转子式初揉机，将杀青叶初步揉搓成条。然后使用江苏芙蓉 705 型红茶转子揉切机将加工叶揉切成碎颗粒状，由解块机解块，送往上叶输送带就加热的燃油 6CH-120 型烘干机进行烘干，形成初制干茶。干茶被直接送上圆筛机、风选机、静电拣梗机进行精制，完成颗粒绿茶的成品茶生产，实现了初、精制联合连续化生产。所生产出的碎绿茶产品，颗粒细小均匀，色泽绿翠，香气清新高淳，易于冲泡。并且被广泛用于食品和药品添加，用作花茶的原料茶，加工出的花茶，花香持久，鲜灵度好，与传统花茶条形原料茶相比，鲜花下花量可节约 20% 左右。为中国茶叶增加一个新的绿茶产品类型。

1980 年后，浙江农业大学茶学系与临安茶叶机械厂、富阳茶叶机械厂分别合作完成了一机部下达的 6CL-110 型和 6CL-50 型炒青绿茶初制连续化生产线的研制；浙江农业大学茶学系与浙江省特产公司合作，研制完成了 6CMCL-10 型绿茶初制连续化生产线；杭州茶叶机械总厂、杭州茶叶机械研究所和杭州茶叶试验场合作，研制出日产 2t 干茶的 6CLX-100 型长炒青绿茶初制连续化生产线。这些大宗茶连续化生产线，均采用了具有连续功能的滚筒杀青机、槽式或筒式连续炒干设备。并且先后进行了子母桶式、履带平板式等连续揉捻机的研制，但因无法达到绿茶揉捻要求，未能在生产线中获得应用。故生产线揉捻工序只能有的采用几台传统盘式揉捻机上下叠放，有的采取数台揉捻机前后连装，使用多台输送带衔接，在继电器等控制下定时、定量向需要投叶揉捻机揉桶投叶，并在揉捻结束后自动出叶，揉捻叶由输送带送往解块，然后炒干或烘干，完成成品茶加工。同时，安徽省农业机械研究所使用自行研制的气动加压揉捻机和 6CCT-100 型连续炒干机等，研制出一条长炒青连续化生产线。由于政府对民族地区的关怀和对少数民族群众饮用砖茶生产的重视，20 世纪 80 年代初期前后，还先后开发出联合压砖机和砖茶压制生产线，如四川雅安茶厂康砖生产流水线、湖北赵李桥老青茶压制生产流水线、湖南安化茯砖茶生产流水线、1987 年四川省农业机械研究所与江津茶机厂合作开发研制成功的年产 2 500t、生产率为 300kg/h 康砖茶压砖生产线，全线从原料蒸制到压砖、脱模、晾放只需 30min，在贵州桐梓茶厂应用效果良好。这些连续化生产线的出现，虽然控制系统简陋，但均在茶区各地的大宗茶生产中发挥了一定作用，并为以后连续化生产线的深入研制奠定了基础。只是因为 20 世纪 80 年代后期名优茶生产兴起，连续化生产线研制暂告停止。

（二）名优茶加工机械的发展

20 世纪 80 年代后期，中国名优茶生产兴起，初始阶段全部依赖手工制作，效率低下。为满足市场需求，名优茶加工机械的研发提上日程。

1. **毛峰茶加工机械的研制**　随着国家经济体制改革的不断深入，20 世纪 80 年代后期一些国有茶机企业相继逐步改制和解体，涌现出如浙江衢州微型茶机厂（现浙江上洋机械有限公司）等众多民营茶机生产企业，茶叶机械的研发重点开始转向名优茶加工机械。起始阶段以参考大宗茶加工机械，进行小型化研制和拓展设计为主。浙江衢州微型茶机厂、浙江富阳茶叶机械总厂（现浙江春江茶叶机械有限公司）等，于 90 年代初开发成功包括滚筒式名茶杀青机、名茶揉捻机、名茶解块机和摊叶面积为 $6m^2$、$8m^2$ 的手拉百叶式和 $3m^2$ 的自动链板式等名茶烘干机，形成毛峰茶加工成套机械，使毛峰类名优茶加工实现了机械化，部分机械被广泛用于卷曲形、针形、球形等名优茶的加工，很快在全国茶区推广应用。

2. **扁形茶炒制机的研制**　扁形茶炒制机也被称作龙井茶炒制机。以龙井茶为代表的扁形茶，是国内生产量最多、平均卖价最高的名优茶类型。扁形茶手工炒制靠十大手法交替使用，方可加工出光扁平直、色泽绿翠、香高味醇的产品。实际上中华人民共和国成立以前，龙井茶加工机械的研究就已引起重视并开始，在民国 37 年（1948）《浙江经济》第 5 卷第 1 期所载吕增耕撰写的《机制龙井茶之研究》一文中，就较详细介绍了当时所设计的一种龙井茶整形机和炒干机。龙井茶整形机，脚踏手摇均可，将杀青或烘焙后七八成干，叶身软而不硬之茶叶垂直掉下，经两滚轴间而出，施行茶叶压扁工程，取出后投入烘干机干燥；龙井茶炒干机，构造分炒干锅、炒手、炒手指、搭手、搭手板等。茶叶经压扁后，投入炒干锅，然后摇动炒干机轴，茶叶经炒手和搭手交互动作，施行荡、搭、炒等，以至干燥。1960 年，中国农业科学院茶叶研究所、浙江农业大学茶叶系和杭州市西湖区梅家坞生产大队联合进行了龙井茶整形机的研究，试图用辊轴将锅中的炒制叶压扁；1980 年前后，西湖区科委又组织杭州锅炉厂和西湖区双峰大队进行龙井茶整形机研制，仍坚持用辊轴将茶条压成扁形，试用结果表明，仅可用于低档龙井茶的炒制，未能投入实际应用。20 世纪 80 年代中期，西湖区科委再次组织中国农业科学院茶叶研究所、西湖区双峰大队和西湖农机厂开展龙井茶炒制机研制。这时日本蒸青绿茶加工机械已引进，林宏清等受日本精揉机的启发，设计了一种加工叶可在锅内交替使用压头进行压扁的龙井茶整形机，试用结果，勉强能用于中低档龙井茶的整形。

1961 年，杭州市机械科学研究所（80 年代后曾挂牌杭州市茶叶机械研究所）缪鸿荪等在西湖区梅家坞大队进行龙井茶电热炒茶锅的研制。所研制出的电热炒茶锅，由铸铁炒茶锅、电炉盘、木桶、电热丝和开关等组成。电热丝通电后对炒茶锅加热，用于龙井茶的炒制，比原燃柴灶方便、清洁卫生，很受龙井茶区的欢迎。1982 年，缪鸿荪等又在杭州市农业局支持下，在梅家坞大队进行龙井茶远红外炒茶锅的研制，经探索研究获得了茶叶远红外最优吸收光谱，优选出碳化硅远红外发射材料，涂于电炉盘凹面，形成碳化硅基体，电热丝装在基体凹槽内，形成龙井茶远红外炒茶锅。这种炒茶锅在电热丝通电后，不仅可直接加热炒茶锅，远红外基体还辐射出大量远红外线，使发射光谱与茶叶吸收光谱通过铁锅进行良好匹配，节省了大量电能消耗。试验结果，可比原电热丝直接加热节约电能 30% 以上，截至目前，还被广泛应用到各种名优茶的手工炒制中，是龙井茶炒制热源的重大改革。

1975 年，浙江大学电工研究所汪培珊等在杭州市西湖区满觉陇大队开展了电磁内热龙井茶炒茶锅研制。即在炒茶锅背面焊上若干铜条作为变压器副边回路，变压器铁芯安装在炒茶锅底下，铁芯上绕原边线圈并接上电源，炒茶锅即成为变压器副边回路上的负载，原边线圈上抽出几个抽头，用来调节负载电流，以控制炒茶锅加热温度。这样一来，变压器副边线圈可认为是 1 匝，即无限少，而原边线圈匝数与副边相比可算作极多，变压器运转时就会有低压大电流直接通入炒茶锅体，由于锅体电磁热效应和趋肤效应，使锅体直接发热，进行茶叶炒干。因为电磁内热炒茶锅的预热快，1min 不到就可使炒茶锅锅温上升到 200℃ 以上，并且节能，曾用于杭州市西湖区龙井茶炒制。但因设备制造成本较高，仅推广 50 余台。

80 年代，汪培珊等在浙江衢县（现衢州市衢江区）还将电磁内热扩大应用在 6CS-84 型锅式杀青机和 6CS-84 型炒干机上，并在瓶式炒干机上研制应用了直线电机传动，亦终因结构复杂、制造困难和节能达不到显著等，未能广泛推广应用。

20 世纪 80 年代以后，不少科研单位和茶机生产企业，仍然坚持仿照龙井茶人工炒制抓、抖、搭、抹、捺、推、扣、荡、磨、压等十大手法，进行扁形茶炒制机的研制，所研制的机型一直停留在西湖区研制的样机水平上。于是，中国农业科学院茶叶研究所权启爱等对以往的研究思路进行了认真总结和分析，发现如果坚持完全仿生、沿着模仿所有人工炒制手法进行扁形茶炒制机的探讨和研制，工作繁琐，目的很难达到。同时抓住扁形茶外形光扁平直的突出特点，提出了扁形茶炒制机械研制，应坚持在鲜叶杀青基础上，先将茶条理直，然后压扁，进而磨光三大成形关键工序的研发路线，形成了此后扁形（龙井）茶炒制机研制的指导性思路。

与此巧合的是，20 世纪 80 年代后期安徽宣州的一位知识青年何世华，为解决炒青绿茶条形的勾曲欠直，研发了一种用于茶叶理条的机器。发现将茶叶置于加热的往复长形槽锅内，随着槽锅不断往复运转，茶条能被有效理直，并将槽锅设计成多槽式，申报了国家发明专利，从茶叶炒制原理和机器主要结构看，何世华发明的样机已与现在的茶叶理条机相似，只是结构较为简陋。当时有一位原籍浙江新昌的巴西籍华人胡亚春先生，在巴西经营中国运动鞋销售，人在国外，心却思考着家乡经济发展，特别是看到家乡茶农手工炒制龙井茶所付出的艰辛，决心要改变这一落后面貌。当他看到何世华机械发明专利报道后，立即赶往安徽考察，认为这种机械既然能把茶条理直，就一定能完成扁形茶炒制的部分整形，替代部分劳动。于是当即斥资约 3 万元人民币，将专利买回。1993 年在家乡筹建了新昌县镜岭福利厂，自任厂长，按照买回的专利进行扁形茶机械的设计和试制。机器试制完成后，送往新昌县茶树良种场进行龙井茶的炒制试验。通过时任新昌县茶树良种场厂长、新昌县制茶能手、全国劳动模范石梦千和新昌县农业局茶叶专业资深高级农艺师凌光汉等人的认真试验和试用，结果显示该机不仅可顺利完成龙井茶加工的鲜叶杀青，并且能将茶条理直且宽窄有度。这时石梦千提出，既然茶条已理直，那么可否设法将茶条压扁。于是联想到擀面条的原理，就在茶园边竹林内砍来细竹竿，截成略短于槽锅锅槽轴线长度，削平竹结，为增强加压效果在竹管内灌入适量洗净粗砂，端部密封，外包白布，做成压棒。在茶叶理成直条后，适当降低槽锅往复频率，每槽锅投入一只压棒，使压棒在槽锅内只滚不撞，防止芽叶断碎，经过不断滚炒，茶条被理直并炒制的扁平划一，茶条理直和扁平均匀程度，甚至好于人工炒制。参与试验者喜出望外，一致认为该机可用于龙井茶为代表的扁形茶炒制，很快引起茶叶界和茶机界重视。此后，浙江的各茶机生产企业也纷纷引进该机，对该机器械结构进行不断完善和正规设计，90年代中后期形成了专门用于名优茶理条作业的茶叶理条机和加棒进行炒制的多槽式扁形茶炒制机两种机型。世纪之交前后，浙江几乎所有茶机生产企业都投入了这两种机器的生产，不推而广。茶叶理条机被广泛用作针形等名优茶的生产，推动了针形茶生产的发展，截至目前还被广泛应用；而多槽式扁形茶炒制机，由于几乎能够完成扁形茶所有工序的炒制，并可用于其他名优茶的部分工序炒制，故当时也被称作名茶多用机，很快在全国扁形茶区推广应用，热销时年生产量达5 000台以上，推动了扁形茶生产的发展。

然而，应用中也发现，多槽式扁形茶炒制机虽然理条性能良好，但炒制时透气和磨光功能较弱，成茶色泽偏青绿，茶条欠光滑，滋味也偏向炒青茶青香。1996年浙江省新昌县回山镇柘前村木匠出身又精于扁形茶炒制的村民丁水芳有鉴于此，开始了新型扁形茶炒制机的研制。经多次试验改进，于1999年初步完成长板式扁形茶炒制机研制，2000年交由也是回山镇人的原新天机械厂老板梁新天生产。梁新天为此在新昌县城筹建了浙江天峰机械有限公司，首先对样机进行改进和完善，而后正式投产。该机使用直径60cm、长78cm的加热半圆锅，蒸汽透散性能良好，炒制过程中，不锈钢炒板先对鲜叶进行炒制，利于杀青和水分散发，然后用敷有弹性表层的长板对加工叶进行加压炒制，压力先轻后重，并且炒板在锅底可适时对茶条进行往复压磨，整个过程构成对加工叶的抖、压、捺、磨等，至一定时间完成青锅炒制，出锅摊凉，然后进行辉锅炒制。所炒制的龙井（扁形）茶，色泽绿翠、扁平和均匀程度好于人工炒制，香气、滋味也与人工炒制较接近。故浙江和不少产茶省的茶叶机械生产企业，很快先后投入该机的完善和生产，在全省和全国出现了众多扁形茶机生产企业，最多时全国长板式扁形茶炒制机生产厂家达数百家，21世纪初开始全国95％以上的扁形茶加工，都由这种机器所承担，粗略统计目前全国这种机器的保有量超过30万台。不过在长板式扁形茶炒制机推广初期，由于部分机器的炒板转动，从机器右侧看为反时针方向，故当操作者用手抓取炒制叶察看炒制成色时，常造成手指被夹入炒板和锅壁之间，酿成人身事故。故浙江省劳动保护部门专门发出通知，规定炒板转动方向，从机器右侧看一律应为顺时针转动，从而避免了人身事故的发生。

进入21世纪，为提高生产率，减少操作人员，杭州千岛湖丰凯实业有限公司研制成功4锅自动控制连续长板式扁形茶炒制机。用4台炒制机单机前后连装，前后单机炒茶锅之间设出茶门，由单片机控制系统实施各种参数的自动控制，提高了自动化程度和生产率，减少了操作人员。为方便机器调整，后又出现二锅、三锅连续机型。与此同时，浙江上河茶叶机械公司等成功研制出更为简单实用的扁形茶鲜叶自动投叶装置和炒制单片机自动控制系统，使单锅、双锅、三锅、四锅扁形茶炒制机和茶叶理条机等全部实现了锅温、炒制时间、炒板压力的自动控制。这种自动投叶、炒制过程自动控制单锅或多锅扁形茶炒制机，很快替代了原炒制参数依赖人工操作控制的单人炒制机，原来非自动控制的单机一台需一人操作，现在一人可以操作4～5台，多锅机节约操作人员就更多。自动控制的扁形茶炒制机并已被广泛用于扁形茶连续化生产线中。

扁形茶成品茶要求光扁平直，无毫。为此，浙江茶叶机械企业，又为长板式扁形茶炒制机配套研制出了一种扁形茶辉干机（脱毫磨光机）。扁形茶辉干机有滚筒和往复槽式两种形式，前者磨光脱毫性能较强，后者紧条和脱毫性能均较好，但因前者操作方便、功效高，故多用。扁形茶辉干机的作用在于，热源对炒叶筒或槽加热，将长板式扁形茶炒制机炒出的茶叶，投入滚筒或槽锅内，通过滚炒或往复炒制，脱去茶条表面毫毛和爆点，使茶条紧结光滑，达到光扁平直要求，故扁形茶辉干机是扁形茶辉干不可缺少的机具。

3. 针形、卷曲形、球形等机械　针形茶加工所应用的针形茶理条机，与多槽式扁形茶炒制机机械结构基本相同。只是为更好地适应理条，业界对锅体形状进行了研究和探讨，实验表明，长槽槽壁横断面为阿基米德螺旋线形状更利于将芽叶理成条状。为提高理条生产率，四川登尧、浙江上河、安吉元丰等茶叶机械有限公司还开发出槽锅锅体长2m、宽1m以上的大型锅体理条机，并完成了自动控制型茶叶理条机的研制，实现了鲜叶定时、定量投入，炒制温度、时间等自动控制和自动出叶等，显著减少了操作人员。浙江上洋机械有限公司和杭州千岛湖丰凯实业有限公司等还开发出连续式茶叶理条机，作业时长形锅槽一边横向往复运转理条，一边使茶条沿长形槽锅轴线由后向前运行，直至完成理条，在前部排出机外，在针形茶连续化生产线上获得广泛应用。近两年，有的茶机生产企业又将连续理条机的机型进一步加大，将槽锅长度延长至3m甚至5m，宽度1m，同时完成杀青、理条，小时鲜叶加工量达200～250kg，茶叶加工品质良好。

20世纪90年代，杭州市茶叶研究所与南京市机械研究所合作，研制成功一种专用的针形茶整形机，有单锅和双锅两种形式。异形炒茶锅用不锈钢板加工而成，锅体内壁铺嵌有竹片的搓板式炒板。在搓板式炒板上方装有弧形炒叶器，实际上是一只机械手。作业时，炉灶对锅体加热，由电动机通过传动系统带动弧形炒叶器将加工叶"抓""扣"在其和炒茶锅搓板式炒板所形成的炒叶腔内，并进行揉搓炒制。因为炒板上铺有竹片，使茶叶在稍高于人体体温的相对较低温度下炒制，将茶条逐步卷紧成条，表面光滑渐成针状，避免了茶条断碎，直至炒制完成。

以碧螺春茶为代表的卷曲形名优茶，鲜叶细嫩，形状卷曲如螺。为了完成卷曲形名优茶做形，20世纪80年代末，浙江上洋机械有限公司等在珠茶炒干机基础上，进行小型化设计，使用锅口直径为50cm的炒叶锅，完成卷曲形茶炒制机研制。但只能使卷曲形名优茶茶条初步卷曲和成型。为此，茶机界一直在为能研制出一种卷曲形茶全程成型的机械而努力，至今尚未能完成。卷曲形名优茶的最终成型，是在芽叶由卷曲形茶炒制机初步炒制成型后，使用20世纪80年代末由中国农业科学院茶叶研究所与富阳茶叶机械有限公司共同研制成功的碧螺春茶烘干机进行人工搓团成型。碧螺春茶烘干机是一种盘式烘干装置，有单盘和多盘等形式。作业时，热风炉产生的热风，通过风机均匀通过盘内加工叶，用手工在盘内搓团做形。

（三）红茶机械的研制与发展

中华人民共和国成立后，苏联和东欧国家对工夫红茶需求量剧增，急需实现机械制茶，增加红茶产量。1950 年中国茶叶进出口总公司采用贷款订货形式，向上海农业药械厂、杭州力余铁工厂及胡裕太、大冶、熔瑞等私营机械厂定制了一批茶叶初、精制机械，包括克房伯揉捻机、解块筛分机、51 型茶叶烘干机和平面圆筛机、抖筛机、风选机等。相继在浙江青坛和山口、安徽祁门、江西修水、湖南安化、湖北恩施和四川、云南等重点产茶省建立 40 余个国营红茶初制厂和数十个精制茶厂，促进了我国红茶生产的发展，带动了各茶区茶叶机械技术革新运动的展开。

为配合红茶出口，1951 年浙江省就成立红茶推广大队，在绍兴、嵊县、诸暨等地，开始仿造和推广木质或铁木结构的手推、水力等为动力的单、双桶揉捻机，后来安徽、湖北等茶区也出现类似的双桶、四桶揉捻机。并土法上马，创造出类似绿茶加工使用的人、畜、水、机、电为动力的铁木结构，甚至部分采用水泥、石头等结构的红茶加工机具。湖北省所设计完成的竹、木、铁结构 58 型恩施萎凋机和"万能"烘干机，安徽、湖南和云南等省完成祁门干燥萎凋两用机、安化烘茶箱和凤庆土烘房等简易红茶烘干设备，被广泛应用于红茶加工，推动了中国红茶生产的发展。

20 世纪 50 年代，民国中央实验茶场先后更名为"贵州省湄潭实验茶场""贵州省湄潭茶场"等。一直在此工作的王正容，1947 年曾被中央实验茶场派往台湾省专门学习机器制茶一年，回湄潭后全身心地投入茶叶机具和工艺研究革新。50 年代与湄潭茶场技术人员和职工一起，不仅自行设计出铁木结构、以木为主的简易制茶机械，还引进全金属结构的仿克房伯大型揉捻机，因为揉桶直径为 92cm，故被称为 92 型茶叶揉捻机，用于红茶揉捻作业，生产率高，茶叶品质良好。上述机器被联装成生产线，满足了当时出口红茶初制加工的需求，为打破帝国主义对我国的经济封锁作出贡献。这套设备至今仍较完整保留在湄潭永兴的"民国中央实验茶场博物馆"内，也成为全国仅有的记录中华人民共和国成立前、后那段时间中国红茶加工机械发展的永久性历史文物（图2-11）。

1957 年，中国茶业公司浙江省公司，还分别在绍兴县青坛和诸暨县山口红茶初制厂，采用克房伯大型揉捻机、大型链板式茶叶烘干机等，建成了大型"现代化"红茶初制厂，在当时国家经济十分困难的情况下，虽机器投资较大，但引领了当时国营红茶加工厂的红茶加工机械化进程，作出了先进的技术示范。为了加速红茶机械化的发展，1958 年，浙江省商业厅土产处组织

图 2-11　50 年代初湄潭茶场使用的仿克房伯茶叶揉捻机

绍兴茶厂、诸暨山口、绍兴青坛、城南等红茶初制厂的技术人员吕增耕、张寿基等，开始因地制宜、立足实际，研制农村集体茶厂使用、以木质为主的红茶初制机械。通过努力，成功设计出简易红茶萎凋槽、工夫红茶和红碎茶两用揉捻机、红碎茶揉切机、解块筛分机、简易自动茶叶烘干机、手拉百叶式茶叶烘干机等。1958 年 11 月，浙江省商业厅召开现场会，进行革新技术交流，并将绘制的红茶初制机具图样，分送各红茶产区，扩大推广应用。

1958 年，中国农业科学院茶叶研究所在杭州成立并设立茶叶机械研究室。1963 年该所参照国外资料，研制成功适于我国应用的红茶萎凋槽，槽面上鲜叶摊放厚度可达20cm，并可定时对叶层吹风或吸风，使鲜叶中的水分快速均匀散发，完成萎凋工序，解决了阴雨天萎凋难题。在 20 世纪 60 年代中国援建非洲几内亚马桑达茶厂所设计制造的 24 种红、绿茶初、精制机械中，也包括了 11 种红茶初制加工机械。

红碎茶是世界上消费的主要红茶类型，20 世纪 70 年代占世界茶叶消费量的 90%，目前还保持在 70% 左右，与工夫红茶加工的不同点是，红碎茶加工特殊工艺是需使用揉切设备进行揉切，同时也像工夫红茶一样，需要使用萎凋设备进行鲜叶萎凋、发酵设备进行发酵和烘干设备进行干燥等。

鉴于红碎茶消费在世界上的地位，号称中国茶圣的吴觉农先生在 20 世纪 50 年代直至他 1989 年逝世前，就一直倡导在国内重视红碎茶生产的发展，并对印度、斯里兰卡等国先进的红碎茶加工机械给予了极大关注。可能正是在他的影响下，1956 年下半年，中国茶叶进出口总公司，就出资进口一台世界上最先进的红碎茶揉切设备 CTC 机和克虏伯大型双动揉捻机，交给浙江省绍兴县青坛茶厂（浙江省绍兴茶厂初制分厂），意在进行红碎茶的试制。1957 年浙江农学院茶叶系的张堂恒、卢世昌等老师还带领该校茶叶系学生去该厂实习，薛运凤和方辉遂老师组织茶叶系 56 级的徐南眉等同学对 CTC 机进行了测绘。但当时对红碎茶加工技术尚缺乏认识，加之该厂忙于苏联及东欧销条形红茶的生产，克虏伯大型双动揉捻机被用作了条形红茶加工，而红碎茶试制却未能开展，这台 CTC 机也一直被放在青坛茶厂闲置。

20 世纪 70 到 80 年代，吴觉农先生对中国发展红碎茶的倡导更为积极，在一些茶叶专业和学术会议的讲话和发言中，反复论述发展红碎茶与世界茶叶发展抗衡的重要性，并且为担心红碎茶的"碎"字，会被误认为是茶叶加工筛分出副茶中的碎茶，还将红碎茶称之为"红细茶"。正是由于吴觉农先生的倡导，其在复旦大学任教时的学生、中国农业科学院茶叶研究所机械研究室主任陈尊诗，对红碎茶加工技术和设备的研究十分热心，经多方联系，青坛茶厂决定将那台进口以来从未发挥作用、国拨无价财产的CTC 机，免费送给中国农业科学院茶叶研究所，该机机体庞大且重，当时一台解放牌汽车才勉强装运，约于 1978 年底运抵该所。陈尊诗先生的本意是应用该机从事国产CTC 机的研制，但是他后来因忙于海南红碎茶连续化发酵机和生产线的研制，无暇顾及，CTC 机的研制也就被搁置，运来的 CTC 机再次被冷清存放在茶叶研究所的制茶车间内，80 年代末期，茶厂车间改造，CTC 机被搬出露天暂时存放，后来随着陈尊诗先生的退休和茶叶机械室人员的流动和散失，这台 CTC 机后来居然被作为废旧物资卖掉了，CTC 机研制之梦结束。

中国红碎茶生产正式提上日程始于 1958 年，当时主要使用条形红茶切碎分筛。20

世纪 60 年代，由于援外茶叶机械的需要，红碎茶加工机械研制开始起步，参考印度、斯里兰卡资料，开发出援建几内亚茶厂使用的红碎茶揉切设备盘式揉切机，国内也曾推广应用。它是在传统盘式揉捻机揉盘上安装阶梯弯月形切刀，进行萎凋叶切碎，需经反复多次分筛揉切，方可达到切碎要求，并且为间断性作业，生产效率低下，70 年代停用。

我国红碎茶机械的研制在 20 世纪 60 年代正式起步，在国外洛托凡揉切技术影响下转子揉切机的研制启动，1970 年广东省英红华侨茶场茶机厂蔡沛等人研制成功 7051 型转子揉切机及由其发展形成 6CRQ-16、18、20、25、30 型系列转子揉切机，揉切过程实现了连续化，茶叶切碎率和茶汤品质均有明显提高，形成了中国中、小叶种茶区转子机红碎茶特色制法。使用表明，转子揉切机作业连续，切碎力强，成茶品质较好，特别适合中、小叶种茶树及采摘较粗老鲜叶的加工。同时，江苏芙蓉茶场、湖南洣江茶场、湖南邵东茶机厂、贵州羊艾茶场、湖北咸宁和四川南川茶机厂等也先后推出了转子结构各异的转子揉切机。1983 年云南省更研制出一种新型转子揉切机，亦称包包机，类似于 CTC 机，可加工轻萎凋叶，因在机芯上的创新，1986 年获国家发明三等奖。

20 世纪 80 年代，世界上最先进的 CTC 红碎茶加工技术开始在中国推行，其关键设备 CTC 机，其字母为"切碎""撕裂"与"卷曲"的英文缩写，揉切作用强烈而快速，经过三次 CTC 机切碎的在制叶，仍可保持鲜活的翠绿色泽，为可控发酵创造了良好条件，使成茶具有"浓、强、鲜"的品质特色。CTC 机齿辊的加工精度要求很高，海南海口机械厂通过几年努力，于 1985 年研制成功第一台 6CR-768 型茶叶挤切机（CTC 机），被机械电子部批准为可替代进口机械的产品。CTC 机齿辊的三角棱齿易于磨损，使用数百小时就需修磨，80 年代末合肥工业大学与杭州茶机总厂联合研制成功齿辊修磨机。同时，中国农业科学院茶叶研究所殷鸿范等人与浙江机械学校实验工厂协作，研制成功类似于国外 LTP 机的 6CZ-30 型红碎茶锤击式揉切机，此后江苏、湖南、四川也研制出结构稍有不同的类似机型，这些机具的应用在一定程度上提高了中国红碎茶的加工品质。

发酵是形成红茶品质的关键工序。1980 年，中国农业科学院茶叶研究所殷鸿范等人参照国外设备，开发出车式发酵设备，被红碎茶加工所应用。该机作业时，将揉捻叶投入发酵车内，由风机通过进风管将湿空气鼓入箱体内，起到供氧、增湿、降温作用，发酵质量良好，也是印度、斯里兰卡等红碎茶主产国常用、性能良好的发酵机型。

20 世纪 80 年代末期我国开始连续式发酵机的研制，中国农业科学院茶叶研究所陈尊诗等人开发的机型是一种类似于自动链板式烘干机的发酵设备。作业时由轴流风机对摊在链板上的揉切叶通入加湿空气，发酵均匀，成茶鲜爽度较好，作业连续。存在问题是当时机器制造水平较低，以至百叶板部分部位漏茶，风机室等处的积茶不易清扫而馊变，影响下一轮发酵茶的品质。

红茶干燥主要使用自动链板式茶叶烘干机。因现代红茶加工要求可控式发酵，即整个发酵过程要求在可控制状态下进行，发酵完成酶促氧化反应则要即刻终止。这样用于红碎茶干燥作业的烘干机，要求从输送带开始就进行加热，从而使上烘叶即刻处于高温之下，终止酶活性。为此，杭州茶机总厂研制出红茶烘干专用的 6CH-25 型、50 型等烘干机，输送带和箱体同时加热，6CH-50 型还采用两台蒸汽换热器或热风炉分别对箱体和输送带供热风。

流化床烘干机是一种使物料处于近悬浮状态进行干燥的烘干设备。作业时，加工叶进入烘箱体，呈现漂流状态，一边被烘干，一边在烘床上缓慢从后向前移动。热交换迅速而充分，节能显著。1980 年，江苏茅蔍茶场首先研制出流化床式茶叶烘干机；随后，四川夹江茶机厂在消化吸收斯里兰卡 CTC 沸腾烘干机基础上，也研制成功流化床式烘干机，用于红碎茶的烘干。1984 年，绍兴工科院与绍兴茶叶机械总厂联合进行振动流化床式茶叶烘干机的研制，可使茶条在烘干床面上处于沸腾状态，不仅可用于红碎茶的干燥，也被用于条形茶的烘制。

进入 90 年代，中国名优茶生产的兴起，红茶生产衰退，红茶机械研制几乎停滞。直至进入 21 世纪，随着福建金骏眉等红茶的试制和市场销售获得成功，工夫红茶的生产重新在国内兴起。于是浙江春江茶叶机械公司、浙江上洋、绿峰、珠峰等机械有限公司和广东省农机研究所等，在 2010 年左右，先后研制成功工夫红茶连续化生产线。其关键设备使用了新研制的连续型鲜叶萎凋机、发酵机，并使用单片机及 PLC 系统进行程序控制，在红茶产区广泛应用。

（四）乌龙茶加工机械的发展

乌龙茶是中国特有的茶类，历史悠久，但长期以来一直依赖手工生产，特别是乌龙茶的揉捻和包揉作业（图 2-12）。由于乌龙茶鲜叶采摘相对较粗大，极难揉捻和包揉成型，包揉时手脚并用，直至 20 世纪 80 年代初期在乌龙茶区还很常见，十分繁重，且不卫生。为此，人们对乌龙茶加工机械特别是包揉机械极为渴望，并且像实现绿茶和红茶机械揉捻一样，乌龙茶揉捻和包揉机械的研究和探讨也一直在进行。

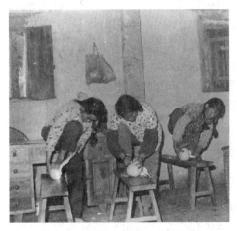

图 2-12　中国古老的乌龙茶包揉

2016 年初，中国农业科学院茶叶研究所的老所长程启坤研究员，在其老家江西省婺源县茶区发现了一种手动木制揉茶机，据当地茶农介绍系清末民初的器物。

手动木制揉茶机由揉捻腔体、揉盘、揉捻桌架组成。揉捻腔体类似与现代揉捻机的揉桶和揉桶盖，用一段直径 30 余厘米的圆木刻制而成，下部挖出揉捻腔，揉捻时茶叶就放在腔内。揉捻腔体两侧刻挖出抓手，并挖出容手凹坑，揉捻时操作者的两手就是抓住两侧的抓手，并且两手可方便放在挖出的容手凹坑内，用力使揉捻腔体在揉盘上转动，实施揉捻。揉捻腔体上部装有一圆木揉捻腔体杆，杆的上端插入揉捻桌架的框架横梁中部的圆孔内，孔径较直杆杆径大，直杆可以在孔内自由转动，用于规范揉捻腔体在揉盘上的揉搓范围。揉盘为方形，用石头或硬木制成，在中部圆形揉捻区域内，由周围向中间逐渐低凹，揉捻区内刻出如石磨般的弧形揉捻棱条，用于增加揉搓力，利于茶叶揉捻成条。揉捻桌架是一只方桌，上置直立门架，揉盘就放在方桌上，圆木揉捻腔体上的木杆，就插在直立门架的横梁孔内。实际操作表明，虽然手工推动较为费力，但比人工手脚并揉轻松很多，并且茶叶成条效果和工效显著提高。同时，通过分析认为，手动木制揉茶机的发明，其原理来源于在桌面铺上竹编篾垫的手工揉捻，手动木制揉茶机在江西等茶区曾长期较普遍使用。20世纪40年代末期，这种手动木制揉茶机的工作原理很可能被迁移台湾的茶叶界人士带到台湾，从而演变发明了后来广泛应用的望月式乌龙茶揉捻机（图2-13）。

此外，近年来贵州省茶叶研究所和湄潭县在整理民国中央试验茶场茶叶加工厂的历史档案时，发现了一张1949年前茶厂车间一角的照片，系一木质揉捻设备在进行茶叶揉捻，图中可清楚看到在上下揉盘之间有一只布包茶团正在接受揉捻，其作业原理和结构已与90年代以来大陆从台湾引进并广泛使用的乌龙茶包揉机结构极为相似。1949年前后，包括民国中央试验茶场厂长刘淦芝先生等一批农业和茶叶技术人员迁居台湾省，这种揉捻机的原理和结构形式也应该是被带到了台湾，从而促进台湾于20世纪60年代研制成功了台湾和大陆现在均广泛应用的乌龙茶包揉机。

当然，包括清末民初木质手动揉茶机和民国中央实验茶场茶叶加工厂似包揉机的茶叶揉捻机对我国台湾省乌龙茶望月式揉捻机和乌龙茶包揉机研制的促进，仅是分析结论，是否如此，有待大陆、台湾业界进一步论证（图2-14）。

乌龙茶产区分布于福建、广东和台湾。乌龙茶成套加工机械系台湾省在20世纪70年代以前研制完成。在台湾机械尚未传入大陆之前，大陆乌龙茶加工几乎

图2-13　手动木制揉茶机及到台湾望月式乌龙茶揉捻机的演变

全部依赖手工，特别是闽南乌龙茶的包揉作业，采用包揉布将加工叶包裹，凭借人工用手或手脚并用进行包揉，费时费力。70年代后期，福建研制完成了竹筒式乌龙茶摇青机和综合做青机，乌龙茶的摇青实现了机械化，并使用晾青架和晾青匾进行晾青。1981年，福建省晋江地区茶果食杂分公司郑俊德等研制成功6CB-23型乌龙茶包揉机，使用两只机械手似的揉搓机构，完成乌龙茶的包揉，因生产效率较低，未能在生产中广泛推广应用。

20世纪80年代末期，两岸交流日渐频繁，不少台湾茶机生产企业和茶商将台湾产成套乌龙茶加工设备，首先带至福建，特别在安溪等地设厂，生产包括乌龙茶杀青机、

揉捻机、速包机、包揉机、解包机、烘干机、提香机等成套乌龙茶机械。

台湾乌龙茶杀青机，系一种断续性作业的圆筒式杀青机，以燃石油液化气为热源，圆筒部件中部铰接安装在机架上，手工投叶，煤气燃烧对筒体加热，圆筒转动进行杀青，完成杀青后圆筒停止转动，手压筒体前端出叶。

乌龙茶初揉使用一种前述的称作望月式或星月式揉捻机的设备，有机械和气动两种形式，揉盘结构与一般揉捻机相似，只是加工叶是

2-14　民国实验茶厂似现在包揉机的茶叶揉捻机

盛放在揉盘上作平动运转的揉碗内，揉碗并可作一定倾斜摆动，对杀青叶进行初揉，该机碎茶少，保绿性能好。

乌龙茶速包机系根据传统手工包揉作业滚、压、揉、转、包作业原理而设计。作业时，将7kg左右的初烘叶置于包揉布中拧成袋状，放入4只矩形排列形似花瓶状的立辊中间，操作脚踏开关，4只立辊开始旋转并向内平移，松散茶包在两对立辊作用下作逆时针旋转，并在立辊的侧向转、搓、挤、压及加压手柄"轻—重—轻"的正压力作用下，形成"南瓜"状茶球。

乌龙茶包揉机为平板式，模仿人工作业原理设计而成，一般是将3个经过速包的布包茶球置于装有棱骨的上下揉盘之间进行包揉。下盘转动，上盘可上下移动，以实现加压。茶球在棱骨和立柱的作用下被翻转卷紧，形成颗粒状。

乌龙茶松包机的作用是解散茶球。关键结构为一内壁装有打棒、部分筒壁打孔的旋转筒体，作业时将完成包揉并去掉包揉中的茶球放入，滚筒旋转，在打棒打击作用下，茶球被解散，并筛去茶末。

台湾乌龙茶的烘干使用了一种燃油远红外自动链板式烘干机，炉灶内涂有专门配方的远红外发射涂料并设在烘箱上部，结构紧凑，热效率高。该机已在厦门设厂生产。

乌龙茶提香机的关键部件系一内壁装有远红外电热管的一边开门的四方箱体，内装可转动的框架。作业时，将摊有加工叶的竹匾或不锈钢网盘，置于箱体内的框架上，关闭箱门，开启电源，加工叶在远红外线照射下，产生显著的焙火香。

由于台湾乌龙茶加工机械传入大陆，使大陆乌龙茶加工很快实现了机械化。台湾各种乌龙茶加工设备，不仅在福建建厂制造，2000年前后浙江春江茶叶机械有限公司也曾成套模仿生产上述乌龙茶加工机械，在一些乌龙茶非重点产区推广应用，亦取得良好效果。

为了提高机械包揉工效，2010年前后，福建省安溪县研制了一种乌龙茶压揉机，工作原理似草原牧草收割捡拾后的打捆机，采取对做青叶反复折叠压挤而达到包揉目的，但只能用于低档茶的包揉加工。与此同时，乌龙茶连续化生产线也在安溪出现，被用在非包揉型乌龙茶的加工，连续化生产线中的包揉工序尚有待于研究和开发。

（五）黑茶加工机械的发展

黑茶是中国特有的茶类，使用黑茶压制成的砖茶等紧压茶，是少数民族不可或缺的生活物资。20世纪50年代以前全部使用手工进行加工。如杀青采用炒茶灶，手持木叉或草把在锅内进行翻炒。而南路边茶即做庄茶杀青，采用锅口直径为93～100cm、水平安装的铸铁锅，锅温300℃，开始杀青先以手翻炒，烫手后改用木杖翻炒。也有使用蒸桶进行蒸汽杀青的。60年代后随着锅式杀青机和滚筒杀青机的出现，黑茶的杀青被机械所替代，雅安茶厂等则改用蒸汽杀青机杀青。

黑茶特别是做庄茶，传统揉捻工具为遛板，遛板一般由长6m、宽1m、厚6cm的木板等搭建而成，安装成30°斜坡，两侧置竹竿扶手，以便遛茶，20世纪70年代后才逐步被揉捻机所替代。

湖南黑毛茶是生产量最大的黑茶类型，其干燥在20世纪50年代以前是使用一种专用的七星灶，焙上铺竹编焙帘，用以摊叶。作业时，灶口处横架燃烧松柴，火气借风力透入七星灶内，对加工叶进行烘干。随着茶叶烘干机的出现，70年代以来已逐步被烘干机所替代。

20世纪70年代以后，普洱茶的杀青、揉捻已普遍使用滚筒杀青机和盘式揉捻机。在一些大型普洱茶加工企业，21世纪以来晒青已使用大面积专用晒场，有的则设置房顶大型专用晒场，清洁卫生条件显著改善。渥堆作业也设计了专用的大型底铺木板、侧板砖砌结构的大型渥堆槽，每槽渥堆茶叶量数吨，槽面上设有自动喷水加湿降温装置，只是进叶、翻堆和出叶上大多依赖人工。干燥已全部使用自动链板式烘干机。

（六）新型茶和茶叶深加工机械

进入21世纪，包括低咖啡因茶、γ-氨基丁酸茶、超微粉茶等新型茶和液体茶饮料和茶叶功能性成分提取等深加工产品生产受到重视，其加工机械的研发也被提上日程。

1. 低咖啡因茶加工机械 低咖啡因茶加工的技术关键是叶内的咖啡因脱除，脱除的方法有热水浸渍法和超临界 CO_2 萃取法。为了进行低咖啡因绿茶的加工，中国农业科学院茶叶研究所权启爱、孙成等在人力车水水车原理基础上，2001年研制成功一种应用热水浸渍原理的茶叶咖啡因脱除机。整体结构由前后连装的两组结构基本相同的装置组成，分别称作浸提装置和冷却装置。每组装置分别由一只底部逐渐上坡的热水或冷水的锅体，锅内装有捞叶网板机构组成。前锅用于鲜叶种咖啡因浸提，锅体下设炉灶，后锅用于浸提叶的冷却。鲜叶投入前锅，被95℃以上的热水浸渍，叶中大部分咖啡因被迅速浸出，而其他成分则尚未来得及浸出时，就被网板沿锅底坡度而带出水面，被抛入后锅的冷水内冷却，完成低咖啡因绿茶的咖啡因脱除。

2. γ-氨基丁酸茶加工设备 厌氧处理是γ-氨基丁酸茶的关键工序。21世纪初，中国农业科学院茶叶研究所林智研究员等在开展γ-氨基丁酸茶加工技术研究过程中，通过对鲜叶进行厌氧处理和真空厌氧/好气处理交替等工艺参数的深入研究，同时研制成功一种γ-氨基丁酸茶厌氧处理专用设备6CY-4.0型茶鲜叶真空厌氧处理机。主要结构系一装有真空机系统、容积为1m³的金属箱体，前部开门，关门后箱体内可形成密闭空间，容量为50kg鲜叶。作业时，将鲜叶投入箱体内，关闭箱门，开动真空泵组，使箱内形成适当真空度，温度保持在25℃，处理时间8h。然后使用常用绿茶设备将处理叶进行杀青、揉捻和干燥，则可得到γ-氨基丁酸规定含量的γ-氨基丁酸绿茶。若是加工

γ-氨基丁酸红茶，则先对鲜叶进行萎凋，然后在真空厌氧处理机内进行厌氧处理，采用厌氧处理 1h、好气处理 1h，并反复一次的处理方法，处理叶用红茶加工常用设备揉捻、发酵和干燥，即可得到 γ-氨基丁酸规定含量的 γ-氨基丁酸红茶。同样，在做青后对做青叶进行厌氧处理，接着用传统乌龙茶机械进行加工，即可得到 γ-氨基丁酸乌龙茶。

3. 超微粉茶加工设备　超微粉茶所使用的茶叶原料为初制毛茶，使用常规绿茶设备加工，要求成茶含水率为 5% 以下。超微粉茶加工的关键设备为超微粉碎机。中国农业科学院茶叶研究所在超微粉茶加工技术的研制过程中，对国内现有超微粉碎设备进行了对比试验，认为干茶的植物纤维和叶肉在受到一定外力作用时，会产生断裂、破碎而形成超微粉茶的超细颗粒。而颗粒大小与茶叶粉碎方式即不同外力作用形式有关。对比试验表明，采用锤击原理的直棒方式较强，粉碎效果良好。故选用了直棒式超微粉碎设备。因茶叶在粉碎过程中会产生热量使叶温上升，造成超微茶粉色泽黄变，故要求超微粉碎设备要选用配有冷却装置的机组。

二、 再加工茶加工机械的发展

再加工茶是使用初制毛茶或精制茶，通过特定设备和技术加工出的茶叶产品。再加工茶机械通常包括紧压茶、花茶和袋泡茶加工机械。

1. 紧压茶加工机械的发展　紧压茶是用黑茶毛茶压制成的茶叶产品。采用的设备包括蒸茶设备、压制成型设备和干燥设备等。茯砖、青砖、米砖、康砖、沱茶等不同紧压茶产品，加工机械大同小异。

传统的蒸茶设备使用木甑，后来发展使用金属蒸茶筒，筒底打孔，置于蒸汽孔上蒸茶。20 世纪 60 年代以后，蒸茶器在生产中逐步获得应用，不同紧压茶蒸茶器大小略有不同。但均由进茶斗、蒸笼、蒸汽通道、出茶斗组成。蒸笼壁有蒸汽通孔，包裹在蒸汽通道中，下接出茶斗。出茶口上部装有 4 叶片的出茶叶轮，用于出茶和封闭蒸汽，其转速快慢可调节蒸茶时间长短。作业时，加工叶从进茶斗徐徐落入蒸笼，蒸汽通过蒸汽通道和通孔进入蒸笼蒸茶，完成蒸茶从出茶斗排出，蒸茶均匀，效率高，使用方便。

压制成型设备包括压砖机和砖模等，传统加工使用的是木结构的杠杆式压砖装置或手推式压砖机等。发展至目前，所应用的压砖机，因采用动力和施压部件结构不同，有螺旋式压砖机，采用电动机并通过传动结构带动螺旋丝杆推动压板对砖模内加工叶施压；曲柄式压砖机，采用电动机并通过传动结构带动与压板链接的曲柄装置运转，对砖模内加工叶施压；蒸汽式和油压式压砖机，系利用汽缸或油缸内的蒸汽或油推动活塞上升或下降，带动压板对砖模内加工叶施压，完成砖茶的压制。

由于政府的重视，20 世纪 80 年代以来，紧压茶机械化生产逐步完备，近年来砖茶生产向着连续化自动化方向发展，浙江上洋机械有限公司研制的由单片机控制的普洱茶精制生产线在云南大益茶业集团等获得应用。

2. 花茶加工机械的发展　花茶也是中国的特有茶类。传统加工采用在地面上花与茶拌和窨制方法。20 世纪 80 年代初期，金华茶厂行车式窨花机研制成功并投入运行，1980 年福州茶厂研制成功闽 76 型花茶窨制联合机，苏州茶厂研制成功 78 型箱式花茶窨制机，汉口茶厂研制出花茶窨制流水线，金华茶厂的行车式窨花设备投入运行，实现了窨花、通花和起花作业机械化、连续化。1986 年，杭州茶叶机械总厂与金华七一茶厂合作，研制了 6CZX-15 型隔离式窨花机，基本结构为 18 层盛放茶、花的圆形浅箱盘，盘底为孔板，分成左右两组，每组由 5 只茶箱盘和 4 只花箱盘，呈交叉配置，两组箱盘通过管路构成循环系统，使茶叶在封闭系统中通过气流循环充分吸收花香。应用隔离、封闭、充氧与循环技术窨制的花茶，鲜灵度和花香浓度，均优于传统窨制花茶，下花量减少 12%～25%，窨制成本节约 15%。金华工科所和武义茶机厂此后也进行了隔离式窨花设备的研制。应用表明，隔离式窨花设备的作业特点是，窨制的花茶产品鲜灵度和花香浓度高，但因花香持久度不够，故未能普遍推广应用。但是因为高档花茶特别追求鲜灵度，故这种原理的设备，21 世纪之初还被用于广西横县花茶加工企业的高档花茶加工中，应用效果良好。

3. 袋泡茶加工机械的发展　中国袋泡茶生产起步于 20 世纪 60 年代。中国上海、广东、云南、湖南、浙江等省、市，从阿根廷、意大利、德国等进口袋泡茶包装机和滤纸进行袋泡茶的包装和生产。80 年代，位于陕西汉中的中国航空工业空空导弹研究院南峰机械厂［后迁洛阳称洛阳南峰机电设备制造有限公司，即现中航工业空空导弹研究院凯迈（洛阳）机电有限公司］开始袋泡茶包装机的研制，1987 年开发出 CCFD-6 型袋泡茶包装机，此后又开发出多种机型，均属于包装速度为 110 包/min 上下、双室袋、热封型袋泡茶包装机，部分机型可完成内袋、外袋、装盒等包装。天津轻工包装机械厂（现天津轻工包装有限公司）也完成了较低速度、单室袋泡茶包装机的研制。同时，杭州新华造纸厂（现杭州新华纸业有限公司）完成了袋泡茶包装专用滤纸研制，不仅可满足省内需求，并且此后很长时间为国内袋泡茶包装专用滤纸的唯一生产厂家。20 世纪 90 年代以来，厦门市宇捷包装机械有限公司等单位的袋泡茶包装机产品也在生产中获得应用。历经多年努力，中国袋泡茶机型可以说性能已趋成熟，国内袋泡茶生产企业也已大多使用国产机型，只有一些较大型袋泡茶生产企业，还部分从国外进口包装速度快、自动化程度较高的袋泡茶包装机。

三、 茶叶精制 （筛分整理） 机械的发展

中国的茶叶精制，自古以来使用手工工具进行筛分、风选、烘焙等作业。其中台湾省的茶叶精制设备开发较早，所开发出的茶叶精制机械结构基本上与日本相近。抗日战争胜利后吴觉农在杭州创办之江制茶厂，在民国 35 年（1946）所购置的茶叶精制机械，就来自于台湾省。当时吴觉农先生还组织对这些机械进行了仿制，用于红、绿茶的精制加工。中华人民共和国成立后，国内茶叶精制厂技术人员和工人，在技术革新运动中，先后开发制造出铁木结构的风力选别机、平面圆筛机、抖筛机、飘筛机、切茶机、匀堆机等。到了 20 世纪 60 年代，除拣剔尚需人工辅助外，虽然机械尚简陋，但红、绿茶精制加工作业基本上实现了机械化操作，当时国内较成规模的杭州、婺源、湄潭等众多精制茶厂，都广泛使用了这些机器。

中华人民共和国成立后，贵州省湄潭茶场茶叶精制车间，虽然使用的茶叶加工精制设备部分系原民国中央实验茶场所遗留，均以木结构为主，结构简陋，但已按出口红茶精制要求形成较完整的生产线，已是当时最先进的茶叶精制生产线了，目前仍较完好的保留在湄潭（图 2-15）。

a.金属结构大型茶叶烘干机

b.茶叶风力选别机

c.茶叶抖筛机

d.茶叶圆筛机

图 2-15 20 世纪 50 年代湄潭茶场应用的茶叶精制加工设备

江西省浮梁新迪茶业有限公司，系由 20 世纪 50 年代初组建的江西省"国有浮梁县九龙山垦殖场茶叶加工厂"转承而来。九龙山垦殖场茶叶加工厂的茶叶精制车间装置的成套铁木结构的茶叶精制加工设备，可以说代表了 50 年代国内茶叶精制加工设备的先进水平，如所使用的自动链板式茶叶烘干机是吴觉农先生所组织设计的机型，其他精制机械的部分传动已使用金属部件。这套机械在该公司董事长、首席制茶师朱国光工程师的精心维护和关心下，至今仍保存完好，并且大部分机械仍可运行、实施茶叶精制作业。除贵州湄潭茶厂外，此乃作者在国内看到的第二套新中国成立初期保存完好的茶叶精制加工成套设备，堪称可贵，当前浮梁县有关部门已着手组织保护（图 2-16）。

20 世纪 60 年代，随着援助几内亚茶叶加工成套设备的设计试制成功，1965 年通过鉴定并出口援助几内亚马桑达茶厂 24 种红、绿茶初精制机械，其中就包括了茶叶精制机械 11 种，即 CSY-66 型平面圆筛机、CSP-67 型抖筛机、CGJ-65 型阶梯拣梗机、CXX-40 型圆片切茶机、CCF-84 型复炒机、CW-910 型匀堆装箱机、CQL-80 型风力选别机、CSP-28 型切抖联合机、CXX-50 型螺旋切茶机、CXX-61 型齿辊切茶机、CF-80 型滚筒车色机，是我国茶叶精制机械的正规产品，不仅用于援建和出口几内亚、马里、

43

图 2-16　20 世纪 50 年代江西浮梁使用茶叶精制机械

摩洛哥等国家，至今大部分机型在国内仍在被广泛使用。

　　1987 年，临安茶叶机械厂研制成功 6CDJ-275 型高压静电拣梗机，对拣出茶叶中混杂的毛衣细梗，效果良好。浙江工学院研制开发出利用可调色谱和弹离技术的茶叶光电拣梗机，拣梗性能良好。进入 21 世纪，合肥美亚光电技术有限责任公司、安徽中科光电色选机械有限公司等参考国外资料，开发出茶叶色差选梗机，广泛应用于各种茶类的茶梗拣剔，显著提高了茶叶拣梗性能，在生产中获得广泛应用。

四、 茶叶深加工设备的发展

　　茶叶深加工产品和加工设备种类较多，目前国内尚无茶叶深加工设备专门研制和生产企业。近年来，中国农业科学院茶叶研究所和浙江大学等单位，通过对茶叶深加工产品加工参数和生产工艺的研究，从医药、食品化工等行业产品的加工机械中，进行了此类机械的选型和改进研制，配套成生产线，完成茶多酚、茶氨酸、茶色素和各类配方产品的加工，所使用的主要有提取、分离、浓缩、干燥、杀菌和包装等设备。

　　茶汁提取设备是茶叶深加工产品加工第一道工序所使用的设备。它使用热水、乙醇等溶剂浸泡茶叶，使茶叶中可溶性成分溶于热水、乙醇等溶剂中，形成茶汁。常用的茶汁提取设备有罐式提取设备和逆流提取设备两种。罐式提取设备又分为单罐和多罐形式，单罐提取是一种不连续提取，多罐则可通过连装实现连续提取，生产中多被采用。逆流提取设备是一种在提取槽中茶叶与水、乙醇等提取溶剂作逆向运动而完成提取过程的设备，也是茶叶深加工产品加工中常用并且是先进的茶汁提取设备。

　　茶汁分离设备有过滤、离心、萃取等形式。过滤是利用多孔分离介质上下两侧的压力差，去除茶汤中的杂质。而离心分离是利用自然或外加的惯性离心力场，而去除茶汤中的杂质。萃取设备的关键部件为萃取塔，将茶汁置于萃取塔中并加入不同溶剂，利用茶汁中各种成分在互不相溶两相溶剂中分配系数的不同，达到成分分离目的。

　　常用的茶汁浓缩设备有真空浓缩罐和膜浓缩设备。真空浓缩罐是使茶汁在真空条件下加热，水、乙醇等溶剂则会在低温状态下沸腾，以气态从茶汁中蒸发出去，达到浓缩目的。膜浓缩一般使用超滤膜，借助压力差作动力，使茶汁沿滤膜表面快速流动，水、乙醇等溶剂小分子物质可透过膜，经导流板连续流出，大分子物质则不能透过膜，从而获得浓缩后的截留液即浓缩液。

常用的茶浓缩液干燥设备有喷雾干燥设备和冷冻干燥设备。喷雾干燥设备是使用加压装置和喷头，将茶汁浓缩液用雾化器分散成细微的雾滴喷出，通过风机使热空气发生装置产生的热空气与雾滴直接接触进行热交换，蒸发雾滴中的水分，形成粉末或颗粒状产品。喷雾干燥设备价格较低，生产中多采用，但因在茶汁浓缩液喷成雾状时需用热空气进行干燥，易造成产品中有效成分损失，故适用于产品品质要求不是特高的场合。冷冻干燥设备则是先对茶汁浓缩液实施冷冻，然后在一定真空程度下，使茶汁液体中的水分升华而达到干燥目的。因为可最大限度保留产品中的有效成分，虽设备价格较高，仍被用在高品质要求的产品加工中。

茶汁灭菌设备多用在液体茶饮料等生产中。常用的有高温灭菌设备和超高温瞬时灭菌设备等。高温灭菌是将灌装好的茶饮料装上小车，推入灭菌锅内，关门密封，通入120℃的蒸汽、20min，达到灭菌目的。高温灭菌因系在较高温度下进行灭菌，且时间较长，易造成产品中有效成分损失，故适用于产品品质要求不是特高的场合。超高温瞬时灭菌设备是在茶汁通过设备过程中，温度迅速上升到135℃，几秒钟内把腐败菌杀死，达到灭菌目的。超高温瞬时灭菌虽灭菌温度很高，但因灭菌时间极短，不会损失产品中的有效成分，被用在高品质要求的产品加工中。

茶汁超高温瞬时灭菌后可进行灌装，灌装选用通用的饮料灌装设备。

五、 茶叶机械标准的制定与发展

为规范茶叶机械的生产、制造、推广和应用，从20世纪70年代初开始，第一机械工业部、机械部、农机部等组织杭州农业机械厂（杭州茶叶机械总厂）、中国农业机械化研究院、中国农业科学院茶叶研究所、绍兴茶叶机械厂（绍兴茶叶机械总厂）等进行茶叶机械标准的制订。1977年第一机械工业部发布了由杭州农业机械厂起草的茶叶揉捻机部颁标准NJ 143-77《茶叶揉捻机 技术条件》和NJ 144-77《茶叶揉捻机 试验方法》，这是中国首次出现的茶叶机械标准，也是中国茶叶机械标准制订的开端。进入80年代，中国茶叶机械标准制订速度加快，除茶叶揉捻机标准外，茶叶烘干机、茶叶平面圆筛机、茶叶杀青机、阶梯式茶叶拣梗机、转子式茶叶揉切机、辊式切茶机等标准也被先后发布，分别以"NJ"（国家农机标准）和"ZB"（国家专业标准）进行标记。特别是1987年发布的由中国农业机械化科学研究院等起草的GB 8057-87《茶叶机械 术语》标准，成为直至目前仍是中国唯一国家发布的茶叶机械国家标准，可惜在20世纪90年代茶叶机械标准制、修订发布时，《茶叶机械 术语》被改为国家专业标准。

进入90年代，中国茶树修剪机、采茶机、茶叶风选机、流化床茶叶烘干机等茶叶机械标准发布，并且不少标准被修订。形成了20世纪90年代机械部批准发布的10多项20多个标准，均以"JB/T"（国家机械行业标准）进行标注。然而在这些茶叶机械标准制订中，有的标准被写成一个整体性标准，有的则被分为"技术条件"和"试验方法"两个标准，还有如茶叶揉捻机，除上述两个标准外，还制定了"型式基本参数"标准，共有3个标准。

进入 21 世纪，随着茶叶机械的不断创新和改进，由全国农业机械标准化委员会组织，中国农业机械化研究院、中国农业科学院茶叶研究所、安徽省农业机械研究所、浙江省农业机械试验鉴定推广总站、浙江省农业机械工业行业协会和浙江省 10 余家主要茶机生产企业参加，再次对茶叶机械标准进行全面修订和制订。此次修订除将流化床茶叶烘干机标准并入茶叶烘干机标准外，并将同一种机械由 2 个或 3 个标准组成的，全部综合成一种机械仅有一个整体性标准。同时还新制定了扁茶炒干机、茶叶微波杀青干燥设备、茶叶蒸青机、茶叶加工成套设备 4 种茶机标准。形成了国家发展改革委员会 2007 年批准发布的 17 项茶叶机械标准，仍以"JB/T"（国际机械行业标准）进行标注。

2010 年后，高产能、可连续作业茶叶机械单机和清洁化、连续化、自动化茶叶生产线不断出现。为适应茶叶机械发展形势，由国家和信息化部下达，全国农业机械标准化委员会组织，并委托浙江省农业机械工业行业协会和浙江省农业机械试验鉴定推广总站具体实施，由浙江省和安徽省主要茶叶机械生产企业参加，对茶叶机械行业标准再次进行修订和制订。在 2007 年发布的 17 个标准中，有茶叶机械术语、扁形茶炒制机、茶叶烘干机、茶叶炒干机、茶叶抖筛机、茶叶滚筒杀青机、扁形茶加工成套设备（由茶叶加工成套设备改名）进行了修订，并制订了茶叶理条机、茶叶鲜叶分级机、茶叶色选机 3 种机械标准，由国家工业和信息化部 2016 年 4 月 20 日 17 号公告批准并发布执行。这就形成了当前经批准发布、并执行的 20 个茶叶机械的国家行业标准（JB/T）。其名称和标准号如表 2-1。

表 2-1   当前经批准发布执行的 20 个茶叶机械行业标准

序号	标准名称	标准代号
1	茶叶机械　术语	JB/T 7863—2016
2	采茶机	JB/T 6281—2007
3	茶树修剪机	JB/T 5674—2007
4	扁形茶炒制机	JB/T 10748—2016
5	切茶机	JB/T 6670—2007
6	茶叶蒸青机	JB/T 10810—2007
7	茶叶风选机	JB/T 7321—2007
8	茶叶烘干机	JB/T 6674—2016
9	茶叶炒干机	JB/T 8575—2016
10	转子式茶叶揉切机	JB/T 9810—2007
11	茶叶抖筛机	JB/T 5676—2016
12	茶叶平面圆筛机	JB/T 9811—2007
13	茶叶揉捻机	JB/T 9814—2007
14	阶梯式茶叶拣梗机	JB/T 9813—2007
15	茶叶滚筒杀青机	JB/T 9812—2016
16	茶叶微波杀青干燥设备	JB/T 10809—2007
17	扁形茶加工成套设备	JB/T 10808—2016

（续）

序号	标准名称	标准代号
18	茶叶理条机	JB/T 12833—2016
19	茶叶色选机	JB/T 12834—2016
20	茶叶鲜叶分级机	JB/T 12835—2016

第四节　中国茶叶机械化的发展趋势

在茶机界和茶叶界的一致努力下，中国茶叶机械发展取得了长足进步，但与先进国家、中国农业机械化整体发展水平和茶叶生产需求相比，尚有差距，亟待赶超和改进。

一、　茶叶机械发展存在的主要问题

纵观茶叶机械行业，存在的主要问题如下。

1. 茶叶机械生产企业规模小　全国约 300 余家茶机生产企业，除为数不多的几家较大型企业外，70%以上厂家为 100 名职工以下的小型企业，注册资金多在 500 万元以下，茶园作业机械企业未做过统计。就茶叶加工机械生产企业而言，销售金额接近于 1 亿元的厂家仅有 3~5 家，70%以上的企业年销售额在 1 000 万元以下，研发力量薄弱。

2. 设备制造水平低　中国茶园耕作机械尚处起步阶段，多数产品还在完善和成熟中。采茶机和茶树修剪机国产化进度不快，国内使用机型还主要为日本机械所垄断。茶叶加工机械，生产中应用的单机不少还是老型号，加工水平低，科技含量不高，能耗大，安全防护等标识设置不完整。目前已推广使用连续化生产线智能化水平还不高，而设备生产企业的宣传又往往过分，造成一些生产线，安装后在生产中未能充分发挥作用，个别甚至闲置。

3. 茶园作业机械特别是机械化采茶普及仍缓慢　由于业界对当前茶产业发展出现的新常态和茶叶生产用工缺乏严重性认识尚不足，不少茶叶生产企业还停留在追求高档名优茶生产上，未深刻认识到市场消费重点已转向大众消费型的中档名优茶产品为主，过分强调采茶机在高档名优茶细嫩鲜叶采摘中的应用，客观上阻碍采茶机械化的推广普及。同时，目前对茶园作业机械化特别是采茶机械化发展的议论多，实际工作深入少，对机采技术推广而需进行的茶园基础改造畏难情绪严重，加之茶园作业机械研制开发严重落后，生产制造企业缺乏，故造成茶园机械化特别是采茶机械化普及发展缓慢。

二、　茶叶机械化的发展趋势

面对中国茶叶机械化存在的问题和不足，中国茶叶机械发展将面临以下趋势。

1. 吸引更多资金和大型企业进入茶机行业　随着茶产业的快速发展，近年来不少资金开始向茶机产业转移，如近几年具有较强实力的浙江红五环制茶装备股份有限公司、湖南湘丰茶叶机械有限公司等，均是从矿山、建筑等行业转型而从事茶叶机械生产的，这些大型企业的进入，将有力增强茶叶机械行业的活力。预计这种趋势还会继续，将有更多有实力的行业和资金投入茶园作业和茶叶加工机械的研制开发和生产，促进茶机行业做大做强。

2. 茶叶加工新型单机开发将更加注重提高产能和科技含量　新常态下，针对大众消费型中档名优茶加工量的增加。茶叶加工单机的开发将更注重于高产能、低能耗、连续化。茶叶机械的发展，将更加重视诸如冷冻、膨化、热管、微波、远红外、生物颗粒燃料、自动化控制等高新技术在茶机领域的应用，强化新型制茶原理的研究，提高茶叶加工品质，方便茶农使用、节约人工，促进"机器换人"，为连续化自动化生产线的研发奠定基础。

3. 清洁化、连续化、自动化生产线开发仍是当前茶叶加工机械研发的重点　规模化加工是茶产业近阶段发展的重点，故茶叶加工清洁化、连续化、自动化生产线的研发进程将加快。重点将是更加重视和追求茶叶品质，提升机械产品制造质量和智能化水平，降低造价，在各类茶叶产品标准化不断提高的前提下，逐步实现各类茶叶加工生产线的定型和系列化，促进茶叶机械产品和生产线的标准化制造，更好地满足茶产业发展需求。

4. 采茶机械化将成为茶叶机械化发展中的重中之重　据统计，中国城市人口现已超过农村。2012年大陆15～59岁劳动人口，比上年减少350万人，2013年全国60岁老人比上年增加850多万人，已占总人口15%，超过2亿。劳动力缺乏和成本高，茶树鲜叶老在树上，已是制约茶产业发展的最大瓶颈。如前所述，选择性采茶机在生产中应用近期很难实现，为此目前只能在推广切割式原理采茶机基础上，实现机械化采茶，今后将把实现机械化采茶重点放在中低档大众消费型名优茶鲜叶采摘上。手工采茶劳力日趋严重缺乏，将会使政府、茶业界和茶机界对茶园作业特别是采茶机械化发展引起高度重视，上下共同努力，支持和加强国产机型的研发和推广，加快采摘基础条件改造和树冠培养，在机械、农艺和茶叶加工工艺技术不断融合的条件下，可以预见采茶机械化的步伐将加快。

第二篇 PASSAGE 2
中国茶叶机械化技术与装备
茶园作业机械与装备

　　茶园作业机械，是指从茶园开垦、茶树种植到鲜叶采收期间所应用即茶树栽培全过程所使用的机械。茶园作业机械类型较多，根据茶园作业的农艺需求，茶园中应用的茶园作业机械，大致有茶园垦殖机械、茶园耕作机械、茶树植保机械、茶园灌溉与排水机械、茶园设施栽培与茶树冻害防除设备、茶树修剪和采茶机械等。茶园作业机械的应用对于茶树正常生长、获取高产和质量良好的鲜叶意义重大。

第三章 CHAPTER 3
中国茶叶机械化技术与装备

茶园垦殖机械

茶园垦殖，包括地面植物和杂物清理、深翻、开沟施肥、碎土回土、覆土起畦及起苗种植等环节。这些作业实现机械化，是茶区广大茶农的迫切需求。

第一节　茶园垦殖常用的机械化技术

新茶园开垦需要深翻，人工开挖劳动强度大，作业繁重，费工多，近年来机械化开垦已普遍。

一、　茶园机械化开垦的类型和要求

茶园开垦，按所处地形坡度不同，可分为平地（含低坡）茶园、缓坡茶园和陡坡梯级茶园的开垦。

茶园开垦一般分地面清理、初垦和复垦等阶段。地面清理要求将生长在待开垦土地的杂树、蒿草等植物清除并挖出树根，清除地面的石块等杂物。初垦深翻深度要求达到50cm以上，复垦一般在茶苗栽种前进行，深度要求达到30～40cm，并开沟施足基肥，然后覆土、做畦、栽种茶苗。

二、　茶园垦殖常用的机械化技术

中国茶区的茶园开垦，一般是先用推土机和挖掘机等机械，将生长在垦区范围内的杂树等植物清除，并挖出树根，拣出石块等杂物，用推土机将表层土壤推到一处暂存，待开垦结束后，再覆在地表，然后进行正式的深翻和开垦。

深垦一般采用东方红-75型履带拖拉机牵引LS-30型三铧犁进行。这种三铧犁的结构特点是在犁体之后加装松土铲，作业时，犁铧先将上层土壤翻起，松土铲则随后把犁沟底部的土壤翻松，可以做到"上翻下松"，不乱土层。但是，LS-30型三铧犁一次耕翻深度有限，需往复耕翻两次，才能使翻土深度达到45cm左右。

20世纪80年代初期，浙江省金华市九峰山茶场在大面积开垦茶园时，使用东方红-75型履带式拖拉机牵引改装的双铧犁进行，其做法是在东方红-75型拖拉机原配套使用的四铧犁基础上，拆除第一、四铧犁和限深轮，保留第二、三铧犁，并对犁架、犁柱、悬挂等部位的焊接处加固，加大犁侧板，以克服因拖拉机对改装犁实行偏牵引而产生的侧向力，从而改装成为可深翻50cm的双铧犁。作业时，为克服拆除铧犁而产生的偏牵引现象，拖拉机以右履带紧靠犁沟或越过犁沟1/3的方式耕进，这样可保证既不漏耕，又深浅一致，8h可开垦茶园1hm² 左右。

广东省在茶园开垦中，则是采用东方红-75型履带拖拉机悬挂双壁单铧（或称中分）型进行深翻开沟作业。具体做法是，先用推土机将土地整平，然后用双壁单铧型开出种茶沟，再施肥、回土、起畦和种植，每班工作量可达70～80亩（图3-1）。

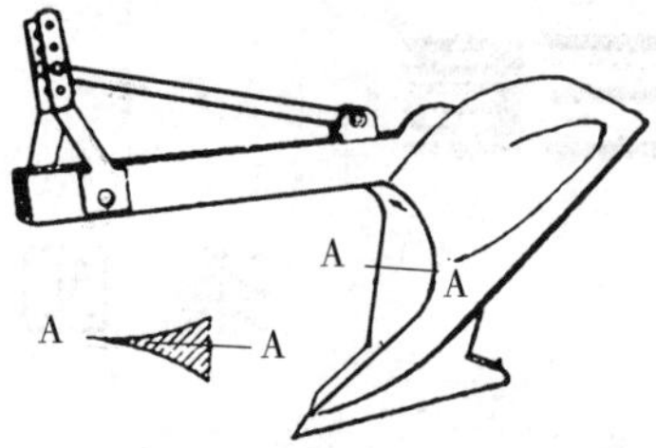

开出深沟后，即可施入基肥。因为双壁单铧开沟型翻出的土垡较大，个别宽度甚至达到40～50cm，所以，随后的碎土、回土是一项较为繁重的作业，机械化作业时，是采用东方红-54型履带拖拉机牵引缺口圆盘耙完成的，台班作业量为60～70亩。

图 3-1 茶园垦殖悬挂式双壁单铧开沟犁

覆土起畦是完成茶苗种植土畦的最后工序，要求把基肥完全覆盖和起好土畦。采用的机具是悬挂在丰收-35型轮式拖拉机上的覆土起畦器。地块长度200m以上时，台班作业量为2hm²（图3-2）。

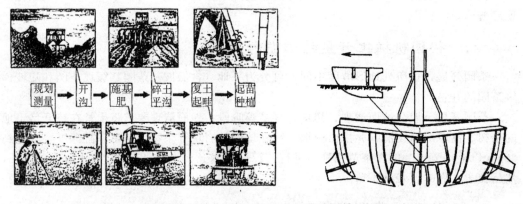

图 3-2 茶园垦殖机械化过程（左）和垦殖用覆土起畦器（右）

茶园开垦在起畦之后，即可进行移栽植苗。茶树短穗扦插所育出的茶苗，吸收根少，含水多，特别是大叶种茶苗，移栽时用铁锹等起苗，极易断根伤茎，成活率低，故可采用一种人力茶苗起苗器来移栽。起苗器的主要结构分机架和机管两部分，机架由两根长70cm的小型圆钢焊制而成，下部分别焊在机管两侧，上端装有木制操作手柄；机管为一直径8cm钢管，高16cm，上端一边焊有月型舌板，下端加工成波形，内径加工成入土锐角；机管内设活动圆环一只，圆环上端面焊入25cm的小框架，框架上部横档两端的孔分别套在机架的两根小圆钢上，并可沿圆钢上下活动，框架缓冲弹簧的一端，分别装在机架两圆钢竖杆上。起苗器的操作方法是，用双手握住操作手柄，将茶苗套入机管，脚踏月形舌板，起苗器机管随之入土，拔起机管，踏下圆环框架横档，在圆环的作用下，一株营养钵式的带土茶苗便离管而出，用稻草扎捆后，便可运出栽种。只要掌握好起苗前将茶苗修剪成高15～20cm，起苗前一天下午淋湿苗地，起苗时将畦面土略加踏实，移苗成活率可达85％以上。

近年来大型挖掘机等工程机械获得广泛应用，应用大型推土机和挖掘机等工程机械进行新茶园开垦和老茶园改种换植已很普遍，使茶园开垦速度大为提高，劳动强度也大为降低。在浙江等茶区进行缓坡或平地茶园开垦时，先用挖掘机和东方红-54 或东方红-75 型拖拉机配套推土铲，进行地面杂树或老茶树清除，然后用东方红-54 型或东方红-75 型拖拉机配套推土铲将表土推至集中处，再用挖掘机进行土壤深翻，挖掘时深度可达 1m 或更深，能随意掌握，每斗挖土可达 0.5～0.8m³ 甚至更多，可把挖出的石块等随时清除，并且可一边挖土一边打碎大土块，将挖好的地面整平，整平后再用推土机覆上表土，开垦即告完成。往往在一个星期之内就能完成 10hm² 茶园的开垦任务。

进行坡度在 15°以上的梯级茶园开垦时，常采用挖掘机由下向上方式开垦，并且能一次完成初垦和覆土。开垦时使用挖掘机首先沿等高线完成最下一梯级的开垦，直接用挖掘机深翻至要求耕深。然后进行第二个梯级的开垦，先将第二个梯级的表土取下，覆盖在第一梯级已开垦好的土壤表层，然后进行深翻，完成第二梯级的开垦。第三梯级的开垦如上一梯级一样，先取表土铺在第二梯级表层，然后进行第三梯级深翻。就这样直至完成最高梯级的开垦，达到既完成深翻，又不会使土层混乱，而整个茶园形成非常美观的等高梯级茶园。

随着大型机械在茶园开垦中的普及应用，在一些虽然坡度较大，如局部坡度达到 20°～30°、且地形复杂，山坡凹陷不断，往往也可以利用挖掘机等大型机械开垦成较理想的机械化缓坡茶园。开垦的方法是，首先经过测量确定一个区域略高于开垦后茶园的标高，该区域所处位置一般在凹陷沟地处。将山脊高处约 40cm 厚的表土层（熟化的肥土层）挖取放到上述确定区域。这时若凹陷处深度较小，则用挖掘机作适当翻挖，若凹陷过深，则可不挖。对山脊高处的底土层进行深挖，并将所挖底土填向凹陷处，直至挖到坡度逐步降至与凹陷处相平，整块茶园坡度大致达到 15°以下，最后将堆放待用的表土均匀覆向所开垦的整块茶园，一块适宜茶树种植的缓坡茶园开垦完成。

此外，在部分山区茶园范围内，往往掺杂部分种植水稻的山垄田，造成茶园零碎不成规模。近年来这种山垄田逐步改造成茶园的现象普遍。这种山垄田由于长期种植水稻，在表土层下往往形成硬实的铁锰淀积层，即农民所称的犁底层、潴育层。以往手工茶园开垦很难被打破，造成茶园建成后积水，茶树生长缓慢，成为低产茶园。现使用挖掘机开垦，不仅挖深可达到 80cm 以上，并彻底破除了犁底层，使茶树生长良好，并使茶园集中连片。

第二节　茶园垦殖常用动力机械和配套农具

茶园开垦所使用的动力机械主要是各种大型拖拉机和挖掘机等。按行走机构的结构不同，拖拉机可分为履带式拖拉机和轮式拖拉机两种。

一、　土地平整用大型履带式拖拉机

履带式拖拉机，也称链轨式拖拉机，是一种行走机构为履带形式的拖拉机。

（一）履带式拖拉机的结构和作业原理

履带式拖拉机主要结构由发动机和底盘组成。发动机采用柴油机，茶园开垦一般使用大型履带拖拉机，常用功率为 51.5～110kW（70～150PS）等。底盘包括传动机构、行走装置、动力输出和农具悬挂机构、操作系统等。行走装置由引导轮、随动轮、支重轮、驱动轮及履带构成。运转时，驱动轮卷绕履带循环运动，支重轮行走在用履带构成的轨道上，具有对土壤的单位面积压力小和对土壤附着性能好（不易打滑）等优点，在崎岖山地和松软土壤环境中有较好的通过性能，牵引效率也高，并且可原地转弯。

履带式拖拉机的工作原理是，通过一条卷绕的环形履带支承在地面上。履带接触地面，履刺插入土内，驱动轮在发动机所给予的驱动扭矩作用下，通过驱动轮轮齿和履带板节销之间的啮合连续不断地把履带从后方卷起。当驱动力足以克服滚动阻力和所带农具的牵引阻力时，支重轮就在履带上表面向前滚动，从而使拖拉机向前行驶。由于驱动轮不断地把履带一节一节卷送到前方，再经导向轮将其铺在地面上，因此支重轮就可连续地在用履带铺设的轨道上滚动了，使拖拉机实现连续行走，并拖拉或悬挂农具进行作业（图 3-3）。

图 3-3　东方红-54 型履带式拖拉机

（二）履带式拖拉机性能参数

履带式拖拉机的型号较多，下面以中国第一拖拉机集团有限公司生产的新型号东方红-54 型履带拖拉机为例，其结构性能参数如下。

型号：东方红-54

型式：农用履带式

用途：主要用于农田作业兼顾推土作业

外形尺寸（长×宽×高）mm：3 660×1 865×2 300

使用重量 kg：5 100（空重）

　　　　　　　5 400（使用重量）

离地间隙 mm：260

发动机型号：AE54

发动机形式：四缸四冲程水冷柴油机

汽缸直径 mm：125

活塞行程 mm：152

压缩比：16∶1

额定转速 r/min：1 300

额定功率 kW：40.3（54PS）

最大牵引力 kg：2 850

悬挂机构结构形式：两点或三点悬挂

配套推土铲型式：固定式直铲

挡位：五个前进挡，一个倒退挡

最低速度 km/h：3.59

最高速度 km/h：7.9

（三）履带式拖拉机操作与使用

（1）履带式拖拉机必须由经过严格考试并取得操作证的人员驾驶。驾驶人员必须熟悉自己所驾驶拖拉机的结构、性能以及维修保养常识，大型履带式拖拉机应做到定人定机使用。

（2）工作前应严格按照规定，对转向、走行、制动和动力输出等系统，认真进行检查、调整、紧固、润滑等工作，经试运转，确认良好后，方可开始工作。

（3）履带拖拉机用绳拉启动时，应在履带下面站稳，不得将绳缠在手上。

（4）发动机启动时，应分开主离合器，禁止人员站在履带上或机器旁。发动机启动后，应检查各指示仪表、显示器等是否正常，应先低速运转，待水温正常后，方可高速运转。

（5）严禁在25°以上的坡度上横向行驶。在陡坡上纵向行驶时，不能打死弯，以防履带脱轨或倾翻。

（6）履带拖拉机在上坡途中，如发动机突然熄火，应立即踩下并锁住制动踏板，待拖拉机停稳后，再断开主离合器，把变速杆放在空挡。

（7）履带拖拉机下坡时，不准切断主离合器滑行，以免失控，造成机件损坏或发生事故。并应使用低速挡，将油门放在最小位置。如发现行驶速度超过该变速挡的正常行驶速度，发动机转速增高时，可缓慢踏下制动踏板，控制速度。在下陡坡转向时，可以利用机械自重惯性加速的作用，实现转向，即使用反方向的转向离合器操纵杆，如向右转时，拉起左面的转向操纵杆，但不能使用制动踏板。

（8）履带式拖拉机在高速行驶时，切勿急转弯，尤其在崎岖山区茶园道路、石子路和黏土路上不能高速急转弯，以免严重损坏行走装置，或使履带脱轨。

（9）工作完后，应认真清除机体上的灰尘、油污，清扫履带上的泥土、石块、杂物等。按季节更换润滑油。寒冷季节工作完后，要放净冷却水。

（四）履带式拖拉机的日常维修保养

1. 班前的维修保养

（1）清洁机体，清除驾驶室，仪表盘上的灰尘、油污，清除发动机机身及其附属设备上的灰尘、油污；清除机体和履带上的泥土、石子等。

（2）检查电瓶，清除电瓶柱头上的灰尘。检查导线与柱头的连接是否可靠；检查电解液是否合乎要求和所有电器设备是否正常。

（3）冷却水不足时予以添加。水箱、水泵及发动机以及各连接处不得漏水。检查调整风扇皮带松紧度。

（4）发动机的润滑油油量及质量均应符合规定要求，不足时添加。发现油面增高时应查明原因，排除故障。检查各变速箱、传动齿轮箱的油量，不足时添加。

（5）检查操纵机构主离合器。要求红旗-80、100 型主离合器操纵杆的正常拉力为 15～20kg；东方红履带拖拉机的主离合器踏板自由行程为 30～35mm，离合器完全接合时，不应发出特殊的响声。

（6）检查转向离合器、制动踏板操作行程。要求红旗-80 型、100 型自由行程为 60～90mm，制动踏板全行程为 135～165mm；东方红-54、75 型自由行程为 60～80mm，制动踏板全行程 120～140mm。制动性能应良好，并能平稳地急转弯。

（7）检查各部螺栓的紧固情况，要求机体上的固定螺栓不得松动和缺损，如有松动或缺损，应予紧固或补缺。

（8）检查履带松紧度。东方红-75 型展带的正常下挠度为 30～50mm。履带销轴及锁销均应完好。

2. 班中的维修保养

（1）检查各仪表工作是否正常，对不正常者应查明原因，并及早排除。

（2）倾听各走行部件有无不正常响声，发动机有无异响。

（3）检查支重轮、引导轮、托带轮的润滑油量，不足时应添加。检查各轴承温度是否正常，一般不应超过 65℃（以手掌接触可忍受为限）。

3. 班后维修保养

（1）清洁机体、驾驶室，仪表盘上灰尘；清除发动机机体以及机罩内外灰尘；清除履带及走行机构上的泥土、石子、杂物等。

（2）检查发动机机油颜色是否正常，机油消耗量是否正常；按润滑规定，对各润滑点进行润滑。

二、 茶园土壤深翻用挖掘机

茶园开垦所使用的挖掘机，均引自工程机械，目前已成为茶园开垦的主要设备。

（一）挖掘机的类型

挖掘机的类型繁多，可从不同角度进行分类。

1. **按传动类型分类** 按照挖掘机的主要作业部件和结构是否全部采用液压传动进行分类，可分为全液压传动和非全液压传动（半液压传动）两种。若挖掘机的挖掘、回转和行走等几个主要机构的动作均由液压进行传动，称为全液压挖掘机。若挖掘机的某一个主要机构采用机械传动，则称为非全液压传动（半液压传动）挖掘机。这种区别主要表现在行走机构上，一般来说，挖掘机的回转机构和工作装置都采用液压传动，只有行走机构可以是机械传动，也可以是液压传动。

2. **按行走机构类型分类** 按照行走机构类型不同，可将挖掘机分为履带式、轮胎式、悬挂式及拖拉式等。

茶园开垦多使用全液压履带式挖掘机，行走机构为金属或橡胶履带，对单位面积的压力小，附着力大，通过性能好，稳定性强，特别适用于山区茶园的开垦。

轮胎式挖掘机行走机构采用橡胶轮胎，并且多数采用机械或单独液压马达集中传动。行走速度快，机动性好。仅在较小面积的平地或缓坡茶园开垦中有应用。

悬挂式挖掘机是将工作装置安装在履带式或轮式拖拉机上，一般使用拖拉机的液压传动系统驱动，拆装方便，可一机多用。

汽车式挖掘机，是将工作装置安装在标准的汽车底盘上的挖掘机，行走速度快，机动性较好，茶园开垦中很少使用。

3. 按工作装置类型分类　按挖掘机的工作装置类型不同，可分为铰接式和伸缩臂式两种。茶园开垦多用铰接式工作装置类型的挖掘机，它的工作装置靠各构件绕铰接点传动而完成作业动作，灵活性好。

伸缩臂式挖掘机的工作动臂由主臂和伸缩臂组成，伸缩臂可在主臂内伸缩，前端装铲斗，用于茶园开垦的土地平整和清理，特别是用于茶园沟坡的修整，性能较好。

（二）挖掘机的主要结构

当前茶园开垦使用的挖掘机，绝大部分是全液压全回转式挖掘机。

液压式挖掘机一般由工作装置、回转装置和行走装置三大部分组成。工作装置是直接完成挖掘任务的装置。它由动臂、斗杆、铲斗三部分铰接而成。动臂起落、斗杆伸缩和铲斗转动都用往复式双作用液压缸控制。为了适应各种不同生产和施工作业的需要，液压挖掘机可以配装多种工作装置，如挖掘、起重、装载、平整、夹钳、推土、冲击锤等多种作业机具。

回转与行走装置是液压挖掘机的主体部件，转台上部设有动力装置和传动系统。发动机为液压挖掘机的动力源，挖掘机的动力机一般采用柴油机。

液压传动系统通过液压泵将发动机的动力传递给液压马达、液压缸等执行元件，带动工作装置运转和动作，从而完成各种作业（图3-4）。

图3-4　全液压回转式挖掘机进行茶园开垦

（三）挖掘机的主要参数

挖掘机的主要参数较多，但最重要的是斗容量、整机质量和发动机功率，按国际上统一标准以及传统习惯，将这3个参数统称之为主参数。现以由烟台组装的斗山（大宇）DH70 型挖掘机为例，将该液压挖掘机的主要技术参数列举如下。

1. 主体尺寸

履带总宽度（两履带外边缘之间）mm：2 050

履带板宽度 mm：400

履带总长度 mm：2 598

履带接地长度 mm：1 990

配重离地间隙 mm：764

驾驶室全高 mm：2 585

运输总高度 mm：2 585

运输总长度 mm：5 920

履带轨距 mm：650

后端回转半径 mm：1 710

2. 液压系统

液压破碎管路是否标配：是

回转液压回路 MPa：190

行走液压回路 MPa：250

主泵最大流量 L/min：162.8

3. 发动机

型号：久保田 Kuta V3300.DI

排量 L：3.318

额定功率 kW/rpm：45.8/2200

冷却方式：水冷

4. 性能

斗杆挖掘力 kN：3.7ton

铲斗挖掘力 kN：5.3ton

行走速度 km/h：2.8/4.5

回转转速 rpm：10.5

5. 规格

斗杆长度 mm：1 600

动臂长度 mm：3 620

铲斗容积 m^3：0.28

整机工作重量 kg：6 980

6. 作业范围

最大挖掘半径 mm：6 170

最大挖掘深度 mm：4 060

最大挖掘高度 mm：6 910

最大卸载高度 mm：5 032

（四）挖掘机的使用

挖掘机使用中应遵守以下各项。

（1）挖掘机是经济投入较大的固定资产，为延长其使用年限和获得更良好的经济效益，设备必须做到定人、定机、定岗位，明确职责。必须调岗时，应进行设备交底。同时，挖掘机操作属于特种作业，需要特种作业操作证才能驾驶挖掘机和进行挖掘作业。驾驶人员在工作期间严禁喝酒和酒后驾车作业。

（2）因茶园开垦基本上为山地环境，往往高低不平，驾驶员在挖掘机进入茶园开垦现场前，应事先观察工作场所的地质及环境状况，要求挖掘机旋转半径内不得有障碍物，以免对设备造成创伤或损坏。

（3）挖掘机机器发动后，禁止任何人员站在铲斗内，铲臂上及履带上，确保安全生产。挖掘机作业时，禁止任何人员在回转半径范围内或铲斗下面工作、停留或行走，非驾驶人员不得进入驾驶室摸动操作杆件等，以免造成设备损坏和引起安全事故。

（4）挖掘机换行挪位时，应特别注意山坡、沟渠等，先观察并鸣笛，后挪位，避免机械边有人或跨越障碍造成安全事故。要在确保挖掘机行走和旋转半径空间内无任何障碍，方可换行挪位，严禁违章操作。工作结束后，应将挖掘机挪离山坡或沟槽边缘，并停放在较平地面上，关闭门窗并上锁。

（5）驾驶员应认真做好设备的日常保养、检修、维护工作，并做好设备使用的作业记录。若发现挖掘机有故障，不得带病作业，应及时修理，排除故障后，方可投入使用。

（6）驾驶室内必须保持干净、整洁，车身表面应清洁、无灰尘、无油污；养成工作结束后擦车的习惯。

（7）要根据不同环境温度选用不同牌号的柴油。当最低环境气温为0℃、－10℃、－20℃时，使用的柴油牌号分别应为0号、－10号、－20号。

三、 茶园地表和畦面整理用轮式拖拉机

轮式拖拉机是各种类型拖拉机中的一种，是一种行走机构使用橡胶轮胎形式的拖拉机。

（一）轮式拖拉机的种类和用途

轮式拖拉机有四轮和二轮（手扶拖拉机）等多种型式。四轮拖拉机又有后轮驱动和四轮驱动等类型。在茶园开垦中，主要配套圆盘耙和覆土起畦器，进行深翻后的地面平整和栽种苗床的准备等作业。大马力轮式拖拉机有较好的牵引性能，适于配带宽幅农具进行高速作业，茶园中应用不多，茶园开垦作业中多使用功率较小的四轮拖拉机。

（二）轮式拖拉机的结构和作业原理

轮式拖拉机的主要结构由发动机、传动系统、行走系统和驾驶操作机构等组成。动力一般采用柴油机，四轮拖拉机的品种和型号较多，柴油机功率大小不一。轮式拖拉机之所以能够行驶，是靠内燃机的动力经传动系统，使驱动轮获得驱动扭矩，驱动轮的驱动扭矩再通过轮胎花纹和胎面给地面以向后的水平作用力（切线力），而地面对驱动轮产生大小相等、方向相反的水平反作用力（驱动力）。当驱动力足以克服前后车轮向前滚动阻力和所带农具的牵引阻力时，拖拉机便向前行驶。若将驱动轮支离地面，即驱动力等于零，则驱动轮只能原地空转，拖拉机不能行驶；若滚动阻力与牵引阻力之和大于驱动力时，拖拉机也不能行驶。由此可见，轮式拖拉机行驶是由驱动扭矩驱动驱动轮并

与地面间相互作用而实现的。驱动力要大于滚动阻力与牵引阻力之和，方可保证拖拉机配带农机具进行茶园作业（图 3-5）。

图 3-5　轮式拖拉机

（三）轮式拖拉机的性能参数

以国产东方红-28 型轮式拖拉机为例。

型号：东方红-28

发动机：东方红-2125 柴油机、2 缸、水冷、直立、四冲程、20.6kW（28PS）、额定转速 1 400r/min、额定转速燃油消耗率 205g/PS·h

启动方式：汽油机启动

计算速度 km/h：一挡 2.63、二挡 5.02、三挡 6.29、四挡 8.68、五挡 18.15、六挡 25.10、倒一挡 4.63、倒二挡 6.30

驱动形式：两后轮驱动

轮胎尺寸 吋[①]：前轮 6.5～16；后轮 11～38

农具升降方式：液压操纵

结构重量 kg：2 200

外形尺寸 mm：长（含牵引装置）3 550、宽（轮距 1800 吋）2 080、高（至方向盘顶缘）2 034（至排气管顶端）2 560

（四）轮式拖拉机的操作和使用

1. 起步与行驶　原地起步时，先踏下离合器踏板，使离合器分离，挂上所需挡位，脚油门踏到适当位置，柴油机转速升高，慢慢松开离合器踏板，离合器则平稳接合，拖拉机开始平稳起步。拖拉机的二、三、四挡用于田间作业；五挡用于运输作业；六挡用于空负荷或在良好路面上进行运输作业；一挡为功率贮备挡。在使用中若后轮打滑，可改挂低速挡，并将差速锁结合，使差速锁闭锁。

2. 拖拉机的运行　冷车启动后，发动机应在中油门状态空转 10～20min。

起步先挂低速挡，后按需要逐步升挂高速挡行驶。险道下坡时，不允许空挡或踏下

----

① 吋为非法定计量单位，1 吋＝2.54cm。——编者注

离合器踏板滑行，以免造成事故。

拖拉机行驶时或作业过程中，不允许将脚放在离合器或刹车踏板上。紧急刹车时，应同时踏下离合器和刹车踏板。

拖拉机运行中，应注意观察水温、电流、机油压力是否正常，并注意柴油机和各运转部件是否有杂音和敲击声，发现不正常，应停车检查和排除。

拖拉机作业中，应根据土壤和负荷状况，随时使用液压操纵手柄，正确调节所需耕深。地头转弯时应提起农具，在拖拉机回转结束，准确对准下一行茶树行间后并在农具已进入茶树行端，才能将农具放下，投入下一行的作业。

（五）轮式拖拉机的维修保养

轮式拖拉机使用中，为减少事故和延长使用寿命，应按使用说明书要求定期进行维修保养。轮式拖拉机的技术保养一般分为四级进行。

1. 一级技术保养　又称班保养，在每工作 10h 后进行。

每班作业结束前，应检查作业中的拖拉机各种仪表工作是否正常，发动机、传动系统、操纵系统和行走部分无杂音和不正常现象，如有应予排除。

拖拉机熄火后，清除全机外部尘土和污垢，特别是耕作部件上的缠草和污泥。检查油底壳和传动箱的油面，检查空气滤清器的油面和清洁程度，检查燃油和冷却水的消耗程度，不足或污染过重，应添加和更换。检查轮胎气压是否符合标准，风扇松紧度是否符合要求，刹车和离合器效能是否良好，否则进行补充和调整。

检查农具有无损坏和变形，如有进行修复和矫正。

按使用说明书要求，加注润滑油。

2. 二、三、四级保养　二级保养在每工作 100～120h 后进行；三级保养在每工作 300～360h 后进行；四级保养在每工作 1 000～1 200h 后进行，并且二、三、四级保养必须在室内或四周有防尘设施并铺上水泥地面的场所进行。

每级保养均应在做好上一级保养基础上，然后按使用说明书本级保养要求实施，不同型号轮式拖拉机要求可能有所不同，要严格按照说明书技术要求分级进行保养。

四、茶园开垦常用整地机械及配套农机具

茶园开垦所使用的农机具，主要有拖拉机配套使用的铧式犁、圆盘耙和覆土起畦器等。

（一）铧式犁

在茶园开垦作业中，常用者为进行土壤耕翻的铧式犁。与拖拉机配套使用的铧式犁，按挂接方式不同分牵引犁、悬挂犁和半悬挂犁；按用途不同有通用犁、深耕犁、开荒犁、山地犁等，此外按结构不同还可分为单向犁、双向犁、调幅犁等；按作业犁体数量不同可分为单铧犁、双铧犁、三铧犁、四铧犁等；按犁的重量和适应土壤的类型则可分为重型犁、中型犁和轻型犁。犁铧和犁壁为铧式犁的主要工作部件，由两者的工作面组成犁体曲面，实施耕翻作业。作业时，由犁铧前部的犁铲将土层切开，使犁体耕作入土，形成的土垡沿犁体曲面上升、破碎并翻转。铧式犁的耕作性能主要取决于犁体曲面的类型和参数，窜垡型犁体使土垡向上窜起、土垡原地滚翻后而翻入犁沟中。曲面较

陡、较短的犁体碎土性能强，但翻土能力较差；曲面较平缓、较长、扭曲度较大的犁体则与之相反。

20世纪80年代初期，浙江省金华市九峰山茶场茶园开垦使用的铧式犁，是在东方红-75型拖拉机原配套使用的四铧犁基础上，拆除第一、四铧犁和限深轮，保留第二、三铧犁，并对犁架、犁柱、悬挂等部位的焊接处加固，改装成为可深翻50cm的双铧犁。

随着铧式犁品种、型号的增多，目前茶园开垦则直接使用拖拉机悬挂单铧或双铧深耕犁进行深翻。广东省茶园开垦中，则是应用东方红-75型履带拖拉机配套悬挂式双壁单铧（中分）犁，亦称悬挂式双壁单铧开沟犁进行深翻。这种双壁单铧犁主要结构由犁辕、犁铲、犁壁、犁床、碎土刀和梁架等部分组成，作业时犁铲入土，破土刀将即将翻起的垡块从中间剖开，以减少犁的工作阻力和增强犁在作业中的稳定性。随后土垡沿对称的犁壁向两侧上升，被推向沟的两侧，从而完成深翻并开出深沟，利于施基肥（图3-6）。

图3-6 悬挂式单铧犁

（二）圆盘耙

圆盘耙是茶园深翻后，用于土垡破碎的主要农机具，其耙片尺寸已标准化，并有国家标准。耙片的材料一般采用耐磨的65Mn钢，也可采用低倍马氏体BS钢，美国从20世纪40年代开始，用交叉辊轧的钢板制造耙片。圆盘耙片的中心孔一般为方孔，由间隔管隔开，耙片与间隔管一起套在方轴上用螺帽锁紧即成为耙组。工作时圆盘耙片的刃口平面垂直于地面，并与前进方向成一偏角。各个耙片组均由机架上的轴承支承。作业时，在拖拉机牵引力和土壤反作用力作用下，耙组的各个耙片随同方轴整组滚动。在耙体自身重力作用下，耙片刃口切入土层、切断草根和植物残茬，并切碎深翻后的垡条，发挥翻土、碎土和覆盖作用。耙组的偏角一般在0°～30°范围内可以调节，常用偏角为10°～25°。增大偏角可增加耙片的入土深度和翻土、碎土效果，但阻力也随之增加。中国圆盘耙的生产和使用始于20世纪50年代，60年代先后制造出机引41片轻型圆盘耙、20片缺口圆盘耙和24片偏置耙等产品。70年代研制出功率为18～55kW拖拉机配套的圆盘耙系列，有牵引式、悬挂和半悬挂式等十几种机型。工作部件是凹面圆盘定距离串装在轴上的耙组。圆盘的凹面一般为球面，也有采用锥面的。圆盘有全缘刃和缺口刃两种，前者制造简单、磨刃方便，后者入土能力强，有利于切碎土块和残茬杂草，多用在进行黏重土壤耕作的重型耙上，茶园开垦也多用这种形式。20世纪80年代以后生产使用的圆盘耙，在每片圆盘上分配的重量较大，有足够的入土能力，故不必加配重和调整偏角，耙组安装时则将其偏角固定在最佳位置。在需要浅耕时，由液压缸控制耙组限深轮高低限制耕作深度。宽幅耙前后列耙组的数目可有8组，耙片数目达104片。重型耙的单片重达75kg，轻型耙的幅宽可达到9m左右。幅宽超过4m的圆盘耙在道路运输时，两翼耙组可折叠起来或将两列并拢，横向牵引。牵引式耙通常在牵引装置上设有运输状态自动调节装置和工作状态手动微调节装置，借助限深轮的升降，通过联动杆件，保持耙架的始终水平（图3-7）。

（三）覆土起畦器

广东省茶园开垦时所使用的覆土起畦器，由梯形机架、悬挂梁、左右挡土板、中央导板和六齿耙等组成。作业时，土块与挡土板、土块之间因相互碰撞而起到碎土作用，畦面上的较大土块和杂草由左右挡土板和六齿耙带到地头，中央导板后部开有缺口，使左右挡

图3-7　圆盘耙

土板中的土块杂草能够相通，以达到机具整体均衡承受牵引力。通常往复2～3次，高6～7cm、宽40～50cm的平直土畦就形成了。

五、 茶园垦殖机械配套农机具操作与维护保养

茶园垦殖机械配套机具，应坚持正确操作和维护保养，以延长机器使用寿命和获得良好的作业质量。

（一）配套农机具正确操作与运行

（1）配套机具与拖拉机进行悬挂或链接，应牢固可靠，正确调整上下以及左右拉杆，使机器横向和纵向保持水平。牵引或悬挂连接后，启动拖拉机，操作农机具，检查提升下降是否灵活，牵引式农具应检查农具操作是否有效。

（2）拖拉机在牵引或悬挂农机具在运输状态或地头转弯运行时，农具应处于提升状态，进入作业状态，再操作放下农具。

（3）作业时应合理掌握拖拉机的使用挡位，根据负荷及时换挡，尤其在地头转弯和通过沟坎时，要提起农具，减小油门。

（二）配套农机具的维护保养

（1）每次作业后，应检查和拧紧各连接部位的螺栓、螺母。

（2）对各润滑处，特别是装有黄油嘴、需要用黄油进行润滑的部位，应及时用黄油枪对各高压油嘴注入纳基或锂基高速黄油。

（3）清除机器工作部件和罩壳内外的泥土、杂草。

（4）检查各轴承处温升，若发现温升过高，用手触摸感到无法接受，可能系轴承间隙过大或缺少润滑油所致，应及时进行调整和添加。

（5）遇有耕作部件如犁铧、耕作圆盘、犁刀等磨损过分，应成组更换等重量的原厂部件，以保持机器的正常工作状态和刀轴的动平衡。

第四章 CHAPTER 4
中国茶叶机械化技术与装备

茶 园 耕 作 机 械

　　土壤耕作是土壤管理的主要技术措施之一，具有疏松土壤、清除杂草、防治病虫、调节土壤水、肥、气、热等良好作用。耕作机械的正确选择和耕作技术的合理配套，对茶树生长和茶叶品质有着重要的影响。

第一节　茶园耕作和茶园耕作机械的类型

　　茶园耕作作业的项目较多，这就决定了茶园耕作机械的类型也较多，现分别进行介绍。

一、 茶园耕作的类型和作业要求

　　生产中常见的茶园耕作作业类型有浅耕、中耕和深耕等。

　　1. 浅耕　浅耕是茶树行间耕作深度在10cm以内的耕作方法。浅耕可消除杂草，疏松表层土壤，切断毛细管，减少土壤水分散失，以利茶树生长。浅耕对茶树根系损伤不多，一般不会对茶树造成不利影响。浅耕的次数和时间，依土壤结构、杂草滋生情况、树冠覆盖度和当地气候条件等因素不同而异。

　　幼龄茶园，由于建园时进行过深耕，又不受采摘等农事作业的践踏，土壤比较疏松，树冠覆盖度小，耕作次数和时间主要依杂草的多少而定，掌握在杂草未成患之前或杂草生长旺盛期以及梅雨结束后进行。一般每年2～3次，具体时间因各地气候条件不同略有差异，如浙江省常在5月中下旬和7月上中旬进行。对于间作绿肥作物的幼龄茶园，可结合夏季和冬季绿肥的播种进行浅耕。

　　成龄茶园的浅耕可结合施追肥进行。一般春茶后和夏茶后各进行一次浅耕。夏茶后的一次浅耕应在梅雨结束后及时进行，否则高温来临后除草会对茶园的肥水保持产生不利影响。对于土壤肥沃，树冠覆盖度较小，如刚进行过重修剪或台刈以及杂草较多的茶园，应适当增加浅耕的次数，以保持茶园清洁和表土疏松。但对于坡度较大，水土流失严重的茶园，宜减少浅耕次数，或采用人工或化学除草。

　　2. 中耕　茶园耕作作业中，一般将耕深达到10～15cm的耕作叫中耕。中耕一般在春季茶芽萌发前进行。目的是防除春季杂草，减少表土水分，以利表土吸收太阳辐射，提高土温，促进茶芽提早萌发。时间宜早于施催芽肥的时间。农谚说"春山挖破皮"，就是指中耕不能太深，否则会损伤根系，不利于春季根系养分吸收和早春茶芽的萌发，从而影响春茶的产量。在同一茶园区域内，平地和丘陵茶园应先耕，高山茶园应后耕，阳坡茶园先耕，阴坡茶园后耕。耕作时要将杂草翻埋入土，打碎土块，平整地面。

3. 深耕 指在茶树行间进行耕深 15cm 以上、有时要求耕深达到 20cm 或更深的耕作, 目的是疏松土壤, 刺激茶树根系的生长。由于深耕的深度较深, 对改良土壤的作用要比浅耕强, 常常对茶树根系的损伤较多, 故茶园的深耕应选择适当时间、因地因树制宜进行。

对于种植前经过规范深翻的幼龄茶园, 不必进行深耕或年年深耕; 而种植前只在种植沟范围进行过局部条状深耕, 并且耕深也不一定符合要求, 则必须及早在行间未深耕范围补作深耕, 要求耕深在 50cm 以上, 宽度以不伤幼苗茶根为宜。

成龄茶园, 因整个行间都有根系分布, 行间耕作不能过深, 耕幅也不宜过宽, 否则会损伤大量的根系, 影响茶树生长。成龄茶园行间深耕, 一般要求耕作深度以 20～30cm, 宽度以 40～50cm 为宜, 最好能够做到茶行中间深一些, 靠近茶树根部的地方浅些, 即常说的呈 V 字形进行耕作。衰老茶园深耕对于更新根系, 恢复树势都有良好作用, 可结合树冠改造如重修剪和台刈进行。深度和幅度以分别不超过 50cm 为宜。

不论是幼龄茶园, 还是成龄或衰老茶园, 深耕一定要和施基肥紧密配合。只深耕, 不施肥, 不仅不能达到刺激茶树根系生长的目的, 反而会造成茶园的减产。据中国农业科学院茶叶研究所在低丘红壤的试验表明, 茶园深耕结合施有机肥, 茶园产量比只深耕不施有机茶的提高 20.1%, 正常芽叶比例提高 10% 以上, 氨基酸、茶多酚和水浸出物含量也有较大幅度的提高。基肥应以有机肥为主, 如农家肥、菜饼或茶树专用有机肥等。

由于深耕具有双重性, 既能疏松土壤, 促进土壤熟化, 刺激茶树根系生长, 但耕作次数过多和深度过深, 又会导致土壤结构破坏和损伤根系过多, 而影响茶树的正常生长。因此, 对于生态条件较好, 土壤肥力较高, 通气透水性能好, 土质疏松的茶园, 可间隔 1～3 年深耕一次, 亦可采用隔行深耕的方式, 以减少根系损伤较多, 影响茶叶产量和质量。

二、 茶园耕作机械的类型

茶园耕作机械, 由茶园耕作动力机械和配套农机具组成。茶园耕作动力机械通常是指茶园作业中所应用的茶园拖拉机, 用它牵引或悬挂配套农机具, 进行各类茶园作业。常用的茶园拖拉机, 有跨行作业和钻入茶行行间作业两种类型。跨行作业的茶园拖拉机, 有茶园跨行作业专用底盘, 即高地隙自走式多功能茶园管理机。钻入茶行行间作业茶园拖拉机有小型手扶拖拉机 (微耕机)、茶园专用的小型轮式茶园耕作机或称小型茶园管理机、茶园专用的履带式茶园拖拉机 (耕作机) 等, 可根据茶园规模大小和地形、土壤条件等进行选用。与动力机械配套农机具, 主要有用于茶园中耕除草作业的旋耕机、如果旋耕机上再配上肥料箱和输肥机构, 就形成中耕除草施肥机、用于茶园深耕作业的深耕机。与此同时, 现行研发的茶园拖拉机上, 还可配套用于茶树病虫害防治的喷雾机和吸虫机、灌溉用的喷灌机、开挖施肥沟或排水沟用的开沟机、茶树修剪用的茶树修剪机和修边机、用于鲜叶采摘的采茶机等, 正是这些配套农机具与茶园动力机械的有机组合, 方可完成种类繁多的茶园机械化作业。

第二节 手扶拖拉机

手扶拖拉机是一种用人手扶操作而进行茶园作业的小型二轮拖拉机, 欧美称作园圃拖拉机，国内把其中更小型的手扶拖拉机机型又称作微耕机。

一、 手扶拖拉机的类型

手扶拖拉机的分类形式较多。按动力大小分，有 2.2kW（3PS）以下、2.2～4.5kW（约 3～6PS）、5～13kW（约 7～18PS）3 个等级。按农具驱动形式分，有驱动型、牵引型和驱动牵引兼用型三种类型。驱动型主要配套旋耕机作业，故又称作动力耕耘机；牵引型主要配套牵引式农具作业；兼用型既可配套旋耕机作业，又可配套牵引农具作业或配上挂车进行运输作业。按行走机构形式分，可分为轮式、履带式和耕耘式等类型。轮式手扶拖拉机的行走机构为行走轮，一般采用双轮，并且有胶轮和铁轮等形式；履带式手扶拖拉机的行走机构为履带，又有双履带和单履带之分；耕耘式手扶拖拉机又称无轮式手扶拖拉机，其特点是耕作时不装驱动轮，而是在驱动轴上装设旋转耕耘部件，既对土壤进行耕作，又使拖拉机向前行走，道路转移有些机型可装上胶轮，多为小型的微耕机类型。

茶园中使用的手扶拖拉机，一般多指 5～13kW（约 7～18PS）、即功率较大的手扶拖拉机机型，现以东风-12 型、工农-12 型等为例对手扶拖拉机在茶园中的应用进行讨论。

二、 手扶拖拉机的结构与作业原理

手扶拖拉机的主要结构由发动机、底盘和电气等系统组成。

手扶拖拉机的工作原理是，发动机运转产生的动力，将扭矩经传动系统传递给驱动轮，获得驱动扭矩的驱动轮再通过轮胎花纹和轮胎表面给地面以向后的水平作用力（切线力），这个反作用力就是推动拖拉机向前行驶和驱动或牵引农具实施作业的驱动力（也称推进力）。

手扶拖拉机结构简单，功率较小，适于小块茶园耕作。作业时，由驾驶员手扶扶手架柄并控制操纵机构，驱动或牵引配套农具进行作业。在 20 世纪茶园作业机械化初期，一些大型茶场曾尝试使用手扶拖拉机进行茶园的中耕除草等作业，但因当时手扶拖拉机品种极少，只能利用工农-12和东风-12 型手扶拖拉机和原配套旋耕机实施茶园作业，因机体过宽，行走稳定性较差，对茶条损伤较严重，使用不理想。但截至目前，仍有部分茶区在缓坡或小苗期茶园内，应用东风-12 型、工农-12 型等手扶拖拉机进行中耕除草、开沟施肥、灌溉等（图 4-1）。

图 4-1　东风-12 型手扶拖拉机

三、 手扶拖拉机的性能参数

生产中常用的东风-12 型手扶拖拉机和工农-12 型手扶拖拉机结构与性能相似，现以工农-12 型手扶拖拉机为例，其具体结构性能参数介绍如下：

1. 型号：工农-12 型

2. 型式：驱动、牵引兼用型

3. 发动机：

型号：S195 型

型式：单缸、卧式、四冲程、水冷柴油机

额定功率 kW：8.8（12PS）

额定转速 r/min：2 000，

燃油消耗率 g/PS·h（额定转速）：<195

柴油机净重 kg：130

4. 离合器和制动器形式：离合器为双片常结合摩擦式；制动器为简单盘式

5. 旋耕机传动方式：齿轮与链传动式

6. 驱动轮与尾轮规格 吋、kg/cm^2：驱动胶轮 6.00-12、气压 1.4；尾胶轮 3.50-5、气压 2.5

7. 轮距 mm：810、750、690、630、570（6.00-12 胶轮）

8. 额定转速拖拉机速度 km/h：一挡 1.30、二挡 2.34、三挡 3.92、四挡 4.86、五挡 8.63、六挡 14.50、倒一挡 1.04、倒二挡 3.84

9. 外形尺寸（长×宽×高）mm：2 345×860×1 240

10. 拖拉机总重量（带旋耕机）kg：428

四、 手扶拖拉机的操作使用

为了使手扶拖拉机能够高效、低耗、安全的工作，使用中要严格按使用说明书要求，做好以下工作。

（一）油料和水的加注

手扶拖拉机在茶季耕作使用，一般使用 0 号或 10 号柴油，在长江流域以北区域的冬季寒冷季节拖拉机如需使用，则应使用-10 号或-20 号柴油，工农-12 型主油箱容积10L。油料要求清洁，除在国家正规加油站加油外，自行贮备的柴油，一般要沉淀 48h后，不要搅混，取沉淀油桶桶底以上 20cm 的柴油加入拖拉机油箱。

手扶拖拉机在低于 5℃时，使用 T8 号机油，其余季节使用 T11 号机油，气温特别高时使用 T14 号机油。工农-12 型曲轴箱加油量 3.15L。

手扶拖拉机运转时，加入水箱中的冷却水，应为清洁软水，可采用自来水、河水等。不得将矿物质、碱分较重和浑浊的河塘水等作为冷却水。工农-12 型水箱容积 12L。

（二）启动与使用

1. 启动前的检查　认真检查柴油机和底盘各部零部件是否齐全完好，螺丝有无松动，有无漏油、漏水现象，柴油、机油、冷却水是否加足，传动皮带张进度和轮胎气压是否符合要求，如有不足或不符合要求，则需排除、加注或调整，并在离合器分离爪油孔加注若干滴机油后再行启动。

2. 启动　离合器手柄放在"离"的位置，主变速杆置于空挡，手油门放中间位置，顺时针打开柴油滤清器开关手柄，接通油箱，左手将减压手柄扳至"减压"位置。顺时针摇动启动手柄，当喷油嘴发出"格格"喷油声时，放开减压手柄使其会自动回至"运转"位置，柴油机便立即被发动。启动后，在中速空转5～10min，使水温升至60℃以上，方可起步逐渐投入工作。

3.起步　发动机运转正常后，将主变速杆放于"Ⅰ"挡，副变速杆拉至"慢"挡位置，将离合器制动手柄从"离"缓慢移至"合"的位置，这时拖拉机则以慢Ⅰ挡速度前进。此时可实验测试一下离合器是否能够彻底分离，即将离合器制动手柄拉到"制动"位置，看能否立即"刹车"。然后分离离合器，主变速杆置空挡，分别将犁刀操纵手柄置于"高""低"位置，结合离合器，观察运转是否正常。否则应作相应调整。

4.行驶和作业　作业前先把离合器制动手柄拉至"离"的位置，主、副和犁刀变速手柄分别置于所需位置，合上离合器，适当加大油门，拖拉机即可获得相应速度进行作业。挂挡时要注意，由"慢"挡换"快"挡可以不停车进行，但由"快"挡换"慢"挡，必须停车。挂挡不可太快，应先摘挡，放入空挡，再改挂其他挡位（图4-2）。

图4-2　手扶拖拉机在茶园中作业

手扶拖拉机如工农-12型配带旋耕机作业时，一般使用570mm的最窄轮距，作业过程中要中速行驶，地头转弯应低速提起旋耕机，并尽可能作大弧度转弯，遇到坑洼不平更要低速慢行。拖拉机在较陡坡度下行时，使用转向离合器转弯，往往与正常道路转弯时转向离合器的操向相反，即手扶拖拉机需向右转，则操作左边转向离合器，反之亦然。

五、　手扶拖拉机的配套农具

手扶拖拉机在茶园中进行耕作作业，多使用旋耕机。旋耕机所配用的犁刀，一般有四种，即直钩犁刀、尖头带刃犁刀、直钩带刃犁刀和左右弯犁刀。前三种形式入土阻力小，但抛翻土壤性能较差，易缠草，故茶园耕作中只有土壤较硬时才采用。第四种左右弯犁刀耕作时，对土壤的抛翻功能较强，中耕除草时利于将杂草埋入土内，故手扶拖拉机在茶园中作业，一般多配套左右弯犁刀进行的中耕除草。在工农-12型和东风-12型手扶拖拉机上，最多可安装16把左右弯犁刀，耕作幅宽可达80cm，可根据茶蓬大小程度适当少装。左右弯犁刀在旋耕机上安装一般有三种方法，第一种为左右对称的安装方式，即从刀轴中心开始，由内向外，犁刀一左一右交错安装，这样安装所耕出的地面，横断面为水平状，茶园中的中耕除草作业应用较多；第二种为内装法，即将相同把数的左右犁刀，向着刀轴中心相向安装，这样安装所耕出的地面，横断面中间高两边低，茶园耕作中应用较少；第三种为外装法，即将相同把数的左右犁刀，背着刀轴中心向外安装，这样安装所耕出的地面，横断面中间低两边高，茶园耕作中一般希望由茶行中间向两边茶树根部适当培土，多应用这种安装方式。同样，在其他形式的茶园拖拉机或耕作机若配套旋耕机进行茶园耕作，其犁刀选用和安装方式，也与手扶拖拉机配用的旋耕机遵循同样原则。

六、 手扶拖拉机在茶园中的耕作效果

20世纪70年代，中国农业科学院茶叶研究所曾选用工农-12型手扶拖拉机，不作任何改装，在本所茶园进行中耕除草试验，当时试验茶园，一种为茶苗种植后的第三年、已进行过第二次定型修剪的茶园；另一种为深修剪后的成龄茶园。茶园系缓坡，土壤硬度中等，当时杂草生长茂盛，较密集，最高超过10cm，于5月中旬进行试验。试验表明，耕作后土壤疏松，地表平整，杂草基本被除光和掩埋，耕作过程中机器的行走也基本稳定，功率充足，尚好操作，说明在上述作业条件下，一般手扶拖拉机尚可作为茶园耕作的一种机型应用（表4-1）。

表4-1 工农-12型手扶拖拉机中耕除草性能测定

茶园类型	耕作使用挡次	耕宽 cm	最大耕深 cm	平均耕深 cm	工效 亩/h	耗油率 kg/亩	杂草除净率%
幼龄茶园	Ⅱ挡、少时Ⅰ挡	700	11	9.0	4.07	0.59	95
重剪茶园	Ⅱ挡、少时Ⅰ挡	700	10.5	8.8	4.02	0.60	95

七、 手扶拖拉机的保养

手扶拖拉机在茶园中作业环境条件差，经过一段时间使用，部分零部件就会产生磨损、松动和变形，故需要进行一定的保养。按照使用说明书的技术要求，手扶拖拉机的技术保养可分为新车保养、班保养、100h保养和500h保养。这些保养事项也可供微耕机参考。

1. 新车保养　新车投入使用，首先要做好磨合试运转，检查并拧紧各部螺钉螺母，特别是按规定顺序检查并固紧缸盖螺母，第一次运转至50h后要更换机油，并清洗油底壳，第一次运转250h，必须清洗甩油盘，疏通曲轴上的油孔。

2. 班保养　手扶拖拉机的班保养，即每班工作结束后的保养。倾听和观察拖拉机各部有无不正常声响、排浓烟、过热和操纵部件失灵等异常，如有应进行排除。彻底排除旋耕机犁刀上的缠草，对拖拉机外部进行全面擦拭，清除拖拉机特别是旋耕机刀轴和犁刀上的泥土，检查有无漏油、水及螺钉松动，如有进行。添加和排除，特别应注意对驱动轮轴头螺栓、旋耕机及牵引框螺栓进行检查和固紧。添加柴油、润滑油和水。按使用说明书要求，对所有润滑点进行润滑。

3. 100h、500h保养　按照规定，100h保养首先要进行班保养全部项目的保养，然后按使用说明书要求进行100h应该进行的保养项目的保养。同样500h保养首先要进行100h保养全部项目的保养，然后按使用说明书要求进行500h应该进行的保养项目保养。

第三节　微耕机（小型手扶拖拉机）

微耕机（小型手扶拖拉机）实际上是手扶拖拉机中的小型机型，时间阶段不同，叫法不一样。20世纪90年代前，一般称作小型手扶拖拉机，此后被称作微耕机。

一、 微耕机（小型手扶拖拉机）的概念

微耕机（小型手扶拖拉机）是指动力为 2.2～4.5kW（3～6PS）甚至稍大一些的手扶拖拉机，实际上是手扶拖拉机的一种。我国 20 世纪 80 年代开始研制开发，当时功率界定在 2.2～3.7kW（3～5PS），全国曾出现多种机型，国家机械工业部向全国推荐使用 5 种型号的 2.2～3.7kW（3～5PS）小型手扶拖拉机机型，被茶区较普遍引用到茶园中进行中耕除草和施肥等作业。进入 20 世纪 90 年代，中国微耕机发展迅速，实际 90 年代开发的小型手扶拖拉机已被广义包含在微耕机范围内。

表 4-2　20 世纪 90 年代国内推荐使用的小型手扶拖拉机

型　号	发动机		最小轮距 （mm）	已配套 农　具	制造厂
	型号	功率（kW/r）			
工农-3	163 柴油机	3.0/2 200	560	犁、旋耕机及拖车等	浙江永康拖拉机厂
赣江-5	R-175 柴油机	3.7/2 200	570	犁、旋耕机及拖车等	江西手扶拖拉机厂
农友-5	R-175 柴油机	3.7/2 200	580	犁、拖车等	福建拖拉机厂
湖南-5	175F-1 柴油机	3.4/2 200	660	犁、割草机及拖车等	湖南衡阳拖拉机厂
河北-5	R-175 柴油机	3.7/2 200	380	犁、割草机及拖车等	石家庄拖拉机厂等

20 世纪 80 年代，中国农业科学院茶叶研究所曾选用浙江省永康拖拉机厂生产的工农-5 型手扶拖拉机在茶园中专门进行耕作性能试验，测试结果基本上可代表这种形式的手扶拖拉机在茶园耕作中的应用状况。工农-5 型小型手扶拖拉机配套旋耕机应用于茶园中的中耕除草作业，旋耕机使用中耕型小犁刀，左右各 5 把，耕幅 60cm，为防止漏耕，在犁刀前部安装了一把凿形铲，耕深由旋耕机的尾轮调节。作业时，成龄茶园因行间空地较少，每个行间耕一次，幼龄茶园则需来往两个行程耕完，耕深 5cm 以上，90％以上的杂草可被除净，耕后地表平整，土壤疏松。应注意的问题是，应掌握在草长15cm 以内进行耕作，否则刀轴缠草较严重（表 4-3）。

表 4-3　工农-5 型手扶拖拉机中耕除草性能测定

茶园类型	每行耕作次数	耕宽（cm）	耕深（cm）	工效（亩/h）	耗油率（kg/亩）	杂草除净率（％）
成龄	1	60	5～6	2.67	0.45	90
幼龄	2	100	5～6	1.40	0.80	92

当时中国农业科学院茶叶研究所还为工农-5 型手扶拖拉机配套研制了茶园施肥机，在茶园中施化肥。其施肥机的肥料斗悬挂在拖拉机两把手之间，肥料斗容量为 15kg，斗的底部有强制式排肥机构，开沟器为芯土犁式，犁柱为中空管式结构，上部与肥料斗排肥口相接，排肥量由活门控制，肥料通过空心犁柱，输入到芯土犁式开沟器所开的施肥沟内，开沟深度由尾轮调节，最大开沟深度可达 15cm。开沟器后部装有双刮板式覆土器，可对施肥沟进行覆土。用这种方式施化肥，开沟深浅一致，下肥均匀，开沟、下

肥、覆土一次完成，工效可达 2.5 亩/h。

此外，如丰收-4 型手扶拖拉机配套开沟器，用作茶园施用有机肥时的开沟，开沟深度可达 50cm、沟宽 20cm。同时还可在小型手扶拖拉机上配套喷药机具，进行茶园中的病虫害防治。

二、 微耕机的发展

微耕机实际上就是上述所说的小型手扶拖拉机。按照我国机械行业标准 JB/T10266.1《微型耕耘机 技术条件》的定义和要求，凡功率不大于 7.5kW、可以直接用驱动轮轴驱动旋转工作部件（如旋耕），主要用于水、旱田整地、田园管理及设施农业等耕耘作业为主的机器，均可称之为微耕机，也可称为微型耕耘机、微耕机、管理机等（图 4-3）。

图 4-3 国产微耕机

国外小型微耕机械发展较早，日本、韩国、意大利、法国和美国等国家产品开发较为成熟。这些国家的产品配套动力为 1.47～5.88kW（2～8PS）汽油机或柴油机，最普遍采用的为 2.2～5.1kW（3～7PS）动力机。欧洲国家的产品以园艺作业为主，主要功能有旋耕、剪草、清雪、粉碎、短距离运输等。亚洲国家的产品则以农业作业为主，如日本、韩国和中国台湾省的产品。日本机型兼顾水旱地两用，可进行翻地、旋耕、起垄、铺膜、开沟、播种及水田平整等；韩国和中国台湾省机型则以旱地（果园、茶园、菜地、温室大棚及其他小块地）作业为主，韩国的典型代表机型为亚细亚多功能管理机,除可进行耕整地、栽植、开沟、起垄、铺膜、中耕锄草、施肥培土、抽水、喷药及短途运输作业外,还可进行粉碎、稻麦收割、根茎收获等 20 多项作业。国外微耕机型大部分小巧、灵活,外形美观,操作方便(操向手把能旋转并高低可调),采用排放量低的小型汽油机或柴油机为动力,可方便、简单、快速地更换多种工作部件,完成多项作业。

中国微耕机的研发起步于 20 世纪 80 年代至 90 年代,当时随着土地联产承包责任制的落实及国内小型柴油机和汽油机趋于成熟等,多功能微耕机的发展开始起步。这一时期,主要仿制国外产品为主,但因生产企业规模均较小,研发实力不强,使用的原材料、热处理工艺和国外存在差距,所以开始时齿轮箱和刀具等部分存在的问题比较多,微耕机工作不长时间,齿轮箱发热、漏油或齿轮损坏,还常出现旋耕刀不易入土、刀片易断裂等故障。20 世纪 90 年代中期以来,国内工厂化设施农业发展迅猛,经济类作物种植面积增加,促进了功能微耕机的快速发展。这一阶段,除了许多农机厂和农机研究所外,一些发动机厂、拖拉机厂、机床厂、林业机械厂、汽车配件厂和摩托车厂等也都开始涉足微耕机开发行业。如安徽长江农业装备股份有限公司(安徽六安手扶拖拉机厂)研发生产出长江系列田园管理机,山东常林集团(山东手扶拖拉机厂)研发生产出沭河系列耕耘机,浙江四方集团公司(浙江省永康拖拉机厂)研发生产出四方系列管理机,东风农机集团公司(常州拖拉机厂)、福建拖拉机厂、广西南宁手扶拖拉机厂等企业开始研发生产微耕机,就连重庆的 3 大摩托车生产厂(嘉陵、隆鑫和宗盛)也都先后涉足微耕机的开发与生产。据估计,2001 年底全国生产微耕机的厂家达 100 多家,仅山东省 2000 年生产微耕机的企业就超过 30 家,从 2002 年起,中国微耕机约经历 5 年时间,进入成熟阶段。机型、质量和生产厂家数量趋于稳定。目前国内厂家生产的微耕机产品从地域上可分为南方型和北方型。南方机型结构形式以参照欧洲的机型为主,在旋耕刀具方面又吸取了日本产品的特点,初期以水田作业为主,逐步发展成水、旱兼用。代表机型为广西蓝天和重庆合盛等微耕机产品。北方机型以参照韩国和中国台湾省机型为主,代表机型有山东宁津通达机械厂生产的 3WG-4 型多功能微耕机、山东华兴机械集团生产的 TG 系列多功能田园管理机、北京多力多公司生产的 DWG 系列微耕机等。《农业机械》杂志曾在京举办全国微耕机用户满意品牌颁奖活动。通过向《农业机械》杂志和《农机导购》刊物的读者以及微耕机网用户征集投票的方式,并经行业专家评审后,推出了"微耕机行业 10 大品牌"。从投票的结果看,北京、天津、山东和湖北各有 1 家微耕机生产企业排名进入前 10,其余 6 家则均由有着"中国微耕机之都"之称的重庆企业当选,分别是合盛、富派、鑫源、威马、豪野、耀虎。

三、 微耕机的类型

目前在国内生产和销售的微耕机机型主要有两种。一种是由风冷汽油机或水冷柴油机作动力,动力小于 3.7kW(5PS),皮带或链条式齿轮箱作为传动装置,配以耕作宽度为 50~120cm 的旋耕刀具,每台价格一般为 2 000~3 500 元。经济性较好,但多用途扩展能力有限,结构也较为简单,适合经济条件较差,用途较为单一的地区使用。生产厂家主要集中在山东、重庆、湖南、河北、湖北、四川等地。另一种是由风冷柴油机或大马力风冷汽油机作为动力,全轴全齿轮变速箱作为传动装置,配以耕作宽度为80~

135cm 的旋耕刀具，每台价格一般为 4 500～6 000 元。整机采用齿轮传动，动力损耗小，耕幅宽，耕深深，适应性强，各种土质均能适应，部件钢性好，使用寿命长。同时，变速箱体采用球墨铸铁精铸的毛坯加工，冷强度高，使用寿命长。离合方式则采用摩擦片式离合器，可轻松实现换挡和挂入倒挡等功能。该类机型虽价格较高，但扩展能力好，配备相应农具可完成旋耕、犁耕、播种、脱粒、抽水、喷药、发电和运输等多项作业，能实现真正的多功能多用途。生产厂家主要集中在重庆、湖北、云南、四川等地。茶园耕作所使用的微耕机以这类机型为主。

微耕机如按作业时行走机构方式分，有轮式和履带式等。履带式是一种最近才出现的机型，有单履带和双履带两种。履带式微耕机的结构，行走机构宽度小，附着力强，行走稳定性好，易于进入茶园行间作业，也是一种在茶园作业中较有前途的微耕机形式。履带式微耕机，还可将操作把手设计成可转换方向形式，即机器作业到达地头以后，只要将操作把手改换方向，机器不需再掉头，即可开倒车进行前进作业，这对山区茶园地头转向提供了极大方便。与此同时，将底盘、发动机和作业部件等设计成可拆卸形式，当高山茶园缺乏供机器转移的道路时，可将全机拆卸成部件，由人抬或肩扛至陡坡地块装配后继续进行作业。这类机型值得开发并在茶园中应用（图 4-4）。

图 4-4　履带式微耕机

四、　微耕机的性能参数

微耕机的机型较多，现选取两种代表机型对其性能参数进行介绍。

（一）北京农装科技股份有限公司开发机型

1. 配用动力

型号：常柴 175 型或峨眉 175 型柴油机

发动机功率 kW（PS）：4.85（7）或 4.7kW（6.4）

2. 外形尺寸（长×宽×高）（mm）：1 500×1 050×925（此处宽度是以耕幅100cm旋耕机最宽度计算，如考虑到茶园作业一般不需耕幅 100cm 宽度，故可减少安装犁刀数，减短犁刀轴长度，即可使整机宽度降低，有利于进入茶园作业）

3. 结构质量 kg：125

4. 工作幅宽 cm：100

5. 耕深 cm：≥20

6. 行走轮：2 个橡胶轮

7. 配套农具：中耕除草用旋耕机、开沟施肥机、喷药机等

（二）江苏无锡华源凯马发动机有限公司机型

1. 形式：耕作部件驱动式

2. 配用动力机

型式：风冷单缸四冲程汽油机

型号：KM139F

排量 mL：31mL

功率 kW（PS）/rpm：0.8（1.0）/7 000

化油器形式：膜片式

3. 油箱容积 L：0.6L

4. 整机重量（毛重/净重）kg：17/15

五、 微耕机的作业特点

微耕机多以小型柴油机或汽油机为动力，具有重量轻、体积小、结构简单等特点，适用于进入山区、丘陵、平原的旱地、茶园、果园、水田等作业。微耕机配上旋耕机即可进入茶园进行旋耕作业，配上相应的机具还可进行抽水、发电、喷药、喷淋等作业，并可牵引拖挂车进行短途运输。微耕机可以在山区茶园中较自由行驶，便于使用和停放。目前国内茶园普遍土壤较坚硬，在通过各种较大型茶园耕作机耕作后，使土壤逐步松软，则可逐步应用微耕机进行耕作，可以预见微耕机将会成为茶园耕作的一种主要动力机型。

六、 微耕机的操作使用和保养

微耕机以其轻便、灵活、多功能、价格低廉，加上可享受国家购机补贴，已成为茶农的新宠。但是，中国茶园土壤坚硬，微耕机在茶区使用，维护保养十分重要。

1. 选用适用机型　茶园道路条件较差，土壤坚实，故选用在茶园内进行作业的微耕机时，一是要注意应用场合，应考虑到微耕机适合在茶园土壤松软的场合中应用，二是要选配功率较大的机型，并合理选用农具。

2. 新机正式使用前要进行充分磨合　新机购入，不要马上在茶园中进行全负荷耕作，必须严格按照说明书的要求进行必要的磨合。新机磨合要循序渐进，必须从小油门低转速、低挡位、低负荷开始，逐步加大到高转速、高挡位、大负荷。使其在良好的技术和润滑条件下，通过缓慢的增加负荷，逐步磨去零件配合表面的凹凸不平部分，为机器的正常使用和延长寿命打下良好的基础。这一点对于茶园应用的微耕机特别重要，否则将引起机器的严重磨损，甚至短时间报废。

3. 操作使用和维护保养　微耕机启动后，待发动机运转正常，方可起步作业。作业中应经常监听发动机声音是否正常，并严禁长时间超负荷作业，在较坚硬的茶园土壤中作业，若发现行走产生跳动或发动机冒黑烟，就要及时停车减挡，重新起步作业，仍然无效，则应停止作业。若发现有异响，则应及时停机检修，排除故障后才能重新启动作业。微耕机转向时要慢速并提起犁刀避免折断，微耕机不允许长时间翘头或低头工作，以免造成发动机润滑不良，机器发生故障。

微耕机的保养尤为重要。微耕机作业中，由于零部件的互相摩擦、震动和油、泥、土尘等侵袭，不可避免地会造成零部件磨损和连接松动，腐蚀老化，使技术状态变坏，功率下降，油耗增加，故障出现。为了防止上述情况发生，必须严格执行"防重于治，养重于修"的维护保养观念。

微耕机保养要严格按照使用说明书规定的保养周期和内容进行，特别要重视每班工作后的保养。作业中要时刻注意发动机的散热片通风孔是否堵塞，如堵塞要及时清理，否则会造成散热效果差，使缸套、活塞产生严重磨损，造成发动机动力不足。作业过程中如发现发动机过热，千万不能用冷水浇缸体，以免引起缸体和缸盖的变形，而应该停机作适当降温，并控制或适当减小负荷再继续工作。总之，微耕机作业时不要盲目追求耕深，使机器能在较富裕和稳定负荷状态下工作。耕作中如发现犁刀缠草，要停车给予清除。

七、 微耕机在茶园中的使用效果

浙江彩云间茶业有限公司的近 3 000 多亩茶园，大部分属原浙江省九峰山茶场，为丘陵缓坡。由于茶园均为机械化开垦，土壤基础条件良好，加之茶园管理水平较高，在 20 世纪一直使用 C-12 型茶园耕作机等进行耕作，近年来又采用机械化采摘，故整个茶园土壤较疏松。近年来，该公司引进多台重庆合盛微耕机有限公司生产的动力为 4.7kW (6.4PS) 耕作部件驱动式微耕机进行茶园耕作，获得良好效果。通过大面积茶园的耕作实践，该公司认为如茶园基础条件较好，微耕机可以较好适用于行距 1.5m 条栽茶园中的茶园耕作作业，耕作深度可达 8～10cm，甚至超过 10cm，中耕除草效果良好。

浙江彩云间茶业有限公司使用的微耕机，安装的犁刀有两种形式，一种是左右对称各装 2 对共 4 对，一种是左右对称各装 3 对共 6 对。4 对则用于茶树行间间距较小、已完全投产的成龄茶园耕作，6 对则用于茶树行间间距较大、尚未完全投产的幼龄茶园耕作。实际应用表明，微耕机在茶园中耕除草作业过程中，行走稳定，较易操作，地头如有 1m 宽度的转弯空地，就可顺利转弯。作业时，由 2 人组成一个机组，工作较轻松。耕后地表平整，草高在 10cm 以下进行耕作，旋耕机基本上不会缠草，若草高在 15cm 以上，缠草较严重（表 4-4）。

表 4-4　微耕机在彩云间公司茶园内的耕作效果

旋耕机犁刀对数	耕宽 cm	耕深 cm	杂草除净率%	作业工效亩/班	备 注
4 对	55	11.5	95 以上	16.5	每班以 8h 计，耕幅、耕深
6 对	80	9.3	95 以上	15.2	以实测 10 点平均

第四节　可钻入茶树行间作业的茶园耕作机（拖拉机）

小型茶园耕作机，除茶园动力深耕锹外，均为可钻入茶园作业的小型茶园耕作机，这种耕作机大多为动力机和耕作机合为一体。当前中国茶园中使用的机型除国产机型外，部分日本机型在使用中亦表现较好。

一、 茶园动力深耕锹

是日本根据农户茶园耕作需要而研制的一种茶园深耕作业机械。中国浙江、江西等省茶区均曾少量引进试用。作为一种半机械化农机具，从实用性和设计原理上，可为中国同类机械的研制提供参考。

1. 深耕锹的主要结构　茶园动力深耕锹的主要结构由动力机、传动装置、锹体、操作把手、手提把手及尾撬等部分组成。动力机使用 0.74kW（0.5PS）风冷式汽油机，锹体本身就是一把三齿铁锹（图 4-5）。

2. 深耕锹的操作使用　茶园动力深耕锹作业时，由操作者手提进入茶园并操作进行深耕作业。将深耕锹自然立于茶行间，手持操作把手，将装在操作把手上的手油门放在中偏小一些的位置，利用拉绳启动汽油机，然后适当加大油门，当汽油机转速达到一定转速时，所产生的动力，通过飞块离心式离合器、三角皮带传递给偏心运动副，使运动副产生振动，在其振动和冲击下，锹体自动逐渐入土，耕深可达 25cm 以上，到达规定深度尾撬着地

图 4-5　茶园动力深耕锹

这时减小油门，偏心运动副振动随即停止，用双手向后拉动操作把手，整台深耕锹围绕尾撬旋转，锹体将土块翻起，并倒在前方。就这样沿左右前后方向手提移位逐步挖掘。

3. 深耕锹的作业效果　使用测试表明，茶园动力深耕锹每小时可挖茶地 0.20 亩左右，可比人工大铁耙作业提高功效 5 倍以上，耕作深度可达 25cm 以上，并且像人工铁耙挖掘一样，对茶树根系损伤较小，作业质量良好。

该机总重量 15kg，可由 1 人手提把手任意携带至高山陡坡茶园作业，不受地块大小和形状的限制。但操作较费力，一人操作连续作业 1h 后，即需作 15min 以上的休息，方可继续作业。

二、 可钻入茶树行间作业的小型茶园耕作机

为解决机器耕作机顺利进入茶园和进行耕作作业，中国茶区在 20 世纪 90 年代就进行了小型茶园耕作机的研制，先后推出了可供实用的机型。近几年，日本此类机型的引进，更促进了中国小型茶园耕作机的研发。

（一）捷马 ZGJ-120 型茶园中耕机

由浙江省新昌县捷马机械有限公司研发生产的 ZGJ-120 型茶园中耕机，在浙江、江西、安徽和四川等省茶区推广应用后，用户反映性能良好。

1. 捷马 ZGJ-120 型茶园中耕机的研发历程　20 世纪 90 年代，新昌县东辉机械厂研制开发成功 ZGJ-150 型茶园施肥中耕机，曾在浙江、江苏、安徽、江西、贵州等 10 余个省茶区推广使用，应用者普遍反映该机显著减轻了茶园耕作的劳动强度，作业质量良好。然而当时生产厂家研制的初衷是，该机在茶园中进行中耕除草和向茶树行间撒施化肥，随后把化肥拌入土壤中，所期望的挖掘深度能达到 15cm，故定名为 ZGJ-150 型施肥中耕机。但是因我国茶园土壤大多较坚硬，ZGJ-150 型施肥中耕机在茶区推广使用后，用户普遍反映机器动力不足，并且耕作锹齿易变形，耕作深度达不到预期的 15cm 水平，加之制造企业产品结构调整，后来 ZGJ-150 型施肥中耕机暂时停产。

近年来，随着茶叶生产企业规模不断扩大，生产用工日趋紧张，加之茶园耕作劳动

繁重，各省茶区对茶园耕作机械化需求迫切。并随着 ZGJ-150 型施肥中耕机的生产企业东辉机械厂拓展为新昌县捷马机械有限公司，在广泛调研和收集茶区对 ZGJ-150 机型改进意见基础上，对原机型进行了全新设计和改型。增大发动机功率，将原 2.2kW（3PS）柴油机改换为 2.96kW（4PS）柴油机。并对机架、传动、耕作锹齿、行走轮、防护罩壳和操作系统进行了改进设计，力求功率更加充足，行走更为稳定，动力输出更为可靠，机器各部件的刚强度更好，并将耕作深度标定为 12cm，定型为 ZGJ-120 型中耕机（图 4-6）。

图 4-6　ZGJ-120 型茶园中耕机

2. 捷马 ZGJ-120 型茶园中耕机的主要技术参数

（1）型式：手扶自走式小型茶园中耕机

（2）型号：ZGJ-120 型

（3）配套动力：F170 型柴油机（水冷、风冷任选）

　　发动机功率 kW（PS）：2.96（4）

（4）行走轮形式：铁轮

　　轮缘宽 mm：90　外缘焊有人字形凸出筋条

（5）轮距 cm：42

（6）耕作方式：耕作锹翻耕式、锹体数量 2 把

（7）作业行走方式：手扶前进作业

（8）耕幅 cm：45

（9）最大耕深 cm：12

（10）动力离合形式：手拉（行走主离合器和耕作传动离合器分别操作）

（11）行走最高速度 m/min：24

（12）机器尺寸 mm：（长×宽×高）（1 250×470 ×760 ）

（13）机器重量 kg：130

3. 捷马 ZGJ-120 型茶园中耕机的主要结构　ZGJ-120 型茶园中耕机由动力机、机架（传动箱）、传动机构、行走机构、耕作锹、护罩和操作系统等主要机构组成。

动力机采用 F170 型 2.96kW（4PS）柴油机，与原 ZGJ-150 型使用的 F165 型 2.2kW（3PS）柴油机相比，功率明显增大，以保证在较坚硬土壤耕作时的动力供应。F170 型柴油机在中国农村使用广泛，小型手扶拖拉机（微耕机）上常用。

ZGJ-120 型茶园中耕机的机架兼作传动箱，采用铸铁整体铸造并通过金加工而成，柴油机就装在其上部，操作扶手架前端也用螺栓固定在其两侧，所有的传动齿轮均装置在箱体内，箱内加入规定数量机油。传动箱有两根传动轴伸出箱体，分别带动装于箱体两侧的行走主离合器和耕作锹传动离合器。行走轮轴在箱体下部伸出箱外两侧，用于安装行走轮。传动机构用三角皮带传动将动力传入传动箱，并通过行走主离合器和耕作锹传动离合器，带动行走轮行走和耕作锹耕作。ZGJ-120 型的离合器采用了摩擦片式，传动平稳可靠。操作系统的行走主离合器和耕作锹离合器把手，就装在操作扶手架的后端，左边为行走主离合器把手，右边为耕作锹离合器把手，分别用钢丝拉线与离合器相连。同时，操作扶手架两边下部还装有转向离合器把手。

ZGJ-120 型茶园中耕机的耕作锹，似人工耕作用的两把长齿铁耙，由传动轴上相邻互为 180° 的曲轴轴颈带动，两只锹体交错入土，可平衡消除部分冲击力，从而使耕作时挖掘平稳。耕作锹的作业形式与人工铁耙挖掘相似，对茶树的根系损伤小，翻起的土块大小适中，可使耕作层有一定空隙度，改善土壤的保水和透气性能。

行走轮采用铁轮，轮宽 9cm，较原 2GJ-150 型明显加宽，并且在轮缘上焊有人字形凸出筋条，显著增加了耕作机的行走附着力，利于作业动力的发挥。右边的行走轮轮轴为倒牙螺纹，拆卸锁紧螺母时要注意。耕作机前部装有一只直径较小的万向轮式导向轮，其高低可以调整，用于控制耕深。

ZGJ-120 型茶园中耕机体型较小，最大宽度仅 47cm，还专门设计安装了流线型防护罩，可保证顺利进入行距 1.5m 条栽茶园中作业，而不会损伤茶树枝条。

ZGJ-120 型茶园中耕机只设前进挡，不设后退挡，除能进行中耕作业外，还可装上肥料斗、撒肥管或自吸水泵，由动力输出轴驱动，进行施肥、喷灌等作业。

4. 捷马 ZGJ-120 型茶园中耕机的操作、使用与维修保养 为保证 ZGJ-120 型茶园中耕机的作业安全和获得满意的作业效果，应特别强调机器的正常操作、使用与维修保养。

一般情况下，ZGJ-120 型茶园中耕机出厂时，已呈整机状态，可正常投入使用。但是在成批购买并需用货车进行较长路程运输时，为减少装车体积，常将操作扶手架拆下装运，这样用户在收到机器后需进行简单安装。先将操作扶手架放在机架上，根据需要选择与机架上的一只安装孔对准，并在孔内装入轴套。注意机架上有三只安装孔，系用于调节操作扶手架高低，以适应操作者人身高矮及茶蓬高低，可根据需要进行选择。在轴套中插入双头螺栓，两头装上螺母并压紧。再将两只离合器把手及拉线在离合器分离状态下，装在左右操作扶手上，并在机器启动后，调整离合器拉线长度，使离合器效果最佳。

操作者应认真阅读机器使用说明书，熟悉机器性能和操作技术后，才可操作耕作机。

新机投入使用，旋开传动箱后部的六角加油螺栓，向传动箱内加入机油，加油量以机油将要从放油螺栓孔流出为止。并向柴油机曲轴箱内加足机油，适宜机油数量，以机油高度处于标尺上、下限刻度之间为准。柴油机还应分别加入柴油和冷却水，冷却水应是清洁软水。

每次作业前，应检查机器上的螺栓螺母有无松动，松动者应固紧。

将两个离合器把手拉至"离"的位置，手摇启动柴油机，待运转正常，将行走离合器放到"行走"位置，耕作机即开始向前行走。握住一侧转向离合器把手，机器即可向这一侧转向。该机采取前进方式作业，机器行至茶园地头对准行间，加大油门，将耕作离合器把手放到"工作"位置，耕作锹即开始对行间土壤进行挖掘。在新机投入使用后的一周至10天，应注意选择在较平坦、土质较松软的茶园中进行耕作，且耕作深度要浅一些，以利于机器的磨合，磨合后更换传动箱和柴油机中的机油，即可投入正常作业。

中耕机所有运转部件特别是旋耕机为危险部位，贴有安全警告标志，运转时操作者身体不得靠近。若工作坡度超过10°时，操作应十分当心，特别要注意侧翻，机器不允许在超过15°的工作面上作业。在动力机停机或需要倒车时，可捏住两边转向离合器把手，即可轻松拖动。

作业过程中，如发现机器运转异常或万一产生侧翻，一定要抢先停止柴油机运转，然后再进行故障排除。

5. 捷马 ZGJ-120 型茶园中耕机的使用效果 2013 年春茶结束雨后 3 天的 4 月 20 日，由权启爱、王辉等在新昌县茶树良种场中等硬度和松软的条栽投产和幼龄茶园中，对 ZGJ-120 型茶园中耕机的中耕性能进行了试验和测定，7 月 28 日在大旱约 20 天土壤坚硬的茶园中又进行了试验测定，实测状况如表 4-5。其中耕作幅宽、覆盖幅宽和耕深是在试验耕作过程中每次随机取 5 个点、共测 3 次，测定的平均值。

表 4-5 ZGJ-120 型茶园中耕机作业性能

作业日期	土壤状况	茶园状况	耕作幅宽 cm	覆盖幅宽 cm	耕深 cm	生产率 亩/h	备注
4 月 20 日	雨后 3 天土壤松软	成龄	45.0	50.3	11.8	0.98	每行间成龄耕 1 次，幼龄耕 2 次（往返）
		幼龄	70.7	74.2	12.1	0.51	
	雨后 3 天硬度中等	成龄	45.0	50.5	10.2	0.89	
		幼龄	73.4	80.4	10.4	0.49	
7 月 28 日	旱后 20 天土壤坚硬	成龄	45.0	47.0	7.8	0.40	

从表中可以看出，ZGJ-120 型茶园中耕机在松软和硬度适中的茶园中进行中耕作业，耕深可达 10～12cm，在成龄茶园中每个行间耕一次即可，而幼龄小苗茶园要往返耕两个行程，成龄茶园生产率可达每小时近 1 亩，幼龄茶园每小时可达 0.5 亩左右。并且使用表明，该机在茶园中行走稳定，可在 15° 以下坡度茶园中稳定工作，基本上不会损伤茶树枝条。并且转弯灵活，只要地头有 1m 的回转地带，即可顺利掉头。耕后土壤疏松平整，拳头大小垡块可占已耕土壤体积的 1/3 左右，翻耕出的茶树细根尚有不少未被拉断而重新埋入土中，故土壤经翻耕后，有利于保水、保气，茶根伤害也较小。试验中还发现，该机在土壤含水率很低并且坚硬的茶园中作业，耕深较难保证，作业效率也较低，机器行走会不时出现跳动，故 ZGJ-120 型茶园中耕机在茶园进行中耕作业时，

土壤条件应作适当选择。

6. 捷马 ZGJ-120 型茶园中耕机的维修保养　ZGJ-120 型茶园中耕机进行茶园耕作作业时，要用塑料桶等容器携带一定数量的清洁水，以便及时给柴油机补充冷却水，防止发动机因冷却水不足而产生过热。

每天作业前，应检查柴油机和传动箱的机油是否充足，否则应添加至规定液面。

每天作业前及作业过程中，应检查和随时注意机器上的紧固件是否松动，发现松动应固紧。

作业过程中应该经常察看耕作锹上是否有缠草，若有缠草应停车熄火后清除。

耕作机使用一段时间后，应检查三角传动皮带的紧度，如过松，则可松开柴油机与传动箱顶部的固定螺丝，将柴油机适当前后移动，至皮带紧度适宜后，固紧螺丝。

茶季耕作结束，应对机器进行全面保养，清洁所有部位，更换柴油机和传动箱中的机油，检查离合器摩擦片和耕作锹齿是否过度磨损，如过度磨损则更换。并对离合器拉线长度进行调整，以保证离合器有效。将机器放置在库房内的干燥通风处保存。

（二）凯马小型茶园管理机

凯马小型茶园管理机是近几年在国家茶叶技术体系支持下，农业农村部南京农业机械化研究所与江苏无锡华源凯马发动机有限公司联合研制的一种小型茶园管理机。

1. 凯马小型茶园管理机的主要结构　凯马小型茶园管理机的主要结构由发动机、传动机构、操作把手、耕作部件、机架（传动箱）和防护罩等组成。整台机器小巧玲珑，也是一种主要在较为松软或中等硬度茶园中进行中耕除草的茶园小型管理机。

2. 凯马小型茶园管理机的性能参数　机型主要性能参数如下：

（1）形式：手扶自走式小型茶园管理机

（2）型号：凯马

（3）配套动力机：

型号：KM170F/E 型柴油机

型式：单缸、立式、风冷、四冲程柴油机

缸径×冲程 mm：70 ×55

转速 rpm：1800

额定功率 kW（PS）：2.9（4）

油箱容积 L：2.5

机油容量 L：0.8

启动方式：手拉反冲启动

重量 kg：26

（4）作业种类　中耕除草作业

耕深 cm：8～10

耕幅 cm：30～50

（5）耕作方式：深耕锹翻耕式

（6）耕作作业形式：前进作业

（7）机器重量：75kg

3. 凯马小型茶园管理机的使用效果　2011 年在浙江省绍兴市御茶村茶业有限公司

茶园内对凯马小型茶园管理机进行了试验和作业性能测定。实验表明，该机制造质量良好，外形美观，机体较小，进入条栽茶园中作业方便，行走稳定，易于操作。使用深耕锹翻耕式耕作机构，耕深控制在 8～10cm，表现动力机功率足够。作业时耕幅一般情况下可达 40cm，在成龄并覆盖比较好的茶园中作业，基本上可满足耕作宽度要求。该机耕作机构采用挖掘形式，耕后土块较大且均匀，95％以上的杂草被覆盖，耕作层孔隙度较大，利于保气保水。经实测，该机作业效率可达 1.5 亩/h（图 4-7）。

图 4-7　凯马小型茶园管理机和耕后的地表状况

（三）日本自走式小型茶园耕作机

中国茶区从日本引进，并且是当前茶区应用较为普遍的小型茶园耕作机，设在浙江的杭州落合机械制造有限公司和浙江川崎茶业机械有限公司均有供应。为使国内茶区更好地了解耕作机特点和性能，现以落合公司生产机型为例介绍如下。

1. 日本自走式小型茶园耕作机的主要结构　日本自走式小型茶园耕作机的主要结构由动力机、传动系统、变速操纵系统、行走机构、深耕锹和护罩等部分组成。

动力机使用风冷小型汽油机。发动机产生的动力经传动机构分别传递到行走机构和耕作部件，带动行走轮转动，实现前进和后退，并带动耕作部件进行耕作。

变速操纵机构由主、副变速杆、行走离合器和耕作离合器操作手柄以及油门控制手柄等组成，用以控制机器的行走和耕作。

行走轮由前部 2 只驱动轮和后部一只转向轮组成，通过行走轮转动时地面所给予的反作用力，使机器前进或后退。为适应山区茶园横坡倾斜时的耕作，克服机器左右倾斜对耕作带来的影响，并保持机器行走稳定，该机前部 2 只行走轮被设计具有自动浮动上升功能，即当机器在横坡倾斜茶行内作业，前部 2 只行走轮所行走的地面一边高一边低时，则走在低地一边的行走轮，可由自动浮动上升装置控制自动升高，使左右两只轮胎处于同一水平高度，从而保证机器和耕作部件的正常运行和工作，机器行走稳定，不致引起侧翻。一般情况下，行走轮升高高度最高可达 5cm，可保证该机在横坡为 10°的茶园内顺利作业。

耕作部件为深耕锹，实际上就是一只三齿铁耙，在传动部件的冲击下，不断入土挖掘，与传统人工挖掘一样，作业质量良好，为防止锹齿粘土，锹体前部装有一只清土铲，在锹齿上下运转过程中，将粘着在锹齿上的泥土刮下。

为顺利进入茶园，专门设计了半封闭式防护罩，加之该机最大宽度仅为 56.5cm，可顺利进入行距 1.5m 甚至更小行距修剪较为规范的条栽茶园行内作业，不会损伤茶树枝条。

2. 日本自走式小型茶园耕作机的技术参数

（1）型式：自走式小型茶园耕作机

（2）型号：落合 JR-10A 型

（3）配套发动机形式：4 冲程风冷汽油机

发动机功率 kW（PS）：2.6（3.5）

（4）耕作部件形式：深耕锹翻耕式

（5）最大耕深 cm：30

（6）作业形式：倒退作业

（7）横向水平调整方式：自动

（8）机器最大宽度 cm：56.5

（9）机器重量：1.54kg

3. 日本自走式小型茶园耕作机的操作使用　启动前，检查油箱汽油是否足够，机器上是否有妨碍机器运转的障碍物，否则应与添加和清除。将行走离合器和耕作离合器手柄放置在"离"的位置，主、副变速杆放在空挡，油门放在较小位置。利用拉绳式启动装置启动汽油机，运转平稳后适当加大油门，副变速杆挂在"前进"或"后退"位置上，应注意该机作业时用"后退"挡，道路行走用"前进"挡。主变速杆挂在"慢"或"快"位置上，一般作业时用"慢"挡，道路行走用"快"挡。如各挡位在道路行走状态，将行走离合器手柄缓慢放置到"合"的位置，机器开始向前行走。如各挡位在耕作状态，将行走离合器和耕作离合器手柄缓慢分别放置到"合"的位置，机器开始后退行走，深耕锹开始上下运转，实施挖掘耕翻作业。该机采用手扶操作作业形式，由于后轮为万向轮形式的可左右转动的转向轮，用手适当左右推动手扶把手，即可实施机器的左右转弯。加之该机系后退行走作业形式，操作者作业是始终走在未耕土地上，较为方便和省力，这一点是较国产同类机型捷特和凯马茶园中耕机和茶园管理机的优越之处。该机在较松软的土壤中作业，行走稳定，操作较省力，但若在很少耕作、土壤坚硬的茶园中作业，则会产生较大的颠簸和跳动，这时要适当减小油门，放慢耕作速度（图 4-8）。

图 4-8　日本自走式小型茶园耕作机及在茶园中作业

4. 日本自走式小型茶园耕作机的使用效果　该机机体宽度较小，罩壳设计理想，可顺利进入茶园作业。农业农村部南京农业机械化研究所在江苏、浙江、安徽、湖北等茶区茶园中的试验表明，在土壤中等硬度较平整的茶园中作业，耕深可达 25cm，耕作幅宽 30cm，覆盖宽度 40cm，土块大小适中。同样，其深耕锹翻耕式耕作部件，作业原理似人工铁耙挖掘，对茶树根系损坏较小，耕后地表平整，土壤疏松，是茶园中一种较为理想的中耕和深耕机型。然而在中国茶区土壤坚硬的茶园中应用欠理想，显得动力不足，若能使用其他功率较大机型作一两次深耕后，再用该机耕作，应用效果会显著变好。该机的作业工效，封行较好的成龄茶园每个行程耕一行，工作效率达 2 亩/h 以上。在江苏无锡江苏省茶叶研究所不同地块茶园中耕作效果的具体测定结果见表 4-6。

表 4-6　日本小型茶园耕作机作业效果测定表

茶园土壤状况	耕宽 cm	耕深 cm	耕作质量和运转状况	作业工效 亩/h	备　注
较松软	40	28.5	良好，运转平稳	2.05	耕幅和耕深以实测
较坚硬	40	20.3	较好，机器较颠簸	1.82	10 点平均

5. 日本自走式小型茶园耕作机的维护保养　日本小型茶园耕作机在耕作作业过程中，因工作部件承受冲击性负荷，极易引起动力机过热和工作部件磨损。故每天作业前一定要检查汽油机机油量，不足要添加。对深耕锹传动部位等黄油嘴要使用黄油枪添加黄油，以保证足够的润滑。机器在每工作 1～2h 后，要停机休息 0.5h 左右，特别是高温季节使用更要注意。作业结束后，要对整机特别是深耕锹上的泥土进行清除，保持机器的清洁。

（四）C-6 型自走式茶园深耕机

因日本小型茶园耕作机，进口售价较高。故在农业农村部和国家茶叶产业技术体系的支持下，农业农村部南京农业机械化研究所针对该机技术进行了引进、消化、吸收，根据中国茶园条件进行攻关创新设计，采用了较大功率的 4.4kW（6PS）柴油机为动力，开发出一种类似日本的自走式茶园深耕机，已经由江苏盐城市沿海拖拉机制造有限公司试制成功，定名为 C-6 型自走式茶园深耕机。目前正在进行性能考核和试验，并进一步对机器进行改进与完善，随着机型的不断成熟，不久将会提供茶区应用，从而替代同类机型的继续进口（图 4-9）。

图 4-9　C-6 型茶园深耕机

C-6 型自走式茶园深耕机的主要技术参数：

（1）型式：自走式深耕机

（2）型号：C-6

（3）配用发动机：4.4kW（6PS）四冲程柴油机

（4）耕作方式：深耕锹翻耕式

（5）最大耕作深度 mm：300

（6）机器尺寸 mm：（长×高×宽）（1 300×565×810）

（7）机重 kg：154

三、 可钻入茶树行间作业的履带式茶园拖拉机（耕作机）

行间作业型履带式茶园耕作机，是指采用履带式行走机构，采用乘坐式操作方式，可钻入茶树行间作业的茶园耕作机。这类拖拉机（耕作机）因适应性好，行走稳定，动力较充足，是国内茶园今后将重点发展的耕作机类型。国内已经开发出的机型有 C-12 型茶园耕作机和金马 3SL-150D 型茶园拖拉机。

（一）C-12 型茶园耕作机

C-12 型茶园耕作机，是 20 世纪 80 年代我国自行研制和定型的一种茶园耕作机，它实际上由一台茶园专用拖拉机和配套农具组成，所配套的农具有茶园中耕机和茶园深耕机等。

1. C-12 型茶园耕作机在中国茶园作业机械中的地位　C-12 型茶园耕作机研制，是第一机械工业部于 1977 年向浙江省机械科学研究所下达的"茶园耕作机械研究"课题。研究任务由浙江省机械科学研究所（现浙江省机电设计研究院）、嘉善拖拉机厂和浙江省绍兴市茶场承担，并获得洛阳拖拉机研究所和中国农业科学院茶叶研究所等专业单位的技术支持。经过数年的努力，最终于 1982 年 9 月通过由浙江省农业机械局受第一工业部委托组织的部级鉴定，并正式定型，确定由国营浙江省嘉善拖拉机厂投产，系国内第一台正式定型的行间作业型的茶园耕作机。该机研发过程中，先后经过 3 轮样机试制，仅样机台数就大约有 20 多台，每台样机都经历了 600h 以上、2 000 亩以上的耕作作业耐久性试验，在此基础上总结和提出机器存在问题和不足，然后进行反复改进，最后定型投产，产品由国家正式定点的拖拉机厂制造。C-12 型茶园耕作机的出现，茶区一致给予了好评。一些国营茶场和茶园较大面积社队不少以该机为主组成机耕队，基本上满足了缓坡茶园的耕作需求，在很大程度上使广大茶农从茶园耕作的繁重体力劳动中解放出来。并且该机还被应用于园艺、林业等部门耕作管理作业。20 世纪 90 年代中期，作为园艺拖拉机，由浙江省机械进出口公司组织，出口英国 40 余台。

20 世纪 90 年代后期，随着此后农村承包责任制的推行，茶园开始分散到户经营，C-12 型茶园耕作机在嘉善拖拉机厂停产。但是作为中国应用量达数万台、最成熟、影响最大的茶园耕作动力机型，无论是设计、试验、改进、定型等产品开发设计程序，还是机器的结构、性能和成熟度，仍然会给当前和今后的茶园耕作机械的研制提供参考和借鉴（图 4-10）。

图 4-10　C-12 型茶园耕作机

2. C-12 型茶园耕作机主要结构、性能的研究和确定　C-12 型茶园耕作机作为茶园中一种专用的履带式茶园耕作机型，并且采用钻入茶树行间作业形式，其主要结构和性能均有特殊要求。

（1）总体设计要求。该机针对当时茶区已对茶园耕作机作出的探索，并根据我国茶园的作业特点，在 C-12 型茶园耕作机设计中确定了下列要求。

①作为一台茶园专用拖拉机进行设计，作为动力机的拖拉机应与有关农具的配套，

能够顺利进入茶园中作业，可以满足茶园中耕、深耕、开沟施肥和病虫害防治等多种茶园作业的需求。

②在山区茶园中作业行走稳定性好，要求能够适应行距 1.5m 以上、坡度 15°以下的茶园中作业。

③转弯半径小，转向性能可靠，操作方便。

④农具安装、挂接和更换方便，提升、下降、操作以及耕作深度控制灵活和准确。

⑤零部件尽可能与国家定型拖拉机和农机具定型产品通用，"三化"程度高。

（2）主要结构和机器形态确定。C-12 型茶园耕作机的主要结构由动力机、传动系统、行走机构与机架、液压提升与动力输出系统和配套农具等组成。

C-12 型茶园耕作机设计研制的目的在于兼顾茶园中耕除草、深耕、开沟施肥和喷药除虫等作业。配套动力机的选择，应以满足作业动力消耗和使用国内生产和常用的动力机为前提。因为 S195 型柴油机是中国手扶拖拉机使用最普遍的动力机型，并且性能成熟，零部件市场上供应充足，购买方便。为此，将 S195 型柴油机作为 C-12 型茶园耕作机动力机的首选机型。在 C-12 型茶园耕作机采用 S195 型柴油机作为动力机，完成装配试制以后，采用电测方法，对配套消耗动力较大的深耕机和中耕机，在一般茶园土壤硬度下，进行中耕和深耕作业功率消耗测定，测定结果见表 4-7。在 S195 型柴油机的输出功率为 12PS 的情况下，从表中可以看出，深耕和中耕的最大功率消耗为 10.2PS，说明 S195 型柴油机作为 C-12 型茶园耕作机动力机选型配备合理。在以后进入批量生产并经实际使用也说明，在一般茶园土壤中使用，S195 型柴油机作为 C-12 型茶园耕作机的动力机型是较合理的。

表 4-7　C-12 型茶园耕作机茶园中耕和深耕功率消耗

作业内容	耕作机挡位	农具转速挡位	耕深 cm	耕宽 cm	功率消耗 PS
中耕	Ⅱ	慢	7.7	59	7.7
	Ⅱ	快	7.8	58	8.9
	Ⅲ	慢	7.7	57	10.2
	Ⅲ	快	7.6	59	10.0
深耕	Ⅰ	慢	14.3	70	4.2
	Ⅱ	快	14.0	70	6.1

C-12 型茶园耕作机传动机构的主要装置变速箱的设计和确定，重点考虑了耕作机的总体布置需求和所使用零部件尽可能与手扶拖拉机通用，以方便与维修。所以 C-12 型茶园耕作机所使用的变速箱的箱体，虽然根据耕作机的总体布置需求而完全重新设计，但变速箱所使用的绝大多数零件，与国家定型的手扶拖拉机变速箱零件相通用，只是个别零件重新设计。这样既保证了较好的通用性，又有总体的合理性，使整台耕作机的重心配置比较合理，兼顾和满足了农具提升、动力输出、转向制动和结构强度的综合要求。为了能满足茶园多种作业需要以及适应茶园不同土质土壤耕作的要求，C-12 型茶园耕作机的变速箱设置 6 个前进挡、2 个后退挡。一般情况下，深耕用Ⅰ～Ⅱ挡，中耕用Ⅱ～Ⅲ挡，开沟施基肥用Ⅰ挡，喷药治虫等用Ⅲ～Ⅳ挡，地块转移和道路行走用

Ⅴ～Ⅵ。对于同一种作业，根据土质不同均有二个挡位可供选择。

C-12 型茶园耕作机行走系统的设计与确定，是根据茶园多山地，地形复杂，道路狭窄，要求耕作机行走机构附着和通过性能良好，驱动力大，故 C-12 型茶园耕作机选用了履带式行走系统，并采用手拉操向杆实现机器转弯，转弯时可以通过操作操向杆切断一侧履带动力，进而实现单边刹车，使耕作机另一边履带仍然转动而实现转弯，一般在地头回转地带有 1.5m 宽度时即可转弯，转弯半径小。并且履带高度设计较低，显著降低了整台机器的重心，增强了稳定性。同时将动力机架设安装在履带之间的机架上，使整台耕作机横断面呈"凸"字形，履带行走在茶行间茶树根部的较宽空间内，而茶树枝条上部行间间隙较小，而正好通过的是发动机宽度较小处，这样充分利用了茶树行间的空间结构，加上流线型的机器罩壳设计和上部枝条弹性较好，基本可做到作业时不损坏茶树枝条，是一种适合我国茶园实际状况，可进入茶行作业的理想结构形式。

经过反复论证，C-12 型茶园耕作机的动力输出系统决定设有纵向和侧向两个动力输出轴，其中纵向动力输出轴有两个转速可供选择。液压提升机构用于悬挂农具的降落和提升，设有提升、中立、浮动三个工位，可保证作业时农具处于"浮动"状态，从而适应茶园地表不平的状况，保持耕深一致。样机试验和机器的实际使用表明，这种形式的液压提升系统，工作可靠，操作方便，动作迅速，显著缩短了地头转弯时间，与履带式行走机构相配合，一般情况下在 20～30s 时间内即可完成转弯。

（3）C-12 型茶园耕作机的性能参数。

①整机参数

型号：C-12 型

型式：履带式茶园拖拉机和配套农机具组成的茶园耕作机

作业方式：钻入茶树行间作业

理论速度 km/h：

前进：Ⅰ　0.90

　　　Ⅱ　1.61

　　　Ⅲ　2.61

　　　Ⅳ　3.58

　　　Ⅴ　6.07

　　　Ⅵ　9.85

倒退：Ⅰ　0.65

　　　Ⅱ　2.46

轨距 mm：580

轴距 mm：1 045

最小离地间隙 mm：140

整机重心高度 mm：337

结构重量 kg：750

配重 kg：80

外形尺寸 mm：

　　长（不带农机具）：1 900

　　宽：800

　　高（不带棚架）：1 220

②发动机

型号：S195

额定功率 kW（PS）：8.96（12）

额定转速 r/min：2 000

汽缸直径×活塞行程 mm：95×115

重量 kg：130

启动方式：手摇

③传动系统

小皮带轮外径 mm：155

三角皮带规格：B1956

离合器：干式，双片长结合摩擦片式

变速箱：齿轮传动（3＋1）×2 组成式

转向机构：牙嵌与制动器联动式

制动器：双片盘式

最终传动：直齿圆柱齿轮

④机架与系行走机构

机架形式：刚性悬架

履带材质：铸钢

履带宽度 mm：180

每边履带板数：27

每边支重轮数：4

履带张紧机构调整形式：丝杆螺母调整

⑤工作装置

液压提升系统：

　　液压提升系统形式：分置式

　　提升油泵形式：CB306 齿轮泵

　　分配器形式：手动三位转阀

　　安全阀开启压力 kg/cm²：80

动力输出：

　　纵向　快速 r/min：308

　　慢速 r/min：245

　　侧向 r/min：1 305

⑥配套农机具

深耕机：

　　耕深 mm：150～250

　　耕宽 mm：700

生产率 亩/h：1.5～2.5

中耕机：

耕深 mm：60～120

耕宽 mm：600

生产率 亩/h：3～5

3. C-12 型茶园耕作机的操作使用　C-12 型茶园耕作机动力主机是一部茶园专用拖拉机，配套了专用农机具而组成整体的茶园耕作机。其操作使用应按使用说明书和操作规程要求和规定严格执行。

（1）机务安全。C-12 型茶园耕作机使用前，应认真阅读使用说明书，严格执行 C-12 型茶园耕作机使用与保养规定，并注意以下机务安全规则。

①C-12 型茶园耕作机应由经过专门训练的茶园耕作机驾驶员操作和驾驶。驾驶员必须全面熟悉耕作机中的茶园拖拉机和配套机具的结构性能以及操作维护保养方法。

②启动前必须检查机油、齿轮油、柴油和冷却水是否符合说明书规定，否则应按要求添加。检查各部连接是否牢固可靠，并将各挡杆放在空挡上。

③C-12 型茶园耕作机作业中，特别是进行深耕等负荷较重的作业，要时刻注意倾听发动机运转的排气声音，判断负荷是否过重，而随时调整油门或降低耕深。

④C-12 型茶园耕作机慢挡小油门工作时，一般允许通过纵坡坡度应不超过 20°，横坡以不超过 15°。为安全起见，在该机坡地茶园作业时，必须首先熟悉茶园地形和坡度大小，特别是地头系悬崖时，更要提高警惕，超越纵坡和横坡，一定不能超过耕作机爬陂角度允许范围，以防止倾翻和侧翻。

⑤C-12 型茶园耕作机作较长距离转移时，行驶时要锁定提升机构，分离侧向动力输出轴，减少油泵不必要的磨损。应视路面条件选用适当行驶挡位，在路面条件较差的情况下，行驶挡位应掌握在 V 挡以下。

⑥不论在任何情况下，驾驶员离开耕作机时，发动机必须熄火，变速杆置于空挡。禁止在坡地上停车，以免滑坡。

⑦冬季使用，应按规定使用冬季用油，较长时间停车，应放尽全部冷却水。

⑧作业时，如发生发动机"飞车"，应立即按下减压阀进行减压、采取关闭油箱燃油阀，停止供油和闷堵进气管等措施，使发动机停止转动，查明原因，排除故障，方可继续使用。

⑨茶园耕作机工作过程中，如发现不正常情况，应立即停车检查，排除故障后，方可继续工作。

（2）操作使用。C-12 型茶园耕作机的驾驶，首先要进行发动机的启动。这时将主变速手柄放在空挡位置上，农具升降手柄置于下降位置上，按发动机使用说明书要求，左手扭开减压阀，右手五指并拢手摇启动发动机。待发动机运转平稳，提升农具，将农具升降手柄置于中立位置。踩下离合器踏板，将主变速杆置于工作挡位上（如挂不上挡，可瞬时放松离合器踏板使离合器接合，随即踏下，再行挂挡，直至挂上），适当加大油门，平顺地放开离合器踏板，茶园耕作机即慢速起步。

C-12 型茶园耕作机需要停车时，要减小油门，踏下离合器踏板，将主变速杆放入空挡位置，并将农具升降手柄从"中立"位置缓慢推向"下降"，使农具缓慢降至地面，最后关闭油门，发动机熄火。

（3）配套农机具。C-12 型茶园耕作机可配套深耕、中耕除草、开沟施肥、病虫害防治等机具，同时还可配备茶树修剪机和采茶机，进行茶树修剪和采茶作业。上述机具虽然大多进行过研制和试验配用，但是实际投入茶园使用并且较为成熟的是深耕机和中耕机。

①中耕机。C-12 型茶园耕作机配套使用的中耕机采用旋耕机，目的是用于松土和除草，耕深一般要求 8～10cm。通过对比试验，旋耕机采用了仿日本中耕机使用的小型弯犁刀，应用表明，耕作时犁刀刃口滑切作用较强，碎土和除草性能较好，并且与其他犁刀相比，不易缠草。犁刀的安装采用"双孔"结构，安装尺寸和方式与手扶拖拉机相同，也几乎和所有配套旋耕机的拖拉机一样。必要时可更换使用一般手扶拖拉机使用的犁刀。

C-12 型茶园耕作机配套使用的中耕机，左右各安装小型弯犁刀 8 把，由于弯犁刀有抛土作用，所以旋耕后的地面形状与弯犁刀的安装方式有关。若采用图 4-11 中（c）的左右对称安装方式，则耕后土面较为

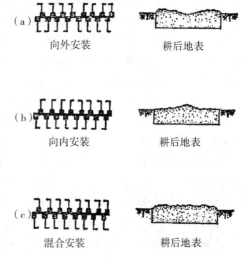

图 4-11　旋耕机犁刀不同安装方式及形成地面形状

平坦；若采用图 4-11 中（b）的内装方式，则耕后土面中部突起；若采用图 4-11（a）的外装方式，则耕后土面中部下凹。

C-12 型茶园耕作机的配套中耕机在进行旋耕作业时，可根据土壤和负荷状况操作农具变速手柄进行变速，变速手柄顺时针转动为高挡，逆时针转动为低挡，中间位置为空挡。犁刀轴的理论转速高挡时为 230r/min，低挡时为 183～230r/min。

中耕机可在茶园边清洁场所进行整体安装或拆下，还可方便地更换装上深耕机。安装时应注意，要将茶园耕作机放置呈前低后高状态，即挂挡停放在斜坡上，这样既可防止齿轮油从变速箱溢出，又能防止机器沿斜坡下滑。然后检查提升臂位置是否正确，其最低位置为−2°，最高位置为 52°，否则应拆下调整。调节螺杆两端销子孔的中心距离，并将螺母锁紧，中心距应调整至 192mm 左右。将中耕机装在传动箱上，固紧所有安装螺栓。安装完毕，将农具升降手柄置于"下降"位置，用人力将中耕机从最低抬至最高位置，检查有无零部件相互干涉和碰撞，确认无误后，方可开机使用。

C-12 型茶园耕作机配套使用的旋耕机，进行茶园中耕作业时，农具处于浮动状态，是靠中耕机传动箱下面的限位板支承于地面，并限制耕作的深浅，借助于调节限深板的安装位置，可对耕深进行调节。该机在使用普通手扶拖拉机旋耕刀时，因其回转半径较大，要对限深板作相应调整。中耕机实施茶园耕作时，也要注意中耕除草一般应掌握在草深 10cm 以下进行，这样会显著减少犁刀的缠草。作业过程中，如发现犁刀缠草，要

及时停车进行清除，以保证作业质量。

②深耕机。C-12型茶园耕作机配套使用的深耕机，采用铁耙掘地原理的挖掘式深耕机。三只挖掘部件似手工挖地用的两齿铁耙，一般称之为深耕锹，相隔120°安装在深耕机曲轴上，耕作机的动力通过传动箱带动曲轴转动，在曲柄的作用下，由曲轴轴颈带动连杆，使三只锹体交错入土，入土深度可达20～25cm。该机的深耕机曲轴采用装配式，不像一般发动机的曲轴采用整体形式，这在很大程度上方便了制造和拆装，并且其连杆轴承采用滚动轴承，而不是一般连杆轴承采用滑动轴承或轴瓦，避免了滑动轴承或轴瓦转动时发热、咬死和磨损等弊病，保证了在深耕交变、冲击较重负荷状态下，深耕机工作的可靠性和使用寿命。深耕机的传动箱与中耕机共用，根据作业需要，深耕机和中耕机可在耕作机上随时更换。传动箱采用全齿轮传动，而不像一般手扶拖拉机那样采用链传动，避免了因链条磨损伸长而引起的响声和故障。深耕机和中耕机均采用了托架式限深装置，使耕深保持稳定，并将深耕机或中耕机的重量及耕作时所引起的振动，由限深装置的托架部分传给了土壤，显著改善了对耕作机底盘的冲击。深耕机和中耕机的传动箱，带动曲柄旋转的转速有两档可供选择，以配合耕作机不同前进档次，保持耕作垡块大小和碎土的一致（图4-12）。

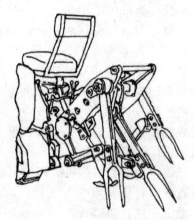

图4-12 C-12型配套挖掘式深耕机

深耕机在茶园耕作机上的拆装，与中耕机相同。作业时锹体挖掘的变速亦与中耕机一样，单把锹体理论挖掘速度（次数）为高速166次/min，低速为132次/min。深耕机耕作深度的调节，除了可改变限深板的高低实现外，还可依赖调节安装高低位置来保证。一般做法是，如要增加耕深，一般是先调节锹体的安装位置，如尚不能达到耕深要求，则可再调节限深板安装位置。此外，还可利用调节锹体安装位置，实现茶行行间横向中间耕深深、两边耕深浅的耕作效果，因为茶园深耕常常要求行间两边耕深较浅，以减少根系的破坏。

深耕机使用时，要注意茶园耕作机应尽可能不在茶园土壤坚硬、地表不平整和石块较多的茶园中耕作，如确需作业，茶园耕作机宜使用前进Ⅰ挡，曲轴也挂低速挡进行作业。如土壤疏松，地面较平整时，则可使用前进Ⅱ挡，曲轴也可转高速挡进行作业。耕作时，应缓慢放下深耕机，以保证锹体由浅入深插入土壤中。要经常在摆杆两端加注机油，一周左右在滚动轴承处加注黄油。要经常检查各联结螺栓是否连接牢固，并进行安全固紧。拆装时，不要随意搬动曲柄连杆等，警惕锹体碰伤人身。

4. C-12型茶园耕作机的维修保养 C-12型茶园耕作机作业条件较差，负荷较重，深耕作业承载的又是交变冲击载荷，故应特别重视机器的维修保养。

（1）机器润滑。每班均要检查柴油机机油油面和液压提升传动箱的齿轮油油面是否符合要求，不足要添加。在离合器分离爪、各操纵杆铰链和深耕机摆杆两端等处，用油壶滴加机油。每工作100h，在中耕机左支承套和犁刀轴左端轴承、深耕机连杆轴承等处，用黄油枪注入黄油。每工作400h，对齿轮箱和各传动箱进行清洗，并更换齿轮油，对导向轮和支承轮进行清洗和换油。

（2）班技术保养。除按规定进行润滑外，尚应清除外部及行走机构积泥和缠草，检查和固紧各部分连接螺栓。

（3）一、二、三级技术保养。按照 C-12 型茶园耕作机使用说明书的技术规定，每使用 100h 应进行一级技术保养，每使用 400h 进行二级技术保养，每进行一个或二、三个技术保养时间间隔后，应进行三级技术保养，并规定了详细的技术保养内容，使用中应按规定严格进行强制保养，不得随意超越保养规定时间和简化保养作业项目。

（4）机器的保管。C-12 型茶园耕作机如较长时间不用，要进行妥善保管。首先要按使用说明书规定，对发动机进行清洗、保养和封存。此外对整机进行清洗、保养，卸下并清洁三角皮带，另行挂放。在各活动铰链部位、未涂漆的金属表面涂抹防锈油。将离合器踏板置于"合"的位置，变速手柄置于"空挡"位置。将整台茶园耕作机（包括农具）架起，停放在干燥、通风、清洁和不致引起安全事故的处所。

5. C-12 型茶园耕作机的应用效果　C-12 型茶园耕作机于 1977 年开始研制，1982 年通过部级产品定型鉴定投产。此后连续三五年时间，嘉善拖拉机厂每年生产数量达约 2 000 台，在茶区特别是国有茶场广泛应用，如浙江十里丰茶场、金华石门茶场、杭州茶叶试验场、绍兴东方红茶场和安徽十字铺茶场等大型国有茶场，每个茶场都以 C-12 型茶园耕作机为主，建立了机耕队，各拥有该机的数量达 10 多台甚至几十台，使用均获得良好效果。

（1）茶园作业的适应性。使用表明，C-12 型茶园耕作机由于采用履带式行走机构，附着性能好，重心低，行走稳定，加之横断面"凸"字形的设计和几乎全封闭的罩壳保护，可顺利进入行距为 1.5m 的正常修剪的条栽茶园内工作，基本上不会损伤茶树枝条。试验表明，C-12 型茶园耕作机可在坡度为 15°的茶园内稳定工作，在短距离通过茶园的埂、坡，横坡 20°、纵坡 30°亦可越过。在地头留有 1.5m 的茶园内作业，可顺利实现地头转弯，甚至在地头宽度 1m 的情况下，也可勉强实现调头转弯。

（2）茶园作业质量。中耕除草采用中耕机，疏松土壤和灭草性能良好，耕后地表平整，耕深可达 8～10cm，甚至可达 12cm。耕宽可达 60cm，覆盖宽度可达 80cm，土壤蓬松度达 50%左右，除草效果良好并可将杂草埋入土中。S195 型柴油机动力充足，在土壤较板结的茶园中作业亦可获得较满意的中耕作业质量。

深耕使用挖掘式深耕机，作业时，发动机产生的动力，通过传动机构带动曲轴旋转，于是传动三组挖掘锹交错入土，就像人工掘地那样，一锹一锹不断把土块翻起。耕深可达 25cm，耕宽可达 70cm，对茶树根系损伤小，土垡大小适中，测定结果表明，4～12cm 的垡块占耕起土层的 70%左右，可满足茶园深耕农艺质量要求。

（3）作业效率和经济性。C-12 型茶园耕作机的作业效率和经济性生产查定情况如表 4-8。从中可以看出，中耕耕深 8～10cm，用Ⅱ挡作业，生产率可达 3.55 亩/h，用Ⅲ挡作业可达 5.40 亩/h，深耕用Ⅰ挡作业，生产率可达 2.04 亩/h。而 2 000 亩大面积试验结果表明，中耕平均生产率为 3.5 亩/h 左右，以每天工作 8h 计算，每天可中耕茶园 30 亩左右，而当时试验茶场的人工中耕除草的劳动定额为每天 0.7 亩，这样机耕功效为人工的 40 倍以上。深耕耕深 20cm 左右，用Ⅰ挡作业，生产率为 2.04 亩/h，而 2 000亩大面积试验中，不少情况下也有用Ⅱ挡作业的，生产率可达 3 亩/h 左右，茶园耕作机深耕作业每天以 8h 计算，可深耕茶园 15 亩以上，而当时试验茶场的人工深耕的劳动定额为每天 0.3 亩，机耕功效为人工的 50 倍左右。实际使用表明，每400～500 亩茶园，配备1台 C-12 型茶园耕作机，即可满足茶园中耕除草和深耕作业的需要。

表 4-8 　 C-12 型茶园耕作机生产率和经济性查定情况

试验地点		浙江省石门茶场		
试验日期		1982 年 5 月 23 日		
机号和配套农具		1 号＋中耕机		2 号＋深耕机
行驶挡次		Ⅱ挡	Ⅲ挡	Ⅰ挡
行驶速度 km/h		1.72	2.80	1.00
作业面积　亩		3.57	8.65	1.70
耕深　cm		9.5	8.0	18.0
耕宽　cm		61	60	70
作业时间	总工时　分	63	96	50
	纯工时　分	58.3	90.0	47.0
	时间利用率%	92.5	93.8	94.0
生产率　亩/h		3.55	5.40	2.04
燃油耗	耗油量　kg	1.6	2.5	1.0
	小时耗油　kg/h	1.59	1.56	1.20
	亩耗油　kg/亩	0.45	0.29	0.50
每次掉头平均时间　s		18	17	33
备　　注		深耕按试验单位平时实际要求确定深度		

（4）机器运行的可靠性。抽检考核的两台样机，分别经过 600h 以上作业、完成 1 000 亩以上耕作任务，整个时间的可靠性系数考核情况见表 4-9。从中可以看出，其可靠性表现良好。

表 4-9 　 C-12 型茶园耕作机可靠性系数考核表

样机编号		1 号		2 号	
作业内容		中耕	深耕	中耕	深耕
作业时间		407.25	200.00	416.00	201.25
故障时间		8.17	3.17	13.41	5.58
发动机	次数	1			1
	时间	0.67	0.33	0.92	5.00
底盘	次数	4	2	9	无
	时间	2.58	2.84	8.17	

（续）

样机编号		1号		2号	
农具	次 数	5	无	3	2
	时 间	4.92		4.84	0.58
	可靠性系数 %	97.99	98.42	96.72	97.23
	平均可靠性系数 %		98.13		96.92

统计表明，在机器整个试验时间内，发动机出现的主要故障是空气滤清器连接管处不密封，从而引起2号机的气缸等磨损。底盘主要是油封不密封漏油。农具则主要是茶地内石头较多，从而引起旋耕机犁刀和深耕机锹齿折断。整个试验期间，未出现严重影响使用的故障，同时，C-12型茶园耕作机20世纪80—90年代曾以万台计投放茶区各地应用，对其可靠性普遍反映良好。

（二）金马3SL-150D型茶园拖拉机

金马3SL-150D型茶园拖拉机是农业农村部南京农业机械化研究所与江苏盐城市盐海拖拉机制造有限公司在C-12型茶园耕作机基础上创新设计，现已推广应用的机型。通过该机不断完善和茶园条件逐步改善，估算该机可用于中国60％以上的茶园。

1. 金马3SL-150D型茶园拖拉机工作原理　由柴油机通过传动机构带动履带式行走机构行走，并驱动配套农机具进行田间各项作业，是一种由茶园拖拉机和配套农具组成的茶园作业机械。

2. 金马3SL-150D型茶园拖拉机主要结构　金马3SL-150D型茶园拖拉机在C-12型茶园耕作机基础上，其机械结构性能、动力配备、启动方式、操作性能进行了大量的创新设计，并且增加了大量农具配置，是国内首次按《拖拉机安全要求　第3部分：履带拖拉机》GB18447—2008、《农用拖拉机　通用条件　第4部分：履带拖拉机》GB15370.4—2012要求设计、检验和即通过鉴定的茶园拖拉机。并且由专业的拖拉机制造企业江苏盐城市盐海拖拉机制造有限公司承担试制和制造。

金马3SL-150D型茶园拖拉机的主要结构由发动机、传动系统、行走系统、操作系统、电气系统、机架和农具悬挂、牵引系统和液压提升系统等组成。机器总宽度为800mm，宽度方向履带处最宽，上部发动机处最窄，故横断面可充分适应茶树行间宽度方向上部窄、下部宽的作业条件。为充分满足中国茶园较坚硬土壤耕作需求，拖拉机除配套了11.0kW（15PS）柴油机作动力外，还可换装8.8kW（12PS）和13.2kW（18PS）柴油机作动力，扩大了该机的应用范围。发动机采用了电启动，使启动更为方便。行走系统采用了橡胶履带，在山区茶园行走更为稳定和安全。机器罩壳进行了全新设计，并采用一次冲压，流线型的外形更适于进入茶行作业，美观实用。茶园耕作机的液压提升器，有"提升""中立"和"下降（浮动）"三个位置，可保证作业时农具始终处于"浮动"状态，从而使耕深均匀。由发电机、启动电动机、电瓶和整套线路组成的电气系统，用于拖拉机的启动、发出信号和夜间照明等，使机器使用更方便。目前金马3SL-150D型已配套中耕施肥用的旋耕机和挖掘式深耕机等数种农机具，可方便地在茶园中进行中耕除草、深耕、开沟施肥、喷药等作业。金马3SL-150D型是国内以拖拉机标准要求通过鉴定的首台茶园拖拉机及其配套农具。为了配合茶园化肥和颗粒肥料的使用，在旋耕机上方设置的肥料箱内设有送肥机构，将肥料排入撒肥管，洒在被旋耕机犁刀翻起的土壤中而被混入土壤，并且配套设计了开沟机、喷雾机等。金马 3SL-150D 型制造质量良好，外形美观，行走稳定，操作方便，初步试用表明，可在坡度为 15°的茶园内稳定工作，在短距离通过茶园埂坡，横坡 20°、纵坡 30°亦可越过。2014 年 8 月通过了江苏省经济和信息化委员会组织的产品鉴定，可以说金马 3SL-150D 型茶园拖拉机，是 C-12 型茶园耕作机一种全新升级和换代的茶园拖拉机产品（图 4-13）。

图 4-13　金马 3SL-150D 型茶园拖拉机

3. 金马 3SL-150D 型茶园拖拉机性能参数　根据生产厂家江苏盐城市盐海拖拉机制造有限公司提供的数据，金马-150D 型茶园耕作机性能参数如表 4-10 所示。

表 4-10　金马 3SL-150D 型茶园拖拉机性能参数

整机参数	型号	金马 3SL-150D 型
	型式	行间作业履带式茶园专用拖拉机
	履带接地长 mm	920
	履带轨距 mm	595
	离地间隙 mm	105
	转弯半径 m	≤1.50
	整机重量 kg	700
	外形尺寸 mm	长×宽×高 2 300×800×1 160
	理论速度 km/h	前进 8 挡：Ⅰ挡 0.74；Ⅱ挡 1.11；Ⅲ挡 1.74；Ⅳ挡 2.40；Ⅴ挡 3.37；Ⅵ挡 5.11；Ⅶ挡 8.04；Ⅷ挡 11.10，倒退 2 挡：Ⅰ挡 0.96；Ⅱ挡 4.60
配套动力	型号	S1100A
	型式	卧式、单缸、四冲程、水冷
	缸径×行程 mm	100×115
	活塞总排量 L	0.903
	压缩比	20∶1
	1h 标定功率 kW/r/min	12.13/2 200
	12h 标定功率 kW/r/min	11.03/2 200
	燃油消耗率 g/（kW·h）	≤257.0
	机油消耗率 g/（kW·h）	≤2.72
	冷却方式	水冷
	润滑方式	压力/飞溅

（续）

传动系统	离合器	单片、干式经常结合式
	变速箱	（4＋1）×2 组成式
	中央传动	一对螺旋锥齿轮
	差速器	闭式、两只行星齿轮
	差速锁	牙嵌式
	最终传动	单级直齿圆柱齿轮、内置式
	制动器	蹄式
主要注入容量 L	燃油箱	20
	发动机油底壳	5
	传动箱	11
	提升器	9
	冷却水	12
电气系统	电器体质	负载搭铁单线制（12V）
	启动电机	12V、2.5kW 或 3.0kW
	发电机	14V、350W
	蓄电池	85A·h
	电流表	−30～0～＋30
	机油压力表	12V（0～0.5）MPa
	水温表	12V（40～100）℃
液压系统	型式	半分置式
	液压泵型式	CBN-E314 齿轮泵（右旋）
	液压油缸形式	卧式单作用 $\Phi63×100mm$
	分配器型式	三位四通滑阀式
	安全阀型式	直接作用式
	安全阀开启压力 Mpa	18±0.5
	系统使用压力 Mpa	16±0.5
悬挂机构	农具连接型式	后置三点悬挂 0 类
	上拉杆连接销孔径×宽度 mm	$\Phi19.5×44$
	下拉杆连接销孔径×宽度 mm	$\Phi22.5×35$
牵引装置	牵引点离地高度 mm	405
	牵引销轴直径 mm	$\Phi20$
动力输出轴	后动力输出轴	非独立式或半独立式 540r/min，可选装双速 540r/min，1 000r/min

4. 金马 3SL-150D 型茶园拖拉机的操作使用　金马 3SL-150D 型茶园拖拉机是一台结构和性能完整的茶园拖拉机，应按使用说明书的规定，严格操作使用。

（1）金马 3SL-150D 型茶园拖拉机使用的燃油和润滑油。茶园拖拉机正确使用的燃油和润滑油，可以减少机器的磨损，延长机器的使用寿命，故应严格选择和使用。

金马 3SL-150D 型茶园拖拉机使用燃油和润滑油的种类和标准如表 4-11 所示。

表 4-11　金马 3SL-150D 型茶园拖拉机使用的燃油和润滑油

拥有部位	集结与环境温度	拥有规格与标准
燃油箱	夏季（环温 10℃以上）	0，－10 号轻柴油（GB/T252）
	冬季（环温 10℃以下）	－10 号轻柴油（GB/T252）
发动机油底壳、提升器、空气滤清器油盘、喷油泵	环温 0℃以下	20 号柴油机油（GB/T5323）
	环温 0℃～25℃	30 号柴油机油（GB/T5323）
	环温 25℃以上	40 号柴油机油（GB/T5323）
传动箱	夏季（环温 10℃以上）	40 号柴油机油（GB/T5323）
	冬季（环温 10℃以下）	0 号柴油机油（GB/T5323）
各处黄油嘴	不分季节	ZFG2 号复合钙基润滑脂（SH0370）
发动机、起动机轴承 6203-E	不分季节	ZFG2 号复合钙基润滑脂（SH0370）

金马 3SL-150D 型茶园拖拉机燃油和润滑油加注操作和安全事项如下。

①燃油箱加油，发动机应熄火。检修特别是修补燃油箱，要在放尽燃油状况下进行。加油和检修燃油系统，严禁抽烟。

②严格使用清洁燃油，加入油箱的燃油，必须沉淀 48h 以上，并留下贮油设备内适当下层燃油，集中重新沉淀。加油时要用滤网，不要将燃油加得过满，加油后拧紧油箱盖。

③不得用敞口容器运送燃油，加油工具应保持清洁，并定期放出燃油箱沉淀油，定时清洗油箱和柴油滤清器。

④经常检查各加注部位的润滑油是否充足，不足时应及时添加。定期向各部黄油嘴加注黄油。

（2）金马 3SL-150D 型茶园拖拉机的用水　拖拉机用水不当，将会使冷却系统管道产生水垢，影响发动机的功率发挥和正常工作。金马 3SL-150D 型茶园拖拉机的冷却水选用以及发动机冷系统用水相关安全事项如下。

①冷却水箱应加入清洁软水，避免产生水垢。使用井、泉水等，若水质过硬，应采取净置沉淀和过滤等方法处理后再加入水箱。

②拖拉机作业过程中，应及时清除水箱上的草屑尘土等，以保证充分散热，经常检查水箱中的冷却水，不足应及时添加，保证水箱中的冷却水不少于水箱容积的 2/3。

③当水箱中的水温超过 100℃时，应立即停车将发动机熄火，待水温下降到允许程度后再作必要的检查和修复。应特别注意，当发动机工作或刚熄火，水温很高，若打开水箱盖有烫伤的危险。要待水温下降到允许程度后，方可打开水箱盖，打开时操作者面孔不可正对，要缓慢轻轻拧松，让水箱内气压缓慢释放。

④在冬季气温低于 0℃地区作业完毕后，应在拖拉机怠速运转状态下将水箱盖打开，放尽冷却水，否则会冻坏缸体。当然，在寒冷地区作业，若能加防冻液，则不需放水。

（3）金马 3SL-150D 型茶园拖拉机的磨合。金马 3SL-150D 型茶园拖拉机新机使用前或大修以后，在开始使用前，为避免零件过早磨损和损坏，降低拖拉机的使用寿命，必须进行磨合。磨合前首先清洁机器外表，加注燃料、润滑油和水，检查和紧固各部连接螺栓，检查蓄电池及电路连接状况并保证完好，使挡杆处于空挡位置，手油门处于怠速位置，液压手柄处于下降状态，为磨合做好准备。

发动机的空转磨合。按规定程序启动发动机，仔细倾听发动机有无异常声响，检查有无漏油、漏水、漏气等现象并检查各仪表示数是否正常。当确认发动机工作正常后，正式开始空转磨合。磨合由低速、中速到高速依次进行，运转时间分别为7min、5min、3min，合计15min。然后投入拖拉机空驶及负荷磨合。

拖拉机空驶及负荷磨合，在发动机额定转速下进行，总计磨合时间36h，其磨合顺序和时间分配按表4-12规范进行。

表4-12　金马3SL-150D型茶园拖拉机整机磨合规范表

| 磨合种类 | 负荷状况 | 各挡磨合时间 h | | | | | | | | 合计 |
		Ⅰ	Ⅱ	Ⅲ	Ⅳ	Ⅴ	Ⅵ	倒Ⅰ	倒Ⅱ	
无负荷	空车	1	1	1	2	0.5	0.5	0.5	0.5	6
负荷磨合	带拖车载1.2t重物公路运输	1	2	4	4	2	2			
	带配套旋耕机轻质土壤耕深8cm左右	1	2	4	3					

磨合过程中，发现不正常现象或故障，应立即找出原因，排除后方能继续磨合。

磨合完毕，停车后趁热放出柴油机油底壳中的润滑油，将油底壳、机油滤网及机油滤清器清洗干净，加入新润滑油至规定液面。

同样，趁热放出传动箱、液压系统中的润滑油，然后加入适量柴油，用Ⅱ挡和倒挡往返运行2~3min进行清洗，然后放尽清洗油，加入新润滑油。

清洗柴油滤清器和空气滤清器。

放出冷却水，用清水清洗发动机冷却系统。检查和调整离合器、制动器自由行程。检查电气系统工作状况，发现不正常进行维修。检查气门间隙等，若不正常进行调整。

检查并拧紧各连接部位的螺栓和螺母。向各黄油嘴加注黄油。

确认金马3SL-150D型茶园拖拉机状态一切正常，方可交付使用。

（4）金马3SL-150D型茶园拖拉机的操纵与驾驶。金马3SL-150D型茶园拖拉机的正确操纵与驾驶，是保证使用安全和充分发挥拖拉机作业性能的必要技术措施，必须按使用说明书要求认真做好。

①驾驶员及驾驶拖拉机的安全要求。驾驶员必须受过专门训练，取得驾驶执照并按时接受审验，仔细阅读拖拉机和配套农具说明书后，才能驾驶拖拉机。禁止无牌照作业，严禁超负荷作业。

驾驶员应特别注意拖拉机和配套农具上的安全警示标志，并能正确理解。严禁驾驶员酒后、疲劳和服用安定类药物后驾驶拖拉机。

因为金马3SL-150D型茶园拖拉机上配备了电启动系统，应尽可能不采用手摇启动拖拉机。非用不可时，应将各变速杆置于空挡位置，并先轻手摇数圈，确认拖拉机不会行走，再行正式手摇启动。

不可在离开驾驶座位的位置启动和操纵拖拉机。发动机运转时，如需从拖拉机上下车，应将所有变速杆放在空挡位置。拖拉机行驶中不得上下拖拉机。

拖拉机起步时，应注意周围有无障碍物，在后面农具和拖车之间是否有人，并鸣号起步。发动机运转时，不允许爬到拖拉机、农具和拖车车底进行检修。作业或行车时，严禁挡泥板等处坐人。

金马 3SL-150D 型茶园拖拉机的转向，拉左边拉杆向左转，反则向右转。在坡度较大情况下，应注意转向与平地相反，即拉左操向杆向右转，反之向左转，应思路清晰，并操作得当。

茶园拖拉机配带农具进行地块转移或运行时，不得高速行驶。转弯时，一定要使入土的作业部件升出地面，方可转弯。

驾驶员离开拖拉机时，一定要将农具降到地面，发动机熄火，取下钥匙，避免他人发动拖拉机。

金马 3SL-150D 型茶园拖拉机在公路上行驶，要遵守交通规则。

为避免排放废气的污染，不要在密闭无通风的建筑物内启动柴油机。当柴油机运转时，人员应尽可能远离废气。

②发动机的启动。启动前检查燃油、润滑油、冷却水，并注意提升器中液压油已加足。检查并确信电气线路正常，且柴油油路畅通无空气阻隔，变速杆已置于空挡，动力输出分离杆处于分离状态。这时将发动机减压，使用启动摇把转动发动机曲轴数圈，检查发动机有无卡滞现象，并给发动机运动件输送一些机油润滑。然后即可开始启动。

启动时，将手油门放在中度位置，减压手柄扳至减压位置，但夏季启动可以不用减压措施，冬季启动困难，可以在水箱中加热水帮助启动。这时顺时针转动启动开关的启动钥匙，起动电动机即带动发动机运转，发动机不时将被启动。发动机一旦开始工作，应立即按逆时针方向将启动开关钥匙转到电瓶充电位置。起动电动机每次启动时间不超过 5～10s，两次启动时间间隔不少于 2min。若电启动故障，亦可采用手摇启动。

③拖拉机起步。发动机启动后，在中速运转 5～10min，进行发动机预热，待水温升至 70℃ 以上，即可缓慢起步。起步时先提起农具，踏下离合器踏板，将变速杆挂入所需的低挡位，观察周围有无障碍物，鸣喇叭引起附近人员注意，缓慢松开离合器踏板，逐渐加大油门，拖拉机即起步。

④拖拉机的驾驶与作业。在拖拉机驾驶中，应经常观察各仪表的示数是否正常。在作业过程中，应正确选择挡位和油门大小。驾驶和作业过程中，如需换挡，则可踏下离合器踏板，操纵主、副变速手柄，迅速从原挡位退出，平缓挂入所需挡位，缓慢地松放离合器踏板，茶园耕作机则按所挂挡位前进或后退。作业中遇到负荷增大，则应减挡工作。严禁长时间将脚搁在离合器踏板上，否则将增加离合器的磨损和降低作业效率。

茶园耕作机行进中，遇到障碍物或其他原因需要紧急制动时，要立即减小油门，踏下离合器踏板，并同时将左右操向杆一拉到底，动作既要迅速又要协调。

应注意，金马 3SL-150D 型茶园拖拉机的转向，是靠拉动两根转向杆中的一根，从而将一侧的履带动力分离和制动而实现的，拉左边拉杆向左转，反则向右转。由于该机采用转向和制动联动机构，拉动操纵杆的开始阶段，转向齿轮牙嵌的结合被脱开，使履带的动力切断，可实现金马 3SL-150D 型茶园拖拉机的较大半径转弯，并可用于茶园行间和道路直线行驶中的方向校正。若将转向制动拉杆一拉到底，则一边的履带除了被切断动力同时又被刹车，即可达到原地转弯之目的，常被用于地头的调头转向。茶园拖拉机转向时要注意，在单边制动急转弯时，要注意周围有无障碍物，以免发生碰撞。并且在单边制动时，需将拉杆一拉到底，避免制动器摩擦片长时间打滑烧伤。应注意茶园拖拉机转向时，要将农具提起后，再操作操向杆，严禁在农具入土状况下进行转向。茶园拖拉机下坡时最好不使用操向杆，必要时要快拉快放，在坡度较大情况下，应注意转向与平地相反，即拉左操向杆向右转，反之向左转，应思路清晰，并操作得当。

茶园拖拉机需要停车时，要减小油门，踏下离合器踏板，将主变速杆放入空挡位置，并将农具升降手柄从"中立"位置缓慢推向"下降"，使农具缓慢降至地面，最后关闭油门，发动机熄火。拔出启动钥匙。

⑤拖拉机作业操纵机构的使用。金马 3SL-150D 型茶园拖拉机动力输出轴的结合和切断，是通过操纵传动箱右侧的动力输出轴手柄实现的。动力输出轴的转速有 540 r/min 和 720r/min 两挡。液压系统的提升器用于作业时农具的提升和下降。液压系统由油泵、分配器、油缸和管路等组成。使用时，先踩下离合器踏板，操纵油泵及侧向输出离合手柄，使油泵工作，再操纵农具升降手柄，以实现农具的"提升""中立"和"下降（浮动）"。操作过程中，如将农具升降手柄推到"提升"位置，农具则开始提升，当农具到达最高位置，即活塞被推到顶点，安全阀则打开出油，而发出"吱吱……"声，此时则应立即将手柄推回"中立"位置，农具便停留在提升位置，否则安全阀将长时间工作，使油温迅速升高，加速损坏。当将农具升降手柄推向"下降"位置时，农具在自重作用下下降到地面，处于浮动状态。当茶园耕作机作长距离转移时，待农具提升至最高位置处于"中立"状态后，可将提升锁紧手柄向上拉，这时农具即被锁定，不会下降。此后，将油泵及侧向输出离合手柄置于"离"的位置，使油泵停止工作，以减少磨损。在坚硬地面上下降农具，要缓慢间隙推动农机升降手柄，使农具慢速逐步下降，以避免损坏。

⑥电气系统的使用。金马 3SL-150D 型茶园拖拉机的电气系统，用于起动发动机，满足拖拉机发出信号和夜间照明需要等，系采用负极搭铁 12V 单线制。蓄电池型号为 6-Q（A）-80 或 6-Q（A）-100，额定电压 12V，额定容量为 80 或 100A·h。蓄电池用来贮存发电机发出的多余电量，当发电机不工作或发动机做低速运转时，可把贮存的电能供拖拉机启动和各用电部分使用。

在拖拉机使用中，应对蓄电瓶按拖拉机技术保养中的规定进行经常检查和保养。新的蓄电池使用前应注入使用说明书规定使用的电解液，并至所需高度，静置 15min 后，锌蓄电池即可投入使用。当第一次启动拖拉机后，最好继续进行 1～2h 的充电，更有利于延长蓄电池的寿命。因为电气系统中使用的是硅整流发电机，采用负极"－"搭铁，故蓄电池、继电器和蓄电池的正负极连接切不可接错，否则会烧毁发电机和继电器。从蓄电池上拆线时，应从负极开始拆，接线则从正极开始。在蓄电池的使用中，要经常清除外壳上的灰尘和污泥，以免造成漏电。要经常检查蓄电池壳体有无裂纹和电解液渗漏，要经常保持极桩与导线接触良好，蓄电池塑料盖板通气孔应保持通畅，否则会引起蓄电池爆炸。应经常检查蓄电池的电解液高度及密度。在正常使用情况下，如液面低于极板上沿 10~15mm 时，应及时加注蒸馏水，不允许使用井水、河水，以免杂质混入。若因意外电解液溢出过多，可以补充电解液。蓄电池内的电解液密度不得低于 1.2g/cm³。蓄电池释放出的气体易爆，为避免蓄电池损坏，应远离火花。不要在封闭环境中放电，适当通风。停车时，应及时将启动开关钥匙拔出，以切断发电机激磁绕组与蓄电池的连接，使蓄电池不至于长时间放电。

拖拉机使用中还应重视启动机的使用和保养，保持启动电动机的清洁，各导线连接处应连接牢固，接触良好。每次启动不应该超过 10s，两次启动间隔时间不小于 2min。如几次启动无效，应查明原因，故障排除后再启动。冷天启动，应先预热发动机再使用启动机启动。

5. 金马 3SL-150D 型茶园拖拉机的技术保养 为了使金马 3SL-150D 型茶园拖拉机经常处于完好状态，减少故障和延长使用寿命，必须按使用说明书的要求经常检查拖拉机的技术状态，严格进行各级技术保养。

(1) 技术保养周期：

金马 3SL-150D 型茶园拖拉机的技术保养周期如表 4-13 所示。

表 4-13 技术保养周期表

保养级别	茶园拖拉机工作时间 h	备 注
班次技术保养	每班工作后或工作 10~12	
一级技术保养	50	
二级技术保养	250	使用中可根据具体情况增加和完善保养内容和方法
三级技术保养	500	
四级技术保养	1 000	

金马 3SL-150D 型茶园拖拉机的技术保养，要求由熟悉该机结构和特性，有相关安全操作知识和经验的人员进行，技术保养前要详细阅读使用说明书。各级保养技术内容如下。

(2) 班次技术保养：

清除拖拉机和农具上的灰尘和污泥，在灰沙大的环境下工作，应清洗空气滤清器。

检查拖拉机和农具外部各主要部位的紧固螺栓和螺母，必要时进行紧固。特别应注意检查左右履带是否正常，若不正常应进行调整。

检查发动机油底壳、油箱和提升器内的液面高度，不足时加足。油底壳液面检查需在发动机停止工作 15min 后进行。

在规定润滑部位加注润滑脂，加注时必须挤出润滑部位中全部泥水，直至看到黄油开始挤出为止。

检查随车工具是否齐全。

（3）一级技术保养：

完成班次技术保养项目。

清洗空气滤清器，更换油底壳内机油。检查传动箱内机油，不足应添加。用布擦净蓄电池，检查电解液高度要求高出极板 10～15mm，不足添加蒸馏水，并在极桩桩头上涂润滑脂。

检查传动皮带松紧度，用手按住皮带中部，在 10N（1kg）力作用下，皮带下垂15～20mm 为合适，否则进行调整。

检查并调整离合器踏板的自由行程。

（4）二级技术保养：

完成一级技术保养项目。

更换油底壳机油，清洗油底壳和吸盘。

（5）三级技术保养：

完成二级技术保养项目。

按柴油机使用说明书要求，检查调整气门间隙、喷油嘴压力和雾化情况。

清洗燃油箱和空气滤清器。清洗传动箱，更换润滑油。清洗液压提升器的滤清器，检查润滑油清洁程度，必要时清洗提升器壳体内腔，更换新机油。

（6）四级技术保养：

完成三级技术保养项目。

按柴油机使用说明书要求，进行有关项目保养。用 25％盐酸溶液全面清洗油箱，然后用清水冲洗干净。

拆开发电机和起动电动机，洗净轴承内的润滑脂，换上新的润滑脂。将离合器分离轴承浸入耐高温润滑脂中，完成润滑脂加注。清洗液压提升系统，更换机油。

消除排气管和消声器内的积炭。

检查并调整中央传动圆锥齿轮的啮合间隙和接触印痕以及锥形齿轮的间隙和预紧度。

保养完毕应进行短期试车，检查各部分状况是否良好。

（7）冬季技术保养：

在气温低于 5℃情况下使用金马 3SL-150D 型茶园拖拉机，应进行冬季特殊保养。按季节和气温要求选用燃油和润滑油。

冷却系统内无水时，不得启动发动机。为便于启动，可向水箱内加注 60～80℃热水。若冷车启动，启动后应预热适当时间，待水温升到 60℃以上方可进行作业。作业完毕，除添加防冻液外，应放净冷却系统内的冷却水，并最好停放在保温良好的车库内。

（8）长期存放的技术保养：

准备长期存放的拖拉机，入库前应进行全面技术状态检查，确认拖拉机的正常和完好，在容易生锈的金属处涂抹黄油，方可入库保存。拖拉机最好要保存在干燥通风的机库内，履带板下垫有木板。如需露天保存，应放在高燥处所，用篷布盖好，远离火源，周围挖出排水沟。

停放前清洁拖拉机各部位，按规定加注润滑脂，放尽柴油和冷却水，卸下蓄电池另行保管，盖好消声器管口。

每隔 3 个月将发动机启动一次，在各种转速下运行 20min，观察有无不正常现象。

6. 金马 3SL-150D 型茶园拖拉机的主要调整　因为金马 3SL-150D 型茶园拖拉机进行了全新设计，结构较为复杂。运行过程中，随着时间的延长和零件磨损，各种间隙难免逐渐增大，会影响拖拉机的工作，故必须进行调整。

（1）离合器的调整。拖拉机的离合器在使用过程中，零件不断磨损，离合器将会产生打滑和分离不彻底现象，造成拖拉机将不能正常运行，必须及时进行调整。现将单作用离合器的调整方法介绍如下。

金马 3SL-150D 型茶园拖拉机使用的单作用离合器的构造如图 4-14 所示。主要结构由离合器弹簧 1、离合器从动盘总成 2、离合器压盘 3、离合器分离杠杆 6 和调整螺母 7、分离轴承 9 及其操纵机构等组成。其主要调整项目和调整方法如下。

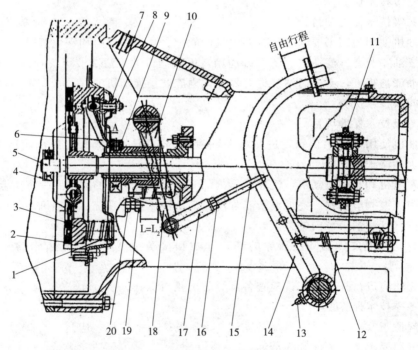

图 4-14　单作用离合器

1. 离合器弹簧　2. 离合器从动盘总成　3. 离合器压盘　4. 滚动轴承 6203-E　5. 离合器轴　6. 离合器分离杠杆　7. 调整螺母　8. 锁紧螺母　9. 分离轴承　10. 离合器拨叉　11. 踏板回位弹簧　12. 黄油嘴　13. 离合器踏板　14. 离合器推杆　15. 锁紧螺母　16. 离合器推杆调整叉　17. 离合器分离摇臂　18. 限位调整螺栓　19. 锁紧螺母　20. 联轴节

①分离杠杆的调整：旋转调整螺母 7，使分离杠杆 6 的工作面与压盘工作面之间的距离 B＝45mm。离合器接合时，分离轴承 9 和分离杠杆 6 之间的间隙应保持 A＝2～3mm。要求三只分离杠杆的工作面在同一平面内，允许误差 0.25mm。

②踏板自由行程的调整：转动推杆调整叉 16，改变推杆 14 的有效长度，直至达到踏板自由行程 L＝8～12mm（此时，分离摇臂 17 下端处对应的自由行程 L_1＝3.5～

5.5mm）。

③踏板工作行程限位调整：转动限位调整螺栓 18，直至分离摇臂 17 下端处的工作行程 $L_1 = 13 \sim 17$mm，在使用中应经常进行检查。

（2）制动器的调整。在拖拉机使用一定时间后，由于制动器硬摩擦片的磨损，使摩擦片与制动器壳、制动器盖之间的间隙增大，影响制动性能。过大的自由行程将会引起制动不灵，故需经常调整，以保证安全。无论拖拉机新旧，只要是出现制动器踏板自由行程过大，刹车失灵和制动器踏板自由行程过小，使制动器经常处于半制动状态，制动器壳体发热，均应进行调整。

金马 3SL-150D 型茶园拖拉机使用的是蹄式制动器，其构造如图 4-15 所示。所谓制动器的踏板行程，是指从制动踏板最高位置，用手按下踏板感到有明显阻力时，所测量的位移量。它的正常数值应在 $55 \sim 65$mm 范围内。调整时，先松开制动拉杆上的锁紧螺母 9，改变制动拉杆的长度，使制动器踏板 5 从最高位置下压到消除制动鼓 13 与制动蹄 12 之间的间隙后，位移量在 $55 \sim 65$mm 范围内。

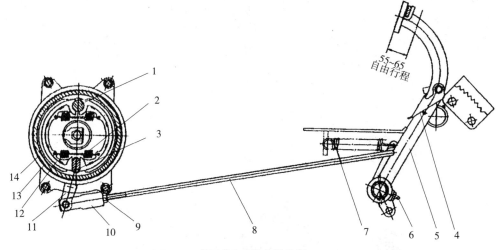

图 4-15　蹄式制动器

1. 销轴　2. 回位弹簧　3. 制动凸轮　4. 踏板制动爪　5. 制动踏板　6. 黄油嘴　7. 回位弹簧
8. 制动拉杆　9. 锁紧螺母　10. 拉杆调整叉　11. 制动摇臂　12. 制动蹄　13. 制动鼓　14. 制动器壳

（3）液压悬挂系统的构造与调整。金马 3SL-150D 型茶园拖拉机所使用的液压悬挂系统由液压系统和悬挂装置等部分组成。液压系统为油压控制的开式循环系统。悬挂装置为后置式三点悬挂。液压系统主要包括半分置式液压提升器、齿轮泵、滤油器以及将它们连在一起的油管等。液压系统中，由于大部分元件精度较高，且其部件组装后均在试验台上做过精密调试，因此在使用、维修及故障排除过程中，应特别注意液压油、清洗用油和周围环境的清洁。一般情况下，不允许随意拆卸。下面仅介绍液压提升器的调整技术。

①液压提升器最大提升位置的调整：如图 4-16 所示，将操纵手柄 1 置于中立位置上，再将提升臂 2 向提升方向转动，使内提升臂 3 端部至限位销 4 间的距离不小于 5mm（从通气塞 5 处插入一垫板，控制此尺寸大小）。调整挡板 6 与挡销 7 间的距离 L

为 9～10mm，然后用螺栓和螺母
将挡板固紧在回位推杆 8 上。

②液压提升器下降位置的调
整：是将提升臂总成 2 向下降方
向转动，当达到要求的降落位置
后，调整限位挡板 3 与挡销 4 间
的距离 L 为 9～10mm。限位挡
板调节应在机组行进中进行，农
具降落如图后，当螺栓和螺母将
挡板 3 固紧在回位推杆 5 上
（图 4-17）。然后，提升农具再重
复试验，检查调整是否合适。

若使用带地轮的农具，需要
采用高度调节。此时，下降限位
挡板 3 应调整到不使分配器操纵
手柄 1 回到中立位置。

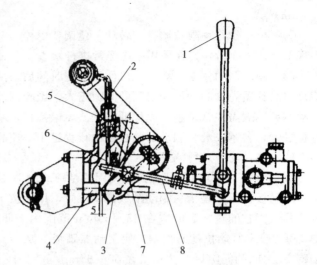

图 4-16 液压提升器提升位置调整
1. 操纵手柄 2. 提升臂总成 3. 内提升臂
4. 限位销 5. 通气塞 6. 挡块 7. 挡销 8. 回位推杆

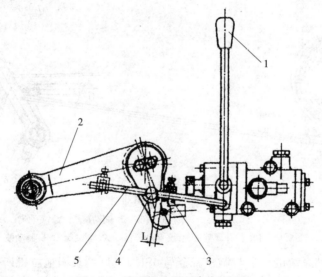

图 4-17 液压提升器下降位置调整
1. 操纵手柄 2. 提升臂总成 3. 限位挡板 4. 挡销 5. 回位推杆

③液压提升器下降速度的调整：图 4-18 是液压提升器的总成图，液压提升器下降
速度的调整，是通过转动调节阀 5 来调节农具下降速度的快慢。当下降速度调整适当后
用限位螺钉 4 将调节阀螺栓的活动范围限死。

7. 金马 3SL-150D 型茶园拖拉机的主要配套农机具 金马 3SL-150D 型茶园拖拉机
目前已配套的农机具主要有旋耕机及旋耕施肥机、深耕机、开沟机及开沟施肥机、喷药
机等。

（1）深耕机、旋耕机及旋耕施肥机。金马 3SL-150D 型茶园拖拉机所配套的旋耕机

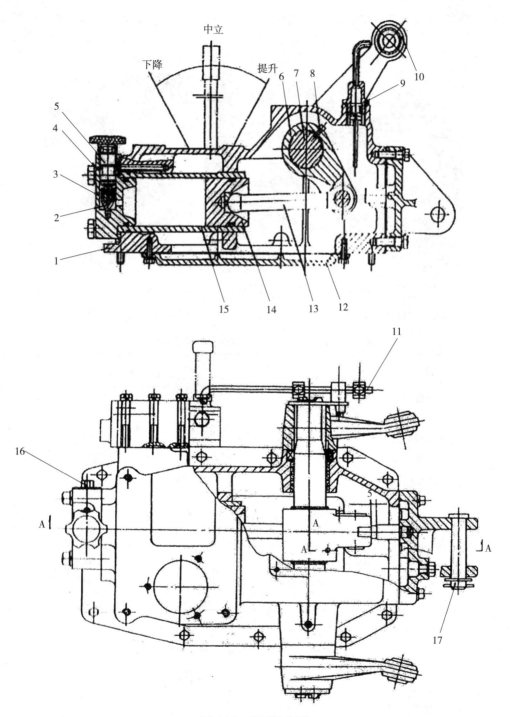

图 4-18　液压提升器

1. 提升器壳体　2. 调节阀　3. 缸头　4. 限位螺钉　5. 调节阀螺栓　6. 内提升臂　7. 提升轴
8. 内臂定位螺钉　9. 通气塞及油尺　10. 外提升臂　11. 手柄回位推杆　12. 油底壳　13. 内臂定位螺钉
14. 活塞　15. 油缸　16. 液压输出螺塞　17 上拉杆前连接销

和深耕机与 C-12 行茶园耕作机虽形状和尺寸略有不同，但是其机械结构和作业性能基本一样（图 4-19）。

图 4-19　茶园拖拉机配套深耕机（左）和旋耕机

金马 3SL-150D 型茶园拖拉机所配套的深耕机主要技术指标如表 4-14 所示。

表 4-14　深耕机主要作业和技术性能指标

项目		单位	技术和性能指标
配用拖拉机		/	金马-3SL-150D 型茶园拖拉机
与拖拉机挂接形式		/	三点悬挂
适用范围		/	除茶园外，尚可用于桑、果园等
最大深耕深度		cm	25
最大深耕宽度		cm	56
耕后 4～10cm 土块所占比重		%	≥50
耕后土壤蓬松度		%	≥15
生产率（以茶园计）		亩/h	≥1.5
深耕锹体硬度	刀柄	HRC	38～45
	刀刃	HRC	48～54
轴承温升		K	≤25

金马 3SL-150D 型茶园拖拉机所配套中耕除草用的旋耕机主要技术指标如表 4-15 所示。

表 4-15　旋耕机主要作业和技术性能指标

序号	项目	技术指标
1	配用拖拉机	金马-3SL-150D 型茶园拖拉机
2	耕深 cm	8～10
3	耕宽 cm	60
4	耕深稳定度 %	≥85

（续）

序号	项目	技术指标
5	碎土率 %	≥50
6	杂草覆盖率 %	≥80
7	台时生产率 亩/h	≥2.5

此外，在金马 3SL-150D 型茶园拖拉机所配套旋耕机上，还加装了施肥装置，形成了旋耕施肥机。施肥装置由装在旋耕机上的肥料箱、排肥器、输肥管等组成。肥料箱就装在旋耕机上部，用于盛放肥料，肥料箱下部装有外槽轮式排肥器，发动机的动力通过传动机构，带动排肥器运转，将肥料均匀连续送入输肥管中，输肥管将肥料撒在旋耕机前部。排肥器和输肥管共装 4 组，以达到把肥料均匀撒在旋耕机的耕幅范围内，然后随着旋耕机中耕作业的进行，肥料被混入耕作后的土壤中，最后被装在旋耕机后部的镇压器稍加压实，以提高肥效。该机用于化肥、颗粒复合肥和颗粒有机肥的撒施，中耕除草和施肥一次完成，台时生产率可达 2 亩以上（图 4-20）。

图 4-20　茶园拖拉机配套旋耕施肥机

（2）开沟施肥机。为了在茶园中开挖有机肥施肥沟，金马 3SL-150D 型茶园拖拉机配套设计了旋耕式、圆盘式、链式、螺旋式四种开沟施肥机。

①旋耕式开沟施肥机。旋耕式开沟机是使用与旋耕机原理和作业部件基本一样的一种开沟机，仅是旋耕刀片仅有 3～4 片。实际使用的机型是一种窄幅的旋耕机加上施肥装置的开沟施肥机。

该机的主要结构由旋耕开沟刀片、刀轴、传动机构、肥料箱、排肥机构、输肥管、覆土器和罩壳等组成。作业时，拖拉机的动力输出轴带动刀轴和旋耕开沟犁刀刀片旋转，旋耕犁刀开出施肥沟；同时，传动机构带动外槽轮式排肥机构将肥料送入输肥管，肥料便从开沟犁刀前部送入新开的施肥沟内，覆土器随之完成覆土，从而完成开沟施肥作业。

该机适用于行距为 1.5m 以上的平地和缓坡茶园中开沟施肥，用于化肥、颗粒复合肥的施肥。作业过程中开沟、输肥、覆土一次完成，小时生产率可达 1 000m，在茶园中可完成 1.1 亩/h 的茶园开沟施肥任务。还可单独用于排水、灌溉沟的开设。从而解决因劳力缺乏，无法完成的茶园开沟施肥等难题（图 4-21）。

图 4-21　旋耕式开沟施肥机

旋耕式开沟施肥机的主要技术参数如表 4-16 所示。

表 4-16　旋耕式开沟施肥机的主要技术参数

项目	单位	技术参数
型式	/	旋耕式开沟施肥机
型号	/	1KS15-12G
配用拖拉机		金马 3SL-150D 型茶园拖拉机
与拖拉机挂接型式	/	三点悬挂
最大开沟施肥深度	cm	15
最大开沟施肥宽度	cm	12
肥料类型	/	化肥、颗粒复合肥
生产率	m/h	≥1 000
外形尺寸（长×宽×高）	mm	1 000×450×500
总重量	kg	60

　　该机使用时，通过通用挂接件将开沟机与拖拉机挂接，并以万向节、联轴器连接拖拉机动力输出轴及开沟器动力输入轴。作业过程中，应根据茶园的土壤条件，合理选用拖拉机挡位，并根据负荷状况及时调整油门大小和挡位高低，以得到最好的生产率和经济性。在地头转弯和转移地块时，应将悬挂的开沟施肥机提起，并低速行驶。

　　为避免开沟施肥机的损坏和保证开沟质量良好，应重视机器的维修保养。开沟施肥机挂接完成后，应进行试运转，运转正常方可投入作业。每天作业结束，对机器进行清洁，清除开沟链条、刀片和机器上的泥土和缠草，检查各连接件、螺栓、螺母是否紧固，发现松脱应固紧。机器长途运输，应采用铁丝绑定或木箱包装，防止运输过程中摇晃发生碰撞、挤压损坏。机器贮存应放置在干燥、通风和有防潮等措施的仓库内。露天存放时，应有防雨、防潮、防积水等措施。

　　②圆盘式开沟施肥机。该机是一种开沟部件为圆盘式并装有施肥机的开沟施肥机。主要结构由开沟圆盘、旋耕开沟刀片、肥料箱、排肥机构、输肥管、传动系统、覆土器和罩壳等组成。作业时，传动系统带动开沟圆盘和旋耕开沟刀片旋转，如圆盘铣刀一样开出施肥沟；同时，传动机构带动排肥机构将肥料送入输肥管，肥料便从开沟圆盘后方送入新开的施肥沟内，覆土器随之完成覆土，从而完成开沟施肥作业。图 4-22 为圆盘式开沟施肥机的开沟器结构，装于上部的肥料箱和从肥料箱通入开沟器后部的输肥管等图中看不出。

　　该机适用于行距为 1.5m 以上的平地和缓坡茶园中开沟施肥，开沟深度较旋耕式深，可用于化肥、复合肥、粉碎后有机肥的施用。作业过程中开沟、输肥、覆土一次完成，小时生产率可达 800m，在茶园中可完成 1.2 亩/h 茶园的开沟施肥任务。亦可单独用于茶、桑、果园中排水、灌溉沟、埋设管道沟和茶树或果树与森林的隔离沟的开设。

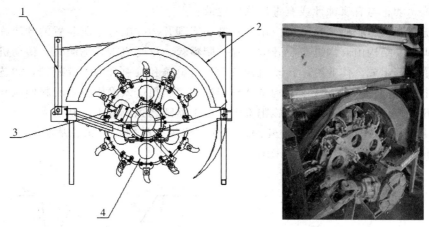

图 4-22　圆盘式开沟施肥机的开沟器结构
1. 机架　2. 挡土板　3. 传动总成　4. 圆盘开沟器

该机的主要技术参数如表 4-17 所示。

表 4-17　圆盘式开沟施肥机的主要技术参数

项目	单位	技术参数
型式	/	圆盘式开沟施肥机
型号	/	1KS35-25P
配用拖拉机	/	金马 3SL-150D 型茶园拖拉机
适用范围	/	茶、桑、果园等
与拖拉机挂接型式	/	三点悬挂
最大开沟施肥深度	cm	35
最大开沟施肥宽度	cm	25
肥料类型	/	化肥、复合肥、粉碎后有机肥
生产率	m/h	≥800
外形尺寸（长×宽×高）	mm	1 120×50×75
总重量	kg	72.5

　　该机使用时，通过通用挂接件将开沟机与拖拉机挂接，并以万向节联轴器连接拖拉机动力输出轴及开沟器动力输入轴，之后卸掉通过销轴连接的支腿，开沟器便可工作。根据不同的开沟要求，可松开紧定螺钉来调整两螺旋开沟器间距，然后固紧，实现不同的开沟宽度。作业过程中，应根据需要适当选择拖拉机运行挡位，以得到最好的生产率和经济性。在地头转弯和转移地块时，应将悬挂的开沟施肥机提起，并低速行驶。

　　应重视机器的日常维护保养。开沟施肥机挂接完成后，应进行试运转，运转正常，方可投入作业。每天作业结束，对机器进行清洁，清除开沟圆盘和机器上的泥土和缠草。每天作业结束，检查各连接件、螺栓、螺母是否紧固，发现松脱应固紧。机器长途运输，应采用铁丝绑定或木箱包装，防止运输过程中摇晃发生碰撞、挤压损坏。机器贮存应放置在干燥、通风和有防潮等措施的仓库内。露天存放时，应有防雨、防潮、防积水等措施。禁止与有腐蚀性或有毒性物质混放。

③链式开沟施肥机。是一种应用链式铣切原理开沟并配有施肥装置的开沟施肥机。

该机主要结构由开沟链条、开沟刀片、肥料箱、排肥机构、输肥管、传动机构、覆土器和罩壳等组成。作业时，传动机构带动开沟链条和旋耕开沟刀片旋转，如链式铣刀一样开出施肥沟；同时，传动机构带动排肥机构将肥料送入输肥管，肥料便从开沟链条和旋耕开沟刀片前部送入新开的施肥沟内，覆土器随之完成覆土，从而完成开沟施肥作业。图 4-23 为链式开沟施肥机的开沟器结构，装于上部的肥料箱、从肥料箱通入开沟器后部的输肥管和覆土器等图中未画出。

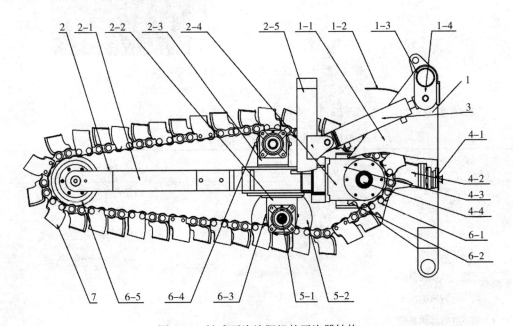

图 4-23　链式开沟施肥机的开沟器结构

1. 机架（包括 1-1 连接板、1-2 挡土板、1-3 横梁、1-4 油缸座）　2. 链条安装架（包括 2-1 纵向支撑梁、2-2 下链轮座、2-3 上链轮座、2-4 传动轴座、2-5 "门"形桥梁）　3. 深度调节油缸　4. 动力传递系统（包括 4-1 万向节联轴器接口、4-2 输入轴轴承座、4-3 齿轮减速箱、4-4 动力输出轴）　5. 螺旋排土器（包括 5-1 传动轴、5-2 螺旋叶片）　6. 链轮链条机构（包括 6-1、6-2 驱动链轮、6-3 下链轮、6-4 上链轮、张紧支撑轮 6-5）　7. 开沟刀齿及链条

该机的主要技术参数如表 4-18 所示。

表 4-18　链式开沟施肥机主要技术参数

项目	单位	技术参数
型式	/	链式开沟施肥机
型号	/	1KS40-35L
配用拖拉机	/	金马 3SL-150D 型茶园拖拉机
与拖拉机挂接型式	/	三点悬挂
最大开沟施肥深度	cm	40

（续）

项目	单位	技术参数
最大开沟施肥宽度	cm	35
肥料类型	/	化肥、复合肥、粉碎后有机肥
生产率	m/h	≥700
外形尺寸（长×宽×高）	mm	1 500×50×75
总重量	kg	75

该机适用于行距为 1.5m 以上的平地和缓坡茶园中开沟施肥，开沟深度较上两种开沟施肥机深。用于化肥、复合肥、粉碎后有机肥施用。作业过程中开沟、输肥、覆土一次完成，小时生产率可达 700m，在茶园中每小时可完成 1 亩茶园的开沟施肥任务。亦可用于排水、灌溉沟、埋设管道沟和茶树或果树与森林的隔离沟的开挖。但刀片易于磨损。

该机使用时，通过通用挂接件将开沟施肥机与拖拉机挂接，并以万向节联轴器连接拖拉机动力输出轴及开沟器动力输入轴，之后卸掉通过销轴连接的支腿，开沟器便可工作。根据不同的开沟要求，可通过拧松紧定螺钉来调整两开沟链条的间距，从而调整开沟宽度，然后固紧。

④螺旋式开沟施肥机。该机是一种用两只直立式螺旋进行开沟并配有施肥装置的开沟施肥机。其主要结构由螺旋开沟器及螺旋刀片、肥料箱、排肥机构、输肥管、传动机构、覆土器和罩壳等组成。作业时，传动机构带动螺旋开沟器与螺旋刀片旋转，开出施肥沟，螺旋开沟器有两组螺旋开沟刀片，目的是先用前面较小的螺旋刀片开出较窄深沟，然后由后面较大螺旋刀片开出较宽的施肥沟，以免使用一组刀片开沟负荷较重；同时，传动机构带动排肥机构将肥料送入输肥管，肥料便从开沟器刀片后送入新开的施肥沟内，覆土器随之完成覆土，从而完成开沟施肥作业（图 4-24）。

该机的主要技术参数如表 4-19 所示。

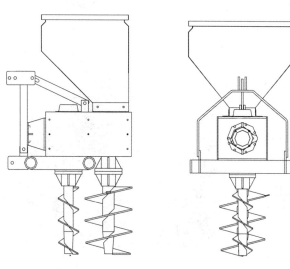

图 4-24 螺旋式开沟施肥机的结构示意

表 4-19 螺旋式开沟施肥机的主要技术参数

项目	单位	技术参数
型式	/	螺旋式开沟施肥机
型号	/	1KS35-25X

（续）

项目	单位	技术参数
配用拖拉机	/	金马 3SL-150D 型茶园拖拉机
与拖拉机挂接型式	/	三点悬挂
最大开沟施肥深度	cm	35
最大开沟施肥宽度	cm	25
肥料类型	/	化肥、复合肥、粉碎后有机肥
生产率	m/h	≥700
外形尺寸（长×宽×高）	mm	1 200×50×75
总重量	kg	75

该机适用于行距为 1.5m 以上的平地和缓坡茶园、桑园、果园及其他种植作物的旱地中开沟施肥，用于化肥、复合肥、粉碎后有机肥的施用。作业过程中开沟、输肥、覆土一次完成，小时生产率可达 700m，在茶园中可完成 1 亩/h 后茶园的开沟施肥任务。亦可用于茶园中排水、灌溉沟、埋设管道沟和茶树或果树与森林的隔离沟的开设。

（3）横杆式喷雾机。金马 3SL-150D 型茶园拖拉机还配套了横杆式喷雾机，其药箱架在机器后上部，喷杆为可折叠型。作业时，传动机构带动药泵旋转，而将药液压入横杆管内，然后通过安装在管上的众多喷头将药液喷洒在茶蓬上，每次可喷两行（图 4-25）。

图 4-25　茶园拖拉机配套的横杆式喷雾机

第五节　可跨行作业的高地隙自走式多功能茶园管理机

高地隙自走式多功能茶园管理机，是农业部南京农业机械化研究所近两年才研究成功的新型茶园作业机械，是一种跨行作业的茶园动力和作业机械。

一、高地隙自走式多功能茶园管理机的研制和开发

近年来，由于茶区农业劳动力越来越紧张，茶园耕作管理机械受到普遍的重视。农

业部南京农业机械化研究所根据国内茶园状况，最近成功开发出一种高地隙自走式多功能茶园管理机，实际上是一种茶园专用的自走底盘。采用履带式行走机构，作业时跨在茶蓬上方、两只履带行走在相邻的两个茶行内，为承担各种茶园作业的茶园管理机械提供了一种综合应用底盘，将各种茶园管理作业机械组合安装在该综合应用底盘上，组装成一种集成化、多功能化、低能耗化和一机多用的综合茶园管理作业机。在茶园条件不断完善的前提下，预计该机可用于中国5%～10%的茶园（图4-26）。

图4-26　高地隙自走式多功能茶园管理机

二、　高地隙自走式多功能茶园管理机的主要结构和性能特点

高地隙自走式多功能茶园管理机，系国内首次自主设计的跨行式茶园管理机，应用了多项新技术，结构新颖，特点突出。

（一）高地隙自走式多功能茶园管理机的主要机构

高地隙自走式多功能茶园管理机的主要结构由动力系统、机架、工作平台、操作系统、行走机构等所构成的多用底盘和配套农具等组成。

动力系统主要由动力机和油泵构成，动力机的输出端与油泵的输入端连接，油泵的输出端与液压马达的输入端连接，然后带动行走机构和农具的行走和运行。动力机使用柴油机，已验收投产的该机机型为基本型，采用37.5 kW（约50PS）柴油机为动力，可配套耕作、施肥、喷药、采茶和修剪等多种作业机械。以后该机还可能有多种变形，如仅用作负荷较轻的采茶、修剪和喷药等作业时，可使用功率较小的柴油机或汽油机。齿轮泵采用国产CBQ-G520-AFPR齿轮泵，以法兰安装在机架上。

高地隙自走式多功能茶园管理机的机架呈矩形框架结构，由固定部分和活动部分组成。一侧下方安装定位行走履带，为固定机架。固定机架"目"字形矩形框架的两支纵向主梁中间的横向支撑杆之间设有油缸安装杆，油缸的缸体铰支在油缸安装杆上，油缸的活塞杆与活动机架铰接，为调整机架和履带间距宽度提供动力。固定机架上设有预定间距的排孔，活动机架的套管上开有两预定长度的长孔，预定长度大于预定间距。与固定机架相对的另一侧即为活动机架，其下方安装在可变位的行走履带上，活动机架与固定机架构成可锁定移动副，必要时松开固定螺栓，即可使履带中心距在1.5～1.8m范围内的进行调整，以满足不同行距茶园应用的需要。可锁定移动副的移动方向为垂直于履带行走方向。

高地隙自走式多功能茶园管理机的工作平台位于机器上部并安装于固定机架上，工作平台上设置和安装驾驶室、动力系统和操作系统。工作平台底部的两边与一对履带行走机构之间分别设有一对支撑件，支撑件的两端分别固定安装于工作平台底部和履带轮上，工作平台的离地高度大于茶树高度，在1m左右。支撑件由支撑架和装设于支撑架底部的耳板构成，支撑架顶部与工作平台的底部连接，耳板对应与连接板固定连接。支撑件之一的支撑架与工作平台的底部固定连接，支撑件之二的支撑架与工作平台底部活动连接并形成移动副，支撑架上设有用以调整支撑架高度的升降装置。动力机、操作系统的转向制动操纵杆、液压马达操纵手柄和驾驶座均装置在驾驶室内。

行走机构采用履带式，主要由成排的履带轮、绕装于成排履带轮上的履带和驱动履带轮的液压马达构成，动力系统的输出端通过传动机构与液压马达的输入端连接，成排履带轮的两侧固装有一对连接板。履带为国内标准化生产的橡胶履带，橡胶履带缓冲性强，在山区使用行走稳定性好，橡胶履带板宽230mm，采用波形花纹，适于在行距为1.5m行距茶园的茶行中作业。履带驱动液力马达使用进口white RE系列马达，型号500540w3822AAAAA，每只履带1只，每车2只。

高地隙自走式多功能茶园管理机的行走底盘液压系统包括的液压元件有双连柱塞泵、齿轮泵、行走马达、多路换向阀、水泵马达、中耕马达和提升油缸等。行走底盘液压系统的工作过程是，发动机通过齿轮传动，提供的动力给双连柱塞泵和齿轮泵。液压系统分为两路，一路是双连柱塞泵给两行走马达提供压力油，双连柱塞泵是变量泵，操纵双连柱塞泵上的两个操纵杆，使得行走马达正转、反转、停止，就可以实现行走底盘和整机的前进、后退、左转向、右转向和停车。液压油循环采用闭式回路，为了防止因闭式回路导致液压油温度升高和清洁度降低，在马达和泵之间加装了冲洗阀，以2L/min的速度进行清洗。另一路是齿轮泵给中耕马达、提升油缸和水泵马达提供压力油，液压油循环采用开式回路，操纵多路阀里所对应的换向阀，驱动作业装置、各工作执行部件工作。深耕作业时，提升油缸承受较大负荷，为了保证深耕机具作业时不移位，必须使油缸不能回缩，为此油缸采用了双向液压锁锁死油缸活塞杆，提高了深耕作业的稳定性。水泵马达可以当作施肥马达用，为施肥装置提供动力。行走系统就是这样由发动机带动双连柱塞泵，柱塞泵把机械能转换为液压能，通过液压油传递给行走马达，行走马达又把所获得的液压能转化为机械能，传递给驱动轮，使其转动，带动履带式行走机构行走。

（二）高地隙自走式多功能茶园管理机的工作原理

茶园管理机启动后，在操纵系统控制下，发动机的动力首先传递给变量油泵和定量油泵，带动驱动油泵工作，由定量油泵输出一定流量或压力的液压油，通过相应的接口和高压油管，把液压油分别输送到行走驱动液压马达、旋耕驱动液压马达、排肥轴驱动液压马达、喷雾高压泵驱动液压马达和油缸，驱动相应的液压马达工作。立式旋耕液压驱动马达工作后，直接驱动立式旋耕刀轴转动，安装在立式旋耕刀轴下方的立式螺旋排列刀片也随着作回转运动，当液压提升油缸下降到一定高度，立式旋耕刀片开始切割土壤，通过液压油缸控制所需要的切削深度即耕深，从而保证耕深的一致性。同时由操纵控制手柄操作，使排肥液压驱动马达工作，直接驱动排肥轴转动，排肥轴带动排肥槽轮转动，排肥器开始工作，肥料由排肥口排出，经排肥管直接排施在箭式犁开出的施肥沟内，也可撒施在土壤表面，随之进行土壤旋耕拌和。同样亦可驱动药液泵工作进行农药喷施。

（三）高地隙自走式多功能茶园管理机的性能特点

由于高地隙自走式多功能茶园管理机的创新设计和新技术的应用，使该机具有显著特点。

1. 采用跨行式作业　现代的茶园均采用条形种植，虽进行严格修剪，但行间间距仍较小，耕作机械进入困难。高地隙自走式多功能茶园管理机，采用了高架跨行作业的方式，每条履带的宽度显著窄于茶行间距，两条履带并分别行走在相邻的两条茶行内，减少了对茶树枝条的损伤。加之该机有一宽敞的工作平台和足够安装空间，允许选用体形和功率较大的动力机，这样就能提供足够的动力，用于最繁重的茶园耕作等作业项目。并且使操作人员乘坐在茶蓬上方驾驶室内进行操作，视野良好，操作方便。

2. 行走机构和配套机具动力采用全液压柔性传递技术　传统农业机械的传动，一般采用刚性传动，传动效率低，结构复杂，布置困难。高地隙自走式多功能茶园管理机则采用了全液压动力传递技术，实现动力传递柔性化，这是国内液压传递技术在茶园作业机械上的首次应用，使传动机构大为简化，使用表明效果理想。同时，使行走机构和配套农具实现了无级变速，操作方便灵活，工作稳定可靠。

3. 形成综合作业平台，实现一机多能　高地隙自走式多功能茶园管理机结构较简单，动力传递稳定，效率高，可配套中耕除草、深耕、施肥、开沟、喷药、茶树修剪和采茶等农机具，可实现复式作业。即茶园管理机一次行走，可同时实施耕作、除草、施肥等作业，一机多能，作业效率高，降低了作业成本，经济性好。

4. 使用方便、操作灵活可靠、行走稳定　高地隙自走式多功能茶园管理机及配套作业机具，由于采用了全液压动力传递技术，所以茶园管理机行走速度和配套作业机具作业速度的调整，只要通过控制液压系统的油压、流量就能实现，由一人轻松驾驶，操作灵活可靠方便、行走稳定，调头和转弯灵活。在茶园规划等条件较好的平地、低坡甚至缓坡茶园中应用，作业效果良好。

5. 对应用茶园基础条件要求较高　由于高地隙自走式多功能茶园管理机采用了高架跨行作业，要求茶园坡度不能过大，并且不能有沟壕，地头要有 2m 以上的回转掉头地带，只能在占国内茶园总面积 5%～10% 的平地、低坡和少量缓坡茶园中应用。据估算，高地隙自走式多功能茶园管理在中国可进行作业的茶园面积约 20 万 hm²，虽然占茶园总面积的比例较低，但数字还是十分惊人的。

三、高地隙自走式多功能茶园管理机的性能参数

高地隙自走式多功能茶园管理机的主要技术性能参数如下。

1. 整机参数

行走速度 km/h：作业时 1.5～2.5 不超过 5.0；转场时 10.0

整机尺寸 mm：（长×宽×高）1 832×1 930×2 825

整机质量 kg：1 500

转弯半径 mm：1 500

爬坡角度：≤20°

适应作业角度：≤10°

龙门架离地间隙 mm：1 000 以下可调

车乘定员：1 人

2. 动力机

型号：CY490YC 柴油机

功率 kW（PS）：37.5（50）

启动方式：电启动

油箱容积 L：70

发动机到驱动泵的速比：1

3. 行走部分

行走方式：履带式

履带型式：橡胶波形花纹

履带驱动轮直径 mm：300

履带宽度 mm：230

履带接地长度 mm：1 260

履带接地压力 kg/cm²：0.258

履带中心距 mm：1 500～1 800（可调）

动力传动方式：液压驱动马达

液压驱动马达型号：white RE 系列 500540w3822AAAAA 2 只

转弯操纵方式：分离与制动联合操纵杆式

行走变速方式：液压无级

4. 农机具部分

中耕装置：

作业机形式：立式旋耕

　中耕机组数：2

　刀片排列形式：轴向圆柱面螺旋排列

　刀片数量：每组 4 片

　刀片传动方式：旋耕液压驱动马达

　液压驱动马达型号：white WR 系列 255115A6312BAAAA

　刀轴转速 r/min：220 以下无级变速

　刀片回转半径 mm：400

　刀片耕深范围 mm：≥120

肥料深施装置：

　开沟器形式：箭式犁

　排肥器形式：外槽轮式

　排肥器数量：2 只

　施用肥料种类：化肥、颗粒型有机肥和复合肥

排肥量：可调

肥料箱容积 L：140

动力传动方式：排肥器（药液泵）液压驱动马达传动

四、 高地隙自走式多功能茶园管理机的配套农机具

高地隙自走式多功能茶园管理机目前投入使用的配套农机具，主要有中耕除草机、肥料深施机、喷杆式喷药机和吸虫机等。

1. 中耕除草机 高地隙自走式多功能茶园管理机的中耕除草作业机，采用立式旋耕结构形式，并使用液压马达直接驱动。机具的部分参数确定和技术设计，参照了小型旋耕机具，只是小型耕作机具一般采用卧式旋耕（铣切）作业形式，而该机采用了立式旋耕（铣切）结构形式，实际上是一只立式大铣刀，对土壤切割均匀省力，杂草切断能力强，中耕与除草同时进行。实践证明，这种结构形式的耕作机更适于茶树这种蓬高行窄灌木型作物的行间耕作。机具直接悬挂和连接在高地隙自走式多功能茶园管理机上，由液压驱动马达直接驱动，耕作机驱动液力马达使用进口 white WR 系列马达，型号255115A6312BA，每车 2 只，可以与肥料深施机方便互换使用。

立式旋耕机旋切刀辊转速的调整，可通过直连在刀轴上的旋耕液压马达转速来调节。通过调节和控制旋耕马达的转速，使之达到中耕除草所需的 190～320r/min 的转速，旋耕机的操纵手柄向右拨到底为高速，反之为低速挡，手柄位于中间位置为空挡。中耕除草旋耕作业深度的调节，是通过双向液压提升油缸来保证的，油缸活塞伸长，下压提升臂，使作业深度增加，油缸活塞变短，抬高提升臂，使旋耕深度减小（图 4-27）。

图 4-27 高地隙茶园管理机配套用中耕除草机

2. 肥料深施机 茶园多年的生产实践证明，土壤的深松和深层施肥是增产节肥的重要而有效的农业措施之一。虽然当前深松机械较多，但适用于如茶树这样的高蓬作物的田间管理机械仍是空白，目前开沟施肥和中耕除草仍是依赖人工。由于劳动力的严重缺乏，急需解决一种高效深松施肥作业机具（图 4-28）。

为高地隙自走式多功能茶园管理机配套设计的茶园深松施肥机，顾名思义，采取深松与施肥复式作业，可施用化肥、颗粒有机肥和复合肥等。由液压方式驱动犁箭式深松器的升降，同时由液压马达驱动振动深松，并通过送肥机构把肥料斗内的肥料送入排肥软管和硬管，均匀、无堵塞地输送到深松排肥器与深松土壤的空隙内，然后被自行盖肥覆土。

肥料深施机的结构由犁箭式深松器、四杆升降机构、液压马达、升降油缸、排肥器、机架、肥料斗、排肥软管、排肥硬管组成。犁箭式深松器穿透能力强且入土阻力小，在液压油缸驱动下完成升降自锁动作，以控制其犁土深度和无作业要求时离地高

图 4-28　高地隙茶园管理机配套的肥料深施机

度。液压马达输出轴上的同心链可带动排肥器进行排肥，偏心外圆输出端可驱动四杆升降机构进行垂直振动深松，从而不仅有效地降低了行进过程中的阻力，也增加了施肥的均匀性。肥料斗中可投放约 140kg 的肥料，肥料经由排肥器由排肥软管在深松器背后进行导向，直接由排肥硬管排施到深松过的土壤中，通过肥料深施，显著地提高了肥料的有效利用率，做到节约成本，增加效益。

3. 挖掘式深耕机和采茶机　高地隙自走式多功能茶园管理机还设计配备了深耕机、采茶机。深耕机为挖掘式，在履带后部各安装一只，每次可耕两行，由于每行仅一只锹体，耕幅较小，仅适宜于成龄封行茶园中使用。

采茶机设置在两侧车架之间，使用的采摘部件，为一台双人采茶机的采摘器，每次采摘一行茶树。与此同时，高地隙自走式多功能茶园管理机还设计配套了修边机，同样安装两组，每组每次对一个行间的两侧茶树进行修边。图 4-29 可以看到挖掘式深耕机正在作业，仅能看到采茶机的后部及集叶袋。

图 4-29　装有深耕机与采茶机的茶园管理机

五、 高地隙自走式多功能茶园管理机的操作使用

高地隙自走式多功能茶园管理机开动前，应确定各操纵手柄处于"停止"或"切断"位置。

1. 启动和停止发动机 将发动机钥匙转至"START"位置，发动机即行启动，启动后将钥匙放开，钥匙则会自动回到"ON"位置；拉动油门，提升发动机转速至工作要求转速。如要停止发动机运转，则将发动机钥匙转至"OFF"位置，则发动机停止运转。

2. 前进、后退和停车 握住操纵系统行走操纵手柄，将行走操纵手柄缓慢推向"前进"侧，茶园管理机则开始向前行走移动，行走操纵手柄愈接近"前进"侧，机器的行走速度愈快；握住行走操纵手柄，将其缓慢推向"后退"侧，则机器开始向后行走移动，行走手操纵柄愈接近"后退"侧，机器的后退速度愈快。机器前进和后退时，应随时注意观察机器前后的地面或道路状况，及时避让障碍。

当茶园管理机需要调整行走方向或转弯时，双手握住行走操纵手柄，顺时针转动，机器向右转向；逆时针转动，机器向左转向。行走操纵手柄应注意缓慢操作，特别是高速行驶中不得进行急速的转向操作，突然的方向转变会发生危险。

3. 配套机具的安装 高地隙自走式多功能茶园管理机配套使用的中耕除草机，采用立式旋耕方式，每台管理机左右对称配置各一套，用于相邻两个行间的耕作。安装时，第一步，将上支撑臂和下提升臂与管理机联结，上支撑臂一端回转轴安装在管理机上连接座轴承座内；下提升臂和管理机的下连接座用销轴连接。上支撑臂和下提升臂的另一端，分别通过销轴连接纵提升板。安装完成后，用手抬升平行四连杆机构，应保证转动灵活，无卡滞和干涉现象。第二步，中耕除草机与纵提升板的安装连接。因中耕除草机系通过上下两组半分式包箍以及联结螺栓和纵提升板安装连接，半分式包箍一端和纵提升板连接，另一端包卡在立式旋耕机空心轴外；安装的高度位置，应保证在提升油缸的行程范围之内，能够达到中耕作业所需要的耕深要求；安装时，应保证螺栓连接紧固。第三步，安装立式旋耕刀片，并安装旋耕驱动马达的油管。

配套施肥机的安装，首先用螺栓将施肥机安装在管理机对应的两个安装座上，然后把肥料箱对应安装在排肥器安装架的上面，最后安装排肥管至施肥位置，并安装排肥驱动马达连接油管。应注意各联结螺栓应紧固，排肥管安装后要保证排肥顺畅，中间不得有较大弯曲等影响排肥通畅的现象。

4. 配套农具作业时的操作 认真检查机具的技术状态，确认技术状况良好。启动发动机，加大油门，使发动机转速达到 1 800r/min 以上，缓慢结合旋耕机操作手柄，使旋耕驱动马达工作，缓慢放下中耕机，使立式旋耕刀片慢慢入土达到需要的中耕深度，然后加大油门，缓慢挂挡行走作业。若为施肥机，作业时则先向肥料箱中加入肥料，并准确调整施肥量。启动发动机，放下施肥机，使犁箭式深松器入土至需要施肥深度，同时开启排肥驱动马达，使施肥机工作，其他操作与中耕除草机相同。

停机时，首先要切断各驱动工作马达油路，使马达停止工作，然后操作液压油缸，提升整个作业机具使刀片或犁箭式深松器离开地面，并处在安全需要的一定距

离，减小油门，最后手拉熄火拉线，使机器停机。

六、 高地隙自走式多功能茶园管理机的维护保养

为了保证高地隙自走式多功能茶园管理机的正常使用，应该进行良好的维护保养。

1. 作业前后的检查与维护保养　高地隙自走式多功能茶园管理机作业前后的检查和维护保养工作，在平坦的地方进行。通过查看燃油箱油量指示，确定燃油是否不足，不足时进行添加。要求每次作业结束应将油箱加满，等待下次作业。要使用规定牌号油品，并按安全操作规程进行加油。

使用前后应检查发动机的机油高度是否符合要求。检查时，在发动机停止运转15min后，拧松拔出油尺，确认油面是否在刻度上限与下限之间，如不足，补给规定牌号的发动机机油。

机器启动前，应检查机器各部有无漏油现象，确认液压油输油软管有无损伤，确认液压油箱的油面是否处在油面指示的上限与下限之间，如发现漏油、损伤和液压油不足，应进行消除、更换和补足，并应使用规定牌号油品。

发动机空气滤清器的污脏，会导致发动机性能的降低。打开空气滤清器的外盖，检查过滤部分的污染程度，及时进行清理和清洗，如污染过度则应更换过滤装置。

每次作业前后，均应检查立式旋耕刀片是否断裂与磨损，刀片和安装刀盘之间联结是否牢固，否则应进行更换或紧固。

每次作业结束均应清扫发动机、行走机构和整机各部附着的赃物、泥土和茶树枝叶，特别应注意清扫附着在各配件上的枝叶和赃物，防止断线和火灾的危险，并注意履带内夹存的异物、泥土和茶树枝条等，以保证履带的运行正常。

每次作业前后均应观察检查各联结部位是否有松动脱落，特别是固定销轴、开口销及挡圈等有无脱落，连接螺栓是否有松动，并按使用说明书要求对轴承、回转部位等加注润滑油或润滑脂。

2. 定期检查与维护保养　定期检查与保养可有效防止机组事故和故障的发生，延长机器的使用寿命，故应十分重视。

每个作业季度均应对蓄电池状况进行检查。检查时，先拆下蓄电池的负极端，然后再拆下正极端，将蓄电池从机体上取下，放在平坦的地方，先对蓄电池进行全面清洁，然后检查和测定蓄电池的电解液液面高度是否在规定范围，不足时，补充蒸馏水至蓄电池液面指示的上刻度线，并清通蓄电池的排气孔。完成后，按先接正极端后接负极端的顺序将电源线接上。因为蓄电池电解液具有较强的腐蚀性，操作时要防止电解液溅至身体或衣服上。

定期检查确认各传动皮带是否脱落和断裂，与机架等有无发生干涉，如发现皮带发出异常声音或磨损严重，应立即更换。皮带在自然张紧状态下，用手指轻轻压皮带，应有 5～10mm 松弛度。

行走机构的导向轮，在机器行走中起到引导履带方向的作用，并且通过导向轮前后位置的调整，实现履带的正常张紧。若履带过紧，则消耗的动力增加，履带易老化；履带若过松，则会造成履带易脱落，为此应进行正确调整。调整的方法是，将整台管理机

停放在平坦的地面上，松开导向轮调节螺栓，使导向轮位置向前或向后。履带的张紧度是否合适，通过检查中间支重轮与履带间的间隙来确定，最佳间隙值为 10～15mm，调整和检查完毕，拧紧锁紧螺母。

3. 长期存放　高地隙自走式多功能茶园管理机作业季节结束需长期存放，要对整机进行清洗，清除机器各部粘着的泥土和油污，对各运动部位加注润滑油或润滑脂，将机器放置在通风干燥的场所。然后将燃油全部放出，并启动发动机，一直到燃油全部用完发动机熄火为止；卸下蓄电池，充电后存放在太阳照射不到的干燥处，并保持以后每个月完全充电一次。

七、　应用效果

高地隙自走式多功能茶园管理机先后在江苏、安徽、浙江、湖南、湖北等产茶省进行了试用，很受广大茶区的欢迎。同时，该机还在江苏等地选定专业茶场专门进行了机器性能测试，现将具体测定情况和测试结果分述如下。

1. 测试茶园条件　测试于 2010 年 7 月在江苏省溧阳市前锋茶厂进行，测试用茶园位于路边不远，交通方便，可满足茶园管理机的方便进出。茶园条件基本符合该机工作要求。茶园茶树行距 1.5m，茶蓬高度 0.98m，茶蓬幅宽 1.35m，茶园横向坡度 12°，纵向坡度 4°，属典型低山丘陵坡地类型，经测定土壤坚实度 17.14kg/cm²，土壤含水率 0～10cm 为 19.2%，10～20cm 为 31.5%，20～30cm 为 24.0%。地头回转地带经过人工适当整理，狭窄处进行了初步加宽，地头宽度为 2.3m，可保证茶园管理机的地头转弯等操作。试验期间天气良好，机器运转正常。

2. 机器适应性　作业过程中对高地隙自走式多功能茶园管理机主要技术性能参数的测定情况见表 4-20。

表 4-20　茶园管理机主要性能参数测定表

外形尺寸（长×宽×高）mm	2 520×2 390×2 400
履带宽度 mm	240
液压油箱体积 L	70
燃油箱体积 L	70
原地左转弯半径 m	1.15
原地右转弯半径 m	1.13
道路行驶速度 km/h	7.3
平均耗油率 L/h	5.4

测试结果表明，该机行走稳定，转弯半径小，对茶园地形、土质、气候、茶园管理条件等有较好的适应性。在茶园横向坡 15°左右，茶园中没有无法越过的沟坑等，茶树行距 1.5m、茶蓬高度小于 1m、行间修剪出约 20cm 间隙通道的茶园中均可正常作业。该机宽度可以调整，在行距 1.8m 的茶园中作业，性能更易发挥。该机可以实现原地转弯，在对现有茶园地头进行适当整理，使地头宽度超过 2m，该机就可顺利回转和进行作业。加之采用液压马达进行传动，结构简单，使用履带式行走机构，稳定性好，履带

高度较小，宽度较窄，行驶在茶树行间，对茶树枝条损伤小。该机整机结构配备合理，视野良好，操纵系统指示一目了然，操作简单方便，也易于调整保养，是一种适合在平地、低坡甚至缓坡茶园中使用较理想的茶园耕作机械。

3. 中耕除草作业效率　高地隙自走式多功能茶园管理机配套立式旋耕机进行中耕除草作业效率测定情况见表4-21。

表 4-21　茶园管理机中耕除草作业效率测定表

测定次数	1	2	3	4	5	平均
旋耕盘个数			2			
旋耕盘上旋耕刀数量			3			
旋耕刀排列方式			圆周等距排列			
旋耕刀高度 mm	304	306	305	306	305	305.2
旋耕刀直线间距 mm	257	255	254	255	255	255.2
旋转直径 mm	330	329	330	330	331	330
中耕耕深 mm	135	135	120	105	130	125
中耕耕宽 mm	390	420	380	350	380	384
机组工作速度 km/h	1.50	1.51	1.51	1.49	1.49	1.50
生产率 hm²/h	0.46	0.44	0.45	0.47	0.46	0.46

从表中可以看出，该机中耕除草生产率最高可达每小时0.47hm²（7.05亩），最低为每小时0.44hm²（6.6亩），平均值为每小时0.46hm²（6.9亩），耕深可达12.5cm。作业过程中机器运行稳定，经测定中耕除草时的碎土率达95.7%，耕除后杂草掩埋覆盖率达98%，并且耕作深度达12cm以上，超过人工中耕除草耕作深度。试用茶区反映，应用该机进行中耕除草，可以显著延长茶园中耕和深耕的时间间隔。加之该机使用立式旋耕机，作业时能将行间中部部分土壤堆向两旁茶树根部，有对茶树培土的作用，利于茶树的生长。

4. 深松施肥作业效率　茶园土壤深松和肥料深施，是茶园中最繁重的作业之一，人工作业十分费力费时。使用高地隙自走式多功能茶园管理机进行深松和施肥同时完成，最高生产率可达每小时0.63hm²（9.45亩），最低为每小时0.59hm²（8.85亩），平均可达每小时0.62hm²（9.3亩），深松深度可达30cm，十分有利于茶园土壤的疏松和改良，肥料深施于土壤中，避免了流失和浪费（表4-22）。

表 4-22　土壤深松和施肥作业效率测定表

测定次数	1	2	3	4	5	平均
深松铲数量			2			
深松铲摆动频率 次/min			227			
施肥方式			与深松同时进行			
肥料种类			化肥、颗粒有机肥或复合肥			

（续）

测定次数	1	2	3	4	5	平均
施肥量 kg/亩	0～550 可调					
深松深度 mm	290	295	315	310	305	303
深松宽度 mm	200	230	200	200	205	207
机组工作速度 km/h	1.96	1.89	2.03	2.00	2.02	1.98
生产率 hm²/h	0.60	0.59	0.62	0.62	0.63	0.62

茶 树 植 保 机 械

茶树植保机械，顾名思义，是以科学手段，将化学等农药均匀喷洒在茶树上或将其他设施布置在茶园内，有效地消除茶园中的病、虫、草害，对茶树生长发育施行保护的机械和设施。

第一节 茶树植物保护的方法和机械分类

茶园中危害茶树的病、虫、草害种类繁多，施药方法、茶树植保机械、设施种类也较多，分类方式也多种多样。

一、 茶树植物保护的方法

茶树植物保护的方法较多，按其原理和应用技术可分为以下几类。

1. 农业技术保护　茶树植保的农业技术防护，包括选育抗病、虫、草害的茶树品种；增施肥料特别是增施有机肥，增强茶树抵抗病、虫、草害能力；对茶树进行合理、及时的修剪和采摘，减少害虫食料和害虫对茶芽的侵袭，并提高茶园通风、透光能力，减少病害的发生；适当密植，在满足行间操作通道宽度前提下，尽可能提高茶树的覆盖度，减少杂草的滋生；及时清除茶园及周围杂草，减少茶树害虫虫卵和虫蛹的寄生，在进行茶园行道树、遮阴树和防护林种植时，防止种植与茶树有共患病、虫害的树种。

2. 生物防治　利用茶树害虫的天敌和生物间的寄生关系与抗性来防治茶树病虫害，目前在国内茶区应用已较普遍。例如在茶园中利用蜘蛛对茶小绿叶蝉进行控制，作用可达 40%，螳螂和瓢虫对茶小绿叶蝉也有一定的捕食能力。现茶园中利用赤眼蜂产卵于小卷蛾、茶卷叶蛾、扁刺蛾和茶白毒蛾等多种茶树害虫的虫卵中，使害虫虫卵卵壳发黑，胎体夭折，而达到防治目的。为了大量繁殖赤眼蜂，还研制成功培育赤眼蜂的机械，显著提高了繁殖效率。近年来，利用茶尺蠖和茶毛虫病毒对茶尺蠖和茶毛虫进行防治，已取得良好效果，并且茶尺蠖和茶毛虫病毒制剂已取得正式农药登记，正在大面积推广应用中。采用生物防治，对人畜无毒，不污染环境，效果持久，可显著减少农药残毒对茶叶产品的危害，日益受到重视，发展迅速。

3. 物理和机械防治　利用物理和相应工具进行茶园中的病、虫、草害防治，如茶树害虫的人工捕捉和扑打，利用黑光灯诱杀茶树害虫的成虫，使用机械和工具消除茶园杂草等。此外，应用茶树害虫对不同颜色的敏感，应用色板和信息素技术，诱杀茶小绿叶蝉、黑刺粉虱等害虫的技术，已在国内茶园中普遍应用，效果良好。国外还研制成功用 X 射线或 γ 射线照射需要防治害虫的雄虫，破坏雄虫生殖腺内的生殖细胞，造成雌虫的卵不能受精发育，达到消灭害虫的目的，利用微波防治病虫害的技术在国内外研究也在加快。

4. 化学生态防治　在茶树-有害生物-天敌食物链中不同营养级间和同一营养级内，通过一些特殊的信息化合物进行化学通讯联系，得以进行种内不同性别和种间的识别过程。化学生态防治就是人工模拟这些独特的信息化合物，使得正常的种内不同性别的寻觅定位过程受到抑制和迷向，因而影响种群的繁衍，达到防治的目的。这种信息化合物一般为性信息素。20世纪70年代，就开始在分析鉴定一种昆虫雌虫信息素成分及其配比组成的基础上，进行人工合成，然后在田间使用，使该虫的雄虫向这种化合物趋集，而无法见到真正的雌虫，起到迷向效果，不能进行交配繁衍，而获得了良好的防治效果。世界上已有茶小卷叶蛾、茶卷叶蛾、茶毛虫、茶细蛾、茶尺蠖、油桐尺蠖等几种茶树害虫的性信息素被成功合成，用于生产中的迷向防治。中国现已探明茶毛虫、茶尺蠖的性信息素组分，其中茶毛虫性信息素在茶叶生产中已有所应用，诱导效果较好。

近年来的研究表明，在茶树—有害生物—天敌三重营养关系中，害虫对茶树的定位，主要是依靠茶芽释放出来的挥发物；天敌对有害生物的定位，一方面依靠一些独特性挥发组分或非挥发组分进行寻觅定位，但更重要的是依靠茶树经有害生物危害后引起代谢途径变化而释放出的不同于未加害茶树的挥发性组分，这些独特的组分对天敌起着诱集的作用，天敌就依靠这两种信息化合物对有害生物进行定位，并进行取食和产卵繁衍。中国工程院院士、中国农业科学院茶叶研究所研究员陈宗懋等对茶树和茶尺蠖、茶蚜、茶小绿叶蝉以及它们的天敌进行了化学通信联系的研究后发现，茶树经上述几种害虫危害后会释放出特异性挥发性化合物组分，试验研究证明，用这些挥发物的人工模拟配方在田间条件下确有诱集天敌的效果。

5. 化学防治　利用各种化学药剂消灭茶园中的病、虫、草害，世界上在有机农药大量生产和广泛应用以来，已形成所有农作物包括茶树在内植物保护的重要手段。人们所讨论的茶树植保机械，也主要是针对化学农药的施用机械，即防治茶树病、虫、草害所使用的各种喷洒农药的机械。化学防治操作简单，防治效果好，生产率高，不受地区和季节的影响，是茶园中使用最广泛的茶树病、虫、草害方式。但是，若农药或施药机械选择和使用不合理，会影响防治效果，造成环境污染，影响或破坏整个茶园生态系统，还会造成农药在茶叶产品中的残留，从而威胁人体健康，故化学农药和施药机械一定要按要求进行合理选择和使用，并要十分重视用药安全和施药机具使用安全。

6. 综合防治　实践证明，茶园单纯使用某一种防治方法，难以很好地解决茶树的病、虫、草害防治。现茶园中正在积极推广的是一种茶树病、虫、草害综合防治技术，即充分应用农业、化学、生物、物理、机械和其他防治的新技术、新方法综合防治方式，并且越来越受到茶叶界的重视。如浙江省杭州市西湖茶区，正在进行的茶树病虫害综合防治试验和推广，对茶树病虫害实行统防统治，已经在很大程度上减少了化学农药的使用，并且正在向着最大限度减少化学农药使用目标努力，效果十分显著。

二、　茶树植保的施药方法

茶树病、虫、草害防治，特别是化学农药防治，均采用植保机械进行农药喷洒，方法简单，效果好，作业效率高。由于喷施的药剂不同，使用的施药机械不一样，加之防治场合各异，施药方式和方法也不一样，这些方式和方法概括起来有以下几种。

1. 喷雾　是茶园中最常用的施药方法。是将各种乳剂、可湿性粉剂等加水稀释，用喷雾器械把药液喷洒出去，使药液形成雾滴，并附着在茶树枝叶上，达到消灭病、虫害的目的。喷雾时要求雾滴大小合适，浓度一致，在茶树枝叶上分布均匀，黏着性好，有一定射程和喷幅，达到使枝叶均匀湿润之目的。

2. 喷粉　这种方式茶园中应用不多。它是利用喷粉器械所产生的高速气流将粉剂喷洒成粉雾，黏附在作物枝叶上，达到病虫害防治之目的。特点是要求粉粒细小均匀，有一定射程和喷幅，但粉粒又不能太细，以免受气流影响而飘散，反而不易黏附在作物上。

3. 弥雾　也称低容量喷雾。是利用弥雾（低容量）机械所产生的高速气流，对农药液剂的雾滴进行进一步的破碎，形成直径 $50\sim100\mu m$ 的细小雾滴，呈弥雾状喷洒到茶树枝叶上。弥雾要求雾滴细而均匀，覆盖面积大，药液不易流失。

4. 微量喷雾　也称超低容量喷雾。使药液通过高速旋转的雾化转盘甩出，形成比弥雾直径更为细小的雾滴，逐渐沉降在茶树枝叶上，微量喷雾的农药可以不用或少用稀释水。

5. 喷烟　喷烟式防治方法茶树上应用相对较少。它是利用燃料在喷烟机械内燃烧，并喷射燃烧所产生的高温高速气流，使烟中容易挥发的药剂受热蒸发，分裂成极细的雾滴，随同燃烧后的废气一同喷出，而均匀附着在植株枝叶上。这种雾滴的直径小于 $20\mu m$，形成的烟雾能在空气中长时间飘移不散，从而能有效地附着于植株的各个部位，达到病虫害防治的目的。

6. 涂抹　将农药加固着剂用水制成糊状物，直接涂抹在作物茎秆上，用以消灭害虫，可以用于茶树上一些枝干性虫害的防治，但由于操作较麻烦，应用较少。

7. 毒饵　利用害虫喜食的饵料与有毒作用的药剂拌和在一起，形成毒饵，撒布在茶园内，诱食害虫。

8. 土壤处理　利用喷雾、喷粉、毒饵或土壤注射器，将农药施于地面或将药液注入土壤内，用以防治病、虫、草害。

三、 茶树植保机械的分类

茶园病虫害防治，由于使用的农药和施药方式类型较多，故决定了茶园植保机械的类型和分类方法也较多。

1. 按施用农药剂型和用途分类　茶树植保机械按施用农药剂型和用途分类，可分为喷雾机、喷粉机、喷烟机、毒饵撒布机和土壤消毒机等。

2. 按配套动力分类　茶树植保机械按配套动力分类，可分为人力手动植保机械、畜力植保机械、小型动力植保机械、大型牵引、悬挂和自走式植保机械等。

3. 按操作、携带和运载方式分类　茶树植保机械按操作、携带和运载方式分类，可分为手动式、小型动力式、大型动力式等类型。手动式茶树植保机械又可分为手持式、手摇式、肩挂式和踏板式等。小型动力式茶树植保机械又可分为手提式、背负式、担架式和手推车式等。大型动力式茶树植保机械又可分悬挂式、牵引式和自走式等。

4. 按施药量多少分类　茶树植保机械按施药量多少分类，可分为高容量（常量）

喷雾、中容量喷雾、低容量（弥雾）喷雾和超低容量（微量）喷雾，各类容量喷雾机的雾滴直径和施药量等性能见表 5-1。

表 5-1　各种容量喷雾机施药性能表

喷药容量	符号	药械及施药量 （L/亩）	喷孔直径 （mm）	雾滴直径 （μm）	树冠沉积率 （%）	防治效果
高容量（常量）喷雾法	HV	手动喷雾器 机动喷雾器	>450	>1.3	150～300	<50	差，不经济，污染环境
中容量喷雾法	MV	手动喷雾器 机动喷雾器	40～450	0.7～1.0	50～100	比高容量法提高8%～16%	对丛面、丛内害虫有效
低容量（弥雾）喷雾法	LV	手动吹雾器 机动弥雾机	4.5～45		50～100	对树冠芽叶害虫中靶率可达近80%	经济、有效
超低容量（微量）喷雾法	ULV	手持电动超低容量喷雾器、机动喷雾机	0.45～4.5		10～90		工效高、效果好、药液浓度高、安全性较差

　　高容量喷雾又称常量喷雾，是常用的一种农药低浓度的施药方法。由于喷雾量大，能充分湿润茶树叶片，作业中经常追求的是湿透叶面，故意造成药液逸出，流失严重，形成污染。但这种喷雾雾滴直径较大，受风的影响小，对喷药人员相对来说较安全。茶园多分布于山区，因用水量大，使用起来较困难。

　　低容量喷雾又称弥雾，所喷农药药液的浓度为高容量喷雾的许多倍，雾滴直径也较小，增加了药剂在茶树枝叶上的附着能力，减少了流失，既具有较好的防治效果，又提高了工效，是目前茶园中大力推广应用并替代高容量喷雾的喷雾方法和机械类型。

　　中容量喷雾，是随着喷雾机械技术的发展，有些喷雾机本身或者通过更换喷头喷片，所喷洒的雾滴直径，可介于高容量和低容量喷雾喷洒雾滴直径的中间，并且多接近于低容量喷雾，通常把这种喷雾类型称之为中容量喷雾。中容量喷雾由于喷洒的施药量和雾滴直径介于上述两种方法之间，叶面上雾滴也较密集，并不致产生流失现象，可保证对茶树枝叶的完全覆盖，是近年来新出现的机械施药形式。

　　超低容量喷雾是近年来应用于茶树病虫害防治的一种新技术。它将少量的农药药液（原液或加少量的水），用施药机械分散成极细小的均匀雾滴，借助风力吹送飘移、穿透、沉降到茶树枝叶上，获得最佳覆盖密度，达到防治目的。但是，由于超低容量喷雾雾滴细小，飘移是一个大问题，故适于应用在大面积的茶园中，并使用低毒或无毒农药，并要特别强调喷药安全。

第二节　人力喷雾器

　　人力手动喷（弥）雾器，是一种不使用任何动力源、由人力进行驱动的喷药机械。茶园中使用的人力喷雾器主要有背负式手动喷雾器、肩挂压缩式喷雾器和踏板式喷雾器等。

一、 人力喷雾器的特点及适用范围

人力喷雾器结构简单、价格便宜、操作方便、作业成本低廉、适应性强。由于中国茶园目前多分散为农户经营，故直至目前此类喷雾器仍是茶园中使用最普遍的茶树施药机械。但是这类机械的缺点是防治效率低，无法适应病虫害突发或需大面积防除时使用。

人力手动喷雾器通过改变喷片孔径大小，既可作常量喷雾，也可作低容量喷雾。进行低容量喷雾时，要求风速应在 1~2m/s；进行常量喷雾时，风速应小于 3m/s，当风速大于 4m/s 或遇降雨和气温超过 32℃时，不允许使用人力手动喷雾器喷洒农药。

人力手动喷雾器应根据茶园不同作业要求，选择合适的喷洒部件。扇形雾喷头用于喷洒除草剂，可避免除草剂喷洒到茶树枝叶上；喷洒杀虫剂、杀菌剂使用空心圆锥雾喷头；单喷头适用于茶园小苗期的定向针对性喷雾或成龄茶园中的漂移性喷雾；双喷头适用于成龄茶园的蓬面定向喷雾；横杆式三喷头、四喷头适用于较宽蓬面定向喷雾。

二、 背负式手动喷雾器

背负式手动喷雾器的型号较多，结构上虽有少量差异，工作原理相同。工农-16 型背负式手动喷雾器是其典型代表，故以该机为例介绍背负式手动喷雾器的结构、工作原理和施药技术（图 5-1）。

图 5-1　背负式手动喷雾器

（一）背负式手动喷雾器的主要结构

背负式手动喷雾器的主要结构和工作原理示意如图 5-2 所示。该机主要结构由药液桶（箱）、液压泵、空气室和喷洒部件组成。

1. 药液桶（箱）　药液桶（箱）多用薄钢板、铝板、聚乙烯或玻璃钢等材料制成。薄钢板桶身经搪铅或喷涂耐腐涂料处理；聚乙烯塑料桶是在聚乙烯塑料中添加防老化剂，以提高耐腐蚀性和抗老化性能，但损坏后无法修复；玻璃钢桶制作费工，价格较高，但可修复。

药液桶（箱）加液处设有滤网，可防止加药时杂物进入桶内造成堵塞。桶壁上标有水位线，加药时不得超出该线。桶盖和桶身以螺纹连接，以保证密封，不漏药液。桶盖上设有通气孔，作业时随着水位的下降，桶内压力降低，空气从通气孔进入桶内，保证药液桶内的压力正常。

2. 液压泵　背负式手动喷雾器的手动液压泵为直立皮碗式活塞泵，主要由泵筒，

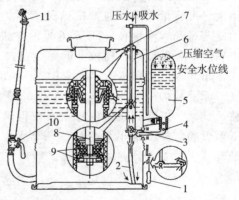

图 5-2　工农-16 型喷雾器结构和工作示意
1. 摇杆　2. 吸水管　3. 进水球阀　4. 出水球阀
5. 空气室　6. 泵筒　7. 药液桶
8. 活塞杆　9. 皮碗　10. 开关　11. 喷头

塞杆，皮碗，进、出水阀，吸水管与空气室组成。皮碗用牛皮制成，直径25mm，泵筒、塞杆、皮碗、进水阀座等均用工程塑料制造，耐腐蚀。进、出水阀采用玻璃球形阀，阀球直径9.5mm，其作用是使药液获得稳定而均匀的压力，减少液压泵排液的不均匀性，保持喷雾雾流稳定。

3. 空气室 空气室装在药液桶外部，位于出水阀接头的上方，作用是使药液获得稳定而均匀的压力，保持喷雾雾流稳定。背负式手动喷雾器通常的工作压力为0.3～0.4MPa。空气室与室座采用焊接连接，要求压力在1.2MPa时，不允许有药液泄漏现象。

4. 喷洒部件 背负式手动喷雾器的喷洒部件主要由套管、喷杆、喷头、开关和喷雾软管组成。套管是操作喷洒部件的手柄，有金属和塑料两种。套管中还装有滤网，使药液获得进一步过滤。喷杆用直径为9mm、壁厚为1mm的电焊钢管制造，并进行防腐处理，也可用耐腐蚀的黄铜管、铝合金或工程塑料制造。喷杆长度不小于600mm，以保证喷洒作业时，药液不会飞溅到操作者身上，防止人身污染。现生产的喷杆形式有多种，常用者有T形侧喷喷杆、U形双喷头喷杆、T形双喷头喷杆和4喷头直喷喷杆，具体形状结构如图5-3所示。

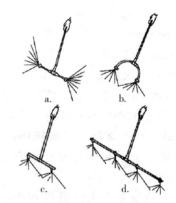

图5-3 工农-16型喷雾器的喷杆形式
a. T形侧喷喷杆 b. U形双喷头喷杆
c. T形双喷头喷杆 d. 4喷头直喷喷杆

背负式手动喷雾器的开关，有直通开关和玻璃球开关等形式，开关要求操作灵活，不渗漏。近来开发研制出一种揿压式开关，已投入实际应用，可按作业需要，长时间或瞬间开启阀门，实现连续喷雾或点喷，密封性好，不漏药液。

喷头是喷雾器的主要工作部件，药液的雾化主要靠喷头来完成。生产中所使用的喷头，有空心圆锥雾喷头、可调喷头和标准型狭缝喷头等几种，可根据作业需要进行选购。带凸形喷头片的空心圆锥雾喷头，工作压力为0.3～0.6MPa，涡流室较深，喷雾角较小，可用于苗期茶园；带双槽旋水芯的空心圆锥雾喷头，工作压力0.3～0.6MPa，喷雾角为90°，雾滴较细，适用于茶树叶面喷洒；标准型狭缝喷头，工作压力0.2～0.4MPa，装在T形直喷杆上，可用于宽幅全面喷雾；可调喷头，工作压力0.2～0.4MPa，装在直喷杆上，拧转调节帽可改变雾流的形状，调节帽往前拧，则雾流的喷雾角变小，雾滴变粗，射程变远；往后调节则喷雾角变大，射程变近，雾滴变细。

（二）背负式手动喷雾器的工作原理

当操作者上下揿动摇杆时，通过连杆作用使塞杆在泵筒内做上下往复运动。塞杆行程为40～100mm。当塞杆上行时，皮碗活塞由下向上运动，皮碗下方由皮碗和泵筒组成的空腔容积不断增大，形成局部真空。药液桶内的药液在液面和空腔内的压力差作用下，冲开进水球阀，沿着进水管路进入泵筒，完成吸水过程。当塞杆下行时，皮碗活塞由上向下运动，泵筒内的药液被挤压，进水球阀将进水孔关闭，药液压力增高，通过出水阀进入空气室。空气室里的空气被压缩，对药液产生压力，打开开关后，药液通过喷杆进入喷头，被雾化喷出。药液由于回转运动的离心力及喷孔内外压力差的作用，通过喷孔与相对静止的空气介质发生撞击，被碎成细小的雾滴，喷洒在茶树枝叶上，雾滴直径约为 $100\sim300\mu m$。

（三）电动背负式手动喷雾器

所谓电动背负式喷雾器，是在背负式手动喷雾器基础上，将该机的手动液压泵改用抽吸器（小型电动泵）代替，用关联接头、连接管进行连接，组成由药液桶经滤网、连接头、抽吸器（小型电动泵）、连接管、喷管、喷头依次连接连通构成的喷洒系统。抽吸器是一个小型电动泵，它用电线及开关与电池盒中的电池连接，电池盒装于药液桶底部，药液桶可制成带有沉下的装电池凹槽。电动喷雾器的优点是由于取消了手动抽吸式吸筒，从而有效地消除了农药外漏伤害操作者的弊病，并省力，且电动泵压力比人手动吸筒压力大，增大了喷洒距离和范围，雾化效果好，省时、省力、省药。

（四）背负式手动喷雾器的操作与使用

背负式手动喷雾器的正确操作使用，是喷雾器正常工作和施药安全的重要保证，应十分重视（图 5-4）。

（1）手动喷雾器上的新牛皮碗，在安装前应浸入机油或动物油，浸泡时间 24h，但切忌浸在植物油内。向泵筒中安装塞杆组件时，要注意将牛皮碗的一边斜放在泵筒内，然后旋转皮碗，竖直塞杆，用另一只手将皮碗边缘压入泵筒内，即可顺利装入，使皮碗规范地装入泵筒内，要避免强行塞入，使皮碗产生歪斜或卷曲。

图 5-4　背负式手动喷雾器在茶园中作业

（2）背负式手动喷雾器使用时，要根据需要选择喷杆和喷头，然后向药液桶内先加药剂后加水，药液浓度一定要按农药使用说明书的要求进行稀释，不得过浓或过稀，并且药液液面不得超过安全液位线。在正式喷药前，要先摇动摇杆 10 余次，使桶内气压上升到工作压力，摇动摇杆不要过分用力，以防空气室发生爆炸。喷药作业过程中，每分钟摇动摇杆的次数应掌握在 18～25 次，喷药时不可过分弯腰，以防药液从桶盖处溢出溅到身上。

（3）每天喷药作业结束，应加少量清水进行清洗性喷洒，并用清水清洗喷雾器各部，应注意将药液箱、胶管、喷杆、喷头等彻底清洗干净，然后放置在室内通风干燥处存放。所有皮质垫圈，贮存时应浸足机油，以免干缩硬化。还要注意在作业结束，应将用过的农药包装袋全部收集带回，集中进行清洁化处理，绝对不允许随意丢弃在茶园内，这一要求所有喷药机械作业时都要遵守。

（五）背负式手动喷雾器的常见故障与排除

背负式手动喷雾器如出现遇故障，按下列方法排除。

1. 压力不足，雾化不良　若遇到喷雾压力不足，雾化不良，首先应查明原因。如是进水球阀被污染卡住或搁起，可拆下进水阀，用干净湿布清除污物；若因皮碗破损，可更换；如因连接部位未装密封圈，或因密封圈损坏而漏气，则应加装或更换密封圈；如因喷头体的斜孔被污物堵塞而无法雾化，则应疏通斜孔；若因喷孔堵塞可拆开清洗，但是不能用铁丝或铜丝等硬物捅喷孔，防止喷孔孔眼扩大，喷雾质量下降；若因套管内滤网堵塞或过水阀搁起，则应清洗滤网或过水阀小球上的污物。

2. 开关漏水或拧不动　如遇开关漏水或拧不动，也应先对故障原因进行检查和判断。若因开关帽未拧紧，应予拧紧；如开关芯上的垫圈磨损，则应更换；开关拧不动，可能是机器放置或使用过久，开关芯被药液侵蚀黏结住，应拆下零件放在煤油或柴油中清洗，如拆下有困难时，可在煤油中浸泡一段时间再拆，不可用硬物随意敲打。

3. 连接部位漏水　如遇连接部位漏水，可检查是否因接头松动，如是要拧紧螺母；若因垫圈未放平或破损，应将垫圈放平或更换，如是垫圈干缩硬化，则可在动物油中浸软后再使用。

三、 压缩式喷雾器

压缩式喷雾器是靠预先压缩的空气使药箱中的液体具有压力的液力喷雾器。结构简单，制造容易，价格低廉，适宜小型地块使用。现以 3WS-7 型压缩式喷雾器为例，对其基本结构、工作原理和实用技术等进行介绍。

（一）压缩式喷雾器的主要结构

压缩式喷雾器的主要结构由压气泵、药液桶和喷洒部件等组成。压气泵又由泵筒、活塞杆和出气阀等组成。泵筒底部安装有出气阀，出气阀要求密封可靠，保证压气筒在进气时药液不进入泵筒内部，活塞杆下端装有垫圈和皮碗等零件。药液桶由桶身、加水盖、出水管和背带等组成。药液桶除贮存药液外，还起空气室的作用，要求能承受一定压力并保持密封。桶身上标有液位线，以供监视和控制加液量。3WS-7 型压缩式喷雾器的喷洒部件与工农-16 型等喷雾器相同（图 5-5）。

图 5-5　压缩式喷雾器
1. 药液桶　2. 气筒　3. 加液盖　4. 喷洒部件

（二）压缩式喷雾器的工作原理

压缩式喷雾器是利用压气泵将空气压入药液桶液面上面的空间，使药液产生一定的压力，经出水管和喷洒部件，形成雾状喷出。当活塞上拉时，泵筒下腔空气变稀薄，压强减小，出气阀在药液压力和吸力作用下关闭，空气在压力差作用下，通过皮碗上的小孔流入泵筒下腔。当活塞杆下压时，皮碗受到下腔空气的作用紧靠在垫圈上，封闭进气小孔，空气向下压开出气阀球而进入药液桶。如此不断地上、下拉压活塞杆，药液桶上部的压缩空气不断增多，打开开关，药液就被压入喷洒部件，而从喷头呈雾状喷出。

（三）压缩式喷雾器的操作与使用

压缩喷雾器应按下列技术要领进行操作使用。

1. **新喷雾器投入使用**　新喷雾器投入使用，应拆下压盖，向气筒内滴入少许机油，润滑皮碗，然后依次装好各部件，注意各接头处装入垫圈后再拧紧。

2. **使用前的清洗和检查**　压缩喷雾器正式使用前，先加入清水，注意水位不超过液位线。将机器上部放气螺钉拧紧，将机器放稳，用气筒手柄上下抽动打气，抽动30～50次，活塞行程250～300mm。压下的动作要稍快而有力，并使皮碗压到底，这样使压入的空气多并不费力；塞杆向上抽气时要缓慢，使外界空气充满气筒。抽压塞杆打气动作应平稳，每次行程要拉足和压足。打开开关进行喷雾，观察喷雾是否正常，各连接处有无漏水现象，如有应进行检查调整，然后倒出清水。

3. **正常的操作使用**　机器正式投入使用，要先加农药药液后加水，农药药液和水混合而成的药液高度不得超过药液桶上的液位线，以保证药液桶内能储存一定的空气。加入的药液要过滤，防止杂质堵塞喷孔。喷药前，先扳动摇杆10余次，使桶内气压上升到工作压力。扳动摇杆时不要过分用力，以免空气室爆炸。初次装药液，因气室及喷杆内有残留清水，故在喷雾的最初2～3min内喷出的药液浓度较低，要注意补喷，以免影响防治效果。

4. **使用完毕的清洗**　每次使用完毕，一定要倒出剩余药液。倒药时要先松开拉紧螺母，按下吊紧螺钉，使筒内压缩空气全部排出，再拧开加液盖，倒出药液，用清水洗净机器内外。

5. **长期存放**　长期存放，要用碱水清洗喷雾器的内外表面，再用清水最好是温水冲洗，并打气喷雾，以清洗胶管和喷杆内部，洗完倒出剩水，并擦干桶身，以防锈蚀。皮管应挂起保存，两头下垂；喷管要直立存放，喷头向上，使里边积水流出；皮碗和接头皮圈要涂些机油，以防干缩。喷雾器要存放在阴凉干燥处，切勿与农药、化肥等腐蚀性物品混放。

四、手动吹雾器

也是一种手动加压、背负作业的手动背负喷药设备。由于茶园中应用的手动喷雾器大多为高容量喷雾，劳力消耗多，农药耗费量大，若采取更换喷片进行低容量喷雾也较麻烦。为了克服上述不足，近年来，中国农业科学院植物保护研究所等单位研制了一种手动吹雾器，它采用了超低容量和低容量之间且更接近于超低容量喷雾，每亩茶园使用的药液量仅为1.0～1.5kg，实际上是一种手动弥雾机，可节省用水98%以上，大大节省了劳动力，很适宜在山区茶园应用，很受茶区欢迎（图5-6）。

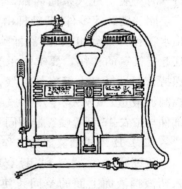

图5-6　手动吹雾器

第三节　机动式喷雾机

机动喷雾机是当前茶园中大力普及推广的农药喷洒设备，常用者有背负式机动喷雾喷粉机和担架式机动喷雾机。茶树病虫害防治中常用的是喷雾，喷粉使用较少。

一、 背负式机动喷雾喷粉机

背负式机动喷雾喷粉机是茶园中推广普及应用最广泛的机动喷雾设备，现全国生产企业有 20 家左右，年产量达到数十万台，定型品种有 10 多种，结构大同小异，其中使用最多的是东方红-18 型背负式机动喷雾喷粉机（图 5-7）。

图 5-7 背负式机动粉雾喷粉机

（一）背负式机动喷雾喷粉机的性能特点

背负式机动喷雾喷粉机采用气压输液、气流输粉、气流喷雾喷粉方式，机器结构简单，工作可靠，操作方便。喷雾、喷粉只要简单更换一下个别零件，即可进行不同作业。并且该类机型在喷雾时，只要进行一下喷头更换，即可分别实现低容量或超低容量喷雾，喷雾时雾滴细，附着力强，喷雾均匀。用于喷粉因风机风速、风量均较大，可将粉剂充分扬开，喷洒均匀，并可在离地面 1m 左右的空间内形成一片粉雾，并能保持一段时间，从而提高了粉雾的熏蒸作用，防治效果良好。该类机型操纵轻便、灵活、生产效率高，不受茶园地理条件和坡度的限制，只要是人可以走入，该机就可以使用，特别适用于山区、丘陵、不同大小地块茶园中的病、虫、草害防治，并可用于喷洒叶面肥和生长调节剂等。

（二）背负式机动喷雾喷粉机的基本分类

背负式机动喷雾喷粉机的分类方式有按工作转速、功率、风机结构等几种分类方式。

1. 按风机工作转速分类　背负式机动喷雾喷粉机按风机的工作转速分，有 5 000、5 500、6 000、7 000、7 500、8 000r/min 等几种。当前 5 500r/min 以下的背负式机动喷雾喷粉机的年产量占全国总产量的 75％以上。工作转速低，对发动机零部件精度要求低，可靠性易保证。但是提高工作转速可减小风机结构尺寸，降低整机重量。因此，国外背负式机动喷雾喷粉机都在向高工作转速发展。

2. 按功率分类　背负式机动喷雾喷粉机按配套发动机功率分，有 0.8、1.18、1.29、1.47、1.70、2.1、2.94kW 等几种。0.8kW 的小功率背负式机动喷雾喷粉机，主要用于小块地的农药喷洒，多应用于小块农户茶园；1.18～2.1kW 的背负式机动喷雾喷粉机，是用于农作物病、虫、草害防治的主要机动喷雾喷粉机型，茶园中推广使用的也是这类机型为主；2.94kW 以上的大功率背负式机动喷雾喷粉机，主要用于树木、果树等乔木型农药喷洒，茶园中使用不多。

3. 按风机结构形式分类　背负式机动喷雾喷粉机的配套风机，一般采用离心式风机。按风机叶片出口角度不同，可分为径向式、前弯式和后弯式等。

（三）背负式机动喷雾喷粉机的基本结构

背负式机动喷雾喷粉机的基本结构主要由机架总成、离心风机、汽油机、油箱、药箱和喷洒部件等组成。

1. 机架总成　背负式机动喷雾喷粉机的机架总成，是用于安装汽油机、风机和药箱等部件的基础部件，一般由钢管弯制焊接而成。包括机架、操纵机构、减震装置、背带和背垫等。机架的下部固定汽油机和离心风机，上部安装药箱和油箱，前面装有背带和背垫，供背负时使用。操纵机构包括油门和粉门操纵机构，前者用于控制油门大小，从而调节汽油机的转速高低；后者用于控制喷粉时排粉量的大小。减震装置用于减少汽油机和风机运转时所产生的振动。

2. 离心风机　离心风机是背负式机动喷雾喷粉机的重要部件之一，主要由前后蜗壳和叶轮组成，因风机工作转速较高，在风机进口装有进风网罩，以防异物吸入，造成机器或人员伤害。离心风机的功能是产生高速气流，使药液雾化或将药粉吹散，并将之送向远方。背负式机动喷雾喷粉机使用的风机是小型离心式风机。气流从叶轮轴向进入风机，获得能量后的高速气流沿叶轮圆周切向流出。

3. 药箱　药箱的作用是盛放药液或药粉，根据进行的作业不同，药箱内的结构会有所变化，更换部分零件就可变为药液箱或是药粉箱，从而使机器完成喷雾或喷粉。药箱的主要部件有药箱体、药箱盖、过滤网、粉门、进气管、吹气管和输粉管等。药箱的制造材料为耐腐蚀塑料或橡胶。要求强度要好，形状应有利于药液或粉剂的排净，各连接部分要具有良好的密封性能，以保证正常输液和排粉，要求在 10kPa 的气压下，不得有泄漏。

4. 喷洒部件　喷洒部件的作用是输风、输液和输粉。主要包括弯头、软管、直管、弯管、喷头、药液开关和输液管等。弯头一般用塑料或铸铝制成，与风机的连接口为长方形，主要作用是改变风机出口气流的方向，利于药粉输送。软管也称蛇形管，可保证作业时任意改变喷洒方向。直管的一端与软管连接，另一端与弯管连接，起输送气流的作用，弯管通过卡簧与喷头连接，主要是输送气流给喷头，以利于药液雾化喷洒或喷射药粉。喷头是背负式机动喷雾喷粉机的主要工作部件，功能是用高速气流将从药液箱输送来的药液弥散成细小的雾滴，喷洒在茶树枝叶上。根据作业需要和雾滴大小，喷雾用喷头有低容量和超低容量两种。

5. 配套动力　背负式机动喷雾喷粉机的配套动力，均使用结构紧凑、转速较高的二冲程汽油机。当前茶园中使用的机型，配套动力功率多为 1.18～2.1kW 的二冲程汽油机。汽油机质量好坏直接影响着背负式机动喷雾喷粉机使用的可靠性，近几年背负式机动喷雾喷粉机在茶园中推广速度进展很快，在很大程度上得益于国内小型汽油机质量的逐步提高，保证了该机使用的可靠性。

6. 油箱　油箱的功能是用于存放汽油机所用的燃油。容量一般为 1L，在油箱的进油口和出油口配置滤网，对燃油进行二级过滤，确保流入化油器主量孔燃油的清洁，无杂质。油箱出油口处设有出油开关。

（四）背负式机动喷雾喷粉机的主要技术性能参数

临沂永佳机械有限公司生产的 3WS-1800 型背负式机动喷雾喷粉机，基本结构与东方红-18 型大体相近，只是在一些具体结构和性能上有少量改进，该机的主要性能参数如下。

形式：背负式机动喷雾喷粉机

型号：3WS-1800 型

风机转速 rpm：7 000

药箱容积 L：16

射程 m：≥18

配套动力：1E54F 型二冲程汽油机

排气量 cc：82.4

标定功率 kW：4

耗油率 g/kW·h：≤450

燃油配比：20∶1

点火方式：无触点

启动方式：拉绳反冲启动

整机重量 kg：14

机器尺寸 mm：长 510×宽 410×高 700

（五）背负式机动喷雾喷粉机的工作原理

背负式机动喷雾喷粉机可进行喷雾和喷粉作业，其作业原理分别如下。

1. 作为喷雾机使用时的工作原理　背负式机动喷雾喷粉机的离心风机与汽油机的动力输出轴直接相连，在进行喷雾作业时，汽油机带动风机叶轮旋转，所产生的高速气流，其中大部分经风机出口流往喷管，而少量气流经进风阀门、进气塞、进气软管和滤网，流入药液箱内，使药液箱内形成一定气压，药液在压力作用下，经粉门、药液管和开关，流到喷头，从喷嘴周围的小孔以一定流量流出，先与喷嘴叶片相撞，初步雾化，接着再在喷口中受到高速气流冲击，进一步雾化，弥散成细小雾粒，并随气流吹到很远的前方茶蓬上。

2. 作为喷粉机使用时的工作原理　背负式机动喷雾喷粉机进行喷粉作业时，同样汽油机带动离心风机叶轮旋转，所产生的大部分高速气流，经风机出口流往喷管，而少量气流经进风阀门进入吹粉管，然后由吹粉管上的小孔吹出，使药箱中的药粉松散，以粉气混合状态吹向粉门。由于在弯头的出粉口处，喷管的高速气流形成负压，将粉剂吸到弯管内。这时药剂随高速气流、通过喷管和喷粉头吹向作物。

（六）背负式机动喷雾喷粉机的操作使用

背负式机动喷雾喷粉机作业时，气温应在 5～30℃，风速不得大于 2m/s。遇大雨、大雾或露水较多时，也不得施药。若进行茶园低容量喷雾，则不能在晴天中午有上升气流时进行。具体操作按下列技术规范进行。

1. 施药前的准备和调试　检查各部件安装是否正确、牢固。

新机具或维修后的机器，首先要排除汽油机缸体内封存的机油。方法是卸下火花塞，以左手拇指堵住火花塞孔，然后用启动绳拉动几次，迫使气缸内的机油从火花塞孔喷出，用干净布擦净火花塞孔和火花塞电极上的机油。

新机器或在维修时换过汽缸垫的汽油机，其活塞和曲柄总成，使用前应当进行磨合，磨合后用汽油对发动机进行全面清洗。

机器较长时间不使用或使用中发现汽油机运转不正常或功率不足，要检查火花塞的跳火情况，方法是将高压线端放在距曲轴箱体 3～5mm 处，用手转动启动轮，观察有无火花出现，一般蓝色火花为正常。

　　背负式机动喷雾喷粉机配套的汽油机，以汽油和机油的混合油作为燃料，容积混合比为20：1，汽油可使用汽车用汽油，机油也可使用汽油机机油，按要求比例混合后加入油箱。绝对不允许使用纯汽油，否则将引起汽油机的损坏。

　　汽油机经拆装或维修后，要进行转速调整。若油门为硬连接的汽油机，启动汽油机，低速运转2～3min，逐渐提升油门操纵杆至上限位置。若这时转速过高，则旋松油门拉杆上的螺母，拧紧拉杆下面的螺母；若转速过低，则反向调整。若油门为软连接的汽油机，当油门操纵杆置于调量壳上端位置，这时转速达不到或超过标定转速，则可松开锁紧螺母，上（或下）旋调整螺母，转速上升（或下降）。调整完毕，拧紧锁紧螺母。

　　根据低容量、超低容量喷雾作业要求，按使用说明书规定步骤，装上对应的喷洒部件和附件。

　　对粉门关闭状况进行检查，当粉门操纵手柄处于最低位置，粉门仍关闭不严、有漏粉现象时，可用手搬动粉门轴摇臂，使粉门挡粉板与粉门内壁贴实，再将粉门拉杆长度调整到适度。

　　2. 施药作业参数的试验和计算　　在背负式机动喷雾喷粉机初步引进使用和一种新药剂初次使用时，在进行正式作业前，一般应对下列作业参数进行试验和计算。

　　（1）确定施药的药液量。启动背负式机动喷雾喷粉机，低速运转2～3min，然后背起机器用清水试喷，检查有无渗漏。再按规定方法测出喷雾机的流量Q及有效射程B，从而计算出喷药行走速度V。

$$V=\frac{Q}{qB}\times10^4 \qquad (5\text{-}1)$$

　　式中：

　　V——行走速度，m/s；

　　Q——流量，L/s；

　　q——农艺要求的施药药液量，L/hm^2；

　　B——有效喷幅，m。

　　行走速度的取值范围一般为1～1.3m/s，如计算值过大或过小，可适当调整药液开关开度，从而适当改变喷头流量来调整。

　　（2）核实施药的药液量误差。核实施药的药液量，要求误差应小于10％。

　　在药箱内加入额定容量的清水，以V的速度前进作业，测定喷完一箱清水时的行走距离L，重复3次，取其平均值。按下式校核施药药液量。

$$q'=\frac{G}{BL}\times10^4 \qquad (5\text{-}2)$$

　　式中：

　　q'——实际施药药液量，L/hm^2；

　　G——药箱额定容量，L；

　　L——喷完一箱水的行进距离，m。

　　q'要满足下式，并保证用药量（农药有效成分）不变。（5-3）式中（$q'-q$）取其绝对值。

$$\frac{q'-q}{q}\times100\%\leqslant10\% \qquad (5\text{-}3)$$

（3）计算作业地块需要的用药量和加水量。确定所需施药茶园的面积（以 hm^2 计）。

根据所校验的茶园施药药液量 q'（L/hm^2），确定所需施药茶园面积地块上的实际用药量 q''（L/需施药茶园地块面积）。

根据所选农药说明书或有关植保手册，确定所选农药的用药量（有效成分，g/hm^2）。

根据需施药茶园的实际面积，准确计算出实际需用的农药量 ω（有效成分，g/需施药茶园地块面积）。对于小块茶园，施药药液量不超过一药箱的情况下，可直接一次性配完药液。若茶园地块面积较大，施药药液量超过一药箱时，则可以药箱为单位来配置药液。就是将上述实际施药量 q''（L/需施药茶园地块面积）除以喷雾器的额定装液容积（G），得到需施药茶园面积上共需喷多少药箱（N）的药液以及每一药箱中应加入的农药量（ω/N）。这时往药箱中的加水量即为药箱额定装液容量；而每一药箱中加入的农药量应为 ω/N。

凡是需要称重计量的农药，若为粉剂，最好是先在安全场所分装好。即把每一药箱所需用的农药预先称好，分成 N 包，带至茶园中备用。这样在茶园中施药时，只要记住每一药箱加一份药即可，不致出错，也较安全，也可避免野外风大进行粉剂称量，对可湿性粉剂等粉末状农药造成的飘失。若为液体药剂，则可采用专用量筒等按 ω/N 要求，定量向药液桶中加入药剂。

3. 正常使用 背负式机动喷雾喷粉机可作低容量和超低容量喷雾，用途不同，操作也不一样。

（1）作低容量喷雾作业使用。背负式机动喷雾喷粉机作低容量喷雾，宜采用针对性喷雾和飘移性喷雾相结合的方式施药。要对着茶蓬喷，但不能近距离对着茶蓬的某一处喷，具体操作过程要注意把握。

汽油机启动前，药液开关要放在半闭位置，启动后调整油门开关，使汽油机高速稳定运转，开启喷管手把开关后，操作者应立即按预定速度和路线前进，进行正常的喷药作业。严禁停留在一处喷洒，以防引起药害。喷药时行走要注意匀速，不可忽快忽慢，防止漏喷重喷。行走路线应根据风向而定，走向与风向垂直或成不小于 45°的夹角，操作者在上风向，喷洒部件在下风向。

施药时要注意采用侧向喷洒，即喷药人员背机前进时，手提喷管向一侧喷洒，一个喷幅接一个喷幅，边喷洒边向上风方向转移，使喷幅之间相连接区段的雾滴沉积有一定程度的重叠。操作时还应注意将喷口稍微向上仰起离开茶蓬上沿 20～30cm，茶树一般比较低矮，可把喷管的弯管口朝下，防止雾滴向上飞溅。又因喷雾时雾滴直径仅为 $125\mu m$，不易观察到雾滴，一般情况下，只要看到茶树枝叶被喷管吹动，雾滴就达到了。当喷完第一个喷幅时，先关闭药液开关，减小油门，向上风向移动，行至第二喷幅时，再加大油门，打开药液开关，继续喷药。

调整施药量，除改变行进速度外，转动药液开关角度或选用不同喷量档位也可调节喷药量的大小。

（2）作超低容量喷雾作业使用。除按低容量作业进行机器启动和操作外，超低容量喷雾作业时，对喷量、喷幅和行走速度要求更严格。在确定了每公顷或每亩施药的药液量以后，为保证药效，要认真调整好喷量、有效喷幅和行走速度的关系。其中喷幅与药效关系最密切，一般说来，有效喷幅小，喷出雾滴重叠累积比较多，分布比较均匀，药效更有保证。有效喷幅的大小，要考虑到风速的限制、作物形态和害虫习性。高毒性农药不能作超低容量喷雾。

作业结束停机时，要先关闭药液开关，再关小油门，让机器低速运转 3～5min 再熄火，切忌突然停机。

（3）使用效果。云南省普洱茶树良种场崔廷宏等 2000 年夏季曾选用云南农业药械厂生产的 3WBS-16 型背负式手动喷雾器和中国富士特有限公司生产的 FST-769 型背负式动力喷雾器，进行了防治茶园黑毒蛾的对比试验，试验结果基本上代表了这两种茶树植保机械的作业效果状况，具体防治效果统计结果见表 5-2，表中机动和手动机型均使用苏云金杆菌 350 倍喷雾，对照不施药，每个处理设 3 个重复，每个重复喷茶行 400m，每台机器配 2 个熟练工人操作，其中 1 人供水到防治地块，1 人兑水防治。两种机器的喷雾工效和防治成本统计结果见表 5-3，表中的亩成本费包括折算到每亩的机器成本折旧、机器维修、燃油、人工和农药费总和。从上述两表中可以看出，机动喷雾机较手动喷雾器防治效果好，防治成本较低，这是机动喷雾机在生产中较受欢迎的主要原因。

表 5-2　机动喷雾机与手动喷雾器防治茶黑毒蛾效果对比

喷雾机械类型	喷药1天		喷药3天		喷药5天		喷药7天	
	虫口减退率%	防效率%	虫口减退率%	防效率%	虫口减退率%	防效率%	虫口减退率%	防效率%
机动	60.9	60.9	66.4	56.9	81.8	78.8	98.7	98.5
手动	22.5	25.5	45.3	39.8	67.6	64.0	92.0	91.0
对照	0.0		9.1		10.0		11.1	

表 5-3　机动喷雾机与手动喷雾器防治工效和成本统计

喷雾机械类型	防治面积亩	喷药时间h	用工人数人	亩成本元
机动	22.4	6	2	25.57
手动	10.3	6	2	37.05

（七）背负式机动喷雾喷粉机的维修保养

为了保证背负式机动喷雾喷粉机的正常工作，维护保养很重要，特别在出现故障时，更应重视及时排除和维修。

1. 机器无法启动　在机器无法启动时，按下列方法进行检查和排除。

（1）检查火花塞是否积炭过多、进水或进油不点火，火花塞的电极间隙是否过大过小，如是应调整、更换火花塞，将火花塞的电极间隙调整到 0.6～0.7mm 或更换火花塞后再行启动。

（2）检查化油器膜片是否损坏，如损坏应更换。

（3）检查油路，检查单向节是否开裂或有杂质进入，出现时应把单向节更换或拆下后清理干净，装上后再启动，应注意单向节不要装反。检查汽油过滤杯是否杂质过多，使过油不畅，若杂质过多则应及时消除和更换。

（4）检查高压电路的高压帽是否击穿，损坏应及时更换。

2. 使用一段时间后喷雾变小

（1）检查化油器膜片是否损坏，如果损坏，应更换。

（2）检查消声器积炭是否过多，如过多则进行清理。

（3）检查药路卡套是否堵塞，应及时清理。

（4）检查气路单向节是否有杂质进入，出现时应把单向节更换或拆下后清理干净装上，应注意单向节不要装反。

3. 机器在开启药阀后容易熄火及没劲

（1）检查化油器膜片是否损坏，如果损坏应更换。

（2）检查油路单向节是否开裂或有杂质进入，如是按上述方法排除。

4. 作业结束和长期保存机器的维护保养

（1）背负式机动喷雾喷粉机每天使用结束后，要倒净桶内的残留药液。清除机器各处灰尘、油污和药剂，并用清水清洗药箱和其他与药剂接触的塑料件和橡胶件。农药残液和清洗药械的污水，要选择安全地点妥善处理，不准随地泼洒，防止污染环境，这一点所有喷药机械使用时均应注意。

（2）检查各螺栓、螺母有无松动，工具是否齐全。

（3）保养后的机器，应放在干燥通风的室内，避免与农药等腐蚀性物质放在一起。长期保存还要按汽油机使用说明书要求，对汽油机进行保养。对汽油机和整台机器可能腐蚀的零部件，要涂上防锈黄油。

（八）背负式机动喷雾喷粉机的安全使用

背负式机动喷雾喷粉机使用过程中，应注意防毒、防火和防机器事故发生，特别要防止操作人员的施药中毒。因为这种机器喷洒的药液浓度大，雾粒极细，作业时茶园内机具周围会形成一片药液雾云，很容易被操作者吸入体内引起中毒，故必须从思想上引起重视，确保人身安全。

背负式机动喷雾喷粉机作业时，操作人员背机时间不要过长，通常应采取 3～4 人组成一个操作小组，轮流背机，相互交替，避免背机人员长时间处于药雾中呼吸不到新鲜空气。背机人必须穿工作衣、佩戴口罩，工作衣和口罩要经常洗换。作业时携带毛巾、肥皂，随时洗手、洗脸、漱口、擦洗着药处。避免顶风作业，严禁在操作者前方以八字形交叉方式喷洒。发现操作者有中毒症状时，要立即停止背机，求医诊治。

二、 担架式喷雾机

担架式喷雾机，是一种将各个工作部件装在似担架式机架上的喷雾机。由于作业时可由人似担架那样抬着进行地块转移，故而得名。

（一）担架式喷雾机的性能特点

担架式喷雾机一般装在担架式机架上。也有将药箱和喷雾机统一装在拖拉机上进行转移的。特点是喷射压力高，射程远，喷量大，可以在小块茶园内进行作业和转移，适宜于周围有水源的丘陵山区茶园中进行各类病、虫、草害防治。缺点是需要较长的喷雾胶管，人工拉拽不方便。

（二）担架式喷雾机的主要结构

担架式喷雾机的基本结构由液压泵、喷洒部件、吸水部件、担架式机架和动力机（含传动部件）等组成（图 5-8）。

液压泵有两种，即离心泵和往复活塞泵，故担架式机动喷雾器又有担架式离心泵喷

图 5-8　担架式喷雾机

雾机和担架式往复活塞泵喷雾机。以工农-36 型担架式往复活塞泵喷雾机为常用。

担架式喷雾机的配套动力机有柴油机、汽油机和电动机等，可根据用户需求选定。

（三）担架式喷雾机的工作原理

动力机旋转，经传动部件带动液压泵运转，水从水源经过吸水部件、液压泵、喷洒部件喷出，由液压泵调压阀调节出水压力。自动混药器一般装在液压泵出水口处，工作时，液压泵排出高压水流，通过喷射嘴后进入渐扩管，经喷雾胶管，由喷枪喷出。药液混合浓度由调节杆的不同孔径进行调节。

（四）担架式喷雾机的操作使用

使用前按使用说明书要求将机具组装好，保证各部件安装正确，螺栓紧固，传动皮带与皮带轮运转灵活，皮带松紧适度，安装好防护罩。

按要求向曲轴箱内加入规定牌号的润滑油至规定油位。以后每次使用和使用中要经常检查。并按规定对柴油机或汽油机的燃油和润滑油进行检查和添加。

在茶园中喷雾，可以不装混药器，在截止阀前装上三通及两根直径 8mm 的喷雾胶管和喷杆，可使用多头喷头。茶园喷雾一般在药桶内吸药液，吸水滤网可直接放在药箱中。

喷雾前要进一步检查吸水滤网，滤网必须全部沉没于水中。先用清水进行试喷，检查确认各接头处无渗漏现象，喷雾状况良好，方可正式投入药液喷雾。

喷雾时，将调压阀的调压轮按反时针方向调节到较低压力的位置，再把调压柄按顺时针方向扳足至卸压位置。

启动发动机，低速运转 10～15min，见有水喷出，且无异常声响，可逐步提高至额定转速。然后将调压手柄向反时针方向扳足至加压位置，并按顺时针方向逐步旋紧调压轮调高压力，使压力指示器指示到所要求的工作压力，以保证正常的喷雾。应注意调压时要从低向高调整压力，因这时压力指示器指示的工作压力较准确，反之由高向低调压，则指示的工作压力值误差较大。可利用调压阀上的调压手柄反复扳动几次，指示的工作压力即可准确。

（五）浙江御茶村茶业有限公司对担架式喷雾机的使用

位于浙江省绍兴市的御茶村茶业有限公司，目前茶树病虫害防治主要使用的喷药机械就是担架式喷雾机。该公司将担架式喷雾机和专用药箱均装置在四轮拖拉机上，药箱可方便上下吊装，在药液配制处有近 10 只专用药箱，每箱可盛药液 1.5t，统一进行药液配制，由轮式拖拉机将担架式喷雾机和专用药箱一起拉至茶园内进行作业。当茶园内作业的药箱药液喷完后，由拖拉机将空箱拉回药液配制处，另换一只装满药液的药箱，再到园中继续作业（图 5-9）。

图 5-9　御茶村担架式喷雾机的专用药箱

作业时，每个机组配操作人员 7～8 人，使用两组装有双喷头或三喷头的喷洒部件。1 人开拖拉机兼操作担架式喷雾机，6 人操作喷药喷洒部件，3 个人组成 1 个操作组，其中 1 人持喷洒部件喷药，2 人拉喷药胶管。喷药胶管每段长 50m，一般每组喷头接两根，可以喷 100m 长的茶行，如茶行再长，可再接一根胶管。一般拖拉机停在地头，先将胶管和喷头拉至离机器最远处，开动机器进行喷药，边喷边收拉胶管，直至机器附近地头，每次喷雾两行。每天可喷茶园 6.7～10hm² （100～150 亩）。

（六）担架式喷雾机的维护保养

担架式喷雾机使用时，液压泵不可缺水运转，以免损坏皮碗，在启动和机具转移时更要注意。每次开机和停机前，应将调压手柄扳至卸压位置。喷雾人员一定要穿戴必要的防护用具，特别是操作喷洒部件和喷头的人员。喷洒时要注意风向，尽可能顺风喷洒，以防中毒。

每天完成作业后，在使用压力下，用清水继续喷洒 2～5min，清洗液压泵和管路内的残留药液。卸下吸水滤网和喷雾胶管，打开出水开关，将调压阀减压手柄往反时针方向扳回，旋松调压手轮，使调压弹簧处于自由松弛状态。然后用手转动发动机或液压泵，排除泵内存水，并擦洗机组各部污物。

按使用说明书要求，定期更换曲轴箱内的机油。遇有因膜片（隔膜泵）或油封等损坏，水或药液进入曲轴箱，应及时更换零件，修复好机具，放出原来的机油，用柴油对曲轴箱进行清洗并放干净，换加新机油。

当防治季节结束，机具长期存放时，应严格排除泵内的积水，防止天寒时冻坏机件。卸下喷雾胶管、喷杆、喷头、吸水滤网等，清洗干净并晾干，可悬挂的管件等最好悬挂起来存放。

三、 手持超低容量静电式喷雾器

静电式喷雾是近年来发展起来的一种新技术，因为它使用微电机驱动进行超低容量喷雾，故也在机动喷雾技术中一并进行介绍（图 5-10）。

常用的超低容量喷雾机为手持超低容量喷雾器，主要结构由微电机、干电池及导线、药液瓶及药液输送导管、叶轮、漏斗形喷药罩壳和手持操作杆等组成。干电池就装在手持操作杆的内部，手持操作杆、药液瓶及药液输送导管、微电机与漏斗形喷药罩壳组装成一个整体，微电机的主轴深入到喷药罩壳内

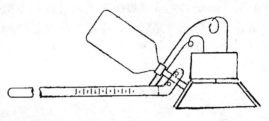

图 5-10　手持超低容量静电式喷雾器

部，主轴上装有叶轮，用于将药液打成雾滴，干电池通过导线与微电机相连，打开开关，干电池即会带动微电机和叶轮旋转。工作时，操作者双手手持操作杆，漏斗形喷药罩壳的罩壳口面对茶蓬，使罩壳口与蓬面有适当距离，打开电源开关，微电机开始转动，驱动叶轮作 7 000～8 000r/min 的高速旋转，药液由药液瓶经过药液输送导管缓慢地滴在旋转的叶轮上，由于叶轮外缘细齿的分割和叶轮高速回转离心力的作用，使药液变成极为细小的雾滴喷出，并使雾滴带电，适用于有导电性的各种农药制剂，这种雾滴的重量极轻，仅为几百万分之一克，并且雾滴直径小于 $20\mu m$。在电力场的作用下，带电雾滴能随气流飘到较远的地方，对目标茶树枝叶喷洒覆盖较均匀，碰到枝叶时，可立即黏附上去，且喷洒以后因风吹雨淋而流失的现象很少，所以，适于茶园中病、虫、草害防治应用，而以治虫效果最佳。

怀柔农机厂在东方红-18 型喷雾喷粉机的基础上，加装了超低容量喷头，使之成为机动超低容量喷雾机，工作性能良好。

由于超低容量类型的喷雾机具，均使用油剂农药而不兑水，十分适用于水源缺乏的山地茶园使用，能节约大量的运水和药液稀释用工，是一种高效的茶园施药机具。但超低容量喷雾机作业时受风力、风向影响较大，使用药液的浓度高，稍微不慎易引起药害，且不能使用乳剂农药，故目前在茶园病虫害防治中使用尚不普遍。

第四节　拖拉机或自走底盘悬挂式喷雾机

拖拉机或自走底盘悬挂式喷雾机，专业叫法称之为喷杆式喷雾机，是一种近年来才开始在茶园中使用的喷药设备。

一、拖拉机或自走底盘悬挂式喷雾机的主要类型

喷杆式喷雾机是一种将喷头安装在横向喷杆或竖向喷杆上的机动喷雾机。这类机型的特点是生产率高，喷洒质量好，是规模性茶园病、虫、害防治用的大型植保机械。可按喷杆配置方式和与拖拉机或自走底盘连接方式进行分类。

1. 按喷杆配置方式分类　喷杆式喷雾机按喷杆配置方式进行分类，可分为横喷杆式、吊杆式和风幕式。

（1）横喷杆式。横喷杆式的喷杆采取水平配置，喷头直接装在喷杆下部，是生产中应用最普遍的喷杆配置方式。农业部南京农业机械化研究所在所研制的高地隙自走式多

功能茶园管理机和金马 3SL-150D 型茶园拖拉机上配套开发研制的喷雾机，就是这种喷杆式喷药机械。

（2）吊杆式。吊杆式在横喷杆下面平行地垂吊着若干根竖喷杆，作业时，横喷杆和竖喷杆上的喷头对作物形成门字形喷洒，使作物的叶面、叶背等处能较均匀地被雾滴覆盖。主要用在棉花等作物的生长中后期喷洒杀虫剂、杀菌剂等。这种类型的吊杆式喷雾器，按其原理应该适合在茶园中应用，但目前还尚未应用在茶园病、虫、害防治中。

（3）风幕式。风幕式喷杆喷雾机是一种较新型的喷雾机，中国目前正处在研制阶段。它在喷杆上方装有一条气袋，有一台风机往气袋供气，气袋上正对每个喷头的位置都开有一个出气孔。作业时，喷头喷出的雾滴与从气袋出气孔吹出的气流相撞击，形成二次雾化，并在气流的作用下，吹向作物。同时，气流对作物枝叶有翻动作用，有利于雾滴在叶丛中穿透及在叶背、叶面上均匀附着。主要用于对棉花等作物喷施杀虫剂，应该在茶树上也可尝试使用。

2. 按与拖拉机或自走底盘连接方式分类　喷杆式喷雾机按与拖拉机或自走底盘连接方式进行分类，可分为悬挂式、固定式和牵引式。

（1）悬挂式。悬挂式喷杆式喷雾机通过拖拉机三点悬挂装置与拖拉机相连接。

（2）固定式。固定式喷杆式喷雾机各部件分别固定装在拖拉机上。南京农业机械化研究所研制的与高地隙自走式多功能茶园管理机配套使用的喷药机型，就是将喷杆式喷雾机各种部件固定在新研制的茶园管理机上的一种机型。

（3）牵引式。牵引式喷杆式喷雾机自身带有底盘和行走轮，通过牵引杆与拖拉机相连接。

二、 拖拉机或自走底盘悬挂式喷雾机的主要结构

喷杆式喷雾机的主要结构由液压泵、药液箱、喷头、防滴装置、搅拌器、喷杆和管路控制部件等组成。

1. 液压泵　喷杆式喷雾机的液压泵主要有隔膜泵和滚子泵两种。

2. 药液箱　药液箱用于盛装药液，其容积有 0.2、0.65、1.0、1.5 和 2.0m³ 等。药箱上方开有加液口，并在加液口设有滤网，药箱下方设有出液口，箱内装有搅拌器，将药液浓度搅拌混合均匀。药液箱通常用玻璃钢或聚乙烯塑料制作，耐农药腐蚀。市场上也有用铁皮焊合而成的，它的内表面涂防腐材料，耐农药腐蚀的性能较差，使用时间较短。

3. 喷头　适用于喷杆式喷雾机的喷头，有狭缝喷头和空心圆锥雾喷头等几种。狭缝喷头的扁平雾流，在喷头中心部位雾量多，往两边递减，装在喷杆上相邻喷头的雾流交错重叠，正好使整机喷幅内雾量分布趋于均匀。空心圆锥雾喷头有切向进液喷头和旋水芯喷头两种，主要用于喷洒杀虫剂、杀菌剂和作物生长调节剂，茶园中使用的多为这种喷头。

4. 防滴装置　喷杆式喷雾机在喷洒除草剂等农药时，为了消除停喷时药液在残压作用下沿喷头滴漏而造成药害，多配有防滴装置。早先，一些产品上装有换向阀，停喷时利用泵的吸水口，将管路中残液吸回药液箱，但这样将会造成药液泵的脱水运转，从而影响药液泵的使用寿命，故近年来这种方法已很少采用。当前常用的防滴装置有三种

部件，可以按三种方式配置。这三种部件是膜片式防滴阀、球式防滴阀、真空回吸三通阀，三种中的任何一种配置均可获得满意的防滴效果。

5. 搅拌器　横杆式喷雾机作业时，为使药液箱中的药剂与水充分混合，防止药剂（如可湿性粉剂）沉淀，保证喷出的药液具有均匀一致的浓度，喷杆喷雾机上均配有搅拌器。常用的搅拌方式，是利用药液泵的压力，在需要时打开搅拌阀门，让部分药液经过液力搅拌，然后返回药液箱，起到搅拌作用。

6. 喷杆　横杆式喷雾机的喷杆依靠桁架进行折叠和展开，桁架并承担安装喷头的作用。按喷杆长度的不同，喷杆桁架一般可为 3 节、5 节或 7 节，除中央喷杆外，其余各节可以向后、向上或向两侧折叠，便于运输和停放。

7. 管路控制部件　横杆式喷雾机的管路控制部件一般由调压阀、安全阀、截止阀、分配阀和压力指示器等组成，用于控制药液流动、喷药量调节、喷头压力和药液的正常喷施。

三、　拖拉机或自走底盘悬挂式喷雾机的工作原理

横杆式喷雾机工作时，由拖拉机或高架底盘动力输出轴驱动药液泵运转，将药液从药液箱中以一定压力排出，经过过滤器后进入调节分配阀，再通过喷杆上的喷头形成雾状喷出（图 5-11）。

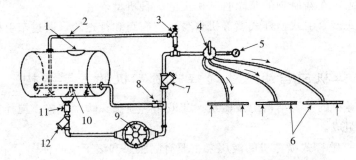

图 5-11　横杆式喷雾机的工作原理

1. 药液箱　2. 旁通回路管　3. 调压阀　4. 调节分配阀　5. 压力表　6. 喷头
7. 过滤器　8. 搅拌阀门　9. 液泵　10. 液力搅拌器　11. 阀门　12. 过滤器

调压阀用于控制喷杆喷头的工作压力，当压力高时，药液通过旁通管路返回药液箱。若需进行搅拌，可以打开搅拌阀门，让一部分药液经过液力搅拌器，返回药液箱，起到搅拌作用。

四、　拖拉机或自走底盘悬挂式喷雾机的操作使用

横杆式喷雾机一般与拖拉机或高架底盘组成大型机组，使用技术的把握十分重要。

1. 施药前的准备　横杆式喷雾机用于喷洒除草剂，风速应低于 2m/s；喷洒杀虫剂、杀菌剂风速应低于 4m/s；风速大于 4m/s 时，不得进行施药作业。喷洒作业时，气温应低于 30℃，以防药液蒸发造成人身中毒和环境污染。应掌握晴天在早、晚时间喷雾，阴天可全天喷雾，要避免在阵雨等雨天进行喷洒作业，以保证良好防治效果。

横杆式喷雾机的使用，应根据不同作物、不同生长期，选择适用机型，并注意喷洒药液的喷头一定要配有防滴装置。使用前要按说明书要求做好其他准备工作，如药液泵及各运动部件加注机油、黄油等，并按规定对机器做好试运转。

横杆式喷雾机，在作业前均要求对拖拉机或自走底盘的行走速度进行计算，计算方法和公式与背负式机动粉雾喷粉机基本相似。按式（5-4）计算方法：

$$V=\frac{Q}{qB}\times10^4 \qquad\qquad (5-4)$$

式中：

V——行走速度，m/s；

Q——喷杆式喷雾机全部喷头的总流量，L/s；

q——农艺要求的施药药液量，L/hm^2；

B——喷杆式喷雾机的喷幅，m。

拖拉机或自走底盘行走机构的状态、作业时茶园内的土壤坚实状况等因素会影响车速。因此，施药前除了了解拖拉机或自走底盘的理论计算行走速度外，还要对行走速度进行实测和校核。一般采用100m测定法，即在茶园内量出100m行间长度，用秒表计时，拖拉机或自走底盘以合适作业挡位和计算速度行走100m，记下所用时间，重复3次，若实测与计算值有差距，可通过增减油门或换挡对行走速度进行调整。

同时，由于喷头磨损或制造误差等原因，会导致各个喷头的喷药量不一致，因此，施药前要对每只喷头进行喷量测定和校核。测定时，药箱装清水，喷雾机以工作状况喷雾，待雾状稳定后，用量杯在每个喷头处接水1min，测出每个喷头的喷量。如果误差超过5%，要更换喷头后再测，直至所有喷头误差均小于5%为止。

2. 施药安全和操作使用　施药作业中，首先要注意施药安全，穿戴必要的安全保护用品；作业中严禁饮食，应在手彻底洗净后才能吃喝；作业中要时刻注意风向转变；作业时出现故障要排除，应注意先卸压再进行拆卸；加药时要注意防止药液飞溅，药液容器和包装物不得随地丢弃，要集中按规定处理。

横杆式喷雾机作业时，要先向药箱内加水，然后再按需要比例倒入农药。对于乳油和可湿性粉剂一类的农药，要事先在小容器内混合成乳剂或糊状物，然后在倒入药箱。

横杆式喷雾机启动前，要将药液泵调压手柄按顺时针方向推至卸压位置，然后逐渐加大拖拉机或自走底盘的油门，使药液泵达到额定转速，再将药液泵调压手柄按反时针方向推至加压位置，并将泵压调至额定工作压力，打开截止阀，喷杆和喷头开始喷雾。

横杆式喷雾机在茶园中作业时，喷洒杀虫剂、杀菌剂和生长调节剂，喷头离茶蓬上沿高度应掌握在30cm左右。作业时驾驶员必须尽可能保持机具规定的行走速度和方向，不能过快过慢或偏向茶行的一边。一旦发现喷头堵塞、泄漏或其他故障，应及时停车排除并注意施药安全。

因横杆式喷雾机属大型植保设备，在茶园中作业转弯掉头和进行地块转移时，要特别注意安全。转弯掉头时，应停止药液喷洒。地块转移时应将喷杆折拢并固定好，切断输出轴的动力。转移时的行进速度不可太快，悬挂式机具行进速度应小于12km/h。

停车时，应先将液泵调压手柄按顺时针方向推至卸压位置，然后关闭截止阀后停车。

3. **维护和保养**　每班作业后，应在茶园内用清水仔细清洗药箱、过滤器、液泵、喷杆、喷头和管路等部件。即向药箱内加入 1/5 容量的清水，以作业状态进行喷洒，清洗输液管路内的剩余药液，检查各连接处有无漏液、漏油，如发现要及时排除。清洗后要将清洗水排净，将机具擦干。

在下个班次如更换药剂，要注意与上个班喷洒的药剂会否产生化学反应而影响药效，此时可采用浓碱水进行多次清洗，然后再注入清水冲洗。

药液泵的保养按使用说明书要求进行。

防治季节作业完毕，机具需长期存放时，要彻底清洗机具，并严格清除液泵和管路内的积水，防止冬季冻坏机件。要求拆下喷头清洗干净用专用箱具保存好，将喷杆上的喷头座孔封好，以免杂物或昆虫进入。将机具放在干燥通风的机库内，避免露天存放，并避免与农药、化肥和酸、碱等腐蚀性物质存放在一起。

横杆式喷雾机的残液处理要高度重视，喷洒农药的残液，要用专用容器存放，安全带回，集中处理。清洗机具的污水，最好在茶园内喷洒干净或选择安全地点妥善处理，不得带回到生活区，更不准随地泼洒，防止环境污染。

五、 高地隙自走式多功能茶园管理机配套的横杆式喷雾机

如前所述，高地隙自走式多功能茶园管理机上也配套横杆式喷雾机，系专为茶园作业而设计，已逐步推广使用，故在此进行简要介绍（图 5-12）。

图 5-12　高地隙茶园管理机配套横杆式喷雾机

（一）高地隙多功能茶园管理机配套横杆式喷雾机的主要结构

高地隙自走式多功能茶园管理机所配套的横杆式喷雾机，主要结构亦由药液泵、药箱、喷杆、喷头等组成。药液箱用工程塑料制成，固定装置在管理机的作业平台上，药液泵采用国产 CBQ-G520-AFPR 型齿轮泵，液泵输出流量为 76L/min，由进口 white 液压马达驱动，液压马达型号 255040A6312BA，每车 1 只。喷杆共有 5 节，左右各 2 节可折叠。作业时向两边放开，作业结束折叠收拢，便于运输。该机一次作业宽度可达12m，同时可喷 8 行茶树，由液力驱动马达驱动药液泵，将药液从药液箱吸出通过管道

以一定压力送入喷杆，然后从喷头形成药雾喷出，均匀喷洒在茶蓬上。

（二）高地隙多功能茶园管理机配套横杆式喷雾机的作业效率

高地隙自走式多功能茶园管理机配套喷雾机，进行茶树植保喷雾作业效率测定结果见表5-4。作业时，每个行程可同时完成8行茶树的喷雾，作业效率可达0.99hm²/h（14.85亩/h），如全班作业（8h）计算，约可完成8hm²（120亩）茶园防治任务。该机实现了高效宽幅的喷雾作业，药液雾化均匀，可实现大面积茶园突发性病、虫、草害及时有效的防治，显著提高了施药工效，减轻了施药劳动强度。

表5-4 高地隙茶园管理机配套喷雾机工作参数实测

喷头个数 个	9
喷头间距 mm	736
喷管长度 mm	5 890
喷杆直径 mm	22
药液箱体积 L	200
喷药行驶速度 km/h	2.2
喷施效率 hm²/h	0.99（14.85亩/h）

第五节 茶园害虫的绿色防治技术

茶树病害虫绿色防治技术，是指不使用化学农药，在茶叶产品中不会形成化学农药残留的病虫害防治技术，目前在生产中越来越受到重视。

一、茶园害虫绿色防治技术的必要性

近年来，世界茶叶进口国以食品安全为由，纷纷提高农药残留等卫生质量标准，设置技术性贸易壁垒，实施贸易保护，严重影响着中国茶叶出口量的增长。与此同时，国内人民随着生活水平的不断提高，食品安全意识逐步加强，对茶产品卫生水平，特别是茶叶中农药残留水平，提出了更高的要求。近年来国内茶区有机茶和绿色食品茶发展受到政府部门和业界重视，但全国90%以上茶树病虫害防治仍以化学防治为主。由于国内这种几乎完全依赖化学农药进行的茶树病虫害防治，往往部分环节管理不严，会造成化学农药的盲目使用，害虫的抗药性增强，现有药剂使用的寿命周期减短，更新加快，造成新品种农药的"缺乏"。加上中国茶区的大部分茶园分散在农户经营，茶树病虫害统防统治推行难度大，无规律、无指导的茶树病虫害防治方式流行，导致害虫"杀不光"。当前，农药不合理使用所导致的茶叶安全问题，已形成制约茶产业提升的又一瓶颈。故通过引导，将广大茶农组织起来，有效利用病虫害综合治理措施，组建容易在实际生产中推广应用的专业化防治模式，逐步实施茶树病虫害的绿色防治，减少化学农药使用，是中国茶产业良性发展的关键途径之一。

当前，植保新技术不断发展，诸多茶树植保技术不断推陈出新。更轻便和先进的灯光诱杀等物理防治技术与设备不断涌现，并在茶园中普遍推广使用。新型、高效的诱虫色板和专化性的性信息素产品有了明显进展，近两年在中国茶区普及推广很快。据统计国际上生物杀虫剂目前已占世界全部农药市场份额的 2.5％左右，发展前景广阔。专家们预计，未来 10 年内，生物农药将取代 20％以上的化学农药。中国现已登记注册的生物农药有效成分有 80 余种、约 700 个产品。其中 Bt 杀虫剂占市场份额的 2％，农用抗生素占 9％，植物源农药占 0.5％。病毒杀虫剂是生物农药的一个重要种类，在茶树上比较成功的有茶小卷叶蛾、茶尺蠖和茶毛虫病毒杀虫剂等。最近，业界又研制出一种吸虫机，用负压气流直接将茶树害虫成虫吸进容器中，是一种不用任何农药的茶树害虫法治方式，已在茶区试用。

二、 茶树害虫灯光诱杀技术与设备

灯光诱杀技术是利用昆虫均有一定的趋光性，设计出各种光诱装置，使用光线引诱农作物包括茶树害虫将其杀死的技术和设备。我国从 20 世纪 60 年代开始推广应用，目前灯光诱杀设备生产厂家众多，据报道以河南鹤壁佳多科工贸有限责任公司的生产量最大，浙江隆皓农业科技有限公司的生产量位于全国第二。

（一）茶树害虫灯光诱杀技术特点

灯光诱杀一般使用黑光灯和谐振灯管作光源，挂在高出茶树 1m 处，下放置水盆，加入少量肥皂水或洗涤剂，或者设置集虫箱，用以在夜间诱杀害虫的成虫，减少茶园内害虫成虫发生量，并减轻下一代茶园害虫的发生量。灯光诱杀是一种仅对有趋光性害虫有效的物理防治技术，它无化学农药污染，是一种无公害或绿色的茶树保护新技术。但是它也存在不足，显著的缺点是对有趋光性天敌昆虫同样有诱杀作用，故使用时应避开天敌高峰期，合理使用。现在一种新型的频振式杀虫灯已在生产中广泛使用，它应用光、电结合的诱杀方式，即先用灯光诱集害虫，然后利用高压电网将害虫杀死，对植食性害虫有极强的诱杀力，诱杀害虫种类多，对天敌相对安全，比较适宜于在茶园中使用。与此同时，中国农业科学院茶叶研究所等单位的专家对诱杀灯光光源进行了深入研究，已取得对茶树部分害虫敏感的光谱和光源，在这些害虫发生的高峰期使用，不会引诱天敌昆虫，一旦应用于生产，将会更进一步加速灯光诱杀技术的推广应用。

（二）杀虫灯的类型

杀虫灯可以按使用的光源类型、电源类型和使用场合进行分类。

1. 按使用光源分类　生产中所用的光诱器即通常所讲的诱虫灯，所用光源有白炽灯、日光灯、黑光灯、高压汞灯、频振式杀虫灯以及近年来出现的铊、镓、钴灯等新型金属卤化物灯等。生产实践表明，黑光灯的防治效果优于白炽灯、日光灯，因为黑光灯光电效率高，耗能低，对茶树主要害虫的成虫有较好的诱杀效果。新型金属卤化物诱虫灯，是在高压汞灯基础上，发展起来的一种新型光源。是在高压汞灯中加入不同金属卤化物，便可获得对昆虫成虫产生引诱功能光波的光。实验表明，这种金属卤化物灯，光强度大，照射距离远，有较强的紫外光谱线，对茶树害虫的光效应即引诱性能优于黑光灯。

2. 按使用电源类型分类　诱虫灯按使用的电源来分类，有使用蓄电池提供 12V 直流电、使用 220V 交流电和使用太阳能电池板为电源等类型。蓄电池供电需经常充电，使用起来不方便，适于用电不方便的偏远山区使用；使用 220V 交流电的诱虫灯成本低，目前应用较普遍，但需要在使用田间拉电线；使用太阳能电池板为电源，虽购机价格较高，但因不需拉电源线，安装使用方便，目前普及推广非常快。

（三）生产中常用的杀虫灯

如上所述，当前生产中常用的诱虫灯，有黑光诱虫灯和使用常规电源或太阳能电板电源的频振式虫灯等。

1. **黑光诱虫灯**　黑光诱虫灯是较早在茶园中获得应用，并且当前仍属于较普遍使用的诱虫灯类型。

（1）黑光诱虫灯的基本构造。黑光诱虫灯的基本结构由 220V 常规电源、黑光灯管、防雨罩、灯架、挡虫板、害虫收集器和支架等组成（图 5-13）。

220V 常规电源用电线拉至茶园中，可空中架线，也可埋入地下，到达灯位从地下钻出，接在黑光灯上，电线以不妨碍茶园耕作、采茶等作业为原则。

黑光灯管的外形和普通照明用日光灯管完全相同，只是灯管内壁所涂的荧光粉不一样。所使用的配件镇流器、继电器和开关等均与日光灯配件相同。

防雨罩又称灯顶，装在灯管上端，用薄马口铁皮或其他塑料防雨材料制成，用以保护灯光和其他配件，以防止雨水浸泡漏电。灯架用扁钢制成，并涂有防锈漆。

图 5-13　黑光诱虫灯

挡虫板用 2～4 片玻璃片或马口铁片制成，长度与灯管相同，用于在害虫虫蛾扑灯时相撞，跌入水盆或害虫收集器中，增强诱杀效果。

传统的害虫收集装置，实际上就是装在黑光灯下的盆形容器或者就是一般水盆，里面盛适量清水洒少量煤油等或用肥皂水，用于扑杀害虫虫蛾。现在黑光灯配置的害虫收集装置，一般已使用金属加工的害虫收集器，方便耐用。黑光灯支架可用水泥柱、钢管柱或木柱等，用以支撑整个诱虫灯。

黑光灯的工作原理是，当电源开关接通，黑光灯管内激发离子，在两极间高电压所形成的电场作用下，先是使灯管内的氩气电离而放电，随着放电的进行，管内温度升高，由汞汽化电离逐渐代替了氩气的放电，而发出 2 573A 的紫外线。这种紫外线激发管内的荧光粉，发出 3 500A 的紫外线，由于昆虫的趋光性和对紫外光一定波段的敏感性，被诱集到灯下，落入害虫收集器内，达到诱杀之目的。

（2）黑光诱虫灯的维护保养。定期检查灯具各部件有无损坏，电源引线等有无漏电，有则排除。

被诱杀至害虫收集器内的害虫虫蛾尸体要及时清除并清洗水盆，盆内清水或肥皂水要定期更换。

灯具不用时，拆下灯架、灯管和灯顶，擦拭干净，包好放在仓库中保存。灯顶和灯架上的防锈油漆如有脱落，应重新涂抹。

2. **频振式杀虫灯**　频振式杀虫灯是一种使用频振灯管作诱虫光源的诱虫灯，目前在生产中使用越来越普遍。

(1) 频振式杀虫灯的基本构造。频振式杀虫灯的基本结构由电源、频振灯管、高压电网、害虫收集器、绝缘柱和控制箱等组成。电源与黑光杀虫灯一样，用 220V 常规电源，拉电线到茶园内；也有直接使用蓄电池做电源的，但因不方便，应用较少；目前逐步使用较多的是太阳能光伏电板加蓄电池形式电源，被称为太阳能频振式杀虫灯，白天光伏电板接受阳光发电，并将电能贮存在蓄电池中，蓄电池容量不同，可以并联带动 1～10 台

图 5-14　太阳能频振式杀虫灯

杀虫灯。太阳能频振式杀虫灯不用拉线，所有部件均在出厂前已装配好，安装时将绝缘柱栽在茶园内，将灯具总成装在绝缘柱上即可使用。频振式杀虫灯的另一大特点是在频振灯管周围装有高压电网，工作时可产生 2 000V 以上的高压，害虫飞近接触会立即被击昏或击死，而掉入害虫收集器内，显著提高了杀虫效果。由于高压电网通过的电流很小，不会造成人畜触电，使用安全。并且由于电网的特殊绕线方式，还使电网电击栅具有自动清除功能，自动清除高压触杀而粘在栅格上的虫体和黏液。害虫收集器位于诱虫灯和高压电网下部，可以是塑料盒，也可以是布袋，用以收集由灯光诱集并被高压击杀的虫体，虫体取出后可用于畜禽和养鱼饲料。故也有把诱虫灯专门装在鱼塘水面以上，不装集虫器，使诱杀虫体直接掉入鱼塘内，作为养鱼饲料（图 5-14）。

(2) 频振式杀虫灯的性能参数。国内频振式杀虫灯的生产厂家众多，不同厂家产品的性能参数可能会有所差异，但总体来讲大同小异。河南鹤壁佳多科工贸有限责任公司生产的以常规 220V 交流电为电源的频振式杀虫灯的主要性能参数如下：

电源电压、频率 V、Hz：220、50

电源波动范围 V：160～280 能正常工作

绝缘电阻 MΩ：≥2.5

诱集光源：频振灯管，波长 320～680nm

灯管启辉时间：电源电压为 200～280V，5s、160～200V，15s

害虫撞击面积 m²：0.5

功率 W：≤25

高压电网电压 V：2 300±115

电网材料：耐弧镀膜网线

网线直径 mm：0.6（触杀害虫横网采取螺旋绕制，有自动清扫功能，防止因虫体残余短路，网格间距根据靶标害虫选择，一般≤10mm）

自动保护：当湿度≥95％RH 时，频振灯自动进入保护状态，停止工作；当湿度≤95％RH 时，频振灯自动恢复工作

开灯时间控制：有自控和人工控制两种。自控为晚上自动开灯，白天自动关灯

绝缘柱：灯柱为绝缘柱，在雨天高压电网连续拉弧 30min，绝缘柱无炭化现象，瞬时耐高温 1 000℃，耐腐蚀

控制范围 亩：30～50

设计寿命 年：4～6

河南鹤壁佳多科工贸有限责任公司生产的太阳能频振式杀虫灯产品类型较多，性能指标大部分与 220V 交流电为电源的频振式杀虫灯相同，但也有以下主要不同性能参数产品可供选用。

诱集光源：15W 频振灯管（可根据不同靶标害虫选用不同波长频率的 1 # ～20 # 频振灯管）

功率 W：20

工作电压 V：12

灯体高度 mm：2 200

灯管启辉时间 s：5

太阳能电池板功率 W：≥40（根据当地光辐射强度选配，以保证蓄电池使用寿命）

蓄电池：12V、24Ah（免维护）（根据灯体消耗，每天工作 6h，连续 3 天阴雨天可正常工作）

诱集害虫撞击面积 m²：≥0.15

集虫袋尺寸 mm：240×400×380

可增设时间段控制：根据不同靶标害虫习性规律，可设定 10 个时间段

单灯控制半径 m：100～120

设计寿命 年：10～15

（3）频振式杀虫灯的使用效果。大量调查表明，频振式杀虫灯能诱杀农、林、果、茶、蔬菜等害虫 1 000 多种，每盏灯控制面积 30～50 亩，可降低昆虫产卵量 70% 左右，替代部分化学农药防治，一般可减少化学农药用药 2～3 次。仅浙江省保有量已达 20 多万台。

（4）频振式杀虫灯的使用和保养。频振式杀虫灯体积较小，安装使用方便。在茶园中最好连片安装使用，如果在大片茶园中仅安装一两盏灯，会诱引大量害虫聚集，在灯光边缘处会有部分害虫未被杀死，而停留在茶园内，造成局部危害严重。故一般是要求在茶园中以杀虫灯控制半径为标准，按田字格整块布置杀虫灯，这样应用效果较好。

频振式杀虫灯的正常保养，首先要注意及时清除高压电网上残留的昆虫黏液和尘土，即使是有自动清除性能的杀虫灯也要注意这一点。不具备自动清除性能的杀虫灯，常有昆虫尸体、黏液和尘土粘在高压电网上，使高压升压器温度升高、产生短路而损坏，故每天都应进行清除。其次是太阳能频振式杀虫灯，其光伏电板若有灰尘覆盖，会严重影响其发电功能，故应经常用毛刷清扫。

3. 新型 LED 杀虫灯 新型 LED 杀虫灯是中国工程院陈宗懋院士带领其团队近两年与相关高校、企业合作研究开发出的一种新型杀虫灯，试用效果良好。

（1）新型 LED 杀虫灯的研究开发背景。利用昆虫趋光性对茶树等作物害虫进行灯光诱杀，已在茶树害虫防治中发挥重要作用。但目前常用的谐振式杀虫灯虽然进行了深入研究，但长期应用表明，相对来说灯管诱杀还是具有广谱性，对非目标害

虫和天敌均具有诱杀能力；并且对体型较小的茶树害虫杀灭能力较差；谐振灯易损坏，寿命短。为克服上述缺陷，历经 3 年以上的反复研究和试验，最终完成新型 LED 杀虫灯的研制。

（2）新型 LED 杀虫灯的主要结构及工作原理。新型 LED 杀虫灯的主要结构主要由诱虫光源和杀虫装置组成。

茶园中常见的昆虫趋光特性的研究结果显示，茶园中的主要害虫包括茶小绿叶蝉、茶尺蠖、茶毛虫、茶刺蛾、茶衰蛾等鳞翅目害虫，以及茶象甲、金龟等鞘翅目害虫，这些害虫的趋光反应广谱峰值主要集中在 2 个狭窄的光谱区域；茶树害虫的主要天敌包括隐翅虫、步甲、瓢虫等鞘翅目天敌，食蚜蝇、寄蝇等双翅目天敌，草蛉以及茧蜂、小蜂、姬蜂等膜翅目天敌，这些天敌的趋光反应广谱峰值主要集中在紫外光区域并呈现出多样化，因此新型 LED 杀虫灯的诱虫光源就只选取了具有诱集茶树重要害虫功能的 2 种单波光 LED 灯珠，将这 2 种单波光 LED 灯珠交错并均匀地装在基板上，制成诱虫光源。与具有多种光谱峰值的谐振灯相比，LED 光源在诱捕茶树重要害虫的同时，能够最大限度地减少对天敌昆虫的诱杀量。

新型 LED 杀虫灯的杀虫装置采用了吸风式风扇装置，它装在 LED 光源的下方，风扇运转时将产生定向气流，利用负压，将 LED 光源诱集来的茶树害虫吸入风扇中杀死，然后收集在风扇下方的网带中（图 5-15）。

图 5-15　新型 LED 杀虫灯诱虫光源和茶园中应用

（3）新型 LED 杀虫灯的应用效果。采用浙江托普云农科技股份有限公司（杭州）生产的新型 LED 杀虫灯和茶园中常见并由佳多科工贸股份有限公司生产的谐振式网型杀虫灯（鹤壁），进行对比试验。试验选取涵盖华南、江南、西南等主要产茶地区的茶园，进行对比试验结果调查。调查包括安徽祁门、重庆永川、四川成都、贵州遵义、江西南昌、山东日照、云南普洱、河南信阳、湖南长沙、浙江杭州、福建宁德共计 11 个省、市，试验茶园要求茶树品种一致。在每个试验茶园中布置新型 LED 杀虫灯和对照谐振式杀虫灯各 3 盏，杀虫灯彼此间距离不小于 100m。试验于 6～11 月间每月上旬和下旬各进行一次开灯诱集试验，共 12 次。试验调查间隔期间关闭杀虫灯且茶园中不施农药，开灯时间为傍晚日落前 60min，关灯时间为日出后 30min。关灯后将收集的茶园昆虫进行分类统计，采集数据采用 SPSS 13.0 进行统计分析。

新型 LED 杀虫灯和谐振式杀虫灯对茶园主要害虫的诱杀结果表明，除了山东日照茶小绿叶蝉并非主要害虫外，新型 LED 杀虫灯在其他所有试验茶区中对茶小绿叶蝉的诱捕量均高于对照谐振式杀虫灯。新型 LED 杀虫灯对叶蝉的诱杀效果比对照谐振式杀虫灯提高了 140.84％±39.70％。综合所有试验茶区的主要害虫诱捕总量，新型 LED 杀虫灯对茶树主要害虫的诱杀效果比对照谐振式杀虫灯提高了 87.41％±37.39％。

至于新型 LED 杀虫灯对茶园主要天敌昆虫的诱杀效果，综合重庆永川、四川成都、山东日照、河南信阳、湖南长沙、浙江杭州、福建宁德 7 个天敌资源丰富的试验茶区内主要天敌害虫诱捕总量，新型 LED 杀虫灯比对照谐振式杀虫灯主要天敌害虫诱捕总量比常规频振灯降低了 113.79％±25.90％。

以上试验结构充分证明新型 LED 杀虫灯对茶树主要害虫诱杀效果良好，显著减少了天敌昆虫的诱杀量，具有茶园常用谐振式杀虫灯无法比拟的优势，LED 灯寿命长，不易损坏，稳定性好。并且新型 LED 杀虫灯采用了吸风式杀虫风扇，可克服高压电网（网线间距 8～10mm）对小体型害虫击杀能力差的缺陷。故新型 LED 杀虫灯可在茶树害虫防治中发挥重要作用，具有巨大的应用前景。

三、 色板和信息诱杀技术

色板和信息诱杀技术，在 20 世纪 80—90 年代就已出现，但未能在茶园中广泛应用。近几年利用茶小绿叶蝉、黑刺粉虱、茶蚜等茶树害虫均具有趋黄、绿色等特性。使用色板诱、粘杀茶小绿叶蝉、黑刺粉虱等茶园害虫的技术，在茶园虫害防治中，应用已普遍。

（一）化学引诱器

化学引诱器又称化学诱捕器，是根据昆虫的趋化性行为设计的灭虫器具，它能针对不同昆虫趋化性行为，提供相应的引诱化学物质，加以诱杀或诱捕。以上海昆虫研究所等单位 20 世纪 60 年代自行研究制造的盒式诱捕器较为完善，制作方便，结构简单，可随身携带，对诱杀鳞翅目、双翅目等多种害虫效果良好。

盒式诱捕器是根据昆虫飞翔特点、交配行为而设计的纸质粘胶型诱捕器。盒中心放有一只由用人工合成性引诱剂的胶管诱芯，不同引诱剂，其诱虫对象专一。而盒内壁涂有粘虫胶，粘虫胶使用的原料为低分子聚异丁烯、无规聚丙烯干剂和 18 号机械油等。配置时将低分子聚异丁烯中按 1∶1 加入聚丙烯干剂进行混合，为加快溶解，可用电炉等加温，并不断搅拌均匀，形成粘虫胶。也可在增粘剂无规聚丙烯中直接加入机械油溶解制成粘胶，两者比例以 7∶3 进行混合，然后用水溶加温搅拌均匀，待粘质降低，变得可以流动，即形成可使用的粘虫胶。将粘虫胶均匀涂抹在纸质硬板或塑料板上，即形成用于粘虫的粘虫板。

20 世纪推荐茶园、果园和农田均可应用的诱捕器，有一种称之为三角形诱捕器形式。它用 1mm 厚表面上蜡的硬卡纸做成，可以防雨，尺寸大小如图 5-16 所示。折成三角形后，内壁涂上粘胶，橡皮诱芯塞贴在粘胶上，用直径 2mm 铅丝按图示形状弯成挂钩，将内设橡皮诱芯的三角形胶板挂住，形成一只完整的诱捕器。使用时将其挂在茶园、果园或农田内，悬挂高度与目标害虫虫蛾的活动高度保持一致。当时为了强化诱杀效果，有时还在粘胶中加入少量的杀虫剂，一般如每千克粘胶中加入 2.5％溴氰菊酯100～200mL，被诱来的成虫即使未接触粘胶表面，也可被击倒死亡。

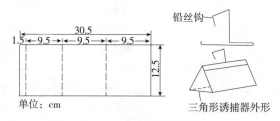

图 5-16　三角形诱捕器

（二）色板诱杀技术在茶园中的应用

茶小绿叶蝉，是中国茶区当前对茶树危害最严重的害虫，它以若虫和成虫吸取茶树汁液，影响茶树营养物质的正常输送，茶树受害后，芽叶叶筋变红，叶边红焦，以致茶芽枯焦，停止生长。受害茶园，春茶后期和夏秋茶一般减产 10％以上，重则损失30％～50％。在茶园内假眼小绿叶蝉每年发生 9～11 代，虫量以 5、6 月份最集中，持续时间最长，严重发生时，每年喷药次数达 10 次以上仍难以控制。

黑刺粉虱也是茶园茶叶主要害虫之一，主要以幼虫在叶背吸取茶树汁液，并排泄蜜露，招致霉菌寄生，诱发霉病，严重时茶树一片漆黑。受害茶树光合作用效率下降，发芽密度显著减少和变迟，芽叶瘦弱，落叶严重，从而影响茶叶产量和品质，并严重影响茶树树势。黑刺粉虱一年发生 4 代，以第一代危害最为严重，第一代幼虫发生盛期在 5月中旬。也是一种单纯靠化学农药难于防治的害虫。

然而研究表明，这两种害虫的成虫，对黄、绿色特别是黄色特别敏感并有趋集性，这就为应用色板进行诱杀提供了可能性。

为了应对茶小绿叶蝉、黑刺粉虱等主要害虫的危害，中国农业科学院茶叶研究所与厦门英格尔科技开发有限公司合作研制成功茶小绿叶蝉、茶黑刺粉虱色板和信息素诱捕新技术。色板是一种在黄色或绿色塑料板上涂上粘虫胶的粘虫板，并且在色板上装上一个加上引诱化合物的橡胶诱芯，而形成一种色板诱捕器，在茶园中已获较普遍应用。

浙江省磐安县 2011 年 5～8 月在黑刺粉虱和茶小绿叶蝉高发期茶园中，利用色板进行了防治试验，试验茶园面积达 600 亩。其中依山茶场防治面积达 250 亩，每亩茶园布置（26×26）cm 色板 20 片，诱板底部距茶蓬蓬面 5cm，调查统计表明，色板使用效果可达 15～20d，用于诱杀茶小绿叶蝉，每块诱杀黄板可诱杀茶小绿叶蝉 1 500 只以上；用于诱杀黑刺粉虱，每只黄板可诱杀 20 000～25 000 头、最多可达 30 000 头黑刺粉虱成虫，显著减少了茶园中的上述两种害虫的虫口数量，也显著减少了茶园的化学农药用量，如依山茶场统计，在使用黄板的 250 亩茶园中，2011 年为防治以上两种虫害平均喷洒化学农药 2.5 次，而未进行黄板防治的茶园喷洒化学农药 4 次。

然而试验使用也表明，绿板效果普遍只有黄板的 50% 左右，并且表明信息素诱芯作用不够明显。一方面试验需要进一步重复进行，另一方面，初步结果认为，对诱芯物质还要进一步进行研究、探讨和改进。此外，黄板诱杀技术推广应用后，对于使用后残留的废黄板如何处理，尚无统一规定和方法，造成一些茶区采用焚烧或废弃乱丢，烟雾或废黄板均对茶园环境造成一定影响（图 5-17）。

图 5-17　黄板对茶小绿叶蝉（左）和黑刺粉虱（右）诱杀效果

（三）味源诱杀

也被称作食饵诱杀，即利用害虫对某些气味具有趋化性，而使用一些饵料发出气味来进行诱杀。常用的有糖醋诱蛾法，就是将糖、醋和黄酒按 4.5∶4.5∶1 的比例，放入锅中文火熬煮成糊状（亦可加入适当比例的化学农药），一部分倒入盆钵底部，另一部分涂抹在盆钵的内壁上，再将盆钵放在茶园中，诱集具有趋化性的茶卷叶蛾和地老虎等害虫的成虫。这些害虫在飞入盆钵取食时，会触及糖醋液被粘连或中毒而死。此外，用米糠、麦麸在锅中炒出香味，可直接堆积用来诱杀地老虎幼虫或白蚁、蟋蟀等杂食性害虫。

四、核型多角体病毒防治技术

利用茶尺蠖核型多角体病毒和茶毛虫核型多角体病毒等对 1～2 龄茶尺蠖和茶毛虫等害虫进行防治，对人畜无害，不杀伤天敌，害虫取食喷有病毒的芽叶患病瘫痪死亡，喷洒一次可控制两三年的害虫发生。

2011 年，浙江省磐安县特产站张兰美等在中国农业科学院茶叶研究所研究人员指导下，对当年发生的不足 2 龄幼虫期茶尺蠖、超过 2 龄茶尺蠖、茶尺蠖第四代主害代三个阶段设立试验点进行了茶尺蠖核型多角体病毒对茶尺蠖的防治效果试验。

2011 年 5 月 6 日在磐安县桃石尖茶业有限公司有机茶基地防治试验示范点，发现该公司近 50 亩成龄茶园内出现茶尺蠖危害，茶尺蠖幼虫处于 1～2 龄幼虫期，每亩有 3 个发虫中心，当时就用 15mL/亩茶尺蠖病毒制剂茶核·苏云金进行喷雾防治。一周后的 5 月 13 日到实地观察，已没有发现活虫口，直到 2015 年尚未发现茶尺蠖危害，防治效果良好。

5 月 15 日在磐安县桃石尖茶业有限公司附近的磐安县窈川乡郑深桃农户茶园发现茶尺蠖危害，茶尺蠖幼虫刚超过 2 龄，当时用 20mL/亩茶尺蠖病毒制剂茶核·苏云金进行喷雾，5 月 17 日观察，尚有少量虫龄较大幼虫在茶树上，但已不进食。5 月 18 日再次观察已看不到茶尺蠖幼虫，防效同样良好。

在磐安县依山茶厂基地茶园茶尺蠖病毒绿色防治试验示范点，400余亩茶园为免耕茶园，树龄34年，树幅180cm，历年茶尺蠖发生严重。2011年8月23日，当茶尺蠖处于四代重叠时，选择有代表性茶园区块，使用茶尺蠖病毒制剂茶核·苏云金进行了茶尺蠖第四代主害代的防治试验。试验设置三个处理（茶尺蠖病毒制剂茶核～苏云金、茶核·苏云金＋生物农药0.6％苦参碱水剂、化学农药50％辛硫磷乳剂）＋空白对照。试验作3个重复，每个处理86.4m²，每个小区345.6m²，试验总面积1 036.8m²。药剂采用FST-800型背负式动力喷雾机喷雾。试验结果显示，施药3天后，茶核·苏云金、茶核·苏云金＋0.6％苦参碱水剂、50％辛硫磷乳剂三种药剂的防治效果都在47％以上，50％辛硫磷乳剂的效果最好达到73.6％；施药6d后防效都达到了76.3％以上，50％辛硫磷乳剂的防效达到93.3％；施药9d后，50％辛硫磷乳剂的防效降到87％，药后12d降到81.9％。防效最好的是茶核·苏云金＋0.6％苦参碱水剂达93.3％，其次是茶核·苏云金达89.6％。试验也表明，茶核·苏云金＋0.6％苦参碱水剂优于茶核·苏云金单剂喷施效果，而且是高浓度效果更好，药效持续时间长。

上述实验表明，茶尺蠖病毒制剂对茶尺蠖具有较好的防治效果，但应强调在茶尺蠖1～2龄幼龄期防治效果较好；超过2龄虽可进行防治，但应增加施药浓度；当茶尺蠖处于第四代主害代时就需要搭配其他生物农药如苦参碱进行防治。同时试验还发现，茶尺蠖的化学农药防治，虽然见效较快，随着喷药后的时间推移，效果下降，而茶尺蠖病毒制剂和茶尺蠖病毒制剂与其他生物农药复合喷施，随着喷药后的时间推移效果上升，最后超过化学农药。

与此同时，近年来在推广应用茶尺蠖病毒制剂对茶尺蠖防治过程中，发现茶尺蠖不同地理种群对病毒制剂敏感性有差异，造成防治效果不同，最近中国农业科学院茶叶研究所研究员肖强课题组与中国科学院动物研究所合作，明确了在中国茶区广泛分布、形态极其相近的茶尺蠖和灰茶尺蠖两个近缘种，是造成茶尺蠖病毒制剂效果差异的原因。因为两个近缘种形态差异细微，且分布区域尚不明确，即使在同一省份茶区还同时存在不同的种，故今后尚待对病毒制剂类型和两个近缘种的分布区域等，进一步开展相关研究。

五、 吸虫机

吸虫机是茶树虫害防治的一种新型设备和防治概念，不喷洒农药，而用机械产生的空气吸力，将害虫吸入容器而消灭，是一种绿色防治设备。目前开发的吸虫机有两种，一种是高地隙茶园管理机配套吸虫机，一种是背负手持式机动吸虫机。

1. 高地隙多功能茶园管理机配套吸虫机 与高地隙自走式多功能茶园管理机配套的吸虫机，安装在茶园管理机上，由茶园管理机悬挂作业。主要结构由离心式风机、风管、吸虫漏斗和集虫箱等部件组成。吸虫漏斗通过风管与离心风机的进风口相连接，而集虫箱通过管道与风机出风口相连接。作业时，管理机提供的动力，带动离心风机运转，离心风机通过风管，使吸虫漏斗下部产生负压，这时茶园管理机匀速向前行走，与茶蓬蓬面形状基本一致的吸虫漏斗，从茶蓬蓬面上部经过，由于吸虫漏斗内的负压作用，便将茶树上的害虫如会飞的茶小绿叶蝉成虫被吸进吸虫罩斗，并通过风管进入风、虫分离室，而被收集在集虫箱中，达到消灭害虫之目的。使用证明，该机在茶小绿叶蝉成虫等害虫高发期间使用，有一定效果。该机开发初期，曾将吸虫漏斗装于茶园管理机后部，由于机器作业时，茶园管理机先行吸虫机走过茶蓬，会将部分茶小绿叶蝉等成虫赶飞，影响防治效果。为此，新一轮机具将吸虫漏斗装在了茶园管理机前部，防治效果有所改善（图5-18）。

图5-18　高地隙茶园管理机配套吸虫机

2. 背负手持式机动吸虫机　在背负式机动喷粉喷雾粉机基础上改装的吸虫机。是在机器原有机构基础上，拆除喷管，在喷管与风机接口处捆接上集虫布袋。并利用原有风机，在进风口处装置吸虫软管，软管终端接吸虫漏斗，吸虫漏斗上装有手持把手，从而形成背负式吸虫机（图5-19）。

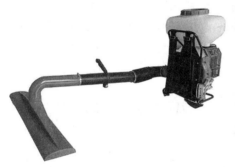

图5-19　背负手持式机动吸虫机

作业时，启动吸虫机，操作者将吸虫机背在身后，手持吸虫漏斗，将吸虫漏斗置于前方的茶蓬上部，与茶蓬蓬面保持适当距离，匀速向前行进。这样，在发动机的带动下，风机运转，通过吸虫软管使吸虫漏斗进风口内形成真空，从而将吸虫漏斗下部所覆盖处的茶小绿叶蝉等害虫成虫吸入进风口，并通过吸虫软管进入风机，然后从喷管接口被吹入集虫袋，达到除虫之目的。初步试用表明，性能良好。

第六章 CHAPTER 6
中国茶叶机械化技术与装备

茶园灌溉和排水机械

茶园多分布于山区，夏季常常会发生旱害。同时，中国广大茶区大多又雨水充沛且分配不均，特别是在低丘红黄壤地区，又易造成土壤湿害。为保证茶树的正常生长和优质高产，因此对茶园要进行适时灌溉和排水，系茶叶生产中很重要的农业技术措施。

第一节　茶园灌溉原理与灌溉类型

茶园灌溉就是对茶园土壤有节制的灌水，以补充因降雨短缺和分配不均。茶园灌溉，应根据茶树的需水特性，正确确定茶园的灌水时期、灌水量和选用的性能良好的灌水机械。

一、　茶树的需水特性

茶树生育对温、湿度要求较高，它喜欢生长在温暖湿润的环境中，需水量较大，且要求水分分布与茶树生育各阶段的需水量相适应。研究表明，茶树每生产 1g 干物质，需要蒸腾水量 300～385g，一般要比其他木本植物需水量大。例如在杭州茶区，亩产 200kg 干茶的茶园，全年就需要降水量 960～1 200mm。

土壤水分是茶树生理与生态需水的主要来源，又是土壤肥力的重要组成部分，对茶树生育关系密切。研究还表明，茶树芽叶生长强度、叶片形态结构及其内含物的生化成分等指标，均以土壤相对含水率 80%～90% 为最佳，而根系生长则以 65%～80% 为好。在适宜的土壤湿度下，茶树生长旺盛，体内含水一般占全株质量的 60% 左右，幼嫩芽叶含水率甚至可达 80% 左右。实践证明，凡旱季灌溉，使土壤湿度保持在田间持水率的 70%～90% 的茶园，无论是鲜叶还是加工后的成品茶，品质都有不同程度的提高，产量增加更显著，一般可比田间持水率低于的 70% 的茶园增加 30% 以上，显然经济效益较高。但茶园土壤水分含量过多同样有害，会使土壤物理性状变差，土壤空气含量减少，削弱茶树根系呼吸和吸肥、吸水能力。时间稍长，茶树新梢生长受到抑制，结果形成茶树湿害，造成茶叶减产。

二、　茶园灌溉时间

茶园灌溉效果，在很大程度上取决于灌溉是否适时。中国茶农在茶园灌溉时，历来有"三看"的经验：即看天气是否有旱情出现、看泥土干燥缺水的程度、看茶树芽叶生长与叶片形态是否缺水，从而科学地确定茶园灌溉适期。

研究表明，细胞液浓度，新梢叶水势（以 MPa 表示）等对外界水分供应很敏感，与土壤含水率和空气温、湿度具有较高的相关性。如上午9时前测定，细胞液浓度低于8%～9%，叶水势高于－0.5MPa，表明茶树体内水分供应较正常。若细胞液浓度达到10%左右，叶水势低于－1.0MPa，表明茶树树体水分亏缺，新梢生育将会受阻，这时应给土壤补充水分，即茶园需要灌溉。

同时，科学研究还表明，土壤湿度即土壤含水率高低，是决定茶园是否需要灌水的主要依据之一。一般情况下，茶园土壤含水率为田间持水率的90%左右时，茶树生长旺盛；降到60%～70%时，茶树新梢生长受阻；低于60%时，新梢即要受到不同程度的危害，因此，用土壤湿度计对土壤含水率进行测定，以茶园根系层土壤相对含水率达到田间持水率的70%时，作为开始灌溉指标。

茶园灌溉还与气象要素有关，如气温、降水量、蒸发量等的变化和茶园水分的消长密切相关。生产实践中，应密切注视天气的变化与当地常年的气候特点，特别在高温季节。近年来的研究认为，当日平均气温接近30℃，最高气温达35℃以上，日平均水面蒸发量达到9mm左右，持续一星期以上，这时对土层较浅的红壤丘陵茶园，会有旱情露头，就需要安排灌溉。

三、 茶园灌水量

干旱季节茶园究竟需要灌溉多少数量的水，主要应由茶园类型即茶树生育阶段的需水特性与土壤质地来定。适宜的灌水量，既要求灌溉水及时向土壤入渗，又要能达到计划层湿润深度，满足茶树的需水要求。一般确定茶园适宜的灌水量可采用茶园各阶段的日平均耗水量来确定。在高温旱季，应以5d左右为期测算自然降水量与茶园耗水量之差额。在气温较低的春旱或秋冬旱期间，以10～15d为期测算土壤水分的亏缺量。在壤土茶园中，当耕层（0～30cm）土壤缺水近30mm（相当土水势－0.08MPa左右）时，就应开灌补水。

另一种确定茶园灌水时间和灌水量的方法，是采用土壤湿度计（又称负压计、土壤张力计）进行土壤水势变化的定位和监测，从而指导茶园灌溉。使用时，可将张力计埋设在茶园灌溉计划层土壤中，当张力计读数达到600mm汞柱（相当于土水势－0.08MPa）以上时，开始灌溉补水，灌至湿度计读数指针回到100mm汞柱（相当于土水势－0.01MPa）以下时，即停止灌水。用土壤湿度计指导茶园灌溉，既直观又易行。

四、 茶园的灌溉类型

按所使用的灌溉技术与方法，目前茶园灌溉的类型主要有地面流灌、喷灌、滴灌和渗灌等。地面流灌是一种比较费水的传统灌溉方式，已较少使用，目前生产中以喷灌使用最普遍，同时滴灌和渗灌等也在逐步普及中。

第二节　茶园地面流灌设施

茶园地面流灌，是利用水源自然高差即压头或使用抽水机与其他方式，把水引入灌溉沟渠，通过沟渠引入茶园进行灌溉的方式，这是我国茶区传统的灌溉方式，虽然目前引水工程等有所发展，但地面流灌仍是从古至今尚在应用的传统灌水方式。

一、 茶园地面流灌设施的类型

茶园地面流灌通常包括沟灌和漫灌。漫灌就是将灌溉水引入茶园地块后，任其在地块内流动，直至布满整个地块的灌溉方式，由于漫灌耗水量大，又容易造成茶园土壤板结，故传统简单方式的流灌，现已很少应用。

沟灌是在茶园行间开灌溉沟，水在沟内借土壤毛细管作用，边流动边渗透到茶园土壤根部土层中，供茶树吸收利用。这种灌水方法，在靠近山塘、水库边的茶园中应用，具有灵活方便的特点。与漫灌相比，容易控制灌水量，水土流失较少。由于茶园多分布于丘陵山区，自然地形复杂，故在进行较大面积的地面沟灌时，要因地制宜地规划与兴建流灌工程。这方面中国茶区具有较丰富的经验，并有不少茶区和企业，建立了各种规模的茶园流灌工程设施。如湖南涞江茶场的流灌工程的规模就较大，灌溉系统提水用的大小机埠就有 9 处，总吸水量达 2 500m³/h，送水渠道总长达 26 000m，将涞江河水引入，可灌面积占全场茶园总面积的 70%。茶区还有不少茶树种植企业，因陋就简地修筑临时灌水渠，在山脚边或园边兴建水利渠道，开挖水沟引水灌溉，在多雨季节里，还可利用灌水沟当排水沟，排除茶园积水。

二、 茶园地面流灌工程设施的建造

茶园地面流灌工程的建造，通常包括水源和提水机埠、输水渠道和园内灌水沟建造等。

1. 水源和提水机埠 利用水库、河川、山塘、井泉等为水源，并与渠、沟相连组成自流灌溉网。提水机埠位置应设在提水方便，地势居高，有利于缩短主、支渠道为原则。当水位过低或地形复杂时，可采用 2~3 级的提水机埠，并要有可靠的动力设备。

2. 输水渠道 分为主渠和支渠，用于承接提水机埠的出水，并将其引进茶园，其断面大小、建筑参数和结构，应由灌溉需水的流量、地形特点来决定。输水主渠的位置，在水泵扬程范围内，应尽量提高，使茶园基本上置于自流灌溉的范围内。由于地形地势的变化，主渠和支渠的形式可分为明渠、暗渠（埋在地下）和拱渠（抬高在地面上）三种。若需用渠道连接两个山头，还需建造渡槽或倒虹吸管。在建造中，明渠的深度应大于宽度，渠底还应有一定的倾斜度（比降为 0.3%~0.5%），以减少水流损失，使水流速度适中。

3. 园内灌水沟 分为主沟和支沟。在山坡茶园中的主沟，起连接支渠与园内支沟的作用，开设与建筑时要尽量与斜形缓坡园道相结合，以减缓水速，防止水土冲刷。为便于茶园机械操作，部分主沟应开设成暗沟。支沟是直接引水进入茶树行间的灌水沟，在山坡茶园中和主沟斜交相接，应与茶行平行。

三、 茶园地面流灌设施的使用

凡有水源的茶区，干旱季节都可采用地面自流沟灌。但这种灌溉方法存在用水量大，灌水分布不匀等，因此，除合理规划与兴建有关自流灌溉工程外，自流沟灌系统使用中，应掌握以下几项技术。

（1）灌水流量的大小，应按水流情况与土壤条件灵活掌握。一般在坡降和茶树栽培条件相同的情况下，灌溉沟长度长的水流量应大，反之，沟短的流量小些；地面坡降较大，流量要小，坡降平缓的需加大流量；沙性土壤渗水快，流量应适当加大，重壤土和黏土渗透慢，流量要小些。总之应控制在既可浸湿茶树根际土层，又不致产生地表冲刷与地下渗漏为度，使茶行首尾土壤受水均匀，减少水量损耗。

（2）开沟，灌水前在茶行一侧开沟（或隔几行开沟），灌水沟与追肥沟的要求基本一致，沟深 10cm、宽 20cm 左右。引水灌溉后，将沟覆土填平或铺草覆盖，以减少水分蒸发。

（3）梯级茶园沟灌，流量要适当减小，将水由上而下逐级拦阻进入梯层内侧的水沟内。灌溉茶树，切忌让水漫流梯面，避免水土流失，破坏梯壁。平地茶园的自流沟灌，可直接将水引入灌溉沟进行流灌，较简单易行。

四、茶园自流沟灌技术的进展

20 世纪 60 年代以来，茶园自流沟灌在技术上已取得不少新的改进，例如在地势较平坦的茶园中，可采用直径 30cm 的塑料（或薄壁金属）管，代替输水渠或主沟。管上按茶行行距开设出水孔，孔上设开关，调节水流量。灌水时将管道铺设园内，灌完后再收回，此法操作方便，简单易行，已在部分茶园推广应用。

第三节　茶园喷灌设备

喷灌是 20 世纪中期在中国茶区开始普遍推广的一种新的农业灌溉方式，直至目前，仍然是茶园中使用最普遍的灌溉方式。

一、喷灌的定义和发展

喷灌，又称喷洒灌溉，是利用专门喷灌设备，将灌溉用水利用自然压头或使用水泵加压而形成有压水，再通过管道送到茶园内需要灌溉的区域，由喷头喷射到空中，而散成细小水滴，均匀撒布在茶园中的一种灌溉方式，称为喷灌。

喷灌对茶园进行灌溉，由于像降雨一样浇灌茶树，因此过去也被称作人工降雨，但是为了准确对其定义，并为了与在高空撒布干冰或碘化银使自然界降雨的人工降雨相区别，这种灌溉方式还是以称喷灌较为确切。

喷灌在国外最初产生于 19 世纪末，到了 20 世纪 20 年代以前仅限于灌溉蔬菜、苗圃和果树，真正用作大田作物的灌溉，还是到了 20 世纪 40 年代。此后，随着高效喷头、薄壁铝管、轻质塑料管和快速接头的发展和技术改进，喷灌发展迅速。1960 年全世界农作物的喷灌面积达到约 230 万 hm^2（3 750 万亩），到了 20 世纪 80 年代，已达到 0.1 亿 hm^2（1.5 亿亩），并且以后每年都以 10％的速度在发展，目前已成为世界上蔬菜、果树、茶树等经济作物以及大田粮食作物的主要灌溉方式。

中国的喷灌事业起步于 20 世纪 50 年代，最初主要用于蔬菜灌溉，并在上海、南京、重庆、武汉等地建立了第一批喷灌站。1958 年在全国各地兴起了一个大办喷灌的群众技术革新运动，土法上马，取得不少经验。进入 80 年代，国内单喷嘴摇臂式喷头系列和喷灌泵系列开始批量生产，喷灌获得普遍推广应用。20世纪70年代，国内茶园开始引进喷灌技术进行灌溉，并持续快速发展，喷灌技术的普及，已成为茶园机械化作业的一项重要内容。

二、 茶园喷灌设备的构成

喷灌技术在茶园中的良好应用，首要条件就是在茶园中建立一套良好的喷灌系统。茶园喷灌系统主要由水源、输水渠系、水泵、动力、压力输水管道及喷头等部分组成。

1. 水源 　和传统地面灌溉一样，喷灌设备组成的首要要素为水源，喷灌用水同样要求清洁干净，应达无公害茶叶生产技术中关于茶园灌溉用水的要求，具体指标可参考表 6-1。只要水质符合要求，并且在灌溉季节能够保证灌溉所需水量，不论是河流、渠道、塘库、井泉水源均可用作喷灌水源用水。

表 6-1　茶园灌溉用水的水质要求

项　　目	浓度限值
pH	5.5～7.5
总　汞（mg/L）	≤0.001
总　镉（mg/L）	≤0.005
总　砷（mg/L）	≤0.1
总　铅（mg/L）	≤0.1
铬（六价）（mg/L）	≤0.1
氰化物（mg/L）	≤0.5
氯化物（mg/L）	≤250
氟化物（mg/L）	≤2.0
石油类（mg/L）	≤10

2. 水泵 　喷灌与地面灌溉不同的是，要求把水流喷洒成细小的水滴，这就要求水流具有一定的压力，为保证压力足够，水头一般要求达到 10～20m，除了自然界的水流高差形成的压头外，大多数情况下都要使用水泵进行加压，即使利用自然高差，水源的水流已经自流到茶园内，也需使用水泵对管内水流进行加压，才能使水从喷头喷出形成细小水滴，而完成喷灌形式的灌水任务。与喷灌配套的水泵形式有多种，茶园喷灌常用的是离心泵。当然，也有少数山区的茶园，如处于大中型水库坝下的茶园，或者是山区高渠道下方的茶园，也可以利用自然水头而不是用水泵进行喷灌，这种喷灌系统称作茶园自然压力喷灌系统。

在进行茶园喷灌系统配备时，有几项水泵技术指标需了解，方可对水泵进行正确掌握和使用。

（1）水泵流量。又称出水量。是指单位时间内水泵能够抽送的水量，常用英文字母

"Q"表示，单位是 m³/h、L/s 或 m³/s。因为 1m³ 水的质量为 1 000kg，1L 水的质量 1kg，可将流量换算成水的质量。因为 1h 为 3 600s，故可进行不同单位的流量换算，如 20L/s＝72m³/h。

水泵铭牌上标出的流量系额定流量，是指该水泵在正常输入轴功率、标准扬程等标准状况下该水泵的每秒排水量。

（2）水泵功率。水泵功率是指水泵单位时间内所做功的大小，常用英文字母"N"表示。水泵功率可分为轴功率、有效功率和配套功率三种。

轴功率，又称为水泵输入功率，是指动力机传递给水泵轴的功率，即水泵运行在一定流量、扬程下工作时，动力机实际传递给水泵的功率。在实际应用中，若不加说明，水泵功率通常指的是轴功率。轴功率一般小于配套功率。

有效功率，就是把一定的水，从水面压送到出水水面实际消耗的功率，以"$N_效$"表示。因为水泵在工作过程中有各种各样的能量损失，故它比轴功率要小。水泵性能好，使用得当，有效功率就大，反之就小。

配套功率，是指水泵使用中要配套动力机应有的功率。如水泵铭牌上写着"配套功率 10kW"，表示该水泵在使用时，需要配套一台 10kW 的电动机或其他相当功率的动力机。配套功率要比轴功率大，因动力机向水泵传输功率时，在传动中要损失掉一些功率，同时还需要有超载储备功率。

（3）水泵效率。水泵有效功率与轴功率之比称之为水泵效率。它是表示水泵性能好坏的一项重要指标，常用希腊字母"η"表示。计算公式为：

$$\eta＝N_效/N×100\%\qquad\qquad(6-1)$$

式中：η ——水泵效率（%）；

$N_效$ ——水泵有效功率（kW）；

N ——水泵轴功率（kW）。

水泵铭牌上的效率是指该水泵在额定转速运行时，可能达到的最高效率值。水泵效率越高，在同样流量和扬程下，消耗的电力或燃料就越少，也就是经济性能优越。一般离心泵的效率为 60%～80%。

（4）水泵扬程。又称水头，表示所用水泵能够抽水的高度，用英文字母"H"表示。单位是米（m）或其他长度单位。水泵扬程有净扬程、损失扬程和总扬程等。

净扬程，为水泵实际抽水的高度。它可分为吸水扬程和压水扬程，吸水扬程就是进水池水面到水泵轴中心线的垂直高度；压水扬程就是从水泵轴中心线到出水池水面的垂直高度。一般来说，净扬程＝吸水扬程＋压水扬程。

损失扬程，水流经过管路会产生压头损失，使扬程降低，降低的那一部分扬程就称为损失扬程，一般来说，损失扬程＝总扬程－净扬程。

总扬程，指净扬程和损失扬程之和。即总扬程＝净扬程＋损失扬程。

水泵铭牌上标示的扬程是指该泵本身所能够产生的扬程，它不含水流在管道中因受摩擦阻力而引起的损失扬程，在选用水泵时应注意不可忽略，否则将会抽不上水来。

（5）允许吸上真空高度。它表示水泵能够吸上水的高度，是水泵吸水能力的一个重要技术参数，也是确定水泵实际吸水扬程的依据，常用英文字母"H_s"表示，单位是

m。H_S 数值越大，水泵吸水性能越好。简单讲就是该水泵可以安装的离下水面高一些。一般水泵的安装高度应比 H_S 数值低 0.5~1.0m。

每台水泵都有一个允许吸上真空高度，并标注于铭牌上，如果水泵安装的吸水高度加上吸水损失扬程在这个限度之内，则水泵可以正常工作，否则水就会抽不上来。

（6）水泵转速。是指水泵主轴和叶轮每分钟旋转的转数，常用英文字母"n"表示。单位是 r/min。一般小型水泵转速较高，大型水泵转速较低。喷灌配套的离心水泵，小型水泵多采用 n=2 900r/min，中型水泵多采用 n=1 450r/min，大型水泵多采用 n=970r/min 更低一些。

水泵铭牌上标注的转速为额定转速，当水泵转速发生变化时，流量、扬程和轴功率都将发生变化，故在喷灌水泵配用时要对水泵配套电机转速进行确认。

3. 动力机　带动喷灌系统水泵的动力，可以根据当地条件选用电动机、柴油机、汽油机等，或将水泵等装在拖拉机上，由拖拉机的发动机直接带动，目前生产中主要应用的是电动机。动力机的功率大小要根据水泵的配套需求进行确定。

4. 管道系统　管道系统的作用在于把经过水泵加压或有自然压头的灌溉水送到茶园中，管道系统要求能够承受一定的压力，通过一定的水流量，一般有主管和支管两级。为了使喷头安装高度在茶蓬以上有一定距离，避免茶树枝条阻挡喷头喷出的水滴，常在支管上装有竖管，在竖管上再装喷头。为了联结管道系统，还配有一定的弯头、三通、闸阀、接头和堵头等，如需利用喷灌系统进行施肥，还要配备肥料罐和肥料注入装置。

生产中使用的固定式管道有钢管、铸铁管、预应力钢筋混凝土管、塑料管、石棉水泥管、玻璃管和陶压力管等。以塑料管中的硬聚氯乙烯管、聚乙烯管和聚丙烯管常用，但推广并使用最普遍的是聚乙烯管和聚丙烯管。聚乙烯管又称高压聚乙烯管，由低密度聚乙烯树脂加入添加剂，经挤压成型而成。在常温下使用压力为 4 kg/cm²，一般为本色或黑色，每根长度不少于 4m，它是一种半软性管材，可盘成直径为 1~2m 的圆盘，便于运输。聚丙烯管的原料为石油化工产品，来源丰富，性能良好，是当前普遍推广使用的一种喷灌用管材，但聚丙烯管在 0℃ 以下低温条件下比较脆，具有冷脆性。

喷灌使用的移动管道，除要求承受一定的压力、耐用和耐腐蚀外，茶园中有茶蓬阻碍，为移动方便，要求移动管道最好为软管，如高压聚乙烯管、锦纶塑料管等，它耐冲击和摩擦，可以卷起来移动或收藏，每节软管长度可较长，一般为 10~20m，各节之间用快速接头连接，非常方便。生产中也有使用硬质管道的，如硬塑料管、合金铝管和薄壁钢管等，一般长度 6~9m，各节之间也用快速接头连接，但移动困难，因管长较短，故使用的快速接头数量也较多。

5. 喷头　又称为喷灌器，是喷灌机与喷灌系统主要组成部件。作用是把有压的集中水流喷射到空中，散成细小水滴，并均匀地喷洒在所需灌溉的茶园面积内。喷头结构性能和制造质量的好坏，直接影响着喷灌质量。

喷头的种类很多，一般按其工作压力和结构形式与水流形状进行分类。

喷头按工作压力及喷灌范围大小不同，可分为低压喷头（近射程喷头）、中压喷头（中射程喷头）和高压喷头（高射程喷头），其大致参数列于表 6-2。生产中使用的主要是中压喷头，这是因为该类喷头消耗的功率较小，并易于得到较好的喷灌质量，支管间距又不至于过小。

表 6-2　喷头按工作压力（射程）分类表

项　　目	低压喷头 （近射程喷头）	中压喷头 （中射程喷头）	高压喷头 （高射程喷头）
工作压力　m/cm^2	1～3	3～5	＞5
流量　m^3/h	0.3～11	11～40	＞40
射程　m	5～20	20～40	＞40

喷头按结构形式与水流形状不同，可分为旋转式、固定式和孔管式三种。而茶园喷灌使用最多的是旋转式喷头，其他两种喷头形式在茶园中应用很少见。旋转式喷头又称射流式喷头，一般由喷嘴、喷管、粉碎机构、转动机构、扇形机构、弯头、空心轴和轴套等组成。它是使压力水流通过喷管及喷嘴形成一股集中的水舌射出，因水舌内存在涡流，又在空气阻力及粉碎机构（粉碎螺钉、粉碎针或叶轮）的作用下，水舌被粉碎成细小的水滴，并且这时转动机构使喷管和喷嘴围绕竖轴缓慢旋转，这样水滴就会均匀地喷洒在喷头四周的茶园内，形成一个半径等于喷头射程的圆形或扇形的茶园灌溉湿润面积（图 6-1）。

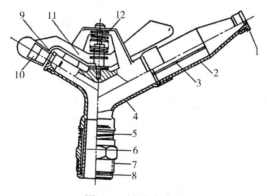

图 6-1　摇臂式喷头
1. 大喷嘴　2. 喷管　3. 整流器　4. 弯管　5. 防沙弹簧　6. 空心轴
7. 套轴　8. 垫圈　9. 小喷嘴　10. 导流器　11. 摇臂　12. 摇臂弹簧

三、茶园喷灌设备的类型

根据茶区的茶园条件，喷灌设备所采用的主要组成部分，可以是固定不动的，也可以是移动的。按照各组成部分的可移动程度，喷灌设备有固定式、移动式和半固定（半移动）式三种形式。

（一）固定式喷灌设备

是一种除喷头外，其余设备均长年固定不动的喷灌系统。动力机和水泵等组成固定的泵站，干、支管道常年埋设在茶园土层内，喷头装在固定的竖管上，为了提高喷头的利用率，也可采取灌溉茶园各区域轮流使用同一批喷头的方式。根据竖管和喷头装置在地块中部还是边角，可选用圆形或扇形旋转喷水的喷头（图 6-2）。

图 6-2　茶园固定式喷灌

　　固定式喷灌设备的特点是操作简便，效率高，便于自动控制，还可以结合施肥和喷洒农药。茶园多分布在丘陵山区，可方便利用山区水源的自然水头，并且可根据茶园需要随时进行灌溉，并且在同一块茶园内可进行多次灌溉。但不足之处是，固定喷灌系统安装后，只能在安装设备的这一块茶园中使用。与其他形式喷灌设备相比，所需设备和管道多，一次性投资大，投资回收年限较长，并且竖管对机械采茶和耕作有一定影响。故比较适合在人力成本较高、高投入、高产出的茶园中应用。

　　（二）移动式喷灌设备

　　是一种除水源（塘库、水井或渠道）固定外，动力机、水泵、干管、支管和喷头都是可以移动的喷灌设备。按照机组安装形式不同，可分为移动管道式和移动喷灌机组式两类。同时，移动喷灌机组式又可分为直联式和管引式两种。直联式是将管道、竖管和喷头与水泵直接相连接，全部安装在手扶拖拉机或手推车、手抬机架上；管引式喷灌机组是将动力机、水泵等安装在手推车、手扶拖拉机或手抬机架上，而软质主管、竖管和喷头可在茶园中任意拉动和摆放。由于这种形式的移动式喷灌系统的动力机移动到一个地点后，其余管件均可按需要移动，可灌溉的茶园面积较大，是生产上应用较多的移动式喷灌设备。移动式喷灌设备希望配备的管道要尽可能长，这样灌溉茶园面积会较大，同时希望一台水泵组成的机组能带动几个喷头，这时可采用低压小流量喷头，它能量消耗小，水滴也较小，射程虽较短，但受风影响小，容易获得较好的喷洒均匀度（图 6-3）。

　　移动式喷灌设备在一个季节里可以在不同茶园地块中轮流使用，设备使用率高。同时，茶园也不是每年都会遇到干旱，在未遇到干旱或农闲不用时，移动式喷灌系统可将管件等拆下，放置在室内保管。当前茶区的柴油机、电动机、手扶拖拉机和微耕机保有量多，可以作为动力机，组装成移动式喷灌机组，一机多用，利用率高。据统计，移动式喷灌系统每亩茶园的投资，可比固定式喷灌设备减少 80％ 以上。但移动式喷灌机组管道等移动较为麻烦和费力，灌溉规模、范围和效益也受到一定限制，适宜于小规模茶园灌溉使用。

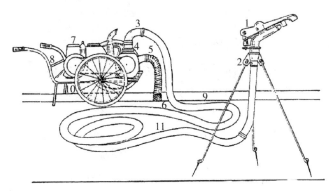

图 6-3　管引式喷灌机组示意图

1. 喷头　2. 喷座架　3. 出水口　4. 水泵　5. 进水口　6. 底阀
7. 柴油机　8. 机架　9. 输水渠　10. 车轮　11. 塑料软管

（三）半固定式喷灌设备

半固定式喷灌设备的动力机、水泵和干管与固定式喷灌系统一样，采取固定形式，而支管和喷头是可以移动的。干管上装有一定数量的给水栓，用于连接支管，一根支管一般装有 2～10 个喷头，由干管通过支管供水灌溉。在一片茶园完成喷灌后，将支管和所带的喷头，一并转移到下一片茶园使用，接到另一个给水栓上继续喷灌。

半固定式喷灌系统节约了大量的支管，故造价比固定式喷灌系统低，又因为水泵机组和干管不要移动，较移动式喷灌系统操作强度低，对茶园中其他机械的作业如机械化采茶等影响较小，生产效率也较移动式高。但是，半固定式喷灌系统与固定式相比，投资和造价虽较低，但较移动式高。同时，由于在一片茶园完成灌溉后，仍需人力在泥泞中移动支管和喷头，工作条件仍较差，劳动强度也较大。

四、 茶园喷灌的技术特点

茶园喷灌与地面灌水方法相比，有着不可比拟的优点。喷灌时，基本上不会产生深层渗漏和地面径流，灌水量分布均匀，均匀程度可达 80%～90%，水的利用率达60%～85%，可省水 50%以上。喷灌可提高茶园范围内的空气湿度，改善茶园小气候，促进茶树的生长，提高茶叶品质和经济效益。喷灌设备的机械化程度高，适应地形能力强，显著提高了灌溉作业工效，节省灌溉用劳动力。此外，喷灌系统不需建造沟渠和石坎，可提高土地利用率 10%左右。灌溉设备可进行综合利用，在灌溉的同时，配合喷施根外肥、化学农药与除草剂等。喷灌可根据茶园土壤的黏重程度和透水性大小，调整水滴大小和喷灌强度，以减少土壤团粒结构的破坏，并且不产生土壤冲刷，使灌水逐渐渗入土层内，避免水土流失。

但是，喷灌也存在一定不足。受风的影响较大，一般风力在 3 级以上，部分水滴就易被风吹移；当空气处于高温低湿时，水滴在空中的蒸发损失显著增大，可达 10%左右；与一般地面流灌相比，喷灌需要的机械设备较多，尤其是固定式喷灌系统，一次性投资较大。此外，喷灌设备作业的另一个不足是表层土壤一般湿润较充分，而深层湿润往往不足。为此，近年来推行了一种"低强度喷灌"即"慢喷灌"的灌溉方式，就是控制喷头喷灌强度低于土壤水分深入强度，使灌水能缓慢充分深入土层，而不产生积水和地面径流，做到灌溉土层上下湿润一致。

五、 茶园喷灌设备的操作使用

为了使喷灌设备获得良好的使用效果，应十分重视喷灌设备的操作使用。

（1）水泵要安装在坚实的地面上，高度适宜，以吸水池水面为基准，水泵高度应低于水泵允许吸上真空高度 1～2m。若采用三角皮带传动，动力机主轴与水泵主轴必须平行，主、被动皮带轮要对齐，其中心距不得小于主、被动皮带轮直径之和的 2 倍。

（2）进水管路要防止漏气，否则将吸不上水。滤网要完全淹没在水中，以距水面以下 20～30cm 为宜，并且与池壁、池底保持一定距离，以防空气和泥沙吸入泵内。出水管道应避免铺在行人践踏、车轮碾压以及易被石子等锐利物件摩擦的地方；软管应卷成盘状进行搬动，切勿着地拉拽；硬管要拆成单节进行搬运，禁止多节联移，以防止管件，特别是接头等损坏。

（3）使用前要检查所使用的喷头技术指标是否符合茶园土质等需求，并对喷头各部位的连接状况等进行检查，如安装喷头的竖管是否与地面垂直，支架是否稳固，喷头转向是否灵活，有无漏水现象。启动前还要检查水泵转动方向是否正确，转速是否均匀，不得有卡滞和异声等现象。发现故障应排除后，方可进行设备的启动和运转。

（4）离心式水泵启动前，应向水泵内灌满水，待水充满进水管道和泵体后，才可对水泵进行启动，否则将无法把水抽上来。水泵启动后，在额定转速下运行 3min 若还不出水，或有杂音、振动、水量下降等现象，要立即停机检查排除。

（5）开启喷灌系统时，应将主阀门慢慢打开，以免瞬息压力过大造成管道系统和喷头破裂损坏。喷灌系统运行中应随时监测各部压力状况，一般要求支管压力降低幅度不超过支管最高压力的 20%。同时要时刻注意喷灌强度，要求喷灌过程中，茶园地面不得产生积水和径流，当喷灌强度过大时，应及时降低工作压力或更换喷灌强度较小的喷嘴。作业时要时刻观察喷头工作是否正常，有无转动不均匀、过快或过慢，转动不灵活甚至不转动的现象。喷头转动周期应掌握低压喷头 1～2r/min、中压喷头 3～4r/min、高压喷头 5～7r/min。喷头转动时可通过拧紧或放松摇臂，或旋转调位螺钉控制喷头转速。对工作不正常的喷头，要及时进行更换和修复。

（6）在喷灌系统作业过程中，要始终保持水源的清洁，经常检查并及时清理吸水池或其他水源中的杂物和泥沙，以免异物进入喷灌设备而影响正常工作。要经常检查水源过滤网是否完好，避免泥沙进入管道系统，造成喷头堵塞。当然，要从根本上避免水泵叶轮和喷头的磨损损害，还是要避免引进和使用泥沙含量过多的水源进行喷灌作业。在喷灌系统运行中，要时刻注意防止灌水喷到带电的电线线路上，在移动管道和电线时注意避免发生损坏电线、电缆和漏电事故。

六、 喷灌设备的施肥

喷灌设备作业时配合施肥，使施肥与灌水同时进行，可显著节约茶园作业用工。同时，由于喷灌作业可轻浇浅灌，便于控制施肥量，使施肥均匀，不至于产生肥料流失或深层淋失现象。另外，喷施的肥料溶液较之施入土壤中的干燥肥料更容易被茶树的根系吸收，从而提高了肥料的有效利用率，使施肥量相应减少。

　　配合施肥的喷灌设备，肥液供应系统的主要机构由肥料罐、输液泵、输液管路等组成。喷灌设备多采用卧式离心泵，故可使用无压肥料罐，只需在喷灌设备的水泵吸水管上开出吸入孔，接上管道与肥料罐相连即可。喷灌设备工作时，肥料罐中的肥料溶液，即会源源不断吸入吸水管道中，与水充分混合，然后一同喷洒到茶园内。混入的肥料可以是化肥，也可以是经过滤后的沼气液肥等，混入灌溉水的肥料多少，即喷灌施肥时的水、肥的浓度，由控制系统控制肥料罐出液口开关的大小来实现。但是采用肥液管进口接在喷灌设备水泵吸水口的做法，因肥料溶液流经水泵时，易腐蚀水泵叶片及其他零部件，故实际应用中也有的将肥料罐出液管接在水泵与喷头间的供水管道上。

　　图 6-4 是浙江省彩云间茶业有限公司利用奶牛场排出的粪便建造的沼气池，所产的沼气用作生活等热源，而沼液过滤后存放在肥液罐中。喷灌系统开始水、肥喷灌作业，在喷灌系统水泵作用和控制系统控制下，肥液定量进入喷灌设备吸水管，水肥一起被喷至茶园中。

图 6-4　茶园水、肥喷灌系统的肥液供给罐

　　用于施肥的喷灌系统使用最多的还是用来施化肥，一般适于施氮肥和钾肥，而很少用来施磷肥，因为大多数磷肥难溶于水。

　　在喷施肥料前，最好能有足够的时间（30min 以上），先把茶园土壤和茶树枝叶用清水喷淋湿透，而后再喷施肥料溶液，每次喷施时间至少要 30～60min，以保证较好的均匀度。肥料溶液喷完后，应继续用清水喷淋 30min 以上，淋去茶树枝叶上残存的肥料，并使喷灌设备免受腐蚀。

七、　喷灌设备的维护和保养

　　喷灌设备在应用中应注意以下维护和保养事项。

　　（1）对喷灌设备各润滑部位要按使用说明书要求及时进行润滑，确保设备在润滑良好状态下正常运转。在作业过程中和作业前后，应及时对设备进行检查，发现松动部位应及时固紧。动力机和水泵应按其使用说明书要求进行保养。

　　（2）作业结束，应将移动和半移动喷灌设备输水管道内外壁上的泥沙清理干净，不要曝晒和雨淋，以防塑料管老化。管道应洗净晒干，软管还要卷成盘状，放在阴凉干燥处，并远离火源和腐蚀性物质。

　　（3）每次喷灌后，要将动力机、水泵和喷头擦洗干净，转动部分及时加油防锈。冬季要将水泵及管道内的存水放净，以免冻裂。水泵每运转 1 000h，需对轴承拆卸清洗，更换润滑脂。喷头每工作 100h，要进行拆卸检查，清除泥沙，洗擦干净，活动部分加注少许润滑油防锈。

（4）喷灌机组长时间停止使用，必须将水泵和管道内的存水放净，并对水泵和喷头进行拆检，察看和检查空心轴、套轴等转动部件磨损状况，检修和更换磨损件。喷头要拆下保存，拆下后进行清洁，用油纸包好存放，严禁放置在酸碱及高温场所。

第四节　茶园滴灌设备

茶园滴灌是按照茶树需水特性要求而进行灌溉的一种灌水方法。也是一种从 20 世纪 80 年代才开始在茶园中推广应用的灌溉方式。

一、 滴灌设备的工作原理

滴灌设备是通过低压管道系统与安装在毛管上的灌水器，将水和茶树需要的养分一起，一滴一滴均匀而又缓慢地滴入茶树根区土壤中，定时定量地向茶树根际供应水分和养分，使根系土层经常保持适宜的土壤湿度。滴灌能显著提高茶树对水分与肥料的利用率，从而达到省水增产的目的。

二、 茶园滴灌设备的构成

茶园滴灌系统主要由水源、首部枢纽、管路系统和滴水器（滴灌管和滴头）等构成（图 6-5）。

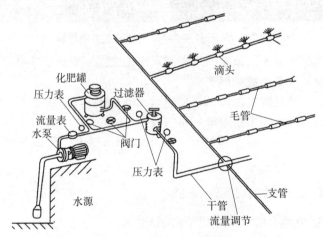

图 6-5　滴灌系统组成示意图

1. 水源　茶园滴灌设备使用的水源要求与喷灌设备相同，各种符合农田灌溉水质要求的河流、湖泊、水库、坑塘、沟渠、井泉等，只要泥沙和杂质含量较少，水质符合无公害茶叶生产灌溉用水要求，均可作为茶园滴灌水源。

2. 首部枢纽　首部枢纽由水泵（常用水泵有离心泵、潜水泵和深井泵等）、动力机（常用的有电动机、柴油机等）、化肥罐、过滤器、闸阀、测量与控制仪表等组成。其作用是水源由泵抽入加压，并混入经过滤的肥料液体，按一定的压力将一定量的水、肥混合液输送进管道。化肥罐可用于灌水、施肥、施药，一般安装在过滤器之前，以防滴水器的堵塞。

3. 管路系统　管路系统包括干管、支管、毛管以及将各级管路连接成一个整体所需要的管件以及必要的控制调节部件如压力表、闸阀、减压阀、流量调节器、进排气阀等，作用是将首部枢纽加压处理过的水和化肥溶液，输送并均匀地分配到滴头。干、支管一般使用硬质塑料管（PVC/PE），毛管使用软塑料管（PE）。

4. 滴水器　滴水器中的水由毛管流进滴头，将灌溉水在一定压力下注入茶园根部土壤。灌溉水通过滴水器以一个恒定的滴水量滴出或渗出后，在土壤中以非饱和流动形式，在滴头下向四周扩散。

滴头是茶园滴灌设备的心脏部分，其作用是使水流经过微小孔道，形成能量损失，压力减少后，以稳定均匀的小流量使它以点滴的方式滴入土壤中。滴灌设备工作的好坏，最终取决于滴头施水性能的优劣。滴头通常放在土壤表面，亦可浅埋保护。

滴头的种类较多，常用的有长管道式（微管式、管式）滴头、涡流式滴头、压力补偿式滴头和孔口式滴头等。

长管道式滴头，属于管间式滴头，它采用长的发丝管，如软聚氯乙烯管，一端插入毛管内壁，另一端缠绕在毛管上，发丝的圈数和长短取决于所需要的工作压力。在一定的水流压力下，改变发丝圈数和长短，可以改变滴头的流量；或者做成窄槽水流通道，主要靠水流与流道管壁之间的摩擦阻力耗能来调节出水量大小，微管、内螺纹和迷宫式管式滴头等均属于长管道式滴头。长管道式滴头由带锥管的圆管外套和螺纹芯子组成。管间式滴头本身为毛管的一部分，按一定间距串联在毛管上。它具有狭长的通道，借水流的摩擦力形成水流损失，使水一滴一滴地流入土壤，结构简单，成本低，但易堵塞，多用在固定式滴灌系统上（图6-6）。

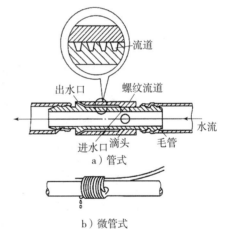

图6-6　长管道式滴头结构

孔口式滴头，也称管嘴式滴头，是靠孔口出流造成的局部水流损失来消能而调节流量的大小。大部分压力水头损失发生于其内的一个小孔径口或系列孔口上，孔口滴头内的水流状态完全为紊流。这种滴头由于流道较短，孔口直径较小，一般仅为0.6～1.0mm，不具备压力调节功能，抗堵性能较弱（图6-7）。

涡流式滴头，以涡流方式消能的滴头称为涡流式滴头。它靠水流切向流入灌水器的涡流室内，形成强烈的涡流，从而消能来调节流量的大小。即水流进入涡流室内，由于水流旋转产生的离心力，迫使水流趋向涡室的边缘，在涡流中心产生一低压区，使中心

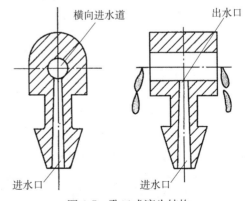

图6-7　孔口式滴头结构

的出水口处压力较低，从而调节流量。涡流式滴头的优点在于其出流孔口可比孔口式滴头大 1.7 倍左右，流量较大，但缺点是很难得到较低的流量，价格也较贵（图 6-8）。

压力补偿式滴头，是一种能随过水断面变化而改变压力，使滴水量基本保持不变的滴头。即在水流压力作用下，滴头内的弹性体（片）使流道或孔口性状改变或过水断面面积发生变化。当压力减小时，增大过水断面面积，压力增大时，减小过水断面面积，从而使滴头流量自动保持在一个变化幅度很小的范围内。压力补偿式滴头除具有压力补偿功能外，还具有可拆开清洗和防倒吸的功能，使其具有较强的抗堵能力和良好的地形适应能力（图 6-9）。

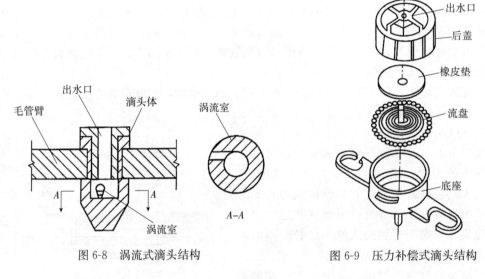

图 6-8　涡流式滴头结构　　　　图 6-9　压力补偿式滴头结构

三、 茶园滴灌设备的类型

茶园滴灌设备可按加压动力和设备安装状态不同进行分类。

1. 按加压动力分类　按灌溉水的加压动力形式分类，茶园滴灌设备可分为机压式和自压式两种形式。机压式以电动机或柴油机作动力机带动水泵为滴灌设备的水流提供压力；自压式则利用水源的自然高差所形成的自然水头，对滴灌设备的水流提供压力。

2. 按设备安装状态不同分类　滴灌设备按滴灌设备安装的状态不同，可分为固定式和半固定式两类。

（1）固定式滴灌设备。固定式滴灌设备是指全部管网安装好后不再移动的滴灌系统。茶园中的滴灌设备，多选用固定式。它首部枢纽建好固定，干管和支管埋入地下，一般支管道与主管道垂直，毛管分布在支管两侧。有的将滴头铺设在地面，有的则将毛管和滴头全部浅埋在地下。滴头铺设在地面，安装和维修方便，便于检查土壤湿润程度和滴头流量的变化；滴头全部浅埋在地下，由于不会受到人为碰撞，使滴头损坏机会减少，延长了使用寿命，但缺点是检查土壤湿润程度和滴头流量的变化不方便，并且维修困难，目前茶园使用的滴灌设备以滴头铺设在地面较普遍。

（2）半固定式滴灌系统。半固定式滴灌设备采取首部枢纽固定安装，干、支管道也埋入地下而固定不动，只有毛管和滴头铺设在地面是可以移动的。作业时，灌完一行后

172

再移至另一行进行灌溉，依次移动可灌数行，这样可提高毛管的利用率，降低设备投资。与固定式滴灌设备相比，半固定式滴灌设备投资少，但是使用欠方便，作业时人工消耗量也较大。

四、茶园滴灌设备的技术特点

中国在 20 世纪 80 年代初先后引进部分滴灌成套设备，在茶园进行试用。杭州茶叶试验场等单位使用表明，茶园实行滴灌后，茶叶产量增加和品质明显提高，节水效果显著。一般情况下，在旱热季节，滴灌水的有效利用率可达 90% 以上，用水量仅为沟灌的三分之一左右。另外滴灌消耗能量少，适用于茶园的复杂山地地形，可提高土地利用率。滴灌设备的主要缺点是滴头和毛管容易堵塞，投资也较大，田间管理工作较繁琐。

五、茶园滴灌设备的操作使用

为了保证茶园滴灌设备的运转正常，茶园滴灌设备的操作使用应注意如下事项。

1. **安装和操作精准，新水管应认真清洗** 茶园滴灌设备属于精密灌溉设备，许多部件如各类旋钮和开关为塑料制品，操作时不要用力过猛。在进行设备拆装时，应将各部件的安装位置记清楚，必要时做好记号，并要注意防止细小零件的丢失。

运行前应严格检查水泵与动力机的主轴间同心度是否正常，并检查间隙是否合适，要保证两轴心线在一条水平线上，若为三角皮带传动，则要保证主、被动皮带轮对正，转动灵活。如有异声，要及时排除。

新安装的滴灌管，使用前要先将积聚在管内的杂质冲洗出滴灌设备，放开滴灌管末端堵头，充分放水清洗，然后装回堵头，方可开始滴灌设备使用。

2. **认真制定灌溉顺序和计划** 灌溉季节开始前，应对需灌溉茶园与土壤分别估算出灌溉用水量，并考虑到滴灌设备的工作能力，制定出各茶园地块的轮灌次序和日进程表，使滴灌工作有计划、有持续地进行。

3. **保持供水清洁** 为了使水源水质清洁干净，符合滴灌用水要求，应在河道、水塘等水源取水口装置 50~100 目（0.297~0.147mm）的不锈钢丝网栅栏，以防止较大颗粒悬浮泥沙和有机杂物吸入进水口。取水泵的进水口也要用 1~2 层防虫网等包裹，以防大于 25 目（0.070 7mm）泥沙颗粒及纤维物等吸入进水口。

滴灌系统作业时，出水压力一般要保持在 0.098MPa 左右，压力过高会引起管道的损坏。为保证进水水流平稳，要在过滤器进水口前安装一段与进水口直径相等、长度等于进水口直径 10~15 倍的直通管，以保证进水水流的平稳。

4. **正确选用滴头** 应根据灌溉需求选择滴头，滴头流量要符合灌水量要求，组合后既能满足茶树灌溉需水要求，又不产生深层渗漏和径流。滴头要工作可靠，不易堵塞，选择时一般要求出流孔口大，出流流速大一些为好。

要求进入滴头的水必须经过可靠过滤，且水压要稳定，同一毛管上的滴头滴水量要一致。因为滴头的流量精确控制较难，故只能在使用中进行调节并积累经验。调整的方法是通过压力或流量调节器，调节支管进水口的压力，以控制滴头流量的大小。要定期检查和调整阀门，以保持各个小区间滴头流量基本均匀一致。

使用时细沙、淤泥和黏土等易在支管和毛管末端水流缓慢处沉淀，造成滴头堵塞，必须定时清洗，冲洗时要从干管开始，然后是支管和毛管。

5. 动力机和过滤器的正确使用　当使用柴油机作动力机时，启动前要加足机油、柴油和冷却水。当柴油机作3次启动操作，仍不能启动或启动后运转不正常，则必须卸载、降速、停车后进行故障排除。当环境温度低于5℃，作业结束要放掉柴油机的冷却水。

若使用电动机作动力，启动前，要检查电源电压、频率是否与铭牌规定相符，接线是否正确，并且要作瞬时接通运转试验，确认电动机主轴转向与水泵要求转向相同，否则应调整相线接线，并检查外壳接地是否可靠。

过滤器应在铭牌上规定的电压和频率状况下使用，并且应在规定水位下工作，不可在无水状态下使用，过滤器及其电源线损坏，要由专业电工及时更换。过滤器每隔一段时间就要在切断电源后进行清洗，特别是滤网。

滴灌系统运行时，要随时观察各种仪表读数是否在正常范围内，要保证电动机、轴承温升不能过高，电动机运行工作电流在电流值范围内，吸水管不漏气，水泵和水管各部位不漏水。

6. 滴灌设备结合施肥技术　滴灌设备结合施肥，要选用可溶性肥料，并且强调肥料罐或注肥泵一定要装在过滤器之前，作业前要检查肥料罐或注肥泵与系统连接是否正确。施肥结束要用清水对系统进行5min左右的冲洗，防止管道中的肥料的残存和沉淀。

7. 滴灌系统停机　作业结束滴灌设备和水泵停机，要先关启动器，再拉电闸。灌溉季节结束，应排除所有管道中的存水，清洁所有系统和管件，并进行彻底检修，更换损坏零部件，封堵阀门和水源用井口。

六、 茶园滴灌系统的维护和保养

茶园滴灌系统应注意如下维护和保养事项。

1. 水源的维护　对泵站、蓄水池等工程要进行经常性维护，每年在非灌溉季节进行一次年修，保证工程状态良好。对蓄水池沉积泥沙定期清除，开敞式蓄水池灌溉季节要定期投放绿矾，防止藻类滋生。

2. 动力机的维护保养　电动机要经常进行除尘，保持干燥清洁。如经常运行，每月要进行一次检查，半年进行一次检修。柴油机应按使用说明书要求，严格进行使用和保养，灌溉季节结束最好拆下入库保管。

3. 管网的维护保养　每次灌水前和灌溉季节结束，均应对过滤器进行检查和清洗，滤网损坏要更换。

灌溉季节要经常对管网进行检查维护，要保证控制闸阀开闭自如，工作可靠，阀内无积水，管件完好无损。管道要定期进行清理，以减少堵塞。

4. 灌溉季节结束后的维护保养　灌溉季节结束，停机打开水泵壳下的放水塞把水放净，并对水泵进行清洁。对管道进行全面检修，按轮灌茶园地块顺序，分别打开各支管和干管末端堵头，开动水泵，使用高压逐个管道冲洗，要尽可能将管道内的污物冲洗干净，并排净存水。对地表金属管道要采取防锈措施，关闭闸阀并涂防锈油，加盖防护。

第五节 茶园渗灌设备

茶园渗灌设备又称地下灌溉设备。是近年来新引进茶园应用的一种灌溉技术与设备，也是一种需精细管理和技术完善的灌溉技术与设备。

一、茶园渗灌系统的工作原理

茶园渗灌设备是将灌溉水由输水渠送入地下管道（暗道），通过管道的透水孔，借助土壤的毛细管作用，使水向根系活动层上、下、左、右浸润，供茶树吸收利用的一种灌水技术与设备。由于渗灌可与施用液肥相结合，因此又被称为管道施肥灌溉设备。

二、茶园渗灌设备的构成

茶园渗灌设备主要由首部枢纽、管道系统和渗头组成。

1. 首部枢纽　茶园渗灌设备的首部枢纽包括水源、水泵、蓄水池、过滤器和肥料罐等。水泵的作用是从水源抽水加入蓄水池内备用，渗灌设备只需 0.6m 水柱压力，所以蓄水池底部高于地面 0.3m 即可。过滤器由尼龙纱网制成的粗滤器和用人工合成的高分子渗水材料制成的细滤器组成，适应不同大小的地块过滤器有 GT-1 至 GT-5 和 JT-10 至 JT-50 等型号，它是保证整个系统不被堵塞，能使渗灌设备正常工作的关键设备。肥料罐用于贮放肥料溶液，其出水管上的喷嘴，将肥料溶液均匀地注入管道内的灌溉水中。

2. 管道系统　茶园渗灌设备的管道系统由输水管（干管和支管）、毛管和渗头引管组成。输水管一般为聚乙烯或聚氯乙烯管，干管直径为 70~100mm；因塑料管膨胀系数大，应安装伸缩头，为保证支管水流稳定和计量，常在支管进水端安装阀门或流量调节器；毛管是渗头或渗头引管的输水管，它使灌溉水经过毛管输送到渗头或渗头引管。毛管一般用中、高密度聚乙烯材料制成，外径为 14~25mm；渗头引管是为渗头延长到指定点的输水管，它使灌溉更精确，渗头引管一般用中密度聚乙烯材料制成，内径为4mm。组建茶园渗灌设备时，平地或缓坡茶园，可隔行建管，留一行便于深翻改土。管道应埋设在茶行中间，深度以 40cm 左右为宜。埋管的沟道坡降要小，约为 1/1 000。若茶行首尾高差超过 60cm 时，需作管道降级处理。管道降级埋设时，管尾须适当提高，然后方可下降，以保灌水时前段能灌满。为防止管道及渗头堵塞，需采取多层过滤，如设置肥水贮备池、沉沙井及其过滤网，并提高管道透水孔的位置。

3. 渗头　渗头是渗灌设备中的关键部件，需要数量很多，渗头质量好坏直接影响渗灌质量。中国用于滴头制造的材料，系人工合成高分子渗水材料，具有良好的渐滤性能。用其制成的渗头可流通水而不能流通黏稠液体；可流通溶液（如溶解后的化肥溶液）而不能流通悬浮液；可流通溶液中的离子及分子而不能流通固体颗粒。它阻挡了水中的泥沙、黏土、动植物残骸等。由于用合成渗水材料制成的渗头，水道当量直径只有$10\mu m$，植物根系也无法穿透。为此，用合成渗水材料制成的过滤器和渗头保证了整个渗灌系统管路中无杂质，在灌溉过程中，过滤器挡住了水源带来的杂质，在出水口渗头挡住了泥沙和杂质向管内回流。因此整个渗溉系统不会堵塞，可长期使用。为在不同的水压下渗头出水量基本相同（差异不超过 10％），国内还开发出了不同流量的渗头，根据流量的不同将渗头分为 1♯～10♯。在渗灌设备系统中，水的压头会随着管路的延长而降低，随地势的高低也会有变化，故应根据水头压差变化来选择使用不同流量的渗头，以保证灌溉的均匀性。

三、 茶园渗灌设备的技术特点

茶园渗灌设备对茶园实施灌溉，是通过渗头的透水孔和土壤的毛细管作用使灌溉水向茶树根部浸润，并可与施用液肥相结合，及时适量地将水肥均匀直接送达根系，供其吸收利用。试验表明，与等量肥料沟施相比，可增产茶叶 15％，具有明显的节约用水、提高肥效以及保持土壤结构的优点。缺点是一次性投资较多，如有故障，修理不便。

四、 茶园渗灌设备的使用维修

茶园渗灌系统的操作使用较简单，只要保证蓄水池有足够的贮水量和将截流闸板插好，打开泄水柜开关，使灌溉水顺着输水渠流进输水管道，按管道排定的灌溉顺序开启闸门进行茶行灌水。根据广东汶塘茶场使用茶园渗灌设备进行茶树灌溉和施化肥的经验，一般茶园人工开沟施化肥每亩（1/15hm²）需一个工，而采用渗灌进行灌溉和施肥，一般只需两人进行操作管理，一天可完成 4hm²（60 亩）的灌溉和施肥。并且，由于茶园渗灌设备管道大部分埋于地下，不会影响茶园中的其他管理与机械化作业的进行，可以说省工省时又省地。但是茶园渗灌最致命的缺陷就是堵塞，尽管进行了多道严格的过滤，但水中的杂物在管中沉积，管外的泥沙向管中回流，茶树根系的向水性，以及水中的矿物质凝结都可以使渗灌设备特别是渗头产生堵塞，失去灌溉能力。故使用时要十分注意，特别是要重视清洁水源的使用，要设法减少水中杂质，并重视过滤装置的维修保养，经常清洗，保持畅通，此类技术尚需进一步完善。

第六节 茶园排水技术与设备

茶树生长，既喜温、喜湿，但又怕涝，如遇茶园积水，易使茶树产生湿害，则应设法使用排水设备进行排水。

一、 茶园积水和发生湿害的原因

在中国产茶区，常出现降水集中的雨季和多日不雨的旱季。在雨季如不能及时排除多余积水，不仅会冲垮茶园，流失肥土，在地势低洼处，还极易积水，时间稍长，往往造成茶树湿害，给茶叶生产带来较大危害。因为适宜茶树根系生长的土壤，除要求含有充足的水分、养分，还要有足够的空气，若土壤湿度增大，空气就会减少。一旦积水，茶树根系呼吸困难，水分、养分的吸收代谢受阻。由于空气少，缺氧，土壤下层呈嫌气状态，尤其是红黄壤种茶地区，土壤中常形成低价铁、锰及其他还原性物质，再加上腐败性嫌气细菌的活跃，使茶树根系遭受不同程度的湿害。据杭州茶叶试验场调查，因受土壤湿害导致低产的茶园占全场总面积近 4 000 亩茶园的 4.3％，对茶叶产量与品质影响较大。

二、 茶园排水设备及措施

为了能使茶园做到及时排水，规划和建立茶园的排水系统非常重要。在新茶园规划开辟和灌溉设备配备时，就应该同时考虑落实排水设备建设，使其形成性能兼顾的茶园灌溉、排水系统。新茶园的茶园灌溉、排水系统，应主要包括保水、灌水、排水三方面的内容。一般由渠道、主沟、支沟、隔离沟和山塘、水库、管道与机埠组成，相互配套，紧密联系。例如山区茶园附近的山塘、水库与环山渠道，在雨季可蓄水防洪，旱季又能引水灌溉，做到蓄、排、灌兼顾，使沟、渠、塘、库及机埠等设施有机地连成一体，形成茶园沟沟相通，配套成龙，尽量减少与避免茶园水、土、肥的流失和低处积水现象。

对有迹象或已产生渍水危害的茶园，应积极做好调查研究，找出茶园积水湿害的成因，对症下药，采取措施，以见成效。茶园排水是防除湿害的主要措施，但茶园湿害的类型与成因较复杂，茶树受害的程度也不尽一致，因此在防治与改造湿害茶园时，除了做好深入调查，找出成因，在采取各种排水工程设施的同时，还应针对实际情况，因地制宜地积极配合其他农业综合技术措施，如改土、改树及病虫防治等，方能见效。对建园基础差，湿害严重的茶园，应结合换种改植，平整土地，重新规划，建立新茶园。如不宜种茶的，可改种其他湿生作物。

磐安县双溪乡一农户一块近山面积约 10 亩、种植较规范的茶园，2012 年已栽植 3 年以上，肥培水平正常，但茶树生长缓慢瘦弱，叶色淡黄，同时栽种的其他茶园已有相当产量和收益，但该 10 亩茶园却迟迟难于成园。为此，该农户邀请中国农业科学院茶叶研究所技术人员进行诊断与指导。科技人员通过考察和调研，认为该茶园位于山边，一年到头有山水细细流入茶园，茶园土壤一直处于潮湿状态，而茶园边未开排水沟，茶树生长瘦弱叶黄是典型的湿害所致。故要求农户尽快在茶园四周开挖排水沟，农户按要求完成。当年下半年茶树生长势即显著改变，枝叶逐渐由瘦弱变为粗壮嫩绿，2013 年亩采摘龙井茶 5kg，2014 年已达亩产龙井茶 20kg 以上，与同时栽种的茶园产量相当，使当地茶农充分认识到茶园科学排水的重要性。

第七章 CHAPTER 7
中国茶叶机械化技术与装备

茶树冻害防除设备和设施栽培技术

茶叶生产过程中，春季冻害时有发生，故茶树冻害防除愈来愈受到茶区重视。塑料大棚和遮阳覆盖等设施，既可避免冻害，又是保证鲜叶提早采摘的技术措施，已获得较普遍应用。

第一节　茶树冻害防除技术与设备

茶树常见冻害有雪冻、霜冻及干冷风冻等几种。长江以南产茶区以雪冻和霜冻为主，长江以北茶区三种冻害均有发生。茶树受冻后有赤枯和青枯两种表现形式，长江以南以赤枯状为常见，长江以北赤枯、青枯兼有发生。

一、　茶树冻害的发生原因

实际观察表明，茶树的器官不同，抗寒能力的表现存在差异，在冻害发生时，往往表现为顶部枝叶首先受害，进而波及茎部，只有在极度严寒的条件下，根部才受害甚至造成全株死亡。发生冻害的主要原因有以下几个方面。

1. 气候因素　造成茶树冻害的原因中，气候原因是首要的。山东是中国目前最北的产茶省，由于地理位置偏北，纬度较高，茶树时常发生冻害，自 20 世纪 60 年代开始大面积种茶以来，"小冻年年有，大冻三年有两头"。调查研究结果表明，茶树冻害与 1 月份平均气温和极端最低气温的高低、负积温多少和持续天数长短之间的关系最为密切。近 20 年来，山东茶区三次发生严重冻害的 1 月份，平均气温顺次分别为 $-0.2℃$、$-0.8℃$ 和 $-3.4℃$，极端最低气温分别为 $-11.3℃$、$-10.1℃$ 和 $-12.6℃$，负积温总值分别为 $-118.6℃$、$-119.4℃$ 和 $-204.2℃$；连续低于 $0℃$ 的天数分别为 19 天、14 天和 25 天。综合山东省的茶树冻害与气温之间的关系可以看出，凡冬季 1 月份平均气温低于 $0℃$，负积温总值超过 $-100℃$，极端最低气温低于 $-10℃$，日平均气温低于 $0℃$ 的连续天数超过 14 天，茶树往往容易出现较重的冻害。中国其他各产茶省区，茶树在冬季是否出现冻害，上述气温要素的数值会有所差别，但规律性是相似的，即 1 月份平均气温、极端最低气温高低、负积温大小和连续低温天数长短，与冻害密切相关，其绝对数值越大，冻害越重，反之冻害较轻或不受冻。

在江南茶区特别是浙江茶区，近些年来以生产名优茶为主。浙江茶区冬季气温较高，雨水充沛，茶树生长状况良好，一般情况下，10 年中有 8 年春季气候条件良好，对名优茶生产很有利。但是，不少地区每两三年往往也会遇到一次"倒春寒"，茶树冻害严重，对春茶刚刚发出的茶芽造成严重冻害，使名优茶产量和产值显著下降。如

2008 年冬春，南方地区雪冻灾害，对全国茶叶生产都带来很大影响。2010 年春季，3 月初的浙江春意盎然，暖意融融，最高气温甚至高达 27℃，茶芽生长良好，春茶丰收在望，茶农一片喜悦。但 3 月上旬的一两天，北方一股冷空气袭击，3 月 9 日晚突降雨雪，杭州出现−4℃，茶园内甚至出现−8℃，金华市磐安县山区普遍出现−8～−7℃低温，这时部分早芽品种茶园已经开采，低温雨雪将茶树上已长出的茶芽全部冻成焦枯状，部分茶园绝收。当时连塑料大棚内的最低温度也降到−3～−2℃，棚栽茶树也受冻严重。只是在种植发芽较晚茶树品种的茶园，当时新芽芽头尚小，茶树冻害较轻，而未发芽的群体种茶园，基本未遭冻害。

2. 茶叶产品结构单一，茶树品种搭配不当　2010 年中国名优茶总产量为 59.9 万 t，占全国茶叶总产量的 42.5%，名优茶总产值 413.6 亿元，占全国茶叶总产值的 74.1%，这种发展趋势一直延续此后数年，造就了全国茶产业发展迅速，形成了茶叶经济实际上是名优茶经济的格局。由于当时名优茶发展有一个显著特点，就是在很大程度上承担着礼品功能，要求名优茶提前上市，产品上市越早价格越高。为了追求最大利润，就造成大部分茶区仅进行单一类型名优茶的生产，并且过分追求茶树品种发芽早，并盲目追求栽种早发芽品种，茶树品种缺少合理搭配。正是因为仅栽种单一型特早发芽的茶树品种，故一旦遇到冻害损失就极为严重。

试验研究表明，不同的茶树品种，抗寒能力和遭受冻害的严重程度有着明显差异，云南大叶种茶树，通常在出现−5℃低温时，即会有受害的表现。而一般中小叶种的茶树，抗寒能力比云南大叶茶强，在低温时间持续不长的情况下，能耐−15℃低温。如上述的浙江省金华市磐安县，2010 年春季普遍遭受冻害时，已经开采的乌牛早品种茶树发芽最早，冻害严重，全军覆没；浙农 117 品种茶树，发芽虽较乌牛早稍迟，但耐寒能力相对较弱，老叶被冻红，嫩芽冻害严重；龙井 43 已发芽，但芽头尚小并较耐寒，冻害并不严重；而本地的群体品种茶树和安吉白叶 1 号品种茶树，因发芽较晚，尚未出芽，基本未遭冻害，这说明茶树品种的选择，对防止茶树的冻害非常有意义。

3. 茶园种植地形选择不当，肥培水平低下　新茶园建设的地形选择，对茶树冻害的发生程度关系密切。如将茶树种植在过于迎风、背阴、谷地和高坡地带，或所选用土壤过于贫瘠，无防护林遮挡的土地种茶，就极容易造成茶树的冻害。如浙江省磐安县的一家公司，在一块名叫桃石尖的山头种植安吉白茶，该山头的台地虽土壤深厚，但地势比周围平均高出约 50m，无森林遮挡，冬季西北风直吹，会吹遍近一半的茶园，2007 年下半年种下的茶苗，在 2008 年全国性严重冰冻雨雪灾害中，迎风面近一半面积茶园的茶苗几乎全部冻死，而非迎风面的茶苗，还大部分存活。此后进行补种，结果在 2010 年春季的冻害中，补种茶苗又一次冻死近 70%。目前，该公司凡系背风口处的茶园已经成园投产，而迎风口茶园至今仍生长欠好。同时，若茶园管理不当，肥培水平低下，茶树长势差，也将会加重茶树冻害的发生和发展（图 7-1）。

图 7-1　春季受冻害茶园

二、 茶树冻害程度的区分

生产中一般将茶树冻害程度分为五级。

一级冻害，树冠枝梢或叶片周缘受冻后呈黄褐色或红色，略有损伤，受害植株在20%左右；二级冻害，树冠枝梢大部分遭受冻害，成叶冻害成赭色，顶芽和上部腋芽变成暗褐色，受害植株占20%～50%；三级冻害，秋梢受冻变色，出现干枯现象，部分叶片呈水渍状，色淡绿，失去光泽，天气放晴后，叶片卷缩干枯，相继脱落，上部枝梢逐渐向下枯死，受害植株占51%～75%；四级冻害，当年新梢全部受冻，失水干枯，生产枝基部冻裂，受害植株76%～90%；五级冻害，骨干枝冻裂，形成层遭受破坏，树液外流，叶片全部受冻脱落，根系变黑，裂皮腐烂，受害植株在90%以上。

三、 茶树冻害防除技术与设施

在长期的生产实践中，茶区人民创造了多种多样行之有效的茶树冻害防除设施和防冻技术。

1. 选用抗寒茶树良种 引种和选育茶树抗寒良种，提高茶树自身抗御低温的能力，是防止茶树冻害的根本途径。如前所述，云南、海南等南部茶区栽培的大叶茶，抗寒能力较弱，而北部茶区栽培的中叶种和小叶种茶树，抗寒能力较强。在众多的中叶种和小叶种茶树品种中，抗寒能力强弱也不尽一致，因此在新建茶园时，尤其是在纬度、海拔较高地区种茶时，对品种抗寒能力的强弱要作详细调查了解，进行定向引种。实践表明，安徽省黄山附近的群体种，在中国北部地区栽培时，表现为茶树受冻轻，长势好，产量高，品质好。龙井43等品种在浙江等茶区种植，抗寒能力表现也较好。

2. 物理方法防护 物理方法防护是目前应用最广泛的防冻方法，中心是围绕增温、防风等进行冻害防除。

借助有利地形或设置挡风物，起到防风保暖作用，是生产上常用的防冻技术措施。山东茶区在新茶园发展时，对地块选择十分严格，一定选择向阳山坡、周围地势较高并且在东、西、北三面有林木或新造防护林遮挡的土壤深厚地块种植茶树。南方高山茶区，发展新茶园时，也是首先选择避风向阳的地形先行发展，这样的地形，可凭借山峰的屏障作用，起到防寒、防风作用。若在两山之间有谷地的地形条件下建设茶园，宜选用坡地，避免谷地，因为坡地的气温往往比谷地高4～5℃，这对防冻无疑是有利的。

在开辟新茶园时，有意识保留部分原有林木，种植行道树，营造防护林，是一项永久性的冻害防护措施。一般来说，防护林的有效防风范围为林木高度的15～20倍。同时，种植防护林后，对改良生态环境，增加茶叶产量，提高茶叶品质，均有良好的效果。中国北部茶区采用松树，中部茶区采用杉木，南部茶区采用橡胶营造的防护林或行道树，都有成功的实例。

中国江北茶区，采用风障防止和减轻茶树冻害，收效显著。据观测，1.5m高的风障，有效防风范围可达7～8m，障前和障后相比，气温可提高0.2～5℃。在采用风障防冻时，一般幼龄茶树宜逐行设障，障高约高出茶树20cm；投产茶园宜在茶园周际设围障，障高在2m左右。

在增温防风、防冻措施中，山东茶区的幼龄茶树往往采用埋土过冬，是一种简单易行而又效果较好的防冻方法，1～2龄茶树采用效果理想。采用这项技术时，要掌握适宜时期和分期埋土、撒土技术。埋土宜在冬季冻害来临之前进行，而不要过早，这样可给茶苗有"练苗"的机会，增强茶树抗寒能力。埋土和撒土都要分2～3次进行，如过早一次性埋土，会造成翌年茶苗生长细弱。最后一次埋土时，保持2～3片真叶不在土中，群众称之为"露顶"。开春气温稳定后，再进行分次撒土，如过早一次性撒土，若以后出现"倒春寒"，会使茶苗遭受损害。

中国茶区有运用铺草防止茶树冻害的习惯，铺草可增高地温，减少土壤水分蒸发，防止出现冻土或减少冻土层厚度。铺草一般在秋冬季茶园管理结束后立即进行，材料可选用杂草、农作物秸秆，铺放在茶树行间的地表，铺草厚度最好能够达到10cm。为了防止茶树叶片受冻，亦可采用茶树丛面盖草的方法，丛面盖草一般在"小雪"前后进行，过早会影响茶树光合积累，过迟达不到防冻目的。材料除杂草、农作物秸秆外，也可利用松枝等盖于丛面。江北茶区在翌年3月上旬将丛面盖草撤除，江南茶区可适当提前。据观测，丛面盖草，夜间丛面温度可提高0.3～2℃。在常年茶树冻害来临之前，也可用塑料薄膜、无纺布和遮阳网等材料进行蓬面覆盖，亦可防治霜冻和寒风侵袭。山东等茶区为防止冻害并争取茶叶早上市，采用塑料大棚甚至冬季棚顶盖草垫或烧火加温，这样当然可以完全克服霜冻对茶树的侵袭，但在茶区大面积推广有困难（图7-2）。

图7-2　茶树使用无纺布覆盖防冻

熏烟防冻在中国应用较早，茶区往往结合烧制焦泥灰进行。当寒潮将要来临时，在茶园中采用掺部分湿柴的柴火燃烧形成发烟火堆，烟越大越好，每亩茶园燃放3～4个火堆，依靠弥散在空中的烟气，阻止和减少霜冻害的形成。采用熏烟茶树冻害防除措施，选择无风晴夜进行为好，这样的天气最易出现浓霜，给茶树造成危害，此时熏烟防冻，效果最为理想。

3. 化学技术防除　在茶树越冬前和越冬期间，如在10月下旬、11月上旬，使用茶园喷药机械喷洒一些化学药剂如抑蒸保温剂，可起到保温、减少茶树蒸腾、促进枝叶老熟、提高木质化程度的作用，从而增强茶树抗寒能力，减轻冻害的发生程度。

4. 生物技术防除　20世纪80年代的研究认为，茶树霜冻害的形成和叶面冰挂细菌的存在有密切关系。这些细菌的存在，有助于冰挂的形成，同时使冰挂形成的温度明显提高，因而加重了霜冻的危害。因此，目标在于减少叶面细菌数量的冻害生物学防治技术已出现。据报道，采用茶树喷药机械喷施杀细菌剂或抗生菌液，减少和抑制细菌活性，可以起到防治冻害的作用。

5. 加强培育管理　合理运用茶园管理技术，促进茶树生长，增强树势，能提高茶树抗寒能力，取得安全越冬的效果。

使用深耕改土机械进行茶树种植前的深耕改土极为重要，它可为茶树根系深扎创造良好的条件，而茶树根系发育健壮，又为提高茶树抗寒能力提供了保障。调查研究发现，长江以南产茶区，建园前使用挖掘机等大型设备进行 50cm 左右的土壤深耕，长江以北茶区开垦深度在 50cm 以上，就可在一定程度上减轻茶树冻害，即使发生，恢复亦较容易。

"合理采摘，适时封园"，可以减轻茶树冻害，适当减少晚秋茶采摘比例和提早封园，对减少冻害有利。一般认为，在秋季进行一次轻修剪，使茶树采摘面上有 80% 以上新梢，自然休止越冬芽形成，以增强抗寒能力。幼龄茶树采摘应特别注意最后一次打顶轻采时间，以采后不再萌发新梢为宜。

常有冻害发生的茶区，茶园施肥要做到基肥应以有机肥为主，并配施磷、钾肥，并且早施、重施、深施；追肥做到前促后控分次施用，秋季追肥控制在"立秋"前后结束，过迟会产生新梢"恋秋"现象，青枝嫩叶过冬，对茶树安全越冬不利。

6. 茶树喷灌防霜防冻技术　中国部分茶区常有冬旱，加之冬季干冷风的频繁侵袭，导致大气湿度低，土壤干旱，极易造成茶树冻害。因此，启动茶园灌溉设施，灌足越冬水，并辅之以铺草等保墒技术，是行之有效的防冻措施。装有喷灌设备的茶园，可与喷灌防冻技术结合应用。

茶园喷灌防冻的方法有两种，一种是在霜冻到来前，先均匀喷湿茶园土壤，实际上是一种灌水预防和防止霜冻技术措施；另一种是在霜冻发生期间，在茶蓬上持续喷灌，由于喷灌水的本身温度高于冰点，所形成的水雾也有助于保持茶园内的热量，从而达到防治霜冻害的目的。为了达到预期防霜冻效果，首先要求有运行可靠、性能良好的喷灌设备，能在霜冻害发生的整个期间，在需要防除的区域内进行普遍灌水，形成均匀不间断地喷灌灌水，而不是分区轮灌，故大多只能在那些装有固定式喷灌系统的少量茶园中使用。

7. 安装防霜冻风扇　防霜冻风扇是一只安装在高 6.0～6.5m 钢管杆上的电风扇，风扇直径 60cm，设有开机和关机、开机和关机温度、开机和关机时间、风扇角度等自动控制系统。用于平地和缓坡茶园，每公顷茶园装置 5 台左右。部分茶区已获得应用，实用表明对防霜和防冻害有一定效果（图 7-3）。

防霜冻风扇的工作原理是，在寒冷季节茶园上空温度较高，接近茶蓬处温度较低，一般 6m 高度空气温度，较茶蓬附近 1m 高处空气温度高 3℃ 左右，故当防霜冻风扇转动时，能将高空空气吹至下方茶蓬上，使茶蓬周围气温提高 1～2℃，从而防止和减轻茶树霜冻害的发生。

图 7-3　防霜冻风扇

中国农业科学院茶叶研究所使用表明，2010 年春，早芽品种龙井 43 等茶树等已发芽，3 月 9 日晚突遭 -8℃ 低温，防霜风扇当时设定启动气温为 3℃，此后调查表明，装置防霜风扇的茶园，冻害较严重茶芽仅为 10%，未装置放风扇茶园茶芽较严重冻害的占 90% 以上。

目前装置防霜冻风扇存在的主要问题是设备价格较高，现日本在江苏已设厂生产，每台售价 8 000 元上下，并且因为冻害不是年年发生，不发生霜冻害的年份风扇就被闲置，限制了农户接受和使用的积极性。

四、 受冻茶树的复壮技术

鉴于目前所能够采取的防除设施和技术，要使茶树完全避免受冻，尚有一定困难。故当茶树受冻后，必须及时正确地采用补救措施。使茶树恢复生机，夺取茶叶高产优质。

1. 及时修剪　茶树遭受冻害，部分枝叶失去活力，可使用茶树修剪机等进行修剪，使之重萌芽和生长新梢，培养骨架和采摘面。由于受冻程度不一，要按照"照顾多数，同园一致"的原则进行修剪，如一块茶园中，多数茶树仅在采摘面上 3～5cm 的枝叶受害，宜采用茶树修剪机进行轻修剪；冻害较重，骨干枝已受到损害，宜采用茶树修剪机进行重修剪；受害极重，地上部枝叶已失去活力的，宜采用圆盘式台刈机进行茶树台刈。受冻茶树的修剪宜在早春气温稳定回升后进行为妥。

2. 加强肥水管理　受冻茶树进行修剪后加强肥培管理，能保证茶树生机和树冠的恢复。在时常出现春旱的地区，受冻茶树修剪后，有灌溉条件的茶园，应启动茶园灌溉设施及时灌水，并早施有机肥，增施磷、钾肥，在茶芽萌发后多次勤施氮肥，待新枝叶片成熟后，适当进行根外追肥。台刈或重修剪的受冻茶树，要重新培养茶树树冠，使其形成健壮的采摘蓬面。

第二节　茶园的设施栽培技术

生产中应用的茶园设施栽培形式，主要有茶园遮阳覆盖、茶园塑料大棚和温室等设施栽培形式。

一、 遮阳栽培设施

遮阳栽培是一种简易的茶树设施栽培方式，即在茶树上方或紧挨蓬面搭盖遮阳材料，避免阳光直射、降低温度、增加湿度、减少蒸发等，从而促进茶树的生长发育，达到提高茶叶产量和改进品质的目的。这一措施在日本应用比较普遍，春季常以遮阳来生产高档玉露茶，中国茶区则主要应用在茶树短穗扦插苗圃地和蒸青茶生产的茶园中。根据遮阳的目的和要求不同，茶园遮阳棚主要有几种。

1. 遮阳矮棚　常用于茶树短穗扦插苗圃，主要目的是培育茶树幼苗，提高育苗成活率。这样的矮棚有平式、拱形式和倾斜式等。平式矮棚是用木桩插入畦的两侧，木桩入土 30cm，地面上高 30～40cm，木桩间距 1.0～1.5m，木桩顶部用小竹或竹片连成棚架，上盖树木枝叶、竹帘、草帘或遮阳网。拱形式矮棚是在畦的两侧用竹片弯成弧形插入土中，竹片中心高度距地面 60～70cm，竹片顶端和腰间用小竹竿连接固定，上部覆盖塑料薄膜或遮阳网（图 7-4）。

图 7-4　茶树短穗扦插用遮阳矮棚

2. 遮阳高棚　与塑料大棚相似，有简易竹木结构、钢架结构、钢架混凝土柱结构和钢竹混合结构等，是一种永久性的设施。遮阳高棚与塑料大棚的区别在于遮阳高棚上往往覆盖树木枝叶、稻草、竹帘或遮阳网等遮阳物，仅起遮挡阳光的作用；而塑料大棚上覆塑料薄膜，起保温作用。目前，遮阳高棚主要用于蒸青茶生产茶园的覆盖，其特点是遮阳棚内的茶树新梢能自由生长，春、夏、秋三季茶叶均能覆盖，且使用年限较长，但成本较高。

3. 蓬面直接覆盖遮阳网　这是一种临时性的遮阴棚，使用的覆盖物为遮阳网，也可以直接使用稻草等覆盖物，主要用于蒸青茶生产茶园，起遮挡阳光的作用。一般在春、秋茶进行覆盖，当茶芽长到一芽二三叶后，将遮阳网或稻草直接覆盖在茶树蓬面上，覆盖 5～15 天后揭去遮阳材料采茶。这种遮阳方法不受茶园地形的限制，易于操作，但新梢受遮阳网的挤压，无法自由生长，特别是夏季温度较高且用遮阳网覆盖时，新梢易灼伤，影响茶叶质量。因此，蓬面直接覆盖遮阳网方式局限性较大，然而因为成本低，仍是目前蒸青茶生产茶园覆盖的一种形式。

茶园覆盖材料的种类很多，传统上经常使用的主要有稻草帘、茅草帘、竹帘和芦苇帘及其他树木枝叶、作物秸秆等，这些材料能就地获取，但比较笨重，不易铺卷和贮运，一次性投入虽然较低，但使用寿命短，折旧成本较高。目前使用较多的是遮阳网，又称寒冷纱，是以聚乙烯、聚丙烯和聚酰胺为原料，先加工成扁丝，再编织而成的网状材料。这种材料重量轻，强度高，耐老化，柔软，便于铺卷；生产中可根据需要，对网眼大小和疏密程度不同的遮阳网进行选用，以获得不同的遮光通风特性。

遮阳网的种类因遮光率、幅度和颜色不同可分成多种。遮阳网的遮光率有 20%～90% 不等，宽幅有 90cm、150cm、220cm、250cm 等，网眼有均匀排列的，也有疏、密相间的，有单层的，也有双层的。颜色有黑、银灰、白、果绿、黄和黑相间等。生产上使用较多的是遮光率 40%～50% 和 80%～90% 两种，宽幅为 160～220cm，颜色以黑和银灰色为主，单位面积质量在 $50g/m^2$ 左右。

二、茶园塑料大棚

茶园塑料大棚是从用塑料薄膜覆盖茶园或茶树遮阳设施栽培而发展起来的一种设施栽培技术。最早应用在蔬菜生产上，20 世纪 90 年代随着名优绿茶的发展，逐渐应用于茶树栽培。目前，在不少茶区特别是在冬春季温度较低或易受"倒春寒"危害的名优茶产区，为提早开采，作为一种新型栽培技术设施而被普遍采用。

（一）茶园塑料大棚的类型

塑料大棚的类型很多。按骨架材料分，有简易竹木结构、钢架结构、钢架与混凝土柱结构、钢竹混合结构等塑料大棚。按连栋方式可分单栋大棚、双栋大棚和多连栋大棚。单栋大棚自成一栋，按其结构特点，单栋大棚又有简易竹木结构大棚、"悬梁吊柱"式竹木大棚、"拉筋吊柱"式竹木大棚、钢结构架大棚和镀锌钢管装配式大棚等。单栋大棚通风、清除棚上积雪方便，小规模茶园和农户茶园多采用。双栋大棚和连栋大棚，由 2 栋或 2 栋以上的拱圆形（亦有三角形）单栋大棚连接而成。棚内温度分布均匀稳定，但是通风不良，棚上积雪清除不便，建造和维修难度相对较大，构筑费用也较高，一般多应用于茶叶科研试验或试验性栽培。目前生产上常用的塑料大棚，除单栋简易竹木结构外，多为钢架结构大棚，棚顶多呈半拱圆形，随着经济条件的改善和建棚技术的提高，钢架结构大棚普及速度在加快（图7-5）。

图7-5　茶园连栋塑料大棚

（二）茶园塑料大棚的园地选择和建棚

要使茶园塑料大棚获得良好的使用效果，除了大棚要按有关规范和要求进行建造外，建棚茶园的选择也非常重要。

1. 塑料大棚建棚茶园的选择　塑料大棚建棚茶园的茶树品种、长势及其所处的土壤、地形、地势条件，均直接影响建棚后茶树的生长发育。因此，要达到大棚茶叶的优质、高产、高效益，在茶园选择时，应尽量做到选择那些种植条件较好，发芽早，发芽密度高，茶叶品质好的良种茶园。采制名优绿茶的茶区，应选择种植龙井43、福鼎大白茶、乌牛早、迎霜和白毫早等早发无性系良种的茶园。大棚茶园要求茶树树冠的覆盖度在90%左右，生长健壮，长势旺盛的青壮年茶树。建棚处要避开风口、风道，特别是那些河谷、山涧等易受风害的茶园。因为在风口、风道处搭建大棚，大风不仅容易造成塑料薄膜破损，而且散热量大，棚内温度难以维持。可选用的地形最好是北部有山冈作为天然防风屏障，东西开阔，南部距大棚一定距离也有自然屏障，但不会造成遮阳的茶园。选择建棚的茶园要阳光充足，土壤肥沃，最好是平地或缓坡茶园。以坐北朝南或东南向的茶园为好，以延长冬季光照时间和光照强度，充分提高茶树的光能利用率。同时，建棚要选择水电使用方便的茶园，以利灌溉和人工补光。由于塑料大棚的栽培，天然降水无法进入茶园，因此，灌溉是大棚茶园常规管理的技术措施之一，附近有自来水或灌溉水源并且有电网电源，易于在棚内构建灌溉设施，也是建棚茶园选择的重要条件之一。

2. 茶园塑料大棚建造　塑料大棚的类型很多，不同类型茶园塑料大棚建造的技术要求和建造方法也不同。如上所述，塑料大棚的方向以坐北朝南为好，以便最大限度地利用冬季阳光。大棚长度以30～50m为宜，长度若低于20m，保温效果差，长度太长则棚内温度不易控制，棚内的温差大，也不利于管理。大棚宽度以6～12m为宜，太宽通风透气不良，设计和建造的难度也大。大棚高度以2.2～2.8m为宜，最高不超过3m。因为大棚越高承受风荷载越大，越易损坏，并且保温空间也变大。应注意坡地茶园不适宜建造连体大棚，因为热空气会集中在上坡，而冷空气沉降至下坡，从而使棚内温差明显，影响大棚的效果。茶园中以建造单栋大棚最为理想，因为单栋大棚容易管理，透光充分，通风控制方便，但与连栋大棚相比，构棚材料等耗费较多。单栋大棚两棚之间的距离最好有 3~4m，以便于管理和通风换气。棚膜要求透光性好，不易老化，以便最大限度地利用冬季阳光。目前市场上以厚度 0.08~0.12mm 的聚氯乙烯无滴膜或聚乙烯防老化膜等使用效果较好。建棚时间原则上要求既能提早开采，又不影响茶叶产量和品质。杭州地区一般在 12 月底至 1 月上旬搭棚盖膜，江北茶区因冬季来临较早，应适当提前搭建。

（三）茶园塑料大棚的结构和特点

生产中常用的简易竹木结构大棚、钢结构架大棚和镀锌钢管装配式大棚的结构和建造技术已较成熟，特别是后两种已有专门企业生产，产品已形成系列。

1. 简易竹木结构大棚　在江南等茶区，简易竹木结构大棚采用毛竹为主建造，而在较北部茶区也有使用一些木料进行建造的。这种大棚的跨度多为 10~12m，长度可根据茶行实际长度而定，一般为 30~60m，中间高度 2.2~2.4m，两侧肩高 1.5~1.7m。从横断面看，有 4~5 排立柱，柱间距为 2~3m，两边立柱要向外倾斜成 60°~70°角，以增加支撑力，在立柱顶部用竹竿连成拱形。拱架之间的距离为 1.0~1.2m，上边覆盖塑料薄膜，拉紧后埋入四周土壤里，再用 8 号铁丝、尼龙绳（直径 3~4mm）或光滑细直的竹竿或竹片等压住薄膜，在压杆上绑好铁丝，并穿透薄膜固定在纵向的拉杆上。在大棚两端中部的两根立柱间开一扇可启闭的门，既是进出大棚的门，又是大棚通风换气的通道。这种大棚取材方便，造价低，但室内立柱多，遮光较严重，操作也欠方便。

为了克服上述不足，目前生产中还使用"悬梁吊柱"式和"拉筋吊柱"式等形式的竹木大棚。

"悬梁吊柱"式竹木大棚，跨度为 10~13m，中间高度 2.2~2.4m，长度不超过60m。中柱用木柱或水泥预制柱顶住，横向立柱每排 4~6 根，纵向立柱则比一般竹木塑料大棚减少，而用固定在拉杆上的小悬柱即吊柱代替，用木杆或竹竿作纵向拉梁把立柱连成一个整体，在拉梁上每个拱杆下设 1 根吊柱，吊柱下端固定在拉梁上，上端支撑棚顶的拱架。吊柱的高度约 30cm，在拉梁上的间距与拱架间距一致。拱架的拱杆固定在立柱与吊柱上，两端入地。盖膜后用 8 号铅丝作压膜线。这种形式的竹木大棚的特点是棚内立柱少，减少了立柱的阴影，从而改善了棚内光照，并方便作业。但是这种大棚的竹木柱脚易烂，抗风雪能力差，使用寿命一般为 3 年左右。由于成本低，生产上应用的多为这种大棚。

"拉筋吊柱"式竹木大棚，结构尺寸基本上与简易竹木大棚相同。跨度一般为 12m左右，中间棚高也是 2.2~2.4m，长度 40~60m，使用水泥立柱，水泥立柱间距 2.5~3.0m，用建筑用 6mm 钢筋将水泥立柱纵向连接成一个整体。拉筋上设 20~30cm 长的吊杆，用以支撑拱杆。拱杆使用 3cm 左右的竹片，间距 1m。此种竹木大棚立柱也少，减少了遮光，并且棚内作业方便。

2. 钢结构架大棚　钢结构架大棚的跨度一般为 8~12m，高度为 2.6~3.0m，长度30~50m 或更长。拱架是用钢筋、钢管或两者结合焊接而成的平面桁架。上弦用直径16mm 圆钢或外径 20mm 钢管，下弦用直径 12mm 圆钢，腹杆（拉花）用直径 9~12mm 圆钢，在上弦上覆盖塑料薄膜，拉紧后用 8 号铁丝压膜，并穿过薄膜固定在纵向的拉梁上。这种大棚无柱，室内宽敞，透光好，作业方便，但成本较高，每亩需钢筋2.5～3t，一般可用10年左右。钢架大棚需注意维修、保养，一般每隔2～3年应涂防锈漆一次，以防止锈蚀。

3. **镀锌钢管装配式大棚** 镀锌钢管装配式大棚是一种可拆卸式大棚，目前在茶园中应用较多。大棚骨架如拱杆、拉杆、立杆用内外壁镀锌钢管制造，并用卡具、套管连接所有棚架组件而形成棚体。用压膜槽压卡塑料薄膜。棚体整体性好，抗腐蚀能力强，盖膜方便，并便于设多层覆盖材料保温防寒，棚内无柱，方便采光，作业方便，大棚牢固耐用，一般使用寿命可达10～15年，抗风荷载31～135kg/m²，抗雪荷载20～124kg/m²，是具有良好发展趋势的茶园塑料大棚，但这种类型大棚造价较高。其代表性产品有中国农业工程研究设计院研制的GP-Y8-1型大棚，其跨度为8m，高度3m，长度42m，拱架以1.25mm薄壁镀锌钢管制成，纵向拉杆也用薄壁镀锌钢管，用卡具与拱架连接，薄膜采用卡槽及蛇形钢丝弹簧固定，外面还可加压膜线，作辅助固定薄膜之用。这种类型的塑料大棚目前在茶园中推广速度较快（图7-6）。

图7-6 镀锌钢管装配式大棚的骨架

（四）茶园塑料大棚的使用和管理技术

因为茶园塑料大棚是一种设施栽培技术模式，运行和管理技术决定其成功和失败。特别是运行中的通风散热、温度调节、棚膜维修和揭膜等均应十分细心和周到，同时棚内茶树的管理技术措施也与普通露地栽培差别较大。

1. **棚内温度调节** 保温、增温和通风散热是大棚管理极为重要的环节。塑料大棚具有明显的增温效应，特别是晴天，太阳出来后，气温上升很快，到下午14时左右温度甚至可以升高到35℃左右，极易灼伤已经发出的幼嫩芽叶。故当冬季大棚内的气温上升到25℃、春季上升到30℃时，就应及时开门通风降温，当气温下降到20℃以下时，再闭门保温。一般在晴好天气，上午10时前后就可开启通风道，下午3时左右关闭。气温特别高时，还应在大棚的两侧适当再开几个通风口，以促进通风散热。冬季气温较低或春季气温回升，但有寒潮发生时，为防止棚内温度过低和促进茶芽早发，备有草苫的大棚，晚间一定要将草苫放下铺好以充分保温，并在太阳出来温度有所升高后掀开。也可设置煤、电等增温设施，提高棚内的气温。需要注意的是，应将煤烟引出棚外，以免污染棚内空气。另外，为充分利用大棚的温室效应，塑料大棚要牢固、密封，发现棚顶有积水和积雪时应及时清除，特别是冬季降雪，一定要在积雪融化前，将积雪全部清除。棚膜有破损时，要及时用宽条粘胶带修补，以防冷空气侵入。

2. **人工补光** 据测定，在简易竹木大棚内，由于立柱和拱架的遮挡、塑料薄膜反射、吸收和折射等引起光照强度损失，棚内光强不到棚外自然光强的50%，严重影响茶树叶片的光合效率。因此，提高光照强度是大棚茶树获得高产优质的重要条件。这就要求除了选择向阳的茶园和使用透光好、耐老化、防污染的透明塑料膜等外，人工补光是改善冬季大棚光照条件最有效的办法。人工补光的方法是在晴天早晚或阴雨天用农用高压汞灯照射茶园。需要指出的是人工补光成本较高，选择使用时要计算投入产出比。

3. 揭膜 当气温较高，已不会产生寒潮和低温危害时可考虑揭膜。杭州茶区大约在 4 月上旬，北方茶区应适当推迟。揭膜前需经数次炼茶，以提高茶树的适应能力。方法是在揭膜前一个星期，每天早晨开启通风口，到傍晚关闭，连续 6～7 天，使大棚茶树逐渐适应自然环境，最后揭除全部薄膜。

4. 建棚茶园的休养和停止搭建 由于茶园冬春季覆盖塑料大棚，人为地打破了茶树的休眠与生长平衡，对茶树养分积累和生长发育有一定的影响。因此，对于连续搭盖大棚的茶园，搭盖 2～3 年后，最好要停止一年搭建，即俗称的"放风"一年，以利茶树休养生息，充分提高大棚的经济效益。

5. 大棚茶园的茶树管理技术 大棚茶园的茶树管理技术主要包括施肥、灌溉、铺草、修剪、采摘等。

（1）施肥。建造大棚的主要目的是为了使茶树早发芽，名优茶提早上市。为保证大棚茶园早发芽，促进名优茶产量高，应适当加大施肥量，要施足基肥，及时追肥，配合 CO_2 施肥和喷施叶面肥，为茶树提供充足的营养。基肥要以有机肥为主，如厩肥、饼肥和茶树专用生物活性有机肥等，也可以适当配施一定数量的复合肥。一般要求每亩施厩肥 2～4t，每亩配合施用复混肥 30～50kg；也可每亩施茶树专用生物活性有机肥或饼肥 150～250kg，结合深翻于 9～10 月开沟施入，沟深在 20cm 左右。追肥以氮肥为主，如尿素、硫酸铵和茶树专用肥等，以速效氮加茶树专用肥混合施用效果更好。春茶应追肥三次，于春茶开采前一个月、春茶中期和大棚揭膜后各施一次，每次每亩用氮量（以纯 N 计）10～15kg，施肥深度 5～10cm。

二氧化碳（CO_2）是茶树光合作用的重要原料，茶树叶片利用光能把 CO_2 和 H_2O 转变成有机物质。在一定范围内，茶树光合作用强度与 CO_2 浓度呈正相关。科学研究表明，日出前，由于夜间茶树呼吸作用释放 CO_2，土壤微生物活动和有机物分解释放部分 CO_2，大棚内空气中的 CO_2 浓度可达 500～700mg/L，而这时大气中的 CO_2 浓度一般仅为 350mg/L，且较稳定，棚内比棚外高了近 1 倍。但是，当太阳升起后，随着茶树光合作用的增强，棚内 CO_2 浓度显著降低，如晴天不通气，CO_2 浓度甚至可降到 100 mg/L 以下，处于 CO_2 补偿点以下，若不及时进行补充，将严重影响茶树的光合作用。因此，在大棚茶园施用 CO_2 气肥，是促进茶树越冬成叶光合作用，提高大棚茶产量和品质的重要技术措施。

大棚使用 CO_2 气肥技术与方法很多，目前常用的有液态 CO_2 施肥技术、化学反应技术和土壤施用有机 CO_2 缓释颗粒肥技术等。

液态二氧化碳施肥技术，是使用经过加压保存在钢瓶内的液态 CO_2，施肥时打开阀门，用一条带有出气小孔的长塑料软管，把汽化的二氧化碳均匀释放进大棚内。钢瓶出气孔压力为 1.0～1.2kg/cm²，每天放气 6～12min。也可以将钢瓶内的高压液态 CO_2 灌入塑料袋，放置在大棚内使 CO_2 缓慢释放。塑料袋要密封，并且留一进气口，通过降压阀缓缓将 CO_2 灌入，容积 0.5m³，待塑料袋膨大灌满 CO_2 后，密封进气袋口。于上午 9

时左右将装满CO_2的塑料袋摆在茶行中间，适当打开进气口，使CO_2缓慢释放，下午4时收回。一般一个约$200m^2$的大棚，晴天放2袋，阴天放1袋，雨天不放。这种方法简便易行，可使大棚茶园内的CO_2浓度提高2倍以上，一般可增产20%左右。二氧化碳的纯度要求在99%以上。在充灌CO_2时应注意安全，盛装的钢瓶应放在通风阴凉处，注意轻放，保护好钢瓶降压阀等。

化学反应二氧化碳施肥技术，主要是利用强酸与碳酸盐化学反应，产生碳酸，而碳酸化学性质不稳定，分解为CO_2和水。最常用的是稀硫酸和碳铵反应法，即$2NH_4HCO_3 + H_2SO_4（稀）=（NH_4）_2SO_4 + 2CO_2\uparrow + 2H_2O$。反应产生的副产品硫酸铵可作肥料使用。一般每亩（$667m^2$）的大棚，每天用碳酸氢铵3kg，加入96%的浓硫酸2kg，这样可使大棚内CO_2浓度达1 000mg/L。具体操作时，可使用市场上出售的CO_2发生器，也可用小型塑料桶。浓硫酸使用前要与水按体积比1：3稀释，稀释时必须将浓硫酸沿桶壁缓慢倒入水中，并不断搅拌，严禁将水倒入浓硫酸中，否则将会引起人身安全事故。每个大棚布置CO_2施放点6～10个，将桶均匀悬吊在大棚内，桶口高度略高于茶树蓬面，以利于CO_2扩散。进行化学反应时，可先将碳酸氢铵放入塑料桶内，然后注入稀释好的硫酸；亦可先将稀释好的硫酸放入桶内，然后加入所需的碳酸氢铵。要求硫酸与碳酸氢铵反应完全，不再产生气泡。反应后的废液应稀释50倍以上，作追肥用。这种方法所使用的硫酸，可购买市场上销售的工业硫酸，碳酸氢铵用化肥，原料获得方便，成本也低廉。

土壤施用有机CO_2缓释颗粒肥技术，是通过土壤使用有关肥料提高塑料大棚内CO_2的方法。具体技术有增施有机肥、深施碳酸氢铵和施用CO_2缓释颗粒肥等。大棚茶园适当增施有机肥，不仅能提高土壤温度，有机肥分解时产生的CO_2也能在一定程度上提高大棚内大气的CO_2浓度。深施碳酸氢铵法，是将按每米茶行需施入30～40g的碳酸氢铵量，均匀施入茶树行间8～10cm的土壤深处，每月3～4次，利用其自然分解产生的CO_2，增加大棚内的CO_2浓度。CO_2缓释颗粒肥是以农业废弃物为原料经酶解、微生物处理，添加专用制剂加工而成，能一定程度上控制CO_2释放的速率和总量。在大棚中每亩沟施50kg，棚内CO_2浓度可提高至500～1 000mg/L，时效可维持30d左右。

（2）铺草与灌溉。建造大棚的茶园，在秋茶结束后应结合施基肥进行一次深耕，并在茶行间铺草，原料可使用各种山地杂草、作物秸秆等，每亩400～600kg，厚度10～15cm，草面适当压土，第二年秋季翻埋入土。这对大棚茶园土壤既有增温保湿效果，又可改良土壤结构，提高土壤肥力。

塑料大棚是一个近似封闭的小环境，无法接受大气降水，土壤水分主要靠人工灌溉补充。但由于土壤蒸发和茶树蒸腾的水汽，在气温较高时常会在塑料薄膜表面凝结成水珠，掉到茶园内。因此，造成土壤0～10cm土层含水率较高，水分含量较稳定，一般相对含水率可达80%以上；而在30cm左右的较深土层则容易干旱，特别是当气温升高到20℃以上，又经常揭膜、开门通气的情况下，棚内水汽流失量大，若3d不灌水，土壤含水率即会降到70%以下。故棚内气温在15℃左右时，每隔5～8d应灌水20mm左右，气温在20℃以上时，每隔3d应灌水15mm左右。灌溉时间最好选择在阴天过后的晴天，以利提高地温；而在一天时间之内，灌溉在上午进行为好，可利用中午这段时间的高温使地温尽快上升。灌水后要通风换气，以降低室内空气湿度。灌水的方式最好采用滴灌，不仅水分利用率高，而且对茶树叶片气孔和空气湿度影响小，灌溉的效果较好。当然，生产中使用微喷灌进行大棚茶园的灌溉，既操作方便，又不会产生滴头堵塞，应用也很普遍。

（3）修剪与采摘。为使塑料大棚茶园春茶提早开采，宜将建棚茶园春茶前的常规轻修剪、深修剪和重修剪推迟到春茶结束后进行。每年或隔年进行一次深修剪，3～4年进行一次重修剪，控制树高在80cm左右。秋茶结束后结合封园进行一次轻剪与修边，使茶树蓬面整齐规范，以利通风透光和茶树养分积累，切忌在秋、冬季进行茶树的深修剪。否则会剪去大量的成熟叶和越冬芽，既会降低光合作用对有机营养的积累，又会减少翌年新梢数，从而影响大棚茶的产量和品质。

塑料大棚内茶树鲜叶要早采、嫩采，多做名优茶。一般当蓬面上有5%～10%的新梢达到一芽一叶初展时即可开采，及时、分批、多采高档茶。在整个春茶生产中，前期留鱼叶采，春茶后期及夏茶留一叶采，秋茶留叶采，并提早封园，使茶树叶面积指数保持在3～4之间，以保证冬、春季有充足的光合面积。也为来年春茶的优质高产奠定良好基础。

（4）病、虫害防治。常规茶园在冬、春季由于气温较低，一般没有严重的病、虫危害发生。但塑料大棚茶园由于气温经常保持在20℃以上，湿度也高达90%，特别容易导致病菌的滋生繁殖。故一般情况下，大棚茶园内病害较严重。据对中国农业科学院茶叶研究所内龙井43大棚茶园的调查表明，茶树叶片炭疽病的发病率为8.14%，病情指数为1.66，而对照露地栽培茶园的发病率和病情指数均为0；此外，轻修剪茶树的发病率高于未修剪的茶树，表明茶树修剪后留下的伤口为病菌的侵染提供了条件。为了防止大棚茶园病害的流行，应注意在大棚覆盖后不要再修剪，同时要注意如系炭疽病发生严重的茶园，在大棚覆盖前应喷施杀菌剂进行保护，在发病初期，喷施75%百菌清或甲基托布津1 000倍液进行防治，连续喷施2～3次，间隔期7～10d，控制病害的流行。

三、 茶园温室

茶园温室是一种主要用于茶叶科研单位和大型茶叶种植企业从事科学试验和工厂化茶苗繁育等的茶树栽培技术设施。

（一）茶园温室的特点与结构

茶园温室是一种由透光屋面和维护机构（有些也透光）组成。是一种性能完备、可实现自动控制，能充分采光、保温，避免冬季寒冷和夏季高温多雨等对茶树植株或科研试验带来危害，并能有效控制植株生长和试验需要的建筑设施。实际应用的温室有单体温室和连栋温室两种。所谓单体温室，其中包括茶园高效节能日光温室，是一种完全脱离其他建筑物的单跨温室；所谓连栋温室，是指两跨或两跨以上，实际上是由多个单体温室屋面通过屋面天沟相连、而室内则是通过连廊连接起来的温室，一般建筑面积为1 000～3 000m²。

（二）茶园高效节能日光温室

实际上可以说是一种结构比较复杂的塑料大棚，也可以说是一种被动式太阳能温室，主要以严密保温和合理采光保证室内温度。在江北茶区特别是山东等气候较冷茶区应用较多。北方茶区统称为温室，由于这种温室不烧火加温，加热能源仅靠白天的日光照射，故一般也称之为高效节能日光温室，有用竹木搭建的，经济条件较好者则使用工厂生产的标准钢架结构形式。因为山东等地茶园茶行一般较多是东西走向，而地块北部一般紧靠高坎，利于减少冬季西北风的侵袭，地形对建造茶园高效节能日光温室很有利。这样就可利用茶园北部高坎，或者用砖砌一矮墙，这就形成了日光温室 1.8～2m 高的北墙，在棚顶北墙前部设一段短后坡，使其将北墙与高度为 3m 的棚顶连接，短后坡的实际长度为 1.5m 左右，地面水平投影长度 1～1.2m。这种温室以塑料薄膜为透明覆盖物，白天和晚间温室内的热量主要来自太阳的辐射能，即使在冬季气温低至 −15℃，室内温度仍可保持在 8～10℃，甚至在 10℃ 以上，温度较低时可摊开棚顶的草苫进行覆盖保温（图 7-7）。

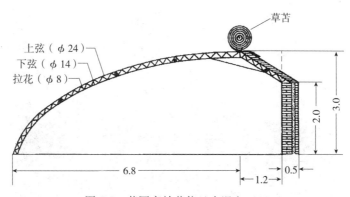

图 7-7　茶园高效节能日光温室（m）

（三）茶园连栋实验型温室

20 世纪后期，随着农业结构的调整和国家重大产业化项目的实施，为科研单位和大型企业科学实验为主的茶园连栋温室在茶叶生产中逐渐获得应用。

1. 茶园实验型连栋温室的结构　茶园连栋实验型温室的基本结构由包括温室主体结构和辅助设施等组成，温室主体结构除温室建筑物外，还包括风机湿帘降温系统、遮阳降温（含夏季遮阳降温、冬季内保温和侧保温）系统、通风系统、加温系统、补光系统、茶苗栽培床和灌溉系统等。而温室辅助设施则包括控制系统和控制室、办公室、准备室、原料和成品仓库等。

（1）主体结构。温室主体结构实际上是一座透光性玻璃温室建筑物。基本尺寸由跨度和开间组成，所谓跨度和开间均为相邻两轴线之间的距离，但开间是沿屋脊或天沟方向，为了使温室主体方向朝阳，开间一般为南北方向。国内茶区使用的玻璃温室，开间一般采用 3m 和 4m 两种尺寸；跨度则是垂直于屋脊或天沟方向，一般呈东西方向，一般玻璃温室的跨度为 6.0m、6.4m、8.0m 和 9.6m。因为温室一般要求使用寿命为 15～20 年，故温室主体结构屋架采用热浸镀锌型钢制成，一般在生产厂将构件加工制造完成，运至现场进行装配。构件之间采用镀锌或不锈钢螺栓连接形成屋架，屋面、墙体、门窗和室内各间温室的隔断等使用透光覆盖材料进行覆盖，目的在于良好的保温和采光性能，覆盖材料可使用中空玻璃、PC 板等硬质板材等材料，一般要求覆盖材料的透光率应在 85% 以上，不宜低于 80%，一般要求覆盖材料使用寿命在 10 年以上，透光率年衰减量不得高于 1%，10 年透光率衰减总量应控制在 10% 范围内。覆盖材料镶嵌时用专用铝合金条和耐老化三元乙丙橡胶条密封。温室主体结构的屋顶，以开间方向做成三角形屋顶并形成屋脊，两个三角形屋顶交接处用天沟连接，天沟还兼顾于屋面上雨、雪水的汇集和排除。屋顶两面的斜坡设计成可以掀开和关闭的结构，以便于开窗通风。一般使用电动开窗系统进行开窗，电动外翻式开窗系统由驱动减速电机、电机座、链轮链条副、传动轴、齿轮齿条副、齿条连接件等组成。电机启动后，通过传动轴带动齿轮转动，齿轮带动齿条运行，齿条通过齿条连接件带动活动窗框运行，从而完成活动窗开启与关闭全过程。屋顶窗的开关，开度大小和开启、关闭时间可以通过电脑系统和控制箱进行设定和控制，在开启和关闭时，当到达开、关顶点，电机则会自动停转。图7-8所示温室就是中国农业科学院茶叶研究所最近建造的 2 000m² 科学实验温室的外貌。

图 7-8　连栋温室的主体结构

（2）风机湿帘降温系统。在炎热的夏季，由于热传导和热辐射，若无降温措施，温室内的气温往往要高于室外气温 10～20℃，使科学实验和生产活动无法正常进行。风机湿帘降温系统就是最经济、最有效的温室夏季降温设施。该系统由湿帘、风机、循环供水装置和控制器等部分组成。湿帘用经过特殊处理的褶皱牛皮纸制造而成，具有耐腐蚀、强度高、吸水面积大、吸水性强、使用寿命长等特点，但若遇到碰撞却易造成损坏和变形，使用中要特别注意。湿帘一般装于温室与连廊之间隔墙留出的空洞上，装置面积应按温室实际需求进行计算。需要供水降温时，开动水泵，通过供水管将水均匀地淋湿整个湿帘。出水管上开有单排或双排水孔，孔径为 3mm，孔距为 50mm，孔口朝上，将水直接喷射到反水板上。放置在湿帘上部的输水湿帘将水管中喷出的水导到纸垫的顶部，从而使蒸发湿帘均匀地被浸润。为了用最少的湿帘获取最佳的降温效果，供水量常为每平方米湿帘面积顶部喷水 60L/min，如果用于干燥高温地区，供水量要增加10％～20％。供水量通过水泵和供水管径的配备以及供水系统上的阀门开度大小来调节。供水量调整适度的标志是，在正常运行时，整个湿帘已没有未湿透的干条纹，同时还能看到细细的水流沿着波纹往下流。若供水过多，则会流至湿帘下部集水槽中，以便循环利用。风机湿帘降温系统使用的风机，为轴流排风风机，风机叶轮直径 1 250mm、空气流量 40 000m³/h、全压 60Pa、采用新型空间挠曲扭面叶片，具有全压低、风量大、耗电省、噪声低、运转安全可靠、安装维修方便和具有百叶窗开闭等特点，适用于输送温度不超过70℃，湿度不大于90%，含尘量和其他固体杂质的含量不大于100mg/m³的气体。风机装于湿帘对面，距湿帘也就是通风（跨度）方向的距离，不宜大于50m。湿帘供水后，在湿帘波纹状的纤维表面均形成薄薄的水膜。当室外干热空气被风机抽吸穿过纸质湿帘时，水膜上的水会吸收空气中的热量蒸发成水蒸气加入空气中。这样，会使空气温度下降，湿度增加。通过湿帘降温后的室内气温取决于室外空气的干湿球温度差和湿帘的效率。一般情况下，温室内进排气口的气温差可以控制在3~4℃以内，加上室内和室外遮阳等措施共同作用，可使夏季温室内的温度控制在35℃以下，最高不超过38℃。可见，该系统的设置对温室是非常必要的（图7-9）。

a.降温湿帘   b.降温风机

图7-9 温室降温风机与湿帘

（3）遮阳降温系统。包括夏季遮阳降温、冬季内保温和侧保温系统。

夏季遮阳降温系统由控制箱、拉幕电机、电机座、链轮链条副、轴支座、U型螺栓、传动轴、齿轮齿条副、推拉杆、滚轮座、推杆导杆连接卡、T型螺栓、驱动边铝型材、遮阳幕、卡簧、托幕线和压幕线、绕线筒、转向轮、钢丝绳等组成。内遮阴幕系铝箔按规律间隔镶嵌结构，透光率约为40%。当光线照射在遮阳幕上时，绝大部分的太阳辐射被遮阴幕铝箔反射回去，可避免温室内气温过高，保护作物免遭强光灼伤。对设有遮阳保温幕系统的温室，当遮阳幕展开时，由于太阳辐射的减少，加之经过湿帘进入室内湿凉空气，在出风口与进风口间的整个温室空间内，不会存在较大的温差，而保持整个温室空间温度的稳定。

冬季内保温系统由控制箱、拉幕电机、电机座、链轮链条副、轴支座、U型螺栓、传动轴、齿轮齿条副、推拉杆、滚轮座、推杆导杆连接卡、T型螺栓、驱动边铝型材、遮阳幕、卡簧、托幕线和压幕线、绕线筒、转向轮、钢丝绳等组成。遮阳幕下表面较高的热辐射吸收率使遮阳幕自身的温度较高，不利于凝结水滴的形成。其次，遮阳幕用聚酯纱线网制成，可以承托大量的水滴不往下落，使下面的作物保持干燥。与夏季遮阳降温系统一样，该系统采用管内电机。管内电机装在卷绳管内，外观基本上看不到电机的存在，但按下启动按钮后电机启动，电机经减速机减速后驱动传动轴转动，传动轴上齿轮的转动变成与齿条相连接的推拉杆的往复直线运动（传动轴上绕线筒的转动变成了与其相连的钢丝绳的往复运动），使遮阳幕水平地缓缓展开或收拢。遮阳幕到达端头，电机限位装置控制电机停止运转，行程运行结束。

侧保温系统由电动卷膜器、内保温幕布、卷膜轴、爬升杆、爬升器组成。内保温幕为聚碳酸酯膜编成,基本不透气,并且能够吸收和反射大量的热能辐射,夜间温室内部的热空气被内保温幕阻隔在温室下部,使温室与室外形成了一个空气隔热层,降低了热传导系数,从而达到保温效果。

实际上在夏季遮阳幕和冬季内保温遮阳幕的上方,还有一层有机材料做成的防虫网,作用是遮阳幕打开时防止室外害虫侵入和室内益虫逸出。防虫网的材料和规格选择,对防治不同种类害虫和温室通风效果影响较大,必须考虑上述因素和参考排风机的参数正确选择。

(4)加温系统。冬季温度过低,为保证室内茶苗的生长和有关实验的进行,往往在温室配备加热系统。加热系统有热水和热风采暖形式等。热水采暖系统使用热水锅炉,一般使用燃油锅炉,以方便实现自动控制。锅炉加热的热水通过埋设在地下经过保温的总管和支管,送往装置在温室内的散热器内,散热器为管式结构,外设散热片,每间温室的散热器均设有热水流量调节闸阀,用以控制热水流量大小,从而调节温室内的室温。热水采暖系统热稳定性好,运行费用较低,适于连续长时间加热,一般用于加温负荷较大或大型温室,但需采购锅炉等,一次性投资较大。热风采暖采用热风炉等提供热风,一次性投资较低,但热稳定性较差,运行费用较高,适于加温时间短,加热负荷较小的温室(图7-10)。

a.蒸汽锅炉　　　　　　　　　b.散热器

图7-10　温室热水采暖系统

(5)补光系统。温室补光有两种用途,即光强补光和光周期补光。一般光强补光的光照强度要求在 5 000~10 000lx 以上,而光周期补光的光照强度要求在 500~1 000lx之内。根据补光要求不同,设备配置和投资差异很大,一般茶园连栋温室使用的补光系统如图7-11所示。

(6)活动式茶苗栽培床。为了提高温室运行效率,节约每寸温室面积,茶园连栋温室多采用移动式茶苗栽培床,一般用型钢和不锈钢丝网制成。栽培床可以左右

图7-11　温室补光系统和活动式茶苗栽培床

平行推动，使两个栽培床紧挨，靠拢后可节约占用面积；需要时又可拉开，以便操作人员可以进入任意两床之间。在解决好采光和架设牢固的前提下，也有采用多层栽培床结构的。

（7）灌溉系统。温室灌溉系统一般可采用滴灌、微喷灌、潮汐灌等微灌方法。滴灌是一种利用低压管道系统，将灌溉水输送到茶苗根部，通过滴头一滴一滴地滴入茶苗根部土壤土层中的灌溉方法；微喷灌是一种以低压小流量喷洒出流方式，将灌溉水以极细雾滴形式喷洒到茶苗以及根部土壤的灌溉方法；潮汐灌是一种地下浸润灌溉方式，首先是使用人工设施抬高灌溉水位，温室土壤或基质借助毛细管吸力向茶苗根系补充水分，待土壤或基质吸收水分达到饱和后，再将灌溉水位降低，排除土壤或基质中的多余水分。这种灌溉方法不破坏土壤或基质的内部结构，能较好保持土壤的三相比。微灌系统可按《微灌工程技术规范》（SL103—1995）规定进行配备，供水压力和流量要能满足灌水器的工作要求，滴灌管（带）的工作压力通常在100kPa左右，微喷头的工作压力为200~300kPa。供水水池（箱、罐）应能满足2h以上的高峰需水量，大型温室还要配备中央水处理系统。温室灌溉系统亦可同时施用液体肥料。

（8）供电系统。温室供电电力负荷分为三级，为保证温室在夏季高温季节或冬季供热季节不因停电而影响茶苗生长和科学实验进行，对一些科学实验温室，应配置双路供电线路，并配备备用的自备电源，自备电源容量应能满足夏季机械通风（自然通风温室应能满足开窗和遮阳设备容量需求）或冬季采暖以及灌溉的电力负荷。自备电源一般采用柴油发电机组。

（9）控制系统。连栋温室的控制系统可由微机实现自动控制，也可使用设在每间温室门外的控制箱实现手动控制。自动控制的计算机界面可以实现人机对话，对温室运行参数进行设定，然后由微机控制系统进行自动控制，各种探头将温室运行状况和参数不断输入微机，这时点击"从机状态"，即可从界面上的温室运行模式图上，看到顶窗开启、内遮阳、内保温和侧保温幕、网展开、湿帘膜展开和风机运行状态，并且可自由切转到各间温室，控制温室按照设定参数正常运行。

2. 连栋温室的使用、维护和保养　连栋温室是一种大型现代化的农业工程设施。为了使连栋温室的成套设备正常运转，充分发挥其经济效益社会效益，延长使用寿命，应按《使用维护说明书》要求，进行正常安装、调试、使用和维护。

温室应有专人负责，操作人员应接受专门培训，从温室安装、调试期间开始，就跟班学习掌握温室结构和各系统的功能、原理、组成、操作和维护保养等。

温室冬季采暖设计温度一般为12~15℃，如中国农业科学院茶叶研究所使用的温室设计为13℃，高于或低于设计温度，微机自控或手动控制的相应热源装置和调温设施即会运转，低于13℃则会放下所有保温膜，反之收回。当然，若有关参数另行设定，则按设定参数要求运转。如中国农业科学院茶叶研究所使用的连栋温室，当室外采暖设计温度低于5℃时，微机控制系统则会指令燃油锅炉自动点火运行，当热水到达规定温度，便通过管道向散热器供水，从而提高温室室内温度，当温度到达设定值如13℃，锅炉油路自动关闭，停止供热。

温室投入使用，如使用自控工作状态，微机启动后，要首先检查从机状态是否与微机联机，否则无法实现自控。在自控状态下，所有保温膜均会自动按规定关闭或开启。

但在通过控制箱手动控制状态下，如要开启风机湿帘降温系统的排风风机，开机前则要将侧保温膜卷至上部，此点一定要牢记，否则将造成侧保温膜的损坏。

风机湿帘降温系统如需开机，开机前应检查湿帘周边缝隙的密封状况，将存在于湿帘与进风口周边的缝隙密封，以免热风渗漏影响降温效果。良好运行的供水系统是有效降温的保证，若出现供水不均匀、湿帘纸垫不能完全湿透或漏水，可能是因为供水量过小或过大，这时可通过调节供水阀门开度加以解决，如还不行则应考虑更换大功率或小功率的水泵。若湿帘纸垫干湿不均匀，则可能是喷水孔内有脏物，应疏通出水孔眼，打开末端管塞，冲洗管道。喷水管孔眼应朝上，朝下安装将可能很快堵塞。系统供水量不足，可能是因为供水系统安装不正确、水泵过小、三相泵接电相位接线不正确、供水管路阻力过大等原因引起，这时应该检查调整供水系统，进行正确安装，如是三相泵接电相位接线不正确，则应将两根相线调换重接，如是管路阻力过大，则应进行清理疏通。若遇湿帘纸垫漏水，则可能是水滴溅离湿帘，则应检查供水量是否过大，湿帘安装是否正确，水管中喷出的水是否按要求正确喷到反水板上。是否有损坏的湿帘，边缘破损或出现"飞边"，都会引起水滴飞溅。也可能是湿帘框架两端漏水，应密封喷水管的管堵，并应确认框架侧板放置于框架内。若为下框架接头处漏水，则可在框架与框架接头搭接处打密封胶。同时，应控制湿帘水垢的积存、藻类滋生、加装防鼠网和在湿帘的下部喷洒灭鼠药，以防不使用季节老鼠啃食湿帘纸垫。

夏季遮阳降温膜和冬季内保温幕的运行，操作人员应熟悉系统工作原理、操作和维护保养技术，按"安全操作规程"操作；每次开车前，首先点动并检查电机、齿轮齿条副、钢丝绳是否正常，电机行程限位是否可靠，各块幕是否有被刮住者。无问题后，方可正常操作运行，长期不使用或刚检修后，更应首先点动，出现异常情况立即停车排除。

温室在起用2～3个月后应对温室作全面检查，以后关键部位每月要定期检查一次，并进行经常性的维护保养。

经常全面仔细检查温室紧固件的状况，脱落的要补齐，松动的应拧紧，且严格按要求使用镀锌件，不可用次品、代用品，必要时，表面涂防锈油。检查雨水槽的密封情况，及时采取相应防漏措施。检查覆盖物固定是否牢固，是否有漏风、漏气的地方，并采取相应措施。巡视时，如发现膜卡具有脱开现象，应及时复位，否则在起风时易造成薄膜局部甚至整体撕落，造成更大的损失。

温室各构件不得受到强烈的冲击或碰撞，不得随意在非承受吊挂载荷的构件上吊挂重物。不要随便改变温室结构，不得在立柱上使用氧焊、电焊焊接任何吊挂物。加装吊挂时所需的结构应符合推荐方案，否则会降低温室及温室设备的实用性及安全性。

温室内尽量减少杀虫剂、除草剂、生物处理制品的最大使用量，严格控制硫氢混合物的浓度，氯不超过0.008%、硫不超过0.04%的浓度标准。在使用杀虫剂后，尽可能快地对温室进行通风处理。

温室的雨槽处，初装时在连接处均装有密封胶条以防止漏水，长期使用后如果出现漏水现象，可先将漏水处擦干净，然后用耐水胶进行密封。

温室用减速电机均为油脂润滑，电机使用一年后需更换新的钠基润滑脂。减速电机不适合长时间运转，应避免频繁启动，否则易造成损坏。开启顶窗用的齿轮、齿条以及主轴与各托架接触处应定期加注黄油，以免因锈蚀或磨损而影响传动机正常工作。带有自动控制的温室传动机构，如开窗机、遮阳幕等，无人值守时需调至自动控制状态。紧急情况时需调到手动，人工控制。

应特别注意，温室大部分电机均为三相电机，各个限位开关的调整以及电机的接地线均是以安装的三相相序为基准的，如果在使用过程中总电源线因某种原因需重新安装调整，此时应特别注意三相相序要与调整前的相序相同，如果相序不同，操作时会出现电机向相反的方向动作，此时应立即停机，调整总电源相序，并调整安全限位开关才能恢复正常工作。

每当春、秋换季时，应对因磕、碰、刮、划造成的热镀锌表面的锈迹进行局部喷锌处理。若发现紧固件锈蚀，及时更换。经常清理推拉门轨道缝内的灰土和杂物，以保证门开关轻便、到位。

入冬时，使用薄膜封住湿帘窗，用风机罩固定于温室外部的风机上，以提高温室冬季的保温性能。冬季可视当地气温，适当采取加温措施，使室内温度应保持在10℃以上，否则会影响室内供试茶树的生长。

做好防火工作，温室内严禁烟火，严禁擅自增加电器和线路，温室内不允许拉临时导线，不得在温室内或温室附近燃烧植物残叶或汽油等易燃物质。

连栋温室的屋面和天沟内，会有吹落的树叶和尘土等杂物积存，应经常进行检查和清理。为保证良好透光，应对屋面及四壁玻璃经常进行清洁和擦拭。

第八章 CHAPTER 8
中国茶叶机械化技术与装备
茶树修剪和采摘机械

茶树修剪和茶叶采摘机械是茶园作业机械的重要组成部分，而且是当前茶叶生产中需求最为迫切的机械。虽然按作业性质分，茶树修剪机械属于茶园管理机械，而采茶机属于收获机械，但因两种机械的结构基本相似，并且配套使用，故一同进行叙述。

第一节　采茶机械的分类和工作原理

结构类似的采茶机和茶树修剪机，作业原理亦相似，业界一般将其统称为采茶机械，在此也遵循此原则进行其分类和作业原理的介绍。

一、采茶机械的分类

采茶机械的分类方式一般有按配套动力形式、操作方式、切割方式、切割器形式不同等进行分类。

1. 按配套动力形式不同分类　采茶机械按配套动力形式分类，有人力或畜力驱动、机动和电动等类型。随着工业化水平的提高，目前人力或畜力驱动的采茶机械已很少应用，除了一些农户和小型茶叶生产企业还使用剪枝剪即大剪刀进行茶树修剪和边销茶鲜叶原料的采摘外，像手动人力采茶机等在生产中使用已很少见，而当前生产中应用的主要是机动和电动采茶机械，又以机动型应用最普遍。

机动采茶机械，就是以小汽油机为动力的采茶机械，在采茶机和茶树修剪机上应用最广泛，它机动灵活，功率大，作业效率高，重量较轻，缺点是噪声和振动较大，保养技术要求也较高。当然，在一些自走式采茶机和茶树修剪机，也有使用柴油机为动力的。

电动式采茶机械，是一种以小型发电机组或蓄电瓶为动力的采茶机械。小型发电机组一般使用以汽油机为动力的直流发电机组，将其固定放置于茶园地头，采茶机或茶树修剪机上装有小型直流电动机，用电缆或电线将发电机组与采茶机或茶树修剪机机头相连接，往往一个发电机组可带动多台采茶机或茶树修剪机作业。蓄电瓶为动力的采茶机械分两种，一种是将蓄电池固定放置于茶园地头，用电线将蓄电池与采茶机或茶树修剪机机头相连接，另一种是蓄电池直接由操作者背负，以很短电线与采茶机或茶树修剪机机头相连接，驱动机头进行采摘或修剪作业。电动采茶机械噪声小，无污染，维修方便，但是将发电机组或蓄电池置于地头的采茶机械，需要拖一根很长的电线，加之茶蓬阻碍，作业很不方便，同时蓄电池背负较笨重，还需要及时充电。

2. 按操作方式不同分类　采茶机械按操作方式分类，有单人手提式、双人抬式、半自走式、自走式和乘坐式等形式。单人采茶机和茶树修剪机均有电动和机动两种形式，机动采茶机一般由操作者背负小汽油机，双手持采摘器进行作业；单人茶树修剪机一般将汽油机与切割器连为一体，由一人两手手持作业；双人采茶机和茶树修剪机以汽油机作动力，由两人手抬作业；自走式和乘坐式采茶机和茶树修剪机的行走方式有履带式和轮式两种，采摘和修剪用的切割器悬挂在自走式行走装置或乘坐式自走底盘上，乘坐式机型使用履带行走方式较多，国外如苏联则使用乘坐轮式自走底盘悬挂采茶机进行采茶作业。半自走式的采摘器则一端悬挂在自走式行走装置上，一端以手抬作业。当前生产中主要使用的机种为单人和双人采茶机或茶树修剪机。

3. 按切割方式不同分类　虽然国内外探讨过多种鲜叶机器采摘原理，但目前投入生产应用的基本上为切割式。切割式工作原理被广泛应用在机、电动单人、双人、半自走、自走和乘坐式采茶机和茶树修剪机以及修边机上，按其切割形式，又可分为往复切割式、螺旋滚刀式和水平勾刀式。其中往复切割式应用最普遍，性能被认为最好，而水平勾刀式仅在单、双人等采茶机上有所应用，螺旋滚刀式中国曾有单人采茶机研制，日本则有单、双人采茶机型。

4. 按切割器形状不同分类　采茶机和茶树修剪机按切割器形状不同，也就是刀片形状不同进行分类，有弧形和平形两种。单人采茶机、茶树修剪机和修边机，均为平行刀片，其他形式的采茶机和茶树修剪机有弧形和平形刀片两种。平行刀片形式主要用在幼龄茶园、密植茶园和大叶种茶区的茶树修剪和鲜叶采摘。弧形刀片主要用于中、小叶种成龄茶园的修剪和鲜叶采摘。而衰老茶园的台刈作业，目前多用割灌机，以单人背负汽油机，手持刀杆进行作业，其刀片为圆盘锯，靠圆盘锯片的高速旋转而锯断茶树枝条。

二、采茶机械的工作原理

不论是中国，还是采茶机械化最发达的日本，采茶机械使用最普遍的是切割式采摘原理，但由于切割式采茶机缺乏对茶芽的良好选择，茶叶界一直期望有一种选择性好、工效高的采茶机，故下面对切割式采摘原理作重点介绍，同时也简要介绍其他一些采摘原理。

1. 往复切割式采摘原理　往复切割式鲜叶机器采摘原理是切割式原理中的一种。切割器由上、下两片多齿刀片组成，彼此作反向往复运动（历史上也曾用过一只刀片往复运转，称为动刀；另一只刀片不动，称为定刀的所谓"单动式切割"），当相邻的两个刀齿之间遇到茶树芽叶或茶树枝条时，即会将其快速、干净、利落剪下。这种切割式的采摘方式，从机械学的观点看，如理发剪的工作原理一样，很适合于茶树修剪，但对茶树芽叶采摘却缺乏选择性，遇到芽叶一律切割下来，因为茶芽生长不可能没有差异，难免茶芽大小混杂和有老梗老叶混入，在一定程度上影响所采鲜叶质量。然而，直至目前世界上尚缺乏一种选择性良好，对芽叶采摘干脆、利落，同时生产率又高的采摘原理的采茶机，并且这种难题短时间内尚难解决，故国内外在生产实践中只能用茶树栽培技术措施进行补救和配合，如茶园规划和茶树的栽培规范，茶蓬修剪平整，种植的茶树性状单一，发芽整齐，只有这样应用往复切割式原理进行鲜叶采摘，方可获得较好的采摘质量。

采茶机和茶树修剪机作业时，对茶芽或枝条的切割，一方面是在上、下两片多齿刀片彼此做反向往复运动，另一方面又是在机器不断前进而完成切割动作，刀片的切割面就是上、下两片刀片合成运动的轨迹。若以作图法画出刀片绝对运动的轨迹，则被称之为切割图。切割图可以形象反应往复切割式采摘原理的切割过程，同时生产中也可使用切割图来扼要说明往复切割式工作原理，从而有助于采茶机和茶树修剪机发动机转速和机器前进速度等参数的确定和掌握，以指导采茶机和茶树修剪机的研制、正确操作和作业。

刀片往复运动和机器前进之间的关系，可以用刀片完成一次行程时间内机器前进的距离通常称之为进距来表示：

$$H = \frac{30V}{n} \tag{8-1}$$

式中：H——进距 m；

V——机器前进速度 m/s；

n——曲柄转速 r/min，即刀片往复频率次/min。

因采茶机和茶树修剪机使用双动刀片，故刀齿往复运动行程等于刀齿间距的一半。

采茶机和茶树修剪机正常作业时，前进速度一般为 0.5m/s，刀片往复运动频率为 1 000 次/min 左右，故其进距为 15mm。

采茶机正常作业状态下刀齿的切割状况（切割图）如图 8-1 所示。图中为刀片在一个反复即两个行程内的运动即切割状况。当上、下刀片相向运动时，即图中下方所示两个刀齿向稍上中央的一个刀齿处运动并重合的过程，其间上刀片的左侧刃口与下刀片的右侧刃口向前方中部推移，并产生弯斜，在上、下刀齿根部相交时即图中所示的 A 点开始切割。切割是在 AB 连线上进行的，到上、下刀齿重合前的 B 点即失去切割作用。由于茶稍是在被推移弯斜到 AB 连线上被切断的，故难免切割区内的切茬稍有高低不平现象。上、下刀齿重合后即开始向相反方向运动，这时进行第二个行程的切割则同时开始。上刀齿的右侧刃口与下刀齿的左侧刃口，将茶稍向两侧推移，并与图中未画出的各自相邻的上、下刀齿产生切割。上下刀齿在第二个行程的运动中，都重复切割了上一行程已切割过的部分面积，这部分面积称为"重切区"，但是如机器切割高度掌握得当，不一定会发生重切。B 点上方有一个空白三角形区域，是在第二个行程未能切割到的区域，通常称为"漏切区"，但由于可在下一个往复过程中的第一个行程中被切割，实际上并不漏切。图中 A 点以下有一个空白区，实际上是在上一个往复已被切割的区域。为此，只要在实际机采作业中，严格规范操作，往复式的切割采摘方式，是不会产生重切和漏切的。

茶树修剪机的机器前进速度和刀片往复频率与采茶机一样，切割图也相似，如图 8-2 所示。因为修剪机切割的枝条较粗，刀齿较采茶机厚短，故在 B 点上方出现了形状似菱形的空白区域，此区域的茶稍，在第二个行程中上、下刀齿的外侧刀刃也未能扫过该区，成为"漏切区"。但是该区域内的茶稍也会被两刀齿间的刀杆向前推至 C 点后被切割，故也不一定产生漏切，只是因茶稍被向前推弯才切割，产生切割面在局部有一些不平而已。

不论是采茶机还是茶树修剪机，在对茶稍进行切割时，都会造成茶稍弯曲，只是程度不同而已，故采摘或修剪后的蓬面，并不是一个非常理想的平整面，而是一个虽有一

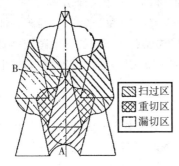

图 8-1 采茶机切割图

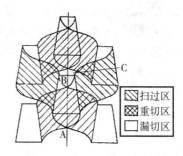

图 8-2 修剪机切割图

定不平整但已能满足农艺要求的切割面。实际上，刀片往复运动频率（曲柄转速）与机器前进速度之间有一个最优的比值关系，当刀片往复频率偏高时，切割的重切区面积增加，漏切区面积减小，茶稍的弯斜量也减少，切割面较整齐，但生产率较低；当机器前进速度偏高时，切割的重切区面积减小，漏切区面积增加，茶稍的弯斜量也增加，切割面欠整齐，甚至会出现枝稍拉断与漏切现象。故试验和实际操作表明，在采茶机和茶树修剪机作业时，操作者的前进速度应掌握在 0.5m/s，即每分钟前进 30m，发动机的转速则以掌握在使采茶机与茶树修剪机的往复频率维持在 1 000 次/min 为宜，这时的作业质量最好，生产率也较高。

往复切割式原理的采茶机，虽然对茶芽无选择性，但是切割是在一个平面内进行，切割面平整，割茬整齐，切割力较大，工效高，遇到茶芽可干净利落一刀切下，并且重切现象很少，在茶树蓬面按要求经过修剪和茶园发芽一致的情况下，可获得较好的采摘质量。至于茶树修剪，因为只要求在一定高度将茶树枝条干净利落剪下，这是往复切割式原理的特长，故所有茶树修剪机都采用切割式原理，其作业质量明显好于人工大剪刀修剪，这是在机械化采茶普遍实现之前，茶树修剪机械化就很迅速在茶区普遍推广应用的主要原因。

2. 螺旋滚切式采摘原理　螺旋滚切式鲜叶机器采摘原理，也是切割式采摘原理中的一种，它仅用于采茶机。主要工作部件是一个做旋转运动的螺旋滚刀和固定于采摘器底面上的底刀（定刀）。当螺旋滚刀旋转时，茶芽则会在底刀支承下，由于滚刀和底刀的相互作用被剪下。又因为滚刀的转速较高，较嫩的芽叶即使未遇到底刀的支承，也会被切下。因为采摘时机器不断向前，螺旋滚刀刀口的运动，实际上是旋转运动和直线运动的合成，如图 8-3 所示，在滚刀旋转进行第一刀切割后，机器同时前进，当进入第二刀的采摘时，螺旋滚刀除了会切下部分未采过的芽叶外，还会采下第一刀采摘时所留下的一些芽叶根部，也就是说不可避免地会产生一定的重复切割，这样会使采摘叶的芽叶完整率和整齐度降低，这是螺旋式采摘原理

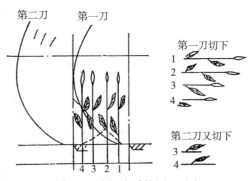

图 8-3 滚切式采摘原理示意

目前使用不太普遍的原因。但是应用螺旋式采摘原理的采茶机型，结构简单，运转平稳，振动小，噪声低，效率也较高，维修保养也较方便，在一些如红碎茶和绿碎茶加工对芽叶完整度要求不高的茶类鲜叶采摘中，还是可以发挥其优点和作用的。中国较早研制的单人采茶机，有多种机型采用这种采摘原理，在日本部分单人、双人以及自走和乘坐型采茶机上也有少量机型使用这种作业原理。

3. 水平勾刀式采摘原理　水平勾刀式鲜叶机器采摘原理，也是切割式采摘原理中的一种，也仅用于采茶机。工作部件主要由在水平面上作旋转运动的弯形动刀与固定的底刀组成。水平勾刀实际上就像一把短柄的弯形镰刀，定刀在切割时对茶芽起到支承作用，采摘时由于受到旋转勾刀和固定定刀的相互作用，而将芽叶切断采下。这种原理的采茶机型，割茬整齐，并且芽叶完整率介于往复切割式和螺旋滚切式之间。但其割幅较小，一只由双刀组成的水平勾刀式采摘器，割幅也就是250mm左右。国内早期曾研制过单人水平勾刀式采茶机型，日本目前在单人采茶机尚有应用，也生产过采摘器由多只水平勾刀组合式的双人采茶机。

4. 折断式采摘原理　是一种有选择性能的鲜叶机械采摘原理，仅用于采茶机。其核心结构即采摘部件是由施加打击力的橡皮活动采指与起支撑作用的固定采指组成，由于两者的相互配合作用，将芽叶有选择的采下。这种原理的采茶机作业时，橡皮活动采指作往复运动，有新梢芽叶进入两固定采指之间时，受到橡皮活动采指打击，由于每个固定采指相对橡皮活动采指采取上、下双支点支承，若打击部位为新梢芽叶顶部，如图8-4左图所示，由于固定采指上部支撑段过短或根本没有支撑，无法将芽叶折断。当橡皮活动采指到新梢芽叶适采部位时，如图8-4中图所示，新梢芽梢和基部均获得支撑，在橡皮活动采指的快速打击下，即被折断采下。当橡皮活动采指打击到新梢基部即较粗老部位时，由于枝条较硬，如图8-4右图所示，橡皮活动采指边缘受到压缩而变形，无法将新梢枝条折断，从而显示出这种采摘原理对新梢芽叶采摘的选择性。这种原理的采茶机，采摘下的鲜叶，芽叶完整率高，嫩度均匀，有利于以后的茶叶加工，这一点在中国名优茶鲜叶的采摘中特别重要。折断式采摘原理的采茶机在苏联曾经有一定的使用量，日本和中国也曾经做过此类机型的研究，但由于中国茶园早期管理水平较低，茶树新梢生理特性和物理特性差异较大，加之早期中国研制的机型机械结构不够完善，在实际使用中发现这种原理机型的芽叶采净率较低，加之有较多新梢经打击虽未折断，但嫩芽受伤较重，在一定程度上影响茶树的生长与发育。故在苏联所设计的自走式跨行

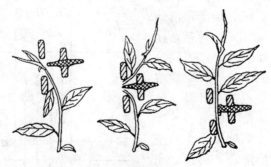

图8-4　折断式采摘原理示意

作业采茶机上，采摘器曾采用折断和切割相结合的采摘原理，目的就是使上述缺点得以部分克服，但是却增加了机构的复杂性。

折断式采摘原理折断力的计算，是以双支点梁的折断力的计算为基础的，假设需采收的芽叶折断的临界力矩为 M_{kp}，在固定采指间距为 L 条件下，临界折断力 P_{kp} 应是：

$$P_{kp} = \frac{M_{kp}}{\alpha s + L/4} \tag{8-2}$$

式中：s——茶芽顶端抽吸力；

α——与挠度成直线系的比例系数。

实际应用中，往往也采取在大量实验基础上取得 P_{kp} 值，以便选取相应的活动采指橡皮材料。如苏联在进行折断式采茶机研制时，应用设计的 2 号橡皮活动采指在深入固定采指 $7\sim8mm$ 时，测出的折断作用力约为 450g。为了折断较粗老的芽叶，经测定约需 600g 的折断力，故在此基础上设计了 3 号橡皮活动采指，折断作用力可达 780g。

第二节　采　茶　机

采茶机近几年在中国茶区推广普及较快，现将生产中使用的采茶机主要机型、结构以及作业特点等介绍如下。

一、中国茶区常用的采茶机

中国茶区现使用的采茶机，主要靠浙江落合农林机械有限公司和浙江川崎茶业机械有限公司两家企业从日本进口零部件在杭州装配成整机所供应。近两年国内单人采茶机已有多家产品在市场上销售，并且已逐步被茶农接受，同时也有少量的国产双人采茶机在生产中应用。表 8-1 中列举了中国茶区使用的日本采茶机型和中国参考日本机型而研发的采茶机型号和性能参数。

表 8-1　中国茶区常用的采茶机械型号

类型	型号	刀片形状	割幅 mm	汽油机 马力	整机重量 kg	生产厂
双人采茶机	NCCZ1-1000	弧	1 000	2.0	14.0	洪都航空工业集团
	4CSW1000	弧	1 000	2.0	15.0	宁波电机厂
	CS1000	弧、平	1 000	2.0	17.0	无锡扬名采茶机械厂
	4CSW910	弧	910	1.4	17.0	杭州采茶机械厂
	V8NewZ21000	弧、平	1 000	3.0	11.9	浙江落合农林机械公司
	SV-W100~120	弧	1 000	3.0	10.2	浙江川崎茶业机械公司
			1 100		10.5	
			1 200		11.0	
	SV-W100~115	平	1 000	3.0	10.2	浙江川崎茶业机械公司
			1 100		10.5	
			1 150		11.0	

（续）

类型	型号	刀片形状	割幅 mm	汽油机 马力	整机重量 kg	生产厂
单人采茶机	4CDW330	平	330	1.1	9.0	杭州采茶机械厂
	AM110V/AM110VC	平	525	1.0	9.6/10.0	浙江落合农林机械公司
	AM-45V	平	450	1.0	9.3	浙江落合农林机械公司
	HV-10A	平	410	1.0	4.9	浙江落合农林机械公司
	NV45H	平	450	0.8	8.9	浙江川崎茶业机械公司
	NV60H	平	600	0.8	9.4	浙江川崎茶业机械公司

注：1PS=735.50W。

二、采茶机的主要结构和作业特点

生产上应用的采茶机主要有双人采茶机和单人采茶机等。

（一）双人采茶机

双人采茶机是一种由两人手抬跨行作业的采茶机，因此也有人称作双人抬式采茶机或担架式采茶机。

1. 双人采茶机的主要结构　双人采茶机的主要结构由汽油机、减速传动机构、刀片、集叶风机与风管、集叶袋和机架等部分组成（图8-5）。

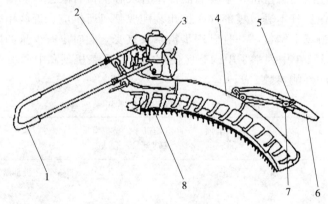

图8-5　双人采茶机

1. 副把手　2. 锁紧套　3. 汽油机　4. 风管
5. 离合器（上）和油门（下）操作手柄
6. 主把手　7. 停机按钮　8. 刀片

（1）汽油机。汽油机的作用是为采茶刀片往复运转及风机集叶提供动力，由于双人采茶机消耗动力较大，故所配用的动力多为1.1～1.47kW（1.5～2.0PS）的二冲程小型汽油机，国内引进的日本双人采茶机，如割幅为1 000～1 200mm的双人采茶机，动力也有使用2.21kW（3.0PS）以上的。

（2）减速传动机构。减速传动机构的作用，是将汽油机产生的动力传递到刀片和集叶风机，带动上、下两只刀片作方向相反的往复运转，并带动风机叶轮旋转。因为汽油机的动力输出轴与风机轴直通，故直接传动集叶风机叶轮以同样转速旋转。风机轴的另一端则通过速比为1：2的三角皮带传动，将动力传到速比同样为1：2的减速箱，一方面进行减速，同时减速箱的动力输出轴通过偏心轮（曲柄）机构带动上、下刀片作相反方向往复运动，从而对茶芽进行采摘。在三角皮带旁设有张紧轮，张紧轮由离合器手柄通过拉线控制，操作离合器的结合和分离。当将离合器手柄扳到"合"时，张紧轮压紧三角皮带，带动刀片往复运动，为采茶机的作业状态；若离合器手柄处在"离"时，张紧轮脱离三角皮带，三角皮带则放松打滑，动力则停止传向刀片，刀片停止运转。

目前生产中所使用的采茶机以及茶树修剪机，传动机构的偏心轮（曲柄）机构设计原理和基本构造均大同小异，整套偏心轮（曲柄）机构装置在一只合金铝铸造的减速箱体内，形成了一只体积很小的减速箱，设计合理，精致、紧凑、有效。偏心轮（曲柄）机构由偏心轮轴、刀片框架、轴承、减速箱体等零部件组成。偏心轮轴上配置两只偏心轮，上下相叠，两只偏心轮的偏心距均为8.75mm，在偏心轮轴上呈对称即相角呈180°进行配置。偏心轮上套有滚柱轴承，并与两个刀片框架活动配合，滚柱轴承转动灵活并且起到减少摩擦的作用，上、下刀片的驱动端各有一个长方形的框架，这就是所称的刀片框架。当偏心轮轴转动时，其上的偏心轮（曲柄）即绕轴心作圆周运动，同时通过滚柱轴承带动刀片框架作往复摆动，从而带动与框架一体的刀片作往复运动。由于两个偏心轮是互成180°配置，故上、下与两个框架相连的两个刀片正好作方向相反的往复运动。

（3）刀片。刀片是采茶机的主要工作部件，作用是切割茶芽。为整体式刀片，在刀片一侧加工有多只三角形刀齿，齿高30mm，齿距35mm，刀齿的切割角（刀齿斜边与底边垂直线的夹角）为20°～24°，两边并开有刃口，刃角45°。采摘幅宽（割幅）有1 000 mm、1 100mm、1 200mm等多种规格，在中国研制的机型曾经使用过800mm、900mm割幅，而日本机型多为1 000～1 200mm。双人采茶机刀片有弧形与平形两种，小叶种茶园采摘多用弧形刀片，刀片弧度的曲率半径有1 200mm和1 150mm两种；大叶种茶园则多用平形刀片。日本机型平形刀片采摘幅宽（割幅）有1 000mm、1 100mm、1 150mm三种。

（4）集叶风机与风管。集叶风机的作用是用以提供集叶所需的风量。双人采茶机的集叶风机全部采用蜗壳式离心风机，风压为200mm水柱，最大风速30m/s，这种风机体积较小，风量大，风压较高，可满足双人采茶机长距离风送采摘叶的需要。集叶风机的出口接集叶风管，集叶风管用工程塑料制成，由主风管和支风管组成，主风管接风机一端直径较粗，向另一端逐渐变细，以保证风管内每处的风速和风压一致。双人采茶机的支风管有10余只，直接接在主风管上，出风口直对刀片刀齿上方，当风机产生的气流通过主管从支管高速喷出时，刀片刀齿所采下的芽叶，则被顺利吹入集叶袋中。

（5）集叶袋。集叶袋用于收集采下的芽叶，用高强度尼龙布缝制而成，长度约3m。集叶袋上部有一个用尼龙纱网做成的窗口，用于将袋内的高压空气放出。集叶袋的宽度略宽于采茶刀片的割幅长度，袋口有张紧用橡皮筋，使集叶袋在作业时能够紧密挂在采茶机后部的多只挂钩上。

（6）机架。机架用于安装汽油机、刀片、集叶风机及风管、减速传动机构和集叶袋等。机架主要由铝合金板、管及铸铝零件组成。其中冲压成型的左右墙板、导叶板、助导板和机架横梁，构成了采茶机机架的框架主体。位于机架左、右两侧的主、副操作把手，依赖菊形活络接头安装于横梁上，主、副操作把手的操作角度以及副操作把手的长度，均可按作业需要进行调节。当要进行把手操作角度调整时，可松开菊形活络接头，将手柄调整到所需角度，然后再借助菊形活络接头将手柄锁紧即可。当要进行副操作把手的长度调节时，可旋松位于副把手上的两只锁紧套，即可将把手推进和拉出，从而使把手长度符合操作要求。离合器和油门操作手柄即装在主操作把手上。机架的下部为助导板，作业时可滑动在茶树蓬面上，并且整台机器的部分重量可通过助导板被承载在茶蓬上，从而作业时可显著减轻机器手抬重量并稳定采茶高度。导叶板则装在助导板的上部，刀片采下的芽叶滑过导叶板上被送入集叶袋。

2. 双人采茶机的作业特点　双人采茶机机型轻巧，由两人手抬作业，一个来回采摘一行茶树，操作比较方便，与单人采茶机相比，操作比较轻快省力，采摘时对茶芽切割利落，集叶干净，工效高，采摘的鲜叶质量较好。缺点是在山区梯级茶园中仅栽单行、且一边靠沟坎的茶园中应用较困难。

（二）单人采茶机

单人采茶机是一种采茶机头与动力机之间用软轴相连并传动、由单人背负汽油机并手持采茶机头进行采茶作业的采茶机。

1. 单人采茶机的类型　单人采茶机的类型主要有电动和机动两种。亦有以电动机为动力的单人采茶机应用，它是将微电机直接装在采茶机头上，带动切割部件运转实施对茶芽的采摘，其动力使用蓄电瓶或由发电机组通过导线驱动微电机运转，因为蓄电瓶需经常充电，而使用发电机组，采茶机头后面要连接一条较长的导线，作业时不方便，生产中应用较少。目前生产中使用的主要是机动式单人采茶机。

2. 机动式单人采茶机的主要结构　机动式单人采茶机的主要结构由汽油机、软轴、采茶机头和集叶袋组成。图 8-6 是日本单人采茶机中一种形式的 AM-100 型单人采茶机。

（1）汽油机。单人采茶机由于采幅较小，故所配套的汽油机功率也较小，常配用的汽油机有 1E32 型，功率为 0.59kW（排量 26.5mL、0.8PS）、1E35 型，功率为 0.81kW（排量 33.6mL、1.1PS）、G3K 型，功率为 0.81kW（排量 33.6mL、1.1PS）、C02EHR 型，0.6kW（排量 22.2mL、0.8PS）。汽油机安装在一细圆钢做成的背架上，汽油机在背架上可绕一根纵向轴在一定角度内转动，这样可补偿作业时软轴有时过度弯曲引起的损坏。背架上在靠近人背处装有软垫，以减少汽油机运转时振动对人体的影响，背架上并装有背带，以供作业时将汽油机背在身后。

（2）软轴。软轴是由一根外套柔性橡胶保护套管、直径为 10mm、长度为 800mm 的弹簧组成，两端装有能与汽油机和采茶机头连接的特制接头。一端连接汽油机的动力输出轴，另一端连接采茶机头的动力输入轴，因为软轴是一种弹簧柔性轴，故能够在一定弯

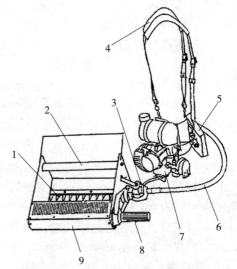

图 8-6　AM-100 型单人采茶机

1. 刀片　2. 把手　3. 减速传动箱
4. 背带　5. 软垫　6. 软轴
7. 汽油机　8. 把手　9. 集叶风机

曲状态下传递扭矩，将汽油机产生的动力传动到采茶机头上。

（3）采茶机头。也称采摘器或切割器，是单人采茶机的主要组成机构，由其对茶芽实施采摘。采茶机头由减速传动箱、刀片、集叶风机、机架及集叶袋组成。减速传动箱由蜗轮蜗杆机构、双偏心轮（曲柄）机构和减速箱体组成。作业时汽油机的动力通过软轴传入采茶机头，经速比为 1∶4 的蜗轮蜗杆机构减速，再经双偏心轮（曲柄）机构带动上、下刀片作相互反向往复运动。与此同时，蜗轮蜗杆机构的蜗杆轴，还通过一级速比为 1∶1.4 的齿轮传动和一级速比为 1∶1 的三角皮带传动，带动集叶风机运转。单人采茶机的刀片也是由上、下两片组成，刀片长度即采茶机采摘幅宽（割幅）为 340mm，单人采茶机的刀齿较瘦高，高 30mm，齿距 30mm，切割角 13°，刃角 45°。与双人采茶机一样，刀片也是单人采茶机最重要的工作部件，它要求锋利、耐磨、有一定的韧性和强度。AM-100 型单人采茶机的集叶风机，叶轮结构为圆筒长百叶窗式，轴向长度与刀片幅宽相同，作业时运转平稳，声音小，旋转时所产生的风量与风压，能够利落地将刀片采下的茶芽吹入集叶袋内。

（4）集叶袋。单人采茶机的集叶袋也用高强度尼龙布制成，长度约 3m，只是宽度较小，上部也有一块用尼龙纱网做成的窗口，用于排出袋内空气，一般情况下单人采茶机的集叶袋后端不封口，作业时打结，出叶时解开袋结，将鲜叶倒出即可。

图 8-7 所示是浙江落合农林机械公司和浙江川崎茶业机械公司两家公司目前在市场上销售最普遍的日本 AM110V 和 NV60H 等型号的单人采茶机。总体结构也由汽油机、软轴、采茶机头、集叶风机和集叶袋组成。与上述单人采茶机相比，传动机构和刀片机构形式变化不大，但刀片长度即采摘幅宽有所加大，采幅有 450mm、525mm 和 600mm 等多种。集叶风机则改为蜗壳式离心风机，风

图 8-7　单人采茶机

管结构也改为与双人采茶机相似由主管和支管组成形式。其他机构和使用方式与上述单人采茶机基本相同。

3. 单人采茶机的作业特点　单人采茶机的特点是，机体小巧，操作方便，适于沟坎和小块茶园应用，采摘鲜叶质量也较高，但是工效较低。

（三）自走式和半自走式采茶机

自走式和半自走式采茶机，是把类似于双人采茶机的采茶机头（采摘器）悬挂于完全自走的行走车上，称之为自走式采茶机；如果一端悬挂于行走车，一端用人手抬行，则称之为半自走式采茶机，两者均为跨行作业。日本以上两种采茶机在 20 世纪 80 年代到 90 年代应用较普遍，机器型号也较多。由于日本茶园土地平整，并且有铺草的习惯，可以保证自走式或半自走式采茶机行走和对茶芽切割的平稳，故这类机型使用较普遍。据报道在所使用的采茶机中以上两种形式的采茶机占 20% 左右。

20 世纪 90 年代初期，在农业部支持下，中国农业科学院茶叶研究所曾引进日本落合刃物株式会社的 TL-55 型半自走式采茶机和 T-50 型自走式采茶机进行试用，并对在国内茶园的使用前景进行了考核。

TL-55型半自走式采茶机，所悬挂的采茶机采摘器与双人采茶机完全一样，应用往复切割双动弧形采摘刀片，切割幅宽1 000mm。只是在原主机手一端改为一较长把手，由一人手抬作业，另一端则悬挂在行走车上，行走车一端可对采摘高度进行调整，手抬一端的采摘高度由操作者自行掌握。作业时，采取跨行半幅作业，一个来回采摘一行茶树。采茶机使用1.03kW（1.4PS）汽油机为动力，汽油机驱动采茶机集叶风机和刀片运转，又用软轴驱动行走车的驱动轮行走。作业时，一人操作行走车行走，并操作行走车与采茶机共用汽油机的油门。汽油机产生的动力，靠飞块式离合器传递给风机、刀片、软轴，驱动风机和刀片运转，并驱动行走车驱动轮的行走。一人手抬切割器另一端的操作把手，除承担采茶机一端重量、调整采摘高度和保证前行外，不必操作油门。因为半自走式采茶机的汽油机既传动采茶机，又驱动行走车，而中国茶园往往行间坑洼不平，加上行走车的驱动轮直径较小，作业时稍遇凹凸不平或坡度，即明显表现功率不足和行走困难，另外仅一端有行走车，另一端不设辅助轮，整机的稳定性较差。试验认为，这种机型较难适应中国茶区的使用条件（图8-8）。

图8-8　日本TL-55型半自走式采茶机

T-50型自走式采茶机，一端为一自走式手扶小型拖拉机，通过刚性机架与另一端的辅助轮相连，即形成一个整体包括手扶小型拖拉机在内的跨行自走式行走车，采摘器弹性悬挂在行走车上，使用往复切割双动弧形采摘刀片，切割幅宽980mm。作业时，也采取跨行半幅作业形式，一个来回采摘一行茶树。该机采用2.21kW（3PS）汽油机为动力，既带动采茶机工作，又驱动行走车行走，行走车采用齿轮式变速箱进行变速，有前进二挡、后退一挡，采摘器悬挂于行走车上，作业时处于悬浮状态，采摘高度由行走车上的机械调整机构进行调整，集叶方式除集叶风机风吹外，外加链式羽状输送器进行输送。该机与半自走式采茶机的使用相比较，通过性能和横向稳定性均较好，并且仅需一人在行走车一端操作，操作起来较省力。由于日本茶园条件较好，故自走式采茶机应用状况较好。随着中国茶园条件的改善，这种机型可能也有一定的使用前景。

（四）乘坐式采茶机

乘坐式采茶机是一种可在机器上乘坐操作进行采摘作业的采茶机。其行走装置有履带式的，也有轮式的。作业机和驾驶室全部安装在与两侧行走机构连接的"龙门"机架上。苏联使用的"萨卡尔特维洛"乘坐式采茶机的行走装置就是轮式结构；而日本使用的多种乘坐式采茶机都是采用履带式行走装置。作业时，两侧履带或轮胎分别行走在茶树相邻的两行间，是一种高架跨行作业的采茶机形式。日本使用的乘坐式采茶机，除配套采茶机和茶树修剪机外，还配套用于茶园病虫害防治的防除机和用于中耕施肥的施肥中耕机等机具（图8-9）。

以日本松元技工生产的MCT-3型乘坐式采茶机为例，其发动机、传动系统、驾驶

图 8-9　日本履带式（左）和苏联轮式（右）乘坐式采茶机

室、采茶机或茶树修剪机均安装在龙门机架上，使用的动力机为 7.35kW（10PS）汽油机，作业机的驱动为液压传动，底盘行走机构为机械传动，并采用金属板式履带。为了在山地使用，该机设计的上坡极限倾翻角为 37°，下坡极限倾翻角为 42°，横向极限倾翻角为 49°，安全爬坡角 20°，设计作业的茶园坡度角为 10°。该机虽然机器重心较高，但是由于轨距较大，作业时的行走稳定性仍较好。要求作业的茶园条件是，茶树条播，进行规范性修剪，茶树高度 80cm 以下、行距 1.8m、行间茶蓬间有 30cm 间隙，并且茶园坡度在 10°以下，土质松软，地面平整，石块较少，最好铺草，茶园地头留有 2m 以上的转弯地带。该机一般悬挂整幅式采茶机，使用双动往复切割式弧形刀片，一个单程完成一行茶树的采摘。该机若以Ⅳ挡进行作业，前进速度约 5.4km/h，台时工效可达 10 亩以上，以Ⅱ挡进行作业，前进速度约 2km/h，台时工效可达 4～5 亩。由于采用液压控制采摘器的作业高度，操纵轻便灵活，在茶园条件良好时，基本上可保证采摘质量，中国茶区有少量引进试用。

　　中国最近已成功研制出高地隙自走式多功能茶园管理机，其结构和性能与日本乘坐式采茶机相似，目前正在进行采茶机和茶树修剪机等作业机的作业试验。随着中国茶园标准化栽培技术的不断推广和农作物园区建设规模的不断扩大，加之中国茶园面积广阔，乘坐式采茶机同样有一定的使用前景（图 8-10）。

图 8-10　国产乘坐式采茶机

(五) 轨道式或悬挂式茶园作业设备

由于茶树系多年生作物，园区建设和技术使用相对比较稳定，有利于现代化技术的推广使用。为了进一步提高茶园作业的劳动生产率，加速茶园作业机械化、自动化，近年来日本的一种轨道式或称悬挂式的茶园作业设备，已被引进中国进行应用探讨和尝试。

日本在 20 世纪 80 年代所进行的轨道式或称悬挂式茶园作业技术与设备试验，实际上是一种将采摘机和病虫害防除机等作业机悬挂在钢索上，由电动机通过牵引缆绳拉动沿茶行往返作业，可自动控制前进、后退以及移动速度快慢等参数的茶园作业装置。整套装置是在茶园中每隔一定距离设置一个与茶行垂直方向的龙门架，龙门架下方吊挂钢索缆绳，就在缆绳装置上悬挂作业机。拉动牵引缆绳的电动机通过远距离自控或有线控制，使牵引缆绳运行，带动作业机运转、行走和进行作业。为了防止在坡地茶园作业时作业机在牵引缆绳上的滑移，使用了一种电磁制动器，可以保证作业机稳定在牵引缆绳的预定位置上而不向下滑移。供试验悬挂用的采茶机为往复切割式双人采茶机，采用了钩挂式悬吊机构，解决了采茶机在钢缆上的行走障碍，并在缆绳与采茶机之间设置弹簧平衡器来保证采茶机工作的稳定性。

轨道式茶园作业设备，是在茶园的茶树行间铺设钢制轨道，搭载采茶机等作业机械的行走车，即行走在轨道上，可完全避免行间地面不同对采茶等作业稳定性的影响，并且可实现自动控制。这种技术和设施在中国茶区亦有少数引进和试用。

悬挂式或轨道式茶园作业设备，虽然尚属探索和开发试验阶段，但这种作业技术，设备稳定，易实现自控，为茶叶采摘等茶园作业自动化创造了良好前景。

第三节 茶树修剪机

茶树修剪机是与采茶机配套使用的机具，因为能够显著减轻人们茶树手工修剪的繁重劳动，且作业质量好于人工，已在生产中普遍推广应用。

一、 中国茶区常用的茶树修剪机

中国茶区当前常用的茶树修剪机型号如表 8-2 所示。如前所述，中国茶区使用的茶树修剪机与采茶机一样，主要靠从日本进口零部件在国内装配成整机，满足茶区需求。但最近国内已有二三十家企业从事茶树修剪机的生产，多为单人茶树修剪机。

表 8-2 中国茶区常用的茶树修剪机

	型 号	刀片形状	割幅 (mm)	汽油机 (PS)	整机重量 (kg)	生产厂
	NCXJ1-1000	弧	1 000	1.7	14.0	洪都航空工业集团
双	3CSX-1000	弧	1 000	1.7	15.0	宁波电机厂
人	CJ100	弧、平	1 000	1.7	15.0	无锡扬名采茶机械厂
修	XS1040	弧、平	1 040	1.7	15.0	杭州采茶机械厂
剪	R-8GA1000～1200	弧、平	1 000	1.1	13.0	浙江落合农林机械公司
机	PSM110	弧、平	1 100	1.0	15.0	浙江川崎茶业机械公司
双	PSL110（轻修剪）	弧、平	1 100	0.8	11.0	浙江川崎茶业机械公司
	CZJ100（深修剪）	弧、平	1 000	2.0	17.0	无锡扬名采茶机械厂

（续）

	型　号	刀片形状	割幅 (mm)	汽油机 (PS)	整机重量 (kg)	生产厂
单人修剪机	CB70	平	700	0.8	6.0	无锡扬名采茶机械厂
	XD750	平	750	0.8	6.0	杭州采茶机械厂
	E-7-750	平	750	0.8	6.0	浙江落合农林机械公司
	PST75	平	750	0.8	5.0	浙江川崎茶业机械公司
重修剪机与台刈机	CZ120 型轮式 重修剪机	平	1 200	3.0	60.0	无锡扬名采茶机械厂
	XZ1200 型轮式 重修剪机	平	1 200	3.0	60.0	杭州采茶机械厂
	ZGC-3 型台刈机 （割灌机）	圆盘	Ø250	2.5	11.0	泰州林业机械厂
	ZGC-0.9 台刈机 （割灌机）	圆盘	Ø225	1.1	8.0	福建建新机械厂

二、 茶树修剪机的结构和作业特点

生产中常用的茶树修剪机，有双人修剪机、单人修剪机、重修剪机和台刈机等。

（一）双人茶树修剪机

双人茶树修剪机是一种由双人手抬跨行作业的茶树修剪机。

1. 双人茶树修剪机的类型　双人茶树修剪机按能够修剪的茶树枝条粗细不同，有轻修剪机和深修剪机两种，刀片形状分别有弧型和平型两种。轻修剪机和深修剪机的机械结构基本相同，只是因为轻修剪机的修剪部位较高，剪切的茶树枝条较细，故刀齿较细长，配套汽油机的功率也较小；而深修剪机的修剪部位较低，剪切的茶树枝条较粗，故刀齿较宽、短，配套汽油机的功率也较大。

2. 双人茶树修剪机的主要结构　双人茶树修剪机的结构与双人采茶机基本相同，只是茶树修剪机所修剪下的茶树枝条，不像采茶机所采下的芽叶那样需要收集，故修剪机不设集叶袋，剪下的茶树枝条直接由吹风机吹落到茶树行间，有的如图 8-11 所示机型，甚至连吹叶风机也不设置，剪下的枝条直接从后部滑落到茶蓬上。双人茶树修剪机的主要结构由汽油机、减速传动机构、刀片、机架和吹叶风机等组成。

（1）汽油机。双人修剪机所配套使用的小型汽油机，茶树轻修剪用的双人修剪机配用的汽油机功率，如 1E32F 型为 0.59kW（0.8PS）；茶树中修剪用的双人修剪机配用的汽油机，功率为 0.81～1.25kW（1.1～1.7PS），如 T170 型汽油机，功率为 0.81kW（1.1PS）；茶树深修剪用双人修剪机配用汽油机，如 1E40F 功率为 1.47kW（2.0PS）。其中 T170 型汽油机使用膜片式汽化器。

（2）刀片。双人茶树修剪机的刀片有弧形与平形两种，刀片长度有 1 000mm、1 100mm、1 200mm 等多种规格，中国茶区应用的多为 1 000mm 和 1 100mm，刀片往复频率均为 1 000r/min。用于茶树轻修剪的修剪机刀片，刀齿齿距为 35mm，齿高为 22mm；而用于茶树深修剪的修剪机刀片，刀齿齿距为 40mm，齿高为 18mm，显然齿

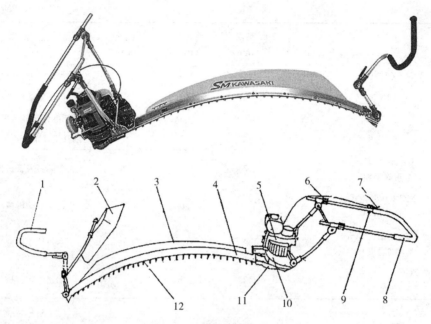

图 8-11　双人茶树修剪机

1. 主把手　2. 防护板　3. 助导板　4. 护刃器　5. 汽油机　6. 锁紧套　7. 油门手柄
8. 副把手　9. 停机按钮　10. 吹叶风机　11. 减速传动箱　12. 刀片

形比轻修剪机的刀片矮粗，故刀齿刚、强度更好，利于更粗枝条的切割。使用弧形刀片的双人茶树修剪机，多用于中小叶种茶树的修剪；而使用平行刀片的双人茶树修剪机，多用于大叶种茶树的修剪。茶树修剪机弧形刀片的曲率半径与双人采茶机一样，以便配套使用，有 1 150mm 和 1 200mm 两种规格。

（3）减速传动机构。双人茶树修剪机的减速传动机构的作用，与采茶机及单人茶树修剪机等一样，是将汽油机所产生的动力，经过飞块式自动离合器，使被动端带动一对速比为 1∶4 的圆柱齿轮减速，然后带动偏心距为 10mm 的双偏心轮（曲柄）转动。而在双偏心轮外部配合套装两只滑环，上、下刀片的一端就分别挂在两只滑环的销子上，这样当双偏心轮转动时，上、下刀片则也被两只滑环带动作相互反向的往复运动（图 8-12）。

上面所说的飞块式自动离合器，由飞块轴、飞块、飞块回位弹簧和离合器被动鼓等组成，两片飞块的一端套装在飞块轴上，飞块另一端则可绕飞块轴自由转动，装于飞块另一端的飞块回位弹簧将两片飞块收拢，飞块为半圆形，装于圆形的离合器被动鼓内，离合器被动鼓下面的轴与减速传动装置相连接。在汽油机不运转或运转速度过慢时，因飞块处于收拢状态，这时飞块不与离合器被动鼓内壁接触，离合器为分离不传动状态；当汽油机加速到一定转速时，随着飞块轴的高速旋转，在离心力的作用下，飞块的自由端则克服飞块回位

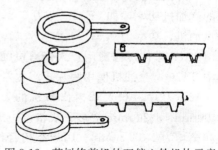

图 8-12　茶树修剪机的双偏心轮机构示意

弹簧的拉力，向外与离合器被动鼓内壁结合，带动离合器被动鼓、减速传动机构和刀片运转，此时即为离合器的结合工作状态。

（4）机架。双人茶树修剪机的机架用来装置和承载汽油机、减速传动箱、刀片和集叶风机等。主要由护刃器、助导板、防护板和主、副把手等组成。

护刃器用长形钢板冲压而成，装于刀片的上部，用于支承刀片。助导板用铝合金板压制而成，作业时滑行在已修剪过的茶蓬蓬面上，使蓬面承载部分机器重量，从而起到减轻操作者体力消耗并有控制修剪高度的作用。主、副把手用铝合金管弯制成型而成，操作部位的铝管外装有海绵减震防震套。主操作把手位于远离汽油机的一端，副操作把手位于装有汽油机的一端，副操作把手上右手操作位置装有油门操作手柄和停机按钮，用以控制汽油机的转速和停车。

（5）吹叶风机。双人茶树修剪机的有些机型装有吹叶风机，有些机型则不装。装有吹叶风机的双人茶树修剪机，吹叶风机装于汽油机与减速传动箱之间，由汽油机的动力输出轴直接传动吹叶风机的叶轮运转，吹叶风机的转速与汽油机相同。同时又通过风机轴，把动力传给减速传动箱，从而带动刀片运动。吹叶风机作业时，由风机吹出的气流将修剪下的枝条吹向后部，以免枝条影响以后的修剪。双人修剪机的防护板装于主机手一边，用于防止吹叶风机吹出的枝条伤害主机手，但若为不装吹叶风机的机型，也不装防护板。

3. 双人茶树修剪机的特点　双人修剪机有与双人采茶机一样的特点，即结构轻巧，使用方便，两人手抬跨行作业较省力，适于较大规模地块茶园的茶树修剪作业。

（二）单人茶树修剪机

单人茶树修剪机又称为手提式茶树修剪机，是一种可由一人手持作业的茶树修剪机，汽油机与工作主机装为一体。

1. 单人茶树修剪机的主要结构　单人茶树修剪机的主要结构由汽油机、减速传动机构、切割刀片和操作把手等组成，整机重量约 5kg。生产中也曾使用过以发电机组或蓄电池为动力的电动茶树修剪机型，目前生产中已很少使用（图 8-13）。

（1）汽油机。单人修剪机因割幅和工作负荷均较小，故配用的汽油机功率也较小，一般配用 1E32F 型汽油机，功率为 0.59kW（0.8PS）。由于单人修剪机以手提方式作业，并且要求既能修剪蓬面，也

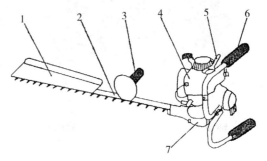

图 8-13　单人茶树修剪机
1. 导叶板　2. 刀片　3. 把手　4. 汽油机
5. 油门手柄　6. 操作手柄　7. 减速传动箱

能用来修边，故配用的汽油机均采用膜片式汽化器，以保证汽油机在空间作 360°任意转动，仍可良好运转，从而满足不同方位作业的需求。

（2）减速传动机构。单人茶树修剪机的减速传动机构的作用，也是将汽油机所产生的动力，经过飞块式自动离合器，由被动端带动一对速比为 1∶4 的圆柱齿轮减速，然后带动偏心距为 8.75mm 的双偏心轮（曲柄）转动，而两只滑环则通过动配合套装在双偏心轮的外部，上、下刀片的一端分别挂在两只滑环的销子上，当双偏心轮转动时，上、下刀片也跟着作相互反向的往复运动。

（3）刀片。单人茶树修剪机的刀片为平形，常用刀片长度为 750mm，双动往复切割刀片，其刀片厚度、刀齿高度、刀齿间距的设计与双人茶树修剪机基本相同，刀片往复频率 1 000 次/min，齿间间距 35mm，齿高 22mm。单人茶树修剪机可用于茶树的轻修剪、深修剪，并且可灵活用于茶蓬蓬面修剪和修边。而生产中曾使用过的电动修剪机，往复切割双动刀片长度一般为 420mm，刀片往复频率 1 000 次/min，齿间间距 30mm，齿高 22mm。

（4）机架。单人茶树修剪机的机架较为简单，由传动减速箱、护刃器与导叶板、操作把手等组成。操作把手有两个，一个装在刀片上方的护手罩后面，护手罩用薄钢板压制，用于防止修剪下的枝条伤手，作业时以右手握住；一个装在汽油机旁边，有的机型装两只。汽油机旁边的把手与刀片上的把手配合进行蓬面修剪作业时，以左手握住汽油机旁边把手的上面一只把手。汽油机边把手之所以有两只，是因为单人茶树修剪机在作修边使用时，有的机器可在刀片护刃器的最前顶端装上一只轻质轮子，这时用两只手可分别握住两只把手，推行修剪机前进实施修边，这样作业较为省力。

2. 单人茶树修剪机的特点　单人茶树修剪机的特点是，机器轻巧，使用起来灵活机动，不仅可用于茶树的轻修剪和深修剪，而且还能用于茶行的修边作业。目前在小规模及农户茶园中已获得较普遍推广应用，在一些大规模茶园中，也作为茶树修边机与双人茶树修剪机等配套使用（图 8-14）。

图 8-14　单人修剪机作蓬面修剪（左）和修边（右）

（三）茶树双侧修边机

高标准的茶园中，为便于枝条机械化作业，常常需要进行茶树修边，剪去茶树行边枝条，使行间留出 20～30cm 的操作间隙。茶树修边除了使用上述的单人茶树修剪机外，图 8-15 所示的茶树双侧修边机（图中刀片大部被护刃片遮挡）就是一种茶园专用修边设备。

茶树双侧修边机由动力机、传动减速机构、刀片、行走轮和操作把手等组成。该机使用 0.6kW（0.8PS）二冲程风冷汽油机为动力，经过传动机构带动两只刀片运动，对茶树枝条实施切割。刀片同样为双动，与铅垂成一定角度安装，刀片齿距 35mm，齿高 22mm，切割长度 750mm，为保证运输状态

图 8-15　茶树双侧修边机

的安全，不进行作业时，要在刀片上装上护刃片。传动机构的结构与单人茶树修剪机相同，两只刀片由同一凸轮机构带动，使之同时运动，两刀片的间距上小下大，可由调整旋钮自由调节，在接近上部其间距调整范围为200～500mm。行走轮有两只，前大后小，通过安装支杆装在机架上，用于安装汽油机和刀片等，并在茶行内行走。操作把手实际上也是机架的一部分，作业时操作者两手扶住把手并推动机器向前。油门操作手柄就装在右边把手上，用于调整油门的大小和修剪作业的开始与停止。

茶树双侧修边机由一人手推作业，行走轮行进在茶树行间，应使机器尽量保持行走在行间的中心线上。根据茶树状况，将两只刀片间距调整适当后，启动机器，适当加大油门，推动前进，随着两只刀片的往复运动，茶树行间两侧的枝条被利落剪除，行间便形成一条宽20～30cm规范的操作间隙和通道，以便于机器耕作与采摘。该机操作方便轻松，但与单人茶树修剪机相比，该机仅能用于修边，综合使用性能较差。

（四）茶树重修剪机

茶树重修剪机是为茶树进行重修剪而设计，它要求将已经较衰老的茶树离地30～40cm将枝条剪去，重修剪机所剪枝条直径大都在10mm以上，故对刀片强度的要求高，刀齿较宽、较厚，动力机功率要求也较大。现生产中茶树重修剪机的使用尚不普遍，但因人工茶树重修剪作业十分繁重，对机械化作业需求迫切，国内曾经研制过相关的机型，现介绍如下，作为此类机具以后深入研发的参考。

1. 双人抬式茶树重修剪机　我国20世纪80年代所研制的茶树重修剪机如图8-16所示，是一种双人抬式茶树重修剪机，配套动力为1.25kW（1.7PS）汽油机，刀片往复频率500～700次/min，往复双动平形刀片，刀齿高度为40mm，齿距为60mm。机架形式与双人茶树修剪机相似，只是各种

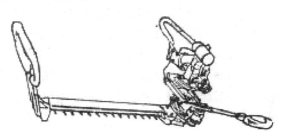

图8-16　双人抬式茶树重修剪机

零部件结构的刚、强度大为加强，以适应重修剪的作业需要。在发动机一端设置两只把手，另一端设置一只把手。三只把手一般用合金铝管弯制成型而成，作业时由三人手抬，跨行作业，一般要求每行茶树一个行程即完成修剪。由于双人抬式茶树重修剪机自身重量较大和修剪时对枝条切割负荷较重，震动较大，手抬作业的操作人员体力消耗过大，于是后来研发出一种轮式茶树重修剪机。

2. 轮式茶树重修剪机　轮式茶树重修剪机是在双人抬式茶树重修剪机基础上，为了减轻操作时的体力消耗，在机器上装上了行走轮，并将原来手抬把手换成手拉把手，可由两人跨行拉行进行茶树的重修剪作业。

轮式茶树重修剪机的主要结构由机架、刀片、动力机、减速传动机构等组成。

（1）机架。轮式茶树重修剪机的机架，主要结构由护刃器、拖行把手、修剪高度调节装置和行走轮等组成。

护刃器用钢板压制而成，装于刀片的上、下方，对刀片起支承、导向和保护作用，同时它横跨左、右行走轮和主、副把手之间，承载整个机器的主要重量和作业时产生的部分作用力和扭矩，故要求护刃器有良好的刚、强度，并要求其韧度和耐磨性能也

良好。

轮式茶树重修剪机两侧的拉行把手用钢管焊接而成，在靠动力机一侧的拉行把手上装有油门调节手柄，拉行把手的上下角度可以调节，以适应操作者的身高，把手手拉处装有减震橡胶套。作业时由两个人分别拉住两边把手，使整台机器向前行走。

轮式茶树重修剪机设有高度调节装置，机器两端各装置一只，分别位于两只行走轮的上方。当摇动高度调节装置上面的手柄时，将会带动下面垂直方向的螺杆转动，从而使与螺母相连的刀片、护刃器以及汽油机同时升高或降低，应该注意的是，调整时两边要一起调整，从而使机器两端保持高度合适和高低平衡（图 8-17）。

图 8-17 轮式茶树重修剪机

（2）动力机。轮式茶树重修剪机配套的动力机有小型汽油机，也有使用小型柴油机的。当使用汽油机时，一般使用 1E50F 型或 EC08DC 型，排量分别为 80mL 和 87mL，功率为 2.2kW（3.0PS），小型汽油机一般使用浮子式汽化器；当使用柴油机时，一般使用风冷 165 型柴油机，功率为 2.2kW（3.0PS）。

（3）刀片。轮式茶树重修剪机，也使用上、下刀片相对运动的往复切割式原理，为往复双动平形刀片，刀片长度有 800mm 和 1 200mm 两种。所使用的刀片厚度较厚，刀齿亦较宽和较高，刀齿高度为 40mm，齿距为 60mm。

（4）减速传动机构。茶树重修剪机减速传动机构的作用，同样是将动力机所产生的动力，经过飞块式自动离合器，由被动端带动两级速比为 1∶7.25 的齿轮减速，然后带动偏心距为 15mm 的双偏心轮转动，通过两只滑环分别带动上、下刀片作相互反向往复运动。

（5）轮式重修剪机的特点。轮式重修剪机虽然机体较重，操作起来也较笨重和费力，但它能以较快的工效干脆利落地进行茶树的重修剪，因为茶树的重修剪本身就是茶园中最费时费力的作业之一，相对来说重修剪机对茶树实施重修剪与人工作业相比，大为省时省力，是茶园中需求迫切的机种之一，以后应进一步进行研发和完善。

（五）茶树台刈机

茶树台刈机是将离地面 5～10cm 以上的枝条全部剪去的机械，也是茶树修剪机械中修剪枝条最粗和最坚硬的机械。

1. 茶树台刈机的机械形式　目前茶叶生产中所应用的茶树台刈机，多为林业领域所使用的割灌机，是一种从林业机械引入、使用圆盘锯割式作业原理的茶园衰老茶树台刈设备。因为茶树台刈所切割的枝条是茶树上最为衰老粗大而坚硬的枝条，一般是将离地面 5～10cm 以上的枝条全部剪去，是茶树修剪作业中深度最深的修剪。若像其他修剪作业一样，使用往复切割式修剪机修剪，一方面难以剪断，即使勉强可将枝条切断，但容易造成枝杆切口开裂，影响台刈后新芽的萌发和生长。故一般使用林业上所应用的圆盘锯式割灌机进行茶树的台刈，一般称之为茶树圆盘锯式台刈机。

2. 茶树台刈机的主要结构　茶树圆盘锯式台刈机主要结构由汽油机、传动机构、圆盘锯片、操作把手和背带等组成（图8-18）。

（1）汽油机。茶树圆盘锯式台刈机因为切割
的茶树枝条较粗并且衰老坚硬，故所配套使用的
动力机一般功率较大。国内生产的茶树圆盘锯式
台刈机一般使用排量为30mL以上的汽油机，如
国产1E35F型汽油机或G3K型汽油机，排量均为
33.6mL，功率为0.81kW（1.1PS）。

（2）传动机构。茶树圆盘锯式台刈机的传动
机构包括主传动轴、齿轮箱、加长管、支承轴承
等。主传动轴的长度为1.3m，用几个起支撑作用
的支撑轴承安装在加长管内。主动轴的一端与飞

图8-18　茶树圆盘锯式茶树台刈机

块离心式离合器的动力输出端连接；主动轴的另一端则与齿轮箱内的主动小伞形齿轮连
接。小伞形齿轮是齿轮箱内的一对伞形齿轮传动的主动齿轮，主动轴与主动小伞形齿轮
连接，从动的大伞形齿轮轴上则安装着圆盘锯片。汽油机的动力通过离心式离合器带动
主动轴转动，主轴则会通过伞形齿轮传动带动锯片高速旋转，实施对茶树枝条的切割台
刈。除了以上这种硬轴传动的台刈机外，还有一种用软轴传动的台刈机，传动原理和结
构与单人采茶机相似，但生产中应用不多。

齿轮箱是茶树圆盘锯式台刈机传动机构中最主要的工作部件，其壳体采用铸铁或铝
合金铸造，内装一对传动减速用的伞形齿轮。主动小伞形齿轮与传动轴相连，大齿轮
轴上则安装锯片。为使操作方便和作业时使锯片与地面保持基本平行，从动伞形大
齿轮轴与主动小伞形齿轮轴设计成60°夹角，也就是圆盘锯的平面与主传动轴成30°
的夹角。

（3）圆盘锯片。圆盘锯片是茶树圆盘锯式台刈机的主要工作部件，用优质合金钢制
造，锯片直径有230mm、250mm等数种，齿数则有4齿、6齿、8齿、40齿、80齿、
120齿、160齿等多种规格，可用于草本和木本的多种植物的切割，如割草和树木枝条
修剪等。因为茶树台刈，要求割茬平整，剪后枝干的留茬不发生裂开，并要求作业较轻
快，效率高，故一般选用80齿以上、齿距掌握在5～10mm的锯片。

（4）背带与操作把手。茶树圆盘锯式台刈机的背带与操作把手均装在加长管上，两
只把手相距45cm，手把的手握处装有防震护套，其中一只把手上装有汽油机油门调节
手柄，加长管紧靠汽油机处设有一根帆布背带。作业时，操作者以右肩侧挂背带，将机
器背在肩上，双手握住操作把手，启动汽油机，刀片旋转，即可进行台刈作业。根据操
作者的身高，操作把手在加长管上的安装，上、下和角度可进行调整。

3. 茶树圆盘锯式台刈机的作业特点　茶树圆盘锯式台刈机机器重量较轻，操作方
便，虽然作业速度较慢，而且作业时还要有人帮助进行台刈下的枝条清理，但它所承担
的是茶叶生产中最繁重的作业项目。当前理想的茶树台刈机器缺乏，故茶树圆盘锯式台
刈机还是目前生产中较受欢迎的茶树台刈设备。因茶树圆盘锯式台刈机的切割圆盘系高
速旋转部件，并且作业时需辅助人员进行修剪枝条的清理，配合不当，易产生人身伤害
事故，操作时一定要引起高度重视。

（六）茶树修剪所使用的手工器械

在我国茶叶生产中，由于农户和小块茶园比例较大，故生产中茶树修剪不少还是用手工器械，其中包括大剪刀（绿篱剪）、剪枝剪、台刈用镰刀和手锯等。

1. **大剪刀（绿篱剪）** 茶树修剪用大剪刀，也称绿篱剪，是茶树修剪使用的传统修剪工具。由上下两个带有长把手的刀片和中部的销轴组成，长把手末端的手握处装有木质手柄。作业时，由两手手持对茶树进行修剪。一般用于茶树修剪深度较小的轻修剪和中修剪，有时也被用作茶树修剪机修剪时的辅助器械，在机器修剪后进行辅助修边及精细整形等。由于修剪时费时费力，生产中已经由茶树修剪机逐步所代替（图8-19）。

图8-19　大剪刀及在茶园中实施修剪

2. **茶树台刈用镰刀** 由于茶树台刈需要从地面以上5～10cm剪去全部枝条，一般镰刀或大剪刀很难胜任。但是目前生产中应用的有一种刀刃刃口有刺、并装有木柄的茶树台刈镰刀，刀刃锋利，人工使用这种镰刀进行茶树台刈，可以较省力地将粗大直径的茶树枝干割断，并且割后的枝干留茬不会产生裂缝，茬口一般为斜面，下雨时利于雨水及时流下，以免存水腐烂，在茶区用于衰老茶树台刈得到认可和应用（图8-20）。

图8-20　茶树台刈用镰刀和在茶园中作业

3. **茶树台刈手锯** 对于衰老和坚硬粗大的茶树枝干，在其他工具不易割断时，往往使用手锯进行锯割。同时，在进行茶树台刈时，用镰刀割断后，往往留茬不够整齐，一般也需要用手锯和剪枝剪进行补修。使用手锯进行枝条锯割，虽然速度较慢，但对粗大枝条锯割有效（图8-21）。

4. **茶树台刈用剪枝剪** 茶树台刈用剪枝剪有两种类型，如图8-22所示。主要用于镰刀台刈后不整齐枝干的补剪，由于剪枝剪的刀口特别短厚和锋利，故能够剪断很粗的枝条，但效率低，一般用于挑剪其他器械不容易剪断的粗大枝条。特别是图8-22右图所示形式的长柄剪枝剪，因手柄较长可以站立作业，台刈修剪时较省力。

图 8-21　茶树台刈用手锯和在茶园中作业

图 8-22　茶树台刈用剪枝剪

第四节　采茶机械的使用和维护保养

采茶机和茶树修剪机使用和维护保养的好坏，不仅决定着机器的性能发挥和使用寿命的长短，并且直接影响着茶树修剪和鲜叶采摘质量。

一、采茶机的使用和维护保养

采茶机有多种形式，现在主要介绍双人采茶机和单人采茶机的使用和维护保养技术。

（一）使用前的准备

采茶机作业前应做好下列准备工作。

1. 使用前的技术培训和注意事项　采茶机使用前，应对操作人员进行系统技术培训，操作人员等使用人员应详细阅读使用说明书，熟悉机器结构、使用方法、安全注意事项、简单故障排除以及维护保养技术后，方可上岗操作。未经培训的人员、因为过度疲劳、睡眠不足、生病、药物影响而精神不能集中的人员不得使用机器。使用机器如中途感到疲劳，应中断操作，进行适当休息。作业时应穿缩袖长衣、长裤，穿坚固防滑的鞋子，戴牢固较厚的手套，戴安全帽。禁止穿拖鞋操作采茶机和茶树修剪机。这一点在所有采茶机和茶树修剪机的使用中均应贯彻。

2. 机器检查　使用前应对机器进行全面检查，看各连接处和螺栓等有无松动，配合状况是否良好，机件有无损坏，若发现松动和损坏，应进行紧固和整修。作业前应检查电线接头有无松动，导线保护套是否破损造成搭铁，检查油路燃料管是否老化漏油，如发现排除后才能启动。此项检查茶树修剪机同样适用。

3.按规定加注燃油 往油箱内加注燃油时，严禁烟火，不准吸烟。发动机运转在高温状态时，易引发火灾，要在温度降低后方可打开燃料箱盖加油。加油后应拧紧燃料箱盖，若发现有燃油溢出，应擦拭干净。

采茶机配套的动力机一般为二冲程汽油机，所使用的燃料为汽油和机油的混合油，一般汽油和机油的比例为容积比（20～25）∶1，具体比例要严格按使用说明书要求进行配比。应该特别注意的是，二冲程汽油机绝不允许仅添加纯汽油，否则在发动后，会立即引起发动机的损坏，这一点绝对不允许疏忽，同时此项工作在所有使用二冲程汽油机的采茶机和茶树修剪机的操作中均应贯彻。

4.挂装集叶袋 不论是双人采茶机还是单人采茶机，后部均有挂装集叶袋的挂钩，集叶袋挂装时，将袋口的橡皮筋撑开，袋口下边可插进两夹板之间，并将袋口包括橡皮筋挂装在机器后部所有的挂钩上，由于橡皮筋的束紧作用，集叶袋会牢固挂结在机器上。集叶袋挂装时要注意，要让袋上的通气网窗朝上，如系单人采茶机还要注意扎紧后部的袋口。

5.双人采茶机的操作把手调整 双人采茶机作业前，要根据茶蓬高度、宽幅和操作者的身材高矮，对主、副操作把手的长短、高低和角度进行适当调整。进行操作把手的角度、高度调整时，可松开菊花座连接装置的锁紧手柄，将操作把手角度、高度调整到适当位置，再按压锁紧手柄将其锁紧。当需进行副把手的长度调整时，则可先拧松副把手两边的两只锁紧套，并将把手和锁紧套上的两红色箭头对准，将把手拉出或推进，调整到合适长度，拧紧锁紧套。

6.单人采茶机的软轴安装 单人采茶机的传动软轴，两端分别与汽油机动力输出端和采茶机动力输入端相连接。

汽油机侧软轴的安装，可先拉出汽油机插座上的连接插销，然后将软轴插入汽油机动力输出端的插孔内。应注意插装软轴时一定要用力将软轴插到底，否则软轴安装不牢固，将会造成软轴的快速损坏（图8-23）。

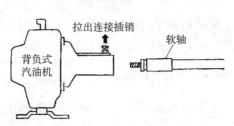

图8-23 单人采茶机汽油机侧软轴的安装

采茶机采摘器侧的软轴安装，要先用扳手拧松采茶机侧软轴插孔上的锁紧螺钉，然后将装有橡皮接头的软轴一端全部插入，并将锁紧螺钉拧紧固定（图8-24）。

7.刀片刃部加油与机器试运转 一切准备妥当，应使用机油壶向刀片刃部的注油孔内注入一两滴润滑油，然后检查机器上或周围有无影响启动的障碍，在确认安全后，拉动启动拉绳，启动机器，操作油门和离合器手柄，使刀片和风机低速运转，如无异常，可投入正常使用。

（二）采茶机的操作和使用

因双人采茶机与单人采茶机的结构和

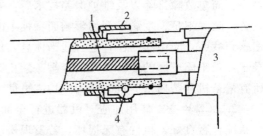

图8-24 单人采茶机采摘器侧软轴的安装
1.软轴 2.橡胶接头 3.采茶机 4.锁紧螺钉

操作方式有所不同，故下面分别进行介绍。

1. 双人采茶机的操作与使用　双人采茶机是中国目前生产中使用最普遍的采茶机，但是茶区操作不规范的状况极为普遍，应引起高度重视（图8-25）。

图8-25　双人采茶机的正确（左）与不当（右）操作

双人采茶机由两人手抬作业，机器置于茶行蓬面之上，操作者分别行走在被采摘茶行两边的行间内，手抬机器进行跨行采摘作业。主机手位于远离汽油机的一端，在主机手手持的主操作把手上，装有离合器和油门操作手柄，由其控制油门的大小和离合器的结合和分离，并在采摘时控制采摘高度；副机手位于装有汽油机的一端。双人采茶机作业时，一般是由5人组成一个机采作业组，两人充当主、副机手；两人随后协助拉拽集叶袋，以免在袋中集叶过多时，集叶袋拉扯过重而影响其寿命，同时也可减少主、副机手的操作强度，在集叶袋装满时及时换袋；另一人做辅助工作。作业组所有5人均要轮换操作位置，以得到适当休息。双人采茶机的操作方法是，远离汽油机一端的主机手，作业时手持采茶机主操作手柄，行走的主方向为背微倾斜朝着采茶机前进方向，采取稍侧行微后退方式行进作业，这样会为副机手留出较宽的行走空间；副机手则双手手持采茶机的副操作手柄，侧向前进作业。双人采茶机作业时，机器前进应与茶行轴线方向呈一定夹角，夹角角度大小应根据茶蓬采摘宽度和机器采摘幅宽确定。一般行距为150cm、茶蓬采幅130cm（行间操作间隙为20cm）、采茶机切割幅宽为100cm，作业时副机手所处位置应保持比主机手滞后40～50cm，就是使机器刀片与茶行轴线有一约60°的适宜夹角，从而满足刀片弧度与采摘面的吻合，也使机手有较宽裕的操作空间，实际采摘茶蓬蓬面宽度小于采茶机的切割幅宽。双人采茶机进行成龄茶园的采摘，一般需一个来回也就是两个行程完成一行茶树的采摘，一般是去程采去蓬面的60%，将采摘宽度控制在超过茶行中轴线的5～10cm，回程再采去剩余的部分。采摘过程中主机手应时刻注意要把靠近自己一边的蓬面采到边，并注意刀片的采摘高度即控制采摘质量，使刀片保持在既要尽可能采尽新梢又尽量不采入老梗老叶；回程时副机手还要注意控制刀片采摘高度与去程一致，既要采净采摘面中部的新梢，又要尽量减少重复采摘的宽度，以减少鲜叶中的碎叶比例。作业时副机手要密切配合主机手的作业，由于机器墙板的遮挡，一般副机手很难看到刀片的切割状况，但采茶机汽油机的端墙板下部设有一红色标志，它正好与刀片的高度一致，可作为副机手判定刀片采摘高度的参考。此外，双人采茶机作业时，可承载采茶机整机大部分重量的助导板与茶蓬蓬面大面积吻合并被茶蓬蓬面托住，机器前进时助导板就滑行在茶蓬蓬面上。故机器在采摘时，实际上是由机手尤其是主机手，在保持机器前部比后部稍高，即刀片刃部与助导板后部相比，处于稍稍抬起的状态，这样由主、副机手半抬半拖拉使机器在茶蓬蓬面上滑动前进，一方面掌握了采摘高度，减少老梗老叶含量，还使茶蓬分摊了一部分机器重量，从而减轻了主、副机手的劳动强度。如前面的采摘原理分析所述，双人采茶机作业时的前进速度不可太快或太慢，以保证机器和操作人员的安全，并保证鲜叶采摘质量和作业工效，作业时两机手应尽可能匀速前进，一般情况下，汽油机转速控制在 4 000～4 500r/min，机手前进速度掌握在 30m/min（图 8-26）。

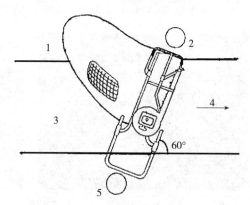

图 8-26　双人采茶机的作业行进角度
1. 集叶袋　2. 主机手　3. 茶行　4. 前进方向　5. 副机手

2. 单人采茶机的操作与使用　单人采茶机作业时，一般由 2 人组成一个作业组。一人操作机器实施采摘，一人辅助并在集叶袋装满时帮助拉袋及换袋，并与操作者轮换操作。作业时操作者背负汽油机，双手持机头。由于汽油机位于操作者的腰、臀部，操作感觉较为适宜，所以要适当调整背带长度。单人采茶机采摘时，采摘器在茶蓬上沿"Z"字形运动，从茶蓬蓬面边缘采向中间，并与茶行轴线的垂直线保持15°左右的倾斜度，在采摘完成一次行程后，后一次行程应紧挨上一次行程的采幅采摘，尽可能既避免漏采又避免重复采摘，以免鲜叶中碎叶梗增多。采茶时，辅助拉袋者要与机手配合默契，尽可能使集叶袋与采摘器同步往复前进和后退，以免集叶袋被剪破。单人采茶机作业时，一般机手采取后退作业方式，而辅助拉袋者采取前进方式，这样工效较高。单人采茶机采摘也是来回两个行程完成一行茶树的采摘，也要注意两个行程中间新梢的采净，并尽可能减少重复采摘，以提高采摘叶的质量并提高作业效率。

3. 采茶机的使用安全　采茶机使用刀片进行采摘作业，并且刀片作业是处于高速往复运转状态，作业过程中注意设备和操作人员的安全显得十分重要，为此，必须注意下列安全事项。

（1）注意清除茶蓬上引起刀片损坏的物件。采茶机作业前，应对茶蓬采摘面上的障碍物进行清除，以保证机器采摘的顺利进行，特别应巡查并清除蓬面上存留的铅丝和金属等物件，以免采摘时造成刀片刀齿的折断。机器作业时，周围 5m 范围内，不得有人和动物靠近，不得带儿童到作业现场。

（2）机器的使用安全。除茶蓬蓬面的掸剪（轻微剪平）外，采茶机绝对不准用于修剪作业，以免造成刀片的过快磨损甚至折断。在作业时，双人采茶机集叶袋鲜叶采满换袋或单人采茶机采满从集叶袋后部倒出鲜叶时，以及机器换行或较短距离转移地块时，要关小油门，使刀片停止运动。若停止采摘时间较长，则应停止汽油机运转，以保证机器和人身安全。单人采茶机作业时，应避免软轴过度弯曲，以免造成软轴的过早损坏。不论是双人还是单人采茶机，搬运或转移地块时，均应避免机器受到剧烈震动和冲击。

（3）操作者的人身安全。汽油机启动时，要一手扶稳机器，一手拉动启动绳，并注意刀片不要对着人，操作者的脸和手等不要靠近集叶风机的出风口。机器运行时，即使是离合器手柄处于分离状态，操作者和其他人员，一律不得将身体任何部分接触刀刃和机器运转部件，不可触摸火花塞帽和高压导线，不准在汽油机运转时添加燃油。机器发生故障，一律要在发动机停止转动后再排除。采茶机上多为薄板零部件，操作时要注意避免手部等划伤。

（三）采茶机的使用效果

实际使用表明，双人和单人采茶机的作业效果如表 8-3 所示。表中作业工效数据系20 世纪 90 年代权启爱、郑学义等人在杭州茶叶试验场 13.3hm² （200 亩）试验茶园内连续两年采摘一芽三叶大宗茶原料研究测试结果的平均值，劳动强度数据系农业部组织的全国机械化采茶协作组 20 世纪 90 年代的研究结果。从中可以看出，不论是从机器的作业工效还是作业时的劳动强度，均是双人采茶机性能明显优于单人采茶机，故在实际应用中，只要是茶园规模和地块较大，应尽可能选用双人采茶机。当然，单人采茶机具有机动灵活的特点，适用于小块茶园的机采。

表 8-3　机械化采摘的作业效果

机具类型	作业工效 （亩/h　kg/h）		劳动强度 （脉搏增加 次/m）	
	以面积计	以鲜叶计	0.5h	1.0h
双人采茶机	2.18	218.3	22.0	22.0
单人采茶机	0.54	88.5	25.0	30.7
人工手采	/	2.3	/	/

同时，根据在中国农业科学院茶叶研究所试验茶园的研究测定结果，双人采茶机和单人采茶机的采摘质量状况如表 8-4 所示，从中可以看出，机器采摘的鲜叶芽叶完整率与手工采摘相差不多，这是由于手工采摘有良好的选择性，而机器采摘虽无选择性，但其切割动作却在同一平面上进行，遇到茶芽一刀利落切下，从而保证了较好的芽叶完整率。而表中手工采摘鲜叶的受伤芽叶和嫩碎芽叶并不比机采低，这是由于手采时伴有较严重捋采的缘故。从表中还可看出，目前所使用的采茶机存在的主要问题是机采叶老梗老叶含量明显比手采高，这是因为采茶机对芽叶缺乏选择性所引起，虽然已采取蓬面修剪等技术进行补救，然而蓬面仍难免有高低不平现象，并且采茶机操作时也很难将采摘高度始终控制在完全适当水平，从而造成鲜叶中有少量老梗老叶混进。表中还可看出，双人采茶机和单人采茶机由于使用相同的采摘原理，机采叶的总体质量看不出明显差异。

表 8-4　机械化采茶的采摘质量

机具种类	鲜叶机械组成　%				漏采率%
	完整	受伤	嫩碎	老梗老叶	
双人采茶机	69.98	17.85	7.89	4.28	0.98
单人采茶机	68.40	19.90	6.75	4.95	1.57
人工手采	74.25	19.78	4.72	1.25	/

关于机采对茶树生长势的影响，权启爱、郑学义等人也在杭州茶叶试验场的试验茶园中进行了研究测定，机采区和手采区经过两年的采摘后，树势变化情况如表 8-5 所

示。从表中可以看出，在投产茶园中，一旦进行了较长时间的机采，虽然茶树的覆盖度、留叶指数、芽叶密度等指标有所提高，然而每张叶片面积及重量却随之下降。测定和现场观察也表明，芽叶有变轻变小、叶层有变薄、鸡爪枝有增加的趋势，对茶树生长有着不良的影响。究其原因，主要是机采对茶树顶端的刺激增加，促进了不定芽的过多萌发，使芽头变密增加，若提供的营养跟不上，则势必造成芽叶变小，叶张变薄，鸡爪枝增多。对机采茶园来说，如果栽培技术措施等配合不当，长期下去将会导致茶园产量和机采鲜叶质量的降低。为此，强调机采茶园的基础建设，提高机采茶园的肥培管理水平，进行科学的树冠修剪等，才能使机采茶园保持良好的生长势，从而保持机采茶园产量和机采鲜叶质量的稳定。

表 8-5　机采茶园树势变化情况

处理	树　高		树　幅		0.33m² 小桩数 个	留叶 指数	叶层 厚度 cm	覆盖度 %	0.33m² 着叶片数 张	每张 叶面积 cm²	每张 叶重 g	0.33m² 芽叶 密度 个
	试验前 cm	试验 两年后 cm	试验前 cm	试验 两年后 cm								
机采	55	75	75	126	139	4.74	17.9	83.7	770	6.8	0.11	132
手采	55	68	75	111	102	2.69	18.5	74.0	420	7.1	0.13	120

（四）采茶机的维护保养

采茶机使用过程中应注意下列维护保养事项。

1. **保持机器清洁**　采茶机系野外作业，加之汽油机运转的排气和刀片等切割芽叶受茶汁的污染，故作业过程中和作业前后，应对机器经常进行擦拭，保持机器的清洁。

2. **刀片注油**　采茶机的刀片系相互滑动的运转部件，作业环境较恶劣，故要求每运转1～2h，就要用机油壶向刀片的注油孔加注机油一次。有条件时，最好使用刀片专用油，它具有无色、无味、对人体无害等优点。若使用普通机油润滑刀片，则应少加、勤加。如加油后发现有机油流出或溅出时，要擦净后再进行采茶作业。

3. **减速传动箱润滑脂加注**　减速传动箱内装有双偏心轮（曲柄）连杆往复机构，运转速度快，摩擦力大，容易发热，故应按时加注润滑脂。要求采茶机每工作20h，就要给减速传动箱加注高温黄油一次，注油量以看到减速传动箱前部的刀片附近有残存的黄油溢出为准。必要时亦可取下减速传动箱底盖，清除脏污黄油，重新加入清洁黄油。

4. **单人采茶机的软轴注油**　单人采茶机要求每天使用前，要将软轴轴芯抽出，在上边涂抹高温黄油，然后将轴芯恢复装入。

5. **刀片间隙调整**　采茶机刀片经过较长时间的使用，会产生磨损，故当鲜叶采摘质量较新刀片采摘明显变差时，则应对刀片间隙进行调整。调整的方法如图8-27所示，用十字形螺丝刀将刀片螺栓的螺母拧松；然后使用一把十字形螺丝刀将螺母固定，用另一把十字形螺丝刀将螺栓轻拧到底，再退回1/4～1/2圈；最后锁紧螺母。

随后给刀片加注适当机油，启动汽油机并结合离合器、加大油门，使刀片在汽油机最高速运转 1min，用手触摸螺母，若感到能够承受螺母温度，则表示间隙调整适度。若感到螺母温度过低或烫手时，表示刀片间隙过大或过小，则要将螺母再拧紧或拧松一点，并锁紧螺母。就这样按上述调整方法进行反复调整，直到满意为止。应该注意，调整刀片间隙时，必须在汽油机停机状态下进行。

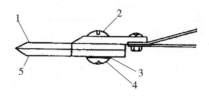

图 8-27　刀片间隙调整部位
1. 上刀片　2. 螺母　3. 垫圈　4. 螺栓　5. 下刀片

6. 刀片茶浆的清除　每次采茶作业后，上、下刀片间总会留有茶浆，茶浆积存过厚，会影响刀片运转精确度和采下的鲜叶质量，故每天作业结束，一定要对茶浆进行清除，从而保持刀片的清洁。刀片茶浆清洗的方法是，启动汽油机，使刀片低速运行，用清水冲洗刀片，直至刀片上的茶浆被全部清除。冲洗后要让刀片充分晾干，加注机油后，启动机器使刀片高速运行 1min，然后停车。

7. 集叶送风系统积存物清除和集叶送风管角度调整　采茶机经过一定时间作业后，集叶风机进风口内易积有杂物，会使送风能力下降，应经常拆下位于风机壳下部的护罩，清除所积存的杂物。集叶风管小端内也容易积存杂物，也应经常拆下端部橡胶塞，将杂物清除。

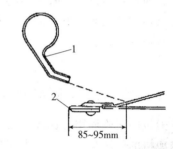

图 8-28　采茶机集叶风管的正确方位
1. 集叶风管　2. 刀片

采茶机的集叶风管在出厂前已经调整好，如使用中因受外力使风管角度改变时，应按图 8-28 所示方位进行调整，否则将会造成集叶困难。

8. 采茶机常见运行不正常现象及排除方法　采茶机在使用过程中，经常会出现这样那样的故障，若不及时排除，轻则影响机器作业和所采摘的鲜叶质量，重则引起机器损坏。故使用中若出现机器工作不正常，不可带病作业，必须及时进行故障排除。采茶机常见的运行不正常现象与排除方法如表 8-6 所示。

表 8-6　采茶机常见运行不正常现象及排除方法

故　障	原　因	处　理
割茬不齐	1. 刀片速度过低 2. 刀片间隙过大 3. 送风管角度不对 4. 刀片变钝	1. 加大油门 2. 调整刀片间隙 3. 调整送风管角度 4. 修磨刀片
集叶不畅	1. 送风量太小 2. 送风管角度不对 3. 送风系统内有杂物进入 4. 导叶板过脏	1. 加大油门 2. 调整送风管角度 3. 清除风机及送风管内杂物 4. 用抹布沾水擦净

（续）

故　障	原　因	处　理
刀片运行速度变慢	1. 刀片润滑不良 2. 减速传动箱润滑不良 3. 刀片长孔有杂物 4. 刀片间隙过小	1. 加注润滑油 2. 加注高温黄油 3. 清除 4. 调整刀片间隙
离合器离合不灵	1. 离合器钢丝绳调整接头松动或脱出 2. 离合器未调整好 3. 三角皮带松脱 4. 三角皮带损坏	1. 固定调整接头 2. 用调整螺母调整适当 3. 重新装好 4. 更换三角皮带

9. 采茶机的长期封存　采茶机在茶季结束长时间不用时，要进行全面保养封存。封存前应对机器进行全面擦拭清洁，清除集叶风机和风管内的杂物，清除刀片上的茶垢和灰尘；检查螺栓、螺母等紧固件有无松脱和零部件有无损坏，松脱者应固紧，损坏者应更换；对汽油机进行"长期封存"保养；更换减速传动箱中的黄油，并给刀片涂抹黄油。机器用布等覆盖放置在阴凉干燥处保存。应注意采茶机的橡胶、塑料零部件会受到汽油、香蕉水、化肥、农药等化工产品和物质的侵蚀，长期封存不能与上述物质共同放置。

二、 茶树修剪机的使用和维护保养

修剪机的正确使用与保养，是获得良好作业质量和延长机械使用寿命的重要技术措施。修剪机的使用与保养技术大部分与采茶机相同，但是由于茶树修剪机作业条件与采茶机有所差异，故使用与保养技术也不完全一样。

（一）根据茶树修剪类型选择茶树修剪机

茶树的修剪作业一般可分为轻修剪、深修剪、重修剪和台刈。轻修剪一般是指从采摘面向下剪去 5～10cm 的修剪，修剪的枝条直径在 3～5mm；深修剪则是从采摘面向下剪去 10～20cm 的修剪，少数修剪深度也有达到 30cm 的，剪切的枝条最大直径为8mm，个别甚至有达到 10mm 的；重修剪一般是在离地 30cm 处的修剪，剪切枝条的最大直径可为 25mm，而且木质较坚硬；台刈是在离地 5～10cm 高度截去茶树上部所有枝干的修剪形式，是茶树修剪作业中修剪最深、最繁重的修剪形式。上述不同的修剪作业则由可适用于轻、深、重修剪和适用于台刈的台刈机等不同类型修剪机型来承担。

（二）双人茶树修剪机的修剪作业

双人茶树修剪机一般被用来进行茶树的轻修剪和深修剪。双人茶树修剪机的使用、操作方法和维护保养技术与双人采茶机基本一样，由两人手抬跨行作业，并且也是来往两个行程完成一行茶树的修剪作业。一般是由 3～4 人组成一个作业机组，其中两人充当主、副机手。双人茶树修剪机不像双人采茶机那样后拖集叶袋，为此也不要用人拉袋，但修剪的茶条较长时，后边需要有人从茶蓬上将剪下的茶条协助清除，故除操作机手外的其余人员用于操作轮换和做有关辅助工作。作业时，主、副机手将操作把手调整到自己操作最省力和方便的高度和角度。主机手位于远离汽油机一端，斜倒退行走，副机手位于汽油机一端,侧向前进行走。副机手同样比主机手行进要滞后 40～50cm,使机器与茶行轴线方向的夹角成约 60°。双人茶树修剪机在作轻修剪作业时,作业的行进速度与双人采茶机一样,即机器在中速运转时,作业行进速度为 30m/min。而进行深修剪和重修剪作业,因修剪的枝条较粗,且木质坚硬,故作业行进速度要稍慢,具体行进速度掌握应根据修剪茶树的状况及时进行调整,尤其是作业过程中遇到较粗大坚硬枝条时,要及时放慢行进速度,适当加大油门,或瞬时暂停前进,并使机器稍作后退,同时适当加大油门,再继续行进修剪,以避免机器超负荷运行,保证修剪质量(图 8-29)。

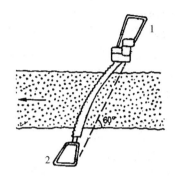

图 8-29　双人茶树修剪机的修剪作业
1. 副机手　2. 主机手

(三) 单人修剪机的修剪作业

单人修剪机可以用来进行茶树的轻修剪、深修剪和修边,由一人手持作业。由于这种机型使用的汽油机,配置膜片式汽化器和油箱内装有软管式的吸油装置,机器在任何角度下汽油机都能正常供油,保证汽油机正常运转,故可对各种类型茶蓬进行各种形状的修剪。操作该机进行茶树树冠修剪时,左手握汽油机侧的把手,右手握刀杆上的把手,机手面对茶蓬,先从身边茶行蓬面边沿向茶蓬中间剪出第一刀,接着则每刀从茶蓬中心一边前进一个修剪进程长度、一边退至茶蓬边沿,就这样大概沿着"Z"字形一刀一刀前进修剪,直至把一行茶树的半边茶蓬修完,回程再修剪茶蓬的另一半边。修剪时剪下的枝条,由于装在刀片上后部的导叶板的作用,可操作修剪机直接抛入行间,当修剪的枝条较长时,则应配备人将滞留在茶蓬上的枝条及时进行清理。当应用单人修剪机进行茶行修边作业时,机手的两手则分别握住汽油机侧的两个把手,刀片呈直立,前边稍向茶蓬边倾斜,随着操作者手持机器在行间中的前进,一侧茶行一边的侧枝被剪除,回程则把另一边的侧枝剪除,这样就使每个茶行中间留出一条约 20cm 宽的整齐通道。

(四) 茶树重修剪机的修剪作业

茶树重修剪机亦采取跨行作业,每一行程完成一行茶树的修剪。轮式重修剪机作业时,由 2 人在机器前面拖拉前行,刀片往复运动实施对茶树枝条的切割修剪。修剪时一般要配备 2 人在机器后面负责切割修剪下的茶树枝条的清除。重修剪机因为所剪切茶树枝条直径粗,木质较坚硬,加之机器前进阻力较大,故重修剪的前进速度一般应掌握在 10m/min 左右。由于重修剪机的操作体力消耗较大,故一般要由两组操作人员相互轮换。

(五) 茶树圆盘锯式台刈机的茶树台刈作业

茶树圆盘式台刈机的结构比较特殊,所修剪切割的枝条比重修剪更粗,木质也更为坚硬。其使用、操作和维护保养技术也有其特殊性。

1. 使用前的准备　使用前应检查各连接处螺栓、螺母有无松动、脱落,发现松动、脱落应固紧、补装。茶树修剪一般选用 80 齿以上的圆盘锯片,按锯齿尖部逆时针指向装牢锯片,不可装反,锯片固定螺母为反牙螺母。向燃油箱内加入使用说明书规定的汽油与机油比例的混合油。

2. 台刈作业 茶树圆盘式台刈机进行台刈作业时，操作者肩背汽油机，双手自然握紧装在加长管上的把手，当油门开启到 1/3～1/2 开度，圆盘锯片开始逆时针方向旋转，加大油门，由右向左移动锯片，实施对茶树枝干的切割，切割时要使圆盘锯片与地面应基本上保持平行，移动锯片的瞬时速度要快。当遇到较粗的枝条时，应将锯片移动速度适当放慢。若发生枝条卡锯时，应关小油门，使锯片停止转动，将锯片抽出后再重新工作。台刈作业操作的关键技术是使台刈高度一致并使枝条切割面平滑。作业时要配备一名辅助人员协助机手作业和清理剪下的茶树枝条。茶树圆盘锯式台刈机作业有一定危险性，机手和辅助人员应注意配合默契，以免发生意外。

3. 茶树圆盘锯式台刈机的维护保养 茶树圆盘锯式台刈机每工作 4h，应打开加长杆上的橡皮塞，给轴承加注适量机油，然后恢复装上并拧紧。伞形传动齿轮箱每使用 10～20h 应加注高温黄油一次。锯片锯齿不锋利时，可使用小扁锉按原角度挫磨，以提高切割质量和工作效率。汽油机按使用说明书规定进行保养。

（六）茶树修剪机的使用效果

因为茶树修剪是茶园中劳动强度最大的作业项目之一，而使用机械进行茶树修剪作业，工效明显高于传统的人工大剪刀修剪，一般情况下，一台双人茶树修剪机可相当于 50 人使用大剪刀进行茶树修剪的工效，单人修剪机也可以相当于 10 人。并且机械化修剪不像机器采摘那样需要顾虑鲜叶质量，而且茶树机械修剪质量显著比人工好，故机械化修剪技术在茶区推广，相对来说要比机械化采茶容易得多。综合中国农业科学院茶叶研究所的试验和测定结果，茶树修剪机的作业性能状况如表 8-7 所示。

表 8-7 茶树修剪机的作业性能

修剪类型	使用机具	修剪高度 cm	生产率 亩/h	作业质量状况
定型修剪	双人茶树修剪机	规定高度	2.58	良好
轻、深修剪	双人茶树修剪机	剪去 17.5	2.17	Ø8mm 枝杆裂开率 5%
	单人茶树修剪机	剪去 17.5	0.35	
重修剪	茶树重修剪机	离地 30.0	1.32	Ø10mm 枝杆裂开率 7.5%
修边	单人茶树修剪机		2.0	良好
台刈	圆盘锯式茶树台刈机	离地 7.5	0.28	

实际应用表明，一般情况下，双人茶树修剪机或单人茶树修剪机用于茶园定型修剪或轻修剪，作业质量良好，修剪后的蓬面整齐，枝杆切口平整。使用单人茶树修剪机，或者使用双人茶树修剪机分别选用平行或弧形刀片，可将茶树蓬面修剪成平行或弧形。茶树修剪机用于深修剪，一般情况下也可保证修剪蓬面整齐，但由于修剪的枝条部分较粗，少数情况下会造成较粗枝干剪口处裂开，将会影响枝杆以后的发芽，不过从表 8-7 中可看出，Ø8mm 的枝干，裂开率仅为 5% 左右，影响并不严重，说明修剪质量良好。同样双人茶树修剪机或单人茶树修剪机用于深修剪，修剪蓬面也同样可保证整齐，Ø10mm 枝干裂开率仅为 7.5% 左右，修剪质量也较好。

（七）茶树修剪机和采茶机刀片刀齿的修磨

采茶机和茶树修剪机经过长时间使用，刀片的刀齿会发生磨损逐渐变钝，这样会造成采摘叶质量下降或修剪割茬不齐，割而不断，切口撕裂，汽油机功率消耗增大，燃油消耗增加，甚至由于刀齿受力显著增加，造成刀片的断裂。为此，当发现刀片因磨损变钝时，就必须进行必要的修磨，以恢复刀片的锋利状态。

刀片修磨方法通常有两种。一是把刀片从机器上拆下，用夹具固定，一个齿一个齿的用油石修磨，也有用细纹锉刀修磨的，但不及油石修磨精细。应该注意的是，修磨时要按刀片刃口斜线方向进行修磨，并要求使刀片 45°的刃角保持不变。

另一种方法是不拆刀片，直接在机器上修磨。修磨时机器为停车状态，将上下刀片错开一定距离，如先使下刀片向左错开一些，先修磨上刀片的左刀刃和下刀片的右刀刃，每个刀齿磨完后，再使下刀片向右错开一些，先修磨上刀片的右刀刃和下刀片的左刀刃，直到上、下刀片刀齿的左、右刀刃全部修磨完成。修磨时要求保持刀片 45°的刃角。应该注意的共同问题是，不论用上述哪种方式修磨，均不可修磨上、下刀片的接触面。

第九章 CHAPTER 9
中国茶叶机械化技术与装备

茶园作业机械配套动力设备

茶园作业机械常用的配套动力机有汽油机、柴油机等，现将其主要机构、性能、使用和保养技术等介绍如下。

第一节 汽 油 机

在茶园作业机械中，汽油机被用作采茶机、茶树修剪机、机动喷雾器以及小型耕作机等茶园作业机械的动力机。除耕作机有时使用四冲程汽油机外，茶园作业机械使用的大多是二冲程汽油机，故特重点介绍二冲程汽油机。

一、 汽油机的概念

汽油机是内燃机的一种，是使用汽油作燃料、电火花点火的内燃式发动机。为使汽油在汽油机的汽缸内能正常燃烧，要求汽油的蒸气和空气按一定的比例混合。1kg 汽油与 15kg 空气混合方能燃烧完全，这时的混合气称为标准混合气。若汽油比例大，称为浓混合气，汽油比例小则称之为稀混合气，这两种混合气都不能正常燃烧。汽油机按其作业冲程的多少，可分为四冲程汽油机和二冲程汽油机两种。

四冲程汽油机是指活塞在气缸内要运动两个往复（四个冲程）即曲轴转两圈，才做一次功的汽油机。四个行程分别称为进气、压缩、做功、排气。在压缩行程末，火花塞产生电火花，点燃气缸内的可燃混合气，并迅速着火燃烧，气体产生高温、高压，在气体压力的作用下，活塞由上止点向下止点运动，并通过连杆驱动曲轴旋转向外输出作功，从而可带动工作机运转。四冲程汽油机在茶园作业机械中应用较少。

二冲程汽油机是指活塞在气缸内运动一个往复（两个冲程）即曲轴转一圈，做一次功的汽油机。它是在两个冲程内完成进气、压缩、燃烧、排气四个过程的汽油机，亦被称作二行程汽油机。根据进气方式不同有活塞阀式、簧片阀式、旋转阀式等几种，其中活塞阀式机构简单，应用最广，茶园作业机械上所使用的汽油机多为这种形式（图 9-1）。

二、 汽油机的工作原理与过程

图 9-1 二冲程汽油机

四冲程汽油机的工作过程与柴油机相同，所不同的是，因为汽油机的压缩比一般较小，需采用电火花点火，而柴油机由于压缩比比较高，采用

230

压缩点火。四冲程汽油机工作原理和过程以后与柴油机一并说明。在此先介绍二冲程汽油机的工作原理与过程。

如图 9-2 所示，二冲程汽油机工作的第一冲程（压缩与进气），活塞由下死点向上死点运动，曲轴箱内的空间和真空度因活塞的上行而逐渐增大，同时活塞先关闭换气孔和排气孔，上一个工作循环进入气缸内的混合气被压缩（图 9-2a）。当活塞上行到进气孔打开时，混合气被吸入曲轴箱。活塞运动到接近上死点（通常为上死点前 $20°\sim30°$），火花塞跳火将已被压缩的可燃混合气点燃（图 9-2b）。

第二冲程（做功、排气和换气），活塞到达上死点后，被压缩的混合气经火花塞点燃而剧烈燃烧、膨胀（做功），推动活塞向下死点运动，活塞向下移到进气孔关闭时，曲轴箱内的混合气开始被压缩（图 9-2c）。而当活塞下行到排气门打开时，燃烧后的废气在气缸内 $30\sim50$ kg/cm² 的高压推动下向外排出。活塞继续下行到换气孔打开时，曲轴箱内被压缩的混合气进入气缸，同时将废气进一步扫出（图 9-2d）。活塞下行到下死点后又向上死点运动，重新开始下一个工作循环。

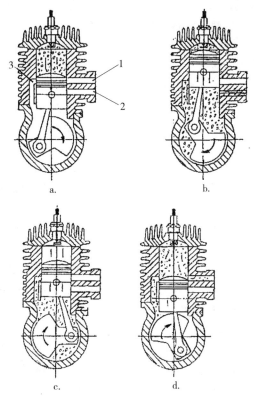

图 9-2 二冲程汽油机的工作过程
1. 排气孔 2. 进气孔 3. 换气孔

三、 二冲程汽油机主要结构

二冲程汽油机主要结构由曲柄连杆结构、燃料供给系统、点火系统、配气装置、冷却装置和启动装置等组成。

（一）曲柄连杆机构

曲柄连杆机构由气缸、曲轴箱、活塞、连杆和曲轴等组成（图 9-3）。

1. 气缸　形状如倒置的圆筒，作用是容纳可燃混合气体，并引导活塞作往复直线运动。汽缸体的侧壁上自上而下依次开有排气孔、换气孔和进气孔，气缸顶部开有安装火花塞的螺孔。气缸一般用铝合金浇铸而成，外壁有散热片，防止机体过热，下端与曲轴箱相接。

2. 曲轴箱　一般也用铝合金浇铸。由两个半壳体组成，合拢后形成曲轴箱的空间，供进气以后贮存和预压可燃混合气。曲轴箱两端装轴承与油封，起支承曲轴和密封作用。

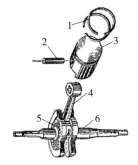

图 9-3 曲柄连杆机构
1. 活塞环 2. 活塞销 3. 活塞
4. 连杆 5. 曲柄销 6. 曲轴

3. 活塞　形状如倒置的圆筒，在气缸内作往复运动。按其作用可分为四个部分。活塞顶部与气缸上端组成燃烧室，承受汽油燃烧所产生的高温和高压。上部圆周上有两道活塞环槽，装上活塞环后可密封气缸的上下部分。活塞中部有活塞销座，用于安装活塞销。活塞销座以下为裙部，它承受活塞受到的侧向力，起导向作用，并有开、闭进、排气口等和帮助散热的作用。

活塞环是一带缺口的圆环，作用是保证燃烧室的密封，防止漏气，并把活塞顶部的热量传到气缸壁上。活塞销为一空心圆柱销，连接活塞与连杆，把活塞上承受的力传递到连杆上。

4. 连杆　是一根两端有孔的杆状件，它连接活塞与曲轴，将活塞推力传递给曲轴。连杆一端大、一端小，大端装在曲轴的曲柄销上，小端装在活塞销上。连杆杆身断面为工字形，以提高刚度和强度。

5. 曲轴　二冲程汽油机一般使用组装式曲轴，由左、右两部分组成，中间用曲轴销连接。曲轴的曲柄为扇形，作动平衡用。曲轴两端轴颈装在曲轴箱体轴承上，在其中一端上制有凸轮，用于定时打开有触点磁电机的点火触头，凸轮外端安装磁钢飞轮和风扇组件。曲轴的另一端为动力输出轴，安装离心式离合器或传动连接件。

（二）燃料供给系统

燃料供给系统的作用，是将洁净的空气与汽油（实际上为汽油与机油混合油）以一定比例混合，汽化后送入气缸。汽油机的燃料供给系统所使用的汽化器，有浮子式汽化器和膜片式汽化器两种形式，故常把燃料供给系统使用浮子式汽化器的汽油机称为浮子式汽油机；而把使用膜片式汽化器的汽油机称为膜片式汽油机。两种汽油机的燃料供给系统工作原理和机械构成有一定区别。

1. 浮子式汽化器燃料供给系统　使用浮子式汽化器的汽油机，燃料供给系统主要由空气滤清器、阻风门、燃油箱、燃油滤清器、输油管、油箱开关、浮子式汽化器、曲轴箱和气缸等组成。

（1）空气滤清器及阻风门。设在空气进口处，滤芯为海绵状耐油材料做成的滤网，作用是空气通过滤网，滤掉所含尘埃。阻风门是位于滤芯之后风道口处的一块活动挡板，通过阻风门调节手柄可调节风道的开度，以适应汽油机运转时不同进风量的要求。

（2）燃油箱与燃油滤清器。燃油箱为一塑料箱体，上部有加油口，加油口设有活动的滤网式燃油滤清器，上有油箱盖。油箱盖上有一小孔，使汽油机工作时有一定空气进入油箱，以保证持续供油。油箱底部接输油管，燃油通过输油管、沉淀杯和油箱开关等，进入汽化器。

（3）浮子式汽化器。浮子式汽化器的结构示意如图 9-4 所示。整个汽化器可分为浮子室和混合室两大部分。浮子室主要由壳体、进油阀座、主量孔、浮子、浮子臂和针阀等组成。当油箱开关打开时，若浮子室内无油或油面低于规定高度时，燃油就自动经针阀流入浮子室，待油面上升到规定高度时，浮子被浮起向上推动浮子臂及针阀关闭进油孔，从而使浮子室内油面始终稳定在规定高度，以保证主喷管精确定量喷油。混合室主要由进气喉管、节气阀、主油针、油门拉线和怠速螺钉等组成。当活塞运动将气体吸入时，因喷管很细，空气通过时流速非常高，在主喷管上口处产生一定负压，这样就将燃油吸出，并且与空气混合形成可燃的混合气，被吸入曲轴箱，再经换气孔进入气缸。混合气的进气量是用油门拉线控制节气阀及主油针的上下位置进行调节。当节气阀上升、开度较大时，主油针上升使主喷管的开度随之增大，进风量和进油量均增加，即混合气总量增大，燃烧爆发力增强，汽油机的转速增高。当节气阀下降，开度较小时，主油针下降使主喷管的开度减小，汽油机转速降低。主油针和节气阀连接处的针杆尾部设置3～5道环槽，装在环内的卡簧放在不同槽内，可改变混合气中燃油与空气的比例即混合气浓度。当卡簧置于最下环槽时，混合气最浓，也就是说混合气中油多气少；当卡簧置于最上环槽时，混合气最稀，也就是说混合气中油少气多。汽油机出厂

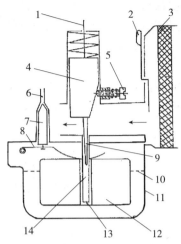

图 9-4　浮子式汽化器结构示意

1. 油门拉线　2. 阻风门手柄　3. 空气滤清器　4. 节气阀
5. 急速螺钉　6. 进油孔　7. 针阀　8. 浮子臂　9. 主油针
10. 油面　11. 壳体　12. 浮子　13. 主量孔　14. 主喷管

时一般已将卡簧调整到合适位置，当需要调整时，可自行移动卡簧的位置。节气阀侧部设有怠速螺钉，可控制油门拉线在完全放松，也就是油门关闭状态下混合气的进气量，以保证汽油机在空载状态下能够稳定低速运转，不致熄火，一般将这时的转速称为怠速。顺时针旋转怠速螺钉怠速则增高，反之降低。

浮子式汽化器具有结构简单，启动方便，维修保养容易，寿命长等特点，故在茶园小型耕作机械、机动植保机械和采茶机械等领域获得广泛使用。但是，这种汽化器必须在燃油箱高于汽化器时，燃油才能够顺利进入汽化器，当汽油机倾斜到一定程度，会使浮子室的浮子过度倾斜被卡住，不能随油面高低而浮动，失去控制油面的作用。故在浮子式汽油机使用时，应注意要使机器处于竖直状态或在倾斜度不超过30°范围内工作。

2. 膜片式汽化器燃料供给系统　膜片式汽化器的结构示意如图9-5所示。膜片式汽化器式汽油机，燃料供给系统主要由空气滤清器、阻风门、燃油箱、燃油滤清器、输油管、启动注油泵、膜片式汽化器、曲轴箱和气缸组成。其中的空气滤清器、阻风门、混合室结构，与浮子式汽化器基本相同。

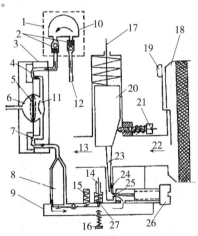

图 9-5　膜片式汽化器结构示意

1. 启动注油泵　2. 单向球阀　3. 膜片泵　4. 进油膜阀
5. 呼吸膜　6. 气室　7. 出油膜阀　8. 针阀　9. 平衡室
10. 按钮　11. 油室　12. 进油管　13. 混合气
14. 排气管　15. 针阀弹簧　16. 排气按钮　17. 油门拉线
18. 空气滤清器　19. 阻风门手柄　20. 节气阀
21. 急速螺钉　22. 空气　23. 主油针　24. 燃油
25. 主量孔　26. 限油螺钉　27. 排气阀

233

（1）燃油箱。与一般浮子式汽油机的油箱相似，不同点在于油箱盖上设有一单向的膜阀，可保证空气可进入，并保证汽油机在空间范围内任意角度下作业，燃油不会从油箱中流出。

（2）启动注油泵。主要机构由两个反向的单向球型油阀和橡胶按钮组成。当用手按压启动注油泵橡胶按钮时，右侧油阀关闭，左侧油阀打开，将橡胶按钮的燃油或空气压出。松开橡胶按钮，橡胶回弹，内部将产生真空度，右侧油阀打开，左侧油阀关闭，油箱内的燃油就会被吸入橡胶按钮里的下部空间内，不断按压橡胶按钮，燃油就会不断从油箱内吸出。

（3）燃油滤清器。用高分子微孔材料制成，装于启动油泵吸油软管的前端，由于其重量较重，不论汽油机在空间任何角度下运转，燃油滤清器都会始终沉入油箱中的燃油底部，保证将燃油连续吸出，供应汽油机的燃烧和运转，并可对燃油起到过滤作用，保证燃油的清洁。

（4）膜片泵。膜片式汽油机所使用的膜片泵，主要结构由两个单向膜片阀、橡胶呼吸膜和管路组成。呼吸膜左侧的气室，与曲轴箱有一管路相通，汽油机运转时，曲轴箱内的压力，处在$-0.3\sim0.45\text{kg/cm}^2$范围内，从负压到正压交替变化中，而气室的压力也随之在正、负之间交替变化，橡胶呼吸膜即产生图9-5中虚、实两种线条所表示的交替凹凸变化。由于橡胶呼吸膜的变化，又使得右侧燃油室内的压力随之不断正、负之间交替变化。当压力为负时，下部出油膜阀关闭，进油膜阀打开，燃油经启动注油泵、进油阀被吸入油室；当压力为正时，进油膜阀关闭，出油膜阀打开，将燃油压出。只要针阀处于打开状态，发动机的运转就使燃油不断进入平衡室。

（5）平衡室。主要结构由壳体、针阀、针阀臂、针阀弹簧、排气按钮、排气阀、排气管、限油螺钉等组成。汽油机运转时，平衡室内充满燃油。当针阀弹簧与燃油的共同压力高于膜片泵压力时，针阀关闭进油孔；当平衡室内的燃油被吸出，压力减小，针阀弹簧与燃油的共同压力低于膜片泵压力时，针阀打开，燃油进入平衡室。这样就使得平衡室内的燃油压力比较稳定，有利于精确定量供油。限油螺钉的作用是改变主量孔的大小。右旋螺钉针状头部将插入主量孔中较深，主量孔进油面积和进油量均减少，混合气浓度变稀；左旋螺钉针状头部将插入主量孔中较浅，主量孔进油面积和进油量均增加，混合气浓度变浓。排气按钮的作用是在汽油机启动前，排出储油室内的空气。操作的方法是，汽油机启动前，一手将排气按钮顶起，这时已同时将排气阀与针阀打开，燃油被启动注油泵压入膜片泵，在压力差作用下，将进、出油膜阀打开，燃油通过膜片泵、针阀进入平衡室。平衡室内的空气从排气管排出，当看到燃油从排气管冒出时，说明空气已被排净，松开排气按钮，排气阀在其弹簧作用下关闭。

膜片式汽化器的特点是使用灵活，汽油机可以在空间任何角度下正常运转，被用在如单人修剪机等需倾斜角度较大、甚至可360°翻转进行作业的机器上。保证单人修剪机不但可用来进行茶树蓬面修剪，而且可用来进行茶蓬修边，还可举过头顶用作园艺上的高部枝条修剪。同时，膜片式汽化器式汽油机，可将油箱置于汽化器的侧部或下部，整个汽油机外观美观小巧。但是，膜片式汽化器结构较复杂，维修不方便，橡胶零件耐油性较差与寿命较短，故在茶园作业机械中，除单人修剪机等操作倾斜角度要求较大的机器以外，使用较少，一般还是优先选用浮子式汽油机作动力。然而，随着膜片式汽化器性能的不断完善和使用寿命的提高，目前无锡在新研制的凯马小型耕作机、单人茶树修剪机和茶树圆盘锯式台刈机等茶园作业机械所配用的四冲程汽油机上，也采用了膜片式汽化器。

（三）点火系统

汽油机点火系统的作用，是保证在规定时间产生高压脉冲电能，送往火花塞使其产生电火花，点燃气缸内已被压缩的混合气。主要结构由磁电机、高压导线和火花塞三部分组成。而磁电机又有触点和无触点两种，故汽油机的点火系统也可分为有触点点火系统与无触点点火系统两种。

1. 有触点磁电机点火系统　茶园作业汽油机上所使用的有触点式磁电机，均为飞轮式磁电机，即为随飞轮转动而工作的磁电机。主要结构由飞轮磁钢、点火线圈、断电器、电容器、底座等部件组成（图9-6）。

（1）飞轮磁钢。用铝合金制造成的环形圆盘，其内圈有4块铸造成型的磁钢，用铆钉固定在铝制环形圆盘上。

（2）点火线圈。汽油机点火系统所使用的点火线圈，实际上是一只为火花塞提供高压电能的变压器。主要结构由铁芯、匝数较少而线

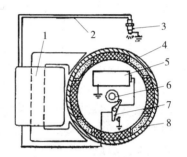

图9-6　有触点磁电机点火系统示意
1. 点火线圈　2. 高压导线　3. 火花塞　4. 飞轮
5. 电容器　6. 凸轮　7. 断电器　8. 磁钢

径较粗的初级线圈和匝数较多而线径较细的次级线圈组成，线圈外层用环氧树脂封固。初级线圈的一端放在铁芯上，与机体相连通，另一端与停机开关、断电器活动触点连接；次级线圈也是一端与机体相连，另一端通过高压电线与火花塞中心电极连接。

（3）断电器。用于接通或切断点火系统低压电路的电流，而低压电路电流的接通或切断，是依赖一对触点的闭合和打开而完成，这就是有触点磁电机点火系统称呼的来源。断电器的结构由一对触点和弹簧片组成。一对触点分别为固定触点和活动触点，分别装在触点底座上，依赖活动触点臂上的弹簧片保持着两个触点的闭合。固定触点与机体相接，活动触点通过导线与初级线圈的一端相连，从而使初级线圈构成通路。断电器的触点闭合，是通过凸轮的旋转来实现的，而凸轮的制造系在曲轴的一端加工而成，使凸轮与曲轴形成一体。汽油机工作时，曲轴每旋转一周，凸轮就使活动触点离开固定触点一次，即触点打开一次，触点刚刚打开的瞬时，就是火花塞点火的时刻。

（4）电容器。用于贮存电能和释放电能。由两条带状铝箔和可以使铝箔绝缘的两条蜡纸卷制而成，外部用筒形铁或铝质外壳封装。

（5）有触点磁电机的点火原理和工作过程。汽油机使用的有触电点火的磁电机，实际上是一种永磁式的发电机，由其为点火装置提供电能。汽油机运转过程中，由于磁电机的初、次级线圈和断电器的共同作用，定时产生高压电能，经高压导线输送到火花塞，进行汽油机的点火。具体工作过程为：当飞轮磁钢随着汽油机的运转而旋转时，铁芯内的磁通量在不断变化，在初级和次级线圈中则产生感应电动势。当断电器触点闭合时，初级线圈内有感应电流产生，感应电流所产生的磁力线，在铁芯和磁钢之间构成回路。铁芯内的总磁通量是磁钢磁通量与电流感应磁通量的合成。这时次级线圈也产生感

应电压，但这时的电压尚不够高，还不能使火花塞产生高压断电火花。而只有当磁钢转动到汽缸内活塞处于上死点前20°～30°时，初级线圈的电流才会达到最大值，若这时使断电器的触点打开，初级电路被切断，磁场迅速消失，因而可在初级线圈中产生300V的自感电压，由于初级线圈和次级线圈的互感作用，初级线圈中的自感电压就会在次级线圈中感应出10kV的高压电流，通过高压导线在火花塞两电极的间隙处放出电火花，从而点燃压缩的混合气。电容器并联在初级线圈及断电器触点上，当断电器触点打开时，初级线圈向电容器充电，加速了断电速度，提高了次级线圈为火花塞提供的点火电压，同时初级线圈的电流释放，也减小了触点的烧损，延长了触电的使用寿命。

停机开关并联在断电器触点上，当需要停机时，按下停车开关，使之处于接通状态，断电器则失去作用，初级线圈同时也停止产生自感电压，当然次级线圈也就不能形成上万伏的高压使火花塞点火，于是汽油机熄火停转。

（6）有触点磁电机点火系统的特点。有触点磁电机点火系统在汽油机上使用历史较长并且较普遍，相对来说使用、维修较方便，价格便宜。但所使用的断电器，触点容易产生烧蚀、松动、磨损，这些故障会影响汽油机的工作性能和可靠性。而且这种系统对火花塞的积碳敏感，当火花塞有一定积碳和污染时，点火线圈的次级线圈中的自感电压便会显著下降，造成火花塞不点火，汽油机无法工作，目前已逐步被无触点磁电机点火系统所替代。

2. 无触点磁电机点火系统　无触点磁电机点火系统是目前逐步推广使用的汽油机点火系统。主要结构由飞轮磁钢、底板组件、控制盒、点火线圈、高压导线和火花塞等组成。

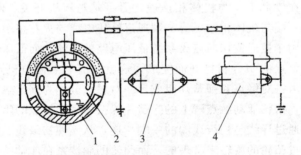

图9-7　无触点磁电机点火系统示意
1. 飞轮磁钢　2. 底板组件　3. 控制盒　4. 点火线圈

（1）飞轮磁钢。用铝合金制造成的环形圆盘，其内圈有2块铸造成型的磁钢，用铆钉固定在铝制环形圆盘上。对面装有铸钢平衡块。

（2）底板组件。主要结构由底板、充电线圈和触发线圈等组成，充电线圈和触发线圈固定装在底板上。充电线圈是用数百匝漆包线在铁芯上绕制而成，当磁钢旋转时，充电线圈内则产生感应电压和电流，为电容器充电。触发线圈也是用漆包线绕在铁芯上制成，但圈数较少，当磁钢旋转时，产生感应电压，触发可控硅导通。

（3）控制盒。主要结构由电容器、单向可控硅、二极管、电阻器和壳体等组成。如图9-8所示，二极管 D_1 和 D_2 具有将交流电转换成直流电的功能，电阻器 R 具有限制电流和分压的作用。单向可控硅 SCR 的工作原理是，当其阳极与阴极之间加正向电压，即阳极电位高于阴极电位；若控制极与阴极之间也加正向电压，即控制高于阴极电位，电位差仅需几伏，可控硅由阻断状态变为导通状态，可控硅在其他条件下均无法导通。可控硅导通后即使去掉控制极电压，它仍可维持导通状态，直到去掉阳极电压，可控硅方可又回复到阻断状态（图 9-9）。

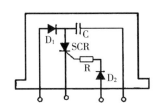

图 9-8 控制盒工作原理示意

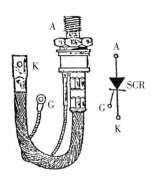

图 9-9 可控硅外形与符号
A. 阳极 K. 阴极 G. 控制极

（4）点火线圈。无触点磁电机点火系统使用的点火线圈与有触点磁电机点火系统使用的结构基本相似，即在铁芯上绕制匝数较少的初级线圈和匝数较多的次级线圈，只是将其移出了磁电机的飞轮磁钢外，不需要受到磁钢磁场的感应。

（5）无触点磁电机点火系统的点火原理。如图 9-10 所示，当飞轮磁钢旋转时，铁芯上的充电线圈受旋转磁钢磁场变化的作用产生感应电压，通过二极管 D_1 向电容器 C 充电。在规定的点火时刻，旋转磁钢掠过触发线圈 L_2 产生感应电压，并通过二极管 D_2、电阻器 R，作用在可控硅的控制极上，当这个电压达到一定值时，触发可控硅导通。可控硅导通后，电容器 C 通过可控硅 SCR 向点火线圈的初级绕组快速放电，并在次级绕组中感应出 10kV 以上的高压，通过高压导线使火花塞产生放电火花，从而为汽油机压缩混合气点火。

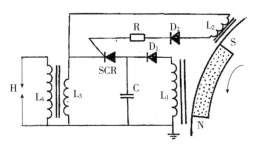

图 9-10 无触点磁电机点火系统的点火原理示意

（6）无触点磁电机点火系统的特点。无触点磁电机点火系统没有断电器，控制盒用环氧树脂密封，使点火系统在汽油机高速运转或潮湿、多尘环境下工作较可靠，且安装、维护简单方便，显著提高了工作的可靠性，电子组件使用寿命长，一般在汽油机寿命期内不需更换。

汽油机工作时混合气的燃烧时间基本是不变的，汽油机的动力如要发挥最大潜力，以获得最高的工作效率，就要求汽油机高速运转时，点火提前角要稍大一些，以使混合气有足够的燃烧时间；反之汽油机低速运转时，点火提前角要稍小一些，而无触点磁电机点火系统能随汽油机的转速变化自动调整点火提前角。无触点磁电机点火系统工作时，随着汽油机转速的升高，旋转磁场相对于触发线圈的线速度也提高，触发线圈中产生的感应电压达到能导通可控硅的时间也较快，点火提前角也越大；反之，当汽油机转速较低时，旋转磁场相对于触发线圈的线速度降低，触发线圈中产生的感应电压达到能导通可控硅的时间较慢，故点火提前角也较小。通常无触点磁电机点火系统的点火提前角可在 20°～30°范围内自动调整。同时，无触点磁电机点火系统点火线圈次级线圈电压升高速度快，对火花塞积碳不敏感，由此带来的故障也比较少。这就是目前有触点磁电机点火系统逐步被无触点磁电机点火系统替代的主要原因。

3. 高压导线和火花塞　高压导线和火花塞是汽油机磁电机点火系统的重要组成部分，有、无触点磁电机点火系统使用则相同。

（1）高压导线。为单芯橡胶导线，可耐万伏以上高压，一端接点火线圈的次级线圈的一端，另一端接火花塞的中央电极。

（2）火花塞。火花塞的作用，是将磁电机产生的高压，在其中央电极与旁电极之间产生强烈的放电火花，从而点燃气缸燃烧室内已被压缩的混合气。火花塞的旁电极通过机体与点火线圈的次级线圈的另一端相连接，这样点火线圈与火花塞就构成回路，当点火线圈产生点火高压时，火花塞的中央电极与旁电极之间的气体被高压击穿，产生放电火花。火花塞两个电极之间的间隙为 0.6～0.7mm（图 9-11）。

图 9-11　火花塞
1. 绝缘体　2. 外壳　3. 垫圈
4. 中央电极　5. 旁电极

（四）配气机构

茶园作业机械使用的活塞式二冲程汽油机，采用气孔式配气机构。在气缸体上开设进气孔、排气孔和换气孔，是通过活塞的上下移动，一次关闭和打开进气孔、换气孔和排气孔。在气缸壁上，排气孔的位置最高，换气孔的位置略低，而进气孔的位置最低。它们打开和关闭的时间对应于曲轴的转角，都对称于活塞运动的上死点或下死点。在茶园作业机械中如采茶机和茶树修剪机常用的小型二冲程汽油机，不论排量大小，其各个气孔打开或关闭的时间相差不大。通常进气孔打开的时间是在活塞运转到上死点前 68°，关闭的时间是在活塞运转到上死点后 68°。排气孔打开的时间是在活塞运转到下死点前 72°，关闭的时间是在活塞运转到下死点后 72°。换气孔打开的时间是在活塞运转到下死点前 58°，关闭的时间是在活塞运转到下死点后 58°（图 9-12）。

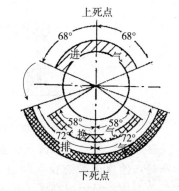

图 9-12　活塞式二冲程汽油机配气时间示意

（五）冷却系统

汽油机工作时，汽缸中的混合气燃烧温度高达 2 000℃左右，除了排气带走的热量外，剩余的热量若不及时散发出去，活塞和汽缸体的温度会不断升高，由于金属受热膨胀，会导致汽油机工作性能的降低，工作效率下降，输出功率减小，甚至造成自动停机。为此采取必要的措施对汽油机进行冷却，使气缸保持在一定温度范围内，对汽油机来说十分重要。

小型汽油机大多采用风冷形式，就是在气缸外部设置密集的散热片，增加热交换的面积，增大气缸体表面与空气的接触。同时，还在曲轴飞轮上设置风叶，形成冷却风机，在汽油机运转时，风机对气缸外表面吹风进行冷却。而在采茶机或茶树修剪机上，也可利用其鼓风集叶或鼓风吹叶系统，使部分冷风吹向汽油机的气缸表面，而加强气缸散热。

（六）润滑系统

茶园作业机械配套使用的二冲程汽油机，运转速度非常高，相对运动的表面，会产生严重的摩擦，故需要采取必要的润滑措施，以保证汽油机的正常运转。二冲程汽油机一般采用在燃油的汽油中加入一定比例的机油作为燃料油。燃料油经汽化器雾化后，进入曲轴箱，其中的机油会附着在连杆大端轴承、曲轴轴承等摩擦面，使其得到润滑。混合气进入气缸后可对活塞、气缸内表面、连杆小端轴承、活塞环表面等进行润滑。当然，一部分机油也会与汽油一起被燃烧掉，这是造成二冲程汽油机往往各处积碳较重的原因，故二冲程汽油机的燃料，加入汽油中的机油比例是有严格规定的，新汽油机投入使用时，加入机油比例要适当大一些，这有利于汽油机磨合，待磨合结束就要按规定降低机油的比例，以减少积碳。

（七）消声器、离合器和启动器

消声器、离合器和启动器也是汽油机的重要工作部件，对机器启动工作、动力输出和减少对操作人员听觉器官影响有不可替代的作用。

1. 消声器 混合气在气缸内燃烧后，在排气孔排气时会产生极大声音，必须安装消声器，以减少噪声对环境造成的污染和对操作者造成的危害，国家标准规定，功率在 1.7kW 以下的小型汽油机，噪声不得超过 103 分贝。二冲程汽油机使用的消声器如图 9-13 所示，当高温废气以很高的速度和频率进入第一膨胀室后，由于空间体积突然增大，气流速度便迅速被降低，使声音显著减弱。然后气流反向后，经阻挡盘上的小孔进入第二膨胀室，速度再次

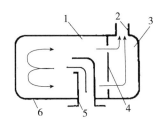

图 9-13 消声器结构示意
1. 第一膨胀室 2. 尾管 3. 第二膨胀室
4. 阻挡盘 5. 排气管 6. 壳体

被降低，最后从尾管排出。由于气流速度、振动已被两次大大减弱，噪声也两次随之显著降低，达到消声之目的。一般来说，消声器膨胀室越多，消声效果也越好，但消声器的膨胀室越多，排气阻力也越大，相应汽油机的输出功率消耗也同时增大，故二冲程汽油机一般采用两个膨胀室的消声器。

2. 离合器 茶园作业机械使用的汽油机，一般使用飞块式离心式离合器，其结构如图 9-14 所示。离合器的飞块通过连接器装在汽油机曲轴的一端，而摩擦盘与茶园作业机械的驱动部件连接，摩擦盘后部有齿轮等部件，将动力直接传给切割或耕作等工作部件。在汽油机启动后低速运转时，飞快虽然随飞轮旋转，但由于拉簧的

作用，两飞块处于收拢状态，飞块外缘摩擦片不与摩擦盘内壁接触，摩擦盘不转，即离合器分离状态。当曲轴转动达到一定速度，一般为 2 500r/min 时，飞块便克服弹簧拉力而向外飞出，外缘摩擦片与摩擦盘内壁紧贴，产生足够的摩擦力，带动摩擦盘旋转，将动力输出，带动采茶机、茶树修剪机刀片切割或耕作部件耕作等，此时即为离合器的结合状态。

3. 启动器　茶园作业机械使用的汽油机，一般使用回绳式启动器。装于曲轴的一端，作用是通过手拉启动绳带动曲轴转动，启动汽油机。

回绳式启动器的主要结构由绳轮、发条弹簧、棘轮、卡簧、棘轮回位弹簧、拉绳等组成（图 9-15）。操作时，当拉出拉绳带动绳轮转动时，棘轮在卡簧作用下从内（图中虚线）向外（图中实线）张开，当放回拉绳时，棘轮在轴轮回位弹簧的作用下恢复到原来位置（虚线位置），拉绳也在发条弹簧作用下卷到绳轮上。在曲轴末端装有一个从动盘，盘侧边有数个方孔与棘轮位于同一平面，当棘轮在转动中向外张开时，棘轮上的齿就插入从动轮盘上的其中一个方孔内并带动从动盘转动，实现汽油机的启动。汽油机启动后随着拉绳的放回，从动盘与棘轮从打滑状态过渡到脱离接触，棘轮回到原来位置，拉绳也绕回到绳轮上。

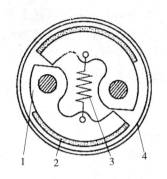

图 9-14　离心式离合器结构示意
1. 飞块　2. 摩擦片　3. 拉簧
4. 摩擦盘

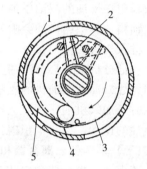

图 9-15　回绳式启动器结构示意
1. 从动盘　2. 卡簧　3. 绳轮
4. 棘轮回位弹簧　5. 棘轮

四、　汽油机的使用与保养

汽油机的正确使用与保养，对保证汽油机性能的充分发挥和机器与操作人员人身安全十分重要，应十分重视。

（一）汽油机的使用

汽油机的使用包括燃油的选用，汽油机的启动、运转与停车和有关调整等。

1. 燃料油的选用与配比　二冲程汽油机使用的燃料油包括汽油和机油两种，要按一定比例混合使用。

（1）汽油的选用。汽油是汽油机使用的燃料，易燃、易蒸发、热值高。按用途不同，可分为车用汽油、航空汽油和溶剂汽油，汽油机使用的是车用汽油。车用汽油按其辛烷值进行牌号区分，以前市场上常见的低辛烷值汽油如 70 号、80 号等汽油现已不常见，而市场上供应的多为 90 号、93 号、95 号、97 号等汽油，每种牌号的数字表示该种牌号汽油的辛烷值不低于此数字。辛烷值是汽油抗爆燃性能的指标，而爆燃是汽油机工作时一种不正常的燃烧现象，即在活塞尚未到达规定点火提前角之前，火花塞点火火焰尚没有把压缩混合气点燃或未传到之前，气缸内局部、进而整个气缸的混合气便提前自燃。因为这时活塞尚未到达顶点，在爆燃压力波作用下，机体及连杆机构等零部件遭受过大的冲击和震动，使汽油机功率下降，油耗上升，寿命缩短，甚至造成机件损坏，汽油机的压缩比越大越容易产生爆燃。选用辛烷值高也就是牌号高的汽油，可以防止爆燃的产生。高牌号的汽油价格贵，故应根据汽油机压缩比进行汽油选用，压缩较高的汽油机，选用牌号较高的汽油，压缩比较低的汽油机，则选用牌号较低的汽油。茶园作业机械所使用的汽油机一般可选用市场上常见的 90 号汽油，若使用高牌号汽油时，要把汽化器主油针的卡簧向上调整 1 格或适当格度，使混合气适当变稀，利于汽油的完全燃烧。

（2）燃油的配比。机油的作用是润滑，适于二冲程汽油机使用的机油有多种，其中以二冲程汽油机专用机油最为理想，它润滑效果好，在混合油中添入比例小、积碳少。混合油中汽油与机油的容积比，在新汽油机投入使用 20h 以内为 20∶1，要用量杯或量筒进行燃油混合，即 20 份容积的汽油，加 1 份容积的机油。在汽油机使用 20h 后，其混合容积比可改成 25∶1。在没有二冲程汽油机专用机油时，可用车用汽油代替，配比不变，一般夏季作业选用 10 号车用机油，而华南茶区夏季作业使用的汽油机，可选用 15 号车用机油，因 15 号车用机油黏度较 10 号机油大一些，热带夏季使用效果较好。在车用机油缺乏时，不允许用柴油机机油代替二冲程汽油机专用机油或 10 号、15 号车用机油。

汽油机使用时，应注意汽油和机油的配比比例一定要严格遵守，加入的机油不能过多或过少，过多会引起积碳的加重并启动困难；过少起不到润滑作用，加速零部件磨损，降低汽油机的使用寿命。还要特别指出的是，不论在任何情况下，绝对禁止使用不添加机油的纯汽油启动和运转二冲程汽油机，否则在极短时间内汽油机气缸就会被损坏，甚至报废。此外，因为汽油的容重为 0.73，即 1L 汽油的重量为 0.73kg；机油的容重为 0.91，即 1L 机油的重量为 0.91kg。若用重量比来进行汽油和机油的配比混合，则汽油与机油的容积比为 20∶1 时，重量比为 16∶1；容积比为 25∶1 时，重量比为 20∶1。具体配比混合时，重量比和容积比千万不要混淆，以免引起汽油机的损坏。尚应注意，若汽油和机油已配比混合形成了混合油，如本次作业未用完需贮存下次再用，应选用清洁的器具贮存，避免杂质进入。因为机油容重比汽油大，故存放一段时间后，会造成贮容器内的混合油下部的机油比例较大，上部汽油比例较大，故要摇晃均匀才能重新使用。

2. **汽油机的启动**　汽油机的启动按下列程序进行。

（1）若为浮子式汽化器汽油机，先打开油箱开关，使燃油流入汽化器浮子室中。若为膜片式汽化器汽油机，则先反复按压启动注油按钮，部分机型还要同时顶起排气按钮，看到消声器尾管管口稍有燃油出现，即表示贮油室已经充满燃油。

（2）将风门手柄置于全闭位置，热天或热机启动则可放在半开或全开位置。

（3）将油门手柄置于 1/3～1/2 开度位置，热机启动则可放在全闭位置。

（4）将采茶机或耕作机等工作机的离合器置于分离位置。

（5）用力拉动启动器的拉绳，使汽油机启动运转。拉动启动拉绳时，要与拉绳出口的方向一致；拉动时手握拉绳手柄拉至感到稍有阻力时，再用力拉动，直至汽油机被启动，要注意将拉绳要一拉到底，不得还未将拉绳拉到底就缓慢放回。

（6）汽油机启动后，将风门全开，油门适当关小，进行低速暖机运转 2～3min，使汽油机各部逐渐均匀上升到工作温度，但若为热机启动则不必进行暖机运转。

（7）将油门手柄置于适当开度位置，使汽油机转速达到工作机作业需求，即可开始正常作业。

3. 汽油机的停车　汽油机的停车按下列步骤进行。

（1）将油门手柄置于最小位置，使汽油机降低转速并继续运转 1min 左右。

（2）按下停车按钮，直到汽油机停机，部分机型启动和停车采用旋钮开关，停车则应将开关拨至关闭位置。

（3）若为浮子式汽化器汽油机，则应关闭油箱开关，切断油路。

（二）汽油机的保养与维修

汽油机的保养与维修包括日常保养、50h 保养、100h 保养、长期封存保养与维修等。

1. 日常保养　日常保养就是每天作业完毕后的保养，按下列项目进行。

（1）每天作业结束后，都要检查各联结部位有无松动，螺钉、螺母和零件有无脱落和损坏，发现及时固紧和补换。

（2）清除机器上的污物，特别是散热片间隙内，不得被杂草和茶树枝叶所堵塞。

（3）检查有无漏油，发现应消除。

2. 50h 保养　50h 保养是汽油机累计使用 50h 左右应进行一次的保养，按下列项目进行。

（1）完成日常保养项目。

（2）用汽油清洗空气滤清器滤芯、燃油滤清器、沉淀杯。

（3）拆下火花塞，检查积碳和电极间隙。发现积碳应清除，并将电极间隙调整到 0.6～0.7mm。电极烧损或绝缘体烧裂要更换新火花塞。

3. 100h 保养　100h 保养是汽油机累计使用 100h 左右应进行一次的保养，按下列项目进行。

（1）完成 50h 保养项目。

（2）拆下浮子室用汽油清洗。

（3）检查离心式离合器的摩擦片与摩擦盘是否粘有机油，如有用纯汽油清洗。

（4）拆下消声器，用平头螺丝刀刮除排气孔和尾管的积碳。

（5）从排气孔或火花塞孔观察活塞积碳状况，若严重就要拆开气缸和曲轴箱进行清除，将气缸燃烧室、活塞顶上等处的积碳刮除。注意不要刮伤汽缸内壁和活塞外壁。如活塞环槽内积碳，也要用断火塞环等进行剔除，但应注意不要刮伤环槽。

（6）如为有触点磁电机点火系统，应检查点火提前角。飞轮磁钢上有"T"和"F"刻线，"T"刻线为上死点刻线，"F"为点火提前角刻线。当"F"刻线曲轴箱上的标线对准时，断电器触点刚好打开。否则，就要松开断电器固定螺丝进行调整，直到对准为止。无触点磁电机点火系统则不要调整点火提前角。

4. 汽油机的长期封存　汽油机长期不用，按下列项目进行保养、维修和封存。

（1）擦净各部位，金属零部件表面涂一层机油。

（2）放尽油箱和浮子室内的燃油，用纯汽油洗净油箱。

（3）往火花塞安装孔内注入 3～5 滴机油，拉几次启动器拉绳，使机油在汽缸和活色表面涂抹均匀。装回火花塞慢拉启动器拉绳，感到阻力较大时停下。

（4）发现零部件损坏或脱落进行修理或更换。

（5）汽油机应放置在清洁干燥处用布覆盖保存。

5. 汽油机常见故障及排除技术　汽油机常见的故障有启动困难、功率不足、运转中自动停机和停机困难等。

（1）启动困难。首先应检查油箱开关是否确实在"开"的位置，如确系，则拆下火花塞，接上高压导线，将火花塞外部金属与机体接触，拉动启动器拉绳，看火花塞电极处是否有火花放出。然后按表 9-1 逐项检查原因并进行故障排除和维修。通常汽油机若经多次启动操作，仍不能启动，这时气缸内已吸入大量混合油，并吸附在火花塞的电极上，火花塞被淹死，而电极不能跳火。遇到这种情况不要再贸然拉动启动器拉绳重复启动。可将火花塞拆下，将启动器拉绳拉动数次，让油、气从气缸内排出，再擦净火花塞上的燃油，装回后重新启动。

表 9-1　汽油机启动困难故障排除技术

故　　障		原　　因	排除技术
火花塞无火花	火花塞	（1）电极受潮	干燥
		（2）电极积碳或油污	清除
		（3）绝缘体破裂绝缘不良	更换
		（4）电极间隙过小或过大	调整为 0.6～0.7mm
		（5）电极烧损	更换
	磁电机	（1）初、次级线圈破损	更换或修理
		（2）电容器击穿	更换
		（3）线圈绝缘不良、受潮	更换或烘干
		（4）断电器触点烧损、脏污	修磨、清洁或更换
		（5）线圈断线	更换
		（6）活动触点弹簧失效	更换
		（7）断电器触点间隙不合适	调整为 0.3～0.4mm
		（8）点火控制盒内可控硅或二极管击穿	更换控制盒
	停机开关	停机开关损坏造成短路	更换
火花塞有火花	压缩良好供气正常	（1）吸入燃油过多	排除气缸和火花塞积油
		（2）燃油过浓	调整汽化器主油针
		（3）使用劣质燃油	换用优质燃油
	供气正常压缩不良	（1）气缸、活塞或活塞环磨损	更换
		（2）气缸或曲轴箱接合面漏气	上紧螺栓、修理接合面、更换密封垫
		（3）火花塞松动	拧紧
	汽化器内无燃油	（1）油箱无油	加油
		（2）滤油网太脏	清洗
	供油不正常	（1）油管或油箱开关堵塞	清洗疏通
		（2）汽化器针阀或主量孔堵塞	清洗疏通
	其他	点火提前角不对	调整

（2）功率不足。汽油机工作中发现功率不足，可按表 9-2 进行检查与排除。

（3）运行中自动停机。汽油机运行中发现自动停机，可按表 9-3 进行检查与排除。

（4）停机困难。汽油机运行中发现停机困难，可按表 9-4 进行检查与排除。

表 9-2　汽油机功率不足的排除技术

故　障	原　因	排除技术
压缩不良	(1) 空气滤清器滤芯堵塞 (2) 油管接头等处漏入空气 (3) 汽化器有空气进入 (4) 燃油中有水混入 (5) 活塞滑动不畅 (6) 排气管积碳	清洗滤芯 仔细对正并拧紧螺母 拧紧螺丝或更换密封垫 换用清洁燃油 用细砂纸打磨摩擦处 清除
过热	(1) 混合气浓度过低 (2) 混合油中机油比例过小 (3) 冷却风扇或汽缸外表过脏 (4) 点火提前角太小 (5) 燃油中机油不好 (6) 汽油机超负荷	调节汽化器主油针卡簧 按规定重新配制混合油 清洁 重新按要求调整 使用二冲程非专用机油或规定号数车用机油 减轻负荷
声音异常	(1) 使用了劣质燃油 (2) 燃烧室积碳	换用优质燃油 清除积碳
其他	(1) 火花塞火花太弱 (2) 风门开度太小	检查原因并排除 开大风门

表 9-3　汽油机运行中自动停机的排除技术

故　障	原　因	排除技术
突然停机	(1) 火花塞脱出 (2) 活塞卡住 (3) 火花塞积碳严重 (4) 磁电机故障	装好 修理或更换 清除积碳 拆开检修
缓慢停机	(1) 燃油用完 (2) 汽化器故障 (3) 油箱通气孔堵塞 (4) 燃油中有水混入	添加 检查汽化器各油孔是否畅通 导通 换用清洁燃油

表 9-4　汽油机停机困难的排除方法

故　障	原　因	排除技术
停机困难	(1) 火花塞电极烧红 (2) 停车开关损坏 (3) 停车开关接地不良 (4) 停机线脱落 (5) 气缸、活塞因积碳烧红	清洁火花塞，调整间隙到 $0.6\sim0.7$ mm 更换 检查并可靠接地 装好 清除气缸、活塞等处积碳

第二节 柴 油 机

柴油机也是内燃机的一种，由于使用的燃料为柴油，故称之为柴油机。柴油机在茶园开垦、耕作、灌溉、植保、茶树修剪和采茶作业的动力机上也被普遍采用，使用最多的是单缸或双缸四冲程柴油机如 S195、S295 等（图 9-16）。

图 9-16　单缸柴油机

一、 柴油机的工作原理

柴油机的工作原理与汽油机相似，同属于内燃机的工作原理，不过生产中常用的柴油机多为四冲程机型。四冲程柴油机和四冲程汽油机的结构与循环工作过程均基本一样，只是除了使用的燃料不同外，最大的不同为压缩比柴油机较大，进气时仅吸入纯空气，并采用喷油器将柴油雾化并喷入气缸，靠压缩点火；而汽油机吸进汽缸的是汽油与空气的混合气，采用火花塞发出的电火花点火。

柴油机与汽油机一样，之所以能产生动力，是因为燃料在气缸内燃烧，产生高温、高压，推动活塞，经过连杆使曲轴旋转，再通过连接传动机构带动作业机械工作。柴油机工作时，首先将新鲜空气吸入气缸，然后将气体压缩，接着由喷油嘴将雾化柴油喷入气缸内已被压缩的高温气体中，立即着火燃烧。燃烧的气体急剧膨胀，推动活塞并带动曲轴运动。最后燃烧后的废气被排出气缸，这一过程称为"工作循环"，柴油机的不断工作，就是这一过程的不断重复。

四冲程柴油机完成一个工作循环，活塞需要在上止点和下止点之间往复运转 4 次，称作 4 个行程，就是曲轴要转 2 圈。4 个行程按其工作顺序分别为进气行程、压缩行程、做功行程和排气行程（图 9-17）。

进气行程：活塞移动到上止点时，进气门打开，排气门关闭，这时由于曲轴通过连杆带动活塞由上止点向下止点移动，即曲轴第一个半圈旋转。气缸内容积逐渐增大，缸内气体压力低于外界大气压力，形成真空，在内外压力差作用下，新鲜空气被吸入气缸。当活塞运行至下止点时，进气门关闭，进气行程结束。

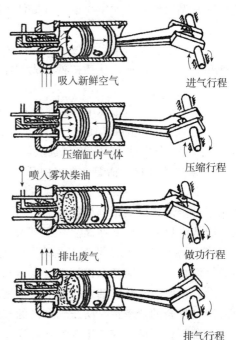

吸入新鲜空气　　　　进气行程

压缩缸内气体　　　　压缩行程

喷入雾状柴油

排出废气　　　　做功行程

排气行程

图 9-17　四行程柴油机工作原理

压缩行程：曲轴继续转至第二个半圈，活塞由下止点向上止点移动，进、排气门关闭，气缸内气体被压缩，压力、温度升高。活塞到上止点时，压力、温度达到高峰（压力 2.94～3.92MPa，温度 870～970K），为柴油燃烧创造了条件。

做功行程：当压缩行程将结束时，高压柴油被喷油嘴以雾化状态喷入汽缸，与被压缩的高温空气混合，很快就自行着火燃烧而急剧膨胀。这是因为进、排气门均关闭，燃烧后的高温（1 970～2 270K）、高压（5.880～9.800MPa）气体立即推动活塞从上止点向下止点运动，通过连杆推动曲轴转第三个半圈。当活塞到达下止点时，做功行程结束。

排气行程：曲轴转第四个半圈，活塞再次由下止点向上止点移动，排气门打开，进气门关闭，燃烧后的废气被排出气缸。当活塞到达上止点时，排气行程结束。

二、 柴油机的基本构造

柴油机的基本结构由曲柄连杆机构、配气机构、燃料供给系、调速器、润滑系、冷却系等组成。

（一） 曲柄连杆机构

曲柄连杆机构主要由机体组、活塞连杆组、曲轴飞轮组和平衡机构等组成。

1. 机体组 机体组由气缸体、气缸套和气缸盖等组成。

（1）气缸体。柴油机的气缸体一般用铸铁浇铸而成，小型柴油机也有用铝合金铸造的。气缸体是整个柴油机的骨架，内外安装着柴油机所有主要的零部件和附件。如茶园作业机械常用的卧式 S195 型柴油机，气缸体中部有一垂直隔板，把汽缸体分为两部分，后部装有气缸套和气缸盖，前部安装曲轴、凸轮轴、平衡机构及机油滤清器等；气缸体侧面装有调速器、齿轮室总成；汽缸体下面有用来存放机油的油底壳，与气缸体共同组成曲轴箱。

（2）气缸套。气缸套是气体压缩、燃烧和膨胀的空间，并对活塞导向。为保证较高强度和耐磨性，一般用优质铸铁制成。在一些小型柴油机上，因直接在缸体上加工出气缸，不设气缸套。

（3）汽缸盖。汽缸盖用缸盖螺栓固定在气缸体的后面，用来密封气缸的顶部，与活塞顶部、气缸一起组成燃烧室。气缸盖一般用铸铁制成，铸有水套和燃烧室。为了保证密封，气缸盖与气缸体之间装有气缸垫，气缸垫用耐高温高压的紫铜皮内包裹石棉板制成。

2. 活塞连杆组 活塞连杆组由活塞、连杆、活塞环、活塞销和连杆轴瓦等组成。

（1）活塞。活塞的功能是承受气体压力和传递动力，在高温高压下做往复运动。一般用铝合金制成。其顶部根据燃烧时的要求不同，制成平顶、凹顶和凸顶等，与气缸盖共同组成燃烧室。活塞在高温高压下做往复运动，要求强度和散热性能良好。活塞上有 4～5 道活塞环槽，用于装置活塞环。中部相对开有两孔，用于装置活塞销，孔内两端刻有挡圈槽，用于装活塞销挡圈（卡簧）。

（2）活塞环。装在活塞外壁上的活塞环槽内，上面三道为气环，作用是保证活塞与气缸滑动配合的严密性，防止气缸内的气体流入曲轴箱，并把活塞的大部分热量经气缸壁传散出去；下面一或二道为油环，起布油和刮油作用，把润滑油均匀散布在气缸壁上以利润滑，并把缸壁上的多余润滑油刮去以免流入燃烧室。活塞环用特殊铸铁制成，一般柴油机采用矩形断面气环，二、三道气环为易于磨合和起到刮油作用，内侧上棱需切去一角，使断面呈锥度；油环则有整体式和组合式两种，组合式油环由铸铁油环、油环衬簧和锁口钢丝组成。活塞与活塞环装入汽缸后，活塞环开口两端面之间的开口间隙各种柴油机均有严格规定，否则将严重影响柴油机的工作状态，如 S195 型柴油机活塞环开口间隙为：气环第一道 0.3～0.5mm、其余 0.25～0.40mm；油环 0.25～0.45mm，当开口间隙磨损大于 3mm 时，就应调换新环。活塞环侧面与活塞环槽间的间隙称边间隙，同样规定严格，如 S195 型柴油机活塞环边间隙为：气环第一道 0.050～0.087mm、其余 0.030～0.067mm，磨损极限均为 0.18mm。

（3）活塞销。一般用铬钢制成，为空心圆柱体，功用是把活塞和连杆活动地连接起来，将活塞承受的力传递给连杆。

（4）连杆。连杆的功用在于将活塞与曲轴铰连在一起，在作功行程把活塞受到的气体压力传给曲轴，其他 3 个行程将曲轴的旋转运动传给活塞，使活塞作往复运动。连杆分为小头、大头和杆身三部分。小头内衬铜或粉末合金的连杆衬套，通过活塞销与活塞相连。大头分成两半，以便在曲轴颈上安装，轴颈与大头之间装有两半圆形式表面浇有减磨合金的轴瓦。杆身因受力很大，故常制成"工"字形断面。

3. 曲轴飞轮组　曲轴飞轮组主要由曲轴、主轴承和飞轮等组成。

（1）曲轴。曲轴一般用钢锻造制成，也有如 S195 型柴油机采用球墨铸铁浇铸而成的。功用是在做功行程中承受连杆传来的力而产生旋转运动，为配套作业机提供动力，其他 3 个行程在飞轮等惯性作用下，通过连杆推动活塞作往复运动，以实现 4 个完整行程的工作循环。

曲轴主要组成部分有左右轴颈、曲柄（连平衡块）、连杆轴颈等。主轴颈用来支撑曲轴，曲柄则连接连杆轴颈和主轴颈，而连杆轴颈连接曲轴与连杆。为减少曲轴旋转产生的震动，曲轴相反方向配有平衡块。曲轴一端安装正时齿轮启和动爪等，另一端安装飞轮。

（2）主轴承。单缸柴油机如 S195 型的主轴承与连杆轴瓦相似，一般制成整体滑动轴承形式，轴承中部开有环形油槽和油孔。

（3）飞轮。用铸铁浇铸而成的圆形轮盘，固定在曲轴的一端。主要作用是储存能量，为 3 个不做功行程提供动力，并保持柴油机运转平稳。启动时摇动飞轮，依靠其惯性力协助启动。同时有时还在飞轮上装上皮带盘，借皮带传动带动作业机工作。

飞轮上刻有许多记号，如活塞上、下止点位置，进、排气门开闭时间和喷油提前角等，供柴油机检查和调整使用。

4. 平衡机构　柴油机平衡机构的作用是抵消由于活塞、曲轴和连杆等高速运转而产生的振动。这种振动可分为活塞和连杆小头运动惯性力所引起的沿气缸中心线方向的振动，以及曲轴与连杆大头绕曲轴中心线旋转惯性力所产生的沿曲轴圆周方向的径向振动。单缸柴油机绕曲轴旋转而产生的振动，是由装在曲柄相反方向并与曲轴一起旋转的平衡块来抵消的。而往复运动引起的振动，则靠平衡机构来抵消，单缸柴油机一般采用双轴平衡机构，即由两根平衡轴组成，每根平衡轴上铸有偏心平衡块，并装有平衡齿轮。

（二）配气机构

柴油机配气机构的功用在于按工作循环要求，准时打开和关闭进、排气门，保证及时和充分地吸入新鲜空气和排除废气，在压缩和做功行程则封闭气门。为了保证进、排气的及时和充分，进、排气门设置一定时间的早开迟闭，即所谓的配气相位，S195 型柴油机的配气相位如图 9-18 所示。

柴油机的配气机构由气门组、传动组、驱动组三部分组成。

1. 气门组　气门组由气门、气门导管、气门锁片（锁夹）、气门弹簧等组成。

（1）气门。气门分进气门和排气门。由气门头和气门杆组成，头部为一有圆锥形斜面的圆盘，斜面坡度一般为 45°或 30°，斜面上有 1～2mm 宽的密封环带，以确保气门与气门座之间的密封。为保证进气充分，一般进气门要

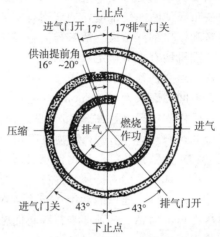

图 9-18　S195 型柴油机配气相位图

比排气门尺寸大一些，为使排气门能更好承受排气高温，排气门一般用硅铬钢制成，而进气门用铬钢制成。为避免装错，气门头上刻有进、排记号。气门杆是一光滑圆杆，在气门导管中能灵活移动，末端有气门锁片槽。进、排气门座用合金铸铁制成单件，镶入气缸盖的镗孔内，磨损后可更换。

（2）气门导管。气门导管一般是由粉末合金压制而成的圆柱形管子，紧配在气缸盖上，安装时要注意使气门导管露出气缸盖外平面，如 S195 型柴油机露出长度 20±0.1mm，气门导管与进气门的间隙为 0.03～0.055mm，与排气门的间隙为 0.032～0.072mm，当间隙超过 0.30mm 时应更换。

（3）气门弹簧和锁片。气门弹簧的作用是使气门和气门座保持紧密接触，防止漏气。有内、外弹簧各一只，并且弹簧分别为左旋和右旋，在一只弹簧折断时，另一只弹簧可起保护作用，防止气门掉入气缸。弹簧座和锁片则起支撑和锁紧弹簧的作用。

2. 传动组　由摇臂、摇臂轴、推杆、挺柱等组成。

（1）摇臂。用来传递气门推杆的力并改变动力方向，中部孔内装有铜套与摇臂轴配合。有弧形撞头的一端与气门杆端相接触，另一端装有调节螺钉与顶杆接触，调节螺钉用于调整气门间隙。

（2）摇臂轴。装在固定于气缸盖上的摇臂轴座中，对摇臂起支撑作用。

（3）推杆。作用是将挺柱的力传递给摇臂，多数是一根细长空心钢管，两端做成球形或内凹球形，以保证运动传递的准确可靠，并磨损小。

（4）挺柱。亦称随动柱，凸轮转动时它由凸轮推动作往复运动，将动力传给推杆。多制成覃形或圆柱形。

3. 驱动组　包括凸轮轴与凸轮轴正时齿轮。

（1）凸轮轴。凸轮轴一般用中碳钢或稀土球墨铸铁制成，为增强耐磨性，凸轮表面均经过淬火处理。凸轮轴上有进气凸轮、排气凸轮和油泵凸轮各一只，用于接受曲轴传来的动力，带动进、排气门和喷油泵工作。

（2）凸轮轴正时齿轮。S195 型柴油机的凸轮轴正时齿轮以平键紧配在凸轮轴上，其

齿数刚好比曲轴正时齿轮齿数多1倍，以保证曲轴每转2圈，凸轮轴转1圈。凸轮轴和曲轴正时齿轮上均有钢印机号，装配时应对准，否则柴油机不能正常工作，甚至造成损坏。

（三）燃料供给系

柴油机的燃料供给系的作用是向气缸按时、定量送入雾化的燃料和清洁的空气，使之燃烧而产生动力。

燃料供给系统包括柴油供给系和空气供给系两部分。柴油供给系由油箱、油管、柴油滤清器、高压油泵、高压油管、喷油器等组成。空气供给系由空气滤清器，进、排气管，消声器等组成（图9-19）。

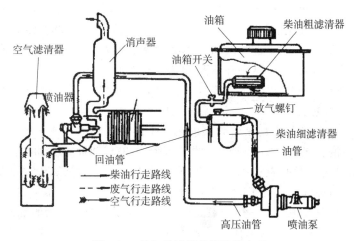

图9-19　单缸柴油机的燃油供应系

柴油机的燃料供应是柴油和空气分两路进入气缸。空气从进气罩吸入，经空气滤清器滤除尘土和杂质，然后沿进气管经进气门进入气缸，柴油在自身重力作用下，经过柴油滤清器到达高压油泵，在提高压力后，由喷油器喷入汽缸。燃烧的废气由排气门和消声器排出。

1.油箱　用于贮存足够数量的柴油，并使柴油中的水分和杂质得到初步沉淀。油箱用薄钢板制成，内表镀有锡或锌层，在加油口装有铜丝滤网，用于过滤加入柴油中的杂质。S195型柴油机的油箱箱盖上设有通气孔，便于空气进入和蒸发油气排出，若通气孔堵塞，会造成供油困难或中断。这种机型因靠自流供油，油箱一定要求装在柴油机的上方。一些多缸或大型柴油机因为靠油泵供油，为此箱可以装在柴油机的任何地方。

2.柴油滤清器　用于对柴油进行过滤，清除柴油中的机械杂质，保证燃油清洁，减轻高压油泵和喷油器等精密零件的磨损。单缸柴油机使用柴油粗、细两级滤清器，粗滤器结构较简单，中心是一只多孔钢管，外面套着圆筒形折叠式纸质滤芯，一端密闭，一端用螺栓连装在油箱内的出油管上，由于滤芯制成折叠式，增大了过滤面积，柴油经过滤芯进入内腔时，把较大的杂质挡在滤芯的外表面。粗滤柴油经油箱开关流向细滤清器。

柴油细滤清器由壳体、弹簧、托盘、纸滤芯、密封圈、滤座和放气螺钉等组成。工作时，粗滤柴油经油管进入细滤清器壳体与滤芯之间，由于滤芯的上、下端面都有被弹簧压紧的密封圈，所以柴油只有通过纸滤芯，才能进入滤芯的内腔，从而把杂质阻挡在滤芯外表。经过滤芯的细滤柴油，经出油管流向高压油泵。

放气螺钉用来排除油道中的空气，平时拧紧。

3. 高压油泵　亦称喷油泵，用于提高柴油输送压力，按工作要求，定时、定量将一定压力的柴油输送给喷油器。单缸柴油机使用单体柱塞式高压油泵，基本结构由壳体、滚轮、滚轮衬套、滚轮轴、推杆体、调整垫块、柱塞副、出油阀副、柱塞弹簧、出油阀弹簧、出油阀座等组成。工作时，高压油泵的柱塞套在套筒内不仅作往复直线运动，并且作旋转运动。油泵供油过程由柱塞的往返运动完成，油量的调节由柱塞的旋转运动完成。当柱塞下行时，柱塞上方容积增大，压力降低，柱塞下行至露出套筒侧壁上的进、回油孔时，柴油进入柱塞上方，并充满上方空间，完成进油过程。当柱塞被凸轮渐渐向上推动而将进、回油孔关闭时，开始压油。柱塞继续上行压迫柴油，提高输油压力，当达到一定压力后，高压柴油克服出油阀弹簧压力推开出油阀，通过高压油管向喷油器供油。当柱塞上行至上方柴油与回油孔相沟通，这时受压的柴油就通过柱塞上的中心油孔和斜切槽从回油孔回油。此时出油阀在出油阀弹簧压力作用下回复原位，喷油器停止喷油，供油结束。当柱塞下行至露出进油孔时，开始了新的进油过程。

4. 喷油器　喷油器的作用是将高压油泵送来的高压柴油变成雾状喷入汽缸，以便与压缩空气均匀混合燃烧。S195型柴油机一般配用单孔轴针式喷油器，其针阀副（俗称油头）为 ZS_4S_1 型，喷孔直径 1mm，喷雾锥角 4°。其主要结构由喷油器体、喷油器弹簧、针阀副（俗称油头）等组成。工作时，高压柴油经高压油管，进入喷油器油道、针阀体环形油道与直油道，到达压力室。压力室的高压柴油对针阀的锥面产生向上的推力，当推力超过规定压力时（单孔轴针式为 $12.26\pm0.49MPa$），柴油克服喷油器弹簧压力将针阀顶起，使密封锥体与密封锥座分开，高压柴油就从喷孔与针阀之间的环形喷孔高速喷出。喷出的柴油撞击在针阀倒锥体上，形成均匀细碎的雾状。当高压油泵停止供油时，压力室内的柴油压力突然降低，在喷油器弹簧压力作用下，针阀回到原位，密封锥体与锥座又封闭，喷油器停止喷油。

5. 空气滤清器　空气滤清器的作用是滤去吸入气缸空气中的尘土、杂质，以减少气缸、活塞和活塞环的磨损。因茶园作业系旱地作业，据试验柴油机工作时若不安装空气滤清器，气缸、活塞和活塞环等零部件的磨损会增加 3～9 倍，故柴油机工作时必须要安装空气滤清器。

柴油机上一般使用复合式空气滤清器。头部是惯性离心式干滤清部分，下部是由贮油盘和贮油杯组成的惯性油浴式湿滤清部分。贮油盘内装机油，用搭攀与滤清器壳体连接，并用两个橡胶密封圈密封中部，中心管四周用金属丝网充填。柴油机工作时，空气由进气罩的导向叶片吸入罩内，使之产生旋转运动。空气中一部分较大的尘粒，在离心力的作用下，被甩向罩壁，由罩上部的两个小窗口排出。粗滤后的空气沿中心管急速下行，冲向油杯内的机油后急转向上，由于惯性作用，又有一部分尘粒被机油黏住。油浴滤清后的空气从四周向上流动，穿过黏附有机油的金属丝网时，残留的尘粒又被滤网粘住，得到进一步滤清，经空气滤清器出气管、柴油机进气管、进气门流入气缸。

6. 排气消声器　发动机做功后的废气温度和压力都相当高，若直接排入大气，噪声大，并且常常带有火焰或火星，容易造成火灾，因此，必须使废气经过排气消声器后再排入大气，以降低排气噪声和保证安全。排气消声器为圆筒形，通过排气管与气缸盖连接，连接处有石棉垫片，防止漏气。消声器内装有多孔管和隔板，废气从排气管进入消声器，曲折地流过孔眼和隔板，其能量被不断消耗，温度和压力逐渐下降，消除火星和火焰，使排气噪声降低，确保发动机运行安全。消声器如积碳太多即会堵塞，影响发动机工作性能，应定期消除。

（四）调速器

茶园作业机械工作时，发动机的负荷会随着地面、土壤状况和坡度不同等而经常变化，当负荷突然减小，曲轴转速迅速上升，反之负荷突然上升，曲轴转速则会迅速下降。若任其这样变化频繁，会造成柴油机的飞车或自动熄火。这就要求柴油机的供油量能够随着负荷的突然改变而随时进行调整，为此，在柴油机上就装上了一个能按外界负荷变化而自动调整高压油泵供油量的调速器。

柴油机多使用离心式调速器。S195 型柴油机使用的离心式调速器由调速杠杆、调速杆、单向推力轴承、调速滑盘、调速支架、钢球、调速齿轮及轴、调速臂、调速弹簧、锁紧螺母、调速连接杆、转速指示牌、调速手柄等组成。调速器在曲轴正时齿轮驱动下旋转，钢球在调速支架带动下也一起转动，当调速手柄固定在一定位置而选定某一转速时，发动机负荷不变，钢球离心力与调速弹簧拉力相平衡，调速杠杆处于静止状态，柴油机维持在一定转速下工作。当负荷减小，曲轴转速和钢球离心力增加，钢球便沿着调速器支架的长槽向外移动，推动调速滑盘、推力轴承和调速杠杆短臂叉端，使调速杠杆绕调速杆作顺时针转动，长臂端边拨动调节臂圆球向内，供油量减少，阻止柴油机转速继续上升，直到钢球离心力与调速器弹簧拉力重新平衡时，供油量不再减少，柴油机恢复到原选定转速（实际略高）范围内运转。反之，当负荷增大，曲轴转速和钢球离心力降低，弹簧拉力大于离心力，拉动调速杆作逆时针方向转动，带动调速杠杆使其短臂叉端推动推力轴承，调速滑盘靠向调速齿轮，滑盘内锥面推动钢球沿调速支架长槽向内移动，其长臂端则拨动调节臂圆球向外，使供油量增加，阻止柴油机转速继续下降，直到钢球离心力与调速器弹簧拉力重新平衡时，供油量不再增大，柴油机恢复到原选定转速（实际略低）范围内运转。

（五）润滑系

柴油机内各零件间的相互接触面不是绝对光滑的，用显微镜可以看到许多凹凸不平，机器高速运转工作时，接触面摩擦将增加，加速了零件表面的磨损，并增加运动阻力，降低发动机功率及使用寿命，为此，柴油机各运动零件接触表面，必须用润滑油进行润滑。

1. 润滑系的功能　柴油机的润滑系就是承担将润滑油不间断地供应给各摩擦零件表面，使摩擦面之间形成一层油膜，起到润滑作用。润滑油从摩擦面流过，可带走部分摩擦热，并将摩擦下的金属屑及颗粒带走，起到冷却和清洗作用。同时，润滑油可增加活塞和气缸间的密封性，减少压缩时的漏气现象。

2. 润滑系的组成及工作过程　柴油机的润滑方式可分为飞溅式、压力式和综合式。飞溅式润滑是在曲轴旋转时，润滑油被连杆盖上的油勺从机油盘中激溅起来，形成微小油滴，溅到摩擦表面或收集后从油孔进入摩擦表面进行润滑，这种方式润滑结构简单，消耗功率小，但润滑不太可靠。压力式润滑则是依靠机油泵的压力，润滑油通过柴油机内的油路和油孔压至各润滑部分进行润滑，这种方式润滑可靠，但结构复杂。综合润滑是将飞溅式和压力式综合应用，一般是曲柄连杆机构和配气机构各主要部件，用压力式润滑，而活塞、缸套、凸轮、连杆小头、衬套等零件用飞溅式润滑。

S195型柴油机采用的就是综合式润滑方式。它由网式滤清器、机油泵、机油压力指示阀、油管等组成。油底壳在机体下方，用来贮放润滑油，底部侧面有放油螺塞，用于机油更换时的放油。柴油机运转时，下平衡轴端面的长槽通过机油泵端的长方榫，驱动机油泵工作，润滑油经滤清器、机油管、机体垂直油道被吸入机油泵。在泵内被增压后经机体水平油道、主轴承盖油道压送至靠飞轮一段的主轴承盖镗孔的环形槽内，至此润滑油分两路流动。一路经主轴承孔进入主轴承内，润滑主轴承，并经曲轴油道顺序流向连杆轴承（内经离心净化室）和主轴承，然后从齿轮室侧壁油孔及缝隙泄出，飞溅润滑齿轮和调速器部件等；另一路经过主轴承盖的另一油道，通过紫铜油管，流向汽缸盖上的机油压力指示阀，使指示阀的浮标升起（表示润滑系的工作状况良好），并从汽缸盖罩下部的泄油孔喷出，润滑气门杆、导管、摇臂部件和推杆等零件。活塞、缸套、连杆小头、活塞销、凸轮、挺柱、推杆及有关轴承均依靠飞溅润滑。

加油口处插有油标尺，是用来检查油底壳内的存油量，标尺上有表示油面上限和下限的两条刻度线（若仅有一条上限刻度线，标尺下端即为下限），在发动机处于水平状态，发动前或熄火后待各处润滑油都回到油底壳时进行检查。注意应使油面经常处于稍靠近上限状态，润滑油若过多，即油面过高，会被带入气缸燃烧，不仅增加油耗，还会引起气缸积碳，排气冒蓝烟，甚至引起飞车。润滑油过少，即油面过低，则会使润滑性能减弱，增加转动零部件的磨损，严重时会引起轴瓦烧损和咬缸等事故。

（六）冷却系

柴油机工作时，燃烧气体温度高达2 000℃左右，使直接与燃气接触的零件如汽缸盖、汽缸套、活塞、气门等被剧烈加热。高温下这些受热零件的机械强度和刚度会显著下降，甚至会因受高温而产生变形或出现裂缝。同时，柴油机上的零件受热后，会产生一定膨胀，因各零部件的材料、结构和所承受温度不一样，膨胀程度也不一致，这将破坏零部件间的正常配合间隙，严重时会出现相互卡死现象；此外，润滑油在受到高温作用后，黏度降低，甚至变质或被烧掉，使润滑能力显著下降，并产生积碳，加剧零部件的磨损；还有，空气在进入气缸前被强烈受热而膨胀，使实际进入气缸的空气量减少，造成燃烧不良等。为此，柴油机必须配置冷却系，以把各零部件所吸收的部分热量带走，保证各零部件维持在正常工作所需温度范围。当然，发动机各零部件温度也不能过分降低，过低将会严重影响工作性能，一般柴油机的冷却水温度保持在75～95℃最为合适。

发动机的冷却方式通常有风冷式和水冷式两种。风冷式在气缸体上铸有散热片，用来增加气缸的散热面积；水冷式在气缸周围铸有水套，通入冷却水冷却。水冷式冷却方式按散热方式不同，又可分为自流蒸发式、凝汽式和强制循环式三种。

S195型等柴油机均采用自流蒸发式冷却方式，结构简单，主要由水箱、加水口、水位指示器、加水滤网、缸体水套和缸盖水套等组成。

水箱安装在气缸体前部上方，底部开有孔口，安装后与缸体水套相通。顶部设有加水口，内装漏斗形滤网，作用是防止加水时杂质进入水箱。水箱上装有浮子（水位指示器），可沿导管上下移动，指示水箱中的水位。柴油机工作时，水箱中加满水，缸体和缸盖水套内的冷却水吸收缸盖、汽缸套和活塞等受热零件上的热量后，温度升高，体积膨胀，密度减小而上浮，而水箱中的冷水则下沉。热水上浮到水箱后，通过导热性较好的水箱壁及敞开的加水口，将热量和水蒸气散发到大气中去，使水温略低于沸点。水套内温度高的冷却水与水箱中温度较低的冷却水就这样形成自然对流，从而达到对柴油机进行适当冷却之目的。柴油机工作正常，若使用中发现冷却水沸腾而水箱中水量不少时，则不需加水，只有在冷却水过少时才添加，以使柴油机保持较大的功率。

三、 柴油机的使用

柴油机的使用包括启动前的准备、启动、运转和停车等。

1. 启动前的准备　柴油机启动前应做好下列准备。

（1）检查柴油机各部位连接是否紧固，柴油是否足够，机油油面是否符合要求，水箱冷却水是否加满，冬季启动可向水箱内加入 80℃ 以上的热水，打开气缸体上的放水阀使水流出，直至水流感到已热时为止。

（2）打开燃油开关。

（3）作业机挡位放空挡，动力输出轴手柄置于分离位置。

（4）松开高压油泵上的放气螺钉，打开减压阀，摇动发动机，排除燃油系统内的空气。

2. 启动

一般小型柴油机采用手摇启动，程序如下。

（1）油门置于中间位置。

（2）将启动用摇手柄插入曲轴飞轮端的启动插口内。

（3）面对柴油机，右手五指并拢握住摇手柄，左手打开柴油机减压阀。右手摇动启动手柄，到达一定转速，听到喷油器有喷油声，左手放开减压阀，并用力摇手柄，感到有阻力时再用力摇动，柴油机即会被启动运转，这时将油门关小，使发动机处于怠速状态。

3. 运转　柴油机启动后，机油压力指示阀的红色标志应升起，说明机器润滑状况良好。要根据气温状况低速空转预热 2~3min，待冷却水上升到 60℃ 以上，才允许提高转速和投入作业。柴油机正常作业时如 S195 型柴油机允许冷却水在沸腾状态下工作。

4. 熄火和停放　手摇启动的小型柴油机按下列程序熄火和停放。

（1）将作业机挡位放空挡，动力输出轴手柄置于分离位置。

（2）减小油门，使喷油泵停止供油和发动机熄火。熄火后关闭油箱开关。

（3）冬季气温低于 0℃ 时，作业结束，应放出冷却水，以防发动机缸体冻裂或水箱冻坏。

（4）如长时间停放，也要放尽冷却水，并转动飞轮使机器停于活塞上止点。对发动机进行彻底清洁，检查空气滤清器机油是否过脏或过稀，如过脏或过稀，则洗净丝网机滤清器内腔，更换新机油。检查气门间隙，如不符合要求，应按规定进行调整。

四、 柴油机的维修和故障排除

以 S195 型柴油机为例，介绍小型柴油机的维修和故障排除方法（表 9-5、表 9-6、

表 9-7、表 9-8）。

表 9-5 发现下列情况应立即停车进行故障排除

故障现象	排除方法
1. 转速忽高忽低	1. 检查怠速系统是否灵活，排净燃油系统空气
2. 突然发生不正常响声	2. 检查运动零件看有无脱落或异物进入机内
3. 机油压力指示阀突然下降	3. 检查润滑系统滤网、油道有无堵塞，机油泵运转是否正常
4. 排气突然冒黑烟	4. 按后面方法排除

表 9-6 柴油机排气冒黑烟

故障现象	排除方法
1. 柴油机超负荷	1. 配套作业机负荷过重，适当降负荷
2. 喷油器不灵	2. 检查喷雾情况，矫正压力，更换损坏件
3. 燃烧不完全	3. 主要是喷油器工作不良、供油提前角不对、气缸盖垫漏气、压缩力不足等引起，针对具体原因排除
4. 轴瓦烧损，有抱瓦现象	4. 换轴瓦、修曲轴

表 9-7 柴油机启动困难

故障现象	排除方法
1. 柴油流通不畅	1. 检查油箱及柴油过滤器内有无水分和污物，如滤芯堵塞用清洁柴油清洗或更换滤芯，柴油有水更换规定牌号清洁柴油
2. 燃油路内有空气	2. 放净空气，旋紧所有油管接头，若无法放净空气，则检查油管破裂、密封垫破损
3. 供油提前角不对	3. 按规定调整
4. 进、排气门间隙不对	4. 按规定调整
5. 天冷机油变黏，不易摇动	5. 水箱加热水或切断作业机动力联系后再启动
6. 压缩力不足	6. 进、排气门、活塞、活塞环磨损为压缩力不足主要原因，应修复或更换；气缸盖垫漏气，则复紧缸盖螺母，缸垫破损更换
7. 高压油泵、喷油器偶件磨损	7. 调换新偶件
8. 减压阀不起作用	8. 重新调整
9. 拉缸或烧瓦	9. 修理或更换

表 9-8 柴油机功率不足

故障现象	排除方法
1. 压缩力不足	1. 同上表第 6 项
2. 供油提前角不对	2. 按规定调整
3. 进、排气门间隙不对	3. 按规定调整
4. 空气滤清器堵塞	4. 用清洁柴油清洗滤芯及内腔
5. 转速太低	5. 调节节油螺钉，使其达到规定转速
6. 喷油压力下降	6. 按规定调整喷油压力或更换喷油偶件

第三节　燃油、润滑油与常用材料

燃料、润滑油和常用金属与非金属材料，系茶叶机械制造和维修保养所不可缺少，现对相关知识作粗略介绍。

一、茶叶机械常用的燃油和润滑油

茶叶机械动力机常用的燃油多为柴油和汽油，常用的润滑油有内燃机机油、齿轮油、液压油和润滑脂（黄油）等。常用的牌号、规格和适用范围如表9-9。

表 9-9　茶叶机械常用油料牌号、规格与适用范围

名　称		牌号和规格		适用范围
柴油	重柴油			转速 1 000r/min 以下中低速柴油机使用
	轻柴油	10、0、−10、−20、−35 号等（凝点牌号）		选用的品牌凝点应低于当地最低气温2～3℃
汽　油		70、85、90、93、97 号（辛烷值牌号，70 和 85 已很少用）		汽油机压缩比高选牌号高的汽油，反之选牌号低的汽油，茶叶机械配套用汽油机常选用 90 号汽油
内燃机机油	柴油机机油	CC、CD、CDⅡ、CE、CF-4 等（品质牌号）	0W、5W、10W、15W、20W、25W（冬用黏度牌号）"W"表示冬用；20、30、40 和 50 级（夏用黏度牌号）；多级油如10W/20（冬夏通用）	品质应按产品使用说明书要求选用，还可结合使用条件进行选择。黏度等级的选择主要考虑环境温度
	汽油机机油	SC、SD、SE、SF、SG 和 SH 等（品质牌号）		
齿轮油	普通车辆用齿轮油（CIC）	70W、75W、80W、85W（黏度牌号）		按产品使用说明书规定进行选用，也可按工作条件选用品种和按气温选择牌号
	中负荷车辆齿轮油（CLD）	90、140 和 250（黏度牌号）		
	重负荷车辆齿轮油（CLE）	多级油 80W/90、85W/90		
液压油	普通液压油（HL）	HL32、HL46、HL68（黏度牌号）		用于中低压液压系统（压力 2.5～8MPa）
	抗磨液压油（HM）	HL32、HL46、HL68、HL100、HL100（黏度牌号）		用于压力较高（＞10 MPa）使用条件、要求较严格的液压系统，如大型茶园管理机等
	低温液压油（HV/HS）			适用于严寒地区

（续）

名　称	牌号和规格		适用范围
润滑脂（黄油）	钙基、复合钙基	000、00、0、1、2、3、4、5、6（锥入度）	抗水，不耐热和低温，多用于农机具润滑
	钠基		耐温可达120℃，不耐水，适用于不接触水的润滑部位
	钙钠基		性能介于上述两者之间
	锂基		抗水性好，耐热和耐寒性能均较好，可替代其他基脂用于拖拉机和茶园管理机等

二、 茶园作业机械常用的金属材料

茶叶机械常用金属材料的种类、牌号、基本性能和用途如表9-10所示。

表 9-10　茶叶机械常用金属材料种类、牌号和用途

名　称		特　点	主要性能	牌号举例	用　途
碳素钢	低碳钢	含碳量<0.25%	韧性、塑性好，易成型，易焊接，但强、硬度低	08、20	需变形或强度要求不高的零件，如油底壳、风扇叶片等
	中碳钢	含碳量0.25%~0.60%	强、硬度较高，韧性、塑性稍低	35、45	经热处理有较好机械性能，制造曲轴、连杆等
	高碳钢	含碳量>0.60%	硬度高，脆性大	60	经热处理后制造弹簧和耐磨工件
合金钢	合金结构钢	在碳素结构钢基础上加入某些合金元素的钢	有较高强度，适当的韧性	20CrMnTi	制造齿轮、齿轮轴、轴承、活塞销等
	合金工具钢	加入某些合金元素，使钢能够满足特殊需要	淬透性好，耐磨性高，适合制造修剪、采茶机刀片等刃具	9SiCr	制造刃具、模具、量具
	特殊性能钢	加入某些合金元素，使钢能够满足特殊性能	具有如不锈、耐磨、耐热等特殊性能	不锈 2Cr 耐磨 ZGMN13	耐磨钢，车辆履带、修剪、采茶机刀片等制造
铸铁	灰铸铁	铸铁中碳以片状石墨存在，断口为灰色	易铸造和切削，但脆性大，塑性差，焊接性能差	HT-200	汽缸体、汽缸盖、飞轮等铸造
	白口铸铁（冷硬铸铁）	铸铁中碳以化合物状态存在，断口为白色	硬度高而性脆，不能切削加工		不需加工的铸件如茶园耕作用犁铧的铸造
	球墨铸铁	铸铁中碳以圆球形石墨状存在	强度高、韧性和耐磨性较好	QT603-3	代替钢制造曲轴、凸轮轴等

（续）

名　称		特　点	主要性能	牌号举例	用　途
	可锻铸铁	铸铁中石墨为团絮状	强度、韧性比灰铸铁好	KTH350-10	后桥壳、轮毂等
	合金铸铁	加入合金元素的铸铁	耐磨、耐热性能好	W环	活塞环、缸套、气门座圈等
铜合金	黄铜	铜与锌的合金	强度比纯铜高，塑性、耐腐蚀性好	H68	散热器、油管等
	青铜	铜与锡的合金	强度、韧性比黄铜差，但耐磨性、铸造性好	ZCnSnPb1	轴瓦、轴套等
铝合金		加入合金元素	铸造性、强度、耐磨性好	ZL108	活塞、汽缸体、汽缸盖等

三、 茶叶机械常用的非金属材料

茶叶机械常用的非金属材料主要有工程塑料、橡胶和石棉等，其种类、性能和用途如表 9-11 所示。

表 9-11　茶叶机械常用非金属材料种类、性能及用途

名　称	主要性能	用　途
工程塑料	除具有塑料的通性之外，强度和刚度，耐高温及低温性能较通用塑料好	仪表外壳、手柄、方向盘、管接头等
橡　胶	弹性好，绝缘性和耐磨性好，但耐热性低，低温时发脆	轮胎、皮带、皮碗、阀门、软管
石　棉	抗热和绝缘性能优良，耐酸碱，不腐烂，不燃烧	用于密封、隔热、保温、绝缘和制动材料，如气缸盖垫、制动带等

第十章 CHAPTER 10
中国茶叶机械化技术与装备

茶园机械化配套栽培技术

茶园作业机械化必须有成套的机械化栽培技术相配套，否则不仅机械化作业难于实施，还会对茶树生长和茶叶品质带来直接影响，经济效益无法充分发挥。茶园机械化配套栽培技术包括机械化茶园合理规划与建设、茶树无性系良种使用、茶树修剪与树冠培养、科学合理的茶园施肥、灌溉、农药应用和鲜叶采摘等。

第一节　机械化茶园的合理规划与建设

茶树是灌木型多年生植物，茶园机械化作业的首要条件是机械能够顺利进入茶园中。茶园规划和建设水平的高低，直接影响着机械化作业经济效益的发挥和茶产业持续化发展。

一、　机械化茶园整体规划与设计

机械化茶园规划的原则是有利于茶树的生长发育，提高茶叶产量、品质和经济效益，满足机器作业时的方便行进，为机械化作业创造良好的环境条件。并且有利于改善茶区生态环境，保持生态平衡。机械化茶园应选在交通相对方便，生态条件良好，远离污染源，具有可持续生产能力的农业区域。茶树多种植在山区，地形复杂，要选择相对平整地形的土地进行机械化茶园开垦与建设。要园、林、路、水源、交通、环境等统筹安排。同时还要与生活区、其他农作物相对隔离，减少人为带入污染物，使机械化茶园的建园条件，至少应该满足无公害茶叶生产环境的条件要求。

地形和地势对机械化茶园作业至关重要，一般在坡度为 $25°$ 以上就不应该再开垦茶园，机械化茶园用选择在 $5°\sim20°$ 的坡地或丘陵较大面积平台岗地为宜。一些缓坡的低洼地急陡转为缓坡的折转地及山垄末端段，一般情况下机器通过困难，不宜建造机械化茶园，原来如长有森林树木，则一定要保留，用作防护林，没有树木的也应该种树绿化。同时，山脚下的平地易积水，缓坡坡麓平坦地和洼地，也易积水，也不适宜于建造机械化茶园。

对于新建的机械化茶园，土壤的选择也十分重要，根据茶树生长习性和方便于机械化作业，以选择自然肥力较高、土层深厚，不过分黏重，通气性良好，土壤无隔层又石块含量少，不积水，腐殖质含量较高，养分丰富且平衡的地块适宜建立机械化茶园。要注意在机械化茶园范围确定前，首先要对所选地块土壤的 pH 进行测定，茶树最适宜的 pH 为 $4.5\sim6.5$，凡马尾松、杉树、映山红、铁芒萁等酸性指示植物生长良好的地方，一般适宜种植茶树并建立机械化茶园。正是因为茶树喜酸嫌钙，故凡石灰性紫色土和冲积土均不适宜建设和开垦机械化茶园。开垦范围内遇有坟地或房屋地基等，则应将石灰及周围土壤清除后，方可种植茶树。一般情况下，平地和缓坡茶园适宜于较大型机械进入，其作业效率和安全性较好，故坡度小于15°的缓坡地建立机械化茶园最适宜，只要沿等高线进行开垦和种植，并且进行园、林、渠、路统筹规划，就可以获得良好的机械化作业效果。坡度大于15°也可有选择地建立机械化茶园，但应修筑开垦等高梯级茶园，并且对上坡道路和梯面宽度等进行优化设计，以满足种类尽可能多的茶园作业机械进入作业。总之，要选择土地集中连片，地形不过于复杂的地带建设和开垦机械化茶园。

机械化茶园的土地范围选定后，紧接着要进行全面的勘察和设计。一个大中型茶叶种植企业，首先要根据茶场规模，选择地点适中，交通方便，靠近水源的地方建立茶场场部和茶厂。有条件的大中型茶叶企业，应设立专业的茶园作业机械管理机构，做到茶园作业机械统一购置、使用和管理。机械化茶园应按机械化作业要求，确定茶树种植地块布置，进行道路、水渠、绿肥基地和绿化林区等合理配置和规划。茶园面积较大的茶场，应划分为若干个作业区，使之既能适应机械化操作，便于茶园管理，又能提高土地利用率。

二、 机械化茶园的道路设计

道路是机械进入茶园并进行作业的必要条件，机械化茶园道路应与茶厂、作业区、防护林、排灌系统等一起进行统一规划与布置，组成主干道、支道、操作道和环园道的机械化茶园道路系统。

1. 主干道　一般来说，茶园总面积超过60hm² 以上的机械化茶园，应设立主干道。它是茶园中的交通要道，是一切茶园作业机具和交通工具进入茶场和茶园作业的主干型道路，也是进入茶场各生产园区的枢纽，并是与外部公路、铁路或货运码头相衔接的干线道路。它的基本要求是可供两辆客、货汽车或大型茶园作业机械对开、交会和行驶，道路宽度6～8m，转弯处的曲率半径要大于15m，纵向坡度小于6°。面积60hm² 以下的茶园，可以不设置干道，但需将茶园管理中心与附近公路的连接段按主干道规格修筑。主干道两侧要开设水沟，并种植以乔木常绿树为主的行道树，将主干道与作业区交叉处的水沟做成暗沟，以利车辆和机具通行。

2. 支道　支道是作为机械化茶园划区分片的界限，是园内物资运输、茶园作业机具行驶和进园作业的主要道路。是根据地形、地势和茶园面积大小设置的道路。支道与干道相互连接，一般路面宽度4～6m，纵向坡度小于8°，转弯处的曲率半径不小于10m，可供1辆卡车或大型茶园作业机械如跨行茶园管理机单独通行。面积较小的机械化茶园，因不设主干道，支道实际上就成为园区的主干道。

3. 操作道　既是茶园划块的界限，又是茶园作业机械或人员从支道或干道通向茶园地块的道路。与茶行垂直或成一定角度，机器从操作道下地作业，并被用来作为机器回转和调头，肥料等物资也从操作道运进茶园，鲜叶也从操作道运出。操作道的路面宽度2.0m，最窄不小于1.5m，纵向坡度小于15°，两条操作道之间的距离即行长50～100m。为照顾机械化采茶换袋需将鲜叶运出，若认为接近于100m茶行过长，可在每块茶园中段，设置1m左右宽的操作道或机器易超越的浅沟，以利操作人员、鲜叶和肥料等进出。

应该强调的是，目前国内茶园作业机械化之所以推广普及困难，在很大程度上是茶园操作道（地头回转地带）缺乏或宽度不够，机器回转调头困难。因此强调茶园地头结合茶园操作道的建设和规划，留出 2.0m、若系大型跨行茶园管理机作业的茶园地头留出 2.5m 的回转地带是不可少的。此外，茶园中因茶行过长在中段所留出的 1m 左右宽的操作道或浅沟，常因雨水冲刷形成茶园作业机械难于跨越的深沟，故在这种操作道等建时，应充分注意雨期是否有水流经过，如有应铺设涵管并有防止涵管堵塞措施，以利于机器通过。

4. **环园道** 设在茶园四周边缘的道路，既是茶园作业机械可以通过的道路，又可作为茶园与周围农田、山林及其他种植区的分界线。环园道规划建设可根据实际情况，与主干道、支道、操作道的规划建设综合考虑，其路面宽度不一定完全一致，但专用环园道的一般路宽不应该小于 1.5m。

总之，机械化茶园道路的设置，既要方便于茶园作业机械的通行和方便于茶园管理，又要尽可能缩短路程，少占土地面积，根据各地茶区的经验，机械化茶园道路占地面积以控制在占茶园总面积的 5% 或者稍微多一点为适宜。

三、 机械化茶园的划区分块及园地设计

按照方便于机械化作业和茶园管理的原则，机械化茶园的划区分块及园地设计应遵循以下原则。

1. **机械化茶园的划区分块** 机械化茶园的划区分块，一般以各级道路为界限，这样便于机械化作业机械的进出和茶园管理。可根据茶园面积和地形情况，将全部茶园划分为若干个机械化生产作业区。每个机械化生产作业区，又可按自然地形或将有明显变化的地块分别划分为若干片。每片按茶园面积大小，再划分为若干地块。平地和缓坡茶园的地块以 $0.7 \sim 1hm^2$ 为宜，并应尽可能规划成长方形或接近于长方形，适当延长地块长度，以利于机械化作业。

当然，在机械化茶园划区分块时，有时也用一种对地块要求较严格的机械化作业项目作为划分地块的参考，而进行机械化茶园划区分块的。例如以机械化采茶作业的负荷量作为机械化生产作业区划分的参考。据粤西茶区的试验，目前生产中机械化采茶普遍使用的主要是双人采茶机，一般 1 台双人采茶机配备 4～5 人组成一个操作组，可承担 $4 \sim 5hm^2$ 茶园的机器采摘，4～5 人亦可承担上述茶园面积的全部茶园管理作业，以此作参考，机械化生产作业区，在平地或缓坡茶园以 $5hm^2$、坡度较大的茶园为 $4hm^2$ 为宜。

2. **机械化茶园的园地设计** 根据机械化茶园作业的特点，其园地按以下原则设计。

（1）行距设计。目前日本等产茶国主张机械化茶园的行距为 $1.5 \sim 1.8m$，并且采茶机、茶树修剪机和茶园管理机等也按此行距范围设计了多种形式和型号。而为了利于茶园覆盖度的提高和获得茶叶的高产，中国茶园的种植不论是大叶种还是小叶种行距多以 1.5m 为主，而目前国内茶园作业机械的研制，包括一些大型跨行式茶园管理机，也是以 1.5m 茶树行距为主进行设计，故从实际情况和方便于茶园机械化作业出发，当前国内的机械化茶园的行距一般情况下还是以 1.5m 为宜。当然，一些有条件使用大型跨

行作业茶园管理机的茶园，茶树种植行距也可设计成 1.8m。

（2）茶行长度设计。如前所述，机械化茶园的茶行长度设计，通常以机械化采茶作业的采叶量作为机械化设计的参考。目前，采茶机多用于优质茶鲜叶的采摘。据浙江省磐安县依山茶场的统计，双人采茶机的集叶袋容量约为 25kg 鲜叶，产量较高茶园全年最高一次鲜叶采摘量约为 300kg/亩。据此计算，茶行较理想长度为 80m 左右，差不多就是上面在茶园道路设计时曾讲两条操作道之间的距离为 50~100m，那么茶行较理想的长度基本上为两条操作道之间的距离，中段可设立 1m 左右与茶行垂直的断行操作道。

（3）茶行走向设计。机械化茶园的茶行走向设计，应以利于机器作业稳定和进出方便为前提，并应考虑减少水土流失。缓坡茶园的茶行走向应与等高线基本平行，利于较大型茶园作业机械的进入和作业，梯地茶行的走向应与等高线梯壁的走向一致。为利于中、小型茶园作业机械的进入和作业，所有茶行不能有封闭行，并且每个茶行和梯级都要与操作道相通。

（4）梯地茶园梯面宽度的设计与计算。机械化茶园当坡度大于 15°时，则应作等高线梯地开垦，上下梯级虽然有高差，但在同一条梯地上，仍然是平坦的，这样就有利于机器的行走和作业。梯面宽度可用下面公式计算。

$$梯面宽度 m＝行距×茶树种植行数＋0.6 \qquad (10\text{-}1)$$

（5）茶树种植方式。机械化茶园要求条列状种植。不同类型的茶树品种，由于分枝习性、树姿、树势的差异，种植密度应有所不同。对于灌木型和小乔木型茶树，适宜于单行条栽或双行条栽，单行条栽的行距 1.5m，丛距 0.33m 左右，每丛 2~3 株；双行条栽的大行距可为 1.6~1.8m，小行距和丛距分别为 0.3~0.4m，每丛 1~2 株。对于乔木型大茶树，一般采用单条栽，行距 1.8m，株距 0.4m。从机器进入茶行行间作业方便而言，以单行条栽为好。因为茶树成园后，茶树是愈靠近根部行间的宽度愈大，这就使如金马 15 型和 C-12 型等茶园耕作机履带式机械的行走机构能有较大的行走宽度，能够方便钻入茶行作业，加上一般是在两行茶树相邻行间，修剪出 20~30cm 宽的通道，这样在机器作业时就减少了对茶树枝条的损伤。

四、 机械化茶园的植树造林

良好的茶园生态环境，是茶叶生产可持续发展的保证。植树造林既能改善茶园小气候，减轻或防止灾害性天气对茶树造成的破坏，又可增加茶园的生物多样性，降低病虫危害。因此，茶园周围、园内主要道路两旁需种植行道树。在主渠两旁、陡坡、沟谷和土壤贫瘠等不适合种植茶树的地方应植树造林。另外，在有灾害性干寒风和大风侵袭的江北和沿海茶区，应设置防护林带，行道树和防护林的设计和种植，应以不能妨碍机械化作业为原则。为了方便于茶园作业机械的运行、进入茶园和作业，防护林应建造在环园道的外边。种植在操作道两侧的行道树，要对着茶行顶端而不对着行间种植，这样方便于机器进入行间作业。当然，在华南太阳辐射较强的茶区，还有在茶园内种植遮阳树的习惯，为了机械化作业方便，一定要尽可能不影响机器进入和作业。

五、 机械化茶园的排、 蓄水系统设计

茶园多在山区，加强水土保持工作尤为重要。在山区和丘陵地区的茶园遇多雨季节，如不能及时排水，常常会冲垮梯级，流失表土；地势低处又易积水，造成茶树湿害。所以在机械化茶园建设时，要设计一整套排、蓄水水利设施，既要考虑多雨能蓄，涝时能排，缺水能灌，尽量减少和避免土壤流失，又要注意不妨碍茶园作业机械通行和作业。茶园排蓄水系统一般由隔离沟、纵沟、横沟和蓄水池等组成。

1. 隔离沟　设在茶园上方与荒山陡坡或林地交界处，其作用是隔绝山坡上的雨水径流，使之不能进入茶园，冲刷土壤。隔离沟的深、宽各为70～100cm，横向设置，两端与天然沟渠相连，或开人工堰沟，把水排入蓄水池内，一般情况下，隔离沟与茶园道路交叉处应架设桥涵，利于茶园作业机械和运输车辆通行。

2. 纵沟　顺坡设置，用以排除茶园内多余的地面水，应尽量利用原有的山溪沟渠，不足时增修，并与蓄水池相通。沟的深宽度视水量多少灵活掌握，通常沟面宽70～80cm，沟底宽30～40cm，深40cm左右。在纵沟中每隔一段距离要挖一个沉沙坑，减缓水流速度，以便沉沙走水，保持水土。纵沟如遇与茶园操作道等道路或茶行相交叉，要将纵沟修成暗沟，暗沟设在1m以下的土层中，用水泥或砖石水泥构筑，上面铺平，沉沙坑也要注意避开道路。总之暗沟要能够承受上面通行的茶园作业机械特别是大型茶园作业机械和运输车辆的运行压力。

3. 横沟　在茶园内与茶行平行设置，其作用是积蓄雨水浸润土地，并将多余的水排入纵沟。坡地茶园每隔10行开一条横沟，梯地茶园在每块梯地的内侧开一条横沟，沟深20cm，宽30cm左右。同样应注意排水沟不论如何修，在与茶园道路和茶行交叉时，都要考虑以暗沟形式通过，修筑的堤坝、沉沙井亦应避免对茶园机械通行造成障碍。

4. 蓄水池　茶园内的蓄水池供施肥、喷药和灌溉之用。一般每10～20亩茶园就要有一个蓄水池，水池与排水沟相连接，进水口挖一个积沙坑，以便池内淤积泥沙。蓄水池对茶园灌溉及病虫害防治喷药用水的解决很重要，应在茶园排蓄水管网建设时统筹建造。

5. 茶园灌溉系统设计　茶园灌溉系统有流灌、喷灌、滴灌和渗灌等。并且也配有渠道、纵沟和横沟等。当这些渠沟越过茶园道路时，应以涵管相接，以便机械行走。喷灌要将管道埋入茶园内，并且有竖管和喷头装行间，应与茶园机械化作业统筹考虑，最好将竖管和喷头与地下主管的连接设计成用快速接头安装拆卸的方式，在进行耕作和采茶等作业时，能将竖管和喷头方便拆下，进行喷灌时再接上，以利于各种机械化作业的进行。

六、 现有茶园改造成机械化茶园的技术措施

茶树为多年生作物，中国现有的茶园种植方式大多是多年前以满足手工作业要求所种植，难以实施机械化操作，但又不能马上挖掉重新规划种植。要使这些茶园实现茶园作业机械化，必须进行技术改造。

1. 地形选择和园地改造　如上所述，机械化茶园的地形条件，要求为平地缓坡茶

园或者梯面宽度较宽的条栽梯级茶园，并且道路、沟渠、防护林等要按机械化要求给予改造。茶园中凡在行间、地边有妨碍机器行走和操作的障碍物，如残留的树兜、土坑沟、坟堆、地头的封闭行等均需清除，行间的庇荫树等如妨碍机器行走原则上也要清除，特别是强调地头一定要有 1.5～2.0m 的机器回转即调头地带，以利于茶园作业机械的通行和作业。

2. **树体改造** 树体改造包括增强树势和改造树冠两个方面。对于树势较差或树龄相对较大的茶园，如茶树生机尚好，可按机械化茶园修剪技术要求进行修剪，恢复树势，使树高保持在 60～80cm，树幅保持在 120～130cm，并且增肥改土，增强树势。对于一些缺株断行的茶园，要进行茶树移栽补缺，对这类茶园更要提高肥培水平，使树势更快更好的恢复，以满足茶园机械化作业要求，但缺株断行过重的茶园，不宜改造成机械化茶园。此外，机械化采摘茶园要求发芽整齐，而多年前种植的茶园，大部分为有性系品种茶园，若园中茶树性状相差过大，发芽先后差别过长，则不适合改造成机械化采摘茶园。

第二节　机械化茶园的无性系良种普及和树冠培养

机械化茶园特别是机械化采摘的茶园，茶树品种的选择和树冠培养特别重要，无性系良种发芽整齐，生长势好，制茶品质优良，是机械化茶园的首选，因此机械化茶园建设的过程，也就是伴随着无性系良种推广普及和树冠培养的过程。

一、茶树再生能力与茶园作业机械化

不论是群体品种还是无性系茶树良种，不同茶树类型和品种间，对茶园作业机械化特别是机械化采摘，适应性的差别均较大，这一点可以用实行机械化作业后，茶树的再生能力来进行考察。茶树再生能力以往没有一个明确的概念，湖南省茶叶研究所在研究茶树品种对机械化采摘的适应性时，认为可以用耐剪性和耐采性反应，来衡量茶树再生能力，他们用楮叶齐、福鼎大白茶和湘波绿做实验，结果认为楮叶齐和福鼎大白茶显然好于湘波绿。初步试验表明，用这种方式进行对比试验，有可能会优选出适宜于机械化采摘的优良无性系茶树品种，它为机械化茶园的茶树品种选择，提供了一种方法。

1. **耐剪性反应** 在适于修剪时间，使用茶树修剪机对不同品种茶树采用不同深度的修剪处理，当年秋梢停止生长后，测定新生枝的长度、粗度与生长量，并以此作为耐剪性反应指标，在树龄和管理水平一致的情况下，新生枝的长度、粗度与生长量大，表示耐剪性强，从表10-1、表10-2、表10-3可看出，楮叶齐、福鼎大白茶明显好于湘波绿。

表 10-1　不同品种茶树不同修剪高度新生枝长度对比

品　种	修剪离地高度（cm）						
	10	20	30	40	50	平均	比值
楮叶齐	29.1	26.9	21.2	19.8	18.8	23.2	97.48
福鼎大白茶	28.0	27.9	22.3	22.0	17.5	23.8	100.00
湘波绿	11.2	11.3	10.4	10.4	6.3	9.9	45.60

表 10-2　不同品种茶树不同修剪高度新生枝粗度对比

品　种	修剪离地高度（cm）					平均	比值
	10	20	30	40	50		
槠叶齐	2.71	2.91	2.56	2.37	2.44	2.60	113.54
福鼎大白茶	2.26	2.58	2.18	2.24	2.18	2.29	100.00
湘波绿	1.64	1.95	1.98	1.89	1.91	1.87	81.66

表 10-3　不同品种茶树不同修剪高度新生枝生长量对比

单位：g/枝

品　种	修剪离地高度（cm）					平均	比值
	10	20	30	40	50		
槠叶齐	153.2	213.4	190.8	329.6	459.2	269.8	107.77
福鼎大白茶	114.8	112.9	283.6	313.9	423.7	149.8	100.00
湘波绿	39.4	73.7	97.7	101.4	326.0	127.6	52.08

2. 耐采性反应　强采情况下，茶树品种间的耐采性差异能够表现出来。机械化采摘从每次采摘量和占茶树可采新梢质量的比例来看，肯定比一般手采大，无疑属于强采。故机械化采摘后下轮新梢的生长情况，如萌发期、生长势等就可作为衡量茶树品种耐采性的指标。同时，试验中还有可机械化采摘次数、采摘间隔期和产量等表示新梢萌发期和生长势。试验记录表明，仍然是前两个品种优于湘波绿（表 10-4）。

表 10-4　不同品种机械化采摘间隔期与产量对比

品　种	项　目			
	年采摘次数	平均间隔期（d）	年最长间隔期（d）	产量比值（%）
槠叶齐	6.6	19.5	32.3	111
福鼎大白茶	6.2	20.6	33.4	100
湘波绿	3.8	29.2	61.4	60

二、 机械化茶园茶树合理修剪与树冠培养

茶树的合理修剪与树冠培养，是茶园作业实现机械化不可缺少的栽培技术措施，应该特别引起重视。

（一）机械化茶园适宜的树冠形状

茶树种植规范，蓬面整齐划一，树冠具有特定的、规格化的形状，并且新梢发芽和生长整齐、旺盛，是机械化茶园，特别是机械化采摘茶园必不可缺少的条件。

1. 弧形和平形树冠茶树高度及幅度变化　目前茶树通用的树冠形状有弧形和平形两种形式，机械化采摘茶园也是如此。因此采茶机也按树冠形状把刀片设计成弧形和平形两种，这就是说只有弧形和平形两种树冠形状才适合机械化采摘。

试验表明，机械化茶园在机器采摘条件下，弧形和平形两种形状树冠的平均增高值基本一样，弧形树冠在进行修剪整形以后，各部位的新梢长势一致，树冠形状容易维

持，每年春季的修剪量较小，这利于春茶的萌发和产量的提高。平形树冠经修剪整形以后，表现为蓬面中央部位新梢稀而壮，长势较两侧强，表现出向弧形树冠演变的趋向，故每年春季修剪量较弧形大。同时，两种形状树冠树幅的周年变化差别也较大，弧形树冠每年可增宽5cm左右，而平形树冠由于部分侧枝处于采摘面以下不会被采下，树冠的增宽速度就较快，每年约可增宽24cm。对于未封行的幼龄茶树，平形树冠有利于茶树覆盖度的增加和正常采摘面的形成，这就是幼龄茶园定型修剪均被修成平形蓬面，而成龄茶园尤其是中、小叶种茶园均修剪成弧形树冠的原因。大叶种乔木性茶树，由于顶端优势强，为了适当压制，不论是定型修剪还是成龄茶园一般修剪成平形树冠。

2. 弧形和平形树冠茶树叶层分布的特点　通过将茶蓬分成中央和两侧测定弧形和平形树冠茶树叶层分布和载叶量的分布特点，发现弧形树冠各部位的叶层分布较为均匀，而平形树冠叶层分布呈两侧多中央少的不均衡状态。叶层是茶树的营养源，在覆盖度很大的机械化采摘茶园中，叶层的分布均匀与否，直接关系到茶树群体光能的利用状况。理想的机械化茶园茶树树冠，应该是叶层匀相分布，使各部位叶片都具有最佳的受光态势，最大限度利用空间，摄取光能和进行光合作用（表10-5）。

表 10-5　弧形和平形树冠各部位叶层分布的差异

处理	叶层厚度（cm）			载叶量（g/m²）		
	茶蓬中央	茶蓬两侧	两侧/中央	茶蓬中央	茶蓬两侧	两侧/中央
平形	13.4	19.0	1.42	683	1 109	1.62
弧形	14.0	17.0	1.21	734	832	1.13

3. 弧形和平形树冠茶树新梢生长状况的差异　试验表明，树冠形状对茶树新梢生长有着明显的影响，弧形树冠的新梢密度各部位分布较均匀，并且大于平形树冠。平形树冠表现为中央部位新梢密度小，两侧密度大。但两种树冠混合芽叶的个体质量差别不大（表10-6）。

表 10-6　弧形和平形树冠新梢生长状况的差异

处理	新梢密度（个/m²）				混合芽叶质量（个/g）			
	茶蓬中央	茶蓬两侧	平均	两侧/中央	茶蓬中央	茶蓬两侧	平均	两侧/中央
平形	1 520	1 820	1 670	1.2	0.19	0.23	0.210	1.21
弧形	2 333	1 909	2 121	0.82	0.19	0.22	0.205	1.16

4. 弧形和平形树冠茶树的产量差异　由于弧形和平形树冠茶树在叶层分布、新梢生长等方面均存在明显差异，故茶叶产量也明显不同。试验表明，弧形树冠茶树比平形树冠茶树的产量高14%。弧形树冠茶树高产的原因，一是弧形单位采摘面产量较平形高，中央部位高3%，中央和两侧部位高13%；二是在树幅相同的情况下，弧形树冠采摘面较平形大。按理论计算，行距1.5m、树幅1.3m的茶树，弧形采摘面比平形大13%，这就是中小叶种的机械化茶园一定要把茶树蓬面修剪成弧形的原因。

（二）机械化茶园树冠的培养

如上所述，平形树冠茶树树幅增宽快，对于未封行以前的幼龄茶园与更新后的茶树，采用平行修剪形式，可以迅速扩大蓬面，提早成园；而弧形树冠茶树，容易维持规格化的树冠形状，并且叶层与新梢分布均匀，对于封行以后的成龄茶树，采用弧形修剪形式，可以促进高产，有利于茶园经济效益的提高。因此机械化茶园就是利用这种不同树冠形状特点，建立起树冠的优化培养程式，采用"先平后弧"的树冠培养方式，形成机械化茶园的理想树冠，并且可以提前一两年进入高产期。具体修剪时如图 10-1 所示，图中从左至右：1 为封行前将茶树蓬面修剪成平形；2 为扩大树幅争取尽快封行，仍然将蓬面修剪成平形；3 为剪养结合向弧形过渡；4 为茶树已成龄并已修剪成弧形。

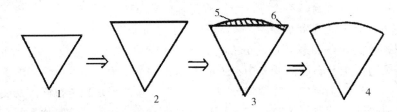

图 10-1　机械化茶园树冠培养方法

（三）机械化茶园树型推荐模式

通过近年来的实践，并参考日本等产茶国的经验，根据中国茶园均推行条式栽培，行距基本上为 1.5m 的实际状况，目前已经总结出如图 10-2 的中、小叶种茶树机械化茶园树型推荐模式，采用这一模式的机械化茶园树型，在行间修剪出 20cm 宽的操作通道，茶园中的采

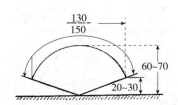

图 10-2　机械化茶园树型推荐模式（cm）

摘面积与土地面积比值（采摘面积/土地面积×100％）可以达到 100％，而在同样情况下，平形采摘面的比值仅为 87％。采用这种模式的树型，行间有 20cm 的操作通道，有利于耕作施肥、修剪、喷药和采茶等茶园作业机械的进入和操作。茶蓬下部尚有 20～30cm 高度的空间，钻入茶行作业的乘坐式履带式茶园耕作机的履带行走机构，就行走在这一空间内，减少了对茶树的损伤。经计算和测定，这种模式的树型采摘面弧形半径为 85cm，而目前所广泛推广使用的双人采茶机，切割器的弧形半径为 100～120cm，为使操作方便，采茶机采取与茶行走向呈 60°角前进，这样使采摘面与切割器吻合，并且往返一次 2 个行程，将一行茶树采完。

（四）机械化茶园的修剪时间

机械化茶园的修剪时间应根据茶树生长期、气候条件和茶树品种等因素综合考虑，选定适当时间进行修剪。

1. 根据茶树生长期确定修剪时间　茶树修剪效果的好坏，与树体营养状况关系密切，特别是根部养分的贮藏量对修剪后的地上部生长起着决定性作用。为此，把茶树营养状况作为确定修剪时间的重要生物学依据。茶树修剪后，地上部同化面积和同化量减少，在初期根的生长和地上部分的恢复，主要靠根部供应。由此可见，修剪应当选择被剪枝叶养分含量极少而根部贮存养分最多的时间进行。茶树越冬期，枝叶中的养分，逐步从地上部向地下部输送，最后在根部贮藏，至翌年春茶萌发时，贮藏在根部的养分又源源不断地向地上部运输，供应地上部的生长。研究表明，杭州茶区茶树根部碳水化合物含量在春茶前的 2—3 月份第一个高峰期最高，第二个高峰期在 5—6 月份。在茶树根部养分积累处于高峰期进行修剪，新梢生长能够得到充分的营养供应，加上这时气温适宜，雨量充沛，修剪后新梢生长快。以此为根据，茶树修剪应该在春茶前和春茶后两段时间进行，然而春茶是一年中产量最高、茶叶质量最好、也是效益最高的茶季，为了取得最好的经济效益，茶树修剪特别是深修剪等，一般安排在春茶后进行。但考虑到新梢的生长周期，定型修剪可安排在春茶前进行。

2. 根据气候条件确定修剪时间　修剪不仅按要时间确定，还要考虑气候因素。在冬季温度较高，没有冻害的广东、云南和福建等南部茶区，可在秋季茶季结束时进行修剪。有旱季和雨季之分的茶区，应在雨季来临或雨季时进行修剪。总之，要选择适宜的气候条件，使茶树修剪后免受不良气候的影响，保护新生枝叶的生长。

3. 根据茶树品种确定修剪时间　茶树品种不同，其发芽时间也不同，发芽早的品种修剪时间要适当提前，反之发芽迟的品种，修剪时间可以稍迟。

（五）机械化茶园的修剪类型

机械化茶园的修剪类型与一般茶园基本相似，可分为幼龄茶树及更新茶树的定型修剪、整形修剪、成龄茶树的轻修剪、深修剪、重修剪和台刈。

1. 幼龄茶树的定型修剪　幼龄茶树要进行 3 次定型修剪。目前新茶园的发展，基本上使用无性系良种茶苗进行栽种，一般所栽种的茶苗苗高大多达到 25cm 以上、主干粗达 2mm 以上，故一般在栽种时即可进行第一次定型修剪，修剪高度为 15～20cm，剪成平形。以后每年春茶前，在上次剪口处提高 15～20cm 分别进行第二、三次定型修剪，若树势好茶树生长迅速也可提前修剪，均使用茶树修剪机修剪成平行，这时树高分别可达到 30～40cm 和 45～50cm，在第三次定型修剪基础上，即可进行整形修剪。

2. 更新茶树的定型修剪　当前的茶园机械化技术普及，不少还是在现有茶园基础上进行技术更新改造后进行的。即通过深修剪、重修剪甚至台刈，使茶树树冠实现更新，以适应茶园作业机械化特别是采摘机械化的实施。若进行深修剪，待新生枝长到 30cm 以上时，需要在上次剪口以上 15～20cm，进行一次定型修剪。如为台刈，则需进行两次定型修剪，第一次离地 25～30cm，第二次再提高 15cm 进行修剪。

3. 整形修剪　完成定型修剪的茶树树高为 50cm 左右，树幅也达到 60～80cm。此后需进行两次每次提高约 10cm 的整形修剪，并通过打顶养蓬为主的采摘，使树高提高到 70cm 左右，并逐渐过渡到弧形蓬面而正式投产。

4. 轻修剪　投产后并进行机械化采摘的茶园，为防止"鸡爪枝"的形成，每年春季都要进行轻修剪，修剪程度中、小叶种为 5cm 左右。正常实行机械化采摘的茶园，每次机采后，由于迟发幼芽徒长等原因，使采摘面上有少量枝叶突起，往往需要在机采后 1 周左右进行一次深度更浅的轻修剪，修剪深度仅为 1cm 左右，能够显著减少下次机采鲜叶中的老梗老叶含量，浙江人称之为"捍剪"。

5. 深修剪　机械化茶园在连续几年进行机械化采摘后，树冠上层便会形成一些密集的纤弱枝，俗称"鸡爪枝"。这时茶树叶层变薄，长势变差，需要进行深修剪改造树冠。深修剪修剪深度为采摘面向下 15～20cm，一些加工珠茶和松阳香茶的机械化采摘茶园的经验表明，若修剪和采摘技术掌握得当，肥培技术配合良好，机械化采摘茶园的深修剪的效果可维持 5～6 年，有的达到 8 年以上。

6. 重修剪 茶树经过多年的机械化采摘，上部分枝衰退，生长势减弱，产量和茶叶品质明显下降，这时则需采用重修剪技术措施以恢复树势，机械化茶园的重修剪深度为离地 30cm 左右，对树势恢复作用明显，同样，若成套机械化栽培技术配合良好，机械化采摘茶园修剪效果可维持 10 年以上。

7. 台刈 当机械化采摘的茶树已严重衰老，再生能力丧失时，将地上部分枝条从根部全部砍去，使其重新再生的方法叫作台刈，即通常所说的"改树"。台刈也是茶树更新的修剪技术措施之一。中、小叶种茶树台刈一般离地 5~10cm 修剪。因为茶树台刈一方面恢复时间较长，短则两三年，长则三四年，加之这些衰老茶园往往需要改换茶树品种，甚至茶园土壤也需改良，为此，多数还是实行"改种换植"为好，即通常所说的"改园"。"改园"这种技术做法在有条件的企业值得采用。

8. 机械化茶园修剪后的技术管理 修剪是延长茶树经济年龄和保证高产优质的一项重要技术措施，对机械化茶园尤为重要。然而，不能将其看作唯一的技术措施，它的增产生理基础有别于肥培作用，从某种意义上讲，修剪是一种人为的刺激作用，是恢复树势的一种手段，能产生有益效应，也会产生抑制作用。应该认识到，修剪会对茶树造成创伤，每次修剪都会消耗一定养分，伤口的愈合和新梢的发出，在很大程度上依赖树体贮存的营养物质，特别是根部所贮存的养分，这就要求肥培管理水平一定要跟上。修剪前特别是深、重修剪前，要施较多的有机肥，新梢萌发时及时追肥，使新梢生长健壮，尽快转入旺盛生长。要特别注意，在缺肥少管的茶园中，不适宜筹建机械化采摘茶园，如果机械采摘后再进行修剪，只能消耗树体更多的养分，加速树势的衰败，无法达到改树复壮的目的。同时，修剪后的茶树应重视采养结合，应在茶树蓬高、树幅达到采摘要求时，才能正式开采投产。茶树修剪后，新发枝叶繁茂柔嫩，容易受到病虫害的侵袭，要加强防治。

第三节　机械化茶园的肥培管理与耕作

由于采摘方式等技术的改变，机械化茶园的肥培管理应与一般常规茶园有所区别，现将其施肥和耕作技术介绍如下。

一、机械化茶园的施肥

茶树系多年生作物，在需肥特性上有着自身的特点，特别是机械化茶园实行机械化采摘后，采摘次数少，强度大，给茶树施肥提出了新的要求。

（一）茶树的需肥特性

茶树的需肥特性依其茶树品种、树龄、气候条件、土壤种类与理化性质不同而有差异，但也有以下的共同特点。

1. 茶树需肥的连续性 在茶树的生长周期中，地上部与地下部的生长交替进行，树体的一部分有时处于生长休止状态，但整个树体的新陈代谢是不会停止的，故茶树对营养的需求也是连续不断的，并且这种连续年复一年，贯穿着茶树的一生。试验还表明，茶树当年的营养状况，对翌年的生长、产量有着明显的影响，特别是秋冬营养积累对翌年春梢生长有着决定性的作用，甚至影响到夏、秋茶，表示茶树需肥在整个生长周期中具有连续性。

2. 茶树需肥的阶段性　试验表明，茶树在不同生育阶段对营养供应有着不同的要求。在茶树一生的幼龄、壮龄和老龄，在一年中春、夏、秋，均对营养有着不同的需求。据测定，茶树在 4—11 月大量吸收氮素，其中春、夏和 10 月三个高峰；而磷素的吸收有 5～6 月和 9～10 月两个高峰；钾素在氮素吸收的同时均在吸收。按照茶树肥料吸收特性进行施肥，即可满足茶树营养，又能提高肥料的利用率。

3. 茶树需肥的多样性　茶树在吸收营养时，不仅需要氮、磷、钾三要素，而且需要钙、镁、铝、锰、硫、铁、锌、硼、钼等微量元素。因为茶树的生命活动需要多种元素参与，并且由于采摘，鲜叶又带走含有多种元素的各种营养成分，所以茶树不论缺乏那一种元素，生长就会出现障碍。故茶树要求平衡施肥，各种元素缺一不可。

4. 茶树需肥的集中性　茶树从土壤中吸收的元素，以氮、磷、钾最多，其中又以氮素吸收量最大。测定表明，茶树叶片含氮为 3%～6%，细嫩叶为 4%～5%。每采100kg 干茶要带走 4～5kg 的氮素、1～2kg 的磷素、1.5～2kg 的钾素，故茶园施肥应以氮、磷、钾为主，这就是所谓茶树施肥的集中性。

此外，因为机械化茶园实行机采，全年采摘批次显著少于一般茶园的手工采摘，采摘强度比手采大，对茶树机体损伤也大，故要强化茶树营养的补充，在做法上强调重施基肥，增加茶园中的有机质，又要及时追肥，补充土壤中的氮、磷、钾等营养成分。在浙江省标准计量局颁布的"机械化采茶配套技术规程"中明确规定，机械化采摘的茶园中，施肥的原则是重视有机肥，增施氮肥，配施磷、钾肥，机械化茶园的施肥标准，可用上年的鲜叶产量来确定，每 100kg 鲜叶施纯氮 4kg，并根据土壤营养状况，适当配施磷、钾肥及微量元素肥料。

（二）茶园的施肥方法

机械化茶园的施肥，基肥、追肥施用技术有所区别，使用的肥料种类不同，施用技术也不一样。

1. 施基肥　基肥用于提供可缓慢分解的营养物质，为茶树秋、冬根系活动和翌年春茶萌发提供营养物质，并且可改良茶园土壤理化性质，增加腐殖质和土壤疏松度，提高保水、保气能力，提高地温，防止茶树冻害。故机械化茶园一定要保持一年一次的基肥施用。基肥应在茶树地上部停止生长后立即施用，长江中下游茶区在 9 月底到 10 月施下，宜早不宜迟。基肥施肥量应根据土壤肥力水平确定，一般可亩施菜饼 300～400kg，茶树专用复合肥 50kg。若土壤有机质含量较低，则以混合施用饼肥、厩肥、堆肥为好，亩施饼肥 200kg、厩肥或堆肥 3～4t，茶树专用复合肥 50kg。目前茶区厩肥、堆肥等有机肥普遍缺乏，也可用工厂化生产的复合颗粒有机肥代替。基肥要强调开沟施下，沟深 20cm 以上，施肥后埋土。目前颗粒型有机肥、粉碎性饼肥等有机肥，已经有跨行高地隙茶园管理机配套深松施肥机等设备可承担施用，施肥机悬挂在跨行高地隙茶园管理机上，由液压马达驱动犁箭式深松器进行土壤振动深松，并由槽轮转动将肥料箱中的肥料通过输肥管、深松器送入深松的土壤中，并自动覆土，施肥深度可达 30cm 左右，但这种机型的使用效果还在试用中，并且仅限于在较平坦的茶园中应用。

2. 施追肥　追肥主要是不断补充茶树的矿物质营养，促进茶树生长，达到持续优质高产的目的。茶树追肥多以速效氮肥为主，根据不同土壤和茶树类型，适当配施磷、钾肥和微量元素。中国茶区辽阔，追肥时间和次数差异较大，长江中下游茶区，一般施追肥 2～3 次，对于机械化采摘茶园，每采一轮茶追肥一次，效果最好。因为采摘强度大，新梢损伤严重，养分消耗多，要有充足的肥料保证树体的营养，追肥的肥料种类以茶树专用复合肥和尿素较好。机械化茶园追肥，已有机械可供选用，有沟施覆土与撒施旋耕覆土两种方式，目前研制的一些小型茶园耕作机上大多配有施肥机，一种是设有肥料箱、输肥管、开沟器、覆土装置，作业时肥料箱中的肥料通过输肥管，进入芯土犁式的开沟器犁柱中，而被送入芯土犁式开沟器开出的施肥沟中，然后由覆土装置覆土。另一种形式是在耕作机的旋耕机上方设置肥料箱，在肥料箱下部、旋耕机前部设有撒肥管，随着茶园耕作机行走于茶树行间，撒肥管先将肥料撒施于行间旋耕机的前部，随后由旋耕机将肥料旋耕至土壤中，中耕施肥一次完成，这种追肥施用技术，目前在茶区使用越来越普遍。

二、 机械化茶园的耕作

机械化茶园，一是可以使用茶园耕作机随时进行耕作，二是因机械化茶园不像传统茶园那样人员进入多，行间易被踏实，相对来说机械化茶园的土壤不易板结。为此，如为覆盖度较好的机械化茶园，杂草不多，可免去深耕，每年结合追肥进行二三次浅耕即可，耕深掌握在 5～10cm。若茶园覆盖度较小，可隔年或适当时间进行一次深耕，耕深20cm 以上，并结合追肥进行二三次浅耕除草。机械化茶园的深耕可与施基肥结合进行，并最好在 9 月底到 10 月底完成。

目前国内的茶园管理等作业，正值机械化普及初期，任务是将大量的传统茶园逐步改造成机械化茶园。中国茶区的传统茶园，原来就因茶园作业机械缺乏，无法进行机械耕作，仅依赖人工进行粗放的翻耕。近年来，随着茶园用工越来越紧张，一方面劳力缺乏，另一方面由于耕作劳动繁重，实际上大部分茶园处于不耕或很少耕作状态，加之有机肥施用不足，土壤坚硬，使用一些小型茶园耕作机和目前型号众多的微耕机等进行茶园耕作，入土困难，机器跳动严重。近几年，茶园耕作机的研制已引起各茶区重视，已投入试用的如前述的跨行高地隙茶园管理机和钻入行间进行作业的履带式茶园拖拉机，这些机型自身重量较重，配套动力功率较大，适合在中国土壤较坚硬的茶园中进行耕作作业。当这些机型普遍进入茶园作业并经一定时间的耕作后，土壤将会逐步被耕松，使以后选用小型茶园耕作机或微耕机实施茶园中耕除草、施肥等作业有了可能，这就可使更多的传统茶园转换为机械化茶园。

第四节　机械化茶园的农药合理使用

茶叶食品安全愈来愈受到人们的重视，减少化学农药使用，农药的科学合理使用已成为茶界的共识。目前实行茶树病虫害的综合和绿色防治，在生产中已逐步推广应用。

一、 茶树的病虫害防治的概念

茶树的病虫害防治，包括"防"与"治"两个概念。"防"就是在病虫害发生之前，或者已发生但尚未扩展蔓延以前，为抑制病虫害成灾而采取的措施。一般使用农业技术方法，如选择优良环境和抗病虫害品种，使用修剪技术措施带走茶树病菌和卵块等，都属于"防"的范畴。"治"就是病虫已经发生并已危害茶树，而应用技术措施去杀死害虫和病原物的措施。如化学农药防治、生物防治等技术均属于"治"的范畴。茶树病虫害防治，必须考虑对茶园生态环境的影响和经济效益。不是见虫就治，而彻底消灭害虫，这样做既不经济，也会杀灭有益的天敌；也不是在病虫害大发生后再采用"治"的技术措施，因为这时即使防治获得成效，也难以避免茶树生长、茶叶产量和经济效益受到影响。故茶树病虫害防治必须贯彻"预防为主，适时防治，综合防治"的茶树保护方针。

近几十年，由于生态环境变化，茶树栽培技术变革，使茶园生态环境趋于简单化，这有利于某些茶树病虫的流行和扩散；普遍使用化学肥料尤其是大量偏施氮肥，改变了茶树体内的碳氮比例，引起吸汁性害虫的暴发；在茶树病虫害防治上只注重病虫本身而忽视茶园环境的作用，多依赖化学农药而忽视其他措施的协调，重"治"而轻"防"，致使茶园生态平衡遭到破坏而不易恢复，引起茶园病虫区系发生变化，害虫种群往往容易迅速发展并暴发成灾。

茶树的病虫害防治，就是要在了解和掌握茶园特殊生态环境基础上，从害虫、天敌、茶树及其他生物和周围环境整体出发，掌握各种益、害生物种群的消长规律和相互关系，充分发挥以茶树为主体，以茶园环境为基础的自然调控作用，运用农业综合防治技术，使用性能良好的防治器械、药剂和科学的防治技术，创造不利于病虫等有害生物滋生和有利于天敌繁衍的环境条件，将有害生物控制在允许的经济阈值以下。

二、 茶树病虫害的综合防治技术

茶树病虫害的综合防治技术是指综合运用农业防治、物理防治、生物防治和化学农药防治等措施，达到防治茶树病虫害之目的。

（一）农业防治

茶树病虫害农业防治，就是通过农业技术措施，有目的地定向改变茶树的某些环境因素，使之不利于病虫害的发生和危害，达到保护茶树，防治病虫的目的。农业防治是茶树病虫害综合防治的基础，既是一种防治手段，也是一种增产措施。

1. 维护和改善茶园生态环境 茶园及其周围的优良生态环境，决定着茶园生物的多样性和茶园病虫害的发生过程。优良的茶园生态环境，具有丰富的植物种类和生态环境结构，有利于保持生物的多样性，为有益种群提供良好的庇护和藏匿地点，增强对有害生物的自然调控能力。众所周知，凡是周围植被丰富、生态环境复杂的茶园，病虫害大发生的概率就较小，对于这样的茶园要注意维持和保护生态平衡。而大规模单一茶树栽培的茶园，无疑会使群落结构及物种单纯化，病虫害流行和扩散的概率就大，容易诱发病虫害的猖獗。对于这些茶园，要采取植树造林、种植防护林、行道树、遮阴树，增加茶园周围植被的丰富度；部分茶园还要退耕还林，调整作物布局，使茶园成为复杂的生态系统，从而改善茶园的生态环境，增强自然调控能力。

2. 选用和搭配不同的茶树良种 选育抗病虫茶树良种，是防治茶树病虫的一项重要措施，因不同的茶树品种对各种病虫害有不同程度的抗性，如一般小叶种茶树比大叶种茶树对茶饼病、云纹叶枯病、炭疽病等叶部病害抗感染能力强；云南大叶茶和广西高脚茶在中国华南茶区和西南茶区对椰圆蚧和茶牡蛎蚧具有较强的抗虫性。茶树品种这种对病虫的抗性，是茶树在长期进化过程中和病原微生物、害虫种群进行自然适应的结果。人们通过选择、杂交、定向培养等手段，加速了这种性状的稳定，从而选育出抗病虫害的茶树良种。可以认为，选用抗病虫害的良种，是农业防治的一项重要措施。为此，从防治病虫害的角度，在发展新茶园或进行茶园改种换植时，应选用对当地主要病虫抗性较强的良种；在大面积发展新茶园时，要选择和搭配不同的无性系茶树良种，避免在一个地区大量种植同一个品种，以防止由于抗性的变化或害虫、病原菌的适应性改变而造成暴发或流行。

3. 加强茶园管理　茶园管理包括中耕除草、合理施肥和及时排灌等。加强茶园管理，目的是保持和促进茶树生长，增强树势，提高茶叶产量和质量；同时也直接改变了茶园的生态环境，增强了茶树对病虫的抵抗能力。

中耕除草可使茶园土壤通风透气，促进茶树根系生长和土壤中微生物的活动，破坏很多害虫的栖息场所，有利于天敌觅食。中耕除草一般以夏、秋季浅翻1～2次为宜，通过中耕可使茶尺蠖、茶毛虫、茶丽纹象甲的蛹和幼虫等暴露于土壤表面或被杀伤。秋末结合施肥进行茶园深耕，可将表土和落叶层中的茶尺蠖、扁刺蛾类的蛹、茶叶象甲幼虫等越冬害虫和茶云纹叶枯病、炭疽病菌等各种病原菌，深埋入土而死亡，并可使深土层中的地老虎等越冬害虫暴露于土表而死亡，减少来年的病虫发生量。勤除杂草可以减轻茶小绿叶蝉的危害，尤其是进行化学防治前先铲除杂草可以提高防治效果。但是应该指出，对于茶园恶性杂草应务必除净，而一般性杂草不必除草务净，特别在高温干旱季节，保留一定数量的杂草有利于天敌栖息，调节茶园小气候，改善生态环境。

合理施肥，能使茶树机体健壮，也间接影响着茶树病虫害的发生。增施有机肥可减轻茶树蚧类、螨类的发生。在茶树施肥时，要根据茶树所需养分进行平衡施肥或测土施肥。基肥应以农家肥、沤肥、堆肥、饼枯等有机肥为主，适当补充磷、钾肥，可以减轻和防止茶炭疽病和茶叶害螨等病虫害的发生。在肥料不足情况下，茶树抵抗力降低，容易感染白星病、茶云纹叶枯病和茶炭疽病等。氮肥的使用量应根据茶园产量来确定，以补足采摘叶的氮素损耗量为标准，这样既能保证茶叶丰产，又能增加茶树抗病虫的能力。偏施化肥，有利于蚧、螨类害虫的发生与繁殖，而偏施氮肥，往往会加重茶饼病的发生。

及时灌溉、排水和保持茶树正常的水分需求，有助于茶树病虫害的控制。干旱常常是茶云纹叶枯病、茶赤叶斑病、茶苗白绢病等病害的发病诱因，故及时灌溉，抗旱保湿对上述病害有着间接的防治作用。地下水位高、地势低洼和靠近水源的茶园，要注意开沟排水。茶园排水对多种根病如茶红根腐病、茶紫纹羽病有显著的预防效果，对茶长绵蚧、黑刺粉虱也有一定的抑制作用。

4. 及时采摘与修剪　茶树嫩梢营养物质丰富，害虫也容易危害。达到采摘标准要及时采摘，这样既可保证鲜叶质量，又可将大量虫卵采下，明显减轻蚜虫、茶小绿叶蝉、茶细蛾、茶跗线螨、茶橙瘿螨等多种害虫的危害。通过采摘可显著恶化这些害虫的营养条件，破坏害虫的产卵场所，特别是对一些有虫芽叶还要注意重采、强采。从病虫防治角度讲，如遇春暖来得较早，则要提早开园采摘，夏秋茶采摘应尽量少留叶，秋季若嫩叶上害虫多，可将嫩叶采净，亦可打顶采摘，推迟封园。

茶树适度修剪，可促进茶树生长发育，增强树势，扩大采摘面，同时也能有效地控制病虫害。轻修剪对茶树钻蛀性害虫、茶蓑蛾、卷叶蛾有明显的防治作用；在蚧类、粉虱类、地衣苔藓等颈部及茶丛内病虫害发生严重的茶园，采取重修剪或台刈与使用机械进行喷药相结合，对防治上述病虫害有效。通过修剪，改善了茶蓬的通风透光条件，对于防治炭疽病、白星病等效果良好。对于病虫害较严重茶园，修剪和台刈下来的枝叶必须及时清理出园。

冬季清园如剪去病虫害枝条、纤弱枝和边脚枝，结合扫除地下枯枝落叶，铲除园内及园边藏匿越冬病虫的杂草，对消灭越冬病虫，减少翌年病虫害发生基数有一定作用。

（二）物理防治

物理防治是指应用各种物理因子和机械设备来防治茶树病虫等有害生物的技术。主要是利用害虫的趋性、群集性和食性等习性，通过机械捕捉或信息素、光、色等诱杀防治害虫。常见的有人工捕杀、灯光诱杀、色板诱杀、性诱杀和食饵诱杀等。

人工捕杀，就是用人工捕捉那些形体较大、行动较迟缓、目标容易发现或有群集性、假死性的害虫，如茶毛虫、茶蚕、大蓑蛾、茶蓑蛾、茶丽纹象甲等，可采用集中消灭，以减少茶园中虫口的数量。人工捕捉技术简单易行，成本低廉，对病虫有直接防治效果。茶毛虫、茶蚕在幼虫期很集中，可将带虫枝条剪下投入 1‰ 的肥皂水中，集中杀灭。蓑蛾类的护囊、卷叶虫类的虫苞，可直接摘除。象甲类成虫具有假死性，可在树冠下铺上塑料袋，拍打茶丛将虫振落，然后集中销毁。特别是害虫发生规模不大而集中，或面积大而零星分布的时候，组织进行人工捕杀，收效较显著，可减少化学农药的使用。

如前所述，灯光诱杀、性信息素诱杀、食饵与色板诱杀，均为茶树病虫的绿色防控措施，目前在茶园中使用已逐步普遍，与农业防治和化学防治相结合，可取得良好效果，值得提倡。

（三）生物防治

茶树病虫害的生物防治，是指利用昆虫、捕食螨、寄生性昆虫、真菌、病毒或其他有益生物天敌控制病虫害，而达到防治的目的。生物防治具有对人畜无毒，不污染环境，效果持久等优点，是目前提倡推广应用的防治方式。

1. 以虫治虫　以虫治虫，是一种利用天敌昆虫或螨类等防治茶树害虫的技术。茶树害虫的天敌昆虫可分为寄生性昆虫和捕食性昆虫。

寄生性昆虫常见的有寄生蜂和寄生蝇等，如松毛虫赤眼蜂寄生在茶小卷叶蛾的卵内；单白绵绒茧蜂寄生在茶尺蠖幼虫体内。寄生蜂在蚧类、粉虱类上寄生率均较高。寄生蝇在茶毛虫幼虫上寄生率有时也很高。

捕食性昆虫常见的有瓢虫、草蛉和捕食性盲蝽等，如红点唇瓢虫捕食茶树上的蚧类；四川茶区人工饲养军配盲蝽，用以控制茶网蝽的虫口数；捕食螨是茶树害螨的重要天敌，四川茶区人工饲养德氏纯绥螨用于防治跗线螨；茶园中捕食性蜘蛛种类很多，已发现 50 多种，常见者有斜纹猫蛛、草间小黑蛛、迷宫漏斗蛛等，对控制茶园中的主要害虫如茶尺蠖、茶小绿叶蝉、茶卷叶蛾等起着重要的作用。

目前对天敌昆虫和螨类、蜘蛛的应用上，主要是人工饲养，在适宜时间释放，但这需要具有一定的设备和技术。因此，生产中应十分重视保护茶园中生活的天敌昆虫，注意科学合理使用农药，选择在天敌昆虫的卵期喷药，在天敌昆虫虫口密度大时，尽量避免使用农药。

2. 以菌治虫 以菌治虫，就是利用有益的细菌、真菌或放线菌及其代谢产物防治茶树病虫害的技术。在昆虫寄生性细菌中，常用的有苏云金杆菌及其变种（青虫菌、杀螟杆菌），已成为商品简称 Bt 制剂。苏云金杆菌可产生毒素，在昆虫肠道中，几分钟内致使麻痹，停止取食，直至死亡。对茶毛虫、刺蛾、茶蚕等防治效果较好。但对家蚕的毒性也高，在茶桑混栽地区，要避免使用。

在使用有益真菌防治茶树害虫方面，最常用的是使用白僵菌防治茶丽纹象甲、茶毛虫、油桐尺蠖、茶小卷叶蛾、茶蚕等，使用浓度为每毫升含孢 0.1 亿～0.2 亿个。白僵菌通过与昆虫皮肤接触或口吞入肠道而生病，病虫停止进食，3～7d 后死亡。

除了利用有益微生物防治茶树害虫外，还可利用拮抗微生物防治茶树病害，如利用木霉菌防治茶树根腐病；施用 5406 菌肥防治根病；喷施增产菌防治茶云纹叶枯病、芽枯病等叶部病害，既有肥效，又对病害有拮抗作用。有些细菌形成的抗菌素，如多抗菌素、井冈霉素等对茶饼病、茶云纹叶枯病有较好防治效果。

3. 以病毒治虫 以病毒治虫就是利用病毒防治茶树害虫，在中国茶叶生产中已有广泛应用。目前中国茶区已从茶树害虫上发现有昆虫病毒种类 81 种，其中以核型多角体病毒（NPV）为主，有 45 种，其中茶尺蠖 NPV 和茶毛虫 NPV 在茶叶生产中已大面积应用，田间使用后可在自然条件下定植，使用后 1～2 年在茶园中仍可发现有感染病毒的幼虫，起到自然控制的作用。病毒一般对紫外线敏感，在夏季应用效果较差，目前国内已在病毒制剂中加入活性炭等紫外线保护剂，以提高病毒在田间的防治效果。此外，应用病毒防治茶树害虫，由于病毒侵染后致死的时间比一般化学农药长，故使用时机应比化学防治提前应用。

综上所述，所有的生物防治技术均存在共同的弱点，就是作用专业化强，防治对象不够多，效果常受湿度等环境条件影响，并且见效较缓慢。为此，生物防治必须和化学防治、农业防治相结合，取长补短，相互补充，方可充分发挥其防治效果。

（四）化学农药防治

化学农药防治就是利用病虫害防治机械进行化学农药喷洒，而达到茶树病虫害防治的目的。是当前茶叶生产中使用最普遍的茶树病虫害防治技术。

1. 化学农药防治的特点 化学农药防治具有速效、使用简便、受环境条件影响小等优点。当病虫害暴发时，化学农药具有歼灭性效力，在短时间内即可收到理想的防治效果。但是也有污染环境，农药残留、引起有害生物的抗药性和再猖獗现象。因此，科学、安全、合理、有效地使用化学农药是茶园化学农药防治的关键。特别是随着人们对茶叶质量安全意识的提高，这就要求在茶叶生产过程中尽量减少化学农药的使用次数和使用量，从而使茶叶中的农药残留量降至最低程度。

2. 茶园农药的科学、安全、合理使用 使用化学农药控制茶树病虫害，仍然是当前茶树病虫害防治使用的主要手段，而化学农药的使用又会直接导致茶叶中农药残留的增高。因此，强调农药的安全合理使用显得十分重要。茶园农药安全合理使用主要包括合理选用农药、确定农药安全间隔期和优化农药使用技术等。

（1）合理选用农药。茶树是一种全年多次连续采收的作物，采摘时间间隔较短，要求喷药后在茶树上残留期不能过长；而且茶树收获采摘的部位就是直接喷药的部位，采下的鲜叶不经洗涤直接加工成干茶，同时干茶又被多次直接冲泡而饮用。这就决定了茶树病虫害防治所使用的农药比其他作物更严格，要求使用高效、低毒、低残留，安全间隔期短的农药品种。根据茶叶生产的要求和茶叶自身特点，适用于茶园使用的农药应具有以下特点：一是杀虫谱广，不仅可以防治目标害虫，而且也可兼治茶树其他害虫，这样可以减少用药次数。二是高效，用于防治茶树病虫害时具有高活性，这样单位面积上的农药有效成分残留量较低。三是降解速度较快，农药喷施到茶树上后，在日光、雨露等环境因素影响下，可以较快地降解，即通常所说的有较短的半衰期。四是急性毒性和慢性毒性低，考虑到茶叶系直接冲泡饮用和茶园用药安全性，剧毒（$LD_{50}<5mg/kg$）、高毒农药（$LD_{50}<5\sim50mg/kg$）和具有慢性毒性的农药不适宜在茶园中使用。五是农药在水中的溶解度低。茶汤中农药浸出率对饮用的安全至关重要，因为农药的水解度越高，茶叶中残留的这种农药在泡茶时进入茶汤中的比例也越高，因此应对水解度高的农药限制使用。六是无异味，在选用农药时，需考虑在喷施该农药并经过安全间隔期后，无异味残臭。

根据上述原则，茶园中适用的农药主要有：有机磷农药如辛硫磷、马拉硫磷、杀螟硫磷、敌敌畏、亚胺硫磷等；拟除虫菊酯类（简称菊酯类）农药如溴氰菊酯（敌杀死）、氯氰菊酯、联苯菊酯（天王星）、功夫菊酯等；氨基甲酸酯类农药如杀螟丹（巴丹）等；沙蚕毒素类农药如杀螟丹等；消基亚甲基农药如吡虫啉等；植物源农药如鱼藤酮、苦参碱等；矿物性农药如农用喷淋油、石硫合剂等杀虫剂。此外还有杀螨剂如克螨特；杀菌剂如笨菌灵、多菌灵、甲基托布津、波尔多液等。这些农药在选用时，还要根据国内外茶叶中最大残留限量标准的变化进行适时调整。有些传统农药如石硫合剂、波尔多液因性质稳定，在茶叶采摘期间使用对茶叶品质影响较大，应选择在非采茶或非采摘茶园中使用。

应禁止在茶园中使用剧毒、高毒农药或急性毒性不高但有一定慢性毒性的农药；性质很稳定、残留期过长的农药；有强烈异味，使用后会对茶叶品质产生不良影响的农药以及对茶树有严重药害的农药。这些农药品种主要有滴滴涕、六六六、对硫磷（一六〇五）、甲胺磷、乙酰甲胺磷、三氯杀螨醇、氰戊菊酯、氧化乐果、五氯酚钠、杀虫脒、呋喃丹、水胺硫磷、来福灵及其混剂等。

（2）确定农药的安全间隔期。农药的安全间隔期又称为等待期，是指农药最后一次在茶树上施用后到鲜叶采摘必须等待的最少天数，使用安全间隔期满后采下鲜叶加工出的茶叶中的农药残留量，等于该种农药最大残留限量标准。不同品种的农药安全间隔期不一样。如我国制定的农药残留限量标准规定：茶园每公顷使用10%氯菊酯乳油180～300g，安全间隔期为3d；每公顷使用2.5%高效氯氟氰菊酯180～300g，安全间隔期为5d；每公顷使用50%杀螟硫磷乳油1 500～1 800g，安全间隔期为10d；而每公顷使用25%喹硫磷乳油1 500～1 800g，安全间隔期要长达14d。由于适合于茶树使用的农药较多，不同农药有不同的安全间隔期，故农药喷施后，必须注意按使用说明书规定达到安全间隔期的天数后才能采茶。

农药安全间隔期的长短取决于农药的降解速度和安全性。一般来说，稳定性越强的农药，喷药后安全间隔期越长。对人类较安全的农药，一般最大残留限量值制定得较高，安全间隔期也相应较短。农药安全间隔期系根据该农药在正常使用剂量条件下，通过茶树芽叶的降解，得出该农药在茶树芽叶上的降解半衰期，然后根据农药半衰期长短和该农药允许残留标准进行确定的。由此可见，农药应在正常使用剂量条件下，并按安全间隔期控制茶叶采摘日期，才可保证茶叶中农药残留不超标。遵守农药安全间隔期，是控制茶叶中农药残留和贯彻农药科学、安全、合理使用的一项关键措施。

（3）优化农药使用技术。选择了合适的化学农药，还需运用优化的农药使用技术，方能使农药发挥最好的防治效果。优化的农药使用技术主要有以下几项。

一是根据防治对象和农药性质对症下药。一般来说，对咀嚼式口器的茶树害虫，应选用有胃毒作用的农药，如拟除虫菊酯类农药、辛硫磷、敌敌畏等；对刺吸式口器害虫，应选用触杀作用强的农药，如马拉硫磷、溴氰菊酯等或内吸性农药如吡虫啉等；对螨类应选用杀螨剂，特别是杀卵力强的杀螨剂进行防治，如克螨特等；对有卷叶和虫囊的害虫如茶小卷叶蛾、蓑蛾等，选用强胃毒作用并具有强熏蒸或内渗作用的农药，如敌敌畏等；对蚧类应选用对蚧类有特效的农药，如马拉硫磷、吡虫啉等；对茶树叶部病害的防治，应在发病初期喷施具有保护作用的杀菌剂如硫酸铜，以阻止病菌孢子的侵入，也可选用既具保护作用又有内吸和治疗作用的杀菌剂，如甲基托布津、多菌灵等，既可阻止病菌孢子的侵入，又有内吸治疗作用，从而抑制病斑的扩展和蔓延。

二是根据病虫防治指标和茶树生长状况适期施药。茶树病虫害防治应按防治指标进行施药，以减少施药的盲目性，克服"见虫就治"的错误做法，以降低农药用量。如茶尺蠖防治指标国家标准规定为 4 500 头/亩；茶小绿叶蝉的浙江省防治指标是夏茶前百叶虫数 5～6 头或 10 000 头/亩，夏、秋茶百叶虫数 12 头或 15 000～18 000 头/亩。再者，应在害虫对农药最敏感的发育阶段适时施药，如蚧类和粉虱类的防治应掌握在卵孵化盛末期（卵孵化 84% 以上时）施药；这时蚧类体表外还没有形成蜡壳或盾壳，故较低浓度的药液即可收到良好效果；茶细蛾应在幼虫潜叶、卷边期施药；茶尺蠖、茶毛虫、刺蛾类等鳞翅目食叶害虫，应在 3 龄前幼虫期防治才能收到良好效果；茶小绿叶蝉应在高峰前期即若虫占总虫量的 80% 以上时施药。茶树病害防治，应在病害发生前期或发病初期开始喷施，使用保护性杀虫剂应在病菌侵入叶片前进行施药。

茶园中农药喷施还要考虑到茶叶的采摘期，若即将开采，就必须选用安全间隔期较短的农药，如辛硫磷、敌敌畏等；在非采摘茶园病虫防治时，在同样防治效果情况下，可适当选用持效期较长的农药，以保持较长的残效。

三是要根据农药的有效剂量适量用药。农药的有效剂量（或有效浓度）是根据田间反复试验获得的，故应按照此有效剂量施药，不可任意提高或降低。提高农药用量虽在短期内会有良好效果，但将会加速害虫抗药性的产生，还会造成茶叶农药残留量的超标。

四是要根据害虫分布情况选择喷药方式。对茶小绿叶蝉、茶蚜、茶橙瘿螨、茶尺蠖等喜食嫩叶嫩梢的害虫应进行蓬面喷扫；对黑刺粉虱、茶毛虫等喜食老叶、分布在茶丛中下层的害虫应进行侧位喷扫，将茶丛中下层叶背喷湿；对蚧类，一般应将枝干和叶子正反面均喷湿，应以此为依据进行喷药机具及其喷头的选用。

第五节　机械化茶园的合理采摘和茶叶加工

茶树鲜叶机械化采摘，每次采摘量大，且有少量嫩茎甚至老梗老叶带入采摘叶中，故科学合理的鲜叶采摘和机采叶加工十分重要。

一、　机械化茶园的合理采摘

科学确定采摘适期和鲜叶采摘标准，是保证机械化采摘茶园茶叶产量和茶叶品质的重要技术措施。

（一）采摘适期和鲜叶采摘标准

中国茶区广阔，茶类繁多，不同茶类机械化采摘的采摘适期和鲜叶采摘标准也不一样。现中国的名优茶机械化采摘还在试验研究之中，而出口和内销大宗茶或优质茶鲜叶以及一些本来就要求鲜叶芽叶较为粗大的茶类的机械化采摘，机械化采摘技术推广较快。这些茶类的机械化采摘推广应用大致有三种类型，一是出口和内销的炒青绿茶、珠茶、烘青绿茶和红茶等，要求采摘鲜叶以一芽二叶左右为主，鲜叶嫩度适中，质量较好，是目前机械化采摘应用最普遍的类型；二是特种茶类如乌龙茶，鲜叶要求是待新梢长到四五叶、顶叶开面达到六七成时，采下 2～3 叶，福建乌龙茶区是中国机械化采茶推广较好的茶区；三是边销茶类，鲜叶采摘本身粗老，如黑茶、老青茶是新梢基本成熟时采下一芽四五叶，南路边茶是新梢成熟、枝条已木质化时留一两片成熟叶刈其上部，是使用机器采摘最没有问题的茶类，除使用一般采茶机进行采摘外，有的就直接用茶树修剪机进行刈取。上述三大类型茶类由于鲜叶要求不一样，故机械化采摘适期也不相同，如浙江省福泉山茶场，在确定珠茶鲜叶机械化采摘的鲜叶标准和采摘适期时，主要考虑新梢生长程度和采下的芽叶长度，鲜叶采摘标准为芽叶长度不超过 5cm、一芽二三叶和同等嫩度对夹叶比例春茶达 70％～75％、夏茶 60％～65％、秋茶 50％开采。广东省曾规定机械化鲜叶采摘适期为，红绿茶一芽二三叶和同等嫩度对夹叶比例，春茶40％～50％，间隔期 16～18d；夏茶 60％～80％，间隔期 18～20d；秋茶 60％左右，间隔期 20d。乌龙茶一芽二至四叶和开面三四叶的比例春茶 60％～70％、夏茶 50％～60％、秋茶 40％～45％。

（二）不同树龄的机械化采摘方式

幼龄茶园属树冠培养阶段，经定型修剪树高达 50cm、树幅达 80cm 时，即可开始进行轻度机采。但在树高和树幅未达到 70cm 与 130cm 时，应以养为主，以采为辅。

成龄茶园特别是壮龄茶园是茶树稳产、高产阶段，这一阶段以采为主，以养为辅。机械化采摘时，春、夏茶采取留鱼叶采，秋茶根据树冠叶层厚薄状况，适当提高采，采养结合，必要时秋茶可留养不采。

树冠更新茶园的采摘，应根据修剪程度而定。修剪程度较重的茶园，如重修剪和台刈茶园，当年要只养不采；第二年春天进行定型修剪，春茶要推迟采摘，以后每轮采摘面提高 5cm 左右进行采摘；第三年当树高和树幅分别达到 70cm 和 130cm，即可转入正常采摘，每轮采摘高度提高 3cm 左右进行。

二、 机采鲜叶的加工

机械化采摘鲜叶，从鲜叶角度讲具有新鲜度高，完整芽叶多的特点。但是，显著的缺点是嫩梗甚至是老梗老叶含量显著多于手工采摘叶，并且往往表现芽叶大小不均匀，故加工技术要随之有所改变，以保证茶叶加工品质。

机采鲜叶，因为每次采摘的下叶量大，要特别注意装运时要松装、快运、及时进厂，以防止鲜叶变质。进厂后要分级验收，分别摊放，并在加工前进行鲜叶分级，分级后的鲜叶分别付制，这一点在机采加工中十分强调。当前采用或试用阶段的鲜叶分级设备，有竹编网筒式鲜叶分级设备、风力选别式鲜叶分级设备和振动筛式鲜叶分级设备等。竹编网筒式鲜叶分级设备，使鲜叶通过转动的一头大一头小的竹编网筒，比网眼小的较细嫩鲜叶会通过网眼被筛出，而带有长梗或较大芽叶则从网筒后端排出，从而达到分级目的。风力选别式鲜叶分级设备的基本结构和原理似茶叶精制使用的茶叶风力选别机，鲜叶在风力作用下，含梗量较多或较粗大的芽叶，在投叶较近的出口落下，而较细嫩鲜叶从较远处出口落下，从而达到分级目的。当前试用的还有一种机采鲜叶分级设备，采取以上两种设备的综合即联装，初步试验表明，效果尚好。振动筛式鲜叶分级设备，是一种机采鲜叶使用筛床以一定频率往复振动，并在不同筛段、采用不同大小筛孔，而将机采叶大小分开的设备，这种设备的结构和使用性能已较成熟，在浙江等茶区已获得认可并逐步推广应用。

为适应机采鲜叶的特点，选择、制订和改进机采叶加工工艺，对于提高机采茶叶产品的加工品质至关重要。如使用机采叶加工长炒青绿茶和烘青绿茶，选用滚筒杀青机或蒸汽杀青机进行杀青，在杀青过程中注意适当减少水汽散发、增加闷炒时间，使杀青叶适度保持柔软；揉捻采用两段揉捻方式，初揉后进行分筛，筛面叶进行复揉，复揉时加压要适当重一些，筛面叶和筛底叶分别投入炒干或烘干。这样一方面减少碎茶，另一方面使以后的拣梗工序集中于筛面茶。炒青绿茶加工，筛面茶的炒制要适当延长时间，从而提高茶条的紧结度。机采叶用于烘青绿茶加工，除要求揉捻叶分筛，筛面叶和筛底叶分别进行干燥外，并要求适当延长初烘的摊放时间。机采叶用于珠茶加工，杀青、揉捻注意事项与炒青绿茶和烘青绿茶一样，此外在对锅完成炒制后，要进行对锅叶的筛分，筛面叶和筛底叶分别做大锅，并严格掌握和控制失水速率，保证炒制时间。干茶整理时，要对筛分出的筛头叶进行复炒，并充分去梗，以显著提高珠茶的圆紧度和毛茶质量。机采叶用于条形红茶加工，干燥的基本注意点与烘青绿茶相同，只是萎凋时尽可能缩短加温时间，采用吹冷风萎凋。发酵时也适当降低室温，提高空气湿度。机采叶用于乌龙茶加工，鲜叶分级就更重要，分级后的各档鲜叶要分别单独加工，原料较粗老的鲜叶，要适当加重晒青、萎凋、做青和揉捻，使杀青的闷杀时间适当延长，单片和不完整芽叶要适当缩短晒青时间。

机采鲜叶加工出的毛茶，因茎梗含量较多，应加强精制筛分整理，特别要强化拣梗。使用多种形式的拣梗机如风力选别机、阶梯拣梗机、静电拣梗机、色差拣梗机以及切茶机，反复进行拣剔，最后还要用人工复拣，千方百计减少成茶中的含梗量。而机采鲜叶加工形成的条形茶产品筛分整理时，筛分程序往往采取先圆后抖，并反复撩筛，抖筛时适当放宽抽筋筛孔，切茶时刀口间隙要由松到紧，筋梗茶处理时要先拣后切，而不是一般手工采摘茶精制时的先切后拣。

第三篇 PASSAGE 3
中国茶叶机械化技术与装备

茶叶加工机械与装备

中国产茶历史悠久，茶叶种类名目繁多，茶叶加工机械的种类与型号也较多，但大体分来有茶叶初制加工机械、茶叶精制（筛分整理）机械、再加工茶加工机械和茶叶深加工机械等。

第十一章 CHAPTER 11
中国茶叶机械化技术与装备

茶叶加工与茶叶机械理论基础

中国茶类众多，拥有世界上最完整的六大茶类，中国人民通过从古至今数千年的时间探讨，使各茶类形成了各自独有的品质特征，理解形成这些特征形成的机理，对于指导茶叶加工机械的研制、开发和操作使用，至关重要。

第一节　中国的六大茶类及其品质特征

中国拥有的六大茶类，包括绿茶、红茶、青茶（乌龙茶）、黄茶、黑茶和白茶，各茶类均具有自身的独特风格。

一、绿茶

中国是绿茶生产大国，绿茶也是国内生产量最多的茶类，约占全国茶叶总产量的70％，也占世界绿茶产量和出口量的70％以上，国内各茶区均有生产。

绿茶的品质特点是，绿茶干茶色泽绿润，冲泡后清汤绿叶，香气特征为清香或熟栗香，滋味爽口鲜醇，浓而不涩。

绿茶的加工工艺特点是，首道工序系采用高温对鲜叶杀青，使叶内酶的活性钝化，制止茶多酚的酶促氧化反应，使加工叶保持翠绿，形成绿茶特征。杀青是绿茶加工的关键工序，绿茶是不发酵茶。

绿茶按杀青和干燥方式不同，有炒青绿茶、烘青绿茶、蒸青绿茶和晒青绿茶等。

二、红茶

红茶是世界上消费量最多的茶类，约占世界茶叶消费总量的70％。

红茶的品质特征是干茶色泽乌黑油润，冲泡后红汤红叶。

红茶加工的工艺特点是，加工时不是首先对鲜叶进行杀青，而是进行萎凋，萎凋叶经揉捻（切）后进行发酵。通过发酵使加工叶变红，形成红茶的品质特征，发酵是红茶加工的关键工序，红茶是全发酵茶。

红茶按外形分，有条形红茶和碎红茶，条形红茶中有小种红茶和工夫（条形）红茶等，目前中国生产的主要是工夫（条形）红茶。

三、乌龙茶（青茶）

乌龙茶（青茶）是我国特有的茶类。青茶鲜叶原料一般为已形成驻芽的2~4叶开面叶，是一种使用较成熟鲜叶，通过特殊工艺和装备加工出的具有特殊风格和极高香气的茶类。

乌龙茶的成茶品质特征是外形条索粗壮，茶汤金黄清澈，香气馥郁芬芳，叶底绿叶红镶边。

乌龙茶加工的工艺特点是，在加工过程中有一道做青工序，就是对鲜叶先进行萎凋，然后进行反复多次的摇青、晾青，使叶边受伤发酵变红。然后再进行杀青，从而形成绿叶红镶边叶的品质特色。做青是乌龙茶加工的关键工序，乌龙茶属半发酵茶。

中国乌龙茶主产于福建、广东与台湾，有闽南乌龙茶、闽北乌龙茶、广东乌龙茶和台湾乌龙茶之分。

四、 白茶

白茶也是中国特有的茶类。是一种表面满披白色茸毛的轻微发酵茶，在加工过程中不炒不揉，仅是晒干或烘干。白茶系轻微发酵茶。

白茶的主要品质特征是，毫色银白，有"绿装素裹"之美感，芽头粗壮，汤色黄亮较浅，滋味鲜醇，叶底嫩匀。

白茶按加工使用的鲜叶老嫩不同其成品茶有白毫银针、白牡丹和贡眉等类型。

五、 黄茶

黄茶也是中国特有的茶类。是一种在加工过程中通过特殊的闷黄工序而被闷黄的茶类。

黄茶的加工工序有杀青、揉捻、闷黄和干燥等，其中闷黄是黄茶加工成品茶形成黄叶黄汤的关键工序，黄茶是轻发酵茶。

黄茶的品质特征是，冲泡后黄叶黄汤，香气清锐，滋味醇厚。

黄茶依加工所用鲜叶原料嫩度与大小不同，可分为黄芽茶、黄大茶和黄小茶。

六、 黑茶

是一种原料粗老，加工过程中堆积发酵时间较长，成品茶色呈油黑或黑褐的茶类。

黑茶的加工工序有杀青、揉捻、渥堆、干燥等。渥堆是黑茶加工的关键工序，黑茶属于后重发酵茶。

黑茶的品质特征是，外形叶粗梗长，色泽褐黑油润，汤色橙红，香味醇和不涩，叶底黄褐粗大，粗老气味较重。

黑茶主产于湖南、湖北、广西、云南等地，主要有湖南黑茶、湖北老青茶、四川黑茶和滇桂黑茶等。

第二节　茶叶加工的基本原理

茶叶加工原理是茶叶加工机械研发和设计的基础，即俗话常说的"机理服从于茶理"。只有深入研究和认识茶叶品质形成的内外因果关系，才能研制开发出性能良好茶叶加工机械与装备。

一、 绿茶加工的基本原理

绿茶色、香、味、形特征，是在手工或机械加工过程中逐步形成的。开展绿茶加工机械研发、特别是绿茶加工机械的特殊结构和性能参数确定，均离不开绿茶色、香、味、形的形成机理。

（一）色泽的形成

绿茶的色泽特征是翠绿或绿润，冲泡后绿叶绿汤。它是在杀青等工序加工过程中，通过高温、钝化酶的活性，避免鲜叶中的多酚类物质产生酶促氧化作用，形成了杀青叶色泽翠绿或绿润的品质特征。实际上，绿茶的色素物质，有的是内含物质所具有的，有的则是在加工过程中，通过控制茶叶温度等变化转化而来的。绿茶的加工，并不要求保留鲜叶原有的自然色泽。

鲜叶内含的色素有两类，一是不溶于水的脂溶性色素，如叶绿素、叶黄素、胡萝卜素类；另一类是水溶性色素，包括花黄素和花青素类。这两大类色素在加工过程中都会发生变化，对绿茶色泽影响较大的是叶绿素的破坏和花黄素的自动氧化。

叶绿素是由深绿色的叶绿素 a 和黄绿色的叶绿素 b 所组成。两者在鲜叶中的含量比例为 2：1，高温杀青后，叶绿素 a 大部分被破坏，仅剩下 25％左右，再经过干燥就基本上完全被破坏。叶绿素 b 则较稳定，杀青后还保留 50％～60％，制成毛茶还有 30％左右。为此，绿茶加工机械应适应叶绿素变化使叶色由翠绿向黄绿方向转化的过程。

此外，叶绿素分子结构中的镁原子，与叶绿素分子核结合得很不牢固。在湿热或酸性条件下，叶绿素中的镁原子很容易被氢原子所取代，镁原子被分离出来，生成黑脱镁叶绿素，使叶色变为暗绿。故茶叶杀青机械的设计，要求在鲜叶杀青作业过程中，能使鲜叶保持闷、扬结合，"闷"可使杀青匀透，"扬"可使杀青叶保持色泽翠绿或绿润。

叶绿素原是脂溶性色素，高温杀青条件下，色素与叶绿体蛋白质基质的结合容易被破坏，发生分解，形成有一定亲水性的叶绿醇和叶绿酸，使其部分可溶解进入茶汤。当叶细胞组织经揉捻机揉捻破坏后，茶汁附着于叶表，冲泡后部分叶绿素也悬浮于茶汤中，这是绿茶茶汤呈绿色的原因之一。

在绿茶机械进行绿茶初制作业的过程中，特别是在杀青、毛火、揉捻等工序过程中，受到高温湿热影响，加工叶的叶绿素减少较多，使绿茶色泽变黄绿。故控制加工过程中湿热对叶绿素的破坏，对保持绿茶翠绿或绿润的色泽非常重要。此外，花黄素类成分是多酚类化合物中自动氧化部分的主要物质，在初制热作用下极易氧化，氧化产物为橙黄色或棕红色，使茶汤汤色带黄甚至泛红。故加工过程中，加工机械对加工叶的叶温控制极为重要。

（二）香气的发展

构成绿茶的香气成分复杂，有些是鲜叶中原有的，有的却是在加工过程中形成的。绿茶特有的香气特征形成，是在机械加工过程中叶内所含芳香物质综合反应的结果。

鲜叶内的芳香物质，有高沸点和低沸点芳香物质两种，前者具有良好香气，后者带有极强的青臭气。在青叶中含量最多的是青叶醇，约占芳香物质的 15％。绿茶杀青机械的设计，就是要保证鲜叶经高温杀青，低沸点的青叶醇、青叶醛等大量逸散，最后仅剩下微量的青气和清香，两者混在一起给人以鲜爽的感觉。

绿茶加工过程中，随着低沸点芳香物质的散失，具有良好香气的高沸点芳香物质，如苯甲醇、苯丙醇、芳樟醇等显露出来，尤其是具有百合花香的芳樟醇，在鲜叶中仅占芳香物质的 2％，加工成绿茶后上升到 10％，这类高沸点芳香物质，构成了绿茶香气的主体物质。

同时，绿茶加工过程中，加工叶中会生成一些使绿茶香气提高的芳香新物质，如成品绿茶中有紫罗兰香的紫罗酮、茉莉茶香的茉莉酮、具有弱茶香的橙花叔醇，虽含量不多，但对香气影响较大。

绿茶机械炒制过程中，可使加工叶中的淀粉水解成可溶性糖类，在受热条件下产生糖香。火温过高时会产生老火茶或高火茶，糖类转化成焦糖香、焦香，一定程度上会掩盖其他香气。故绿茶炒制机械的设计，就特别要求在茶叶的炒制干燥过程中，应严格掌握好火候，不同的炒制时间和阶段，要求不同的锅温、筒温和茶温。

（三）滋味的转化

绿茶滋味是由叶内所含可溶性有效成分进入茶汤而形成的。与茶叶色、香密不可分，滋味好的绿茶，一般色泽、香气也较好。

绿茶滋味主要由多酚类化合物、氨基酸、水溶性糖类、咖啡因等物质综合组成。这些物质各有自己的滋味特征，如多酚类化合物有苦涩味和收敛性，氨基酸有鲜爽感，糖类有甜醇滋味，咖啡因微苦。绿茶良好滋味是这些物质相互结合、彼此协调、综合表现出来的。多酚类化合物是茶叶中可溶性有效成分的主体，加工过程中在加工机械热作用的促使下，有些苦涩味较重的脂型儿茶素会转化成简单儿茶素或没食子酸，一部分多酚类化合物与蛋白质结合成为不溶性物质，从而减少苦涩味。同时，加工过程中，部分蛋白质水解成游离氨基酸，氨基酸的鲜味与多酚类化合物的爽味相结合，构成绿茶鲜爽的滋味特征。

（四）外形的造就

中国是世界绿茶大国，绿茶因种类不同形状各异，不同形状是在加工机械或手工作用下，通过干燥做形而形成的。绿茶干燥做形过程中，不仅形成了绿茶特有的美丽多姿外形，并且也进一步形成和固定了绿茶的色泽、香气和滋味。在做形过程中，加工叶在一定含水率状态下，采用烘、炒等技术手段，由加工机械的做形结构和部件对加工叶实施压、抓、推、揉、搓、磨等，加工叶在可控状态下逐步失水，并最后造就出特有的外形。

二、红茶加工的基本原理

红茶的乌黑色泽和冲泡后红叶红汤的品质特色，是在加工过程中，通过萎凋、揉捻（切）、发酵、干燥等工序，增强酶的活性，使鲜叶中的多酚类物质产生酶促氧化反应，而使叶色变红，造就了红茶的香气、滋味等品质特征。

（一）色泽的形成

红茶干茶的外形色泽，一般呈乌黑至褐色。它是加工叶中叶绿素的水解产物，果胶质、蛋白质，糖和茶多酚的氧化产物附于叶表，干燥后而呈现出来。红茶加工中叶绿素经叶绿素酶的作用水解产生脱镁叶绿酸，呈棕褐色，加工过程中轻萎凋、揉切叶温较低和发酵较轻时，往往以这种作用为主。另外，萎凋过程中由于果胶物质随之增加，果胶质干燥后呈黑色，所以重萎凋，色泽乌黑，萎凋较轻色泽棕褐。茶多酚的氧化产物茶黄素含量较多而茶褐素含量较少的大叶种，加工出的红茶色泽显棕褐色；小叶种红茶与此相反，加之叶绿素含量较高，形成脱镁叶绿素较多，所以小叶种鲜叶加工出的红茶常呈乌润色泽。

红茶叶底色泽，主要是茶多酚不同程度的氧化产物与蛋白质结合所形成的。其中茶黄素的比例相对较大时，叶底橙黄明亮，茶红素较多时叶底红亮，茶褐素占比例较大时，叶底红暗，甚至出现乌条暗叶，叶绿素破坏不充分的情况下，叶底常"茶青"。

红茶加工过程中，鲜叶中的茶多酚，约有一半或更多的数量经酶性氧化和自动氧化形成茶黄素、茶红素和茶褐素。茶黄素呈橙黄色，是决定茶汤明亮度和艳度的主要成分，优质红茶有明显的"金圈"，它就是由茶黄素形成的，红茶中约含茶黄素 $0.3\%\sim1.8\%$；茶红素呈红色，是形成红茶汤色的主体物质，红茶中的茶红素约含 $5.0\%\sim11.0\%$；茶褐素呈暗褐色，是红茶汤色发暗的主要成分，约含 $4.0\%\sim9.0\%$。研究表明，茶黄素和茶红素与红茶汤色呈显著的正相关关系，茶黄素、茶红素含量越多，汤色越显得红艳明亮；而茶褐素与红茶汤色呈显著负相关关系，茶褐素含量越高，汤色越暗，茶汤品质越低。

红茶汤色冷了以后，产生乳凝状混浊，这种现象称为"冷后浑"，是茶黄素，茶红素与咖啡因的络合产物。它的溶解度随温度的高低而变化，温度高时溶解，温度低时呈乳凝沉淀状态。茶黄素含量过低时，不容易产生冷后浑，即使产生，其颜色呈暗黄浆色，而当茶黄素含量较高时才容易产生冷后浑，而且浑后呈亮黄浆色。

红茶汤加牛乳以后的乳色常常是判断汤色优劣的又一指标。茶汤加乳后的乳色也主要是决定于色素的成分，茶黄素和茶红素含量较高者乳色呈粉红至明亮的姜黄色，茶黄素含量较低者乳色显灰白。

（二）红茶香气的形成

红茶加工过程中，芳香物质的变化是比较复杂的。鲜叶中的芳香性物质通常还不到50 种，而加工成红茶后，香气成分则增加到 300 种左右。但香气成分在叶中所含总量甚微，仅有 0.03% 左右，一般幼嫩芽叶中芳香物质含量较多，所以细嫩鲜叶加工出的茶叶香气高。

红茶中的香气物质，一部分是鲜叶中固有的，而大部分是加工过程中由其他物质转化而来。萎凋、发酵过程中某些醇类氧化，氨基酸和胡萝卜素降解，有机酸和醇的酸化，亚麻酸的氧化降解，乙烯醇的异构化，糖的热转化等，都会产生很多新的香气物质。因此，萎凋、发酵过程中香气物质是增加的；在干燥阶段，由于高温很多低沸点香气物质大量挥发，最后剩下的是一些高沸点的芳香物质，以醇类和酸类为主，其次是醛类、酯类。

红茶的鲜香特征和整个茶叶香气形成的基础是叶中脂类的氧化降解物。研究表明，祁门和福建的红茶香叶醇含量高，云南红茶沉香醇及其氧化物总量与印度、斯里兰卡红茶相近，故红茶品质优异。红茶一般具有熟苹果或橘子甜香，有的有季节性花香，而"祁门香"的地域性高香，与其香叶醇含量高有关。

（三）红茶滋味的形成

茶叶中滋味成分比较复杂，多达数十种，其种类、含量及比例的变化都显著地影响着茶汤的滋味。

茶汤中的刺激性涩味物质主要是茶多酚类物质（其中主要是儿茶素）；苦味物质主要是咖啡因、花青素和茶皂素；鲜味物质主要是氨基酸，甜味物质主要是可溶性糖和部分氨基酸；鲜爽味主要是氨基酸、儿茶素、茶黄素和咖啡因的络合物。

红碎茶滋味"浓厚"主要是水浸出物含量高，茶多酚及其氧化产物和其他呈味物质多；"强烈"主要是儿茶素有一定的保留量，茶黄素含量高；"鲜爽"主要是氨基酸，茶黄素、咖啡因含量高。一般情况，幼嫩芽叶有效内含物质较多，制成茶叶滋味鲜醇爽口，故高级茶要求鲜叶嫩度高。

（四）红茶外形的形成

红茶的外形主要有条形和碎颗粒形，它是在加工过程中通过机械揉捻或揉切而形成的，与揉捻和揉切部件的结构特点关系密切，并且加工过程中的压力和转速等参数掌握至关重要。一般情况下，红茶的外形仅在揉捻或揉切阶段形成，故其加工机械设计尤为重要。而干燥过程仅对外形有固定作用，这与绿茶加工不同。

三、乌龙茶（青茶）的加工原理

乌龙茶采用有一定成熟度、顶芽全部开展形成驻芽的鲜叶，通过做青，使叶缘部分的多酚类物质产生酶促氧化变红，并通过杀青使叶片中间部分保持绿色，形成绿叶红镶边半发酵茶的品质风格。

（一）乌龙茶色泽的形成

乌龙茶由于萎凋（晒青）和做青阶段的反复摇青和晾青，叶缘失水快，细胞液浓缩也快，加上摇青使叶缘细胞组织破坏，多酚类物质与空气接触而使叶缘变红。而此后的杀青（炒青），如绿茶加工那样，使叶中部保留了绿色，为此形成了绿叶红镶边的特色。加上构成乌龙茶色泽的主要成分是叶绿素、胡萝卜素和多酚类物质，加工过程中，叶绿素下降，叶绿素 a 和叶绿素 b 比例变化，多酚类物质部分氧化减少，茶黄素和茶红素波浪上升，而干燥后期转为下降，茶褐素渐增等综合作用，决定了"青茶"特殊色泽的形成。

（二）乌龙茶香气滋味的形成

目前从乌龙茶分析出的香气成分达 160 余种，主要是醇类、醛类、酮类、酯类和碳氢化合物。在初制过程中，低沸点的青叶醇、青叶醛被大量蒸发，而高沸点的芳香醇氧化物、橙花叔醇、香味醇、苯甲醇、苯乙醇、吲哚、顺茉莉酮、茉莉酮内脂和茉莉酮酸甲脂等构成了乌龙茶自然兰花香的典型香气特征。

研究表明，乌龙茶的香气、滋味与茶黄素、茶红素、茶褐素有一定关系。适量范围内的茶红素与香气滋味均呈正相关关系，茶红素加上茶黄素与香气呈显著正相关。茶褐素对香气影响不显著，但对滋味不良影响显著。乌龙茶滋味是对味觉产生影响的各种内含物配合协调的结果，对儿茶素组成特别是非酯型儿茶素含量要求大于对总量的要求。乌龙茶加工，其醚浸出物、芳香性物质等转化均较红绿茶高，是乌龙茶特殊香气滋味形成的重要原因。乌龙茶加工机械的设计，均应遵循茶叶上述内含成分变化，确定相关机械和茶叶加工工艺参数。

（三）乌龙茶外形的形成

乌龙茶有条形和颗粒型两种。条形乌龙茶的外形是经盘式揉捻机的揉捻和加工而成；而颗粒型乌龙茶的外形除了采用盘式揉捻机进行初步揉捻外，是采用包揉机械反复包揉、复烘而逐步形成。包揉是闽南颗粒型乌龙茶加工特有的工序，包揉机械的特殊结构和包揉工艺技术，造就了其特殊风格的外形。

四、 黄茶和白茶的加工原理

黄茶加工一般杀青温度较低，且多闷少抖，造成高温湿热条件，使叶绿素受到较多破坏，并失去酶活性，多酚类物质发生氧化和异构化，淀粉和蛋白质分别水解为单糖和氨基酸，为黄茶品质形成奠定基础。并且黄茶有一道特殊的闷黄工序，使叶黄素显露，形成黄茶黄叶黄汤特殊的品质特征。闷黄机械的研制和设计是其他茶类所没有的。

白茶加工不揉不炒，其外观色泽、叶态和香气滋味主要是在萎凋过程中形成的。白茶萎凋过程中，叶背失水比叶表快，使叶缘由叶表向叶背垂卷，加之萎凋后期并筛进一步促进叶缘垂卷，形成了白茶特殊的外形。白茶叶色的形成，是由于在萎凋过程中，叶绿素和胡萝卜素容易被破坏，而叶黄素的性质却较稳定。同时白茶萎凋时间长，叶内水分散失，细胞液浓度改变，细胞透性增强，多酚类物质产生酶促氧化缩合，但又因白茶加工叶未经揉捻，这种酶促氧化表现得很缓慢和很有限，在叶绿素未被破坏之前，加工叶含水率下降到一定程度即 13% 时，酶活性下降，酶促氧化作用受到抑制，形成了白茶标准色即灰绿色泽，正因为如此，白茶一般也被认为是轻微发酵茶。同时，白茶萎凋前期，鲜叶水分蒸发，叶细胞组织内含物浓度加大，酶活性增强，有机物质趋于水解，淀粉和蛋白质水解为单糖和氨基酸。多酚类酶促氧化缩合，为白茶香气、滋味形成提供了有益成分。萎凋后期，酶活性下降，酶促氧化逐渐为非酶促氧化所替代，多酚类化合物与氨基酸，氨基酸与糖类的相互作用形成芳香性物质。同时一些带有青草气的醇、醛和儿茶素等物质发生异构作用，使萎凋结束时，苦涩味和青草气大部分消失。在并筛和摊放过程中，叶堆温、湿度促进了细胞内含物的化学变化，对芳香性物质形成，苦涩味和青草气消失均起到显著作用。白茶最后的机械烘焙，除了干燥作用外，尚可抑制酶促氧化作用，使具有青气和涩味的物质进一步减少，氨基酸在热力作用下形成芳香醛，从而造就了白茶毫香显露，汤色杏黄，滋味显醇的品质特征。白茶要求不揉不炒，全程以日晒萎凋干燥为主，现加工机械化程度不高。萎凋过程的机械化，以及机械化在全程加工作业中比重的提高，是今后白茶机械化研究开发的重点。

五、 黑茶加工的基本原理

黑茶初制，从杀青到干燥，均强调保温保湿，先是高温下保水，后在高温下去水。同时黑茶通过渥堆，使加工叶处在高温高湿条件下，因大量微生物的作用，叶内物质发生一系列变化，从而形成黑茶特殊的品质风格。

黑茶色泽的形成与叶绿素破坏和多酚类物质氧化有关。通过杀青，叶中原有的黄色物质如叶黄素、花黄素、胡萝卜素等显露以及多酚类氧化成黄色和红色，使叶子具有橙黄色和红褐色。再经揉捻、渥堆、干燥，形成干茶色泽黑褐、汤色棕红、叶底深红暗棕色。

黑茶香气的形成，是鲜叶经过杀青、揉捻，而后进行渥堆，在渥堆过程中，随着叶温的升高，青草气逐渐消失，显现青香酒精气味，进而出现微酸，再深入就出现酸辣气味。这主要是因为叶中糖类和有机酸类物质发生激烈变化，醇、醛、酸、酮等有气味的物质不断增加所致。蛋白质在初制过程中水解成氨基酸，氨基酸可与多酚类氧化产物结合形成有香气的物质，氨基酸还能与糖类结合形成具有玫瑰香的物质。从而最终形成黑茶香气醇厚的品质特色。与此同时，在黑茶渥堆过程中，多酚类物质一部分被氧化，一部分则转化为不溶性物质沉淀于叶底，正是由于多酚类物质的适度氧化，减少了茶汤的苦涩味，使黑茶茶汤滋味醇和不涩。而氨基酸、糖类、果胶、咖啡因等物质的综合作用，使黑茶滋味醇和。渥堆是黑茶加工的关键工序，渥堆的作业条件恶劣，翻堆极其辛苦，然而目前机械化水平很低，如何根据黑茶加工过程内含物质的变化和香气滋味形成的需要，尽快开发出性能良好的渥堆和翻堆机械，解放黑茶加工中繁重艰苦的劳动，茶机界和茶叶界亟待加快攻关。

第三节 茶机设计涉及的茶叶基本特性参数

质量优良的茶叶机械，是依据茶叶加工工艺要求和不同阶段茶叶固有的基本特性参数而进行研发设计的，故对茶叶的基本特性参数作简单了解很有必要。

一、茶叶密度

通常所说的茶叶密度，也可称为茶叶容重，即单位容积内的茶叶质量，以 kg/m^3 为单位。茶叶密度的大小，可以反映茶叶条索的紧密和老嫩程度，对于茶叶机械作业时的吞吐量和贮茶斗等装置的容量的设计极为重要。20 世纪 80 年代章月兰曾用自然堆放法、压重法和振实法分别对茶叶不同状态下的茶叶密度进行了测量，并获得了不同茶类的茶叶密度值。

自然堆放法是将茶叶轻轻加入量筒，读出茶叶容积并且称取茶叶质量。用式 11-1 进行计算。

$$\gamma = (G/V) \times 10^{-3} \ (kg/m^3) \tag{11-1}$$

式中：γ——茶叶密度（kg/m^3）；

　　　G——茶叶质量（g）；

　　　V——量筒中茶叶所占体积（m^3）。

压重法使用一种专门仪器进行测量，用自然堆放法向仪器量杯中加满茶叶，茶叶上方设一直径与量杯内经相同的压盘，在压盘上加上 250g 标准砝码，茶叶被缓缓压下，待稳定后，计算茶叶所占量杯内的体积，并称取茶叶质量，用自然堆放法相同公式计算，即可获得压重法测量的茶叶密度。

振实法是采用自然堆放法向容器内加入茶叶，然后把加满茶叶的容器放在振动机机座上进行振动，振动频率为 3 000 次/min、振幅为 0.15mm，待茶叶振实 5min 后，计算茶叶在容器内所占容积，并称取茶叶质量，同样用自然堆放法相同公式计算，即可获得振实法测量的茶叶密度。

一般情况下，茶叶颗粒愈小，茶叶密度就愈大，反之，茶叶颗粒愈大，茶叶密度就愈小。不同茶类、用不同方法测定的茶叶密度值均不一样，章月兰等人所测定的几种茶叶的密度值如表 11-1 所示。

表 11-1　不同茶类的茶叶密度

单位：kg/m³

茶　类	自然堆放法	压重法	振实法
云南红碎茶	383～388	409～413	409～413
炒青绿茶	228～355	238～364	249～388
乌龙茶	201～251	216～259	223～273

相同种类茶叶，老嫩和级别不同，茶叶密度也不一样，即使同一级别茶叶，不同加工工序在制叶的茶叶密度也不一样。根据潘祖跃 20 世纪 80 年代的测定，不同级别炒青绿茶的茶叶密度和三级炒青绿茶不同加工工序在制叶的茶叶密度分别如表 11-2 和表 11-3 所示。

表 11-2　不同级别炒青绿茶的茶叶密度

级　别	1	2	3	4	5	6
平均密度（kg/m³）	398	366	353	345	281	279

表 11-3　三级炒青绿茶不同加工工序的茶叶密度

工　序	鲜叶	杀青	揉捻	二青	三青	辉干
含水率（%）	70.0	54.0	51.0	36.5	18.0	6.8
密度（kg/m³）	55.3	83.1	224.2	132.1	135.4	237.4

二、茶叶含水率

茶叶含水率是茶叶物理特性中最主要的参数指标，也是茶叶加工和茶叶加工机械设计应严格控制的茶叶质量指标。茶叶含水率有湿基和干基两种表示方法。国家标准已规定了茶叶含水率的测定方法，其中的常压恒温烘干测定法最常用。

茶叶湿基含水率是用茶叶鲜叶、在制品和成品茶的质量为基准进行计算，用式 11-2 表示。

$$M_w = \frac{m_s}{m_s + m_w} \times 100\% \quad (\text{W. b}) \tag{11-2}$$

式中：M_w——茶叶湿基含水率（%）；

m_s——茶叶中所含水分质量（g）；

m_w——茶叶中所含干物质质量（g）。

在茶叶加工和茶叶机械设计与使用中，如无特殊说明，所讲的含水率即指湿基含水率。

茶叶干基含水率是用茶叶中所含的固体干物质为基准进行计算。用式 11-3 表示。

$$M_d = \frac{m_s}{m_w} \times 100\% \quad (\text{d. b}) \tag{11-3}$$

式中：M_d——茶叶干基含水率（%）。

对于同样的茶叶，茶叶干基含水率的数值总是大于湿基含水率，干基含水率一般用于科学计算，在茶叶加工和茶叶机械设计中应用不多。

在实际使用中，可用式 11-4 和式 11-5 进行湿基含水率和干基含水率的换算。

$$M_w = \frac{M_d}{1 + M_d} \times 100\% \quad (\text{W. b}) \tag{11-4}$$

$$M_d = \frac{M_w}{1 - M_w} \times 100\% \quad (\text{d. b}) \tag{11-5}$$

三、 茶叶水分扩散系数

茶叶水分扩散系数是表示茶叶加工过程中水分扩散能力大小的参数，同时也被用于表示茶叶加工机械作业能力大小，对于茶叶加工机械设计与应用非常重要。

茶叶水分扩散系数的含义是，当水分浓度梯度为 1 的条件下，每秒钟通过单位面积水分的扩散量，通常用 D 表示。依据布朗运动理论，在茶叶内部水分分布不均，或是茶叶表面水汽分压较高时，水分由浓度较大的一方向着浓度较小的一方扩散，使茶叶内部的水分分配均匀，或者使茶叶失水干燥。根据菲克定律，扩散量（M）与水分扩散通过的横截面积（S）、浓度梯度（D_C/D_X）和扩散时间（t）成正比。

$$M = DStD_C/D_X \tag{11-6}$$

D 值愈大，表示扩散速率愈大，就是说单位时间通过单位横截面积 S 的水分子愈多。其大小对于茶叶机械在茶叶加工过程中，如鲜叶萎凋、做青、杀青、摊晾回潮、茶叶干燥等加工工艺过程中的进度快慢和茶叶加工品质均有重要影响。

四、 茶叶摩擦特性

茶叶摩擦特性及摩擦系数，也是茶叶加工和茶叶机械设计时的重要物理参数。特别是摩擦系数，是设计各类茶叶加工机械的作业部件与运动参数和确定输送机械输送倾角的重要依据。

（一）茶叶摩擦特性的基本概念

实际上，当颗粒型茶叶物料与加工机械固体接触面发生相对运动或者产生运动趋势时，均会产生阻碍运动的摩擦力。茶叶物料在克服摩擦力之前，不可能产生相对运动，而一旦开始运动，摩擦力会相应减小。作用在相对静止表面间的摩擦力称为静摩擦力，作用在相对运动表面间的摩擦力称为动摩擦力。动摩擦力一定会小于最大静摩擦力。

经典的摩擦理论-库仑定律认为，摩擦力（F）与法向正压力（N）成正比。两者的比值就是摩擦系数，即 $f = F/N$。摩擦系数又分为静摩擦系数 f_S 和动摩擦系数 f_K。

茶叶等散颗粒物料的摩擦特性可用休止角、内摩擦角、滑动摩擦角、滚动稳定角来表述。

（二）茶叶休止角与内摩擦角

茶叶休止角是指茶叶颗粒物料由漏斗从一定高度自然连续下落到下方平面上时，所堆积成的圆锥体母线与底平面的夹角即锥底角，用 a 表示。像茶叶这样的颗粒物料，休止角的大小与茶叶的形状、尺寸、含水率有关。同一类型的茶叶，颗粒愈细或条形愈小，休止角就愈大。茶条愈接近球形，则休止角愈小。休止角随着茶叶含水率的增加而增大。

内摩擦角是反映散粒物料的内摩擦特性、确定贮料斗斗壁压力及设计重力流动料斗的重要参数。休止角与内摩擦角均反映了颗粒物料的内摩擦特性。

茶叶休止角和内摩擦系数可以用图 11-1 的仪器测定。测定时，将底座表面、高度游标尺及其加长杆、料盘调至标准位置，然后将游标尺加长杆升高，并转过 90°。喂料槽落料应呈线性，并对准料盘中心。电动机带动料盘回转，振动槽连续均匀加料，使料盘上的茶叶不断增高。待堆料高度稳定后，停止加料。转动游标尺加长杆使其处于料盘中心的上方，逐步降低其高度，当刚好触到茶叶堆尖时，高度游标尺上读出的刻度值即为茶叶锥体高度值 H（mm），同时测量料盘直径 D，然后进行计算。

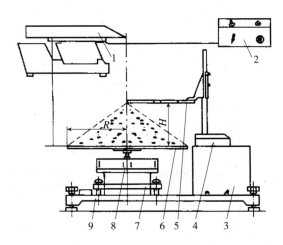

图 11-1　茶叶休止角测定仪
1. 振动槽　2. 控制器　3. 测量座　4. 游标尺　5. 加长杆
6. 料盘　7. 电动机座　8. 电动机　9. 底座

茶叶休止角用式 11-7 计算。

$$a = \mathrm{tg}^{-1} \frac{2H}{D} \tag{11-7}$$

内摩擦系数用式 11-8 计算。

$$f_{内} = \mathrm{tg}\,a = \frac{2H}{D} \tag{11-8}$$

20 世纪 80 年代，同样是章月兰等人测定了三级炒青绿茶不同加工工序的在制叶以及安徽舒城炒青绿茶和乌龙茶的休止角、内摩擦系数，具体结果见表 11-4 和表 11-5。

表 11-4　三级炒青绿茶不同加工工序的茶叶休止角、内摩擦系数

工　序	鲜叶	杀青	揉捻	二青	三青	辉干
含水率（%）	70.0	61.0	54.0	36.5	18.0	6.3
休止角（°）	50.10	49.17	53.10	59.23	55.22	34.60
内摩擦系数	1.20	1.16	1.33	1.68	1.44	0.69

表 11-5　部分茶叶的休止角和摩擦系数

茶　类	安徽舒城炒青绿茶毛茶				乌龙茶	
等　级	二级	三级	五级	六级	一级二等	一级四等
休止角（°）	39.22	38.68	40.75	41.98	44.32	49.68
内摩擦系数	0.82	0.80	0.86	0.90	0.98	1.18

（三）茶叶动摩擦特性

20 世纪 80 年代，陈佳真使用专门仪器对茶叶静滑动摩擦角、动滑动摩擦角进行了测定，通过计算获得了几种茶叶在制品的动摩擦系数。结果表明，条形红茶的在制叶中，揉捻叶的动摩擦系数最大，达 0.84～0.92。这是因为条形红茶的萎凋叶，经盘式揉捻机揉捻后，叶片卷曲呈条状，果胶等黏性物质附于表面，造成动摩擦系数增大。蒸青叶动摩擦系数仅次于揉捻叶，约为 0.84，这是因为叶片经蒸热质地变软，黏着性能增加，故动摩擦系数较大。红碎茶加工，使用洛托凡、L.T.P 和 C.T.C 揉切加工后，动摩擦系数普遍下降，其值在 0.62～0.80。

红茶萎凋叶对常用茶叶机械材料的动摩擦系数如表 11-6 所示。测定时，萎凋叶含水率 66％～72％，相对运动速度 37m/min，环境温度 22℃，环境湿度 80％。

表 11-6　红茶萎凋叶对常用茶机材料的平均动摩擦系数

试件材料	镀锌板 $R_n1.6$	铜板 $R_n1.6$	铸铝 $R_n1.6$	不锈钢板 $R_n6.3$	帆布带旧	木板刨平	有机玻璃
动摩擦系数	0.71	0.71	0.74	0.77	0.74	0.75	0.84

使用含水率 10％、不同粒度的红碎茶样品，对其动摩擦系数进行测定，发现红碎茶的动摩擦系数随着粒度的增大而增大。具体结果见表 11-7。

表 11-7　不同粒度红碎茶的平均动摩擦系数

茶叶粒度（mm）	<0.3	<0.5	0.5～1.0	1.0～2.0
动摩擦系数	0.89	0.94	1.00	1.07

五、茶叶热力学特性

茶叶加工过程中，在热力作用下，鲜叶和在制叶不断散发水分，内含物质和外形发生物理、化学变化，使含水率 75％的鲜叶形成含水率 6％左右的干茶。整个过程以热量供应为基础，茶叶温度变化和品质形成，很大程度上取决于自身热力学特性。其主要参数包括比热、导热和导温系数等，对于茶叶机械设计，特别是热源的选择和应用特别重要。

（一）茶叶比热

单位质量的茶叶物料温度每升高或降低 1°（K）所吸收或放出的热量称作该茶叶物料的比热，用式 11-9 表示。

$$C_s = \frac{Q}{m \times \Delta\theta}$$

(11-9)

式中：C_s——茶叶比热（kJ/kg·K）；

　　Q——茶叶物料吸收或放出的热量（kJ）；

　　m——茶叶物料质量（kg）；

　　$\Delta\theta$——茶叶温差（K）。

因热量与过程有关，故比热也与过程有关。恒压过程中的比热称之为定压比热。而茶叶传热通常为定压过程且压力较小，故一定含水率下的茶叶比热可视为常数。

茶叶比热通常用混合测定法进行测定。即在真空套管式量热器内，预先装入已知温度和质量的液体介质，然后将已知温度和质量的茶叶物料倒入量热器内与液体介质充分混合。茶叶物料的比热可根据液体介质、量热器和茶叶试样的热平衡方程式进行计算。若量热器和液体介质的温度比茶叶试样高，则可写成下列热平衡方程式。

$$C_o m_o\ (\theta_i-\theta_c)\ +C_w m_w\ (\theta_i-\theta_c)\ =C_s m_s\ (\theta_c-\theta_s) \tag{11-10}$$

式中：C_o、C_w、C_s——分别为量热器、液体介质和茶叶物料的比热（kJ/kg·K）；

　　m_o、m_w、m_s——分别为量热器、液体介质和茶叶物料的质量（kg）；

　　θ_c、θ_i、θ_s——分别为热平衡后的温度、量热器和液体介质的初始温度、茶叶物料初始温度（K）。

这样即可由热平衡方程式求出茶叶物料的比热。

$$C_s=\frac{C_o m_o\ (\theta_i-\theta_c)\ +C_w m_w\ (\theta_i-\theta_c)}{m_s\ (\theta_c-\theta_s)} \tag{11-11}$$

由于可将茶叶视为干物质与水混合物的二元热系统，茶叶的比热特性可以视为茶叶所含水的比热与茶叶干物质比热之和。茶叶干物质主要是一些有机化合物，因各类茶叶内含组分不同，干物质比热亦有差异，但作为同一种茶叶其干物质比热可视为常数。故各种含水率下的茶叶在制品的比热可用下式计算。

$$C_s=\ (C_w-C_d)\ W+C_d \tag{11-12}$$

式中：C_w——水的比热，一般为 4.186（kJ/kg·K）；

　　C_d——茶叶干物质比热，中国炒青绿茶干物质比热为 1.34～1.76，平均值为 1.57（kJ/kg·K）；

　　W——茶叶湿基含水率（％）。

那么

$$C_s=1.57\ (1-W)\ +4.186W\ (kJ/kg·K)\ =1.57+2.62W\ (kJ/kg·K)$$
$$\tag{11-13}$$

茶叶加工过程中，随着含水率的下降茶叶比热呈现不断降低的趋势，比热曲线的斜率约成 32° 的倾斜，当茶叶含水率在 6％～75％ 范围内，茶叶比热为 1.7～3.5（kJ/kg·K）。茶叶的比热还随温度而改变，温度上升，比热增大。

（二）茶叶导热率

在进行热加工的茶叶机具中，热源体不断将热量传递给茶叶，茶叶堆的外表层和内层就会产生温度差，即所称的温度梯度。茶叶在温度梯度作用下，以传导方式传递热量的能力则形成了茶叶的热导性。通常使用茶叶导热率来衡量。

茶叶导热率是指茶叶在温度梯度作用下，以传导方式传递热量能力的大小，它与茶叶干物质组分、在制品密度、叶温和含水率等有关。导热率是傅立叶导热方程中的比例系数，用式 11-14 表示。

$$q = -\lambda A \frac{d\theta}{dx} \tag{11-14}$$

式中：q——热流量（KJ/h）；

A——垂直于热流方向的面积（m^2）；

$d\theta/dx$——在 X 传热方向的温度梯度；

λ——导热率（kJ/m·h·K）。

茶叶的热导率通常用以专用的导热率测定探针测定法进行测定。导热率测定探针是一个导热性能良好的圆筒，它可制成如针一样的实心或半径很小的空心厚壁圆筒。探针中心的全长装有绝缘的加热电阻丝作为恒定热流的热源，在其中部装有测定温度的热电偶。测定时将探针插入条粒状的茶叶物料中。

导热率测定探针测定法是利用线热源来加热位于其周围的物料，在不同时间测定与热源不同距离茶叶物料的温度值，样品的温升系导热率的函数，茶叶导热率可用式 11-15 计算。

$$\lambda = \frac{q \ln (t_2 - t_1)}{4\pi (\theta_2 - \theta_1)} \tag{11-15}$$

式中：λ——热导率（kJ/m·h·K）；

q——在单位时间内单位长度探针输入的热量（kJ/m·h）；

t_2、t_1——分别为测定时间（h）；

θ_1——时间为 t_1 时测得的温度（K）；

θ_2——时间为 t_2 时测得的温度（K）。

实际上，成堆茶叶的导热率是茶叶干物质、水分和茶堆孔隙中空气三者导热特性的综合体现。一般情况下，各类物质的导热率，以金属最大（9～15 kJ/m·h·K），固体非金属次之（0.2～11 kJ/m·h·K），液体较小（0.3～2.5 kJ/m·h·K），空气最小（0.10～0.11 kJ/m·h·K）。而在茶叶应用机械进行加工的过程中，当茶叶加热时的叶温为 40～80℃ 时，水的导热率为 2.26～2.43 kJ/m·h·K，空气的导热率为 0.10～0.11 kJ/m·h·K，后者仅为前者的 1/23～1/25。茶叶干物质的导热率介于水分与空气两者之间，具有一般绝缘固体物料相类似的导热特性。

成堆和单粒茶叶的导热率不同，对于一批茶叶在制品，不管它处于动态还是静态失水过程，其状态都是松散的，空隙较大，茶叶仅为随机的点接触，而茶条之间与茶叶颗粒之间均充满着大量的空气和水蒸气，间隙中的空气起着隔热作用，使茶堆的导热能力降低，茶堆中的孔隙度愈大，空气愈多，传热愈慢。而单粒茶叶的导热性能受空气影响较小。尽管单粒茶叶是一种疏散多孔的植物体，其内部毛细管孔隙中也含有空气，但其容量与干物质和水分相比，可以略去不计，故可以认为单粒茶叶的导热率主要受水分和干物质的影响。

20 世纪 80 年代，殷鸿范等人用导热率测定探针技术，测定了不同茶类的导热率，测定结果如表 11-8 所示。从中可以看出，在茶叶含水率相近的情况下，茶叶密度越大，导热率越大。

表 11-8　不同茶类的导热率

茶　类	密度（kg/m³）	含水率（%）	导热率（kJ/m·h·K）
红碎茶	367	8.3	0.175±0.007
炒青绿茶	266	7.0	0.138±0.010
龙井茶	253	6.4	0.135±0.011
乌龙茶	215	6.8	0.130±0.010

同时测定还发现，因茶叶在加工过程中的叶温一般小于 100℃，导热率的变化受含水率的影响是主要的，如图 11-2 所示，茶叶导热率与含水率的变化呈较好的线性关系，茶叶在制品的含水率越高，导热率越大。

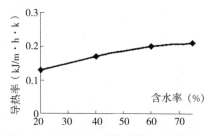

图 11-2　不同含水率茶叶导热率的变化

（三）茶叶导温系数

茶叶导温系数又称茶叶热扩散率、热扩散系数，是研究和计算茶叶加工机具对茶叶物料加热、冷却、干燥和吸湿等过程不可缺少的基础参数，用 a 表示。它表明茶叶加工时，在茶叶加工机具对茶叶加热或冷却过程中，茶叶层各点温度传递速度快慢的程度，亦表明在一定的温度场中，茶叶内外层各点的温度趋于一致的能力。在同样加热或冷却条件下，导温系数越大的茶叶物料，其内部各处的温度差越小。导温系数可用热扩散率定义式表示。

$$a = \frac{\lambda}{C_s \cdot \gamma} \tag{11-16}$$

式中：a——茶叶导温系数（m²/h）；

　　　λ——茶叶导热率（kJ/m·h·K）；

　　　C_s——茶叶比热（kJ/kg·K）；

　　　γ——茶叶密度（kg/m³）。

导温系数是一个导出量，它随茶叶导热率的增加而增加，随比热和密度的增加而减少。比热和密度（容重）的乘积称作体积热容量，它表明茶叶物料贮存热能的能力，如果导热率一样，体积热容量越大，导温系数越小。也就是说，茶叶物料贮存热能的能力越大，茶叶物料越不容易加热升温，亦不容易冷却降温。实际情况是，茶叶受热升温是一个非稳定态的导热过程。进入茶叶的热量，沿途不断地被吸收而使茶叶升温，该过程一直持续到茶叶内部各处温度全部一致为止。根据热扩散定义式，茶叶导热率 λ 值越大，导热能力越强，在相同的温度梯度下可以传导更多的热量；茶叶比热 C_s 值越小，则其温度上升 1℃所需吸收的热量越少，那么就可留下更多的热量继续向叶层内部传递，使茶堆内部各处的温度更快地随茶堆表面温度的升高而升高。

茶叶导热系数可采用圆柱体瞬态热流法进行测定。此方法是根据茶叶样品温升和时间成线性关系的瞬息传热而建立起来的。测试装置中有一个水浴，内装搅拌和加热器，将装有茶叶物料的高导热率的圆筒浸在水浴中，热电偶一根焊在圆筒壁上，记录圆筒半

径 R 处的样品温度；另一根插在茶叶样品中心测其温度，同时记录时间和温度数据，直到内、外两个热电偶达到不变的温升速率为止（图 11-3）。导热系数 a 可用下式计算。

$$a = \frac{AR^2}{4(\theta_S - \theta_C)} \qquad (11\text{-}17)$$

式中：a——导热系数（m^2/h）；

　　　A——圆筒中心和表面的温升速率（K/h）；

　　　R——圆筒半径（m）；

θ_S、θ_C——分别为圆筒表面和圆筒中心的温度（K）。

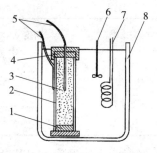

图 11-3　圆柱体瞬态热流法测定仪
1. 底座　2. 圆筒　3. 样品　4. 上盖
5. 热电偶　6. 搅拌器　7. 加热器
8. 水浴

已有的测定表明，水和空气的导温系数分别为：

$a_水 = 1.48 \times 10^{-7}$（$m^2/s$）

$a_{空气} = 214 \times 10^{-7}$（$m^2/s$）

空气的导热系数比水大 145 倍左右。

殷鸿范等于 20 世纪 90 年代的研究表明，当茶叶的干物质含量不变时，茶叶的导热系数 a 与含水率 W 呈正相关关系。

炒青绿茶：$a = 8.4 + 12.8W - 13.3W^2 + 6.4W^3$

红碎茶：$a = 7.71 + 15.9W - 19.0W^2 + 10.3W^3$

茶叶导温系数随着含水率的增加而升高，对于炒青绿茶，当含水率为 $5\% \sim 75\%$ 时，其导温系数在 $(0.9 \sim 1.3) \times 10^{-7}$（$m^2/s$）范围。

（四）茶叶热力学特性在茶叶加工和茶叶加工机械设计中的应用

茶叶加工机具对茶叶的热加工，是形成茶叶品质和塑造外形的重要工艺过程，加热时间和加工温度是茶叶热加工过程的两个重要参数，对茶叶的化学物理变化影响相当大。最佳传统加热时间和加工温度工艺参数的取得，是通过长期的经验积累和反复试验而获得的。实际上在认识和了解茶叶的热力学特性和传热基本原理后，可根据其基本原理，方便地定性和定量得出最佳工艺所需加热时间和加工温度。

在一定含水率条件下，茶叶在制品的导温系数为一定值，茶叶在制品在温度场中的时间不同，温升也不同。温度场温度与在制叶温度之差越大，茶叶升温速度也就越快，达到一定温升所需时间越短；反之，温差越小，升温越慢，需较长时间才能获得等同的温升。

在茶叶加工机械设计中，必须充分考虑茶叶的热力学特性。因为茶叶的导热率和导温系数均比较低，如茶叶杀青机、炒干机等炒干型热加工制茶设备，系以锅壁、筒壁以热传导为主的传热方式向茶叶传热，故在茶叶机械设计时，首先应采用优质导热金属材料，强化传热；同时应保证茶叶在制品与锅壁、筒壁的接触时间，以保证充分传热，并要使水蒸气及时散发，这就要求十分重视茶叶杀青机和炒干机的炒手设计和转速确定。

茶叶烘干机是通过热风气流穿过茶层，而使茶叶失水干燥，茶叶与热空气的换热方式主要是对流传热，传热效果较热传导方式显著增强，故在实施茶叶烘干机设计时，应将重点放在热空气（风）温度、风量以及烘干机的摊叶厚度和烘干时间等参数的合理组合上。流化床式（沸腾式）茶叶烘干机，由于在设计时，充分考虑了茶叶的热力学特性，运用在相同温度场下，单粒茶叶比一堆茶叶更易升温、失水效率更高的原理，使茶叶在烘干过程中呈现悬浮状态，形成单粒茶叶与热风（热原体）充分接触，利用动态干燥原理，扩大热风与茶条或颗粒的接触面积，从而提高茶叶的导温系数，增强温度传递速度，使茶叶干燥效率明显提高。

茶叶水分蒸发的快慢与茶叶导热率有关，茶叶导热率又与茶叶在制品含水率有关，随着含水率的增大而增大，含水率减少而降低。在使用茶叶烘干机进行烘青绿茶或红茶的加工过程中，茶叶干燥一般分毛火和足火两个阶段。揉捻叶的导热率大于毛火叶，因此毛火阶段消耗的热量高于足火，故毛火温度高于足火温度。这就是干燥过程中烘干机热风温度必须掌握"先高后低"原则的原因。红碎茶往往采用一次烘干，亦遵守这一原则，烘干机设计时，除考虑分层进风外，并且要使上层茶层的热风量较大，保证茶叶温度较高，甚至从上叶输送带开始就供热风进行加热，这是因为毛火阶段茶叶在制品含水率高，导热能力强，消耗的热量多，需要提供较高的烘干温度，以满足供热能力与茶叶导热能力相平衡的要求，从而提高热效率和生产率，同时还可避免升温时间过长造成茶叶焖黄。就是在茶叶干燥的同一工序，嫩叶在制品的导热系数比老叶大，热容量大，故要求嫩叶干燥时要薄摊。足火阶段在制叶的含水率已较低，导热能力显著减弱，为了使茶叶干燥设备的供热与茶叶导热能力相平衡，同时为了防止茶叶外干内不干，创造出茶叶缓慢热物理化学变化所需要的受热环境条件，最适宜的干燥方式是低温长烘，这样做从茶叶工艺学和茶叶机械工程学理论上来讲，都是合理的。

茶叶的导热性与茶叶的老嫩有关，嫩叶导热性强，老叶导热性弱。在热风温度和摊叶厚度均相同的条件下，嫩叶热容量大，叶温升高较慢，使加热时间延长；反之，老叶热容量小，叶温升高较快，干燥时间会缩短。这就是茶叶加工机械在茶叶干燥过程中要求"嫩叶薄摊，老叶厚摊"的理论根据。

鲜叶采摘后，其生命过程还在继续着，细胞仍然是活的。这种生命过程可以应用低温措施加以控制，在鲜叶贮青、乌龙茶做青等茶叶加工过程中，常常采用空调或其他制冷设备等进行降温。这时茶叶的冷却特性亦与热力特性紧密相关。因为不同的茶叶原料，内含物质、含水率和耐冷特性不同，加工中降温所需提供的制冷量与茶叶在制品比热密切相关，同时叶层温度的均匀性，也与鲜叶的导热率和导温系数有关，在有关茶叶加工机械的设计中不可被忽视。

第十二章 CHAPTER 12
中国茶叶机械化技术与装备

茶叶初制加工设备

茶叶初制机械是将茶鲜叶加工成毛茶的机械。茶叶初制机械种类较多。常用者有鲜叶处理、杀青、揉捻与揉切、发酵、烘干与炒干等机械，此外尚有乌龙茶、名优茶、新型茶加工机械和茶叶加工连续化生产线等。

第一节　鲜叶处理设备

鲜叶从茶树上采下后，由于生命活动仍在进行，故进厂以后应当立即进行保鲜贮藏、摊放和萎凋等处理，为投入全程加工作准备，这些作业所使用的设备通称鲜叶处理设备。

一、鲜叶处理的概念

鲜叶进厂后，使用有关设备进行处理，目的是防止叶温升高，蒸热变质；有时还将鲜叶分级，便于分别付制，以充分发挥鲜叶原料的潜在品质优势；同时通过保鲜和贮藏，可缓和鲜叶洪峰期的冲击；此外鲜叶处理还可脱去鲜叶的表面水和蒸发鲜叶中的部分水分，降低茶叶加工过程中能耗，保证成品茶良好的香气与滋味。

鲜叶处理的作业项目，按目的不同包括鲜叶清洗、分级、贮青，绿茶加工中的摊放，红茶、乌龙茶、白茶等加工中的萎凋等。

鲜叶贮青，是鲜叶保鲜的概念，它不要求鲜叶失水，如日本蒸青绿茶生产贮青过程中还喷水加湿，贮青的目的在于保持鲜叶新鲜不变质，从而延长贮存时间，减轻加工压力，本身是一种保鲜措施。

鲜叶摊放，是茶叶加工特别是绿茶加工中的一道工序。要求鲜叶有一定程度的失水，从树上采下的鲜叶，含水率一般为75%～78%，通过摊放一般要求达到70%～72%，即鲜叶失重率要求达到10%～15%，鲜叶摊放对于名优绿茶加工特别重要。

鲜叶萎凋，也是茶叶加工过程中的一道工序，在红茶、乌龙茶和白茶等茶类加工中使用。它要求鲜叶失水更多，鲜叶含水率一般为75%～78%，完成萎凋后的红茶萎凋叶，含水率要求达到58%～65%，减重率一般在35%～40%。在萎凋过程中，随着水分的不断蒸发失散，鲜叶内部各种物质会产生不同程度的化学变化，为形成红茶、乌龙茶和白茶等特有色、香、味、形奠定基础。

鲜叶清洗，是近几年茶叶加工中新推出的一道工序。因为茶树生长在田间，芽叶上会沉积上一定的灰尘，或受到鸟类粪便以及昆虫分泌物等的污染。鲜叶进厂后，如能用清水进行清洗，则可显著减少上述沾染物，并且可部分减少农药的残留，保证茶叶产品的清洁卫生。

鲜叶分级，是因为茶叶采摘特别是机器采摘，难免存在芽叶的老嫩不均，大小混杂。为此对鲜叶进行大小、老嫩分档，也就是常说的分级，然后分别投入加工，利于鲜叶资源的合理利用，提高茶叶加工品质。

茶叶加工常用的鲜叶处理设备，包括鲜叶进厂后的鲜叶清洗设备、鲜叶脱水设备、鲜叶分级设备；鲜叶贮青、摊放和萎凋使用的鲜叶贮青、摊放和萎凋设备；乌龙茶做青使用的萎凋、晾青等设备。

二、鲜叶清洗设备

生产中应用的鲜叶清洗设备，主要有小型鲜叶清洗机和鲜叶连续清洗机组，均处于试验应用阶段。

1. 鲜叶清洗机　如上所述，因为茶树生长在野外，新梢发出后会受到灰尘、鸟粪和喷洒农药的污染，故业界近年来有一种在茶叶加工前进行鲜叶清洗的尝试，20世纪80年代，还曾研制出一种小型鲜叶清洗机。但是由于中国的茶叶传统加工，对鲜叶均不清洗。世界上的主要产茶国，包括印度、斯里兰卡、肯尼亚和日本等，鲜叶采下后，也是不进行清洗就直接送去加工。加之后来名优茶生产兴起，一方面鲜叶采摘细嫩，本身就较为清洁，加之所研制的鲜叶清洗机缺乏脱水装置，鲜叶清洗后叶面水含量很高，影响名优茶的加工品质。故所研制的小型鲜叶清洗机仅属于原理机型，并未在生产中普遍推广应用。至21世纪初，浙江上洋机械有限公司开发出一种包括清洗、脱水和摊晾用的鲜叶连续清洗机组，使人们对鲜叶清洗和鲜叶清洗设备的应用，重新进行研讨和尝试。

20世纪80年代研制出的小型鲜叶脱水机。主要结构由清洗水池、上叶输送带、清洗输送带、喷水装置、清洗水供、排系统等组成。清洗水池是一只盛满清水的水柜，在清洗水槽内装有清洗输送带，带宽与水池形同。并装有进水管和进水阀、清洗水过滤循环利用装置和排水系统等（图 12-1）。

作业时，清洗水池装满清水，上叶输送带将鲜叶投入水池，清洗输送带上方装有两

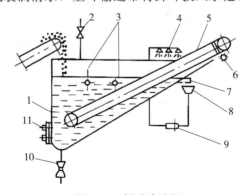

图 12-1　鲜叶清洗机

1. 清洗水池　2. 进水阀　3. 叶片　4. 喷水装置　5. 清洗输送带
6. 滞留叶清洗器　7. 溢流排水管　8. 过滤器　9. 水泵
10. 脏水排水阀　11. 放水孔

个与水池同宽、轴线平行、大小不同并处于同一水平面内的两个旋转叶片装置。两旋转叶片装置转动时角速度也保持一样。当鲜叶投入水池后，前一个叶片装置的叶片不断将鲜叶压浸到水中，并由叶片旋转形成的水流将鲜叶导向送至清洗输送带上，而后一个叶片装置则对输送带上带水的鲜叶进一步保持导向，使鲜叶不致浮起而停滞在水面上。这时喷水装置对输送带上的鲜叶进一步进行补充冲水清洗。然后随着清洗输送带的运行和逐步升高，清洗叶被带出水面而排出机外，完成清洗作业。

清洗水池水面的高低由溢流排水管控制。排出的水流进入过滤器后循环进入喷水装置重复使用，经多次使用形成的脏水，打开脏水排水阀排出机外，水池池底应经常进行清洗。水面过低时，则打开进水阀添加清水。

2. 鲜叶连续清洗机组 21 世纪初浙江上洋机械有限公司为湖北宜昌萧氏茶叶集团有限公司绿茶生产线配套设计生产出鲜叶连续清洗机组，后来该机组又被云南茶叶企业选用。是一种可单独使用，也可用在连续化生产线上的鲜叶清洗设备（图 12-2）。

鲜叶连续清洗机组的主要机构由鲜叶清洗装置、脱水装置和清洗叶摊放装置三大部分组成。清洗装置的结构原理与 20 世纪 80 年代研制的小型鲜叶清洗机基本相似，只

图 12-2 鲜叶清洗机组

是为了提高生产率，加大了机型，每小时可清洗鲜叶 200kg。脱水装置为网筒结构，网筒外装有罩壳，网筒内壁设有螺旋导板，可使清洗叶在网筒内连续前进，并且清洗叶的表面水在网筒转动的离心力作用下被甩出筒外，从罩壳下部流出而回到水池。清洗叶被排出网筒后，即被送上网带式输送装置，一边输送前进，一边由多台轴流风机对网带上的清洗叶吹风脱水，完成脱水后清洗叶被送上摊放装置。摊放装置是一台有数层网带组成的类似于网带烘干机式的装置，可保证加工叶从上至下一层层铺满，并不断连续前进。为了更好失水，摊放装置配有热风发生炉，在室温较低时，通过用方钢制成的机架兼通风管道，对每层摊叶送入约 30℃ 的低温热风。清洗叶在摊放装置上表面水不断散发，含水率被降至 70% 左右，出叶后即投入下一工序的加工。鲜叶脱水机组各部件运行、清水加入、池内清洗水过滤循环使用、鲜叶投放、摊放装置热风或冷风送入等均由统一安装在电力控制箱内的单片机控制系统控制，基本上实现了连续化、自动化作业。

从作业原理和实际应用效果来看，鲜叶连续清洗机组的清洗装置效果良好，据测定可将滞留于芽叶上的 70% 以上的灰尘清洗掉，并且可降低部分农药在芽叶上的残留，清洗叶摊放装置的摊放效果也较理想。但机组存在的不足之处是，脱水网筒上易粘叶和脱水不足，尽管在此后的网带输送机上进行了吹风补脱，仍然较难达到表面水脱水要求，尚待进一步改善。

三、 鲜叶脱水机

鲜叶脱水机主要是为名优茶加工中雨水或露水鲜叶的叶面水脱除而研制，以减少摊放时间，保证成茶色泽绿翠和香气、滋味良好，减少加工中燃料消耗（图12-3）。

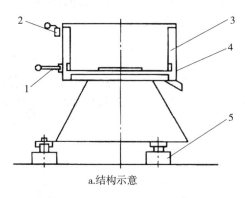
a.结构示意

b.机器外形

图12-3　鲜叶脱水机
1. 刹车装置　2. 电器开关　3. 脱水转筒　4. 机体　5. 减振底座

1. **鲜叶脱水机的主要结构**　鲜叶脱水机的工作原理和结构，与家用洗衣机的脱水机基本相似。主要结构由转筒、机体、座垫总成、刹车装置、电动机和开关等组成。转筒是脱水机的核心部件，直径65cm，用冲孔不锈钢板卷制而成。转筒系高速回转部件，工作转速为940r/min，转筒外缘转动的最大线速度为32m/s。机体为整台机器的支承部件，承载机器重量及工作时所产生的扭矩和冲击力。座垫总成采用木头上垫硬橡胶，内穿地脚螺栓构成，螺栓与机体连接时，螺母不需拧得过紧。刹车装置是为了在转筒作业结束时，对转筒增加阻力，迫使转筒快速停车，以减少停车时间，提高生产效率。

2. **鲜叶脱水机的作业原理与作业效果**　鲜叶脱水机使用离心式工作原理，作业时电动机带动转筒作高速旋转，在离心力作用下，鲜叶所携带的表面水被甩离叶面，通过转筒壁上的冲孔甩出筒外，并通过排水管道排出机外，完成脱水作业。

实际应用表明，鲜叶脱水机的脱水效果良好。一般雨天采下的雨水叶，表面水含量为12％左右，就是说每加工100kg干茶，约要脱除表面水55kg左右。而茶叶加工时，每蒸发1kg水约需耗煤0.4～0.5kg，这样如使用雨水鲜叶，每生产100kg干茶，雨水原料鲜叶经脱水处理后，可以减少加工用煤约22～28kg，而脱水机的电耗则是极少的。

鲜叶脱水机作业时，是将25kg左右的雨水叶，装入网袋投入转筒内，开动机器，由于转筒的高速转动，2～3min时间即可完成脱水作业。每小时可加工雨水鲜叶200～300kg，作业性能良好。

缺点是该机作业时需靠人工将装叶网袋放入转筒和从转筒中取出等，操作较繁琐，并且作业不连续。

3. **鲜叶脱水机的使用和安全事项**　鲜叶脱水机系高速旋转机械，故安装时一定要注意机器安装平面的水平。作业前，应认真检查各部螺栓、螺母固紧，不得有松动现象，并且对转动部件加注润滑油。开机前应检查机器上及周围有无阻碍转筒转动的物件，否则应清除后再开机。操作人员应穿工作衣和戴工作帽，机器运转时，应与转筒保持足够距离，防止人身事故的发生。

由于鲜叶脱水机采用高速离心作业原理，所以机体的平衡是否良好，是机器能否正常工作的关键。除安装时应注意整机的水平度以外，作业时应注意要将装有鲜叶的网袋放在转筒正中间，并将上层鲜叶由中心向四周拨开，中部形成一个倒锥形凹坑，这样可以减少振动，防止鲜叶飞散。作业结束，在使用刹车进行停车时，操作要稳缓，不得盲目急刹，以免造成机器损坏。

四、 鲜叶分级机

目前生产中使用的鲜叶分级机，主要有竹编筛筒式鲜叶分级机和振动筛式鲜叶分级机两种。目的是将鲜叶特别是机采鲜叶中老嫩、大小和长短不同的芽叶区分开来，即所谓分级，然后分别加工，是提高茶叶加工品质的有效途径。

（一）竹编筛筒式鲜叶分级机

竹编筛筒式鲜叶分级机于 20 世纪 90 年代在浙江研发成功，一般用于名优茶鲜叶的分级。

1. 竹编筛筒式鲜叶分级机的主要结构　竹编筛筒式分级机的结构主要由竹编锥形筛筒、喂料斗、传动机构和出茶斗等组成。竹编锥形筛筒是该机的主要部件，筒壁编成边长适于名优茶分级的网眼，作业时由电动机通过传动机构带动旋转，电动机功率一般为 0.37kW，竹编筛筒转速 15r/min（图 12-4）。

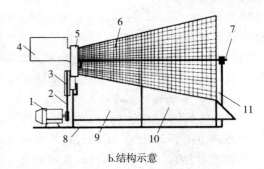

a.机器外形　　　　　　　　　　　　　　　　b.结构示意

图 12-4　名优茶鲜叶分级机

1. 电动机　2. 三角皮带　3. 主动托轮　4. 喂料斗　5. 传动摩擦轮　6. 竹编锥形筛筒
7. 筛筒支架　8. 机架　9. 最嫩鲜叶集叶板　10. 中档鲜叶集叶板　11. 较粗老鲜叶集叶板

2. 竹编筛筒式鲜叶分级机的工作原理与作业效果　竹编筛筒式分级机作业时，竹编锥形筛筒旋转，鲜叶由喂料斗从筛筒直径小的一端投入，芽叶长度大于筛筒网眼边长者，则会沿着锥筒壁的斜面运动，从出茶斗排出机外，筛分出鲜叶中长度最大即较粗老的鲜叶；而芽叶长度小于筛筒网眼边长者，则会随着筛筒的转动，通过筛筒前一段网眼落出竹编筛筒外，被收集起来，即筛分出鲜叶中长度较小即较嫩的芽叶，由于筛筒的网眼前小后大，实际上前段分出的是鲜叶中芽叶最小即最细嫩鲜叶；长度大于前段筛孔的鲜叶，沿着筛筒的斜面继续向前，当到达后部较大的筛孔段时，会穿过筛孔落下，从而分出鲜叶中较大芽叶即中等鲜叶。这样就将鲜叶分成三级，芽叶长者较粗老，短者较细嫩，再短些更细嫩，达到鲜叶分级目的。

该鲜叶分级机分级效果较好，统计表明，三个级别芽叶的分清率可达80%左右，台时生产率可达150kg左右。该机用在名优茶鲜叶、即嫩度较好的鲜叶分级效果较好，但因机采鲜叶一般较粗大，故该机用作机采叶分级效果较差。

（二）振动筛式鲜叶分级机

随着采茶用工的严重短缺，机械化采茶提上日程。机采鲜叶难免芽叶大小混杂和带入少量老梗老叶，故迫切需要研制一种鲜叶分级机用于机采叶分级，并要求在分级出的鲜叶中能有一档鲜叶用于名优茶加工。宁波市姚江源茶叶机械有限公司最近研制成功的一种使用特殊振动方式的振动筛式鲜叶分级机，基本上满足了这一要求，已在生产中逐步推广使用。

1. **振动筛式鲜叶分级机的主要结构** 振动筛式鲜叶分级机的主要结构，由筛板、传动与振源机构、控制系统、上叶输送带和机架组成。筛板用不锈钢板冲孔而成，自后向前常用的四段筛板冲孔直径分别为24～26mm、17～18mm、11～12mm、5～6mm，一般应用中，是将第二档和第三档筛下的鲜叶收集后从一个出口排出机外，故通过该机分筛实际上可以得到四档鲜叶。当然如有要求机器生产厂家也可改为分级成五档鲜叶，同时筛板可定制，以方便按照企业机采鲜叶状况和茶叶加工需求调整筛孔直径。传动与振源机构由电动机通过传动机构带动偏心曲柄机构运转，并驱动筛板向前上方作频率为600～1 000Hz的震动，偏心曲柄的偏心量为8～10mm。机架用于所有机器部件的安装，机架四角装有金属弹簧和橡胶弹簧件相结合的扭簧，筛床和筛板就装在扭簧上，以吸收筛板振动和筛床位移带来的冲击。上叶输送机安装在机器的叶端，用于将鲜叶送上筛板。机器上方设有主控制箱，装有单片机及其控制系统，可通过控制面板进行人机对话，对机器运行、筛板振动频率等参数进行设定和控制。该机可单独使用，也可配套用于连续化生产线。

图12-5 振动式鲜叶分级机

2. **振动筛式鲜叶分级机的工作原理和作业效果** 振动筛式鲜叶分级机的工作原理

是，开动机器，传动机构带动筛床和筛板等运转，通过控制系统将机器运行和筛板振动频率等按设定状况实施控制。当上叶输送带将鲜叶送上筛板后，随着筛板在振源机构带动下，向前上方振动时，鲜叶在筛板上呈动态沿筛板前进，比筛孔短的芽叶将通过筛孔下落，由于从后至前筛孔由大变小，故通过四段筛孔下落的芽叶，当然筛板也可安装成由大到小分成四级，从而达到鲜叶分级的目的。

使用测定表明，振动筛式鲜叶分级机的分级生产率，会因鲜叶的组成不同而有所差异，但一般情况下可达150kg/h左右。

对于振动筛式鲜叶分级机的应用效果，浙江省农业厅等组织有关茶叶生产企业，针对机采鲜叶分级做了多点试验，并且还对机采名优茶原料鲜叶进行了分级试验。其中，余姚市姚江源茶业有限公司使用一芽一叶为主、一芽二叶为主和一芽三叶初展为主的三批机采鲜叶，进行了名优茶鲜叶的分级试验与测定，分级后各类鲜叶所占比例测定结果见表12-1。表中1、2、3批次分别代表一芽一叶为主、一芽二叶为主和一芽三叶初展为主的三批鲜叶的分级状况。从中可以看出，例如将一芽一叶为主的鲜叶用该机进行分级，可将一芽一叶、单芽和一芽二叶鲜叶和碎叶断梗清晰分开，并且一芽一叶鲜叶占总分级叶量的69.06％，其他两批鲜叶分级的效果相似。这样就可将分级后的鲜叶，分别进行单独加工，将会显著提高成品茶的加工品质和售价。测定并表明，该机用于机采名优茶鲜叶的分级，一般情况下台时产量可达200kg/h以上。

表 12-1　振动筛式鲜叶分级机名优茶鲜叶分级效果（％）

批次	单芽	一芽一叶	一芽二叶	一芽三叶初展	碎叶断梗
1	1.24	69.06	8.95	/	20.75
2	/	4.12	81.17	5.85	8.86
3	/	/	11.06	79.97	8.97

浙江省磐安县依山茶厂是一家综合性茶业企业，拥有500亩茶园、建有茶叶加工厂、并在山东办有茶叶贸易公司。该厂的茶园多年来均采用机械化采摘，近几年正是由于最先采用了振动筛式鲜叶分级机进行机采鲜叶的分级，使该企业生产的龙井茶、红茶和香茶在山东市场上极为畅销。为了考核振动筛式鲜叶分级机的应用经济效益，2014年该企业使用振动筛式鲜叶分级机对一芽三叶以上为主的机采叶的分级效果进行了试验和测定。试验分别用600kg机采鲜叶，一组作鲜叶分级，一组作对照而不作分级，分级鲜叶与不分级鲜叶按适制茶叶类型，分别进行加工，以作分级效果和经济效益对比。对分级叶统计时，将筛板最前部筛分出的碎叶断梗作为第1口，向后第二、三段筛分出的嫩叶细茶作为第2口，再向后筛分出的长度较大但较完整的鲜叶作为第3口，最后从机器最前部筛面筛分出的最长芽叶为第4口。各口茶叶数量如表12-2所示。

表 12-2　振动筛式鲜叶分级机机采叶分级效果

投入鲜叶量（kg）	作业时间（min）	台时产量（kg/h）	分级后鲜叶分布及所占比例（kg）			
			第1口	第2口	第3口	第4口
600	260	138.5	10（2％）	30（5％）	180（30％）	380（63％）

在用分级机分级的 600kg 鲜叶中，第二口 30kg，若经简单筛分，约可取出 70％以上的鲜叶，用于加工名优茶，干茶价格可以更高，但试验中因时间匆忙和此口鲜叶也不多，未作此处理，而是将第 2 口和第 3 口的鲜叶计 210kg 加工成工夫红茶；第 4 口 380kg 鲜叶，因身骨较粗大，使用鲜叶切割机稍做切碎，用于加工香茶。对加工出的红茶和香茶毛茶进行筛分整理，整理出的副茶与第 1 口的 10kg 鲜叶加工后，一起形成出口茶片。而对照不分级的 600kg 鲜叶，则直接用来加工香茶，香茶毛茶筛分后的副茶，同样用来加工茶片。两者经济效益的对比状况见表 12-3，从中可以看出，该机用于机采叶的分级，台时产量为 138.5kg/h，并且经分级后，可将各口鲜叶原料加工成不同种类的茶叶，提高了经济效益。同样 600kg 数量的鲜叶，分级者比不分级者提高效益 817 元，提高幅度为 15％。应该说明的是，上述第二口 30kg 鲜叶现被用作了加工香茶的原料，本来可作分筛，其中分筛出的 70％鲜叶，可用来加工龙井茶 5kg，据测算还可比不分级鲜叶提高卖价约 300 元，这样一来同样 600kg 数量的鲜叶，分级者比不分级者提高效益约 1 117 元，提高幅度约可达到 20％。

表 12-3　振动筛式鲜叶分级机的效益核算

鲜叶数量（kg）	处理方式	加工茶类	干茶数（kg）	单价（元/kg）	售得金额（元）	总金额（元）
600	不分级	香茶	73.0	70.0	5 110.0	5 470.0
		茶片	15.0	24.0	360.0	
600	机器分级	红茶	33.6	80.0	2 680.0	6 727.0，扣机分工资、电费 440.0 收益提升：817.0（15％）
		香茶	53.9	35.0	3 373.0	
		茶片	11.4	24.0	274.0	

为此，各使用单位一致认为，振动筛式鲜叶分级机不仅特别适用于机采鲜叶的分级，并且用于名优茶分级也较理想，为机采鲜叶的加工和效益提升提供了有效途径，广泛普及推广，将会有力推动采茶机械化的快速发展。

（三）鲜叶分级机的使用与维修保养

鲜叶分级机使用前，应按照使用说明书进行安装，机架安装在坚硬的水泥地面上，地面要保持水平。振动筛式鲜叶分级机因采用振动式原理进行鲜叶分级，故一定要使用地脚螺钉进行安装，竹编筛筒式鲜叶分级机也应固定牢固，以保证机器运行时的稳定。

投入鲜叶分级机分级的鲜叶，应避免使用雨水叶或露水叶。

分级机作业时，要随时注意观察分级情况，及时调整投叶量。

及时检查分级机特别是振动筛式鲜叶分级机各运动部件紧固状况，如有松动应固紧。及时对机器运动部位添加润滑油，但不要加油过量，以免污染茶叶。

作业结束，应对机器进行全面清洁，清除挂在筛孔上的滞留叶。

茶季结束，应对机器进行全面保养，并保存在通风干燥场所。闲置的机器上不得放置重物，特别是竹编筛筒式鲜叶分级机的筛筒，要特别防止重压和受潮变形。

五、鲜叶贮青、摊放和萎凋设备

鲜叶贮青、摊放和萎凋的技术和设备基本相同，仅鲜叶失水程度不一样。常用的设备有网框式鲜叶摊放设备、槽式鲜叶贮青和萎凋设备、红茶萎凋槽、车式鲜叶贮青设备、连续式鲜叶萎凋设备、鲜叶摊放贮青机等。

（一）鲜叶堆积时的叶温变化

采摘后的鲜叶还具有呼吸功能，会产生二氧化碳，放出大量热量。这些热量促使堆积着的鲜叶温度发生变化。茶叶加工季节，若将鲜叶堆积，鲜叶会因呼吸作用而温度上升，大约堆积到8～12h达到升温最大值，最高处叶温可达50℃左右，平均温度为40℃左右，这时鲜叶会发红，此后叶温会有所下降，维持在低于最高温度的1～2℃。实验表明，将鲜叶堆成高0.5m、宽1m的长方形，鲜叶各部分的叶温因所处部位不同而不同。叶层上部与下部叶温存在显著差异，距上表面五分之一叶层厚度附近为最高温度区，温度可超过50℃，越往下温度越低；中间叶层温度比两侧表面温度高，差异也近于显著，自然堆积叶层各点间温度差异可达15℃。

堆积鲜叶内部热量散发的最有效办法是在叶层中通以流动空气。如对堆积鲜叶通以足量流动空气，叶层平均温度可下降10℃，中部叶层温度与两侧叶层温度差异仅有5～7℃。说明向叶层内通以流动空气，能有效地驱除叶层内部的热量。正是鲜叶堆积叶温的这种变化规律，为萎凋、摊放和贮青设备的设计提供了依据，并且确定了设备在萎凋、摊放和贮青设备作业过程中，要求经常向堆积的叶层中通入流动的冷空气，带走叶温升高而积聚的热量，避免鲜叶变质。

（二）网框式鲜叶摊青设备

网框式鲜叶摊青设备是一种适于农户、小型茶叶加工厂和名优茶加工使用的简易、小型鲜叶摊青设备。用于鲜叶的贮青和摊放作业，也可用于少量鲜叶的萎凋作业。

网框式鲜叶摊青设备是从传统室内框架式自然贮青和摊青设备形式演变而来。它是采用在室内排列若干贮青和摊青架，将鲜叶摊放在贮青帘或网盘上，利用自然气候条件进行的摊青、贮青或萎凋。它要求贮青室内通风良好，避免日光直射，可用启闭门窗或使用空调调节自然风力和空气湿度的大小，温度过低或阴雨天能加温，并要求室内各点的温度基本一致（图12-6）。

图12-6　网框式摊青设备

网框式摊青设备的主要结构由框架和摊叶帘或网盘两部分组成，目前多用者为网盘形式。框架既可用木料加工，也可用不锈钢金属材料制成。框架用于放置摊叶网盘，一般可放5～8层网盘，每层高度25～30cm。网盘边框一般用不锈钢材料制成，也有用木料制作的，底部为不锈钢丝网，每个网盘面积为 1.5m² 左右，深度约为 15cm。贮青和摊放的鲜叶就摊在盘内，网盘可用人工像拉抽屉一样从框架上自由推进和拉出，以便于上叶和出叶。框架下部装有万向轮，可自由推动，收青时将设备推向收青处，当上下所有网盘鲜叶摊满，推回贮青间，贮青间内装有空调或除湿设备，可使摊青叶在理想温、湿度下快速失水，达到理想摊放效果。春季名优茶加工季节，往往多雨，网框式鲜叶摊青设备的应用，解决了阴雨低温天气鲜叶摊放失水缓慢的难题。该设备在作贮青和摊放为主时，每平方米网盘面积摊放鲜叶 2～3kg；在进行室内自然萎凋时，每平方米网盘面积摊放鲜叶 0.5～0.75kg，随着萎凋过程的进行，可视情况进行并盘。在进行摊放作业时，室内温度要保持在 20～24℃，相对湿度为 60%～70%，嫩叶薄摊，老叶稍厚。摊放时间以 8～12h 贮青时间，不超过 24h；萎凋时间一般控制在 18h 以下为宜，若空气干燥，相对湿度低，时间可适当减少。

网框式摊青设备结构简单，投资省，易于操作，与空调和除湿机配合使用，可比传统的地面单层鲜叶贮存、摊放和萎凋节约厂房面积约 70% 以上，被广泛应用于农户、小型茶叶加工厂和名优茶加工作业。但缺点是该设备不能连续作业，并完全靠人工摊叶和卸叶。

（三）槽式鲜叶贮青、摊放和萎凋设备

槽式贮青、摊放和萎凋设备是一种用于鲜叶贮青、摊放和萎凋的鲜叶管理设备。主要有用于贮青和摊放为主的槽式贮青设备和用于摊放和萎凋为主的红茶萎凋槽等。

1. **鲜叶贮青槽** 鲜叶贮青槽是一种大型鲜叶处理设备。一般适用于大型茶加工企业，并用于大宗茶加工的鲜叶贮青与摊放作业。

（1）鲜叶贮青槽的主要结构。鲜叶贮青槽的基本结构由槽沟、多孔金属板和鼓风机等组成。槽沟建在贮青间内，从地面向下开出的一条深 50cm、宽 92cm 的长形槽沟，槽沟长度以车间允许和摊叶量需要而定，沟壁和沟底用水泥做光，两边留出放置金属孔板的止口。为保持槽面上风速均匀，沟底由前至后逐步抬高，其坡度可用公式计算，实际应用中也有粗略做出 1/100 的倾斜度的。沟槽前端装有鼓风机，鼓风机使用低压轴流风机，槽面一般与地面做平，槽面上铺钢质多孔板，从机器制造时的钢板板材充分利用和下料方便考虑，每块孔板以长 2m、宽 1m 为宜，一般用 6～12 块板连成一条槽，板上的通孔孔径大多为 2～3mm，钢质孔板的孔面积率为 30%～35%，以摊叶厚度 1m 计算，每平方米槽面可摊叶约 100kg，每块孔板约可摊放鲜叶 190～200kg，12 块板组成的贮青槽，最大摊叶量为 2 400kg。在一些大型茶叶生产企业，若鲜叶摊放量大，则可并排多开几条槽，槽与槽之间间距 50cm，间距面积以可用来摊叶。生产中槽面也有使用钢丝网或竹编网片结构的，但应注意支撑，以保证对鲜叶的承重，且不论何种材料槽板均应避免操作人员等踩踏孔板。为了避免脚踏鲜叶和鲜叶落地，目前生产上也有将部分槽体略高于地面即类似于萎凋槽一样进行构筑的。

（2）操作使用与作业效果。贮青槽的摊叶厚度一般可达 1m 以上，每平方米槽面可摊叶 100kg，并且不需翻叶。为保证摊青时的散热，可用风机交替鼓风 20min、停机 40min，夜间或气温较低时，停机时间可适当加长，白天或气温较高时，则停机时间可缩短一些（图 12-7）。

鲜叶贮青槽用于鲜叶贮青，要求持续 1d 以上时间，茶叶应尽可能地保持原有的物

a.设备外形

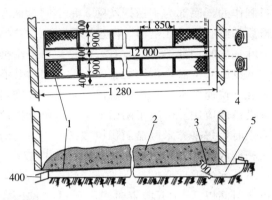

b.结构示意

图 12-7 鲜叶贮青槽

1. 通风板 2. 鲜叶 3. 排水沟 4. 风机 5. 弯形风道

理、化学特性，因此，贮青装置仅需将积聚在堆积叶层内的热量驱散出去即可，故风机所需风量不大，大约为 $4 \times 10^{-4} \mathrm{m^3/kg \cdot s}$。

鲜叶贮青槽用于鲜叶摊放，时间约在 $10 \sim 20 \mathrm{h}$ 间，也可略小于 $10 \mathrm{h}$，鲜叶摊放的减重率为 $10\% \sim 17\%$。试验表明，风机风量在 $(3 \sim 7) \times 10^{-3} \mathrm{m^3/(kg \cdot s)}$ 间是可取的。在此风量下限时，叶层内温度与室内温度持平，而在上限时则低于室内温度。

需要说明的是，上述风量的确定均由实验所得。不同的堆高与通风方式会影响茶叶的物理性状。上述数据适合于如下条件：贮青堆高 $1 \mathrm{m}$，即堆积量为 $100 \mathrm{kg/m^2}$ 至摊放叶层高 $60 \mathrm{cm}$，摊叶量为 $60 \mathrm{kg/m^2}$。鲜叶贮青槽的通风方式为间断式，每通风 $20 \mathrm{min}$ 即停止 $40 \mathrm{min}$，然后再通风。这种通风方式有利于叶层上下一致，不会因下层叶子疲软被压而"结块"。

（3）槽底坡度的计算。鲜叶贮青槽的槽体底部横向是水平的，纵向是倾斜的，前部深，后部浅。纵向倾斜的目的是为了保持槽体内部各点的静压相等。由于流入槽体内部的空气压头逐渐地通过叶层不断流失和降低，会造成鼓入前端叶间的空气量多于后端。为此，采用贮青槽横断面面积逐渐缩小设计，使槽体前后静压保持不变，以使前后叶层间的通风量均衡和萎凋程度均匀。槽体槽底坡度可用下式计算：

$$\operatorname{tg}\alpha = b \left[1 - (1 - 1/L) \sqrt{\frac{Q^2}{Q^2 - S^2 V_i^2}} \right] \tag{12-1}$$

式中：b——槽体进风口高度（m）；

　　　L——槽体本体长度（m）；

　　　Q——空气流量（$\mathrm{m^3/s}$）；

　　　S——槽体进风口断面面积（$\mathrm{m^2}$）；

　　　V_i——单位长度沿程压力损失 h_i 对应的流速（m/s）。

此式由流体力学中的柏努利方程式推导得之，式中，

$$V_i = \sqrt{\frac{h_i}{0.006}} \ (\mathrm{m/s}) \tag{12-2}$$

h_i 为气流从某一过流断面经单位长度 $1 \mathrm{m}$ 流到另一过流断面的压力损失。h_i 与槽

壁粗糙度、空气流速、槽体形状有关。部分常见的槽式设备（混凝土壁）的 h_i 可从有关工程流体力学书籍中查找。

2. 红茶萎凋槽　红茶萎凋槽是一种主要用于红茶鲜叶萎凋、并可用于其他茶类鲜叶摊放、贮青和萎凋作业的槽式鲜叶处理设备。

（1）红茶萎凋槽的主要结构。红茶萎凋槽的主要结构由槽体、轴流风机和热风发生炉等组成。槽体在萎凋间内地面上构筑，可视厂房和茶叶加工需求进行不同设计，一般采用槽宽 1.5～2.0m，长 10～20m，高 0.8～1m，摊叶面积 15～40m²。槽体两侧为平行壁板，一般用砖头砌成，水泥粉面，也可用木板或铁板等构筑。为了保证吹向槽面的热风风速均匀，槽底同样要做成一定斜坡，坡度大小亦可根据式（12-1）和（12-2）进行计算，也可凭经验进行构筑，一般在进口 500mm 内做成 18°，随后做成 2.5°～3.0° 的斜坡，槽底要求平整光滑。槽体前部为连接轴流风机的方锥形进风管，进风管长度为 1.5～1.8m。槽体后端则装置轴承架与滚轴，以便卷帘卸茶。萎凋槽槽面有的用金属孔板或网板做成固定形式的，有的是在槽面上使用直径 16mm 的圆钢作横挡（间距 1m），再用直径 10mm 圆钢作直挡搁条，其上部就可搁置萎凋帘，萎凋帘稍宽于槽体，以竹篾编制或用尼龙帘网做成，帘上摊放青叶（图 12-8）。

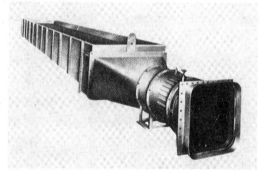

a.金属结构槽体

b.砖木结构槽体

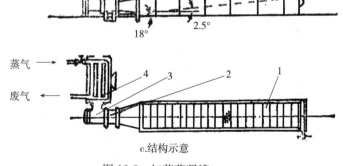

c.结构示意

图 12-8　红茶萎凋槽
1. 槽体　2. 风机　3. 空气调节装置　4. 热风装置

轴流风机装于萎凋槽的前端，由于萎凋槽一般摊叶厚度为 20cm，穿透叶层风压仅需 245Pa，故萎凋槽一般选用风量大、压头为 3.3～4.0kPa 的 7 号轴流风机，转速

1 440r/min，小时送风量 16 500～20 000m³，配用电动机 2.8kW。为保证进入槽体的空气温度适当和风速均匀，风机和槽体连接风道做成左右方向完全对称的喇叭形，风机前面装有冷、热风门，调节进入槽体的风量及温度。风既是热量传导的介质，又能及时吹散萎凋叶蒸发出的水蒸气。萎凋槽的供风量不足，将会影响水分散失的速度；若供风量过大，叶层出现"空洞"，鲜叶特别是大叶种的鲜叶更易产生红变和萎凋不匀。供风量的大小，应根据叶层厚薄和叶质柔软程度，即依叶层通气量的大小需要，通过进风管内的闸门开度调整，进行适当调节。萎凋槽常用的热风发生炉，结构与茶叶烘干机使用的金属式热风炉形式一样，热风炉产生的热风由风机鼓入槽体并穿过多孔板和叶层对鲜叶进行萎凋。另外，生产中也有使用蒸汽发热器（热交换器），即利用蒸汽锅炉所产生的蒸汽通过萎凋槽前的散热器，与流过散热器管壁的空气进行热交换，从而形成热风对鲜叶进行萎凋的。在小型萎凋槽上，也有直接在进风管内装置电热丝，使进入的冷风形成热风而进入槽体对鲜叶进行萎凋的。

（2）红茶萎凋槽的操作使用和作业效果。红茶萎凋槽作业时，摊叶面积为 15m² 小型萎凋槽，每条槽摊叶量为 240kg 左右，摊叶面积为 40m² 的大型萎凋槽可以摊放 1 500kg左右的鲜叶，是小型槽的 5～7 倍。萎凋槽的摊叶，要掌握"嫩叶薄摊"，"老叶厚摊"，小叶种一般摊放厚度 20cm 左右，大叶种 18cm 左右。摊放时要把叶子抖散摊平，使叶子呈蓬松状态，保持厚薄一致，松紧度一致，以利萎凋均匀。萎凋槽的摊叶若较厚，易造成各层叶子失水程度不一，为使萎凋均匀和加速萎凋，在萎凋过程中摊放叶应适当翻叶，一般每小时要趁停风时翻叶一次。应注意翻透，将上下层叶对翻，摊平抖松，增加叶层间通气性，动作要轻，以免损伤芽叶。雨水、露水叶在萎凋前段时间可每半小时翻叶一次，如果萎凋槽前后萎凋不一致，可把槽面上的摊放叶前后调换。萎凋槽在进行萎凋作业时，一般鼓入的空气温度要控制在 35℃左右，最高不超过 38℃，槽体前后的温度要基本一致，以获得较好的萎凋质量和较高的生产效率。就萎凋质量而言，温度适当偏低时，萎凋质量要比温度偏高时好，气流温度超过 38℃甚至达到 40℃以上，虽然可以缩短萎凋时间，提高萎凋效率，但因鲜叶失水过快，理化变化激烈，萎凋不均匀，芽叶尖端和叶缘易枯干，甚至发生红变，特别是大叶种的鲜叶，此种弊病更为显著。故即使在采摘高峰期，鲜叶量多，萎凋槽摊叶面积不够时，也只能要求增加设备，而不能采取高温快速萎凋，以保持萎凋作业时的茶叶品质。萎凋气流温度的高低，要根据季节和天气等具体情况灵活掌握，一般在夏、秋季节，自然气温较高，空气相对湿度较小，只鼓风，不加温，这样既节省燃料，萎凋品质又高；如果投入萎凋的鲜叶是雨水叶或露水叶，则要先鼓冷风，待表面水吹干后再加温，以免闷热损害鲜叶品质；萎凋前期温度可稍高，随着萎凋的进展，温度要逐步降低，下叶前 10～15min，停止加温，只鼓冷风，降低叶温，也就是温度掌握要"先高后低"。为使萎凋失水均匀，在萎凋过程中可每吹风 1h，停止鼓风 10min，效果较好。根据各地试验结果，萎凋槽进行鲜叶萎凋，以 8～12h 达到萎凋适度，萎凋叶品质较好。由于萎凋槽是采用鼓风机强制空气气流从槽面上的叶层空隙间通过，使鲜叶水分蒸发，并吹散叶表面的水蒸气，提高空气携带水蒸气的能力，同时将萎凋气流加热成适宜温度的热风，更好地提高携带水蒸气的能力，是一种人工可控制的萎凋形式，具有萎凋品质较好、设备结构简单、操作方便、造价低、工效高、节省劳力、降低茶叶加工成本等优点。

20世纪60年代中期，我国在援助非洲几内亚玛桑达茶厂时，就采用了宽1.5m、长15m可自动卸叶的较大型的萎凋槽，20世纪80年代后期以来，国外的大型萎凋槽技术，在一些大型茶厂已开始投入使用，这种萎凋槽不仅槽尺寸大，宽度达1.8～2.0m，长度达18～20m，而且风机的风量大，达到每小时送风量为36 000m³，作业效率和性能都大为改善。

3. 多层式红茶萎凋机组　采用红茶萎凋槽进行鲜叶萎凋及摊放，作业质量良好。但单层结构的红茶萎凋槽，占用车间面积大，人力上叶、卸叶用工多，劳动繁重。20世纪80年代初，浙江省东方红茶场（绍兴县茶场，现绍兴御茶村茶业有限公司）李寿彭等人研制出一套可自动上叶、卸叶层叠式的红茶萎凋槽机组。主要机构由鲜叶提升机、单轨分配输送机、10台萎凋机、振动槽等组成。萎凋机使用单层萎凋槽三层叠装。槽体长10m，宽度2m，槽体高度有所下降，进口端为35cm，尾端为5cm，三层总高度可比常规3台单层萎凋槽总高度低1m。采用机械铺叶、换层翻叶和卸叶，效果良好。鲜叶输送装置，分配采用单轨车系统，它由钢板制作的单轨及V形料斗小车组成。4个斗一组。自动开门卸料，自动关门上料，沿轨道运转，自动循环，连续输送鲜叶。作业时，鲜叶由皮带提升机提升到分配输送机料斗中，再由分配输送机分配到萎凋机料斗中，茶叶依靠重力铺放到萎凋机上层竹帘上。萎凋槽的槽面采用竹帘，鲜叶在上层竹帘上萎凋2h左右，按动电钮，使叶子自动翻落到中层竹帘上。最后又从中层竹帘自动翻落到下层竹帘。鲜叶在中、下层竹帘上的萎凋时间均在2h左右。作业时由人工注意观察，待下层叶子符合要求时，即可将萎凋叶卸入振动槽，送至下道工序。该机自动化程度较高，节省了用工，劳动强度减轻，茶叶加工品质亦好，当时虽然结构比较简陋，但还是受到茶农的欢迎。

4. 槽式鲜叶处理设备的辅助设备　槽式鲜叶处理设备，尤其是鲜叶贮青槽，其摊叶厚度可超过1m，堆叶量可达100kg/m²以上，如此多的鲜叶若用人工搬运、堆积，不仅需要大量劳力，而且还很难保证厚度均匀一致，芽叶也易损伤。因此，在大型茶叶加工企业内，必须为槽式鲜叶处理装置配备辅助设备，用以完成鲜叶撒布、集叶与输送。这种辅助设备在鲜叶贮青槽上应用较多。

鲜叶撒布机，是鲜叶进入茶厂贮青间后，将其均匀撒布到贮青槽槽面孔板上的机械。当鲜叶被运进贮青间，被立即倒入倾斜式提升输送机的地坑内，由倾斜式提升输送机提升到一定高度，再转送到另一台悬挂在房顶上的横向输送机上。横向输送机负责将鲜叶作横向输送，也称横移机。横移机的输送带可以正、反方向运行，从而使鲜叶可以到达横向的每一个位置。横移机下面布置若干台纵向输送机，它接受横移机送来的鲜叶，并用同样的方法将鲜叶送到纵向的每一个部位。纵向输送机移动，鲜叶下落，由布叶机构均匀地撒布在贮青槽的槽板上。鲜叶撒布机的布叶机构形式多样，有连续旋转的伞状布叶器，有倾斜导槽式布叶器，它不断地作水平360°转动，鲜叶沿伞状边沿或导槽下滑到贮青槽槽板上。还有一种纺锤状布叶器，边旋转边抖松叶块，并将鲜叶向两边撒开而均匀送到贮青槽槽板上。

集叶装置是一种在鲜叶完成贮青或摊放后，将贮青槽板上的鲜叶送上输送装置的装置。最简单的是一种扒送方式集叶装置。工作时悬挂于纵向输送机上的扒叶齿将鲜叶不断地扒至贮青槽槽旁的输送带上。扒送方向可以改变，以适应不同侧的需要，扒送机构的高度可调节。

输送装置是一种接受集叶装置扒送的鲜叶，并送往下一工序加工的平式输送机。位于贮青槽旁与槽同向，接受鲜叶后随即将鲜叶输送至横向平式输送机上，横向平式输送机的水平高度低于槽旁的平式输送机，故可以依靠重力相衔接。横向平式输送机收叶后即可将叶子送入下道机械去加工。输送机一般采取间歇运行，在电子控制系统的控制下工作。

5. 槽式鲜叶处理设备的安装、使用和维修保养

（1）槽式鲜叶处理设备应按设计要求认真制造和安装，槽底坡度要求设置较准确，否则将会造成前后方向鲜叶处理不均。安装时鼓风机轴心线应与槽体长度方向轴线平行，否则会造成沿槽宽度方向鲜叶处理不均。

（2）槽式装置在作业前，应清理槽面及贮青车间。萎凋用贮青槽每次作业前应清理槽底，摊放与贮青用贮青槽，应每隔一段时间清理一次槽底。

（3）人工上叶时，必须仔细小心地将青叶抖散、铺平。上叶厚度应严格控制，用于萎凋作业时，摊叶厚度一般不超过20cm；用于摊放作业时，摊叶厚度一般为60cm左右；贮青作业摊叶厚度可达1.0～1.2m。

（4）作业中应经常观察工艺进程。对萎凋作业而言，需经常检查热风管上部和槽面上的温度，如有过高或过低现象产生，就应及时调节风门大小。

（5）萎凋作业过程中需要翻叶，将上下叶层对翻，使萎凋均匀。

（6）每年茶季结束，应对设备进一次彻底清扫，特别是对角落滞留的茶叶要清扫干净，对于一些用竹帘等作槽面的萎凋槽，应对珠帘作全面检查，损坏者应修复或更换。

（四）车式鲜叶贮青设备

车式贮青设备也是一种较大型茶叶加工企业用于大宗茶加工的鲜叶贮青设备。

车式贮青设备的主要结构由鼓风机与贮青小车组成。一台风机可串联数辆小车。小车上装有槽型箱，槽型箱一般长1.8m，宽、高各1m，箱内的下部装有一块钢质孔板，板下为风室，风室前后装有风管，风管可与风机或其他小车的槽型箱风管相连，管上装有风门，板上为贮青室，每车可贮青叶200kg。

车式贮青设备工作时，风机吹出的冷风，通过风管、风室、穿过孔板并透过叶层，吹散水气，降低叶温，达到贮青的目的。付制时，脱下一辆小车，推至作业机旁，将鲜叶取出并投入加工。这种贮青设备机动灵活，使用较方便。

（五）连续式鲜叶萎凋机

连续式鲜叶萎凋机是一种结构类似于自动链板式烘干机、使用网带摊叶形式的大型萎凋设备。鲜叶由上叶输送带送入，也像烘干机那样由上向下一层层下落，直至出口，由热风炉和鼓风机供应热风或吹冷风，通过各层网带上的鲜叶，对鲜叶进行萎凋。萎凋作业时，应注意根据鲜叶的老嫩和含水率状况，适度调节进叶量、温度、风量和萎凋网带行进速度。连续式鲜叶萎凋机作业方式与烘干机相似，只是热风温度一般均控制在35℃左右。使用该机进行鲜叶萎凋作业，具有连续化作业特点，操作方便，工效高，机器占用厂房面积小，萎凋质量较好，是一种比较先进的鲜叶萎凋设备。

（六）机电一体化的鲜叶摊放贮青机

近两年中国农业科学院茶叶研究所研制出一种机电一体化的鲜叶摊放贮青机，主要

用于名优绿茶加工中的鲜叶摊放与贮青（图 12-9）。

整机由主机、人机界面电气控制系统和制冷增湿器构成。

人机界面（PLC）电气控制系统，包括人机界面（人机交互）、可编程控制器（PLC、模拟量 I/O 模块）、温湿度传感器、控制箱及辅助组件。该系统具有手动和自动操作功能，可预存 10 套（0～9）不同的工艺参数方案，通过对风机和制冷/制热增湿器的控制，自动/手动调节机内温湿度。控制器面板上能显示机器工作时的温度、湿度、进风、排风、时间等状态。

图 12-9　机电一体化的鲜叶摊放贮青机

制冷/制热增湿器由空调机和水分发生器组成，用于产生冷（热）风和水汽并送入箱体内，使箱体内保持鲜叶摊放和贮存最理想的温度和湿度。

主机结构与自动链板式茶叶烘干机类似，由箱体、摊叶装置、上叶输送带、出叶振槽和传动机构等组成。箱体由型钢和钢板制成，为了保证作业时由空调机送入的冷（热）空气和水汽发生器送入的水汽不致漏出机外，主机进、出叶端装有插板，贮叶时将插板插入进、出茶口。摊叶装置采用网带式摊叶结构，为保证摊放贮存叶的卫生安全，网带、拖动链条和所有与鲜叶直接接触部件均采用不锈钢材料加工。摊叶网带共 9 层，最上层与上叶输送带衔接，组成一个整体。出叶振槽用于将箱体后下部出叶的鲜叶送出，另配。传动机构通过电动机、减速箱和链轮、链条等驱动链条和网带运行，实现上叶和下叶。

作业时，先拉出进茶口插板，通过电器控制箱设定机器工作时温度、湿度、进风、排风、时间等。主机运转，将鲜叶均匀摊放在上叶输送带上，摊叶厚度可采取调整装在上叶输送带上的匀叶器高度进行调节。随着机器的运行，鲜叶则会自上而下均匀铺满 9 层摊叶网带，机内可摊放鲜叶 270～370kg。鲜叶铺满即停止摊叶网带的运转，并插上进、出茶口处的插板。然后根据需要可开启空调器和水汽发生器，将所产生的冷（热）空气和水汽吹入箱体内。由于每一层两边均设有通风和水汽输送管，可以保证箱内通风和水汽分布均匀，使鲜叶处于最优的摊放或贮青状态，达到理想摊放和贮青之目的。完成摊放或贮青后，抽出进、出茶口处插板，开动机器，鲜叶即从出茶口排出机外而落入出茶振槽内，送至下一工序加工。

使用表明，该机需要时可开启空调，使主机箱体内温度保持在 18～20℃，并有效控制鲜叶失水，鲜叶摊放时间在 4～12h 内，摊放叶可达到理想的含水率要求。若用于贮青，则可开启空调和加湿装置适当加湿，贮存时间达 24h，鲜叶不会变质。

该机作业性能良好，缺点是断续作业，并且上叶和出叶均需抽出插板，较麻烦。

（七）吊篮式名优茶摊青机

吊篮式名优茶摊青机是浙江恒峰科技开发有限公司为扁形茶加工所研制开发的一种

名优茶鲜叶摊青机。该机结构新颖、作业性能良好，已在各类名优绿茶加工的贮青和摊放作业中广泛应用。

1. 吊篮式名优茶摊青机的作业原理　吊篮式名优茶摊青机是把鲜叶摊放在一只只长形吊篮中。吊篮结构采用了一种儿童大型游戏机高空吊篮一样的运行原理，10 层吊篮被安装在与烘干机相似的箱体内，吊挂在箱体两侧内壁的无端曳引链上。作业时，上叶输送机将鲜叶连续投送到吊篮内，吊篮由传动结构驱动随箱体两侧的曳引链连续运行向前。摊放在吊篮内的鲜叶由除湿机不断除湿，并由风机连续向叶层送风，从而鲜叶不断失水，达到摊放之目的。

2. 吊篮式名优茶摊青机的主要结构

吊篮式名优茶摊青机的主要结构由吊篮与曳引链系统、除湿系统、供风系统、上叶装置、传动机构、箱体和自动控制系统等组成（图 12-10）。

吊篮与曳引链系统由曳引链和吊篮组成。曳引链与自动链板式烘干机所使用的曳引链基本相似，采用套筒滚子链形式。但 8 或 10 层链条皆首尾相接，两条曳引

图 12-10　吊篮式名优茶摊青机

链分别形成无端状态，由传动机构分别驱动运行在箱体两侧的 8 或 10 层轨道上，进叶口和出叶口设在箱体的同一端。每只吊篮长 1m、宽 15cm，周边折边高 3cm，可保证鲜叶摊放厚度 3cm，吊篮用不锈钢冲孔板制成，两端分别装有三角形吊挂架，三角形吊挂架顶点设有圆孔，圆孔就销挂在曳引链的链销上，能在链销上自由转动，从而保证曳引链在轨道上行走时，不论是处于水平还是倾斜和垂直状态，吊篮均会在重力作用下始终处于垂直吊挂状态，保持篮内的鲜叶不会被倒出，正如游客坐在儿童大型游戏机高空吊篮内，不论吊篮处于任何位置，游客均不会被抛出一样。在摊青机曳引链处于转弯处时，由于吊篮也可保持垂直吊挂状态而转弯，加工叶跟着方便换层。克服了自动链板式烘干机加工叶换层需要曳引链轨道断开的复杂换层结构，以及网带式烘干机等虽换层方便但两层网带仅有一层可摊叶的弊病，这种结构在茶叶机械中还是首次应用，目前生产中使用的两种型号的吊篮式摊青机上，分别装有 176 只和 276 只吊篮。吊篮式摊青机的箱体是一只由型钢和钢板制成的长方形金属箱，中间用钢板隔成一大一小的两室，小室用于安装除湿机装和风机，大室即为摊青室。除湿机通过除湿风管将箱体内带有鲜叶蒸发水分的湿空气吸入除湿机，将空气内的水分除掉并排出机外。而除湿后的干燥空气，又被装在箱体同一室内的风机吸入，通过风管和分层进风，重新送入箱体，穿透各层摊放叶，加速加工叶水分的均匀蒸发，达到摊放之目的。上叶输送带使用食品级聚酯塑胶带，前端设有进茶斗，带上设有匀叶轮，可上下调节，用于调节鲜叶摊放叶厚度，使摊叶均匀。传动机构通过调频电机、三角皮带传动和减速箱驱动曳引链和吊篮的运行，并由控制系统实施控制。吊篮式摊青机作业时，鲜叶从进口到出叶所经历时间，可在 3h 内任意调节，当摊放结束吊篮到达出茶口，翻篮构件触碰吊篮，使其向一边翻转，将摊放叶倾倒在下方的输送带上送往下一工序杀青。上叶输送机、除湿机和风机均分别由各自装置的电动机传动运转。自动控制系统由装于箱体一端外壁上的控制箱、装在箱体内

部相关位置的湿、温度等探头和有关线路组成，用于控制摊青机的作业参数和整台机器的运行。

3. 吊篮式名优茶摊青机的主要技术参数　吊篮式名优茶摊青机的主要技术参数见表 12-4。

表 12-4　吊篮式名优茶摊青机的主要技术参数

机器型号	6CT-26ZD	6CT-38ZD
吊篮数/层数（只/层）	176/8	276/10
有效谈叶面积（m²）	26	38
电动机功率（kW）	0.829	1.079
加热方式	电加热	电加热
电加热功率（kW）	3.0	5.0
小时生产率（kg/h）	30	50
耗电率（kW·h/kg 干茶）	0.10	0.09
长×宽×高（mm）	5 930×1 160×1 700	6 530×1 160×2 060

4. 吊篮式名优茶摊青机的操作使用和应用效果　机器运转前应检查减速箱内润滑油是否充足，不足应添加，在各润滑部位加注润滑油（脂）。检查上叶输送带等部位是否有影响运行的杂物或工具，如有应清除。根据鲜叶状况和加工要求，在控制箱面板上通过人机对话，进行箱体内湿度、温度和摊放时间等参数设置，一般情况下，可将箱内相对湿度参数设置在 60%～80%，温度设置在 30～35℃，摊放时间设置在 2.0～2.5h。设置完成，开动机器，使上叶输送带、吊篮和曳引链、除湿机和风机开始运转，通过上叶输送带将鲜叶连续投入摊青吊篮内，直至将所有吊篮装满。吊篮和曳引链的前进速度由自动控制系统控制，保证鲜叶从进口到出叶按设置时间完成，摊青时间最长可达到 3h，并可在 3h 内无级调节。运转过程中应随时检查摊放叶是否达到摊放工艺要求，一般情况下，摊放叶应达到叶质柔软，含水率 68%～70% 为合格，若失水过多或不足，则可通过微调摊叶厚度和摊放时间进行调节。

实际应用表明，该机结构简单，自动化程度高，操作简单方便。由于主要部件的减速箱、除湿机和风机等，均为外购成熟整机，并且主要作业部件的吊篮和曳引链，在作业状态下均为慢速游动行进状态，故障率极小。该机用于名优茶的摊放作业，摊放温度和失水程度在可控状态下实现，可保证失水均匀，摊放质量良好，这是该机能在各类名优茶摊青中很快推广应用的原因。

（八）茶叶摊青、萎凋空气处理机组

茶叶摊青、萎凋空气处理机组系宁波市姚江源机械有限公司于近几年开发出的一种利用山区水源，并装备相关制冷抽湿和加热系统，通过调控摊青室内的温湿度，实施鲜叶摊青和萎凋作业的设备。

1. 工作原理　鲜叶采用相应的摊放装置摊放在摊青间内，摊青间配套装置成套的控温、控湿系统。作业时，水冷系统使摊青间内茶鲜叶所散发出的水蒸气，在通过系统冷却塔的蒸发器时被冷凝析出；并可采用空气PTC（热敏电阻）加热板进行加热升温及采用超声波雾化方式进行加湿，维持贮青、摊放和萎凋间内的最优温、湿度。整套系统通过单片机和PLC可编程序控制系统实施程序控制，通过人机对话在PLC控制面板上输入所需设定的温度与湿度，选择贮青、摊放（青）和萎凋运行模式，系统则根据传感器传回的数据，自动运行判断目前贮青、摊放（青）和萎凋的环境温、湿度是否符合设定值，并据此启动和控制相应制冷、制热系统与加湿系统、室内空气循环系统，将温度、湿度等参数调节至设定值（回差范围），实施贮青、摊放和萎凋作业状态下的温度和湿度控制，实现不同程度失水，达到贮青、摊放和萎凋之目的。

2. 主要结构 茶叶摊青、萎凋空气处理机组的主要结构由摊青间和控温、控湿系统组成。

摊青间要求位于清洁、干燥、非阳光直射处，内置每轮摊叶400kg鲜叶的摊青装置。摊叶400kg鲜叶的小型水冷式茶叶控温控湿摊青萎凋设备，摊青装置一般使用网框式摊青装置；而每轮摊叶2 000kg鲜叶的大型水冷式茶叶控温控湿摊青萎凋设备，则使用网带式摊青装置，上叶和出叶较方便（图12-11）。

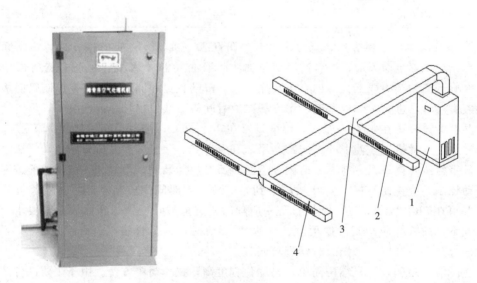

图12-11 水冷式茶叶控温控湿摊青萎凋设备的控温、控湿系统
1. 主机 2. 出风口 3. 主管道 4. 支管道

控温、控湿系统是茶叶摊青、萎凋空气处理机组的主体。控温、控湿系统的主要结构由主机、送风系统、加温系统、制冷、抽湿系统、加湿系统和控制系统组成。

主机系整个控温、控湿系统的控制中枢，包括空气循环系统、加温子系统、加湿子系统、制冷抽湿系统和包括设置采集运算显示控制电路、各种保护电路、温、湿度与压力传感器、单片机等在内的控制系统。冷却塔、循环水泵和水循环管路等装置在摊青间外。

同时，为减少作业时的故障，该机设计和具备多种自我保护。在产生故障时，会及时发出故障报警，操作人员可根据报警，排除有关故障，使机器恢复运行。

送风系统由离心风机、风管、交流接触器、热保护器组成，通过风管使摊青间内送风均匀，风温和风速适当。

加热系统由3组固态继电器、3组PTC加热板、PTC加温控制开关和温度传感器组成。加热系统可根据摊青间内的空气温度，判定加热板需要开启的组数，并将信号传递给固态继电器，通过继电器触点的开启或断开，接通或断开PTC加热板的输入电流，从而实现加热或停止加热，并且通过PTC加热的温控开关限定进入摊青间的热风最高温度。

制冷、抽湿系统由压缩机、蒸发器、冷凝器、相应的管路和压力表等组成。冷凝器的换热是通过循环水泵经过管道将冷水打上冷却塔，与送风系统管道从摊青间送来、有一定温度的湿空气进行热交换，从而完成制冷，将空气中的水蒸气冷凝析出，达到抽湿之目的。

加湿系统系在贮青作业时应用。加湿系统由超声波雾化器、电磁阀、水位开关和相应管路组成。通过超声波对水的雾化并送入摊青间，从而调节和保证摊青间内一定的湿度值，利于贮青保鲜作业。

控制系统由PLC控制器、电源模块、运算、放大与转换模块组成。其作用在于控制相应制冷、制热系统与加湿系统、室内空气循环系统，将温度、湿度等参数调节至设定值（回差范围），实施贮青作业状态下的温度和湿度自动控制。

茶叶摊青、萎凋空气处理机组安装使用的摊青间，最好设置在朝北方向的阴凉、通风处，窗、门可随时开启和关闭，作业时摊青间较密封。适用面积50m²，层高2.7~3.0m。

3. 水冷式茶叶控温控湿摊青萎凋设备的技术参数　生产中应用的水冷式茶叶控温控湿摊青、萎凋设备目前有使用5t冷却塔、鲜叶摊放量400kg和使用20t冷却塔、鲜叶摊放量2 000kg两种，可根据鲜叶处理量大小进行选择。400kg设备的技术参数如表12-5所示。

表12-5　400kg水冷式茶叶控温控湿摊青萎凋设备技术参数

项　目	参　数
型式	水冷温、湿度自控式
型号	6CTQ-10（H18）
电源（V/Hz）	380/50
接线方式	三相五线制，线径截面≥6mm²
电装机容量（kW）	15.0
压缩机功率（kW）	4.5
冷却塔水冷量（t）	5.0
每轮鲜叶摊放量（kg）	≤400

4. 茶叶摊青、萎凋空气处理机组的应用效果　茶叶摊青、萎凋空气处理机组已在一些山区具有丰富水力资源的茶叶加工企业中应用。韩震、崔娟娟等对CTQ-10（H18）型茶叶摊青、萎凋空气处理机组的应用效果进行了摊青和萎凋效果测定，其结果如下。

（1）摊放应用效果。在茶叶摊青、萎凋空气处理机组运行正常后，取鲜叶 200kg，鲜叶含水率测定结果为 77.06%。其中 100kg 采用网框式摊青装置自然摊放作为对照，100kg 采用茶叶摊青、萎凋空气处理机组进行摊放用作试验测定。自然摊放和 CTQ-10（H18）型装备同样进行 6h 的摊放。结果表明，同样含水率为 77.06% 的鲜叶，要使其含水率下降到 68%，自然摊放需要 6h，而采用水冷式茶叶控温控湿摊青萎凋设备而进行装备摊放仅需 4h，摊放时间缩短 1/3，显著提高了摊放效率，节约了摊放时间。

同时，自然摊放和茶叶摊青、萎凋空气处理机组摊放过程中鲜叶茶多酚、氨基酸和酚氨比等化学成分和酚氨比变化情况如表 12-6 所示。

表 12-6　自然摊放与设备摊放过程中化学成分和酚氨比变化

摊放时间（h）	自然摊放			设备摊放		
	茶多酚（%）	氨基酸（%）	酚氨比	茶多酚（%）	氨基酸（%）	酚氨比
0	38.03	3.02	12.61	38.08	3.02	12.61
1	37.96	3.21	11.83	37.90	3.34	11.35
2	37.58	3.55	10.59	37.28	3.81	9.78
3	37.29	3.78	9.86	36.89	4.17	8.85
4	37.13	4.05	9.17	37.68	4.22	8.93
5	37.02	4.14	8.94	38.76	4.12	9.41
6	39.45	4.18	9.44	38.23	4.24	9.02

绿茶品质的研究表明，若绿茶中茶多酚与氨基酸的比值即酚氨比越低，则绿茶滋味越鲜爽，品质越好。从表 12-6 中可以看出，不论是自然摊放还是装备摊放，在鲜叶摊放过程中，总体上茶多酚呈逐渐下降趋势，而氨基酸呈上升趋势，酚氨比不断下降。在相同摊放时间，自然摊放酚氨比大于设备摊放酚氨比，说明茶叶摊青、萎凋空气处理机组摊放更有利于绿茶加工品质的提高。

同时，当摊青叶含水率达到 68% 时，也就是说当水冷式茶叶控温控湿摊青萎凋设备摊放 6h、自然摊放 6h，分别取摊放叶 50kg，利用相同加工设备和工艺，加工成干茶，然后对干茶取样进行感官审评。结果表明设备摊放叶加工成的干茶比自然摊放叶加工成的干茶表现香气更持久，滋味也更鲜爽。与酚氨比测定结果相符。

（2）萎凋应用效果。同样取鲜叶 200kg，鲜叶含水率测定结果为 77.06%。其中 100kg 采用网框式自然萎凋作为对照，100kg 采用茶叶摊青、萎凋空气处理机组进行萎凋用作试验测定。结果表明，当设备萎凋 12h、自然萎凋 18h，萎凋叶含水率即达到试验单位余姚市岚红茶业有限公司红茶 62%～64% 的萎凋含水率要求。茶叶摊青、萎凋空气处理机组进行的设备萎凋比自然萎凋缩短了 6h，节约萎凋时间 1/3，显著提高了萎凋作业效率。同样，在萎凋叶含水率达到 63% 时，即设备萎凋 12h、自然萎凋 18h，分别取萎凋叶 50kg、用同样设备和工艺加工成干茶，进行感官审评。结果是设备萎凋叶加工成的干茶产品香气更优雅，滋味更鲜爽，说明茶叶摊青、萎凋空气处理机组更有利于红茶加工品质的提高。

六、 乌龙茶萎凋与做青设备

乌龙茶是我国特有的茶类，乌龙茶加工最特殊和关键的加工工序就是鲜叶处理工序做青，做青又包括萎凋、摇青和晾青，使用的技术与设备多不同于其他茶类，具有自身的特点。

(一) 乌龙茶鲜叶萎凋设备

乌龙茶的鲜叶萎凋设备包括室内自然萎凋设施、日光萎凋设施、电磁波与热泵萎凋设备、热风萎凋设备等。

1. 乌龙茶室内自然萎凋设施 室内自然萎凋设施，是一种在摊青室内设置萎凋架，萎凋架上放置萎凋帘或筛子，将鲜叶摊放在萎凋帘或筛子上进行萎凋形式的设施。与绿茶室内自然摊放和红茶室内自然萎凋使用的设施相似，萎凋帘或筛子上的鲜叶摊放量为 $0.5\sim0.75kg/m^2$。萎凋室室内温度保持在 $20\sim24℃$，相对湿度 $60\%\sim70\%$，风速为 $0.5m/s$ 左右。使用室内自然萎凋方式，一般 10 余个小时可达到乌龙茶鲜叶的萎凋要求，萎凋质量较好。但是遇有低温或高湿天气，不仅萎凋时间加长，萎凋质量也下降，并且室内自然萎凋占用场地大，需要的架、筐数量多，作业时劳动力消耗多，不能满足大生产需求。

2. 乌龙茶日光萎凋设施 乌龙茶日光萎凋设施是一种利用日光使鲜叶失水萎凋的设施。日光萎凋在一般红、绿茶加工中也使用，但乌龙茶则应用更普遍，以往就是摊在晒场地面上用日光晒，现在设施已较为完备。

乌龙茶的日光萎凋设施一般由晒青场、围墙、棚架、晒青布、遮光系统等组成。晒青场一般为水泥砂浆地面，周围设排水沟，为清洁卫生和充分利用阳光，晒青场多设置在房顶。晒青场周围设有通花式围墙，高 $0.8m$ 左右，用于隔离防护和通风，利于鲜叶失水。棚架由直径 $20\sim32mm$、壁厚 $1.2\sim2.5mm$ 的镀锌钢管构成，呈拱形，上置透明阳光板。阳光板亦称中空板，透光率可达 $85\%\sim90\%$，并且刚性良好，重量轻，抗弯抗冲击。阳光板有平板和波形板两种，由于波形板散射光透过率高，故多用。晒青布为较耐用尼龙布做成，一般大小为 $4m\times4m$，鲜叶摊放在晒青布上，清洁卫生。为了在中午前后挡住强烈日光对鲜叶的照射，避免灼伤，晒青场上多配备遮阳系统。遮阳系统由用聚氯乙烯纤维织成的遮阳网和拉幕机构组成。市场上供应的聚氯乙烯纤维遮阳网，遮光率有 $35\%\sim90\%$ 多种，晒青场上大多使用遮光率为 70% 的聚氯乙烯纤维遮阳网。拉幕机构的作用，是由电动机通过减速器，带动固定在传动轴上的链轮转动，从而带动与遮阳网连接在一起的拉幕细钢丝绳往复运动，从而控制遮阳网的开闭。

3. 乌龙茶热风萎凋设备 福建等乌龙茶茶区用于乌龙茶萎凋的热风萎凋设备为红茶萎凋槽，摊叶厚度 $20cm$ 左右，在室温较高时，由轴流风机向叶层吹冷风，在室温较低时，由轴流风机吹送 $35℃$ 左右的热风，穿透叶层，蒸发并带走叶内水分，完成萎凋。

近年来，福建省还出现了一种动态热风快速萎凋机，主要是针对露水叶和雨水叶的萎凋。该机的主要结构类似于绿茶杀青所使用的热风式滚筒杀青机。主体结构系一筒径 $92cm$、转速 $16r/min$、内壁焊有螺旋导叶板的滚筒筒体，中心部位装有热风管。热风发生炉产生的热风，通过风机送入热风管，热风管壁密布出风孔，热风通过出风孔径向吹出，供应量达 $6\,000m^3/h$。作业时，滚筒转动，鲜叶由上叶输送带投入滚筒，在螺旋导叶板作用下，一边被翻动前进，一边与热风管出风孔吹出的温度适当的热风接触，吸收热量，蒸发水分，使叶面水迅速消失，失水速率达到每分钟 1.5%，历经 4～8min 的萎凋，鲜叶失水约 6%，然后送入综合做青即做青，萎凋、做青质量明显提高。

4. 乌龙茶电磁波和热泵萎凋设备　乌龙茶电磁波萎凋设备包括远红外萎凋设备以及广谱电磁波（TDP）萎凋设备，目前均在试验应用阶段。

远红外电磁波萎凋，是采用波长为 $3.0\times10^4\sim8.0\times10^6$ nm 的电磁波对鲜叶进行照射和发热，使鲜叶失水，达到萎凋之目的。

广谱电磁波（TDP）萎凋，是采用由 30 多种元素配方组成的电磁波发射灯管，对鲜叶进行照射，加热鲜叶使其失水，达到萎凋之目的。TDP 电磁波发射灯管发出的 $2.2\times10^4\sim5.0\times10^6$ nm 电磁波，其波谱范围较广，涵盖了紫外线、可见光、近红外、远红外线等电磁波光谱波段，其作用既为热效应，亦有生物效应，可激活酶的活性、活化金属原子并调整机体内元素比例，获得理想萎凋效果。

所谓热泵萎凋，就是将鲜叶放置在通过热泵送入温度 45℃、相对湿度在 60% 以下热风的萎凋室内，使鲜叶失水，达到萎凋之目的。其工作原理是，将 45℃、相对湿度在 60% 的热风送入萎凋室，鲜叶吸收热空气的热量而蒸发水分，热空气则放出热量并吸收水蒸气而成为湿冷空气，并从萎凋室内排出，经过除湿蒸发器，湿冷空气中的水分被冷凝除去，然后再通过冷凝器的加热升温，形成 45℃、相对湿度在 60% 以下新的干热空气，再度被风机送入萎凋室，进行下一轮的湿热交换和萎凋，直至萎凋适度。

（二）乌龙茶的做青设备

乌龙茶的做青设备包括摇青机、晾青设施、做青机和做青环境控制设备等。

1. 乌龙茶滚筒式摇青机　乌龙茶滚筒式摇青机是一种用于摇青作业的设备，由福建茶区研制成功，称之为摇青机。在台湾省茶区，浪青的含义为摇青，故也将与福建研制的摇青机相似的摇青设备称之为浪青机。台湾省浪青机贮青和晾青功能不强，主要用于摇青作业。晾青则采用竹匾，将摇青叶摊在竹匾内，然后将竹匾放在十余层高的木制晾青架上进行晾青。摇青机的主体部件为一旋转的竹编滚筒，有单筒和双筒两种形式。单筒式摇青机，传动机构布置在竹编滚筒的一端，双筒式则将传动机构放在轴向直线排列的两只滚筒之间，多可以变速，也有采用单转速式的。滚筒筒径一般为 0.8m，筒长 2～3m，鲜叶容叶量为 40～60kg。滚筒上装置滑动门便于进、出茶。作业时，由电动机通过传动机构带动滚筒旋转，滚筒内的鲜叶，随着滚筒的转动不断被翻转，通过与筒壁以及鲜叶之间的不断摩擦和轻微碰撞，叶缘细胞受到一定损伤，茶多酚产生酶促氧化，并散失叶内水分。完成一次摇青后，则送去晾青，就这样通过 3～5 次的摇、晾反复作业，完成摇青作业的全过程。多转速式摇青机，一般设有自动控制系统，开始作业前，可通过自动控制系统设定滚筒转速及摇青时间，以适应不同鲜叶摇青的需要。这种滚筒式的摇青机，在福建、广东和台湾应用都很普遍（图 12-12）。

2. 乌龙茶综合做青机　乌龙茶综合做青机是福建闽北茶区常用的做青设备。有长筒型和短筒型两种形式，以长筒型使用更为普遍，现对以 6CZ-100 型长筒型乌龙茶综合做青机为例，对乌龙茶综合做青机介绍如下（图 12-13）。

（1）乌龙茶综合做青机的主要机构。长筒型乌龙茶综合做青机是一种全金属结构、可在同一台机器中完成萎凋、摇青和晾青工序的滚筒式做青机。主要结构由滚筒、电磁

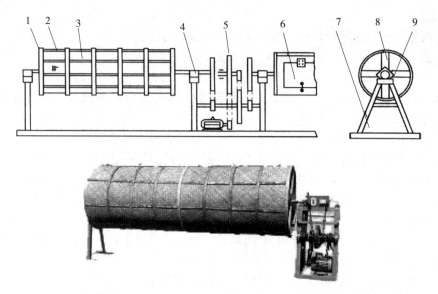

图 12-12　乌龙茶摇青机

1、2. 竹编滚筒骨架　3. 摇青竹编滚筒　4. 滚筒轴承　5. 传动机构
6. 进出茶门　7. 机架　8. 木辐条　9. 滚筒加强钢片

调速电动机、热风管、风机、加热装置、机架和控制箱等组成。

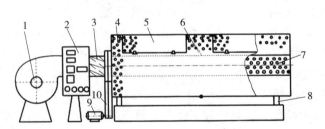

图 12-13　长筒式乌龙茶综合做青机

1. 离心风机　2. 控制箱　3. 电加热装置　4. 进出茶门　5. 滚筒　6、7. 热风管
8. 机架　9. 调速电机　10. 传动机构

滚筒是长筒型综合做青机的主要工作部件，萎凋、摇青和晾青作业均在滚筒内完成。滚筒筒径 1m，长 3m，筒长与筒径之比（L/D）较一般传统短筒型做青机增大 1 倍为 3∶1，每筒鲜叶容量可达 100～250kg。滚筒筒体用 0.8～1.0mm 的冲孔镀锌钢板卷制，也有使用 10 目和 16 目的不锈钢丝网双层卷围而成的。滚筒筒体内壁设有木质导叶板，利于加工叶的翻动和前进。筒壁上设有进茶门，端面设有出茶。滚筒由电动机通过减速机构带动转动，转速为 8～16r/min。

离心风机装在滚筒的前端，风机风压 588Pa，送风量 6 000～7 000m³/h。风机与滚筒之间装电加热器，实际上就是在一段内装热敏电阻 PTC 加热器的通风管。通风管一端接风机，另一端接热风管。热风管装于滚筒轴线部位，直径 260mm，使用镀锌冲孔钢板卷制。

控制箱由温度传感器、控温器、电子开关等组成。用于控制 PTC 电加热器、电动机、风机的启动和关闭。使摇青、晾青、通风等做青全程实现自动控制，使用方便，安全可靠。

短筒型乌龙茶综合做青机，基本结构和工作原理与长筒型一样，只是滚筒长度与直径的比值（L/D）较小，一般为 2∶1，滚筒直径为 92cm 的 6CZ-92 型短筒型综合做青机，每筒鲜叶容量 75～100kg，滚筒直径为 120cm 的 6CZ-100 型短筒型综合做青机，每筒鲜叶容量 200～250kg。其作业特点是鲜叶在滚筒内堆积厚度较大，投叶量多，保温性能好，但做青过程中透气性较差。

（2）乌龙茶综合做青机的工作原理。乌龙茶综合做青机作业时，通过控制箱设置做青参数，向滚筒内投入鲜叶。开动机器，滚筒分阶段转动，风机将冷风或者是把冷风在风管内经过 PTC 电加热器加热，形成设定温度的热风，然后送入滚筒内的热风管中，从热风管管壁冲孔中吹出，与翻动中的鲜叶接触。这时鲜叶一边随着滚筒的转动被摩擦碰撞，一边失水，实现摇青。此后便适当降温通风，使摇青叶在筒内晾青，晾青中间，适当短时间转动滚筒，翻动晾青叶，使晾青均匀。晾青结束，使晾青叶在滚筒内静置发酵，以形成乌龙茶红绿相间、七绿三红的品质风格。

（3）乌龙茶综合做青机的操作使用。乌龙茶综合做青机多用于闽北乌龙茶的做青，其操作使用分三个阶段进行。第一阶段为萎凋阶段，做青机开始工作，先吹冷风后吹热风，热风温度 35～45℃。为使萎凋均匀，每隔 30min 左右，以 8r/min 的转速，慢速转动滚筒 1～2min，使加工叶翻动散热。应注意若鲜叶含水率高，则应增加吹风量，滚筒转动时间适当缩短，反之鲜叶含水率低，则减少吹风量，适当延长滚筒转动时间。根据鲜叶状况不同，萎凋时间一般为 2～4h。为降低叶温，散发水汽，使叶内水分逐步平衡，萎凋结束再吹冷风 30min 左右。第二阶段为摇青、晾青和通风阶段。将风温控制在 25℃左右，每隔 30～60min，以 16r/min 的转速，快速转动滚筒 5～10min，晾青时间 1～2h，每次晾青结束通风 30min 左右。就这样摇青、晾青、通风反复交替进行 4～8 次。在做青过程中，摇青和晾青时间逐步递增，具体应根据加工叶状况进行灵活调整。第三阶段为发酵阶段，就是将加工叶在滚筒内静置 1～1.5h，使加工叶形成香气浓郁、色泽七分绿三分红的品质特征。

七、鲜叶切割机

如黑茶、老青茶等一些使用较粗老鲜叶进行加工的茶类，或者是使用机械采摘，采摘叶中含有部分较为粗老的鲜叶，因为鲜叶长度过大或长短不齐，很难投入茶叶杀青机和揉捻机等进行加工，故需进行切断。为此，浙江春江茶叶机械有限公司研制开发出一种专用的 6CQG-145 型鲜叶切割机（图 12-14）。

6CQG-145 型鲜叶切割机的主要结构由齿形刀片、槽体、传动机构组成。齿形刀片有两片，分别安装在主动轴与从动轴上，分别称作主动轴刀片和从动轴刀片，两只刀片之间的距离可以调整，以满足鲜叶不同切断长短的需要。主动轴、从动轴和齿形刀片均安装在切割机的槽

图 12-14　6CQG-145 型鲜叶切割机

体内，槽体上口和下口基本敞开，用于进叶和出叶。主动轴和从动轴以及装在两根轴上的齿形刀片，由电动机通过皮带和齿轮传动，作相向互为反方向转动，主动轴刀片转速为950r/min，从动轴刀片转速176r/min，正是由于两只齿形刀片的互为反方向且以不同转速高速旋转，长度过大和长短不同的鲜叶或枝条从槽体上口投入，被按要求长度快速切断，从下口排出，干脆利落，切断效果良好。该机配用电动机功率1.1kW，如将鲜叶稍作冷冻，切断效果更好，小时生产率可达300～500kg。

第二节　茶叶杀青机械

杀青是绿茶初制的第一道主要工序，同时乌龙茶、黄茶、黑茶等茶类加工中也需进行杀青作业，所使用的杀青设备大同小异。生产中常用的茶叶杀青机，主要有应用炒青原理的锅式杀青机和滚筒式杀青机、应用蒸青原理的茶叶蒸青机、应用微波为热源的微波杀青机以及杀青与咖啡因脱除共用的茶叶咖啡因脱除机等。

一、锅式杀青机

锅式杀青机是在中国茶区最早出现的杀青机，系模仿人工作业原理研发而成。历史上使用的机型有单锅式、双锅并列式、双锅连续式和三锅连续式等。使用最普遍的是双锅并列式茶叶杀青机。

1. 双锅并列式茶叶杀青机　双锅并列式茶叶杀青机，不仅是历史上曾在国内茶区生产中应用最多的锅式杀青机，而且出口到几内亚等非洲国家，由于在结构上为双锅并列、两锅分别进行鲜叶杀青作业而得名，是一种作业不连续的杀青机形式（图12-15）。

（1）双锅并列式茶叶杀青机的主要结构。双锅并列式茶叶杀青机的主要结构由炒叶机构、传动机构、机架及炉灶等部分组成。

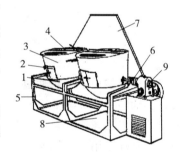

图12-15　双锅杀青机
1. 炒茶锅　2. 出茶门　3. 炒叶腔
4. 炒叶腔盖　5、6. 机架　7. 烟囱
8. 炉膛（未砌）　9. 传动机构

炒叶机构由炒叶锅、炒叶腔和炒叶器等组成。炒叶锅为铸铁锅，形状系空心正圆球的一部分，以满足安装在炒叶器上的炒手运行时与锅壁的间隙每处均相同。常用的（锅口直径×锅深）有（840mm×340mm）和（800mm×280mm）两种，锅壁厚度为3～5mm，锅沿宽5mm，利于炒叶腔安装。锅口半径、球体半径和锅深的关系可用下式表示。

$$\rho = \frac{R^2 + b^2}{2b} \tag{12-3}$$

式中：ρ——炒叶锅球体半径（mm）；

R——炒叶锅锅口半径（mm）；

b——炒叶锅锅深（mm）。

炒叶腔用薄钢板卷制或者用砖、水泥砌制而成，下口装在炒叶锅锅口上，在应用直径为840mm炒茶锅时，炒叶腔上口直径为960～980mm、高600～650mm，炒叶腔的前部设有可供开闭的出茶门，上口装有两片半圆形盖板，前盖板可以开闭，以利于作业时的"扬杀"和"闷杀"。炒叶器装在炒叶锅内的主轴上，由炒手接头、炒手杆和炒手组成，炒制时用以对加工叶的翻炒和出叶。炒手有齿形炒手和和活络出叶板两种形式。而齿形炒手又有长齿和短齿之分，长齿炒手就是模仿人的手指展开形状做成，多为4指（齿），指由长到短，与炒茶锅内壁弧线相符，各齿顶端与锅壁保持3～5mm间隙。运转时对炒制叶进行翻动和抖散，保证杀青均匀，并在杀青结束协助出叶。短齿炒手因面积小、齿短，翻叶性能差，已经很少使用。活络出叶板系宽度为50mm的弧形钢板，前沿外圆与锅壁弧度相符。板上沿炒手杆轴线方向开两只长孔，用于与炒手杆活动连接，出叶板可在炒手杆上下活动10～15mm。当活络出叶板运转至锅底时，出叶板靠自重沿长孔下移，其圆弧紧贴锅壁，会把杀青叶全部翻起，当出叶门打开，炒手和出叶活络板反转，则尽可能把杀青叶全部扫出锅外而不滞留在锅内，减少和避免杀青叶烟焦（图12-16）。

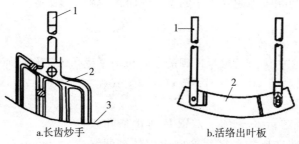

a.长齿炒手　　　　　　b.活络出叶板

图12-16　锅式杀青机长齿炒手与活络出叶板
a：1.炒手柄　2.炒手齿　3.锅壁　b：1.炒手杆　2.出叶活络板

传动机构由电动机通过三角皮带、蜗轮蜗杆减速器传动与减速，带动主轴和炒手旋转，主轴转速为24～26r/min，正转带动炒手炒茶，反转出叶。机架由角钢、钢板焊制而成，用以支撑机器全部结构。双锅并列锅式茶叶杀青机每锅各有一个炉灶，对炒叶锅加热，两灶合用一个烟囱。

（2）双锅并列式茶叶杀青机的工作原理。炉灶内燃料燃烧对炒叶锅加热，当锅温达到杀青要求时，开动机器，将鲜叶投入炒叶锅，炒叶机构的炒手回转，鲜叶被不断均匀翻炒并吸收热量，叶温迅速提高，酶的活性被迅速制止和钝化，使杀青叶保持翠绿，且叶内水分不断汽化和散失，叶质变软，叶内成分发生一系列物理和化学变化，青气消失，香气显露，完成杀青作业。

（3）双锅并列式茶叶杀青机的使用技术。双锅并列式茶叶杀青机的在进行杀青作业时，要求高温、快速。在杀匀、杀透前提下，应适当缩短杀青时间，以提高杀青品质。一般情况下，每锅投叶量5kg鲜叶左右、杀青时间掌握在8～10min为宜。作业时要求鲜叶下锅前，锅温适当要高，在锅底已烧得发蓝、锅温达到350℃左右（手持式红外测温仪测定），鲜叶下锅后能听到微微"啪啪"声为宜。投叶后一般先不加锅盖即"扬杀"1～2min，然后盖上锅盖"闷杀"，嫩叶闷杀1～2min，老叶闷杀3min左右，接着开盖"透杀"，透杀时要适当降低锅温。扬杀是为了快速散发水蒸气，闷杀是为了提高叶温，迅速破坏酶的活性，达到杀匀、杀透、杀快的目的，但闷杀时间不宜过长，否则叶色会变黄，并产生水闷气。

2. 多锅连续式茶叶杀青机　多锅连续式茶叶杀青机是在双锅并列式茶叶杀青机基础上改进而成，是一种可连续作业的锅式杀青机。其横向仍采取双锅并列，双锅由一根主轴传动。而纵向采取两台双锅杀青机或三台双锅杀青前后排列，分别称之为双锅连续或三锅连续式茶叶杀青机。

多锅连续锅式杀青机均使用锅口直径为 840mm、锅深为 340mm 的炒茶锅，每锅上部并装有上口直径 960～980mm、高 600～980mm 的炒叶腔。

以双锅连续式茶叶杀青机为例，其传动机构是电动机通过减速，带动一根主轴转动，然后再通过链传动带动另一根主轴转动，分别带动前后国内的炒叶器及炒手运转，进行鲜叶杀青，炒叶器和炒手结构与双锅并列式茶叶杀青机相同。双锅连续式茶叶杀青机主轴的转速，一般是用于投叶的第一锅主轴转速为 26r/min，第二锅主轴转速为 24r/min。

双锅连续式茶叶杀青机作业时，之所以能使前一锅的杀青叶顺利进入后一锅，是在两锅之间设立了提升式出茶门（闸门），出茶门呈长方形，下端为弧形，两边嵌装在炒叶腔上的闸门槽内，下端与锅口弧度相接吻合，出茶门可在闸门槽内通过手柄操纵自由上下，实现开门和关门。后一锅炒叶腔前部设有开启式出茶门，杀青作业完成，打开出茶门，杀青叶即被排出机外。

双锅连续式茶叶杀青机作业时，炉灶分别对前后炒茶锅加热，每锅一灶，前锅锅温较高，一般为 400～500℃（投叶前，锅底、手持式红外测温仪），后锅锅温较低，一般为 300℃，以实现"高温杀青，前高后低"，并且也可在前锅锅口适当加盖，以实现"扬杀"和"闷杀"。当锅温达到杀青要求时，在前锅投入规定数量鲜叶，进行杀青，在高温杀青阶段完成后，打开两锅间的提升式出茶门，前锅杀青叶则被炒手扫入后锅，继续进行杀青。杀青完成后，打开后锅出茶门，杀青叶被后锅炒手扫出机外，完成出叶。就这样，当前锅杀青叶完全进入后锅，则关闭两锅间出茶门，向前锅继续投叶，进行第二轮的杀青。为此，双锅连续式茶叶杀青机实现了间断（脉冲）性的连续杀青，杀青质量较好。

3. 锅式杀青机的特点　锅式杀青机与人工杀青原理相似，能满足传统杀青工艺要求。杀青过程中可"扬杀"和"闷杀"相结合，并且炒手可对加工叶有轻度的揉搓力，使部分多酚类物质产生氧化，减少了青涩味，有利于成茶获得浓醇鲜爽的滋味和黄绿明亮的汤色，杀青质量较好。故 20 世纪 70 年代以前在中国茶区获得普遍应用，连当时出口非洲的成套茶叶机械也采用了这种杀青机形式。

锅式杀青机缺点是，虽然采用了活络出叶板等机构，以减少和避免出叶不净，但仍然无法彻底根除，故易使绿茶产品产生烟焦味。并且最常用的双锅并列式茶叶杀青机不能连续作业，就是后来开发出的多锅连续式茶叶杀青机，仍然存在着生产效率低等不足，故在滚筒式茶叶杀青机开发成功并推广使用后，锅式杀青机大多已经被替代。

4. 槽式杀青机和滚槽式杀青机　槽式杀青机是 20 世纪 70 年代后期由云南和浙江茶区开发出的一种长形锅式杀青机，目的是为了使锅式杀青原理的茶叶杀青机能够彻底实现连续作业。其主要杀青部件为安装在炉灶上方的多节 U 形铸铁锅片拼接而成的长形炒茶槽锅，槽锅锅口直径有 500mm、600mm、700mm、800mm 等多种，以 700mm 者常用，锅片长度有 1 000mm、700mm、500mm 等几种。整体槽形长锅由 4～9 片锅片拼成，同样长锅上部装有炒叶腔。在槽锅锅口轴心线装有主轴，轴上装有多组与主轴轴线有一定角度的炒手。作业时，当炒茶长锅锅壁温度达到杀青要求时，上叶输送带将鲜叶从长锅进茶端投入，在多组炒手的推动和翻炒下，一边失水，一边前进，最后完成杀青，从长锅后端排出机外。由于炉灶温度布置为前段高（约为 500℃），后段低（约为 200℃），符合"高温杀青，前高后低"要求，并且杀青原理与一般锅式杀青机相近，台时产量也较高，与一般锅式杀青机相比，节能效果显著，当时被较普遍推广使用。但是大量使用发现，长形槽锅的前部锅片，因长期在高温状况下工作，下部易被烧变形下垂，锅片搭接处出现缝隙，炉烟串至锅内，导致杀青叶烧焦甚至漏茶，使加工出的成品茶普遍出现烟焦。为此，在 20 世纪 70 年代后期逐步退出使用。

为了克服槽式杀青机前段锅片的变形烧损，浙江茶区稍后又开发出一种滚槽式杀青机，在原槽式杀青机基础上，将前段锅片换成内壁置有螺旋导叶板的滚筒形式，后段仍保留槽锅炒制形式，由于高温区的滚筒在不断转动，变形烧损大为减少，然而由于滚筒与槽锅相接处仍然存在漏烟，故作少量推广后也退出使用。

二、圆筒式杀青机

圆筒杀青机是一种主要工作部件为圆筒形状的杀青机，其中包括可连续作业的滚筒式茶叶杀青机、间断作业的圆筒式茶叶杀青机与乌龙茶燃气转筒式茶叶炒青机等。滚筒式茶叶杀青机由于使用的热源不同，又包括燃煤、柴、燃油、电加热、电磁加热、颗粒生物燃料和以热风为杀青介质的热风式茶叶杀青机等。虽然从结构上讲热风式茶叶杀青机和电磁内热式茶叶杀青机也是滚筒式茶叶杀青机的一种，但由于加热部件较为特殊，故在介绍一般滚筒式茶叶杀青机基础上，再作一些特殊介绍。

（一）滚筒式茶叶杀青机

滚筒式茶叶杀青机系由中国农业科学院茶叶研究所针对锅式杀青机存在的不足，于 1958 年试制成功，后经多次改进形成的一种直至目前生产中使用最普遍、作业质量较好、生产率又较高的连续作业型杀青机（图 12-17）。

1. **滚筒式茶叶杀青机的工作原理** 炉灶内的燃料燃烧，对筒体加热，当筒体温度达到杀青要求时，鲜叶由上叶输送带送入转动的加热筒体内，在半封闭状态下直接吸收热量，使叶温迅速升高，并在螺旋导叶板的作用下，一边翻动、一边前进，叶内的水分则不断汽化，酶的活性同时被迅速钝化，使杀青叶保持翠绿，叶质变软，青气消失，香气显露，达到杀青目的，杀青叶从出口端排出，完成杀青作业。

2. **滚筒式茶叶杀青机的主要结构** 滚筒杀青机的主要结构由上叶机构、筒体、排湿装置、传动机构和炉灶等部分组成。

（1）上叶机构。滚筒杀青机的上叶机构有投叶斗和上叶输送带两种形式。投叶斗用薄钢板加工而成，接在筒体的进叶端，作业时用手工通过投叶斗向筒体内投叶，一般用在小型机型或小型企业使用的滚筒杀青机上。上叶输送带是一条倾角为 35°的食品橡胶或食品塑料输送带，一般设专用 0.25kW 微型电机通过减速带动运行。并且可通过微型电机的变频或在减速箱上设置变速机构，使上叶输送带的运行线速度在 4.7～12.7

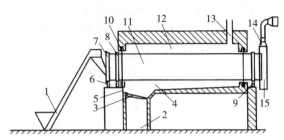

图 12-17　滚筒式杀青机

1. 上叶机构　2. 进风洞　3. 炉栅　4. 炉膛　5. 炉门　6. 传动齿轮　7. 齿圈　8. 滚圈
9. 托轮　10. 挡烟板　11. 筒体　12. 烟道　13. 烟囱　14. 除湿装置　15. 出茶口

m/min范围内调整，以适应不同鲜叶杀青的需要。输送带上部与进茶斗相接，进茶斗另一端伸入筒体，可使上叶输送带送入进茶斗的鲜叶直接进入筒体实施杀青。输送带下部有贮茶斗，用于存放鲜叶，在其上部设有匀叶器，可将输送带上的鲜叶铺放均匀，并可控制上叶厚度。匀叶器的高低可用手柄进行调节，改变匀叶器匀叶爪与输送带之间的距离，从而达到调整鲜叶投叶量的目的（图 12-18）。

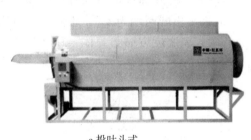

a.投叶斗式　　　　　　　　　　　　b.上叶输送带式

图 12-18　装有不同投叶装置的滚筒杀青机

（2）筒体。筒体为滚筒式茶叶杀青机的关键工作部件。筒体直径有 30cm、40cm、50cm、60cm、70cm、80cm、100cm、110cm 等多种，由 3～5mm 的薄钢板卷制而成。滚筒式茶叶杀青机系列产品采取以筒体外径厘米数作为系列型号标定的依据，其型号分别为 6CS-60 型、70 型、80 型等，如 6CS-70 型滚筒式茶叶杀青机，即为筒体直径为 70cm 的滚筒式茶叶杀青机。以往认为，如 6CS-30、40、50、60 型等小型滚筒式茶叶杀青机台时产量较低，一般应适用于生产量不大的名优茶的加工。但实际应用表明，筒体直径更大的滚筒式茶叶杀青机，由于蒸汽排除性能更好，生产率高，杀青匀透，同样可用于名优茶的杀青作业。当前名优茶杀青应用的滚筒式茶叶杀青机，6CS-80、100、110 型也常见。关于筒体长度，20 世纪 60 年代滚筒式茶叶杀青机出现时，因为使用的滚筒直径仅 50cm，筒体长度 3.3m，鲜叶因在筒内杀青时间过短，常出现杀青不透缺陷。70 年代以后，滚筒式茶叶杀青机的机型开始陆续加大，生产中开始较多使用筒径为 60cm、70cm 的滚筒式茶叶杀青机。为改进杀青性能，当时使用 70cm 直径的滚筒式茶叶杀青机，进行了滚筒筒体长度 3.3m、4.0m、5.0m 的对比试验，结果发现 3.3m

长筒体，由于两端炉灶外的传动端滚筒长度共约 60cm，中部用于杀青段筒体长度仅 2.7m，因鲜叶在筒内经历加热炒制时间过短，杀青不透。而长度 4.0m 的筒体，即使去除两端炉灶外传动段 60cm，中部高温杀青段仍有 3.6m，鲜叶可杀透杀匀。而筒体长度为 5.0m 的滚筒式茶叶杀青机，因筒体过长，虽在出口端装有排湿系统，仍然会产生排湿不足，易使杀青叶变黄，故确认 6CS-70 型滚筒式茶叶杀青机的筒体长度为 4.0m 为宜。此后又对筒体直径为 80cm、100cm 甚至更大直径型号的滚筒式茶叶杀青机的筒体长度进行实验考查，仍然认为长度以 4.0m 为好。当然，随着 80 年代后期国内名优茶生产的发展，业界研制出 6CS-30 型和 40 型等小型滚筒杀青机，使筒体长度大为缩短，为此滚筒式茶叶杀青机整个系列产品，筒体长度在 1 500～4 000mm 范围。

滚筒式茶叶杀青机筒体内壁焊有 4～6 根、高度为 5～7cm 的螺旋导叶板，螺旋导叶板一般为右螺旋。随着筒体的旋转，螺旋导叶板便会不断对加工叶进行翻动推进，达到连续杀青之目的。为了调节加工叶在筒体内的杀青时间和鲜叶杀青品质，6CS-70 型滚筒式茶叶杀青机以上型号的机器，为使鲜叶投入筒体后尽快进入高温杀青段，一般在筒体进叶端 30cm 长度内，导叶板螺旋导叶角设计成 45°；此后为稳定充分杀青，一般将导叶板螺旋导叶角设计成 15°，称为高温杀青段；杀青完成，随后进入出叶端内的 30cm，导叶板螺旋导叶角也设计为 45°，使杀青叶迅速排出机外。螺旋导叶角是指导叶板长度方向与筒体轴向的夹角，图 12-19 中的 α 角，它与导叶板长度方向与筒体径向的夹角 β 之和为 90°，即互为余角。α 角的大小，决定加工叶在筒内前进速度的快慢，在 45° 范围内，α 角越大，加工叶前进速度越快。一般进、出叶两端为 45°，中间工作段为 15°。此外导叶板在筒体内壁上焊接还有一定的后倾，其高度方向与筒体半径之间的夹角 γ 角一般为 25°。从出叶端看，筒体作顺时针转动，γ 角与筒体转动方向相反，故也被称之为后倾角。

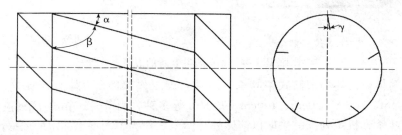

图 12-19　滚筒杀青机导叶板

部分中小型号的滚筒式茶叶杀青机，在机架前端还装置一只万向轮，万向轮的高度可用螺杆机构进行调整，使筒体后部升高或降低，升高鲜叶杀青时间缩短，反之延长，一些大型滚筒杀青机，个别也有设计成滚筒前后倾斜度可以调节的，改变加工叶在筒内经历时间，一般滚筒式茶叶杀青机的杀青时间为 1～3min。但大多数在制造或安装时，筒体前后倾角按常用需要已经固定。

（3）传动机构。滚筒式茶叶杀青机的传动机构，由电动机通过三角皮带传动等减速，带动筒体转动。带动筒体转动的机构形式有两种，一种是采用摩擦轮传动方式，即电动机的动力传动到无级变速装置，再经皮带传动传递至安装在同一支轴上的两只链轮上，分别由链条带动两根主动托轮轴、使主动托轮（摩擦轮）旋转，在摩擦力的作用下，带动筒体旋转，筒体转速一般为28r/min，转速可通过无级变速装置进行调节，调节幅度为25～30r/min。而一些小型滚筒杀青机的转速，也有固定设计成30r/min上下的。为了防止筒体跳动，还装有两只压轮，同时出茶端也装有两只托轮，用于支承筒体，目前在滚筒杀青机上多用摩擦轮传动方式。另一种为齿轮传动，即传动机构的主动齿轮，与镶在筒体最前端的齿圈啮合，带动筒体转动，由于齿圈多为铸铁浇注，并且清砂后不再加工，故主动齿轮啮合运转，往往噪声较大，并且齿轮、齿圈加工相对也不便，目前已经少用。

（4）炉灶。炉灶由炉膛、烟囱和进风洞等组成。整个筒体被包围在炉膛和烟道内，两端外露长度各为15cm左右，只要不妨碍滚圈安装露出长度越短越好，以保证筒体有尽可能的长度受热，避免两端冷区粘叶，并充分利用炉灶热量。应当指出的是，当前不少企业生产的滚筒杀青机，均存在滚筒前、后端伸出炉灶区过长，粘叶严重，是造成成品茶烟焦的原因之一，应该加以改进。燃煤柴的滚筒式茶叶杀青机，根据场地条件，炉门、通风洞可设在正面，也可以设在反面，一般一台机器设一个炉门即可。有些地区在使用滚筒杀青机时，为提高滚筒后部温度，设置二个或三个烧火炉门，这样虽能提高后部筒体温度，但多个炉膛产生的气流会有干扰，稍有不当，后部筒温会过高。实践表明，只要能正确设计和砌筑炉灶，并且合理操作，采用一个烧火口即可满足杀青工艺要求。

随着制茶新能源的深入开发，目前滚筒式茶叶杀青机的热源，从以往的单纯燃煤、柴，已经逐步过渡到使用电、石油液化气或天然气、油、颗粒型生物质燃料等形式的热源。

以电为热源的滚筒杀青机，一般使用3相交流电源，在筒体加热段与外壁距离2～3cm均匀设置环状电加热管，电热管的间距为15～20cm，并且在加热段某一固定坐标点距筒体1cm左右，装置温度传感器，与机器外部的温度控制系统相接，实现对筒体加热温度高低的控制。但是传感器是装置在加热炉膛内的某一坐标点，而这个坐标点很难掌握每台机器相同，加之测定的是炉膛烟气温度，并非筒壁实际温度，故控制系统温控仪现实的是仅是一个筒体温度参考值，每台机器所测定的温度可能均有差异，今后对可准确反映转动筒体真实温度的装置和技术，有待深入研究攻克。由于杀青是茶叶加工中消耗热能最大的工序之一，滚筒式茶叶杀青机以电为热源，需装机容量较大，如一台6CS-60型滚筒式茶叶杀青机以电为热源，电装机容量需60kW，6CS-70机型需要100kW甚至更多，故限制了电加热在滚筒式茶叶杀青机上的使用，一般以电为热源仅用在小型滚筒式茶叶杀青机上。

燃石油液化气和天然气的滚筒式茶叶杀青机，结构与以电为热源基本一样，只是将电加热炉灶改为燃气炉灶，炉灶设有进气孔，保证空气供应充足和燃烧充分。一般小型滚筒杀青机可使用石油液化气，而天然气则可用在大型滚筒式茶叶杀青机上。

燃油滚筒式茶叶杀青机，使用柴油为燃料，在炉膛内装置专用的喷油嘴，将柴油雾化后喷入炉膛燃烧对筒体加热，因燃柴油成本较高，故应用不多。

颗粒型生物质燃料，是近年来新开发出的清洁能源。由于清洁化和环保要求，茶叶加工已逐步禁止用煤，故颗粒型生物质燃料一出现，就受到茶业界的重视，在茶叶加工中很快被推广应用。颗粒型生物质燃料是一种用锯末、抚育森林枝条甚至部分稻草、麦秆等粉碎、压制加工而成的生物质颗粒燃料，低位发热值达15.0～19.2kJ/kg，近似于标准煤，有效挥发成分 80％以上，灰分一般在 1％以下，最高灰分的秸秆生物质燃料仅为 5％左右，与燃煤灰分 20％～30％相比，污染显著减少。并且生物质燃料燃烧器火力集中，似柴油燃烧器，使用方便，已较普遍替代杀青机、烘干机等机械的燃煤。使用表明，一台 6CS-60 型滚筒杀青机采用颗粒型生物质燃料燃烧炉，选用一台 41.8kJ/kg 生物质燃烧炉，小时耗燃料 20kg；6CS-70 型滚筒式茶叶杀青机配用 2 台生物质燃烧炉，燃料成本与燃煤接近，为燃煤气或电的 50％左右，清洁卫生，是一种替代茶叶加工燃煤、柴的新型清洁能源（图 12-20）。

a.颗粒型生物质燃料滚筒杀青机和燃烧器燃烧情况

b.颗粒型生物质燃料

图 12-20　使用颗粒型生物燃料的滚筒杀青机

　　（5）出叶排湿装置。滚筒式茶叶杀青机作业时，如一台每小时杀青鲜叶 300kg 的较大型号的滚筒式茶叶杀青机，平均每分钟要蒸发水分 2～3kg，筒体内湿热温度极高，在如此高温高湿条件下，如不及时快速将筒体内的蒸汽排出，势必造成杀青叶色泽黄变、香气低沉。为此在滚筒式茶叶杀青机出叶端设置了出叶排湿装置。

　　出叶排湿装置由出叶装置和排湿装置组成。排湿装置又由排湿管和排湿风机等组成。出叶装置用薄钢板焊成，一端接筒体出口，另一端装圆形门，可开启观察筒内的杀青状况，下面设有排叶口，用于杀青叶的排出，上接排湿管，排湿管一般在接近车间墙体位置与装在墙体上的离心风机相接，风机通过排湿管，将杀青机筒体内因鲜叶失水所产生的水蒸气抽出并排出车间外，防止杀青叶闷黄和产生水闷气，保持杀青叶良好的色泽和品质。

　　3. 滚筒式茶叶杀青机的操作使用　　正确的使用和操作，是保证滚筒杀青机正常工作和鲜叶杀青品质良好的重要技术措施，应十分重视。

（1）滚筒式茶叶杀青机作业前，应检查所有传动部件、紧固件，使之处于完好状态。对各润滑点加注润滑油，并清扫和排除筒内的残叶。启动机器作空机运转，检查和倾听运转有无异常，如有应停机排除后再行启动。

（2）滚筒式茶叶杀青机作业时，要先开机使筒体转动，再生火烧旺炉灶或开启电、气源对筒体加热，这样可使筒体受热均匀，防止变形。应绝对避免筒体处在静止状态下对炉灶加温。

（3）当筒体温度达到杀青温度，看到筒内稍有火星跳跃，或在筒体出口端轴线方向伸入筒内约30cm，测定筒体圆周中心气温达到90℃时，即可开动上叶输送带上叶。上叶开始鲜叶要适当多投入一些，以免产生焦叶。待杀青叶已开始从滚筒出口端排出时，开动排湿风机排湿，使筒内水蒸气排出。作业过程中要随时检查杀青质量，并根据杀青适度状况随时调整投叶量，投叶量可以用改变上叶输送带上匀叶器的高低进行控制。

（4）杀青作业结束前15min要停止向炉膛内加燃料或继续对筒体加热，以免产生焦叶。杀青结束后，首先要将炉膛内的全部残余燃料和灰渣清出或关闭电、气源，并且筒体还要继续转动15min，筒体温度降至60℃以下再行关机，同样是为了防止筒体变形。

（5）作业过程中若遇突发停电，可使用备用的摇手柄，摇动筒体使其转动，将杀青叶排出机外。

（6）作业过程中应注意对机器所有润滑点加注润滑油，特别是每天对传动齿轮齿圈、链条链轮、滚圈托轮间加注机油，加油不能过量，以免引起茶叶污染。应该提醒的是，使用摩擦轮式传动的滚筒式茶叶杀青机，传递动力一端的摩擦轮和滚圈之间不能加油，否则将引起打滑，影响传动。

（7）作业过程中如发现机器有异常声响或故障，应立即停机，迅速停止对筒体加热，进行检查，排除故障后，方可继续作业。

（8）每班作业后，应对机器和周围地面进行清扫，检查连接部件有无松动，发现应排除。全年茶季结束，应对全机进行一次彻底维护保养，清洗油污和茶垢，更换和添加新的润滑油，更换损坏的传动轴承及易损件，对炉灶进行整修维护。

4. 滚筒式茶叶杀青机的作业特点　作为目前生产中应用最普遍的滚筒式茶叶杀青机，其结构和性能有如下特点。

（1）结构简单，操作方便，运转平稳，作业连续，适于单独使用或配套到连续化生产线中使用。

（2）生产率高，如6CS-70型滚筒杀青机，每小时可杀青鲜叶300kg左右。

（3）杀青叶色泽绿翠，不会产生焦叶，香气清新，不仅适用于所有绿茶不同嫩度鲜叶的杀青作业，而且在黄茶、黑茶等茶类加工中也应用普遍。

（4）燃料消耗节省。测定表明，可比锅式杀青机节约能源50%左右。

（二）热风式茶叶杀青机

热风式茶叶杀青机，是21世纪初由浙江上洋机械有限公司等研制开发成功的新型杀青机类型，目前国内有多家茶机企业生产，并在一些大型茶叶企业获得较多应用。实际上它是滚筒杀青机的一种，只是杀青介质采用高温热风，故也称高温热风杀青机，结构较特殊（图12-21）。

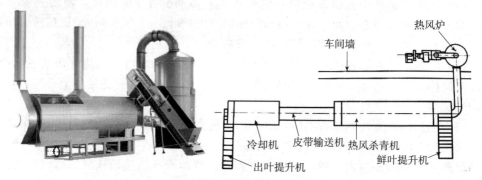

图 12-21 热风式茶叶杀青机（左）和主要结构（右）

1. 热风式茶叶杀青机的主要机构 热风式茶叶杀青机的主要结构由热风杀青主机、热风发生炉、上叶输送带、杀青叶冷却机、杀青叶和冷却叶输送装置、传动机构和机架等部分组成。图 12-21（左）照片中仅给出了热风杀青主机和热风炉、上叶输送带等，没给出杀青叶冷却机构等。事实上，在目前生产中应用的热风式杀青机上，由于后面往往单独配备杀青叶摊凉装置，故大部分热风式杀青机出厂时就不再配有专门的杀青叶冷却装置。

热风杀青主机是热风式茶叶杀青机的核心部件，鲜叶在这里完成杀青过程。主机近似于一台滚筒式茶叶杀青机，前部装有上叶输送带，但筒体外面不加热。筒体用薄钢板卷制，分为密封段（闷杀段）和脱水段，筒体中心轴线位置装有热风管，管壁上打有热风出风孔，热风发生炉产生出的高温热风，就是通过设于滚筒筒体中心部位的热风管送入滚筒筒体内，从热风管壁冲孔吹出，与鲜叶均匀接触实施杀青。并且热风被主要送到密封段，密封段也就是闷杀段，这一段滚筒筒体的筒壁上不打孔，以避免热风从筒壁逸出筒外，以保证杀青高温，利于杀青充分；而滚筒筒体再向后被称作脱水段，滚筒筒壁上打有出气孔。因为鲜叶杀青在闷杀段已基本完成，从滚筒内热风管冲孔吹出的热风，在这一段主要用作杀青叶的水分蒸发，并利用热风管供应的热风和杀青后的热风余热，进一步钝化酶的活性，蒸发出的水蒸气可通过筒壁上的孔眼逸出滚筒外，并且筒体外还罩一层罩壳，罩壳上部装有大块面积的金属网，利于水蒸气的散发。

热风杀青主机的筒体由传动机构带动转动，筒体铰接安装在机架上，可使筒体轴线方向绕铰接点销轴转动，调节筒体轴线与地平面的夹角，调节幅度为±2°，从而控制和改变杀青时间。

测定表明，热风式杀青机用于杀青的热风温度高达 300～350℃。热风发生炉主要用于产生高温热风，并由热风风机送入杀青主机筒体内，实施杀青。热风发生炉的结构与一般茶叶烘干机使用的基本一样，但测定表明，热风炉出口的热风温度应达到 500℃左右，才能保证送入杀青主机滚筒内进行鲜叶杀青的热风温度达到 300～350℃，故热风炉的炉膛等承受极高的温度负载，一般钢板极易被烧损，这就是 20 世纪末期该机初推广时，热风炉经常烧损而影响使用的原因。后来浙江上洋机械有限公司等企业通过反复试验、总结和找寻，最终发现一种原系军用的合金钢板，用作高温热风炉后部的迎火温度最高处，可以解决热风炉炉膛烧损的问题，虽钢板价格较高，但可保证高温热风炉不出故障，工作稳定，促进了热风式杀青机在生产中的普遍推广应用。

由于用于杀青的热风温度很高，故出叶后杀青叶的叶温叶也很高，故出叶后就由皮带输送机立即送往杀青叶冷却机进行冷却。冷却机主体部分是一只不锈钢丝网筒，由传动机构带动转动，并由风机向网筒内吹入足够冷风，完成冷却并进一步脱水。

2. **热风式茶叶杀青机的工作原理**　热风发生炉产生的高温热风，经热风管道主要送入热风杀青主机筒体的闷杀段，鲜叶由上叶输送带送入筒体内，在闷杀段与热风均匀接触而迅速吸收热量，叶温升高，酶的活性迅速被钝化，使杀青叶保持绿翠，基本完成杀青过程。之后随着筒体的转动，在筒体内螺旋导叶板推动下，杀青叶不断向前，进一步利用热风管送出的热风和杀青后的热风余热，蒸发水分并进一步钝化酶的活性，使杀青更为充分和均匀。出叶后的杀青叶由于叶温很高，为防止变黄，立即被送往冷却机由冷风进行冷却，并且同时蒸发部分水分，利于下一工序的揉捻。

3. **热风式茶叶杀青机的操作技术要点**　热风式杀青机使用高温热风作为杀青介质，故作业时掌握有关操作技术很重要。

（1）发火、热风发生炉运行，从而为鲜叶杀青供应温度足够高、数量足够的热风。启动热风杀青筒体、冷却网筒和各类输送带运行。

（2）当送入杀青滚筒筒体进口热风温度达到300～350℃时，上叶输送带开始投叶，掌握鲜叶在闷杀段的杀青时间为15～20s，在整个筒体内经历的总时间为2.0～2.5min。

（3）从杀青滚筒筒体排出的杀青叶，被输送带送进冷却装置的冷却网筒内冷却，冷却网筒内应保证有足够的冷风供应，这是冷却机作业的关键，冷却后的杀青叶一般叶温应在40℃左右。

（4）因为热风式杀青是一种使用高温干热空气的杀青，在闷杀段杀青时间仅15～20s，故闷杀段和脱水段的温度掌握准确和充分保证十分关键。在热风式杀青机进行杀青作业过程中，应确保进入杀青滚筒的热风温度在300℃以上，否则将杀青不足。当然风温也不能过高，过高一方面热风炉热负荷过重，另一方面容易产生杀青叶过干或产生焦边现象。

4. **热风式茶叶杀青机的作业特点和效果**　热风式杀青机用于鲜叶杀青，由于所使用的杀青介质是高温干燥热风，故能够快速完成杀青作业，生产率高，并且杀青匀、透，杀青叶色泽翠绿，含水率低于一般传统杀青形式，利于后续工序处理，成茶香气、滋味良好。

然而，由于热风式杀青机鲜叶杀青使用热风达300℃以上，热风与鲜叶的温差很大，在鲜叶与热风接触后，叶温升高甚快，在极短时间内就能完成杀青，生产中对杀青叶品质变化的掌控难度较大，杀青叶易产生干边现象，造成成茶中末茶含量增高，若稍有操作不当，杀青叶则容易产生焦边、爆点，成茶则会形成烟焦味。

同时，由于茶机生产企业对热风杀青机所使用的高温热风炉进行了特殊设计，炉膛高温区所使用的耐高温特殊合金钢板价格较贵。

（三）电磁加热式滚筒杀青机

电磁加热式滚筒杀青机，其主要杀青部件与一般滚筒式茶叶杀青机基本一样，只是使用的杀青能源系电磁加热，故名。电磁加热式滚筒杀青机是在进入21世纪后，由浙江宁波市姚江源机械有限公司开发成功并投放市场。

1. **电磁加热的原理**　电磁加热是一种利用电磁感应原理将电能转化成热能的装置，

使用电磁加热控制器将220V/50Hz的交流电整流变成直流电，再将直流电转成频率为20～40kHz或者是将380V/50Hz的三相交流电转换成直流电再将直流电转换成10～30kHz的高频高压大电流电。高速变化的高频高压大电流流过线圈会产生高速变化的交变磁场，当用含铁质容器放置在交变磁场中时，容器表面即切割交变磁力线而使含铁质容器本身产生交变的电流（即涡流），涡流使容器的铁原子高速无规则运动，原子互相碰撞、摩擦而产生热能，从而起到加热物料的作用，故被用作茶叶加工机械的热源。电磁加热就是这样一种通过把电能转化为磁能，使被钢体本身产生感应涡流而加热的加热方式（图12-22）。

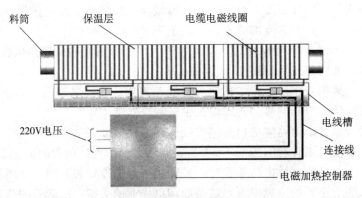

图12-22　电磁加热原理

电磁加热系统由两部分组成，即电磁加热控制板和加热线圈。受温度控制的电源，即加热输出接触器（或固态继电器）输出端，经电磁加热控制板将工频交流电整流、滤波、逆变成10～40kHz的高频交流电，连接线接到电磁加热圈上，高频交流电作用于金属被加热体，使被加热体自身发热。另外，也可以把电源直接输入到电磁加热控制板，原有的温度控制器直接通过电磁加热控制器的软启动接口来控制电磁加热控制板的工作状态。

若将上述交变磁场中的铁质容器看作是茶叶滚筒式杀青机的筒体（料筒），电磁加热器将直接作用于滚筒筒壁，通过滚筒本身产生交变的电流（涡流），涡流使容器的铁原子高速无规则运动，原子互相碰撞、摩擦而产生热能，减少了热传递热能损耗，理论上热利用率可高达95%以上。并且与电阻丝或电热管加热相比，电磁加热技术是使金属被加热体自身发热，根据具体情况在加热体外部包裹一定的隔热保温材料，通过选用优良的隔热材质，增设了一层保温层，显著减少了热量的散失，提高了热效率，节电效果十分显著。目前电磁加热已在各行各业获得应用，大量应用表明，与电阻丝或电热管加热相比，电磁加热器的加热速度要快四分之一以上，减少了加热时间。理论上可比电阻丝或电热管加热节电效果可达到50%以上，但考虑到不同质量的电磁感应加热控制器的能量转换效率不尽相同，以及生产设备和应用环境不同，故认为电磁加热的节能效果一般至少能够达到30%，最高能够达到70%。这就是茶叶滚筒式杀青机采用电磁加热为基础进行各种茶叶加工机械开发的原因。电磁加热原理同样也被用作滚筒解块和炒干机热源。

电磁内热式杀青机所使用的电磁加热基本模式为三相380V输入，经大功率桥堆整流后变成直流电，再经过IGBT模块逆变形成高频单相交流电，通过感应线圈在筒体

（加热体）上形成涡流，产生热量。但由于 IGBT 模块和桥堆工作时会产生一部分热量，故电磁加热式滚筒杀青机往往需要导入冷却水以降低 IGBT 模块和桥堆的工作温度，确保长期稳定可靠工作。

2. 电磁加热式滚筒杀青机的主要机构　电磁加热式滚筒杀青机的主要结构由滚筒筒体、出叶排湿系统、电磁加热装置、温度控制系统、传动机构和机架等组成。电磁加热装置是该机特有的热源部件。

（1）滚筒式杀青机的设计。电磁内热杀青机使用的滚筒筒体和出叶排湿系统，大体上与一般滚筒式茶叶杀青机相同，实际上就是一种采用电磁加热的滚筒式茶叶杀青机，为适应电磁加热需要，杀青机作了部分改进设计，在筒体零部件的加工精度较一般滚筒式杀青机控制更为严格，例如筒体同轴度一般滚筒式茶叶杀青机为±20mm，滚筒径向跳动一般控制在±10~20mm，而电磁加热式滚筒杀青机则分别控制到±10mm；一般滚筒式杀青机的筒体钢板厚度为4~5mm，而电磁加热式滚筒杀青机则为5~8mm。现生产中应用的电磁加热式滚筒杀青机因筒体直径不同，已形成 6CSDC-60、80、110 型等电磁加热式杀青机系列产品。

（2）电磁加热装置。电磁加热装置是电磁加热式滚筒杀青机特有的关键热源部件。6CSDC-60 型、80 型产品有 3 组、6CSDC-110 型产品有 5 组电磁内热加热装置。电磁加热装置由感应线圈和相应电磁加热控制器、软启动开关、水冷管路和信号指示灯组成，对应为筒体的前、中、后端加热。电磁加热式滚筒杀青机采用三相 380V 电源，6CSDC-60 型启动功率为 80~90kW，生产运行功率 50~60kW；6CSDC-80 型启动功率为 100~120kW，生产运行功率 70~90kW；6CSDC-110 型启动功率为 230~250kW，生产运行功率 170~190kW。在 380V 交流电变成高频单相交流电通过感应线圈使筒体产生涡流而产生热量的过程中，所使用的绝缘栅双极型晶体管（IGBT，Insulated Gate Bipolar Transistor）是由 BJT（双极型二极管）和 MOS（绝缘栅型场效应管）组成的复合全控型电压驱动式功率半导体器件（图 12-23）。

（3）温度控制系统。电磁加热的温度控制系统由温控仪、非接触红外温度传感器和开关电源等组成控制回路，用于对各段筒体温度的实时测定，并向温控仪输出信号，由温控仪反馈控制各段电磁加热控制器和感应线圈的工作状态，从而使筒体各段作业温度保持恒定。

（4）传动机构。电磁加热式滚筒杀青机的传动机构，是由直流调速电动机，通过减速箱和链传动带动摩擦轮转动，摩擦轮再带动筒体上的滚圈使筒体转动。可通过适当调整励磁电压调整调速直流电动机转速，而改变滚筒筒体转速。

（5）机架。机架用于安装所有机器部件，主机架的后部下方左右两侧设有两只承重脚，前端左右各设置一只可升降的支撑脚，支撑脚由减速电动机通过齿轮减速箱、升降螺杆和倒顺开关改变筒体前部的高低，达到改变筒体倾角而调节杀青时间的目的。

3. 电磁加热式滚筒杀青机的操作使用　电磁加热式滚筒杀青机使用前应仔细阅读使用说明书，应按说明书规定步骤进行机器使用和操作。杀青过程必须专人操作，非专业员工严禁上机作业。

检查各区开关是否处于"关"的位置，若在"开"的位置应立即转换至"关"。观察电压表，确认电压是否超过 400V，超过时不得开机。开启各区电源，待各指示灯及

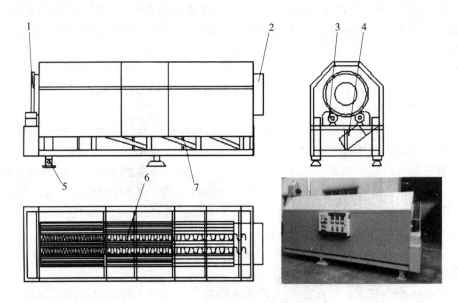

图 12-23　6CSDC-80 型电磁杀青机
1. 鲜叶进料口　2. 滚筒　3. 摩擦轮　4. 电气控制箱　5. 倾角调整支撑脚
6. 电磁加热系统　7. 机架

温控表显示正常后，打开冷却水阀，注意供水量不能过小。还应特别注意，冷水阀未打开，机器绝对不准开启加热和开机运转，因为 IGBT 模块和桥堆在缺少冷却水冷却状况下运行，将很有可能造成电磁加热系统这些重要零部件的损坏。

冷却水稳定后，开启滚筒开关，调整滚筒到适当转速后，先开启 3 区加热电源，达到 60℃时，再打开 2 区加热开关，当 2 区达到 60℃以上时，再打开 1 区加热开关，待各区温度达到设定温度打开风机电源。

这里特别提示，一定要在滚筒转速正常后再开启加热电源，因为在滚筒筒体未调整到正常转速前即开启电源加热，因电磁加热的快速响应，将会造成筒体不可逆的变形损坏。滚筒筒体温度设定和调整原则是，1~3 区温度依次下降，并各段间温度差不大于 20℃，并 1 区温度建议不超过 280℃，3 区不低于 220℃。

根据杀青的鲜叶老嫩和含水率状况，当机器上的温度表显示筒体温度达到 230~290℃时，开始投叶杀青。在开始阶段适当加大投叶量，此后匀速投叶，并随时观察杀青程度，适当调整投叶量。作业过程中还应随时观察杀青温度波动情况，若发现一段时间筒体温度上不去，则应首先检查冷却水流量是否偏小，若手试出水口水温有烫手感，则表示流量不足，应适当加大供水量，使筒体温度提高。当进行嫩度较高的鲜叶杀青时，滚筒转速采用 25r/min，加工叶在筒体内经历时间为 1.2~1.5min。当进行中档或更粗大鲜叶杀青时，滚筒转速采用 24r/min，加工叶在筒体内经历时间为 1.1~1.5min，小时鲜叶杀青量为 200kg 左右。

作业结束，当最后一批鲜叶进入滚筒时，可同时关闭上料开关和第一段的加热开关，随后关闭第二段、第三段，再关掉冷却水，当仪表温度降低至 90℃以下时可关闭滚筒和风机电源，最后关掉总电源，清洁机器和环境，润滑设备运动部件，对机器进行维护。应该特别提示，在筒体尚处加热状态和高温状态下关闭滚筒电机，使滚筒停转，也会造成筒体不可逆的变形和损坏。同时，作业过程中当水温警报器与温度警报器蜂鸣报警时，应立即按顺序关闭各区加热电源，停止作业，检查供水情况，待恢复正常后，方可重新开始运行作业。

4. 电磁加热式滚筒杀青机的使用效果　为考核电磁加热式滚筒杀青机的使用效果，宁波市姚江源茶叶机械有限公司使用一芽二叶为主的鲜叶、在同等条件下进行了 6CS-60DC 型电磁加热式滚筒杀青机和 6CS-60D 型电热管加热滚筒杀青机的对比试验，试验结果如表 12-7 所示。表中杀青电耗成本是按电价 1.0 元/（kW·h）计算。

表 12-7　6CS-60DC 型和 6CS-60D 型杀青性能比较

项　目	6CS-80DC 型电磁内热滚筒杀青机	6CS-60D 型电热管滚筒杀青机	6CS-80DC 型为6CS-60D 型的%
装机功率（kW）	90（启动用）	60	/
运行功率（kW）	60	60	/
预热时间（min）	19.5	31.0	0.63
温控效果	控制准确	供参考温度	/
生产效率（kg/h）	89.5	61.3	146
耗电率（kW/kg）	0.435	0.615	0.71
耗电成本（元/kg）	0.435	0.615	0.71
设备特性	加热快、杀青匀透、稳定性和作业环境好	杀青稳定性较差，作业环境温度高	/

从表中可以看出装机功率相同的电磁加热和电热管加热的滚筒杀青机，电磁加热机型可比电热管加热机型生产率提高 46%，耗电率和耗电成本分别下降 29%，并且电磁加热机型加热快，杀青匀透、稳定性和作业环境好，节能和经济效益提高显著。

（四）圆筒式茶叶杀青机

圆筒式茶杀青机是一种杀青部件为圆筒，并且系在一筒鲜叶杀青完成出叶后，再进行第二筒杀青的间歇式作业杀青机。在一些茶区的大宗炒青茶、烘青绿茶和乌龙茶加工中应用较普遍，应用最多的机器型号为 6CST-110 型圆筒式茶叶杀青机。

1. 圆筒式茶叶杀青机的主要结构　6CST-110 型圆筒式茶叶杀青机的主要结构由转筒筒体、主轴、传动机构、排气扇、炉灶和机架等组成。

转筒筒体是该机的主要杀青部件，直径为 110cm，筒长为 133cm，筒内轴向设筋板 4 条，与轴向夹角 24°。筒体中心装有主轴，转筒通过 2 组向各 4 根辐条与主轴连接。主轴的一端装有传动机构的主动齿轮和轴流排气扇，反转时对转筒内吸气排湿，正转时可帮助吹风出叶。转筒另一端内壁设有 4 条进、出叶螺旋板，螺旋角 45°，正转把加工叶推入筒内进行炒制，反转出叶。

机架用角铁焊制，主轴两端的轴承就安装在机架上，用于承载转筒和加工叶的全部重量。

炉灶包裹在转筒的周围，一般燃煤柴对转筒加热，进行杀青炒制。

传动机构系电动机通过三角皮带和齿轮减速，并带动装在主轴的齿轮使主轴带动转筒转动，其正反转靠操作正反开关控制。

2. 圆筒式茶叶杀青机的作业原理　圆筒式茶叶杀青机作业时，转筒转动，炉灶对转筒加热，当到达杀青温度时，向转筒内投入鲜叶，随着转筒的转动，鲜叶被筒壁高温翻炒，叶温很快升高，酶活性被迅速钝化，并不断失水，完成杀青。

3. 圆筒式茶叶杀青机的操作使用　在转筒筒温达到杀青温度要求时，向筒内投入鲜叶，每筒投叶量为 40～50kg，随即开机并开启排气扇即自动反转排湿。8～10min 完成杀青，操作转筒反转，并且轴流排气风机亦随之正转，吹风协助出叶，杀青叶排出机外。杀青叶排出机外后，下一轮的杀青作业要稍作等待，待转筒温度重新上升至杀青温度，然后投叶作下一筒的杀青。

4. 作业技术特点　圆筒式茶叶杀青机结构简单，操作方便，运转时噪声较小。采取一筒一筒间歇式作业形式，杀青匀透，并且作业效率较高，杀青叶色泽绿润，香气良好。但该机作业不连续，不利于配套茶叶加工连续化生产线作业，并且杀青叶色泽不及滚筒式茶叶杀青机绿翠。

（五）燃气乌龙茶转筒式杀青机

燃气乌龙茶转筒式杀青机，系 20 世纪末期由台湾省传入大陆，然后由福建省安溪等地开始生产的一种可用于乌龙茶炒青，也可用于绿茶杀青作业的杀青机。

1. 燃气乌龙茶转筒式杀青机的主要结构　燃气乌龙茶转筒式杀青机的主要结构由转筒、火排燃气加热系统、传动机构、控制系统和机架等组成。转筒中段为圆筒形结构，两端接锥筒结构。整个转筒筒体在中部两侧用铰销安装在机架上，并且铰销处于转筒筒体的重心位置，在转筒茶叶进、出端，用手稍用力加压，转筒即会从水平作业状态变为倾斜出叶状态。筒体外壁由保温材料包围，外包罩壳，下部敞开，便于安装燃气加热火排。电动机和传动机构安装架就装在转筒的一端，电动机和传动机构就装在安装架上，与转筒组成一体，带动转筒转动并可随转筒上下转动。传动机构的电动机系通过减速箱减速带动皮带减速装置，带动主轴使转筒旋转。该机使用石油液化气作燃料，燃烧器为直线火排式，对转动的转筒进行加热，燃烧稳定，加热均匀。机器的所有结构均装置于机架上，机架底部装有 4 只行走轮，便于移动。燃气式乌龙茶转筒杀青机按规格大小分别称之为 6CSW-85/90 型燃气乌龙茶转筒式杀青机（图 12-24）。

a.机器外形

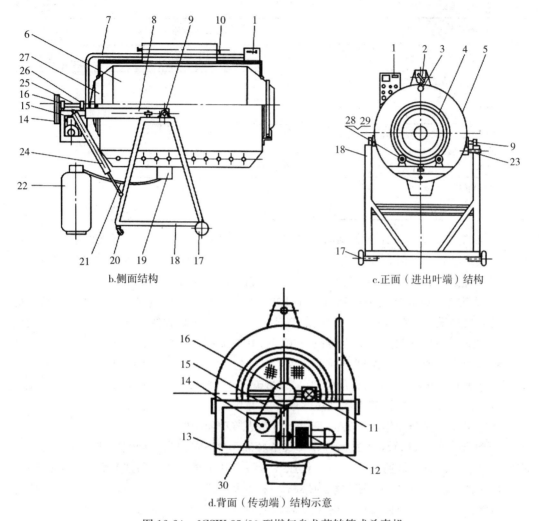

b.侧面结构　　　　　　　　　　　c.正面（进出叶端）结构

d.背面（传动端）结构示意

图 12-24　6CSW-85/90 型燃气乌龙茶转筒式杀青机

1. 控制箱　2. 热气挡板　3. 温度计　4. 转筒锥体　5. 罩壳　6. 杀青转筒　7. 电线护管　8. 固定钢板

9. 轴承　10. 燃气调节手柄　11. 排气扇　12. 调速电动机　13. 传动机构安装架　14. 主动皮带轮

15. 三角皮带　16. 从动皮带轮　17. 行走轮　18. 机架　19. 点火器　20. 万向轮　21. 液化气管　22. 液化气罐

23. 倾倒手柄　24. 缓冲器　25. 主轴　26. 主轴轴承　27. 转筒后罩　28. 托轮　29. 托轮轴承　30. 减速箱

2. 燃气乌龙茶转筒式杀青机的技术性能参数　6CSW-85/90 型燃气乌龙茶转筒式杀青机的技术性能参数如表 12-8 所示。

表 12-8　**6CST-85/90 型燃气乌龙茶转筒式杀青机技术参数**

项　目	技术参数	
	6CST-85	6CST-90
长×宽×高（mm）	1 840×1 260×1 860	2 225×1 220×1 950
转筒内径（mm）	870	880
转筒直段长度（mm）	960	1 255

（续）

项 目		技术参数	
		6CST-85	6CST-90
电动机	功率（kW）	0.75	0.75
	转速（r/min）	1 390	1 390
	电压（V）	380	380
排风机	功率（W）	85	85
	转速（r/min）	2 200	2 200
	电压（V）	220	220
转筒转速（r/min）		10~50（可调）	6~55（可调）
燃料类型		石油液化气	石油液化气

3. 燃气乌龙茶转筒式杀青机的工作原理　作业时，转筒转动，燃气燃烧对转筒加热，当到达杀青温度时，向转筒内投入鲜叶，随着转筒的转动，鲜叶被筒壁高温翻炒，叶温很快升高，酶活性被迅速钝化，加工叶不断失水，完成杀青。

4. 燃气乌龙茶转筒式杀青机的操作使用　6CSW-85/90型燃气乌龙茶转筒式杀青机工作时，接通电源，打开电控箱的电源开关，转动转速调整旋钮，调整电磁调速电动机的转速，从而将转筒调整到适当转速。顺序打开石油液化气总阀、点火气阀。燃烧器燃烧，对转筒进行加热，当温度表的示数为180℃左右时，即可投入鲜叶，投叶量不多于12.5kg。作业时可根据杀青温度需要，通过调节燃烧器进气量和排烟烟气阀门开度，调节转筒筒体温度。当转筒内蒸气过多时，打开排风扇进行排湿。杀青完成，通过手动下压筒体出叶或气动操作，使转筒倾倒，转筒边转动便出叶。

5. 燃气乌龙茶转筒式杀青机的作业技术特点　6CSW-85/90型燃气式乌龙茶转筒杀青机，是一种间歇式圆筒杀青设备，作业技术特点和杀青品质与前述间歇式圆筒式茶叶杀青机相似。但该机以石油液化气为燃料，采用火排式燃烧器，工作稳定可靠，加热均匀，清洁卫生，并且筒体温度、转速可调，能更好满足杀青工艺要求。该机设计合理，制造水平较高，外形美观，进、出叶方便。可以说是间歇式圆筒杀青机械中一种性能优良的杀青机类型。

三、蒸汽式茶叶杀青机

中国茶区使用的蒸汽式茶叶杀青机，是20世纪末浙江上洋机械有限公司和浙江春江茶叶机械有限公司等开发出的茶叶杀青机械新机种。在绿茶和部分保健茶加工中获得应用。

1. 蒸汽式茶叶杀青机的主要结构　蒸汽式茶叶杀青机，简称蒸青机，在日本应用广泛，其主要杀青部件是一只网筒。为了满足中国茶产品加工工艺要求，中国所开发的茶叶蒸汽杀青机，主要工作部件为一无端网带。故称作网带式蒸汽式茶叶杀青机。主要结构由上叶装置、杀青装置、脱水装置、冷却装置、蒸汽和热风发生炉等组成（图12-25）。

网带式茶叶蒸汽杀青机同时使用一台产生微压或无压蒸汽的蒸汽发生炉和一台产生热风的热风发生炉，蒸汽用于杀青装置实施对鲜叶杀青，热风用于脱水装置作业时对蒸

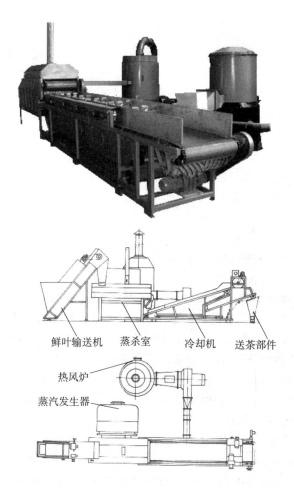

图 12-25 茶叶蒸汽杀青机

青叶脱水。网带式茶叶蒸汽杀青机使用的蒸汽发生炉，因进行了微压设计，可使蒸汽适当过热，蒸汽最高温度可达130℃。网带式茶叶蒸汽杀青机的杀青装置是一组封闭在蒸青室内的不锈钢网带装置，上叶输送带将鲜叶连续送到网带上，蒸汽发生炉送来的高温蒸汽从网带下方送入蒸汽室，然后穿透网带上的鲜叶，从而实施蒸汽杀青，并被输送前进，约在50s左右的时间内，完成蒸汽杀青，从蒸青装置排出，被送入脱水装置进行脱水。脱水装置是一组敞开式不锈钢网带装置，蒸青叶便摊放在脱水网带上随网带不断前行，热风发生炉送来的热风从网带下部送入，穿透叶层，对网上蒸青叶进行脱水，使蒸青叶的含水率降至约63%左右，送至冷却装置冷却。冷却装置同样也是一组不锈钢网带装置，由风机送来的冷风从网带下部送入，穿透叶层，对水叶进行冷却。

2. 蒸汽式茶叶杀青机的性能参数　生产中现使用的有6CSZ-300型和6CSZ-500型两种型号的茶叶网带式蒸汽杀青机。6CSZ-300型蒸汽杀青机的技术参数如下：

（1）型式：网带式茶叶蒸青机

（2）型号：6CSZ-300型

（3）台时产量（kg）：250～350

（4）鲜叶输送带

带宽（mm）：550

带速（m/min）：6.4～10.2

（5）蒸青装置

网带宽度（mm）：700

网带速度（m/min）：2.5～4.0

（6）冷却机

网带宽度（mm）：800

网带速度（m/min）：0.94～9.43

冷风机转速（r/min）：1 190

（7）蒸汽压力：微压

（8）杀青蒸汽温度（℃）：110～130

（9）脱水后茶叶失水率（％）：63 左右

（10）操作人数 （人）：4～6

3. 蒸汽式茶叶杀青机的工作原理　鲜叶由上叶输送带均匀送入蒸青室的蒸青网带上，随网带不断前行，蒸汽发生炉产生的微压高温蒸汽被送入蒸青室，从网带下方向上穿透叶层，迅速钝化酶的活性，制止茶多酚的酶促氧化作用，使加工叶保持色泽绿润，并且促进叶中成分发生物理、化学变化，蒸发青臭味，完成蒸汽杀青。蒸青叶由蒸青室排出，被送上脱水网带上，由热风发生炉送来的高温热风从下方穿过叶层，进行快速脱水。失水后的蒸青叶被送上冷却网带，继续前行，由冷风机送来的冷风同样从下方穿过叶层，将蒸青叶快速冷却。

4. 蒸汽式茶叶杀青机的使用技术　机器安装结束，应认真检查电动机和风机的转向，若发现反转，则采取调换电源相序，即两根相线换接而改正。调整蒸青室内蒸青网带、脱水、冷却网带和各传动链条的松紧度，使其适度。检查各部连接螺栓、螺钉以及销钉的紧固情况。在确认机器正常后，进行机器试运转，无异常情况，方可正式开始杀青作业。

蒸汽式茶叶杀青机作业时，蒸汽发生炉和热风发生炉运行，使其对杀青装置和脱水装置分别供应蒸汽和热风，并开动冷却机的风机使其向冷却网带上吹冷风。当蒸汽温度表和热风温度表上的指示数值均达到120℃时，便可开动上叶输送带开始上叶，由于杀青蒸汽温度很高，在50s左右时间即可完成杀青过程。作业时，为适应不同嫩度和含水率鲜叶的杀青要求，可通过手轮调节上叶输送带上匀叶器的高低，改变上叶厚度，并可通过操作无级变速手轮，调节上叶输送带的运行速度，从而改变送叶速度。与此同时，尚可调节蒸青室内蒸青网带的带速，控制杀青时间，保证杀青匀透。蒸青叶接着进入脱水、冷却装置进行热风脱水和冷风冷却，同样由于脱水热风温度较高，蒸青叶含水率迅速降低到进行常规揉捻的63％上下，并被冷却，完成蒸汽杀青工序。

5. 蒸汽式茶叶杀青机的作业技术特点　蒸汽式茶叶杀青机进行鲜叶杀青，由于蒸汽对鲜叶穿透力强，可保证杀青匀透，然后进行脱水，蒸青叶含水率可达到常规揉捻要求的63％左右，可顺利投入下一工序的揉捻，从而实现与中国绿茶后续工序的衔接。并且通过这种蒸汽杀青机的杀青，可消除传统绿茶杀青易产生的烟焦味，并可在一定程度上减轻夏、秋茶的苦涩味，成茶色泽较绿，香气也有所改善。

6.**蒸汽式茶叶杀青机的维护保养** 机器运行过程中应经常检查各部连接螺栓、螺钉、销钉的紧固和各部链条、压紧轮工作情况，随时调整。经常检查各部网带和输送带运转情况，发现网带走偏和网带、链条过松等，及时进行调整。

机器运行过程中应经常检查风机、电动机温升。电机和轴承温升应控制在75℃以下。

冷却电动机运转160h，应更换新的润滑脂，并将内部污油清除干净，以后每半年更换一次，润滑脂的牌号为40～50号减速机润滑脂。

定期检查各传动件、易损件工作状况，发现损坏及时更换。

茶季结束,应对机器进行一次全面擦拭、干燥和维修保养,保证机器的正常工作状态。

四、 微波式茶叶杀青机

微波式茶叶杀青机是世纪之交，由农业部南京农业机械化所等研发成功并推广使用。目前江苏、四川等省均有企业生产。该机还可用于茶叶的干燥。

1.**微波式茶叶杀青机的主要结构** 微波式茶叶杀青机的主要结构由磁控管、波导传输器、干燥室、能量抑制器、排风和冷却装置、传输机构、电源及控制装置等部分组成（图12-26）。

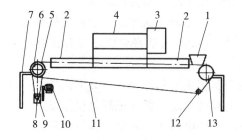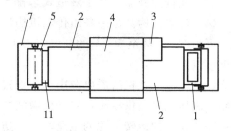

图 12-26 茶叶微波杀青机和结构示意

1. 鲜叶投料口 2. 能量抑制器 3. 电控制箱 4. 谐振箱 5. 输送带传动轴
6. 大链轮 7. 机架 8. 小链轮 9. 变速器 10 电动机 11. 输送带 12、13. 输送带轴

（1）**磁控管**。磁控管是微波式茶叶杀青机的核心工作部件，由其发生微波，并由波导传输器把微波能从磁控管耦合出来，馈送到谐振箱内对茶叶加热。中国目前规定用于工业加热使用的LSM微波频率为915MHz和2 450MHz。2 450Hz和915Hz磁控管的

加热特点如表 12-9 所示。

表 12-9　2 450Hz 和 915Hz 磁控管的性能比较

项　　目	2 450Hz	915Hz
单管输出最大功率 kW	10	30
工频、微波转换频率 %	50～60	70～80
穿透深度	小	大
炉体尺寸	小	大

　　表中两种磁控管在茶叶加工中的选用原则，主要应看茶叶加工工况需要。如 20 世纪 70 年代南京茶厂和南京电子管厂曾合作研制过一台茶叶精制复火用茶叶微波烘干机，整机输入和输出功率分别为 120kW 和 80kW，台时产量可达 2.5t，是一种大型烘干机，就选用了微波频率为 915MHz、单管输出功率为 12～20kW 的磁控管。用于绿茶初制特别是名优茶杀青用微波杀青机，投叶量较少，摊叶厚度较薄，所需功率不大，采用 2 450Hz 磁控管对炉体小型化和茶叶加工更有利，加上日本生产的 2 450Hz 磁控管已在家用微波炉上应用非常普遍，故目前国内茶叶微波杀青和干燥设备生产厂家，多是使用从日本引进的松下 2 450Hz、输出功率为 1kW 左右的小型磁控管。

　　（2）杀青室。采用连续多谐振箱式，即每只磁性管对应设立一只谐振箱，通过单个谐振箱的叠加组合，获得所需的加工功率。在作业过程中可根据茶叶加工需求，全部或部分开启磁控管和谐振箱，灵活调节整机微波功率大小。谐振箱为一矩形箱子，用铝材制成，既可减轻重量，又可减少微波损耗和泄露。谐振箱顶部开有微波能量输入口和排湿口，为了排湿和磁控管的冷却，对应于每只谐振箱，各装有排湿风扇和冷却风扇，磁控管的阳极和阴极电路均采用冷风强制冷却。谐振箱的正面开有可开启的观察门，上面装有观察窗，以便作业时观察谐振箱内的工作情况，并用于腔内的清扫和检查维修。为防止微波泄露，作业时若打开观察门，磁控管高压电路将自动断电，停止微波释放。当前生产中应用的茶叶微波杀青干燥机有 3 个、5 个、9 个、12 个、15 个、21 个谐振箱和磁控管等不同功率形式，由于多个谐振箱组合，形成了一种类似隧道式的杀青室。

　　（3）能量抑制器。装于隧道式杀青室两端，用于防止微波的泄露。

　　（4）传输机构。是一条由传动机构带动运行的无端输送带，一般使用氟塑等织物制成，可耐 300℃甚至 500℃的高温，用于将茶叶连续送入杀青室内杀青并出叶，其运行速度可以调节。

　　（5）电源。整机所需电源由统一设置的控制箱供给和控制，可分为高压电路和低压电路。高压电路是供给磁控管产生微波高频电源的电路；低压电路是供给排湿、冷却电风扇和传输机构运转电源的电路。为了防止冷却用电扇等未开前，高压电路运行而造成磁控管损坏，设计上已保证在低压电路未接通时，高压电路无法接通。同时磁控管运行数量、传输带运行速度等也由控制箱统一控制。

　　2. 主要性能参数　生产中常用茶叶微波杀青机的输出功率，在 4～20kW 范围内有多种规格，台时产量可达 15～100kg。规格大小，主要取决于磁控管和谐振箱的叠加组合数量，使用时可通过开启磁控管高压电源个数多少，控制微波输出功率的大小。生产中多用 9 只和 15 只磁控管的茶叶微波杀青机，其主要性能参数如表 12-10 所示。现在

的微波机型均为杀青和干燥共用，只是工作时所起用的磁控管的数量不一样，例如
6CSW-9 型茶叶微波杀青机，在用于茶叶杀青和毛火干燥作业时，9 只磁控管要全部开
启使用，而在足干和复火作业时，一般开启 6 只磁控管即可。

表 12-10　微波式茶叶杀青机主要性能参数

机器型号	6CSW-9	6CSW-15C
磁控管数量	9	15
额定输入视在功率	3 相 380V、50Hz、9kW	3 相 380V、50Hz、17kW
额定输出波功率	≥7.5kW	≥13.5kW
微波工作频率	2 450±50MHz	2 450±50MHz
微波泄漏	符合国家安全标准	符合国家安全标准
传送带速度	0～5m/min，可调	0～5m/min，可调
加热箱 长×宽×高	(1 940×430×530) mm	(1 940×470×910) mm
重量	400kg	800kg
长×宽×高	(4 800×690×1 460) mm	(5 600×880×1 460) mm
台时产量	25kg/h（杀青）	50kg/h（杀青）
设备使用环境要求	气温：5～40℃；相对湿度≤85%；海拔高度≤2 000m；设备应安装在通风良好，空气清洁的环境内	

3. **微波式茶叶杀青机的工作原理**　微波之所以能够应用于茶叶加工中的杀青作业，是由于微波是一种不可见的超短波，鲜叶中含有水分，水分子在微波磁电场中会被极化，具有偶极子特性，并且随着电磁场频率不断地改变极性方向，分子作高速振动，产生摩擦热，使鲜叶从内部深层生温，并且各处温度一致。于是，当微波发生器将微波辐射到茶鲜叶并穿透到叶内时，将会诱使叶内水等极性分子随之同步旋转，例如若采用 915MHz 微波进行作业时，其叶内极性水分子每秒钟将会旋转 9.15 亿次。如此高速旋转的结果，使鲜叶内瞬时产生摩擦热，导致鲜叶内部和表面同时升温，且内部温度高于表面温度，叶温不断上升，酶活性迅速钝化，使杀青叶保持色泽绿翠，并使大量水分子从鲜叶中逸出并被蒸发，从而完成杀青作业。由于微波加热特性为从鲜叶内部发热，故可保证杀青匀透。同时微波用于茶叶干燥的原理与杀青基本相同，只是微波输出功率控制不同而已。

4. **微波式茶叶杀青机的使用技术**　微波式茶叶杀青机应按下列程序操作：

（1）开机前检查整机是否已作好运行准备，包括传送带上是否放有其他物品，尤其是金属制品；观察门是否关好，否则将影响高压电源的开启；主电源的三极断路器以及控制磁控管工作回路的单极断路器是否置于断开位置（"OFF"位置）。

（2）一切正常后，则可接通主电源，电源指示灯亮表示接通。同时，这时若观察门指示灯亮，则表示门没关好，要重新关好。

（3）开启"低压"开关，散热风机开始工作。机器的电路控制设计已保证"低压"开关不开，"高压"开关将无法开启，以保护设备的运行安全。

（4）开启传送带开关，传送带在运行时其运行速度可调，这时将其调至理想速度。打开"高压"和"排湿"开关。同时将控制磁控管工作回路的单极断路器置于接通位置

345

（"ON"位置）。输送带开始运行，随后就要将两条可全部覆盖整个干燥室隧道长度、充分浸湿的毛巾，连续随输送带送入杀青室，在湿毛巾的后部即可开始投叶。所有的磁控管负载因为是分别平衡地接在三相线路上，故开启和关闭磁控管单极断路器也应该注意三相负载的平衡。鲜叶进入谐振隧道即被连续杀青。作业时，应时刻注意负载状况，根据杀青程度，及时关闭或增加磁控管的数量，也可用增减加工叶的投入量和增减输送带的运行速度来调节。

（5）茶叶加工结束后，同样将湿毛巾随输送带铺进，关闭"高压"开关，同时将控制磁控管工作回路的单极断路器置于断开位置（"OFF"位置），待机器基本冷却后，再关闭其他电开关。

应该特别注意的是，茶叶微波杀青机高压电源开通时，即磁控管工作时，不允许有铁质金属物随茶叶进入杀青室，否则将引起短路打火，造成输送带烧毁或引起火灾。

5. 微波式茶叶杀青机的使用效果与技术特点　由于微波加热升温快，并且微波可瞬息穿透鲜叶，深度可达100mm，故加热均匀稳定，杀青匀透，杀青质量良好。应用6CS-50型滚筒式茶叶杀青机和6CSW-9型微波杀青机的对比试验表明，在同等鲜叶原料状况下，杀青完成后，立即和放置1h后进行杀青叶的色泽和香气感官审评，结果发现微波杀青叶，色泽绿翠，均匀性好，杀青叶放置1h后仍然保持色泽绿翠，总体杀青质量好于常规的滚筒式杀青。并且微波式茶叶杀青机操作方便，无噪声，无烟雾污染，非常有利于茶厂和茶叶产品的清洁卫生。同时，审评中也发现，单纯用微波式茶叶杀青机加工的杀青叶香气，较滚筒式茶叶杀青机加工的杀青叶香气稍低。并且微波杀青机电装机容量大，设备投资也较高。为此，生产中往往采取先用滚筒式茶叶杀青机进行杀青，继而使用微波式茶叶杀青机进行补杀，一方面减少了微波式杀青机的电装机容量，也保证了杀青叶的香气良好。

五、 各类茶叶杀青机的选用原则

茶叶杀青机的类型较多，应用中应根据下列原则进行选用。

1. 按机械结构复杂程度和购买价格选择　在各类茶叶杀青机中，除锅式杀青机生产中已较少使用，滚筒式茶叶杀青机和圆筒式茶叶杀青机相对结构较简单，售价也较低，而蒸汽杀青机、热风杀青机、电磁杀青机和微波杀青机均结构较复杂，机器售价和操作技术要求均较高，可根据投资状况和企业技术水平进行适当选用。

2. 按照生产率高低进行选用　各类茶叶杀青机虽然都有生产率大小不同的型号，但相对而言，热风式茶叶杀青机台时生产率高，适用于大型茶叶加工企业应用。而滚筒式茶叶杀青机、电磁内热式杀青机和蒸汽杀青机生产率较高，并且滚筒式茶叶杀青机等还有大、中、小机型，一般茶业叶企业均可选用。而微波式杀青机相对台时产量较低，适于与滚筒杀青机等配合使用。

3. 按照茶叶加工品质要求选用　若要求加工的茶叶成品色泽绿翠，宜选用滚筒式茶叶杀青机和微波式杀青机较适当。若考虑杀青叶含水率较低，不需进行处理，就可进入下一工序的加工，以热风式茶叶杀青机性能最好，滚筒式茶叶杀青机、电磁内热式杀青机和微波式杀青机次之，蒸汽式茶叶杀青机最差。若考虑到鲜叶原料的老嫩，蒸汽式茶叶杀青机蒸汽穿透能力强，杀青彻底，故一些鲜叶粗老茶类和一些保健茶的杀青，可选用蒸汽式茶叶杀青机。

4. 按环境条件要求选用 电磁内热式杀青机、微波式杀青机以电为热源，不会引起环境污染，环境条件要求较高的茶区可首先选用。滚筒式茶叶杀青机可燃煤、电、石油液化气或天然气、生物质颗粒燃料，环境条件要求较高的茶区应选用非燃煤机型。蒸汽式茶叶杀青机和热风式茶叶杀青机目前仅有燃煤机型，在新的清洁能源机型未开发出来前，在禁止燃煤的茶区不可选用。

第三节　茶叶揉捻与揉切机械

茶叶揉捻机械用于条形茶类初制加工中的揉捻作业，常用的机械形式为盘式揉捻机，使茶叶成条，并揉出部分茶汁，利于冲泡。揉切机械用于红碎茶初制加工的萎凋叶揉搓切碎，形成颗粒状，并揉搓出部分茶汁，利于发酵。常用的机械形式有转子揉切机、齿辊式（CTC）揉切机、红碎茶锤切机等。

一、茶叶揉捻机

茶叶加工中最常用揉捻机为盘式茶叶揉捻机，它被广泛应用于条形绿茶、红茶和其他茶类初制加工中的揉捻作业。揉捻作业的目的：一是卷紧条索，使成茶外形美观，二是使部分叶细胞适度破碎，挤出部分茶汁，使干茶冲泡时茶汁易于浸出。

（一）茶叶揉捻机的类型

茶叶揉捻机的基本工作部件有揉桶和揉盘。按两者运动的方式不同，揉捻机有单动式和双动式两种。单动式在三根立式的曲臂上分别仅有一个曲柄，作业时，仅揉桶运转，揉盘不动。而双动式揉捻机，在三根曲臂上分别有两个曲柄，上部的曲柄长度为下部的2倍，作业时揉桶和揉盘均作运动，呈交错运转形式，故名双动。中国所生产的茶叶揉捻机，除早期铁木结构的58型茶叶揉捻机，还有如安徽、云南生产的部分金属结构6CR-55型和6CR-65型揉捻机以及现在生产中还应用的6CR-90型揉捻机采用双动形式外，其余大多为单动式。同时，揉捻机还因加压方式不同，可分为丝杆式加压和杠杆重锤式加压式揉捻机，丝杆式加压式揉捻机又可分为单柱式和双柱式加压式揉捻机等（图12-27）。

图12-27　单柱式和双柱加压式茶叶揉捻机

（二）茶叶揉捻机的主要结构

盘式茶叶揉捻机的主要机构由揉盘与机架、揉桶与加压装置、传动机构等组成。

1. 揉盘和揉桶　揉盘是一个由边缘向中间逐渐下凹的铸铁圆盘，通常做成花盘形，上铺铜板、不锈钢板或木板，板上装有12～20根月牙形棱骨，用于增加揉搓力。揉盘的中心装有可供开启和关闭的出茶门。揉桶装在揉盘的上方，揉桶可由传动机构带动在揉盘上作平面转动，并与揉盘互相配合，完成揉捻作业。揉桶上装有揉桶盖，可操作加压机构使揉桶盖在揉桶内上升或下降，实现揉捻过程中的加压和减压。揉盘由三个支座支承，其中一个支座分为上下两节，上面一节兼作减速箱。三个支承座同时也兼作机架，由电动机通过皮带和减速箱传动并减速，带动主动立轴曲臂转动，主动曲臂又通过装在揉桶上的三脚架带动另两根曲臂和立轴、揉桶在揉盘上旋转。揉盘、揉桶和揉桶盖组成了揉捻腔，加工叶就是在揉捻腔内承受揉捻。

揉桶是装载揉捻叶的容器，也用铜板或不锈钢板卷制而成。它固定于揉桶三角框架上，由曲臂上的曲柄和三角框架带动运转。揉桶上部的揉桶盖装有加压装置，用加压装置控制揉桶盖的上下位置，从而实现对揉捻叶的加压。中国生产的揉捻机产品已形成系列，以揉捻机揉筒外径厘米数作为系列型号标定依据，如6CR-55型揉捻机，即揉桶外径为55cm的揉捻机。常用揉捻机的系列型号有6CR-25型、30型、35型、45型、55型、65型、90型等。

2. 加压装置　揉捻机的单柱式与双柱式加压机构加压原理基本相同，都采用螺旋机构控制加压盖的上下运动完成加压动作。加压盖多由铸铁浇铸然后经车削而成，现在也有用不锈钢板直接压制的。加压盖上装有加压弹簧，茶团承受的压力由它提供。单柱式与双柱式加压机构的结构有所不同。单柱式加压是螺杆回转，螺母轴向移动带动加压盖上下运动。双柱式加压又称龙门式加压，是采用螺母回转、螺杆轴向移动带动加压盖上下运动达到加压目的。单柱式加压装置兼有将加压盖自动旋离及返回揉桶的功能，以利于向揉桶内投叶，这是通过在加压立柱一定高度处向左上方开了一条120°斜槽而获得的（图12-28、图12-29）。

杠杆配重式加压机构在台湾、福建一些乌龙茶加工用揉捻机上还有应用。它由揉桶盖、杠杆，配重滑块和杠杆支座等组成。

在使用杠杆配重式加压机构的茶叶揉捻机上，揉桶盖是通过悬挂杆用螺栓连接悬挂在杠杆中间，可以前后晃动并自身转动。杠杆头部用销子连接在杠杆支座上端，可以使杠杆绕支点转动一定的角度。杠杆上有导轨，并装有配重滑块。重块可以沿导轨在杠杆上来回移动，工作时通过锁紧螺栓或锁紧弹簧固定在适当位置。根据杠杆原理可知，改变了配重滑块在杠杆上的相对位置，也就改变了揉捻叶所受压力的大小，从而实现加压和减压。杠杆式加压装置的优点在于加压重荷通过揉桶盖直接施加在茶叶上，茶叶自始至终都受压稳定，利于揉捻成条。不似丝杆式加压装置那样，在刚下降施压时，茶叶承受最大的压力，随着揉捻进程的延长，茶叶体积不断减小，压力也随之降低，直到下次继续操作加压机构再次加压，揉捻叶承受的压力才再一次增大。中间过程虽有加压弹簧作有限调整，但效果仍不及杠杆式。故一般认为杠杆配重式加压方式在原理上优于丝杆式，揉捻效果较丝杆式好。但杠杆配重式加压方式操作较困难，重块固定不方便，安全性较差。

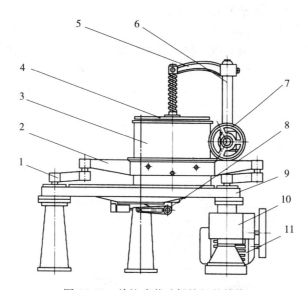

图 12-28　单柱式茶叶揉捻机的结构

1. 曲臂　2. 框架　3. 揉桶　4. 加压盖　5 加压臂　6. 立柱　7. 加压手轮
8. 出茶门　9. 揉盘　10. 传动箱　11. 电动机

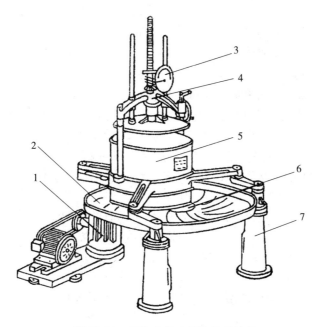

图 12-29　双柱式茶叶揉捻机的结构

1. 传动结构　2. 揉盘　3. 压力示数器
4. 加压装置　5. 揉桶　6. 出茶门　7. 支座

3. **传动机构**　揉捻机的传动机构，通常是电动机通过三角皮带传动将动力传向减速箱，由减速箱主轴带动主动曲臂旋转，从而使揉桶回转，中型揉桶的工作转速为48～50r/min。揉捻机揉桶的旋转方向自上向下看，应是顺时针转动，绝对不允许反方向运行，否则将造成揉捻叶条索松散并产生跑茶，接电源线时应确认。

（三）茶叶揉捻机的工作原理

揉桶内装满杀青叶，在电动机和传动机构的带动下，由揉桶、揉桶盖和揉盘组成的揉捻腔在揉盘上作水平回转，揉桶内的加工叶由于受到揉桶盖压力、揉盘反作用力、棱骨揉搓力及揉桶侧压力等，被逐渐揉捻成条，并使部分叶细胞破碎，茶汁外溢，达到揉捻目的（图 12-30）。

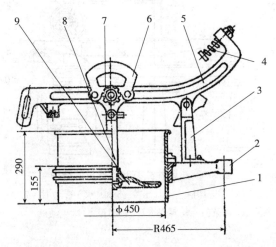

图 12-30　6CR-45 型茶叶揉捻机的杠杆式加压装置
1. 揉桶　2. 揉桶架　3. 杠杆支座　4. 缓冲弹簧　5. 杠杆　6. 滑块
7. 锁紧首轮　8. 悬挂杆　9. 揉桶盖

（四）茶叶揉捻机的受力分析和机械参数确定

茶叶揉捻机是世界上最早出现的茶叶加工机械，自 18 世纪由英国人在印度发明出来后，结构上一直没有太大变化。同时，揉捻机又是茶叶加工机械中零部件设计、金加工零部件所占比例和加工制造规范要求最高的茶叶机械之一。深入认真地分析揉捻叶在揉捻过程中的运动和受力状况以及变化规律，对于揉捻机的结构和性能参数确定和设计、揉捻机的正常运转和制茶品质良好均至关重要。

1. 茶叶揉捻时的受力分析　揉捻机作业时，揉桶里的茶叶因受到各种力的作用而运动，其中包括揉桶壁的反作用力 R_1、揉盘表面对运动茶叶的反作用力 R_2、棱骨的反作用力即常讲的棱骨揉搓力 R_3、揉盘凹部侧壁的反作用力 R_4、揉盘表面与茶叶之间相互的摩擦阻力 P_f、加压压力与茶叶本身重力之和的正压力 N、茶叶回转运动的离心力 C。各种作用力的合成，构成了茶叶向上前方运动的作用力 Q（图 12-31）。

$$\overline{Q}=\overline{R}_1+\overline{R}_2+\overline{R}_3+\overline{R}_4+\overline{P}_f+\overline{N}+\overline{C} \tag{12-4}$$

既然揉捻机揉桶中被揉捻中的茶叶受到了上述各种力的综合作用而运动。那么，机器的主要结构设计参数科学确定之后，各种作用力的大小和方向也就被固定下来。在正确的工艺操作之下，被揉捻的茶叶在揉桶内便形成了图 12-32 所示的特有运动规律。

被揉捻的茶叶此时一方面随着揉桶回转中心 O 作水平圆周运动，另一方面又在揉捻翻转作用力 Q 的作用下，向上前方运动又落下，苏联科学家 A. H. 卡卡拉什维里曾作过测定，茶叶揉捻时水平及垂直方向的运动速度为：

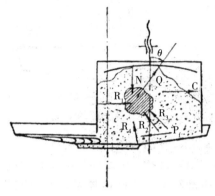

图 12-31　茶叶揉捻运动时的受力分析

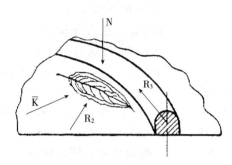

图 12-32　茶叶揉捻的运动规律

水平方向：$V_{平均}=0.02$ 米/秒

垂直方向：$V_{最大}=0.51$ 米/秒

这时，被揉捻的茶叶在揉桶的不同部位有各种不同的运动状况，可以将其分为图 12-33 所示的四个不同的作用区。其中 I 为揉捻运动作用区、II 为揉捻强压区、III 为揉捻茶叶下翻区、IV 为揉捻茶叶陷空区。

如图 12-33 所示，①茶叶在揉捻运动作用区里，开始受到揉桶壁的反作用力 R_1 的作用向前运动，运动的方向指向揉桶中心，与此同时弧形棱骨又把运动的茶叶导向揉捻强压区。②茶叶在揉捻强压区（亦称压力集中区）里，继续前一区的作用，揉捻叶慢慢集拢成团，同时又不断受到揉盘反作用力 R_2 和棱骨反作用力 R_3 的作用，茶叶被推动向极心轴 O_2 和揉桶中心 O_1 运动轨距之间密集，相互挤压，汇拢成团状，在向上翻转力 Q 的作用下，形成团状向上翻转，构成揉捻强压区。③在下翻区里，运动的揉捻叶主要是不断地受到反作用力 R_1、R_2、R_3、R_4、P_f 的作用，

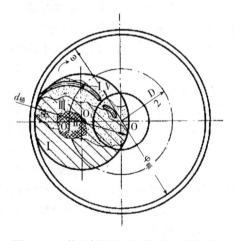

图 12-33　茶叶揉捻运动时揉捻叶的作用区

运动速度不断降低，在接近盘面处的运动前方，揉捻叶的瞬时速度几乎为零，而揉桶上半部受到的摩擦阻力较小，在惯性力的作用下，茶叶由于本身的重力而向前下翻，形成下翻区。④在陷空区里，茶叶运动的瞬时，揉桶又向前回转，而下翻区落下来的揉捻叶，瞬时之间未到达，暂时出现空白区，谓之陷空区。

为此，一台符合茶叶揉捻工艺要求的揉捻机，其揉捻叶的运动规律能否形成，与机器结构、性能参数设计和科学合理确定密切相关。

2. 外揉盘的凹度倾斜角 a 大小的确定　为表述方便，现将揉盘外棱骨所在的部分，称作揉捻机的外揉盘。它的凹度倾斜角常以盘面的内倾角 a 表示（或以外揉盘内外边缘的水平高度差 Δh 表示）。由图 12-34 中可以看出，茶叶在揉捻时，揉捻叶受到揉桶盖正压力 N 的作用，揉盘表面的反作用力 R_2 及茶叶运动的向心力 F_2，与凹度倾斜角 a

的大小有以下关系：

$$R_2 = N \cos a \qquad (12\text{-}5)$$

$$F_2 = N \sin a \qquad (12\text{-}6)$$

由上两式可知，只有外揉盘向里倾斜，凹度倾斜角 a 为正值时，揉盘表面的反作用力 R_2 及茶叶运动的向心力 F_2，才能起到把揉捻叶导向揉捻强压区，密集成团，增强摩擦搓揉作用。

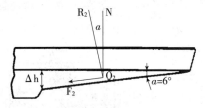

图 12-34　揉盘的凹度倾斜角 a 的作用示意

根据相关试验资料，揉捻时茶叶在揉桶里能形成翻转和搓揉的作用，则揉桶内的茶叶便产生相互摩擦和搓揉，起到紧条作用，这比茶叶对揉盘面及揉桶壁之间的搓揉能力超过 50 倍。生产实践和试验表明，揉捻时茶叶在揉桶内翻转不好，则搓揉紧条能力就差，揉捻叶的成条率低，故没有正值凹度倾斜角 a 的揉盘，就会产生此缺点。

中国茶区的调查研究和生产试验证明，外揉盘的凹度倾斜角 a 以 $4°\sim6°$ 为宜，较好为 $5.5°\sim6°$。若 $a < 4°$，则影响揉捻强压区的形成，且增加茶叶向外跑的机会；若 $a > 8°$，则揉盘中心与揉桶底边的间距过大，易造成揉盘中部散叶，产生揉不起现象。

3. 揉桶内径与揉幅的比值　揉桶内径、揉幅和转臂半径之间关系密切，转臂半径与揉幅的比值大小，将直接影响揉捻机作业质量的好坏。

（1）转臂（曲轴）半径 R 和揉幅比 χ 的关系。揉幅是指揉桶内径 d 在揉盘表面上运动的最大轨迹圆，这个圆的直径称为揉幅直径 $\Phi_{幅}$。揉幅比 χ 系指揉桶内径 d 与揉幅直径 $\Phi_{幅}$ 的比值，即 $\chi = \Phi_{幅}/d$。对于单动式揉捻机而言，转臂半径等于揉桶中心的回转半径。故

$$R = 0.5 \times (\Phi_{幅} - d) \qquad \text{以 } \Phi_{幅} = \chi d \text{ 代入}$$

得：

$$R = 0.5 \times d\ (\chi - 1) \qquad (12\text{-}7)$$

在进行揉捻机设计时，根据揉桶容量确定直径 d，再选定适当的揉幅比 χ，即可用上式求出 R。

（2）揉幅比 χ 对茶叶揉捻运动规律的影响。因为 $\chi = \Phi_{幅}/d$。中国农业科学院茶叶研究所在 20 世纪 60 年代在作援非洲揉捻机研究设计时，曾做过 $\chi=2$、$\chi=1.85$、$\chi=1.56$ 的对比试验。当揉盘的棱骨排列一定时，棱骨的弧形半径的圆心轨迹圆 D 也就确定。这时，从转臂半径 $R = 0.5 \times (\Phi_{幅}\text{-}d)$ 可知，揉幅比 $\chi=2$ 时转臂最长，$\chi=1.56$ 时转臂最短。于是从揉桶中心回转半径（即转臂半径 R）的轨迹圆与棱骨的弧形半径的轨迹圆 D 之间，就构成了强压揉捻环带，这个环带越窄，则揉捻强压区的压力更集中，有利于揉捻叶密集成团状，增强摩擦搓揉的作用，构成强压区，促使揉捻叶向上翻转，形成良好的揉捻运动。这就是揉幅比 χ 较大，即转臂（曲轴）半径 R 较长，促使揉捻效果较好的原因。而揉幅比小的，揉捻质量较差。除上述原因外，还受到较大的揉捻重叠区的影响，揉捻重叠区与揉桶内径 d 和转臂半径 R 的关系是：

$$r_{重} = 0.5 d_{桶} - R \qquad (12\text{-}8)$$

揉捻重叠区过大，则该区的揉捻叶，由于受到的动量（$\bar{K}$）过小，很难翻动，易造成茶叶揉捻不均现象，揉条作用差。故揉幅比 χ 不宜选取过小。一般说来，揉幅比以 $\chi=1.8\sim1.9$ 为宜，取 $\chi=1.85$ 为好。这样，既能防止因揉幅比 χ 取得过大，造成机器体型庞大，影响稳定性和可靠性，同时又能防止揉幅比 χ 选取过小，影响揉捻强压区，

增大揉捻重叠区，引起茶叶揉捻质量的降低（图 12-35）。

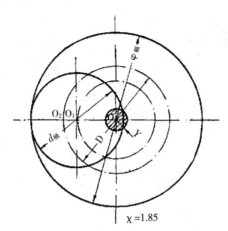

$$\chi =1.85$$

图 12-35　揉幅比 χ 的作用

$d_桶$—揉桶内径　$\Phi_幅$—揉幅直径　R—转臂半径

r—重叠区半径　D—弧形半径的圆心轨迹圆直径

4. 棱骨形状、数量和排列形式　棱骨的作用主要是增加摩擦阻力，增强茶叶的搓揉效果，并且把揉捻叶导向揉捻强压区，减少茶叶的外跑，促使揉捻叶向上翻转。要使棱骨起到揉捻作用，从理论上讲必须做到以下两条：

第一，揉捻叶在揉盘上沿着棱骨的导叶作用。

如图 12-36 所示，茶叶在以揉盘中心 O 为极点的极坐标上，它的运动由两个方程式确定。

$$\left.\begin{array}{l}\gamma=f_1\ (t)\\\varphi=f_2\ (t)\end{array}\right\} \tag{12-9}$$

式中：φ——极角（弧度）；

$\qquad t$——时间 sin；

$\qquad \gamma$——矢径 m。

由（12-9）式可知，茶叶在揉盘面运动时，在不同的瞬时 t 里，茶叶揉捻的参变数 γ 和 φ 是不同的，它们的瞬时角速度 ω 为：

$$\omega=\frac{d\varphi}{dt}=\ \varphi\ (s^{-1}) \tag{12-10}$$

其瞬时角加速度为：

$$\varepsilon=\frac{d\omega}{dt}=\varphi\ (s^{-2}) \tag{12-11}$$

那么，茶叶的径向（向心）运动速度 V_r 和加速度 a_r 为：

$$V_r=\frac{dr}{dt}\ (m/s) \tag{12-12}$$

$$a_r=\frac{d^2r}{dt^2}-r\omega^2\ (m/s) \tag{12-13}$$

它们的切向速度 $V\varphi$ 和加速度 $a\varphi$ 为：

$$V\varphi = r\omega \quad (m/s) \tag{12-14}$$

$$a\varphi = 2\frac{dr}{dt}\omega + r\varepsilon \tag{12-15}$$

其合成速度 V 和合成加速度 a 为：

$$V = \sqrt{(V_r)^2 + (V_\varphi)^2} \quad (m/s) \tag{12-16}$$

$$a = \sqrt{a_r^2 + a^2\varphi} \quad (m/s) \tag{12-17}$$

设茶叶从 M_1 运动到 M_0 处，由以上各式说明，茶叶运动速度 $V_1 > V_0$，且向极点 O 移动。这就是棱骨对茶叶运动的导叶作用。同时，跑在前面的茶叶向心运动速度越来越小，后面的茶叶又不断跑来，集合聚拢，结成团状，形成了强压揉捻，增加了摩擦搓揉的紧条作用。

第二，棱骨在横断方向的揉捻作用。

从棱骨的横断方向看，揉捻叶受到筒壁的推力 R_1 的作用向前运动，则运动着的茶叶具有动量 $\overline{K}$。

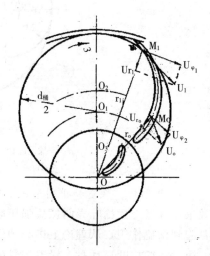

图 12-36 揉捻叶沿棱骨方向导叶
运动速度分析

$$\overline{K} = \Sigma m_i V_i \tag{12-18}$$

式中：m_i——一个标准茶芽的质量 g；

　　　V_i——一个标准茶芽的运动速度 m/s。

当具有动量 $\overline{K}$ 的运动茶叶，它的前部边缘碰到棱骨时，棱骨便产生反作用力 R_3 作用于揉捻叶的边缘，叶边便开始向上弯曲变形，发生皱折。而芽叶的后边缘则受动量 $\overline{K}$ 及揉盘面的反作用力 R_2 的作用，也开始向上弯曲和皱折，这就是揉捻时茶叶成条的基础。

皱折起条的茶叶，由于它在棱骨的导向作用下，揉捻叶离揉盘中心 O 的外端运动速度 V_1，大于内端的运动速度 V_0。而在棱骨的排列时，又使它的外端前倾一定角度，正是由于棱骨的作用，使起条的芽叶外端滚过棱骨，而内端仍受到棱骨的作用，揉捻叶便产生纵向扭转。扭转的茶叶在正压力 N 的作用下，便扭紧卷曲，呈圆浑条形。同时，揉捻叶表面的细胞组织则受到充分摩擦、扭卷和挤压而破碎，茶汁也随之流出，达到揉捻之目的。由于鲜叶原料的老嫩等级不同，其卷紧成条的摩擦力、扭转力和挤压力是不同的，故一定形状棱骨的揉捻机，对某种范围茶叶揉捻具有最优的适应性。

关于揉捻机棱骨的形状，从揉捻成条而言，研究表明最理想的形状是呈阿基米德螺旋线型。但为方便起见，现多用内外两段圆弧形棱骨来代替，并且其作用靠合理的排列形式来保证。根据中国农业科学院茶叶研究所在援助几内亚茶叶机械设计时的调查研究和试验分析，认为揉捻机的外棱骨的最大和最小曲率半径 $\rho_{最大}$ 和 $\rho_{最小}$ 一般为：

$$\rho_{最大} = 1/2 (\Phi_{幅} - \Phi_{内}) = 约 (1/2 \times d_{桶}) \tag{12-19}$$

通常取 $\rho = 2/5 \times d_{桶}$

$$\rho_{最小}=1/4（\Phi_幅-\Phi_内）=约（0.35\times d_桶） \tag{12-20}$$

内棱骨的曲率半径 $\rho_内$ 一般取：

$$\rho_内=（1/4\sim1/2）\Phi_内 \tag{12-21}$$

式中：$\Phi_内$——内揉盘（出茶门）直径（mm）；

$\quad\quad d_桶$——揉桶内径（mm）；

$\quad\quad\Phi_幅$——揉幅直径（mm）。

外棱骨的形状呈牛角形，一些小型揉捻机则呈圆弧形，其大、小端的高度 H、h 和宽度 B、b 的尺寸比为：

$$小端（b、h）：大端（B、H）=1：（1.5\sim2） \tag{12-22}$$

一般取 1：1.5，且小端 b 为 6～8mm、高 h 为 4～7mm。

内棱骨的高、宽度≤大端尺寸。

棱骨数量的确定，一般是按照保证外棱骨内端间的距离不小于标准一芽三叶第一叶长度的 1.2～2 倍，约距 50～70mm。内棱骨的数量，则根据本身尺寸适当选配，不要过密，否则会造成揉捻叶的架空滑动，影响揉捻效果。一般外棱骨为 16～20 根，内棱骨为 4～8 根。

揉盘棱骨的排列，主要是保证棱骨能充分起到揉捻作用，促进揉捻规律的形成，使揉捻强压区有较大的摩擦力、搓揉力和挤压力（图 12-37）。它的排列原则是外棱骨末端逆揉桶运动方向前倾，内外棱骨构成近似阿基米德螺旋线型。从较小的揉捻强压环区出现考虑棱骨排列，其经验公式为：

$$R_棱=R+b_压 \tag{12-23}$$

式中：$R_棱$——弧形棱骨半径圆心轨迹圆半径（mm）；

$\quad\quad R$——转臂半径（mm）；

$\quad\quad b_压$——揉捻强压环区宽度（mm）。

若将外棱骨末端逆揉桶运动方向前倾角设为 β，则 $\beta=16°\sim44°$，常取 25°～30°。

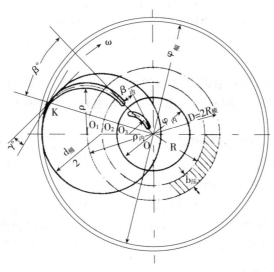

图 12-37　棱骨排列形式和相关结构性能参数

5. 揉捻机其他参数的确定　揉捻机揉桶内径与桶高的关系和揉桶工作转速，收集国外揉捻机有关资料，并通过试验总结认为，揉桶内径 d 与桶高 h 之比为 1.3～1.5 为宜。揉桶底边与棱骨的最小距离为 3～5mm 为好。

揉捻机的工作转速范围以 40～60r/min 为宜，但中型揉捻机的工作转速以 45～50r/min 为最好。

（五）茶叶揉捻机的操作使用技术

揉捻作业时，关键是掌握好投叶量、揉捻时间和加压轻重。进行茶叶加工的揉捻作业时，应按照机器使用说明书要求，并按揉捻机不同型号适当确定投叶量，一般情况下，投叶至低于揉桶上口约 3cm，如绿茶加工 6CR-55 型揉捻机每桶投叶量为杀青叶 35kg 左右。投叶过多，叶团在揉桶内难于翻动，揉捻不均匀，甚至揉桶无法运转，影响揉捻质量；投叶过少，叶团同样也难于翻动，成条不好。

揉捻机使用时，启动前应观察周围有无妨碍机器转动的障碍物和人员，并应向周围打招呼"启动"。揉捻作业时，加压应掌握"轻-重-轻"的原则，并且加压时间要适当。加压过早过重，易形成扁条和碎茶，一般情况下，加工叶较嫩时，加压要轻，反之加工叶较粗老，加压适当要重。长炒青绿茶加工时的揉捻程度，一般嫩叶要求成条率达到 80％～90％、粗老叶成条率在 60％ 以上为适度；红茶则要求嫩叶成条率为 90％ 以上，粗老叶要求达到 80％ 以上。质量良好的揉捻叶要有茶汁黏附叶面，手摸有滑润黏手的感觉。揉捻完成用专用竹筐放置在揉盘下接叶，注意不要使揉捻叶撒至筐外，地面若有漏叶，应及时清扫。

揉捻叶下机后，特别是绿茶，要立即进行解块干燥，切勿久放，以免叶色变黄，若加工叶原来就杀青不足，放置过久甚至还会发红，立即用高温进行干燥则可避免。

（六）茶叶揉捻机的维护保养

揉捻机使用中，应注意如下维护保养事项。

（1）揉捻作业时，螺杆加压机构每天都要加注润滑油，曲轴曲柄转动处，每隔两三天也要加注润滑油。加油量不能过多，以免污染茶叶。

（2）经常检查传动三角皮带的松紧度，并进行必要调整。注意若皮带损坏报废，应按照皮带外表面所标的皮带型号更换全部的新品皮带，若型号不对或新旧混用，将严重影响传动。

（3）每桶茶叶揉捻结束，应将揉桶和揉盘上的揉捻叶出净，并进行清扫后再次投叶。每班作业结束，应对揉桶和揉盘等部位进行认真清扫，若有茶垢积留，可用清水洗净并擦干。

（4）茶季结束，应对揉捻机进行一次全面保养，对全机进行清洗，更换已损坏零件并更换减速箱内的润滑油。

（七）揉捻机技术的进步和发展趋势

茶叶揉捻机是茶叶加工中应用最普遍、但在世界范围内均尚未实现连续化作业的茶叶加工机械。当前，面对现有机械，围绕着节约制造成本，提高机器使用方便性和茶叶揉捻品质方面做了大量工作，也都取得了较显著成效，但实现揉捻机的连续作业，为今后应重点攻关方向。

1. 现有机械用材和制造工艺的改进　为了提高茶叶加工的清洁化水平，以往使用铸铝加工揉桶、揉桶盖等部件，已被铜板、不锈钢板或铸铁所替代。就制造工艺而言，已有揉捻机生产企业使用不锈钢板进行一次冲压成型制造揉桶盖，正筹备使用大型千吨以上的压力机进行 6mm 以上的不锈钢板冲压，以实现揉盘的直接冲压制造。若获成功，将彻底废除使用铸铁铸造底盘、上铺不锈钢板或铜板的繁琐制造工艺，机器重量和制造成本将显著降低，使用更加方便。

2. 自控和连续式揉捻机的探索　实现揉捻机的连续作业，是业界一直以来的期盼。浙江省在 20 世纪 80 年代曾研制出一种子母桶式连续揉捻机。这种揉捻机由子母揉盘、揉桶、加压装置、传动机构和机架组成。子母揉盘由 1 个母揉盘和 8 个子揉盘组成，置于机架上。8 只子揉盘装在母揉盘上，每只子揉盘装置 1 只揉桶，桶上使用锥形揉桶盖并装有加压丝杆和弹簧等组成投叶和加压机构，便于揉捻过程中的连续投叶和加压。传动机构由电动机带动，通过减速等使 8 只揉桶实现均匀自传，并同时公转。作业时，上叶输送装置将加工叶连续均匀送到锥形揉桶盖上使之滑入揉桶，由于揉桶的自传而实施揉捻，并且因为同时的公转，各揉桶便顺序依次经过母揉盘的出茶口而均匀出叶，从而实现揉捻过程的连续。但这种连续揉捻机因结构和制造简陋，未能在生产中推广使用。

与此同时，浙江还曾研制出一种履带式平板连续揉捻机。这种揉捻机由揉捻输送带、揉搓板、传动机构和机架等组成。揉捻输送带系 60 块木板由螺栓固定在两条橡胶皮带上，全长 4m，形成无端履带输送形式，装置在机架上。木质履带板中部下凹，并钉有棱骨，与倒扣装在其上部的揉搓板构成揉叶腔。作业时，揉捻输送带由传动机构带动运行，加工叶由上叶装置从揉捻履带的一端送入，连续不断进入揉叶腔被不断揉搓成条，并不断前进，直到从揉捻履带后端排出机外，完成连续揉捻。由于揉捻效果不理想，该机同样未能在生产中推广使用。

在上述连续揉捻机开发不理想的情况下，业界一些人士又回到在原有揉捻机基础上进行自动控制和连续揉捻技术的开发。

20 世纪 90 年代，浙江研发出一种程控式揉捻机。即在单柱式加压丝杆装置的下部装上一只微型电动机和少齿差减速器，在程控系统控制下用以对揉捻机的"加压"和"减压"实时控制。作业时，设定"启动""终止""加压"和"松压"程序，然后按动操作按钮，揉捻机即可按设定程序对加工叶进行揉捻，并且可控制揉桶盖的开启和关闭。该机的出现，虽然在生产中推广应用尚不多，但可为以后的揉捻机组的研发提供参考。

与此同时，业界还参考日本样机，在现有揉捻机基础上，开发了一种连续揉捻机。就是如上述子母筒式连续揉捻机一样，将揉桶盖改为锥形，周边与揉桶壁之间留出一定间隙，在揉盘上开出一个出茶的长方形孔。作业时，上叶装置将加工叶送到锥形揉桶盖上，然后滑入揉桶，接受揉捻，一定时间后，从出茶口连续不断出茶，形成连续揉捻。这种揉捻机在一些连续化生产线上虽然获得应用，但因茶叶接受揉捻，很难做到先进先出，后进后出，揉捻效果同样不理想。

为了实现连续作业，浙江农业大学的薛运凤等将 3 台揉捻机交叉 120° 上下 3 层固定在立式机架上，形成层叠式连续揉捻机，同样使用锥形揉桶盖，上层机器揉捻一定时间后，从出茶口出茶排入下一台机器，直至第 3 台最后完成揉捻。由于机组结构复杂，未能在生产中普及应用。

近几年，随着茶叶连续化加工生产线的开发，连续式茶叶揉捻机组获得普遍应用。一般是将数台揉捻机单行或双行排列安装在机架上，所有机器的茶叶称量、投叶、揉捻、加压和松压、出茶等均由单片机通过控制系统进行程序控制。实现了加工叶自动称量，并自动送入送叶小车或往返运行的茶叶分配输送带，根据指令向需要上叶的揉捻机揉桶定时、定量自动投入加工叶，然后揉捻机自动关闭揉桶盖，按照规定程序开机运转，进行自动加压、揉捻和出叶。该机组虽存在结构复杂、投资较大等不足，但是实现了间歇式连续揉捻作业，被广泛应用到茶叶加工连续化生产线上（图12-38）。

图12-38　茶叶揉捻间歇连续机组

随着茶叶生产向着规模化、清洁化、自动化方向的发展，对茶叶加工连续化、自动化生产线需求愈来愈迫切，这就要求研发出一种结构简单、本身具有连续作业功能、造价低廉的连续式揉捻机。这一技术目前在世界上均未解决，是中国茶业界和茶机界今后应重点攻克的难题。

二、　乌龙茶揉捻和包揉机械

在乌龙茶加工过程中，如闽北等地生产的条状乌龙茶，需要使用盘式揉捻机进行揉捻。而闽南等地生产的颗粒状乌龙茶，除了使用盘式揉捻机进行初揉，还要使用包揉设备进行包揉，现对乌龙茶包揉等设备作重点介绍。

（一）星月式揉捻机

乌龙茶的揉捻作业，多使用盘式揉捻机，但从乌龙茶的揉捻效果而言，乌龙茶区普遍认为从台湾省引进的星月式揉捻机更符合乌龙茶加工工艺需求，应用也更为普遍。

星月式揉捻机的主要机构由揉盘、揉碗、加压机构和机架等组成。

揉盘似一只浅锅，之所以用"锅"来描述，是因为揉盘中部下凹较深，锅壁向中心的倾斜度约为30°，内倾显著大于一般盘式揉捻机，锅状揉盘内嵌9～12根用铜条加工成的棱骨。锅下的托板呈四方形，一边留有出茶口。

揉碗为一半球形的金属碗，倒扣在揉盘上，其作用类似于盘式揉捻机的揉桶，与锅形揉盘组成揉捻腔。揉碗与揉碗柄铰接，揉碗柄活动吊接在上部机架上，并穿过由曲柄带动旋转的三脚架中心。曲柄和三脚架由电动机通过减速机构带动运转，带动揉碗在揉盘上作水平回转运动。揉碗通过揉碗柄上部弹簧或气动加压部件实施加压。加工叶就在揉捻腔内，随着揉碗在揉盘上的回转，在揉碗作用力、揉碗壁的反作用力、揉盘下凸出的反作用力等作用下，被不断揉搓成条（图12-39）。

星月式揉捻机作业时，操作揉盘使其前倾，向揉碗和揉盘内投入12～15kg的杀青叶，再将揉盘恢复到水平状态并锁定，使杀青叶基本上处于揉碗内，开动机器进行揉捻，散落在揉碗以外的茶叶，也会随着揉碗的运动被卷进碗内。揉捻完成，放下揉盘使其倾斜，将揉捻叶取出。

乌龙茶的鲜叶一般较为粗大，故揉捻作业中强调热揉、重揉、小桶快揉。因为星月式揉捻机揉碗容积较小，揉盘下倾角度较一般盘式揉捻机

图12-39　星月式揉捻机

大，加之压力稳定，故特别符合乌龙茶的揉捻工艺要求，是一种既有揉捻又具有包揉功能的乌龙茶揉捻机，成条性能良好，故在福建和台湾茶区不仅普遍被应用于乌龙茶的揉捻作业，有时也被用于绿茶加工的揉捻。缺点是产能较低。

（二）6CB-23型乌龙茶包揉机

20世纪80年代初期，由中华全国供销合作总社下达课题，并由当时的福建省晋江地区茶果食杂分公司具体组织，从浙江大学调回家乡工作的机械工程师郑俊德领衔完成了一种6CB-23型乌龙茶包揉机的研制，这是中国大陆乌龙茶区首次研制成功的乌龙茶包揉机，当时在生产中使用反映良好。直至现在其机械揉手的包揉构件设计，仍极具参考价值。

1.6CB-23型乌龙茶包揉机的工作原理　将完成做青、炒青、初揉，茶温已预热至40～50℃的加工叶投入6CB-23型乌龙茶包揉机包揉筒体内，筒体内两端的两只机械揉手相向朝筒体中部运动，在传动机构带动下，两只机械手就会运转，如人工包揉那样对加工叶揉搓挤压，完成包揉作业。

2.6CB-23型乌龙茶包揉机的主要结构　6CB-23型乌龙茶包揉机的主要结构由包揉筒体、进出茶门、机械揉手、机械揉手进给机构、传动机构和机架组成。机架用于安装所有机械部件，包揉筒体为一直径230mm的钢板卷制圆筒，中部壁上开有进、出茶门，两只机械揉手就装在筒体内的两端，并分别装在穿过筒体两端的花键轴上，电动机通过蜗轮蜗杆减速可带动花键轴转动，并且两揉手通过手轮可向筒体中部送给和退回。机械揉手为浅碗状，端面形状似人的手掌，包揉过程中就是通过机械揉手的反复转动，实施对加工叶的揉搓和挤压，使茶叶形成颗粒状（图12-40）。

3.6CB-23型乌龙茶包揉机的性能参数

包揉筒体直径（mm）：230

机械揉手转速（rpm）：12

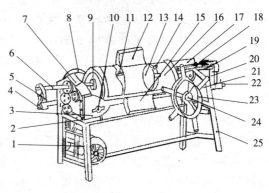

图 12-40   6CB-23 型乌龙茶包揉机

1. 电动机   2. 齿轮箱   3. 机体   4. 左拉杆   5. 左拉臂   6. 左花键轴   7. 左齿轮箱   8. 皮带轮   9. 左揉手
10. 开关   11. 左纽扣   12. 上门盖   13. 右揉手   14. 右纽扣   15. 下门盖   16 揉桶   17. 标尺   18. 箭头
19. 右花键   20. 右拉臂   21. 右齿轮箱   22. 右拉杆   23. 手轮   24. 手轮轴   25. 机架

每球包揉茶叶量（kg）：5～6（初揉叶）

每球包揉时间（min）：5～7

操作人数：1

电动机功率（kW）：1.5

全机重量（kg）：260

外形尺寸（mm）：1 400×912×554

4. 6CB-23 型乌龙茶包揉机的操作使用   机器应安装在干燥、通风的车间内，装置地脚螺栓固定。调整机器至正常工作状态。

摇动手轮使两只机械揉手退至包揉筒体的两端。打开进出茶门，将预热茶叶 5～6kg 趁热迅速投入包揉筒体内，关闭进出茶门并锁紧。

开动机器，机械揉手转动，摇动手轮，丝杆带动机械揉手进给，对茶叶进行揉搓与挤压，约 5～7min 停机，完成包揉。

打开进出茶门，将两机械揉手退回起始位置，从筒体内取出包揉好的茶叶。清扫后开始下一球茶叶的包揉。

5. 6CB-23 型乌龙茶包揉机的使用效果   该机研制成功后，在晋江地区乌龙茶生产中应用，包揉的茶叶茶条卷曲，紧结程度可达到人工包揉中等水平，加工叶色泽乌绿油润，作业效率可比人工包揉提高 6 倍，并节约了大量包揉巾，替代了茶农繁重和繁琐的手工劳动，颇受茶农欢迎。因工效较低，80 年代后期，随着台湾包揉机的进入，该机逐步退出使用。但其机械揉手的设计至今仍具先进和独到之处。

（三）速包机

速包机是乌龙茶包揉专用机械的一种，是中国台湾省较早研制成功的一种包揉机型。它是模仿乌龙茶传统手工揉捻和包揉动作，吸取其滚、压、转、包等作业原理研制而成。

速包机的主要机构由包揉辊、加压手柄、拖板、传动机构、电器控制系统和机架等组成。

包揉辊也称立辊或揉搓辊，纺锤形，直立安装，共 4 只，两只为一组并前后安装在一块拖板上，拖板共两块。两块拖板又装在同一根螺旋导杆上，螺旋导杆中间装有茶包承载盘，两边的螺旋方向相反，随着螺旋导杆的转动，两块拖板便会分别带动各自的两只包揉辊向中间相向靠拢或相离分开。

速包机的传动系统由两台电动机传动，其中一台电动机通过三角皮带和蜗轮蜗杆传动并减速后带动双螺旋导杆转动，从而带动上述两块拖板和两组包揉辊的靠拢和分离；另一台电动机则通过三角皮带传动，带动左边的立轴转动，再由该立轴通过一组链传动，带动右边的立轴转动。两支立轴又分别通过链传动而带动左右两组包揉立辊作顺时针转动，为了保证两块拖板移动时立轴传动的正常，两支立轴均在中部设置了万向节。加压手柄为单独杆件，一头可装在两组包揉辊的后上方，中部设有布巾缠绕缺口。作业时由手工操作加压手柄缠绕包揉巾实施包揉作业（图 12-41）。

图 12-41　乌龙茶速包机

电器控制系统由脚踏开关、急停按钮、行程开关等组成，用以控制两条传动系统的运行。

速包机作业时，将约 7kg 的初烘叶用包揉巾包裹，将布巾四角提起并初步收拢拧紧，置于四只包揉辊中间的茶包承载盘上。并将包揉巾头绕在加压手柄的缺口上，左手拉紧布头，脚踏左边的脚踏开关，包揉立辊便开始运转，然后点踏左脚踏开关，包揉辊便断续向内移动，对茶包产生侧向的挤压，松散的茶包在两对包揉辊作用下作逆时针旋转。同时，加压手柄产生正压力，并固定布头，与包揉辊构成反方向的力矩，扭紧茶袋。茶包就这样一方面在包揉辊的侧向转、挤、搓、压和另一方面由加压手柄所施加的"轻-重-稍重"正压力的作用下，被迅速包紧，形成形似"南瓜"状的茶球。一次速包约需 10s 时间，当速包已成形，即可脚踏右脚踏开关，包揉辊向外移动，速包过程即完成。

经该机速包的茶球，要静置一定时间，或送到平板式包揉机上继续包揉。这种机型具有紧袋和包揉功能，包揉后的茶条呈球形或半球形，成型迅速，故称为速包机。作业时的技术掌握要领是，应注意前期不要过紧，且静置时间不要太长，以避免产生扁条、团块及闷热现象。一般包揉要多次，随着包揉次数的增加，速包程度应渐紧，静置定型时间也要渐长，一般情况下，当茶条已包紧至球形或半球形并且茶坯已冷却时，即可将包揉巾束紧静置约 60min，使其成为紧结的球形，然后即可送上平板式乌龙茶包揉机进一步进行包揉或解包后直接进行复烘和足火。

（四）平板式乌龙茶包揉机（球茶机）

平板式乌龙茶包揉机也是乌龙茶包揉专用机械的一种，亦是模仿人工包揉原理而研制的机型。由于投入揉捻的茶叶系用布包成的茶球，故在台湾和福建两省也被称之为球茶机，或称为Q茶机，通称为乌龙茶包揉机，又因该机的上下揉盘均为平板圆形，故在台湾多被称作为平板式揉茶机（图12-42）。

图12-42　乌龙茶包揉机（球茶机）

平板式乌龙茶包揉机的主要机构由上、下揉盘，加压机构，传动机构和机架等组成。上、下揉盘为铝合金材料，相对两面分别装有10根棱骨，下揉盘的边缘还有若干根立柱，用以规范茶球在上下揉盘间运动不致跑出机外。下揉盘可绕竖直的中心轴旋转，上揉盘可由加压机构带动上下移动，但不转动。台湾省生产的机型多为气动加压方式，气缸压力可自由调整，以改变揉茶压力，是一种松软缓冲式加压方式，包揉效果较好。福建省和浙江省生产的机型采用手动或专用电动机通过螺杆带动上揉盘上升或下降，实现加压和解压，包揉压力较难控制。机架为型钢焊接，装有行走轮可供推动。该机的传动机构是电动机通过三角皮带和蜗轮蜗杆传动，带动下揉盘转动。

平板式乌龙茶包揉机作业时，将经过速包机包揉后的茶球或是业经平板式乌龙茶包揉机本身包揉后，又经过松包、复烘后再（行）用包揉巾包裹的茶球置于包揉机的上、下揉盘之间，每批3只茶球。开动电动机，使下揉盘转动，用手动、专用电动机或气动加压机构使上揉盘下压，当上揉盘接触茶球后，再继续下压约5cm，茶球便在上、下揉盘之间滚动，并在棱骨和立柱作用下被不断翻转卷紧，使加工叶体积缩小，茶汁被搓揉挤出，条索逐渐紧结，约经历3~7min，完成包揉作业。该机每次可包揉茶叶4~15kg，一般认为，茶球越结实，包揉质量越好。为使乌龙茶包揉的茶叶颗粒紧结，实际作业中，往往需使用速包机和平板式乌龙茶包揉机进行反复七八次甚至十数次反复包揉，每次复包揉以后用烘干机复烘，力求达到理想的包揉效果。

（五）梅花型包揉机

该机是台湾省最近研制成功的最先进的包揉机，大陆上生产应用尚不多。它的作业原理类似于速包机，只是速包机的包揉辊被类似于机械手的4只梅花花瓣形的包揉手所替代，茶球上方的加压机构与平板式包揉机气动加压方式相同，圆周方向加压是利用梅花形包揉手的ABS加压动作实现。所谓ABS加压动作，是一种在自动控制机构作用下，梅花形包揉手逐步把茶球抱住并逐步加压、揉搓、挤紧的动作，它的包揉动作具有渐近、缓冲、浮动的特点，不仅可按加工状况调整包揉强度，而且还克服了其他机型包揉巾易损坏的缺点，包揉质量良好。

（六）乌龙茶压揉成型机

乌龙茶压揉成型机，亦称为茶叶自动成型机。是近几年福建省安溪茶区所研发应用的包揉机械。作业原理似草原上的牧草捡拾后的打捆机，通过施压部件压板对加工叶反复多次的压挤、揉搓，使芽叶形成折叠式的颗粒状（图12-43）。

图12-43　乌龙茶压揉机

1. **乌龙茶压揉成型机的主要结构**　乌龙茶压揉成型机的主要结构由压揉室、压揉板、油缸系统、机架和控制系统组成。压揉室由底面、左、右侧和前端面板共4块面板构成，室内设有两个前移压揉板，由前移压揉板油缸驱动。前压揉板向前挤压到位，将会与底面板、前端面板、左、右侧面板、盖板构成压揉腔。压揉腔的左右两侧分别设有左、右压揉板，并由两只左、右压揉板油缸分别驱动，实施对加工叶的左、右压揉。压揉室的后部装有盖板油缸固定架，盖板油缸就销装在其上端。盖板又铰接安装在压揉室后部，盖板油缸活塞杆连接于盖板中部。在盖板前端设置了盖板锁定机构并设有压制成型的茶块出口，出口上装有可垂直滑动的出口挡板并与出口挡板油缸相连。

2. **乌龙茶压揉成型机的操作使用**　乌龙茶压揉成型机作业前，应检查压揉成型机各部件紧固状况是否良好，特别是油压系统有无渗漏油，发现排除后，方可启动机器。

开启电源开关，启动盖板油缸使盖板打开。接着启动各压揉板油缸，使各压揉板复位。再启动挡板油缸把出口挡板顶起，关闭茶块出口。

将乌龙茶的杀青（炒青）叶投入压揉室，并铺放均匀，然后启动盖板油缸将盖板关闭，并把盖板锁定。

这时即可启动前移压揉板油缸，推动前移压揉板，将茶叶逐步压紧，当控制板上显示茶叶所受到的挤压力达到15～20MPa时，前压揉板的挤压即为到位。这时启动两侧左、右压揉板油缸，驱动两压揉板相向挤压加工叶，当控制板上显示茶叶所受到的挤压力达到15～20MPa时，加工叶即逐渐形成茶块。

在茶块成型后启动挡板油缸使出口挡板打开。再启动左、右压揉板油缸将左、右压揉板复位。即可启动前压揉板油缸，推动前压揉板前移，就会将压揉成型的方形茶块从茶块出口推出机外，完成此一轮过程的压揉。

3. **乌龙茶压揉成型机的性能特征**　乌龙茶压揉成型机生产率高，一次投叶量相当于120kg鲜叶的杀青（炒青）叶，一般进行反复5次的压揉，总计压揉时间30min内即可完成，若茶青过粗老，再用速包机辅助包揉，就可使芽叶形成颗粒状，基本达到纯包揉机的包揉效果，改变了包揉机包揉时间长，操作繁琐，消耗劳力多，效率低，还要使用较大数量包揉巾的不足，这种机械易于操作，自动化程度和生产率高，一出现就受到茶农的欢迎。但因其作用原理与传统包揉原理显著不同，部分茶农认为该机折叠挤压性能良好，但揉搓成团不足，仅限于低挡乌龙茶的压揉成型，甚至反对这种设备的普及使用。但是实际上在铁观音中心产地的福建安溪茶区，该机使用已十分普遍。茶农逐步积累和总结出进一步改善机器作业质量的技术和经验，充分发挥该机操作方便、生产率高之优点，并使用包揉机进行适当辅助，使该机在闽南乌龙茶生产中发挥了较好的作用。

三、 茶叶揉切机械

红碎茶是世界上产量最多和销售量最大的茶叶类型。使用揉切机械对加工叶进行揉切是红碎茶加工中的特殊工序，也是红碎茶与其他红茶制法的主要区别，它与红碎茶成品茶的浓、强、鲜品质密不可分。由于揉切作业使用的揉切机械类型不同，导致了红碎茶加工几种主要制法和成茶独特风格的形成。

（一）红碎茶揉切机械的类型

红碎茶揉切工序所使用的揉切机，按机器来源区分，有国内生产机械和国外进口机械；按机械结构和原理性能区分，有盘式揉切机、转子揉切机（国外原理近似的揉切机为洛托凡）、红碎茶锤击机（国外原理近似的揉切机为 LTP 机）和红碎茶齿辊式揉切机（国外生产的机型称为 C.T.C 机）。正是由于红碎茶揉切作业使用的揉切机类型不同，形成了红碎茶加工的几种不同风格产品。

（二）红碎茶盘式揉切机

中国红碎茶发展初期，所使用的揉切机械为盘式揉切机。在 20 世纪 60 年代援助几内亚的红碎茶加工机械中就包括 6CR-65 型和 55 型两种型号的红碎茶盘式揉切机，即揉桶直径为 65cm 和 55cm 的红碎茶揉切机。机械结构与 6CR-65 型和 55 型盘式揉捻机基本相同。不同处在于在铸铁花形揉盘托盘上不是铺放铜板或不锈钢板，而是镶嵌了 8 块新月形铜板，各块铜板间互相叠放形成阶梯状，在梯形内弧边镶嵌弧形不锈钢刀片。出茶门也做成阶梯形，但不设刀片，而是在揉盘中心位置装有一圆锥体，用于翻动揉切叶。该机作业时，揉桶在揉盘上作顺时针方向运动，茶条在新月形铜板平面上受到搓揉而逐步紧结成条，叶细胞破损，当茶条继续运动到大梯形刀口时，被锐利的刀口切断，就这样反复揉搓切断，达到揉切之目的。这种揉桶直径为 65cm 的 6CR-65 型盘式揉切机，每桶萎凋叶投叶量 120～150kg，需要 5～6 次的反复揉切、分筛，每次揉切时间 30min 以上，方可达到揉切要求，效率较低。为此，后来逐渐被转子揉切机等揉切设备所替代。

（三）红碎茶洛托凡揉切机（Rotorvane）

红碎茶洛托凡揉切机，系 1958 年在印度托开莱由麦克蒂尔所发明，在国外全名被称作麦克蒂尔洛托凡连续揉茶机。中国引进使用后，为中国红碎茶转子揉切机、特别是翼片棱板式转子揉切机的研制提供了参考（图 12-44）。

洛托凡揉切机的主要结构有揉切筒体、转子、传动机构和机架等组成。筒体内壁衬铜板，内壁上每隔一定间距安装一组锥台型棱板，每组 4 块，棱板两侧面呈搓板状。筒体直径有 375mm、200mm 和 150mm 三种规格，以适用于大、中、小不同生产企业使用。一台筒体直径为 375mm 的大型洛托凡揉切机，筒体内壁装有 12 组锥形凸起。洛托凡的转子大小形式亦不同，从而与不同规格的筒体所配用。转子在相应的间距位置上也装有

图 12-44 红碎茶洛托凡揉切机

棱刀，棱刀侧面同样呈搓板状。筒体直径为 375mm 的大型洛托凡揉切机，转子上装有 11 组棱刀，每组 2 块，成对装于轴上。棱刀与转子轴轴线成 45°左右的倾角，配列状况有 3 种形式：A 型系棱刀排列方向一致，且与筒体内壁上的凸起物方向相同；B 型的第 5 组棱刀焊成逆向倾角，其余同 A 型；C 型的棱刀交替排列。在加工叶进口处，转子装有进料螺旋叶片，在出口处装有出叶尾盘，尾盘有蝶形、十字形、花瓣形等不同形式。有的还装有锥形顶芯。尾盘对茶叶的压力可调节。洛托凡揉切机的传动机构，电动机通过涡轮蜗杆减速箱进行减速传动，转子轴与减速箱的动力输出轴用联轴节连接。

红碎茶洛托凡揉切机作业时，其揉切性能与鲜叶采摘标准、喂料速度、机型大小、转子转速、棱刀与棱板形状、数量与安装位置等均密切相关。同时也与尾盘形状、结构等有关。由洛托凡揉切机揉切叶加工出的红碎茶，外形和汤色均与印度、斯里兰卡传统制法生产的红碎茶产品风格相类似，汤色更好，叶底也更明亮。与传统制法相比，该机生产率高，揉切性能良好。

（四）红碎茶转子揉切机

红碎茶转子揉切机是中国红碎茶加工最常用的机械。它是国内红碎茶产区在引进应用国外红碎茶洛托凡揉切机基础上逐步研制发展的机械类型。因为中国红碎茶鲜叶采摘一般较粗放，并且不少茶区使用中小种茶树鲜叶加工红碎茶，故转子揉切机较适合中国国情，20 世纪 70—80 年代研制出多种机型。

1. **红碎茶转子揉切机的工作原理** 红碎茶转子揉切机是将萎凋叶经过揉捻打条后，从进茶口投入卧式转子揉切机，在机内由螺旋推进器推至切碎区，通过挤压、绞揉、切碎，从机尾排出，完成揉切。由于加工叶在转子揉切机中的时间较短，绞切挤压力大，揉切后加工叶的颗粒紧结，尾茶较少，一般尾茶仅为 6%～10%，成茶卖价较高。中国红碎茶特别是中小叶种茶区的红碎茶生产，鲜叶纤维素含量较高，采摘欠规范，使用转子揉切机进行加工，可以获得较好的红碎茶产品品质。

2. **红碎茶转子揉切机的基本结构** 转子揉切机的基本结构主要由转子、筒体、机架、传动机构等组成。转子和筒体是主要作业部件，由于形状结构不同，转子有多种类型，并决定揉切效果和红碎茶产品风格。筒体用铸铁铸造，内衬不锈钢板或铜板，或者直接用不锈钢板卷制。内壁镶有揉切条或导叶条，以帮助切碎加工叶。传动机构一般由电动机、减速器、三角传动皮带和联轴器组成。电动机输出的功率，经三角皮带传动至减速器，减速并增大扭矩后通过联轴器驱动转子运转，进行揉切作业。

3. **红碎茶转子揉切机的类型和特点** 中国茶区研制与使用的转子揉切机类型较多，按转子结构分有翼片棱板式、螺旋滚切式、螺旋绞切式、球形挤揉式和组合式等，转子揉切机类型不同，转子结构和作业效果也有所不同。

（1）翼片棱板式转子揉切机。翼片棱板式转子揉切机的代表机型为广东英德生产的 7051 型揉切机，主要有 7051-30 型、25 型、20 型和 16 型等多种型号和规格，例如 7051-25 型，揉切筒体内径为 250mm，是生产中最普遍应用的一种转子揉切机型（图 12-45）。

翼片棱板式转子揉切机转子的转子轴由双头螺旋推进器、三头螺旋揉芯、9 组旋转棱刀组成，中间装有环形花盘，在后边尾部装有开着出茶孔的出茶花盘。转子转速为 34r/min。筒体内壁有纵向棱骨 4 根及固定棱根 9 组。作业时，加工叶由进茶口被送入筒体，在螺旋推进器作用下，推入三头螺旋揉芯，使经过预揉的揉捻叶在螺旋揉芯的弧

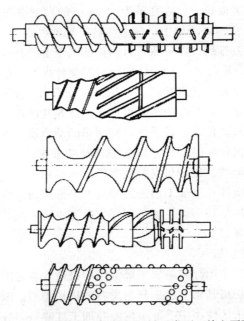

图 12-45　红碎茶转子揉切机的转子类型（从上至下）

1. 翼片棱板式　2. 螺旋滚切式　3. 螺旋绞切式　4. 组合式　5. 球形挤揉式

面和筒内壁棱骨之间进一步进行揉捻，然后进入由转子上的棱刀和筒体内壁棱板组成的揉搓区，使加工叶逐级受到揉搓、绞挤、撕切、滚翻等综合作用，最后经可调节压力的尾盘出茶孔排出机外，从而形成较好的颗粒外形，滋味和鲜爽度也较好。这类转子机对加工叶的吞吐能力强，7501-20 型台时产量可达揉捻叶 700kg 以上，7501-30 型更可达1 000kg 以上。该类型的转子揉切机加工的红碎茶，产品浓度好，鲜爽度尚可，不仅在大叶种地区表现出良好的性能，而且在小叶种地区适应性也较好，在国内红碎茶初制厂中单机使用或配套应用于红碎茶生产线均比较普遍。但这类机型红碎茶成茶颗粒的紧结度较低（图 12-46）。

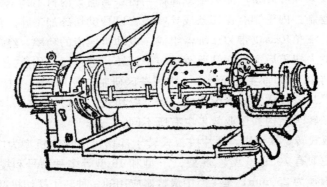

图 12-46　7051 型翼片棱板式转子揉切机

　　（2）螺旋滚切式转子揉切机。螺旋滚切式转子揉切机的代表机型为贵州羊艾 30 和20 型。以羊艾 20 型转子揉切机为例，转子为螺旋形，分三段，第一段为双头螺旋，长180mm，第二段为 8 头螺旋，长 170mm，第三段 4 头螺旋，长 156mm，尾部无尾盘，转子轴的转速为 40r/min。筒体内径为 200min，内壁上均匀分布 6 条不锈钢刀片。

螺旋滚切式转子揉切机用于红碎茶的揉切作业，经过预揉的揉捻叶从进料口喂入，由于第一段的螺旋推送向前，加工叶一边初步揉搓，一边连续推进到中部第二段即中部切碎螺旋区，由于切碎段螺旋头数增加，螺旋间容叶腔减少，茶叶在此段所受压力增高，与螺旋刀片间的间隙减小和与刀片的摩擦力增大，随着转子的转动，茶叶在翻滚过程中，被螺旋挤压和筒体内壁刀片切割而形成碎形颗粒。然后进入第三段即尾部螺旋段，此段螺旋头数减少，转子轴径也减小，螺旋容叶腔增大，使加工叶获得一个减压松茶过程，并在转子运转的翻拌复揉下，最终排出机外。

螺旋滚切式转子揉切机虽然揉捻叶在筒体内整个运动过程仅受到螺旋产生一种力的作用，然而由于各段螺旋头数不同，故仍有挤压切碎、搓揉翻拌等几种运动。由于没有尾盘，茶叶在筒内通过性能好，叶温较低，红碎茶产品具有鲜爽度好的特点，但茶汤的浓、强度稍低。该机多在中、小叶种茶区使用，对粗老茶的适应性较差。

（3）螺旋绞切式转子揉切机。螺旋绞切式转子机的基本结构与其他转子机基本一样。其特点是在螺旋转子中段加上伞形揉芯，如江苏茅蓬 CZQ-18 型转子揉切机就是这种形式（图 12-47）。

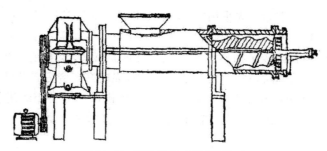

图 12-47　螺旋绞切式转子揉切机

螺旋绞切式转子机的筒体内壁全部衬着 2mm 厚铜板或不锈钢板，板上装有 8 条截面为梯形的不锈钢扁棱骨，工作时与转子配合完成揉切作业。转子由主轴与套在主轴外的伞形转子组合而成，伞形转子为铜铸件，分前、中、后三段。后段位于进茶口处，呈螺旋形，作用是将揉捻叶向前推进，使茶叶初步受到卷缩、挤压。中段呈伞形，又分两段，加工叶在这一段内受到卷、挤、揉、切、压，并且在两段伞形中间有一松压、翻拌过程。前段呈螺旋形，使揉切叶更进一步推进、压紧、切碎，直到出茶口端。在主轴出茶口处，固定一不锈钢锻制的"十"字形切茶刀随主轴的旋转，和固定的出茶尾盘相配合，将揉切叶打松、切断并经尾盘孔排出机外。螺旋绞切式转子揉切机制茶的特点是挤压力强，细胞组织破碎率高，茶叶成形紧，茶味重，但因叶温较高，鲜爽度较低。该机适于在中、小叶种茶区使用。

（4）组合式转子揉切机。组合式转子揉切机的转子有输送螺旋、伞形揉芯、叶片棱板和切刀等各段组成，实际上就是在翼片棱板式转子中间增加了两个伞形揉芯而成。在伞形揉芯作用下，转子在揉芯处轴向提供了两个变截面通道，目的是对腔内的茶叶在揉切途中增加一道增压和松压的过程，揉芯的导筋增强了对茶叶的揉搓作用。这种结构的转子机除了具有翼片棱板式转子机的揉切作用外，还具有强烈搓揉、变压拌切的功能，揉切力强，叶组织破损度极高，红碎茶产品具有颗粒外形紧结，茶汤浓度好，鲜爽度较高等特点。该机适于中、小叶种茶区使用，对粗老原料鲜叶适应性较强。

（5）球形挤揉式转子机。转子机制茶虽然能获得较好的品质，但是，由于叶子封闭在机内，流程长、温升高、挤压力大，要求鲜叶萎凋程度较重，且成茶的香味和鲜爽度不够强烈。为此，云南茶区在 20 世纪 80 年代研制成功一种转子上布有由半圆球体排列而形成螺旋切茶结构的揉切机，称之为球形转子挤揉机。其转子是一个圆柱形轴辊，实际上是由一段喂入螺旋和一段表面布有与轴线成 45°角排列着 100 多个铜质半圆球体所组成的一个挤揉辊芯，筒体内壁也设置了几条半圆柱形棱条。作业时，鲜叶投入进茶口，由转子前部的螺旋推进压入辊芯与筒体内壁之间的空隙内，随着芯轴的旋转，加工叶在机内受到挤压、推拉、冲击、搓揉、剪切等作用，而被撕碎和卷曲，形成颗粒状。由于无尾盘，出叶快，筒内无高压区，揉切叶温升不高，红碎茶产品具有鲜爽度好，刺激性强等特点。该机对原料鲜叶要求不高，轻萎凋，与其他类型转子机相比，成茶品质有很大改善，曾获得国家发明三等奖，同时在一段时间内，该机被认为较适合中国红碎茶加工的国情，甚至可成为国内红碎茶生产 C.T.C 机的替代机型。

4. 中国红碎茶转子机制法的揉切机器配套　国内大型红碎茶厂红碎茶使用转子揉切机制法常用的机具配套为：先采用 30 型揉切机（或洛托凡）进行初步揉捻，然后第一切采用大型转子揉切机、二切采用中型转子揉切机、三切采用小型转子揉切机进行揉切。如广东英红华侨农场转子揉切机作业线配备的机械型号分别为 25 型、20 型和 16 型转子揉切机，生产效率高，颗粒较紧结，成茶鲜强度好，曾为各茶区所仿效。

5. 红碎茶转子揉切机的主要技术参数　1978 年机械部等曾组织进行全国红碎茶转子揉切机的对比试验，根据试验资料转子揉切机的主要技术参数和茶叶加工品质列于表 12-11 和表 12-12。

表 12-11　转子揉切机的主要技术参数

转子结构	代表机型	配用电功率（kW）	生产能力（kg 鲜叶/h）	一次揉切温升（℃）	碎茶率（%）
叶片棱板式	英德 20	5.5	1 000	5	64.9
螺旋绞切式	南川 759	5.5	215	3	67.1
	芙蓉 705	5.5	200	7.5	60.7
螺旋滚切式	羊艾 70	5.5	320	17	63.7
组合式	洣江 20	5.5	270	3	64.4
	浮山 18	7.5	750		64.0
球形挤揉式	6CJC-20 II	5.5	300		

表 12-12　转子揉切机的茶叶加工品质

转子结构	代表机型	感官审评内质总分			内质评语
		中叶	嫩叶	粗叶	
叶片棱板式	英德 20	79.4	71.5	70.8	香气浓强尚鲜，外形紧较结

（续）

转子结构	代表机型	感官审评内质总分			内质评语
		中叶	嫩叶	粗叶	
螺旋绞切式	南川759	77.9	70.5	68.2	味较浓欠鲜爽，外形紧结，色欠润
	芙蓉705	79.1	69.1	67.8	浓度较好，鲜强度差，外形紧结
螺旋滚切式	羊艾70	72.8	70.5	67.4	香味一般，外形尚紧结
组合式	渼江20	77.2	70.0	69.0	香味浓强度较好，尚鲜，外形较紧结
	浮山18	77.9	70.8	69.0	香味鲜爽度较好，浓强度尚可，色泽乌润，外形尚紧结
球形挤揉式	6CJC-20 Ⅱ				香味鲜爽、强烈，具有中和性

（五）C. T. C 机（红碎茶齿辊式滚切机）

C. T. C 机是当今世界范围内红碎茶加工最流行并且认为是最先进的红碎茶揉切设备。1930年在印度阿萨姆由英国人 W. Mckercher 研制成功。中国茶区于20世纪50年代末期开始探讨引进，80年代随着红碎茶加工成套生产线的引进而正式投入使用。C. T. C 机开始在中国的红碎茶加工中正式获得应用，也开启了中国 C. T. C 茶生产的先河。20世纪80年代初期，中国海南机械厂等开始制造 C. T. C 机，并在国内推广应用，国内生产的机型被称之为红碎茶齿辊式滚切机，主要结构和参数与国外机型一样。

C. T. C，是切碎（Crushing）、撕裂（Tearing）与卷曲（Curling）的英文缩写。C. T. C 机的主要工作部件是一对相向运动、速比为1∶10的三角棱齿辊子。加工叶通过喂料辊送入两辊相交的切线位置上，这时加工叶由于是被强力压入齿辊之间的微小间隙，两只齿辊间相向转动的转速又有差异，加之齿辊上的三角棱齿的揉切作用，被高速搓撕、碾碎成为颗粒。经过揉切的加工叶，表皮被撕，叶肉裸露，茶汁外溢，细胞组织受扭曲或损伤，揉切作用表现为强烈而快速，为发酵创造了良好的条件。这种揉切方式，因为揉切时间短，瞬息升高的叶温在敞开的输送带上可立即散失，故而经过三次 C. T. C 机切碎的在制品，仍保持着鲜活的翠绿色泽（图12-48）。

图 12-48 三联 C. T. C 机及其齿辊结构

红碎茶 C. T. C 制法是目前世界上最先进的红碎茶制法，但应用 C. T. C 机进行红碎茶的揉切作业，要有一整套加工技术相配套。首先 C. T. C 机对鲜叶原料要求严格，一般要求提供付制的原料叶，应为3级以上嫩度的优质鲜叶，低于3级的鲜叶，经过

C. T. C 机揉切所生产的红碎茶产品多片末，外形欠佳，品质低下，并易损坏齿辊的辊齿；其次，C. T. C 机对萎凋叶含水率要求严格，适宜于加工轻萎凋叶，萎凋叶含水率应控制在 68% 左右为宜，如在海南省用云南大叶种鲜叶生产红碎茶，萎凋含水率掌握在 65%～68% 为好；第三，三联 C. T. C 机的齿辊间隙调整应严格，一切 C. T. C 机的齿辊间隙要稍大于茶鲜叶单片叶的厚度，以防止揉切中压力过大，叶温上升过高；二切 C. T. C 机的齿辊间隙应稍小于单片叶的厚度，从而对加工叶产生强烈的搓扭、卷曲，达到破坏叶片组织的目的；三切 C. T. C 机的齿辊间隙值的确定，以当时市场适销花色的体形大小为依据，所要求切碎的颗粒越小，齿隙值也相应地调小。以云南大叶原料为例，三组 C. T. C 机齿辊间隙一般分别为 0.25mm、0.16mm 和 0.12mm。齿隙最小距离为 0.05～0.08mm。

采用 C. T. C 机进行红碎茶加工，成品的精制率高，花色少，便于精制。但由于中国茶区除云南、广东、海南茶区外，鲜叶纤维素含量较高，往往又采摘较粗老，为了取得较好的红碎茶加工品质，在一定程度上减少 C. T. C 机齿辊的磨损，中国茶区在进行 C. T. C 茶加工时，常常采取 C. T. C 机与红碎茶转子揉切机或红碎茶锤击机等揉切机械组合作业的方式。应用表明，效果良好。

C. T. C 机的齿辊尤其是三联 C. T. C 机的一切齿辊的辊齿容易磨损，每作业 100h 需要修磨一次，以保持齿形锋利。一般情况下，使用 C. T. C 制法加工红碎茶的企业，均配有专用的 C. T. C 机齿辊修磨机床，在齿辊磨损后实施修磨。生产中通常采用的齿辊更换的办法，即拆下一切齿辊修磨，把后面的齿辊向前移一位置，最后位置更换备用或新修磨过的齿辊，使每对齿辊辊齿的锋利和磨损程度保持均匀，以获得最良好的揉切质量。

（六）LTP 机（红碎茶锤切机）

中国茶区称之为 LTP 机的红碎茶揉切机械，国外统称为劳瑞制茶机（Lawrie tea processor）。中国茶区引进试用后，所研制的机型结构与国外机型相似，称作红碎茶锤切机，是一种作业原理与饲料粉碎机相似的揉切机型。

LTP 机有一个直径为 550mm 的钢制圆形筒体，内装主轴，主轴上按一定尺寸装有 41 块圆形隔板，隔板外沿均布 4 只孔，孔内穿有 4 根直径 10mm 的钢质圆杆，圆杆上装有锤片，锤片长 100mm，间隔装于隔板之间，共计装有 31 组锤片和 9 组刀片，每组有锤（刀）片 4 把共 160 把。作业时，当将萎凋叶送入机内后，由于装有锤片和刀片的转子高速旋转，加工叶在 160 把刀、锤片的高速锤击和切碎下，形成细小粉末，并且由于刀片和锤片的旋转风力使粉末胶结成颗粒而喷出机外。中国与国外开发机型的不同处在于，国外机型的锤片和刀片系装在圆杆上可以绕圆杆自由转动，而国内机型系压紧不能绕圆杆转动。

LTP 制法有单机使用和与 C. T. C 联装使用两种应用方式。LTP 切碎时要求萎凋叶含水率为 68%～72%，属于轻萎凋。当萎凋叶含水率低于 68% 时，片茶多，鲜爽度不好；高于 72% 时，团块茶增多，颗粒大，不易解散，并因团块内缺氧，造成发酵不匀，影响成茶品质。同时 LTP 制法对鲜叶原料要求也较高，一般要求为 3 级以上嫩度鲜叶，鲜叶过粗老，成茶中片茶比例将增多（图 12-49）。

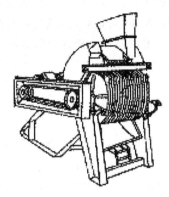

图 12-49 红碎茶锤切机及其内部结构

（七）红碎茶揉切机械的使用、维护和保养

红碎茶揉切机械大多机体较重，作业时转子等机构消耗扭矩较大，故安装调试和维护保养，与机械的正常运转和茶叶加工品质良好关系密切。

1. 安装与调试 红碎茶揉切机械一般需用地脚螺栓安装于坚实的地面上，机器电源线也应穿线管埋敷地下。转子式揉切机筒体均采用上下对开，作业时是两个半圆筒合成后锁定而组成完整筒体。清扫时，需要先旋松两个半圆筒接口处锁用活络螺栓的螺母，将下半筒体放到最低位置，然后旋松上半筒体两端的压块螺母，拨转拉块，再拉起上半筒体。为此，安装时应留出足够的操作位置。

机器安装后，应检查和固紧各连接件、紧固件的螺栓螺母。检查和清除各运动部位的障碍物，开启筒体进行彻底清除，必要时进行清洗。检查减速箱、轴承等润滑处的润滑油（脂），不足应添加。检查传动皮带松紧度是否合适，过松或过紧应进行调整。检查转动运动部件，消除卡死现象，确认电器设备安全可靠，确定转子部件转向与所贴标志转动方向一致。一切正常，启动机器，运转数分钟，若发现异常声响、振动、电动机与轴承过热、齿轮箱漏油等，停车后进行排除。在一切正常后，机器的试运转时间不得少于 30min。

2. 操作使用 每次作业前，应对机器有关配合间隙进行调整，特别是常用的三联 C.T.C 机（红碎茶齿辊揉切机）应按前、中、后三组齿辊的规定配合间隙值进行精确调整。所有形式的揉切机作业时，均应采取有效措施避免金属物、石子、竹木等坚硬物质进入机内。如 C.T.C 机往往前部还配有萎凋叶砂石、金属物清除装置。即萎凋叶在进入 C.T.C 机加工前，通过风力等清选，将砂石、金属物分离出去再投入加工。其他揉切设备也有在萎凋叶进入揉切作业前使用磁力吸引（磁铁）清除螺栓、螺母等金属杂物的。

揉切机械在每班作业开机前，均应检查排除影响机器转动的障碍物，开机试运转数分钟，一切正常，方可开始正常作业。

揉切机作业时，应按规定投叶量进行投叶，并且要做到投料均匀。若发现加工叶从进料口反冒或听到揉切机器声音低闷，往往是因投料过多而造成，需立即停车采取打开筒体等疏通后再行运转作业。

机器运转作业时，严禁将手伸入机内，发生故障应停车维修。锤击机作业时在出茶口适当距离要设置挡叶板，拦截喷洒出的揉切叶。

作业结束，机器应继续运转数分钟，使机内揉切叶出尽。对机器及地面存留茶叶进行清除，开启筒体对机内滞留茶叶、茶汁等进行清除，并用清水进行清洗，以保证机器的清洁。

3. **维护保养** 揉切机的润滑脂加油处每班就要加油一次。减速箱润滑油在机器开始使用一个月后应更换新油，以后每班进行检查，不足应添加，并且每年更换新油一次。

作业中应随时检查电动机、减速器、轴承等的温升状况，电动机、轴承温升不超过60℃，减速箱油温温升不超过50℃。

每个茶季结束，应对机器作较全面清洁与维修。对机器内外滞留茶叶、茶汁进行清除和清洗。

全年作业结束，应进行彻底维修，包括对全机进行清洁，清除茶垢、油污与锈斑，清洗各减速箱、轴承、润滑点，并更换新的润滑油（脂）。检查各运动零部件的磨损状况，发现磨损过量应更换。检修完成，应按前述试车要求进行试车。一切正常后，做好防尘、防雨和防潮，采取覆盖措施保存。

第四节　茶叶解块筛分与发酵设备

解块筛分是茶叶加工时，为解碎揉捻或揉切叶中团块，并通过筛分，分出茶条粗细大小，分别进行加工而不可缺少的工序，使用的设备为解块筛分设备。对于红茶加工而言，萎凋叶经揉捻或揉切后，通过发酵才能形成红茶特有的品质风格，使用的设备为茶叶发酵设备。

一、 茶叶解块筛分设备

常用的茶叶解块筛分设备有解块轮式茶叶解块筛分机、振动式解块筛分机和近年来绿茶加工使用的热风滚筒式解块机。

（一）茶叶解块筛分机

茶叶加工中应用最普遍的茶叶解块筛分机，主要工作部件为解块轮，称为解块轮式茶叶解块筛分机，统称茶叶解块筛分机。

1. **茶叶解块筛分机的工作原理** 一部结构完整的茶叶解块筛分机，揉捻叶由上叶输送带送入解块箱，在解块箱内揉捻叶中的团块被旋转解块轮上的打击棒打碎，落到往复运转的筛床上，被筛床上的筛网筛分，形成条形或颗粒大小不同的 2～3 种规格，然后分别送去发酵或干燥。

2. **茶叶解块筛分机的基本结构** 常用茶叶解块筛分机，基本结构由上叶输送带、进茶斗、解块箱、筛床、传动机构和机架等部分组成。

上叶输送带一般应用倾斜度为 35°的百叶倾斜式输送带，运转的线速度为 0.32m/s。上叶输送带中部设有匀叶轮，匀叶轮边缘呈波浪形，与输送带反向运转，可将百叶板上的加工叶整匀铺平，匀叶轮可上下调节，以控制铺叶厚度和投叶量大小。上叶输送带仅用在大型茶叶解块筛分机上，小型解块筛分机仅有进茶斗，由人工直接向进茶斗中投放揉捻叶，进茶斗位于解块箱的上方，将加工叶送入解块箱（图 12-50）。

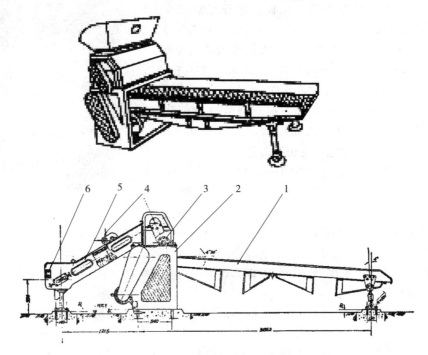

图 12-50　茶叶解块筛分机
1. 筛床　2. 机架　3. 结块轮　4. 匀叶论　5. 百叶式上叶输送带　6. 电器开关

解块箱由箱体、解块轮轴、解块轮等组成。箱体长方形，箱体内横向装有解块轮轴，由传动机构带动旋转。解块轮轴的两端装有两只片形圆盘，在两圆盘间横向装有6～8 根不锈钢、铜或木质打击棒，两端分别装在两圆盘的轮缘上。打击棒的断面多用长方形。解块轮轴的一端伸出箱体，上装皮带轮，电动机通过传动机构带动皮带轮和解块轮旋转。解块轮转速为 500～600r/min。

解块筛分机筛床的一端装在解块箱的下部，与解块箱出茶口相对。筛床的大小随解块筛分机的型号大小而不同。筛床配有一定筛孔大小的筛网，用于绿茶加工的筛网一般设有两段筛孔，上段用 3～4 目筛，下段用 2～2.5 目筛。红碎茶加工一般用 5～6 目同一筛孔。筛网一般采用不锈钢丝网制成，以往也有用用铜丝或甚至用竹丝编成的。筛床前端装在曲轴或偏心轮上，由传动机构带动往复运转，后端则支撑在左右两只摆杆上，筛床曲轴转速为 360～400r/min。传动部分设有防护罩，以保证操作安全。

茶叶解块筛分机的机架，由左右两块墙板和用于支撑墙板的横撑杆组成。解块箱就装在机架上，曲轴和电动机则装在机架后端。

随着国内名优茶生产的发展，由于名优茶鲜叶采摘细嫩，加工过程中一般不需再进行茶条长短和大小的筛分，故名优茶所使用的解块机仅解块，不筛分。其结构和一般使用的解块筛分机的解块部分基本一样，只是更为小型化（图 12-51）。

3. 茶叶解块筛分机的操作使用　茶叶解块筛分机解块轮转速较高，筛床系往复运转作业，故除名优茶小型解块机外，安装时应使用地脚螺栓固定，并进行整台机器的调整，达到最优运转状态。

每次作业前均应检查固紧螺栓、螺母等紧固件。打开防护罩检查曲轴箱润滑油是否缺少，不足应添加。清除遗留在筛床的工具和杂物等。检查传动运转是否可靠。

在筛床出茶口和筛下放好接茶工具，起动电动机，机器运转。通过上叶输送带或手工向进茶斗投叶，揉捻或揉切叶从进茶斗送入解块箱，接着便从解块轮和打棒的相应间隙中通过，被打击而松散，然后落到筛床上，由筛床往复筛分，从而完成解块筛分作业。

解块筛分作业完成后，关闭电动机，解块筛分机停止运转，清除筛网上的积茶，必要时用水清洗筛网上的粘茶和茶汁，并做好机器和地面的清洁工作。

图 12-51　名优茶解块机

4. 茶叶解块筛分机的安全与维护保养　解块筛分机作业时，应注意绝对禁止将手指伸进解块箱和各转动部位，发生故障应停机检查排除。

筛床上的筛网受重压后会变形下垂，影响筛分效果。故任何情况下不准在筛网上坐人或放置重物。

茶叶解块筛分机作业时，应定时向各润滑点添加润滑油（脂），定期清洗解块轮和筛网。

每年茶季结束，应对机器进行一次全面检查保养，清洗轴承，更换新的润滑油（脂），调整或更换过松的传动皮带与筛网。

（二）振动式解块筛分机

振动式解块筛分机，是 20 世纪 80 年代湖南省农业科学院茶叶研究所专门为红碎茶加工而研制。主要结构由筛框、弹簧振动板、机座、传动机构等组成。筛框长 2 000 mm，宽 600mm，分两层，上层为筛分用筛网，下层为钢板结构，用于承接筛底茶。筛分出的筛面茶和筛底茶由筛框前端分别接出。弹簧振动板共有 4 对，对称排列于筛框两侧，呈倾斜状支承筛框架。底座采用钢板件或铸铁件。传动机构布置在机座与筛框架之间的中部，由电动机带动偏心传动轴转动，再通过连杆带动筛框，使筛框作往复振动。将红碎茶的揉切叶从筛框前端的进茶斗投入而落在筛网上，就如振动槽输送那样被不断振跳向前，揉切叶中的团块被解散，并同时被筛网不断筛分，小于筛孔的揉切叶颗粒，通过筛孔落到承接钢板上被送出机外，达到解块筛分之目的。该机的最大优点是采用偏心距为 3mm 的小振幅和每分钟 900 多次的高频率振动，使揉切叶在振跳状态下完成解块筛分，减少了揉切叶的粘筛，克服了红碎茶加工使用传统解块筛分机筛网易粘叶，需人工用刮板或棍棒敲打筛网，并且筛网在反复敲打下会出现断裂等现象。

（三）热风滚筒式茶叶解块机

近两年，高档名优茶在市场上的消费量显著减少，而适合大众人群消费饮用的优质茶成为市场消费的主体。为了获得优质茶特别是优质绿茶的外形紧结和滋味鲜爽，不少企业在优质绿茶加工中采用了热风滚筒式茶叶解块机。机器结构与热风滚筒式杀青机相似，一般使用电热式炉灶将冷空气加热形成热风，由风机通过风管送入滚筒轴心位置的热风管内，热风从热风管壁的冲孔冲出，这时将揉捻叶通过上叶输送带投入滚筒，在滚筒内一边前进一边与热风产生热交换部分失水，并被螺旋导叶板和筒壁带到上部抛洒而下将团块解散，达到解块之目的，并使加工叶稍趋成条，出叶经冷却送往下一工序继续干燥。优质茶的热风滚筒式茶叶解块机解块，实际上同时起到了打毛火和初干的作用，可促进优质绿茶外形紧结和滋味鲜爽品质特征的形成，在生产中应用愈来愈普遍（图12-52）。

图 12-52 热风滚筒式茶叶解块机
的热风供给系统

（四）松包机

松包机是与乌龙茶速包机和包揉机配套使用的设备。因为乌龙茶加工中，加工叶经过包揉有时会结成团块，松包机的作用就是将完成包揉作业的茶球解碎并筛除茶末，便于下一步的烘焙。实际上松包机就是一台具有解块功能的乌龙茶专用解块机。

松包机的主要结构由松包滚筒、操作杆、传动系统和机架组成。

松包滚筒、操作杆、传动系统和电动机均安装在同一框架上组成总成，电动机直接传动蜗轮蜗杆减速箱，而蜗轮蜗杆减速箱动力输出轴则直接连接装在滚筒后端。松包滚筒与框架总成在框架两侧相对分别通过一个铰接点安装在机架上，在操作杆的操纵下，框架及滚筒可绕两铰接点上下转动，以便卸叶。松包滚筒为一不锈钢圆筒，内壁装有解散杆，用以打碎茶块；操作杆的作用是操作筒体绕铰接点转动，当筒体处于上部位置即轴心线水平时，为作业状态，这时筒体可被锁住并旋转作业，当解开筒体锁定用操作手柄将筒体压下时出茶；传动机构位于筒体的后部，用以带动筒体运转作业。松包机作业时，将解去包揉巾的茶球放入松包机滚筒内，开动机器使松包滚筒旋转，这时茶球即与转动滚筒内壁上的解散杆碰撞，并在解散杆的翻抛下，实现解散团块的目的。与此同时，由于筒体由冲孔钢板卷制而成，故筒体在转动松包过程中，包揉叶内的茶叶碎末可通过筒壁上的孔眼漏出，从机器罩壳下部排出机外（图12-53）。

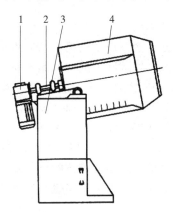 

图 12-53 松包机
1. 传动机构 2. 传动轴 3. 机架 4. 松包滚筒及解散杆

二、 茶叶发酵机械

近几年国内红茶生产发展迅速，红茶机械研制同时加速，特别是红茶加工关键工序发酵所使用发酵机，研制就更为深入，在满足红茶发酵工艺要求上取得长足进步。当前生产中使用的红茶发酵设备主要有室内框式发酵设备、槽式发酵设备、车式发酵设备和使用最普遍的连续式发酵机等。

（一）红茶发酵工艺对发酵设备的要求

发酵是红茶加工的关键工序，目的是使茶叶中茶多酚成分的酶促氧化反应顺利进行，使茶叶色泽变红，形成红茶特有的品质特征。科学研究和实践均证明，充足的供氧、适宜的叶温、足够高的湿度是保证红茶发酵过程中生化变化顺利进行的必备条件。为此，不论使用任何方式的发酵设备进行红茶发酵，都应该保证能在发酵过程中供应足够合适温度的冷风或热风，以满足发酵供氧需求。同时要求发酵环境气温为 $25\sim28℃$，发酵叶温度 $28\sim30℃$，过高就要进行翻叶降温，环境相对湿度要求在 90% 以上，最优应在 95% 以上，从而保证发酵在适宜温度和高湿的条件下进行。为此，中国茶区在长期的实践中，开发出了形式不同的红茶发酵设备。

（二）室内框式发酵设备

是一种传统的室内发酵设备。发酵室的布置与绿茶加工使用帘架式贮青设备的贮青室相似。发酵室宜坐南面北，大小合适，门窗挂布帘，阳光不直射入内。发酵网室内置发酵架，发酵网框置于发酵架上，发酵架约分 8 层，每层高度间隔 25cm 左右。发酵网框一般长为 80cm，宽 60cm，高 10cm，底部为竹编或不锈钢丝编网状结构，以往有的也直接使用竹筐。揉捻叶就放在发酵网框里，摊叶厚度一般为 $8\sim12cm$，送入发酵室内进行发酵。发酵过程中要掌握满足茶多酚酶性氧化聚合反应所需的适宜温度、湿度和氧气量。发酵时的叶温应保持在 30℃ 为宜，气温以 $24\sim25℃$ 为佳；空气相对湿度要求达到 95%；发酵时间从揉捻开始计算，一般为 $3\sim5h$。制造 1kg 红茶，在发酵中耗氧达 $4\sim5L$，从揉捻开始到发酵结束每 100kg 加工叶，可释放 30L 二氧化碳，因此发酵场所保持空气新鲜流通至关重要。有条件时，要配备降温、加湿装置，条件缺乏可用人工喷水调节。

（三）槽式发酵设备

是一种发酵网框和贮青槽相结合的发酵装置。槽式设备的槽体与贮青槽一样，槽的一端装有鼓风机和喷雾器。槽上则放置发酵网框，发酵网框的底部用不锈钢丝编制。

槽式发酵设备作业时，将揉捻或揉切叶放入发酵网框内，摊叶厚度为 20cm 左右，每只网框内装叶 $27\sim30kg$。每条槽放置 8 只发酵网框。这时即可启动风机和喷雾器，湿润空气即可经槽底通道均匀透过发酵网框内的叶层，使加工叶发酵。通风量可通过风机前的叶栅来调节。作业过程中，一般是每 5min 左右将一个盛有未发酵叶的发酵网框放上槽体一端，同时将一个叶子已被充分发酵的发酵网框从槽体的另一端取下，就这样一框一框顺序向前，顺序发酵，完成发酵的加工叶送到下一工序烘干。

（四）车式发酵设备

车式发酵设备是 1980 年中国茶区参照国外机型开发出的一种发酵设备，后来在国内条形（工夫）红茶和红碎茶加工中获得较普遍推广应用。

车式发酵设备主体装置为发酵车，是一箱体上口大、下部小的可推行小车。在箱体内的下部，搁置一块不锈钢多孔透气板，板上装茶，板下为风室，风室一端设有进风管口，可使风室通过风管口与供风系统出风管相接。作业时，将揉捻或揉切叶投入到发酵车内，然后将发酵车推至供风系统出风管口前，使发酵车进风管与供风系统的出风管口相接，开启供风系统的出风管的阀门，温度为22～25℃、湿度约95%的湿空气便进入发酵车风室，并通过多孔板鼓入箱体内，穿透茶层，使加工叶发酵。湿空气的鼓入，可起到供氧、增湿、降温作用。发酵车每车可装100kg，每套供风系统可连接发酵车20～30台或者更多，发酵时间20～60min。车式发酵设备在印度、斯里兰卡和肯尼亚的红碎茶加工中使用十分普遍。国内实际使用表明，这种发酵系统机动性强，使用方便，供氧充分，发酵均匀，成茶质量良好。中国茶区从国外引进的红碎茶成套设备多使用这种车式发酵设备。国内研制的设备，在国内条形红茶和红碎茶生产中也曾被广泛应用（图12-54）。

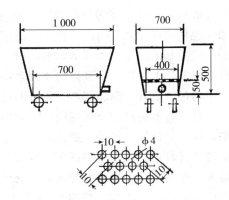

a.车式发酵设备　　　　　　　b.发酵车结构（下为透气板开孔）

图12-54　车式发酵设备

（五）连续式发酵机

连续式发酵机是一种类似于自动链板式烘干的发酵设备，由于是连续性发酵，多用在条形红茶连续化生产线上（图12-55）。

1. **连续式发酵机的主要结构**　连续式发酵机的主要结构由上叶输送带、网带式发酵床、增湿装置、喷雾机构和传动机构等组成。网带式发酵床就是如网带式茶叶烘干机使用的多层循环式网带相似，一般设置3～5层。网带由传动机构带动运行，网带运行的线速度可调，以保证揉捻叶在箱体内的发酵时间为30～90min，为了保证翻叶、发酵充分和保证足够的发酵叶加工量，在生产线配备时，也有将两台发酵机串联使用的。循环式网带

图12-55　连续式发酵机

前端设置上叶输送带，用于将揉捻叶均匀地摊在网带上，摊叶厚度10cm左右。多层循

环式网带一般装置在封闭的发酵箱体内，箱体内空间较大，在网带周围会留出一定空隙，以便每轮作业结束后，操作人员进入箱体内，对网带上滞留的发酵叶进行清扫。也有将循环式网带直接装在一间发酵室或玻璃房内的，上叶输送带装于室外，同样操作人员可进入发酵室进行清扫。增湿装置可采用每小时蒸发 100～200kg 水的蒸气锅炉发生蒸汽，由风机送入布置在箱体内每层网带上的蒸汽管，蒸汽便从管壁上的喷孔喷出伞形水雾喷洒在发酵叶层上，保持发酵湿度。与此同时，由于在发酵箱体两侧还设有风门，开启的大小可控制自然风的进风量，并且在箱体顶部还装有排湿风机，开启时可促使箱内空气对流，从而改善箱内氧气浓度和控制发酵温度。箱体内的增湿也有直接配用超声波加湿器对箱体内喷雾加湿的。加湿器型号的大小，根据发酵室网带摊叶面积确定，一般摊叶面积 25～35m²，配用每小时水蒸发量为 9kg 的加湿器，如为 60m² 网带摊叶面积，则配用每小时水蒸发量为 15kg 的超声波加湿器，并同时装置空调、风机和管道，可对箱体内供应热风或冷风，以达到控制发酵湿度和温度之目的。

2. 连续式发酵机的操作使用　发酵机作业前，应对机器特别是发酵室内的循环式网带进行清扫，并对所有润滑点加注润滑油（脂）。检查各连接处的螺栓、螺母有无松动，如发现松动应固紧。增湿蒸汽锅炉或超声波加湿器应加足冷水。通过总控制箱设定发酵室内应控制的温度、湿度值和发酵时间。

启动机器，上叶输送带和发酵室内多层循环式网带开始运行，各风机和增湿系统，使发酵室内保持适宜的温、湿度。上叶输送带将揉捻叶送入发酵室，均匀摊放在循环式网带上，直至将多层网带全部铺满，并随网带缓慢前进，经历 3h 左右，按规定时间完成发酵，从出茶口排出机外，送往下一工序烘干。作业时应注意上叶输送带的投叶量与多层循环式网带运行线速度的匹配，要保证加工叶在网带上的摊叶厚度为 10cm 左右，不可过薄或过厚，以免影响发酵质量。此外，应根据发酵湿度状况，调整发酵时间等参数设定值，以使发酵适度。发酵时间和温湿度设定，对发酵程度至关重要。若发酵不足，红茶品质风格难以形成，茶味淡薄。发酵过度，则成品茶失去鲜爽度，甚至馊变。

每一轮加工叶发酵之后，应将发酵设备特别是连续式发酵机网带上的滞留叶清扫干净，这一点在红茶发酵作业中应引起十分重视。因为上一轮发酵叶如清扫不净，会继续发酵而馊变，若混进下一轮加工叶参与发酵，将严重影响成品茶的品质。为此，红茶生产企业有必要把这项操作用制度加以规定。

3. 连续式发酵机的维护保养　采用连续式发酵机进行红茶发酵，发酵均匀，成品茶的鲜爽度好，收敛性强，而且可连续作业。但该机因在高湿条件下作业，维护保养应十分重视。

除每轮茶叶加工完成和每班作业结束应对机器进行清扫外，还应经常对机器和地面上的茶垢进行清洗。清洗后要打开箱体上的通气口和箱门，使空气流通，尽快干燥。

每年茶季结束应对机器进行一次全面保养。全面清洗茶垢，更换减速箱和轴承的润滑油（脂），检查循环网带的松紧度，过松或过紧应进行调整，发现变形或损坏应更换。将增湿锅炉或超声波加湿器中的水放净，对所有易锈蚀处涂抹油脂，置干燥通风处保存。

（六）吊篮式发酵设备

吊篮式红茶发酵设备是近几年浙江绿峰机械有限公司开发的一种结构较为特殊的红

茶发酵设备，已在国内红茶连续化生产线上获得应用。

　　吊篮式发酵设备的主要结构由上叶装置、发酵箱体、吊篮、加湿和冷、热风供应系统等组成。上叶装置采用风机和管道组成的风送系统将揉捻叶送入吊篮。发酵箱体安装在机架上，内部吊装有 4 只吊篮，吊篮为揉捻叶的发酵场所。加湿系统通过管道对吊篮中的发酵叶自动喷雾，热风和冷风供应系统可将加热的热风或不加热的冷风送入 4 只吊篮，以保持发酵适宜的温度和湿度（图 12-56）。

　　吊篮式发酵设备使用时，风送系统将揉捻叶从上部分别送入 4 只吊篮内，加湿系统保证吊篮内相对湿度保持在 95％以上。并且风机可通过管道将 25℃左右气流送入每只吊篮内，为发酵创造 26～29℃的发酵温度。从而实现吊篮

图 12-56　吊篮式发酵设备

内的加工叶在自动控温、控湿、富氧条件下实施发酵。发酵完成，打开吊篮下部的闸门，发酵叶排出机外，在重力作用下落到下方的振动输送槽上，送往干燥。

（七）箱式发酵设备

　　箱式式红茶发酵设备，实际上就是在普遍用于乌龙茶和绿茶加工的箱式提香机基础上改装而成的。它保留了提香机的主要结构，加装了增湿喷雾系统。增湿喷雾系统有的使用超声波加湿器，将水雾化均匀喷洒到箱体内。也有使用风机将水流打散成雾，由管壁有孔的管道送入箱体内喷向叶层，使箱内形成 95％以上的发酵湿度环境。

　　箱式红茶发酵设备作业时，将揉捻叶均匀摊放在箱体内的叶盘中，摊叶厚度约 5cm。将发酵箱内温度设定在 30℃，开动机器，风机转动提供的气流，在温控系统控制下，以 28～29℃的温度不断穿透叶层，形成发酵时的富氧状态，并保持最优发酵温度。增湿系统工作，使箱内保持相对湿度 95％以上的发酵湿度。就这样在叶盘转动下加工叶逐步发酵。为使发酵均匀，中间可翻叶一次，并且将叶盘上下适当互换。约 2～3h 完成发酵，出茶冷却后送往干燥。

　　箱式红茶发酵设备使用方便，可一机多用，发酵质量良好，适合于农户和小批量红茶加工使用，缺点是作业不连续。

（八）黑茶渥堆和翻堆设备

　　黑茶作为紧压茶的原料茶，是一种后重发酵的茶类，靠渥堆工序完成发酵。直至目前渥堆和翻堆所使用的设备仍十分简陋，渥堆大多在地面上进行，较为清洁者也只是在地面上铺一层木板，然后在木板上渥堆，并靠人工洒水和用大铁耙进行翻堆。茶叶渥堆堆层厚度往往达 1m 以上，翻堆时堆温多在 40℃以上，十分费力和辛苦。

　　近年来，随着茶叶加工清洁化水平的提高，在一些较大型黑茶生产企业，黑茶包括普洱茶的渥堆，已开始使用渥堆槽，使渥堆卫生条件大为改善。渥堆槽在车间内有序平行布置，槽宽约 1.5m，槽长 15～20m，底面铺有木板，四周用木板做成约 1m 高的挡板墙，四周挡板每块都竖直插装在两侧的长槽内。在进出叶和翻堆时，可方便拆下，以利于操作。渥堆槽每槽可渥堆茶叶 20t 以上。渥堆槽上方可装置冷却水喷头，在堆温过高时喷水降温。渥堆初期为利于升温和保持堆温，在茶叶筑堆完成，一般要盖上清洁白布，在堆温升高后要掀去（图 12-57）。

图 12-57　黑茶渥堆槽

从严格意义上讲，至今黑茶渥堆和翻堆机械还处于空白状态，渥堆槽的应用仅仅改善了渥堆卫生条件，真正的机械化作业尚未实现。因此，黑茶机械化的技术研发，是茶叶机械化今后应攻克的重要内容之一。

（九）黄茶箱式闷黄设备

黄茶为轻发酵茶，黄茶的特殊风格形成是靠一道特殊的闷黄工序完成的。黄茶以往的闷黄工序，均是人工在筐、篮内闷制，质量无法保持稳定。近来浙江红五环制茶装备股份有限公司开发出一种黄茶箱式闷黄设备，可使黄茶的闷黄作业实现机械化操作。箱式黄茶闷黄设备，实际上也是在普遍用于乌龙茶和绿茶加工的箱式提香机基础上改装而成的。它保留了提香机的箱体、内部转动放摊茶叶的多层托架等主要结构。只是将箱体内供风风机的气流进、出口均置于箱体内，使箱内气流实现内循环。而箱内摊叶，仍采用底部冲孔可移动的摊叶盘。作业时，关闭箱门，箱体呈密封状态，开机后摊叶盘转动，气流在箱体内循环流动，并不断穿透叶层，气流中的氧气则被加工叶的氧化逐步消耗，加工叶在箱内无氧状态下，很快被闷黄，完成闷黄作业。

第五节　茶叶干燥成型机械

茶叶干燥成型是茶叶加工的最后一道工序。所使用的机械类型较多，对各类茶叶的外形和内质等特征风格的形成极为重要。

一、茶叶干燥成型目的和机理

茶叶干燥成型，是一种失水、做形同时进行，固定茶叶色、香、味、形等风格的茶叶加工过程。因为使用不同干燥成型方式和不同的干燥成型机械，才造就了各类茶叶产品的不同品质特征。

（一）干燥成型的目的

茶叶加工干燥成型的目的，首先是继续蒸发去除加工叶中的水分，使干茶含水率降至标准规定的 7% 之内甚至更低，便于贮存和保管。干燥成型的目的之二，是使残存的低沸点成分继续挥发，青涩味继续减退；芳香成分如紫罗酮、茉莉酮、橙花叔醇等继续显露，栗香和甜香气形成。干燥成型的目的之三，通过做形使茶条条索紧结，体积减小，加工出各类茶叶的千姿百态、优美漂亮外形，最后使茶叶的色、香、味、形得到固定。

（二）茶叶干燥成型的机理

茶叶中的水分能够汽化蒸发到空气中，就是因为当茶叶中的气态水的蒸气分压大于空气中气化水蒸气分压时，或者是通过加热而形成的干燥空气，在含有水分的茶叶与上述空气接触时，由于蒸汽分压压力差的存在，水分就会被蒸发转移到空气中，这就是茶叶失水干燥的原理。这就是说，当空气的水蒸气分压一定要低于茶叶中的气态水分压或干脆是干燥空气，这时被干燥的茶叶湿度越大，也就是蒸汽分压压力越大，这样茶叶表面的水蒸气分压显著高于空气内的水蒸气分压，茶叶失水就快。当表面失水后，叶内的水分就会向叶表转移。随着叶表水分的逐步蒸发，叶表和空气中的水蒸气分压压差减小，干燥速度降低。这就是需要通过摊凉，使叶内水分尽快转移到叶表，从而提高茶叶干燥速度并使茶叶干燥内外均匀的原因。

茶叶干燥过程中，需要要把含水率 60％左右的加工叶，干燥至含水率 7％以下的干茶。所使用的干燥方式，除微波干燥等系茶条内部先加热，而炒干和烘干等干燥方式，均是热量先传递到茶条表面而蒸发表面水，茶条内部的水分只有扩散到叶表，才能被蒸发。为此，在茶叶干燥最初，茶条从干燥设备获得的热量，主要是用来升高叶温，同时表面水分开始蒸发，这就是所说的预热阶段。当预热阶段完成，叶温已上升到一定值并开始保持稳定不变，由于这时表面水分足够多，干燥设备所供应给茶条的热量，主要用来进行叶表水分蒸发。此时茶机设备供给茶叶的热量与茶叶中水分蒸发所消耗的热量处在平衡状态，这就是所说的等速干燥阶段。当叶面水分蒸发到一定程度，而叶内水分向叶表扩散又跟不上，于是茶叶蒸发速度变慢，这就是所说的减速干燥阶段。减速干燥的茶叶，要经过摊凉回潮，使叶内特别是叶脉和叶梗中的含水逐步扩散到叶表，加工叶变软，再行干燥，会取得良好效果。这就是茶叶干燥过程中为什么要进行两次干燥的理由。

茶叶的成型，是在干燥过程中通过做形而完成的，做形效果与干燥过程中含水率关系密切。研究表明，在加工叶含水率为 20％～55％均可做形，而 30％～45％最有利，此时芽叶柔软性、塑性好，易于成形。若含水率过高，加工叶易成块，成茶色泽发暗；过低，茶条已发硬，已难于成形。茶叶加工中总是要求前期失水要快，做形阶段要求失水速度减慢，如扁形茶加工，在青锅阶段炒制以扬、抖尽快失水为主，辉锅阶段，总是将大部分茶叶"抓"在手中或辉锅机加端盖，减慢失水速率，从而有利于做形，就是实例。

（三）茶叶干燥常用的方式

茶叶加工常用的干燥方式有烘干干燥方式、炒干干燥方式、焙干干燥方式和上述两种以上方式综合的干燥方式。此外尚有使用辐射线如微波和远红外形式的干燥。干燥方式不同，使用的机械也不一样，加工的茶叶产品风格也不一样。

所谓烘干干燥方式，就是以热风为热源，使热风均匀穿过叶层，蒸发茶叶水分，达到干燥目的。茶叶和热源的热交换方式，主要是对流传热。这种干燥方式温度和进风量易于掌握，干燥迅速而均匀，成茶香气清新，滋味鲜爽。常用于一些不需在干燥过程中做形的茶类，如毛峰茶，也被用作一些烘干和炒干相结合的茶类干燥。红茶加工的干燥几乎全部使用烘干干燥方式。

所谓炒干干燥方式，就是将加工叶投入加热的锅或筒内，在不断翻拌和炒手加压状态下，使茶叶受热蒸发水分并不断成形，达到干燥和成形的目的。茶叶和锅或筒壁的热交换方式，主要是传导方式。其作业特点是直接炒制，产品具有特殊的釜炒香，香高味醇，并且干燥过程中往往伴随着做形，故成品茶外形美观，条索紧结。

炒干方式干燥常用于一些需要直接或部分炒干茶类，以龙井茶为代表的扁形茶，是炒干干燥方式加工的典型。炒青型绿茶、烘炒型绿茶的炒干工序等也都是使用炒干方式进行全部或部分干燥。

所谓焙干干燥方式，就是将茶叶置入文火环境中焙烤，茶叶并不直接与热源接触，使其产生特有的焙火高香。茶叶和热源的热交换主要是辐射方式。例如将茶叶放入焙干箱内，不炒不烘只烤，文火长时慢慢焙烤，使茶叶形成很高的焙火香，就是焙干的典型。焙干干燥方式原来仅用于乌龙茶，现已引入绿茶加工，用以提高香气，也被用于冷库贮存茶叶出库后的提香。

（四）茶叶干燥成型使用的机械类型

中国茶区常用的干燥机械，按照干燥方式分，有烘干机械、炒干机械和焙干机械等。

二、茶叶烘干机械

茶叶烘干机械是茶叶加工中广泛应用的机械。从机械结构、操作方式和使用热源不同，有手拉百叶式烘干机、自动链板式烘干机、盘式烘干机、微波式烘干机、远红外式烘干机和真空冷冻干燥机等。

（一）茶叶烘干机的分类

茶叶烘干机按操作方式分，有手动式和自动式等。按被烘物料的运动形式分，有水平移动式、振动式和流化床沸腾式等。按结构不同分，有链板百叶式、圆盘式、流化床式等。按使用的热源不同分，有燃煤柴、蒸汽热交换器、燃油、电热、生物质颗粒燃料、微波、远红外和冷冻干燥等形式。

（二）手拉百叶式茶叶烘干机

手拉百叶式茶叶烘干机是一种小型茶叶烘干机，主要在小型茶厂中应用（图12-58）。

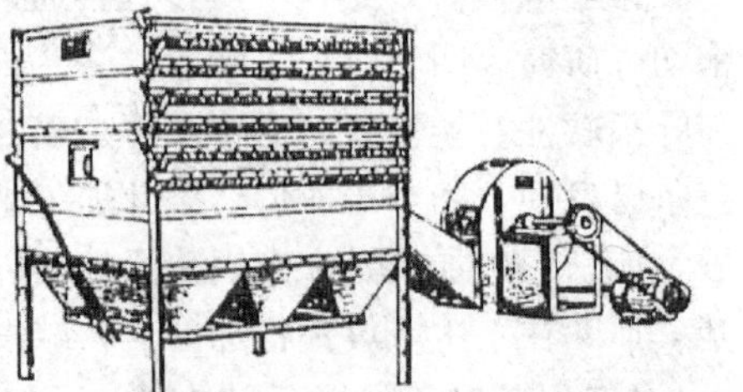

1. **手拉百叶式茶叶烘干机的主要结构** 手拉百叶式茶叶烘干机主要结构由主机箱体、热风炉和鼓风机三大部分组成。

主机箱体是一个用角钢和薄钢板制成的长

图12-58 手拉百叶式烘干机

方箱体，箱体内装有5～6层百叶板，每层百叶板在箱体外部设有一个手柄进行控制，可使百叶板呈水平或竖直状态，水平状态摊叶，竖直状态落茶。百叶板用不锈钢薄板冲孔加工制成，孔径可按被烘物料粒径确定，例如红条茶用孔眼稍大，而用于红碎茶烘干孔眼较小，一般常用孔径为1.5mm、2.0mm、2.5mm，也有的使用3.5mm，每层配13～15块。箱体下部有两个或三个漏斗型出茶口，用手柄控制滑板式出茶门出茶。箱体上部是敞开的，便于上叶和水蒸气散发。手拉百叶式烘干机一般配用金属式热风炉，用以产生热风，并由装在热风炉之前或热风炉与箱体之间的鼓风机通过风管把热风送入主机箱体，对箱体内各层百叶板上的茶叶实施烘干。

2. **手拉百叶式茶叶烘干机的操作使用** 手拉百叶式烘干机作业时，用手工向最上层百叶板摊叶，摊满时随之用手工操作手柄，通过拉杆使百叶板由水平转为竖直状态，加工叶便翻至下一层百叶板上。当将手柄推回时，百叶板又呈水平状态，可再次摊放加工叶，直至将各层百叶板上全部摊满，最下层茶已完成烘干，刚可操作出茶手柄出茶。当第一批加工叶从出茶口出茶后，以后每隔适当时间，即从下至上逐层翻板，就可实现不断出茶和不断上叶，使烘干作业继续下去。

3. **手拉百叶式茶叶烘干机的作业特点** 手拉百叶式烘干机均为摊叶面积为 $10m^2$ 以下的小型烘干机，特点是结构简单，价格便宜，烘干质量良好，但是操作费力，烘干时间和质量较难掌握。

（三）自动链板式茶叶烘干机

是一种大、中型的自动连续作业式烘干机，系茶区主要使用的烘干机类型。

1. **自动链板式茶叶烘干机的工作原理** 开动机器，烘干机内的 3 组 6 层百叶链板开始运行，热风炉生火，风机将冷空气吸入热风炉内加热成热风，并连续送入烘箱。这时通过上叶输送带将上烘叶从箱体一端的上部送至箱体内的链板上，随链板一层层从上向下运动，并且在每组链板运行到箱体的一端时，下落换层。热风则从箱体的另一端下部，经分层进风机构分配给各层链板，对链板上的加工叶实施烘干，蒸发水分，促使香气成分的转化，最后完成干燥，通过行星轮式出茶装置排出机外。

2. **自动链板式茶叶烘干机的主要结构** 自动链板式茶叶烘干机的主要结构由热风发生和供给系统、主机箱体（干燥室）、上叶输送带、传动机构等组成（图 12-59）。

图 12-59 自动链板式茶叶烘干机

（1）上叶输送带。自动链板式茶叶烘干机的上叶输送带，实际上是由一条与烘箱内一样的冲孔百叶链板结构所构成，输送带与地面呈 30°倾角。而且摊叶面积大于 $10m^2$ 的自动链板式烘干机，如 6CH-10、16、20、50 型等，上叶输送带与烘箱内的第一层链板系连成一体，直接将上烘叶送至烘箱内。并且因为红茶发酵叶在完成发酵工序后要求立即上烘，用高温迅速钝化发酵叶中的酶活性，避免发酵过度而影响茶叶加工品质，故用于红茶烘干的自动链板式烘干机，要求上叶输送带上就具有与烘箱箱体内一样的高温。为此，用于红茶加工的 6CH-20、50 型等大中型自动链板式烘干机，通常装备两只热风炉或蒸汽换热器和两道热风供给管路。一路热风管路向烘箱内送热风，一路向上叶输送带供热风，从而使上烘叶从一上输送带就处在高温加热烘制之下，使酶的活性立即钝化，然后送入烘箱内继续烘干，从而使干茶滋味鲜爽，充分保证红茶加工品质（图12-60）。

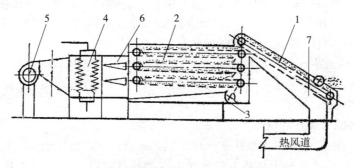

图 12-60　红茶加工用自动链板式烘干机
1. 上叶输送带　2. 链板　3. 星形出茶装置　4. 蒸汽换热器　5. 风机
6. 分层进风装置　7. 输送带热风通道

（2）箱体。自动链板式茶叶烘干机的主机箱体即干燥室，是一个由角钢和薄钢板制成的长方形箱体。上口敞开，箱体两侧设有可开关的封闭门，便于对箱内链板等的清扫清洁和察看烘箱内部件运转状况。箱体的一端上方与上叶输送带连接，下部设行星轮式出茶装置，这种出茶装置可保证箱体内的热风不会从出茶口跑出，干茶可以方便从出茶口落下。箱体另一端的下部是热风进口，通过风管与鼓风机和热风炉连接。最早的烘干机，是采用茶叶从箱体上部上叶，热风从箱体下部送进，自下而上通过每层百叶板冲孔穿过茶层，直至从箱体上部逸出而排出机外。这就是常说的烘干机热风"逆流"干燥。就烘干原理而言，可以说这种热风供给和运行方式可行。因为这时箱体内上部热风温度较低，刚到达第一层烘板的上烘叶正处于预热阶段，需要温度不必过高；接着茶叶继续下行，到达箱体中部，预热阶段已结束，进入等速干燥阶段，而这时热风刚通过下层链板叶层，几乎还属湿度相对较低的干燥热风，风温较高，正适合等速干燥的需求，使加工叶的水分蒸发速度快。但实际使用发现，在箱体的中、上部，由于湿度很高的茶叶被热风所包围，却极易使临近茶叶处的热空气形成了一层很薄的热空气饱和层，阻碍了水分的蒸发。为改变这种状态，20世纪80年代以后，中国所生产的自动链板式烘干机，均采用了热风分层进风方式。即在进风管的方形段管内设置了分风板，按需要比例对箱体内的一、二、三层烘板茶层分别同时送风，并提高第一层的烘干温度即干燥速度，使整个烘干机的烘干效率大为提高。烘干机的送风系统，是通过离心风机和风管，将热风炉产生的热风送入烘干机箱体内。在热风炉与风机之间的送风管道上设有冷风门，当进入箱体的热风温度过高时，可适当开启冷风门，使冷风适度进入，以调节热风烘干温度。此外，在进风管方形段管内设置的三块分风板，系装在三根轴上，轴的一端伸出管外，装有调节手柄，用于调节进入一、二、三层链板和茶层热风量的比例。

主机箱体内有3组百叶式烘板，每组使用两条分别靠近主机箱体两侧墙板、并由套筒辊子链组成的无端曳引链曳引。电动机通过减速器减速和变速箱变速，并通过链传动带动各组曳引链及链板运行。每组烘板分上、下两层，由 50 块或更多一些烘板组成。烘板上均匀密布通风孔眼，孔眼大小和选择原则与手拉百叶式烘干机一样。热风由下而上通过孔眼穿过叶层对茶叶实施干燥。一条循环回转的百叶链板之所以能够每层都摊放加工叶，并且能够连续下落换层，主要是由于烘箱两侧壁上各有一条搁板，两条曳引链分别在传动系统驱动下，运行在两侧搁板上，百叶板就装在两条曳引链上，加工叶就摊在百叶板上，在曳引链拉动下前进，接受烘干，并一层层下落。由于在两边搁板的相对位置，分别断开了略大于百叶板宽度的一段距离，当百叶板运动到这里时，由于失去搁板的支持，在自重和板上茶叶重量的作用下，此块链板即自动转为竖直，使茶叶落到下一层百叶板上。就这样一层层下落，直到最后落到箱体底部，经淌茶板，由刮叶器和星形出茶装置的出茶翼轮推出机外，完成烘干工序（图 12-61，图 12-62）。

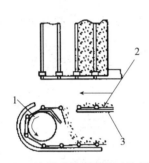

图 12-61　链板式烘干机茶叶换层机构

1. 多角传动链轮　2. 链板　3. 隔板

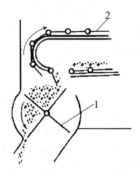

图 12-62　链板式烘干机的出茶机构

1. 星形出茶装置　2. 百叶链板

茶叶烘干机在中国已形成系列产品，以烘板摊叶面积的平方米数作为系列型号标定的依据，现生产中使用的茶叶烘干机有 6CH-10 型、16 型、20 型、25 型、50 型等规格型号，例如 6CH-16 型烘干机即烘板摊叶面积为 16m² 的茶叶烘干机。

（3）传动机构。自动链板式烘干机的传动机构均使用无级变速形式，常用的减速和变速装置有少齿差行星无级变速器和三相并联脉动机械式变速器两种，可实现从"零"到一定转速范围内进行无级变速。能使加工叶在烘干机内的烘程在 6.5～26min 范围内自由调节。烘干机的动力传动过程为，电动机的动力由链传动带动无级变速器运转，在输入无级变速器的主动链轮上，设置了安全销，以对主机进行过载安全保护。即在烘干机任何运转处有卡死现象或夹入有碍机器运转杂物，可能造成烘干机损坏时，安全销会自动被剪断，从而停止整台烘干机的运行，避免损坏。无级变速器的动力输出轴通过链传动，一般是先带动第三组烘板运动；再由第三组烘板轴的主动链轮，通过链传动带动第二组烘板运动；再由第二组带动第一组烘板和上叶输送带烘板运动。从而实现整台机器的运转。

（4）热风炉。烘干机所配用的热风炉，国内外最早并且在印度和斯里兰卡至今还普遍使用横火管式热风炉。中国茶区从 20 世纪 80 年代以来，烘干机配用的热风炉已全部改为国内茶机企业所开发的整体式的金属炉。最常用的就是喷流式热风炉、立式三回程热风和直流式燃煤热风炉。热风炉一般以燃煤为热源，现正在逐步推广生物质颗粒燃料，也有以燃柴油和电等为热源的，因成本较高，使用不普遍。此外，大型烘干机还有配用蒸汽热交换器而产生热风的，但因需配用专用锅炉，应用不多。

①横火管式热风炉。横火管式热风炉是使用内径为 60mm 或 100mm 的铸铁管，横砌在砖、泥结构的炉灶内。炉灶烧火，对炉膛上部横列的多层火管外壁加热，这时由风机使冷风从火管内流过，与管壁换热而形成热风，并由风机鼓入烘干箱体而进行茶叶烘干。这种热风炉结构庞大，火管易烧损，热效率低，仅为 25% 左右，故在中国茶区已被整体式金属热风炉所替代。但直至目前，印度、斯里兰卡等产茶国使用的茶叶烘干机还是以采用这种横火管式热风炉为主。

②喷流式热风炉。喷流式热风炉是杭州茶机总厂于 20 世纪 80 年代初研制成功。它用风机将冷空气压入热风炉多层圆筒的部分隔层内，然后使冷风从小孔内高速喷出，与被烟气加热的钢板板壁进行热交换而形成热风，是一种热效率较高的无管式热风炉，当前为烘干机普遍配套使用。

喷流式热风炉的结构主要由具有喷流式换热器及燃烧室的炉体和热管式余热回收器两大部分组成。它主要由 6 个同心圆形钢筒套装而成，空气套筒圆筒壁上密布小孔。炉子中部为炉膛，燃烧的烟气对形成烟道圆筒的板壁加热。工作时，空气和烟气采取逆流换热。

热风炉的冷空气侧，使冷空气由风机的进风口自大气中吸入，由出风口压入热管换热器的放热段，通过热管内的工质相变与烟气进行间接换热，此后经过预热的空气进而被压入炉体内的喷流换热器，空气经换热器的环形多孔板的小孔，高速喷射到炉芯外壁和烟环内壁上，借空气流的冲击作用，增加了气流流体质点与热壁表面的撞击，热阻减小，使流体与固体表面间层流边界层紊流化，大大强化了对流传热，从而达到强化换热，提高换热效率之目的，空气最终被加热成热风后，被压出炉外送入烘干机，对茶叶实施干燥。

热风炉的烟气侧，煤、液化石油气、天然气或生物质颗粒燃料在喷流换热器环抱的燃烧室中剧烈燃烧后，产生了大量高温烟气，经炉芯和炉顶与空气进行换热，藉引烟机抽力产生的负压，将降温后的烟气，经炉顶烟道进入烟环，继续释放热量，进一步降温后的烟气，经炉体底座的环形烟道，进入热管换热器的加热段，加热热管内的工质，使之相变并与空气作最终热交换，低温烟气最后由引烟机排出。由于喷流式热风炉采用换热部分为正压工作，而燃烧室和烟道均为负压工作，从根本上保证了烘干机不会因漏烟而污染在烘的茶叶，确保了茶叶加工品质。

喷流式热风炉的空气流量和烟气流量，分别由风阀和烟阀按工况进行调整，适应范围较广。由于采用了喷流换热，提高了总换热系数。由于热管的采用，解决了低温烟气余热回收的难题，与一般热风炉相比，热效率有较显著提高（图 12-63）。

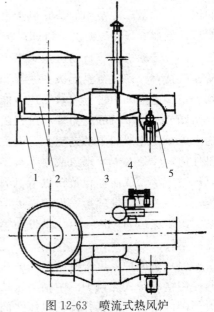

图 12-63　喷流式热风炉
1. 炉体底座　2. 炉体
3. 热管换热器　4. 引烟机　5. 风机

喷流式热风炉的型号较多，用于配套手拉百叶式烘干机、自动链板式烘干机、流化床式烘干机等各种类型的烘干机使用。20世纪80年代，曾组织有关专家利用PR-14型喷流式热风炉与6CH-16型自动链板式烘干机配套进行试验和测定。结果表明，该热风炉自身的热效率近80.0%，与烘干机配套的系统热效率可达40.0%，与传统火管式热风炉相比，节煤率可达50%以上。系统其他性能指标的测定结构见表12-13。其中的煤耗量为加工叶含水率60%左右烘至近5%的测定数值。

表 12-13　喷流式热风炉的性能指标

指标名称	干燥强度	耗热量	耗煤率
单　位	kgH₂O/m²h	kcal/kgH₂O	kg 标煤/kg 茶
优等认定值	8.5	2 370	0.42
测定值	11.3	1 519	0.38

③立式三回程热风炉。立式三回程热风炉系四川、浙江等茶区20世纪80年代开发出的另一种节能型热风炉。

该机的主要结构由外壳、烟环、密肋炉胆、炉芯、炉门和风机等组成。主要工作部件结构为5层直径不同的金属筒体套装，冷空气和高温烟气通过逆流方式换热。

立式三回程热风炉工作时，空气侧冷空气在风机的抽力作用下，经冷风罩由上而下到达炉底后，绕过烟盘进入密肋炉胆的主换热区，然后又由下而上从热风炉顶部进入炉芯弯管。冷空气这时已经过三个回程的换热，达到温度足够高的热风，被送入烘干机实施对加工叶的干燥。

烟气侧，是通过煤、液化石油气、天然气或生物质颗粒燃料在炉膛内充分燃烧，产生烟气，由炉膛顶部经烟道管进入烟气环，然后由上而下从底板出烟孔排入基础烟道，在烟气引风机的抽力作用下进入烟囱而排出。

使用和测定结果表明，立式三回程热风炉结构简单，使用方便。由于采用逆流换热，热效率高，热风炉自身热效率接近68%，并且不会产生烟气对茶叶的污染。缺点是炉芯弯管直接承受炉膛高温，需用特殊耐高温钢板进行加工（图12-64）。

④直流式热风炉。直流式热风炉，也被称之为单回程式热风炉。是一种没有空气折返回程的无管式热风炉。主要结构由主换热器、副换热器、烟囱及鼓风机等组成。作业时，清洁的冷空气从炉体上部的副换热器吸入，经小角度转弯进入主换热器，加热形成

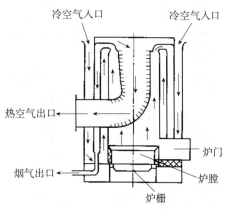

图 12-64　立式三回程金属热风炉

热风后，折转90°送入烘箱对茶叶实施烘干。这种热风炉由于空气阻力系数很小，故使空气流速大为提高，可比一般热风炉提高1倍左右，大幅度地提高了换热系数，同时也降低了造价，改善了换热体高温区段的工作条件，延长了热风炉的使用寿命。自身热效

率可达到 70% 左右。

3. 链板式茶叶烘干机的技术性能　随着茶叶生产规模和茶叶产品结构的变化，对茶叶烘干机的技术性能要求也有所变化。目前生产中使用的链板式茶叶烘干机，摊叶面积有 $3m^2$、$6m^2$、$8m^2$、$10m^2$、$16m^2$、$20m^2$、$25m^2$、$50m^2$ 等多种类型，大多采用自动作业形式，但摊叶面积 $10m^2$ 以下的小型烘干机采用手拉或半自动作业形式，各类摊叶面积烘干机的主要技术参数如表 12-14 所示。

表 12-14　百叶板式茶叶烘干机的主要技术参数

有效摊叶面积 m^2	<10	$\geqslant10$	$\geqslant16$	$\geqslant25$
干燥强度 kg 水$/m^2 \cdot h$	$\geqslant6.5$	$\geqslant7.5$	$\geqslant7.5$	$\geqslant6.5$
单位面积生产率 kg$/m^2 \cdot h$	$\geqslant5.5$	$\geqslant6.2$	$\geqslant6.2$	$\geqslant5.5$
耗热量 MJ/kg	$\leqslant12.5$	$\leqslant12.5$	$\leqslant13.0$	$\leqslant15.0$
小时生产率 kg/h	按茶机产品标准或使用说明书提供			
茶叶品质	符合加工茶的品质要求			

4. 自动链板式茶叶烘干机的应用　在茶叶机械中，茶叶烘干机属于大型和较复杂的设备，安装调试、使用和维护保养技术要求较高，应引起特别重视。

（1）安装。烘干机从制造企业发往使用单位，为便于运输，一般是将烘箱箱体、上叶输送带、热风炉和易损坏零部件，拆开为单独部件，与安装需要的工具、辅助材料、装箱单、运输清单、使用说明书、安装资料等，分别归类包装而运输，大型烘干机往往还需不止一台汽车进行运输。为此，自动链板式烘干机的上下车，一定要根据装箱单进行清点。吊装时应将吊车挂钩挂在烘箱、热风炉等所设置的专用吊环上，起吊箱体、上叶输送带、热风炉等较重部件时一定要保持平稳，注意安全。机器到达使用单位，双方要认真进行交接、验收和对所有零部件按装箱单进行清点。所有运输物品从车上卸下要避免损坏，箱体短距离移动时应在箱体下放置滚棒，使其在滚动状态下移动。

自动链板式烘干机安装前，要按安装资料或使用说明书基础图要求砌筑和浇注机器安装基础。注意各部件之间的相对位置、风道、电机底座位置和尺寸等应符合安装资料图的要求。

机器安装过程中应按安装资料要求的步骤进行，首先按要求摆放好箱体，然后使上叶输送带和热风炉就位并与箱体连接。连接时各部位应自然衔接，不得硬打乱敲，螺栓应确认拧紧，要求放置垫片和防松垫片处，不得漏放。各风道的接口面应用石棉线填装，并且要拧紧连接螺栓、螺母，确保不漏风。风机安装前，应检传动系统运转是否灵活轻松，否则应进行调整。安装时应保证主传动链条松边垂度控制在 8～16mm。所有接线应按要求穿入线管，布、接线应符合国家用电规范和机器说明书中电气安装图要求，规定机器应接地和接铁，严格按照规范要求接线和施工。

机器安装结束，变速器后的主动传动链条不要装上，待试车时再行装接。

（2）调试。首先应启动电动机，检查减速箱主动链轮转向是否符合变速器箱体上所标出的箭头朝向，如不符合，则将电动机三根相线任意两根接线互换，可使转向改变。当转向正确后，再装上主传动链条，以保证主动链条转向正确。应注意此转向一定不可相反，否则将会引起箱体中的链板损坏。这一简单接线和转向的确认，往往可避免烘干机的严重损坏，故千万不得忽视。

与此同时，试车前另一个极为重要的检查，是确定风机转向与风机壳体上的箭头标志是否一致。此转向也一定不可相反，否则热风炉有过热被烧坏的危险。如发现风机反转，同样应将电动机三根相线任意两根接线互换解决。还应该注意的是热风炉生火升温到接近烘干温度前，向烘箱内送风的风机应处于运转状态，否则热风炉也有过热烧坏的危险。

试车前应检查并固紧各部螺栓、螺母，通过压紧和放松张紧轮，调整各链条紧度使之处于正常工作状态，向各润滑点加足润滑油（脂）。减速箱使用 20 号机油，润滑脂采用纳基（高温）润滑脂。

检查调整各层烘板使之处于正确翻转方向，不得有反向现象。检查调整各层百叶烘板和曳引链，使之处于正常工作状态。

对机器特别是烘板进行一次全面清洁，清除油污、灰尘和机器表面的保护贴膜等。

检查各部件上，特别是烘箱箱体内，有无遗留的工具及杂物，如有应清除。这一点也应引起足够重视，在茶区不少烘干机的损坏，均与工具及杂物放在烘箱内的链板上，开机前未清除有关。

在完成上述检查和调整基础上，可开始正式开机试运转。运转过程中应继续观察和倾听有无异常声响，如有异常停车检查排除后，方可投入运转。

试运转中，应操作变速器的变速手轮，检查变速是否灵活正常。如正常使链板在慢速、快速状态下各运转 1h。

观察热风炉及烟管接头有无漏烟处，如有应进行填堵。

试车后期，在运转状态下使热风对烘箱内部和链条链板进行烘烤，蒸发金属表面的油脂，最后再进行一次彻底的清扫与清洁，为正常使用做好准备。

（3）使用。因为自动链板式烘干机购置费较高，操作技术也较复杂，故要求操作和司炉人员，上岗前应接受技术培训，并详细阅读机器使用说明书，熟悉机器结构和操作规程后，方准上机操作。

每次开机前应对各润滑点加注润滑油（脂），并检查链板和运动部件上有无影响机器运行的障碍物，尤其是干燥箱内的链板上有无误放的硬杂物。

当热风炉生火升温到接近烘干温度，风机应启动运转。在升温至烘干温度后，应使热风对烘箱预热适当时间后开始投叶。

烘干机的投叶量要根据上烘叶状况进行确定，上叶不能过多，也不能出现空板。一般情况下是以烘干叶的干燥程度（含水率）要求确定摊叶厚度和烘干时间，应掌握尽可能薄摊。投叶量的大小，可通过操作手轮调节匀叶轮的高低实现。

烘干机运行过程中，燃煤热风炉的司炉，加煤应少加勤加，以保持热风温度的稳定。烘干的热风温度一般应控制在 $100\sim120℃$，最高温度一般也不应超过 $130℃$；机器运行时应时刻注意有无不正常的冲击和噪声，并注意各转动部件和轴承等部位温升是否正常，不正常应立即停车检查和维修；应经常检查热风炉有无漏烟处及是否烧损，如发现要及时修复，否则将引起茶叶烟焦。

烘干机作业时，上叶输送带下部的回茶斗应微开，并定时开启清理。

烘干机作业结束，应提前 15min 停止加煤或烧火，并且首先关闭引烟风机，清除热风炉内的燃煤、灰渣和余火，向箱体内鼓风的热风鼓风机和主机链板等要继续运行15min以上，待干燥箱和热风炉内的温度降到60℃以下后再行关机，并对机器和环境进行全面清扫，关闭车间总电源，操作人员方可离开现场。这一点在烘干机实际应用中很容易被忽视，往往是烘干作业结束，便立即停止热风风机运转，热风炉炉膛内的燃煤还在燃烧，就下班走人，结果因炉内煤炭继续燃烧，而热风风机又停止抽热风，造成热风炉因热量累积、炉温无限制升高而烧毁。这种现象在茶区并不少见，特别是一些初次使用烘干机或未经培训初次上岗的人员操作烘干机，极易发生，应引起十分重视。

5. 自动链板式茶叶烘干机的维护保养　烘干机每工作一个班次，应对每个润滑点加注清洁的润滑油（脂），检查变速箱内油位，不足应添加。

机器运行过程中，发现有不正常冲击声响或故障，应立即停车查明原因，排除故障。

作业过程中，应经常检查电动机、风机、变速器和运动部件的轴承发热状况。主机电动机的温升不得超过100℃，风机电动机和轴承温升不得超过65℃，变速器温升不得超过60℃。

使用一年或1 000h以上，应对机器进行一次较全面检修。更换所有润滑油（脂）和已损坏轴承。拆下链板和链条，进行清洗，发现翘曲或损坏链板，应更换。检修组装时，应对所有传动链条和曳引链的松紧度进行调整，并确认减速箱主传动链轮和热风风机转向正确。组装结束应进行试车，确认正常，方可再行投入使用。

（四）盘式烘干机

盘式烘干机是20世纪80年代，由中国农业科学院茶叶研究所和浙江春江茶叶机械有限公司（原浙江富阳茶机总厂）协作，根据名优绿茶中的碧螺春茶为代表的卷曲形茶因做形机械尚缺乏，后期做形仍需手工进行这一现实而研制的，故也称作碧螺春茶烘干机和卷曲形名优茶烘干机。后来逐步应用于针形、毛峰型等小批量名优绿茶的干燥与做形（图12-65）。

图12-65　盘式烘干机

1. 盘式烘干机的工作原理　热风炉或热风发生装置产生的热风，由风机通过风道和烘盘底部的冲孔进入烘盘内的茶层，这时用手工在烘盘内对茶叶进行做形，使茶叶一边干燥一边被做成所需要的形状，从而达到干燥做形之目的。

2. 盘式烘干机的主要结构　盘式烘干机由烘盘、热风炉、鼓风机、风道、箱体及机架等组成。

盘式烘干机的烘盘是该机的主要作业部件，有单盘机和多盘机两种，目前常用的是多盘机，有3盘、4盘和5盘等多种。单盘机仅用于茶叶加工试验场合和小批量的茶样加工。烘盘有圆形和方形两种，以圆形常用。烘盘装在箱体的上面，与箱体内的风道出风口相接，可自由放上或取下。烘盘用不锈钢板制作，底部冲孔。作业时上烘叶即放在盘内，由底板冲孔吹出的热风进行干燥，并用手工在盘中做形。

盘式烘干机的箱体用角钢和薄钢板制作，是一只长方形的箱体。上部对应烘盘开有与烘盘数量相等的出风口，出风口设有风量调节阀，用于调节对盘内供应风量的大小，箱体长度由烘盘的数量确定。箱体内装有风道，其截面积前大后小，可保证每一只烘盘上的风速大小一致。

热风炉可燃煤、电、液化石油气或天然气、生物质颗粒燃料等。热风炉装在箱体的一端。为减少环境污染，目前使用电热式热风装置替代热风炉者增多，有的还使用一盘一炉，每只烘盘分别开关，使用更为方便，并且省电。热风炉产生的热风，在鼓风机作用下，通过风道把热风送入每只烘盘，从底板眼孔冲出透过叶层，对茶叶实施烘干。

3. 盘式烘干机的操作使用　盘式烘干机作业前，应对螺栓、螺母固定状况和风机转向作例行检查，并做好机器的清洁工作。装好烘盘，检查有无漏风处，发现异常应排除。

盘式烘干机作业时，每个烘盘 1 人操作，对加工叶烘干和造形。当热风温度达到作业要求时，风温保持稳定，在烘盘中分别摊放 400～500g 含水率 45% 左右的加工叶，如碧螺春茶为代表的卷曲形茶做形，在烘制适当时间茶叶变软后，将 50g 左右的茶叶放于两手之间进行团揉，向着一个方向团揉，不可方向相反。待已揉搓成团，并觉茶汁溢出，放在盘中烘制定型，再拿起第二份茶叶以同样动作团揉并定型，直至盘内全部茶叶均被揉成团，然后从第一团开始解块，将茶团解散使茶条松散，直至全部解块完成，继续放在烘盘内烘制。待茶条表面茶汁失去黏性，再进行第二次手工搓团，从第一团到最后一团，稍作定型再进行解块、烘制。接着进行第三次搓团，就这样使茶条逐步形成卷曲形状，出机摊凉，进行足火，完成干燥与做形。针形茶的做形是将一定数量的茶条放在两手掌间，两手掌交错向前搓，动作不可乱，一边搓，一边烘，直至茶条形成长圆形足火，完成干燥做形。毛峰茶的提毫，也可在盘式烘干机中进行，同样将 400～500g 含水率 45% 的二青叶放在烘盘内，使用 70℃ 左右的热风，边烘边用两手轻轻揉搓，使因揉捻茶汁溢出而粘在叶、埂上的茸毛脱开。这时因茶条含水率还相对较高，茸毛因韧性较好而不会断裂，只会与叶、梗脱开，而通足火干燥后，茸毛直立显露，达到提毫之目的。

作业结束，热风炉则先熄灭炉火，清除炉渣，风机再运行一段时间。待炉温降至50℃ 以下，关闭风机，清洁机器和环境，关闭总电源，操作人员方可离开现场。

4. 盘式烘干机的维护保养　热风炉除以电、燃气为热源的机型外，如燃煤、柴，为避免污染，热风炉应装在车间外，车间墙壁开出小门，以便照顾烧火，烧煤时加煤要少加勤加，并经常清除炉渣，以延长热风炉使用寿命。应经常检查风管、风道有无漏烟和损坏，如有应进行维修和更换。茶季结束，对机器进行全面保养，放干燥处用薄膜覆盖保存。

（五）流化床式茶叶烘干机

流化床式茶叶烘干机，是一种高效形式的烘干机，又称沸腾式烘干机。国外在红碎茶加工中使用普遍，中国浙江、江苏等省在 20 世纪 80 年代开发出的产品，在生产中获得应用。

1. 流化床式茶叶烘干机的工作原理　使用体积足够大的烘箱箱体，进、出茶口保持密封，热风从烘箱内的流化（沸腾）床下部送入，通过流化床上的冲孔吹出，穿透烘床上的茶层。通过控制热风风量的大小和方向，使茶叶在分散并处于悬浮或称之为流化状态下，与热空气进行充分的热交换，达到茶叶干燥之目的，并快速省能。

2. 流化床式茶叶烘干机的主要结构　流化床式烘干机的主要结构由热风炉、流化（沸腾）床、进叶装置、风柜与茶叶分配装置、卸料器和抽风管道等部分组成。

流化床式烘干机使用的热风发生炉与一般烘干机使用的相同。

流化（沸腾）床装于主机箱体之内，为一冲孔钢板结构，床下为风柜，床上为烘干室。热风炉产生的热风，由风机通过地下通道送入风柜，然后通过流化床上的冲孔，进入烘干室，对加工叶实施干燥。热风流量的大小和风向的改变，可由设在流化床下面的风量和风向调节器分别进行调节。

进叶装置采用星形卸料器结构，这是因为流化床采取正压热风气流对茶叶实施干燥，采用这种结构可避免热风气流从进茶口冲出。加工叶进入烘干室后自由下落，有的机型则设计成当加工叶进入烘干箱后，经过一段输送带后再自由下落。加工叶下落后便立即与上升的热风气流接触，由于热风风量和风向调整适当，故加工叶立即会呈现沸腾状态，进入干燥过程。茶叶与高温气流进行充分的热交换后，含有水分的残余潮湿空气，将由安装在烘干箱体顶部的抽风管道抽出机外。为了避免茶叶颗粒随残余气流被抽出，将抽气管道上半段截面作增大设计，以起减压作用。同时在抽气管末端还配有旋风式除尘器，目的是回收热风带出的级外末茶，防止茶毛和茶灰对大气的污染。经过烘焙的茶叶，通过星形卸料器送出机外，完成全部烘干过程。

3. 流化床式茶叶烘干机的作业特点　因为在进行茶叶烘干时，茶叶的烘干速度和效果，在很大程度上取决于热风和茶叶表面的热交换。由于流化床式烘干机在风机将干燥的热空气鼓入干燥室时，其风量和风向等参数，可保证使茶叶分散并处于悬浮即流化状态，将会大大增加热风和茶叶接触的总面积，并使接触面不断更换，特别有利于热风把叶中水分汽化并把水蒸气带走，显著增强了烘干效果。因为茶叶在流化状态下，处于冲孔板即流花床上的茶层颗粒，将被强烈疏松和搅动，呈上下沸腾状态，茶叶的所有颗粒被干热空气所包围和接触，使颗粒间的温度逐渐均衡，从而增加了对水分的汽化能力。这种烘干机对茶叶尤其是颗粒形的红碎茶和颗粒绿茶干燥而言，有着一般烘干机所无法比拟的性能和效果。

（六）茶叶真空冷冻干燥机

广东省梅州市永利机械设备实业有限公司近几年研制生产的 DSTDG 系列茶叶真空冷冻干燥机，已在茶叶加工中逐步获得应用。是一种茶叶加工品质良好的新型茶叶干燥机。

1. 茶叶真空冷冻干燥机的工作原理　将适当加工阶段和含水率的加工叶，送入茶叶真空冷冻干燥机的真空冷冻干燥室内，先预冷至 $-10 \sim -18$℃，然后在高真空状态下进行有限加热，使加工叶中所含水分直接由固态冰升华为气态的水蒸气被蒸发，达到除去水分而干燥的目的。由于茶叶在真空冷冻干燥过程中，茶条内外温度始终控制在较低状态下，香气物质和营养成分获得最大限度保留，能使干燥后的成茶保持原汁原味，色泽绿翠鲜艳，色、香、味、形良好。并且干燥均匀、充分，干茶的含水率甚至可达 3％以下，显著提高了茶叶加工品质和延长了产品保质期。同时，因茶叶中的水分在蒸发干燥前已被冻结，升华蒸发后在茶叶内部留下很多肉眼几乎难于看到的海绵状微孔，成茶冲泡时，热水将很容易浸入茶叶微孔，利于有效成分的溶出（图 12-66）。

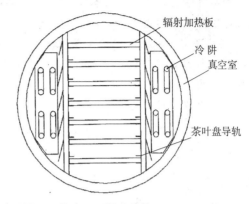

辐射加热板
冷阱
真空室
茶叶盘导轨

图 12-66　茶叶真空冷冻干燥机及其真空干燥室结构

2. 茶叶真空冷冻干燥机的主要结构　茶叶真空冷冻干燥机的主要结构由真空干燥室、真空系统、制冷系统、加热系统和仪表与控制系统等组成。

（1）真空干燥室。真空干燥室是一只用钢板焊制而成的耐真空圆筒容器，是实施茶叶干燥的场所。干燥室内置有辐射加热板及位于两侧的冷阱。一端装有可供开启关闭的端盖（干燥箱门），门上有保证关闭密封的密封条。真空干燥室结构紧凑，容量大，使用方便。真空冷冻干燥机之所以能在茶叶加工中获得较普遍推广使用，很大程度上得益于真空干燥室享有专利的特殊设计。

辐射加热板采用内部有油质媒体环流的多层薄箱式搁板结构，由经特殊处理的金属材料一次挤压成型，有良好的远红外线发射特性，加热温度均匀。加热板上方有茶叶盘导轨，作业时放置盛有加工叶的茶叶盘。茶叶盘边框和筛网均由不锈钢材料制成，可以从干燥室内沿导轨方便放入和抽出。

冷阱用不生锈工业硬质合金管制造，装于圆形真空干燥室两侧部位，主要作用是冷凝干燥过程中从冰中升华出来的水蒸气，结构紧凑，简练实用。

（2）真空系统。真空系统由一台高性能真空泵组及专用优质电磁真空充气阀门组成，是真空干燥室维持真空的核心部件。正是由于干燥室所维持的真空状态，降低了冷凝冰的升华温度，使茶叶有效成分获得最大保留。

（3）加热系统。加热系统由电热箱、辐射加热板、特制的耐高温油泵和作为内部环流媒体的导热油组成。导热油在密闭系统中环流，不会有损耗，温度由程序控制器自动控制调节。为安全起见，加热系统设有最高温度限制装置，真空冷冻干燥机出厂时设定在 120℃。

（4）制冷系统。制冷系统由特殊设计的半封闭压缩冷凝机组和膨胀阀等组成，制冷能力与冷阱需求相匹配，特别适合于低温状态下工作。根据不同需要可分别配备单级压缩机组、双级压缩机组和复叠式制冷压缩机组等。

（5）仪表和控制系统。DSTDG 系列茶叶真空冷冻干燥机的仪表和控制系统，由一套工业控制电器和仪表组成，能方便升级到电脑或网络监控。仪表共有三块，一块是温度控制仪，作用是（用来）控制辐射加热板的温度；第二是多路温度显示仪，共有 4 个点的温度显示，其中两个为冷阱温度显示，两个为茶叶叶温显示。茶叶测温探头就埋在被干燥的茶叶中，这4只温度仪只作显示，供操作时参考，不作控制用。此外尚有一只真空表，主要用于检查干燥箱门关闭是否严密。

3. 茶叶真空冷冻干燥机的主要技术参数　DSTDG系列茶叶真空冷冻干燥机有多种规格，可根据需要进行选择。据了解，机器价格仅为国外同等产品价格的25%左右。目前生产中使用较多的为DSTDG-2、3、6、10型等。表12-15中提供了系列中各种规格机器的主要技术参数。

表12-15　DSTDG系列茶叶真空冷冻干燥机的主要技术参数

型号规格	DSTDG-2	DSTDG-3	DSTDG-6	DSTDG-10	DSTDG-20
茶叶盘面积（m²）	2.0	3.6	6.0	10.0	20.0
冷阱最低温度℃	-35或更低	-35或更低	-35或更低	-35或更低	-35或更低
最大加工能力（干茶）	15kg/次	30kg/次	45kg/次	75kg/次	150kg/次
装机总功率（kW）	7.5	12.0	16.0	20.0	30.0
热源及加热板形式	电、薄箱式	电、薄箱式	电、薄箱式	电、薄箱式	电、薄箱式
加热板温度℃	室温～120	室温～120	室温～120	室温～120	室温～120
系统极限真空度（Pa）	≥15	≥15	≥15	≥15	≥15
向物料的供热方式	辐射	辐射	辐射	辐射	辐射
干燥时间（h/次）	6～8	6～8	6～8	6～8	6～8

4. 茶叶真空冷冻干燥机的操作使用　茶叶真空冷冻干燥机要正确操作使用，方可获得良好应用效果。

（1）开机前的准备。首先要检查排水阀门是否关闭，检查制冷压缩机及真空泵的油位和电源电压是否正常。合上电源开关，察看仪表显示是否正常。

（2）操作流程。待干燥茶叶—装盘—逐盘放入真空干燥室—关闭干燥室门—开启制冷—开启真空—开启油泵—开启电加热—设定温度—设定时间—干燥结束—停止真空泵—停止电加热—停止油泵—放气解除真空—出茶—化霜—进行下轮作业。

（3）茶叶冻结及进料。物料的冻结有两种方式，一是利用冷库或低温冰箱对所需干燥的茶叶进行预冻结，预冻结至-20℃左右（必须低于-16℃），并维持2h以上。二是直接利用真空冷冻干燥机对所需干燥的茶叶进行预冻结。使用表明，使用真空冷冻干燥机直接对待加工的茶叶进行预冻结，占用机器的时间长，成茶品质也不如采用前一种方式预冻结地好。所以如条件允许，建议尽可能用前一种方式进行预冻结，这就是在广东梅州及潮、汕茶区使用永利真空冷冻干燥机进行茶叶加工的企业，同时还装备低温冷冻冰柜的原因。茶叶预冻结的具体操作方法在下面结合升华干燥介绍。

（4）茶叶升华干燥。两种预冷方式预冻结的茶叶，预冻结和升华干燥按以下方式进行操作。

①冷库或低温冰箱预冻结茶叶的升华干燥操作。在放入冻结的预冷叶前，先开启真空冷冻干燥机的制冷机组，将冷阱温度降至-20℃以下，时间10～15min，然后快速逐层放入预冻结茶叶，注意放入过程时间越短越好，以防止预冻结茶叶化冻。关闭真空冷冻干燥机的箱门，并立即开启真空泵，用手稍推压箱门，确认真空表的指针指数开始降

低时方可松手，约 10min 左右，真空表指针达到－0.1MPa，开始加热，进行升华干燥。

②真空冷冻干燥机直接预冻结茶叶的升华干燥操作。将需干燥茶叶逐盘放入真空冷冻干燥机干燥室，开始对冷阱制冷。待冷阱温度达到－30℃时，开启真空泵，用手稍推压箱门，确认真空表的指针指数开始降低时方可松手。抽真空一段时间后冷阱表面温度将会上升，待上升到－15℃时，关闭真空泵。应特别注意对温度进行观察监视和及时关闭真空泵，否则会引起机器的损坏。这样如此反复，直到茶叶温度达到－20℃以下并维持一段时间（约 30min），预冻结即告结束。

不论是用哪一种方式对加工叶进行预冷冻，在升华加热干燥过程中，应随时注意辐射板温度、真空度、冷阱温度、物料温度等。一般情况下应掌握辐射板温度不超过120℃，冷阱温度不高于－18℃，物料温度不超过 40℃；加热过程中要注意油箱油位不低于红线标志，过低应查明原因并补加。干燥过程当达到物料与加热板温度基本趋向一致并保持一段时间，或者干燥室真空度及冷阱温度恢复到空载时的指数并保持一段时间，即可认为升华干燥终了。这两点可用于单独判定，也可合并判定。

（5）出料化霜。干燥终了，先关闭制冷机组，再关真空泵，然后开启破真空阀破真空，待真空完全破除，即可打开箱门将干燥室内的茶盘取出，完成出料。出料后即开启干燥箱体下的放水阀，这时方可用水洒浇冷排管，让冷排管上的结霜层完全溶化掉，以便下次开机作业。

5. 茶叶真空冷冻干燥机在茶叶加工中的应用效果　福建农林大学茶叶研究所叶乃兴等，在国内较早开展了真空冷冻干燥机应用于乌龙茶加工方面的研究和实验。实验时，将鲜叶进行往返 3 次的摇青和晾青，然后杀青、初揉和包揉、初烘，而获得预处理样。将预处理样进行烘干即获得烘干茶；直接进行－10℃的冷冻即获得冷冻茶；进行真空冷冻干燥而获得真空冻干茶。感官审评结果如表 12-16 所示，综合评价认为真空冻干茶品质最好，冷冻茶略优于烘干茶。同时实验中还发现，在三种干茶产品中，真空冻干茶的外形紧结程度也最好，观察表明烘干茶在烘干形式的干燥过程中，包揉形成的颗粒有展开现象，从而使成茶颗粒较松散；而真空冷冻干燥时，包揉后的茶叶颗粒则呈收缩状态，利于成茶颗粒的紧结，从而使颗粒状的乌龙茶可减少 1/4 左右的包揉次数。

表 12-16　不同干燥方法对乌龙茶感官品质的影响

处　理	香　气	滋　味	汤　色	综合评价
冻干茶	香气馥郁清高、花香显	汤有香，味醇厚	黄绿明亮	1
冷冻茶	香气浓郁，花香浓	汤有香，味尚醇	橙黄欠亮	2
烘干茶	香尚高，尚纯正	味醇厚，爽口	清澈黄亮	3

广西桂林茶叶研究所刘玉芳、杨春等，最近使用梅州永利机械设备有限公司生产的茶叶真空冷冻干燥机组进行了"乌龙茶迅速脱水干燥保香工艺技术研究"。研究结论认为，在乌龙茶真空冷冻干燥与传统热风干燥工艺的对比试验中，使用真空冷冻机进行真空冷冻干燥制作的乌龙茶香气鲜灵浓郁，滋味醇爽，汤色黄绿明亮，品质优良，明显优于传统的热风干燥产品。

安徽省云林茶业有限公司是一家"妙道春茶"名优绿茶专业生产企业，2008年曾配备江苏宜兴鼎新微波设备公司生产的微波杀青机和永利DSTDG系列茶叶真空冷冻干燥机等设备，组成生产线，开始进行"妙道春茶"名优绿茶生产。具体做法是，摊放后的鲜叶，经微波杀青至含水率达到50％左右，摊凉后进行初、精揉整形，并使用真空冷冻干燥机进行真空冷冻干燥，最后使用远红外提香机进行提香，所获得的"妙道春茶"产品，色泽鲜嫩，条形匀齐美观，香气浓郁，滋味纯正，投放市场后深受消费者的欢迎，2009年在中国茶叶学会举办的"中茶杯"评比中荣获一等奖，2010年被授予"安徽省十大名茶"称号。

梅州市凤山茶业有限公司使用摇青微发酵原理对鲜叶进行处理，然后进行杀青和轻揉，最后使用永利真空冷冻干燥机进行真空冷冻干燥，生产的"凤山玉露茶"产品，市场销售形势特好，500g成茶最低销价达1 000元以上。从梅州市销售货架所取茶样，请农业农村部茶叶质量监督检验测试中心国家特级评茶师刘栩副研究员按GB/T23776标准进行感官审评，结果为"外形紧实，色绿泛金黄，鲜艳，花香显露，汤色鲜绿明亮，滋味清香带花香，叶底显芽，风味特征突出，品质优良"。

另外，由广东梅州市龙岗马图绿茶有限公司使用摇青微发酵原理对鲜叶进行处理，然后进行杀青和揉捻，最后使用永利真空冷冻干燥机进行真空冷冻干燥而生产的"龙岗单丛"产品，同样从梅州销售货架取样审评，结果为"茶条紧结，色泽绿润整齐，汤色绿亮，香气显花香，滋味醇爽，风味良好"。

据统计，目前在广东、福建、江苏、江西、安徽、浙江、广西等已有数百台永利公司生产的茶叶真空冷冻干燥机投入乌龙茶、名优绿茶和红茶的加工，茶叶加工质量普遍反映良好，推广普及速度正在不断加快。

（七）茶叶微波烘干机

茶叶微波烘干机的机器形式与微波杀青机使用的机型完全一样，统称为茶叶微波杀青干燥机或茶叶微波杀青烘干机。由于用于茶叶杀青和烘干的茶叶微波杀青干燥机的输出功率多在4～20kW范围内，有多种规格，使用的磁控管微波频率为2 450Hz，输出功率约1kW。一般情况下，茶叶微波杀青烘干机用于杀青作业，需要消耗的输出功率较大，而用于烘干作业需要的输出功率相对较小。微波杀青烘干机规格和输出功率的大小，主要取决于磁控管和谐振箱的叠加组合数量。在使用时可通过开启磁控管高压电源的个数，控制隧道干燥室内的微波输出功率，从而确定机器的用途。目前生产中使用最多的是装有9只或15只磁控管的茶叶微波杀青烘干机。杀青和烘干共用，只是在进行杀青和烘干两种不同作业时起用的磁控管数量不一样。例如装有9只磁控管的6CSW-9型茶叶微波杀青烘干机，在用于茶叶杀青和毛火烘干作业时，机器上所装置的9只磁控管要全部启用，而在进行烘干足干和复火作业时，一般启用6只磁控管即可。同样，装有15只磁控管的6CSW-15型茶叶微波杀青烘干机，在用于茶叶杀青和毛火干燥作业时，机器上所装置的15只磁控管要全部启用，而在进行足干和复火作业时，一般启用10只磁控管即可。

21世纪初期，曾对微波烘干机进行足火烘干的使用效果考核。当时鲜叶用滚筒式杀青机杀青，再用名茶理条机进行理条，然后将理条叶用茶叶微波烘干机进行足干，测试结果如表12-17，成茶品质正常，说明微波烘干机可以满足茶叶干燥要求。

表 12-17　茶叶微波烘干机足火作业测试结果

测试项目	测试结果
应用机型	6CSW-9 型茶叶微波杀青烘干机
作业项目	茶叶足干
磁控管开启只数	6
理条叶含水率（%）	18.3
干燥时间	1′34″
干茶含水率（%）	6.4
实测台时产量（kg/h）	28.3
干茶品质状况	色泽较绿润，条索紧直无变化，无烟焦和高火现象，香气正常

关于茶叶微波烘干机在茶叶加工中的灭菌功能，南京茶厂曾使用三级烘青茶用不同方式进行复火，然后委托有关授权检测单位对复火叶及对照叶进行霉菌接种实验，其结果如表 12-18 所示。从中可以看出，经过微波烘干机干燥的茶叶，可以抑制茶叶中的黑曲霉菌、青霉菌、镰刀霉菌等有害霉菌的生长数量，从而减少茶叶霉变，延长保质期，符合茶叶清洁化生产要求。

表 12-18　茶叶微波与常规烘干后长霉率的比较

测试项目	测试结果		
干燥方法	微波烘干机烘干	自动链板式烘干机烘干	未干燥
干燥前含水率%	11.0	11.0	11.0
干燥后含水率%	7.7	7.9	11.0
霉菌接种数量	50	50	50
长霉率%	66	74	92
备　注	系采用改良蔡氏培养法，菌株系多见黑霉菌及青霉菌，亦可见少量镰刀霉菌生长。		

（八）茶叶远红外烘干机

生产中使用的茶叶远红外烘干机，最早是在 21 世纪初由台资企业在福建厦门设厂所生产的燃油式远红外烘干机，原是一种在中国台湾生产并主要用于乌龙茶干燥和提香的设备。该机在大陆投入生产后，也被福建等地用于乌龙茶的加工。浙江宁波姚江源茶叶机械有限公司和福建省茶机生产企业进行了仿制，在乌龙茶和绿茶加工中应用，反映良好。

1. 茶叶远红外烘干机的工作原理　以燃烧柴油为热源，在燃油热风炉的热交换器内实现烟气与冷空气的热交换。热交换器采用管式换热原理，在换热管外壁上涂有远红外发射涂料，当柴油燃烧产生的高温烟气对换热器管壁进行加热时，外壁所涂有的红外发射涂料便会发射出大量的远红外射线，显著提高了管式热交换器的热交换效率。当冷风从其外壁流过时，温度快速提高而形成热风，用于茶叶烘干。由集中设置的单片机和电气控制系统通过控制与调节燃油供应量，从而控制烘干热风温度，满足茶叶加工工艺要求。热风由风机吹入箱体，分层送入各层链板间，加工叶在箱体各层链板上缓缓移

动，并在各层末端下落换层。热
风均匀穿过茶层，带走水分，达
到茶叶干燥目的（图12-67）。

2. 茶叶远红外烘干机的主要
结构和参数　茶叶远红外烘干
机，不论是台湾企业在大陆设厂
生产还是大陆仿制的机型，机械
结构、制造材料和作业性能等均
基本相近。

其主要结构除热源外与一般
自动链板式烘干机相同。由烘干
箱体、链板烘层、传动机构、燃

图12-67　茶叶远红外烘干机

油式远红外热风发生炉、电器自动控制系统等构成。

热风发生装置采用了一台特殊设计的燃油式远红外热风发生炉，炉体设计巧妙，体积较小，直接叠装在烘干箱体的上面，从而显著缩小了整台烘干机的体积特别是占地面积。以柴油为燃料，由于热管外壁涂抹了远红外发射材料，显著提高了热交换器换热效率。同时，因为炉体热风出口直接与烘干箱体进风口相接，热风从热风炉进入烘干机箱体的路程很短，显著减少了热风的管道热量损耗。克服了自动链板式烘干机热风炉产生的热风要经过很长管道才能进入烘箱，热风热量在管道损耗大的弊病。

该机装有机电一体化的单片机电器自动控制系统，可按制茶工艺要求，对烘干温度（柴油供油量）、烘干时间（链板运行速度）、鼓入箱体的热风量进行设定和有效控制。故该机开机后，根据加工叶状况将有关参数通过电气控制面板上的人机对话进行设定，开机后即可使热风温度、链板运行速度在可控状态下稳定运行。

台湾省的远红外烘干机产品已形成系列，在有效摊叶面积10～40m²范围内有多种型号。如四川省名山县茶叶公司就引进该机系列中较大机型，用于针形名茶制作。而中国农业科学院茶叶研究所与浙江省嵊州天然茶叶有限公司协作所研制的针形名茶生产线，以及浙江省武义县汤记茶叶有限公司、武义更香有机茶业开发有限公司等单位，就采用了系列远红外烘干机中的较小机型，其主要性能参数如下。

型式：燃油远红外自动链板式烘干机

型号：157A4 型

有效摊叶面积 m²：12.8

电装机容量 kW：4.20

风机供风量 m³/s：20～35

(1) 热风温度℃：室温～200

(2) 电机电压 V：110（直流电）

(3) 烘干时间 min：1～80min

(4) 热源：燃烧柴油

(5) 耗油率 L/h：8～10

(6) 长×宽×高 cm：242×191×72.5

3. 茶叶远红外烘干机的应用效果 为考核远红外烘干机用于名优绿茶加工的性能表现，在嵊州天然茶叶有限公司装有 157A4 型远红外烘干机的针形名优绿茶生产线上，进行了针形名优绿茶加工的试验测定，对该机运行状况进行单独测定，测定结果见表 12-19。从表中可以看出，在整个运行时间内，机器小时消耗电量 2.55kW•h，以每度电价 1.00 元计算，每千克电费为 0.05 元，实测小时柴油消耗量 8.14L，千克干茶耗油量为 0.13L，以 0 号柴油单价 5.0 元计算，烘干工段每千克干茶燃油费为 0.65 元，千克干茶电费和柴油费合计为 0.70 元。而与同时使用的燃煤自动链板式烘干机生产线，烘干工段实测每千克干茶电费和燃料费合计为 0.78 元对比，说明远红外烘干机燃油和电用量省，加工成本低。

表 12-19 茶叶远红外烘干机性能测定

	测定项目	测定结果	备　注
	总计运行时间　h	200	针形茶加工使用
电量消耗	电机类型	110V 直流	装有变压、整流装置
	装机容量　kW	4.20	
	小时电量消耗 kW•h	2.55	6 小时测定
柴油消耗实测	预热时间　min	11.0	室温 29℃、加热至 110℃
	预热消耗油量　L	2.10	0 号柴油
	预热小时耗油率 L/h	11.45	
	作业时间　h	14.0	作业温度 105℃
	作业小时耗油率 L/h	8.14	0 号柴油
作业性能实测	上茶含水率　%	28.4	
	干茶含水率　%	6.2	计算含准备、结束时间，正常生产可达 80kg/h
	台时产量　kg/h	64.3	
	茶叶加工品质	良好	

三、 茶叶炒干机械

茶叶炒干机械也是一种绿茶加工干燥作业中最常用的机械。由于机器结构和应用的场合不同，有电炒锅、锅式茶叶炒干机、筒式茶叶炒干机、珠茶炒干机和应用于名优茶炒制成型的茶叶理条机、扁形茶炒制机、扁形茶辉干机、卷曲形茶炒制机、针形茶炒制机等。

（一）电炒锅

电炒锅于 20 世纪 60 年代开始在杭州西湖茶区应用于龙井茶的炒制，后逐步推广到全国用于各类名茶的手工炒制。直至目前，仍为各类名优茶手工加工的主要设备，并且在名优茶加工基本实现机械化后，电炒锅仍然被作为辅助性设备在应用（图 12-68）。

图 12-68 电炒锅

电炒锅的主要结构由电炉盘、电热丝、炒茶锅、保温层、炉身木桶和开关等组成。

电炉盘采用加有碳化硅的耐火材料制成，形状与炒茶锅相匹配，电热丝就嵌装在电炉盘（内）的凹槽内，实际上加热后就形成了一种远红外线的辐射器。电热丝分两根，每根的电容量为 1.5kW，共 3kW。也有使用 3 根的，每根的电容量为 1.0kW。炒茶锅用铸铁锅，为空心球体的一部分，锅口直径 64cm、深 34cm，装于电炉盘上面。炉身木桶用杉木箍制，上置炒茶锅，内置电炉盘，内壁用硅酸铝纤维做成保温层，电源开关就装在炉身木桶上沿。

电炒锅使用前应对炒茶锅进行打磨，使锅壁光滑，有利于所炒制的名优茶外形光滑美观。

作业时，打开电源开关，电热丝对炒茶锅加热，由于电炉盘温度的升高，将辐射出大量远红外线，对炒茶锅及壁内的加工叶加热，这时以手工在锅内按工艺要求对茶叶进行炒制。锅温高低，可随时通过电源开关的开闭进行调节和控制，从而达到干燥和做形之目的。炒茶结束要关闭电炒锅上所有开关和总电源。

电炒锅在工作过程中，应经常观察运行是否平稳正常，例如锅温是否有突然下降此后难于升温现象，可能是电热丝烧损，应于更换。每天炒制结束，应对炒叶锅和炉身进行清洁擦拭，保持清洁，并且切记关闭电源后方可离开。

茶季结束，应对电炒锅作一次全面保养，更换达到使用极限的电热丝，炒叶锅加热涂抹制茶油，置干燥通风处保存，并避免锅上堆物。

（二）锅式茶叶炒干机

锅式茶叶炒干机是最传统的绿茶炒制成型机械，系仿生人工手炒原理而研制，是中国茶区最早出现的茶叶炒干机类型。按机器结构区分，有双锅式茶叶炒干机、单锅式茶叶炒干机等。

1. **锅式炒干机的工作原理**　将加工叶投入被炉灶加热的铸铁锅内，利用热传导原理使加工叶从锅壁上吸收热量，蒸发水分。同时，在炒手不断旋转翻抛的过程中，茶叶受到炒手给予的作用力、锅壁的反作用力和茶条之间相互的挤压力，炒制叶被逐步干燥和紧结成型，茶叶香气成分进一步转化，使茶叶的色、香、味、形获得固定。

2. **双锅式茶叶炒干机**　双锅茶叶炒干机是将传动机构置于中部位置，两只炒叶锅对称分别布置在传动机构两侧的锅式炒干机，也有两边分别布置两只炒叶锅而成为四锅炒干机的，但以双锅式炒干机常用。

（1）双锅式茶叶炒干机的主要机构。双锅式茶叶炒干机的主要结构与双锅式茶叶杀青机相似，主要结构同样由炒叶锅、炒叶腔、炒手、传动机构、机架和炉灶等组成（图12-69）。

炒叶锅是锅式炒干机茶叶承载和进行炒制的部件，用铸铁浇注，为便于炒手旋转和对茶叶充分翻动炒制，茶叶锅浇注成空心球体的一部分，故也被称之为球形锅。球形锅球体半径为 430mm。常用的炒叶锅锅口直径为 840mm，锅深 340mm。生产中也有使用锅口直径 800mm、锅深 280mm 的炒叶锅。为炒干紧条需要，炒叶锅的安装角度一般为前倾 15°～18°。

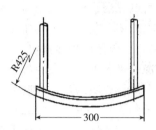

图 12-69　双锅式茶叶炒干机及其使用的角铁炒手

炒叶锅锅口半径、球形锅球体半径和锅深之间的关系，可用下式表达。

$$\rho = \frac{R^2 + b^2}{2b} \tag{12-24}$$

式中：ρ——球形锅球体半径 mm；

R——炒叶锅锅口半径 mm；

b——锅深 mm。

为安装炒叶腔，炒叶锅有宽度 60mm 的锅沿。炒叶腔可用薄钢板卷制而成，也可在安装时现场用建筑材料构筑。炒叶腔下口与锅口配合，上口做成直径 900～940mm，形成上大下小的倒锥形，前部留有出茶门。

炒手是锅式炒干机的主要工作部件，靠它的转动翻炒茶叶。炒手的形式比较多，常用的有齿状、棕刷和弧形角铁等形式。一般每只锅子内装两个齿状炒手，两个棕刷炒手。使用表明，齿状炒手炒制的茶叶较松泡，棕刷炒手易掉毛。于是，浙江等地采用了一种角铁炒手，由角铁弯制而成，在炒手轴相对 180°位置上各安装一只，炒制性能较好，但炒制后期茶叶易断碎，应在含水率 15%左右出锅，后置工序采用滚炒工艺，茶叶炒制质量良好。

双锅炒干机的传动系统采用电动机通过三角皮带传动带动减速箱主传动轴运转，主传动轴伸长至两侧的炒叶锅内，并伸出炒叶锅用轴承安装在机架上，带动炒手对茶叶进行炒制。炒手旋转向里即正转翻炒茶叶，反向旋转出叶。因炒手在锅子底部系由前向后旋转，为使茶条紧结和减少茶条的断碎，要求炒手与锅壁的间隙后部较前部小，故炒手主轴安装时，主轴并非安装在锅口前后的中心部位上，而是向后偏移 1～2mm。

旋转式锅式炒干机结构简单，价格低廉，容易操作，若炒手选择得当，且严格制茶工艺，可较好保证茶叶炒制质量。

为使锅式炒干机获得条索更为紧结的炒制效果，中国农业科学院茶叶研究所 20 世纪 60 年代曾研制一种往复式锅式炒干机并出口援助几内亚等国。该机炒手的形状为板宽 240mm 的圆弧形，出茶炒手为棕刷式。正常作业时，由曲柄机构驱动弧形炒手作往复运动，对茶叶进行炒制。炒制完毕，应用换挡机构，使炒手轴进入旋转状态，由棕刷式炒手将茶叶扫出炒叶腔外。往复锅式炒干机的炒手运动更接近于手工制茶动作，可获得比旋转式炒干机更为紧结的条索，但与旋转式机型相比往往碎茶较严重，故出锅含水率应掌握比旋转式稍高一些，后续工序应用筒式炒干机与其配套基本可避免，也更重要。

（2）双锅式茶叶炒干机的操作使用。双锅茶叶炒干机安装完成，应对炒叶锅进行认真打磨光洁。机器启动前应检查炒叶锅内有无工具和杂物，避免运转时造成机器损坏。

双锅式茶叶炒干机作业时，每锅二青叶投叶量 10kg 左右，炒制锅温掌握在 100～110℃，应保持炉温稳定，先高后低，炒制时间约 45min，含水率达到 15％左右出锅，摊凉后进入下一工序的辉干。不要炒得过干，否则易形成碎茶。

应该说明的是，长期以来，中国的长炒青绿茶一直以其良好的茶叶品质受到世界消费国的欢迎，主要原因之一就是在加工过程中坚持了"烘-炒-滚"的干燥做形工艺。其中有一道"炒"的工序很重要，就是在用烘干机烘二青后，使用锅式炒干机进行二青叶炒制，最后用筒式炒干机辉炒干燥，烘、炒、滚结合。所炒制出的长炒青绿茶产品，条索紧结，色泽深绿起霜，香味鲜爽，有特殊的釜炒香气，品质良好，出口卖价也较高，在国际市场上有很高的盛誉。20 世纪 80 年代以来，一方面名优茶生产兴起，大宗绿茶生产下滑，加上锅式炒干机的操作较麻烦，生产中锅式炒干机已几乎退出使用。长炒青绿茶的加工，在用烘干机烘二青后，全部使用筒式炒干机滚干，即所说的"烘、滚、滚"干燥工艺，致使近年来我国出口的长炒青绿茶产品条索疏松，香气不高，品质下滑，国际市场卖价也降低，主要原因就是因为锅式炒干机的停止使用，应引起业界的重视。

（3）双锅式茶叶炒干机的维护保养。机器工作时，应随时检查电动机、轴承最高温度、减速箱最高油温，分别不得超过 60℃、70℃和 80℃。发现过热或不正常冲击、声响等，应立即停车排除，方可继续工作。经常检查各紧固螺栓、螺母有无松动，发现应紧固。

每天作业结束应清扫机器和环境残留茶叶和茶灰，保持清洁。茶季结束应对机器进行全面检修，更换已损坏的零部件，更换减速箱和各轴承的润滑油（脂）。检查炒叶锅有否变形，如变形应更换。在易生锈处涂抹机油，对炒叶锅加热并在锅内涂抹制茶油。并且保持机器干燥。

3. 单锅式茶叶炒干机　单锅式茶叶炒干机的基本结构、使用技术与双锅式茶叶炒干机基本相同，只是将双锅改为单锅。传动机构设于炒叶锅的一侧，一般采用锅口直径为 800mm、深 280mm 的炒叶锅，上接薄钢板卷制成的炒叶腔。炒叶锅内的主轴上装有角铁炒手，由传动结构带动转动，实施对茶叶的炒制。单锅式茶叶炒干机多采用电热，并装有温控仪，可对茶叶炒制温度进行设定和控制。机器为全金属结构，并且还装有行走轮，方便推动。该机多用于一些茶叶试验研究单位（图 12-70）。

图 12-70　单锅式茶叶炒干机

4. 珠茶炒干机　珠茶是我国特有的茶叶产品，在国际市场特别是在西北非洲市场特别畅销。珠茶炒干机是中国浙江茶区 20 世纪 60 年代所发明，直至目前，可以说是唯一被业界公认为茶叶加工品质超过手工炒制产品的茶叶机械，在生产中仍承担着全国茶区珠茶产品的加工。

（1）珠茶炒干机的作业原理。炉灶对炒叶锅加热，大型弧状炒板在锅内作往复摆动，将加工叶投入锅内的弯板上进行炒制。茶叶处在炒叶锅和球形锅壁形成的球形炒叶空间内，由于受到球形锅壁和弧形炒板共同作用的向心力和茶条自身相互之间的挤压力作用下，反复炒制，逐步失水干燥并成型，最后形成圆紧光滑颗粒形状，色、香、味、形被固定，完成珠茶的加工。

（2）珠茶炒干机的主要结构。珠茶炒干机的主要结构由弯轴与弧形炒板、炒叶锅与炒叶腔、减速箱与传动机构、机架与炉灶等组成。

生产中使用的珠茶炒干机，最常用的机型为 6CCZ-84 型，属于减速箱装置在中间位置，两边对称装置两只炒叶锅的珠茶炒干机。炒叶锅锅口直径为 840mm，锅深340mm。炒叶锅安装在机架或砖砌炉台上，用钢板或水泥等建筑材料砌成炒叶腔，炒叶腔做成与茶叶锅同样直径的球形，有利于炒制时加工叶的成圆。炒叶锅安装后高前低，目的也是为了强化茶叶成圆。锅面横向中部位置装置弯轴，炒叶锅外侧的弯轴轴颈，就安装在机架或砖砌炉台的轴承座上，另一端用联轴节与减速箱动力输出半轴连接。大型弯板的曲率与弯轴相同，并用夹板固定安装在弯轴上，大型弯板是对茶叶实施炒制的主要部件。

传动机构是由电动机通过三角皮带减速，带动减速箱运转。减速箱内有两级齿轮减速，带动第三根轴转动。第三根轴两端装有偏心轮（曲柄），通过连杆、摆杆、牙嵌式离合器等，并通过联轴节驱动弯轴和弧形弯板作往复摆动运转。通过手轮调节拉杆在摆杆上的拉动位置，调节大型弯板在炒叶锅内的摆动幅度（摆幅大小）。

以往珠茶炒干机的炉灶用砖和水泥等建筑材料构筑，燃料均烧煤。现在包括炉灶，已大多采用钢板加工制造，热源也多改用电热、燃液化石油气或天然气等。

（3）珠茶炒干机的操作使用。使用前应检查和加足各润滑点润滑油（脂），检查并固紧各紧固件的螺栓螺母，清除茶叶锅和机器上阻碍运转的杂物，启动后观察和检查离合器挂挡和弯轴弯板运转是否正常。一切正常，炉灶对炒叶锅加热，锅温达到炒制要求，在弯板摆动运转达到规定频率后投叶，开始炒制。

珠茶炒干机在进行珠茶炒制时，仍坚持手工炒小锅、炒对锅、炒大锅的炒制工艺，不过三道工序均在同一形式的珠茶炒干机上顺序完成。

炒小锅要求锅温 120～100℃，先高后低，每锅二青叶投叶量 15kg 左右，炒制时间30～40min。开始阶段锅温 120℃，要求叶温为 45℃ 左右。采用大摆幅，掌握原则是炒板摆动约 2 次，茶叶在锅内炒板上滚翻一周，待炒制叶含水率达 30％ 左右，改用锅温100℃进行炒制，直至芽叶初似蝌蚪状颗粒，含水率接近 25％，出锅摊凉回潮，时间在1h 以上，使叶内水分均匀。

炒对锅每锅投叶量为小锅炒制叶 20～25kg，锅温约 100℃，炒制时间约 45min。炒板用中等摆幅炒制，掌握原则是炒板摆动约 3～4 次，茶叶在锅内炒板上滚翻一周，炒至茶叶 80％～90％ 成颗粒，紧捏茶叶似可成团放手颗粒分散，含水率达到 13％ 左右，出锅摊凉，时间仍掌握在 1h 以上。

炒大锅每锅投叶量为对锅炒制叶 35～40kg，锅温约 80℃。弧形炒板用小摆幅炒制，掌握原则是炒板摆动约 5～6 次，茶叶在锅内炒板上滚翻一周。应注意珠茶炒制到大锅阶段，因叶中含水率已较低，这时要求在失水速率较小状态下长炒，故在炒制 10min 以后，锅面一般用清洁白布覆盖，使叶温达到 50℃，粗老茶应多盖，嫩茶少盖，以利茶叶成圆。大锅炒制时间 1.0～1.5h，炒至叶中较粗大芽叶也已成圆润颗粒，手捻茶叶可成粉末，含水率 7% 以下，即可出锅，完成珠茶初制加工。

珠茶炒干机每锅可炒出干茶 30～35kg，每台机器每次可炒干茶 60～70kg。

（4）珠茶炒干机的维护保养。开始作业前，先对机器进行检查，固紧螺栓、螺母，润滑处加足润滑油（脂）。作业过程中，注意倾听有无不正常震动和声响，经常检查电动机温升是否超过 65℃，减速箱温度是否超过 80℃，轴承温度是否超过 60℃，如发现异常，停车排除后，方可启动继续作业。

茶季结束，应对机器进行一次全面检查与维修，更换减速箱和轴承内的润滑油（脂），更换超过磨损限度的零部件。作全面清洁，易锈蚀处涂抹机油，锅壁加热涂抹制茶油，用薄膜覆盖保存。

（三）筒式茶叶炒干机

筒式茶叶炒干机是绿茶炒制中炒干工序最常用、也是初制干燥最后使用的一种机械，其特点是机器的主要炒制部件为钢板卷制的圆筒。以其圆筒形状不同，有瓶式茶叶炒干机和圆筒式炒干机；瓶式炒干机又因滚筒形状有别，又派生出一种八角式茶叶炒干机。

1. 筒式茶叶炒干机的工作原理与临界转速计算　所有筒式炒干机的主要结构均由筒体、炉灶和传动机构三大部分组成，部分机型还配有排湿风扇。其工作原理和临界转速计算方法相同。

（1）工作原理。筒体在传动机构带动下旋转，炉灶对筒体加热。加工叶投入筒体内，在筒体转动中，茶叶随之连续作圆周和翻滚运动，并受到筒体转动所产生的离心力、筒壁的反作用力、茶叶与筒壁和茶叶与茶叶之间的摩擦力，茶条逐步紧结并失水干燥，锋苗显露，完成茶叶的炒制和辉干炒制。

（2）临界转速计算。茶叶炒干机作业时，茶叶在筒内的运动规律及茶叶加工品质与筒体转速关系密切。研究发现，在对茶叶进行炒制时，当筒体转速不高时，茶叶随筒壁升高到一定高度便一层层地往下滑落，出现"泻落运动"；当筒体转速较高时，茶叶随筒体旋转升高的高度会相应增加，在最高处离开筒壁，按抛物线轨迹作斜抛下落运动，出现"抛落运动"；若筒体转速继续升高而达到一定值时，茶叶将会在足够大的离心力的作用下，附在筒体内壁上随筒体一起旋转，出现"附壁运动"。筒式炒干机作业过程中，"泻落运动"和"抛落运动"有利于茶叶干燥和条形紧结及圆润，而"附壁运动"因过大的离心力作用，茶叶附在筒壁上旋转，使机器失去炒制功能，并容易产生烟焦，故机器设计中应绝对避免。

筒体的临界转速可用下列计算过程确定。

若设筒体横切面圆周上的 A 点为茶叶抛出点，B 点为溅落点，A 点与筒体轴心 O 的连线 OA 与铅垂线的夹角为脱离角 α，B 点与筒体轴心 O 的连线 OB 与水平轴线的夹角为溅落角 β，R 为筒体半径，n 为筒体转速，那么，筒体的临界转速 n_c 可用下式计算。

$$n_c \approx 30 \div \sqrt{R} \tag{12-25}$$

$$\alpha = \cos^{-1} (n^2 R_i \div 900) \tag{12-26}$$

$$\beta = 3\alpha - 90° \tag{12-27}$$

式中：n_c——临界转速 r/min；

n——转速 r/min。

n_c 表示茶叶能通过筒体圆周最高点不出现"附壁运动"的最大转速。筒式炒干机械的工作转速均应小于 n_c，否则机器将无法完成炒制作业。机器实际转速与 n_c 的差值越小，则茶叶的脱离角 α 则越小。上面公式中的 R_i 为离筒体轴心距离为 R_i 的一层茶叶的旋转半径，因为各个茶条单体处于不同的叶层之内，因此 R_i、α 和 β 的值均不一样。这样一来，就是由于茶条单体本身的质量和形状等不同，所处叶层不同，而形成的抛物线运动的轨迹也不同，因此在抛落过程中茶条之间就会产生摩擦和挤压等作用，从而达到炒干和成形的目的。

2. 瓶式茶叶炒干机 瓶式茶叶炒干机常用于长炒青绿茶加工中辉干作业，中国茶区在 20 世纪 50 年代研制成功，直至现在，仍然在绿茶加工中广泛使用。

（1）瓶式茶叶炒干机的主要结构。如前所述，瓶式茶叶炒干机的主要结构由筒体、炉灶、传动机构、排湿风扇和机架组成。

瓶式茶叶炒干机的筒体是茶叶炒制的主要工作部件，采用钢板卷制，为一头大一头小的两个圆锥体拼接而成，呈腰鼓形，又似花瓶形状，故名。在筒体直径小的一段锥体圆筒筒壁上有压出的 12~20 根凸棱筋条，高 10mm，导角 8°~15°，以增强炒制中的茶叶成条性能。此锥体小端装有排湿风扇，用于炒制时的蒸汽排除。在筒体直径大的一段锥体圆筒内壁上装有 4 块螺旋导板，高 120mm，当筒体正转时，螺旋板将加工叶推至工作段进行炒制；筒体反转时，螺旋板将加工叶推出机外，完成出叶。筒体两端的外壁上装有挡烟圈，整个筒体包裹在炉灶中，由炉灶对筒体加热。

瓶式茶叶炒干机的传动机构，一般是电动机经过减速带动筒体主轴和筒体旋转。也有不设主轴，而直接在筒体端部设滚圈，用摩擦轮进行传动的。筒体转速为 28r/min。

炉灶包裹在筒体的周围，一侧留有烧火门，上部设有排烟烟囱。机架用型钢制成，用以安装主轴、筒体和传动机构等（图 12-71）。

（2）瓶式茶叶炒干机的操作使用。启动机器使滚筒旋转，炉灶起火对筒体加热，将加工叶投入筒体，开始炒制。

图 12-71 瓶式炒干机

瓶式茶叶炒干机进行炒制和辉干作业时，筒壁温度应保持在 100~150℃左右，炒制的时间可以达到 60~80min，每筒投叶量为 40kg 甚至更多。投叶量以多一些为好，这是因为投叶量较多，茶叶在筒内上抛下落的距离缩小，茶条相互之间挤压力大，随着筒体的旋转，茶条与茶条之间及茶条与筒壁之间相互摩擦与挤压能力增强，在逐渐失水和紧条的同时，茶条表面的毛刺被逐渐磨光而不会产生断碎，使茶条更为光滑圆润，峰苗更显，且香味和色泽也更好。

　　瓶式茶叶炒干机对烘制后的二青叶进行炒制，开始阶段筒温应为150℃左右，并应立即开启排气风扇，以免引起茶叶色泽变黄。待加工叶含水率降至15%左右，筒温降至100℃左右，茶叶接近足干，可关闭排风扇。若对前置工序使用锅式茶叶炒干机完成炒制、含水率15%左右的加工叶进行辉干，筒温100℃左右，开始阶段短时间开启排风扇，稍后关闭风扇炒制。在辉干作业将要结束前的5～10min，迅速短时间将炒制筒温提高至150℃左右，使茶叶温度达到100℃左右，即用手摸感到烫手，随后立即出叶，可显著提高茶叶香气，但是时间掌握要适当，不要引起焦茶。加工叶炒至含水率6%左右时，筒体停转、然后反转出茶。应注意要在筒体停车后再反转出茶，这样可避免机器的损坏。瓶式茶叶炒干机的操作得当，所炒制的长炒青绿茶产品条索紧结光润，锋苗显露，香高味醇。

　　3. 八角式茶叶炒干机　八角式茶叶炒干机的主要结构与瓶式炒干机基本相同，实际上也是瓶式茶叶炒干机的一种。主要结构也是由机架、筒体、传动机构、排湿风扇和炉灶组成。

　　机架用角钢焊制而成，用以支承主轴和整个筒体。筒体用钢板卷制而成，也呈腰鼓形，为一端大一端小的瓶状。与瓶式茶叶炒干机的根本不同点是，这种机型筒体两段锥体为八角形状，故被称为八角式茶叶炒干机。该机紧条性能较好（图12-72）。

　　八角式茶叶炒干机可用于长炒青绿茶的炒三青作业。作业时，当筒壁温度到达120～150℃时，向筒内投入二青叶，投叶量为40kg左右。投叶后的炒制前期，会有大量的水蒸气发生，这时要及时开动筒体小端的

图12-72　八角式炒干机

风扇，以加速水汽的散失。若水汽不能及时排出，将会造成成茶香气低闷，色泽变黄。三青叶的炒制时间约30min，加工叶含水率达到15%左右，出叶摊凉后，即可投入瓶式茶叶炒干机进行辉锅。生产中也有先用瓶式茶叶炒干机先炒三青，而后用八角式茶叶炒干机进行辉锅干燥的。虽然二者均具有紧条磨光功能，但八角式茶叶炒干机紧条功能好于瓶式茶叶炒干机，而瓶式茶叶炒干机的磨光性能较前者强，为此，先用八角式茶叶炒干机炒三青，然后用瓶式茶叶炒干机辉锅炒干，茶条将更为紧结光润，锋苗显露。

　　4. 圆筒式茶叶炒干机　圆筒式茶叶炒干机是一种筒体工作段采用正圆柱形的筒式炒干机。在安徽、江西等茶区应用普遍，代表机型为徽州110型圆筒式炒干机（图12-73）。

　　（1）圆筒式茶叶炒干机的主要结构。圆筒式茶叶炒干机的主要结构也是由机架、筒体、传动机构、排湿风扇和炉灶组成。

　　筒体是该机的主要工作部件，中部为圆筒形，筒径110cm，长100cm，内壁有压制出的螺旋凸起，后端端板设有直径70cm的排湿孔，装有不锈钢丝纱网，与排湿孔相接的一端圆筒内装有排湿风扇，端口壁外设有挡烟圈。筒体前端锥体段（进茶段）长

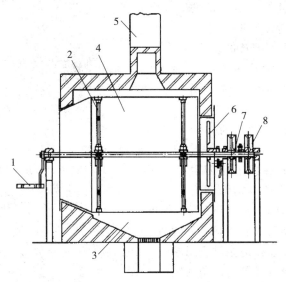

图 12-73　徽州 110 型圆筒式茶叶炒干机
1. 摇手柄　2. 撑杆　3. 炉灶　4. 筒体　5. 烟囱
6. 排湿风扇　7. 主轴　8. 传动机构

30cm，出茶口直径 85cm，内壁焊有 4 块螺旋导叶板，高度 6cm，用于进出叶。

筒体中部装有心轴，心轴上装有两只十字接头，每只接头装一只撑杆与筒体连接。电动机通过减速传动带动主轴而使筒体转动。正转炒茶，反转出叶。主轴一端备有可随时装上的摇手柄，用于机械故障或停电时将炒制叶排出机外，避免烧焦损失，不用时取下。

（2）圆筒式茶叶炒干机的作业特点。圆筒式炒干机投叶量大，茶叶受热、翻抛和透气性能良好，成茶条索紧结、光滑、显峰苗，在安徽屯绿、江西婺源等炒青绿茶加工中被广泛应用。

5. 滚筒式连续茶叶炒干机　滚筒式连续茶叶炒干机是浙江上洋机械有限公司为长炒青绿茶连续化生产线的设备配套需求，而设计成功的一种外形如滚筒式茶叶杀青机、内部结构似热风式杀青机的一种新型具有连续炒制功能的茶叶炒干机。

（1）滚筒式连续茶叶炒干机的作业原理。热风发生炉产生的热风，由风机通过热风管送入滚筒筒体密封段，从热风管后端的出风孔排出。而加工叶由上叶输送带通过进茶斗，在茶叶单向螺旋推进器作用下，顺着推进器螺旋导板进入滚筒筒体密封段。加工叶在推进螺旋导叶板、螺旋挡风导叶板的作用下进入滚筒内腔。由于螺旋挡风导叶板与热风输送管的间隙很小，热风不会从进茶斗泄出。加工叶在筒体内一边前进，一边抛洒与热风充分接触，被脱水炒干。由于螺旋导叶板不断向前延伸，一方面起到导叶作用，同时也延缓了炒制叶在风力作用下向出口的快速移动，使炒干时间足够并使炒干充分。并且由于螺旋导叶板的高低不一，从而将滚筒内腔沿轴线分成若干温区。之所以设置热风挡板，是为了防止热风沿中轴线即风阻最小线路直接排出，以节约热能。当炒制叶移动到滚筒筒体的出茶端时，用作炒制后的热风经排气管排出，茶叶则在自重作用下由出茶口排出机外，使炒制实现了连续化作业。

（2）滚筒式连续茶叶炒干机的主要结构。滚筒式连续茶叶炒干机的主要结构由上叶输送带及进茶斗、滚筒筒体、热风发生炉及热风供给系统、传动机构和机架等组成（图12-74）。

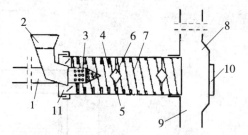

图 12-74　滚筒式连续茶叶炒干机结构示意

1. 热风管　2. 进茶斗　3. 热风出风孔　4. 滚筒筒体
5. 螺旋导叶板　6. 热风挡板　7. 快速推进导叶板
8. 出叶机构　9. 出叶口　10. 观察窗　11. 滚筒筒体密封段

滚筒筒体用钢板卷制，筒体滚圈搁置在机架上的4只滚轮上，其中位于滚筒进叶端的两只滚轮为主动轮，在电动机与传动机构带动下旋转，并通过与筒体的滚圈接触，在摩擦力作用下带动筒体旋转，另外两只滚轮为托轮。

滚筒筒体除两端连接进茶端密封端盖和出茶端、截面分别为圆形外，中部主要作业段的横截面为八角形（亦可为六角或圆形）。进茶斗就设在进茶端，其进茶通道直接深入滚筒内，出茶口与筒体密封段相通。滚筒筒体内壁上设有螺旋导叶板，并在滚筒中轴线上间隔设置若干中心热风挡板，以防止茶叶在筒体内的轴向被热风快速吹向出口端，增加茶叶与热风的接触，使茶叶在筒内的炒制时间充分。

滚筒式连续茶叶炒干机使用与茶叶烘干机同样的热风发生炉，产生的热风由风机通过热风输送管送入滚筒筒体密封段后部的内腔。

筒体前端装有可保证筒体密封的端盖，端盖套装在筒体的端面上，既可保证筒体端面转动于端盖内，又可保证密封避免热风泄露。进叶斗下部的输叶管和热风的进风管均与端盖固接，既保证了茶叶和热风的送入，又不会与筒体的转动相互干涉。热风进风管前端开有出风孔，热风就是从出风孔吹出，与进叶管送入的含水率较高茶叶相遇，进入此后连续的炒干过程。

出叶机构同样与筒体套装。出茶机构采用星形出料装置，既可保证气、叶分离，又可保证筒体密封。气体从上部排气管排出，茶叶则从下部靠自重排出。

（3）滚筒式连续茶叶炒干机的操作使用。机器作业前，检查各紧固件是否固紧，各润滑部位是否加足润滑油（脂），如发现应固紧和加足。启动机器，热风炉点火，当滚筒筒温达到炒制要求时，开动上叶输送带向滚筒内投叶，投叶应适量均匀。加工叶通过在筒体内的炒制，水分不断减少，条索逐渐紧结，香气逐步显现，从出茶口排出。

作业结束，与其他圆筒式茶叶加工机械相似，应首先熄灭热风炉炉火，清除炉渣，热风炉进风风机和滚筒应继续运转15～20min，待炉温和筒温下降至60℃以下方可关机，并清扫机器和环境。

（4）滚筒式连续茶叶炒干机的作业特点。该机可连续作业，克服了上述所有间歇型锅式和筒式茶叶炒干机作业断续的弊病，并且作业效率较高，机器构造简单，易于操作，是目前可用于连续化生产线的较理想机型，已在国内开发的连续化茶叶加工生产线上发挥重要作用。

（5）滚筒式连续茶叶炒干机的维护保养。在机器使用运行过程中，同样应经常检查紧固件有否松动和润滑部位润滑油是否加足。茶季结束应进行全面维修，对机器进行彻底清洁，更换超过磨损限度的零部件，使整机恢复到完全正常工作状态，干燥、通风并覆盖后保存。

（四）名优茶干燥做形设备

名优茶种类较多，大多为名优绿茶，各类名优茶的最大差异是外形不同。名优茶的不同外形，是依赖人工使用不同手法和各种设备加工出来的。因为名优茶大多为绿茶，名优茶加工设备实际上也属于绿茶加工设备，但因名优茶鲜叶细嫩，产品形状独特，故对名优干燥做形设备的结构与性能，均有特殊要求。常用设备除以上已作介绍的电炒锅和盘式烘干机外，尚有茶叶理条机、扁形茶炒制机、曲毫茶炒制机和针形茶整形机等。

1. 茶叶理条机　茶叶理条机是一种主要用于将茶叶理成直条形的机械。20世纪90年代由安徽宣城茶区发明，后经浙江茶机生产企业不断完善和改进而成，在生产中被广泛应用。根据操作方式和结构不同，有间歇型和自动连续型茶叶理条机两种类型。

（1）茶叶理条机的工作原理。在传动机构驱动下，多槽锅在热源上往复运转，当槽锅温度达到炒制叶的理条温度要求时，将规定数量的加工叶均匀投入槽锅各槽内，随着槽锅的不断往复运转，炒制叶一边失水，一边会被理成直条，从而完成理条作业。该机可用作针形茶的杀青、理条以至干燥成型，也被用作部分名优茶的理条工序。

（2）间歇型作业茶叶理条机。间歇型作业茶叶理条机是一锅茶叶投入多槽锅内炒制，完成炒制后出叶，再进行第二锅茶叶的投叶和炒制，故称之为间歇型作业茶叶理条机。它是国内最早研发成功的茶叶理条机，目前生产中还有较多使用。因投叶和参数控制方式不同，有手工投叶和自动投叶与参数控制两种形式（图12-75）。

图12-75　手工投叶式茶叶理条机

①间歇型作业茶叶理条机的主要结构。间歇型作业茶叶理条机的主要结构由多槽锅、传动机构、热源装置和机架等组成。自动投叶式茶叶理条机还有自动投叶和温控装置。

多槽锅由11条或7条、8条轴线平行、横截面呈近似于阿基米德螺旋线形状的槽锅联体组合而成。锅体总体尺寸基本相同，仅是7槽和8槽的槽宽较11槽大，实际应用表明，7槽或8槽锅蒸汽散发状况较好，较有利于成品茶的色泽绿翠。槽锅截面形状之所以使用阿基米德螺旋线修正而成，是因为研究表明这种螺旋线截面形式最有利于茶条的卷紧和理直。槽锅的一侧用耳环套装在槽锅框架上，为了出叶方便，在锅体的一侧设有一翻板式出茶门，另一侧装有出茶把手，当手提出茶把手将锅体上翻60°，出茶门便会自动张开，则可使槽内的加工叶全部流出锅外，完成出叶。槽锅框架又套装在两侧的两根圆形滑轨上，滑轨下部装有油槽，盛有机油，用于槽锅往复运转时槽锅框架与滑轨间的润滑。近来改进设计，在手提出叶把手一边安装了油压出叶装置，可自动将槽锅顶起出叶。

热源装置位于槽锅的下部，直接对槽锅加热。热源一般用电，电热管均匀排列对锅体加热。有的使用燃液化石油气为热源，早期还有燃煤、柴机型。

传动机构是电动机通过三角皮带传动、减速箱和曲柄连杆机构带动槽锅和槽锅框架在滑轨上往复运行，槽锅往复频率可在每分钟 90～220 次范围内无级变速。

自动投叶式茶叶理条机，是在原手工投叶茶叶理条机基础上开发而成。该机保留了原机械的所有结构，仅仅是在机器上加装了自动、定量、定时投叶装置和用于控制理条机主机和自动投叶部件运行的电子控制器。自动投叶装置就用型钢架装在理条机的上方，机器出厂运输时，自动投叶装置和理条机分开单独包装运输，使用时只要将自动投叶装置装在理条机上，并将自动投叶装置的接线对号插入控制器预留的插孔中，即可开机投入使用。作业时，可根据加工叶状况，通过电子控制器中的单片机和电子显示屏，使用人机对话功能，对机器各炒制阶段的锅温、炒制时间、投叶量等参数进行设定。作业时，开动机器，人工只要将加工叶投入进叶斗，理条机及自动投叶部件即按设定参数开始运转，自动投叶装置则会按每锅投叶量称取加工叶，并按时均匀投入槽锅内。被加热的多槽锅在传动机构带动下往复运转，对加工叶炒制理条。理条完成，槽锅一侧的油压机构将槽锅顶起，另一侧的出茶门自动打开而实现自动出叶。出叶结束，槽形锅自动回位，自动投叶机构又将上锅投叶后称好的加工叶，投入下一锅的炒制，就这样周而复始，完成脉冲式出叶形式的自动炒制。

②间歇型作业茶叶理条机的操作使用。作业前，检查并固紧各连接处的螺栓、螺母，在各润滑部位加足润滑油（脂），特别是滑轨下部油槽内应加足润滑油，但应该强调的是槽内机油添加一定不要过量，否则将会溅出而污染茶叶。

手工投叶式茶叶理条机用作理条作业时，当槽锅温度达到 100℃ 左右时，将含水率为 35％～40％ 的加工叶均匀投入每一个槽内，每次总投叶量约 1.5kg 左右。经过 5～8min 的炒制，茶条就会被基本紧直，含水率降至 20％ 左右，香气出现，停机后提起槽锅手柄使加工叶出锅。

自动投叶式茶叶理条机的使用中，多数茶叶加工企业是先将本企业需理条机加工的不同类型茶叶，先在自动投叶式茶叶理条机上进行试做，总结和记录其加工最优茶叶产品的投叶量、炒制各时段锅温、炒制时间等参数，然后整理总结不同类型的最优加工参数程序模型，输入到控制器中的单片机中，实施炒制理条作业。作业时，只要根据加工叶的状况，通过电子显示屏选择适当加工程序，即仅按下代表曲线的一个数字，理条机便可按照程序规定，实施自动脉冲型连续炒制理条作业（图 12-76）。

图 12-76 自动投叶茶叶理条机

③间歇型作业茶叶理条机的维护保养。茶叶理条机作业时，应时刻注意有无异常声响，如有应停车查明原因，故障排除后方可继续作业。该机槽锅系往复运转部件，其曲柄结构和滑轨配合运转部位易引起磨损，不仅在作业运转过程中应注意观察磨损状况，特别是在茶季结束，应检查是否超过磨损限度，如是应更换。同时，茶季结束应更换所有润滑部位的润滑油（脂），作全面保养维修，并且对自动投叶装置和主机进行覆盖保存。

（3）连续式茶叶理条机。连续式茶叶理条机是为克服茶叶理条机需一锅一锅理条和即使装有自动投叶装置，也只能实现脉冲式连续作业的不足，在 21 世纪初由杭州千岛湖丰凯实业有限公司和浙江上洋机械有限公司等开发成功。

此类机型的槽锅形状与往复运动形式均未作改变，机器整体机构变化也不大。最大的改变是将槽形锅显著加长，并且按槽锅轴线方向作后高前低安装，纵向倾角在0.5°～3°范围内可调。作业时，传动机构带动 8～10 槽的槽形锅作垂直于槽锅轴线方向的往复运转，电热管对槽形锅加热，将加工叶从进茶斗投入，随着槽形锅的运转，加工叶就会一边沿着槽锅轴线方向缓慢向前移动，一边接受理条炒制，最后从槽锅最前端排出机外，完成理条炒制。该机同样装有自动投叶装置，从而连续并定量向槽锅内投叶。同时通过调整机器前后倾角而调整炒制理条时间，理条时间可在 5～10min 间调节。理条的槽锅锅温可在 80～150℃、槽锅往复频率可在 90～120 次/min 范围内调节。

连续式茶叶理条机的最大特点，在于使茶叶的炒制理条实现了真正意义上的连续化作业，即作业时加工叶由一端连续进茶，完成加工由另一端连续出叶，故可配套在连续化生产线中使用。为茶叶加工连续化、自动化、清洁化生产线的开发提供了一种较理想的连续化机型。

杭州千岛湖丰凯实业有限公司所开发的连续式茶叶理条机机型，为整体式槽锅，长2m，投入加工叶一理到底。而后来浙江上洋机械有限公司开发的机型，由上下两段槽锅组成，两段锅体总长度 3m，作业时加工叶先由上面的第一锅先理，出锅后再进入第二锅理条。两段锅体和理条的好处是上、下段槽锅锅温和往复频率可根据加工叶状况和工艺要求分别作适当调整。

2014 年以来。浙江红五环制茶装备股份有限公司和浙江恒峰科技开发有限公司等分别开发出槽锅长度为 5m 和 3.5m、一理到底的大型连续理条机型，每小时杀青理条的鲜叶加工量可达 250kg 和 150kg，被用在扁形茶、条形茶加工连续化生产线中（图 12-77）。

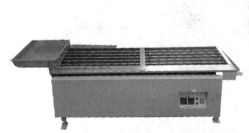

图 12-77　自动连续式茶叶理条机

2. 扁形茶炒制机　扁形茶（龙井茶）是中国最著名的名优茶类型，在名优茶中产量最多。如浙江等一些茶叶主产省，扁形茶约占全部名优茶产量的一半以上，并且也是平均卖价最高的名优茶类型。国内扁形茶区特别是龙井茶产区，从 20 世纪 50 年代就开始扁形茶炒制机械的研制，先后研制出多种机型，只是到了 20 世纪末，多槽式扁茶炒制机、长板式扁形茶炒制机以及用于脱毫磨光的扁形茶辉干机研制成功并在生产中获得普遍应用，才使扁形茶加工实现了机械化。

（1）多槽式扁茶炒制机。多槽式扁茶炒制机是一种既可用于扁形茶（龙井茶）全程炒制，又可用于部分名优绿茶的杀青、理条等作业的扁形茶炒制机械，故又称"名茶多功能炒制机"，也被称作"龙井茶炒制机"。

①多槽式扁茶炒制机的工作原理。在传动机构驱动下，多槽式扁茶炒制机截面为圆形的多槽锅在热源上作往复运转，槽锅被加热，当槽锅温度达到炒制温度时，将规定数量的鲜叶（有时为杀青叶）均匀投入槽锅各槽内，鲜叶随着槽锅的不断往复运转，在槽内被不断翻动和高温炒制，叶中的酶活性很快失活，芽叶不断失水，完成杀青工序。接着继续炒制，由于槽锅的特殊结构和垂直于槽锅轴向的往复运动，使茶条在槽锅内沿轴向顺序排列，一边失水，一边被不断翻炒卷紧，理成直条，在锅内排列整齐。这时向每一槽锅内投入一只圆形加压棒，适当调低槽锅往复运转频率，使压棒在槽锅内仅作滚动而不与锅壁产生碰撞，直形茶条在压棒的滚动作用下，逐渐被滚压成扁形，同时不断失水，最后完成扁形茶的炒制。

②多槽式扁茶炒制机的主要结构。多槽式扁茶炒制机的主要结构由多槽式炒茶锅（多槽锅）、热源装置、传动机构、机架和加压棒组成。自动投叶多槽式扁茶炒制机还有加工叶自动投叶装置。

多槽式炒茶锅用不锈钢板冲压而成，有5槽、8槽甚至10槽等多种形式。槽锅长度为450mm或600mm，截面为圆形的一部分，深度为85mm或90mm。热源形式有电热、燃液化石油气等，以电热应用最普遍。热源装置于多槽锅下部，直接对锅体加热。传动机构由电动机通过减速箱等带动曲柄机构运转，使多槽式炒茶锅连同框架沿滑轨，在炉灶上部往复运行。加压棒是一独立棒体，一般用无毒塑料管内灌黄沙，两端用木塞封死，外边紧包白色棉布制成。根据使用需要，加压棒有轻、重几种规格。使用时，抛入多槽式炒茶锅内，每槽一棒，通过其往返滚动，将加工叶压成扁形（图12-78）。

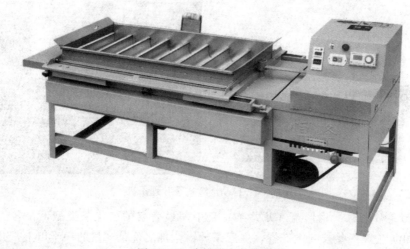

图12-78　多槽式扁茶炒制机

③多槽式扁茶炒制机的主要技术参数。多槽式扁茶炒制机的主要技术参数见表12-20。

表 12-20　多槽式扁茶炒制机的主要技术参数

型　　号	6CMD-450/5	6CMD-450/8	6CMD-450/13
槽锅（长×深）mm	450×85	450×85	600×90
槽锅槽数	5	8	13
电动机功率 kW	0.37	0.37	0.55
加热功率 kW	9.0	14.4	18.0
长×宽×高 mm	1 500×650×720	1 930×680×760	2 100×850×870

④多槽式扁茶炒制机的操作使用。作业前应对槽锅等进行擦拭清洁，并对各需润滑处加注润滑油，特别是注意对传动曲柄润滑处加注耐高温润滑脂，并在槽锅两侧运行滑轨油槽内加足机油，但加油不能过多，以免溢出污染茶叶。开启电源开关，通过温控仪操作按钮预定槽锅炒制温度，一切准备妥当，提醒周围人员操作启动按钮开机使槽锅运转，并开启电热开关对槽锅加热。当槽锅锅温达到炒制要求时，向槽锅内撒入少量制茶专用油，稍等油烟散尽即可投入鲜叶进行炒制。自动投叶机型可对加工叶自动称量、定时投入槽锅，并对槽锅各炒制阶段槽锅锅温、炒制时间、出叶等实施自动控制，整个炒制过程均在控制系统控制下自动完成。

多槽式扁茶炒制机进行扁形茶（龙井茶）的炒制，也如手工炒制一样，分为青锅和辉锅两个阶段。以八槽的 6CMD-450/8 型多槽式扁茶炒制机为例，青锅阶段，将鲜叶250g 均匀投入各槽锅内，开始时槽锅往复频率 130r/min 左右，鲜叶下锅时温控仪显示锅温约 120℃，炒制时间 6～8min，开始 3min 左右以杀青理条为主，这时槽锅往复频率较快，锅温较高，利于杀青和蒸汽散发。后 3～5min 槽锅往复频率降至 120r/min 左右，锅温适当降低，在每只槽锅内投入一只轻压棒，压棒要在锅内只滚不撞，待茶条被初步压扁，加工叶含水率达到 40%～45%，完成青锅炒制出锅。出锅叶摊凉后堆放回潮，回潮时间 45～60min，茶条叶质回软，送去辉锅。

多槽式扁茶炒制机进行扁形茶（龙井茶）的辉锅炒制，一般辉锅槽锅锅温 110℃，槽锅往复频率 120r/min 左右，炒制时间 15min 左右，投叶量为青锅叶 250g 左右。开始 2～3min 主要是提高茶叶叶温，使茶叶变软，不投加压棒，待加工叶叶质已变软，投入轻压棒，压棒同样应仅滚不撞。3～5min 后换重加压棒，以使茶条进一步压扁成型，直至茶条完全形成扁平形状，含水率达到 6% 左右，完成扁形茶的炒制。

实际使用表明，每台八槽机型，每小时可炒制扁形茶干茶 2.5～3.0kg。

⑤多槽式扁茶炒制机的性能特点。多槽式扁茶炒制机用于扁形茶（龙井茶）的炒制，特点是理条压扁功能良好，成茶茶条扁平挺直，形状整齐划一，超过人工炒制。正是因为上述特点突出，20 世纪末该机被较广泛地应用于扁形茶加工中。然而多槽式扁茶炒制机存在的缺点是对茶条磨光不足，成茶茶条表面欠光滑，加之槽锅宽度较小，蒸汽较难散发，成茶色泽呈青绿，欠清香，味生涩。为此，后来该机一般被用作长板式扁形茶炒制机炒制的前置工序配套使用，即先用该机将茶条理直压扁，然后用长板式扁形茶炒制机进一步压扁磨光。这样的配套使用方式后来也被应用在扁形茶加工连续化生产线中。

⑥多槽式扁茶炒制机的维护保养。作业过程中应随时查看和倾听机器有无卡滞和异常声响，如发现应停机检查排除，严禁带病运行。

每班作业后要认真检查传动部件和紧固件是否正常，发现不正常或有松动，应排除。调整三角皮带的松紧度，保证机器运转灵活。并清洁机器。

定期加注润滑油，特别是槽锅两侧的机油润滑槽内不可缺油，但也不能加油过量。

茶季结束，除做好上述保养外，槽锅内壁应在加热状况下涂抹制茶专用油，冷却后加盖塑料布在干燥通风处保存。

（2）长板式扁形茶炒制机。长板式扁形茶（龙井茶）炒制机，系浙江省新昌县21世纪初针对多槽式机型存在不足而开发成功的机型，很快在全国扁形茶区普及推广。先后历经手工操控型单锅、自动操控单锅、自动操控型连续多锅等三代机型研制，现多种机型同时应用于生产中，承担着全国90%以上的扁形茶炒制。

①长板式扁形茶炒制机的工作原理。热源对炒叶锅加热，传动机构带动炒叶机构旋转，当锅温达到炒制要求后，将鲜叶投入加热的长形锅内，先由钢板炒手对鲜叶进行翻炒，完成杀青。接着由衬有柔软材料的长形炒板对加工叶进行加压炒制，操作加压手柄使炒叶锅上移，实现炒板对茶条加压，茶条就这样在炒板的压力下不断在锅壁上被压扁、拖动、磨光，并不断蒸发水分，直至完成扁形茶的炒制。连续多锅机型是将多台单锅机串联，两台茶叶锅之间开有可开闭的出茶门，前锅茶叶炒制完成，出茶门自动打开，前锅的炒板就将炒制叶扫入后锅，直至从最后一锅出茶，实现了作业连续，并且可使杀青、初压、重压磨光等由前后炒叶锅分别承担，从而提高了作业效率和茶叶加工品质。

②单锅长板式扁形茶炒制机。单锅长板式扁形茶炒制机是最早开发成功的长板式扁形茶炒制机机型，在21世纪之初的十年内，全国茶区推广总台数达25万台之多，目前还有相当部分在使用。而自动型单锅长板式扁形茶炒制机是在人工机型基础上加装自动投叶和作业过程自动控制系统而成。

单锅长板式扁形茶炒制机的主要机构由长形半圆炒叶锅、长形炒叶板和不锈钢炒叶板、传动机构、热源装置、控温仪表和机架等组成。自控型单锅长板式扁形茶炒制机，除上述机构外，还装有自动、定量、定时投叶装置和电子自动控制系统。

半圆长形炒叶锅用薄钢板卷制，锅体材料多采用一般碳钢钢板，传热快，节约燃料，但易生锈，应注意在机器不用时保持锅内干燥，并加热涂制茶专用油存放；炒叶锅也有使用不锈钢板冲压的，清洁卫生，但传热慢，燃料消耗多，炒制时往往温度难于跟上，应用较少。炒叶锅直径60cm，长度有80cm、90cm和100cm等，上接炒叶腔，炒叶腔前部开有出茶门，炒制完成，打开出茶门，炒制叶在炒板作用下从出茶门出茶，而落到出茶门下方的木制出茶斗中，出茶斗为独立部件，可从搁架上自由放上取下。半圆长形炒叶锅安装在机架上，后部采用销接形式，前部可通过加压调节手柄使炒叶锅前部上移，从而减少前沿锅壁与炒板间的距离，实现炒板对炒制叶的加压。炒叶锅中部装有主轴，主轴两端分别装有2根放射形的撑杆，两端之间的两根相对撑杆组成一组，其中有一组撑杆间沿轴向装置一块长形炒叶板，炒板上敷有弹性层，弹性层用无毒纤维材料上覆白色棉布制成；一组装置用不锈钢板制成的炒叶板，不锈钢炒叶板用于鲜叶下锅后的杀青，长形炒板用于对茶条的压磨。现使用的机型，炒板运动方向均要求在锅壁底部从后向前运转，而不准反方向运转。在该机出现初期，部分机型曾采用由前向后运转，多地因操作者从锅内抓叶查看炒制程度而造成事故，故后来该机的国家行业标准中作出明文规定，不仅要求炒板由内向外旋转，并且规定在锅口后部装置触碰报警装置，以防止操作人员因将手伸进锅内而造成事故。加压调节手柄装在炒叶锅右下方，上下有数档可调，用于实现炒叶锅上移和下降，实现炒板对锅内加工叶的压磨。炒板的运动方式现用机型均采取360°旋转式，而在长板式扁形茶研制初期，曾在传动机构中增加了一组机构，在炒板旋转过程中，当炒板运行到锅底处对炒制叶加压时，炒板增加了一个或两个前进和后退的磨、捺动作，就是对茶叶增加一次或两次磨光，从而强化炒制中的磨光功能。装有这种机构的机型，茶叶炒制性能和茶叶炒制品质均有所提高，因机械结构比360°旋转式机型复杂，未能广泛推广应用，但是这种机构仍然可为今后提高长板式扁形茶炒制机性能提供参考。炒叶锅的下方装有热源装置即炉灶，热源形式有电、燃液化石油气等形式。在用电时装有温控仪，温控仪通过装在炉灶内的感温探头和线路进行炒叶锅锅温的调控。

自控型单锅长板式扁形茶炒制机，其炒制主机部分的结构与人工型单锅长板式扁形茶炒制机完全一样，仅仅是在机器上部加装了与自动茶叶理条机一样的定量、定时自动投叶装置和作业过程电子自动控制系统。自动投叶装置在机器出厂运输时，与炒制机分开单独包装运输，使用时只要简单安装并将自动投叶装置的接线对号插入控制器预留的插孔中，即可开机投入使用（图12-79）。

图12-79　自动单锅长板式扁形茶炒制机

以浙江恒峰科技开发有限公司生产的机型为例，人工单锅长板式扁形茶炒制机的主要技术参数如表12-21所示。自控型单锅长板式扁形茶炒制机的主要技术参数如表12-22所示。

表12-21　人工型单锅长板式扁形茶炒制机的主要技术参数

型　号	6CCB-80	6CCB-84	6CCB-100
炒叶锅数	1	1	1
槽锅长度 mm	800	840	1 000
装机电压 V	220	220（380）	220（380）
电机功率 kW	0.75	0.90	0.90
加热方式	电加热	电加热	电加热

（续）

型 号	6CCB-80	6CCB-84	6CCB-100
电热功率 kW	4.5	4.7	6.0
生产率 kg/h 干茶	≥0.30	≥0.35	≥0.50
长×宽×高 mm	1 270×660×780	1 330×700×780	1 490×675×870

表 12-22　自控型单锅长板式扁形茶炒制机主要技术参数

型 号	6CCB-78ZD	6CCB-84ZD	6CCB-100ZD
炒叶锅数	1	1	1
槽锅长度 mm	780	840	1 000
装机电压 V	220（380）	220（380）	220（380）
电机功率 kW	0.90	0.90	0.90
加热方式	电加热	电加热	电加热
电热功率 kW	4.5	5.5	6.0
生产率 kg/h 干茶	≥0.30	≥0.35	≥0.50
长×宽×高 mm	1 270×910×1 240	1 330×900×1 240	1 490×900×1 310

③多锅连续长板式扁形茶炒制机。多锅连续长板式扁形茶炒制机，是在自控型单锅扁形茶炒制机基础上研制发展而来，是一种可连续作业、产能显著提高、并且可显著节约操作人工的扁形茶炒制机型。

多锅连续长板式扁形茶炒制机的基本结构由 2 台、3 台或 4 台单锅式机型串联而成。最早出现的是杭州千岛湖丰凯实业有限公司 6CCB-84 型 4 锅连续扁形茶炒制机，并且首先应用到扁形茶连续化生产线上。此后浙江、四川等省茶机生产企业先后研制出炒叶锅直径为 60cm、锅长为 78cm、84cm、98cm、100cm 等 2 台、3 台、4 台单锅式扁形茶炒制机串联而成的自控型连续化扁形茶炒制机型。多锅连续长板式扁形茶炒制机，有的将 2 至 4 台单锅式扁形茶炒制机锅轴线平行、高低一致做成一体，有的就将 2 至 4 台单机轴线平行，每台之间设有一定高差，前后连装，两锅之间设置活门，开启活门，前一锅内的加工叶即可被炒板扫入后一锅内，实现二、三、四锅的炒制连续，直至从最后一锅出叶。正是因为单锅式扁形茶炒制机串联的台数不一样，故被称作自控型 2 锅、3 锅、4 锅连续化扁形茶炒制机，而使用基本相同的自动投叶装置和作业过程自动控制系统（图 12-80）。

图 12-80　自动型多锅长板式扁形茶炒制机

416

炒叶锅直径为 60cm、锅长为 84cm 的 2 锅、3 锅、4 锅多锅连续长板式扁形茶炒制机主要技术参数如表 12-23 所示。

表 12-23　自控型多锅长板式扁形茶炒制机主要技术参数

型　号	6CCB-842ZD	6CCB-843ZD	6CCB-844ZD
炒叶锅数	2	3	4
槽锅长度 mm	840	840	840
装机电压 V	380	380	380
电机功率 kW	1.8	2.7	3.6
加热方式	电加热	电加热	电加热
电热功率 kW	10.0	15.0	20.0
生产率 kg 干茶/h	≥0.80	≥1.10	≥1.50
长×宽×高 mm	1 380×1 330×1 240	1 980×1 330×1 320	2 550×900×1 400

④长板式扁形茶炒制机的操作使用。长板式扁形茶炒制机使用前的准备工作，与上述其他制茶设备基本相同，对所有润滑点加入润滑油（脂），清洁炒茶锅，紧固连接螺栓、螺母，检查和清除炒茶锅内和机器周围妨碍机器转动的杂物和工具。

人工型单锅长板式扁形茶炒制机通过温控仪对茶叶炒制锅温进行设定后，进茶、加压、出茶等全部由人工手动操作和控制，一人操作一部机器。打开加热电源，开始对炒叶锅加热。开动机器，炒板在炒叶锅内开始转动。这时将加压手柄置于最高位置，也就是炒叶锅前部处于最低位置，长形炒板与锅壁不接触，也就是处于不加压状态，而不锈钢制炒板因采用可上下活络结构，在其转动到下部时，始终会保持紧贴锅壁，实现对鲜叶翻炒。待锅温达到设定的 160～180℃时，在炒叶锅内撒入少量制茶专用油，待油烟散尽，投入约 150g 鲜叶，开始青锅炒制，青锅炒制时间约 6～8min。在开始的 1～2min 内，不加压，仅有钢制炒板对鲜叶翻炒，尽快蒸发和散发水分，这时加工叶逐步吸收热量而柔软，并且加工叶被炒板连续推送从炒叶锅前部锅壁上不断滚动滑下，而卷曲成条，完成杀青。接着下压加压操作手柄，开始使长形炒板对炒制叶加压，加压开始轻、以后稍重，历经 5～6min 茶条已被炒至初步扁平，含水率达到 40% 左右，出锅摊凉。摊晾时间 45～60min，待叶质回软，投入辉锅。辉锅锅温 130～150℃，投入青锅叶约 150g，辉锅时间 10～15min，开始 2～3min 不加压，使青锅叶逐步吸收热量而柔软。然后逐步加压，先轻后重，直至茶条已扁平，含水率达到 10% 左右，出锅摊凉，然后使用辉锅机进行脱毫磨光和辉干。

自控型单锅和多锅连续长板式扁形茶炒制机的操作使用与人工单锅型基本相同。只是扁形茶的炒制全过程，均由单片机和控制系统实施控制。自动型单锅机、二锅机、三锅机、四锅机出厂时，已经根据一般作业需要进行长形炒板与锅壁间的间隙调整。所有间隙调整后，若鲜叶原料变化不大，基本上可保持不变，只是在鲜叶发生较大变化时，才作适当调整。使用前如有需要则首先根据鲜叶状况进行炒板和锅壁间隙的调整。以四锅连续机型为例，第一锅以杀青为主，炒板和锅壁间隙最大，锅温最高，炒板对鲜叶只翻不压。后边的三锅锅温依次适当降低，长板与锅壁间隙依次减小。第二锅为深入杀青和初压，间隙适当收小；第三锅对茶叶以压、磨为主，间隙较小；第四锅以磨、压为主，间隙最小。一切准备就绪，开启机器总电源，通过控制箱面板上的人机对话，输入茶叶全程炒制参数，包括投叶量、各挡或各锅与各阶段的锅温、压力、炒制时间、炒板转速等。在自动投叶装置内投入鲜叶，炒制机即可开始连续不断一轮一轮完成扁形茶的炒制，实现了全程炒制的脉冲式连续作业。当然，最好是选用不同的鲜叶，做出最优茶叶炒制数学模型，存储到单片机及其控制系统内，自动型单锅和多锅连续机型均可存储4条以上不同鲜叶的炒制程序。以后作业时，机器开始工作，只要按鲜叶状况选定适当程序，按动相应按钮，机器即会进行鲜叶至干茶全程炒制，炒制过程中仍可对各类参数进行适当修改和微调。

⑤长板式扁形茶炒制机的性能特点。长板式扁形茶炒制机，在机器结构和性能上保证了炒制过程中的对炒制叶的抖、捺、压、磨等功能，成茶外形扁平、光滑、整齐划一、色泽鲜绿稍黄。其成茶色泽鲜绿稍黄和条形扁平整齐程度好于人工炒制，这是该机能迅速在生产中获得推广应用的原因，当前全国市场上销售的扁形茶90％上均为该机炒制。然而，该机虽对茶条压、磨、捺功能较强，但理条性能相对较弱，故炒制出的扁形茶条形稍宽，尤其是炒制一芽二叶以上鲜叶时，操作稍不注意成茶中有少部分芽叶叉开，难于实现叶包芽。故生产中特别是扁形茶连续化生产线中，往往采取与理条功能较强的多槽式扁形茶炒制机配合，先用多槽机将茶条理直，有的还投入压棒稍作压扁，然后用长板式机型压扁磨光，实现茶条扁平挺直、光滑，香高味醇，炒制出质量更好的扁形茶。

扁形茶是手工炒制技术最复杂和难度最大的名优茶，长板式扁形茶炒制机的研制成功，使广大茶农从扁形茶炒制技术要求最高、并且异常辛苦繁重的手工劳动中解放出来，极大促进了扁形茶生产的发展，是茶叶加工机械中的创举之一。

自动型单锅和多锅连续扁形茶炒制机，完全是在保持人工型单锅扁形茶炒制原理和结构的状态下，进行自动化和连续化作业机型的开发。实际使用表明，扁形茶的炒制品质与人工型单锅机相同，但自动型单锅和多锅连续扁形茶炒制机自动化程度高，可连续化作业，生产率显著提高。人工型单锅机每台机器需一人操作，而自动型单锅机一人可操作4台左右。自动型多锅机一人也可操作3台左右，即1人可替代原4~12人的操作。并且每台多锅连续机型的生产率为单锅机的3~6倍，生产率的提高可想而知。并且自动型单锅和多锅机型还可用于扁形茶自动化、连续化加工生产线，在当前茶叶生产用工愈来愈紧张的形势下，自动型扁形茶炒制机的开发成功和应用，对于实现茶产业新常态下的"机器换人"具有重要意义。

⑥长板式扁形茶炒制机的维护保养。因为扁形茶炒制机要求运转平稳，各部间隙特别是炒板与炒叶锅锅壁间的间隙配合准确，故每次作业前，除了进行各润滑部位的润滑油（脂）添加外，应特别检查并调整炒板与锅壁间的配合间隙与进行各紧固件的固紧。作业过程中，应时刻察看和倾听机器运转有无异常和声响，发现应停车排除后继续作业。每个茶季结束或发现长形炒板上的包裹白布套上茶汁积附过多，应予更换，并且调整各部配合间隙，添加或更换润滑油（脂）。全年茶季结束，对机

器要进行一次全面维修保养，对全机进行清洁，更换磨损过度的易损零件和炒板布套，更换润滑油（脂），炒叶锅在加热状态下涂抹制茶专用油，用薄膜覆盖在干燥通风处保存。

（3）扁形茶辉锅机。扁形茶的品质要求外形光扁平直，所谓"光"是指茶条无毫并光滑。扁形茶辉锅机就是一种用来将扁形茶半成品进行脱毫、磨光和提高香气的设备。生产中使用的主要有转筒式和往复槽式两种机型（图 12-81）。

图 12-81　转筒式（左）和往复槽式（右）扁形茶辉锅机

①转筒式扁形茶辉锅机的工作原理、主要结构和参数。转筒式扁形茶辉锅机是生产中使用最普遍的扁形茶辉锅机形式。其工作原理是，将经扁形茶炒制机完成炒制的扁形茶，数量尽可能较多地投入加热转动的筒体内，在合适温度下进行滚炒。茶叶接受热量，茶条之间并与筒壁之间产生相互摩擦，从而脱去茶条表面的毫毛和爆点，使茶条紧结，光洁无毫，锋苗显现，色泽翠绿，外形美观。同时，缓慢蒸发茶叶中的水分，使茶叶达到足干。在茶叶完成炒制前 5min 左右，适当升高筒温，以提高茶叶香气，达到扁形茶加工最后的脱毫、磨光和提香之目的。

转筒式扁形茶辉锅机的主要结构由筒体、传动机构、炉灶、控制箱和机架等组成。筒体系茶叶脱毫炒制的主要部件，用不锈铁板卷制而成，筒壁压有突起筋条，以增加作业时的紧条和脱毫能力。筒体直径大小有 60cm、65cm、70cm、80cm 等规格，一端内壁焊有导叶螺旋，筒体正转进叶，并将茶叶推入筒体中部进行炒制，反转可出叶。筒体外置罩壳，以电为热源，筒下装有电热管，电热管外敷有隔热层。筒体装置在机架上，以往的大多数机型，筒体均固定安装在机架上，传动机构带动筒体采用正转炒茶，反转出叶。现在生产中使用的机型，大多采用将筒体、炉灶、传动机构、罩壳、控制箱等装成一体组成总成，然后用筒体总成中部两侧的两只销轴销装在机架上，作业时使用锁紧结构将筒体锁住，筒体总成则呈水平状态、筒体转动进行茶叶炒制。炒制完成，解除锁紧，用手轻压筒体总成前部，筒体总成即会竖起，将茶叶倒出。然后投入原料叶，轻压筒体总成后端使其水平并锁紧，开机进行下一筒的炒制。机器进、出茶端有一只闷盖，用磁铁可吸改到进出茶口上，并可方便取下。一般炒制开始阶段不需将闷盖盖上，炒制 10～15min 后，将闷盖放上，以减少水分散发，利于紧条。闷盖有的系单件备用，有的则装在罩壳后部，并且由微电机在控制系统控制下定时开关。控制箱就装在罩壳的前端，用以设定炒制筒温、炒制时间和关上和打开闷盖时间等。

以浙江新昌恒峰科技开发有限公司生产的转筒式扁形茶辉锅机为例，其主要技术参数如表 12-24 所示。

表 12-24　转筒式扁形茶辉锅机的主要技术参数

型　号	6CH-5	6CH-7	6CH-10	6CH-20
筒体直径 cm	60	65	70	80
电热功率与电压 kW/V	3.6/220	4.2/220	4.8/220	6.0/220
生产率 kg/h	5.0	7.0	10.0	20.0
机器重量 kg	66	88	115	165
长×宽×高 mm	985×570×905	1 170×720×1 118	1 165×700×1 045	1 760×780×1 210

②往复槽式扁形茶辉锅机。往复槽式扁形茶辉锅机是一种近似于多槽式扁形茶炒制机结构的扁形茶辉锅机，只是槽型结构特殊，一般为两槽结构，与转筒式扁形茶辉锅机相比，其特殊形状槽形更有利于扁形茶的茶条理直和紧条，其余作用与转筒机型相似。

（4）扁形茶辉锅机的应用。扁形茶辉锅机与扁形茶炒制机配套使用。扁形茶炒制机的炒制叶一般要求含水率在 10％甚至 15％结束炒制。如使用转筒式辉锅机，一般筒温为 80℃左右，炒制时间 30～45min。投叶量尽可能多一些。如 6CH-5 型转筒式辉锅机应达到 4kg 左右，开始 10～15min，闷盖不放，因初期茶叶含水还较高，闷盖不放利于水分散发，但炒至一定时间后，为降低失水速率，保证茶叶柔软，以利茶条理直和紧条，故需放上闷盖。出叶前 5min 左右，筒温升高到 100℃左右，这时茶叶已足干，适当升温，利于提香。

若使用往复槽式扁形茶辉锅机进行脱毫、磨光和提香，锅温以 120～130℃为宜，开始阶段应稍高，以后适当降低。投叶量以炒制时茶叶不冲出槽外为宜，炒制时间 15min 左右。

3. 卷曲形茶炒制机　卷曲型茶炒干机，也称曲毫形茶炒干机。20 世纪末期研制和设计的目的，是为了解决卷曲形名优茶如碧螺春茶的做形，故名。但该机尚难于承担卷曲形名优茶的全程炒制，仅可用作初步做形。但该机用于泉岗灰白、涌溪火青、羊岩勾青和绿宝石等腰圆形或称半球形名优茶的全程炒制，性能良好。

（1）卷曲形茶炒制机的主要结构。卷曲型茶炒干机主要结构由炒叶锅、炉灶、传动机构、炒茶板和控制箱等组成。炒叶锅为球形锅，锅口直径 50cm 或 60cm，为了利于成形，安装时锅口前倾 21°～23°。锅口上面装有炒叶腔，炒叶腔由不锈钢板卷制而成，前部留有出茶门。炉灶位于炒叶锅的下方，多以电为热源，对炒茶锅进行加热。传动机构由电动机通过链传动将动力传到减速箱，再由减速箱动力输出轴带动曲柄摆杆机构、调位机构然后带动炒叶板往复运转。由于采用了变频电动机，可方便调节和控制茶叶板的往复频率，并通过调位机构可以调整炒叶板的摆幅大小，以适应不同状况加工叶的炒制。炒叶板系一块特殊形状的圆弧形金属板，用不锈钢薄板加工。曲毫型名茶炒干机一般为两锅并列式结构，即将两只炒茶锅在机架上并排放置，两锅中间设置减速箱和操作装置。控制箱就安装在两锅之间的面板上，在作业过程中，设定并由其控制炒叶锅锅温、炒叶板往复频率和炒制时间等（图12-82）。

（2）主要技术参数。卷曲型茶炒干机的主要技术参数如表 12-25 所示。

图 12-82　卷曲型茶炒干机

表 12-25　卷曲型茶炒干机的主要技术参数

机器型号	6CCQ-50 型	6CCQ-60 型
炒叶锅直径　mm	50	60
电动机功率　kW	0.55	1.5
加热功率 kW	3.0×2	5.0×2
台时产量　kg/h	≥8.0	≥15.0
整机质量　kg	226	300
长×宽×高　mm	1 830×710×110	2 060×880×1 230

（3）卷曲形茶炒制机的操作使用。作业前，对卷曲型名茶炒干机进行润滑和螺栓、螺母固紧，清洁炒叶锅和炒叶板，清除机器上和周围影响机器运行的杂物和工具。开启电源，炉灶对炒茶锅加热，当锅温到达需要温度时，若用于卷曲形名优茶如碧螺春茶的初步炒制，则锅温 100～120℃，将炒叶板摆幅放至最大，往复频率应较高，将揉捻叶投入炒茶锅内，开动机器使炒叶板往复摆动运转，加工叶在炒茶板反复向心推力和炒叶锅反作用力作用下，在逐渐干燥的同时初步卷曲就可出锅，出锅后用盘式烘干机用手工进一步做形。

若用于半珠形（腰圆形）名优茶如泉岗灰白、羊岩勾青和绿宝石等茶叶的炒制，一般采用两次炒制，中间摊凉回潮。初次炒干方法与碧螺春茶初步炒制基本相似，不过较碧螺春茶炒制时间要长，将二青叶投入锅内炒制，待加工叶已初步成腰圆形，出锅摊凉回潮，使加工叶内含水分分布均匀。然后将两锅初炒叶合并为一锅炒制，锅温 100℃ 左右，炒叶板摆幅和往复频率适当降低，炒至加工叶基本全部成腰圆形，含水率达到 6% 左右，完成炒制，出锅摊凉并筛分整理。

4. 针形茶整形机　针形茶整形机由杭州市茶叶研究所与南京市机械研究所于 20 世纪 90 年代为针形茶加工而专门研制，有单锅和双锅两种形式。

（1）针形茶整形机的工作原理。热源对专门形状的异形炒叶锅加热，异形炒叶锅内壁衬有光洁竹片、形如搓板状的炒叶板，炒叶板上部装置一只类似机械手的炒叶器。作业时，炒叶板板温保持在人体体温或稍高温度，将经过较重杀青、充分回潮并轻度揉捻的加工叶投入炒叶锅内的竹片弧形炒叶板上炒制，随着炒叶器的往复运转，炒制叶被炒叶器即机械手从前部抓进进行炒制，两边吐出的茶叶由回叶送茶机构送回炒叶搓板上，继续进行炒制。在较为低温状态下，就是这样反反复复进行往复炒制，加工叶被机械手理成直条，并逐步失水干燥，完成针形茶的炒制。

（2）针形茶整形机的主要结构。针形茶整形机的主要结构由异形炒叶锅、炉灶、炒叶装置、回叶送茶机构、传动机构和机架等组成（图 12-83）。

图 12-83　针形茶炒干机及其炒叶机构（右）

异形炒叶锅是一种用不锈钢板专门加工成特殊形状的锅体，中部为铺衬有光洁竹片的炒叶板，形状如搓板，两边为贮叶槽。炒叶装置由炒叶器和回叶装置等组成，炒叶器实际上是一个位于炒叶锅搓板式炒板上方的关节可活动、形似两只可对握弧形手掌的机械手。作业时，机械手式炒叶器和炒叶板所形成炒叶腔，并且炒叶器在传动机构带动下做往复摆动，对加工叶进行"抓""扣"往复炒制。由于这时炒叶板上的竹片温度仅为人体体温或稍高，茶条身骨较柔软，并且加工叶大部分时间被机械手抓在弧形手掌内并在炒叶腔内往复炒制，使加工叶较易搓揉成条，并且竹片表面光滑，利于茶条的磨光，故茶条被逐步失水和搓紧成型。回叶装置由扫叶刷和回叶刷等组成，扫叶刷的作用是将炒制时炒叶板从两侧吐出的加工叶，扫向炒叶板两侧回叶槽的前、后端，再由回叶刷扫至搓板式炒叶板上继续炒制。传动机构是由电动机通过减速箱和一系列的传动系统，带动炒叶板往复运转，炒叶板往复运转的摆幅可以调整。在茶叶炒制过程中，还可通过加压机构改变炒叶板的压力。炉灶位于炒茶锅的下部，多以电或燃液化石油气为热源。机架承载和安装机器全部重量和部件，用型钢和薄钢板制作。

（3）针形茶整形机的操作使用。针形茶整形机的运动零部件和需润滑处较多，作业前检查减速箱和各需润滑处是否缺油十分重要，发现不足应添加。对各连接处的螺栓、螺母应进行检查和固紧。为保证制茶品质良好，该机作业时原料茶准备十分重要，首先要求鲜叶采摘均匀、嫩度较好，高档针形茶加工以一芽一叶至一芽二叶为主，经充足摊放后，一般使用滚筒式杀青机进行杀青，要求杀青较重，杀青叶含水率在 50% 左右，手抓有刺手感。冷却后进行充分堆放回潮，回潮时间一般要求达到 3h 左右，待叶质回软，投入揉捻机揉捻，揉捻一般为轻压 10～15min 即可，然后投入针形茶整形机进行整形，开始阶段炒叶器摆幅适当较大，压力适当较小，目的是使茶条理直，此后适当加压并减小炒叶器摆幅，低温长炒，使茶条逐步卷紧成条和磨光，最后成型，完成针形茶的炒制。

四、 焙干机械

乌龙茶加工特别强调焙火。加工过程中,在适当时间进行适度焙火,能使香气成分转化充分,形成乌龙茶的良好品质,获得特殊风味的焙火香。乌龙茶的焙火所使用设备一般称之为茶叶烘焙机,原仅用于乌龙茶的焙火,现已扩大应用于绿茶加工中的提香,还有稍加改装用于红茶加工的发酵和黄茶的闷黄。该机绿茶加工中多被称作茶叶提香机,红茶发酵加工中称作箱式红茶发酵机。

1. 茶叶烘焙机的主要结构　茶叶烘焙机的外部形状似家用烘箱,由台湾传往大陆茶区,台湾茶区使用的机型一般较小,实际上是一种温度和焙茶时间可调、焙茶盘可作360°旋转的大型电气烘焙箱。焙茶热源为电热元件,一般内置8～15层烘茶盘,每层可摊茶叶 2kg,焙茶温度在 70～150℃可调。由于焙火温度可自动控制,茶叶焙火时间充分,旋转焙茶盘可使茶叶受热均匀,成茶品质良好,操作也较方便。福建和浙江等省参考台湾省机型,生产出的提香和台时产量均较高的茶叶烘焙机型,显著扩大了使用范围,目前在各类茶叶加工中使用十分普遍。

茶叶烘焙机的基本结构由箱体、摊茶网盘、焙茶加热元件、热风循环系统和控制系统等组成(图 12-84)。

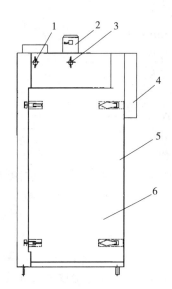

图 12-84　茶叶烘焙机
1. 进风旋钮　2. 电动机　3. 排气旋钮　4. 电气接线箱　5. 箱体　6. 箱门

箱体与家用烤箱的箱体一样,除开门一面以外的三面箱内壁装有焙茶加热元件,焙茶温度可调,加热元件通电对茶叶进行焙烤。为了使焙火均匀,使用热风循环风机使箱内热空气流通。该机焙火温度、时间、热空气流通时间等,均可通过控制箱进行设定,并由控制系统自动控制。摊茶多使用圆形浅盘,也有使用长方形浅盘的,底部为冲孔板或筛网。多用 8 层浅盘,有的机型可达 15 层以上,方形浅盘可抽出、推进,但作业时不能旋转。可在作业过程中颠倒摊茶网盘在箱体内的上、下位置,或用手工翻拌茶叶,以实现焙烤均匀。圆形浅盘作业时不仅可抽出、推进,工作时还可随盘架旋转,茶叶受热均匀。茶叶烘焙机茶叶焙火时间充分，成茶品质良好，操作也较方便。

2. 茶叶烘焙机的主要技术参数　以福建佳友机械有限公司生产的 6CHZ-9B 型为例，其主要技术参数如下。

总摊叶面积 m^2：8.8

加热元件总功率 kW：3 组共 12

电耗率 kW·h/kg 水：≤18

最高工作温度℃：≥135

升温时间 min：≤30

箱内温度不均匀度％：≤±4

摊叶盘形状：圆形、底冲孔

摊叶盘层数：16

单位有效摊叶面积生产率 kg/m^2·h：2（红茶干燥）

机器小时生产率 kg：≥17（红茶干燥）

干燥强度 kg 水/m^2·h：0.6

摊叶盘托架回转驱动电机：

电压 V：220

功率 W：25

转速 r/min：1 250

摊叶盘托架回转转速 r/min：5

风机电动机：

电压 V：220

功率 kW：0.55

转速 r/min：1 400

机器工作噪声 dB（A）：≤82

3. 茶叶烘焙机的操作使用　茶叶烘焙机结构简单，使用方便。该机除加装雾化和喷雾装置被用作发酵机外，目前主要用作成品茶的提香、在制品茶叶的干燥和室温较低时鲜叶的摊放。用作成品茶的提香，是将完成加工的成品茶、贮存时间较长香气降低与茶叶含水率增加的成品茶、冷库出库后需要提香的成品茶，均匀摊放在摊叶盘内，温度 100～120℃，在箱内自行通风状态下进行提香，时间 1h 左右。开始阶段温度较低，茶叶出机前 10min 将温度升高至 120℃，使茶叶中的水分蒸发，使成品茶含水率达到 6％以下，恢复和提高茶叶香气。用作茶叶在制叶的干燥，是目前一些茶叶加工农户和小型茶叶企业常用的茶叶干燥方式。例如用作红茶发酵叶的干燥，温度 120℃，开动风机使箱内通风，每只摊叶盘摊放发酵叶 2.5kg，开机时摊叶盘转动，关闭箱门开始初烘。初烘干燥时间约需 1.5h 左右，中间翻叶 1～2 次，待含水率达到 35％～40％，出叶摊凉。初烘叶摊放 45min 左右，茶叶回软，投入茶叶烘焙机进行足干，温度 100℃，时间约 1.5h，在出叶前 10～20min 将温度提高到 120℃，茶叶含水率达到 6％左右，完成干燥提香。用于鲜叶摊放，主要是在春季气温较低和阴雨天，低于 25℃时的雨天，将鲜叶摊放在摊叶盘内，每盘摊放 3kg 左右，温度 30～35℃，开动通风并使摊叶盘转动，一般在 1～2h 内，鲜叶的含水率可从 75％～78％降至 70％～

72%，鲜叶叶质变软，完成摊放。在每次作业后应对箱体内部和摊叶盘进行清扫，保持机器的清洁。

五、 普洱茶晒青设施

晒青是普洱原料茶的滇青茶、陕青茶等晒青绿茶的主要加工工序。就是将杀青、揉捻解块后的加工叶，摊放在晒场上晒干。使用的主要设施就是晒场。

晒场应选择在远离化工与烟雾污染和大量人群活动的处所，要求地形较高、通风、阳光充足。可以在干燥平地专门建造，也可以利用屋顶进行专门设计建造。晒场建造首先是要求清洁卫生，特别是要避免家畜进入晒场，并要求在茶叶晒青作业季节，晒场要专用。晒场周围用栏杆等与周围隔离，构筑水泥地面。晒场地面要严格画线，标明茶叶送入的道路、揉捻叶堆放区、晒青区和工具贮放区，晒场区域内做到功能分明，非作业人员不得进入晒场。作业人员在进行揉捻叶摊撒时，应严格穿戴工作衣帽和工作鞋，工作鞋不准穿到晒场以外。揉捻叶由茶叶运送人员用运送车送至揉捻叶堆放区，然后由晒场作业人员取叶均匀摊撒到晒场内。应注意晒场各区块顺序撒叶，不同批次的揉捻叶应做好标记，不得前后混淆。为避免中午太阳暴晒，一般晒场上方设有可摊开和收拢的遮阳网，遮阳网一般使用聚氯乙烯网，透光率约60%，需要时展开，不用时收拢，这项技术措施在晒青茶区使用已较为普遍。按照晒青要求，还应该在晒场上方设置防雨装置，因造价较高，目前使用还不多。晒青茶的晒青过程中，加工叶不要求翻叶，并且最好一天晒干，这样晒青茶的品质最好（图12-85）。

图12-85　云南双江戎氏茶业有限公司的屋顶晒场

第六节　新型茶加工设备

新型茶是指传统茶类之外，近年来利用茶鲜叶为原料，经特殊设备和工艺而加工出的茶叶产品。现简单介绍低咖啡因茶、γ-氨基丁酸茶、超微粉茶加工设备。

一、 低咖啡因茶加工设备

低咖啡因茶是当前国际市场上较为流行的茶叶产品，德国在20世纪70年代首先开发成功用超临界CO_2萃取法进行茶叶咖啡因的加工，日本于1985年也开发出低咖啡因茶加工工艺与设备。中国的低咖啡因茶加工工艺和机械研究始于20世纪90年代，同时还引进国外超临界CO_2萃取技术，实施低咖啡因茶的加工与生产。

（一）茶叶咖啡因茶的含义

低咖啡因茶是一种适于神经衰弱者、孕妇、老人、儿童等特定人群饮用的茶叶类类。在加工过程中，将茶叶中所含的大部分咖啡因脱除，其他有效成分和风味则尽可能保留，以满足特定人群饮茶的消费需求，使他们既享受到饮茶的风趣，又尽可能减少因茶叶中含有咖啡因对睡眠和心脏跳动等带来的不利影响。低咖啡因茶在欧、美市场上销售已较流行，均为低咖啡因红茶。国内市场上低咖啡因茶的销售量尚不大，但低咖啡因绿茶和红茶的消费量正逐步扩大中。现国内外对低咖啡因茶的咖啡因含量还没有统一标准，欧美国家一般要求咖啡因含量低于 0.5%，日本将咖啡因含量低于 1.5% 的茶叶称为低咖啡因茶，中国的低咖啡因茶一般要求咖啡因含量为 1% 以下。

（二）低咖啡因茶加工设备

当前生产中使用的低咖啡因茶加工设备主要有茶叶咖啡因脱除机和超临界 CO_2 萃取设备。

1. **茶叶咖啡因脱除机**　茶叶咖啡因脱除机是一种咖啡因绿茶加工设备，由中国农业科学院茶叶研究所 20 世纪 90 年代研制成功，已应用于生产。

（1）茶叶咖啡因脱除机的工作原理。因为茶叶在热水浸渍过程中，所含可溶性成分溶解速度有差异，一般是叶中的咖啡因先溶出即被脱除，而其他有效成分溶出滞后。故应用热水对茶鲜叶浸渍即通常所称捞青，是进行茶叶咖啡因脱除的一种有效方式。茶叶咖啡因脱除机就是应用上述原理，将鲜叶浸入接近于沸点的热水中，鲜叶中的咖啡因在 2~3min 的短时间内便会迅速大量溶出，而茶多酚等其他成分溶出量极小，甚至 80% 以上还能留在叶内，不仅完成了加工叶内的咖啡因脱除，同时还完成了高温杀青，浸渍叶从热水中捞出，经脱水和后续加工而形成低咖啡因绿茶（图 12-86）。

（2）茶叶咖啡因脱除机的主要结构。茶叶咖啡因脱除机的主要结构由上叶输送带或进料斗、捞青槽、捞青网板、传动机构、加热装置、热水补充系统和出叶机构等组成。

捞青槽是一只大型水槽，长 1 200mm、宽 400mm，槽底倾斜，进叶端低、出叶端高，槽底倾角为 8°。捞青槽作业时盛有热水约 150L，水面高度以槽底向上 85% 的高度在水面下为宜，水槽设有溢水孔，当槽内水面过高时会自动溢出槽外。水槽下装置炉灶，燃液化石油气或电为热源，对水槽加热，作业时保持水槽内的热水温度始终在 95℃ 左右。槽底电加热功率 12kW。热水补充系统由热水桶、加热装置和管道组成，在茶叶咖啡因脱除机作业时，该系统也同时保持作业状态，热水桶内装有水面控制机构，使桶内始终保持一定量的热水，在桶内水面过低时，水面控制机构将进水阀打开自动添加自来水。热水桶外装有加热和保温机构，使桶内热水温度维持在 90℃ 以上，并且通过出水管连续补充到捞青槽中，补水量为 100~300L/h，一方面保持捞青槽内水面足够高，另一方面在热水加入后，部分已浸渍用过的热水就从溢水口排出捞青槽，使槽内热水浸出茶叶成分始终保持在一定浓度，有利于茶叶咖啡因的溶出，热水桶向捞青槽内添加的热水量，就是槽内热水的更新量。捞青网板装在运行于捞青槽两侧轨道上的两根无端曳引链上，网板四周为不锈钢框，中部为不锈钢丝网，网板宽度略小于捞青槽宽，高度在槽内水面最深处上端亦可露出水面。作业时，20 多块捞青网板被曳引链拉动在捞青槽内缓慢前行，由于网板平面全部占据了捞青槽的横截面，沿着捞青槽底面的倾斜度由下向上运行，在运行过程中，带动水内的加工叶不断向前，而热水则可从网眼中漏

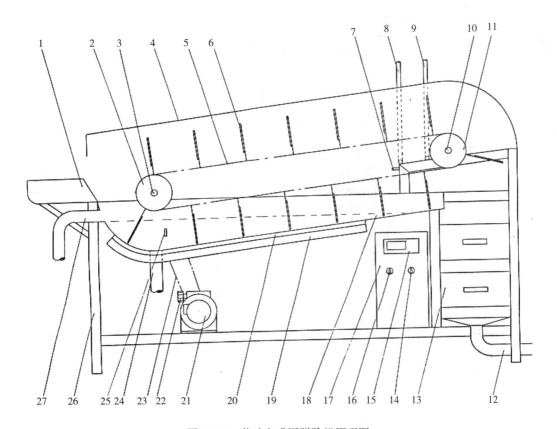

图 12-86　茶叶咖啡因脱除机原理图

1. 料斗　2. 主动链轮　3. 主动轴　4. 上罩　5. 挂网链　6. 网板　7. 感温器　8. 补充水管
9. 冷却水管　10. 从动轴　11. 从动链轮　12. 排水管　13. 出叶斗　14. 电动机开关
15. 控温表　16. 电热开关　17. 电控箱　18. 捞青槽　19. 保温层　20. 电加热器
21. 电动机　22. 调速器　23. 传动链　24. 排污管　25. 感温器　26. 机架　27. 溢流管

出，就这样使浸渍叶在水中逐步上升，直至从后端带出水面，排出机外，完成鲜叶咖啡因脱除和杀青。传动机构是电动机通过皮带传动和减速箱减速，带动曳引链和网板在捞青槽中移动向前，电动机功率 0.25kW。由于使用变频电动机，故网板前进速度可调，从而改变鲜叶浸渍时间，使浸渍时间在 40s 至 5min 范围内可调，以适应不同鲜叶的加工需求。

茶叶咖啡因脱除机的后部，接有一个冷水槽，冷水槽盛有约 150L 冷水，浸渍叶出叶后，直接落入冷水中冷却。冷水槽同样设有冷水补水的进水口和溢水口，通过水管补充自来水，以保持冷水槽内的水面高度和冷却水的茶叶成分浓度，补水量为 100～400L/h。冷水槽内装有一只倾斜度约为 15°与捞青槽内相同的捞青网板，将完成冷却的浸渍叶带出水面并排出机外，送去脱水（图 12-87）。

（3）茶叶咖啡因脱除机操作使用。茶叶咖啡因脱除机是一种使用热水作业的机械，应安装在水源方便，利于排水的场所，机器周围应设置排水沟。作业前应对机组进行认真检查，加注润滑油（脂），固紧各部螺栓、螺母。开启热水补充系统的热源烧热水，

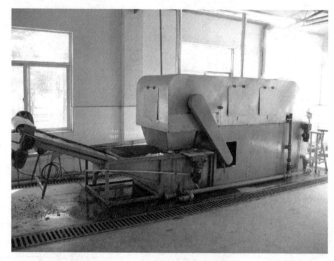

图 12-87　茶叶咖啡因脱除机

在捞青槽内加足热水，开启捞青槽加热电源，对捞青槽内热水加热。此后捞青槽热水添加量，通过调节捞青槽热水进水管的阀门开度进行调整。作业前要检查各部有无漏水处，发现应排除。当槽内热水接近沸腾状态，开动上叶输送带或从进料斗投入鲜叶，鲜叶进水后由带有钢丝轮齿的压叶器将鲜叶压到水面以下，以使热水对鲜叶浸渍充分。随着传动机构带动网板在水中的不断前进，带动加工叶在热水中一边前进，一边完成咖啡因脱除和杀青。因为捞青槽的底部前低后高，加工叶在后部被带出水面，直接落入浸渍叶冷却装置的冷水中，同样被网板带动由后向前，完成浸渍叶的冷却后排出机外。

由于浸渍叶冷却出叶后水分含量很高，无法进入后续工序的揉捻加工，故需进行脱水。脱水使用的机器为转筒式离心机，将浸渍叶放入布袋，置入离心机转筒内，开动离心机，转筒高速转动，附在浸渍叶表面上的水，在几分钟内即被甩出机外，完成浸渍叶表面水脱除。

为了达到揉捻的水分要求，接着再将加工叶投入类似滚筒式炒干机式的脱水机进行脱水。这种脱水机使用热风对浸渍叶进一步脱水，使其含水率达到 60% 左右，然后进行揉捻和干燥，从而形成低咖啡因绿茶（图 12-88）。

（4）茶叶咖啡因脱除机的作业特点。使用热水浸渍式原理的茶叶咖啡因脱除机进行低咖啡因绿茶的加工，以热水为介质，卫生安全，在加工过程中可同时实现咖啡因脱除和杀青。实测表明，咖啡因脱除率

图 12-88　转筒式离心机

可达 70% 以上，从而保证成品茶的咖啡因含量为 1% 左右，而茶叶中其他有效成分保留率为 90% 左右。现行使用的茶叶咖啡因脱除机，槽内水温保持 95°左右、浸渍时间 2～3min，小时鲜叶加工量可达 100kg 以上。然后通过脱水、揉捻和干燥，获得的低咖啡

因绿茶产品，符合中国绿茶品质要求并具有传统风格。然而，茶叶咖啡因脱除机及其配套使用的低咖啡因茶加工工艺，仅适用于低咖啡因绿茶的加工，不能用作其他类型低咖啡因茶的加工。

（5）茶叶咖啡因脱除机的维护保养。茶叶咖啡因脱除机运行前，要保证捞青槽内热水和冷却槽内冷水充足，并保证热水和冷水补充正常。作业过程中要时刻注意各部水管和水槽零部件有无漏水，发现后应及时排除。作业结束，应放尽热水槽和冷水槽内的热水和冷水，并对机器进行擦拭，特别是注意清除水槽底部沉积的茶叶。运动部位加注润滑油（脂）。清除机器周围和排水沟内的积水。茶季结束，除做好机器的正常保养外，应进行一次全面检修，更换磨损或损坏的易损零部件，彻底清洁和润滑机器，放尽热水槽和冷水槽内的热水和冷水，干燥机器和地面环境，在通风干燥状态下保存。

2. 超临界 CO_2 流体萃取设备　21世纪初安徽省引进德国 UHDE 公司生产的超临界 CO_2 萃取装置 3 套，总萃取能力为 15 000L，在芜湖建厂进行低咖啡因茶的生产，该厂萃取规模居亚洲之首。通过技术引进吸收，现已能自行制造 500～1 000L 的工业化萃取装置，应用于小型企业低咖啡因茶的生产。

（1）超临界 CO_2 流体萃取设备的工作原理。超临界 CO_2 萃取设备脱除茶叶咖啡因的工作原理，是利用 CO_2 流体在临界状态下，对咖啡因有特殊增加的溶解度，但在低于临界状态时咖啡因基本上不溶解的特性，将原料茶装入萃取釜，使用热交换器把 CO_2 气体凝结成液体，再用压力泵以高于 CO_2 临界压力，同时调节温度，使 CO_2 液体形成超临界 CO_2 流体。CO_2 流体作为溶剂从萃取釜底部进入，与原料茶充分接触，选择性的萃取出咖啡因。此后将含有咖啡因的高压 CO_2 流体经过减压阀降压到 CO_2 临界压力以下而进入分离釜。在分离釜中，由于 CO_2 对咖啡因的溶解度急剧下降，咖啡因和 CO_2 气体被自动分离，分离出的咖啡因定期从釜底阀门放出，而 CO_2 气体则送入热交换器被冷凝成 CO_2 流体再次循环使用（图 12-89）。

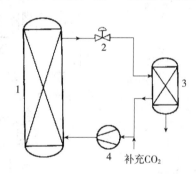

图 12-89　超临界 CO_2 萃取设备的工作原理
1. 萃取釜　2. 减压阀　3. 分离釜　4. 加压泵

（2）超临界 CO_2 流体萃取设备的结构。超临界 CO_2 流体萃取装置由热交换器、萃取釜、分离釜、压缩机、阀门及管道、储水罐等组成。萃取釜和分离釜均用不锈钢板卷制而成，外设夹层用于通入蒸汽控制釜内温度，并由压缩机通过管道控制釜内压力。萃取釜上下设置能开关的釜盖，以备进叶和出叶。使用超临界 CO_2 流体萃取设备进行低咖啡因茶的生产，现行有两种加工工艺和设备配备，其中一种工艺需进行茶叶香气回收，故设备配备较复杂，另一种则相对较为简单。

（3）超临界 CO_2 流体萃取设备的操作使用。使用超临界 CO_2 流体萃取设备进行低咖啡因茶生产的第一种方式，是先将待处理的茶叶粉碎成 0.8～1.2mm 大小，并均匀加湿后，投入萃取釜中，设定一定温度和压力后，用超临界 CO_2 流体进行萃取，然后将萃取物咖啡因与 CO_2 一起送入分离釜，通过温水洗涤，将溶解在 CO_2 中的咖啡因洗脱出来，CO_2 则返回萃取釜，继续循环利用，再次投入萃取。将已经脱除咖啡因的茶叶，从萃取釜中取出，进行烘干，则获得低咖啡因茶。

使用超临界 CO_2 流体萃取设备进行低咖啡因茶生产的另一种方式如图 12-90 所示。将待处理茶叶投入萃取釜中，在萃取釜萃取压力 40MPa、温度 45℃，分离釜 1 分离压力 6.5MPa、温度 45℃条件下，用不含水的 CO_2 循环对茶叶进行萃取，在此条件下大部分芳香物质被萃取出来并收集在分离釜 1 中。这时通过阀门切换，接通分离釜 2 连通的第二回路。在第二回路中，超临界 CO_2 先通过储水罐再进入萃取釜，继续对萃取釜中的原茶叶进行萃取。在压力 25MPa、温度 50℃条件下，含水 CO_2 仅溶解咖啡因，在分离釜 2 中得到浅黄色粉末，其咖啡因纯度为 95%～97%。最后通过阀门切换到第三回路，用压力 30MPa、温度 40℃的 CO_2 携带出分离釜 1 中的芳香物质，进入萃取釜，在压力 4.5MPa、温度 10℃条件下，其携带的芳香物质释放出来被茶叶吸收，这时茶叶又恢复了原有的香味。为此，获得了咖啡因被去除、保留了原状、原香、原味的低咖啡因茶。

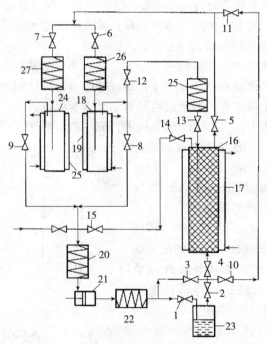

图 12-90 低咖啡因茶加工超临界 CO_2 萃取设备

1～15. 阀门 16. 萃取釜 17、19、25. 夹套 18. 分离釜 1
20、22、26、27. 热交换器 21. 压缩机 23. 储水罐 24. 分离釜 2

（4）超临界 CO_2 流体萃取设备的作业特点。采用超临界 CO_2 流体萃取设备进行低咖啡因茶生产的优点是咖啡因脱除率高，可达 80%～90%，从而可保证低咖啡因茶中咖啡因含量为 1% 甚至更低。可用于低咖啡因绿茶、红茶、乌龙茶等多种茶类低咖啡因茶的生产，产品品质好，并且生产率和自动化程度高。缺点是设备投资大，生产成本高。

二、 γ-氨基丁酸茶加工设备

γ-氨基丁酸茶是一种茶叶中 γ-氨基丁酸（GABA）含量达到 1.5mg/g 的新型茶叶产品。经动物试验和临床实验证实，γ-氨基丁酸茶具有明显的降血压作用。日本于

1987年在世界上首次开发成功，中国在上个世纪末研究开发出厌氧/好气交替的γ-氨基丁酸茶加工工艺，并研制出关键加工设备——茶鲜叶真空厌氧处理机。

1. 茶鲜叶真空厌氧处理机的工作原理　茶鲜叶真空厌氧处理机是将茶鲜叶进行一定时间的厌氧处理后，再进行一定时间的好气处理，如此交替进行，可使鲜叶中的γ-氨基丁酸含量显著提高，并且不会造成鲜叶损伤红变。作业时，将待处理鲜叶放入一只由真空机组控制、有一定负压、维持一定真空度的密闭箱体内进行厌氧处理，厌氧处理一定时间后，解除真空度，使箱内进入新鲜空气，维持一定时间，再进行厌氧处理，如此交替进行，达到鲜叶中γ-氨基丁酸（GABA）含量升高至γ-氨基丁酸茶含量要求之目的。

2. 茶鲜叶真空厌氧处理机的基本结构　茶鲜叶真空厌氧处理机形似一台常用的真空干燥箱，基本结构由箱体、真空泵组和仪表、阀门管件等组成。箱体采用双层保温式不锈钢结构，前部为能方便开关的箱门，整个箱体采用1Cr18Ni9Ti不锈钢材质钢板制成。为保证密封，除箱门与门框采用橡胶密封条密封外，还采用了专用的箱门螺杆压紧机构，箱门关闭后，由螺杆压紧机构将箱门压紧密封，门上设有观察窗。箱内设有四层不锈钢搁架，用以盛放鲜叶，为了使用方便，每层设计成能够方便放置两只长80cm、宽40cm、高30cm的竹筐，正好可容50kg鲜叶，使加工叶的进出操作十分方便。箱体关闭密封时，对鲜叶进行厌氧处理，当打开箱门，新鲜空气进入则进行好气处理。为了监视箱内的工作情况，箱体上方装置了真空表和温度表。考虑到一机多用，箱体内还装有蒸汽散热管，从而使该机能用于茶深加工产品浓缩液的真空干燥。当进行浓缩液的真空干燥作业时，通入蒸汽并由真空系统维持箱体内的真空度，从而浓缩液中的水分快速蒸发，故在箱体上设置了蒸汽管进口接头，箱体上部安装了蒸汽压力表。

真空泵组选用了JSB系列高效节能水喷射真空泵机组，它利用流体传递能量和质量，整套机组均装在水箱上，水循环使用，结构紧凑，可移动，使用方便。该机组运转平稳，噪声轻，泵组启动时不用灌水，试用证明使用性能良好（图12-91）。

图12-91　茶鲜叶真空厌氧处理机

3. 茶鲜叶真空厌氧处理机主要技术参数　茶鲜叶真空厌氧处理机的主要技术参数如下：

（1）机器型号：6CY-4.0型

（2）箱体容积 m³：1

（3）换热面积 m²：4

（4）装叶架层数：4

（5）鲜叶容量 kg：50

（6）配用真空泵组：JSB-300 型水喷射泵机组

（7）配用电机功率 kW：7.5

（8）箱内真空度 MPa：－0.092

（9）耐压试验应达压力 MPa：

箱体壳程：0.1

管程：0.30

（10）气密试验保持真空度（停机 30min 内）MPa：：≯－0.09

（11）箱内尺寸 mm：1 000×1 000×1 000

（12）外形尺寸 mm：1 150×1 100×1 500

（13）设备净重量 kg：1 800

4. 茶鲜叶真空厌氧处理机的操作使用　茶鲜叶真空厌氧处理机作业前，应对真空泵组的运行状况进行检查，发现异常声响等应予排除，并且认真检查箱门密封，绝对不允许漏气。该机用于 γ-氨基丁酸茶的加工，绿茶、红茶和乌龙茶等不同茶类，需要进行不同的工艺配套，厌氧/好气处理参数也有差异。

当进行 γ-氨基丁酸绿茶加工时，鲜叶先使用茶鲜叶真空厌氧处理机进行厌氧/好气处理。为了保证 γ-氨基丁酸（GABA）含量和绿茶"叶绿、汤绿、叶底绿"的三绿感官品质特征，一般采用将鲜叶放入茶鲜叶真空厌氧处理机箱体内关门厌氧处理 3h、然后开启箱门好气处理 1h 处理方式。厌氧处理的总时间，夏季不超过 6h，春季和秋季以 8h 为宜，真空度＞0.09MPa，温度 25℃。经过厌氧/好气处理的鲜叶，后续工序可使用常规的绿茶加工设备进行加工。实验证明，使用滚筒杀青机进行杀青，可有效消除因厌氧处理鲜叶所形成的一种"酸味"，并促进芳樟醇、香叶醇和吲哚等香气物质的转化，较其他杀青方式效果好。干燥使用烘干机进行烘干，一般热风温度毛火 110～120℃、足火 80～90℃，γ-氨基丁酸绿茶品质良好，并且烘干较炒干等干燥方式效果好。

当进行 γ-氨基丁酸红茶加工时，鲜叶则先使用常规的鲜叶萎凋设备进行萎凋，萎凋叶含水率约为 60%。然后将做青叶投入真空厌氧处理机进行厌氧/好气处理。萎凋叶同样采用放入真空厌氧处理机箱体内关门厌氧处理 3h、然后开启箱门好气处理 1h 的处理方式，交替处理不宜超过 2 次。后续工序则采用常规的茶叶揉捻机揉捻，发酵机发酵，烘干机烘干，即可完成品质良好的 γ-氨基丁酸红茶加工。

当进行 γ-氨基丁酸乌龙茶加工时，是先用常规做青设备进行鲜叶做青，然后使用真空厌氧处理机进行做青叶的厌氧/好气处理，应掌握厌氧处理总时间不超过 4h。此后的炒青（杀青）、揉捻和干燥则用乌龙茶加工常用的设备和工艺进行加工，即可获得品质良好的 γ-氨基丁酸乌龙茶。

5. 茶鲜叶真空厌氧处理机的作业特点　应用表明，6CY-4.0 型茶鲜叶厌氧处理机操作十分方便。配套绿茶加工常用的滚筒式杀青机、茶叶揉捻机和茶叶烘干机，进行绿茶加工，所获得的茶叶成品绿茶，γ-氨基丁酸（GABA）含量在 2.48～6.62mg/g，远远超过 γ-氨基丁酸茶 γ-氨基丁酸（GABA）含量必须高于 1.5mg/g 的要求标准，无酸味，无青臭味，品质良好。试验加工的成茶样品与日本同类样品一起，委托农业部茶叶质量监督测试中心进行感官审评，应用国内研制 6CY-4.0 型茶鲜叶厌氧处理机加工的 γ-氨基丁酸绿茶得分 77.2 分，日本样品得分 73.8 分，说明 6CY-4.0 型茶鲜叶厌氧处理机能满足 γ-氨基丁酸绿茶加工工艺要求。同样该机所加工获得的 γ-氨基丁酸红茶和 γ-氨基丁酸乌龙茶产品，不论是 γ-氨基丁酸（GABA）含量，还是感官品质，均达到 γ-氨基丁酸红茶和 γ-氨基丁酸乌龙茶品质要求。

三、 超微茶粉加工设备

超微茶粉中国在 20 世纪 90 年代开始生产。它是利用茶鲜叶经过特殊工艺加工而形成的可以用于食品添加而食用超微粉状的新型茶叶产品。

（一）超微茶粉的概念

超微茶粉是使用超微粉碎设备加工出的新型茶叶产品。超微粉碎是物料粉碎形式的一种，物料粉碎形式一般有粗碎、粉碎、超微粉碎三种类型，以经过机器粉碎后所获得粉粒的颗粒大小来区别。一般讲，粉碎后粒径大于 4mm（5 目）称为粗碎；粒径在 4mm 到 150μm（5 至 100 目）称为普通粉碎，通常称之为粉碎；粒径在 150μm 至 50μm（100 至 300 目）称为超细粉碎，小于 50μm（300 目以上）称之为超微粉碎。生活中食用的面粉细度约 100 目，淀粉约 120 目，玉米面约 60 目，绿豆的大小约是 5 目。对于茶叶一类的植物物料而言，超微粉碎所获细度起码应是是面粉的 3 倍以上，所谓超微茶粉，就是采用按超微茶粉需求而生产出的茶叶原料，并使用性能良好的超微粉碎设备，将茶叶粉碎成颗粒大小为 300 目（50μm）以上，可作为速冲饮料直接饮用，并可作为原料用于冰淇淋、糖果和面包等食品加工的新型茶叶产品，变"喝茶"为"吃茶"。国内的超微茶粉产品主要为超微绿茶粉，还有超微红茶粉等。

（二）超微茶粉原料茶叶加工机械

超微绿茶粉的原料茶叶要求色泽绿翠，滋味鲜爽。故生产中对超微绿茶粉原料茶叶的鲜叶原料选择十分严格，一般选择发芽整齐、芽叶叶绿素含量高品种茶树，采摘驻芽二、三叶鲜叶，芽叶生长期间要求茶园用遮阳网进行适当遮阴。高档超微绿茶粉鲜叶采用手采，双手捋采，尽可能仅采下叶片而不带老梗，采后剩余在树上的蜡烛茎秆用茶树修剪机修剪弃于行间；中低档茶粉鲜叶使用采茶机采摘。

超微粉茶原料茶的加工，国内生产厂家多采用滚筒式杀青机或热风式杀青机进行鲜叶杀青，也有参考日本碾茶生产技术，采用日本网筒式蒸汽杀青机实施杀青的。试验表明，采用蒸汽式杀青机杀青，杀青叶品质更符合超微粉茶成品原料茶品质要求。鲜叶经上述几种杀青设备完成杀青出叶后，杀青叶由输送带和风机送入冷却网柜中进行冷却，所谓冷却柜实际上相当于日本煎茶加工使用的散茶机，不过高度比日本机型略低。冷却柜用不锈钢架外罩尼龙网制成，作业时由风机将杀青叶在网内吹高至 5m 以上，使叶片呈半悬浮状态，然后稍向前部下落，由下方的输送带送往自动链板式烘干机烘干，烘至加工叶含水率达到 6% 以下。干燥后的加工叶，再通过筛分、去梗，完成超微粉茶原料茶的加工。浙江上洋机械有限公司研发的此类生产线，已在生产中投入使用，加工出的成品茶，色泽翠绿，香气滋味鲜爽，只要对鲜叶原料进行适当选择，成品茶可较好满足超微粉茶、出口绿片茶、甚至日本抹茶的原料茶的用茶要求。

（三）超微粉碎设备

超微粉碎设备即超微粉碎机，是超微粉茶加工的关键设备。超微粉碎机的形式较多，茶叶粉碎常用的有球磨机、振动磨超微粉碎机、LF 内藏分级式超微粉碎机等。

1. **球磨机**　球磨机是物料超微粉碎的传统设备。主要结构由水平筒体，进出料空心轴及磨头等部分组成。筒体为长圆筒，用钢板卷制，内壁装有衬板。筒内装有研磨体，研磨体一般为钢制圆球，并按不同直径和一定比例装入筒中，研磨体也可用钢锻圆球，根据研磨物料的粒度加以选择。物料由球磨机进料端空心轴送入筒体内，当球磨机筒体转动时，研磨体由于惯性力、离心力和摩擦力的作用，使它贴附于筒体衬板上被筒体带走，当被带到一定高度的时候，由于其本身的重力作用而被抛落，下落的研磨体像抛射体一样，将筒体内的物料击碎。该机结构简单，机械可靠性强，粉碎工艺成熟，对物料适应性强。但试验表明，用于茶叶的超微粉碎，若要求（达到）粉粒粒径达到 300 目以上，效率低，能耗大，加工时间长，每批茶叶粉碎往往需要十数个小时。

2. **振动磨超微粉碎机**　振动磨超微粉碎机是一种业经试验证明、适用于茶叶类纤维状物料超微粉碎作业的超微粉碎机。常用于中小型超微茶粉生产企业。

（1）振动磨超微粉碎机的工作原理。振动磨超微粉碎机利用弹簧支撑振动磨机体，由带有偏心块的主轴使其振动。运转时粉碎腔内的茶叶物料与放入腔内的一百多根圆直形磨棒以及机体一起振动。被粉碎茶叶由于受到磨棒高强度的撞、切、碾、搓综合力的作用，在短时间内达到微米级粉碎效果，并且可通过调整震动强度，方便控制被粉碎茶叶物料的粉碎细度。

（2）振动磨超微粉碎机的主要结构。振动磨超微粉碎机的主要结构由料斗、粉碎腔、电动机、机座、进出水管和控制柜等组成。料斗为茶叶进料和茶粉出料机构，进出料由手轮旋转控制，工作状态时由锁紧栓锁紧。粉碎腔是茶叶超微粉碎的场合，与电动机、主轴等连成一体并用弹簧装于机座上。粉碎腔内装栅板，茶叶和 160 根磨棒也装在粉碎腔内，粉碎腔由电动机通过皮带传动和带有偏心块的主轴使粉碎腔产生振动，实施茶叶物料的超微粉碎。机座用于机器所有部件的安装。粉碎腔外壁、端臂、轴孔均装有冷却水夹套，在机体下部由进水管口与自来水管相接，用于粉碎时各相关部件的冷却，冷却系统中装有流量表，用以监督和调整进出水的流量，从而调节冷却水温，控制粉碎腔的温度。控制柜为独立柜式，通过接线用于控制机器的运转（图 12-92）。

（3）振动磨超微粉碎机的主要技

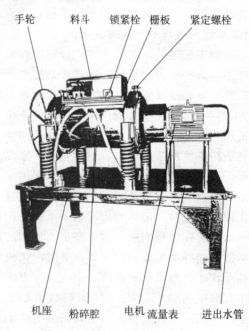

图 12-92　振动磨超微粉碎机

术参数。振动磨超微粉碎机主要技术参数如下：

型号：ZDM-50 型

粉碎腔容积 L：50

装料量 L：10～15

电动机电压 V：380

电动机功率 kW：5.5

水冷却系统：G1/2″流量表及 Φ15 水管

电磁制动时间 sec：5

作业时间：可任意设定

进出料：手轮翻转

主机外形尺寸 mm：1 850×1 000×1 500

控制柜尺寸 mm：500×300×1 080

机器总质量 kg：850

（4）振动磨超微粉碎机的操作使用。为减少噪声，ZDM-50 型振动磨超微粉碎机应安装在约 8m² 单独作业间内、并且作业间应作隔音处理，电控柜置于作业间外，在作业间外通过电控柜操作机器。作业间设置进出门，作业时关闭，并设置透明观察窗，用于作业时观察机器运行状况。

主机水平安放，要用随机提供的胶垫将四脚垫实。并按说明书提供的电路图接好电源线，电动机和电控柜单相供电电线截面不小于 3mm²。接上进出水管，水管内径 15mm。打开栅板，放入擦干净的磨棒 160 根，盖上栅板，紧固螺栓。

第一次使用，先打开冷水阀，观察流量表运转是否正常。开启电控柜电源按钮，各电源指示灯亮。

设定粉碎作业时间，以秒计，面对电控柜操作时间按钮，从右到左，为个、十、百、千位。

设定出料时间，以秒计，面对电控柜操作时间按钮，从右到左，顺序为个、十、百、千位（出料时间不要过长，以免空机运转，建议不超过 20s）。

放松 2 只锁定螺栓，用手轮翻转粉碎腔 180°，使料斗朝机座台面。卸下料斗锁紧栓拿下料斗，装料 10～15L。装上料斗，固紧锁紧栓，使料斗与粉碎腔口密封。翻转粉碎腔 180°，使料斗在机顶位。旋紧紧定螺栓，使螺栓锁定粉碎腔，取下翻转手轮。

按下电控柜粉碎工作按钮，粉碎机作振动运转，同时电控柜数字显示粉碎设定作业时间，减法计数，至零自动停机。

放松紧定螺栓，用手轮翻转粉碎腔 180°，使料斗朝机座台面，取下手轮。旋紧紧定螺栓，使螺栓锁定粉碎腔。

按下电控柜出料按钮，粉碎机作振动运转下料，同时电控柜数字显示设定出料时间，减法计数，至零自动停机。卸下料斗锁紧栓，取下料斗，倒出已粉碎物料。

再次粉碎，则卸下料斗锁紧栓，取下料斗重新装料，按上述装料后的操作步骤进行下一轮的粉碎。

（5）振动磨超微粉碎机的维护保养。振动磨超微粉碎机每次作业结束，应清洁粉碎机，关闭冷却水阀和总电源。并将磨棒擦干净，长期不用应涂油，在干燥处保存。

振动磨超微粉碎机严禁无物料开机即空机运转。作业中应经常检查传动皮带是否完好，如损坏及时更换。应经常观察粉碎腔两侧的振幅是否一致，若发现振幅大小相差明显，应按使用说明书所述步骤进行振子位置调整。

机器每运行 1 000h，应卸下偏心轮，对轴承添加润滑脂。

经常检查各部螺栓螺母是否有松动，有则固紧。

冬季保存应放尽冷却系统内的冷却水。

3. LF 型内藏分级式超微粉碎机 是一种集粉碎、分级为一体的冲击型超微粉碎机，适用于茶叶一类低硬度物料的超微粉碎。

（1）LF 型内藏分级式超微粉碎机的工作原理。LF 型超微粉碎机的主机结构和工作原理如图 12-93 所示，当茶叶颗粒经进料螺旋送入粉碎室内，受到粉碎盘的高速冲击和剪切，同时也受到涡流产生的高频振动而被粉碎。粉碎后的粉体在负压作用下越过分流锥套进入分级室。由于分级轮的高速旋转，如图 12-94 所示，粉体 M 同时受空气动力 E 和离心力 F 的作用。当 F＞E 时，说明粉体还大于要求的分级粒径（粉粒细度），即被甩至锥套返回粉碎室继续粉碎，而粉碎合格的粉体（此时 E＞F）受动力作用，进入集料管道后到辅机被排出收集，而形成超微粉茶成品。

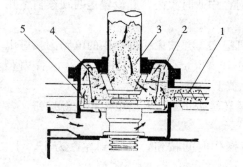 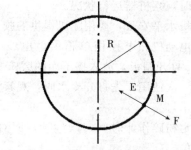

图 12-93 LF 型超微粉碎机主机结构与
作业原理
　　1. 螺旋进料机构　2. 粉碎室　3. 分级室
　　　　4. 分流锥套　5. 粉碎盘

图 12-94 LF 型超微粉碎机茶叶粉体
M 受力分析

（2）LF 型内藏分级式超微粉碎机主要技术参数。LF 型超微粉碎机的主要技术参数如表 12-26 所示。

表 12-26 LF 型超微粉碎机的主要技术参数

型　号	LF-10	LF-10	LF-10
粉碎盘配套动力 kW	5.5	11.0	22.0
风机配套动力 kW	4	7.5	11.0
粉碎细度 μm	40～180	40～180	40～180
台时产量 kg/h	5～80	20～250	40～600
外形尺寸 mm	1 260×600×800	1 400×760×940	1 658×930×1 200

（续）

型 号	LF-10	LF-10	LF-10
占地空间 m	5×5×4.2	5×2.5×4.2	7×2.5×4.2
机器重量 kg	450	1 200	1 900

第七节 茶叶加工连续化生产线

进入 21 世纪，中国茶叶加工迅速向着规模化方向发展，产能高、有连续化功能单机陆续研发成功，加之社会自动化控制技术的进步，为各类型茶叶加工连续化生产线的开发提供了条件。同时，各类茶叶加工连续化生产线的开发成功，加快了茶产业"机器换人"的步伐，促进了茶产业的发展。

一、茶叶加工连续化生产线的基本构成和类型

茶叶加工连续化生产线，也被称作茶叶加工成套设备。均由作业主机、输送设备和自动控制系统组成。

作业主机要求作业性能够满足制茶工艺要求，制茶品质良好，生产率与生产线加工能力匹配，具有连续化作业功能。近年来，为适应茶叶加工规模化生产需要，茶叶机械行业进行了众多产能高、具有连续化功能单机的研发，为各茶类连续化生产线的研发奠定了基础。

连续化生产线所使用的各种输送设备，目的是将各配套主机作业前后相衔接，从而构成具有连续化功能的生产线。同时，各类输送设备之间往往还设有贮叶槽，并且输送设备的运行速度在控制系统控制下可调节，从而按需要保证各主机加工叶的供应量，并使整条连续化生产线获得生产平衡。生产线中部分输送设备上装有冷却风扇等，用于加工叶的冷却。生产线常配套使用的输送设备有水平式、倾斜式、立式输送机等，还有振槽、风力输送设备等。

连续化生产线普遍装备有单片机和 PLC 等控制系统，用以控制整条生产线的运行以及调控温度、作业时间和各主机投叶量等，保证了生产线作业的连续化，并且逐步实现自动化。与前述 20 世纪 80 年代前所开发的大宗茶连续化生产线以继电器控制为主相比，技术上获得了显著进步。

生产中使用的茶叶加工连续化生产线类型较多，21 世纪初连续化生产线开发初期，开发出的生产线大多是为适应当时名优茶生产需求。近几年随着市场消费需求的变化，茶叶产品结构在调整，高档名优茶销量减少，中、低档名优茶或称之为优质茶的消费在增长。故目前所研发和推广使用的茶叶加工连续化生产线，大多虽可兼顾高档名优茶生产，但已转向生产优质茶为主，所生产的茶叶主导产品，是介乎礼品茶的高档名优茶和 20 世纪 80 年代以前的大宗茶之间的产品。

当前生产中推广使用较普遍的茶叶加工连续化生产线，有炒青绿茶连续化生产线、香茶连续化生产线、毛峰茶连续化生产线、扁形茶连续化生产线、颗粒形（半球形）茶连续化生产线、条形红茶连续化生产线等。

二、 炒青绿茶连续化生产线

炒青绿茶是中国最传统的绿茶类型，全国各茶区几乎均有生产，属长条形炒干绿茶。现市场上销售的炒青绿茶是以一芽二叶鲜叶原料加工的产品为主，加工这类产品所使用的连续化生产线，以浙江泰顺生产三杯香茶和贵州栗香茶业有限公司生产条形绿茶等产品所应用的连续化生产线较为典型，

（一）炒青绿茶的品质特征和加工工艺

炒青绿茶外形为稍弯曲的长条形，形状似眉，精制产品称之为眉茶，条索紧结，匀整，色绿润，内质香高持久，有明显栗香，汤色黄绿明亮，滋味醇鲜，叶底黄绿明亮。烟焦、苦涩和红梗红叶是炒青绿茶品质最大的忌讳。

炒青绿茶的基本加工工艺为:鲜叶摊放—杀青—揉捻—解块—烘二青—炒干—毛茶整理。

（二）炒青绿茶连续化生产线的主机配备

以炒青绿茶干茶小时生产量 40～50kg 的 6CTC-50 型炒青绿茶连续化生产线为例。连续化生产线所使用的主机设备包括以下设备，使用的热源以往均以煤、柴为主，现已逐步推广生物质颗粒燃料。

1.6CT-80 型鲜叶摊放机　6CT-80 型鲜叶摊放机是一种为茶叶加工连续化开发需求而设计的机型。多层网带式，连续化作业，摊叶面积 80m²，每平方米面积摊叶量 3～5kg。温度较低时可用风机从网带下部向叶层吹送 35℃ 的热风。一般状况下，鲜叶经过 2～4h 的摊放，含水率可从 75％～78％ 降低到 70％ 左右，失重 15％～20％，叶质变柔软，清香出现，由输送设备送往杀青工段杀青。

2.6CS-80 型滚筒式杀青机　6CS-80 型滚筒式杀青机本身具有连续作业功能。作业时，杀青温度以距出叶口 20～30cm 处中心空气温度 90℃ 为宜，杀青时间 1～3min，每小时鲜叶杀青量 200～250kg，至杀青叶含水率 60％ 上下，鲜叶减重率约 40％，叶质柔软，茎梗折而不断，无红梗红叶，手捏成团，松手即散，略有黏性，出机后立即送上 6CML-75 型茶叶冷却机上吹风式冷却。6CML-75 型茶叶冷却机实际上就是在常用的倾斜式输送机上装置几只轴流风机，对输送带输送中的杀青叶吹冷风，使杀青叶迅速降温，并被送往揉捻工段揉捻。

滚筒式杀青机是茶叶连续化生产线最常用的杀青设备，但是在生产线上普遍使用 6CS-80 型滚筒式杀青机甚至更大型号的滚筒杀青机，还是近几年科学试验和总结生产实践经验的结果。因为在世纪之交时期已开发的名优茶连续化生产线上，因为名优茶生产量少，认为小型的滚筒式杀青机更适于名优茶或优质茶较嫩鲜叶杀青，为了满足生产线产量的需要，往往将 4～5 台 6CS-30 型或 40 型滚筒式杀青机并联使用，用统一振槽接取杀青叶，送往后置工序加工。应用结果却发现，杀青往往欠均匀，常有红梗红叶出现，成茶色泽发暗，效果不理想。后来改用 6CS-80 型等大型号滚筒式杀青机进行试验，结果不仅一台可替代数台的小型机器，并且杀青叶色泽绿翠，杀青匀透，杀青品质良好，故 6CS-80 型等大型号滚筒式杀青机很快在名优茶以及优质茶的杀青中获得普遍应用。故包括炒青绿茶连续化生产线在内的不少茶叶加工连续化生产线，也就采用了 6CS-80 型等大型号滚筒式杀青机进行杀青的配套作业形式。

3.连续化自动揉捻机组　6CTC-50 型炒青绿茶连续化生产线使用 6 台 6CR-55 型揉

捻机联装组成的揉捻机组，可进行杀青叶自动称量、定时、定量程控向各台揉捻机自动投叶、自动加压和减压、定时开门出叶。依杀青叶状况不同，揉捻时间可在 30～60min 范围内任意设定。杀青叶被揉捻成条，茶汁溢出，完成揉捻，由输送设备送往解块、烘二青。

揉捻机是茶叶加工机械中尚未实现连续作业的机械之一。该机自 18 世纪发明以来，在结构和性能上一直没有太大改变，茶机界虽然进行过各种类型连续作业式揉捻机的研制，但直至目前尚未能应用于生产。为了使现行间断作业型的揉捻机能够适应连续化生产线的使用要求，将数台揉捻机并列安装，然后使用多台倾斜、立式或单向、双向运转的输送机以及称量装置，将一定数量的杀青叶定时、定量、程序送入各台揉捻机的揉桶内，并由控制系统控制揉捻机的运行、加压、减压以及定时出叶，揉捻叶由下部的输送带统一收集送往下一工序，从而实现了脉冲式连续。当前各类茶叶加工连续化生产线的揉捻工序，均使用这种类型的脉冲式连续揉捻机组。

4.6CTJ-80 型滚筒式解块机　是一种近年来新开发出的适于连续化生产线使用的新型解块机。可采用炉灶直接加热滚筒筒体或如热风式杀青机那样以热风为介质通入滚筒筒体，揉捻叶从进茶口投入，在动态状况下一边初炒，一边解块，将揉捻团块打碎，有利于茶条紧结，还可初步失水。

5.6CH-16 型自动链板式烘干机　用于揉捻解块叶的初烘，俗称烘二青。掌握的原则是高温薄摊快烘，热风温度 110～120℃，摊叶厚度 2～3cm，烘干时间 5～8min，烘至加工叶不黏，手捏尚能成团，松手立即弹开，二青叶含水率 40%～45%，由倾斜输送机送往摊凉回潮。

6.6CHC-15 型茶叶回潮机　也是一种专门为茶叶加工连续化生产线设计的回潮机，用于初烘叶的回潮，使茶条水分分配均匀。该机实际上类似于自动网带式烘干机的烘箱装置，箱体内的网带由传动机构带动运转，但是不需配备热风发生系统和向箱体内供热风。作业时，倾斜式上叶输送机输送带运转的线速度，显然高于回潮机箱体内摊叶网带运行的线速度，这样就造成加工叶在回潮机网带上堆积加厚，堆积厚度和回潮时间，可通过回潮机调频电动机进行调整。一般情况下，加工叶在网带上的堆积厚度为 10cm 或更厚，从进茶口到出茶口经历的时间、也就是回潮时间为 45～60min，叶内水分分配均匀出叶。出叶后的回潮叶由输送机送往电子称量装置称量，并在自动控制系统控制下，由输送机定时、定量并程序控制送入炒干工段炒干。

7.6CPC-100 型瓶式炒干机　是一种间断作业形式的炒干机械，6CTC-50 型炒青绿茶连续化生产线配用 4 台，用于二青叶的炒干。为利于茶条紧结，投叶量以较大为好，一般为每筒 40kg 左右，炒干温度 90～100℃，叶温 50～60℃，炒制时间 45～60min。炒至条形紧结，含水率 5%～6%，完成炒青绿茶炒制。

三、 香茶连续化生产线

香茶，系浙江省松阳县茶农于上个世纪后期在炒青绿茶加工工艺基础上，反复试验而开发成功的一种绿茶类型，显著特点是香气高，故称之为"香茶"，因发源于松阳，故又被称为"松阳香茶"。香茶连续化生产线由湖南长沙茶叶机械制造有限公司前几年首先研制成功，并应用于生产。

（一）香茶连续化生产线的研发背景

香茶使用的鲜叶原料一般为一芽二三叶，采用一炒到底的茶叶加工工艺，所加工出的香茶产品，品质特征为条索细紧、色泽翠润、香高持久、滋味浓爽、汤色清亮、叶底绿明，风格独特。

香茶仅浙江省松阳县年产量就达到近 8 000t，占全县茶叶产量的 80％以上，畅销全国 20 多个省、市。由于香茶使用的鲜叶原料较成熟，它有一定嫩度，内含成分又丰富，成茶香高味醇，春、夏、秋茶季都可采摘和生产，使茶树鲜叶资源获得充分利用。香茶 500g 成品茶的价格一般仅为三五十元至不过百元，广大消费者买得起，喜欢喝，故市场上供不应求。现香茶生产区域在国内迅速扩大，多数绿茶产区均在组织生产，形成了一个从礼品型向大众消费型转移的代表性茶叶产品类型之一。可以预见，随着名优绿茶礼品性能的逐渐弱化，加上采摘劳力愈来愈紧张，如香茶这种鲜叶可实现机器采摘，产品又适于大众消费型的名优茶，在香茶连续化生产线普及推广以后，还会获得快速发展。

香茶出现初期，虽然其加工技术要求较精细，但使用的设备却很简陋。不少农户仅靠一台滚筒式杀青机和一台揉捻机就勉强开展香茶生产。鲜叶用滚筒式杀青机杀青、揉捻后，再用滚筒式杀青机反反复复滚干，而完成香茶加工全过程。设备简陋，环境卫生条件低下，要获得良好的制茶品质，只能依赖操作者的技术熟练和作业精细程度来保证。近来香茶加工设备和条件虽有所改善，但仍未脱离缺少规范生产线和相应制茶工艺的落后状态。为此，在农业部及国家茶叶产业技术体系支持下，经过深入调查和研究，湖南湘丰茶叶机械制造有限公司等单位联合研制成功了电装机最大容量 40kW、液化石油气小时最大耗气量 24kg、鲜叶小时加工量为 120～150kg 的香茶自动化生产线，已在全国茶区推广应用，有效促进了香茶生产的发展。

香茶的加工，要求杀青匀透、揉捻充分、干燥过程全部采用滚炒。通过调研和试验，香茶自动化生产线总结提出"鲜叶输送和计量—杀青—摊凉—揉捻—解块—炒二青—摊凉—炒干—毛茶"加工工艺，以此进行连续化生产线的设备配备，并以工段为基本单位进行设备模块化设计（图 12-95）。

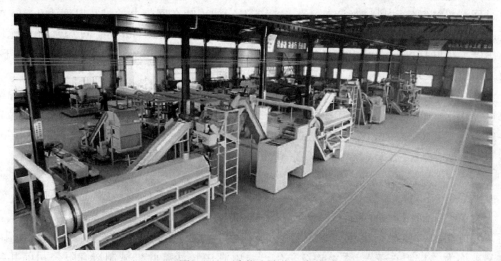

图 12-95　香茶连续化生产线

（二）香茶连续化生产线的主机配备

香茶因为采用滚筒杀青、滚筒炒干、"一炒到底"的炒制方式，按照小时鲜叶加工量120～150kg的标准而研发设计的香茶连续化生产线，配备的主机模块主要有鲜叶摊放设备模块、杀青机组即杀青模块、揉捻与解块机组即揉捻与解块模块和干燥机组即干燥模块等。

1. **鲜叶摊放设备模块** 鲜叶摊放设备模块用于鲜叶摊放，主要有上叶机构、鲜叶摊放装置和热风供应系统所组成。在进行鲜叶摊放设备模块设计和配备时，主要是考虑台时产量能与滚筒式杀青机相匹配。鲜叶摊放设备要求能自动上叶、摊放和下叶，并在需要时对叶层均匀供应35℃热风，风温和风量可调可控，能有效控制摊放的失水速率与摊放时间。具体结构和参数与炒青绿茶连续化生产线使用机型相似。

2. **杀青机组模块** 杀青机组即杀青模块，由上叶输送带、鲜叶流量计、滚筒杀青机等组成。

香茶连续化生产线在将鲜叶投入滚筒式杀青机杀青前，使用了一台回分式计量形式的鲜叶流量计，为国内茶叶连续化生产线首次应用，它能够准确进行鲜叶计量，通过专用匀叶和给叶机构，将一定量的鲜叶连续、均匀地供给杀青机，并通过单片机对匀叶和给叶机构鲜叶输送皮带的运行速度进行设定和控制，从而设定和控制进入杀青机的鲜叶流量，确保杀青质量稳定和匀透（图12-96）。

图12-96　杀青机组

杀青模块所使用的6CS-80型滚筒式杀青机，系香茶自动化生产线的关键设备。滚筒式杀青机以燃石油液化气为热源，通过装在滚筒下部的红外线金属纤维燃烧器对筒体加热杀青。温度布置前高后低，前后温差20℃，筒体外壁前后位置装置了两只红外线探头，进行温度测量，并通过单片机和控制系统进行工作温度的设定和控制。筒体总成安装在整体机架上，轴线与水平面的夹角可在0°～3.5°范围内进行调节，以调整杀青时间的长短。根据鲜叶状况不同，作业时杀青温度一般前段控制在300～350℃、后段筒温相应在280～330℃（设备温度表显示温度）。筒内过多的蒸汽由装在筒体后端排湿装置排出。

3. **揉捻与解块机组模块** 在香茶连续化生产线中，揉捻与热风解块机组构成一个模块，称之为揉捻与解块模块。

由于传统揉捻机为断续作业方式，当前尚没有连续作业的揉捻机械可供选用，故香茶自动化生产线亦采用一般红、绿茶加工连续化生产常用的连续揉捻机组形式。它使用4台6CR-55型揉捻机进行联装，并在单片机和控制系统自动控制下，自动进行杀青叶称量并自动向各台揉捻机分配，定时、定量投料，每桶投叶量约为35kg，然后自动加压揉捻，并在揉捻过程中可完成无压、轻压、中压、重压过程的自动转换。揉捻过程完成后自动下料和出茶，使原来不能连续作业的单机，实现断续（脉冲）性连续。由于在向揉桶自动投叶时，往往会产生堆积漏叶，为了保证将杀青叶全部装入桶中，而不致漏出桶外，揉捻机的揉桶高度均比传统使用机型加高了10cm。揉捻时间一般为90min上下。下料时揉捻叶由设在揉捻机下的振动输送装置送出（图12-97）。

香茶连续化生产线的解块设备，是使用与炒青绿茶加工连续化生产线一样的滚筒式热风解块机。解碎揉捻叶中的团块，适当失水并可初步紧条，为香茶条索紧结的外形奠定基础。筒内供应热

图12-97　揉捻机组

风温度约为90℃，通过单片机和控制系统进行参数设定和控制。

4.干燥机组模块　香茶连续化生产线使用的干燥机组即干燥模块，最为特殊之处是用结构和性能与滚筒式热风解块机类似的滚筒式热风炒干机，反反复复进行全程炒干。炒干设备由初干（二青）和足干两组滚筒式热风炒干机及其辅助设备组成。两组设备均由上叶输送机、滚筒式炒干机和重复炒干输送机、排湿除尘装置等组成。作业时，揉捻叶由上叶输送机送入初干滚筒式炒干机进行炒制，完成一个炒制流程后，由重复炒干输送机回送到滚筒筒体前端，再次送入筒体进行第二流程炒干。出叶后的初干叶，在输送机上边输送、边摊凉，最后送入足干滚筒式炒干机，再次进行两个流程的炒干，完成香茶炒制。初干滚筒投叶量为揉捻解块叶约45kg/h，炒制温度140～150℃，足干投叶量为初干叶约40kg/h，炒制温度约120℃（图12-98）。

图12-98　干燥机组（局部）

（三）香茶连续化生产线的应用效果

香茶连续化生产线所配套使用的主机单机，类型简单，杀青、解块、炒干使用结构和性能基本相同的滚筒式杀青机、解块机和炒干机，零部件通用性强，设计和制造质量易于保证，故作业时整条生产线运转平稳，自动化程度较高，仅需两三个人操作。由于所有滚筒式设备均采用了塑胶滚轮传动，并装配精细，显著减少了运转噪声，总体噪声可控制在80dB〔A〕以下，车间内安静状况良好。同时，生产线中十数条立式、平式和斜式输送机，配套工作主机使用，作业流畅，漏茶现象极少，整条生产线漏茶率可保持在0.5%以下。生产线设置了统一的中央控制室，由单片机通过PLC控制系统，对整条生产线进行自动化、程序化控制。为此，是国内一条运行良好，自动化程度较高，茶叶加工品质较好的连续化生产线。

四、 毛峰茶连续化生产线

毛峰茶是中国绿茶中产区最广、产量较多的产品类型。其加工机械和连续化生产线较早研制开发成功，使用也最普遍。

（一）毛峰茶的品质特征和加工工艺

毛峰茶是一种干燥工序使用烘干方式进行加工的绿茶类型。少数毛峰茶以烘为主，也有适当进行短时间炒干的，用这种炒、烘结合干燥的绿茶有时也被称作毛峰茶。毛峰茶产品级别不同，原料鲜叶采用从一芽一叶初展到一芽三叶不等，优质茶加工鲜叶以一芽二叶为主。代表性产品如黄山毛峰、庐山云雾、雁荡毛峰等。其品质特征为外形条索紧卷稍弯曲，白毫显露，芽叶完整，肥壮匀齐，色泽绿翠或绿润，冲泡后汤色黄绿明亮，香气清高，滋味鲜爽回甘，叶底肥壮绿明。

毛峰茶的加工工艺为鲜叶—摊放—杀青—揉捻—解块—初烘（毛火）—摊凉回潮—足干（足火）—提香。

（二）毛峰茶连续化生产线的主机配备

毛峰茶连续化生产线的主机配备，与一般绿茶加工连续化生产线基本相同，但干燥工序主要使用茶叶烘干机。

1. **鲜叶摊放机** 毛峰茶连续化生产线加工使用的鲜叶，要求新鲜度好，芽叶大小均匀。为了便于加工，鲜叶进场后往往还要进行分级处理，然后应立即送上鲜叶摊放机进行摊放。毛峰茶加工连续化生产线的鲜叶摊放，配套使用与炒青绿茶加工连续化生产线相同的多层网带式连续摊放设备。鲜叶摊放面积与生产线产量相匹配，摊放时间为2～4h，通过摊放使鲜叶的含水率从75%～78%下降到68%～70%。

2. **杀青设备** 现毛峰茶连续化生产线所使用的杀青设备，有滚筒式杀青机和热风式杀青机等。也有使用滚筒式杀青机与微波杀青机结合进行杀青的，即一般所称的两段杀青。实践证明这种杀青方式杀青匀透，香气良好，故多被毛峰茶连续化生产线所选用。作业时，用手持式红外线测温仪对滚筒式杀青机出叶端接近出叶口30cm左右筒体中心空气温度进行测定，90℃左右为合适杀青温度，杀青时间1～3min，杀青叶含水率达到60%，杀青叶叶质柔软，叶色暗绿，手握稍黏，略有清香为杀青适度。杀青叶出叶后，经过倾斜式输送机并被装在输送带上的风机迅速吹冷，飘去部分黄片，并送上微波杀青机进行二次杀青（补杀）。

微波杀青机是近年来应用到茶叶加工中的新型杀青机型。由于微波是一种不可见的超短波，鲜叶中的水分子在微波磁电场中会被极化，随着电磁场频率的改变，极性方向不断改变，分子作高速振动，产生摩擦热，使鲜叶从内部深层生温。正是因为微波加热是从鲜叶内部开始，并且芽叶各处温度一致，可保证杀青匀透。但存在的缺点是机器电装机容量大。相比而言，滚筒式杀青机虽杀青性能良好，生产率高，但杀青过程中，由于热量是从芽叶表面传向内部，杀青叶在筒体内受热稍不均匀，一些芽叶内部很可能残留酶的活性，造成芽叶杀青欠匀透，从而影响绿茶最优色泽、香气和滋味的形成。为此，采取在滚筒杀青机杀青以后，使用微波杀青机进行补杀，可达到杀青真正匀透之目的。使用微波杀青机补杀，杀青温度一般为115℃，杀至含水率53%左右，茶香初步显露，完成杀青。因为毛峰茶茶条较为松散，干茶不能做过多筛分，否则将造成破碎。为此，在连续化生产线的杀青工段，往往配备一台小型两口风选机，对杀青叶进行风选，目的去除黄片。去除黄片后的杀青叶被输送机送往揉捻工段揉捻。

3. 揉捻机组　毛峰茶连续化生产线使用的揉捻机组，与炒青绿茶使用的形式一样。但是为了使成茶条索紧结和色泽绿翠，毛峰茶往往强调快揉、多次揉。故连续化生产线所使用的揉捻机组多分成初揉机组和复揉机组，两个揉捻机组串联，中间增加一次解块和烘干。揉捻过程中加压不可过重，以轻压和中压为主，总揉捻时间 60min 左右。揉捻叶送上解块机解块，解块叶由输送机送往干燥工段干燥。

4. 烘干机组　毛峰茶主要依赖茶叶烘干机进行干燥，连续化生产线由前后两台自动链板式烘干机组成烘干机组，中间用输送带和茶叶摊凉装置相连接，用作揉捻解块叶的初烘（初干）和足烘（足干）。初烘热风温度 110～120℃，烘至含水率 20％左右，用手轻捏加工叶有刺手感为适度。出叶后一般由输送机送上茶叶摊凉回潮平台进行摊凉回潮。摊凉回潮平台系箱式结构，台面为不锈钢冲孔板，孔板下面的箱体一侧装有风机，可适当对初烘叶吹凉，然后进行静态回潮，回潮时间 45～60min，加工叶回软，送往复烘。复烘热风温度 90℃左右，烘至含水率 7％以下，出叶后立即摊凉。

5. 茶叶提香机　毛峰茶连续化生产线使用的茶叶提香机，型号较多，常用者为 6CTH-60 型茶叶烘焙提香机，茶叶摊放厚度 2～3cm，提香温度 80～100℃，时间 8～10min，出叶后迅速摊凉。

五、 扁形茶连续化生产线

以龙井茶为代表的扁形茶，外形光扁平直，色、香、味、形在中国名优茶中堪称上乘，是中国名气最大的名优茶。扁形茶连续化炒制机和连续化生产线，2010 年由杭州千岛湖丰凯实业有限公司（现浙江丰凯机械股份有限公司）首先研制成功，在扁形茶产区推广应用。目前浙江恒峰科技有限公司开发成功的扁形茶连续化生产线，在扁形茶产区应用也获得良好评价。

（一）扁形茶的品质特征和加工工艺

扁形茶的高档茶原料鲜叶要求一芽一叶至一芽二叶初展，芽叶大小相称，匀净无杂，新鲜度好。鲜叶大多采摘自专用的如国家级茶树良种龙井 43、中茶 108 等优良品种茶树。扁形茶的代表产品如杭州西湖龙井、浙江淳安千岛玉叶、安徽老竹铺大方茶、江苏金坛茅山青峰等。

扁形茶代表西湖龙井茶，品质特征为：外形扁平光滑挺直，色泽嫩绿光润，香气鲜嫩清高，滋味鲜爽高淳，叶底细嫩呈朵，有"色绿、香郁、味甘、形美"四绝之美誉。

扁形茶连续化生产线所使用的茶叶加工工艺，因生产线规模大小不同略有差异，但一套要求较高、较完整的扁形茶连续化生产线所使用的扁形茶基本加工工艺为：鲜叶—摊放—杀青—冷却回潮—理条—初炒压扁—冷却回潮—压扁磨光。

（二）扁形茶连续化生产线的主机配备

各茶机生产企业开发的扁形茶生产线类型较多，现将主要类型生产线的主机配备进行简要介绍。

1. 丰凯 6CCB-3.5 型扁形茶简易连续化生产线　6CCB-3.5 型扁形茶简易生产线是一条每小时加工鲜叶 15kg、扁形茶干茶 3.5kg 的小型扁形茶连续化生产线，适于广大小型扁形茶加工企业和农户使用。

6CCB-3.5型扁形茶简易生产线配备的主机是1台6CL-60型自动式茶叶理条机和1台6CCB-98型3锅连续扁形茶炒制机。6CL-60型自动式茶叶理条机是杭州千岛湖丰凯实业有限公司近两年开发出的理条机新产品。槽锅宽60cm，13槽，上装鲜叶自动称量投料机，在控制系统控制下定量、定时自动将完成摊放的鲜叶，均匀投入理条机各槽锅中，投叶量1.5~1.75kg，杀青理条作业温度150~180℃，时间6~8min，待鲜叶完成杀青并被理成直条出叶。出叶后的杀青理条叶被振槽冷却，输送到倾斜式输送机上继续冷却，并被提升送到自动称量投料装置上，被定量、定时送入3锅连续扁形茶炒制机进行炒制。6CCB-98型3锅连续扁形茶炒制机，用于杀青理条叶的压扁磨光，炒制温度100~120℃，三锅由高到低，前两锅以压扁为主，最后一锅以磨光为主，待茶条已成扁形，含水率达到10%左右出锅。出锅后，人工送入单独摆放辉锅机进行磨光脱毫，辉锅机筒温80~100℃，先高后低，投叶量以筒体最大容量为度，辉干时间30~45min，待茶条表面光洁，含水率达到6%左右，完成扁形茶炒制（图12-99）。

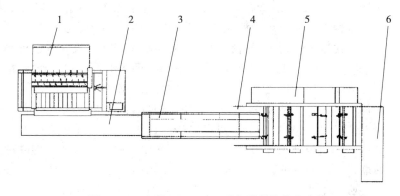

图12-99　丰凯6CCB-3.5型扁形茶简易生产线

1.6CL-60型自动式茶叶理条机　2.平式输送机　3.倾斜式输送机

4.自动称量投料机　5.6CCB-98型3锅连续扁形茶炒制机　6.振槽

2. 丰凯6CCB-7型扁形茶简易连续化生产线　6CCB-7型扁形茶简易生产线是一条每小时加工鲜叶30kg、扁形茶干茶7kg的扁形茶连续化生产线，适于中小型扁形茶加工企业使用。

6CCB-7型扁形茶简易生产线的机械配备与6CCB-3.5型扁形茶简易生产线基本相同，只是连续化生产线中配备了2台6CL-60型自动式茶叶理条机和2台6CCB-98型3锅连续扁形茶炒制机。其中2台6CL-60型自动式茶叶理条机对装，共用1台振槽，出叶时正对振槽，也可2台成排装，朝同一方向向振槽出叶，不过这样装振槽安装长度需延长一倍。杀青理条的加工叶，经振槽被送上倾斜式输送机，提升后被送上往复运行的平式输送带上，通过其往复运行，杀青理条叶被送上两端的称量投料机上，然后经称量被定时、定量送入2台3锅连续扁形茶炒制机进行炒制，炒制完成，同样由人工送入辉锅机进行脱毫磨光。

3. 丰凯6CCB-20型扁形茶连续化生产线　6CCB-20型扁形茶连续化生产线是一条

每小时加工鲜叶 80～100kg、扁形茶干茶 20～22kg 的较大型扁形茶连续化生产线，适于大中型扁形茶加工企业使用。

6CCB-20 型扁形茶连续化生产线配备的主机，有 6CT-60 型多层网带式鲜叶摊放机 1 台、6CS-60 型滚筒式杀青机 1 台、6CLZ-200 型连续理条机 2 台、6CCB-100 型 4 锅扁形茶连续炒干机 4 台。

扁形茶炒制要求鲜叶采摘后及时进厂，保持鲜叶的新鲜度。鲜叶进厂后，晴天叶和雨天叶、露水叶要分开摊放，不同品种、不同老嫩的鲜叶分开摊放。6CCB-20 型扁形茶连续化生产线鲜叶摊放配套使用的设备是多层网带式鲜叶摊放机，根据气候和室温状况，可适当通冷风或 35℃ 左右热风调节摊青时间和鲜叶失水速率。摊叶厚度一、二级鲜叶控制在 3cm 以内，三、四级鲜叶不超过 5cm。连续化生产线摊放时间一般要求 2～4h，最长不超过 4h 完成摊放。摊放程度以叶面开始萎缩并且失去光泽，叶质由硬变软，叶色由鲜绿转暗绿，青气消失，清香显露，摊放叶含水率达到 68%～70% 为适度。摊青叶由输送机并通过鲜叶称量装置，将鲜叶均匀地送上滚筒式杀青机上叶输送带，进行下一工序的杀青。

杀青使用 6CS-60 型滚筒式杀青机，当筒体温度达到 250℃（温度表所示温度）左右开始投叶。作业过程中，应开启排湿风机，并随时观察杀青叶状况，如发现杀青偏老或偏嫩，可通过上叶输送带的匀叶器进行微调，从而减少或增加投叶量进行调节。当杀青叶含水率达到 60%～62%，叶质柔软，叶色暗绿，梗折弯曲不断，略带黏性，青气消失，清香微露为适度，出叶后送入连续理条机进行第一次理条。

连续理条使用 6CLZ-200 型连续理条机，理条时槽锅温度 150℃ 左右，时间 2～3min，至含水率达到 45%～50%，完成初步成条。初步理条叶通过倾斜式输送机送上两口式风力选别机，将初步理条叶中的黄片和碎末吹出。去除片末的初理叶被送入链板箱式茶叶摊凉回潮机进行摊凉回潮。要求加工叶在链板上全部摊满，无空带处，摊叶厚度达 10cm 以上，摊放时间 1h 以上，加工叶水分分布均匀，叶质回软，出叶后通过振槽和倾斜式输送机送入连续理条机进行第二次理条。理条槽锅锅温 120℃ 左右，至加工叶基本成条，含水率达到 35%～40% 出叶。出叶后的理条叶，由倾斜式输送机送上第一级往复运行的平式输送机，第一级平式输送机再将理条叶下卸到第二级两条往复运行的平式输送机上，通过第二级两条平式输送机的往复运行，将理条叶分别送入 4 台茶叶自动称量投料机上，然后被定时、定量送入 4 台 6CCB-98 型 4 锅扁形茶连续炒干机内进行压扁磨光炒制。

6CCB-100 型 4 锅扁形茶连续炒干机是杭州千岛湖丰凯实业有限公司专门为扁形茶连续化生产线设计、具有连续化自动作业功能的连续化作业单机，用于理条叶的压扁磨光。炒制温度 100～120℃，4 锅由高到低，前两锅以压扁为主，第三锅压磨，第四锅以磨光为主，待茶条已成扁形，含水率达到 10% 左右出锅。出锅后，同样由人工送入单独摆放辉锅机进行磨光脱毫，完成扁形茶炒制。

同时，杭州千岛湖丰凯实业有限公司还专门设计了一条扁形茶筛分整理（精制）连续化生产线。上述含水率达到 10% 左右的扁形茶炒制叶，如能通过扁形茶精制连续化生产线筛分整理，产品将更为规范（图 12-100）。

4. 恒峰 6CCB-15 型扁形茶连续化生产线　6CCB-15 型扁形茶连续化生产线是浙江

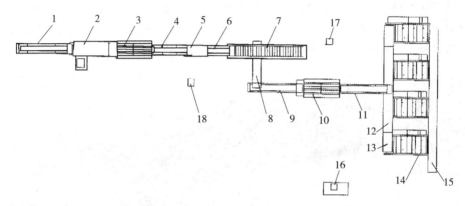

图 12-100　丰凯 6CCB-20 型扁形茶连续化生产线

1. 上叶输送带　2. 滚筒式杀青机　3. 连续理条机　4. 倾斜式输送带　5. 两口式风力选别机

6. 倾斜输送带　7. 网带箱式茶叶摊凉回潮机　8. 振槽　9. 倾斜输送机　10. 连续理条机

11. 倾斜输送机　12、13. 往复平式输送机　14. 6CCB-98 型 4 锅扁形茶连续炒干机

15. 振槽　16. 辉锅机　17. 动力柜　18. 总控制箱

恒峰科技开发有限公司研发的一条每小时加工鲜叶 60～80kg、扁形茶干茶 15kg 的较大型扁形茶连续化生产线，适于大中型扁形茶加工企业使用。

6CCB-15 型扁形茶连续化生产线的主机配备是采用专用的吊篮式名优鲜叶摊放机进行鲜叶摊放，然后用长度为 3m 的大型连续式茶叶杀青理条机杀青理条，5 台 6CCB-100 型 2 锅连续式扁形茶炒制机炒青锅，4 台 6CCB-100 型单锅自动式扁形茶炒制机炒辉锅，6CH-20 型自动出茶式辉锅机进行脱毫磨光。整条生产线沿着摊青、杀青理条、炒青锅、辉锅、脱毫磨光的工艺路线进行连续炒制。

鲜叶摊放所使用的吊篮式名优鲜叶摊放机，系浙江恒峰科技开发有限公司自行开发的连续式鲜叶摊放机，摊叶机构采用特殊的吊篮形式，并配有除湿系统对摊有鲜叶箱体内的潮湿空气进行除湿，加速鲜叶失水，加之风机将干燥空气均匀送入穿透叶层，更促进鲜叶水分蒸发，使鲜叶在 1～2h 内含水率从 75%～78% 下降到 70%～72%。然后被送入大型连续式茶叶杀青理条机杀青理条，槽锅温度 180℃ 左右（温度表所示温度），通过 6～8min 的炒制，完成杀青并被理成直条。出叶后由倾斜式输送机送上位于 5 台 6CCB-100 型两锅连续式扁形茶炒制机上方的茶叶输送分配装置。输送分配装置在单片机和控制系统控制下，在下方 5 台中任意 1 台 6CCB-100 型两锅连续式扁形茶炒制机称量投料装置需要供叶时，即会随供叶，然后再由自动称量投料装置称量，定时、定量将杀青理条叶送入 6CCB-100 型两锅连续式扁形茶炒制机进行青锅炒制。青锅炒制锅温

447

150℃左右（温度表所示温度），炒至含水率35％左右，茶条初步成扁形，出叶到前下方的平式输送机上，再通过倾斜式输送机送上辉锅用茶叶输送分配装置，通过青锅叶称量投料装置，定时、定量送入4台6CCB-100型单锅自动式扁形茶炒制机炒辉锅，辉锅锅温120℃左右，待茶条扁平，含水率10％出叶，由平式输送机和倾斜式输送机送入6CH-20型自动出茶式辉锅机上方的贮茶斗内。当贮茶斗内茶叶达到足够时，在控制系统控制下，自动出茶式辉锅机会自行转动为竖直状态，贮茶斗的出茶门会自动打开，向辉锅机进茶，辉锅机茶叶容量可达20kg。待进茶结束，贮茶斗的出茶门自动关闭，辉锅机从竖直状态自动转换成水平状态，炉灶对辉锅机筒体自动开始加热，脱毫磨光开始，筒温80～100℃，时间30～45min左右，待茶叶含水率达到6％左右，茶条光扁平直，锋苗显露，色泽黄嫩绿，完成扁形茶炒制（图12-101）。

图12-101 恒峰6CCB-15型扁形茶连续化生产线

六、 颗粒形 （半球形） 茶连续化生产线

颗粒形（半球形）茶因为使用一芽二三叶为主的鲜叶为原料，鲜叶内含物质丰富，老嫩、大小适中，所加工出的干茶产品，不过嫩，又不粗老，具一定嫩香，又茶味浓郁，耐泡，市场售价适中，适合大众消费，是当前市场畅销绿茶中又一种优质茶产品类型，发展前景良好。

（一） 颗粒形（半球形）茶的品质特征和加工工艺

颗粒形（半球形）茶产区分布较广，大部分系历史名茶，部分系近年来开发创制。代表形产品如浙江平水日铸、泉岗灰白、羊岩勾青、安徽休宁松萝茶、涌溪火青茶、贵州绿宝石茶等。

颗粒形（半球形）茶产品品牌较多，不同品牌产品茶叶品质特征稍有差异，但其总的品质特征为：外形卷曲呈钩曲形或颗粒形，色泽绿润，身骨重实，颗粒匀整；汤色黄绿明亮，香气高爽浓郁，滋味醇厚，耐泡，叶底较完整。

使用颗粒形（半球形）茶加工连续化生产线进行加工，基本加工工艺为：鲜叶—摊放—杀青—冷却风选—揉捻—烘二青—摊凉—初炒—摊凉回潮—复炒。

（二） 颗粒形（半球形）茶连续化生产线的主机配备

生产中应用的颗粒形（半球形）茶连续化生产线由于生产率大小不同，主机及输送设备配备略有不同。因为现应用的曲毫形茶炒干机尚不具备连续作业功能，且炒制时间较长，故炒干工段一般还是采取单机作业。故颗粒形（球形）茶连续化生产线都还是一种大部分工序连续作业、炒干工序仍保留间断作业状态的生产线。现以每小时加工鲜叶200～250kg 的中大型 6CTK-50 型颗粒形（半球形）茶连续化生产线为例，介绍颗粒形（半球形）茶连续化生产线的主机配备。

6CTK-50 型颗粒形（半球形）茶连续化生产线配备的主机是采用多层网带式鲜叶摊放机进行鲜叶摊放，滚筒式杀青机进行杀青，茶叶揉捻机组进行杀青叶揉捻。揉捻叶经解块后，由自动链板式烘干机烘二青，干燥工段用曲毫茶炒干机初炒，最后用曲毫茶炒干机进行最后的复炒。其中鲜叶摊放、杀青、揉捻、解块、烘二青所使用的设备以及加工工艺与炒青绿茶加工连续化生产线使用的相同，一般采用 6CT-100 型多层网带式鲜叶摊放机。

6CTK-50 型颗粒形（半球形）茶连续化生产线使用 6CH-20 型自动链板式烘干机烘二青，二青叶应立即使用摊凉回潮台冷却摊放回潮。回潮时间一般为 1～1.5h，加工叶芽叶水分分布均匀，叶质回软，即可送入 6CCQ-80 型曲毫茶炒干机初炒。6CCQ-80 型曲毫茶炒干机配备 3～4 台，每锅投叶量 12kg 左右，炒板摆幅调至最大，叶温 45～50℃，炒制时间 30～45min，炒至茶叶初步卷曲呈圆，含水率 30% 左右出锅回潮。回潮仍然使用平台式摊凉回潮台，回潮时间 1h 左右，然后投入 6CCQ-60 型曲毫茶炒干机复炒，6CCQ-60 型曲毫茶炒干机配备 4～6 台，每锅投叶量 8～10kg，叶温 45℃左右，炒制时间 60min 左右，待茶叶基本呈腰圆形，含水率 10% 左右出锅。使用烘干机或提香机进行足干和提香，完成颗粒形（半球形）茶的加工。

6CTK-50 型颗粒形（半球形）茶加工连续化生产线，实际上是一条半连续化的生产线，鲜叶摊放至二青叶加工阶段连续化加工，此后摊放回潮和炒干阶段仍为间断作业。曲毫茶炒干机是颗粒形（球形）茶加工的关键设备，正是在这种机械的炒制过程中，加工叶始终受到向心力的卷曲成圆作用，从而形成了颗粒匀整，身骨重实的品质风格。能够连续作业的曲毫茶炒干机是今后应研发攻克的重点。

七、 条形红茶连续化生产线

条形红茶也称工夫红茶，是中国独有的红茶种类，也是传统出口的红茶产品类型。近年来，一些红碎茶生产国如斯里兰卡、印度等国也开始尝试少量生产条形红茶。

（一）条形红茶的品质特征和加工工艺

条形红茶的产区分布较广，主要产地是安徽、云南、福建、湖北、湖南和江西等省。条形红茶的类型，常冠以产地名称以示区别，如安徽祁门的"祁红"、云南的"滇红"，在国际市场上享有很高的信誉。还有福建的"闽红"、湖北的"宜红"、江西的"宁红"、湖南的"湘红"和四川的"川红"等。

条形红茶的品质特点是：条索紧结，匀净有毫，色泽乌润，香气清鲜持久，滋味鲜爽浓醇，汤色鲜红明亮，叶底红亮匀嫩。

生产中使用的条形红茶加工连续化生产线所普遍采用的加工工艺为：鲜叶—萎凋—初揉—复揉—解块—发酵—初烘—摊凉回潮—足烘—成品毛茶。

（二）条形红茶连续化生产线的主机配备

浙江春江茶叶机械有限公司是国内最早开展条形红茶连续化生产线研发并投入应用的茶机生产企业。以该企业所研发并普及推广应用的 6CTH-60 型条形红茶加工连续化生产线为例，主机设备包括红茶萎凋机组、连续揉捻机组、红茶发酵机组、自动链板式烘干机、摊凉回潮机等。

1. 红茶萎凋机组　6CTH-60 型条形红茶连续化生产线使用的萎凋设备为 6CWD-60 型红茶萎凋机组，有两种型号，均采用多层不锈钢网带或带孔食品胶带结构，两侧由两条曳引链拉动运行，安装在密闭的箱体内，箱体顶面装有排湿装置，侧面设有观察窗。其中一种型号产品的多层不锈钢网带和带孔食品胶带有 5 层，层长 6m，可摊鲜叶 1 200kg，用在大型生产线中。还有一种型号设 3 层不锈钢网带或带孔食品胶带，鲜叶摊放量 720kg，用在较小产量的生产线中。生产线配套的萎凋机组一般由两个萎凋机单元组合，鲜叶分别由两台倾斜式输送机，分别送到萎凋机组箱体内的不锈钢网带或带孔食品胶带上，倾斜式输送网带上装有可升降的匀叶器，用于控制叶层的厚薄。当室温过低需供应 35℃左右热风时，金属热风炉或蒸汽换热器将空气加热，向萎凋箱体内供热风。萎凋过程中，传动机构驱动摊有鲜叶的多层不锈钢网带或带孔食品胶带缓慢前行，风机使温度适宜的空气气流均匀透过鲜叶叶层，促进水分蒸发和叶内香气物质转化，箱体内空气中含有的水蒸气可由除湿系统排出机外。鲜叶进入萎凋机含水率一般在 75％～78％，通过 6～8h 的吹风除湿萎凋，含水率降到 60％～64％，从出茶口排出机外，由输送设备送往揉捻机组揉捻。6CW-60 型红茶萎凋机组采用单片机和 PLC 控制系统，萎凋箱体内装有温、湿度传感器进行数据采集，并通过控制箱人机界面进行温、湿度设定，由控制系统实施控制。

2. 揉捻机组　条形红茶连续化生产线使用的揉捻机组，根据生产线的产量需求，有 2 台组、4 台组、6 台组、8 台组等。采用 6CR-65 型茶叶揉捻机构成机组，单桶投叶量 45～55kg，由加工叶分配输送和称量装置，定时、定量分别向每台揉捻机揉桶投叶。红茶因主要依赖揉捻工序做形，故一般采取初揉和复揉分段揉捻。揉捻机组作为一个整体，可通过编程程序控制器（PLC）对多台机器组成的整体揉捻机组实施全过程的自动程序控制，包括自动称量、自动定时投料、自动启动和停止揉捻、自动加压和卸压、自动开门出茶等。同时还可包括揉捻不同时段的无压、轻压、中压、重压的自动转换和时间控制，揉捻参数可通过控制箱人机界面进行设置。机组采用整体控制和各台机器独立控制相结合的方式，每台揉捻机均作为一个子系统，有自动、手动和停用三种控制状态。一般情况下子系统的每台揉捻机在机组整体系统控制下，随同整体机组运转作业，一旦整体某一环节出现故障或需要，子系统的每台揉捻机都可单独操作运转或停机。

出机后的揉捻叶，由振槽和倾斜式输送机送上 6CJ-30 型茶叶解块机进行解块，目的是解碎揉捻叶中的团块，解块叶由输送装置送往发酵机组发酵。

3. 红茶发酵机组　发酵是红茶加工的关键工序。揉捻叶由立式提升机提升送至平式往复运行的铺叶输送机上，将揉捻叶均匀地铺放在发酵机最上层的摊叶网带上，网带上装有匀叶器，使揉捻叶铺放均匀一致。

6CTH-60 型条形红茶连续化生产线使用的发酵设备是 6CF-60 型红茶发酵机，其基本结构与 6CWD-60 型红茶萎凋机基本相同，主体结构为 3 层用曳引链拖动的不锈钢网带或带孔食品胶带，箱体形式由密闭式金属钢板箱体和玻璃房结构两种。密闭式箱体侧面设有观察窗。采用蒸发量为每小时 200L 水的小型蒸汽锅炉为箱体内提供蒸汽，并通过布置于每层摊叶层上方的管道，从管壁上的小孔呈伞形向发酵叶上喷洒，以保证箱内发酵湿度能保持在相对湿度 95％以上。自然通风系统在箱体两侧箱壁上装有调节风门，以调节进风量的大小。箱体顶部装有排风风机，使箱体内的空气保持对流，适当降低发酵箱体内的温度，从而为发酵提供足够的氧气，使发酵箱或房内的空气温度保持在 25℃上下、且在富氧状态下进行发酵。玻璃房式的发酵房，要预先定做，将不锈钢网带或带孔食品胶带等装置在玻璃房内安装。使用的超声波加湿机，每小时制雾量为 10L 水，每小时排风量为 350m³，雾滴≤10μm，对发酵房内空气加湿，保证房内相对湿度为 95％以上。必要时使用热风炉等提供的热风使发酵室内温度保持在 25℃左右。发酵时间可控制在 1.5h，夏秋季气温高，则应向叶层吹冷风降温供氧，发酵时间控制在0.5～1h。

4. 红茶干燥机组　条形红茶连续化生产线配备的干燥设备主要是自动链板式烘干机。因为生产线生产率有高低，常配用的烘干机有 6CH-10、16、20、25 型等。6CTH-60 型条形红茶连续化生产线配用 6CH-20 型自动链板式烘干机 2 台，用于初烘和足烘。初烘热风温度 110～120℃，出叶后摊凉回潮，然后投入足烘，足烘热风温度 90～100℃，烘至含水率 6％左右，完成条形红茶加工。

应该说明的是，在条形红茶通过足干完成加工，干茶出叶后不要立即摊凉，而是将成茶趁热堆积，使茶叶内含香气物质进一步转化，有利于条形红茶香气滋味的改善和提高，待茶叶逐步冷却后再行装箱或装袋，这一点是红茶加工工艺的特殊之处。

（三）条形红茶连续化生产线的辅助设备

条形红茶连续化生产线配备的辅助设备，主要包括衔接各类输送设备和生产线控制设备。

输送设备包括立式提升机、平式输送机、倾斜式输送、振槽和电子称量装置等。按食品卫生要求，所有输送机的输送带均选用食品级材料，接触茶叶的挡板使用拉丝黏膜不锈钢板制作。电子称量装置由储茶斗、输送带和电子计量秤组成，采用程序控制，计量准确，不仅在红茶连续化生产线上获得应用，并且也被广泛应用在其他各类茶叶加工连续化生产线上。

条形红茶连续化生产线的控制采用单片机及 PLC 控制系统，设置总控制箱，人机对话界面"主控制页"内设有"参数设置页""手动控制页""故障指示页"。通过"参数设置页"可对生产线所有运行参数进行设定或对已存储的加工参数曲线进行选取。生产线某部分发生故障，由"故障指示页"发出指示，如有需要可操作"手动控制页"，使整个主机或模块转换成手动控制，维持生产线（或部分）的正常作业。同时，在生产线的主机或模块，均设有分控制箱，作为总控制系统的子系统，可对主机或模块单独实施控制。通过人机对话实施自动、手动和停机的转换，实现生产线既能整条线工作，也可某一主机或模块单独作业。这种控制系统和方式也已被各种类型的茶叶加工连续化生产线所采用。

八、 茶叶加工连续化生产线发展现状、存在问题与对策

进入 21 世纪以来，中国茶叶加工连续化生产线的研发、推广和普及获得长足进步，

但因起步较晚，还存在某些不足，需要进一步研究和改进。

（一）发展现状

茶叶加工连续化生产线，系根据茶叶加工工艺要求，将主机的单机设备组合，使用输送设备连接，配套控制系统进行控制，组成连续化作业的生产线。为满足国内产业规模化、产业化、连续化、自动化发展需求，如浙江上洋机械有限公司、浙江春江茶叶机械有限公司、浙江绿峰机械有限公司、浙江珠峰机械有限公司、杭州千岛湖丰凯实业有限公司、浙江恒峰科技开发有限公司、浙江红五环制茶装备有限公司、宁波市姚江源茶叶机械有限公司、湖南湘丰茶叶机械制造有限公司、四川省登尧机械设备有限公司等茶叶机械生产企业，在对各类大产能和具有连续化作业功能单机研制开发基础上，分别研发出各种类型、各具特色的茶叶加工连续化生产线。据估算，目前全国茶区约有 3 000 条以上的各类茶叶加工连续化生产线，运行于各种类型的茶叶加工中，承担着全国 25%～30% 的茶叶加工任务，促进了中国茶产业的持续发展。

（二）存在问题

茶叶加工连续化生产线在中国发展时间较短，成熟度还不足，尚存在以下问题有待探讨和解决。

1. 生产线研发和制造水平参差不齐　我国茶叶加工机械生产企业众多，但大多是小型企业，即使有部分大型企业涉足茶机行业，但因进入时间不长，对生产线的开发缺乏经验，为此造成目前推广使用的茶叶加工连续化生产线研发和制造水平参差不齐，部分生产线不是根据茶叶加工工艺要求选用主机和辅助设备进行科学组合，而是将原单机作业设备简单拼装，加上机器制造水平低，无法满足制茶工艺要求，故障多，使用不理想。

2. 茶叶类型相同，但茶叶加工品质要求不一，制约生产线发展　中国产茶历史悠久，茶类繁多，即使是同一茶类，不同茶区甚至是不同企业加工工艺要求也不一样，这在很大程度上加大了连续化生产线的研发难度。无法如印度或日本那样集中精力进行单纯的红碎茶和蒸青绿茶生产线的研制。中国茶机界本身技术力量较缺乏，要针对多种多样、要求不一的茶叶加工连续化生产线进行研制，力不从心。近 10 年来，在茶叶机械生产企业和有关科技单位合作努力下，已经完成了诸如红茶、绿茶、乌龙茶等各种类型连续化生产线的研制，并且多数已在茶叶生产中发挥作用。然而由于茶叶企业所生产的茶叶产品，加工工艺和产品风格存在着客观和主观的差异性，茶叶机械生产企业虽已将一种类型的茶叶加工连续化生产线研发成功并推广应用，而另一家同样类型茶叶的加工厂家再来订购同类生产线时，则千方百计强调自己所生产的茶叶风格独特和加工工艺特殊，要求更改生产线的设计和配套，结果是同是一种类型茶叶加工连续化生产线，不同茶叶生产厂家要求都不同，造成同样类型茶叶的每条生产线不一样，茶机生产企业无所适从，连续化生产线无法定型，生产线标准也很难制定，严重阻碍着茶叶加工连续化生产线的发展。

3. 主机连续功能未攻克，参数测定用传感器缺乏，生产线自动化受限　茶叶加工连续化生产线的基础系配套主机的连续化，然而作为主机几乎所有连续化生产线都需要配用的茶叶揉捻机，连续作业功能在世界范围内未获解决。当前国内所开发的茶叶连续化加工生产线上，系采用不能连续作业的茶叶揉捻机进行联装，并使用不同运转状态的输送机和自控装置组成机组，勉强实现了脉冲式的连续作业，但是机组结构复杂，显著增加了生产线成本和运行故障率，当前这种类型的主机还不少。

茶叶作为一种含有水分的物料，在加工过程中各阶段不同的含水率，是生产线应控制的主要参数，如能获得茶叶加工终端出茶口的干茶含水率高低，控制系统则可将此参数反馈到前置所有加工环节，增加或减少鲜叶或在制叶投叶量，调整加热温度等，实现生产线的闭环控制。而当前对于加工终端低含水率干茶物料，在线含水率测定尚缺乏性能良好的测定用传感器。造成最终含水率信号取不出，就无法对前置工序进行反馈实现闭环控制。目前业界所称的茶叶加工自动化生产线，仅为部分环节实现自动控制、实际上均是未实现闭环控制的连续化生产线。低含水率物料的含水率在线测定用传感器，是茶叶加工连续化生产线深入发展急待攻克的难题。

4. 生产线的产量平衡仍然是应重点攻克的难题　所谓生产线的产量平衡，是指在茶叶加工过程中，生产线所配套的所有主机均能保持进叶和出叶平衡，从而使整条生产线的主机和输送设备上的在制叶运行流畅，不产生茶叶堵塞、滞留与溢出。然而一方面由于鲜叶原料的老嫩与大小差异，另一方面因主机选型或设计不合理，以及生产线设计时未充分考虑在各作业环节设置足够和适量的储茶筒、槽和缓冲装置，致使连续化生产线作业时产生拥塞、漏茶，甚至无法正常作业等现象，这是茶区一些茶叶加工连续化生产线不能正常工作甚至闲置的重要原因。

5. 茶机企业缺乏合作，生产线开发单打独斗　鉴于生产中所普及应用的茶叶加工连续化生产线成熟度尚不足，除扁形茶加工连续化生产线外，尚没有国家或行业机械标准可遵循，生产线的研发和推广应用，还处于企业自发开展状态。加上生产销售竞争激烈，各茶机生产企业为了获得订单，相互保密和竞争，相互压价，互不合作，一些本来就是技术开发和机器制造能力薄弱的小型茶机企业，千方百计拿到生产线订单后，勉强上马，所有机器自行制造，产品质量不高，难以符合茶叶加工工艺要求。这也是一些生产线在茶区不能正常生产，造成闲置的主要原因之一。

6. 生产线的使用技术培训亟待加强　当前茶区茶叶生产用工缺乏，从事茶叶加工和生产线操作的人员，普遍文化水平较低，年龄偏大。原来茶叶加工使用单机操作，相对来说技术复杂程度较低，改用茶叶加工连续化生产线后，不仅机械设备成套、复杂，并且加装了自动化控制系统，需要用与连续化生产线相适应的茶叶机械化加工工艺技术进行操作，现有从业人员难以适应，故在生产线投入使用前的技术培训十分重要。然而，现不少茶叶机械生产企业，本身就缺乏熟悉生产线和茶叶加工工艺技术的培训人员，又重销售，轻使用，对技术培训的重要性认识不足，往往生产线销售安装后一走了事。由于操作人员对生产线不熟悉，缺乏操作技能和经验，加上生产线使用单位操作人员又往往不固定，使生产线难以正常运转，故障不断，或者茶叶加工质量低下，生产线应用的这种状况比较普遍。

（三）对策和发展趋势

面对茶产业发展的大好形势和茶叶加工连续化发展初期存在的问题，特对连续化生产线发展趋势和存在问题的相关对策讨论如下。

1. 茶叶加工连续化生产线的深入发展乃大势所趋　茶产业是关系到中国广大山区农民安居乐业、生活富裕、美丽乡村建设的主导型产业，当前全国各茶区特别是西部山区茶产业发展迅速，做大做强茶产业是中西部地区广大茶农不可动摇的发展方向。近年来，由于农村人口快速地向城市转移以及各行各业的快速发展，最早出现的"采茶工荒"，使鲜叶在茶树上无法采下。据统计仅浙江省采茶用工高峰期采茶劳力缺口就达50万人以上，全国茶区可想而知。近两年用工缺乏已经逐步延伸到茶叶加工环节，当前的茶产业已进入大力实施"机器换人"发展阶段，加快"机器换人"，有效促进茶产业技术提升已迫在眉睫。茶叶加工连续化生产线的研制开发和普及推广，也已成为茶产业发展不可逆转的必然趋势。实际应用表明，茶叶加工连续化生产线普及应用，不仅生产率可比单机提高5倍以上，是人工作业工效的数十倍，并且显著节约了操作人工，一般情况下操作人数可比单机下降80%以上。同时，生产线的使用，确保了茶叶产品的加工品质稳定。当前，茶叶加工正向着规模化、省力化、清洁化方向发展，对连续化生产线的需求愈来愈迫切，茶叶加工连续化生产线的深入发展乃大势所趋，具有广阔前景。

2. 强化茶叶标准化加工，为生产线标准设计奠定基础　当前适合大众消费的优质茶在市场上销售量增价升。在高档名优茶滞销的状况下，只有生产那种规模化加工、质量好、批量大、适合大众消费的茶叶产品，才能取得良好的经济效益。故当前茶产业面临着十分严峻的茶产品结构调整形势，整个行业要从追求高档礼品茶生产为主，转变到生产大众消费型茶产品为主，积极引导，扩大同一种类型茶叶的生产规模和产量，统一其标准。如作为国内生产量比较大的茶叶类型毛峰茶、扁形茶、卷曲形茶、条形红茶和乌龙茶等，在生产区域、加工工艺和产品质量相近的前提下，由各产区甚至在全国范围内，逐步制定统一的产品生产标准，统一鲜叶原料要求、加工工艺和产品品质等，使同一类型的茶叶形成规模和产量，满足市场需求，并指导茶叶加工连续化生产线的研发和设计，促进连续化生产线的定型和制造质量的提高，为茶叶生产提供成熟和性能良好的生产线产品。

3. 生产线与茶叶加工工艺技术融合，确保茶叶加工品质　各类型茶叶机械和茶叶加工连续化生产线的研制开发，能够满足茶叶加工工艺要求，是对连续化生产线的起码要求，生产线设计与茶叶加工工艺技术融合是保证连续化生产线性能良好的必要条件。任何一种类型茶叶加工连续化生产线的研发和设计，均应在此类型茶叶加工工艺指导下完成。当一条生产线研发、试验成功后，则应总结出成套的符合生产线需求的机械化茶叶加工工艺，生产线操作者则应熟练掌握机械加工工艺和技术，实现生产线与机械化茶叶加工工艺的深入融合，保证良好的茶叶加工品质。

4. 加强基础参数研究，确保茶叶加工过程流畅　茶叶加工基础参数是生产线设计的依据和基础。为此在一种类型的茶叶加工连续化生产线设计前，除了生产线给定的参数要求外，茶叶产品加工所使用的鲜叶类型与容重、加工过程中各环节的加工时间、温度、湿度等各种参数的获得十分重要。只有获得这些参数，才能进行生产线配套设备的选用和设计，并且用于指导生产线中储茶斗和缓冲装置的设计，保证生产线作业时各机械间的产量平衡和作业流畅，确保茶叶加工品质和生产线作业效率。

5. 加强设备连续功能和测试元件研发，提高自动化水平　直至目前，茶叶揉捻机、曲毫形茶叶炒干机、瓶式与八角式茶叶炒干机等机械仍不具备连续化作业功能，但在茶叶连续化生产线中又常常作为主机应用，显著增加了生产线的复杂程度和造价。为此研究上述具有连续化作业功能良好的单机，是当前茶机和茶叶界需联手攻克的重要任务，只有所有主机实现了连续化作业，才能实现真正意义上的生产线连续化。

低含水率茶叶物料含水率的在线检测，是实现茶叶加工连续化生产线的闭环控制的必要条件。为此，茶机、茶叶和社会相关各界应密切结合，加大探头研制力度，力争早日攻克，并投入实际应用。

6. 强化企业间合作，科学分工，促进和深化生产线标准化　经历了几十年来的发展，国内不少茶机企业已经形成自己的特长产品，性能优越，制造质量好，深受茶区欢迎。现在茶叶机械研发的重点已经转变到以生产线研发为重点。由于生产线的研发是一项系统工程，茶机生产企业不能再仅依靠单打独斗去完成，故政府和相关行业部门，应对茶叶加工连续化生产线的研发和制造厂家加强组织和引导，促进行业合作，逐步实现科学分工，相互取长补短，互通有无，强化生产线和茶机的制造质量和性能，争取将最好的茶叶机械主机和输送设备组合应用到相关的茶叶加工连续化生产线上，创造出质量和性能良好的生产线产品。通过茶叶产品结构调整和产品标准的制定和统一，从而加快不同类型茶叶加工连续化生产线的定型和标准制定，提高茶叶机械和茶叶加工连续化生产线的标准化水平，使茶机生产企业为茶叶加工提供更多更好的连续化、清洁化、自动化生产产品，促进茶产业的持续发展。

7. 克服无序竞争，确保茶叶机械制造质量，为茶农提供更实用的连续化生产线产品　产业机械产品的制造质量是行业发展的重中之重，一定要引起茶叶机械生产企业的重视。政府和行业组织部门应加强引导，消除行业内的价格无序竞争，克服茶机企业间因相互压价，而形成的茶叶机械质量低下，无法保证生产线的正常使用。茶叶机械生产企业和茶叶加工企业用机单位，均应认识到无序竞争，一味压价，结果就是产品质量的低下。要树立质量第一的观念，在确保茶叶机械制造质量、符合茶叶工艺需求、可加工出高质量茶叶产品的前提下，公平协商，取得双方接受、科学合理的生产线售价。在此基础上，茶叶机械生产企业则应质量至上，发扬大国工匠精神，精心设计，精心制造，并关心生产线诸如漏油、漏气、漏茶等细节，使茶机产品质量上乘，在此基础上强化茶叶加工工艺、主机、输送机及控制系统的科学配备，努力使每一套连续化生产线做到完善与完备，为茶农提供更多、质量更好的茶叶加工连续化生产线产品。

8. 强化售后服务和生产线操作使用技术培训　为了保证茶叶加工生产线的正常运转和应用，生产线制造企业的售后服务和实用技术培训十分重要。就茶机生产企业而言，首先应重视连续化生产线使用说明书、技术资料和培训教材的编写，要求所有资料应完整、通俗，对生产机械结构、操作使用、维修保养、安全使用知识和技术作全面反映，图文并茂，使操作人员一看就懂，可指导操作。第二应建立一支售后服务和操作技术培训的队伍，对需要在第一线对机械与生产线的使用、维护、保养等进行技术示范的操作人员，首先要强化技术培训，让他们熟悉生产线的机械结构、操作运行、安全保护和维修保养技术，掌握茶叶加工工艺，既能保证机械的正确安装、运转和使用，又能够在现场操作生产线进行茶叶加工，能说会做，由他们把有关知识传授给生产线使用单位的操作人员。第三重视现场培训，从生产线安装开始，就要求生产线使用的操作人员跟班参与安装和调试，在生产线正式投产前，再以培训班等形式进行深入有针对性的培训，从而保证生产线的运行和正常工作。

第十三章 CHAPTER 13
中国茶叶机械化技术与装备

再加工茶加工设备

再加工茶是指用六大茶类初制加工所获得的毛茶或是毛茶经过精制（筛分整理）所获得的精制茶为原料，应用一定设备和技术，进行再加工而形成的茶叶产品。再加工茶加工所使用的设备，称之为再加工茶设备。常用的茶叶再加工设备有紧压茶加工设备、花茶加工设备和袋泡茶加工设备等。

第一节　紧压茶加工设备

紧压茶是使用六大茶类中的黑茶类毛茶为原料，经过筛分整理加工成的半成品，再使用紧压茶专用设备，先进行高温汽蒸，而后压制成型的茶叶再加工产品。紧压茶种类较多，但加工所使用的设备大同小异，除上述已作介绍的渥堆设备外，还有蒸茶设备、加压成型设备和干燥设备等。

一、蒸茶设备

蒸茶设备也被称作蒸茶器，最常用的蒸茶器有蒸笼式蒸茶器和圆筒式蒸茶器两种，可根据加工紧压茶种类和产量需求不同进行选用。

1. 蒸笼式蒸茶器　紧压茶传统的蒸茶工具就是蒸笼，蒸笼式蒸茶器就是由蒸笼方式发展而来，是一种蒸茶效率较高的蒸茶器。主要结构由进茶斗、蒸笼、蒸汽通道和出茶器等四部分组成。紧压茶种类不同，使用的蒸茶器结构和大小稍有差别（图 13-1）。

常用的蒸笼式蒸茶器，进茶斗为漏斗状，与蒸笼上端相接，用于向蒸笼上进茶；蒸笼为盛放蒸叶的不锈钢筒式部件，高 100cm，上、下口尺寸均为 30cm×30cm，壁上冲有密布的蒸汽通孔，一般孔径为 2.5mm，孔距 3.5mm；蒸汽通道包裹在蒸笼的外围，与蒸笼外壁的空隙为 5mm，用于向蒸笼内提供蒸汽；出茶器的直径为 60cm，上端与蒸笼下口相接，下端为出茶口，出茶器内有 1 个 4 片叶片的叶轮，实际上是一种星型出料器，作业时按逆时针方向转动，转速可调，一般

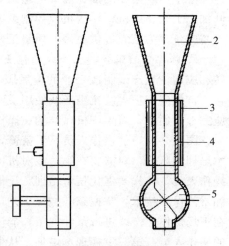

图 13-1　蒸笼式蒸茶器
1. 蒸汽进口　2. 进茶斗
3. 蒸汽通道　4. 蒸笼　5. 出茶器

转速为 48r/min，转动的快慢用于调节蒸叶在蒸茶器内的蒸茶时间的长短，叶轮并可封住蒸汽避免外溢。

蒸笼式蒸茶器作业时，输送装置将加工叶通过进茶斗徐徐送入蒸笼内，蒸汽锅炉产生的蒸汽，通过管道送入蒸汽通道，然后经过蒸笼壁上密布通气孔进入蒸笼，穿透茶叶实施蒸茶。使用后的残余蒸汽从进茶斗排出，蒸软的茶叶通过出茶器排出机外。

蒸笼式蒸茶器使用输送装置并通过进茶斗向蒸笼上进茶，作业连续，结构简单，使用方便，蒸茶均匀，作业效率高，是一种适于大中型紧压茶加工企业应用的蒸茶器。

2. 圆筒式蒸茶器　圆筒式蒸茶器是一种蒸茶量一般较小的蒸茶器，多用于如饼茶和沱茶等类紧压茶的蒸茶。

圆筒式蒸茶器主要结构由蒸茶圆筒和蒸汽灶组成。蒸茶圆筒是一个盛放蒸叶的不锈钢圆筒，如压制七子饼茶的蒸茶圆筒的直径和高度均约为 15cm，蒸茶量为 350g 左右，底部为筛网或冲孔板，利于蒸汽进入茶蒸筒；蒸汽灶的灶筒深 3cm，正好可供蒸茶圆筒放入，灶的下部与蒸汽管道相通，由蒸汽阀门控制蒸汽的放入或停止（图 13-2）。

图 13-2　圆筒式蒸茶器与称后装茶

圆筒式蒸茶器作业时，将按压制数量要求称好的茶叶倒入蒸茶圆筒，并将装满茶叶的蒸茶圆筒放在蒸汽灶的灶筒中，开启蒸汽阀门，使高温蒸汽进入蒸茶圆筒，并穿透茶叶实施蒸茶，一般 5min 左右即可完成蒸茶。

圆筒式蒸茶器蒸茶均匀，使用方便，但效率较低，作业不连续，自动化程度低，多用于中小企业沱茶或七子饼等小体型紧压茶的蒸茶。

二、紧压茶压制成型设备

紧压茶的压制成型设备，是一种既用于紧压茶的压制成型、又被用于成型砖茶从砖模中退出的设备，即退砖设备。由于紧压茶的类型和生产规模大小不同，使用的压制机械也不一样。

（一）紧压茶压制成型设备的结构和技术特点

紧压茶在生产中常用的加压成型设备有紧压茶压制石磴和铁磴、杠杆式压砖机、螺旋式压砖机、蒸汽式压砖机、曲柄式压砖机和油压式压砖机等，可依紧压茶的类型和生产规模大小不同而进行选用。

1. 紧压茶压制石磴和铁磴　紧压茶压制石磴和铁磴是紧压茶最原始和传统的压制工具，直至目前紧压茶区一些农户和小型紧压茶加工企业还在使用（图 13-3）。

图 13-3　紧压茶压制石磴和铁磴

用于紧压茶压制的石磴和铁磴，就是将石头雕琢成石墩或用铸铁铸成铁磴，重约30～50kg，其直径和磴厚，依应用的紧压茶类型不同稍有差异。石墩或铁磴置于紧压茶的压制平台上，铁索或绳索用滑轮吊在框架上，通过滑轮后与压杆相连，下压压杆可使石墩或铁磴升起，升至顶点，压杆可锁住。石墩或铁磴与压制台面之间置有紧压茶压制模具。石墩或铁磴升起时，可将布包的待压原料茶放入模具中，下放则可对茶叶进行压制。

紧压茶压制石磴或铁磴作业时，将待压制的原料茶叶称好，放入蒸茶器中蒸茶。有些紧压茶使用的茶叶原料要求有里茶和表茶，表茶较嫩，里茶缴粗老，要分别称取。蒸好后将蒸叶倒入四方形的棉质白色压制包布内，并初步包成饼茶形状，操作压杆使石磴或铁磴上升到最高处锁住，将预包好的原料茶趁热放入磴下的模具内，松开锁紧将石磴或铁磴放下，这时就依赖石磴或铁磴的自重，把茶叶紧紧压在模具中，静置3～5h，茶饼已被压紧成型，则可操作从磴下取出，在压制包布内再定型1h左右，取去布包，送去烘干。

紧压茶压制石磴和铁磴全靠人工作业，多用于压制普洱饼茶一类的小体型紧压茶。操作时特别要注意当石磴和铁磴处于上方状态时，一定要注意锁紧，以免引起事故。

2. 人工杠杆式压砖机　人工杠杆式压砖机也是一种传统型的小型紧压茶压制工具，采用人力木结构杠杆装置。一般装在类似于长凳的操作架上，压制杆一端的圆孔套装在操作架一头的竖直安装杆上，压制杆的安装杆上面固定装有圆形木块，以限制压制杆不会从安装杆上部滑出，并承受压制时压制杆上抬的压力，压制杆下面装有缓冲弹簧。在压制杆下靠安装杆不远处装有压制模具的上半模，下半模则装在操作架上。

人工杠杆式压砖机作业时，先将蒸好的原料茶用白布包好，放入模具内，操作者对压制杆末端用力、甚至轻坐在压制杆上施压，使用杠杆原理即可对装满茶叶的砖模产生压力，完成压制成型。将压制完成的紧压茶取出，放入第二只原料茶继续压制。

人工杠杆式压砖机仅用于砖（饼）形较小如沱茶等紧压茶的压制（图13-4）。

3. 螺旋式压砖机　螺旋式压砖机也是一种传统使用的压砖机形式。最早使用的螺旋压砖机，就是在机架上横档装上一只方牙螺旋丝杆副，螺

图 13-4　人工杠杆式压砖机

母装在横档上，螺母四周有四只凸台插孔，每只插孔可插入一只推杆，方牙螺旋丝杆下端装有压板，机架下横档上设压制底座，紧压茶的砖模（木戽）及套箱就置于底座上。作业时，由4个人每人推一只插杆，反时针方向推，方牙螺旋丝杆上升，使压板与底座上的压模离开一定距离，这时将包有白布的原料茶放入压模内，然后推杆向顺时针方向推动，压板下行对压模内的茶叶施压，茶叶被逐步压紧成型，最后完成紧压茶的压制。反推插杆，从压模内取出压制完成的紧压茶砖块。这种螺旋式压砖机，安全可靠，压力大，可用于压制各种类型的砖茶，但操作费工费力，作业效率也不高。

在传统型螺旋式压砖机基础上研发而成的新型螺旋式压砖机亦称摩擦轮式压砖机，基本结构仍是一种靠方牙螺旋丝杆推动压板对砖模施加压力完成压制过程的压砖机。主要结构由方牙螺旋丝杆、摩擦轮、压板、传动机构和机架等组成。方牙螺旋丝杆下端装有压板，螺母配装于方牙螺旋丝杆上部，螺母与摩擦轮紧靠，摩擦轮用铸铁铸造。压模（木戽）及套箱置于机架下部的底座上。电动机通过传动机构带动摩擦轮旋转，摩擦轮通过摩擦带动螺母转动，从而使方牙螺旋丝杆上升或下降。用倒顺开关控制电动机的正传和反转，正转带动压板下降对砖模施加压力，完成砖茶的压制，反转使压板离开压模，取出茶砖。该机压板的上下行程为30cm。这种压砖机在普洱茶如七子饼茶的压制中常用，也被用于其他砖茶的压制。一般机型电动机装机功率为30kW左右，对茶砖施压约30t（图13-5）。

图13-5 螺旋式压砖机

4. 蒸汽式压砖机 蒸汽式压砖机是一种以蒸汽为动力对砖模施加压力完成压制过程的设备。主要压制部件的工作原理和作业方式与螺旋式压砖机相同。

蒸汽式压砖机作业时，由蒸汽压力推动活塞的上升或下降，带动压板对砖模施加压力，完成砖茶的压制。压板上下的行程为20cm，对茶叶施压压力约为30t，被广泛应用在茯砖、黑砖和青砖等砖茶的压制作业，性能良好。

5. 曲柄式压砖机 曲柄式压砖机是一种依靠曲柄机构传递压力完成压制过程的设备。主要结构由传动机构、偏心曲柄装置和机架等组成。作业时，电动机通过传动机构带动偏心曲柄装置运转，而压板就连接在曲柄上，从而实现对砖茶的压制。由于这种机型压力较小，多被作为退砖机使用。

6. 油压式压砖机 油压式压砖机是一种以油压为动力对砖模施加压力完成压制过程的设备。主要结构由油箱、电动机及液力泵、高压油管、高压油泵、砖模和机架等组成。

油压式压砖机作业时，电动机通过传动机构，带动装置在密闭油箱中的液力泵运转，在液力泵的压力输送下，使液压油通过高压油管将以一定压力送入高压油泵中，高压油泵则推动活塞的上升或下降，带动压板和砖模对茶叶施压，从而完成砖茶的压制。

由于油压式压砖机结构简单，操作方便，压力稳定，运转噪声低，清洁卫生，目前在紧压茶的压制中使用十分普遍（图13-6）。

（二）砖模与紧压茶压制成型设备的使用

压砖机作业时，首先将蒸茶后的加工叶放入砖模内。所谓砖模，也叫木斝，是一种规范砖茶形状和规格的工具。各种砖茶由于要求不同，砖模的形状和规格也不一样，但茯砖、黑砖、花砖和青砖茶压制所使用的砖模除砖型重量外基本一样，都由模框、上板、下板、隔板等组成。在砖模内充满蒸叶后，上面盖上隔板，然后操作压砖机运转，通过压板对隔板和砖模内的蒸叶施压，压制一定时间后，完成砖茶压制成型。有些类型砖茶是采用一个砖模内，要压制出两块或多块砖茶，这时可使压砖机松压使压板上提，将可压制一块砖茶的蒸叶放入砖模内，放上一块隔板，然后进行再一次压制，直至将砖模压满。砖茶压制完成后，一般不能立即出模，要定型一段时间，然后放在退砖机上，使压板将茶砖从砖模内压出，即所谓退模。退砖机一般多使用曲柄式压砖机（图13-7）。

图 13-6　油压式压砖机

图 13-7　七子饼茶砖模

三、紧压茶干燥设备

多数紧压茶的干燥一般时间较长，温度较低。多采用在燃烧煤柴加热或装有暖气的干燥室或烘房内进行。烘房一般采用土建方式建造，房外建有燃煤或柴的炉灶，炉灶的烟道一直通到烘房的墙壁和地下，烟气则通过烟道向烘房内散热，使房内保持适当温度，最后由烟囱排入大气。烘房内放有烘架，压制成型的茶砖砖片即堆码在烘架上进行长时间的低温干燥。如茯砖茶的发花干燥要经历20d以上的时间；湖北青砖茶和云南普洱砖茶等的干燥也要延续十多天（图13-8）。

图 13-8　普洱砖茶的干燥烘房

第二节　花茶窨制设备

花茶是将茶叶与鲜花拌和，使茶叶缓慢吸收花香，达到"茶引花香，以溢茶味"，而形成的一种茶叶产品。花茶窨制加工工艺过程包括茶坯处理、鲜花维护与拌和窨制、出花与复火等。除了茶坯处理等作业使用一般茶叶精制设备外，常用的花茶窨制设备有流动式窨花机、箱式窨花机、花茶联合窨制机、隔离封闭式茶叶窨花机等茶、花拌和与窨制专用机械。

一、流动式窨花机

流动式窨花机是一种仅能代替花茶窨制过程中部分人工劳动的设备，20 世纪 50 年代福州茶厂研制成功并投入使用，是国内最早应用于生产的花茶窨制机械。

流动式窨花机由鲜花输送装置、茶叶输送装置、螺旋式拌和器、摆鼓、铺茶装置及机架等部件组成。

鲜花输送装置与茶坯输送装置分别是一条倾斜式输送机构，两者倒"V"形相接布置，输送带宽 70cm，下部分别设有贮花斗和贮茶斗，配置 2.8 与 2.5kW 的两台电动机分别驱动鲜花与茶坯两条输送装置。茶坯输送装置的贮茶斗出口设有出叶量控制闸门，用以调节茶坯输送装置的上叶量。而鲜花输送装置的贮花斗除设有闸门可进行鲜花出花量调节外，输送带主动轮转速还可以调整，以适应于不同窨次的投花量要求。一般情况下头窨 220r/min，二窨 120r/min，三窨 80r/min，提花 60r/min。每台机器的生产能力为茶叶拌和量每小时 15 000kg，要求有 15～22 人配合进行作业。

螺旋式拌和器装于鲜花与茶叶两条输送装置上端相接近的正下方，利用螺旋搅龙原理将两条输送装置送来的茶与花拌和，拌和后的茶坯被推送到摆鼓中，摆鼓实际上是一只用薄钢板加工而成可左右摇动的漏斗，拌放后的茶坯可通过其顺利流下并铺在下方地面一定范围内。

铺茶装置由曲柄摆杆机构及其驱动的摆鼓组成。当由螺旋式拌和器完成茶、花拌和的茶坯从拌和器流进摆鼓时，因为摆鼓在曲柄摆杆机构驱动下，不断向两边摇动，茶、花拌和茶坯就被均匀撒铺在窨花车间清洁的地面上，在铺放厚度达到要求时，则开动电瓶车带动窨花机以适当速度移动继续铺撒，直至将所有窨花面积撒满。

机架实际上是一台可行走电瓶车的底盘，机器所有机构均装置在底盘上，底盘下部装有 4 只行走轮，2 只为主动轮，由电瓶、电动机驱动行走。2 只为导向轮，作业时操作者可以坐在底盘的座位上进行操作。但也有一些小型企业使用的流动式窨花机，不设电瓶车驱动行走机构，作业时靠人工推动而变换作业位置。

流动式窨花机作业时，将茶坯和鲜花分别投入两个输送装置的贮茶斗和贮花斗内，开动茶叶和鲜花的两个输送装置的电动机，茶、花被送到输送装置顶部，落入螺旋拌和器均匀搅拌，并送入摆鼓而撒向地面，同时在电瓶车带动机器向前运行的同时，茶花混合料经过左右摆动的摆斗散落到窨花场上。待场上的茶、花混合料达到一定厚度时，由于机器按一定速度缓慢移动，从而铺满整个窨花场地。茶、花拌和、铺放完成后，还要再向窨堆上面覆盖一层 1cm 左右厚度的茶叶，这时一般采用人工进行撒铺。

流动式窨花机可流动进行茶、花拌和，节省拌和后半成品的人工运送，具有造价低、结构简单、易于制造、体积小等特点，但只能解决拌和作业，且劳动强度仍较大。

二、 箱式窨花机

箱式窨花机是福州茶厂、苏州茶厂20世纪70年代初期首先应用的花茶窨制设备。其主体结构为窨花箱仓，例如苏州茶厂所应用的箱式窨花机，由9组窨花箱仓连接而成，整机长22m，宽2m，高4m，每个箱仓可容茶、花400～500kg，下茶通过人工抽拉活动底板，使其开启而实现。窨花箱仓顶层有进茶输送装置，将茶、花混合料分别送入各仓箱，箱仓下面有出茶输送装置，将完成窨花的茶、花混合料送上抖筛机起花，实现了连续化生产。该类机型的优点在于每个箱仓内窨堆量少，茶胚吸香时间延长，窨制质量较好，但开仓抽底板下茶劳动强度较大。适于中小花茶生产企业使用。

三、 立体斗式窨花、 通花、 起花联合窨制机

立体斗式窨花、通花、起花联合窨制机一般也被称作花茶联合窨制机，是一种大型的联合花茶窨制设备。

花茶联合窨制机主机长18m，宽3m，高4.3m，整机占地约130m²。主要结构由茶、花输送带，螺旋拌和器，茶、花落料行车、窨花斗（有三层，每层35个，共105个），平面和立式输送装置、螺旋出茶器、贮茶斗、上、下行车、起花机，操作台等主要部件组成，装配电动机16台，总装机容量20kW。每台日窨茶量10 000kg。操作人员为拌和15人，通花5人，起花5人。

花茶联合窨制机作业时，通过开动输送装置和螺旋拌和器可进行茶、花拌和作业；完成茶、花拌和的茶坯被输送装置送入窨花斗内完成窨制；完成窨制的茶坯，通过开动输送装置和通花闸口及下螺旋出茶器、平面筛等进行通花和起花作业，从而完成花茶的全部窨制作业。

花茶联合窨制机造价低，虽然整套机体较庞大，但实际结构较简单，并且在各窨次10 000kg范围内的窨花拌和、通花和起花等三道工序可实现连续作业，适合大型花茶生产企业使用。但总体结构不够精密，劳动强度仍较大。

四、 闽75型花茶联合窨制机

闽75型花茶联合窨制机于20世纪70年代首先在福建开发成功并应用，故名。该机集摊花、筛花、窨花、通花、起花五道工序为一体，系大型花茶联合窨制设备，可进行花茶连续化窨制作业。

联合窨制机的机身主体长23m，宽2.5m，高4.5m，整机占地面积约150m²。由平面窨花传送带，茶、花拌和器，摆斗、平茶器、筛、起花机、吸尘器、储茶斗、输送带及电气操纵台等部件组成。整机装有电动机16台，总装机容量50kW。平面传送带运行的线速度可根据工艺要求灵活掌握。每台日窨花茶12 000kg，操作人员仅为5人。

闽75型花茶联合窨制机作业时，可通过送花带和拌和器及摆斗进行摊花和进花；通过送花带、拌和器、摆斗和抖筛机进行筛花；通过除筛、起花机、斗式送茶提升、平

茶器外的所有机械可进行茶、花拌和及堆窨；通过除了送茶带、斗式送茶提升输送带及筛、起花机外的所有机械可进行通花；开动窨花传送带和筛、起花机进行起花作业。

闽 75 型花茶联合窨制机自动化程度高，便于操作，较大地提高了场所利用率，适于大型花茶加工企业使用，但投资也较大。

五、 隔离封闭式茶叶窨花机

隔离封闭式茶叶窨花机是一种采取茶、花隔离并在封闭状态下进行窨制作业的新型窨花技术和窨花机。20 世纪 80 年代中期由杭州茶叶机械总厂首先进行研制，后来不少厂家进行了一些改进，90 年代后期广西横县在高档花茶窨制中有较多应用，一方面提高高档花茶的鲜灵度，另一方面避免起花对高档名优花茶芽尖的损坏。

隔离封闭式茶叶窨花机的主要结构由茶、花箱体，主、辅机架、空气循环系统、传动系统、电气控制系统等部分组成。

隔离封闭式茶叶窨花机作业时，向在主机架上可绕同一根立柱转动、并交错摆放的 10 只茶叶箱体和 8 只鲜花箱体中，按规定数量分别装上茶坯和鲜花，然后转动各箱体使其相叠并密封封闭。箱体上下方由空气循环管道相连接，管道循环系统中装有可正、反送风的两只风机。风机通过空气循环系统使气流正、反交替循环通过花箱中的花层和茶箱中的茶层，使空气携带的花香被茶叶吸收。作业时风机一般是正吹风机运行 30min，然后反吹风机再运行 30min，就这样保证携带花香的空气流在一定间隔时间内，方向相反交错通过茶层，使窨制均匀充分。茶、花箱可以通过顶升装置解除密封，并可转动推入辅助机架，进行出料与加料。

隔离封闭式茶叶窨花机窨花原理新颖，用花量少，工效高，完成窨制的花茶产品鲜灵度高，清洁卫生，茶和花不直接接触，不用起花，日窨制花茶产量为 1 500kg。但因为使用这种设备窨制的花茶产品，虽鲜灵度好，但香气持久性差，并且设备的结构也较复杂，故在一般花茶窨制中应用不普遍。然而，广西横县在进行高档花茶窨制，尤其是在毫毛较多的高档茶坯窨花时，为保证高档花茶产品的鲜灵度，较普遍应用了这种设备，作业时茶、花隔离，不需筛分起花，故不会损坏高档花茶的毫毛和芽尖。

第三节　袋泡茶包装设备

袋泡茶是一种使用先进的袋泡茶包装机和专用滤纸将茶叶原料分装成袋而形成的一种包装茶产品，一袋一泡而饮用，在欧美市场上十分畅销，并且颇受中国消费者的欢迎。袋泡茶以饮用方便卫生、冲泡时茶叶定量准确、内含成分溶出快等特点而风行世界，主要是依赖袋泡茶包装机、内含原料茶和包装材料这三大生产要素，特别是袋泡茶包装机，对产品生产给予了充分保证。

一、 袋泡茶包装机的分类

袋泡茶包装机是袋泡茶三大生产要素中的重中之重，系当今世界上包装机械类产品中最为精密的机械类型之一。一般以内袋形状和封口方式进行分类。

（一）按照内袋封口方式分类

按照袋泡茶内袋封口方式分类，袋泡茶包装机有冷封型和热封型两大类。

1. 冷封型袋泡茶包装机　冷封型袋泡茶包装机使用冷封型内袋滤纸，封口压辊不加热，在室温状态下进行内袋两侧挤压封口，内袋的最终封口及与挂线的连接，使用铝镁合金金属钉。这类机型的优点是工作效率高，可靠性好。但存在的不足是机体庞大，结构复杂，维修困难，并且售价昂贵。同时由于采用铝镁合金金属钉封口，被认为易对茶汤形成污染。此种机型在热封型滤纸出现前应用较多。

2. 热封型袋泡茶包装机　热封型袋泡茶包装机使用热封型内袋滤纸，作业时电热元件对封口压辊加热，压辊在加热状态下对内袋进行挤压热封。这种机型是在 20 世纪 70～80 年代，由于热封型茶叶滤纸的问世应运而生。它继承了冷封型袋泡茶包装机的优点，并取消了金属钉。是当前袋泡茶生产中使用的主要袋泡茶包装机类型。

（二）按照内袋形状分类

按照袋泡茶的内袋形状分，袋泡茶包装机的形式主要有单室袋、双室袋和金字塔包等三大类，英国还有一种包成圆形单室袋形状的机型，但中国袋泡茶加工中未见应用。

1. 单室袋和双室袋型袋泡茶包装机　单室袋和双室袋型袋泡茶包装机这两种机型的形式基本一样，只是内袋滤纸的折叠机构不同，将滤纸折叠成单室或双室，封口后形成不同的内袋形状。

单室袋和双室袋型袋泡茶包装机是生产中应用最多的两种袋泡茶包装机。同时，这两种机型还有粘和不粘标签、包和不包装外袋、装盒和不装盒等型号，机器结构和复杂程度区别较大。

单室袋型的袋泡茶包装机，是将 2 倍茶袋长度的单层滤纸，对半折叠成信封状的单室袋，由封口压辊先进行两边封边，使内袋成信封形状，然后由装料机构装入茶叶，再由封口压辊封上口，并夹入吊线。因为袋形酷似信封，故又称信封袋。

双室袋型袋泡茶包装机，其滤纸折叠机构先将滤纸折叠成长信封状，由封口压辊进行一边封边，然后再折叠成两室，装料机构分别从两室装入茶叶，再封压上口，并夹入吊线。因为这种袋型酷似"W"字样，故又称 W 袋。这种袋型具有较大的浸泡面积，茶汁渗出快，利于冲泡，并且双室之间能容一定水量，冲泡后茶包易下沉。

2. 金字塔包形袋泡茶包装机　金字塔包形袋泡茶包装机是当今世界上最先进的袋泡茶包装机，它所包装出的袋泡茶包，形状为一种三棱锥形，俗称金字塔形。这种包装机，包装速度与上述形式机型相比，虽然较慢，一般为每分钟 100 包左右，但它每包所包装的茶叶量却较大，最大每包可达 500g，并且可包装条形茶，供集体桶泡饮用。实验和实际应用表明，它所包装出的金字塔包形，特别有利于茶汁的渗出，所浸出的茶汁在茶汤内会形成旋涡状旋转运动，使茶汤浓厚并均匀。这种袋泡茶包装机，最早由英国联合利华公司发明并拥有专利，联合利华（中国）公司引进在北京其所属的京华茶叶公司进行金字塔形袋饱茶的加工，不过包装速度仅为每分钟 50 包左右。近几年厦门市宇捷包装机械有限公司也开发出金字塔包形袋泡茶包装机产品

二、 袋泡茶包装机的主要结构

一台袋泡茶包装机，如果具有包内袋、粘吊线和标签、包外袋、装盒等功能，就是

一台功能比较齐全的包装机。其主要结构有茶叶贮存、供给和装料机构；内袋滤纸以及滤纸输送、成型、封口机构；标签纸及输送、自动折叠机构；棉线及送给机构、棉线与滤纸袋封接和棉线与标签封接机构；外袋纸以及输送、成型、封口机构；自动控制机构等。这些机构的有机组合和动作协调，在自动控制机构的控制下，有条不紊地完成袋泡茶的包装作业（图13-9）。

图13-9　袋泡茶包装机

袋泡茶包装时的准确供料，由茶叶贮存、供给和装料装置完成。茶叶贮存、供给和装料装置又由贮料斗、装料斗、容积式计量杯及装料装置等组成。新机投入使用或在新一种类型茶叶进行包装作业前，首先应按包装物料需求进行容积计量杯的选用或车削加工。袋泡茶包装机系采用容积而确定袋泡茶的包装量，机器出厂时装料盘内用于包装物料容积计量的计量杯，很可能不符合所包茶叶原料包装量的要求，这时应根据原料茶包装量的实际容量进行调整。一般状况下，机器所带的计量杯容积都小于包装茶叶实际所需容量。调整的方法是可将原铸铝计量杯上车床进行适当精确车削，使其容量符合使用要求，以保证袋泡茶物料包装量的准确性。

三、　常用的袋泡茶包装机

当前国内外生产的袋泡茶包装机，型号较多，性能差异较大，袋泡茶生产厂家可根据实际需要进行选用。

20世纪60～70年代，上海、广东、云南、湖南、浙江等从国外引进袋泡茶包装机，开始袋泡茶的生产。袋泡茶发展初期，所使用的袋泡茶包装机全部依赖从国外进口，到了80年代，中国自行研制出袋泡茶包装机和袋泡茶内袋专用包装滤纸，除了生产率较大的袋泡茶包装机外，袋泡茶生产逐步使用国内机型，促进了袋泡茶生产的发展。因为国内目前使用的袋泡茶包装机，国内外的机型均有，故将国外生产、国内还有应用的袋泡茶包装机列入表13-1。

表 13-1　中国引进使用的国外袋泡茶包装机

生产国别与公司	机器型号	主要技术参数		包装形式	
		生产率（袋/min）	包装量（g/袋）	内袋形式	外袋形式
意大利 IMA 公司	C21	160	0～2.50	冷封双室	纸、复合袋
	C2000	400～450	0～2.50	热封双室	纸
	C45	200～220	0～20.00	热封大袋	无
	C55	450	2.27～7.50	热封	无
德国 TEA PASK 公司	constanta	160	2.75～5.00	冷封	纸、复合袋
	perfecta	350	2.75～5.00	热封	纸、复合袋
阿根廷 MAISA 公司	EC12	120	0～2.50	热封单室	无
	EC12B	120	0～2.50	热封单室	纸
	EC12Y	120	0～2.50	热封单室	复合袋
日本 株式会社	HK301T	30～50	0～5.00	热封单室	纸
	HK601T	30～50	0～5.00	热封单室	纸

1. **国外袋泡茶包装机**　意大利 IMA 公司是世界上最著名的袋泡茶包装机生产企业。历史上该公司开发的机型较多，如 C21 型、C45 型、C55 型、C56 型、C2000 型等。C21 型和 C45 型是中国进口较多的袋泡茶包装机，C55 型我国也有少量引进。C56 型是一种不带提线、仅包内袋的机型，包装速度快，可达每分钟 1 500 包，目前 IMA 公司研制的袋泡茶包装机中，有的机型包装速度已达每分钟 2 000 包。

C21 型是 IMA 公司 20 世纪 80 年代研制的一种冷封型全自动式袋泡茶包装机，该公司此后的其他机型，均系在 C21 型的基础上开发研制。这种机型只需供给茶叶原料和包装滤纸，按动电钮即可完成内袋包装作业。包装的袋型为双室袋，可包内袋，也可加包外袋，外袋可用纸或复合材料，吊线和标签齐全，机械性能稳定，工作可靠。但是它的不足在于具有冷封型袋泡茶包装机的缺点，需用金属钉钉连吊线和标签及最后封口，包装速度不快，并且机器也昂贵。

C55 型是 IMA 公司近年来研制、仅包内袋的热封型袋泡茶包装机，机器结构较 C21 型简单，包装速度可达 450 袋/min，包装量可在每袋 2.27～7.50g 间任意调节。

C45 型的性能与 C55 型相似，不过包装容量更大，最多可达 20g/袋，包装速度为 200～220 袋/min，对于集体饮用袋泡茶和保健茶的包装非常适用。

C2000 型被认为是当前功能最全、性能最先进的双室热封型袋泡茶包装机，它的包装速度为每分钟 400～450 袋。包内袋、吊提线和标签、包外袋、装盒、打码、剔除缺陷产品等连续完成。内袋可以在（55×63）～（70×70）mm 范围内任意选择。生产效率高，若单班生产，年袋泡茶生产量可达 50 000 箱（100t），自动化程度高，包装质量也好。

阿根廷 MAISA 公司是世界上著名的热封型袋泡茶包装机的专业生产厂家。该公司产品中，EC12 型为仅包内袋机型，EC12B 型为既包内袋又可包纸质外袋机型，EC12Y 型为既包内袋又可包复合材料外袋机型。2000 年以前，MAISA 公司是中国从国外引进袋泡茶包装机数量最多的厂家，当时全国约有国外引进的袋泡茶包装机200多台，其中80%以上来自MAISA公司。MAISA公司产品，性能和作业质量较好，卖价较低，虽包装速度较慢，生产率较低，但适于较小规模袋泡茶生产企业使用。此后中国所开发研制的袋泡茶包装机机型，其结构和性能均与MAISA公司产品相近似。

德国TEA PEAK公司生产的constanta型袋泡茶包装机产品，型号不多，为冷封双室袋型袋泡茶包装机，可包外袋，包装速度为中、低速，需要用金属钉最后封口，我国曾有引进，但使用很少。

日本产袋泡茶包装机均为低速度袋泡茶包装机，袋泡茶发展早期中国大陆曾有少量进口，目前已很少。

2. 中国产袋泡茶包装机　中国袋泡茶包装机的开发研制，始于20世纪80年代，在此之前，全部依赖进口。1987年位于陕西的中国航空工业总公司南峰机械厂（现洛阳南峰机电设备制造有限公司），参考国外有关产品，完成了CCFD6型袋泡茶包装机的开发研制，以后又在此基础上开发出另外两种机型。与此同时，天津轻工包装机械厂也完成了较低速度袋泡茶包装机的研制。进入20世纪90年代中国机型性能已较成熟，虽然均为包装速度较低的机型，但机器质量基本上与国外同类产品水平相近。近几年，厦门市宇捷包装机械有限公司等单位还开发出金字塔包袋泡茶包装机产品，生产中已获得应用。此外中国台湾省也有少数袋泡茶包装机生产，均为低速度袋泡茶包装机（表13-2）。

表13-2　中国产袋泡茶包装机

产品生产厂或公司	机器型号	主要技术参数		包装形式	
		生产率(袋/min)	包装量（g/袋）	内袋形式	外袋形式
洛阳南峰机电设备制造有限公司	CCFD6	110	0~2.50	热封单室	纸
	DCDC8 I	120	0~2.50	热封单室	自动装盒
	DXDC8 I V	105±5	0~2.50	热封单室	多种复合膜、自动装盒
	DCDC8 II	90	0~2.40	热封单室	纸塑复合
	DXDC15	105±5	0~5.00	间歇热封单室	多种复合膜、自动装盒
天津轻工包装机械厂	DCH160	28~55	1.5~4.0	热封单室可吊线不挂牌	无
厦门市宇捷包装机械有限公司	YD-18	30~40	0~2.50	热封单室可吊线和挂牌	铝铂
	YD-12	40~80	1~5.00	热封单室不吊线和挂牌	无
	YD-11	45~80	1~5.00	热封单室有吊线和挂牌装置	无
	YD-10	30~60	1~5.00	热封单室有吊线	无
中国台湾和富实业忠山机械厂	JS6A	34~50	1.00~6.00	热封单室	纸

洛阳南峰机电设备制造有限公司的产品，CCFD6 型的结构和性能实际上相当于阿根廷 MAISA 公司的 EC12B 型、DXSC8 I 型相当于 EC12 型、DXDC8 II 相当于 EC12Y 型。中国和阿根廷机型性能基本相当，只是中国机型的包装效率较阿根廷机型略低。天津轻工包装机械厂和厦门市宇捷包装机械有限公司生产的袋泡茶包装机，生产率均较低，特别是 DCH160 型、YD-11 型、YD-12 型等机型，仅包内袋，不能包外袋，滤纸茶包裸露在外，不够卫生。但是中国生产的机型，尤其是洛阳南峰机电设备制造有限公司的产品，性能稳定，比较适合中国国情，不仅在国内获得普遍应用，并已有少量出口。洛阳南峰机电设备制造有限公司和中国其他袋泡茶包装机制造企业生产的机型，最大包装量可达每袋 5g，可用于茶叶和保健茶的包装。这些机型使用的双面热封型内袋滤纸，国内已能生产供应，外袋和标签纸等材料的生产和印刷技术也已成熟，故国内的袋泡茶生产企业，除少数大型袋泡茶生产企业外，一般均首选国产袋泡茶包装机机型。

四、 袋泡茶加工工艺及作业流程

袋泡茶包装机之所以能以结构复杂和精密度高而著称，是因为它能将以下一系列功能在一台机器上完成，并且机器结构虽复杂，但操作却简单：①内包装滤纸、外包装纸和标签纸等的传输；②内、外包装袋的折叠加工；③茶叶等包装物料的计量、装料；④内袋茶包的挂线、粘标签、装入外袋并封边；⑤茶包的计数、外包装盒的制盒和将袋泡茶茶包装盒。

袋泡茶的生产过程中，在包装的茶原料拼配完成后，即可使用袋泡茶包装机进行袋泡茶的全过程包装。除最后防潮玻璃纸的包裹和成盒袋泡茶的装箱外，都是在袋泡茶包装机上连续完成的，可以说袋泡茶加工是一种机械化、自动化程度很高的再加工茶叶产品。

一台功能齐全的袋泡茶包装机，在进行袋泡茶包装时，其包装工作原理和作业过程如图 13-10 所示。

袋泡茶包装机开始作业前，将需包装的茶叶原料投入贮料斗内，并将卷筒式内袋滤纸、标签纸、外包装纸和纸质分隔板、包装纸盒用纸以及标签吊线线卷，分别安装到各自的支架上，并分别将其调整到可立即进入工作状态。开动包装机，这时滤纸卷筒 1 上的滤纸，将被传送系统自动送向 2 处，由该处的自动拼接和成型机构使包装内滤纸袋成型，继续前进到 3 处，由进料机构将包装原料茶通过容积量杯量取规定重量、并被送入成型的滤纸袋中，并在 4 处由热封辊将茶包两侧封口；这时，棉线卷筒 6 上的棉线，由输送机构自动送向 5 处，即棉线热封材料滚筒处；同时，标签纸卷筒 7 上的标签纸，由传动系统自动送至 8 处，由标签自动折叠和拼接机构使标签成型；此后，充好茶叶原料的内袋、棉吊线和标签又被同时送至 9 处，并被继续送至 12 处，由这里的热封辊将茶包滤纸内袋最后封口，并自动将棉吊线和标签封在滤纸内袋茶包上，并继续送至 13 处；与此同时，外包装纸卷筒 10 上的外包装纸，也被传送系统自动送至 11 处，被外袋成型机构自动成型，并被继续送至 13 处，在 13 处滤纸内袋茶包被自动装入外袋，并继续送至 14 处，外袋被自动封口成型，就这样一袋完整的袋泡茶已全部包装成功。此后，完成外袋包装的袋泡茶，被继续送至 15 内堆叠，15 是一只用于盒内包装的外包装塑料袋，每袋堆叠的茶包数量，即为每盒包装的袋泡茶茶包数，一般有 10 包、20 包和 50 包

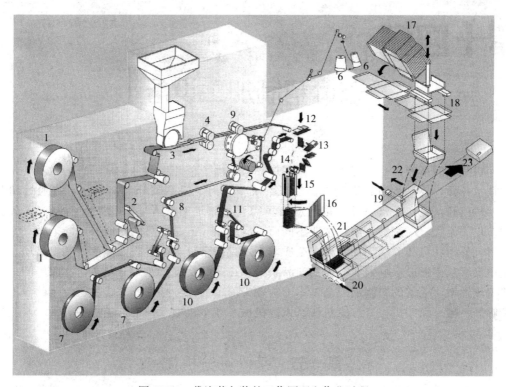

图 13-10　袋泡茶包装的工作原理和作业过程

等，可在包装机上给予设定；当一盒的袋泡茶数量装满时，16 处的纸质隔板就会由送入机构自动送至 15 处一片，用于每盒堆叠茶包数量的分隔；这时，业经事先印制、分割好的外包装盒纸板坯，就放在纸板坯储存送料装置 17 内，并被传送系统自动连续一片片送到纸盒折叠成型装置 18 处折叠成型，成型的纸盒继续前行，到纸盒编印标记装置 19 处，被打码标记，并继续前行至 20 处，则 15 处的袋泡茶即会自动装入纸盒，并在 21 处对纸盒封口，完成盒装袋泡茶的包装。茶盒继续前行，若有缺陷产品，在 22 处有自动检测装置，发现后会立即推出机外；合格产品从 23 处被送出机外。然后，即可送出进行防潮玻璃纸的包装和装箱，从而完成全部袋泡茶的生产。

第十四章 CHAPTER 14
中国茶叶机械化技术与装备
茶叶精制加工设备

初制后的茶叶，品质特性已经基本形成，但由于茶叶生产分散，采摘老嫩不一，初制技术各异，故毛茶的品质规格仍然很不统一。为了提高茶叶商品价值，需通过精制（筛分整理），使产品规格化，以适应市场需要，满足消费者要求。茶叶精制（筛分整理）作业流程，因茶类和加工企业不同而不尽相同。但总的目的是区分茶叶老嫩，整饰外形，分出花色和等级，剔除梗末杂质，干燥过高水分、改善香气滋味，调整品质，稳定质量，从而形成市场上所需要的商品茶。以往茶叶精制工艺十分复杂，现因鲜叶采摘普遍较细嫩，毛茶的精制加工已基本上被较为简单的筛分整理所替代。所使用的设备包括筛分机械、切茶机械、拣剔机械、风选机械、炒车机械、匀堆装箱机械等。

第一节　茶叶筛分机械

筛分作业的目的是将毛茶分出长短粗细（条形茶）或大小（圆形茶、颗粒茶），并筛去茶末，使外形整齐，符合规格；同时，筛出粗大茶，以便切细后再进行筛分。因此，茶叶筛分机械是精制加工中最基本的机械。

一、茶叶筛分机械类型和筛号含义

茶叶精制（筛分整理）最常用的筛分机械包括圆筛机、抖筛机以及近年出现的旋转振动筛分机等。

各种筛分机械都离不开筛网。筛网有编织筛与冲孔筛两种：编织筛多用镀锌低碳钢丝编织而成，其孔眼为正方形。因取材方便、制造简单，故采用较为普遍，但其缺点为筛孔的对角线比底边长41%，筛分的均匀度较差；冲孔筛的孔眼是圆孔，筛分的均匀度较好，但有效面积小，且成本高，故很少采用。茶叶界习惯上把编织筛筛网每平方英寸[①]中的筛孔（目）数（孔/吋）作为筛号，通过该筛号而未通过小一号筛号的茶叶叫做该筛号的筛号茶，如每平方英寸中有4个筛孔（目）（4孔/吋）的筛网，就叫4孔筛，4孔筛筛下而未通过5孔筛的茶就称为4孔茶。

二、茶叶平面圆筛机

茶叶平面圆筛机是茶叶精制中最常用的筛分设备，常被用于茶叶的筛分和撩筛作业。

筛分是精制加工的主要作业之一。毛茶经复火后一般先经过平面圆筛机筛分，使条

---

① 英寸，也作吋，非法定计量单位。1吋=2.54厘米。——编者注

形茶分出长短，圆形茶分出大小，便于分路加工。撩筛是进一步把不符合要求的长条茶或粗大颗粒撩出，同时也把不符合要求的短小茶筛出，使各档筛号茶的长短或大小进一步匀齐。

（一）平面圆筛机的工作原理

平面圆筛机作业时，筛床作质点轨迹为圆的水平平面运动。待筛分的茶叶，由上叶输送装置送入筛床最上一层筛网上，茶叶随着筛床的运动而迅速散开，平铺满布于筛网上。同时，由于筛网前后作一定角度的倾斜布置，并且因茶叶的惯性作用，茶叶与筛面产生相对滑动，长短（或大小）尺寸小于筛孔尺寸的茶叶即通过筛孔下落，落到下一层筛网上，继续筛分。留在筛面的那部分茶叶沿筛面微倾的倾角逐渐从高处滑至低处，集中到出茶口处出茶。这样，自上而下依次通过几层筛孔由小到大的筛网，便可将茶叶分出数档长短（或大小），分别从各个出茶口流出。通过筛分和撩筛作业，分离出一定规格的筛孔茶，达到筛分的目的。正是为了分出茶叶的长短（或大小），平面圆筛机工作时，要求筛面上的茶叶只能滑动而不能跳动。如果有跳动产生，则茶叶就可能因跳起垂直从筛孔中穿出，使长的不该通过筛孔的茶叶通过筛孔而造成误筛，影响筛分质量。因此，在设计平面圆筛机时，充分考虑运转的平稳性是至关重要的。

除了上述原理的平面圆筛机外，也有少数茶叶加工企业使用滚筒圆筛机进行筛分作业。其工作原理为微倾的滚筒筛旋转，茶叶从上端进入滚筒筛后随滚筒筛旋转，带到一定高度时，向下散落或沿筛网滑下，小于筛孔的茶叶便通过筛孔下落，不能穿过筛孔的茶叶随滚筒筛旋转前进。由于筛孔的规格沿轴向分做几段，由小到大排列，故可继续筛分，直至不能通过筛孔的粗大茶叶由滚筒末端流出。滚筒圆筛机的筛分质量较平面圆筛机差，一般用于粗分。

（二）平面圆筛机的主要结构

平面圆筛机的结构主要由机架、筛床座、筛床，传动机构、茶叶升运装置等组成（图 14-1）。

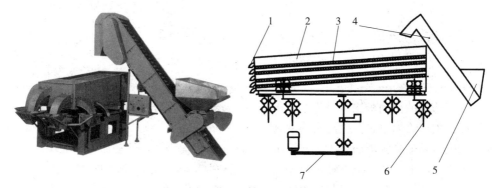

图 14-1　平面圆筛机及其结构示意

1. 出茶口　2. 筛床架　3. 筛床　4. 茶叶升运装置　5. 接茶斗　6. 从动机构　7. 主动机构

机架即机器的底座，一般由铸铁浇铸而成，也有用型钢焊接的。主要是保证机架的稳固，机架稳固才能使筛床运转平稳，使茶叶在筛面上仅有滑动而无跳动，筛分效果好。机架一端设有电动机座，用以安装电动机。

筛床座通常由槽钢焊接而成，筛床安装在筛床座上，由筛床座带动筛床一起运动。

筛床由四面墙板围成，内置 4 面不同筛孔的筛网。筛床后侧有用以压紧筛网的弹性压紧门。筛网由后向前有 6.5°或 5°的倾角，一般 6.5°倾角用以条形茶筛分，5°倾角用于圆形茶筛分。筛分出来的茶叶分别由 5 个出茶口出茶，各出茶口的挡板处都有橡皮垫，以防止漏茶。由于平面圆筛机筛分时，会有部分扬尘散出，故有的在筛床上方装有吸尘罩，有的还在筛床出茶口装上罩袋，与除尘设备相连，以减少车间内的扬尘污染。

筛网由镀锌铁丝网和矩形木框架构成。平面圆筛机配备筛网的多少，视各类茶叶加工工艺要求而定，一般出厂时配有筛孔规格为 3、4、5、6、7、8、10、12、16、18、20、24、32、40、60、80 孔等筛网 10 余面，可根据不同作业的需要，随时更换。常用筛孔大小以及对应所筛分出的筛号茶如表 14-1 所示。

表 14-1　筛孔大小和筛号茶对照表

筛网规格 目/（25.4×25.4）mm	筛孔边长 mm	筛号茶	归段
3	8.0	3 孔	茶头
3.5	7.0	3.5 孔	
4	6.0	4 孔	上段茶
4.5	5.0	4.5 孔	
5	4.0	5 孔	
6	3.5	6 孔	
7	3.0	7 孔	中段茶
8	2.7	8 孔	
9	2.5	9 孔	
10	2.2	10 孔	下段茶
12	1.8	12 孔	
16	1.2	16 孔	碎茶
18	1.0	18 孔	
24	0.8	24 孔	下脚茶
36	0.5	36 孔	

平面圆筛机的传动机构可分为主动机构和从动机构两部分，主动机构由电动机、三角胶带传动、主动曲轴组成。主动曲轴下端的轴承座安装在机架上，上端的联结座用螺钉与筛床座连接，曲轴旋转带动筛床座与筛床运动。从动机构为四根从动曲轴，上端与筛床座四角支座相连，下端与机架上轴承座相连，当主动曲轴转动时，从动曲轴随之一起转动。由于从动曲轴的偏心距与主动曲轴的偏心距相同，故平面圆筛机的运动实质上为一平行四连杆机构运动，筛床相当于连杆，筛床上任一质点均作轨迹为圆的平面运动。

曲轴的偏心距一般为 38mm，而用于圆形茶筛分的平面圆筛机的偏心距常用32mm，回转速度有每分钟 180 转左右和每分钟 220 转左右，前者用于筛分作业，后者用于撩筛作业，一般通过更换三角带轮的大小来变换回转速度。在用于圆形茶筛分时，曲轴回转速度一般稍低。

上叶输送装置是一个独立的辅机,可用于平面圆筛机,也可用在抖筛机等其他机器上。它由贮茶斗、斗式输送带、下料件、接茶斗、传动机构、电气开关箱等部分组成。有的底部装有行走轮,便于移动。贮茶斗的进茶门可以调节,以控制圆筛机的茶叶筛分量。上叶输送装置作业时,输送带运转,贮茶斗中茶叶进入输送带上的小茶斗,由小茶斗带到顶部下料落到筛网上。输送带下端设有一抽屉式接茶斗,以贮存从输送带上漏下的回茶。

(三)平面圆筛机的平衡设计

平衡块的设计是平面圆筛机设计的重要组成部分,为了保证圆筛机的正常工作,应认真对待。

1. 平衡块设置的意义 如上所述,平面圆筛机作业时筛床部分在作质点轨迹为圆的平面运动,并且因为筛床与筛床座具有一定质量,故运转时就必然会产生较大的离心惯性力,离心惯性力作用方向时刻变化,造成平面圆筛机产生显著的振动,不仅机器本身振动,甚至也会使厂房产生振动,并且此时机器噪声增大,严重时影响机器的工作性能。为此,通常采用在曲轴上设置平衡块的方法,平衡筛床所产生的离心惯性力,以最大限度地降低整机的振动,有利于筛分质量的提高。实践表明,若平面圆筛机平衡块设置得当,甚至可在不安装地脚螺栓的情况下直接使用。

2. 平衡块的计算与设计 为了设计和配备合适的平衡块,首先应算出筛床部分的离心惯性力大小。根据动力学原理,作用于质心的离心惯性力 F 的大小为:

$$F = mr\left(\frac{\pi n}{30}\right)^2 \text{ (N)} \tag{14-1}$$

式中:F——筛床部分的离心惯性力 N;

　　m——筛床部分的质量 kg;

　　r——曲轴的偏心距 m;

　　n——曲轴转速 r/min。

而离心惯性力的方向则因质心作轨迹为圆的运动而随时变化。故要求设置的平衡块产生与离心惯性力大小相等、方向始终相反的力 F'。

$$F' = m_1 r_1\left(\frac{\pi n}{30}\right)^2 \text{ (N)} \tag{14-2}$$

式中:F'——平衡块的离心惯性力 N;

　　m_1——平衡块的质量 kg;

　　r_1——平衡块质心的回转半径 m;

　　n——曲轴转速 r/min。

可见为了使 $F = F'$ 则必须

$$mr = m_1 r_1 \text{ (kg·m)} \tag{14-3}$$

这就是说,必须使筛床部分与平衡块各自的质量与质心回转半径的乘积相等,方可使惯性力获得平衡,并且从式中可以看出,与曲轴的转速 n 无关,即转速的变化不会破坏已经获得的平衡。

平衡块一般设计成扇形,扇形平衡块的质量与质心回转半径的乘积,可用下式进行计算。

$$m_1 r_1 = 0.667 \left(R_1^3 - R_2^3 \right) \sin\alpha/2 \cdot \delta \cdot \rho \quad (kg \cdot m) \tag{14-4}$$

式中：R_1——扇形平衡块外圆半径　m；

　　　R_2——扇形平衡块内圆半径　m；

　　　α——扇形平衡块的圆周夹角　°；

　　　δ——扇形平衡块的厚度　m；

　　　ρ——扇形平衡块的材料密度　kg/m³。

上式中扇形块的圆周夹角一般取 120°，材料一般选用铸铁。

平面圆筛机平衡块的设置有两种方法，一是在中间主动曲轴上设置一个平衡块，即集中平衡法。它是在平面圆筛的结构确定后，首先计算出筛厂部分的质量与质心回转半径的乘积 mr 即平衡块的质量与质心回转半径 $m_1 r_1$，再用上式计算平衡块的外形尺寸，先确定 R_1、R_2、α、ρ，然后算出 δ。另一种平衡方法，是在 4 个从动曲轴上分别设置 4 个平衡块，即分散平衡法。每个平衡块的质心回转半径的乘积相当于集中平衡块的1/4，即（$1/4mr = 1/4m_1 r_1$）。

（四）平面圆筛机筛分质量指标及影响因素

平面圆筛机的机械性能，如转速、功率、振动、噪声等，均可通过仪器测定。而其制茶工艺性能，即筛分质量优劣的评定，过去均依靠感官审评，仅作定性评定，缺乏定量的性能指标。中华人民共和国机械行业标准 JB/T9188《茶叶平面圆筛机》的发布实施，基本解决了平面圆筛机的作业性能即筛分质量的评定问题。标准中规定的茶叶平面圆筛机筛分质量有筛净率与误筛率两个指标。

在进行两个指标评定时，标准规定先从平面圆筛机出茶口接取首面筛的筛上茶与筛下茶，试验筛分开始 15min 后取样，以后间隔 10min 取一次，每次各取 500g，共取 3 次，三次样品拼和拌匀，然后采用随机和对角线取出用于测定筛净率和误筛率的试验小样

筛净率是指毛茶或在制叶经筛分机某面筛筛分后，筛上茶与筛上茶中所含能够通过该筛网的筛号茶质量之差与筛上茶质量之比，以百分数（%）表示。具体做法是取上述筛面茶 100g，选用筛网与平面圆筛机首面筛筛孔大小一样的茶样筛分机（筛面直径 200mm、转速 200r/min、回转幅度 60mm），对 100g 小样进行筛分，筛分 5 转后，称取筛下茶的质量，筛上茶质量占筛分前 100g 茶样的百分比，即为筛净率（%）。

误筛率是指毛茶或在制叶经筛分机某面筛筛分后的筛号茶中所含的该筛筛上茶质量与筛号茶质量之比，以百分数（%）表示。具体做法是取上述筛下茶 100g，使用上述同样的茶样筛分机并用相同运转参数对 100g 小样进行筛分，筛分 30min 后，称取样筛筛面茶的质量，筛面茶质量与筛分前 100g 茶样质量的百分比，即为误筛率（%）。

例如取炒青绿茶 4 号筛筛面茶 100g，样茶经茶样筛分，筛下茶质量为 3.5g，则筛净率为：

$$筛净率 = （100 - 3.5）\times 100\% = 96.5\%$$

再如取炒青绿茶 4 号筛筛下茶 100g，样茶经茶样筛分级，筛面茶质量为 7.5g，则误筛率为：

$$筛净率 = 3.5 \div 100\% = 7.5\%$$

由此可见，筛净率与误筛率分别表示了毛茶或在制叶经筛分机某面筛筛分后筛上、

筛下两路在制叶的筛分质量，筛净率反映了筛上茶的纯净程度，而误筛率反映了筛下茶的不纯净程度。

平面圆筛机作业时，往往使用 4 号筛作为首面筛进行炒青绿茶、8 号筛作为首面筛进行二至四套样中小叶种红碎茶、10 号筛作为首面筛进行一套样大叶种红碎茶的筛分整理（精制）加工作业。在此作业状况下，平面圆筛机作业性能指标如表 14-2 所示。

表 14-2　平面圆筛机主要性能指标

项　　目	性能指标		
	4 号筛	8 号筛	10 号筛
筛净率　%	≥93	≥88	
误筛率　%	≤20	≤10	≤10
生产率　kg/m²·h	≥1 100		
度电生产率　kg/kW·h	≥1 350	≥1 280	

影响平面圆筛机质量的因素可分为两类，一类是机械技术参数，如曲轴转速、偏心距、筛网倾角、筛网紧张度、筛网有效筛分长度等；另一类是筛分工艺参数，如被筛分的毛茶或在制叶的组成情况、容量、喂入量及喂入的均匀性等。

在一定的工艺条件下，筛分时间越长，必然可提高筛净率，但同时将增大误筛率；喂入量过多，则必定降低筛净率，同时也降低误筛率。因此，确定合理的筛分时间及适当的喂入量对平面圆筛机的筛分质量是相当重要的。

（五）平面圆筛机的操作使用

平面圆筛机的操作使用应注意下列事项。

（1）平面圆筛机是依赖曲柄旋转带动筛床运转进行作业的，本身惯性力较大，故安装机器的地面应平整和水平度良好，最好在机架下垫上较厚的橡胶板。

（2）作业前应对机器需润滑部位加注润滑油（脂），作业过程中也要定时添加并经常进行检查，发现不足应添加。

（3）开机前应确认压紧门已将筛网框压紧，并根据不同茶叶的筛分要求选用更换主动皮带轮和筛网。

（4）作业中应经常倾听机器运转有无异响，检查电动机和轴承等温升是否过高，若发现应停车检查排除后，再行启动运转。

三、茶叶抖筛机

抖筛也是茶叶精制加工的主要作业项目之一。主要是使条形茶分出粗细（圆形茶分出长圆），并套去圆身茶头，抖去筋梗，使茶坯粗细和净度初步符合各级茶的规格要求。抖筛作业中使用的茶叶抖筛机主要有两种形式，一种是前后往复抖动式，一般称作茶叶抖筛机；另一种是上下垂直振动式，称为茶叶振动抖筛机。茶叶抖筛机又有短抖筛与长抖筛之分；茶叶振动抖筛机又有电磁振动与机械振动两种不同的激振方式。

（一）往复式抖筛机

往复式抖筛机是一种依赖筛床作往复运转而进行作业的抖筛机，也是生产中最常见的抖筛机。

1. **工作原理**　以往复式茶叶抖筛机为例，作业时筛床由曲轴和连杆带动而作往复运动，当需筛分的茶叶被送上筛网后，由于筛网与水平面有一定的倾斜角度使茶叶沿筛面纵向前进，同时，借助于缓冲机构的弹簧钢板的弹力，使筛床不仅有前后往复抖动，而且有轻微的上下跳动，因而使筛网上的茶叶能直立起来，细小的垂直穿过筛孔，粗大的在筛面上向出口移动，从而分出茶叶的粗细（或长圆），起到抖头抽筋作用。

2. **主要结构**　往复式茶叶抖筛机的主要机构由筛床、传动机构、缓冲机构和输送装置等部分组成（图 14-2）。

 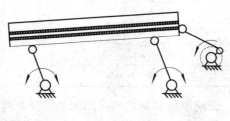

图 14-2　往复式抖筛机及其筛床运动示意

筛床有一层和两层两种，最常用的是有两层筛床的双层抖筛机。该机筛床分为上、下两层，每一层筛床各可安置两面筛网，即每台机器共能安装四面筛网。筛床纵向向前倾斜，倾斜角度可借助于螺旋升降机构在 0°～5°范围内进行调节，以适应不同作业要求。上筛床进茶端与输送装置相衔接，进茶处可以贮存一定容积的茶叶，并设有闸门可以调节进入筛面的茶叶量。上筛床有两个出口及一只出茶抽屉，可按照制茶工艺的要求抽出或放入，以控制茶叶流向，抽屉抽出可使茶叶进入下层筛床，抽屉放入则直接出茶，下筛床有 3 个出茶口。

筛网结构与平面圆筛机相同，一般出厂配有 6、7、8、10、12、14、16、18 孔筛网，用户可根据制茶工艺的需要组配，也可自行增加筛网的规格。筛网可在筛床的一侧横向装拆，以便根据制造工艺的不同要求调换不同规格的筛网。上、下筛床两侧均开有长槽，目的是便于在筛网底部刮筛，防止筛孔堵塞。

传动机构由机架、电动机、三角皮带传动、曲轴、连杆和飞轮组成。机架由铸铁浇铸或型钢焊接而成，上设可调的电动机座，用以安装电动机。动力通过三角皮带传动至曲轴，曲轴的主轴承座安装在机架上，三个曲轴颈上套三根连杆，中间一根连杆联结一个筛床，两侧的两根连杆联结另一个筛床，因此曲轴转动时带动上、下筛床往复运动，且两筛床相位差 180°，有利于机器作业时的工作平衡。连杆的两端制成螺纹，以便调节连杆长度。曲轴的一端装有飞轮，以贮存能量，使运动平稳。曲轴转速一般为 250r/min，偏心距为 20～25mm。

缓冲机构主要由弹簧钢板及铰链组成。每层筛床均由四根扁弹簧钢板支持，弹簧钢板下端固定在底座上，上端通过夹紧圈与铰链相连接并通过连接板连接筛床。在筛床前端的缓冲结构中，还设有升降丝杆，用来调节筛床的倾斜角度。当传动机构通过曲轴连杆带动筛床往复运动时，弹簧钢板来回摆动，由于弹簧钢板具有一定的弹性，故使筛床产生一定上下抖动的效果。

上叶输送装置与平面圆筛机的输送装置相同，是独立的辅助装置，置于抖筛机的进茶端。

（二）振动抖筛机

振动抖筛机的振动是由激振器完成的，激振器的形式有电磁激振式与机械激振式两种，常见者多为机械激振式。此外尚有一种旋转式振动筛分机。

1. 机械激振式振动抖筛机　机械激振式振动抖筛机由激振器、筛床、缓冲装置（弹簧）、机架等主要部分组成。

机械激振式振动抖筛机，是利用偏心块的旋转为振源，使筛床上下振动，茶叶直立起来穿过筛孔，达到筛分之目的。振动频率为 15.5Hz。激振力的作用线通过筛床的重心，并且方向与筛网垂直，使筛床工作稳定可靠（图 14-3）。

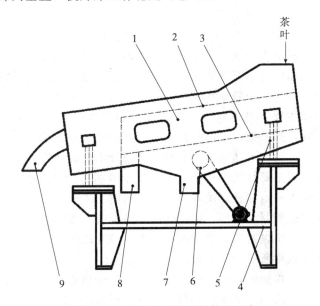

图 14-3　机械激振式振动抖筛机示意
1. 筛床　2. 上筛面　3. 下筛面　4. 机架　5. 缓冲弹簧　6. 激振器
7. 筋梗出茶口　8. 正茶出茶口　9. 头子茶出茶口

筛床结构直接影响机器的工作性能，要求保证有足够的刚度，并尽可能减轻重量。筛网要求绷紧，如有松弛下陷，会影响筛分效果，甚至不能正常工作。缓冲装置通常采用圆柱螺旋弹簧。

振动激振式振动抖筛机的优点是结构简单、机架振动小，不用安装地脚螺栓即可使用。这种抖筛机穿透性好，筛孔不易堵塞，可以做到基本上不用刮筛，既减轻了劳动强度，又减少了碎末茶的产生。

此外，还有一种形式的振动式抖筛机，它兼有往复式与激振式振动抖筛机的特点，通常也把它归于振动抖筛机范围。它的传动机构也采用曲轴连杆机构，但转速较高，一般约为 500r/min，而振幅较小，一般约为 16mm。筛床水平放置，通过与水平面成 12°～15°左右的两排钢板弹簧片支承在机架上，因此连杆带动筛床作接近于垂直的上下振动，同时又伴随着轻微的前后抖动，使茶叶既能上下跳动，又能沿筛面纵向前进，起到分出茶叶粗细的作用。这种形式的抖筛机一般在筛网底部有筛网清扫器（自动刮筛机构），较适宜与其他精制茶机组合在一起使用，实现立体联装作业。

2. 电磁激振式振动抖筛机　电磁激振式振动抖筛机是一种由电磁力驱动的振动抖筛机，具有震动频率高、振幅小、消耗功率低、工作稳定可靠等优点。主要结构由电磁激振器、筛床、减振装置、进出茶装置和机架等部分组成。电磁激振器装于筛床下，其激振力的作用线与筛网平面垂直，并且通过筛床的重心，筛床、电磁激振器底板、平衡铁、工作弹簧的一部分和筛面上的茶叶组成机器的前质量，振动板、电磁线圈、铁芯、工作弹簧的另一部分和配重板等组成后质量。前、后质量通过一组螺旋弹簧联系在一起，组成双质量点定向弹簧振动系统。按机械振动学谐振原理，将电振抖筛机的固有圆频率 W_0 调到与电磁振动器电磁力的圆频率 W 相近，其比值 $Z＝W/W_0＝0.90\sim0.95$，使该机可在低临界共振状态下工作。

3. 旋转式振动筛分机　茶叶精制作业使用的旋转式振动筛分机，系 20 世纪 80 年代中期研制成功。该机是为克服上述两类筛分机械的不足而研制，因为上述两类筛分机械的筛床振动均是电动机通过减速传动部件带动，结构复杂，金属材料消耗大，并且受结构的限制，筛分频率和筛分效率均较低，如要通过提高振动频率而提高筛分效率，则会增大惯性力而加速主要部件的磨损，因此为达到筛分目的，只能选用较大振幅。同时，除振动抖筛机外，筛子振动方向与筛网平面平行或成不大倾角，造成生产率不会很高，筛网孔也易堵。正因为上述原因，业界开发设计出旋转式振动筛分机。

旋转式振动筛分机主要结构由机座、弹簧支承及机体组成。机座为铸铁浇铸而成，呈圆筒状。弹性支承为一组圆柱螺旋弹簧，置于机座上端面，沿圆周均匀分布，用来悬挂支承机体。机体由激振器、筛框、筛网、出茶口及密封罩等组成，轮廓呈圆筒形，激振器由一双出轴的电动机以及装在出轴两端的上下偏心块组成，偏心块的质量及偏心距均可调节，以形成和获得所需的振动规律。

旋转式振动筛分机作业时，在激振器偏心块产生的离心惯性力即弹簧的作用下，机体产生有规律的振动。待筛分的茶叶经机体上端进料口喂入第一层筛网后，即随着机体的振动均匀分布于筛网上，并沿一定的轨迹向筛框边缘跳动，透过筛孔的茶叶将会在下一层筛网上作同样的筛分运动。经分层筛分后，筛面茶及筛下茶分别从各层的出茶口排出，达到筛分目的。

旋转振动筛分机作业时，特别是在高速振动（20Hz 以上）作业时，分离过程进行得较快和较充分，具有较高的筛分强度，单位有效筛分面积生产率高，筛分质量好。并且该机可直接利用电动机产生高速振动进行筛分作业，不需传动件减速传动，减轻了机器重量，降低了筛分机械的能耗。由于高速振动，茶叶的内外摩擦力降低，使茶层的性能接近于流动状态，可以避免筛孔的堵塞。筛网配置可从 3 孔筛到 200 孔筛，适应性较广，可适应于珠茶、眉茶、条形红茶和红碎茶等各类茶叶的筛分。不足是机器震动和噪声均较大（图 14-4）。

四、 茶叶飘筛机

茶叶飘筛机是一种常用于条形红茶（工夫红茶）精制加工的筛分机械，绿茶筛分整

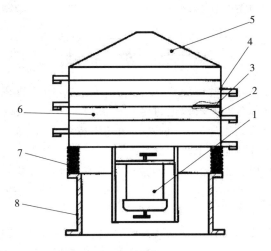

图 14-4　旋转振动筛分机
1. 激振器　2. 筛框　3. 筛网　4. 出茶口　5. 密封罩
6. 机体　7. 弹性支承　8. 机座

理中使用不多。主要用于分离相对密度较近似，下落时呈水平状态的轻质黄片、筋梗等夹杂物，往往被用于茶叶风力选别机无法分离的茶叶。

　　茶叶飘筛机的主要结构由机架、传动机构、筛框与筛网、上叶输送装置等组成。一般为一机两筛，呈左右对称的天平状。机架用型钢焊制，用于安装机器所有部件。传动机构由电动机、蜗轮蜗杆减速箱、曲柄连杆和中心轴等组成。作业时电动机通过减速带动曲柄连杆并连接中心轴带动筛框与筛网上下跳动，跳动频率为 $150\sim300$ 次/min，跳动行程在 30mm 上下。同时涡轮蜗杆减速器的空心输出轴以 5r/min 上下的转速带动网框及筛网作水平旋转运动（图 14-5）。

图 14-5　茶叶飘筛机

　　茶叶飘筛机使用编织型筛网，筛网的锥度通过筛框四周的 8 根拉条进行调节，以改变茶叶在筛面上的流动速度，筛网的外圆通过螺栓固定在筛框上，随着筛框的运动而运动。筛框的上部设有进茶斗，可用人工直接将茶叶投入斗内，也可以配用上叶输送装置进行投叶。上叶输送装置由主机的传动横轴通过减速驱动斗式输送带，特点是将茶叶分隔成二行，这样茶叶就分成二路进入过度斗，继续分成两路分别进入左右筛框的筛网中。在进茶斗下方设有接茶盘，盘内设有匀茶器，安装在接茶盘下的振动轮产生振动，使茶叶不断且均匀地铺撒在筛面外缘。

　　茶叶飘筛机的筛网为锥角很大的圆锥形筛网，作业时一边上下跳动，一边作缓慢的水平旋转运动。待筛分的茶叶从筛边投入，在筛分过程中逐步向中间移动，由于筛面的上下跳动将茶叶抛起，其中较重而质优的茶叶先行落在筛面上，不断与筛网接触，易于通过筛网落下。较轻质和劣质的黄片、筋梗等随后落下，与筛面接触机会极少而留在筛面上，最后移到中间从锥端的孔中流出，从而达到筛分之目的。筛面之所以设计成兼有水平旋转，主要是为了使茶叶在筛网上分布均匀，利于茶叶透过筛孔。

第二节　切茶机械

初制加工形成的毛茶，茶叶中尚存在有粗大，勾曲、折叠或在茶梗尖梢附有嫩叶的茶条。茶叶筛分时，这部分茶叶难以通过筛孔而被夹杂在头子茶内，形成长圆不一。故需将其加工做细或剖分（切粗为细）、折断（切长为短），才能通过筛孔，成为符合规格的茶叶。切茶作业是茶叶精制中不可或缺的工序，常用的切茶机械有辊式切茶机、圆片式切茶机、螺旋式切茶机、螺旋滚切式切茶机及平面式切茶机等。

一、 辊式切茶机

辊式切茶机是一种使用滚转运动的切茶部件进行切茶作业的切茶机。由于辊式切茶部件结构不同，生产中使用的辊式切茶机有齿切式切茶机和辊切式切茶机两种。

（一）齿切式切茶机

齿切式切茶机亦称齿辊式切茶机，是生产中应用最普遍的一种切茶机。主要结构由切茶机构、机座、传动机构和贮茶斗等部分组成（图 14-6）。

切茶机构是齿切式切茶机的关键切茶部件，由齿辊与齿形切刀组成。齿辊有整体式的，也有组合式的。组合式齿辊用环形齿刀及齿刀垫圈间隔而成，环形齿刀间距由齿刀垫圈控制，每两片环形齿刀的节距应相等。齿辊与齿形切刀各刀齿之间的侧向间隙一般在 6～10mm，可通过调节手轮移动齿形切刀来调节，调节行程为 0～1.8mm，以适应不同茶类的切茶需要。茶叶由进茶门落入环形与固定齿刀间，由于旋转的齿辊齿刀与固定的齿形切刀的相对运动，将茶叶切断，故被称之齿切式切茶机。部分齿切切茶机设有切刀安全装置，当所切茶叶中夹有硬质杂物（如小石块、螺母、圆钉）时，产

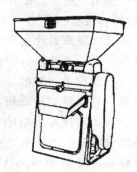

图 14-6　齿切式切茶机

生的切割力超过设计切茶力时，齿形切刀会自动让刀。待杂物越过齿间间隙掉下后，环形齿刀与固定齿刀会自动恢复原位。

机座由灰口铸铁浇铸而成，也可用型钢焊接。机座内设电动机座，用于安装电动机。一般电气开关箱也设在机座上。机座上小下大呈梯形，使机器运转时平稳可靠。

传动机构由电动机经三角皮带传动带动齿辊轴转动，齿辊转速 100～200r/min。

贮茶斗由钢板焊接而成，安装在切茶机构上面的茶斗座上。为了控制适当的进茶数量，茶斗下部设有可调节的进茶门，通过调节手轮控制进茶门的开启程度或关闭进茶门。

齿切式切茶机有剖分粗大茶体的效果，主要用于将粗大茶叶切细后再进行反复筛分，特别适用于头子茶和筋梗茶切碎，应用较广。

（二）辊切式切茶机

辊切式切茶机也是生产中常用的一种切茶机，主要结构由辊筒、切刀、机架、进出茶装置和传动机构等组成（图 14-7）。

辊筒与切刀是辊切式切茶机的关键切茶部件，辊筒是一对表面布满了大小相同的方形凹坑的圆柱形长筒，用铸铁铸成，两端有盖，心轴穿过辊筒筒心，安装在机架上。作业时，两辊筒以相同转速呈反方向转动。经进茶斗落下的茶叶，落入辊筒表面凹坑后随辊筒旋转并被带向与辊筒相距 0.5～1.5mm 的切刀而被横向切断。切刀通过刀轴装在机框两侧，刀刃与辊筒轴向平行，刀面处在辊筒的径向位置。为调整刀口对茶叶切断的阻力，在刀轴上装有平衡重杆，杆上配有饼状的平衡重块，用以调整刀口切断茶叶的切力。当夹杂物通过时，会骤然增大切刀的阻力。当阻力大于平衡力矩时，刀片产生旋转，让出夹杂物，避免了切刀的损坏。夹杂物通过后，刀片在平衡重块的作用下，自动恢复到原位，继续工作。为了适应不

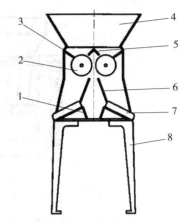

图 14-7　辊切式切茶机示意
1. 出茶导板　2. 辊筒　3. 切刀　4. 进茶斗
5. 进茶挡板　6. 出茶挡板　7. 出茶滑板
8. 机架

同粗细茶叶的切断需要，每台辊切式切茶机需备有几对凹坑尺寸不同的辊筒，同时，辊筒与切刀之间的间隙也应作相应的调整。

辊切式切茶机的传动机构是在两辊轴一端安装一对齿轮，两齿轮相互啮合，并且齿数相等，工作转速相同，由电动机经减速驱动作相互反方向转动，并与切刀配合，实施对茶叶的切断。辊切式切茶机所配电动机的功率为 0.8kW，主轴转速在 150～200r/min，生产率为 600～1 000kg/h。

二、圆片式切茶机

圆片式切茶机是一种主要用于轧碎筋梗茶的切茶机。它系利用一只能旋转带有刀齿的圆盘刀片，与一只固定刀片做相对运动，达到轧碎、剖切茶叶之目的。主要工作部件的圆盘刀片，是两个端面嵌有凹凸条形刀齿的圆盘，旋转者称动刀片，固定者称定刀片，刀齿断面为三角形。两个圆盘间的距离大小可以调节，以适应不同粗细的茶叶，切粗茶、长条茶距离宜大，切细茶、圆形茶距离宜小。圆片式切茶机的主轴转速为400r/min，配用功率 2～3kW，小时生产率为 300～400kg。

圆片式切茶机既能轧断粗大茶头，又能轧细过于粗大的子口茶，主要用于轧碎筋梗茶。缺点是切后碎末茶较多。

三、螺旋滚切式切茶机

螺旋滚切式切茶机是一种结构近似于碾米机式的切茶机。主要结构由切茶机构、机架、传动机构、进茶斗、出茶口等部分组成（图 14-8）。

切茶机构是螺旋滚切式切茶机主要工作部件，由螺旋滚筒与圆弧形筛板组成。滚筒前段用圆钢绕焊成螺旋作为输送部分，即茶叶推进段，后段用相同圆钢焊四条斜筋，为切茶段。圆弧形筛板用钢板冲孔制成，孔眼均匀排列，有长形和圆形孔眼两种筛板。长

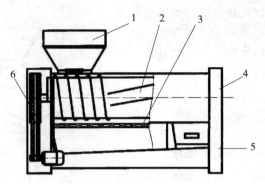

图 14-8　螺旋滚切机示意

1. 进茶斗　2. 螺旋滚筒　3. 筛板　4. 出茶口　5. 机架　6. 传动机架

孔筛板用于条茶切断，圆孔筛板用于珠茶切断，可根据茶类不同选用。滚筒与筛板之间的工作间隙一般为 20～30mm，可根据茶叶原料的粗细进行调节。作业时，当茶叶从进茶斗落入切茶机构后，在滚筒螺旋推进段的推送下，使茶叶集中在滚筒后段即切茶段与弧形筛板之间。当滚筒切茶段的斜筋对茶叶产生的作用力超过茶叶所需的切断力时，茶叶被切断并从筛板的孔眼中漏出，从出茶口流出。未切断的茶叶在斜筋的推送下从尾口排出。

螺旋滚切式切茶机的机架一般由型钢焊接而成。机架内装电动机。传动机构也十分简单，电动机经三角皮带传动带动螺旋滚筒转动。螺旋滚筒转速通常为 300r/min。

进茶斗固定在机架顶部的茶斗座上，内设调节口，可随时调节进茶口大小，以调节进茶量。

螺旋滚切式切茶机结构较简单，最大优点是保梗作用良好，就是茶梗被切断少，很有利于后续拣梗工序的拣剔，故常用于各类粗大的头子茶和筋梗茶的切断。

四、 平面式切茶机

平面式切茶机是一种茶叶处于平面状态下进行切断的切茶机。有两种类型，分别为平面往复式切茶机和平面圆筛式切茶机。

1. 平面往复式切茶机　平面往复式切茶机是一种筛、切结合的切茶机械，常在茶叶精制生产线的联装中应用。主要工作部件是一个往复运动的编织筛网与一组固定的平形切刀，茶叶依靠筛网与切刀的相对运动而被切断，并利用筛网的抖动使茶叶穿过筛网落下。由于筛网与切刀做相对移动的同时还伴随着抖动，切茶效率较高，筛孔亦不易堵塞。未切断的茶叶在筛面上不断向前移动，至尾端出口流出。该类切茶机有单层与双层两种形式，可根据茶叶原料不同对筛网进行更换。

平面往复式切茶机的切刀设有弹性安全保护装置，以保证上切茶叶中混有硬杂物时能正常作业。

平面往复式切茶机作业时，具有传动与运转平稳，噪声低，碎茶少的特点。

2. 平面圆筛机式切茶机　平面圆筛机式切茶机的主要工作部件为一冲孔筛板与一组交叉的切刀。筛板置于筛床内，运动形式与平面圆筛机的筛床运动相同，即作质点轨迹为圆的平面运动，切刀是静止不动的，茶叶依靠筛板与切刀的相对运动而被切断，从孔眼中落下。筛板有孔眼大小不同的几种规格，同时切刀与筛板间的间隙还可以调节，以适应不同粗细茶叶的切断。

平面圆筛机式切茶机切茶质量较好，切口有苗锋，产生的碎末较少，缺点是生产率较低。

五、 切茶机的操作使用和维修

切茶机应按照使用说明书要求进行安装调试，根据加工的茶叶状况和切断要求，选用符合切茶作业特点的切茶机，并根据切茶要求选用和配套筛网，调整好切刀间隙。作业前应检查并固紧有松动现象的紧固件，对各润滑点加注润滑油（脂）。因为切茶时往往茶尘飞扬，故应对单机或整个车间配备除尘系统。为避免铁钉、螺帽等金属杂物进入切茶机，应准备一块体型较大的磁铁放在进茶斗内。机器安装结束应进行试运转，开机前应认真检查进茶斗内有无异物，作业时应时刻防止铁钉、石块等杂物进入切茶机内。运转中如发现电动机温升过高或有异常声响，应停车检查排除后，方可再行开机投入作业。

第三节　茶叶拣梗机械

毛茶经过筛分、风选等精制加工后，仍还含有如茎梗、老叶、茶末等次质茶，茶叶拣梗机械的作用就是利用茶叶叶、梗物理特性差异，将茶梗从茶叶中拣除。常用的茶叶拣梗机有机械式、静电式和色差式等多种形式，其中机械式又有阶梯式和间隙式，静电式又有高压静电式和塑料（摩擦）静电式等。

一、 阶梯式茶叶拣梗机

阶梯式茶叶拣梗机是生产中使用最普遍的茶叶拣梗机，因主要工作部件的多槽板呈阶梯状布置，故名。

1. 阶梯式茶叶拣梗机的工作原理　茶叶精制作业过程中，一般是在筛分、风选后，使用阶梯式拣梗机进行拣剔。这时经过筛分的茶叶，质量、大小已近似，然而其中所含的茶梗，体形多长直而整齐且较光滑，重心在梗的中间部位，而叶的体形多短而弯曲且不匀称，重心往往也不在中间部位。一般情况下，需拣出茶梗的平均长度要比拣后茶叶长。阶梯式茶叶拣梗机就是利用这种叶与梗的物理性状差异，作业时拣床不断前后振动，使茶叶在拣床上纵向排列成行，沿着倾斜的多槽板向前移动，通过两多槽板间的空隙时，较短而又弯曲的茶叶在碰到拣梗轴前，重心已超过多槽板边缘而翻落在槽沟内，较长而平直的茶梗因重心尚未超过多槽板边缘，故能保持平衡不前倾，由拣梗轴送越槽沟，使叶与梗分离，达到拣除茶梗之目的。为了提高拣剔效果，一般要经几次分拣。

这种拣梗机在拣梗的同时，细长的茶条往往也会混入茶梗中。正是利用因茶条有长短，长条茶会被分离出的原理，故生产中阶梯式拣梗机有时也被用作条形名优茶加工中的分长短，例如有些扁形茶加工企业就是利用阶梯式茶叶拣梗机进行茶叶长短的分离，使茶叶条形更加均匀和整齐划一。

2. 阶梯式拣梗机的主要结构　阶梯式拣梗机由拣床、进茶装置、传动机构、机架组成（图 14-9）。

拣床是阶梯式茶叶拣梗机进行拣剔作业的关键工作部件。由左右墙板、多槽板、拣梗轴、出茶斗、出梗斗等组成。多槽板用铸铝经切削加工或用铝板冲压而成，床面分 3 段，一般为 4～6 层，前倾角度 8°左右，呈阶梯状排列，装置在左右墙板之间。茶叶经贮茶斗被送上振动拣床，进茶量可通过调节手柄进行控制。进入拣床的茶叶，由于拣床在不断振动，茶叶在最上层多槽板的圆弧形沟槽中均匀纵向排列，徐徐向下滑动，滑至两多槽板的间隙处时，由于拣梗轴的作用，使茶梗与茶叶分离，即茶梗以及较长的茶条越过拣梗轴汇集到出梗斗，而茶叶从上层多槽板进入下一层多槽板，继续进行拣剔。这样茶叶经过数层多槽板与拣梗轴的反复拣剔，使茶叶中的茶梗大部分被拣出。

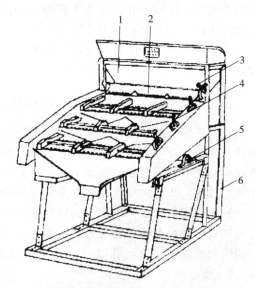

图 14-9　阶梯式茶叶拣梗机
1. 贮茶斗　2. 拣床　3. 进茶量调节手柄
4. 拣梗轴调节手柄　5. 传动装置　6. 机架

拣梗轴有光滑轴与浅槽轴两种，直径 6～7mm，位于两层槽板之间的空隙中间，其顶点应低于上层槽板沟槽的最低点约 0.5mm。拣梗轴离多槽板边缘的位置，可以通过手柄来调节，有的机型固定多槽板，移动拣梗轴；有的机型则固定拣梗轴、移动多槽板。两层槽板之间的空隙布置，一般采用第一、二层间隙较大，使最长的茶梗先行捡出，以后逐层缩小。也有采用第一、二层间隙最小，先将较细小的净茶分离出，然后再逐层拣剔茶梗的方法。拣梗轴的转速一般为 150r/min 左右。

进茶装置由进茶斗、铺茶盘、振动凸轮和匀茶器等组成，用于将上拣茶在振动状态下均匀送至拣床多槽板的各弧形拣槽内。

传动机构由电动机、三角皮带传动、偏心轴、链传动等组成。动力通过三角皮带传动传递到偏心主轴上，带动连杆，使弹簧扁钢板定向振动，从而使整个拣床产生振动。偏心轴又通过另一端的三角皮带传动及链传动带动各拣梗轴转动。也有利用偏心重块振动轴使拣床产生振动的结构形式，振动频率一般为 450～500Hz。

机架由型钢构成，为一具有一定斜度的方形架，通过安装在机架上的弹簧钢板，把拣床与机架连成整体。机架的后端高出拣床，上部设有贮茶斗，电动机座及主要传动部件也都设置在机架上。

3. 阶梯式拣梗机的操作使用　因为阶梯式茶叶拣梗机系采用振动原理作业的机械，故要求机器应安装在平整的地面上。安装前应使用水平仪对安装地面进行测量，以保证安装地面的水平。并且要在机器与地面之间放置厚橡胶垫，用地脚螺栓固紧，以减少振动和噪声。安装后要保证拣床的平衡稳定，否则将会造成拣床在运转中受力不均衡，易产生茶叶偏移甚至漏茶。为了提高拣梗效果，应注意在上一加工工序即切茶过程中，要尽量减少茶梗的切断。并且注意拣梗机作业时上茶要均匀，流量要适当，应以茶叶在多槽板弧形槽内能够直线排列并且滑行前进为宜，流量不可过大，否则将会造成拣剔不净。应根据上拣叶不同状况，进行拣床振动频率和多槽板间空隙的调整，以适应拣剔工艺要求，提高拣剔效果。

二、 高压静电式茶叶拣梗机

高压静电式茶叶拣梗机是一种利用静电原理进行茶叶拣梗的设备，茶叶精制作业中应用也较普遍。

1. 高压静电式茶叶拣梗机的工作原理　一个物体带电以后会对周围带电物体产生作用力，就是说此带电物体周围存在着电场。当一种不导电的物质、亦称绝缘体的电介质，通过静止不动的带电体产生的电场即静电场时，会产生极化效应。所谓极化效应是指分子偶极子有一定取向并增大其电矩的效应，也就是说电介质在静电场中，分子的正负电荷中心将产生相对移位，形成电偶极子，而且这些电偶极子的方向在静电场中都能自动沿着电场的方向，因此在电介质的表面上将出现正、负束缚电荷。高压静电式茶叶拣梗机作业时，在由正、负电极组成的电场中，茶叶就是一种电介质，会产生极化效应。组成茶叶各种成分的分子，会在指向正电极的方向感应出负电荷，同时在指向负电极的方向，会感应出同等数量的正电荷。根据同性相斥、异性相吸的原理，正电极会吸引感应出的负电荷，负电极也会吸引感应出的正电荷，两个吸引力的方向相反且在同一条直线上。如果这两个吸引力大小相等，则茶叶在电场中受到的合力为零，此时茶叶经过电场时不会产生偏移。由于电荷间的距离大小对电场力有着决定性的作用，距离近，电场力（吸引力）大，反之亦然。如将两电极作成圆弧形，曲率半径大的吸引力小，反之则大。为此在高压静电拣梗机中，设计了两个大小不等的圆弧形电极，使得两者产生的电场是不均匀电场，当茶叶流经这两个电极中间时，因受到正、负电极的吸引力有差异，从而使茶叶（包括叶和梗）的移动偏向吸引力大的一面，也就是在下落过程的同时作水平方向移动。

虽然电介质的极化在宏观描述时是一致的，但不同的电介质极化的微观过程却有差异。组成茶叶的各种成分中，水的含量不高，但由于水是强极性分子，所以在电场中的激化却是相当可观的，成为决定高压静电拣梗成效的关键。其他一些成分如多酚类、糖类、蛋白质等也或多或少地产生一定的激化作用，故不同茶叶总的激化作用存在差异。

茶叶中叶与梗所含水分及其他化学成分是不相同的，尤其是含水率不一样。通常干燥后的梗中含水率明显高于叶，经过回潮，虽然会有不同的趋势，但叶、梗间的差异是明显存在的。静电拣梗机就是利用这种物理性状不同达到拣除茶梗的目的。高压静电发生器产生直流高压，输送给静电辊（亦称电极筒），在静电辊与喂料辊（亦称分配筒）间产生了高压静电场。输入到拣梗机中的茶叶，经过喂料辊进入静电场后产生极化现象并在下落的同时，向曲率半径较小的电极筒偏移，即作抛物运动。由于叶、梗的极化程度不一样，两者水平方向的运动也不一样，通常茶梗偏移大、茶条偏移小，通过分离机构可达到分离长形茶条和茶梗的目的。

2. 高压静电式茶叶拣梗机的结构　高压静电式茶叶拣梗机的主要结构由高压静电发生器、分离机构、上叶输送装置、传动机构和机架等组成。

高压静电发生器一般由稳压器、调压器、升压变压器及倍压整流网络等组成。通过调节初级电压，产生 0～30kV 的直流高压，输送到静电辊上，满足茶叶拣剔作业的需要。

分离机构主要工作部件是静电辊及分离板。静电辊为一光滑的金属辊筒，端部设有滑环及电刷，静电辊直径 100～150mm，长有 500mm 和 700mm 两种，转速 100～150r/min。分离板为一斜置的绝缘板，通常用有机玻璃制成，由它的上边沿接受落下的茶梗。由于叶与梗在下落时没有明显的分界线，所以应根据实际情况适当调整分离板与水平面的夹角即分离角，以提高拣剔净度。为了提高拣净率，一般是设两组静电辊，使下落的茶叶再次经过第二个喂料辊进入第二层高压静电场，重复拣剔一次，以提高拣净率。试验表明，采用多级静电辊，拣梗率会逐级降低，误拣率也稍有增加，拣剔效果并不明显，反而造成结构庞大，成本增高，故一般采用两只静电辊为宜（图 14-10）。

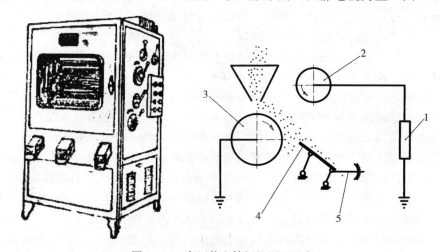

图 14-10　高压静电拣梗机原理示意
1. 高压电源　2. 静电辊　3. 喂料辊　4. 分离板　5. 分离板调节手柄

上叶输送装置包括贮茶斗、输送带、流量控制器、喂料辊等。用于输送茶叶和控制茶叶流量，均匀连续地将待拣茶叶送往高压静电场中。喂料辊可以是滚筒状，也可采用振槽或风力输送喂料。滚筒状喂料辊边旋转边输送茶叶，使进入电场的茶叶达到匀速。而振槽依靠振动使茶叶流过振动式淌茶板，并进行流量控制，均匀地输送到电场中去，具有茶叶铺得开、铺得匀的特点。

传动机构是由电动机经三角皮带传动减速，通过过桥轮轴驱动静电辊、喂料辊、输送带等机构的运转。

机架用于安装工作部件、传动机构和拣剔机构等，为型钢组成的框架，围以金属薄板，作为静电隔离。正面设门，门上部为透明玻璃窗，以便清理和监视工作进程。机架设有接地保护，以确保安全。

3. 高压静电式茶叶拣梗机的操作使用　如前所述，高压静电式茶叶拣梗机是利用茶叶的叶和梗在电场中所受的电场力存在差异的特性工作的，电场力的大小受多种因素制约。就茶叶本身而言，决定于茶叶的含水率、内含物质的化学构成和茶叶叶温等，故作业时操作技术要求较复杂，但决定性的因素还是茶叶含水率。

茶坯的含水率决定了电场对叶、梗吸引力的大小，茶坯中梗与叶的含水率差异决定了静电拣梗的拣净率与误拣率，故对付拣茶坯要求控制一定的含水率，即要求精制复烘后上拣的茶叶含水率要在 7% 以下。实际应用表明，通常最适合高压静电拣梗的茶叶含水率，绿茶为 6.0%～6.5%、条形红茶为 3.0%～6.5%，这时拣梗效果最好，然而红碎茶使用高压静电拣梗进行拣剔，含水率要求却不甚严格。同时，使用高压静电式茶叶拣梗机进行茶叶拣梗，还要考虑茶叶拣剔时的温度，即复烘后的搁置时间，一般认为复烘后不宜久置，在茶叶尚有一定温度时就付拣。实际应用还表明，茶叶外形对静电拣梗效果也有较大影响，关键是精制工艺上要注意尽可能保梗，如采取先拣后切。作业过程中要正确掌握机械的工作性能，一般情况下送到静电辊上的直流电压宜高，并且要合理调节分离板与静电辊之间的距离。

使用表明，高压静电式茶叶拣梗机对红碎茶的拣剔效果最好，几乎可以全部替代手工拣剔，其次是绿茶和条形（工夫）红茶。

三、 塑料静电式茶叶拣梗机

塑料静电式茶叶拣梗机是一种拣梗原理与高压静电拣梗机相同的拣梗机。但产生静电的方法不同，它利用表面包裹羊毛毡的辊子与塑料辊子相对摩擦产生静电场（羊毛辊带正电，塑料辊带负电），达到拣剔茶梗的目的。常被用于红碎茶的拣梗作业，以拣剔筋梗、毛衣效果最佳。

塑料静电式茶叶拣梗机的主要结构由塑料辊、羊毛辊、拣板、喂料盘、贮茶斗、输送带、机架及传动装置等部分组成。

塑料辊、羊毛辊和拣板是塑料静电拣梗机拣梗作业的关键部件。塑料辊一般采用聚氯乙烯制成，一只塑料辊和一只羊毛辊组成一组。两只辊子平行紧靠安放，两辊转向相同，羊毛辊转速 385r/min，塑料辊转速 25r/min。两辊间的压紧程度可以通过调节螺杆调节，以获得不同的电场强度，适应不同的原料。茶梗依靠塑料辊吸出。通常需通过几组反复拣剔，方可达到要求。

拣板是茶叶通过的滑板，为使茶叶均匀流动，要求拣板平整光滑。几道拣板作之字形或一字形排列。拣板与塑料辊之间的间隙可以根据上拣茶叶状况进行调整，拣板装在振动架上，随振动架振动。

喂料盘接受从输送带送来的上拣茶叶，振动送料，以保证将原料均匀地送到拣板上。

传动机构是电动机经三角皮带传动，分别带动振动轴和传动轴转动。振动轴驱动振动部分工作，传动轴经三角皮带驱动羊毛辊转动，用链条传动带动喂料斗跳动。另一方面经减速箱减速，并通过链传动驱动塑料辊，再由链传动驱动上叶输送装置的输送带运转。

四、 间隙式茶叶拣梗机

间隙式茶叶拣梗机是一种利用粗、细差别原理对茶叶进行拣剔作业的新颖拣梗设备。

1. 间隙式茶叶拣梗机的工作原理　间隙式茶叶拣梗机是利用一对斜置并且反向旋转的辊轴所形成的较精确间隙将较粗叶条与较细的茶梗分离开来。作业时贮茶斗内的待拣茶叶经振动送料器输送，沿淌料板经流量控制器分成若干路（现用者为 10 路），均匀地送到对应的 10 对斜置的辊子槽隙间。由于每对辊子互为反向旋转（右边的辊子顺时针旋转，左边的辊子逆时针旋转），在辊子槽隙上的茶叶沿轴向下流动，同时被旋转的辊子上抛，使茶叶在辊子槽隙上跳动。由于槽隙很细，仅能让细小的茎、梗通过而落下，叶条因粗大和较粗大的茎梗则沿辊轴向轴端流出，达到分离的目的。辊子槽隙可视付拣茶叶状况不同而作联动调节。辊子上方设有喷气装置，喷出的气流对茶叶有增加流速，促使其翻动以利茎、梗下落的作用。

2. 间隙式茶叶拣梗机的主要结构　间隙式茶叶拣梗机主要结构由拣床、振动输送装置、传动装置和喷气装置四部分组成。

拣床是间隙式拣梗机拣梗的主要工作部件，拣床倾斜度为 18°。拣床上斜置着 10 对相互反向旋转的辊子，每对辊子间存在着两档不同的间隙可同时将不同的拣头分开，前端间隙小于后端。10 对辊子的间隙采用联动机构仅用一只手轮调节，可保持一致，从而保证拣剔性能一致。槽隙调节范围为 1.1～2.2mm。拣床下面设有两个拣头出口，分别排出两种不同拣头，拣床尾端设一拣底出口。

喷气装置是为了增加茶叶流速，促其翻动以便于茎梗通过间隙而设置的。每个喷头对应一条辊子对的槽隙。喷头与辊子轴线的夹角可根据需要任意调节，一般将此夹角定在 10°～15°。

振动输送装置采用偏心惯性振动式，振动盘分为前后两段，后段输送速度高于前段，使茶叶之间的距离逐渐拉开以利于形成单一、快速、均匀的下落线。振动盘上方装有流量控制器（匀茶板）以调节入拣茶叶的流量。

传动装置采用无极变速器调速，变速范围为 2 : 1～1 : 2，转动变速器的调速杆可调节辊子在 300～1 000r/min 的范围内变化，从而调节了茶叶在辊子槽隙上的流动速度。

五、 色差式茶叶拣梗机

色差式茶叶拣梗机是一种应用电脑和色差测定技术相结合而完成茶叶拣梗作业的高技术和高精密度茶叶拣梗机，也是近年来在国内茶叶拣梗作业中获得应用的最新型茶叶拣梗机械。

（一）色差式茶叶拣梗机的推广应用背景

茶叶生产过程中，拣梗是一种特别消耗劳动力的作业。特别是名优茶和高档绿茶等，鲜叶嫩度好，成茶梗、叶差别小，对拣梗机的性能要求苛刻。以往生产中虽然有常用的阶梯式茶叶拣梗机、静电式茶叶拣梗机等拣梗设备，但是使用效果仍欠理想，拣梗作业仍在很大程度上依赖人工，特别是如乌龙茶一些含梗量较大的茶类，一些大型茶叶企业往往聚集百人以上进行茶叶拣梗作业。随着市场消费对茶叶品质的要求愈来愈高，茶区劳动力也越来越紧张，拣梗作业也已成为制约茶产业发展的另一个瓶颈。为此，茶区需要一种性能更为优越的茶叶拣梗机，从而使广大茶农从繁琐的茶叶拣梗劳动中解放出来，2005 年浙江等茶区开始从日本和韩国等国引进色差式茶叶拣梗机用于名优茶和高档绿茶等拣梗作业，效果较好。后来国内开始茶叶色选机的研制，如合肥美亚光电技术有限公司研制生产的安科 SS-B-MCCH CCD 智能色差式茶叶拣梗机，在茶区应用普遍反映性能良好，被业界认为是一种新型茶叶拣梗机产品，此后在国内出现多家色差拣梗机生产企业。

（二）色差式茶叶拣梗机的主要结构与工作原理

以合肥美亚光电技术有限公司研制生产的安科 SS-B-MCCH CCD 智能茶叶色选机为例，对茶叶色差式拣梗机的主要结构与工作原理作简要介绍。

1. **色差式茶叶拣梗机的主要结构** 茶叶色差式拣梗机的主要结构由送料器、茶叶摄像彩色 CCD 镜头、茶梗摄像彩色 CCD 镜头、荧光灯、电磁送风和吹气系统、茶梗和茶叶出料口、机架与罩壳和控制系统等组成（图 14-11）。

送料器是将待拣剔的茶叶送入拣梗机的装置，美亚光电产品采用两套相互垂直的喂料系统以及平板滑道式送料器，使被选茶叶更加均匀地下落。

茶叶摄像镜头，实际上是一种由计算机发出信号指令，对茶叶进行摄影的彩色 CCD 镜头，并应用色差感应系统，收集茶叶的色彩信号，并把所摄影像输入计算机；同样也是由计算机发出信号指令，去除茶梗异物的茶梗彩色 CCD

图 14-11　色差式茶叶拣梗机

摄像镜头对茶梗进行摄影，并利用高精度的色差感应系统收集茶梗色彩信号，输入计算机。

荧光灯为镜头摄像提供光源。电磁送风和吹气系统，系在接到计算机发出的指令，通过电磁喷嘴吹出强风，把茶梗从含梗的茶叶中吹出。茶叶和茶梗分别通过茶梗和茶叶出料口排出机外。

控制系统采用了一种简明易识的触摸键操作平台，大屏幕宽视角彩色显示屏和友好的用户界面，可实现人机对话，方便地将各种要求的色选精度调整至最佳状态。

机架与罩壳使整个机身全封闭，提高抗干扰能力。

色差式茶叶拣梗机各项设计充分考虑了工学合理性，其先进的整机人性化设计，使操作更为简洁、方便。

2. **茶叶色差式拣梗机的工作原理** 茶叶色差式拣梗机采用 DSP 技术和数码技术，并采用一种色选精度很高、可靠性好的色差感应系统，保证机器能够做到包括黄绿同选等在内的五种色选方式可供选择，做到一机多能，同时除具有色选传统茶叶物料外，还针对条状和片状物料进行特殊算法处理，从而扩大色选范围，采用两次采集、处理和色选，使色选精度大大提高，使用快速图像修正和通道均衡技术，提高精度，降低损失。

现以绿茶拣梗为例进行色差式茶叶拣梗机的拣梗原理说明。在进行绿茶拣梗时，其色差测定系统对茶叶色泽组成参数实施测定，从而得出茶叶色泽偏绿或偏黄的程度。一般情况下，"$-a*$" 值表示茶叶色泽偏绿的程度，"$b*$" 值表示茶叶色泽偏黄的程度，L 值表明茶叶的明亮度。而所有名优绿茶的茶条和茶梗颜色都存在颜色差别即色差，一般情况下茶条色泽绿翠，而茶梗色泽偏黄。故色差测定系统对其测定时，色泽偏绿的茶叶，"$-a*$" 值也就偏大，并且茶条越嫩，"$-a*$" 值就越大，则会被装有绿色色彩信号色差感应系统的茶叶摄像用彩色 CCD 镜头所捕捉，进行摄影，并将所摄影像输入计算机，通过计算，发出指令，使茶叶通过茶叶通道进入第二次拣梗或排出机外。而茶梗则偏黄，"b＊"值也就偏大，茶梗越老，色泽越黄，"b＊"值就越大，则更容易被装有易对大于"b＊"值色彩信号的高精度的色差感应系统捕捉和收集，并输入计算机，由计算机发出信号指令，彩色CCD镜头对茶梗进行摄影，同样将所摄影像输入计算机，通过计算发出指令，使控制送风机运转的电磁阀接通，送风机运转，高压空气通过管道和喷嘴吹出强风，把茶梗从含梗的茶叶中吹出，通过茶梗通道和茶梗出料口排出机外，从而完成拣梗作业。为了使被选茶叶物料均匀地下落，该机采用了两套相互垂直喂料系统以及平板滑道式送料器，并采用了一种简明易识的触摸键操作平台，大屏幕宽视角彩色显示屏和友好的用户界面，可根据上拣叶的不同状态将色选精度方便地调整至最佳状态（图14-12）。

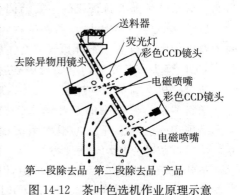

图14-12　茶叶色选机作业原理示意

（三）色差式茶叶拣梗机的主要技术参数

目前生产中最普遍使用的三个型号色差式茶叶拣梗机产品主要性能参数如表14-3所示。

表14-3　合肥亚美公司茶叶色差式拣梗机产品性能参数

型　号	SS-B60MCCH	SS-B90MCCH	SS-B120MCCH
通道数	60	90	120
产量 kg/h	60～180	90～270	120～360
电源电压 V	220V/50Hz	220V/50Hz	220V/50Hz
主机功率 kW	1.9	2.4	3.0
气源压力 MPa	0.6	0.6	0.6
气源消耗 L/min	600～1 500	1 000～2 500	1 200～3 000
机器重量 kg	800	950	1 000
外形尺寸 mm	1 400×1 550×2 500	1 900×1 550×2 500	1 900×1 550×2 500

（四）茶叶色差式拣梗机的应用效果

浙江省松阳县是国内著名的绿茶产区，2008年春天开始引进色差式茶叶拣梗机用于绿茶的拣梗作业。现该县茶叶总产量达1万多吨，以往使用其他类型的拣梗机配合人工进行拣梗，每年消耗人工数10万计，现几乎全部被茶叶色差式拣梗机所替代。特别是占该县茶叶产量80%以上、享誉全国的香茶产品，拣梗作业更是全部依赖色差式茶叶拣梗机。香茶所使用的鲜叶原料，一般为一芽二叶到一芽三叶初展，是一种介乎中低档名优茶和高档大宗茶之间的绿茶类型，属于高级绿茶范畴。加工过程中经过反复多道工序的滚筒炒制，香气鲜爽，滋味浓醇，价格适中，很受大众消费者的欢迎，特别受饮茶嗜好较浓消费者的青睐。因为香茶含梗量较一般名优茶高，以往消耗大量拣梗人工，一般一个工人每班仅可拣茶叶5kg左右，2010年左右每千克约需开支工资7元以上。现改用茶叶色差式拣梗机进行拣梗，茶梗拣净率可达95%以上，误拣率为7.82%，虽然较精细手工拣梗还稍有差距，但是拣梗效率可达 300kg/h 以上，比人工拣梗提高工效 300 倍以上，显著地提高了劳动生产率。应用还表明，色差式茶叶拣梗机虽然购机时一次性投资较大，但使用中一般情况下机器故障较少，基本上不要进行维修，使用成本主要是机器折旧、电费和操作人工费，所以松阳县在使用机器拣梗初期，香茶代拣梗收费参考人工作业定价达 7 元/kg，随着机器的增加，一两年后则下降至 2～3 元/kg（表 14-4）。

表 14-4　茶叶色差式拣梗机的拣梗效果

拣梗作业方式	付拣原料茶	原料茶含梗率（%）	台时工效（kg/h）	茶梗拣净率（%）	误拣率（%）	拣梗单价（元/kg）
SS-B90MCCH 机 拣	香茶 2 级	1.35	232.50	95.76	7.82	1.85 （代加工收费）
手 拣			0.75	97.10	2.31	6.50

亚美公司 2010 年对本公司产茶叶色差式拣梗机进行的绿茶和红茶拣梗试验的效果如图 14-13 所示，从中可以看出，上面 3 张图片中的含梗已被基本拣出，下面 3 张图片中的茶梗中还含有少量茶叶，再次复拣即可将茶叶拣出。

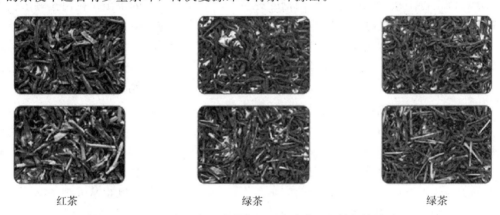

红茶　　　　　　　　　　绿茶　　　　　　　　　　绿茶

图 14-13　茶叶色差式拣梗机对各类茶叶的拣梗效果

六、　乌龙茶专用拣梗机

乌龙茶鲜叶要求一芽三、四叶开面采，与一般红、绿茶相比，成茶含梗量较大，拣梗作业就更为重要。为此，福建安溪佳友茶叶机械有限公司参考台湾机型，近几年开发出一种专门用于如铁观音等颗粒型乌龙茶拣梗作业的乌龙茶专用拣梗机。

1. 乌龙茶专用拣梗机的主要结构　乌龙茶专用拣梗机的主要结构由初选筒、次选筒、第一选层、第二选层、分离器、输送装置和传动机构组成。

初选筒与次选筒的结构一样，由筒体和中空承接座组成。筒体为漏斗状，顶部为一可转动的刷杆，刷杆下部有鬃刷，筒底端设有一矩形底盘。中空承接座与筒底的底盘相叠合，并借助于设在承接座端角的扣固装置，使筒体与承接座活动结合。正是由于这种活动结合结构，可实现自由拆卸，从而可方便地更换具有矩形或圆形粗、细网眼的网片，以适应不同粒径茶叶筛分需求，使茶叶和茶梗初步分离。

第一选层位于初选筒的下方，共有两只筛选滚筒，滚筒外表加工出若干锥形凹坑，采取从一端开始到另一端锥形凹坑以逐渐变大方式开设。且两只筛选滚筒间，还设有一只表面光滑的导引滚筒，各滚筒间以预设倾角并相互平行安装，滚筒锥形凹坑大的一端位于较低位置，各滚筒彼此间仅设有略大于茶梗直径宽的间隙。

筛选滚筒上方设有一圆刷棒，两只筛选滚筒一端分别设有一大链轮，圆刷棒相同端设有一小链轮，大小链轮间用链条传动，由圆刷棒带动筛选滚筒同时转动。由于主动轮是具有小链轮的圆刷棒，从动轮为具有大链轮的筛选滚筒，传动扭矩增强，使筛选滚筒作业更为可靠和有效。同时，其中一筛选滚筒一端的大连轮前端另设一只小链轮，与中间导引轮滚筒一端相连，由该圆刷棒同步联动该筛选滚筒及导引滚筒反向旋转。

此外，在各筛选滚筒与圆刷棒下方对应有一向下倾斜的接片及导管，而导引滚筒下方同样设有一接片和一导管，分别用于收集分离后的茶梗和茶叶。

次选筒就装在第一选层的下方，分离器又设在次选筒的下方，它连接在次滚筒底部呈一预设倾角状态（与次选筒相接位置较高），且底部设有一弹簧形态的振动机构，内部设有若干突起的隔杆，使分离器呈现出具有筛选分离的结构设计形式。此外，各隔杆凸设有一个三角锥状的凸肋，增设凸肋的目的是导正横向落下的茶梗，使其转以直向并落入隔杆间的导引槽内，通过导引沟槽的导引，由分离器前方的下出口排出至输出输送装置，以有助于将茶梗排出。而分离器前端的上出口则对应到第二选层。

第二选层包括筛选滚筒（表面有若干锥形凹孔）、表面光滑的导引滚筒（位在筛选滚筒一旁）、圆刷棒（位于导引滚筒的上方），各滚筒均设置一预设倾角，而且各锥形凹孔由高向低以渐次增大形态排列。在筛选滚筒与导引滚筒的上方对应分离器的上出口，下方对应输出输送装置，供筛选后的茶叶、茶梗分别排出。

2. 乌龙茶专用拣梗机的工作过程　乌龙茶专用拣梗机使用时，将经过烘焙干燥的茶叶倒入初选筒内，被筒内转动着的刷杆上的刷毛拨开，并与可自由更换的网片摩擦，将部分茶梗与叶片部分分开。接着茶叶落入第一选层中，部分梗、叶已分开的茶叶，茶梗部分从各筛选滚筒与导引滚筒间的间隙落下，同时较细小的茶叶也从缝隙中落下，由收集茶梗与细小茶叶的接片与导管收集。与此同时，筛选滚筒上的茶梗被圆刷棒刷落，而颗粒形的茶叶则落入外掀式喇叭口状的锥形凹孔中，并随各筛选滚筒转动而落下。

由筛选滚筒落下的茶叶则由茶叶接片、导管收集，通过导管引导落入输出输送装置内，而茶梗、细末部分则由茶梗导管收集，导入另一侧的输出输送装置。

在各筛分滚筒转动过程中，部分未被锥形凹孔承接的茶叶和部分梗、叶未分离的茶叶，都随之移动到末端落下，由次选筒收集。落入次选筒的茶叶，由刷杆的刷毛将其拨开进行梗、叶分离，接着进入分离器中，在倾斜的振动装置的振动辅助下，茶叶逐步移动，完整茶叶颗粒以及梗、叶未分离的茶叶将在上层移动，而叶片细末、茶梗则通过隔杆上的凸肋导正并垂直落入下层。

当茶叶在第二选层时，筛选滚筒、圆刷棒转动，使茶叶移动、落出，而且茶梗在圆刷棒的拨刷下而落出，以上动作方式与第一选层相同。

乌龙茶专用拣梗机在福建安溪等乌龙茶区的使用表明，单台使用往往效果稍欠理想，需反复拣剔方可达到拣梗要求。而漳州一些企业采用三台联装形式用于铁观音型茶叶的拣梗，生产率显著提高，效果理想。

第四节　茶叶风力选别机

茶叶风力选别机是一种由原始农用木制风车演变而来的风力选别设备。它利用物料相对密度即常说的轻、重不同原理，而将茶叶中杂质除去，达到茶叶匀净之目的。

一、茶叶风力选别的意义

风力选别是茶叶精制作业中定级取料的重要阶段，所应用的设备就是茶叶风力选别机。它是利用茶叶的相对密度（容重）、单位质量体积和形状的差异，借助风力的作用分离定级，去除杂质。

因为精制加工过程中，经过圆筛和抖筛筛分后的茶叶，已形成长短、粗细、外形基本相同的筛号茶，但因茶叶老嫩程度不一，相对密度（容重）不同，单位质量体积和形状也有差异，迎风面大小也就不一样。细嫩、紧结、重实的茶叶迎风面小，在风力作用下，落点较近；身骨轻飘的茶叶及黄片等迎风面大，在风力作用下随风飞扬而落点较远。从而在不同的距离上分出不同品质的茶叶，达到轻、重一致的定级目的。同时砂、石、金属等夹杂物也能从茶叶中分离出来。

风力选别有剖扇和清风两个步骤。剖扇又分毛扇和复扇。毛扇时把不同轻重的茶叶初步分离定级，复扇是在毛扇的基础上再进行一次精分。清风是在准备拼堆前再用风力把轻片、茶毛等扇出，以保证拼堆茶的匀净度。

茶叶风力选别机有送风式和吸风式两种形式，常用者为送风式。其工作原理基本一致，不同之处在于送风方式不同。

二、送风式茶叶风力选别机

送风式茶叶风力选别机是一种风机置于机器的前端、向机内吹风、茶叶被吹向远处、茶叶处于正压状态作业方式而达到风选目的的风力选别机，又被称作吹风式茶叶风力选别机。

（一）送风式茶叶风力选别机的构造

送风式茶叶风力选别机的主要结构由送风装置、喂料装置、分茶箱、输送装置等部分组成（图14-14）。

送风装置由电动机、三角皮带传动、离心式风机、导风管等组成。离心式风机的特点是风量大、风压小、噪声低，装于分茶箱的进茶端。风机两侧进风口设有风门调节机构，用以调节进风口的大小达到改变风量、风速的目的，以适应不同类型茶叶的风选要求。有的风选机则在三角皮带传动部分采用无级变速传动，通过手轮实施调节，以改变风机叶轮转速从而达到改变风量、风速的目的，这种方法有风量、风速复式调节作用，使风力选别机可适应多种茶叶风选用途。风力选别机所使用的风机，一般转速为 $500\sim700r/min$，最大风量 $5\,000m^3/h$，风速 $6\sim12m/s$。

导风管用于从风机出口到分茶箱的联结，导风管要有一定的长度，多数呈"S"形，出口部分设分风板，起到使气流平稳均匀进入分茶箱的作用，出口气流方向与水平面夹角为 $20°\sim30°$，以使气流均匀平稳。

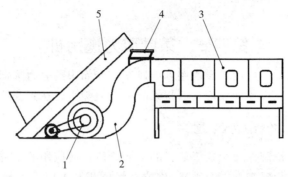

图 14-14　送风式茶叶风力选别机
1. 风机　2. 导风管　3. 分茶箱　4. 喂料装置　5. 上叶输送装置

喂料装置有电磁振动喂料及机械振动喂料装置两种形式。电磁振动喂料装置由通电线圈产生脉动磁场与弹簧钢板互相作用，使喂料盘产生有规则的高频振动，通过调节线圈电流，可使振动强度相应改变，以调节喂料盘振动的强弱。当茶叶由输送带送入喂料盘后，由于喂料盘的振动使茶叶铺摊均匀，徐徐落入分茶箱的进茶口。机械振动喂料装置由机械带动喂料盘振动，喂料盘的振动和作业方式与电磁振动喂料装置相同。

分茶箱以往采用木板制作，现在均用薄钢板制成，是一个长方形的箱体。通常有六个出茶口，第一口为沙石口，尾端还设有一只灰箱。前端顶部是进茶口、上部联结送风装置的导风管出口。六个出茶口每口之间在箱内设有分茶隔板（格门），分茶隔板的高度依次降低，且可变动角度或位置，也有可变动高低的，主要用来控制分选取料的规格。分茶隔板的角度可通过设在箱体外表的调节手柄来变动。

（二）送风式茶叶风力选别机的操作使用

送风式茶叶风力选别机使用前，应按使用说明书要求进行安装。应注意机器分茶箱尾端为茶叶中最轻质和最细的碎末茶出口，会造成车间内茶尘污染，应进行除尘。因为风力选别机风选质量高低的标志是茶叶老嫩分清、级别分明。这就要求风力平稳，进料均匀呈帘状，因为离心式风机在大风门运转状态下风力较平稳，故在作业中实际上也是尽量使用大风门。对复式调节的风力选别机，要先调整风机转速，再微调进风口大小。茶叶风力选别机的风力掌握，一般应当剖扇轻、清扇重；低级茶轻、高级茶重；下段茶轻，上段茶重。风量、风速调整适当后，再配合调整分茶隔板（格门）角度、位置和高低。一种类型的茶叶上机风选，要先进行试做，对上述结构和参数进行调整，直至取料质量符合要求后，才能投入正常生产。

茶叶风力选别机的风速大小，在横断面上保持均匀，并且在纵断面上气流应为层流，避免产生紊流，否则会造成风选不清。由于送风式选别机风力大小可以调节，既可用于剖扇，也可用于清风，是茶叶精制加工中应用最广泛的风力选别机。

三、 吸风式茶叶风力选别机

吸风式茶叶风力选别机是一种风机置于机器的尾端，从机内吸风，茶叶被气流吸向风机，茶叶处于负压状态作业方式的风力选别机。

吸风式茶叶风力选别机的主要结构与送风式基本相同。由送风装置、喂料装置、分茶箱、输送装置等部分组成。分茶箱要求密封，保证仅从进风口进风。吸风风机装于分茶箱的下风向处，虽然风力较强，风量大，风速较高，但气流稳定性稍差，故吸风式茶叶风力选别机生产中一般只用于剖扇。

第五节　茶叶炒车机械

初制毛茶经过贮存和运输，往往会吸收空气中的水分，而使含水率增高。茶叶炒车机械是一种用于茶叶精制过程中含水率增高的茶叶干燥，并且进一步紧条和品质提高的机械，在出口茶叶产品加工中被广泛应用。

一、炒车机械的应用意义

在茶叶精制加工过程中，"干燥"是重要作业之一，有时要反复进行。这是因为毛茶或是精制过程中的茶叶在制品在贮存或加工过程中仍在吸收水分，雨天尤甚，吸收水分过多会使条索松开而不整齐，有的会形成茶团牢结，故必须经过再加热干燥使之紧实松脆，便于筛分工序中分出粗细，以及在切茶工序中茶条易于切断或分解茶团，达到整形目的。这一加热干燥过程，通常有"复火""补火"和"做火"。同时，茶叶精制过程中，绿茶和红茶黄片需要使用飘筛机进行去除，若飘筛前的茶叶不"做火"，则片张较大的茶叶含水量多而重，无法从茶叶中分出。通过"复火""补火""做火"，大张叶含水率低变得轻飘，就易于分出，达到轻、重分离之目的。一般"复火""补火"用烘干机，也可使用复炒机进行，"做火"用炒车机械进行。常用的炒车机械有复炒机、车色机、炒车机等。

二、茶叶复炒机

茶叶复炒机常用于绿茶精制加工中的复火，是一种传统的"复火""补火"机械。

茶叶复炒机的主要结构由机架、炒叶锅、炒叶器、升降机构等组成。机器外形与双锅式茶叶杀青机或双锅式茶叶炒干机相似，炒叶锅也采用两只直径为84cm的铸铁锅，不过每只铁锅都在底部开洞、装置可开闭的出茶门，完成复炒的茶叶可从出茶门接出。炒叶器是复炒机进行茶叶复炒的关键部件，其特点在于使用一种翼轮式炒手，它不但能随中心轴在锅内沿锅壁做圆周转动，而且能绕叶轮轴旋转。也就是说翼轮式炒手同时有两个旋转方向，使在锅内进行复炒的茶叶，一方面沿锅壁作圆周回转，一方面又能上下翻动。炒手可随炒手轴在操作手柄作用下整体上下移动，向下时炒手在锅内对茶叶炒制，向上时停止炒制。复炒机用于精制作业中的"复火"和"补火"，炒车均匀，作业质量良好，可获得传统锅炒风格的高釜炒香气，但效率较低，同时炒制锅底部的出茶门易产生碎茶，多用于中、小型茶叶精制企业的中、高档绿茶的复火加工（图14-15）。

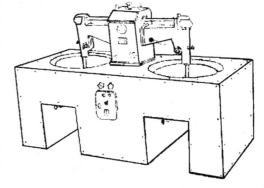

图14-15　茶叶复炒机

三、 茶叶车色机

茶叶车色机是一种专门用于精制加工作业中，对原料茶进行"做火"炒制，使茶条色泽均匀、绿润起霜紧结，并使钩曲茶条脱钩，达到光滑平直目的机械。茶叶车色机一般用于绿茶的精制加工。

1. 茶叶车色机的主要结构　车色机一般为八角滚筒式，有的为单滚筒结构，也有在一台机器上装有并列的两只滚筒，还有的分上、下两层，每层1～2只滚筒，在加温状态下车色，称之为热车机。滚筒为八角形状的茶叶车色机，以其滚筒轴向形状又有两种形式，一种为直筒式，另一种为瓶式，两种形式各有特点，一般说来，前者车色作用好，后者紧条作用强，一般以瓶式单筒车色机为常用。

瓶式单筒车色机主要结构由筒体、机架、传动减速装置、前后罩壳、进茶斗及电器控制部分组成（图14-16）。

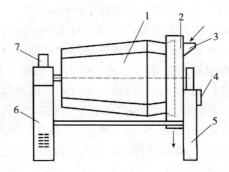

图14-16　瓶式车色机

1. 筒体　2. 前罩　3. 进茶斗　4. 电器控制箱　5. 机架　6. 后罩　7. 蜗轮减速箱

筒体为瓶式正八边形，用钢板拼焊而成。前端为喇叭口，以利卸料。为便于作业时水蒸气的散发，后端板上开有四只透气孔，上边覆有铜丝网布。进、出茶端内约30cm长度，设有四块螺旋导茶板，作用是当筒体正转时把茶叶往筒内推进炒制，并阻止茶叶抛出，翻动茶叶使车色均匀；当筒体反转时，由于导茶板螺旋斜面的作用，将茶叶排出筒外，完成出茶。

机架由槽钢制成，分前后两部分。前支架的作用是支撑滚筒主轴前轴承座及前罩，并放置电器控制部分。后支架的作用是支撑滚筒主轴后轴承座及动力传动部分，前后支架用左右两根撑档联结。

传递减速装置是由电动机经蜗轮减速器、联轴器将动力传至滚筒主轴，筒体转速为36r/min。

电器控制箱由两只交流接触器控制筒体正反转，并有两只时间继电器在正反转换方向时起延时作用，以避免突然改变转向而使传动部分零件特别是蜗轮减速器机构受到剧烈冲击。

车色机作业时，将"复火"或"补火"的茶叶投入车色机滚筒中车色，由于滚筒旋转，茶叶在滚筒内壁翻滚摩擦，茶叶本身也相互摩擦，致使茶条脱钩光直，滚紧条索，增加色泽，并且起霜。

2. 车色机的操作使用　车色机作业时，一般使用独立活动式上叶输送装置。作业前应先将上叶输送装置的出茶口与车色机的进茶斗衔接，然后向上叶输送装置的贮茶斗中投入茶叶。应先开动车色机使筒体正转，再开动上叶输送装置向滚筒内送入茶叶。每次装入茶叶一般控制在50kg左右。车色时间的长短应根据茶叶品种、老嫩、等级等不同区别确定。一般以50～60min左右为宜。完成车色，按动反转按钮，筒体反转，茶叶排出机外。出茶过程中如需换茶箱，则可按停止按钮使出茶暂停，换好空箱后再按反转按钮继续出茶。出茶完毕就可按动正转按钮，然后进料，继续进行下一筒的车色。必须注意应先使滚筒正转再进茶，否则茶叶就会漏出。并且要注意，在操作筒体换向转动时，应先按停车按钮待滚筒停止运转，再按反向转动按钮，使筒体反转。

四、 茶叶炒车机

茶叶炒车机顾名思义是一种加热炒制和车色兼顾的机械，由于用途不同，有热车炒车机组和珠茶炒车机两种类型。

1. 热车炒车机组　茶叶热车炒车机组用于条形绿茶等茶叶的炒干车色。主要作用是进行复炒与车色。其车色滚筒分上、下两只。上层滚筒用电热丝加热，主要起干燥滚条作用，一般称作热车。热车后将茶叶移到下层滚条，利用余热继续进行车色滚条，一般也称作冷车。这样上下两只瓶式滚筒就组成一台热车炒车机组。

2. 珠茶炒车机　珠茶炒车机专门用于珠茶精制时的车色，实际上就是上述的热车机，只是滚筒数量增加，并且所有滚筒均加热。

珠茶炒车机主要部件也是八角瓶式滚筒，每台上下两层，每层左右两只。滚筒结构与瓶式车色机的八角瓶式滚筒相同。滚筒周围为炉灶，以便对上、下滚筒加热。近年来已使用蒸汽加热，不但温度易于控制，并且极大地改善了卫生条件。

珠茶炒车机作业时，炉灶对滚筒加热，当下滚筒升温到60℃时，把茶叶投入下滚筒，此后筒温会慢慢升温到80℃，应使茶叶叶温保持在50℃左右进行车色，待茶叶外形、内质基本符合规格要求后，从下层滚筒出叶，经立式输送机送入上滚筒，上层滚筒的筒温较下层低，继续进行低温炒车，约1h后出茶，完成炒、车作业。

此外，珠茶炒车机一般都配有米糊喷淋装置，供喷糊作业用。喷淋装置包括米糊槽、喷糊泵、喷嘴与管道等。近年来出现了全封闭自流式喷糊系统，它是将米糊容器置于一定的高处，米糊依靠自重通过管道流向炒车机，由阀门和喷嘴控制喷淋过程。

第六节　茶叶匀堆装箱机械

匀堆是茶叶精制加工的一个组成部分，也称"打堆""打官堆"。就是将经过筛分、切细、风选、拣梗、车色等多次反复处理后制成的各档筛号茶，按拼配比例混合均匀，成为符合出厂要求的商品茶，然后装箱出厂。用于匀堆装箱的设备，既将茶叶匀堆又装到箱内的机器，称为匀堆装箱机。仅匀堆而不装箱的机器称为匀堆机，仅装箱而不匀堆的机器称作装箱机，匀堆装箱机械的种类较多。

一、 茶叶联合匀堆装箱机

茶叶联合匀堆装箱机是一种将待拼配茶叶置于多格进茶斗内，然后用各进茶斗开门大小控制拼配比例的设备。

茶叶联合匀堆装箱机的主要结构由多格进茶斗、平式输送带、风力输送管道、贮茶斗及装箱部分组成（图 14-17）。

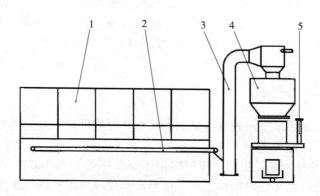

图 14-17 茶叶联合匀堆装箱机
1. 多格进茶斗 2. 平式输送带 3. 风力输送管道 4. 贮茶斗 5. 装箱机

茶叶联合匀堆装箱机作业时，是将各档筛号茶分别投入多格进茶斗，并根据各格内茶叶按比例应设定的出茶量多少，分别调节斗下出茶门的开口大小，茶叶从出茶口流出，经平式输送带、风力输送管道，达到贮茶斗内，然后过磅装箱。

茶叶联合匀堆装箱机的优点是结构简单，可连续作业，茶尘也较少。但占有场地较大，更主要的是比例门开口大小很难调准和控制，难以做到使各格茶斗内的茶叶在相同时间内流完，因此匀堆的均匀度不是很理想。此外，由于风力管道输送，茶叶的苗锋易折断。茶叶联合匀堆装箱机在中、小茶叶精制加工企业应用较多。

二、 行车式茶叶匀堆装箱机

行车式茶叶匀堆装箱机是生产中特别是中、小茶叶加工企业应用较普遍的茶叶匀堆装箱机械。

行车式茶叶匀堆装箱机的主要结构由多格进茶斗、震动槽、立式输送带、行车撒茶装置、拼合斗、平式输送带及装箱机等组成（图 14-18）。

行车式茶叶匀堆装箱机作业时，是将各档筛号茶分别投入多格进茶斗内，然后按拼配比例，调节各出茶门开口大小，茶叶经振动槽、立式输送带、行车撒茶装置被送入一排拼合斗内，然后经平式输送带及其他输送装置进入贮茶斗，再送往装箱机。如果茶叶经一次混合仍欠均匀，则可把拼合斗放出的茶叶送入另一组拼合斗内，再作一次混合，使之均匀，最后经平式输送带及其他输送装置送入贮茶斗。拼合斗的大小及数量根据每批匀堆的数量确定。由于平式输送带的输送能力及贮茶斗的容量不可能设计得很大，故各拼合斗中的茶叶不能同时放出，一般应经过试验按一定的顺序依次放茶，方可保证匀堆质量。

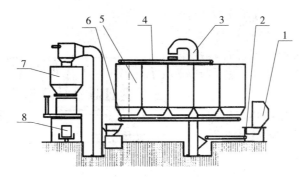

图 14-18 行车式茶叶匀堆装箱机

1. 多格进茶斗 2. 振动槽 3. 立式输送带 4. 行车撒茶装置 5. 拼合斗
6. 平式输送带 7. 贮茶斗 8. 装箱机

三、 撒盘式茶叶匀堆装箱机

撒盘式茶叶匀堆装箱机是一种占地面积比较小的匀堆装箱设备。主要结构由多格进茶斗、平式输送带、倾斜式输送带、撒盘、拼合大斗、贮茶斗和装箱机等部分组成（图 14-19）。

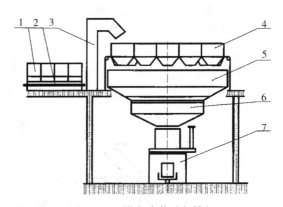

撒盘式茶叶匀堆装箱机作业时，是把筛号茶分别投入多格进茶斗内，然后按拼配比例打开茶斗下方的出茶口，茶叶经平式输送带及立式输送带送到旋转的撒盘上方各茶斗内，待茶斗内容纳一定数量的茶叶后，打开各茶斗的出茶门，此时茶斗内的茶叶一边随斗旋转，一边从出茶口洒落到拼

图 14-19 撒盘式茶叶匀堆机

1. 多格进茶斗 2. 平式输送带 3. 立式输送装置 4. 撒盘
5. 拼合大斗 6. 贮茶斗 7. 装箱机

合大斗内，然后流向贮茶斗，最后过磅装箱。

撒盘式茶叶匀堆装箱机结构紧凑，占地面积小，但匀堆的均匀度欠佳。因为从撒盘上方的茶斗内向下洒落到拼合大斗，又从拼合大斗下落到贮茶斗，总长约 305m 路程，由于各档筛号茶的容量及迎风面积各异，故在自由下落的过程中，所受到的空气阻力各不相同，使身骨重的茶叶先落到贮茶斗的底部，结果在装箱时，就出现开头几箱颗粒明显粗大，而最后几箱茶叶则又比较细碎的不均匀现象。故撒盘式茶叶匀堆装箱机在目前生产中应用已较少。

四、 自动拼配式茶叶匀堆装箱机

自动拼配式茶叶匀堆装箱机是一种自动化程度较高、拼配比较准确的匀堆装箱设备。主要结构由进茶斗、电磁振动输送槽、平式输送带、平面圆筛机、贮茶斗和装箱机等组成（图 14-20）。

自动拼配式茶叶匀堆装箱机作业时，是将各种规格的筛号茶分别投入进茶斗，通过调节各茶斗下方电磁振动输送槽的振幅，使茶斗内的茶叶自动按给定拼配比例，流到平式输送带上进行混合，并经圆筛机去末，再流入贮茶斗，然后过磅装箱。

自动拼配式茶叶匀堆装箱机配比比较准确，茶尘也少，可连续作业，生产中常用。

五、 滚筒式茶叶匀堆机

滚筒式茶叶匀堆机是一种较为大型的匀堆装箱机，也是生产中使用较多的匀堆装箱设备。主要结构由上茶输送带、匀茶滚筒、出茶输送带、装袋机构及机架等组成（图14-21）。

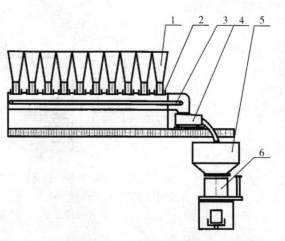

图 14-20　自动拼配匀堆机
1. 进茶斗　2. 电磁振动输送槽　3. 平式输送带
4. 平面圆筛机　5. 储茶斗　6. 装箱机

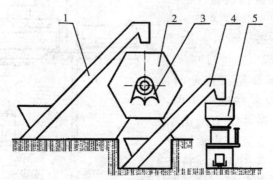

图 14-21　滚筒式匀堆机
1. 上茶输送带　2. 匀茶滚筒　3. 机架　4. 出茶输送带　5. 装箱部分

滚筒式茶叶匀堆机作业时，是先行打开匀茶滚筒上部的进茶口，由上茶输送带将茶叶送入筒内，茶叶投毕关闭进茶门，然后开机使滚筒以 0.5～1.0r/min 的转速缓慢旋转，转动一定时间后，停止旋转，打开滚筒下部的出茶口卸茶，混合均匀的茶叶由出茶输送带送至装袋机构，过磅装袋或装箱。

滚筒式茶叶匀堆机的匀茶滚筒形状有圆形和多角形，多角形又有五角形、六角形、七角形、八角形等，容量大小 300～5 000kg 不等。

滚筒式茶叶匀堆机结构较简单，操作方便，生产率高，故适合于大、中型茶叶精制企业应用。例如国内著名的红碎茶出口企业广东碧丽源茶业有限公司，就是应用这种形式的匀堆装箱设备进行出口红碎茶的匀堆装箱，实际应用表明作业性能良好。

六、 箱式茶叶匀堆机

箱式茶叶匀堆机是一种工作原理似传统手工工艺、外观呈箱形的匀堆设备。主要结构由旋转器、移动斗、行车输送带、箱体、挤压板、扒茶装置与平式输送带等组成（图14-22）。

箱式茶叶匀堆机作业时，是先将茶叶送入旋转器，经移动斗落在行车输送带上，并被均匀地铺在箱体内。茶叶撒铺完毕后，位于箱体后端的挤压板便徐徐向前移动，推动茶叶前进，同时，位于箱体前端的扒茶装置回转，沿垂直方向一层一层地将茶叶扒下混合，混合的茶叶落入平式输送带送往装箱部分。由此可见，该机的工作原理与中国传统的手工匀堆工艺"水平层摊，纵剖取料，多等开格，拼合均匀"的要求比较接近。

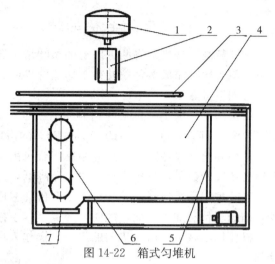

图 14-22　箱式匀堆机

1. 旋转器　2. 移动斗　3. 行车输送带　4. 箱体
5. 挤压板　6. 扒茶装置　7. 平式输送带

七、　茶叶装箱机

茶叶装箱机可以与茶叶匀堆机组合使用，成为匀堆装箱机配套使用的装箱机，也可以单独使用。主要结构由贮茶斗、称茶斗、工作台及摇箱机等组成（图 14-23）。

贮茶斗外形通常为一方形大斗，置于称茶斗上方。贮茶斗下侧设出茶插门，以手动或采用电磁铁带动杠杆控制出茶插门的上下启闭。贮茶斗内的底板为斜面，以保证出茶干净，不滞留茶叶在贮茶斗内。

称重斗安装在磅秤旁，用来接受贮茶斗放出的茶叶并进行称重。称茶斗下部也设有出茶插门，完成称重后即开门，使茶叶落入茶箱内。

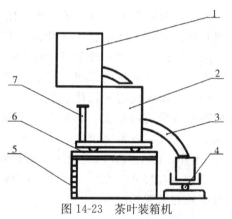

图 14-23　茶叶装箱机

1. 贮茶斗　2. 称茶斗　3. 漏斗　4. 摇箱机
5. 梯子　6. 工作台　7. 磅秤

茶箱安置在摇箱机的摇板上，摇板通过偏心机构带动，不断摇振，使茶箱内茶叶振实。摇振频率通常为 $6\sim8\,Hz$，振幅一般为 $3\,mm$。也有的摇箱机摇板振幅设计成可按一定规律自动变化，每装一箱，开始时振幅小，逐步增大，结束前又漫漫减小。摇振一箱茶叶的时间一般需要 $30\,s$ 上下。摇板上设置滚轮，以便于茶箱移动。

第七节　茶叶精制组合机

为节约投资、提高经济效益和减少操作用工，常把几种单一功能的精制茶叶机械有机组合在一起，形成茶叶精制组合机。由于精制组合机非常适用于目前迅速发展的茶叶精制连续化生产线，故今后还会获得较快发展。

一、 茶叶精制组合机的特点

茶叶精制组合机是将两种以上的茶叶精制设备，科学地联合组装在一起，形成联合机组，使其同时完成多种茶叶精制作业的机械。与原采用单台机械进行茶叶精制作业相比，有如下特点。

结构紧凑，由于一台茶叶精制组合机往往系几台精制茶机组合而成，共用一个机架，充分利用了空间，可节约 25%～75% 的占地面积，从而显著减少厂房建设投资。

动力和辅助设备减少，茶叶精制组合机由于将几台单机组合，故显著减少了电动机和输送装置的数量，设备投资随之显著降低，并节省了能源。

茶叶加工品质提高，茶叶精制组合机的应用，使茶叶精制加工中间输送环节显著减少，缩短了精制加工周期，故明显降低了碎茶损失，提高了茶叶加工品质。

操作用工减少，由于机器的组合，操作人员当然显著减少，并减轻了操作工人的劳动强度。

二、 茶叶精制组合机的设计原则

茶叶精制组合机不仅要求是两台以上的机器的科学组合，并且要做到性能有机衔接和互补，符合茶叶精制工艺要求，作业时茶叶流量匹配平衡。而茶叶流量平衡是组合机工作性能优劣的首要条件要求，流量匹配不平衡会造成组合机无法正常工作。确定作业时茶叶流量的基准，应以组合机最后一道工序的流量为依据，在最后一道工序的工艺流量确定后，依次向上确定以上各工序的流量，这样才能使组合机作业时的茶叶流量前后平衡，做到从第一道工序"吃"入的茶叶量，此后各道工序均能顺利加工通过，直至完成最后一道加工"吐出"，即平时所说的"吃得进"和"吐得出"。此外，由于组合机运动工作部件比单台机器明显增多，向高度空间发展的组合机，机架垂直尺寸又较大，在机械设计时应充分考虑回转部件的稳定性和防振性，机架应具有足够的刚度。

三、 茶叶精制组合机的组合形式

20 世纪 80 年代前后，已有茶叶精制组合机在茶叶精制加工作业中应用，目前使用的组合形式较多。如撩筛—风选组合机，采用立体组合形式，上部为撩筛机、下部为风选机。作业时通过撩筛机将头子茶撩出，并割去茶末，所形成的筛号茶直接落入风选机的喂料装置上，紧接着就进行风选作业。又如切抖联合机，采用在输送装置上安装切茶机构，使切茶和抖筛两种加工功能在一台机子上完成。近几年，随着茶叶生产规模的扩大，组合机的类型和应用日益增多，组合技术日趋成熟，组合机形式也逐步增多。基本点是以各种性能优良的茶叶精制单机为基础，根据茶叶精制生产企业的原料状况和加工量，制订合理的制茶工艺流程，由茶叶生产企业与茶叶机械制造企业协同，按制茶工艺要求进行精制单机的组合。当前常见的组合机有平面筛—切断—回转筛、回转筛—风选—拣梗、回转筛—风选—切断、回转筛—拣梗—平行筛等形式。

实际使用表明，茶叶精制组合机获得广泛应用的最重要因素是制茶工艺统一、规范，使茶叶精制省工、方便，并利于茶叶精制加工的连续化作业，为精制连续化生产线的设计和配套奠定了基础。目前各茶区一般红、绿茶鲜叶原料的采摘，与 20 世纪 80 年代以前以大宗茶生产为主时相比，鲜叶已比较细嫩，这为茶叶精制组合机的应用创造了条件。但中国茶类繁多，同一茶类的茶叶类型纷杂，加工工艺不统一，给精制组合机和精制连续化生产线的推广使用增加了困难，如讨论茶叶初制加工连续化时所述，需要茶叶和茶机行业携手攻关。

第十五章 CHAPTER 15
中国茶叶机械化技术与装备
茶叶包装与贮藏设备

茶叶包装与贮藏是保证茶叶在贮存和运输过程中不变质的重要技术措施，所使用的设备和设施，近年来发展迅速，常用的茶叶包装与贮藏设备包括茶叶包装设备和茶叶冷藏保鲜库等。

第一节　茶叶包装设备

茶叶包装设备是一种将成品茶包装成袋的设备。生产中常用的茶叶包装设备有茶叶自动分装机、塑料袋热压式茶叶封口机、抽真空充惰性气体包装设备和自动称量包装机组等。

一、茶叶自动分装机

茶叶分装机主要功能是仅能代替茶叶人工称量，而后由人工进行装袋等进行茶叶包装的机械。

1. 茶叶自动分装机的主要构造　茶叶分装机由送料转盘、自动称重装置、光电传感器、可编程控制器（PLC）组成（图15-1）。

送料转盘采用高精度旋转振动式送料转盘。由送料转盘、螺旋导叶片、料位控制间隙补料装置等组成，使松散型茶叶颗粒物料下料均匀，分装准确。

自动称重装置采用荷重式传感器，有双头称和四头称两种，可根据茶叶的形状、结合、松散程度自动调节速度。

光电传感器采用一种红外光式电传感器，用于自动感应料袋位置，位于出料口下方，可控制称重斗打开放料。

可编程控制器（PLC），用于自动控制分装机的定量、称重、显示、报警等动作。可一键开机，自动计量和称量。

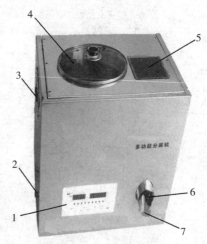

图 15-1　茶叶自动分装机
1. 控制面板　2. 航空接头　3. 提手　4. 进料口
5. 可视窗　6. 下料口　7. 光电传感器

2. 茶叶自动分装机的操作使用　茶叶自动分装机使用时，首先开启电源开关。然后根据定量需要，按"暂停"键使设备处于暂停状态，再按"定量"键显示所包装质量，然后按"←"或"→"移动闪烁位；按＋或－键改变闪烁数值大小，最后按"确认"键，储存定量值。

接着进行称重，按"启动"键，分装机开始自动称重工作，显示屏显示的数值达到设定质量时，即可接料。接料时手拿茶叶袋套住接料口，轻触光电感应开关，称斗打开放料，放料完毕后显示零值，即可进行下一次自动称重。

若需对质量累计值及包数清零，先使设备处于暂停状态，再按"清零"键即可清零。在称重状态中，若不需要定量包装，剩在料仓里面的茶叶要放掉，按"清料"键，清料完毕，再按"确定"键退出。在送料过程中，若不到定量，则自动暂停并报警，说明料斗内无茶叶，需添加茶叶，再按"启动"键进入工作状态。

该机具有精度高，速度快、易操作、可靠性高等优点，但仍需要人工配合完成取袋、装袋、排袋、封袋等后续作业。

二、 塑料袋热压式茶叶封口机

塑料袋热压式茶叶封口机是一种以塑料薄膜及其复合膜为包装材料，采用加热和加压而进行茶叶袋封口的包装设备。

1. 塑料袋热压式茶叶封口机类型　生产中使用的塑料袋热压式茶叶封口机类型较多，按照封口机的加热方式分，有恒温式和脉冲式；按照封口机工作状态分，有连续式和间歇式。连续式又有调速型和恒速型；间歇式按加压方式分，又有手压式、手钳式、脚踏式和自动式。茶叶塑料包装袋封口常用的封口机为手动设定包装加热温度，在恒温状态下进行间歇包装。恒温间歇式封口机的基本技术参数如表 15-1 所示。

表 15-1　恒温间歇式封口机的基本技术参数

加压方式	包装速度（次/min）	温度调整范围（℃）	实际温度偏差量（℃）	包装材料厚度（mm）
手压式		0～200		0.04～0.18
手钳式	＞10	0～200	±5	
脚踏式		0～250		0.04～0.24
自动加压式	＞5	0～250		0.04～0.50

2. 塑料袋热压式茶叶封口机的主要结构与操作使用　图 15-2 所示机型就是一种茶叶塑料袋包装最常用的恒温自动加压式封口机。主要结构由茶袋输送装置、花纹压力调节器、封口加热和冷却块、控制面板、机架和机架高度调节旋钮等部分组成。

该机是一种小型手提封口机，不设机架等，作业时将由茶袋输送带或手持送至封口装置的上下封口加热块之间，进行加热粘结封口。作业时，将装入适量茶叶的茶袋未封端，手持放在茶袋输送带上，由茶袋输送带送至封口装置的上下封口加热块之间，在上下封口加

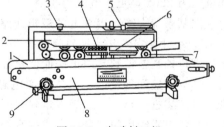

图 15-2　自动封口机

1. 输送带　2. 防护罩　3. 花纹压力调节器
4. 封口冷却块　5. 控制面板　6. 封口加热块
7. 封口袋轮　8. 机架　9. 机架高度调节旋钮

热块热量作用下，茶袋塑膜被适度熔化粘接，从另一端送出，完成封袋。

三、 茶叶真空式包装机

茶叶真空包装机是一种自动型真空式包装机。也是一种茶叶保鲜性能较好的包装机。

1. 茶叶真空式包装机的主要结构　茶叶真空式包装机的主要结构由真空泵、真空室、真空系统和热封装置、真空电磁阀等组成（图15-3）。

真空泵的作用是减压包装或排气包装，使茶叶包装袋内的真空度达到600～1 333Pa，一般采用单级旋片真空泵，精度为1.5～2.0级。

真空电磁阀通常用两只。一只为二位三通电磁阀，主要作用为控制热压封口装置上、下位移工作；另一只为二位二通电磁阀，主要作用为真空、热封结束后，打开通路，使大气回到真空室，否则真空室就不能开启。

真空室一般用铝合金、不锈钢

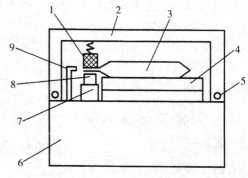

图15-3　室式真空包装机结构
1. 橡胶垫板　2. 真空室盖　3. 包装袋　4. 垫板　5. 密封垫圈
6. 箱体　7. 加压装置　8. 热封杆　9. 充气管嘴

铝镁合金材料加工制成。常用真空包装机有单室与双室两种，单室为翻板式，双室为往复式。密封圈一般采用硅橡胶。真空室内放有活动垫板，可根据包装袋数量调整真空室容积，以调节真空泵抽气时间，提高作业效率。

热压封口装置的加热元件采用镍铬带，装在热封支架上，热封支架紧贴在气囊上。热封前气囊处于低真空状态，热封时，气囊通过热封电磁阀动作与大气相通产生压差，使气囊容积变大而使加热元件下压，压紧封口，同时加热，加热温度和加热时间均可调整。

时间继电器用于控制真空时间和热封时间，真空时间范围为0～99s，热封时间范围为0～9.9s。

变压器通常有两只，一只将输入电压380V变为输出电压220V，提供控制回路和指示灯的电源；另一只为热封变压器，将输入电压380V变为20～36V。

交流接触器通常也有两只，一只控制真空泵工作，另一只控制热封变压器工作，工作电压为220V，工作电流为10A。

控制系统大都采用继电器逻辑线路控制，少量产品用可编程控制器控制。

2. 茶叶真空式包装机的操作使用　工作时，合上真空盖，触动行程开关，真空泵运转进行抽真空，其室内负压而使室盖紧压箱体构成密封的真空室。当达到所设定时间后，真空度达到预定值，二位三通电磁阀通电动作，使空气推动气囊膨胀，热封条上升，对茶袋进行封口。达到设定封口时间后，二位二通电磁阀通电放气。通过控制器程序控制各电磁阀启闭，自动完成抽真空、热封的操作。

四、 茶叶自动称量包装机组

茶叶自动称量包装机组是一种可自动连续完成茶叶称量、内外装袋、抽真空、热封口等作业的包装设备，适用于如铁观音茶等颗粒形茶叶的包装。

1. 茶叶自动称量包装机组的主要结构　茶叶全自动真空包装机的主要结构由称重装置、内膜袋成形装置、装袋装置、真空封口装置、自动控制系统等组成。

称重装置由高低频振动槽、输送皮带、减振器、自动补偿系统等组成。称量称有两个，中间连接落茶斗，进行茶叶的交互称量。振动槽采用减振弹簧避振，保证自动称量的精确度。

内膜输送、成型、封口装置由卷膜筒、凸轮输送成形装置、热封口装置等组成，连续完成卷膜成形装袋工作。卷膜为厚度 0.02mm 透明无印刷的 PPC 膜，凸轮成形装置和热封边装置将卷膜围成宽度为 100mm 的袋条，并开口向上接收称重斗落下的茶叶，然后利用热封口装置将袋条封口并切断成为单个茶叶内包装袋。

自动装外袋装置由接茶袋滑板、储袋盒、吸袋汽缸、转位汽缸、取袋双吸嘴、辅助吸嘴等组成。

抽真空热封口装置由容器、密封汽缸、封口汽缸、真空泵、热封口装置、自动控制系统等组成。

自动控制系统采用触摸式控制屏。

茶叶全自动真空包装机具有结构紧凑、生产效率高、劳动成本及劳动强度低等特点。称量范围 3～20g，包装速度 40～46 包，称量包装精度 ±0.2g。

2. 茶叶自动称量包装机组的工作过程　开启电源，振动槽作高频快速振动，快速完成初投称茶；进料后期采用低频振动，放慢进料速度，并在自动控制系统设定的自动补偿模式下共同完成最后的精确进料，称茶精度达 0.1g，完成进茶称量。

内膜输送、成型、封口装置运转，一次性完成卷膜成形内袋，并装入由称量斗落下的定量茶叶。

接茶袋滑板将茶叶内包装袋送到接茶筒内，吸袋汽缸推动取袋双吸嘴伸向储袋盒，在真空吸力的作用下吸取包装袋，接着茶袋转位汽缸将茶袋转动 90° 并推送至接茶筒的外套筒下，辅助吸嘴配合完成自动张袋，茶叶自动下落至包装袋中，完成外袋装袋填料和包装过程。

装好茶叶的包装袋下落至容器内，密封汽缸动作，压块与凹状触头接触，使包装袋口合拢并固定包装袋；通过凹状触头与包装袋形成一个密闭的空间，启动真空泵，真空度达到预定要求后，封口汽缸推动热封触头，压紧包装袋口并热封，完成包装袋的抽真空和热封动作，真空包装好的成品沿着输送带送至包装机的出口，完成整个包装作业。以上作业过程的参数均通过自动控制触摸屏进行设定并进行自动控制。

五、 自动称量、制袋、包装机组

自动称量、制袋、包装机组是一种集自动称量、充填、制袋、封口、打码、计数功能于一体的茶叶连续包装机组。多用于商品茶的包装。

1. 自动称量、制袋、包装机组的主要结构　自动称量包装机组包括自动称量机和立式制袋充填包装机。主要结构由自动称量装置、制袋装置、自动充填装置、茶袋自动封口装置、计数机构和电子控制系统等组成。

自动称量装置有双头称和四头称两种。双头称称量速度为 15～30 次/min，四头称为 30～55 次/min；称量精度为±0.2％；称量范围有 0.5～50g、50～1 000g 和 500～5 000g 三种。

制袋装置采用夹钳式拉膜机构，可将各类材质自动折制成枕式袋、折边袋（佛利斯克袋）、盒式袋、三边封口袋。制袋尺寸为 50～340mm×80～260mm。还有一种四边封口茶叶自动包装机组，制袋尺寸为 300×70～200mm，并且可制纸、塑等材质的四边封口袋。

抽真空惰性气体充填装置由抽真空装置、封口装置、机架和控制系统等组成。

自动称量包装机组包装速度 35～60 包/min（双排 70～120 包/min）。

2. 自动称量、制袋、包装机组的工作过程　自动称量包装机组作业时，开启电源，茶叶从储茶斗落入自动称量装置，装有适量茶叶的茶袋由输送带送至空气抽空管处，空气抽空管自动插入茶袋，封口装置将茶袋未封端的边缝压住，封闭茶袋；抽真空装置将茶袋的空气陆续抽出，当袋内真空度达到一定程度时，抽真空管和惰性气体充气管之间的转换阀自动转换，惰性气体开始充入茶袋；当惰性气体充入量达到一定程度时，气管口自动从茶袋内拔出；封口装置自动对所压住的边缝加热封口，茶袋被输送带继续向前送出机外，从而完成抽气充惰性气体的自动包装。

茶叶抽气充惰性气体自动包装机是一种自动化程度很高的设备，只要将装入适量茶叶的茶袋放在输送带上，抽气充惰性气体的自动包装过程则会在控制系统控制下自动完成。

该机组使用中应注意，包装应使用符合要求的茶叶专用复合包装袋，因为复合包装袋可保证包装的良好密封并使茶叶保质期达到规定期限要求；抽气充惰性气体自动包装的茶叶袋在贮存和运输过程中不允许重压，否则将引起茶袋破损，故运输时一般要使用硬质板箱盛放。

第二节　茶叶冷藏保鲜库

实验研究表明，将茶叶放入冷库采用低温、低湿、避光的方法进行贮存，具有良好的保鲜效果。为此，生产中将茶叶尤其是名优绿茶产品使用冷库贮存和保鲜，是当前应用最普遍的茶叶保鲜方法。

一、 茶叶冷库的类型

茶叶冷藏保鲜库一般按运行温度和库房形式进行分类。

1. 按运行温度分类　一般的冷藏保鲜库按运行温度分类可分为高温冷库、低温冷库和超低温冷库。高温冷库运行温度为－40～10℃；低温冷库运行温度为－80～－40℃；超低温冷库运行温度为－100～－80℃。研究结果表明，茶叶使用专用冷库贮存，贮存温度越低，茶叶保质效果越好，贮存时间越长，但一般情况下，茶叶特别是名优绿茶要求的贮存时间多为半年左右，从冷库运行的经济性和茶叶保质基本需要考虑，在库房内相对湿度为 65％的条件下，冷库运行温度在 0～5℃条件下贮存茶叶，已可达到保质和经济运行兼顾的目的。为此，茶叶冷藏保鲜库一般采用高温冷库，目前生产中应用最多的为使用 F-12 氟利昂为制冷剂的高温冷库。

2. 按库房形式分类 茶叶冷藏保鲜库按库房形式分类，可分为组合式冷库和土建式冷库。

组合式冷库是将制冷装置和库房做成一个整体冷库系统，就如一台大型冷柜，在设备制造厂内全部制造和安装好，使用单位仅作简单管线连接即可投入使用。库容体积有30～600m³多种规格，库房温度可在－18～5℃范围内任意选择。例如由南京同立制冷空调设备制造有限公司（原南京实验仪器厂）与中国农业科学院茶叶研究所合作研究的茶叶冷藏保鲜库就是这种形式的高温茶叶专用冷库。组合式冷库结构紧凑合理，保温性好，安全方便，很适宜于名优茶贮存保鲜应用，也是茶叶行业应用最多的冷库形式。

土建式冷库是一种库房包括机房在内均需用建筑材料建造，制冷机组和所有管线均需现场安装调试的冷库形式。这种冷库往往库容体积较大，多为较大型冷库，适宜于大型茶叶企业使用。不足之处是安装调试较复杂，需由专门技术人员承担。

二、 茶叶保鲜库的制冷系统

冷藏式茶叶保鲜库制冷系统主要由压缩机、冷凝器、膨胀阀（节流阀）和蒸发器等四大基本部件组成。此外，系统中还装有电磁阀、水量调节阀、压力继电器、油压继电器、温度继电器等自动化元件，以实现对制冷系统全自动控制（图15-4）。

1. **压缩机** 压缩机为系统的主要工作部件，多采用 ZF-10 和 4F-10 逆流式活塞压缩机，ZF-10 为双缸，工字形排列，标准工况制冷量为 58kJ/h，配用电机 11kW，一般适用于贮茶量为 3t、库容积 50m³ 的茶叶冷库；4F-10 为 4 缸，"V"形排列，标准工况制冷量为 11 658 kJ/h，配用电机 22kW，适用于库容积为 100m³、贮茶量为 6t 左右的茶叶冷库。

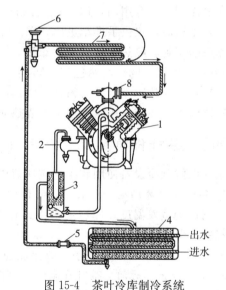

图 15-4 茶叶冷库制冷系统

1. 压缩机 2. 排出阀 3. 分油器 4. 冷凝器 5. 过滤器
6. 膨胀阀（节流阀） 7. 蒸发器 8. 吸入阀

2. **蒸发器** 蒸发器又称冷却器，常用形式有表面式、壳管式、排管式和干式等，茶叶冷库大多使用表面式蒸发器。其特点是利用风机使空气流经蒸发器表面，库房内的空气被冷却，使库房内均匀降温，空气易于穿透存贮的茶叶，使茶叶可获得理想的低温。

3. **冷凝器** 冷库制冷系统使用的冷凝器有水冷却和空气冷却等形式，因水冷效果较好，故多为茶叶冷库所采用。空气冷却则可在水源缺乏的山区的小型机组上应用。

4. **膨胀阀（节流阀）** 膨胀阀（节流阀）装在冷凝器出液管和蒸发器之间，其感温包包扎在蒸发器出口末端，高压液体流经阀孔进入蒸发器时，以喷射状态在低压蒸发管内扩散，并向蒸发器周围吸热。氟利昂液体不断地进入蒸发器，蒸发器就不断在库房内向周围吸热，使库房内温度逐渐下降。

三、 库房和机房的建造

茶叶冷藏保鲜库内的环境条件要求低温、干燥和避光，因此，茶叶冷库的规划和建造应满足上述要求。

1. **库房选址** 茶叶冷库应建在交通方便，阳光直射时间较短，地势高，地面干燥，空气流通，水、电有保证的地方。

2. **库房设计** 库房尺寸：库房的容积越大，单位容积的电耗越小。另外，库房为正方形的表面积小，传热面积小，耗电省。因此，应尽可能增加大库房容积并采取正方形的底面。当然，库房面积和容积应根据生产需要和所配备的制冷机组经计算后确定，常用的库房体积有 $80m^3$、$180m^3$ 和 $280m^3$ 等几种。

库房结构：库房的高度应考虑堆茶高度，一般标准的纸板茶箱（长×宽×高）为（$450×450×450$）mm，一般堆放 6～7 层，故库房高度以 3.6～4m 为宜。库房不必留窗，并要使用冷库专用门，以保证隔热良好。门的大小应依库容量和进出车辆种类而定，一般小型库，仅供手推车进出，采用宽 1.2m、高 2.0m 的库房门即可。

库房的密封、隔热、防潮至关重要，冷库墙应做成夹层结构，外墙厚 240mm，内墙 120mm，两墙之间采用两毡三油防潮，再用聚乙烯板隔热，内墙内表面还应加油毡防潮隔热，并加放钢丝网后再粉刷，以提高粉刷层的隔热防潮效果。库房地板除使用油毡防潮措施外，还应使用软木地板来隔热防潮，一般使用杉木地板。

四、 茶叶保鲜库的使用和保养

茶叶保鲜制冷设备使用和维护应注意以下事项。

1. **茶叶保鲜库的运行参数** 茶叶保鲜库的运行参数包括库房工作温度、相对湿度以及压缩机的蒸发温度。库房通常以工作温度 0～5℃，空气相对湿度小于 65% 为宜。根据经验，蒸发温度与库内工作温度相差 5～10℃，对于 0℃ 的冷库，其蒸发温度为 −10～−5℃。此外，入库的茶叶应保证为足干的茶叶，即含水率在 6% 以下入库。

2. **茶叶进出库时间** 茶叶在高温、高湿情况下会很快变质，茶叶加工成成品茶后，应及时放入保鲜库，冷库贮存的大多为名优茶，一般是 4 月份入库，10 月份以后陆续出库。茶叶入库时段应选择凉爽的早晨或夜晚。高温天气应尽量做到茶叶不出、入库。

3. **包装材料** 茶叶进行冷库贮存，对保鲜茶叶的包装材料无特殊要求，内封塑料袋外加纸箱或内封塑料袋外加编织袋均可。但塑料膜不能有破损，袋口须扎紧，以防潮气侵入。

4. **制冷设备的使用保养** 制冷机组开机前，检查电源是否有电，电压是否正常，应先把冷凝器的水阀打开。运转中要经常检查电机和压缩机运转是否正常，压力表、温度表指示是否准确，油泵压力是否在正常范围。停车时，应先切断电源，再关水阀，若较长时间不使用冷库，可将制冷剂收入贮液器内。在 0℃ 以下时，应将冷凝器里的积水放掉，冷凝器应使用软水，并经常清除水垢。

5. **冷库防潮除杂** 在茶叶贮藏以前，尤其是新冷库初次应用，或者冷库内相对湿度超过 60％时，应及时进行换气排湿。茶叶冷库长期使用，因处于密闭状态，库内会出现异味，亦应进行换气消除异味，每隔 3～4 年应对库房进行一次彻底清扫，以保持库内清洁和空气清新。

6. 茶叶的出库　冷库中的低温茶叶出库时，若将其打开包装、马上放到室外高温空气中，会使茶叶表面出现凝结水，引起茶叶的剧烈氧化和质变，若为高档名优绿茶，茶叶的翠绿色泽将很快变为暗绿。因此，茶叶出库时，应在保证包装完好的前提下，在温度介于主库房内工作温度和库外空气温度之间的过渡库房内放 2～3 天再出库，出库后最好等 3～4 天后再打开包装。实际应用表明，应用冷库进行茶叶贮存，只要出库措施得当，茶叶色泽保存性能良好，但对香气的保存却较色泽差，随着贮存时间的延长，香气会减弱，为此，冷库贮存的茶叶出库后，采用茶叶提香机进行适当提香是必要的。

第十六章 CHAPTER 16
中国茶叶机械化技术与装备

茶 叶 输 送 设 备

茶叶加工过程中，茶叶输送设备是一种最常用的辅助设备。如将鲜叶送入摊放和萎凋装置、将杀青叶和萎凋叶送入揉捻机，将揉捻叶送入烘干机，均需使用茶叶输送设备。茶叶精制作业中，需将原料毛茶送入筛分机械，此后还要送入切茶机械、分选机械和匀堆装箱机械等，也离不开茶叶输送装置。特别是在连续化生产线，使用的茶叶输送设备数量更多。常用的茶叶输送设备有带式、斗式、螺旋式、振动式和风力输送设备等。

第一节 带式输送设备

带式输送设备是茶叶生产中最常用、也是最典型的茶叶输送设备，一般带式输送设备单自成机时，常被称之为带式输送机，若直接配套在茶叶机械或连续化生产线中使用时，常被称之为输送带。

一、带式输送设备的类型

根据作业需要，带式输送设备可以水平布置用于水平输送茶叶，称之为平式茶叶输送装置；也可以作倾斜式布置，在一定角度状况下输送茶叶，称之为倾斜式茶叶输送设备。可以不装行走轮，称之为固定式茶叶输送设备；也可以装上行走轮，称之为移动式茶叶输送设备。可以用作一般散料茶叶的输送；也可用作装袋或装箱后的茶叶输送。

二、带式输送设备的主要结构

带式输送设备的主要结构由输送带、驱动装置、托辊和张紧装置等组成（图 16-1）。

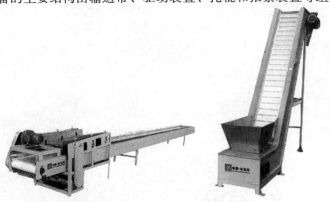

图 16-1 平式与倾斜式带式输送设备

输送带是带式输送设备用来承放物料和传递牵引力的主要工作部件，也是带式输送设备中所占成本最高，又易磨损的关键性作业部件。对其要求是强度高、耐磨、耐用、不易伸长、挠性好，能够满足食品卫生要求。目前使用最多的输送带形式有橡胶带、塑料带和网状钢丝带。橡胶带是用2～10层棉织物或化纤织物作为带芯，挂胶后叠成胶布层再经加热、加压、硫化黏合而成。带芯主要承载纵向拉力，给输送带以机械强度。在输送带外层上下两面附有橡胶保护层，称为覆盖层，以防止输送带受到冲击、摩擦、水分损伤和外部介质侵蚀。其宽度规格常用者有300mm、400mm、500mm、650mm、800mm、1 000mm、1 200mm、1 400mm、1 600mm等。橡胶带的特点是坚固耐用、抗湿、耐磨、弹性好，缺点是价格较高。塑料带，目前在食品输送上常用的工程塑料是聚丙烯、聚乙烯和乙缩醛，90％以上的输送带均使用这些材料制成。聚丙烯具有良好的综合抗化学特性，在有酸、碱情况下，仍能保持原有结构性质，抗拉、抗疲劳强度良好，且重量轻，温度适应范围广，适应范围可达到1～104℃，不仅可用于茶鲜叶、在制品和干茶的输送，并且在茶叶深加工中需高温处理或消毒的场合也适应性良好，是用于一般的物料和茶叶输送使用最多的输送带形式，缺点是在过低温度下使用易碎。聚乙烯同样具有良好的综合抗化学特性，耐酸、碱，还有抗冲击和韧性高的特点。材料表面光滑，不易粘住物料，输送过程顺利，使用温度为－44～66℃，在茶叶输送中也有应用，缺点是在高温下使用，抗拉强度较低。乙缩醛是三种工程塑料中抗拉强度最好的输送带材料，具有综合的抗化学特性，表面坚硬，不易刮伤，耐用，使用温度为－46～93℃。网状钢丝带，强度好，耐高温，因其有筛孔，且筛孔大小可选择，适用于一边输送、一边筛分或烘干或用水冲淋的场合。

驱动装置主要由电动机、传动机构和驱动滚筒等组成。驱动滚筒系传动动力的主要部件，故要求驱动滚筒与输送带间具有足够的摩擦力，常用增加输送带包角和增强输送带与滚筒间摩擦系数的方法来保证。驱动滚筒的工作表面常设计成鼓形，以保证输送带运行时不致跑偏。

托辊用于支承输送带和带上所承载的茶叶物料，以保证输送带的稳定运行。对其要求是寿命长、轴承密封且润滑性好。一台带式输送装置上往往装有多只托辊，为了提高输送茶叶类散状物料的生产率，一般采用槽形托辊。托辊间的间距布置，应使输送带在两托辊间产生的下垂度要尽可能小，要求输送带下垂度不超过托辊间距的2.5％。实际使用中，一般上托辊的间距采用1.0～1.5m，下托辊采用2.5～3.0m。

张紧轮的作用是使输送带具有足够的张力，限制输送带在各托辊间的垂度，并保证输送带和驱动滚筒间有足够的摩擦力，使输送带正常运行。常用的张紧装置有螺杆式和坠重式两种。螺杆式多用在运距较短、功率较小的输送装置上，在茶叶输送设备中应用较多。坠重式张紧装置常用在运距较长、功率较小的输送设备上，优点是在进行输送带松紧度调整时不需人工。

三、 带式输送设备主要工作参数的确定

带式输送装置的主要工作参数包括输送带倾斜角、输送装置生产率、输送带运行速度和输送带宽度等。

1. 输送带倾斜角 带式输送设备可以水平输送，也可以作一定角度的倾斜输送。倾

斜输送时，输送带倾斜角应小于茶叶物料与输送带间的摩擦角，茶叶才不会沿着输送相反方向下流。目前生产中常用的输送带倾斜角一般不大于 25°，若需增大倾斜角，则可采用特殊齿形输送带或在带上加钉横装板条，阻止茶叶下滑，但通常倾角最大也不得超过 45°。

2. 输送设备生产率　带式输送装置的生产率可用下式表示。

$$Q = 3\,600Fvr \quad (t/h) \tag{16-1}$$

式中：Q——生产率，t/h；

F——输送带上茶叶物料层截面积，m^2；

v——输送带运行速度，m/s；

r——茶叶物料容重，t/m^3。

3. 输送带运行速度　输送同样多的茶叶物料，若输送带的带速较快，则可减少输送带的宽度，同时降低输送带的造价，但是若带速过快，将会使输送带加速磨损和跑偏，故应根据生产条件和输送的物料状况确定带速。试验和实际使用表明，在输送磨损性小、颗粒不大、不怕破碎的物料，可取较高的带速，一般取 $v = 2 \sim 4m/s$；输送磨损性大、怕碎的物料，宜取较低带速，一般取 $v = 1.25 \sim 2.00m/s$；对于粉状物料，为防止粉尘飞扬，应取低带速，即 $v = 1.0m/s$；输送装箱好的茶叶等物料，带速不可过快，一般取 $v = 1.25m/s$。当进行水平方向输送时，带速可较快，倾斜方向输送时，则带速要偏低，倾斜角度越大，带速就应越低；输送距离较长的，带速可较快，反之则应较慢；输送带较宽，跑偏可能性较小，带速可较快，反之应较慢。

4. 输送带宽度　输送带带宽大部分可在已有宽度的成品带中选用，但由于输送物料状况不同和出于优化、经济考虑，其宽度也可在设计时进行计算确定，或者应用计算结果到已有宽度成品中去选用。在进行带式输送装置设计时，应先进行输送带生产率和带速的确定，生产率一般是根据生产要求给定的，而茶叶物料的容重又是已知的，带速可根据上述原则给予确定，输送茶叶物料的截面积则可根据式 16-1 计算出来，茶叶物料在平式输送带上的截面积形状一般可看成三角形，底角为茶叶物料的堆积角；在槽形输送带上，可以看成梯形与三角形的组合，这样就可计算出茶叶物料宽度的理论值。为避免茶叶从带边散出，带宽应大于茶叶物料的理论宽度值。

四、 带式输送装置的优缺点

带式输送装置的优缺点如表 16-1 所示。

表 16-1　带式输送装置的优缺点

项　目	表　现
优　点	①结构简单，容易制造 ②噪声小，工作平稳 ③生产率高，输送速度快 ④能耗较低，操作安全，维修方便 ⑤可用作长、短距离运输 ⑥用作单向水平运输，也可正向、反向运输
缺　点	①不能作大角度和沉重物料运输 ②敞开运输时，粉末物料易扬尘

第二节　斗式输送设备

斗式输送设备采用料斗作为承载部件，适用于松散物料的垂直提升或倾斜度很大的提升，斗式输送设备常被用用作垂直提升，也被称作立式输送设备。立式输送设备占地面积小，节约车间面积，与倾斜式输送设备相比，将物料提升至同样高度，它的输送路程显著缩短。同时斗式输送设备在封闭的罩壳内进行输送，不会污染环境。缺点是输送物料受限制，并且输送量不能过大，例如不能用于箱装物料的运输。

一、　斗式输送设备的基本类型

斗式输送设备按输送状况不同，有倾斜式和垂直（立）式两种类型。倾斜式料斗固定在牵引链上，属于链斗式输送设备。茶叶生产中应用的多为垂直斗（立）式输送设备，并且多为皮带斗式输送设备。料斗装在牵引带上随其一起运动。作业时，料斗在下方装料，在封闭的罩壳内提升输送，当料斗升至顶部翻转时，靠重力和离心力将物料倾倒出来，适于运输小块状和粉粒状物料，湿度大的物料输送困难。其最大提升高度可达30m，一般不超过20m，输送能力5～160t/h，有时甚至达500t/h。过载能力较差，要求供料均匀，仅能垂直输送。

二、　斗式输送设备的主要结构

斗式输送设备的主要结构由料斗、牵引构件、罩壳和张紧装置等组成（图16-2）。

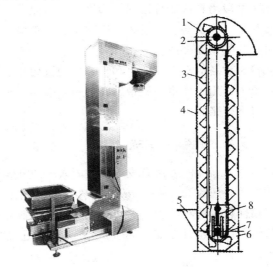

图 16-2　斗式输送设备

1. 机头　2. 上传动辊　3. 料斗　4. 罩壳　5. 投料斗　6. 机座
7. 下传动辊　8. 张紧机构

斗式输送设备常用的料斗有深斗、浅斗和三角斗（导槽斗）三种形式。深斗的深度大而前壁斜度小，每斗装料较多，但卸空较困难，适于输送流动性好、干燥松散的物料；浅斗的深度小而前壁斜度大，每斗装料较少，适于输送潮湿、流动性不良的物料；

三角形料斗是一种具有导向侧边的料斗，这种料斗在斗式输送装置中布置密集，当料斗绕过上传动辊时，前一个料斗的两导向测边和前壁成为后一料斗的卸载导槽，适于输送提升速度不大和沉重的块状物料（图 16-3）。

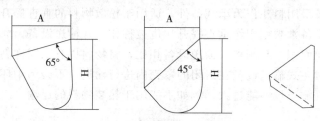

图 16-3　斗式输送装置的料斗形式
左：深斗　中：浅斗　右：三角斗

斗式输送设备常用的牵引构件有胶带和链条两种形式。用于茶叶输送的斗式输送装置，多采用胶带形式。胶带牵引机构一般用于提升速度较快、高度不大的场合。胶带宽度比料斗宽度一般要宽 25～50mm，料斗与胶带的固定，常采用在胶带上打孔，并用扁头螺栓将料斗固定。胶带宽度在 300mm 以下，常使用普通传动胶带；宽度大于 300mm，可采用运送胶带。

斗式输送设备的罩壳是为了防止粉尘污染环境，特将输送提升总成装在密封的罩壳内。罩壳的上部与传动机构等组成斗式输送设备的机头部。为使物料可卸出，设有卸料槽。头部罩壳的形状应保证能使料斗中抛出的物料完全进入卸料槽中。罩壳下部与张紧装置、下传动辊组成提升机底座，在底座罩壳上开有进料口，进料口的位置要保证使物料能够将料斗全部装满。中段为整段或分段的方形罩壳，若使用分段罩壳，两段之间采用螺栓连接，并加装密封垫。为了对装料过程进行观察和便于检修，在罩壳下部适当高度开有观察窗，覆以可拆卸的窗盖。

驱动装置位于斗式输送设备的上部，由电动机、传动机构和上传动辊等组成。为防止突然断电时，物料在重力作用下使牵引胶带逆转而引起损坏，装有制动器。牵引胶带一般采用螺杆式张紧装置进行张紧。

三、 斗式输送设备的装料方式

斗式输送设备将物料装入料斗的方法有挖取式和灌入式两种。其中由于挖取式装料可用较高的料斗运行速度，一般为 0.8～2.0m/s，使物料易于充满，但阻力也较大，一般适用于中小块度或磨损性较小的粒状物料的装料；灌入式进料使物料直接装入运动中的料斗，充满困难，只能采用不超过 1.0m/s 的较低料斗运行速度，多用于块度较大和磨损性不大的物料装料。

四、 斗式输送设备的卸料方式

斗式输送设备根据其卸料特点不同，卸料方式有重力自流式、离心式和混合式三种。

1. **重力自流式卸料**　重力自流式卸料方式由于一般采用 0.4～0.8m/s 的较低的升运速度，当料斗运行绕过上端驱动辊时，物料产生的离心力较小，卸料主要靠物料本身重力作用沿料斗内壁卸落。由于运送速度较低，生产率也低，但是料斗密度可较大，卸料口尺寸可较小，一般用于升运潮湿、沉重或脆性较大的物料。

2. **离心式卸料** 离心式一般采用大于 1.0m/s 的较高的升运速度，当料斗运行绕过上端驱动辊时，物料产生的离心力远远大于重力，故物料主要靠离心力的作用从料斗中抛出。这种卸料方式的料斗间距不能过小，以免物料从料斗中抛出落到前一料斗的斗背上。这种卸料方式生产率较高，但是输送速度有一定限制，若输送速度过高，料斗则不易卸空，不仅降低生产率，并且回带物料增多。多用于升运干燥、流动性好的小颗粒物料，茶叶加工中的茶叶升运输送主要采用离心式卸料。

3. **混合式卸料** 是一种介于上述两种卸料方式之间的卸料方式。同样，物料以上述两种卸料方式从料斗中卸出，接近料斗外壁的物料离心力较大，主要靠离心力抛出；接近料斗内壁的物料离心力较小，主要靠重力卸落。卸料特点介于重力式和离心式之间。

4. **斗式输送设备的卸料方式判断** 根据理论推导，斗式输送设备的卸料方式可用料斗质心的回转半径 r（m）与 $895/n^2$ 值来判断，n 为传动辊的转速（转/分）。当 r（m）$<895/n^2$ 时，为重力自流式；当 r（m）$>895/n^2$（m）时，为离心式；当 r（m）约等于 $895/n^2$（m）时，为混合式。

例如常用于茶叶平面圆筛机的斗式输送设备，料斗质心回转半径为 r（m）$=0.11$，传动辊转速 $n=80r/min$。将上述数据代入运算结果证明 r（m）$<895/n^2=0.14$。故茶叶平面圆筛机的斗式输送装置的料斗卸料方式为重力自流式。

五、 斗式输送设备的主要技术参数确定

斗式输送设备的主要技术参数主要包括生产率、料斗尺寸等。

1. **生产率** 斗式输送装置的生产率可用下式计算。

$$Q=3.6\frac{i_o}{a}\phi rv \quad （t/h） \tag{16-2}$$

式中：Q——生产率 t/h；

i_o——料斗容积 L；

ϕ——料斗充填系数，一般取 $\phi=0.7\sim0.9$；

r——物料密度 t/m^3；

v——提升速度 m/s（胶带不超过 3.5；链条不超过 1.6）；

a——料斗间距 m。

实际作业中，因为供料的不均匀性，实际生产率 Q_s 一般要小于理论计算的生产率 Q，那么

$$Q_s=\frac{Q}{k} \quad （t/h） \tag{16-3}$$

式中：k——供料不均匀系数，一般取 $1.2\sim1.6$。

2. **料斗尺寸的确定** 在生产率给定的情况下，可由式 16-2 和 16-3 计算出料斗的容积。

$$\frac{i_o}{a}=\frac{Qk}{3.6\phi rv} \quad （m^3/m） \tag{16-4}$$

　　根据料斗的容积数值即可选取适当的斗口、斗宽、斗深和料斗间距。表 16-2 列出的数据在茶叶输送所用的深斗、浅斗等斗式输送装置中均可参考应用。

表 16-2　斗式输送设备的料斗尺寸和容积

	斗　宽	160	250	350	450
深斗	斗口（mm）	105	140	180	220
	斗深（mm）	112	153	203	244
	容积（m³）	1.1	3.9	7.8	14.5
	斗距（mm）	300	400	500	600
	i_o/a（m³/m）	3.67	8.0	15.6	24.2
浅斗	斗口（mm）	75	120	165	215
	斗深（mm）	102	163	223	289
	线容积（m³）	0.65	2.6	7.0	15.0
	斗距（mm）	300	400	500	600
	i_o/a（m³/m）	2.17	6.5	14.0	25.0

第三节　螺旋式、振动式和气力输送设备

　　螺旋式输送设备、振动式输送设备和气力输送设备均生产中常用的输送设备形式，特别是连续化生产线中被广泛应用。

一、螺旋式输送设备

　　螺旋式输送设备又称"搅龙"，是一种不带挠性牵引构件的连续输送设备。主要用于短距离需密闭输送的颗粒、粉状或小块物料的短距离输送。

　　螺旋式输送设备的主要结构由电动机、传动机构、进料斗、输送螺旋、料槽、出料斗和机架组成（图 16-4）。

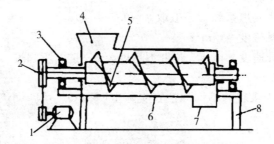

图 16-4　螺旋输送设备
1. 电动机　2. 传动机构　3. 轴承　4. 进料口　5. 输送螺旋
6. 料槽　7. 出料口　8. 机架

　　输送螺旋是螺旋式输送设备的主要工作部件，物料输送主要由其来完成。输送螺旋是将螺旋叶片按一定螺距焊接在空心钢管轴上而制成。叶片有实体式、带式、叶片式、成型式等，可按物料性质不同而选用。空心螺旋轴用两只轴承安装在机架的两端。料槽

用薄钢板制成，槽口周边各段接口处均焊有角钢，以增加刚性。料槽与螺旋叶片外圆的间隙一般为6～10mm。

螺旋式输送设备作业时，电动机通过传动机构带动输送螺旋旋转，运转正常后，从进料口投入需运送的物料，在随轴转动的螺旋叶片的轴向推力作用下，沿着料槽向前输送移动。物料由于重力和对槽壁的摩擦力作用，在输送过程中不是随螺旋一起旋转，而是在螺旋叶片间以滑动的形式沿料槽向出料口方向移动，完成输送任务。

二、振动式输送设备

振动式输送设备也被称为振槽或振动槽，是一种利用激振器产生振动将物料从一个位置运送到另一个位置的短距离输送装置。

1. 振动式输送设备的工作原理　振动式输送设备工作时，激振器产生的激振力作用于输送槽体，槽体在主振板弹簧约束下作定向强迫振动。被输送的茶叶等物料处在槽体中，当槽体向前振动时，由于茶叶等物料与槽体间的摩擦力，槽体便把运动能量传递给茶叶，使茶叶获得加速运动，这时茶叶运动方向与槽体振动方向相同。当槽体向后振动时，茶叶在惯性作用下，仍将继续向前运动。由于运动中的阻力作用，茶叶物料超过一段槽体又落到槽体上。当槽体再次向前振动时，茶叶又因受到加速被输送向前，如此重复循环，实现茶叶物料的被不断地断续输送向前。

2. 振动式输送设备的主要结构　振动式输送设备的主要结构由输送槽、激振器、主振弹簧、导向杆架、平衡底架、进料和卸料装置等组成（图16-5）。

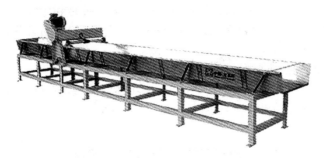

图16-5　振动式输送设备

输送槽用薄不锈钢板冲制而成，作用是在激振器产生的振动力作用下实施物料的输送。激振器是振动输送的动力源，产生周期变化的激振力，使槽体与平衡底架持续振动。

激振器的种类较多，有曲柄连杆式激振器、惯性式激振器和电磁式激振器等多种。曲柄连杆式激振器，通过偏心轴的连续回转使连杆端部作往复运动，从而带动槽体沿一定方向作近似于直线的运动。这种激振器产生的振动频率较低，但成本也较低，茶叶输送中应用较多；惯性式激振器，是靠偏心块回转时产生的惯性力驱动槽体作往复振动，同样成本较低；电磁式激振器，由电磁铁驱动，震动频率较高，并且振幅可调，虽制造成本较高，茶叶疏松中使用也较普遍。

底架位于槽体下方，主要用于安装输送槽和激振器等，并用于平衡槽体的惯性力。

主振弹簧用于支承输送槽，通常倾斜安装，作用是使振动输送装置有适宜的共振点

（频率比），便于系统的动能和势能的互相转化，有效地利用振动能量。

导向杆的作用是使槽体与底架沿垂直于导向杆中心线作相对振动，通过橡胶铰链与槽体与底架连接。

进料和卸料装置通常与输送槽体软连接。

3. 振动式输送设备的作业特点　实际应用表明，振动式输送装置结构简单，易于安装，作业时动力消耗也较小。非常适宜于输送距离不长、水平或倾斜度不大的茶叶加工过程中的物料输送。用途较广，可用于揉捻叶、烘干或炒干的在制叶以及成品茶的输送，并且还可将槽体的一部分做成筛网，在输送过程中同时可以筛除茶末。将槽体上方封闭，可减少低含水率茶叶输送中的粉尘散发，从而改善茶叶加工环境。

三、 气力输送设备

气力输送装置是利用空气气流的一定压力，将茶叶物料在管道中从一处输送到另一处的输送装置。随着茶叶加工规模的不断扩大和茶叶连续化生产线的应用，气力输送装置在茶叶加工中的应用越来越普遍。并且气力输送还被广泛地用于茶叶加工机械和车间的除尘。

（一）气力输送装置的工作原理

气力输送设备是利用空气气流压力，将茶叶从一处输送到另一处。由于气流对物料的输送状态不同，输送原理可分为两种。一种是气流在对茶叶物料进行输送时，物料在气流中呈悬浮状态，称之为悬浮输送，适宜于较干燥、粉粒状如条状、颗粒状、茶末、茶尘等茶叶物料的输送，茶叶输送多用此种方式；另一种是利用气流压力对物料进行输送，物料在气流中呈栓塞状态，称之为推动输送，可用于输送粉粒状物料，也能输送潮湿或黏度不大的物料。

（二）气力输送设备的类型

气力输送设备的类型较多，但目前应用于茶叶输送最多的是使物料呈悬浮状态的悬浮式输送方式。这种方式按气流对茶叶的输送状态不同，又可分为吸送式、压送式和混合式三种类型。

1. 吸送式气力输送设备　吸送式气力输送设备是借助于风机产生低于 0.1MPa 的空气气流，使输送管道中呈负压状态，也就说从整个管道内抽气，管道内的气压低于外界大气压力，茶叶物料被气流吸入吸嘴，沿管道输送到分离器中，在分离器内实现茶叶物料与空气的分离，茶叶物料从分离器底部出茶口卸出，空气被送入除尘器除尘，然后排入大气。

吸送式气力输送装置因系统真空度不同，又有低真空吸送式气力输送装置，即工作真空度为 -20kPa 以上；高真空吸送式气力输送装置，即工作真空度为 -50～-20kPa 范围内。

2. 压送式气力输送设备　压送式气力输送设备是一种在正压（高于大气压）状态下工作的气力输送设备。进料端的风机运转时，将具有一定压力的空气压入输送管中，茶叶物料由密闭的供料器输入输送管。空气与茶叶物料混合后，沿着输送管运动，到达分离器，物料通过分离器卸出，空气经过除尘器除尘排入大气中。

压送式气力输送设备的输送方式有低压输送式，工作压力为 50kPa 以下；重压输送式，工作压力为 0.1MPa 上下；高压输送式，工作压力 0.10～0.75MPa。由于进入压送式气力输送设备风机的空气，系清洁空气，鼓风机的作业条件良好。并且在输送管上可以设置支管，从而将一处的物料送往多处。适用于大流量长距离输送，生产率也高。但对供料器、输送管密封要求较高，并且输送管的磨损也较大。

3. **混合式气力输送设备** 混合式气力输送设备由吸送式和压送式两部分组合而成。在吸送段，茶叶物料由吸嘴吸入输送管，到达分离器后，物料被分离出来。分离出的物料又被送入压送段的输送管中继续输送，最后从压送段分离器被分离卸出。

混合式气力输送设备综合了吸送式和压送式的优点，在物料不通过风机的情况下，可从多处吸取物料，同时又可把物料送往多处，输送距离可较远，但是整套装置结构较复杂。

（三）气力输送设备的作业特点

与一般机械式输送相比，气力输送设备的结构较简单，除了风机以外没有运动部件，故障少，易于自动化控制和维修，投资较小。茶叶等物料的输送在管道中进行，可减少输送场所的灰尘，并且可减少漏茶等消耗。输送管道和路线可任意组合，并且可将一处物料送往多处，在输送过程中同时可对茶叶冷却，并且可用于除尘。缺点是风机噪声较大，输送管的弯管等处易磨损产生碎茶，对输送管道密封度要求较高。

第十七章 CHAPTER 17
中国茶叶机械化技术与装备

茶叶加工厂建设

茶鲜叶采摘后，一定要经过加工形成干茶，方有饮用价值，并且才能贮存。茶叶加工厂是茶叶加工的场所，为此茶叶加工工厂的建设在茶叶生产中处于至关重要的地位。当前，有机农业、清洁化生产等技术已开始引入茶叶加工领域，建好茶叶加工厂，也是实施这些技术的首要内容之一。

第一节　茶叶加工厂的规划与设计

茶叶是人们直接冲泡饮用的饮料。故茶叶加工厂的规划和设计建造，不仅要求保证茶叶产品品质，更要注重其卫生质量安全，充分贯彻国家制订的食品卫生法和食品企业通用卫生管理规范等。

一、　中国茶叶加工厂的现状

我国茶叶加工尤其是初制加工，虽历史悠久，技术精湛，但大多加工条件简陋，历来被习惯混同于一般的农副产品加工。20 世纪 80 年代以前农村公社化时代，虽然茶厂建设和设备简陋，但还是集中加工形式，还是以"厂"的形式生产。改革开放以来，随着茶园分户经营和名优茶快速发展，原来以加工大宗茶为主的集体茶厂逐步衰退解体，茶叶加工随之变为农户经营为主，大多数名优茶分散在一家一户加工，茶叶加工规模越来越小。据 20 世纪 90 年代估计，中国茶叶加工厂总数为约 6 万多家，平均每家企业年生产茶叶量不足 10t。企业规模小，设备陈旧落后、茶厂建设和建造缺乏规划和规范，对建厂环境、设备配备和加工工艺缺乏统一标准，大部分停留在手工单机小型设备加工状态，制约着茶产业的快速发展。

当前，国内茶叶生产已逐步向产业大户集中，茶叶加工向着集约化方向发展，故茶叶加工厂的建设与改造，已为全国广大茶区所重视。如浙江省通过政策引导，对全省的茶叶加工厂根据新建一批、改造一批、淘汰一批的原则，近 10 年来，茶叶加工厂规模已从 8 000 多家整合为 5 000 家，实施了建造 100 家省级示范茶叶加工厂工程，带动了全省茶叶加工厂的改造与建设。与此同时，在全国茶区范围内茶叶加工厂的优化和改造也在兴起，特别是近几年茶叶加工连续化生产线的推广应用，加快了茶叶加工厂改造和建设的进度。

二、　茶厂规划、　设计的指导思想与原则

茶厂规划和建设应遵循以下指导思想和原则。

1. 茶厂规划与设计的指导思想　茶厂建设和运营的目的，应该是以合理的规划设

计和设备配备，先进的加工工艺和技术管理，低成本和短周期的运营方式，生产出质量稳定的合格产品，投入市场销售，从而获得最好的经济效益。中国经济的快速发展，为茶叶生产、销售和出口贸易提供了极为良好的机遇。

为适应国内外市场消费要求，在茶叶加工厂规划、建设和优化改造工作中，首先应明确茶叶加工厂优化改造的指导思想和茶叶加工业的地位。应充分认识到，茶叶是一种直接冲泡饮用的健康饮品，其制作和生产不应像以往传统认识那样，把茶叶加工简单归属于农副产品加工，应该充分认识到茶叶加工应该属于食品加工领域和范畴。为此，茶叶加工厂应参照中华人民共和国食品卫生法、《食品企业通用卫生规范》GB14881 等标准进行规划、设计和建设，对环境条件、厂房建造、生产设备配备和技术管理等进行合理统筹，不断提高茶叶加工厂的建设水平。

2. 茶厂规划与设计的程序与原则　茶叶加工厂规划设计的程序和工作原则是，第一步应该根据生产需要，确定生产茶类、年产量、高峰日产量及茶叶加工工艺。第二步则确定茶叶加工设备的配备方案，并完成生产线设计。第三步是根据生产线和设备要求，参考茶厂用地状况，进行茶叶加工车间、附属用房和设备布置设计。加工车间设计时，要注意在墙体上预留出机器安装孔或洞和操作进出门等，并确定电、油、煤气、水管的预埋位置。第四步是在各车间和用房完成方案设计基础上，进行茶厂厂区总体方案布置，使其整体上建筑物、道路、绿化等井然有序，能满足茶叶加工工艺和环境生态要求。

在茶叶加工厂的建设中，要绝对避免未作茶叶加工工艺设计，在机器选型和生产线设计前，盲目进行车间和其他厂房设计和建造，也就是要避免先盲目建造厂房然后再选购机器设备。否则往往是机器进厂后，出现设备与厂房不匹配，或大或小，甚至安装不下或机器无法进入车间，即使勉强可安装，尚需在车间墙上开门破洞，切足适履，造成不必要的浪费。

三、茶叶加工厂的厂区规划

中国茶类众多，绿茶、红茶、乌龙茶、黑茶及紧压茶等茶叶加工工艺不同，加工厂的规划、设计要求也不一样，应根据具体情况进行规划设计。

（一）规模确定

茶叶初制加工厂的规模应该由需要加工的鲜叶数量和发展需求来确定，而茶叶精制加工厂则应根据需要加工的毛茶数量和发展需求来确定。茶叶初制加工季节性强，应根据近年来茶叶产量和 3～5 年内生产发展，确定高峰期日产量，一般要求当天采下的鲜叶，当天完成加工。本着节约用地、节约投资原则，确定茶叶加工厂规模，避免茶叶加工厂规模过大，造成投资、机械设备和人力投入的浪费，当然也不能过小，造成因加工不及时而使鲜叶积压变质或茶叶加工品质低下。

（二）厂址选择

茶厂是茶叶生产、加工和经营活动的中心，加工场所环境条件良好、无污染源，安全、卫生是最基本要求，故厂址选择要充分考虑用地、投资、环保、交通、能源、水源、地势等各种相关因素。

茶叶加工厂尤其是茶叶初制厂或初、精制联合加工厂，均以从茶树上采下的鲜叶为原料。一方面，鲜叶系活体，含水量高，呼吸作用强，不能长时间闷压和存放，不宜作长距离的运输；另一方面，鲜叶的运输量大，为成品茶的4～5倍，加上茶叶为季节性加工产品，要求快制快运，故茶叶加工厂的厂址应选在地势开阔和交通方便的地方。茶叶加工厂应考虑选在距茶园较近、鲜叶和产品运输方便、有利于与市场接轨、周围的劳动力供应有保证和鲜叶原料可发挥最大利用价值的处所。当前国家特别重视小城镇建设，茶叶加工厂的改造与建设最好与小城镇建设相结合，茶厂建设的理想区位为小城镇与茶乡的结合部，可兼顾交通、生活和通信等便利。

茶叶精制加工厂和茶叶深加工厂，在原料能够方便供应的前提下，厂址选择考虑的重点是产品销售，并且兼顾生产和生活，工厂应尽可能靠近产品销售区建造，并且强调建在电力、能源、交通便利的城镇。

茶叶加工厂的建厂场地要求平坦、开阔、有较好的地质条件，有足够的承载能力，整个厂区布置能适应茶叶加工工艺流程要求。此外，厂区应干燥不积水，为保证茶厂厂区干燥不积水，厂址最好选在既平坦而又稍有一定坡度的场所，以便排水。在一些山区，为保证即使厂区地势平坦又节约农田，可采取阶梯式场地布置。

（三）环境条件

茶叶加工厂建设，要充分考虑周围生态环境良好，并且要充分估算如茶叶深加工厂运行过程中对周围环境和生态的影响以及为保护环境而要付出的成本。

茶厂具体选址时应注意，上风及周围1km以内不得有排放"三废"的工业企业，尤其是产生和释放有味气体的化工企业，周围不得有粉尘（如水泥厂等）、有害气体、放射性物质和其他扩散性污染源。茶叶加工厂应离开交通主干道20m以上，离开经常喷洒农药的农田100m以上，并注意将茶厂尽可能建在垃圾场、医院、粪池、畜禽栏舍等设施的上风向，距离应在50m以上。

茶叶加工厂所处环境应空气新鲜，并达到国家《环境空气标准》GB 3095中规定的三级水平。水源应清洁、充足，水质应符合国家《生活饮用水卫生标准》GB 5749规定要求。

茶叶深加工厂的产品生产，要求使用一定量的纯净水，现场需要进行前期水处理，同样要求水源水质良好。同时生产过程中有部分残液和清洗水排出，故要求茶叶深加工厂应尽可能建在具备城市废水管网的城镇，否则应自行建设废水处理工程。

茶叶加工厂的各类茶叶加工设备均需用电驱动，热源大多也用电，故茶叶加工厂应尽可能建在靠近大电网处，保证有足够的电力和燃料供应。茶叶加工厂的运输任务繁重，业界实践证明，交通不便，茶叶加工成本最高可增加10％左右，而茶厂的生产能力甚至会下降25％左右，这就是茶叶加工厂厂址尽可能选在靠近铁路、公路的原因。

（四）厂区规划与布局

厂区规划与布局应包括厂区的功能划分、厂房和各种土建设施的布局定位，道路、绿化、排水和管线布置等。

1. 厂区的功能划分与布局　厂区通常由生产区、办公区和生活区组成，生产区又由贮青间、制茶车间、仓库等部分组成，同时还要进行良好的道路和绿化设计。

厂区应根据方便于生产和管理的原则进行合理规划，并且生产、办公和生活区应相对隔离，既互相衔接，又互不干扰。生产区的布置应符合制茶工艺和生产流程要求。厂区应整齐、清洁、有序。水、电、排水和排污管道等设施齐全，雨天厂区任何地方不得有积水。

厂区建筑物的朝向因地而异，总起来以坐北朝南为好，具体最优朝向茶区各地稍有差异，如杭州地区的建筑物朝向则以向南偏西 13° 为最佳。

茶叶加工厂的进出口一般设在前部，可设置大门和传达室等，进厂后可布置建造办公楼和生产管理用房，包括接待室、技术和生产管理、茶叶质量检验室、产品宣传和陈列室等，在办公楼和生产管理用房前应有足够的停车场。茶叶加工车间是茶叶加工厂的主体，要按茶叶加工工艺流程和便于作业的原则，布置在办公楼和生产管理用房的后部尽可能居中的范围，两者之间应相对分隔。茶叶仓库和附属用房一般可设于厂区的两侧，应特别注意茶叶仓库应布置在干燥、阴凉处，最好靠近厂区的物流门，以便成品茶出厂。

茶厂如需设置锅炉房以及单设厕所等应布置在厂区的下风向，特别要强调厕所的建造一定要考虑食品卫生要求，绝对要避免其气味污染茶叶或加工厂的空气。

2. 道路建设 道路为茶叶加工厂的原料、燃料及成品的及时运进、运出提供运输条件，而厂内道路是联系生产工艺过程及工厂内外交通运输的线路，有主干道、次干道和人行道等。主干道为厂区与外界连接的主要出入道路，供物流、人流等用；次干道为车间与车间、车间与仓库、车间与主干道之间的道路；人行道为专供人行走的道路。根据工厂规模的大小不同，道路的结构会有所差别。厂内道路布置形式有环状式和尽端式两种，环状式道路围绕各车间并平行于主要建筑物，形成纵横贯穿的道路网，这种布置占地面积较大，一般用于场地条件较好和较大的加工厂；尽端式是主干道通到某一处时即终止，但在尽端有回转场地，供车辆回转调头。这种布置占地面积小，适应地形不规则的厂区；也可采用环状式与尽端式相结合的混合式布置。厂区的道路应合理规划，道路宽度要考虑到设备、鲜叶原料和成品茶的运输，一般情况下主干道宽 5～6m，次干道宽 3m，并且道路要硬化。

3. 厂区绿化 绿化对环境有保护作用，能净化空气，绿化植物可吸收二氧化碳，放出氧气。如 1hm² 的阔叶林，一天内可消耗 1t 二氧化碳，放出 0.75t 的氧气。绿化植物还可吸收二氧化硫、氯、烟尘和粉尘等有害物质，还有调节小气候和改善环境的作用。绿化植物能防止水土流失，调节气温和湿度，降低风速，降低噪声，如噪声通过 18m 宽的林带时，可减噪声 16 分贝。

茶叶加工厂的厂区应有足够的绿化面积，一般不应少于厂区总面积的 30%，并且绿化的植物和花草配搭得当，以改善厂区环境。一般情况下，在车间或建筑物南侧可种植落叶乔木，以在春夏秋季防晒降温和防风，在冬季则可获得充足的阳光；东、西两侧宜种高大荫浓的乔木，以防夏季日晒；北侧宜种常青灌木和落叶乔木混合品种，以防冬季寒风和尘土侵袭；较大面积空地可设花坛或布置花园，适当设置喷泉、艺术雕塑、水池和座椅等，以作休息场所。道路两侧的绿化，通常是在道路两侧种植稠密乔木，形成行列式林荫道。一般树的株距为 4～5m，树干高度为 3～4m。厂前区的绿化要结合厂前建筑群和美化设施统一进行。厂区周围绿化可参照《工业企业设计卫生标准》进行设计。

4. 厂区排水 茶叶加工厂的厂区雨水排除可采用明沟、管道及混合结构排水。在地面有适当坡度，场地尘土、泥沙较多易造成堵塞或地下岩石较多埋设管道困难的厂区，可采用明沟排水，否则采用管道排水。

明沟排雨水时，有砖沟、石沟、混凝土沟、土沟。明沟断面一般常用梯形和矩形。沟底宽度不应小于 0.3m。沟起点深度不小于 0.2m。采用管道排水时，雨水口的布置应使集水方便，能顺利地排除场区的雨水，并且要求管道清除方便。

5. 管线布置　茶叶加工厂常用的管道有蒸汽管道、液化石油气或天然气管道、电缆管道、进排水管道等，这些管线可布置在地上或地下。布置在地下时，厂容整齐，空间利用率高，应该提倡，但投资大。布置在地上时，投资少，易检修，但占用空间和影响厂容。地埋管线一般布置在道路两侧或道路一侧与建筑物之间的空地下面，地下管线的埋设深度一般为 0.3~0.5m，具体依管线的使用、维修、防压等要求而定。

茶叶加工厂的供电最好依赖大电网，安装足够容量的变压器进行供电。但不少山区茶叶加工厂的供电为乡村用电，经小型电站或配变电所，通过低压架空线将电源送入茶厂。大中型茶叶加工厂配备柴油发电机组，以便在电网停电时临时供电，应注意发电机组与茶叶加工车间应有一定距离，以避免噪声对车间内操作人员的污染。

第二节　茶叶加工厂的厂房设计

茶叶加工厂的厂房通常包括茶叶生产车间、辅助车间、行政管理与生活用房和附属建筑等。茶叶生产车间一般包括初制和精制车间、烧火间、贮青间、包装间等。辅助车间包括茶叶仓库、茶叶质量审评与化验室、材料间、机修和配电间等。行政管理与生活用房包括办公室、换班宿舍、厨房与食堂等。附属建筑包括传达室、厕所等。应根据《中华人民共和国食品卫生法》《中华人民共和国消防法》有关有求要求进行规划和设计。

一、生产车间的平面布置

生产车间在厂区内的平面布置，要按照茶叶加工工艺流程和制茶机械安排需要，使之成为流水作业，以达到高效、低耗、安全的目的。一般日产干茶 1t 以下的小型茶叶初加工厂，制茶车间在厂区内的平面布置形式，宜采用"一"字形，即只建一栋厂房，将各工序合并安排在一栋厂房内，以有利于生产操作，节省劳力和减少厂房建筑面积；日产干茶 1.0~1.5t 的较大型茶厂，制茶车间在厂区内的平面布置形式，可采用"="或"工"形，即建造多栋厂房，各栋厂房可单独建造，也可各栋之间采用房屋或连廊进行连接，茶机则按加工工艺流程分别安排在若干栋厂房内。

生产车间内部的平面具体布置，则应根据茶叶加工工艺和加工机械与生产线的安装需求来确定，总的要求是做到工序合理，生产效率高，劳动强度低，生产安全。茶类不同生产车间的平面布置则不一样。如绿茶初制加工厂的生产流程为：摊（贮）青—杀青—揉捻—干燥；红茶初制加工厂的生产流程为：贮青—萎凋—揉捻（切）—解块—发酵—干燥；乌龙茶初制加工厂的生产流程为：萎凋（含日光萎凋）—做青（摇青和晾青）—杀青—揉捻—包揉、松包、复烘（反复）—足火。云南普洱茶加工厂的生产流程为：杀青—揉捻—晒青—（晒青毛茶）—渥堆—晾或烘干—称茶—蒸茶—压制—干燥

（阴干）—包装。生产车间的布置，加温与非加温工段要用墙壁隔开，以保证各车间的环境和卫生要求。在各工段都应留有空地，供在制品摊凉和周转。

大型的茶叶精制加工厂，自动化、连续化程度比较高，一般按工艺流程布局，即毛茶—复火—筛分—拣剔—匀堆装箱—成品库。为了改善车间环境，将复火烘干与筛分工段分开，手拣场与机拣场工段分开，精加工机械之间配以输送机械进行在制品的输送，而车间各工段均应留有适当余地。

为使生产车间和作业线布置合理，应按比例绘制车间茶叶加工机械或连续化生产线布置和安装平面图，并反复推敲比较，选出比较好的方案进行施工。平面图上应标出下列内容：车间的宽度、长度，门、窗、柱、墙（包括隔墙）的位置和尺寸；各作业机械或生产线的位置，外形尺寸，操作检修留出的空地；各作业机械或生产线之间的距离，单机作业一般两台机器间应留出 1.0～2m 的间距。如果在同一车间内装置两条茶叶加工连续化生产线，则两条生产线的间距应不少于 10m。

二、 生产车间设计的基本要求

生产车间的基本要求应根据不同茶类的加工要求和情况来确定。现代化生产车间应达到以下要求。

1. 贮青间　贮青间要求空气能对流，避免阳光直射，室内阴凉、干燥，室温一般要求在 25℃ 以下，相对湿度 70% 左右。若以贮青为目的，则要求室内阴凉潮湿，以保证鲜叶在一定时间内不变质。若以摊放为目的，则要求空气流通，并且空气相对湿度应尽可能低。目前各类茶叶加工厂的贮青间大都采用贮青设施如各种类型的摊青机、空调或除湿机等，对贮青间内的温度和湿度进行控制，贮青间面积大为减少，鲜叶摊放和萎凋的失水率显著加快，效率显著提高。

2. 萎凋间　红茶加工等使用的萎凋车间，与一般贮青间要求基本相同，但因红茶萎凋鲜叶失水较绿茶摊放等更多，故排湿要求更好。自然萎凋用的萎凋间要求避免阳光直射，通风良好，温度保持 20～24℃，相对湿度 70%；加温萎凋间要求空气流通适当，排湿性好，加温设备（热风发生炉）外置。如采用室外日光萎凋，除要求通风良好外，应具备遮雨和遮阳设施。

3. 做青车间　乌龙茶的做青车间，要求门窗可开闭，上设排风扇和循环风扇，下设花窗，便于空气流通和除湿，使室内温度和湿度保持均匀稳定，温度在 22～25℃，空气相对湿度 70%～80%。做青车间一般方向向北，避免阳光直射，车间要相对密封，使空气相对静止，要装置温、湿自控设备，使车间内保持做青（摇青和晾青）所需要的合适温、湿度。

4. 杀青车间　绿茶和其他茶类加工的杀青车间，要求空气流通，上设排风扇或设天窗降温排湿，下留窗口进新鲜空气。若燃煤柴，烧火灶口与车间隔离，以防烟气窜入室内，烧火间地面应低于车间地面，以便于操作和降低劳动强度。

5. 揉捻车间　几乎所有茶类的加工过程均有揉捻工序，揉捻车间要求室内潮湿阴凉，避免阳光直射。在高温天气进行揉捻作业，为避免绿茶揉捻过程中揉捻叶色泽黄变或红茶萎凋叶在揉捻过程中发酵红变，可采取在揉捻车间内装置空调进行室温控制，这时揉捻车间的门窗应关闭，每班作业结束开窗通气。

6. 茶叶晒场　一些晒青茶如滇青、普洱茶等的加工，需要日光晒青。晒场的大小一般需要杀青、揉捻间 10 倍以上的面积，虽然不是室内设施，但在晒青茶加工中十分重要。晒场一定要选择在地势高燥、清洁、通风和阳光良好的场所，晒场要用水泥浇注地面，场地要平整，但不要过光滑。晒场四周要设置隔离栅栏，场内茶叶堆放区、摊晒区、运输车和操作人员通道等，均应用白线明确标出，严禁茶叶与工具等混放，不允许非加工人员和牲畜、家禽进入晒场，以保证晒青茶的清洁卫生。

7. 发酵车间　红茶等加工使用的发酵车间，要求与其他车间隔开，发酵间内应保持 90% 左右的相对湿度，25℃ 左右的室内温度，并设有供氧和增湿装置，地面设有排水沟。目前，红茶连续化生产线已逐步在红茶加工中获得应用，生产线中所使用的是具有连续化功能和温、湿度可控的连续化发酵设备，其安装也要与其他工段隔离，并且排湿、排水性能良好。

8. 渥堆车间　黑茶加工所使用的渥堆车间，要求与其他车间隔开设置，室内应保持 90% 左右的相对湿度。地面铺设白瓷地砖或杉木地板，内墙墙面铺设 1.8m 高白色瓷砖。近年来，渥堆车间内初步推广使用渥堆槽，槽体用水泥砌出，宽度 2m 左右，两边侧墙高 0.8m，用白瓷砖贴面，也有用木板构筑的，槽体上方设置喷水系统，翻堆设备的研制目前国内有关科研单位已提上议事日程，应争取尽早突破。

9. 干燥车间　茶叶干燥车间要求地面干燥，空气流通，设有排风扇或气窗，便于排除水汽和烟气。若燃煤柴，热风发生炉外置于烧火间内。干燥车间的烘干工段，灰尘较大，要求茶叶机械本身即应加装排湿和排尘装置。车间内则要求空气流畅，车间高度应适当提高，一般要求不低于 5m。墙上要装置除尘风机，强制空气流通。

10. 精制车间　茶叶精制车间往往茶灰飞扬，除厂房要有足够高度，要有良好的通风、排气装置外，在灰尘更大的筛分和风选等部位，要采取隔离和除尘措施，以改善车间工作环境。

11. 花茶加工车间　花茶窨制车间，其鲜花摊放间要求清洁阴凉，空气流通，门窗宽敞，便于作业结束开启门窗通风，使空气对流。但是因为茉莉花等花香易挥发，因此花茶窨制间应装置空调设备，作业时将门窗关闭，使车间能相对密封，空气相对静止。窨花间开间要大，便于窨花机械作业。

12. 其他建筑　茶厂建筑除生产车间外，还有辅助车间和生活用房。辅助车间包括成品茶仓库、审评室、机修车间、配电房、工具保管室等；生活用房包括办公室、职工宿舍、食堂、车库、厕所等。

茶厂应有足够的原料、辅料、成品、半成品和包装物仓库或场地。原材料、半成品、成品茶和包装物应分开放置。成品茶仓库一般建在地势较高处，室内铺设木地板，下部开通风洞，以防水气渗入室内，室内地面应比室外地面高 50～60cm，门和窗密闭性好，使用仓库专用窗，以保持室内干燥。若建立冷藏库贮存茶叶，保存温度 0～5℃。

所有加工车间窗户均应加装纱窗，车间门应设 40cm 以上高的挡鼠板。加工设备的烧火口、热风炉、产生噪音的风机、燃油和燃液化石油气的油箱、气罐和钢瓶以及煤、柴等燃料，应一律放于主车间以外的烧火间或专用油、气房间内，油、气贮存库与加工车间应有足够的隔离和安全距离，一般为 30m 以上。

三、 车间有关结构参数的确定

茶叶加工车间的结构特别是茶叶初制加工和精制车间，均有具体要求，设计时应给予充分考虑。

（一）车间面积确定

一般情况下，大宗茶生产车间面积应等于设备占地总面积的8～10倍，名优茶或采用连续化生产线进行茶叶加工的车间，这个比例可适当缩小。若用机器进行茶叶包装，则包装车间的面积同样应为机器占地面积的8～10倍；手工包装时，每位包装工所占厂房面积为4m²左右，在包装人数超过10人时，按每位包装工所占厂房面积为约3m²计算。贮青间若采取地面直接摊放，大宗茶鲜叶一般摊放厚度不宜超过30cm，即每平方米厂房面积摊放鲜叶（15±2.5）kg；名优茶鲜叶摊放厚度一般为2～3cm，即每平方米厂房面积摊放鲜叶2～3kg，以此来计算贮青间面积。目前大宗茶不少已采用贮青槽、红茶萎凋槽甚至大型摊青机或萎凋机贮存鲜叶，贮青间面积则大为减少，贮青间面积可按每平方米厂房面积摊放鲜叶50～60kg计算；名优茶摊青不少地方已采用网框式等设备摊青，贮青间面积则可按每平方米厂房面积摊放鲜叶5～8kg计算，在使用设备进行摊青时，应注意加强排湿。成品茶仓库面积可按250～300kg/m²的贮放茶叶数量计算。

（二）车间宽度、高度和长度的确定

1. 车间宽度确定 茶叶初制车间的宽度即为与车间长度垂直方向的尺寸数，一般称之为跨度或进深。茶厂建筑开间和进深尺寸，是指相对两墙中心线之间的距离。中国建筑行业"建筑统一模数制"规定，跨度小于18m的房屋建筑，以3m为模数，即厂房跨度为3的倍数，如6m、12m、15m、18m等。一般安装单条大宗茶生产线的厂房跨度应不小于12m，而名优茶则可为9m；并排安装二条大宗茶生产线的厂房跨度不小于15m，而名优茶则可为9m；安装三条以上大宗茶生产线的厂房跨度不小于18m，此外，要在车间安装机器一侧外边建造3～5m的烧火间。

大跨度厂房的地面利用率较高，但建筑材料要求也高，造价较高。

2. 车间开间、长度与高度的确定 所谓车间的开间，是指沿车间主轴方向梁（墙）与梁（墙）之间的距离，车间开间亦应按建筑规范中的模数要求确定开间数值，一般应为3的倍数。茶叶加工厂的厂房常用的开间为3.6m、3.9m、4.5m、6.0m等。车间厂房长度等于开间与间数的乘积，即车间主轴方向的尺寸数。它根据各机械设备的长度总和、设备间距、横向通道宽度总和及墙厚，参照当地建筑习惯而定。

茶叶加工厂的厂房高度，单层厂房指室内地面至屋顶承重结构（屋架和梁）下表面之间的垂直距离；多层厂房高度为各层厂房高度之和。厂房高度由生产和通风采光要求确定，一般为名优茶加工厂房要求在4.5m以上，大宗茶加工厂房要求在5.0m以上。绿茶的杀青车间、红茶和乌龙茶等的萎凋车间，红茶、黑茶及紧压茶加工的发酵和渥堆等车间，还有所有茶叶加工的干燥车间等，水分蒸发强度大，湿度高，要求车间高度不得低于5m，少数大型茶厂甚至高达8m。目前使用的钢结构厂房，一般高度均为6～8m。

3. 茶叶精制加工等车间有关参数的确定 茶叶加工厂的大型茶叶精制加工车间，宽度可放宽至24m以上，高度达10m，甚至局部达到15m以上，车间长度达80m，甚至100m以上。一些茶叶深加工厂，其车间内往往要搭建设备操作平台，一些设备如萃

取塔等高度甚至达数十米，车间或车间局部高度和宽度有特殊要求，应根据生产工艺、生产线设备配备要求，具体进行设计。

（三）车间及房顶结构确定

茶叶加工厂厂房结构类型常见的有砖木结构、砖混结构、钢筋混凝土框架结构和钢结构等。砖木结构，承重部分为木柱或砖柱，其取材方便、施工容易，造价低，但强度低，木材易腐蚀，一般用于单层小型茶厂车间建造，已逐步少用；砖混结构，承重部分为砖或石，屋架为钢筋混凝土结构，其取材和施工较方便，费用也低，中、小型茶厂车间使用较多；钢筋混凝土框架结构，承重部分和屋架均采用钢筋混凝土，其强度高，刚度大，适应层数多、开间、载荷和跨度大的茶厂车间使用；钢结构厂房，是当前最先进结构形式的厂房，它的部件用型钢和彩钢板在工厂内完成加工制造，现场仅作简单安装，即可完成车间建造，跨度和开间都可做得很大，梁柱尺寸小，车间利用面积大，外形美观，并且建造成本与钢筋混凝土框架结构相差不大，目前一些大型茶厂采用越来越普遍。

茶厂车间以往有平顶、人字形、锯齿形屋顶等形式，由于换气等技术的进步，目前多以建平顶和人字形坡屋顶厂房为多，但是车间宽度若较宽，如超过 15m 或达到 20m 以上，车间中部采光将较差，则中部最好采用天窗进行弥补。

茶叶加工厂的车间，要求门窗宽敞，应装置足够的排湿、排气设施，并要防止车间内的空气环流。

（四）车间人流口、物流口和参观通道设置

茶叶加工车间要求物流口和人流口要分开设置，在没有原料和物质进出时，只开放人流口供人员进出。在人员进出口处，分别设置男女更衣间，并设置洗手和干手设施。茶叶加工车间应设置参观通道，参观通道设在主车间之外，沿参观通道的主车间墙壁，墙壁可设计成方便参观车间内作业情况的大玻璃窗结构。若参观通道设在车间内，则应严格与茶叶加工区域分置，或做架空处理，以使与加工无关的人员一律不得进入车间或接近茶叶加工处所。

（五）车间采光

茶叶加工厂车间的照明，应以能正确辩明茶叶及在制品的本色为原则，宜装置日光灯或白炽灯，光照度应达到 500lx 以上。所有灯具都应设置防护罩，在茶尘严重的车间内应使用防爆灯。车间窗户面积要尽可能大，不同的采光等级要求相应的采光（门窗）面积，采光（门窗）面积可采用车间门窗与地面净面积之比进行测算确定（表 17-1）。

表 17-1　制茶车间常用的门窗与地面面积比

采光等级	单侧窗	双侧窗	加矩形天窗
3	1/3.5	1/3.5	1/4.0
4	1/6.0	1/5.0	1/8.0
5	1/10	1/7.0	1/15

（六）车间地面、墙壁和门窗要求

茶厂车间地面要求硬实、平整、光洁、不起灰。常用的有水泥砂浆地面、水磨石地面、防滑地砖地面和木地板地面。砂浆地面结构简单，坚固防水，造价低，但易起灰，

现已少用；水磨石地面光滑耐磨，不易起灰，造价也较低，但建造磨光较费工，施工单位往往不接受施工，常用于需冲水的茶厂车间；防滑地砖地面强度高，坚硬、防水、耐磨、耐酸、耐碱、不起灰、易清洗，但要避免砖面过光，选用防滑砖型，是现茶厂车间使用最普遍的地面形式。还有一种食品加工厂使用的塑胶地板，防水，防滑、耐酸、耐碱性能良好，使用已逐渐普遍。

车间内要有足够冲洗水源，车间冲洗时排水通畅，任何地方不应积水。

车间墙壁应涂刷浅色无毒涂料或油漆，除特殊要求部位外，宜用白色瓷砖砌成1.5m 以上高度墙裙。

车间门常采用平开门和钢制推拉卷帘门。平开门制作简单，安装方便，但开启时占用一定空间；推拉卷帘门用于经常有运输车辆或手推车进出的车间门。用于人通行的单扇门宽一般为 800~1 000mm，双扇门宽 1 200~1 800mm，门高 2 000~2 200mm；用于手推车进出的门宽约为 1 800mm，门高 2 200mm；轻型卡车门宽约为 3 000mm，门高 2 700mm；中型卡车门宽约 3 300mm，门高 3 000mm。

窗的形式常采用平开窗和悬拉窗。平开窗通风好，常用于接近工作面的下部侧窗；悬拉窗常用于上部窗或天窗。

四、 茶叶加工车间的卫生要求

茶叶加工厂应逐步推行国家规定的生产许可证和卫生许可证制度。

茶叶加工车间应有良好的防蝇、防鼠、防蟑螂等设施，应有良好的污水排放、垃圾和废弃物存放设施。

车间内鲜叶、在制品、干茶等应分开放置。车间内应保持整齐清洁。

第三节 茶叶加工设备的选用与配备

茶叶加工厂的设备选用和配备，直接影响着茶叶加工厂等正常运行和茶叶的加工效率与加工品质，应引起十分重视。

一、 茶叶设备的制造用材

直接接触茶叶的加工设备和用具，应该用无毒、无异味、不污染茶叶的材料制成。提倡尽可能用不锈钢材料制造茶叶机械，尤其是接触茶叶的零部件要尽可能用不锈钢加工。当然也可适当使用食品级塑料、竹、藤、无异味木材等材料加工制茶设备和用具。不宜使用含铅较高的铜材及铝材等加工直接接触茶叶的茶叶机械零部件。

二、 茶叶加工设备配备数量计算

因茶叶种类繁多，茶叶加工设备应根据各类茶叶加工工艺需要、设备性能和全年最高茶叶日产量进行计算和配备。在茶叶加工主机或生产线配备基础上，进行辅助和控制系统等配备。

（一）茶机配备的基本原则

茶叶机械的选用，应根据茶叶加工的产品类型、加工工艺和茶叶加工厂的规模灵活确定。一般情况下，初制茶叶加工厂的年毛茶生产量在 50 吨以上，为大型茶叶加工厂，配备的设备应以大型茶叶加工机械和连续化生产线为主；年毛茶生产量 25～50t 的为中型茶叶加工厂，则以配备中型茶叶加工机械和中小型连续化加工生产线为主；年产毛茶 25t 以下的为小型茶叶加工厂，则以配备小型茶叶加工机械或小型、局部连续化生产线为主。

（二）茶叶加工最高日产量确定

茶叶加工最高日产量的确定，一般可用全年茶叶产量的 3％～5％或春茶产量的 8％～10％计算，大宗茶也可用春茶高峰期中 10 天的日平均产量、名优茶则用高峰期 3～5 天的日平均产量作为最高茶叶日产量。最高日产量的计算方法如表 17-2 所示。

表 17-2　大宗茶最高日产量的计算方法

计算方法	计算分类	举　例
最高日产量（kg/d）＝全年茶叶总产量×（3％～5％）	适用于长江中下游茶区，春茶产量占全年总产量的 50％左右。最高日产量为全年总产量的 3％～5％，春茶产量的 8％～10％	某厂年产干毛茶 75t，最高日产量＝75 000×（3％～5％）＝2 250～3 750 kg/d
最高日产量（kg/d）＝春茶产量×（8％～10％）		某厂春茶产干毛茶 35t，最高日产量＝35 000×（8％～10％）＝2 800～3 500kg/d
最高日产量（kg/d）＝春茶高峰期产量/高峰期天数	春茶高峰期一般为 10 天，其产量平均值作为最高日产量	某厂春茶高峰期 10 天产干毛茶 25t，最高日产量＝25 000÷10＝2 500kg/d

（三）各工序茶叶日加工量的计算

中国所生产的茶叶加工机械，所标注的台时产量，均为投入该机器所加工的茶叶在制品数量，故应根据各类茶叶产品加工过程中各种在制品的余重率，获取各加工工序的余重，作为计算茶叶机械配备数量的依据。那么：

$$Q'=Q（4～5）\times \eta \quad kg/d \tag{17-1}$$

式中：Q'——在制品最高日加工量　kg/d；

Q——干毛茶最高日产量　kg/d（设定为 4～5kg 鲜叶加工 1kg 干茶）；

η——在制品余重率　％。

各工序在制品余重率的含义为各在制品重量与投入加工鲜叶重量的比值，用下式计算：

$$\eta=\frac{Q'}{(4～5)Q}=\frac{(1-\omega)}{(1-\omega')}\times 100\% \tag{17-2}$$

式中：ω——鲜叶含水率；

ω'——在制品含水率。

大宗绿茶如炒青绿茶与烘青绿茶，因加工工艺已较成熟，生产量在全国茶叶总产量中占的比例也较大，加工过程中各工序在制品的含水率与余重率已有较成熟的数据可供选用（表 17-3）。

表 17-3　绿茶加工各工序在制品含水率与余重率

工　序		鲜叶、在制品质量（kg）	含水率（%）	余重率（%）
鲜叶		100	75	100
杀青		63	60	63
揉捻		63	60	63
烘二青		42	40	42
烘青绿茶	初烘	36	30	36
	足干	26	5	26
炒青绿茶	炒三青	32	22	32
	辉干	26	5	26

（四）茶机配备数量的确定

茶机设备配备数量用下式计算，在高峰期短时间内以机器工作 20 小时计算：

$$n = \frac{Q'}{q} = \frac{Q'}{q' \times 20} \tag{17-3}$$

式中：Q'——各工段在制品最高日加工量；

　　　q——茶机日加工量（茶机 20h 加工量）；

　　　q'——茶机台时产量（可从使用说明书查到）。

通过计算，尚应考虑留有余地，进行适当调整，最后确定配备台数。

（五）茶叶机械配备举例

中国茶类众多，现以绿茶中的炒青绿茶和乌龙茶中武夷岩茶加工为例，介绍茶叶加工厂的设备配备。

1. 炒青绿茶加工厂的设备配备举例　炒青绿茶加工中常用的加工工艺为：鲜叶—杀青—揉捻—解块筛分—烘二青—滚三青—滚足干（即干燥工序常说的"烘、滚、滚"），现以此工艺距离进行茶叶加工设备配备。

某企业有茶园 1 000 亩，以每亩产炒青绿茶干茶 125kg 计算，全年茶叶总产量 125t，设定最高日产量为全年茶叶总产量的 3%，则最高日产量为 3.75t，折合最高日加工鲜叶 15t。

根据炒请绿茶加工工艺，并依据某茶机制造企业提供的机械性能指标，所选定的茶叶机械种类和生产率指标如表 17-4 所示。

表 17-4　选定机械与生产率指标

选定茶机名称	说明书表明生产率（kg/h）	计算选用生产率（kg/h）
6CS-80 型滚筒式杀青机	300～400	350
6CR-55 型茶叶揉捻机	60～160	80
6CJ-30 型解块筛分机	500	500
6CH-16 型茶叶烘干机	600～800	700
6CCB-110 型八角炒干机	40～45	40
6CCP-100 性瓶式炒干机	40～45	40

根据上述鲜叶和各工序的茶叶在制品的余重率，（并）换算出该企业鲜叶和在制品

的数量，并根据上表所选定的单台茶叶机械生产率，则可计算出每种机械所需台数（表17-5）。

表 17-5　茶叶机械配备台数表

工序	在制品数量（kg/d）	选用茶机	计算配备数（台）	配备数（台）
杀青	15 000	6CS-80 型滚筒式杀青机	2.1	3
揉捻	9 500	6CR-55 型茶叶揉捻机	5.9	6
解块筛分	9 500	6CJ-30 型解块筛分机	1.0	1
烘二青	9 500	6CH-16 型茶叶烘干机	0.7	1
滚三青	6 300	6CCB-110 型八角炒干机	7.9	8
滚足干	4 800	6CCP-100 型瓶式炒干机	6.0	6

该企业若选用炒青绿茶加工连续化生产线进行上述炒青绿茶的加工，因为在进行生产线开发和设计中，已针对相应加工的茶叶类型例如上述企业加工的炒青绿茶，进行了生产线主机和辅助输送设备等的计算和配备，以保证整条生产线的生产平衡。故可根据加工茶叶的工艺需求和高峰期应加工的鲜叶数量，并根据连续化生产线的加工能力，例如高峰期每日可加工的鲜叶数量，直接进行生产线的选用。

2. 武夷岩茶茶叶加工厂设备配备举例　某乌龙茶加工企业需建造一座年产干茶100t武夷岩茶初制加工厂。全年最高日产量出现在春茶，最高日产量现按全年茶叶总产量的5%计算，武夷岩茶干茶制取率按鲜叶与干茶比例5∶1计算，则该厂最高日产干茶为5 000kg，日最高消耗鲜叶25 000kg。根据武夷岩茶加工资料，加工过程中各工序需加工的在制品质量（上一工序加工后的在制品质量）如表17-6所示。

表 17-6　武夷岩茶各工序需加工的在制品质量

工序	鲜叶	做青	杀青	揉捻	初烘	足干
质量（kg）	25 000	20 750	19 500	13 750	12 500	8 000

25 000kg鲜叶武夷岩茶加工厂的加工设备和设施配备：

（1）萎凋设施。萎凋可采用晒青方式，搭建晒青棚，设置适量透光率的覆盖板与遮阳网，以满足各档武夷岩茶萎凋工艺要求。

（2）做青机配备。采用生产中普遍应用、性能成熟的6CZ-100型综合做青机，以萎凋叶即做青机需加工的在制品质量20 750kg进行计算，6CZ-100型综合做青机，每批可处理萎凋叶250kg，1天可处理5批，那么做青机应使用的台数为：

做青机台数＝20 750/（250×5）＝16.6≈17 台

（3）杀青机配备。按照武夷岩茶加工习惯，杀青选用6CST-110型圆筒式茶叶杀青机，台时产量为300kg，各台做青机先后出叶到杀青的间隔为2h，同时要求做青叶下机后在1h内要及时杀青，以免产生闷味和香气散失，所以每批做青叶均应在3h内完成杀青。如上所述，做青机每天处理在制叶5批，那么杀青19 500kg做青叶，杀青机应使用的台数为：

杀青机台数＝19 500/（300×3×5）＝4.3≈5 台

（4）揉捻机配备。武夷岩茶揉捻一般使用 6CR-55 型茶叶揉捻机，揉捻机的配备应与杀青机相匹配。因为 6CST-110 型圆筒式茶叶杀青机每筒杀青叶质量约 30kg，与 6CR-55 型茶叶揉捻机每筒揉捻叶质量相近，同时两者每批加工叶的杀青和揉捻时间也相近，故 6CR-55 型茶叶揉捻机也选用 5 台。

（5）烘干机配备。选用 6CH-20 型自动链板式烘干机，初烘采用高温快烘，每小时可初烘揉捻叶 1 200kg；足烘采用低温慢烘，每小时可足烘初干叶 250kg，高峰期每天作业 20 小时，那么初烘和足烘需要配备的烘干机台数为：

初烘配备烘干机台数＝12 500/（1 200×20）＝0.5≈1 台

足烘配备烘干机台数＝19 500/（250×20）＝1.6≈2 台

为此，高峰期每日加工 25 000 千克鲜叶的武夷岩茶加工厂需配备 6CH-20 型自动链板式烘干机 3 台。

茶叶深加工设备

茶叶深加工技术是20世纪80年代以后获得快速发展的新型茶叶加工技术，近年来中国茶园面积发展迅速，茶叶产量逐年显著增加，茶叶深加工更受到高度重视。茶叶深加工产品较多，应用的设备类型也较多，其中最重要的是提取、分离、干燥、杀菌和包装等设备。

第一节　茶汁提取设备

茶汁提取是茶叶深加工产品加工最基本的工序，它是使用热水或乙醇等溶剂（最常用的是热水）浸泡茶叶，使茶叶中可溶性成分溶解于溶剂中形成茶汁。对提取设备的基本要求是将茶叶中内含成分尽可能提出，并且保持茶叶原有品质风味。常用的茶汁提取设备有罐式提取设备和逆流式连续提取设备等。

一、罐式提取设备

罐式提取设备是最传统和使用最普遍的茶汁提取设备，生产中应用的有单罐式提取设备和多罐式提取设备等。

（一）单罐式提取设备

单罐式提取设备是根据使用茶桶进行泡茶的原理而研制、仅使用一只罐体进行提取作业的提取设备，在小型茶叶深加工产品生产企业中应用普遍。

1. 单罐式提取设备的基本结构

单罐式提取设备亦称多功能提取罐，主要结构由罐体、投料口、搅拌装置、出渣门和启闭机构等组成（图18-1）。

罐体用不锈钢板卷制而成，为夹层结构，夹层中可通入蒸汽，使用玻璃纤维等对罐体保温，以节约能源。罐体上部设有与罐体轴线有

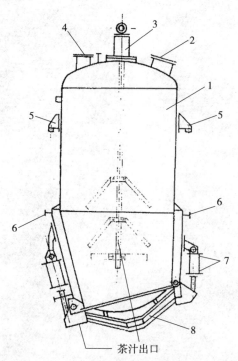

图 18-1　单罐式提取设备

1. 罐体　2. 进料口　3. 搅拌装置　4. 蒸汽出口　5. 安装吊脚　6. 蒸汽进口　7. 高压空气进出口　8. 出渣门

一定角度的投料口，提取用的茶叶原料就从投料口投入，投料门由高压空气驱动的启闭机构打开和关闭。罐体上部设有进水管口，将锅炉或预热装置提供的热水通过进水管送入罐体内。罐体上部还装有搅拌装置，搅拌装置由搅拌杆、搅拌叶片和搅拌电动机组成。搅拌杆装于罐体轴向中心位置，直插至罐下部，下半部杆上装有搅拌叶片，上端装有搅拌减速电动机，可带动搅拌杆和搅拌叶片旋转，对罐内提取液进行搅动，使提取更充分和均匀。罐体的下部装有茶汁出液阀，打开出液阀由液泵将茶汁抽出，放入冷却罐中。出渣门设于罐体下部，用于将茶渣从罐体内排出，出渣门内侧装有多孔板和不锈钢筛网，将茶渣从茶汁滤出。出渣门同样由气泵提供的压缩空气推动开门活塞上下，从而控制出渣门的启闭，也有采用手动进行启闭的，出渣门打开，茶渣从罐体内下落，并进行清除。

2. 单罐式提取设备的工作过程　将一定数量的茶叶原料从投料口投入提取罐中，加入一定比例的热水，并开启蒸汽阀门向罐体夹层通入蒸汽，使罐内达到预定的提取温度，开动搅拌机构对罐内提取液体实施搅拌，一定时间后，停止搅拌，使提取液固、液分离，开启出液阀和出液泵，将茶叶提取液即茶汁抽出，并送入茶汁罐中。开启出渣门，茶渣落出简体外，并清除干净。然后关闭出渣门，重新向罐内注入热水和投入茶叶原料，进行下一轮的提取。

3. 单罐式提取设备的作业特点　单罐式提取设备结构简单，易于操作，投资少，适合小型茶叶深加工企业用于较小批量茶汁的提取作业，并且可根据需要灵活安排生产和作业参数。但单罐式提取设备进行茶汁提取属于断续性作业，并且提取时间较长，作业效率较低，在高温长时间提取过程中茶汁风味易受影响。

（二）多罐式提取设备

是一种在单罐式提取设备基础上发展而成的提取设备。一般由两只或两只以上不锈钢提取单罐用管道等串联而成。不锈钢提取罐与单罐式使用的提取罐相同，各罐体之间用连接管连通，有的还装有茶叶香气回收装置等。

多罐式提取设备作业时，按一定顺序将规定数量的茶叶原料投入各提取罐中，开动热水泵，使热水则按一定顺序依次流经各个提取罐，做到新投入的茶叶与即将出罐浓茶汁相接触，已提取完毕的茶叶则与新进入的热水相接触，提取罐内的茶叶依次被更换，从而达到连续提取的目的。多罐式提取设备虽然茶叶在提取罐内不移动，但是热水连续不断地从各提取罐内的茶叶中流过，完成茶汁提取，提取液也连续不断从提取罐流出。

多罐式提取设备与单罐式相比，茶汁提取率高，即茶渣中茶叶有效成分残留率低，有茶汁风味品质保持好的特点。并且提取同等数量的茶汁，多罐式提取设备蒸汽平均用量低，设备投资也低，占地少。在提取作业过程中，每个罐均可按工艺要求进行调节控制，适应性广。故在生产中获得较为广泛的应用，但相对而言设备结构较复杂（图18-2）。

二、逆流连续式提取设备

逆流连续式提取设备是一种茶叶深加工作业中最先进的茶汁提取设备，多用于一些大、中型茶叶深加工企业。

1. 逆流连续式提取设备的工作原理　基于提取装置的特殊设计，使物料在提取过

图 18-2　多罐式提取设备

程中，茶叶和溶剂热水同时连续运动，但运动方向相反，茶叶与热水充分接触，并且茶叶始终向着低浓度水的方向移动，设备内热水和茶叶不断连续添加与更新，是一种能使茶叶有效成分提取更充分的提取设备。

2. 逆流连续式提取设备的主要结构　逆流连续式提取设备的主要结构由螺旋送料器、逆流连续式提取装置、螺旋出渣器和传动机构等组成。

逆流连续式提取装置是整个提取设备的关键作业部件，常用的有螺旋推进式连续逆流提取舱（外设蒸汽夹套）和旋转式提取筒（外部设蒸汽套）两种。

螺旋推进式连续逆流提取舱（外设蒸汽夹套）的结构如图 18-3 所示。主要由密闭在罩壳内的"U"形提取舱（槽）、推叶螺旋与刮板、传动机构、螺旋进料器、螺旋出渣器等组成。推叶螺旋与刮板沿轴线装于"U"形提取舱（槽）内，用于将茶叶在舱内由后向前推进，而提取溶剂（水）从后端进入"U"形提取舱（槽），与茶叶呈反方向向前流动，并与茶叶接触，实施提取。滚筒前端装有螺旋进料器，用于将物料送入"U"形提取舱（槽）内，后端装有螺旋出渣器，用于将料渣中的提取液挤出并将料渣排出舱外。这种提取装置已经应用于中茶汁的提取中。

旋转式提取筒（外部设蒸汽套）的主要作业部件是一只内装推叶螺旋的滚筒，推叶螺旋可将物料由后向前推进，而滚筒前部装有进水装置，可将提取溶剂（水）加入滚筒内，与物料呈现反方向向前流动，并与物料接触，实施提取。滚筒前端装有螺旋进料器，用于将物料送入滚筒内，后端装有螺旋出渣器，用于将料渣中的提取液挤出并将料渣排出滚筒外。此种提取装置多应用于中草药的提取。

3. 逆流连续式提取设备的作业过程　以螺旋推进式连续逆流提取舱式提取设备为例，将经过预处理的茶叶原料经装于"U"形提取舱（槽）后端的螺旋进料器投入逆流提取舱（槽），提取用热水从"U"形提取舱（槽）前端进入"U"形舱内。电动机通过传动机构带动推叶螺旋与刮板旋转，推动茶叶原料在"U"形舱（槽）内由后向前运动，由于"U"形舱（槽）安装从后至前有一定倾斜度，提取热水一边与逆行而动的茶叶接触，一边向后端流动，就是在这样固、液相的逆向流动并不断接触中，从而将茶叶

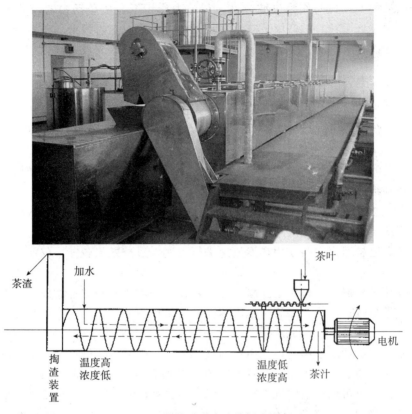

图 18-3　茶汁逆流式连续提取设备

中的有效成分提取出来，茶汁从"U"形舱（槽）流出。茶渣到达"U"形舱（槽）前端，由螺旋出料器进行挤压，使残留在茶渣中的茶汁回到"U"形舱（槽）中，而茶渣被螺旋出渣器送出机外。

4. 逆流连续式提取设备的作业特点　逆流式连续提取设备用于茶叶等物料有效成分的提取，可实现密闭连续化作业，在动态逆流状态下进行提取，茶叶有效成分提取充分，可实现计算机对提取过程作业参数的自动控制。具有节省人工，减轻劳动强度，生产效率高，生产成本低的特点，在速溶茶、液体茶饮料和茶叶提取物生产中已获得较广泛应用。

第二节　茶汁过滤分离设备

在茶叶生加工过程中，茶叶原料被提取成茶汤后，需经分离过滤设备对茶汤进行除杂、纯化和精制，去除茶汤中的大分子物质和细小颗粒，从而获得高纯度和品质澄清透明的茶汁。

一、茶汁过滤分离设备的类型

茶叶深加工产品加工使用的茶汁过滤设备，虽然形式多样，但是过滤原理基本相同，均是以某种多孔物质作为过滤介质，在外力作用下，使茶汤中的液体通过介质孔道，而固体颗粒（微粒）被截留下来，实现固、液分离，获得澄清的茶汁液体。常用的茶汤分离过滤设备有常规过滤分离设备、超滤设备、萃取分离设备、色谱分离设备等。

二、 茶汁常规过滤分离设备

最常用的常规过滤分离设备有茶汁双联过滤器和微孔过滤器、板框式压滤机、硅藻土过滤机和茶汁离心分离设备等。

1. 茶汁双联过滤器和微孔过滤器　茶汁双联过滤器是茶叶深加工产品生产中用于滤除肉眼可见的较大颗粒的过滤设备。常用者为袋式双联过滤器。主要结构由两只并联的不锈钢圆桶组成，顶部为圆形罩盖，桶内置有滤网套，内衬金属丝网或绢丝、尼龙网袋，用绳索将滤袋上端与滤网套扎紧后便可使用。作业时将茶汁连续放入桶内，滤液即会穿过滤网从出口排出，完成过滤。该机结构简单，造价低，拆装方便，过滤面积大，可连续生产。但是因为主要使用自然流速进行过滤，过滤效果较差，仅能作为茶汁的第一级粗滤之用。

茶汁微孔过滤器是一种用于滤除茶汁中粒径较小固体颗粒的过滤设备。微孔过滤设备的核心部件是微孔滤管，滤管一般由陶瓷或有机材料制成，管壁布满微孔，微孔过滤设备由许多微孔滤管并列组成。作业时，茶汁由加料泵送至管外，在一定外力作用下，穿过微孔滤管的茶汁滤液由管内流出，而细小的颗粒等杂质则被截留在微孔滤管外，从而使茶汁滤液澄清透明。当微孔滤管外壁的残渣积聚到一定厚度时，将会影响过滤效果和生产能力，此时可用压缩空气进行反吹以再生微孔滤管，在进行其他滤液的过滤时有时也可用硫酸浸泡去除堵塞的有机物达到微孔滤管再生之目的，但在茶汁过滤中不能使用。

2. 茶汁板框式压滤机　茶汁板框式压滤机是茶汁过滤最常用的过滤分离设备，多用于中小型茶叶深加工产品生产企业。

茶汁板框式压滤机的主要结构由滤板、滤框、滤布（或其他过滤介质）、压紧装置和机架组成。

机架由左右支座与板框导轨组成，用以安装与支撑整台机械的其他部件。压紧装置由活动压板、压紧螺杆和手柄（或液压传动装置）组成，用以压紧滤板、滤框和滤布。滤布夹在滤板和滤框之间，是一种过滤介质，用作茶汁中粗大颗粒的截留。

作业前，应将板框式压滤机的滤板、滤框等按图18-4（b）所示位置排列，滤板与滤框的数量可视生产能力要求和过滤的茶汁状况进行增减。选用适当的滤布，先用水浸湿，平复地夹在滤板与滤框之间，对角线上的两个液流孔应与滤板与滤框相应对准，滤布除可起到过滤介质的作用外，同时尚可起到密封垫圈作用，防止滤板与滤框间的茶汁泄漏，两相邻滤布之间即为过滤空间。用手或开动液压装置转动螺杆，推动压板压紧板框，压紧程度以茶汁通入不会泄漏为准。然后开启进料管上的阀门、启动液汁泵送入茶汁，压滤机开始工作，起始阶段阀门应缓慢开启，以后逐渐加大，过滤空间内的压力也随之逐步增加，初期滤液往往较浑浊，随后进入正常工作阶段会逐步变清。待过滤茶汁是由滤框上方通孔进入滤框之间即过滤空间，固体颗粒被滤布截留，在框内形成滤饼，滤液则通过滤饼和滤布流向两侧的滤板，然后沿滤板的沟槽向下流动，经滤板下方的通

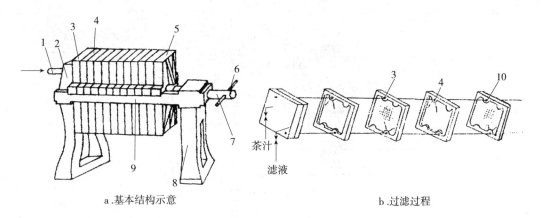

a.基本结构示意　　　　　　　　　　　　b.过滤过程

图 18-4　板框式压滤机

1. 茶汁入口　2、8. 左、右支座　3. 滤板　4. 滤框　5. 活动压板
6. 手柄　7. 压紧螺杆　9. 边框导轨　10. 滤布

孔流出机外，完成分离过滤。作业过程中，开始阶段若发现板框间有茶汁泄露，可操作手柄加大板框压力，或检查滤布是否破损或折叠不平。进入正常工作阶段后，应经常察看出叶口是否堵塞，若发现堵塞，则可能是一块滤板上的滤布破裂，流出的滤液必然浑浊，这时可关闭该过滤空间的进液旋塞，待操作结束再更换。

当滤框内充满滤饼时，应停止过滤，进行洗涤。洗涤液同样从滤板上部通孔进入，穿过两层滤布和整个滤饼层，从相间的滤板下方通孔流出，洗涤速率仅为过滤终了时过滤速度的 1/4。作业结束，用手柄或开动液压装置反转压紧螺杆，卸出过滤后积存的滤饼，并对滤板、滤布和机器各部位进行清洗。

茶汁板框式压滤机的操作压力一般为 0.1～1.0MPa。用于茶汁分离过滤，过滤质量良好，结构简单，占地面积小，设备投资也不大，但需经常卸饼和清洗滤布，装拆劳动强度较大，同时滤布的消耗也较大。

3. 茶汁硅藻土过滤机　茶汁硅藻土过滤机是一种采用硅藻土作助滤剂附着在织物介质上完成过滤作业的茶汁过滤分离设备。常用的硅藻土过滤机的结构主要由壳体、过滤网盘、空心轴、排气阀、卡箍、压力表和支座等组成（图 18-5）。

壳体用不锈钢冲制，用卡箍装于支座上，两者之间有密封垫，拆装清洗方便。过滤网盘用不锈薄钢板冲孔、焊成空心结构的铁饼形状，外包过滤网布。空心轴固定装在支座的壳体轴线位置，过滤网盘就套装在空心轴上，每两只网盘之间在空心轴上套装一只密封胶圈相隔，并用螺母压紧密封。过滤网盘的数量由所需生产能力而定，数量多过滤面积大，生产能力高。空心轴的外圆周上有 4 条均布的长槽，槽中每隔一定距离钻有通孔，可保证滤液进入空心轴中，空心轴与滤液出口连通，可将滤液排出机外。

茶汁硅藻土过滤机作业时，一般要配一个回流缸。在回流缸中按滤盘总过滤面积向茶汁原液中加入适量的硅藻土助滤剂，搅拌后由进口进入过滤机，同时打开排气阀，排气完毕立即关闭排气阀，使机内充满茶汁液体。在压力推动下，滤液穿过滤布、滤网盘，随后进入空心轴的长槽中，通过长槽中的通孔进入空心轴，再由出口排入回流缸。一直循环到当硅藻土均匀涂布在滤布上为止，而茶汁滤液是否达到清澈，则可从视筒中

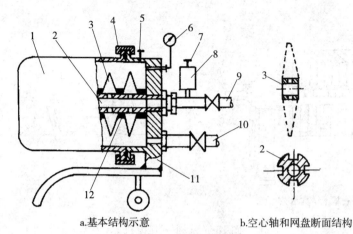

a.基本结构示意　　　　　　　　b.空心轴和网盘断面结构

图 18-5　硅藻土过滤机

1. 壳体　2. 空心轴　3. 过滤网盘　4. 卡箍　5、7. 排气阀　6. 压力表　8. 玻璃视筒
9. 滤液出口　10. 茶汁进口　11. 支座　12. 密封胶圈

观察。硅藻土涂层在滤布上形成后，杂质便被截留，滤液从其微细孔道经过达到过滤目的。该机使用中应注意，过滤作业要连续进行，若中途临时停机应先关出口阀再关进口阀，以保持机内的正向压力，以防硅藻土裂口或脱落，影响再次启动后的滤液质量。

4. 茶汁离心分离设备　茶汁离心分离设备是一种利用自然或外加的离心惯性力而去除茶汁中颗粒物的设备。

茶汁离心分离设备的工作原理是，当茶汁进入离心分离机转动中的滚筒内时，茶汁在滚筒的旋转带动下随着滚筒转动，转动的角速度几乎与滚筒相等。因浑浊茶汁中谷底的密度明显大于液体的密度，固态所承受的重力和惯性力也就大于液体，固体颗粒就会沿着它所受各外力的合成力方向运动，而横向沉淀于滚筒内壁上，澄清的茶汁则不断从滚筒中部排出机外，完成茶汁的固—液分离。

茶叶深加工企业中使用的茶汁离心分离设备多为管式分离机。结构特点是有一个高速旋转的转鼓（滚筒），转鼓的长、径比为 6～8 左右呈管状，故被称之为管式分离机。

茶汁管式分离机的结构，其主要工作部件转鼓由上盖、带空心轴的底盘和管状转鼓三部分组成。为了使由底部进入转鼓的茶汁迅速与转鼓一起高速旋转，在转鼓里装有三片互为 120°长条桨叶，桨叶通过其上面的小弹簧片紧压在转鼓内壁上，可方便地插入和卸出。在转鼓中下部的外壁上装有制动器，用手轮操纵制动时，两制动块在转鼓相对两侧同时加力，避免对转鼓产生附加的横向载荷。由于管式分离机的转速一般每分钟几万转，故主轴设计成挠性轴（图 18-6）。

管式分离机操作使用时，茶汁以（0.2～0.3）×10^5Pa 的压力由底盘上的进料口连续送入转鼓下端，被转鼓内的桨叶带动随转鼓一起旋转，在离心力作用下实施分离。轻、重液因受到惯性力的大小不同而分层，重液贴近转筒的内壁，轻液紧挨着重液，分为两个同心圆液层。由于茶汁在压力下连续进入，管内分层的茶汁液料得以连续向上流动，一起上升到转鼓的上盖处。外层重液从远离回转轴心的重液出口流出，内层轻液从近回转轴心的轻液出口流出。固相物沉积在转鼓内壁上，到达一定程度需要停车拆开转鼓清洗。所以这种分离机不宜用来分离那些含固相较多的悬浮液。

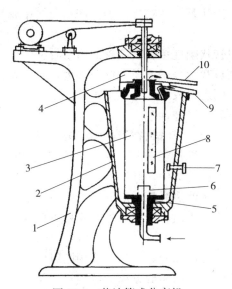

图 18-6　茶汁管式分离机

1. 机座　2. 外壳　3. 转鼓　4. 上盖　5. 底盘　6. 进料分布盘
7. 制动器　8. 桨叶　9、10. 重、轻茶汁液出口

管式分离机结构简单，运转平稳，但其生产率较低，沉渣清理较麻烦。

三、茶汁超滤设备

超滤（UF）设备是一种利用现代半透膜的过滤技术，使用低压滤膜方法，对溶液中大小不同的溶质分子进行过滤，将溶液中大分子和悬浮固体滞留，水、盐和分子量小的分子可通过半渗透滤膜而获得滤清液。在茶叶深加工产品生产中被广泛用作水处理、茶汁的分离过滤和茶汁反渗透浓缩的前置设备（图 18-7）。

图 18-7　超滤设备

茶汁超滤设备的基本结构主要包括两部分，一是膜分离单元即膜组件，二是对流体

提供压力和流速的装置即液汁泵。在茶叶深加工产品生产中常用的膜组件有管式组件和中空纤维组件等。

管式组件一般是在圆管状刚性多孔支持管的内壁直接套以管式膜，待分离液如茶汁在管内流过，悬浮固体颗粒和大分子溶质被截留管内，水及小分子溶质穿过滤膜，继续透过多孔支持管，两者分别进行收集。管式膜不易堵塞，利于生产率提高，对浓度较高原液中的固体物进行分离具有优越性。

中空纤维式组件由中空纤维膜密封在管板中组装而成。中空纤维膜是一种自身支撑膜，实际上为一厚壁圆筒。纤维外径 $50\sim200\mu m$，内径为 $25\sim42\mu m$。中空纤维式组件组装时，纤维的开口端密封在管板中，纤维束的中心轴处安置一个茶汁原液分配管，使茶汁原液径向流过纤维束。茶汁清澈液透过纤维管壁后，沿纤维的中空内腔流经管板引出，茶汁浓液在容器的另一端排出。中空纤维式膜可以反冲洗，化学稳定性好，工作可靠，寿命长。

茶汁超滤设置作业时，组件相同、排列方式相同组成一级。其工作流程有两种。一是一级流程，即茶汁料液经过一次超滤分离的流程；二是多级流程，即茶汁料液必须经过多次超滤分离的流程。一级流程又分为一级一段连续式、一级一段循环式和一级多段连续式。

一级一段连续式（直流式）工作流程，是茶汁料液一次经过膜组件，过滤液和浓缩液分别被连续引出系统。流程简单，能耗少，但过滤液的回收率不高或浓缩液的溶质浓度不高（图18-8）。

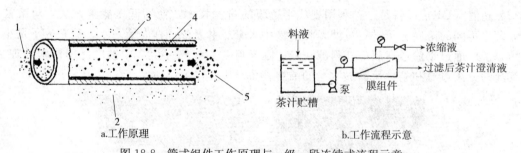

a.工作原理　　　　　　　　　　　　　　b.工作流程示意

图 18-8　管式组件工作原理与一级一段连续式流程示意

1. 茶汁原液　2. 茶汁过滤液　3. 过滤膜　4. 刚性支撑架　5. 茶汁浓缩液

一级一段循环式工作流程，是茶汁料液流过膜组件后，将部分浓缩液返回茶汁料槽中，与原有茶汁料液混合后再次通过膜组件进行分离。但由于浓缩至浓度比茶汁原料液高，故过滤效果有所下降。

一级一段连续式工作流程，是将一级的浓缩液作为后一级的进料液，而各级过滤液连续排出。此方式过滤液的回收率高，浓缩液的量减少，浓度提高。

同时，超滤的多级流程也有多级连续式和多级多段循环式。多级连续式是将上一级的过滤液作为下一级的进料液，使过滤液质量显著提高，但滤液回收率低。多级多段循环式，是将上一级的过滤液作为下一级的进料液，直至最后一级过滤液引出系统。而浓缩液从后级向前级返回并与前一级混合后再分离。此种方式可提高过滤液的质量和数量，但由于液料泵的增加使能耗加大。

四、 茶汁萃取分离设备

茶汁萃取分离设备是茶叶深加工产品生产，特别是茶多酚等提取物的加工过程中常用的分离设备。

茶汁萃取分离设备是一种利用茶汁中各种成分在互不相溶的两相溶液中分配系数的不同，而达到茶汁分离效果的设备。常用茶汁萃取分离设备的结构包括混合器与分离器也就是萃取塔和溶剂再生器等组成。茶叶深加工用的塔萃取塔多为筛板塔或填料塔，填料塔塔内装有填料。萃取塔主要由萃取塔体、传动机构与搅拌桨、料液进口和出口等部件组成。一般在塔体内安置中间隔板，将萃取塔分成几个萃取器，并在每个隔板中央打有通孔，每个萃取器中都有一个涡轮搅拌桨，并且中间隔板之间装有挡板，以实现乳化溶液的快速分层，提高连续萃取的效果。由于填料塔是一种实现液—液两相连续接触、溶质组成发生连续变化的传质设备，结构简单，造价低廉，使用方便，常在茶叶提取物的工业化生产中应用（图18-9）。

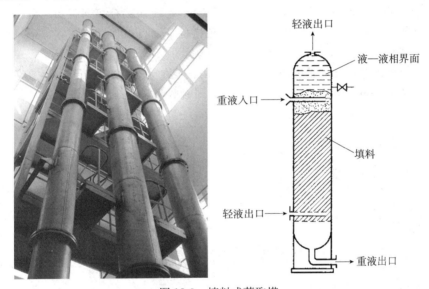

图18-9 填料式萃取塔

茶汁萃取分离设备作业时，首先将适量的茶汁打入萃取塔，然后打入溶剂使其在混合区与茶汁充分混合，就在茶汁与溶剂充分密切接触的情况下，茶汁中的功能成分便溶入溶剂。由于经过萃取后，塔内的混合液将逐渐分为轻、重两层，其中一层为溶进功能成分的溶剂层，称作萃取相；另一层为已被萃取出功能成分的茶汁，称萃余相，完成了分离。此后，萃取相经过溶剂再生器将其中的溶剂回收，以便循环再用。如茶汁原来就是使用溶剂如乙醇提取，也可将萃余相进行溶剂乙醇的回收。

茶汁萃取分离设备使用时应注意，一定要使两个密度不同即常说的轻、重不同的两个液相，打入萃取塔后，呈逆向流动而接触，完成茶汁组分分离。例如目前生产中使用溶剂乙酸乙酯进行茶多酚的萃取，茶汁一般为水提液，二者相比，因溶有茶多酚的乙酸乙酯溶液密度小即较茶汁轻，茶汁密度大即较重，故乙酸乙酯从萃取塔下部打入，从顶部出液；而茶汁从上部打入，萃余相从下部出液。同样，在用二氯甲烷进行茶咖啡因萃取时，因二氯甲烷密度较茶汁水提液大，故二氯甲烷从萃取塔上部打入，下部出液；茶汁从下部打入，上部出液。

五、 茶汁色谱分离设备

茶汁色谱分离设备亦称茶汁层析设备，是一种用来分离高纯度化合物的技术和设备，已在茶叶深加工高纯度化合物分离纯化中获得较多应用。

茶汁色谱分离设备的工作原理，是基于提取液组分在互不相溶的"两相"之间在分配系数、组分对吸附剂的吸附能力、离子交换能力等存在差异而进行分离。对于茶叶提取物而言，分离不同的化学成分，应选用不同的分离条件和色谱材料。如黄酮类多元酚衍生物分离可选用大孔吸附树脂或聚酰胺色谱，皂苷类分离可选用硅胶吸附或分配色谱，非极性成分可选用氧化铝或硅胶色谱，氨基酸类酸性、碱性或两性成分分离可选用离子交换或分配色谱等。

色谱分离设备一般由溶剂瓶、恒流泵、色谱柱、检测器、记录仪、收集器等组成。色谱柱是分离的主要部件，下面接一台馏分收集器。前面接有溶剂瓶和两台恒流泵，可进行梯度洗脱操作，色谱柱上面有进样阀，色谱柱下面可以连接检测器、记录仪、微机处理系统，对检测器的信号进行记录和数据处理。

色谱分离设备作业时，通过进样阀上样，由恒流泵输送溶剂进行洗脱，在色谱柱上进行分离后，利用检测仪检测，记录仪记录，并同时收集淋洗出来的各个馏分，完成分离（图18-10）。

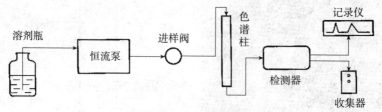

图18-10 茶汁色谱分离设备示意

第三节 茶汁浓缩设备

在茶叶生加工产品生产中，各种功能成分、浓缩汁和速溶茶等的加工，均需进行茶提取液的浓缩，所使用的设备称为茶汁浓缩设备。茶汁浓缩设备作业过程中，既要求通过浓缩提高茶汁的浓度，又要求尽可能保留茶汁中的有效成分。常用的茶汁浓缩设备有真空浓缩和膜浓缩等设备。

一、 茶汁真空浓缩设备

茶汁真空浓缩设备是一种在真空条件下对真空浓缩罐内的茶汁加热，使水或乙醇等溶剂在低温状态下沸腾，以气态从茶汁中蒸发出去，从而达到茶汁浓缩之目的（图18-11）。

茶汁真空浓缩设备的主要结构由浓缩锅、分离器、冷凝器及抽真空装置等组成。

茶汁真空浓缩设备作业时，将茶汁送入浓缩锅内，开动真空装置对浓缩锅内抽真空，开启蒸汽阀门，加热蒸汽对浓缩锅内的茶汁进行加热，茶汁中蒸发出的二次蒸汽，进入冷凝器冷凝，冷凝水被排入水箱。未被凝结的气体由抽真空装置抽出，使浓缩锅内处于真空状态，浓缩液即可根据产品的浓度要求，间歇或连续地从浓缩锅下部排出，达到浓缩之目的。

茶汁真空浓缩设备由于是依赖浓缩锅内维持真空状态，使茶汁沸点下降，加速了水分的蒸发，避免了茶汁处于过高温度，从而影响产品风味。故在浓缩过程中特别要注意的问题是浓缩锅内的真空度不能过高或过低。因为真空度过低即通常说的真空度不够，浓缩速度将下降，茶汁温度也会升高，将影响茶汁有效成分的保留；真空度若过高，则因二次蒸汽的汽化潜热随着真空度的升高而增大，加热蒸汽的消耗也随之增大。此外，在浓缩作业过程中，如

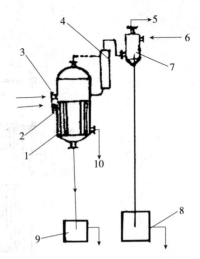

图 18-11　茶汁真空浓缩设备
1. 浓缩锅　2. 蒸汽进口　3. 料液进口
4. 分离器　5. 真空管接口　6. 冷水进口
7. 冷凝器　8. 水箱　9. 成品罐
10. 冷凝水出口

遇突然停电，应首先立即关闭加热蒸汽阀门，并破坏浓缩锅内的真空度，以免造成浓缩锅内的真空度高于真空装置内的真空度，从而使冷凝水倒灌入浓缩锅内。

二、茶汁液膜式浓缩设备

液膜式浓缩设备是一种依赖茶汁液体在加热罐壁上形成液膜而被浓缩的设备。常用的有升膜式浓缩设备和降膜式浓缩设备。

(一) 茶汁升膜式浓缩设备

茶汁升膜式浓缩设备是一种茶汁的流向是从管壁下端流向上端、在加热管壁上形成液膜而被浓缩的设备，为自然循环式作业形式（图 18-12）。

茶汁升膜式浓缩设备的主要结构由加热器、分离器、雾沫捕集器、水力喷射器和循环管等组成。

加热器为一垂直竖立的长圆形容器，内有许多根垂直长管组成管束并膨胀接于上下管板上。管直径一般为 30～50mm，长度与直径比值为 100～150，这样才能满足形成液膜足够的气流速度。

茶汁升膜式浓缩设备作业时，茶汁料液自加热器体的底部进入管内，加热蒸汽在管间（管壁外）传热及冷凝，将热量传给管内茶汁料液。料液被加热沸腾，水分迅速汽化，产生的二次蒸汽及茶汁料液在管内高速上升。在常压下，管出口处二次蒸汽速度一般为 20～50m/s，在减压真空状态下，可达 100～160m/s，茶汁料液被高速上升的二次蒸汽所带动，沿管内壁成膜状上升不断被加热蒸发。就这样茶汁料液从加热器底部至管子顶部出口处，逐步被浓缩，浓缩液以较高速度沿切线方向进入蒸发分离器，在离心力作用下与二次蒸汽分离。二次蒸汽从分离器顶部排出，浓缩汁的一部分通过循环管再进

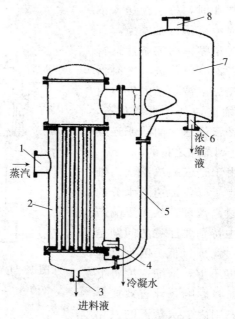

图 18-12　茶汁升膜式浓缩设备
1. 蒸汽进口　2. 加热器　3. 料液进口　4. 冷凝水出口　5. 循环管
6. 浓缩液出口　7. 分离器　8. 二次蒸汽出口

入加热器底部继续浓缩，另一部分达到浓度要求的浓缩液，可从分离器底部抽出。二次蒸汽夹带的料液液滴从分离器顶部进入雾沫捕集器进一步分离后，二次蒸汽被导入水力喷射器冷却。

在使用茶汁升膜式浓缩设备进行茶汁浓缩作业操作时，严格控制茶汁料液的进液量非常重要，一般经过一次浓缩的水分蒸发量，不能大于进料量的 80%，如进料量过多，会形成液柱上升，而不能形成液膜，失去液膜蒸发的作业特点使传热效果大为降低。若进液量过少，将会产生管壁结焦现象。料液最好预热到接近沸点状态进入加热器，以增加液膜在管壁上的比例，从而提高沸腾和传热系数。

升膜式浓缩设备由于是茶汁料液沿加热管成膜状流动而进行连续传热和蒸发，主要优点是传热效率高，蒸发速度快，蒸发时间较短，一般仅为 10～20s。适合热敏性料液的蒸发浓缩，由于高速的二次蒸汽具有良好的破沫作用，故适合于易起泡沫的液料的浓缩。因为料液薄膜在管内上升时要克服重力与管壁的摩擦阻力，故不宜用于黏度较大的溶液，而对蒸发量较大、较稀如茶汁一类的料液浓缩较适宜。

（二）降膜式浓缩设备

降膜式浓缩设备，与升膜式浓缩设备一样，均属于自然循环式液膜式浓缩设备。它的构造与升膜式浓缩设备相似，主要区别是茶汁料液由加热器体顶部加入，液体在重力作用下，沿管内壁成液膜状向下流动。顶部有液料分布器，以使茶汁液料均匀地分布在每根加热管中。二次蒸汽和浓缩液并流而下，料液沿管内壁下流时因受二次蒸汽的作用而呈膜状。由于加热蒸汽与料液的温差较大，所以传热效果好，汽液进入蒸发室后进行分离，二次蒸汽由顶部排出，浓缩液则由底部抽出（图 18-13）。

降膜式浓缩设备高效地操作，最关键的问题是料液均匀地分布于各加热管，而不产生偏流。料液分布管的形式较多，按其原理一是利用导流管（板）使料液均匀，二是利用筛板或喷嘴使料液均匀，三是利用旋液喷头使料液均匀，可按料液具体状况进行选用。

降膜式浓缩设备具有传热效率高，受热时间短的特点，适合果汁、乳品以及蒸发量小的浓黏液料的浓缩。缺点是液料均匀分布于管内较困难。

三、 茶汁膜浓缩设备

膜浓缩设备是一种利用现代半透膜技术进行茶汁浓缩的设备。常用的有超滤和反渗透设备。

1. 超滤浓缩设备　如前所述，因为超滤（UF）是借助泵的压力驱动，使被过滤茶汁中的水及分子量较小的溶质分子可通过半透膜而保留在茶汁澄清液中，悬浮固体颗粒和大分子物质被截留，故常被用作固体颗粒和大分子物质的分离过滤，也被用作茶浓缩汁或速溶茶加工中的反渗透膜浓缩的前置工序，减少反渗透膜的压力。故超滤设备也被认为是一种茶汁浓缩设备。

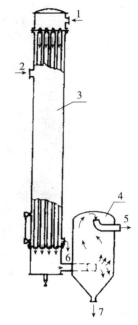

图 18-13　降膜式浓缩设备
1. 料液进口　2. 蒸汽进口　3. 加热器
4. 分离器　5. 二次蒸汽出口
6. 冷凝水出口　7. 浓缩汁出口

2. 反渗透浓缩设备　反渗透（RO）设备是一种与超滤设备工作原理相同、使用半透膜实施茶汁浓缩的设备。

反渗透（RO）设备作业时，通过泵的压力驱动，茶汁的稀料液进入膜组件中，由于使用的半透膜只让溶剂从膜的一侧渗透到另一侧，而溶质中的溶剂减少，达到浓缩之目的。同时由于它使用的膜材料溶质可通过的孔径更小，只能使茶汁中的水分子通过半透膜而直接排出，茶汁中的有效成分被截留。反渗透技术在茶汁浓缩中应用已十分普遍，一般透过液即为从茶汁中排出的水，截留增浓部分即为茶浓缩汁。膜浓缩可将茶汁浓缩至固形物比例达50%以上，因为膜浓缩过程茶汁不产生相变，从而减少了有效成分的损失，可最大程度的保持茶叶制品的色、香、味与营养物质。反渗透膜的工作温度低，一般情况下反渗透的耐温≤45℃，但工作温度往往实际控制在≤25℃。正是由于作业温度低，可显著抑制如绿茶汁的氧化褐变及熟汤味，特别适用于热敏性物质的浓缩。同时由于反渗透组件已实现专业化生产，可供选用，设备结构简单。膜浓缩的推动力即渗透压力可通过操作增压阀门而完成调节，操作方便。故被认为是近年来兴起的一种最新型、最先进的茶汁浓缩设备。反渗透设备的系统组合也与超滤设备相似，有单程系统和再循环系统两种基本形式。在单程系统中，浓缩汁直接排出，不作循环；而再循环系统则将全部或部分浓缩汁返回进行再次浓缩，直至达到浓缩汁浓度要求，生产中再循环浓缩系统应用较普遍（图 18-14）。

图 18-14　茶汁反渗透浓缩设备

第四节　灭菌设备

通过提取、浓缩或完成加工的浓缩汁或液体茶饮料由于酸度较低，易被致病菌和腐败菌等细菌污染，必须使用灭菌设备进行灭菌。常用的灭菌设备有常压连续灭菌设备、卧式灭菌锅和超高温瞬时灭菌设备等。

一、常压连续式灭菌设备

常压连续式灭菌设备是一种主要用于液体茶或液体果汁茶饮料、茶浓缩汁等罐头产品灭菌的设备。

常压连续式灭菌设备的主要结构由传动系统、进罐机构、送罐链、槽体、出罐机构、报警系统和温度控制系统等组成。槽体是一只大水槽，设有溢流口，用于控制槽体内杀菌热水的水面高度，槽体外部装有加热装置，将槽内灭菌热水加热至符合杀菌温度要求。杀菌温度由水温控制系统进行控制，水温过低或过高报警系统会发出警告。槽内装有送罐链，机型大小不同，送罐链的层数有二层、三层、五层等，常用的为三层，用于承担和控制灭菌罐头的流向。槽体前端装有进罐机构，后端装有出罐机构，送罐链和进、出罐机构均由传动系统带动运转，运行速度即灭菌速度同样由控制系统控制。

常压连续式灭菌设备作业时，由封罐机封好的液体茶饮料罐，被输送带形式的进罐机构送入灭菌槽体，由拨罐器把茶罐以一定速度拨入槽体低于沸点的灭菌热水中，并由装有刮板的送罐链带动由下向上运行，在浸入热水最底层即第一层（或由下向上第一层和第二层）实施杀菌，完成灭菌继续随链运行，在第二、三层（或第三层）进行冷却，最后由出罐机构将罐头卸出机外，完成灭菌全过程。

二、卧式灭菌锅

卧式灭菌锅也是一种主要用于液体茶或液体果汁茶饮料、茶浓缩汁等罐头产品灭菌的设备，属于间歇式灭菌设备。在中、小型液体茶饮料企业中使用普遍。

卧式灭菌锅的主要结构有锅体、锅门、蒸汽、水和压缩空气的进、排管道、安全阀和仪表等组成，与其配套使用的设备有灭菌小车和空气压缩机等（图18-15）。

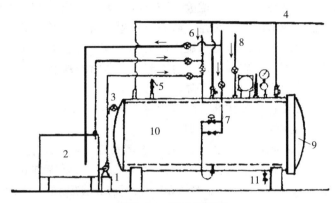

图18-15 卧式灭菌锅
1. 水泵　2. 水箱　3. 溢水管　4、6. 进水管　5. 安全阀　7. 进气管
8. 压缩空气进气管　9. 锅门　10. 锅体　11. 排水管

锅体是用6～8mm厚度钢板焊制而成的圆柱形筒体，在筒体一端焊有椭圆形封头，另一端铰接装有锅门（盖），锅门（盖）使用封盖螺栓配以翼形螺母可将锅门（盖）锁紧，以保证锅门与锅体的密封，反之可将锅门打开。锅体内底部装有两根供灭菌小车进出用的平行导轨。在进行设备安装时，应保证此导轨与车间地面在同一高度上，以方便灭菌小车的进出。蒸汽扩散管装在两根导轨之间，且较轨道低。锅体装于地坑内，以利于灭菌锅排水。锅门（盖）向一侧转动开闭，布置地坑时需考虑相应开闭位置。锅体上装有各种仪表、阀门和管道，其中溢流管安装在锅体上部，完成灭菌的液体茶饮料罐头在加冷水冷却时，热水即从上部溢水管溢出，使锅体内的水温迅速降下来。装于锅体上的排气管，作用是在罐头升温时及时有效排出灭菌锅内的空气。排气管的位置应当在蒸汽入口的相对方向，排气管及其阀门的截面积必须大于蒸汽进气管的截面积。压缩空气管的作用是在反压灭菌和反压冷却时，用作从空气压缩机通入压缩空气，目的是为了在灭菌、冷却时，平衡罐头内外的压力，以防跳盖、变形等事故的发生。冷水进水管的作用是为灭菌后的罐头提供冷却水，冷水管与锅体内顶部的喷水管相接，喷水管上两侧均匀分布着喷孔，喷孔总面积大于水泵出口截面积。冷水管一路与水箱接通，便于向水箱内加水。水箱的作用在灭菌锅进行灭菌时，先在水箱内将水烧热，再用水泵将热水送入灭菌锅内，以缩短升温时间。灭菌结束后开始冷却时，又需通过水泵向灭菌锅内送入适当温度的热水，以减少罐头内外的温差，防止爆罐。通过喷气管向灭菌锅内通入蒸汽，喷气（扩散）管两侧均匀分布两排喷气孔。安全阀的作用是起安全作用，用于防止事故的发生。因灭菌锅一般是在高温条件下进行灭菌，当锅体内压力超过灭菌锅所能够承受的压力时，就容易发生危险甚至爆炸。故灭菌锅上必须装上安全阀，当灭菌锅内压力超过规定数值时，它会自动卸压，以确保安全。卧式灭菌锅在反压灭菌和反压冷却时，均需压缩空气通入锅内，故需配备空气压缩机。空气压缩机系根据灭菌锅型式、数量进行选配，同时尚需配备贮气桶，以稳定空气压力。

卧式灭菌锅在进行灭菌作业时，将装有液体茶饮料罐头的小车推入灭菌锅，并封闭上紧锅门（盖）。向灭菌锅内通入蒸汽，使锅内温度升至灭菌温度。在升至灭菌温度后，若锅内压力小于液体茶饮料罐内压力时，就应向灭菌锅内补加压缩空气，以增加锅内压力防止因罐头内温度升高使罐内压力增大，若罐内压力增大到一定程度并大于灭菌锅内压力时，会使罐头容器变形或产生跳盖、破裂等现象。所以，通入压缩空气，再加上锅内饱和蒸汽的压力，使灭菌锅内压力与罐内压力相等或稍高于罐内压力，这就是常说的反压灭菌技术。当反压灭菌完成后，进入冷却时，因这时冷却水通入灭菌锅内，会使锅内蒸汽大量冷凝，导致锅内压力显著下降，此时由于罐内压力下降较锅内为慢，其压力将高于锅内压力，将会导致冷却初期可能发生罐头容器变形或产生跳盖、破裂等现象，故也需向锅内补加压缩空气，即反压冷却。

卧式灭菌锅的反压灭菌是在灭菌完成并停止进蒸汽后，关闭所有阀门，再向锅内通入压缩空气，使锅内压力提高到比灭菌温度时相应饱和蒸汽的压力还高 $0.02\sim0.03MPa$，然后开始缓慢地加入冷水。冷却初期压缩空气和冷却水同时不断地进入锅内（若为玻璃瓶初期应进适当温度的热水），冷却水进锅的速度应使蒸汽冷凝时的降压量能及时地从同时进锅的压缩空气中获得补偿。总之，必须保证锅内压力始终不低于灭菌时的罐内压力。蒸汽全部冷凝后，即停止进压缩空气。此时锅内压力因冷却水继续进锅，液面不断上升，空气亦受到压力而上升。这就要适当打开排气阀以便保持锅内原有压力，直至冷却水充满全锅，而放气阀开始有水外逸时，就应立即减慢冷却水进锅速度，待锅内充满水后压力就应比较准确地加以控制。调节冷却水进出量以控制锅压，伴随着罐头冷却过程的推进，逐步相应降低锅内压力，直至降温到 $40\sim50℃$ 为止。反压冷却操作最易出现的问题是冷水进锅过快，以至锅内压力迅速下降，破坏了整个操作，必须特别注意。

三、超高温瞬时灭菌设备

超高温瞬时灭菌设备是一种用于茶浓缩汁或调配好的液体茶饮料等液体物料灭菌的设备。现广泛用于茶汁和液体茶饮料加工中的灭菌作业。

超高温瞬时灭菌设备的主要结构由高温杀菌室、双套预热盘管、冷却降温盘管、进料泵等组成（图18-16）。

超高温瞬时灭菌设备作业时，茶浓缩汁或调配完成的液体茶饮料由进料泵送入双套预热盘管内而得到预热，然后通过高温桶内的高温盘管，因为桶内充满有压力的蒸汽，管内料液被迅速加热，使其保持 3s 以上即可达到灭菌目的。热料液出高温桶后，再通过双套盘管与冷料进行热交换得到冷却，使出料温度下降，一般可低于 65℃. 若遇到某些物料进入下道工序时需要较高温度，例如需高温灌装，则可打开角式截止阀补充加热。若需继续冷却，则可接入冷水（$1\sim20℃$）。出料是通过节流阀进行调节，它使物料能维持一定压力，使其沸点高于最高加热温度。循环贮槽可用来配制化学洗涤剂，以进行盘管壁面积垢的循环洗涤。设备运行作业过程中，若短时间料液供应不上，可以在循环贮槽中注满清水，当最后的料液用完的瞬间，立即将进料旋塞转换，使贮槽内的清水代替料液流入设备并循环，待料液供上时，重新转入正常操作。若料液长时间供应不上则可用上述方式使用清水循环数分钟后，将设备全部停止运行。

超高温瞬时灭菌设备使用过程中，设备的清洗很重要。一般情况下，设备连续使用

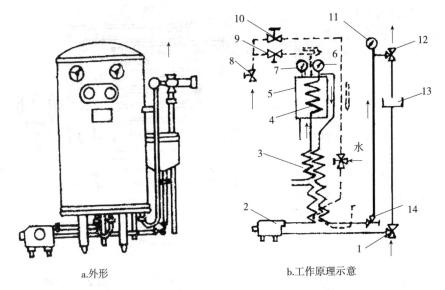

a.外形   b.工作原理示意

图 18-16　超高温瞬时灭菌设备

1. 进料三通阀　2. 进料泵　3. 双套盘管　4. 高温盘管　5. 高温桶　6、11. 温度表　7. 压力表
8. 截止阀　9、10. 角式截止阀　12. 出料三通阀　13. 循环贮槽　14. 节流阀

6～8h 必须清洗一次。清洗的过程是：①水洗，当灭菌作业操作将要结束时，就用清水清洗，以排除残余的液料，利于下一步洗涤。看到设备中流出的清洗水变清时，水洗即可停止。②碱洗，在循环贮槽中将苛性钠（$NaOH$）配成 2% 的碱性洗涤剂，加热至 80℃，循环清洗约 30min。③水洗，排除碱液后，用水清洗约 15min。④酸洗，将硝酸（HNO_3）配成 2% 的酸性洗涤剂，加热至 80℃，循环清洗约 30min。⑤水洗，排除酸液后，用水清洗约 15min。冲洗完毕后，应将清水充满于设备中，直至下次操作。洗涤时使用的清水要求含氯量应小于 50mg/L。洗涤剂不能用食盐等氯化物配制。

　　超高温瞬时灭菌设备用于液体物料灭菌，仅在 3s 的瞬息时间内即可完成，既能保证灭菌完全彻底，又能保证液料中的有效成分不损失，这是茶浓缩汁和液体茶饮料加工普遍采用该设备进行灭菌的原因。但该设备与卧式灭菌锅显著不同的是，超高温瞬时灭菌是对液态物料进行灭菌后再行灌装，故必须与无菌包装设备配套使用，保证在无菌状态下完成包装盒封盖，否则超高温瞬时灭菌将失去意义。

第五节　干燥设备

　　干燥工序是茶多酚、茶色素和速溶茶等固体型茶叶深加工产品工艺过程中的最后一道工序，该道工序完成后产品即可包装出厂。干燥方式和设备的选择得当与否，对产品品质有严重影响。茶叶深加工产品的干燥，多采用加热介质或使用冻结升华方式去除茶浓缩液中的溶剂（水或乙醇）。常用的干燥设备有厢式干燥器、喷雾干燥设备和冷冻干燥设备等。

一、箱式干燥器

　　箱式干燥器是一种将茶浓缩液盛放在盘式容器内直接放在干燥箱内的框架上或用小

车等支撑物将物料送入箱体进行干燥的设备。常用的有常压对流式箱式干燥器和真空接触式箱式干燥器两种形式。

（一）常压对流式箱式干燥器

箱式干燥器一般被称作烘箱，可以单机操作，也可以将多台单机组合成多室式箱式干燥器。

常压对流式箱式干燥器的主要结构由箱体、料盘、保温层、加热器和风机等组成（图18-17）。

箱体是一只用钢板焊制、并呈夹层结构内藏保温层的钢板箱，前部或

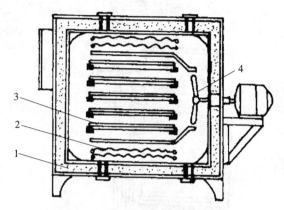

图18-17　常压对流式箱式干燥器
1. 保温层　2. 电加热器　3. 料盘　4. 风机

侧面设可开、闭的箱门。大多箱内设有多层框架，其上放置料盘用于放置待干燥的湿物料。有的箱体仅是一个空间，使物料放在小车框架上推入箱内实施干燥。保温层的材料为层压板、硬纤维、石棉等耐火、耐温材料。加热器小型干燥箱多用电热，大型干燥箱多使用翅片式水蒸气排管或煤气加热。风机为轴流式或离心式风机。

（二）真空接触式箱式干燥器

真空接触式箱式干燥器的结构形式与常压对流式箱式干燥器相似。两者的区别在于干燥条件上，真空接触式箱式干燥器是一种在真空密封条件下进行作业的干燥器。

真空接触式箱式干燥器，箱体内部设有固定的盘架，其上固定装有各种形式的加热部件，如夹层加热板、加热列管或蛇形管等。被干燥的浓缩汁物料放置在活动的料盘中，料盘放置在加热器件上。作业时，热源使加热器件升温，物料就以接触传导方式进行传热，干燥过程中产生的水蒸气经由与出口连接的冷凝器或真空泵带走，若需要对所干燥的茶浓缩液中的香气进行回收时，则可采用间壁式冷凝器进行回收（图18-18）。

真空接触式箱式干燥器由于是接触式传热，作为接触元件的料盘应选用传热系数较高的材料。考虑到食品卫生，茶叶深加工产品的干燥用料盘，一般采用不锈

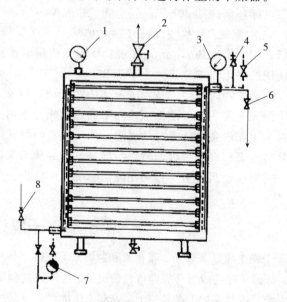

图18-18　真空接触式箱式干燥器
1. 真空表　2. 抽气口　3. 压力表　4. 安全阀
5. 加热蒸汽进气阀　6. 冷却水排出阀　7. 疏水器
8. 冷却水进水阀

钢板制成。为了利于物料干燥后的脱盘，料盘表面往往还涂有聚四氟乙烯之类的脱模剂。

真空接触式箱式干燥器适于茶浓缩汁等液态物料的干燥，并且还可实现泡沫真空干燥。所谓泡沫真空干燥，是对被干燥物料先进行发泡操作，如搅拌混入空气或加入碳酸铵之类的物质使之产生泡沫，放入真空接触式箱式干燥内先进行低真空干燥，物料在减压状态下气体便膨胀形成泡沫层，干燥到一定程度后，物料便形成较稳定的蜂窝状，再提高真空度进行强化干燥。干燥后便可得到组织疏松、速溶性好的产品，故真空接触式箱式干燥器常被小型企业用于速溶茶等产品的干燥。为了防止制品软化，干燥后要快速进行冷却包装。

二、喷雾干燥设备

喷雾干燥设备是目前速溶茶和茶叶提取物制品最常用的干燥方式。茶叶深加工企业可依生产需要，选用小时蒸发水分量为5kg、8kg、25kg、50kg、100kg、200kg甚至2 000kg以上的各种型号的喷雾干燥设备。

所谓喷雾干燥，就是将液态或浆状物料喷成雾状液滴，悬浮于热空气气流中进行脱水干燥的过程。

喷雾干燥设备的主要结构由干燥室、加热器、热风分配器、离心喷头、料液贮筒、收料筒和旋风分离器等组成（图18-19）。

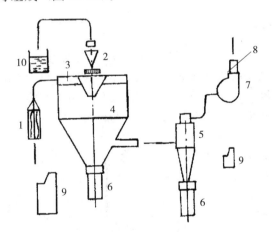

图18-19 喷雾干燥设备示意

1. 加热器　2. 离心喷头　3. 热风分配器　4. 干燥室　5. 旋风分离器　6. 收料筒
7. 离心风机　8. 风量调节阀　9. 电器控制箱　10. 料液贮筒

喷雾干燥设备的基本工作原理是，通过机械力的作用，使料液通过雾化器而雾化成雾滴，其直径一般为$10\sim100\mu m$，从而显著增加了表面积。一旦这些雾滴与从干燥室（干燥塔）顶部导入的热空气气流接触，即在$0.01\sim0.04s$的瞬间进行强烈的热交换和质交换，使其中绝大部分水分被迅速蒸发，并被干燥介质（热风）带走而除去，经$10\sim30s$的干燥便可得到符合要求的产品。故特别适合茶叶深加工产品等热敏物料如茶浓缩汁等物料的干燥。产品干燥后由于重力作用，大部分沉降于干燥塔底部，被收料筒收集，少量微细粉末则随废风进入旋风分离器即粉尘回收装置得以回收。

　　喷雾干燥设备作业时，首先应将干燥室（喷雾塔）顶部的离心喷头安装孔封闭，同时将喷雾塔底部的下料口密封关闭，把待干燥茶浓缩汁液料加入料液贮筒中。开启电加热器和离心风机，对干燥室（喷雾塔）内进行预热，当干燥室进口温度达到 180～220℃时，将离心喷头装上，开动离心喷头使其运转，当喷头达到最高旋转转速时，开启进料泵，这时茶浓缩汁料液便由离心喷头从喷雾塔顶部均匀喷到干燥室内，同时由离心风机送入的热风经热风分配器旋转进入干燥室，与雾滴接触，连续完成干燥。干燥后的成品被收集在喷雾塔下部的收料筒和旋风分离器粉尘收料筒内，在收料筒尚不是很满时，就应该关闭上部的蝶阀将成品物料取出。干燥使用过的废热风则由旋风分离器排入大气中。

　　喷雾干燥设备进行速溶茶等茶叶深加工产品的干燥，具有干燥速度快的特点，整个干燥过程仅需 10～30s。所得速溶茶等产品可以是松脆的空心颗粒，具有良好的流动性、分散性和溶解性，冲泡时会迅速溶解，甚至在用冷水冲泡时也可溶解，并可较好地保持茶汁原有的色、香、味，产品品质好。因为喷雾干燥是在全封闭的干燥室即喷雾塔内进行，干燥室内并保持一定负压，避免了粉尘飞扬，清洁卫生，并且产品纯度高。料液通过喷雾干燥，可直接获得粉末状或微细颗粒状产品，加工工艺较简单，自动化程度高，生产率也高，操作人员少，劳动强度低。但缺点是设备体积庞大，较复杂，占地面积大，投资也较多，热效率不高，能耗较大，由于喷雾塔塔体高大，干燥室内壁如黏附产品微粒，清洗较困难。

三、　冷冻干燥设备

　　冷冻干燥设备是利用冰晶升华的原理，在高真空的环境中，将已经冻结的物料水分，不经过冰的融化直接从冰态升华为蒸汽，从而实现物料干燥的方法，又被称之为真空冷冻干燥或升华干燥。冷冻干燥虽然也被探讨用作传统茶的干燥，但在如速溶茶产品加工中用得更普遍，所用的冷冻设备也有其自身的特点。

　　冷冻干燥设备的工作原理是，由物理学知识所知，水由固态转变成液态和由固态转变成气态，其过程可用相平衡图来表示。如图 18-20 所示，O 点为三相的共点，OA 为冰的融解线。根据压力减小时沸点下降的原理，只要压力在三相点之下（图中压力为 646.5Pa 以下，温度 0℃以下），液料中的水分则可以从冰不经过液相而直接升华为水汽。根据这个原理，就可以将茶浓缩汁等液料冻结至冰点以下，使液料中的水分变成固态冰，然后在较高的真空度下，将冰直接转化成蒸汽而除去，物料则被干燥。

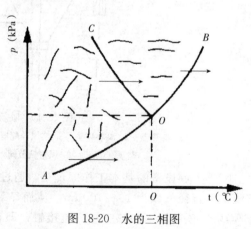

图 18-20　水的三相图

　　冷冻干燥设备主要由制冷系统、真空系统、加热系统、干燥系统和控制系统等组成。

　　速溶茶等茶叶深加工产品干燥常用的冷冻干燥设备的冷冻干燥室为箱式，故称作箱式冷冻干燥设备。箱式冷冻干燥设备的干燥箱属盘架式结构，盘架可为固定式，亦可装置在小车上成为移动式。干燥室要求能够制冷到－40℃或更低温度，又能加热到50℃左右，也能够被抽成真空。一般在室内做成数层搁板，室内通过装有真空阀门的管道与冷凝器相连，排出的水汽由该管通往冷凝器。其上开有几个观察孔，还装有测量真空和冷冻干燥结束时温度和搁板温度、产品温度等用的电线引入接头等（图18-21）。

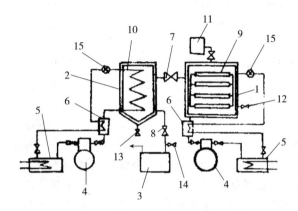

图 18-21　箱式冷冻干燥设备示意

1. 冷冻干燥箱　2. 冷凝器　3. 真空泵　4. 制冷压缩机　5. 水冷却器　6. 热交换器
7. 冷凝器阀门　8. 真空泵阀门　9. 板温指示　10. 冷凝温度指示　11. 真空计
12. 放气阀　13. 冷凝器放气出口　14. 真空泵放气阀　15. 膨胀阀

冷凝器是一个真空密闭的容器，内有表面积很大的金属管路连通冷冻机，有制冷到－80～－40℃低温的能力。冷凝从室内排出大量蒸汽，降低了室内的蒸汽压力。还有除霜装置和排出阀、热空气吸入装置等，用来排出内部冰霜水分并吹干内部。

真空系统由冷冻干燥室、冷凝器、真空阀门和管道、真空设备和真空仪表构成。目前真空设备及其组合有多种，其中多级串联蒸汽喷射器的优点是结构简单，无须机械动力，故障率低，检修方便，对材质要求不高等。蒸汽喷射器要抽除大部分因升华而排出的可凝性气体，通常需要设置4～6级，从1级至6级其真空度的分配，分别为101～13kPa、13～2.7kPa、2.7～0.5kPa、0.5～0.13kPa、0.13～0.03kPa、0.03～0.007kPa。由前级增压，后用冷凝器冷凝，后面几级以排除空气为主。

制冷系统由冷冻机组与冷冻干燥箱、冷凝器内部的管道等组成。冷冻机可以是互相独立的两套，一套用来制冷冷冻干燥室，一套用来冷冻冷凝器，也可合用一套冷冻机。冷冻机可根据所需的不同低温，采用单级压缩、双级压缩或者复叠式制冷机。制冷压缩机可采用氨或氟利昂制冷剂。

加热系统的作用是加热冷冻干燥箱内的隔板，促使物料中固体水分的升华。加热方式有直接和间接两种，直接加热方式系用电在箱内加热；间接方式是利用电或其他热源加热传热媒介，将其通入隔板。

控制系统是由各种开关、安全装置及一些自动监控元件和仪表组成的自动化程度较高的控制系统，可有效控制箱式冷冻干燥设备的运行和保证产品加工质量。

箱式冷冻干燥设备作业时，冷冻干燥过程大致可分为预冻、升华和加热三个阶段。

预冻阶段，要求冻结彻底后再抽真空，由于物料内部含有大量水分，若先抽真空，会使溶解在水中的气体因外界压力降低很快溢出形成气泡跑掉，而成"沸腾"状。同时，水分蒸发成蒸汽时又吸收自身热量而结成冰，冰再汽化，产品因内部发泡而产生许多气孔，难以满足工艺要求。预热温度以低于茶浓缩汁等物料的共熔点5℃左右为宜，一般为-30℃。若温度达不到要求，则冻结不彻底。预冻时间为2h左右，因每块隔板温度有所差异，需给予充分的冻结时间。从低于共熔点温度起，降温速度控制在每分钟1~4℃，过高过低都对产品品质不利。不同产品的预冻速度一般要由试验确定。

升华阶段，预冻后接着抽真空，进入第二阶段，温度几乎不变，排除冻结水分，是衡速过程。由冰直接气化也需要吸收热量，此时开始加热，保持温度在接近而又低于共熔点温度。若不给予加热，物料本身温度下降，则干燥速度下降，时间延长，产品干燥不合格。若加热温度太高或过量，则物料本身温度上升，超过共熔点，局部熔化，体积缩小和起泡。因1g冰在13.3Pa时产生9 500L水汽，体积大，用普通机械泵来排除是不可能的，而用蒸汽喷射泵需高压蒸汽和多级串联，会使成本增加，故采用冷凝器，用其冷却的表面来凝结蒸汽使其形成冰霜，保持在-40℃或更低。冷凝器中的蒸气压降低至某一水平上，与干燥箱内高蒸汽压形成压差，故大量水汽不断进入冷凝器。

加热阶段，此阶段为剩余水分蒸发阶段。由于冻结水分已全部蒸发，产品已定型，故加热速度可以加快。蒸发没有冻结的水分时，干燥速度下降，水分不断排除，温度逐渐升高（一般不超过40℃），温度到30~35℃后，停留2~3h，干燥结束。此时可破坏真空，在大气压下对冷凝器加热，融化冰霜成水排除。

冷冻干燥设备用于食品加工，可最大限度地保持食品的色、香、味。特别适用于速溶茶等热敏性物料干燥，可使茶叶物料内的各类芳香性物质损失减少到最低程度。冷冻干燥能排除95%~99%以上的水分，产品可长期保存而不变质。加之冷冻干燥是在真空条件下操作，故物料中一些易氧化物质得到了保护。鉴于上述特点，故冷冻干燥设备在茶叶生加工产品如高档速溶茶和茶叶提取物产品等加工中应用，被认为是最先进的干燥设备，有着良好的发展前景。

第六节　包装与灌装设备

茶叶深加工产品在完成加工后，必须进行包装，从而保证产品不变质、便于贮藏和方便运输等。茶叶深加工产品类型较多，按产品特性分有固体和液体等类型，所使用的包装设备也就有固体物料如速溶茶等包装设备和液体物料如液体茶饮料罐、瓶灌装以及封口设备等。

一、速溶茶等固体物料包装设备

速溶茶等固体物料（的包装）多使用铝箔进行包装，也有使用瓶、罐和铁桶进行包装的。速溶茶则多使用铝箔进行包装，包装时使用的设备多为自动式包装机。将产品装入铝箔袋以后进行封口，并且最好同时抽真空和充入氮气，如常规茶叶的抽气充氮包装一样，充氮包装后产品不能挤压，应放在专用仓库内贮藏，要求库房温度在25℃以下，相对湿度小于 75％，并注意贮藏环境应保持阴凉、清洁和干燥。一般采用木桶或木箱盛放进行运输。

二、 液体茶饮料的罐装设备

液体茶饮料的包装多使用无菌灌装设备和饮料灌装机装罐或装瓶。

（一）液体茶饮料的无菌灌装

液体茶饮料无菌灌装需要一套包含成套技术和装备的饮料灌装系统。无菌灌装技术和条件要求较高，配制完成的茶水以及包装用的包装材料进行分别灭菌后，在不受二次污染条件下，采用无菌饮料灌装机完成灌装与密封。无菌灌装设备包括配套使用的茶水、包装材料、空气等灭菌处理设备。一般是将茶水或茶叶提取液使用高温瞬时设备灭菌后，再通过专用无菌管道输送到无菌灌装机内进行灌装；包装材料一般使用 25％的过氧化氢（双氧水）浸渍 20～45s 进行消毒，沥干后用无菌热空气吹烘表面；灌装在无菌密封室内进行，无菌密封室内应充满无菌的热空气，热空气系室外大气通过过滤器过滤后，由吸风机吹送进电加热器加热，此后再通过超微细菌过滤器过滤，使所形成的热空气达到无菌要求，然后进入无菌密封灌装室内，并且室内要保持适当正压状态，防止外界大气进入。

（二）液体茶饮料灌装设备

液体茶饮料一般是不含气饮料，故多用常压式灌装机进行灌装，但在一些纯茶水或用茶水调制的液体饮料灌装中，也有使用负压式灌装机或等压式灌装机进行灌装的。

1. 常压式灌装机　常压式灌装机常用于如液体茶饮料等不含二氧化碳等气体的瓶、罐装饮料的灌装。其主要结构由灌装系统、进出瓶机构、瓶、罐升降机构、工作台和传动机构等组成（图 18-22）。

常压式灌装机作业时，以瓶装饮料灌装为例，在传动系统作用下，转轴带动转盘和定量杯一同回转，料液从贮液筒经管道靠自重流入定量杯内。在凸轮作用下使瓶托带动瓶子上升。当瓶口顶着压盖盘上升时弹簧压缩，此时滑阀就在活动量杯的内孔向上滑动。随着转轴的回转，定好量的量杯已转离贮液筒下方，进入灌装位置。当滑阀上升使进液孔打开，料液便流入瓶内，瓶内气体从压盖盘下表面的四条小槽排出，完成一个瓶子的灌装任务。随着转盘转动，8 个定量杯逐次进入贮液筒正下方完成定量工作，当转离定量位置，进入灌装位置时又开始灌瓶，如此连续不断地工作。

定量杯的容积靠调整活动量杯的高低来实现，这种结构定量准确，调整方便，密封良好，适于多种规格瓶、罐的灌装。常压式灌装机被广泛应用在中小茶饮料企业中。

2. 负压式灌装机　负压式灌装机常被称作真空式灌装机。这种灌装机的罐装方式是使主料箱内处于常压，在灌装作业时仅对瓶内抽气使之形成真空，到达一定真空度时，液体靠贮液箱与容器间的压差作用流入瓶中，完成灌装。

负压式灌装机对于瓶子规格要求严格，因为它的定量由灌装嘴伸入瓶子的深度来确定。瓶的容积直接影响定量准确度，但其调整容易。负压式灌装机也是主要用于如液体茶饮料等不含气物料的灌装，当瓶罐破漏时它就会停止灌装，以减少损失。但在真空下某些带有芳香性物资的液体，会损失一些香气。

3. 等压式灌装机　等压式灌装机是一种用于罐装含气饮料的灌装机。这种含气饮

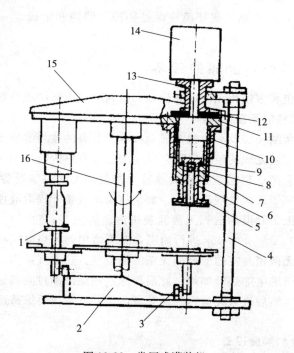

图 18-22　常压式灌装机

1.瓶、罐托　2.端面凸轮　3.滚子　4.撑杆　5.压盖盘　6.滑阀
7.进液孔　8.活动量杯　9.密封垫　10.固定量杯　11.转盘
12.密封盘　13.进料管　14.贮液筒　15.罩盖　16.转轴

料的生产过程中需在一定温度和压力下，通入二氧化碳气体，使它溶于饮料并达到溶解饱和状态。故在灌装过程中，必须避免液料中的二氧化碳逸出，因此含气饮料使用常压或负压灌装设备灌装都不适宜，只能采用等压式灌装机。在容器中预加压力，使之与气体相应的饱和溶解压力相等，再进行灌装，这就是所谓的等压灌装法。通俗地说，就是在含气饮料灌装时，首先要建立起液缸和容器之间相等的压力（饮料中气体溶解饱和压力），再进行灌装。

茶叶机械主要生产企业名录

序号	企业名称	主要产品	企业地址	电话号码	邮箱或网址
1	浙江上洋机械有限公司	茶叶初、精制机械与生产线	浙江省衢州经济开发区凯旋南路8号	(0570) 3866956 13905708696	wwwcn-syjx. com
2	浙江春江茶叶机械有限公司（原杭州富阳茶叶机械总厂）	茶叶初、精制机械与生产线	浙江省杭州市富阳区银湖街道中秋路18号	(0571) 63417280 13806518058	Eychajia@public. fy. hz. zj. cn
3	浙江岳丰茶叶机械有限公司（原绍兴茶叶机械总厂）	茶叶初、精制机械与生产线	浙江省绍兴市袍江洋江东路38号	(0575) 88067154 13858491135	www. sxyuefeng. cn
4	浙江绿峰机械有限公司	茶叶初、精制机械与生产线	浙江省衢州市北门外航头街	(0570) 3380339 13157016100	www. zjzfcj. com
5	浙江珠峰机械有限公司	名优茶机械、茶叶初、精制机械	浙江省江山市经济开发区兴工路30号	(0570) 4332218 13705709776	Zfcj. adw. cn
6	浙江丰凯机械股份有限公司	茶叶初、精制机械与生产线	浙江省淳安县千岛湖经济开发区鼓山工业园区	(0571) 64810970 13906819056	www. frankgreentea. com
7	浙江万达干燥设备制造公司	茶叶初、精制机械与生产线	浙江省武义县经济开发区文兴路3号	(0579) 87611378 13905895028	www. dryequipment. com
8	浙江省武义县华帅茶叶瓜子机械有限公司	茶叶初、精制机械与生产线	浙江省武义县经济开发区百花山兰花路6号	(0579) 7612666	master@huashuaimachine. com
9	浙江省武义增荣茶食品机械有限公司	茶叶初、精制机械	浙江省武义县古马山工业园区	(0579) 7612235 13705890662	m. yjbys. com
10	浙江省武义县白洋茶叶机械厂	茶叶初、精制机械	浙江省武义县上邵向阳路21号	(0579) 87612162 13868900599	www. bymachinery. com

（续）

序号	企业名称	主要产品	企业地址	电话号码	邮箱或网址
11	浙江红五环制茶装备股份有限公司	茶叶初、精制机械与生产线	浙江省衢州市世纪大道	（0570）8877760 3660658	www.hongwuhuan.com
12	浙江品峰机械有限公司	茶叶烘干机	浙江省杭州市富阳区新登金城路113-1号	13706816585	www.yfgzjx.com
13	浙江新昌县恒峰科技开发有限公司	扁茶炒制机械与生产线	浙江省新昌县澄潭工业区	（0575）6868168 15258562995	www.hengfengcj.com
14	新昌县银球机械有限公司	扁形茶炒制机械	浙江省新昌县工业园区	（0575）86593228 13506752882	www.cn-yinqiu.com
15	新昌县盛涨机械有限公司	扁形茶炒制机械	浙江省新昌县城东五村长湾30号	（0575）86129681 13758502739	www.czcjw.com
16	浙江新昌天峰机械有限公司	扁形茶炒制机械	浙江省新昌南岩开发区日发路1号	（0575）6288255 13706850847	Ly-hi@163.com
17	新昌县捷马机械有限公司	小型茶园中耕机	浙江省新昌县大市聚镇东郑村郑家88号	13706851936	m.atobo.com.cn
18	嵊州市茶叶机械厂	珠茶炒干机等茶叶初制机械、名优茶机械	浙江省嵊州市长乐镇环镇西路20号	（0575）3071128 13858468135	www.nongji360.com
19	浙江上河茶叶机械有限公司	扁形茶炒制机械与生产线	浙江省松阳县望松街道丽安环路18号	（0578）8915825 13857087616	Syshcyjxc.cn.1688.com
20	宁波市姚江源茶叶机械有限公司	茶叶初、精制机械与生产线	浙江省余姚市大岚镇雅庄大炮岭	（0574）62338068 13586725165	www.yaojiangyuan.com
21	安吉元丰茶叶机械有限公司	茶叶初制机械	浙江省安吉县递铺镇长乐社区弄口	15268200988	www.nongji360.com
22	浙江临海市华洲机械有限公司	扁形茶炒制机	浙江省临海市括苍镇小海门工业区	（0576）5860878	webmaster@yj183.com

序号	企业名称	主要产品	企业地址	电话号码	邮箱或网址
23	绍兴泉岗机械科技有限公司（嵊州市三界茶机厂）	茶叶精制机械	浙江省嵊州市三界镇上官岭	13819551709	www. zj-cj. cn
24	长沙湘丰茶叶机械制造公司	茶叶初、精制机械与生产线	湖南省长沙县经济开发区	(0731) 86220105 18874799313	www. e-chinatea. cn
25	浙江落合农林机械有限公司	修剪机、采茶机茶园管理机等	浙江省杭州市古墩路 575 号	(0571) 88363407 88363408	www. zjochiai. com
26	浙江川崎茶业机械有限公司	修剪机、采茶机茶园管理机等	浙江省杭州市余杭区瓶窑凤都工业园区	(0571) 88533596 88533597	www. zjcqcj. com
27	农业部南京农机化所	茶叶微波杀青、干燥机械	江苏省南京市中山门外柳营100 号	(025) 84346210 13951020286	Xhr2712@sina.com
28	宜兴市鼎新微波设备有限公司	茶叶微波杀青、干燥机械	江苏省宜兴市环科园梅东路168 号	(0510) 87999559 13701538946	Dx8@yxdxwb. com
29	婺源江湾农机制造有限公司	茶叶初、精制机械	江西省婺源生态工业园（才仕大道中段）	(0793) 7410537	Wyxjwn2008@163. com
30	婺源五岳茶叶木竹机械制造有限公司	茶叶初、精制机械	江西省婺源县生态工业园里坑路	(0793) 7410190 13879372631	
31	云南茶兴机械有限责任公司茶叶机械厂	茶叶初、精制机械	云南省普洱市思茅镇五一路1 号	(0879) 2200748 15154887668	ynchaxing@163. com
32	福建佳友机械有限公司	乌龙茶、红茶加工机械与生产线	福建省安溪县德苑工贸园（城厢光德村）	18859905999	www. chayou. com
33	福建安溪先锋茶叶机械有限公司	茶叶初、精制机械与生产线（乌龙茶机械见长）	福建省安溪县德苑工贸园	(0595) 3253378	www. xianfengtea. com
34	安溪永兴茶叶机械公司	乌龙茶加工机械	福建省安溪县西坪镇安平路40 号	(0595) 23411253	www. yongxing jixie. com

（续）

序号	企业名称	主要产品	企业地址	电话号码	邮箱或网址
35	福建安溪跃进茶叶机械有限公司	乌龙茶加工机械	福建省安溪县虎丘镇金榜村新街254号	(0595) 23428585	www. yuejinjx. com
36	黄山市祁门县祁塔茶叶机械有限公司	红、绿茶加工机械	安徽省祁门县祁山镇先锋村	(0559) 4503912	3g. hsqtcj. com
37	祁门县茶叶机械厂	红、绿茶加工机械	安徽省祁门县阊江路143号	(0559) 4512888	m. 11467. com
38	湖北天池机械有限公司	茶叶初、精制机械与生产线	湖北省五峰县渔洋关镇低碳工业区	(0717) 3756588	www. tianchijixie. com
39	四川登尧机械设备有限公司	茶叶初、精制机械与生产线	四川省峨眉山市新平工业园	13980268786	www. sclyxsb. com
40	雅安市名山区山峰茶机厂	名优茶加工机械	四川省雅安市名山区蒙顶山镇虎啸桥	(0385) 3225189	www. sc-mssf. com
41	贵州赐力茶叶机械有限公司	茶叶初、精制机械与生产线	贵州省贵阳经济开发区小孟工业园区开发大道126号	(0851) 5821813	A24154292. atobo. com. cn
42	贵州双木农机有限公司	茶叶初、精制机械	贵州省贵安新区（安顺平坝）夏云工业区）	(0851) 34666688 18083158788	3110843205@qq. com
43	洛阳南峰机电设备制造有限公司	袋泡茶包装机	洛阳市丽春西路	(0379) 4759165	Lynf @public2. Lyptt. ha. cn
44	厦门市宇捷包装机械有限公司	袋泡茶包装机	厦门市东浦路124号5栋	(0592) 5980711	paik@21cn. com
45	合肥美亚光电技术股份有限公司	茶叶色选机	合肥市高新技术产业开发区望江西路668号	(0551) 65306895	www. chinameyer. com
46	合肥正远机械电子有限责任公司	塑袋等茶叶包装机械、茶叶输送设备	合肥市荣事达大道庐阳产业园汲桥路	(0551) 5657568 13605699104	zengran@mail. Hf. ah. cn

（续）

序号	企业名称	主要产品	企业地址	电话号码	邮箱或网址
47	南京同立制冷空调设备制造有限公司	茶叶保鲜库	南京下圩村187号	(025) 86556023 13505160829	m. huangye88. com
48	江苏盐城恒昌集团	高地隙自走式茶园管理机	江苏省大丰市三圩建业路1号	(0515) 83662448	www. jsyunma. com
49	盐城市盐海拖拉机制造有限公司	茶园拖拉机与配套农具	江苏省盐城经济开发区长江路18号	(0515) 8335692	www. jsydhh. com
50	溧阳澄宇机械有限公司	生物质燃料成型机	江苏省溧阳市天目湖工业集中区勤业路12号	(0519) 60899006	www. chengyu. hk
51	湖北国腾生物开发有限责任公司	生物质颗粒燃料	湖北省咸丰县忠堡镇工业园区	18671889168	m. atobo. com. cn
52	安吉县慧能生物能源厂	生物质颗粒燃料	浙江省安吉县皈山运润竹木制品厂内	13921066223	7483999. b2b. tfsb. cn

参考文献 REFERENCES

《浙江省茶叶志》编纂委员会，2005. 浙江省茶叶志. 杭州：浙江人民出版社.

D. 戈德堡，等，1984. 滴灌原理与应用. 北京：中国农业机械出版社.

安徽农学院，1979. 制茶学. 北京：农业出版社.

安徽农学院，1980. 茶叶生产机械化. 北京：农业出版社.

北京市农业局，2009. 农机使用技术. 北京：中国农业大学出版社.

本书编委会，2001—2015. 中国农产品加工年鉴. 北京：中国农业出版社.

本书编委会，2008—2012. 中国茶业年鉴. 北京：中国农业出版社.

本书编委会，2012—2014. 中国农业机械工业年鉴. 北京：机械工业出版社.

边磊，陈宗懋，等，2016. 新型 LED 杀虫灯对茶园昆虫的诱杀效果评价. 中国茶叶（6）.

陈椽，1984. 茶业通史. 北京：农业出版社.

陈贵林，2010. 大棚日光温室稀特菜栽培技术. 北京：金盾出版社.

陈宗懋，2000. 中国茶叶大辞典. 北京：中国轻工业出版社.

陈宗懋，杨亚军，2011. 中国茶经. 上海：上海文化出版社.

陈祖槼，朱自振，1981. 中国茶叶历史资料选辑. 北京：农业出版社.

陈尊诗，1975. 绿茶杀青机讲座. 茶叶科技简报（1）.

陈尊诗，1976. 绿茶炒干机讲座. 茶叶科技简报（7）.

程启坤，庄雪岚，1995. 世界茶业 100 年. 上海：上海科技教育出版社.

邓如松，1987. 齿辊揉切机齿辊工作原理浅析. 茶叶（4）.

丁清厚，1993. 筛分机理及筛网参数的选择. 茶机设计与研究（2）.

方部玲，1999. 蔬菜、园艺保护地机械的使用与维修. 南京：江苏科学技术出版社.

方元超，赵晋府，2001. 茶饮料生产技术. 北京：中国轻工业出版社.

龚琦，1989. 茶叶初制机械讲座：第六讲—揉捻机. 茶叶（1）.

龚琦，1996. 往复式槽型茶叶多用机性能分析. 中国茶叶加工（1）.

龚琦，潘克霓，等，1990. 茶叶加工机械. 上海：上海科学技术出版社.

郭载德，1989. 茶叶初制机械讲座：第八讲—茶叶烘干机. 茶叶（3）.

韩文炎，2007. 茶树种植. 杭州：浙江摄影出版社.

胡景川，沈锦林，1990. 农产物料干燥技术. 杭州：浙江大学出版社.

黄墩岩，1983. 中国茶道. 台湾：畅友出版社.

黄卫东，方桦，2001. 速溶茶真空冷冻干燥技术. 冷冻和速冻食品工业（2）.

江用文，2011. 中国茶产品加工. 上海：上海科学技术出版社.

蒋迪清，唐伟强，1996. 食品通用机械与设备. 广州：华南理工大学出版社.

金心怡，1997. 乌龙茶加工机械. 茶叶机械杂志（1）.

金心怡，陈济斌，等，2003. 茶叶加工工程. 北京：中国农业出版社.

李楚华，1995. 蒸青绿茶杀青机的研制 . 中国茶叶（5）.

李大椿，1996. 中国袋泡茶 . 杭州：杭州大学出版社 .

李国兴，1991. 食品机械学 . 成都：四川教育出版社 .

林宏清，1965. 绿茶揉捻机主要性能结构设计参数的初步分析 . 茶叶科学（3）.

林金俗，林荣溪，等，2015. PLC 自动控制系统在乌龙茶精制生产中的应用 . 中国茶叶（11）.

刘汉介，吴锦城，1983. 中国茶艺 . 台湾：礼来出版社 .

刘文英，1996. 乌龙茶加工机械 . 茶叶机械杂志（3）.

刘新，1988. 红碎茶发酵设备 . 中国茶叶（2）.

刘新，1994. 红茶转子揉切机介绍 . 中国茶叶（6）.

刘新，权启爱，等，2003. 电脑控制型龙井茶炒制机的研究 . 茶业科学（增刊1）.

刘仲栋，1998. 微波技术在食品工业中的应用 . 北京：中国轻工出版社 .

罗列万，唐小林，等，2015. 名优绿茶连续自动生产线装备与使用技术 . 北京：中国农业科学技术出
    版社 .

罗学平，赵先明，2015. 茶叶加工机械与设备 . 北京：中国轻工业出版社 .

吕增耕，1989. 茶叶加工与加工机械 . 北京：科学普及出版社 .

毛祖法，等，1998. 浙江名茶 . 上海：上海科学技术出版社 .

毛祖法，梁月荣，2006. 浙江茶叶 . 北京：中国农业科学技术出版社 .

湄潭县政协，2008. 茶的途程 . 贵阳：贵州科技出版社 .

农牧渔业部南京农业机械化研究所，1984.80 年代农业机械化新技术 . 北京：农村读物出版社 .

农业部农业司，全国机械化采茶协作组，1993. 机械化采茶技术 . 上海：上海科学技术出版社 .

邱梅贞，李金生，1983. 中国农业机械技术发展史 . 北京：机械工业出版社 .

权启爱，1997. 名茶电炒锅的配备与使用 . 中国茶叶（1）.

权启爱，1998. ZCJ-150 型茶园中耕施肥机及其使用技术 . 中国茶叶（5）.

权启爱，1998. 高新技术在茶叶深加工中的应用 . 茶叶机械杂志（2）.

权启爱，2001. 蒸汽热风混合型蒸青机的结构原理与应用 . 中国茶叶（5）.

权启爱，2005. 茶叶加工技术与设备 . 杭州：浙江摄影出版社 .

权启爱，2006. 茶叶杀青机的类别及其性能 . 中国茶叶（4）.

权启爱，2006. 我国茶叶机械化的发展现状与展望 . 中国茶叶（6）.

权启爱，2008. 茶厂建设程序与厂区的规划设计 . 中国茶叶（6）.

权启爱，2008. 茶叶加工机械的选用与配备 . 中国茶叶（8）.

权启爱，2009. 茶叶色选机的工作原理及选用 . 中国茶叶（1）.

权启爱，2011. 条形红茶加工机械及其使用技术 . 中国茶叶（6）.

权启爱，2012. 我国红茶加工机械的研制和发展 . 中国茶叶（3）.

权启爱，2013. 香茶自动化生产线的设备构成及技术特点 . 中国茶叶（4）.

权启爱，2016. 我国茶产业发展新常态下茶叶机械 . 中国茶叶加工（1）.

权启爱，王辉，2014. ZGJ-120 型茶园中耕机的结构特点和实用技术 . 中国茶叶（6）.

权启爱，杨钟鸣，2003. 茶浓缩汁加工关键技术与装备的研究 . 茶业科学（增刊1）.

权启爱，姚作为，1995. 小型专用冷库建设 . 中国茶叶（3）.

权启爱，姚作为，2006. 微波加热技术在茶叶加工中的应用 . 中国茶叶（2）.

权启爱，叶阳，2007. 远红外烘干机的结构及其在名优绿茶加工中的应用 . 中国茶叶（2）.

权启爱，2001. 茶叶高效益加工技术. 中国农业科技出版社.

权启爱，2005. 袋泡茶包装机（上）. 中国茶叶（6）.

权启爱，2006. 袋泡茶包装机（下）. 中国茶叶（1）.

茹利军，马兆林，等，2005. 新型扁形茶炒制机原理与实用技术. 中国茶叶加工（2）.

阮浩耕，沈冬梅，等，1999. 中国古代茶叶全书. 杭州：浙江摄影出版社.

施钧亮，等，1979. 喷灌设备与喷灌系统规划设计. 北京：水利电力出版社.

孙成，权启爱，2003. 低咖啡因茶加工关键技术及设备的研究. 茶业科学（增刊1）.

孙成，殷鸿范，1988. 茶叶揉捻动态受力的测试与分析. 中国茶叶（1）.

孙凤兰，1990. 食品包装机械学. 哈尔滨：黑龙江科技出版社.

汪秋红，傅尚文，2016. 茶叶、含茶制品和茶代用品的国家标准、行业标准和地方标准2015年变化汇总. 中国茶叶（6）.

王国海，2000.6CZS30型蒸汽杀青机. 中国茶叶（5）.

王国海，2003. 滚筒匀堆机在茶叶拼配种的实践. 广东茶叶（1）.

王荣，1990. 植保机械学. 北京：机械工业出版社.

王绍林，1994. 微波食品工程. 北京：机械工业出版社.

王则金，唐良生，等，1993.6CLW-10型茶叶连续萎凋机的研究. 福建农学院学报：自然科学版（2）.

王湛，2000. 膜分离技术基础. 北京：化学工业出版社.

王镇恒，王广智，2000. 中国名茶志. 北京：中国农业出版社.

无锡、天津轻工业学院，1981. 食品工厂机械与设备. 北京：中国轻工业出版社.

吴朝凯，1989.6CFH-16型茶叶沸腾式烘干机的性能和使用效果. 中国茶叶（1）.

吴觉农，1987. 茶经述评. 北京：农业出版社.

吴觉农，1990. 中国地方志茶叶历史资料选辑. 北京：农业出版社.

武汉水利电力学院农田水利系，1979. 喷灌技术. 北京：科学出版社.

夏涛，方世辉，等，2011. 茶叶深加工技术. 北京：中国轻工业出版社.

肖纯，张凯农，1992. 台湾制茶机械概况. 茶叶机械杂志（1）.

肖宏儒，权启爱，2012. 茶园作业机械化技术及装备研究. 北京：中国农业科学技术出版社.

肖文军，刘仲华，等，2004. 茶叶深加工中浓缩技术研究. 中国茶叶学会2004年学术年会论文集.

肖旭林，2000. 食品加工机械与设备. 北京：中国轻工业出版社.

严鸿德，等，1998. 茶叶深加工技术. 北京：中国轻工业出版社.

杨亚军，2005. 中国茶树栽培学. 上海：上海科学技术出版社.

殷鸿范，1984. 红碎茶揉切机理的剖析. 中国茶叶（1）.

殷鸿范，1989. 揉切与发酵设备. 茶叶（2）.

尹军峰，1998. 超滤红茶汁色差变化的研究. 中国茶叶（5）.

尹军峰，袁海波，等. 膜除菌技术在茶饮料工业化生产中的应用.2007年中国国际饮料报告会论文集.

岳腾翔，吴守一，1997. 超临界萃取技术在茶叶加工上的应用进展. 江苏理工大学学报.

张宝莉，2002. 农业环境保护. 北京：化学工业出版社.

张方舟，张应根，等，2002. 乌龙茶加工机械. 中国茶叶（6）.

张明汉，2007. 色选机在红茶精制加工中的应用. 茶业通报（4）.

赵祖光，2005. 茶叶热风杀青机简介 . 中国茶叶（2）.

浙江省茶机工业公司，1993. 名优茶·工艺·机械 . 北京：中国农业科技出版社 .

浙江省茶叶机械工业公司，1987. 初制茶机原理与使用 . 杭州：浙江科学技术出版社 .

浙江省茶叶协会，1985. 浙江茶叶 . 杭州：浙江科学技术出版社 .

浙江十里坪农场茶厂，1974. 塑料静电拣梗机简介 . 茶叶科技简报（5）.

镇江农机学院，1973. 农机手册 . 上海：上海人民出版社 .

郑国建，陈积霞，1998. 茶叶匀堆机理及匀堆机探讨 . 中国茶叶加工（2）.

中国茶叶学会，1987. 吴觉农选集 . 上海：上海科学技术出版社 .

中国农业科学院茶叶研究所，等，2004. 陈宗懋论文集 . 北京：中国农业科学技术出版社 .

中华茶叶联谊会，中国茶叶股份有限公司，2001. 中华茶叶五千年 . 北京：人民出版社 .

周靖民，等，1979. 红碎茶制造 . 长沙：湖南科学技术出版社 .

周仁桂，颜佳佳，等，2013. 茶鲜叶自动清洗和脱水设备的研究开发 . 中国茶叶（2）.

后 记 POSTSCRIPT

中国茶产业的发展，在很大程度上得益于茶叶机械与装备的研发、推广、使用和发展。在茶叶生产发展过程中，茶叶机具的发展为茶产业发展作出了巨大贡献。编撰一本能全面反映中国茶叶机械发展历程，介绍中国茶园作业和茶叶加工机械与装备工作原理、机械结构和使用维修技术的书籍，为广大茶机、茶叶科技工作者和茶农提供参考和技术指导，填补此类系统书籍缺乏的空白，一直是作者的最大心愿。因在职工作时冗事繁杂，未能如愿。世纪初本人退休，工作单位中国农业科学院茶叶研究所又返聘留用10多年，此间琐事渐少，此书写作又被念起。便留意和搜集素材、不断拟题小段落撰稿，数量不下百篇，目的是作为本书的零部件日积月累，精心打磨，聚沙成塔。2015年后不再去单位上班，开始全身心投入写作，可以说经数年之努力，《中国茶叶机械化技术与装备》终于完成。本人认为它应该是一本不失为全面总结和介绍我国茶叶机械与技术的著作，也为个人从事茶叶机械研究50余年画上了最大句号，甚为欣慰。

本书编撰过程中，深获工作单位中国农业科学院茶叶研究所领导和同事的关心与支持。特别是中国工程院院士、老所长陈宗懋研究员，在本人五十余年的业务成长过程中，给予了无微不至的支持和帮助，在百忙之中还能挤时间为本书作序，真是不胜感激。与此同时，同样本人与其共事50余年的老所长程启坤研究员和原茶树栽培研究室主任姚国坤研究员，对本书的编撰给予了诸多热情勉励和指导，提出不少中肯意见，还提供了照片和资料，当然要深表谢意。

此外，本人夫人朱守贞，一生与我并肩从事茶叶机械研究工作，现年奔八十，右眼黄斑变性视力极度衰退，但她承担了本书大部分资料的查找，同时还承担了书内部分内容撰写，本应署名作者，但却被其婉拒。还有本书每部分撰写完成均发往合肥，由中国人民解放军合肥炮兵学院退休图书馆长、本人胞弟权启朗研究馆员作出部分文字修改，支持了本书的编撰完成。

本书资料和图片大部分作者制作和收集，部分引自各著作和期刊等刊登文稿，主要参考文献已尽可能在书末列出，在此也对原作者表示感谢。

谨以此书献给全国茶机界和茶叶界的同人和全国茶农，希望能对他们有所帮助。当然也献给我工作终生的中国农业科学院茶叶研究所的新老领导和同事，感谢他们对我的培养、支持和帮助。

权启爱

2017 年 3 月 28 日于杭州云溪香山

图书在版编目（CIP）数据

中国茶叶机械化技术与装备/权启爱编著 . —北京：
中国农业出版社，2020.3
ISBN 978-7-109-25239-4

Ⅰ . ①中… Ⅱ . ①权… Ⅲ . ①茶叶－机械化栽培－中
国 Ⅳ . ①S571.1

中国版本图书馆 CIP 数据核字（2019）第 026435 号

中国农业出版社出版
地址：北京市朝阳区麦子店街 18 号楼
邮编：100125
特约专家：穆祥桐
责任编辑：姚 佳
版式设计：王 晨 责任校对：巴洪菊
印刷：北京通州皇家印刷厂
版次：2020 年 3 月第 1 版
印次：2020 年 3 月北京第 1 次印刷
发行：新华书店北京发行所
开本：787mm×1092mm 1/16
印张：36.5
字数：886 千字
定价：198.00 元